Jary de Xerez Neto
Alex Sander da Cunha

ESTRUTURAS METÁLICAS

manual prático para projetos, dimensionamento e laudos técnicos

Copyright © 2020 Oficina de Textos
1ª reimpressão 2022

Grafia atualizada conforme o Acordo Ortográfico da Língua Portuguesa de 1990, em vigor no Brasil desde 2009.

Conselho editorial Arthur Pinto Chaves; Cylon Gonçalves da Silva; Doris C. C. Kowaltowski; José Galizia Tundisi; Luis Enrique Sánchez; Paulo Helene; Rozely Ferreira dos Santos; Teresa Gallotti Florenzano.

Capa Malu Vallim
Projeto gráfico Alexandre Babadobulos
Diagramação Tereza Kikuchi
Preparação de figuras Beatriz Zupo
Preparação de textos Hélio Hideki Iraha
Revisão de textos Natália Pinheiro
Impressão e acabamento BMF gráfica e editora

Dados Internacionais de Catalogação na Publicação (CIP)
(Câmara Brasileira do Livro, SP, Brasil)

Xerez Neto, Jary de
  Estruturas metálicas : manual prático para projetos, dimensionamento e laudos técnicos / Jary de Xerez Neto, Alex Sander Cunha. -- 2. ed. -- São Paulo : Oficina de Textos, 2020.

Bibliografia.
ISBN 978-85-7975-307-7

1. Aço - Estruturas 2. Construções em ferro e aço 3. Engenharia estrutural 4. Estruturas metálicas I. Cunha, Alex Sander. II. Título.

20-34817 CDD-624.182

Índices para catálogo sistemático:
1. Estruturas metálicas : Tecnologia : Engenharia estrutural 624.182

Cibele Maria Dias - Bibliotecária - CRB-8/9427

Todos os direitos reservados à Editora **Oficina de Textos**
Rua Cubatão, 798
CEP 04013-003 São Paulo SP
tel. (11) 3085 7933
www.ofitexto.com.br
atend@ofitexto.com.br

DEDICATÓRIA

Jary de Xerez Neto

Dedico este livro a Deus e a nosso Senhor Jesus Cristo.

Aos meus queridos avós (*in memoriam*), formadores do meu caráter e de uma base forte para a vida: Maria Helena de Xerez, Jary de Xerez, Maria da Graça Silva e Sebastião Ferreira da Silva.

Aos meus queridos pais, Jorge Luís Machado de Xerez e Maria Auxiliadora Ferreira de Xerez.

À minha irmã, Janine de Xerez.

À minha querida esposa, Simony Rezende da Silva de Xerez.

À nossa funcionária do lar, Dona Adalgisa Vitória dos Santos, que tanto contribuiu na minha infância e adolescência para que eu pudesse chegar até aqui.

E aos meus sogros, Jaime Ribeiro da Silva e Vanice Ferris.

Alex Sander da Cunha

A Priscila Fonte Mattos, minha esposa, Leonardo Menezes dos Santos Cunha, meu filho, Marcelly Chaves de Moura, minha nora, Maria Clara de Moura Menezes Cunha, minha neta, e Ronaldo de Oliveira Mattos, meu sogro, pela compreensão, incentivo e paciência e por estarem ao meu lado me apoiando em todos os momentos.

À minha mãe, Sandra de Souza Sabença, pela dedicação, afeto e incentivo para continuar; ao meu pai, Ruy da Cunha, por despertar em mim o desejo de ser engenheiro; aos meus irmãos e aos meus familiares por sempre acreditarem no meu potencial.

Aos meus saudosos avós, Alcides Rodrigues Sabença, Renée de Souza Sabença, Arcílio da Cunha e Maria das Dores Cunha, pelos exemplos de vida que ajudaram na formação do meu caráter.

Ao engenheiro Edu Fcamidu, meu cunhado, que, mesmo distante, sempre me esclareceu nos momentos de dúvidas.

Ao Sr. Ricardo Sesana Neto, pela amizade, incentivo e confiança, e ao Sr. Manoel Nascimento Santos (*in memoriam*), que durante muitos anos foi meu mestre em Estruturas Metálicas.

Aos professores Horácio Guimarães Delgado Junior, Giuseppe Andrighi, Eduardo Miranda Batista e André Maués Brabo Pereira, pelos conhecimentos que me foram transmitidos na minha formação e na minha especialização.

AGRADECIMENTOS

Jary de Xerez Neto

À Editora Oficina de Textos, pela oportunidade concedida para a realização desta obra, e a todos os seus funcionários, que se dedicaram incansavelmente para que o melhor produto fosse oferecido ao leitor.

Às Universidades UnP (Universidade Potiguar) e UERJ (Universidade do Estado do Rio de Janeiro) e a todos os funcionários, mestres, coordenadores e reitores, pela competência, responsabilidade, tempo precioso e carinho dedicados aos seus alunos e pela valiosa contribuição prestada ao Brasil.

À Empresa Guimar, pela oportunidade do meu primeiro estágio tão bem conduzido, com responsabilidade, carinho e dedicação, e pelo seu excelente quadro de diretores, gerentes, engenheiros e funcionários, fundamental para o meu ingresso na Engenharia.

À Empresa Roll-on, pela oportunidade de prestar serviços de projetos estruturais em grande escala para todo o território nacional e pelo aprendizado proporcionado por sua brilhante equipe, à qual demonstro a minha eterna gratidão pelo valioso aprendizado na área de estruturas, em especial a: presidente Carlos Alberto Borges, engenheira Carla Borges, técnico Jayme Félix, engenheiro calculista Fernando Pamplona, comprador Melquisedeck Queiroz Souto.

À Petróleo Brasileiro S/A, a todos os desafios enfrentados e ao seu valioso quadro de funcionários. Não fosse pelo empenho e apoio de todos os operadores de áreas e pelas permissões concedidas pelos gerentes aos acessos de seus respectivos setores, não teria sido possível a realização desta obra.

À Empresa Ezhur Equipamentos e Serviços Ltda., pela oportunidade de prestar serviços de projetos estruturais aplicados à área *offshore* direcionada a plataformas e outros elementos estruturais para grandes profundidades e submetidos a elevadas pressões, desde 2013.

À Empresa ICZ (Instituto de Metais Não Ferrosos), ao seu gerente executivo Ricardo Suplicy Góes e a todo o seu quadro técnico, que contribuiu grandiosamente e de forma tão fascinante para a disseminação da cultura de galvanização abordada no Cap. 7.

À Empresa Tuper S/A, uma das maiores processadoras de aço do Brasil, que tanto se disponibilizou para nos auxiliar nos campos técnico e comercial, a fim de promover melhorias em nossos projetos estruturais.

Às Empresas Technart e Hilti, pelo material técnico fabuloso tão fortemente disseminado no universo dos chumbadores mecânicos e químicos.

Ao CBCA (Centro Brasileiro da Construção em Aço) e à Gerdau, por suas valiosas e incomensuráveis contribuições técnicas no campo das estruturas de aço para o Brasil.

À Prefeitura de London (Ontário, Canadá) e a todo o seu valioso quadro técnico de funcionários, que tão metódica e obstinadamente se dedica com o seu melhor à verificação de projetos e de obras de Engenharia e de Arquitetura, focados na segurança de seus cidadãos. Na Prefeitura, tive a oportunidade de verificar projetos estruturais e desenvolver programas baseados na Norma Canadense de Aço Estrutural.

Ao Fanshawe College, de London (Ontário, Canadá) e a todo o seu inestimável quadro de funcionários, professores e profissionais, por suas magníficas contribuições e suportes dados aos seus alunos e ao seu país.

Alex Sander da Cunha

À UFF (Universidade Federal Fluminense) e a todos os seus funcionários e mestres, pelos conhecimentos compartilhados e pela valiosa contribuição prestada ao Brasil.

A todos os funcionários, mestres e colegas de turma da Escola de Engenharia de Volta Redonda (UniFOA), pela contribuição na minha formação em Engenharia Civil.

À Petróleo Brasileiro S/A, pela oportunidade de crescimento profissional.

À Empresa Fercal Construções Metálicas e Civil Ltda., pelo pioneirismo na sua região de atuação, pela confiança e pelas oportunidades de vivenciar tantos desafios em projetos de estruturas metálicas.

Aos meus colegas de trabalho da Superintendência de Arquitetura, Engenharia e Patrimônio da UFF em Niterói (RJ), em especial a Iporan de Figueiredo Guerrante, Júlio Emílio de Souza Lima, Antonio Marcos Marques do Nascimento, Carlos Antônio da Silva Costa, Carlos José de Petribú Guimarães, José Carlos Lumbreras Knupp, Márcio Willian da Costa Junior, Marcus Vinícius Portella Pereira, Leonardo Fávaro, Isabela Bacellar e Otávio Souza, pelo companheirismo, pelos incentivos e pela confiança.

HOMENAGEM ESPECIAL

Deixamos registrada uma homenagem especial a alguns de tantos grandes projetistas com os quais tivemos a oportunidade de compartilhar ensinamentos por inúmeros anos de convívio ao longo de muitos projetos. Essa é a forma de homenagear todos cujo início de carreira data de uma época rica e especial da Engenharia, onde todo o detalhamento era feito à mão numa folha de papel, como fruto de muito saber, esmero e esforço pessoal, tanto para concebê-lo quanto para verificar interferências por meio do dom da visão espacial.

Aos projetistas, que tanto contribuíram e fizeram por suas respectivas empresas e por seu país, deixamos a nossa terna homenagem:

Sr. Jayme Félix, da Empresa Roll-on Stahldach;

Sr. João Batista Alves Rangel, da Empresa Petrobras;

Sr. Edgar Rosa Vieira, da Empresa Ezhur e Raciana;

Sr. Rob Stirling, da cidade de London, Ontário, Canadá.

Algumas amostras de seus valiosos trabalhos técnicos são registradas aqui, como modo de mostrar ao engenheiro, ao técnico e ao aluno a importância da riqueza de detalhes, do rebatimento de vistas via diedros e das notas e pormenores mencionados, como ferramentas essenciais para a identificação de interferências e problemas técnicos ainda nessa valiosa fase de projeto, que poderiam interferir na resistência, durabilidade e funcionalidade da construção.

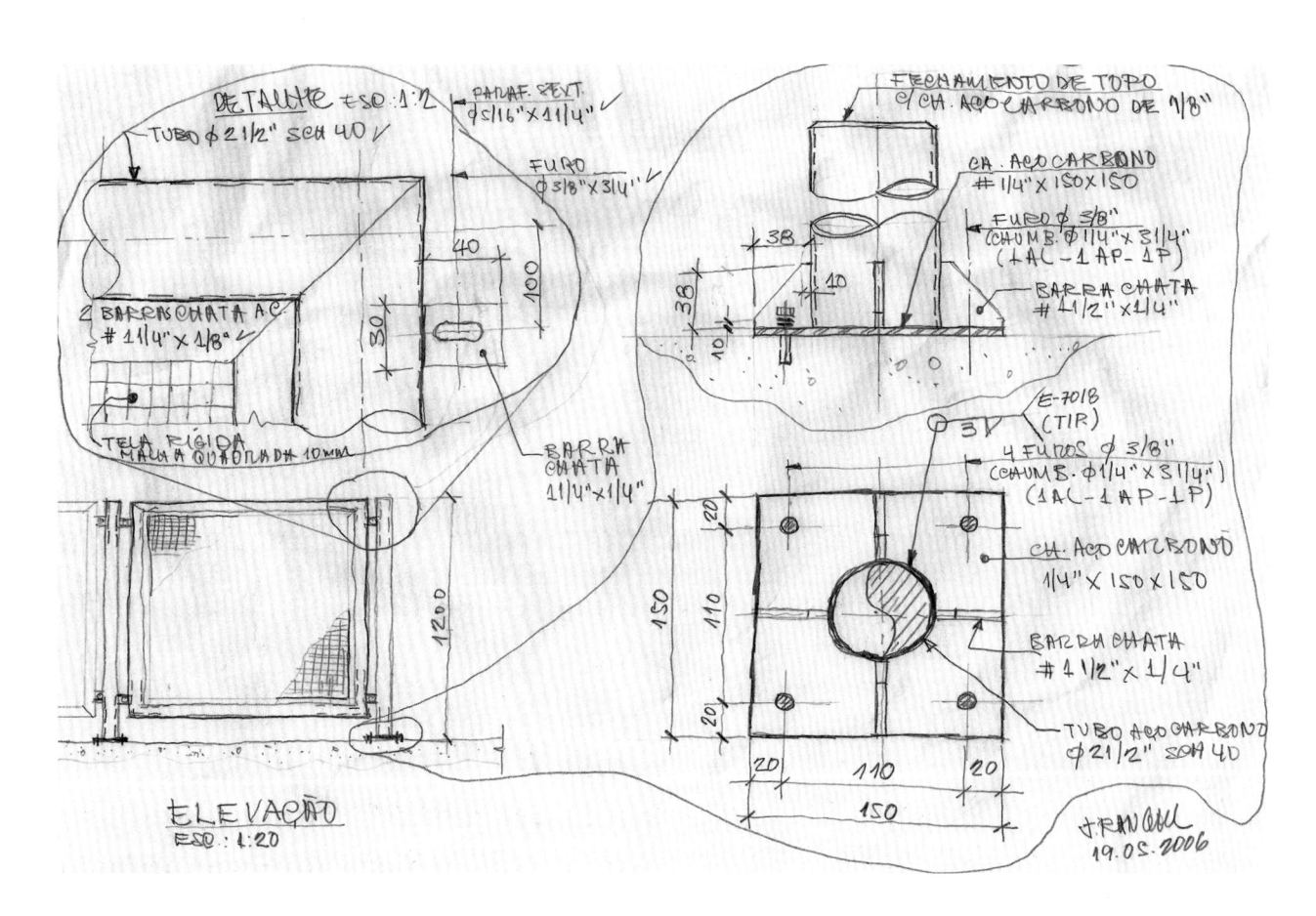

Amostra de um detalhamento estrutural para um guarda-corpo concebido pelo projetista João Batista Alves Rangel

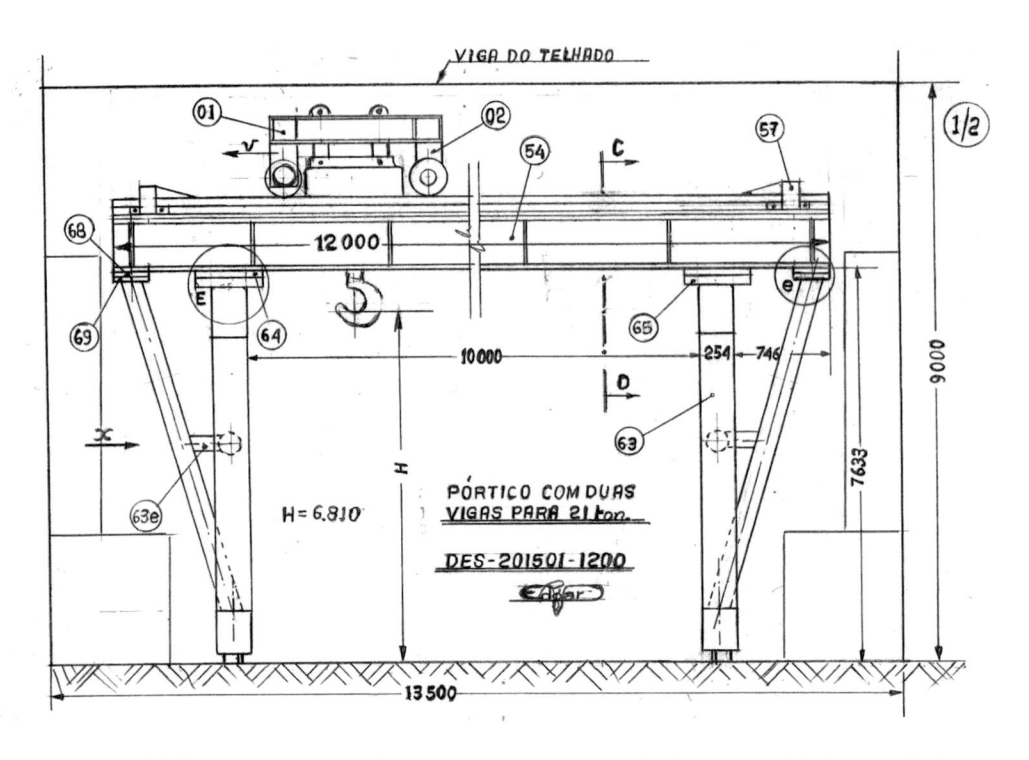

Amostra de um detalhamento estrutural para uma ponte rolante móvel com capacidade para 21 tf concebida pelo projetista Edgar Rosa Vieira

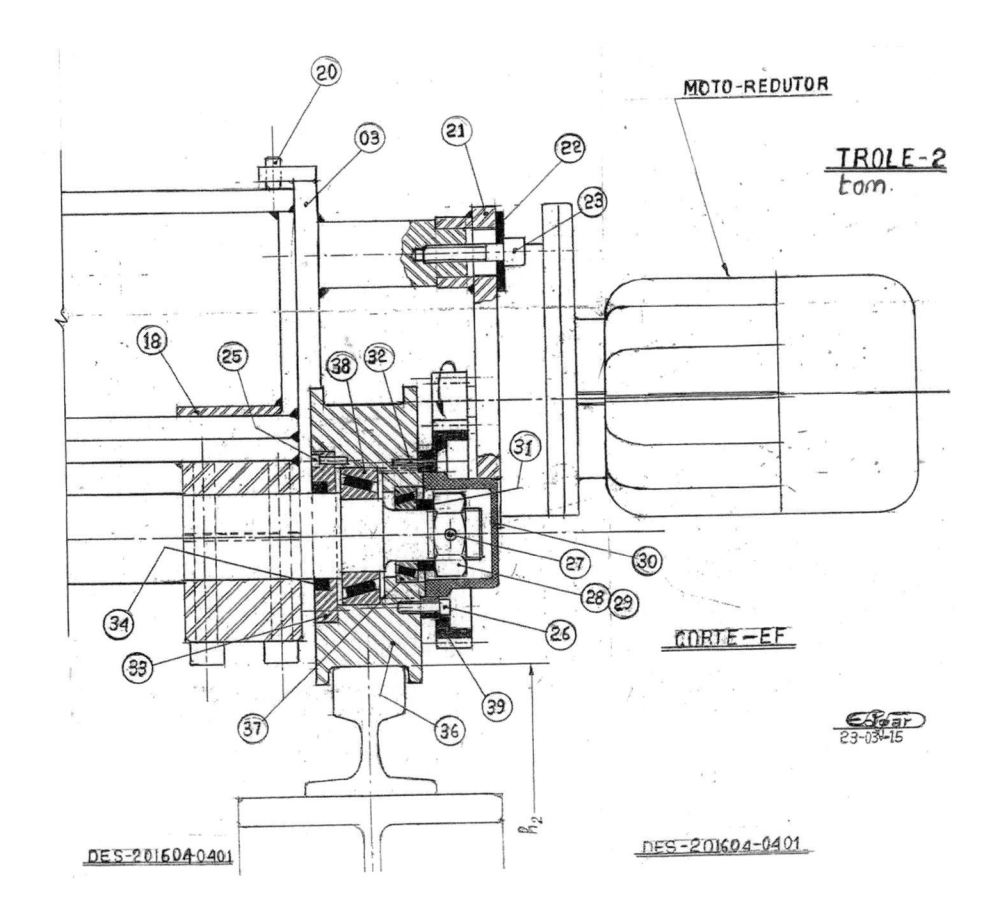

Amostra de um detalhamento do *trolley* concebido para a ponte rolante acima

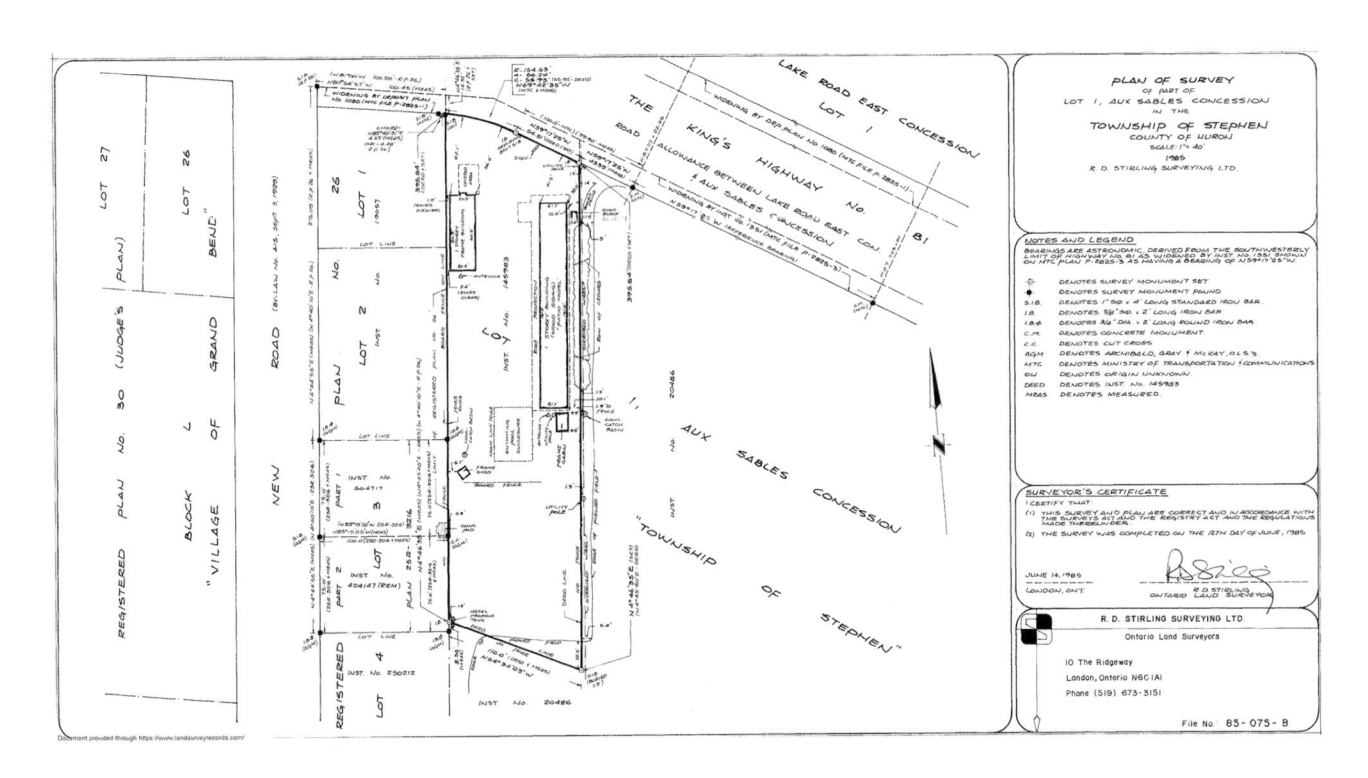

Amostra de um detalhamento topográfico concebido pelo topógrafo Rob Stirling

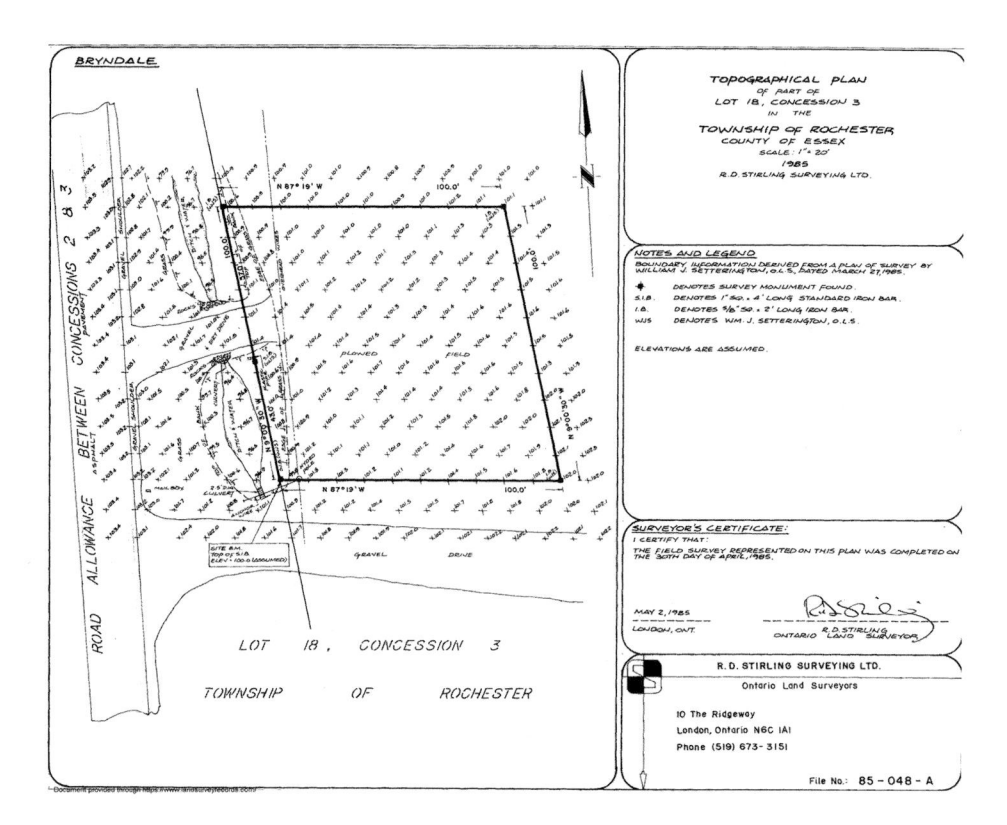

Amostra de um detalhamento topográfico concebido pelo topógrafo Rob Stirling

PREFÁCIO

Esta obra foi criada com o intuito de ajudar tanto os novos aspirantes à área de Engenharia quanto os projetistas e engenheiros civil e estrutural, possuindo como meta principal a sua aplicação direta na rotina de um escritório de projetos e cálculo estrutural. Também se aplica à área de obras e de concepções de laudos técnicos, pois traz à tona diversas situações reais já vivenciadas até então, classificadas de normais a emergenciais, nas quais o engenheiro precisa atuar sempre com imparcialidade, calma e precisão, a fim de manter a integridade baseada no tripé resistência × durabilidade × funcionalidade.

Neste livro, tivemos a preocupação de apresentar, de forma organizada, todas as fórmulas com suas respectivas variáveis e coeficientes, proporcionando uma aplicação rápida e direcionada, tanto para agilizar a entrega de projetos no dia a dia quanto para atender possíveis casos de emergências diversas. Todos nós já passamos pela situação de lidar com um determinado problema novo e sabemos quanto tempo é despendido nesse processo, daí esse esforço de englobar, de forma minuciosa, uma gama maior de soluções baseadas nas normas atuais.

Um esforço extenuante foi dedicado a dois assuntos primordiais: as ligações parafusadas e as soldadas, pois a maioria das falhas estruturais se inicia por meio das ligações, seja pelo início do processo de corrosão, pela falha estrutural decorrente de subdimensionamento dos conectores e/ou das soldas, ou mesmo pela falha de verificação da compatibilização do metal-base com o metal da solda. Essas verificações muitas vezes são omitidas em diversos projetos de engenharia ou simplesmente citadas de modo genérico por meio de uma nota, o que não é recomendado. Toda ligação deve ser dimensionada com o rigor correspondente à sua importância.

Laudos técnicos também constituem uma área crucial da engenharia que poderá vir a fazer parte da vida profissional do engenheiro civil ou estrutural. A abordagem com base em evidências obtidas *in loco* por entrevistas com os envolvidos no processo, fotos ou outros meios, bem como o desenvolvimento de toda uma análise voltada ao problema objeto de estudo, é tratada nesta obra a partir da experiência adquirida nesse ramo e aplicada por mais de uma década a diversos casos, sendo, em sua maioria, situações de emergência que exigem laudos rápidos e sem margem para erros.

No Cap. 1, são abordados os critérios de determinação das ações e dos coeficientes de segurança atuantes numa estrutura, mostrando a obtenção dos esforços de vento, das ações permanentes e das ações acidentais, bem como as informações e orientações iniciais para a elaboração de um projeto estrutural.

O Cap. 2 é dedicado às ligações com uso de conectores (parafusos, barras e chumbadores químicos e mecânicos), ensinando desde o dimensionamento para as mais diversas ligações, com esforços simples e combinados de momento fletor e esforço cortante, até suas especificações para projetos executivos aplicados a casos reais.

No Cap. 3 são apresentadas as ligações soldadas com base nos critérios rigorosos das normas AWS D1.1 e NBR 8800, mostrando a compatibilização entre o metal da solda e o metal-base, seu dimensionamento para qualquer tipo de esforço solicitante e suas simbologias, envolvendo situações reais de projetos executivos já concebidos.

O Cap. 4 traz o dimensionamento de uma cobertura típica de um galpão, partindo dos carregamentos e das ações típicas, passando pelas terças até chegar às tesouras. Neste capítulo, também é apresentado o dimensionamento de perfis formados a frio a partir da norma NBR 14762.

O Cap. 5 apresenta um roteiro para o dimensionamento de um pequeno edifício de um pavimento, mostrando a determinação dos diversos carregamentos aos quais a estrutura está sujeita e o dimensionamento dos seus elementos constituintes.

No Cap. 6, aborda-se o universo da teoria das placas, envolvendo suas formulações complexas e seus aprofundamentos e apresentando fórmulas práticas aplicadas aos problemas cotidianos que envolvem chapas.

No Cap. 7, são apresentados diversos cuidados envolvendo compatibilizações de materiais, geometrias de perfis e outros, os quais evitam, a partir do projeto, o início do processo de corrosão.

Por fim, o Cap. 8 traz um estudo completo da elaboração de um laudo técnico aplicado a estruturas afetadas pelo processo de corrosão, tomando como base o levantamento *in loco* das evidências por meio de fotos e entrevistas com os envolvidos e a respeito do histórico da construção, passando pela análise de cada problema constatado e apresentando soluções para os mais diversos problemas.

No final de cada capítulo, procuramos abordar evidências fotográficas de casos reais relacionados ao respectivo tema, e, nos anexos, é dedicado um estudo aprofundado ao universo das placas (chapas), não só mostrando o desenvolvimento desse campo complexo da Engenharia como também trazendo fórmulas rápidas e práticas para aplicações diárias.

SUMÁRIO

1 ABORDAGENS GERAIS 17
- 1.1 Ações e carregamentos 17
- 1.2 Lajes – quinhões de carga 28
- 1.3 Deslocamentos máximos 30
- 1.4 Listas de materiais 30
- 1.5 Notas gerais 37
- 1.6 Controle do número de tipos de perfis W usados num projeto 38
- 1.7 Fases de um projeto de estruturas metálicas 39

2 LIGAÇÕES COM CONECTORES (PARAFUSOS, BARRAS ROSQUEADAS, CHUMBADORES) 43
- 2.1 Conexões parafusadas 43
- 2.2 Parafusos de baixa e de alta resistência e arruelas 44
- 2.3 Tensões admissíveis e últimas dos conectores 45
- 2.4 Distâncias geométricas entre eixos de furos e entre eixos de furos e bordas de chapa, e quantidade mínima de conectores por ligação 46
- 2.5 Cálculo do comprimento de um parafuso e posição da zona bruta ou zona rosqueada no plano de corte 47
- 2.6 Resistência nominal e de projeto 50
- 2.7 Dimensionamento à tração axial da chapa 50
- 2.8 Dimensionamento ao cisalhamento de bloco de chapa 51
- 2.9 Dimensionamento ao corte 53
- 2.10 Dimensionamento ao rasgamento da chapa e à pressão de apoio 53
- 2.11 Dimensionamento à tração do conector 54
- 2.12 Dimensionamento à tração e corte simultâneos 55
- 2.13 Dimensionamento da chapa a cisalhamento 65
- 2.14 Casos comuns de ligações parafusadas utilizadas nos escritórios de cálculo estrutural 65
- 2.15 Dimensionamento de ligação axial por cisalhamento 70
- 2.16 Dimensionamento de ligação excêntrica por cisalhamento 70
- 2.17 Fatores que afetam o projeto da junta/união 73
- 2.18 Caso real aplicado a uma emenda com o uso de chapas de ligação alinhadas de topo com as vigas 75
- 2.19 Caso real aplicado ao uso de emenda com chapas para flanges e almas de vigas 83
- 2.20 Caso real de ligação excêntrica – com o uso de perfis L e viga W 92
- 2.21 Caso real de ligação excêntrica – com o uso de console fixado a um pilar de concreto 98

2.22	Percentual de massa de aço para ligações parafusadas e percentuais devidos a perdas de materiais diversos	104
2.23	Chumbadores mecânicos	105
2.24	Chumbadores químicos	111
2.25	Barras de ancoragem para ligações de vigas metálicas a pilares ou a vigas de concreto armado	111
2.26	Barras de ancoragem de pré-concretagem para ligações de pilares metálicos a fundações de concreto armado	115
2.27	Parafusos de fixação e de costura	117
2.28	Casos de colapsos de ligações parafusadas	118
2.29	Abordagens de detalhes de projetos originais	118
2.30	Abordagens de casos reais	125

3 LIGAÇÕES SOLDADAS 143

3.1	Considerações gerais	143
3.2	Eletrodos de soldagem	143
3.3	Tipos de junta e de solda	144
3.4	Simbologias de soldas	145
3.5	Tensões admissíveis de solda	149
3.6	Soldas de filete	150
3.7	Soldas-tampão (*plug*) e de fenda (*slot*)	151
3.8	Tamanho mínimo de solda	151
3.9	Tamanho máximo de solda	153
3.10	Cálculo da resistência da solda e da compatibilização entre o metal da solda e o metal-base	153
3.11	Efeito de rasgamento/ruptura lamelar ou em lamelas (*lamellar tearing*)	155
3.12	Orientação de soldas	156
3.13	Conexões soldadas	157
3.14	Conexões soldadas carregadas excentricamente	160
3.15	Conexões rígidas com o uso de solda de entalhe de penetração total e solda de filete	161
3.16	Exemplos	163
3.17	Abordagens de casos reais	178

4 DIMENSIONAMENTO DE COBERTURA 191

4.1	Considerações iniciais	191
4.2	Arranjo estrutural – plantas	192
4.3	Determinação dos carregamentos	194
4.4	Telhas	195
4.5	Terças	195
4.6	Tesouras	208
4.7	Marquises	220

5 DIMENSIONAMENTO DE PRÉDIO 237

5.1	Arranjo estrutural	237
5.2	Determinação dos carregamentos	238
5.3	Resultados finais para as vigas	265
5.4	Resultados finais para os pilares	266

6 DIMENSIONAMENTO DE PLACAS 269

6.1	Desenvolvimento das fórmulas para cálculo	269
6.2	Base de pilar	280
6.3	Enrijecedores intermediários	294

6.4 Enrijecedores de apoio 299
6.5 *Insert* para apoio de viga sobre pilar pré-fabricado de concreto armado 301
6.6 Perfil L como apoio de vigas 301
6.7 Calha em aço galvanizado 305
6.8 Dimensionamento de ligação à tração 309
6.9 Verificação do estresse de cisalhamento da placa..312
6.10 Dimensionamento da espessura de uma chapa de ligação cuja altura
 seja maior do que a da viga 313
6.11 Abordagens de casos reais...313

7 PATOLOGIAS E GALVANIZAÇÃO 325
7.1 Patologias..325
7.2 Galvanização por imersão a quente 376

8 RELATÓRIO TÉCNICO 387
8.1 Como preparar um relatório técnico 387

ANEXO 1 – ESPECIFICAÇÕES TÉCNICAS 391

ANEXO 2 – EXEMPLOS DE RELATÓRIO TÉCNICO 400

REFERÊNCIAS BIBLIOGRÁFICAS 437

SOBRE OS AUTORES 439

ABORDAGENS GERAIS

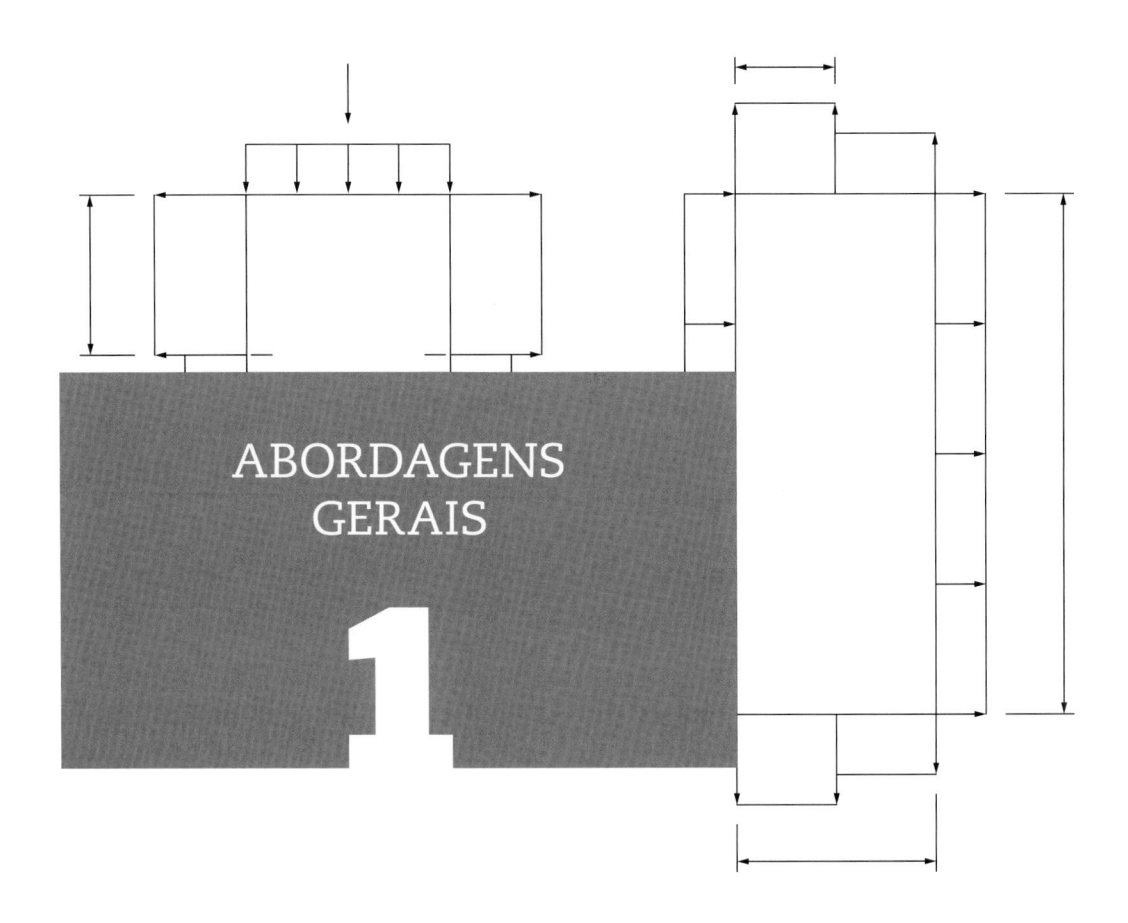

1.1 Ações e carregamentos

Ao iniciar um projeto, parte-se de um planejamento e da determinação de um arranjo estrutural onde se aliam as necessidades do cliente com as soluções que facilitem a construção, o melhor aproveitamento dos materiais e, consequentemente, um menor custo de execução.

As estruturas metálicas adaptam-se melhor a sistemas de construção modulares, ou seja, com a repetição de vãos, tanto na direção horizontal quanto na vertical (eixos x e y).

Em seguida, determinam-se as ações incidentes, que, segundo a NBR 8681 (ABNT, 2003), dividem-se em:
- *Ações permanentes*: são as cargas oriundas do peso próprio dos elementos da estrutura e dos equipamentos fixos vinculados a ela.
- *Ações variáveis*: são as cargas acidentais da construção, em que se incluem os efeitos do vento, das variações de temperatura e das pressões hidrostáticas e hidrodinâmicas, entre outras. Classificam-se em normais, com grande probabilidade de ocorrência e devendo ser obrigatoriamente consideradas no projeto, e especiais, que devem ser definidas para situações específicas.
- *Ações excepcionais*: são as cargas decorrentes de causas tais como explosões, choques de veículos, incêndios, enchentes ou sismos excepcionais.

Posteriormente, essas ações são aplicadas isoladamente aos vários elementos da estrutura, partindo das barras superiores para as inferiores, e são determinados os valores a que elas estão sujeitas.

Em seguida, realiza-se a combinação dos esforços, e, para isso, aplica-se o que prescrevem a NBR 8681 (ABNT, 2003) e a NBR 8800 (ABNT, 2008).

1.1.1 Critérios para combinações últimas

Devem ser considerados os seguintes critérios:
- Ações permanentes devem figurar em todas as combinações de ações.
- Ações variáveis nas combinações últimas normais: em cada combinação última, uma das ações variáveis é considerada a principal, admitindo-se que ela atue com seu valor característico F_k; as demais ações variáveis são consideradas secundárias, admitindo-se que elas atuem com seus valores reduzidos de combinação $\Psi_0 F_k$.
- Ações variáveis nas combinações últimas especiais: nessas combinações, quando existirem, a ação variável especial deve ser considerada com seu valor representativo, e as demais ações variáveis devem ser consideradas com valores correspondentes a uma

probabilidade não desprezível de atuação simultânea à ação variável especial.

- Ações variáveis nas combinações últimas excepcionais: nas combinações últimas excepcionais, quando existirem, a ação excepcional deve ser considerada com seu valor representativo, e as demais ações variáveis devem ser consideradas com valores correspondentes a uma grande probabilidade de atuação simultânea à ação variável excepcional.

As Tabs. 1.1 a 1.3 foram transcritas da NBR 8800 (ABNT, 2008) e mostram os valores dos coeficientes de ponderação das ações e resistências e os fatores de combinação e redução das ações variáveis.

1.1.2 Vento

A determinação dos esforços causados pelo vento é baseada nos procedimentos apresentados na NBR 6123 (ABNT, 1988).

Serão mostrados a seguir os elementos utilizados na determinação dos esforços provocados pelo vento.

a) Velocidade básica V_0

A velocidade básica V_0, expressa em m/s, é a velocidade de uma rajada de 3 s, medida a 10 m acima do terreno,

Tab. 1.1 VALORES DOS COEFICIENTES DE PONDERAÇÃO DAS AÇÕES – $\gamma_f = \gamma_{f1}\,\gamma_{f3}$

Combinações	Ações permanentes (γ_g)[a][c]					
	Diretas					Indiretas
	Peso próprio de estruturas metálicas	Peso próprio de estruturas pré-moldadas	Peso próprio de estruturas moldadas no local e de elementos construtivos industrializados e empuxos permanentes	Peso próprio de elementos construtivos industrializados com adições *in loco*	Peso próprio de elementos construtivos em geral e equipamentos	
Normais	1,25	1,30	1,35	1,40	1,50	1,20
	(1,00)	(1,00)	(1,00)	(1,00)	(1,00)	(0,00)
Especiais ou de construção	1,15	1,20	1,25	1,30	1,40	1,20
	(1,00)	(1,00)	(1,00)	(1,00)	(1,00)	(0,00)
Excepcionais	1,10	1,15	1,15	1,20	1,30	0,00
	(1,00)	(1,00)	(1,00)	(1,00)	(1,00)	(0,00)

	Ações variáveis (γ_q)[a][d]			
	Efeitos da temperatura[b]	Ação do vento	Ações truncadas[e]	Demais ações variáveis, incluindo as decorrentes do uso e ocupações
Normais	1,20	1,40	1,20	1,50
Especiais ou de construção	1,00	1,20	1,10	1,30
Excepcionais	1,00	1,00	1,00	1,00

[a] Os valores entre parênteses correspondem aos coeficientes para as ações permanentes favoráveis à segurança; ações variáveis e excepcionais favoráveis à segurança não devem ser incluídas nas combinações.
[b] O efeito de temperatura citado não inclui o gerado por equipamentos, o qual deve ser considerado ação decorrente do uso e ocupação da edificação.
[c] Nas combinações normais, as ações permanentes diretas que não são favoráveis à segurança podem, opcionalmente, ser consideradas todas agrupadas, com coeficiente de ponderação igual a 1,35 quando as ações variáveis decorrentes do uso e ocupação forem superiores a 5 kN/m², ou 1,40 quando isso não ocorrer. Nas combinações especiais ou de construção, os coeficientes de ponderação são respectivamente 1,25 e 1,30, e nas combinações excepcionais, 1,15 e 1,20.
[d] Nas combinações normais, se as ações permanentes diretas que não são favoráveis à segurança forem agrupadas, as ações variáveis que não são favoráveis à segurança podem, opcionalmente, ser consideradas também todas agrupadas, com coeficiente de ponderação igual a 1,50 quando as ações variáveis decorrentes do uso e ocupação forem superiores a 5 kN/m², ou 1,40 quando isso não ocorrer (mesmo nesse caso, o efeito da temperatura pode ser considerado isoladamente, com o seu próprio coeficiente de ponderação). Nas combinações especiais ou de construção, os coeficientes de ponderação são respectivamente 1,30 e 1,20, e, nas combinações excepcionais, sempre 1,00.
[e] Ações truncadas são consideradas ações variáveis cuja distribuição de máximos é truncada por um dispositivo físico, de modo que o valor dessa ação não possa superar o limite correspondente. O coeficiente de ponderação mostrado nessa tabela aplica-se a esse valor-limite.
Fonte: ABNT (2008).

Tab. 1.2 VALORES DOS FATORES DE COMBINAÇÃO Ψ_0 E DE REDUÇÃO Ψ_1 E Ψ_2 PARA AS AÇÕES VARIÁVEIS

Ações		λ_{f2}[a]		
		Ψ_0	Ψ_1[d]	Ψ_2[e]
Ações variáveis causadas pelo uso e ocupação	Locais em que não há predominância de pesos e de equipamentos que permanecem fixos por longos períodos de tempo, nem de elevadas concentrações de pessoas[b]	0,5	0,4	0,3
	Locais em que há predominância de pesos e de equipamentos que permanecem fixos por longos períodos de tempo, ou de elevadas concentrações de pessoas[c]	0,7	0,6	0,4
	Bibliotecas, arquivos, depósitos, oficinas e garagens e sobrecargas em coberturas	0,8	0,7	0,6
Vento	Pressão dinâmica do vento nas estruturas em geral	0,6	0,3	0,0
Temperatura	Variações uniformes de temperatura em relação à média anual local	0,6	0,5	0,3
Cargas móveis e seus efeitos dinâmicos	Passarelas de pedestres	0,6	0,4	0,3
	Vigas de rolamento de pontes rolantes	1,0	0,8	0,5
	Pilares e outros elementos ou subestruturas que suportam vigas de rolamento de pontes rolantes	0,7	0,6	0,4

[a] Ver alínea c) do item 4.7.5.3 desta mesma norma.
[b] Edificações residenciais de acesso restrito.
[c] Edificações comerciais, de escritórios e de acesso público.
[d] Para estado-limite de fadiga (ver Anexo K da norma), usar Ψ_1 igual a 1,0.
[e] Para combinações excepcionais onde a ação principal for sismo, admite-se adotar para Ψ_2 o valor zero.
Fonte: ABNT (2008).

Tab. 1.3 VALORES DOS COEFICIENTES DE PONDERAÇÃO DAS RESISTÊNCIAS γ_m

Combinações	Aço estrutural[a] γ_a		Concreto γ_c	Aço das armaduras γ_s
	Escoamento, flambagem e instabilidade γ_{a1}	Ruptura γ_{a2}		
Normais	1,10	1,35	1,40	1,15
Especiais ou de construção	1,10	1,35	1,20	1,15
Excepcionais	1,00	1,15	1,20	1,00

[a] Inclui o aço de forma incorporada, usado nas lajes mistas de aço e concreto, de pinos e parafusos.
Fonte: ABNT (2008).

em campo aberto, e que pode ser excedida em média uma vez em 50 anos. O gráfico que mostra essas velocidades, chamado de isopleta das velocidades básicas, é apresentado na Fig. 1.1.

b) Fator topográfico S_1
O fator topográfico S_1 leva em consideração as variações do relevo do terreno da seguinte maneira:
- terreno plano ou fracamente acidentado: $S_1 = 1,0$.
- taludes e morros: consultar a NBR 6123 (ABNT, 1988).
- vales profundos, protegidos de ventos de qualquer direção: $S_1 = 0,9$.

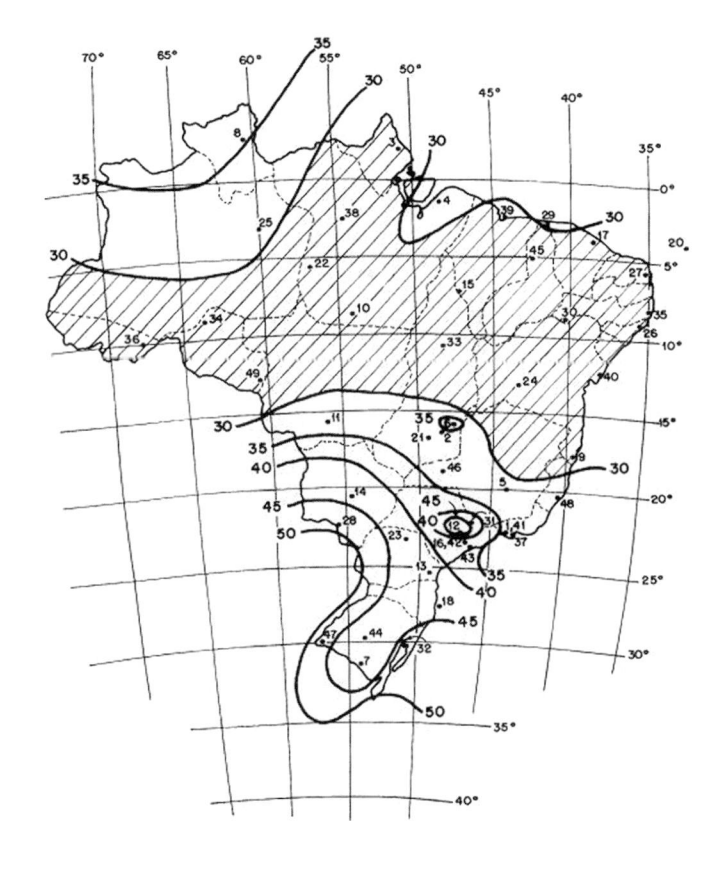

Fig. 1.1 Isopletas da velocidade básica V_0 (em m/s)
Fonte: ABNT (1988).

c) Fator de rugosidade S_2

O fator de rugosidade S_2 considera o efeito combinado da rugosidade do terreno, da variação da velocidade do vento com a altura acima do terreno e das dimensões da edificação ou de parte dela.

i. Rugosidade do terreno

A rugosidade do terreno está dividida em cinco categorias:

- *Categoria I*: superfícies lisas de grandes dimensões, com mais de 5 km de extensão, cuja medida é feita na direção e no sentido do vento incidente. Exemplos:
  » mar calmo;
  » lagos e rios;
  » pântanos sem vegetação.
- *Categoria II*: terrenos abertos em nível ou aproximadamente em nível, com poucos obstáculos isolados, tais como árvores e edificações baixas. Exemplos:
  » zonas costeiras planas;
  » pântanos com vegetação rala;
  » campos de aviação;
  » pradarias e charnecas;
  » fazendas sem sebes ou muros.
  A cota média do topo dos obstáculos é considerada inferior ou igual a 1,0 m.
- *Categoria III*: terrenos planos ou ondulados com obstáculos, tais como sebes e muros, poucos quebra-ventos de árvores, edificações baixas e esparsas. Exemplos:
  » granjas e casas de campo, com exceção das partes com matos;
  » fazendas com sebes e/ou muros;
  » subúrbios a uma considerável distância do centro, com casas baixas e esparsas.
  A cota média do topo dos obstáculos é considerada inferior ou igual a 3,0 m.
- *Categoria IV*: terrenos cobertos por obstáculos numerosos e pouco espaçados, em zona florestal, industrial ou urbanizada. Exemplos:
  » zonas de parques e bosques com muitas árvores;
  » cidades pequenas e seus arredores;
  » subúrbios densamente construídos de grandes cidades;
  » áreas industriais plena ou parcialmente desenvolvidas.
  A cota média do topo dos obstáculos é considerada inferior ou igual a 10,0 m. Essa categoria também inclui zonas com obstáculos maiores e que ainda não podem ser consideradas pertencentes à categoria V.
- *Categoria V*: terrenos cobertos por obstáculos numerosos, grandes, altos e pouco espaçados. Exemplos:
  » florestas com árvores altas, de copas isoladas;
  » centros de grandes cidades;
  » complexos industriais bem desenvolvidos.
  A cota média do topo dos obstáculos é considerada igual ou superior a 25 m.

ii. Dimensões da edificação

Foram escolhidas as seguintes classes de edificações, partes de edificações e seus elementos, com intervalos de tempo para o cálculo da velocidade média de, respectivamente, 3 s, 5 s e 10 s:

- *Classe* A: todas as unidades de vedação, seus elementos de fixação e peças individuais de estruturas sem vedação. Toda edificação em que a maior dimensão horizontal ou vertical não exceda 20 m.
- *Classe* B: toda edificação ou parte de edificação em que a maior dimensão horizontal ou vertical da superfície frontal esteja entre 20 m e 50 m.
- *Classe* C: toda edificação ou parte de edificação em que a maior dimensão horizontal ou vertical da superfície frontal exceda 50 m.

Para toda edificação ou parte de edificação em que a maior dimensão horizontal ou vertical da superfície frontal exceda 80 m, o intervalo de tempo correspondente poderá ser determinado de acordo com as indicações do Anexo A da NBR 6123 (ABNT, 1988).

iii. Altura sobre o terreno

Para a determinação do fator S_2 a uma determinada altura z, deve-se utilizar a Tab. 1.4 e a fórmula a seguir:

Tab. 1.4 PARÂMETROS METEOROLÓGICOS

Categoria	z_g (m)	Parâmetros	Classes		
			A	B	C
I	250	b	1,10	1,11	1,12
		p	0,06	0,065	0,07
II	300	b	1,00	1,00	1,00
		F_r	1,00	0,98	0,95
		p	0,085	0,09	0,10
III	350	b	0,94	0,94	0,93
		p	0,10	0,105	0,115
IV	420	b	0,86	0,85	0,84
		p	0,12	0,125	0,135
V	500	b	0,74	0,73	0,71
		p	0,15	0,16	0,175

$$S_2 = b \cdot F_r \left(z/10\right)^p$$

em que b, p e F_r são valores extraídos da Tab. 1.4, sendo que F_r, o fator de rajada, sempre corresponde ao valor que consta na categoria II.

Essa equação é aplicável até a altura z_g correspondente ao contorno da camada atmosférica.

A altura da edificação pode ser dividida em partes. A força do vento em cada parte é calculada usando o fator S_2 relativo à cota do topo dessa parte, medida a partir do terreno. A Tab. 1.5 fornece os valores de S_2 para diversas alturas, considerando as categorias e as classes.

d) Fator estatístico S_3

O fator estatístico S_3 é baseado em conceitos estatísticos e considera o grau de segurança requerido e a vida útil da edificação. Normalmente, são utilizados os valores mínimos do fator S_3 indicados na Tab. 1.6.

e) Determinação de V_k e q

Após todos os valores anteriores serem determinados, calculam-se os valores de V_k e q usando as seguintes fórmulas:

$$V_k = V_0 \cdot S_1 \cdot S_2 \cdot S_3$$
$$q = 0{,}613 \cdot V_k^2$$

Tab. 1.5 FATOR DE RUGOSIDADE S_2

z (m)	Categoria I			Categoria II			Categoria III			Categoria IV			Categoria V		
	Classes			Classes			Classes			Classes			Classes		
	A	B	C	A	B	C	A	B	C	A	B	C	A	B	C
5	1,06	1,04	1,01	0,94	0,92	0,89	0,88	0,86	0,82	0,79	0,76	0,73	0,74	0,72	0,67
10	1,10	1,09	1,06	1,00	0,98	0,95	0,94	0,92	0,88	0,86	0,83	0,80	0,74	0,72	0,67
15	1,13	1,12	1,09	1,04	1,02	0,99	0,98	0,96	0,93	0,90	0,88	0,84	0,79	0,76	0,72
20	1,15	1,14	1,12	1,06	1,04	1,02	1,01	0,99	0,96	0,93	0,91	0,88	0,82	0,80	0,76
30	1,17	1,17	1,15	1,10	1,08	1,06	1,05	1,03	1,00	0,98	0,96	0,93	0,87	0,85	0,82
40	1,20	1,19	1,17	1,13	1,11	1,09	1,08	1,06	1,04	1,01	0,99	0,96	0,91	0,89	0,86
50	1,21	1,21	1,19	1,15	1,13	1,12	1,10	1,09	1,06	1,04	1,02	0,99	0,94	0,93	0,89
60	1,22	1,22	1,21	1,16	1,15	1,14	1,12	1,11	1,09	1,07	1,04	1,02	0,97	0,95	0,92
80	1,25	1,24	1,23	1,19	1,18	1,17	1,16	1,14	1,12	1,10	1,08	1,06	1,01	1,00	0,97
100	1,26	1,26	1,25	1,22	1,21	1,20	1,18	1,17	1,15	1,13	1,11	1,09	1,05	1,03	1,01
120	1,28	1,28	1,27	1,24	1,23	1,22	1,20	1,20	1,18	1,16	1,14	1,12	1,07	1,06	1,04
140	1,29	1,29	1,28	1,25	1,24	1,24	1,22	1,22	1,20	1,18	1,16	1,14	1,10	1,09	1,07
160	1,30	1,30	1,29	1,27	1,26	1,25	1,24	1,23	1,22	1,20	1,18	1,16	1,12	1,11	1,10
180	1,31	1,31	1,31	1,28	1,27	1,27	1,26	1,25	1,23	1,22	1,20	1,18	1,14	1,14	1,12
200	1,32	1,32	1,32	1,29	1,28	1,28	1,27	1,26	1,25	1,23	1,21	1,20	1,16	1,16	1,14
250	1,34	1,34	1,33	1,31	1,31	1,31	1,30	1,29	1,28	1,27	1,25	1,23	1,20	1,20	1,18
300	–	–	–	1,34	1,33	1,33	1,32	1,32	1,31	1,29	1,27	1,26	1,23	1,23	1,22
350	–	–	–	–	–	–	1,34	1,34	1,33	1,32	1,30	1,29	1,26	1,26	1,26
400	–	–	–	–	–	–	–	–	–	1,34	1,32	1,32	1,29	1,29	1,29
420	–	–	–	–	–	–	–	–	–	1,35	1,35	1,33	1,30	1,30	1,30
450	–	–	–	–	–	–	–	–	–	–	–	–	1,32	1,32	1,32
500	–	–	–	–	–	–	–	–	–	–	–	–	1,34	1,34	1,34

Tab. 1.6 VALORES MÍNIMOS DO FATOR ESTATÍSTICO S_3

Grupo	Descrição	S_3
1	Edificações cuja ruína total ou parcial afeta a segurança ou a possibilidade de socorro a pessoas após uma tempestade destrutiva (hospitais, quartéis de bombeiros e de forças de segurança, centrais de comunicação etc.)	1,10
2	Edificações para hotéis e residências. Edificações para comércio e indústria com alto fator de ocupação	1,00
3	Edificações e instalações industriais com baixo fator de ocupação (depósitos, silos, construções rurais etc.)	0,95
4	Vedações (telhas, vidros, painéis de vedação etc.)	0,88
5	Edificações temporárias. Estruturas dos grupos 1 a 3 durante a construção	0,83

Exemplos de aplicação serão apresentados nos Caps. 4 e 6.

1.1.3 Coeficientes aerodinâmicos para edificações correntes

Em uma edificação, o vento provoca ações de pressão ou sucção e age nas diversas partes e nos diversos elementos da construção. Para encontrar os valores dessas ações, é necessário determinar alguns coeficientes, como será visto a seguir.

a) Coeficientes de pressão e de forma externos

Os valores dos coeficientes de pressão e de forma externos (C_e), para diversos tipos de edificação e para direções críticas do vento, são dados nas Tabs. 1.7 a 1.9 e nas Figs. 1.2 a 1.4. Para informações complementares, consultar os Anexos E e F da NBR 6123 (ABNT, 1988), de onde foram reproduzidas as tabelas e as figuras.

Tab. 1.7 COEFICIENTES DE PRESSÃO E DE FORMA EXTERNOS PARA PAREDES DE EDIFICAÇÕES DE PLANTA RETANGULAR (TABELA 4 DA NBR 6123)

Altura relativa		Valores de C_e para								$C_{pe-Médio}$
		$\alpha = 0°$				$\alpha = 90°$				
		A_1 e B_1	A_2 e B_2	C	D	A	B	C_1 e D_1	C_2 e D_2	
0,2b ou h (o menor dos dois) $\dfrac{h}{b} \leq \dfrac{1}{2}$	$1 \leq \dfrac{a}{b} \leq \dfrac{3}{2}$	−0,8	−0,5	+0,7	−0,4	+0,7	−0,4	−0,8	−0,4	−0,9
	$2 \leq \dfrac{a}{b} \leq 4$	−0,8	−0,4	+0,7	−0,3	+0,7	−0,5	−0,9	−0,5	−1,0
$\dfrac{1}{2} \leq \dfrac{h}{b} \leq \dfrac{3}{2}$	$1 \leq \dfrac{a}{b} \leq \dfrac{3}{2}$	−0,9	−0,5	+0,7	−0,5	+0,7	−0,5	−0,9	−0,5	−1,1
	$2 \leq \dfrac{a}{b} \leq 4$	−0,9	−0,4	+0,7	−0,3	+0,7	−0,6	−0,9	−0,5	−1,1
$\dfrac{3}{2} \leq \dfrac{h}{b} \leq 6$	$1 \leq \dfrac{a}{b} \leq \dfrac{3}{2}$	−1,0	−0,6	+0,8	−0,6	+0,8	−0,6	−1,0	−0,6	−1,2
	$2 \leq \dfrac{a}{b} \leq 4$	−1,0	−0,5	+0,8	−0,3	+0,8	−0,6	−1,0	−0,6	−1,2

Fonte: ABNT (1988).

Notas:
- Para a/b entre $3/2$ e 2, interpolar linearmente.
- Para vento a $0°$, nas partes A_3 e B_3, o coeficiente de forma C_e tem os seguintes valores:
  » para $a/b = 1$, mesmo valor das partes A_2 e B_2;
  » para $a/b \geq 2$, $C_e = -0,2$;
  » para $1 < a/b < 2$, interpolar linearmente.
- Para cada uma das duas incidências do vento ($0°$ ou $90°$), o coeficiente de pressão médio externo $c_{pe\text{-}Médio}$ é aplicado à parte de barlavento das paredes paralelas ao vento, em uma distância igual a $0,2b$ ou h, considerando-se o menor desses valores.
- Para determinar o coeficiente de arrasto, C_a, deve ser usado o gráfico da Figura 4 (vento de baixa turbulência) ou da Figura 5 (vento de alta turbulência) da NBR 6123.

Fig. 1.2 Localização dos valores de C_e para paredes da Tabela 4 da NBR 6123
Fonte: ABNT (1988).

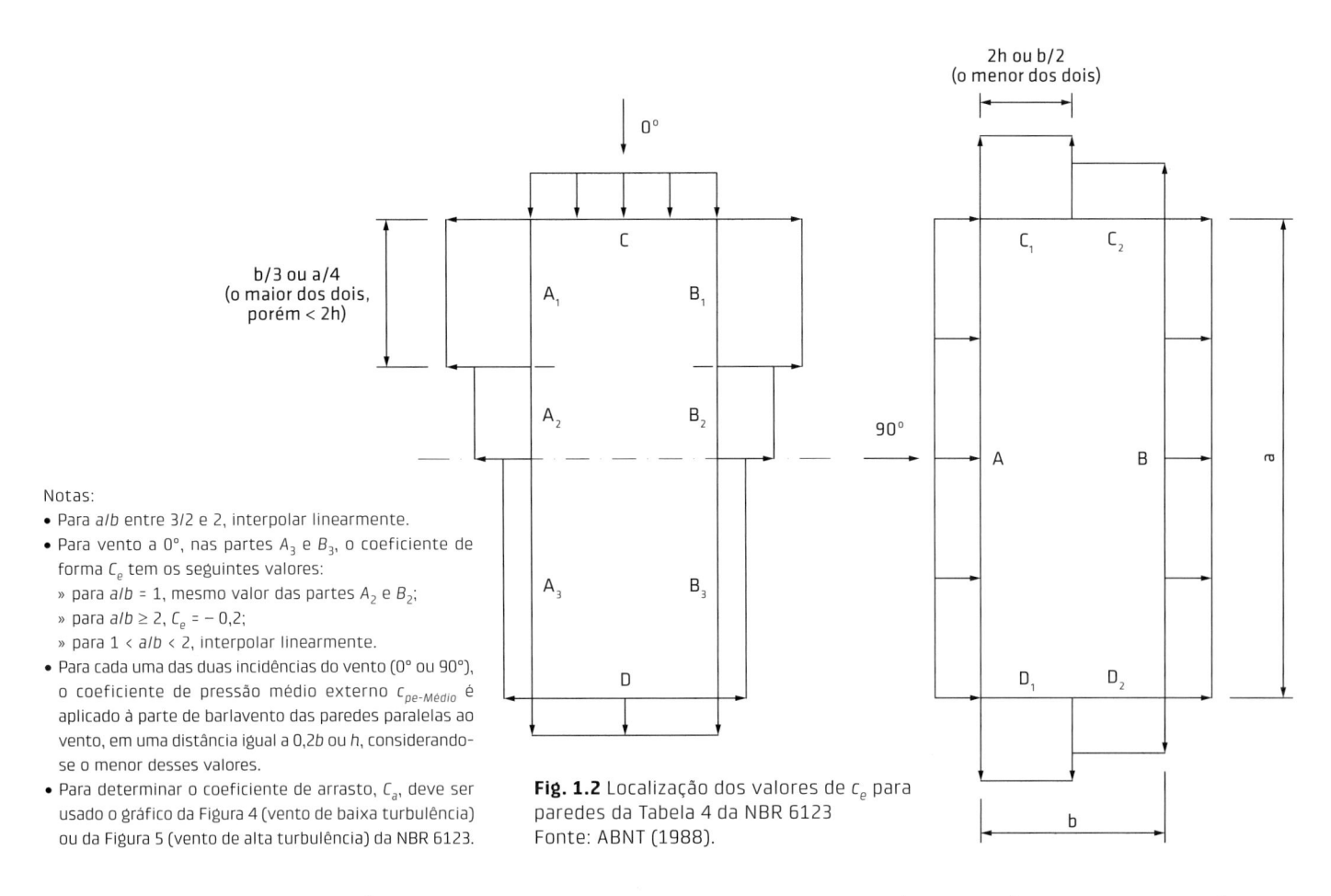

Tab. 1.8 COEFICIENTES DE PRESSÃO E DE FORMA EXTERNOS PARA TELHADOS COM DUAS ÁGUAS, SIMÉTRICOS, EM EDIFICAÇÕES DE PLANTA RETANGULAR (TABELA 5 DA NBR 6123)

Altura relativa		θ	Valores de C_e para				$c_{pe\text{-}Médio}$			
			$\alpha = 90°$		$\alpha = 0°$					
			EF	GH	EG	FH				
$\dfrac{h}{b} \leq \dfrac{1}{2}$	Detalhe 1	0°	−0,8	−0,4	−0,8	−0,4	−2,0	−2,0	−2,0	−
		5°	−0,9	−0,4	−0,8	−0,4	−1,4	−1,2	−1,2	−1,0
		10°	−1,2	−0,4	−0,8	−0,6	−1,4	−1,4		−1,2
		15°	−1,0	−0,4	−0,8	−0,6	−1,4	−1,2		−1,2
		20°	−0,4	−0,4	−0,7	−0,6	−1,0			−1,2
		30°	0	−0,4	−0,7	−0,6	−0,8			−1,1
		45°	+0,3	−0,5	−0,7	−0,6				−1,1
		60°	+0,7	−0,6	−0,7	−0,6				−1,1
$\dfrac{1}{2} \leq \dfrac{h}{b} \leq \dfrac{3}{2}$		0°	−0,8	−0,6	−1,0	−0,6	−2,0	−2,0	−2,0	−
		5°	−0,9	−0,6	−0,9	−0,6	−2,0	−2,0	−1,5	−1,0
		10°	−1,1	−0,6	−0,8	−0,6	−2,0	−2,0	−1,5	−1,2
		15°	−1,0	−0,6	−0,8	−0,6	−1,8	−1,5	−1,5	−1,2
		20°	−0,7	−0,5	−0,8	−0,6	−1,5	−1,5	−1,5	−1,0
		30°	−0,2	−0,5	−0,8	−0,8	−1,0			−1,0
		45°	+0,2	−0,5	−0,8	−0,8				
		60°	+0,6	−0,5	−0,8	−0,8				
$\dfrac{3}{2} \leq \dfrac{h}{b} \leq 6$		0°	−0,8	−0,6	−0,9	−0,7	−2,0	−2,0	−2,0	−
		5°	−0,8	−0,6	−0,8	−0,8	−2,0	−2,0	−1,5	−1,0
		10°	−0,8	−0,6	−0,8	−0,8	−2,0	−2,0	−1,5	−1,2
		15°	−0,8	−0,6	−0,8	−0,8	−1,8	−1,8	−1,5	−1,2
		20°	−0,8	−0,6	−0,8	−0,8	−1,5	−1,5	−1,5	−1,0
		30°	−1,0	−0,5	−0,8	−0,7	−1,5			
		45°	−0,2	−0,5	−0,8	−0,7	−1,0			
		50°	+0,2	−0,5	−0,8	−0,7				
		60°	+0,5	−0,5	−0,8	−0,7				

Fonte: ABNT (1988).

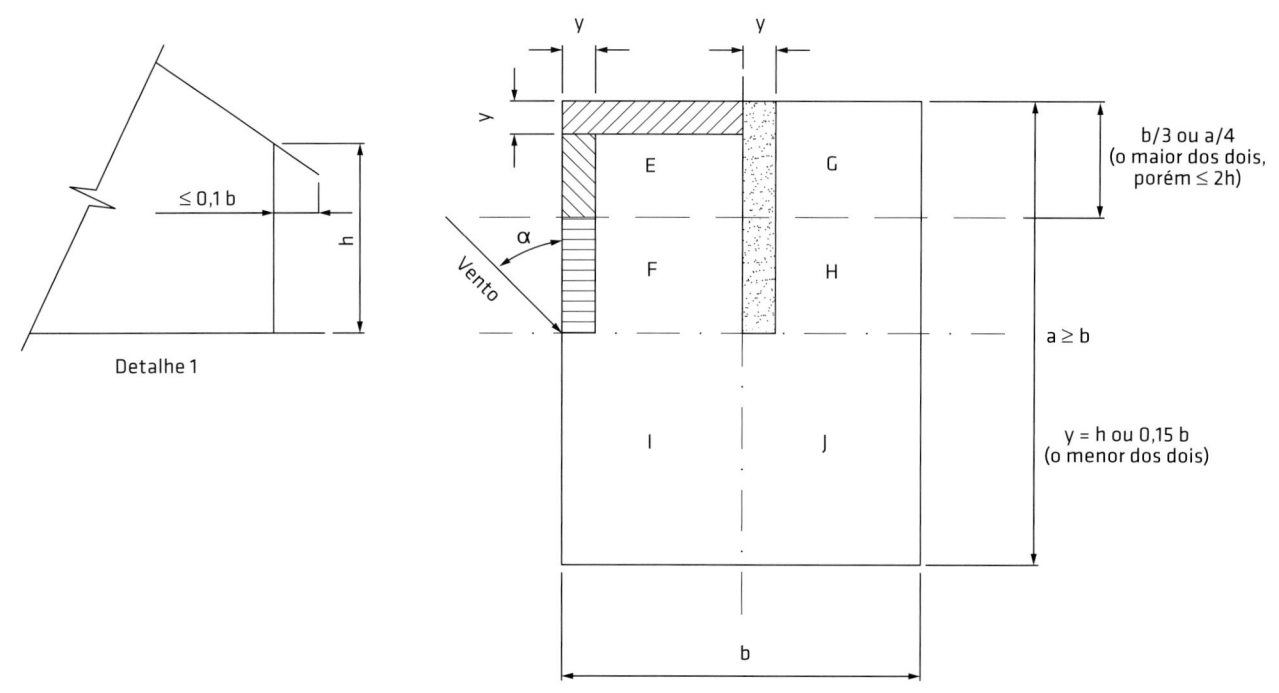

Notas:
- O coeficiente de forma C_e na face inferior do beiral é igual ao da parede correspondente.
- Nas zonas em torno de partes de edificações salientes ao telhado (chaminés, reservatórios, torres etc.), deve ser considerado um coeficiente de forma C_e = 1,2 até uma distância igual à metade da dimensão da diagonal da saliência vista em planta.
- Na cobertura de lanternins, $c_{pe\text{-}Médio} = -2,0$.
- Para vento a 0°, nas partes I e J o coeficiente de forma C_e tem os seguintes valores:
  - para $a/b = 1$: mesmo valor das partes F e H;
  - para $a/b \geq 2$, $C_e = -0,2$;
  - para valores intermediários de a/b: interpolar linearmente.

Fig. 1.3 Localização dos valores de c_e para telhados com duas águas da Tabela 5 da NBR 6123
Fonte: ABNT (1988).

Tab. 1.9 COEFICIENTES DE PRESSÃO E DE FORMA EXTERNOS PARA TELHADOS COM UMA ÁGUA EM EDIFICAÇÕES DE PLANTA RETANGULAR, COM $H/B < 2$ (TABELA 6 DA NBR 6123)

θ	Valores de C_e para ângulo de incidência do vento									
	90°[c]		45°		0°		−45°		−90°	
	H	L	H	L	H e L[a]	H e L[b]	H	L	H	L
5°	−1,0	−0,5	−1,0	−0,9	−1,0	−0,5	−0,9	−1,0	−0,5	−1,0
10°	−1,0	−0,5	−1,0	−0,8	−1,0	−0,5	−0,8	−1,0	−0,4	−1,0
15°	−0,9	−0,5	−1,0	−0,7	−1,0	−0,5	−0,6	−1,0	−0,3	−1,0
20°	−0,8	−0,5	−1,0	−0,6	−0,9	−0,5	−0,5	−1,0	−0,2	−1,0
25°	−0,7	−0,5	−1,0	−0,6	−0,8	−0,5	−0,3	−0,9	−0,1	−0,9
30°	−0,5	−0,5	−1,0	−0,6	−0,8	−0,5	−0,1	−0,6	0,0	−0,6

θ	$c_{pe\text{-}Médio}$					
	H_1	H_2	L_1	L_2	H_e	L_e
5°	−2,0	−1,5	−2,0	−1,5	−2,0	−2,0
10°	−2,0	−1,5	−2,0	−1,5	−2,0	−2,0
15°	−1,8	−0,9	−1,8	−1,4	−2,0	−2,0
20°	−1,8	−0,8	−1,8	−1,4	−2,0	−2,0
25°	−1,8	−0,7	−0,9	−0,9	−2,0	−2,0
30°	−1,8	−0,5	−0,5	−0,5	−2,0	−2,0

[a] Até uma profundidade igual a $b/2$.
[b] De $b/2$ até $a/2$.
[c] Considerar valores simétricos do outro lado do eixo de simetria paralelo ao vento.
Fonte: ABNT (1988).

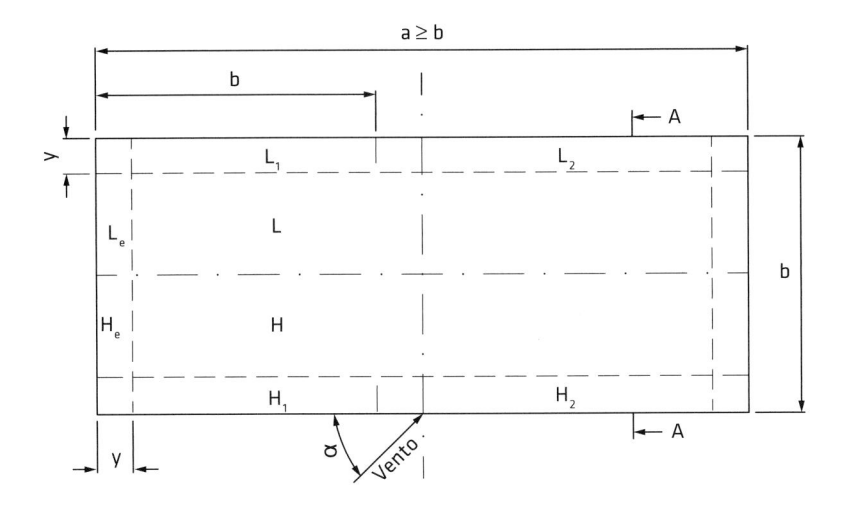

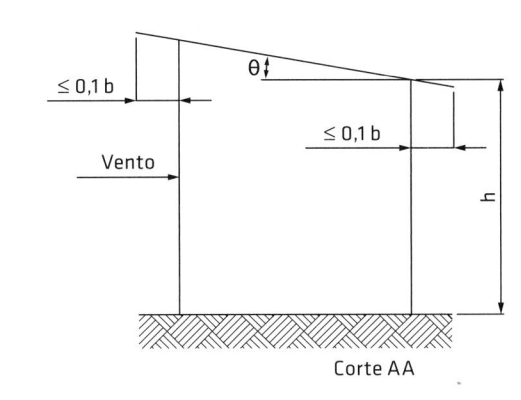

Nota: para vento a 0°, nas partes I e J, que se referem aos respectivos quadrantes, o coeficiente de forma C_e tem os seguintes valores:
- para $a/b = 1$, mesmo valor das partes H e L;
- para $a/b = 2$, $C_e = -0,2$;
- para valores intermediários de a/b, interpolar linearmente.

$y = h$ ou $0,15b$ (o menor dos dois)
As superfícies L e H referem-se a todo o respectivo quadrante

Fig. 1.4 Localização dos valores de c_e para telhados com uma água da Tabela 6 da NBR 6123
Fonte: ABNT (1988).

b) Coeficientes de pressão interna

O coeficiente de pressão interna (C_{pi}) depende da permeabilidade das paredes da edificação. O índice de permeabilidade de uma parte da edificação é definido pela relação entre a área das aberturas e a área total dessa parte.

De modo geral, pode-se resumir os casos em:
- Duas faces opostas igualmente permeáveis, as outras faces impermeáveis.
  » Vento perpendicular a uma face permeável: $C_{pi} = +0,2$.
  » Vento perpendicular a uma face impermeável: $C_{pi} = -0,3$.
- Quatro faces igualmente permeáveis: $C_{pi} = -0,3$ ou $0,0$.
- Abertura dominante em uma face, as outras faces de igual permeabilidade.
  » Abertura dominante na face de barlavento – proporção entre a área de todas as aberturas na face de barlavento e a área total das aberturas em todas as faces submetidas a sucções externas:

1	$C_{pi} = +0,1$
1,5	$C_{pi} = +0,3$
2	$C_{pi} = +0,5$
3	$C_{pi} = +0,6$
6 ou mais	$C_{pi} = +0,8$

  » Abertura dominante na face de sotavento – adotar o valor do coeficiente de forma externo, C_e, correspondente a essa face.
  » Abertura dominante em uma face paralela ao vento.
- Abertura dominante não situada em zona de alta sucção externa – adotar o valor do coeficiente de forma externo, C_e, correspondente ao local da abertura nessa face.
- Abertura dominante situada em zona de alta sucção externa – proporção entre a área da abertura dominante (ou área das aberturas situadas nessa zona) e a área total das outras aberturas situadas em todas as faces submetidas a sucções externas:

0,25	$C_{pi} = -0,4$
0,50	$C_{pi} = -0,5$
0,75	$C_{pi} = -0,6$
1,0	$C_{pi} = -0,7$
1,5	$C_{pi} = -0,8$
3 ou mais	$C_{pi} = -0,9$

- Edificações efetivamente estanques e com janelas fixas que tenham uma probabilidade desprezável de serem rompidas por acidente: considerar o valor mais nocivo de $C_{pi} = -0,2$ ou $0,0$.

1.1.4 Ações permanentes

Serão apresentados a seguir os valores das ações permanentes mais comuns no dimensionamento de estruturas de aço.

a) Estruturas metálicas – valores estimados
- *Vigas e pilares*: de 0,20 kN/m a 0,50 kN/m.
- *Terças de perfil formado a frio (PFF)*: 0,10 kN/m².

- *Telhas simples de aço galvanizado*: 0,05 kN/m².
- *Telhas simples de alumínio*: 0,025 kN/m².
- *Telhas termoacústicas de aço galvanizado*: de 0,10 kN/m² a 0,15 kN/m².
- *Telhas termoacústicas de alumínio*: de 0,05 kN/m² a 0,075 kN/m².
- *Correntes e contraventos horizontais*: 0,05 kN/m².

Esses valores serão desenvolvidos nos capítulos correspondentes.

b) Sistemas de vedação

i. Alvenaria de tijolos cerâmicos

Para a determinação da carga por metro linear, basta multiplicar o valor correspondente à largura da parede e ao tipo de tijolo pela altura da parede, conforme indicado na Tab. 1.10. Caso existam aberturas nas paredes, estas podem ser descontadas subtraindo-se da altura da parede um valor igual à área das aberturas existentes dividida pelo vão da viga. Como exemplo, será considerada uma parede de tijolo furado com 15 cm de largura, 4,00 m de comprimento, 3,15 m de altura entre lajes, viga de apoio de 40 cm de altura, uma janela de 1,20 m × 1,10 m e uma porta de 0,70 m × 2,10 m.

$$q = \left(3{,}15 \text{ m} - 0{,}40 \text{ m} - \frac{1{,}20 \text{ m} \times 1{,}10 \text{ m} + 0{,}70 \text{ m} \times 2{,}10 \text{ m}}{4{,}00 \text{ m}}\right) \times$$
$$\times 1{,}80 \text{ kN/m}^2 \cong 3{,}70 \text{ kN/m}$$

Tab. 1.10 CARGA EM FUNÇÃO DA LARGURA PARA AS ALVENARIAS DE TIJOLOS CERÂMICOS

Largura (cm)	Tijolo furado (kN/m²)	Tijolo maciço (kN/m²)
10	1,20	1,60
15	1,80	2,40
25	3,00	4,00

ii. Blocos de sical

A utilização dos blocos de sical é semelhante à dos tijolos de cerâmica. Os valores de densidade desse material estão expostos na Tab. 1.11.

Tab. 1.11 DENSIDADE DOS BLOCOS DE SICAL

Densidade a seco	4,50 kN/m³
Para cálculo estrutural	5,50 kN/m³
Para cálculo de frete	6,00 kN/m³

Na Tab. 1.12, são apresentadas as dimensões dos blocos e as respectivas cargas por metro quadrado. Para a determinação da carga por metro quadrado, foi considerado um revestimento de 5 cm de argamassa (2,5 cm em cada lado) e 20,0 kN/m³.

Tab. 1.12 CARGA DOS BLOCOS DE SICAL EM FUNÇÃO DE SUAS DIMENSÕES

Largura (cm)	Altura (cm)	Comprimento (cm)	Carga
7,5	30,0	60,0	1,42 kN/m²
10,0	30,0	60,0	1,65 kN/m²
12,5	30,0	60,0	1,69 kN/m²
15,0	30,0	60,0	1,83 kN/m²
20,0	30,0	60,0	2,10 kN/m²

iii. Drywall (gesso acartonado) e placas cimentícias

Segundo o item 2.1.2 da NBR 6120 (ABNT, 1980, p. 1), pode-se adotar "[...] uma carga uniformemente distribuída por metro quadrado de piso não menor que um terço do peso por metro linear de parede pronta, observado o valor mínimo de 1 kN/m²".

Nesses casos, como essas divisórias não atingem o valor mínimo, considera-se o valor de 1,0 kN/m².

c) Lajes

i. Lajes pré-moldadas

Para as lajes pré-moldadas, precisa-se, inicialmente, da geometria da vigota, do material de enchimento (lajota, EPS etc.) e da altura da capa. Como exemplo, será utilizada uma vigota com base de 5 cm e altura de 9 cm, uma lajota de cerâmica com 30 cm de largura e uma capa de concreto com 6 cm de altura.

▷ Geometrias das vigotas de concreto

b_{VC} = 5,0 cm

h_{VC} = 9,0 cm

L_{VC} (espaçamento entre eixos) = 35,0 cm

h_{Capa} = 6,0 cm

L_{Laj} (largura da lajota) = 30,0 cm

h_{Emb} (altura do emboço) = 2,0 cm

$h_{Contrapiso}$ = 2,0 cm

h_{AG} (altura do acabamento em granito) = 0,50 cm

▷ Materiais

$\theta_{Argamassa}$ = 20,0 kN/m³

γ_G (granito) = 20,0 kN/m³

γ_C (concreto) = 25,0 kN/m³

$Q_{1,Laj}$ (peso de uma lajota) = 5 kgf = 0,05 kN

▷ Cargas permanentes

$g_{VC} = b_{VC} \cdot h_{VC} \cdot 2 \cdot \gamma_C$ = 0,05 m × 0,09 m × 2 × 25,0 kN/m³ =
= 0,225 kN/m

$g_{Capa} = h_{Capa} \cdot L_{VC} \cdot \gamma_C = 0{,}06 \text{ m} \times 0{,}35 \text{ m} \times 25{,}0 \text{ kN/m}^3 =$
$= 0{,}525 \text{ kN/m}$

$$g_{Lajota} = \frac{1 \text{ un.}}{\text{Comp. lajota}} = \frac{0{,}05 \text{ kN}}{0{,}30 \text{ m}} = 0{,}167 \text{ kN/m}$$

$$g_{Revest} = \left(h_{Emb} + h_{Contrapiso} \cdot L_{VC} \cdot \gamma_A\right)$$

$$g_{Revest} = \frac{(2{,}0 \text{ cm} + 2{,}0 \text{ cm}) \times 35 \text{ cm} \times 20{,}0 \text{ kN/m}^3}{10.000} =$$
$= 0{,}140 \text{ kN/m}$

$g_{Acab} = h_{AG} \cdot L_{VC} \cdot \gamma_C = \dfrac{0{,}5 \text{ cm} \times 35 \text{ cm} \times 20{,}0 \text{ kN/m}^3}{10.000} =$
$= 0{,}035 \text{ kN/m}$

▷ Totais

$q = g_{VC} + g_{Capa} + g_{Lajota} + g_{Revest} + g_{Acab}$
$q = 0{,}225 \text{ kN/m} + 0{,}525 \text{ kN/m} + 0{,}167 \text{ kN/m} + 0{,}140 \text{ kN/m} + 0{,}035 \text{ kN/m}$
$q = 1{,}092 \text{ kN/m}$

▷ Carga total por metro quadrado

$$Q = \frac{q}{L_{VC}} = \frac{1{,}092 \text{ kN/m}}{0{,}35 \text{ m}} = 3{,}12 \text{ kN/m}^2$$

ii. Lajes maciças

Para as lajes maciças, basta saber a altura da capa. Será utilizada, como exemplo, uma laje com altura de 12 cm.

▷ Geometria da laje

$h_{Laje} = 12{,}0 \text{ cm}$
h_{Emb} (altura do emboço) = 2,0 cm
$h_{Contrapiso} = 3{,}0 \text{ cm}$
h_{AG} (altura do acabamento em granito) = 0,50 cm

▷ Materiais

γ_A (argamassa) = 20,0 kN/m³
γ_G (granito) = 20,0 kN/m³
γ_C (concreto) = 25,0 kN/m³

▷ Cargas permanentes

$$g_{Laje} = h_{Laje} \cdot \gamma_C = 0{,}12 \text{ m} \times 25{,}0 \text{ kN/m}^3 = 3{,}00 \text{ kN/m}$$

$$g_{Revest} = \left(h_{Emb} + h_{Contrapiso}\right) \cdot 1{,}0 \text{ m} \cdot \gamma_A$$

$g_{Revest} = (0{,}02 \text{ m} + 0{,}03 \text{ m}) \times 1{,}0 \text{ m} \times 20{,}0 \text{ kN/m}^3 = 1{,}00 \text{ kN/m}$

$g_{Acab} = h_{AG} \cdot 1{,}0 \text{ m} \cdot \gamma_C = 0{,}005 \text{ m} \times 1{,}0 \text{ m} \times 20{,}0 \text{ kN/m}^3 =$
$= 0{,}10 \text{ kN/m}$

▷ Totais

$q = g_{Laje} + g_{Revest} + g_{Acab}$
$q = 3{,}00 \text{ kN/m} + 1{,}00 \text{ kN/m} + 0{,}10 \text{ kN/m}$
$q = 4{,}10 \text{ kN/m}$

iii. Lajes *steel deck*

No caso das lajes *steel deck*, também chamadas de lajes com forma de aço incorporada, pode-se utilizar as tabelas dos fabricantes, que fornecem os valores a serem considerados em função da espessura e altura da forma e da altura da laje. Ao final, serão apresentadas algumas tabelas de formas para lajes *steel deck*.

Como exemplo, serão determinadas as cargas de uma laje com forma de 1,25 mm de espessura e 75 mm de altura e laje de 13 cm de altura total (7,5 cm da telha + 5,5 cm da capa).

▷ Geometrias das vigotas de concreto

$h_{Laje} = 13{,}0 \text{ cm}$
$h_{Contrapiso} = 3{,}0 \text{ cm}$
h_{AG} (altura do acabamento em granito) = 0,50 cm

▷ Materiais

γ_A (argamassa) = 20,0 kN/m³
γ_G (granito) = 20,0 kN/m³
γ_C (concreto) = 25,0 kN/m³

$$g_{Laje} = (\text{tabelado}) = 2{,}32 \text{ kN/m}$$

$$g_{Revest} = h_{Contrapiso} \cdot 1{,}0 \text{ m} \cdot \gamma_A$$

$g_{Revest} = 0{,}03 \text{ m} \times 1{,}0 \text{ m} \times 20{,}0 \text{ kN/m}^3 = 0{,}60 \text{ kN/m}$

$g_{Acab} = h_{AG} \cdot 1{,}0 \text{ m} \cdot \gamma_C = 0{,}5 \text{ cm} \times 1{,}0 \text{ m} \times 20{,}0 \text{ kN/m}^3 =$
$= 0{,}10 \text{ kN/m}$

▷ Cargas permanentes
▷ Totais

$q = g_{Laje} + g_{Revest} + g_{Acab}$
$q = 2{,}32 \text{ kN/m} + 0{,}60 \text{ kN/m} + 0{,}10 \text{ kN/m}$
$q = 3{,}02 \text{ kN/m}$

1.1.5 Sobrecargas

Serão apresentados a seguir os valores das sobrecargas mais comuns no dimensionamento de estruturas de aço.

a) Coberturas comuns

Segundo a NBR 8800 (ABNT, 2008, p. 112),

> Nas coberturas comuns (telhados), na ausência de especificação mais rigorosa, deve ser prevista uma sobrecarga característica mínima de 0,25 kN/m², em projeção horizontal. Admite-se que essa sobrecarga englobe as cargas decorrentes de instalações elétricas e hidráulicas, de isolamentos térmico e acústico e de pequenas peças eventualmente fixadas na cobertura, até um limite superior de 0,05 kN/m².

Além disso, a NBR 6120 (ABNT, 1980, p. 4), no item 2.2.1.4, orienta: "Todo elemento isolado de coberturas (ripas, terças e barras de banzo superior de treliças) deve ser projetado para receber, na posição mais desfavorável, uma carga vertical de 1 kN, além da carga permanente". Normalmente, o valor de 0,25 kN/m² costuma gerar valores maiores de carregamento para o caso das terças.

b) Equipamentos elétricos e de ar condicionado

Em algumas obras, principalmente em prédios industriais ou comerciais, a instalação de equipamentos elétricos e de ar condicionado é necessária. Nas Tabs. 1.13 e 1.14 estão indicadas as dimensões e o peso (em média) dos principais equipamentos, considerando a ausência e a presença de uma base de sustentação em concreto armado.

Tab. 1.13 CARGA DOS PRINCIPAIS EQUIPAMENTOS ELÉTRICOS (SEM BASE DE CONCRETO)

Equipamentos elétricos	Largura (m)	Comprimento (m)	Peso próprio (kN)
Transformadores	1,05	1,27	11,0
Painéis elétricos	0,80	1,20	6,0
Painéis para CCM	0,90	1,00	6,0

Tab. 1.14 CARGA DOS PRINCIPAIS EQUIPAMENTOS DE AR CONDICIONADO (COM BASE DE CONCRETO)

Equipamentos de ar condicionado	Tamanho da base (m)			Peso próprio (kN)		
	Largura	Comprimento	Altura	Equip.	Base	Total
Condensadoras	0,50	1,20	0,07	1,10	1,05	2,15
Exaustores	0,70	1,10	0,07	1,20	1,35	2,55
Fan-coils	1,40	1,90	0,10	5,60	6,65	12,25
Chillers	1,10	2,80	0,10	21,80	7,70	29,50
Torre de arrefecimento	2,90	2,90	0,40	50,40	84,10	134,50

c) Caixas-d'água

Atualmente, tem-se utilizado caixas-d'água de fibra de vidro ou de polietileno. Na Tab. 1.15 estão apresentadas as dimensões e pesos com base em dois fabricantes, FORTLEV (somente polietileno) e Fibromar (fibra de vidro e polietileno); as caixas com capacidade menor que 1.000 L foram excluídas, apesar de esses fabricantes as fornecerem. Será informado apenas o diâmetro da base, pois essa é a dimensão que será usada para a determinação da carga por metro quadrado.

Tab. 1.15 CARGA DE CAIXAS-D'ÁGUA POR METRO QUADRADO

Capacidade (L)	Diâmetro (m)	Peso próprio (kN/m²)
1.000	1,15	9,63
1.500	1,50	8,49
2.000	1,51	11,17
2.500	1,54	13,42
3.000	1,51	16,75
4.000	1,52	22,04
5.000	1,86	18,40
7.500	2,00	23,87
10.000	2,40	22,10
15.000	2,50	30,56
20.000	2,41	43,84
30.000	2,70	52,40

Para o cálculo do carregamento distribuído proveniente da caixa-d'água numa laje, utiliza-se uma fórmula empírica que considera a média entre a carga por metro quadrado calculada pela área de apoio do reservatório (p_{AR}) (Tab. 1.15) e a carga por metro quadrado calculada pela área da laje (p_{AL}). Como exemplo, será determinada a carga distribuída correspondente a um reservatório de 2.500 L apoiado numa laje de 2,00 m × 6,50 m.

$$\bar{p} = \frac{p_{AR} + p_{AL}}{2} = \frac{13,42 \text{ kN/m}^2 + \dfrac{25,00 \text{ kN}}{2,00 \text{ m} \times 6,50 \text{ m}}}{2} = 7,67 \text{ kN/m}^2$$

1.2 Lajes – quinhões de carga

De modo geral, uma laje retangular é sustentada pelas vigas que a contornam. Dessa forma, ela pode estar apoiada em quatro, três, dois ou apenas um bordo, e esses apoios podem ser articulados (simples) ou engastados. Os bordos de periferia são considerados simplesmente apoiados, e os internos, engastados. Quando uma laje em nível normal se encontra com outra rebaixada, o bordo comum a ambas é considerado apoiado para uma diferença de nível maior que 10 cm e, caso contrário, engastado.

Com isso, definem-se os valores de carga provenientes das lajes e que são suportados pelas vigas. Essas áreas de contribuição são denominadas *quinhões de carga*.

Na Fig. 1.5 são mostrados os critérios para a determinação dos quinhões de carga em função dos tipos de apoio.

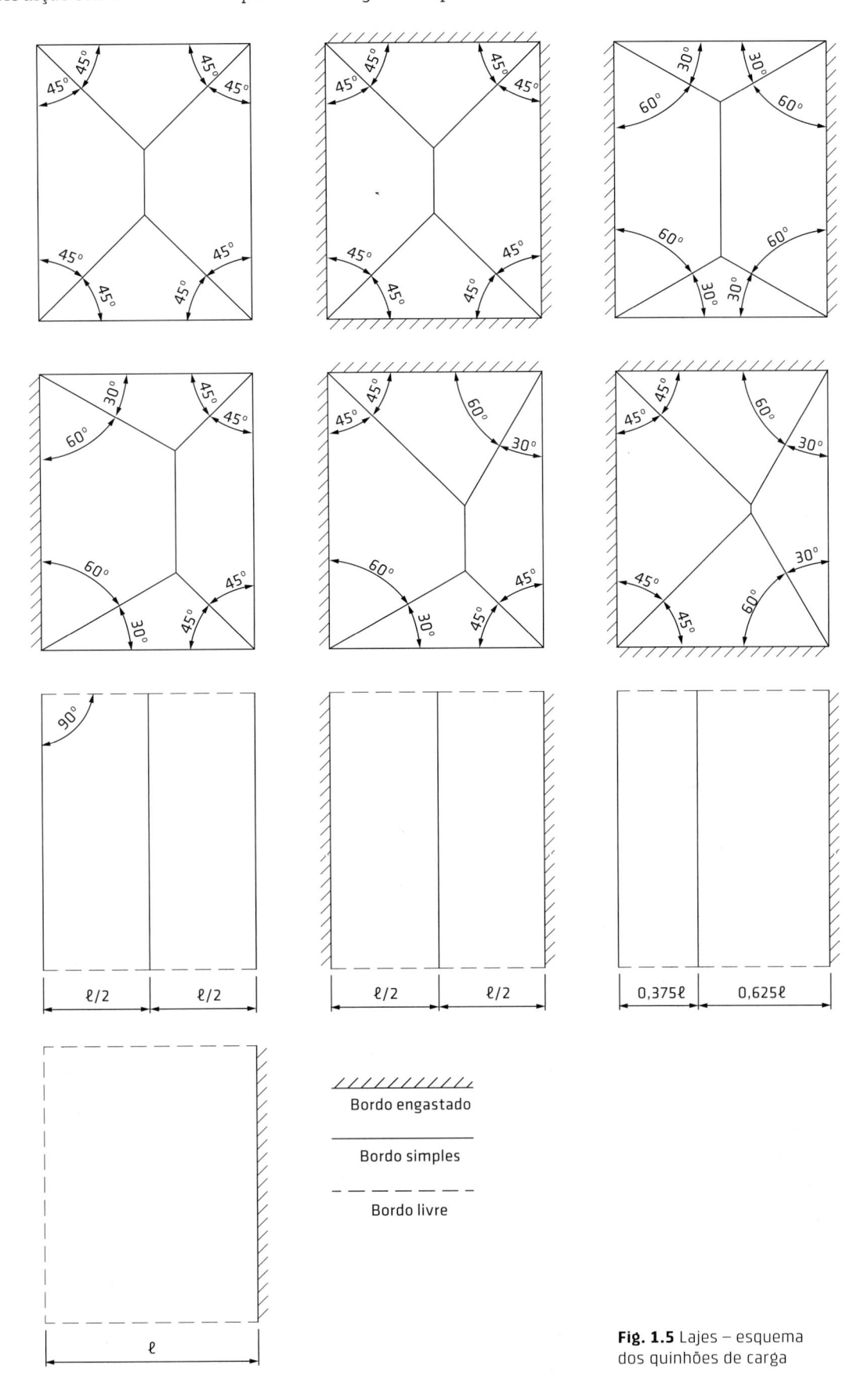

Fig. 1.5 Lajes – esquema dos quinhões de carga

1.3 Deslocamentos máximos

Para determinar os valores dos deslocamentos dos elementos de uma estrutura, utiliza-se o estado-limite de serviço, ou seja, os valores dos carregamentos sem os coeficientes de majoração de cargas.

Na Tab. 1.16 são apresentados os valores usuais dos deslocamentos máximos para situações recorrentes nas construções. Essa tabela consta do Anexo C da NBR 8800 (ABNT, 2008).

1.4 Listas de materiais

As listas de materiais podem ser inseridas diretamente nos projetos ou em uma planilha à parte, chamada de lista de materiais. A vantagem de seguirem nas plantas é deixar em um único documento todas as informações necessárias para a montagem da obra, o que facilita no campo em diversos aspectos, como identificar diretamente a massa dos elementos que serão içados – dado fundamental para um operador de guindaste, de empilhadeira, de *munck* etc.

Há diversas formas de conceber um modelo de lista de materiais, e, ao longo desta seção, serão mostrados alguns modelos retirados de projetos executivos reais de estruturas metálicas (Tabs. 1.17 a 1.20), desde alguns bem antigos, da época do nanquim, até modelos feitos em CAD e outros *softwares*, para que o leitor possa ter ideia de como melhorar suas próprias tabelas.

Como itens obrigatórios em uma lista, constam:
- *Item:* pode ser nomeado por um número na tabela, devendo-se indicar no desenho a qual elemento o número pertence.
- *Quantidade.*
- *Descrição ou especificação:* aqui é feita uma descrição sucinta do elemento estrutural. Para perfis laminados, basta indicar sua altura seguida de sua massa em kg/m; para perfis de chapas finas dobradas, sempre especificar todas as dimensões geométricas (altura, largura, dimensão da aba enrijecida, massa em kg/m e espessura); para chapas, indicar sua espessura seguida de suas dimensões; para barras e parafusos, sempre indicar seu diâmetro e seu comprimento, além da quantidade de porcas e arruelas lisas e de pressão para cada conjunto; e, para chumbadores químicos e mecânicos, sempre indicar a especificação do fabricante, incluindo seu código.
- *Comprimento unitário e total:* sempre em milímetro.
- *Área:* para esse item, só indicar a área de pintura de cada elemento. Quando se tratar de um perfil de seção fechada (quadrada, retangular, circular), indicar apenas a área externa e mencionar em nota que não estão sendo computadas suas áreas internas, pois

Tab. 1.16 DESLOCAMENTOS MÁXIMOS

Descrição	δ^a
Travessas de fechamento	$L/180^b$
	$L/120^{c\,d}$
Terças de cobertura^g	$L/180^e$
	$L/120^f$
Vigas de cobertura^g	$L/250^h$
Vigas de piso	$L/350^h$
Vigas que suportam pilares	$L/500^h$
Vigas de rolamento^j	
Deslocamento vertical para pontes rolantes com capacidade nominal inferior a 200 kN	$L/600^i$
Deslocamento vertical para pontes rolantes com capacidade nominal igual ou superior a 200 kN, exceto pontes siderúrgicas	$L/800^i$
Deslocamento vertical para pontes siderúrgicas com capacidade nominal igual ou superior a 200 kN	$L/1.000^i$
Deslocamento horizontal, exceto pontes siderúrgicas	$L/400$
Deslocamento horizontal para pontes siderúrgicas	$L/600$
Galpões em geral e edifícios de um pavimento	
Deslocamento horizontal do topo dos pilares em relação à base	$H/300^i$
Deslocamento horizontal do nível da viga de rolamento em relação à base	$H/400^{k\,l}$
Edifícios de dois ou mais pavimentos	
Deslocamento horizontal do topo dos pilares em relação à base	$H/400$
Deslocamento horizontal relativo entre dois pisos consecutivos	$h/500^m$

^{a} L é o vão teórico entre apoios ou o dobro do comprimento teórico do balanço, H é a altura total do pilar (distância do topo à base) ou a distância do nível da viga de rolamento à base, e h é a altura do andar (distância entre os centros das vigas de dois pisos consecutivos ou entre os centros das vigas e a base, no caso do primeiro andar).
^{b} Deslocamento paralelo ao plano do fechamento (entre linhas de tirantes, caso estes existam).
^{c} Deslocamento perpendicular ao plano do fechamento.
^{d} Considerar apenas as ações variáveis perpendiculares ao plano de fechamento (vento no fechamento) com seu valor característico.
^{e} Considerar combinações raras de serviço, utilizando-se as ações variáveis de mesmo sentido que o da ação permanente.
^{f} Considerar apenas as ações variáveis de sentido oposto ao da ação permanente (vento de sucção) com seu valor característico.
^{g} Deve-se também evitar a ocorrência de empoçamento, com atenção especial aos telhados de pequena declividade.
^{h} Caso haja paredes de alvenaria sobre ou sob uma viga, solidarizadas com essa viga, o deslocamento vertical também não deve exceder 15 mm.
^{i} Valor não majorado pelo coeficiente de impacto.
^{j} Considerar combinações raras de serviço.
^{k} No caso de pontes rolantes siderúrgicas, o deslocamento também não pode ser superior a 50 mm.
^{l} O diferencial do deslocamento horizontal entre pilares do pórtico que suportam as vigas de rolamento não pode superar 15 mm.
^{m} Tomar apenas o deslocamento provocado pelas forças cortantes no andar considerado, desprezando os deslocamentos de corpo rígido provocados pelas deformações axiais dos pilares e vigas.
Para o caso das lajes mistas, ver Anexo Q desta norma.
Fonte: ABNT (2008).

estas não recebem pintura, apenas galvanização, quando aplicada.

- *Massa unitária e total*: é sempre importante apontar a massa unitária de cada elemento antes de indicar a massa total. Normalmente, as peças são montadas no local, de preferência de modo parafusado e sem o uso de solda de campo. Dessa forma, o operário responsável pela máquina que irá içar a respectiva peça precisará conhecer sua massa para calcular a capacidade de carga de içamento disponível.

Na Tab. 1.18 foi criado um campo de revisão para o devido controle em caso de correção das quantidades dos elementos estruturais.

Tab. 1.17 MODELO 1 DE UMA LISTA DE MATERIAIS DE ESTRUTURAS DE AÇO

Item	Quantidade	Descrição	Comprimento (mm)		Área (m^2)		Peso real (kg)
			Unitário	Total	Bruta	Líquida	
1	10	CS 400 × 106 kg/m	8.712	87.120	–	–	9.234,7
2	10	CH. 38,0 × 600 × 600	–	–	3,600	3,600	1.076,7
3	40	CH. 12,5 × 200 × 373	–	–	2,984	2,984	292,8
4 D/E	80	CH. 12,5 × 100 × 200	–	–	1,600	1,300	127,6
5	100	Barra red. ϕ1¼"	1.134	113.400	–	–	704,8
6	4	U 10" × 22,7 kg/m	2.105	8.420	–	–	191,1
7	8	U 10" × 22,7 kg/m	9.990	79.920	–	–	1.814,2
8	20	U 10" × 22,7 kg/m	988	19.760	–	–	448,6
9	20	U 10" × 22,7 kg/m	988	19.760	–	–	448,6
10	4	U 10" × 22,7 kg/m	2.105	8.420	–	–	191,1

Nota: D/E – direita e esquerda.

Tab. 1.18 MODELO 2 DE UMA LISTA DE MATERIAIS DE ESTRUTURAS DE AÇO

Item	Descrição		Unidade	Quantidades				
				Rev. 0	Rev. A	Rev. B	Atend.	Pend.
1	Estrutura metálica							
1.1	Perfil laminado U 10" × 22,7 kg/m	em aço ASTM A36	m	217,0				
1.2	Perfil laminado L 2" × 2" $^3/_{16}$" × 3,63 kg/m	em aço ASTM A36	m	51,0				
1.3	Perfil laminado L 3" × 3" $^5/_{16}$" × 9,07 kg/m	em aço ASTM A36	m	340,0				
1.4	Perfil soldado CS 400 × 106 kg/m	em aço ASTM A36	m	90,0				
1.5	Perfil laminado barra redonda 1¼"	em aço ASTM A36	m	114,0				
1.6	CH. 38,0	em aço ASTM A36	m^2	3,6				
1.7	CH. 12,5	em aço ASTM A36	m^2	4,7				
1.8	CH. 9,5	em aço ASTM A36	m^2	5,8				
1.9	Barra redonda 1"	em aço ASTM A36	un	17,7				
1.10	Porca sext. 1¼"	em aço ASTM A307	un	200				
1.11	Arruela lisa 1¼"	em aço ASTM A307	un	100				
1.12	Paraf. sext. ¾" × 2" c/ porca e arruela lisa	em aço ASTM A325	un	170				

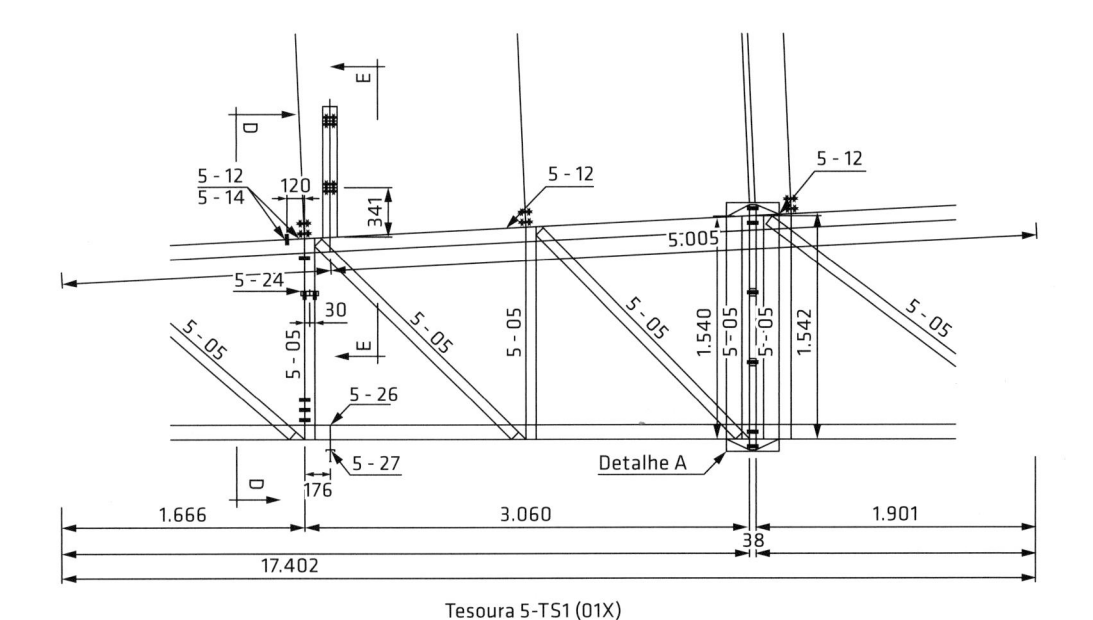

Fig. 1.6 Desenho associado ao modelo 3 (Tab. 1.19)

Tesoura 5-TS1 (01X)

Na Tab. 1.19 são apresentadas marcas e posições dos elementos estruturais indicados, em que estes são associados aos respectivos desenhos em planta.

A Fig. 1.6 mostra o trecho de um desenho que é associado à marca e à posição descritas na Tab. 1.19.

A Tab. 1.20 é o modelo de tabela em que se consegue indicar todos os itens gerais explanados anteriormente, incluindo a área de pintura, que também é importante para o orçamento.

Então, de maneira geral, independentemente do modelo de tabela a criar, personalizar ou padronizar, é importante que ela possua todas as informações necessárias para que o engenheiro orçamentista ou comprador possa elaborar seu trabalho sem dúvidas ou empecilhos e, também, para que o operário responsável pelo manuseio da máquina que içará cada peça no canteiro possa ter acesso à massa unitária constituinte de cada elemento estrutural em separado.

Pode-se, ainda, separar os elementos por grupo, para que seja fornecida ao operador da máquina a massa do conjunto, e não só do elemento estrutural. Por exemplo, uma viga metálica chega ao canteiro já com seus enrijecedores, chapas de ligação e outras chapas soldadas e, preferencialmente, galvanizadas e pintadas. Com isso, o operador precisa da massa do conjunto a ser içado, e não de cada peça. Nesse sentido, é possível agrupar os elementos por viga, por treliça ou parte de treliça e por pilar e indicar cada elemento com a massa que o constitui, seguido de um subtotal com a massa de cada um desses exemplos de conjuntos que serão submetidos ao içamento e à montagem in loco.

O engenheiro deve trabalhar junto com seu projetista/desenhista, comprador/engenheiro orçamentista, montador, fabricante, operários e todos aqueles que vierem a fazer parte do processo desde o projeto até a montagem final, pois só uma coisa importa: a entrega da chave ao cliente no prazo e com uma estrutura que atenda ao tripé da engenharia, sendo resistente, durável e funcional (sendo útil, confortável no sentido físico e psicológico e de fácil acesso para manutenções futuras).

Para computar uma lista de materiais, recomenda-se que todo projetista e todo engenheiro sempre alimentem uma planilha de banco de dados com todas as propriedades mecânicas de todos os perfis comerciais, de modo a englobar desde espessuras de chapas e diâmetros de barras até perfis propriamente ditos.

Os tipos de perfis comerciais possuem as mais variadas seções transversais, entre as quais se destacam as mostradas na Fig. 1.7.

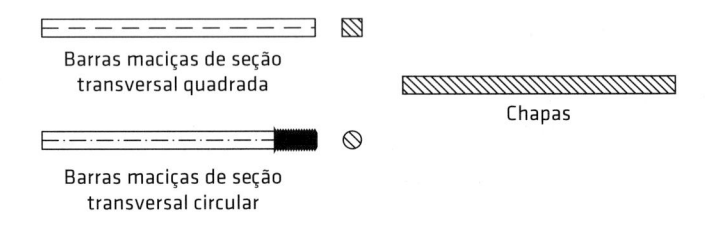

Fig. 1.7 Barras e chapas

As barras maciças são encontradas em seções transversais circulares ou quadradas. Para os desenhos das seções circulares, indicá-las com o uso de traço-ponto ao longo de sua linha neutra; quando as barras forem de seções quadradas, indicá-las por meio de traço-traço. Quando em seções circulares, ainda se pode especificar o comprimento do trecho a vir com seção lisa e o comprimento do trecho a vir com seção rosqueada para receber porcas e arruelas em

Tab. 1.19 MODELO 3 DE UMA LISTA DE MATERIAIS DE ESTRUTURAS DE AÇO

Quantidade total	Dimensão	Largura	Comprimento	Posição	Marcas	Quantidade posição para marcas						Peso (kg) Unit.	Peso (kg) Total	Sup.	Qualidade do material	Código de armazém
1	Tesoura				5-TS1							2.670,1	2.670,1	122,4		
						5-TS1										
2	CAR200×90×35#6.35		5.440	5-01		2						111	222		COSCIVIL300	
1	CAR200×90×35#6.35		10.866	5-02		1						221,7	221,7		COSCIVIL300	
2	CAR200×90×35#6.35		11.946	5-03		2						243,7	487,4		COSCIVIL300	
2	CAR200×90×35#6.35		11.930	5-04		2						243,4	486,7		COSCIVIL300	
1	UEN185×60×25#3.04		63.730	5-05		1						509,8	509,8		COSCIVIL300	
1	UEN185×60×25#4.75		26.960	5-06		1						326,2	326,2		COSCIVIL300	
8	CH. 19	180	340	5-07		8						9,1	73		A36	
8	CH. 19	80	195	5-08		8						2,3	18,6		A36	
6	CH. 6.35	64	150	5-09		6						0,5	2,9		A36	
6	CH. 6.35	73	150	5-10		6						0,6	3,3		A36	
44	CH. 6.35	65	150	5-11		44						0,5	21,6		A36	
22	LDB148×70#6.35		105	5-12		22						1,1	23,8		A36	
22	CH. 4.75	64	142	5-13		22						0,3	7,5		A36	
10	CH. 7.9	70	370	5-14		10						1,6	16,1		A36	
1	CH. 3.75	206	395	5-15		1						2,4	2,4		A36	
1	CH. 3.75	141	395	5-16		1						1,6	1,6		A36	
4	CH. 3.75	125	150	5-17		4						0,6	2,2		A36	

Tab. 1.20 MODELO 4 DE UMA LISTA DE MATERIAIS DE ESTRUTURAS DE AÇO

		Lista de materiais – casa de máquinas				
Elemento	Descrição	Comprimento (mm)	Massa unitária (kg)	Quantidade	Massa total (kg)	Área de pintura (m²)
P1	Perfil duplo U 8" × 17,10 kg/m	2.746,15	46,96	1	46,96	1,73
P2	Perfil duplo U 8" × 17,10 kg/m	2.746,15	46,96	1	46,96	1,73
P3	Perfil duplo U 8" × 17,10 kg/m	2.746,15	46,96	1	46,96	1,73
P4	Perfil duplo U 8" × 17,10 kg/m	2.746,15	46,96	1	46,96	1,73
CL-6	Chapa de ligação CL-6 # $^3/_8$" × 160 × 500	–	6,00	4	24,00	0,64
CL-7	Perfil L 3" × 7,30 kg/m	90	0,66	8	5,26	2,20
CL-8	Chapa de ligação CL-8 # $^1/_4$" × 140 × 180	–	1,26	8	10,08	0,40
	Parafuso ASTM A325 $\phi^1/_2$" × 3" com duas porcas sextavadas, duas arruelas lisas e uma arruela de pressão	3"	–	32	–	–
	Parafuso ASTM A325 $\phi^3/_8$" × 2" com duas porcas sextavadas, duas arruelas lisas e uma arruela de pressão	2"	–	96	–	–
CL-9	Chapa de ligação CL-9 # $^1/_4$" × 75 × 154	–	0,58	4	2,31	0,09
	Parafuso ASTM A325 $\phi^3/_8$" × 1$^3/_4$"	1 $^3/_4$"	–	32	–	–
M1	Perfil U 6" × 12,20 kg/m	141	1,72	4	6,88	0,09
M2	Perfil U 6" × 12,20 kg/m	625	7,63	2	15,25	0,79
M3	Perfil U 6" × 12,20 kg/m	625	7,63	2	15,25	0,79
B.S.1	Perfil U 6" × 12,20 kg/m	3.081	37,59	2	75,18	3,88
B.S.2	Perfil U 6" × 12,20 kg/m	3.081	37,59	2	75,18	3,88
B.I.	Perfil U 6" × 12,20 kg/m	5.394	65,81	2	131,62	6,80
					548,85	26,48

suas extremidades. Seus diâmetros devem ser sempre indicados em polegada, e seus comprimentos, em milímetro.

No caso de chapas, estas são encontradas com larguras comerciais cujas medidas dependem do fabricante, e suas espessuras devem ser sempre indicadas em polegada, acompanhadas de suas medidas de comprimento e largura em milímetro.

Os diâmetros das barras e as espessuras das chapas são comerciais, porém suas medidas de comprimento devem ser especificadas para cada projeto e compra específicos. Assim, suas massas são computadas, por exemplo, da maneira descrita a seguir para uma barra em aço ASTM A588 com diâmetro de $5/8$" e comprimento de 620 mm, sendo a massa específica do aço igual a 7.850 kg/m³.

Primeiramente, calcula-se a área da barra de $5/8$" (15,88 mm):

$$A_{\phi 5/8"} = \frac{\pi \cdot D^2}{4} = \frac{\pi \cdot (1{,}588 \text{ cm})^2}{4} = 1{,}98 \text{ cm}^2$$

Transforma-se então sua área de centímetro quadrado para metro quadrado:

$$\frac{1{,}98 \text{ cm}^2}{10.000} = 0{,}000198 \text{ m}^2$$

E multiplica-se a área pela massa específica do aço para obter a massa da barra por metro:

$$0{,}000198 \text{ m}^2 \times 7.850 \text{ kg/m}^3 = 1{,}55 \text{ kg/m}$$

Multiplicando a massa, por unidade de comprimento, pelo comprimento da barra, obtém-se a massa efetiva da barra:

$$1{,}55 \text{ kg/m} \times 0{,}620 \text{ m} = 0{,}961 \text{ kg}$$

Assim, essa barra pode ser especificada do seguinte modo: barra ASTM A588 $\phi 5/8$" × 620 mm (massa = 0,961 kg).

As barras não são pintadas, e sim galvanizadas. Dessa maneira, deve-se indicar sua área total de superfície na tabela.

O perímetro da barra é igual a:

$$2 \cdot \pi \cdot R = 2 \cdot \pi \cdot \frac{1{,}588 \text{ cm}}{2} = 4{,}99 \text{ cm}$$

De posse de seu perímetro e comprimento, calcula-se a área total de sua superfície por meio de:

$$4{,}99 \text{ cm} \times 62{,}0 \text{ cm} = 309{,}38 \text{ cm}^2 = 0{,}031 \text{ m}^2$$

Já para a chapa, multiplica-se sua espessura pela massa específica do aço para encontrar sua massa por metro quadrado. E, depois, multiplica-se essa massa por metro quadrado por sua área para encontrar a massa da chapa.

Por exemplo, para uma chapa em aço ASTM A36 com espessura de ½" (12,70 mm) e dimensões de 400 mm × 520 mm, a massa será calculada da maneira descrita a seguir.

Primeiramente, multiplica-se sua espessura pela massa específica do aço, encontrando sua massa por metro quadrado:

$$12{,}70 \text{ mm} \times 7.850 \text{ kg/m}^3 = 99{,}70 \text{ kg/m}^2$$

Depois, multiplica-se sua massa por metro quadrado por suas dimensões de comprimento e largura:

$$99{,}70 \text{ kg/m}^2 \times 0{,}400 \text{ m} \times 0{,}520 \text{ m} = 20{,}74 \text{ kg}$$

Pronto, essa é a massa dessa chapa.

Assim, sua especificação é escrita na lista de materiais do seguinte modo: chapa em aço ASTM A36 ϕ½" × 400 mm × 520 mm (massa = 20,74 kg).

A área da chapa deve ser indicada na tabela também, pois será galvanizada e/ou pintada. Sua área total é computada por meio de:

$$0{,}400 \text{ m} \times 0{,}520 \text{ m} \times 2 \text{ faces} = 0{,}42 \text{ m}^2$$

Nunca se esquecer de computar as duas faces de uma chapa; caso contrário, pode ser gerado aditivo na obra.

Os perfis laminados podem ser encontrados no comércio em seções transversais I, W e H, como indicado na Fig. 1.8, e são compostos de uma alma (chapa vertical) e de duas abas/flanges (chapas horizontais). Normalmente os perfis I e W são usados para vigas, dadas suas inércias maiores em torno do eixo x-x (horizontal) para combaterem os momentos fletores, enquanto os perfis H são utilizados para colunas, por terem valores de raio de giração semelhantes nas duas direções (eixo x-x e eixo y-y).

Os perfis laminados são indicados por suas alturas em milímetro seguidas de suas massas em kg/m. Por exemplo, um perfil W 310 × 21 pertence à família dos perfis com altura próxima de 300 mm e massa de 21 kg/m (esse perfil possui altura de 303 mm). Assim, não se faz necessário indicar medidas de perfis laminados nos projetos.

Já os perfis soldados são constituídos de chapas recortadas e soldadas, podendo se apresentar em forma de per-

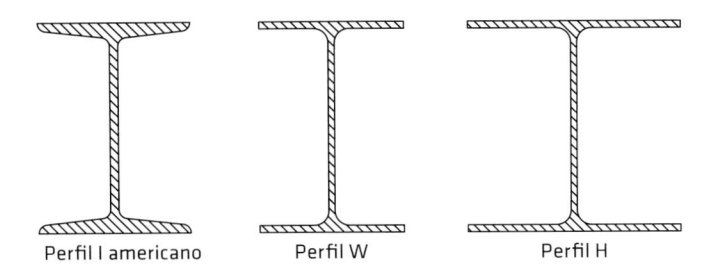

Fig. 1.8 Perfis I, W e H laminados

fis VS (viga soldada), CS (coluna soldada) e CVS (coluna-viga soldada), como mostra a Fig. 1.9. Caso os perfis presentes nas tabelas normatizadas não atendam a seu projeto e seja preciso fazer algum ajuste, o perfil será chamado de perfil PS (perfil soldado personalizado).

Os perfis PS (Fig. 1.9) podem ser utilizados em situações especiais de carregamentos, como no caso de pontes rolantes, ou em casos de geometrias específicas.

A grande vantagem do uso de perfis soldados em relação aos perfis laminados reside na criação de vigas calandradas (curvas), muito usadas em marquises ou outras situações especiais, em que as chapas dos flanges (abas) desses perfis são separadas da chapa da alma, para que as almas possam ser dobradas e soldadas novamente aos flanges adaptados (recortados) em função das curvaturas, formando, assim, vigas curvas; não é comum usar perfis laminados para vigas calandradas.

E, para casos de vãos muito grandes, em que o último perfil laminado W da tabela com altura da família da série de 600 mm não consiga mais atender, utilizam-se perfis soldados que são encontrados nas tabelas normatizadas com alturas maiores (700 mm, 800 mm, 900 mm etc.); sempre que forem adotados perfis soldados com alturas muito elevadas (acima de 700 mm), deve-se procurar usar os enrijecedores intermediários, mesmo que estes possam ser dispensados no dimensionamento, pois as almas desses perfis costumam sofrer ondulações durante as montagens, além de enrijecê-los contra flambagens locais durante o uso.

Os perfis L (cantoneira) podem ser encontrados no comércio com abas iguais ou desiguais, como ilustra a Fig. 1.10. O caso de abas desiguais se faz útil, por exemplo, numa situação em que se precise adotar um maior comprimento de solda numa aba ou uma maior quantidade de parafusos, para compor uma determinada ligação. Os perfis L são muito usados como berços (apoios) de vigas, numa ligação viga-coluna, e como elementos de diagonais e de montantes em treliças. Em treliças ou tesouras, podem-se utilizar perfis L duplos, dispostos um de cada lado do perfil U de banzo superior e inferior, sendo que, quanto mais afastados esses perfis estiverem um do outro, maior será a resistência desses elementos.

Os perfis L são indicados por sua altura seguida de sua massa. Se o perfil for composto de abas iguais, é necessário indicar apenas a dimensão de uma aba; do contrário, deve-se indicar a dimensão das duas abas.

Por exemplo, um perfil L 4" × 9,80 kg/m possui aba com altura de 4" e massa de 9,80 kg/m. Com isso, basta multiplicar seu comprimento por sua massa em kg/m para encontrar a massa total do perfil, e computar sua área total para pintura e/ou galvanização, com base em seu perímetro multiplicado por seu comprimento.

Os perfis de seção circular (Fig. 1.10) são muito usados para compor elementos de banzos superiores e inferiores, diagonais e montantes de treliças de coberturas, deixando-as com um aspecto mais agradável e elegante em relação ao que seria encontrado com o uso de outros perfis, como U e L, pois estes últimos deixam a tesoura com um aspecto mais industrial.

Os perfis de seção circular são normalmente indicados pela nomenclatura internacional Schedule 40 ou Schedule 80 para perfis estruturais. Schedule refere-se à espessura da parede do tubo, que é encontrada pela relação *Schedule* = 1.000 · P/S, sendo P a pressão de serviço (*working pressure*, em psi) e S a tensão admissível (*allowable stress*, em psi). Assim, quanto maior o Schedule, maior a espessura do tubo. Dessa forma, pode-se especificar um perfil Schedule pela descrição perfil Schedule 40 ϕ2" (espessura = 3,91 mm; m = 5,43 kg/m), que o comércio irá reconhecer.

Nota: Cuidado, pois o diâmetro total externo de um perfil, pela nomenclatura Schedule, não possui 5,08 cm, que seria equivalente a 2 × 2,54", mas sim 6,03 cm.

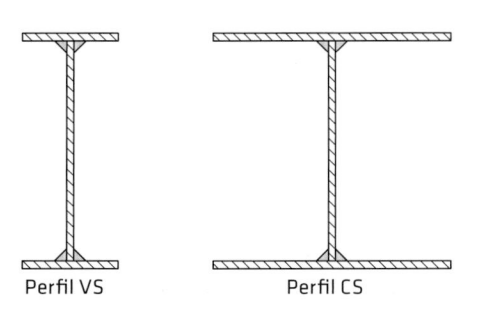

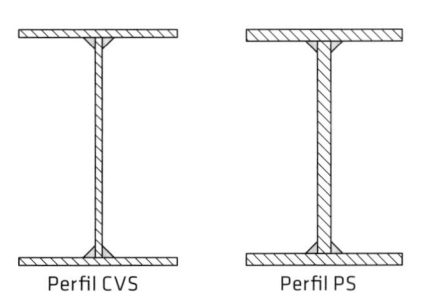

Fig. 1.9 Perfis VS, CS, CVS e PS soldados

Fig. 1.10 Perfis L de abas iguais e desiguais e perfis de seção transversal circular e quadrada

Perfil L de abas desiguais

Perfil L de abas iguais

Perfil de seção transversal circular

Perfil de seção transversal quadrada

Os perfis de seção transversal circular e quadrada (Fig. 1.10) são muito usados também como colunas, pelo fato de possuírem excelentes raios de giração, além de proporcionarem estética mais elegante e arrojada num projeto arquitetônico.

Ao criar ligações parafusadas com perfis de seção circular ou quadrada, deve-se procurar criar olhais ou chapas ou perfis L dotados de furações prévias e soldados aos perfis.

No caso de perfis de seção fechada, deve-se indicar suas áreas internas e externas para galvanização, pois nesse caso serão imersos em tanques, e suas áreas externas para pintura.

No mercado também são encontrados perfis de seção retangular (Fig. 1.11), que são mais apropriados para uso como colunas, em razão do excelente raio de giração.

Os perfis U (ou C, de *channel*) são encontrados como laminados, possuindo alma menos espessa do que seus flanges, e podem ser utilizados em dupla, soldados um ao outro, para compor um perfil de seção retangular, caso em que passam a ser especificados como perfil duplo U, conforme exibido na Fig. 1.11.

Um perfil U é indicado apenas por sua altura seguida de sua massa. Por exemplo, um perfil U 6" × 3,11 kg/m possui altura de 6" e massa de 3,11 kg/m, então não é necessário indicar suas medidas no projeto. O perfil duplo U deve ser indicado como perfil duplo U 6" × 3,11 kg/m, e, na lista de materiais, deve-se multiplicar sua massa em kg/m por seu comprimento, e por dois (não é incomum gerar confusão no cômputo de massas e de áreas de pintura para perfis duplos)!

Uma excelente fabricante 100% nacional que lida com perfis de seção fechada (quadrada ou circular) é a Tupper, capaz de fabricar esses perfis para diversos tipos de aço. Recomenda-se consultar seu catálogo completo.

Os perfis em chapa fina, ao contrário dos perfis laminados, devem ser indicados por todas as suas dimensões, incluindo a espessura e a massa. A primeira medida a indicar é a altura da alma, seguida de sua largura de aba (flange) e de sua orelha (borda virada para enrijecer).

Assim, um perfil U de borda simples (Fig. 1.12) pode ser indicado como perfil U simples 200 × 50 × 3,04 (m = 6,87 kg/m), sendo 200 mm sua altura, 50 mm a largura de sua aba e 3,04 mm sua espessura. Por sua vez, um perfil U de borda enrijecida (Fig. 1.12) pode ser indicado como perfil U enrijecido 200 × 75 × 25 × 3,04 (m = 8,98 kg/m), sendo 200 mm sua altura, 75 mm a largura de sua aba, 25 mm a dimensão de sua orelha e 3,04 mm sua espessura.

Conforme apresentado na Fig. 1.12, os perfis U ainda podem vir dotados de enrijecimentos (pequenas dobras) feitos entre abas (flanges), entre alma e orelha etc., para lhes proporcionar maior resistência. Esses enrijecimentos não aparecem em tabelas comerciais, e sim em tabelas específicas de determinados fabricantes, como os usados nos perfis de *steel frame*.

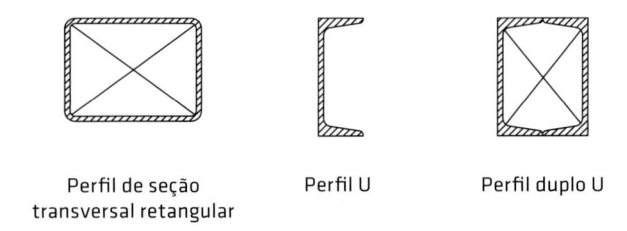

Perfil de seção transversal retangular

Perfil U

Perfil duplo U

Fig. 1.11 Perfil de seção retangular, perfil U simples e perfil duplo U

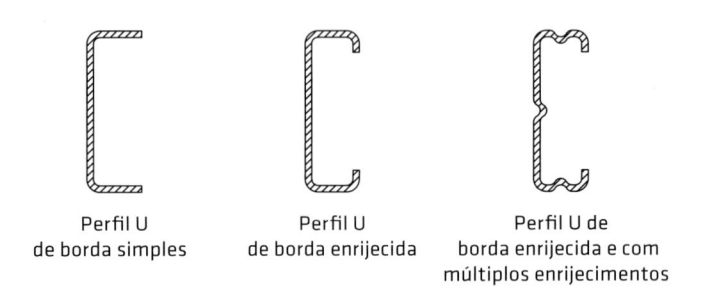

Perfil U de borda simples

Perfil U de borda enrijecida

Perfil U de borda enrijecida e com múltiplos enrijecimentos

Fig. 1.12 Perfis U de chapa fina dobrada a frio

Perfis de chapas finas constituídos de outras geometrias também podem ser dotados de enrijecimentos, como os perfis utilizados para telhas de cobertura e de fechamento da fabricante Tupper e os perfis das treliças de cobertura da fabricante Roll-on.

Treliças de perfis de chapa fina dobrada a frio, dotados de orelhas e enrijecimentos, são capazes de vencer vãos imensos de 20 m, 40 m, 60 m etc., com leveza, capacidade de resistência e deformação dentro de limites de normas.

Para chapa fina dobrada a frio, ainda há os perfis calha e os perfis cartola, apresentados na Fig. 1.13. Os perfis calha, como o próprio nome diz, são usados para calhas. Com o advento das bordas enrijecidas, elas são capazes de vencer grandes vãos – sempre considerar o peso de água.

Perfil calha
com borda enrijecida

Perfil cartola
com borda simples

Perfil cartola
com borda enrijecida

Fig. 1.13 Perfis calha e cartola

Os perfis TR (Fig. 1.14) são usados para trilhos de pontes rolantes, de trens, de carrinhos usados para carregar equipamentos etc.

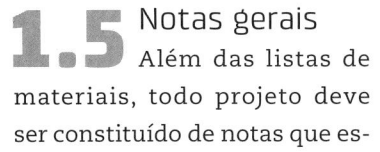

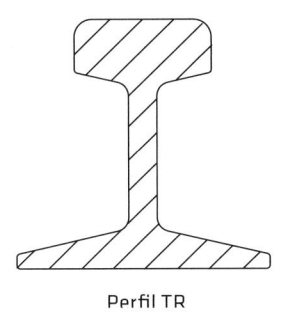

Perfil TR

Fig. 1.14 Perfil TR

1.5 Notas gerais

Além das listas de materiais, todo projeto deve ser constituído de notas que esclareçam informações e simbologias, especifiquem mais a fundo determinados elementos e ajudem no entendimento do projeto.

Nos Quadros 1.1 e 1.2 são exibidos dois modelos de notas indicadas em projetos diversos.

De modo geral, as notas de um projeto devem conter minimamente as seguintes informações:

- *Unidades utilizadas para os níveis e as dimensões*: os níveis são comumente indicados em metro, enquanto os elementos são representados em milímetro.
- *Especificações e respectivas tensões admissíveis e últimas de todos os tipos de aço utilizados.*
- *Tipo de eletrodo*: sempre trabalhar com o eletrodo E70XY para fins estruturais, e só utilizar o eletrodo E60XY para casos de importância estrutural menor. Isso ocorre porque, para usar o eletrodo E70 ou superior, o soldador deve ter obrigatoriamente o devido certificado, ao passo que, para usar o eletrodo E60, nem sempre isso é cobrado.
- *Indicação de que todas as medidas deverão ser conferidas in loco, antes de se proceder à fabricação e à montagem*: isso evita erros de compatibilidade geométrica das estruturas metálicas com o espaço existente in loco, bem como com estruturas de concreto armado previamente montadas, pois a precisão no concreto é de centímetros, enquanto na estrutura metálica é de milímetros.
- *Indicação de que todas as peças de vigas indicadas já tiveram seus respectivos comprimentos totais reduzidos em 3 mm a 4 mm*: ao montar uma viga no local, de modo a encaixá-la entre outras duas peças metálicas existentes, sejam elas outras duas vigas e/ou pilares, faz-se sempre necessário um desconto de 3 mm a 4 mm em seu comprimento total, para que a viga consiga ser encaixada no local sem gerar atrito com outras partes do aço. Se isso não for indicado em nota, o fabricante/montador poderá reduzir o comprimento das peças de maneira autônoma, já pensando nesse problema do encaixe, sem saber que as peças estruturais já haviam sido reduzidas em projeto, passando a ficar com o dobro da folga prática e podendo comprometer uma ligação soldada/parafusada.
- *Indicação de leitura obrigatória do memorial descritivo, da especificação técnica ou da especificação de serviço antes de iniciar os serviços*: nesses documentos, são descritos, de forma minuciosa, todos os cuidados e informações necessárias para fabricação, montagem, procedimentos de recebimento das peças, indicações de especificações de sistemas de pintura para proteção dos elementos estruturais contra o processo de corrosão e seus respectivos tempos de aplicação de repintura etc. Muitas informações que devem ser feitas por escrito serão postas nesses documentos, e não nas plantas. Sendo assim, plantas e documentos escritos devem estar muito bem associados, de modo a englobar todas as informações necessárias ao per-

Quadro 1.1 MODELO 1 DE NOTAS

1.	Materiais: conforme lista de materiais
2.	Medidas em milímetro, exceto anotado
3.	Não tomar medidas por escala
4.	Parafuso ASTM A325, exceto anotado
5.	Solda conforme Norma AWS D1.1
6.	Arames e eletrodos E70XY
7.	Simbologia de solda
8.	A.L. = ambos os lados
9.	L.P. = lado posterior
10.	L.A. = lado anterior

Quadro 1.2 MODELO 2 DE NOTAS

Notas gerais
Dimensões em milímetro, exceto anotado Especificações de materiais: • Barras em aço ASTM A588 (f_y = 345 MPa; f_u = 485 MPa) • Parafusos em aço ASTM A325 (f_y = 635 MPa; f_u = 825 MPa) • Vigas em aço ASTM A572 Gr (f_y = 345 MPa; f_u = 450 MPa) • Terças, banzos, montantes e chapas em aço ASTM A36 (f_y = 250 MPa; f_u = 400 MPa)
Eletrodo E70XY Soldas conforme AWS O fabricante e o montador da estrutura metálica deverão confirmar todas as medidas no local, antes de iniciar os serviços de fabricação e montagem, respectivamente Seguir o memorial descritivo MD-3501.01-8240-140-PFM-001

feito entendimento da estrutura durante a obra e depois dela, durante o uso pelo cliente.

- *Associação entre projeto de metálica e de outras disciplinas:* sempre que um determinado elemento estrutural estiver associado a disciplinas diferentes, como barras de ancoragem de pré-concretagem responsáveis pela fixação de bases de pilares de aço a serem concretadas junto com a fundação de concreto, deve-se fazer a indicação dessas barras tanto na planta de estruturas metálicas como na planta da disciplina correspondente, que, no caso desse exemplo, seria a planta de concreto ou de fundações. Isso ocorre porque, se a fundação vier a ser concretada sem as barras de ancoragem detalhadas na planta de estruturas metálicas, as barras perderiam seu uso e a chapa de base da coluna deveria ser modificada quanto a suas geometrias e furações para, talvez, conseguir receber chumbadores mecânicos ou químicos capazes de substituir as barras de ancoragem. Sendo assim, sempre indicar na planta de metálica, e também pedir para indicar na disciplina de Concreto/Fundação, a seguinte nota: *as barras de ancoragem de pré-concretagem usadas para fixação das colunas deverão ser executadas juntamente com a fundação de concreto armado. Para os detalhes dessas barras, ver Planta de Metálica X, e, para as fundações que irão recebê-las, ver Planta de Concreto/Fundações Y.* Dessa forma, o projetista resguarda o projeto e assegura a atenção da equipe de obra.

1.6 Controle do número de tipos de perfis W usados num projeto

Sempre que um escritório de engenharia estrutural entra em uma concorrência, a palavra de ordem é obter os melhores resultados estruturais com a menor massa possível e, consequentemente, o menor custo para a empresa, desde que sempre se esteja sob a luz da engenharia e se respeite o tripé resistência × durabilidade × funcionalidade nos projetos.

Em concorrências, obtêm-se as menores massas possíveis a partir de perfis calculados e usados no anteprojeto, com base nas tabelas dos fabricantes nacionais. Quando um escritório vence uma concorrência e chega a hora de fazer os projetos executivos definitivos, ainda há o risco de os perfis calculados não serem encontrados no mercado no momento da compra/encomenda. Uma forma de prevenir essa situação é conversar com o fabricante a respeito dos perfis disponíveis não só no momento de elaboração do anteprojeto, mas também nos meses seguintes.

Além dessa conversa entre o fabricante e o comprador de sua empresa, no próprio escritório pode-se levantar os perfis que têm sido mais usados nos últimos projetos concebidos, a fim de procurar manter os projetos calcados numa gama de perfis limitada, mais selecionada, em função de suas características estruturais (momento de inércia, módulo de resistência, raio de giração etc.), de sua disponibilidade em prateleiras de fabricantes pelos próximos meses e de sua massa.

Essa seleção de perfis, além de ajudar na padronização de projetos de chapas de ligação, chapas de emenda etc., também contribui para reduzir a variedade de perfis usados num projeto. Isso ocorre porque utilizar uma gama menor de perfis para cada zona específica do projeto em estudo, acompanhada de detalhes típicos em menor número, torna-se menos oneroso do que usar uma gama maior de tipos de perfis, de forma indiscriminada, sem a preocupação de padronizar e de gerar mais facilidades para a obra. Assim, quanto maior a variedade de perfis em um projeto, maior a geração de custos e detalhes e maiores os riscos de erro durante a montagem.

A Fig. 1.15 mostra um gráfico que relaciona, em porcentagem, os perfis mais utilizados em um determinado escritório de projetos. A Fig. 1.16 apresenta outro gráfico com os perfis classificados por quantidade de massa (em kg) utilizada.

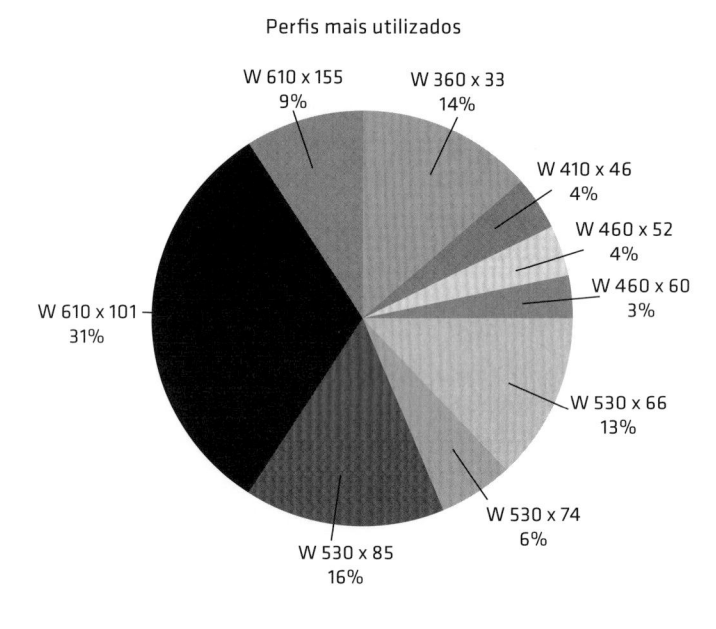

Fig. 1.15 Exemplo de gráfico com os perfis mais utilizados nos projetos executivos de um determinado escritório, em porcentagem

Desse modo, a organização, a padronização e o controle do que é utilizado nos projetos, visando atender a todas as fases do empreendimento, e não somente à fase de projeto, são aliados poderosos para vencer uma concorrência e manter o escritório vivo e competitivo no mercado.

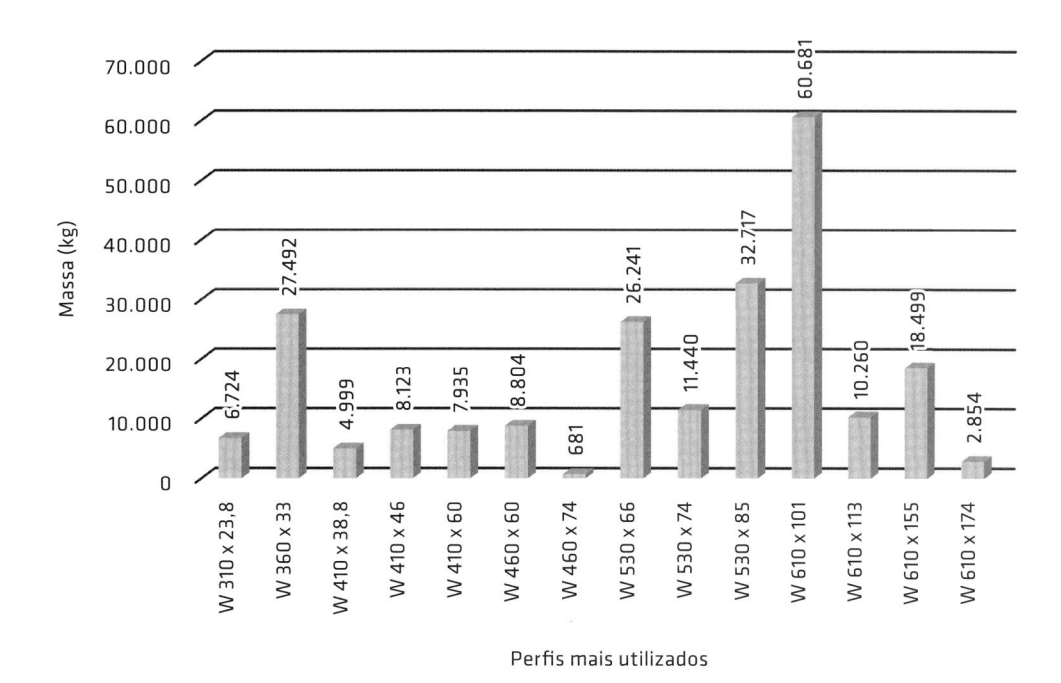

Fig. 1.16 Exemplo de gráfico com os perfis mais utilizados nos projetos executivos de um determinado escritório, em massa

1.7 Fases de um projeto de estruturas metálicas

Um projeto de estruturas metálicas compreende as fases de anteprojeto, projeto básico e projeto executivo, as quais estão esquematizadas na Fig. 1.17.

No anteprojeto, são elaborados os primeiros esboços, com a ideia do que se pretende realizar, naturalmente com base nas necessidades e anseios do cliente. Essa é a fase mais importante de todo o processo, pois aqui é definido bem o que será feito, e como, em termos de estruturas, interagindo com todas as equipes de arquitetura (principalmente), das demais disciplinas envolvidas no processo, de orçamento e de obra, pois "o combinado não sai caro".

Se algo não ficar claro nessa fase, fatalmente haverá divergências de pensamento nas etapas subsequentes e, em consequência, o grande pavor do retrabalho! Nessa fase, deve-se conversar, deliberar, pensar, esboçar, elaborar croquis, para quando se chegar à etapa de projeto executivo não ser necessário voltar e refazer o trabalho.

A principal finalidade da etapa de anteprojeto é a boa demarcação da estrutura inicial, o que envolve locações de pilares, dimensões mínimas dos elementos estruturais (pilares, vigas, lajes de piso etc.), distância de entreforro (distância entre o fundo da viga e o forro para permitir a passagem horizontal de dutos, principalmente os de ar condicionado, que são os maiores), criação de *shafts* (para

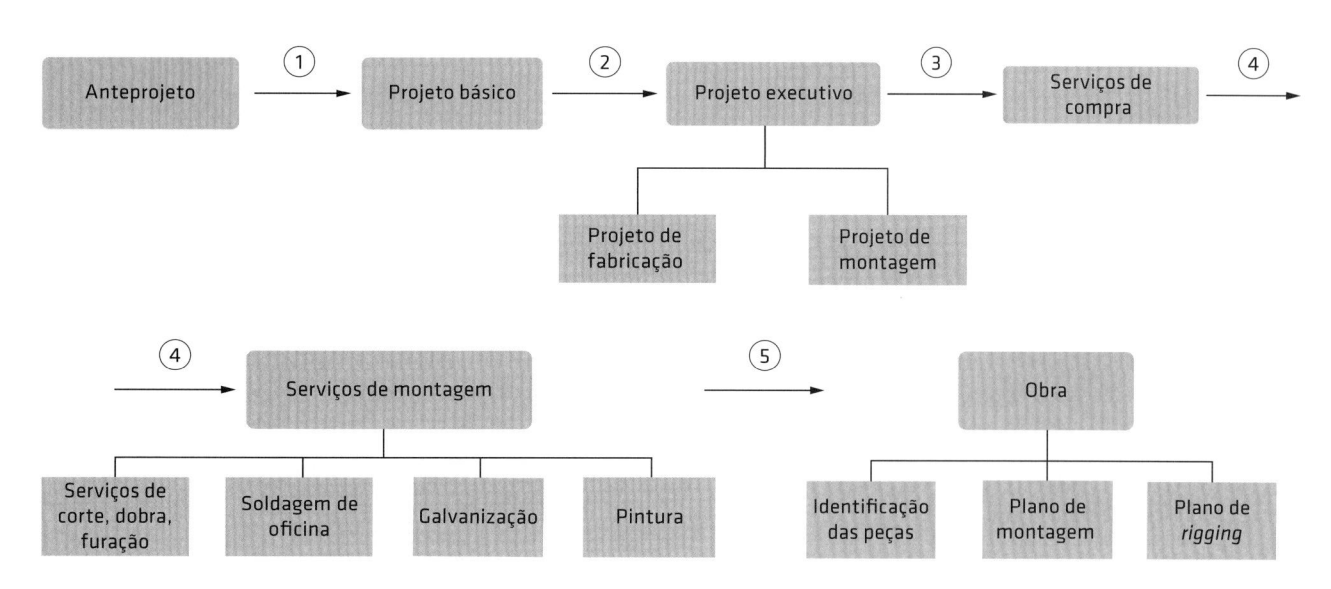

Fig. 1.17 Fluxograma das fases de trabalho de estruturas metálicas

passagem vertical e alojamento dos dutos), definição de limites construtivos, definição de níveis etc., em meio à interação com todas as outras disciplinas. Assim, as palavras de ordem nessa etapa são *comunicação*, *interação* e *respeito*, sempre. Se uma disciplina falhar, todo o projeto falhará.

Na etapa seguinte, a de projeto básico, devem ser concebidas as plantas baixas, todas as elevações de pórticos (uma para cada eixo), todos os cortes, detalhes das ligações principais e diagramas de cargas. Os desenhos dessa etapa costumam ser denominados diagramas unifilares, pois se costuma indicar apenas os desenhos dos perfis de colunas, vigas etc. – já calculados e dimensionados em definitivo – nas plantas e elevações, bem como de todas as ligações principais com os devidos rebatimentos de vistas, e obedecendo ao diedro brasileiro, além de se indicar um diagrama de cargas resumido contendo todos os esforços solicitantes presentes nas ligações entre bases de colunas e fundações, entre vigas e colunas, entre vigas e vigas etc., para que a montadora/oficina detalhe as ligações secundárias.

Como as ligações secundárias não são detalhadas nessa etapa de projeto básico, não há como levantar o quantitativo de chapas e barras constituintes dessas ligações. Assim, a lista de materiais deve ser montada considerando a massa total de todos os elementos estruturais (colunas, vigas, terças etc.) e de todas as chaparias e barras constituintes das ligações principais, com um acréscimo de 10% sobre a massa total e a área total de pintura encontrada, justamente para cobrir as ligações secundárias não detalhadas nessa fase.

Nota: Particularmente, os autores não concordam com a existência dessa fase de projeto básico para a disciplina de estruturas metálicas, pois todas as ligações, sejam principais ou secundárias, devem ser calculadas, dimensionadas pelo engenheiro civil calculista e detalhadas pelo próprio engenheiro ou por seu projetista, uma vez que a maioria dos colapsos das estruturas ocorrem nas ligações, e não nos perfis principais. Um perfil principal, quando mal dimensionado, tende a avisar deformando-se, enquanto uma ligação entra em colapso rapidamente, sem avisos prévios. A assinatura e o registro do conselho do engenheiro civil calculista já seguem nessa fase, e o detalhamento de uma ligação é tão importante quanto o detalhamento de um elemento, seja ela principal ou secundária, sem distinção (calhas, terças, elementos secundários também sofrem colapso e podem gerar incidentes e/ou acidentes fatais).

Finalizada a etapa do projeto básico, adentra-se na última etapa do projeto, que é o projeto executivo, dividido em dois conjuntos de plantas: as plantas de fabricação e as plantas de montagem.

Nas plantas de fabricação, deve ser detalhado cada elemento estrutural em separado, de forma minuciosa, indicando todos os recortes, chanfros e furações necessários, assim como todas as soldas e conectores (parafusos, barras e chumbadores químicos e mecânicos) utilizados em todas as ligações, sem exceção, com as aplicações (em *zoom*) que forem necessárias, e todos os rebatimentos de vistas das peças respeitando o diedro brasileiro (vista superior-vista frontal-vista lateral). Nessa etapa, a lista de materiais deve ser montada considerando o comprimento, a massa e a área de pintura de cada elemento em separado, não havendo necessidade, portanto, de acrescentar um percentual de 10% sobre o total encontrado, uma vez que as peças são detalhadas e computadas de forma exata. Uma dica importante nessa fase é descontar cerca de 3 mm a 4 mm de cada comprimento de viga, a fim de que as peças consigam ser encaixadas no campo no momento da montagem, mencionando esse desconto nas notas gerais, para a montadora ficar ciente de que ele já foi efetuado no projeto. Outra dica é sempre pedir para que todas as medidas sejam previamente conferidas *in loco* antes de proceder à fabricação e à montagem das peças – fabricar sem aferir *in loco* é um tipo de erro que ainda ocorre. Ou seja, o foco das plantas de fabricação é a equipe da oficina/montadora que fabricará os perfis.

Já nas plantas de montagem, devem ser indicadas todas as plantas baixas, todas as elevações (uma para cada eixo de pilar e de viga que se fizer necessário), todos os cortes e todos os detalhes de ligações parafusadas, com rebatimentos de vistas respeitando o diedro brasileiro (vista superior-vista frontal-vista lateral). Aqui, as soldas apontadas na fabricação não precisam ser indicadas, pois não interessam à equipe de campo/montagem, apenas à equipe de oficina na etapa de projetos de fabricação, a menos que haja alguma solda de campo – esta, sim, interessará à equipe de campo.

Nota: Procurar sempre evitar o uso de solda de campo nos projetos, pois, além de ela retirar a proteção de galvanização e/ou pintura contra o processo de corrosão da peça, ainda traz riscos e dificulta o processo de montagem. Uma solda elaborada em uma oficina, com a peça colocada sobre uma bancada, é bem mais cômoda e segura para o trabalho do operário, além de permitir um trabalho mais bem elaborado em comparação com aquele que seria obtido se o operário estivesse pendurado de ponta-cabeça em uma estrutura no campo, por exemplo.

Assim, o projeto de montagem deve possuir, também, todos os detalhes das ligações principais e secundárias, incluindo detalhes de fixação de calha, de ligações com telhas, de ligações de degraus de escadas, de guarda-corpos etc. Já aconteceu de calhas se encherem de água e caírem, molhando diversos setores de um supermercado e causando a perda de diversos produtos, desde carnes até computadores, simplesmente porque as buchas foram determinadas de forma empírica. Tudo deve ser feito com fundamento, prática e experiência, e não com empirismo.

Então, tudo que envolver um projeto de estruturas metálicas deve ser dimensionado, calculado, pensado. Nenhuma ligação, por mais simples que seja, deve ser desprezada, e nunca deve ser indicado, em nota geral, um único detalhe típico de solda para todo o projeto ou um único detalhe de parafuso. Por isso, deve-se pensar bem em resumir o leque de perfis a ser usado em um projeto, pois, quanto menor a quantidade de perfis, menor o número de detalhes típicos a conceber e, com isso, menor a chance de cometer erros na fase de projeto e de obra.

Por esses motivos, os autores costumam desconsiderar a etapa de projeto básico, perfazendo o anteprojeto e seguindo diretamente para os projetos de fabricação e montagem, pois a responsabilidade técnica, bem como o risco de colapso estrutural, estará presente em cada detalhe, sem a discriminação de ligações principais ou secundárias.

Concluídas as etapas de projeto, este segue para o setor de compras para ser orçado e adquirido; uma conversa franca e cordial com o comprador antes dessa etapa é sempre bem-vinda, para evitar surpresas e reelaborações de um detalhe de fabricação ou montagem em virtude de a peça não estar mais disponível na prateleira ou mesmo no mercado.

Depois da compra, os projetos de fabricação e montagem são enviados para a oficina, a fim de serem recortados, dobrados, calandrados, soldados e parafusados conforme o projeto executivo. Uma boa oficina sempre tira as medidas *in loco* antes de proceder ao corte das peças e procura fazer uma montagem prévia em seu pátio antes do envio para a obra/campo. Essa etapa de fabricação e montagem é a mais demorada de todo o processo.

Daqui, as peças seguem para ser galvanizadas e/ou pintadas. Recomenda-se sempre que a galvanização e a pintura sejam detalhadas nas especificações técnicas da fase de projeto, pois, mesmo que elas não sejam feitas ou não sejam executadas corretamente, por motivos de falha técnica ou contenção de gastos pelo cliente, os projetos e suas especificações técnicas estarão sempre resguardados à luz da engenharia. Depois de todo o processo de montagem, seguem em definitivo para o canteiro de obras.

Por isso, quanto mais cedo esses projetos executivos de metálicas forem liberados para a fabricação e a montagem, mais cedo estarão disponíveis para seguir para a obra, onde a montagem final no campo será rápida.

Na etapa de obra, o engenheiro de campo, juntamente com sua equipe, deve estudar e correlacionar todos os elementos indicados, tanto na lista de materiais quanto nos desenhos, para então demarcar o centro de gravidade das peças mais pesadas a serem içadas por guindastes, *muncks* etc., e perfazer um plano de montagem e um estudo de *rigging* antes de efetivamente começar a montar toda a estrutura metálica, a fim de que não haja surpresas – como a falta de detalhe em planta, a falta de peça indicada no projeto e a falha em medidas – e, assim, a montagem não seja prejudicada.

O plano de *rigging* compreende um projeto técnico das operações de carga e descarga de materiais, com o uso de equipamentos como guindastes e gruas, que deverá ser estudado e concebido para garantir a montagem da estrutura de forma otimizada e com a segurança de todos os envolvidos.

Nota: Este capítulo foi elaborado com base em Andrighi (2008), Batista (2014), Bellei (2003), Bellei, Pinho e Pinho (2004), Delgado Jr. (2008), Diñeiro e Moraes (1975) e Vieira (2014).

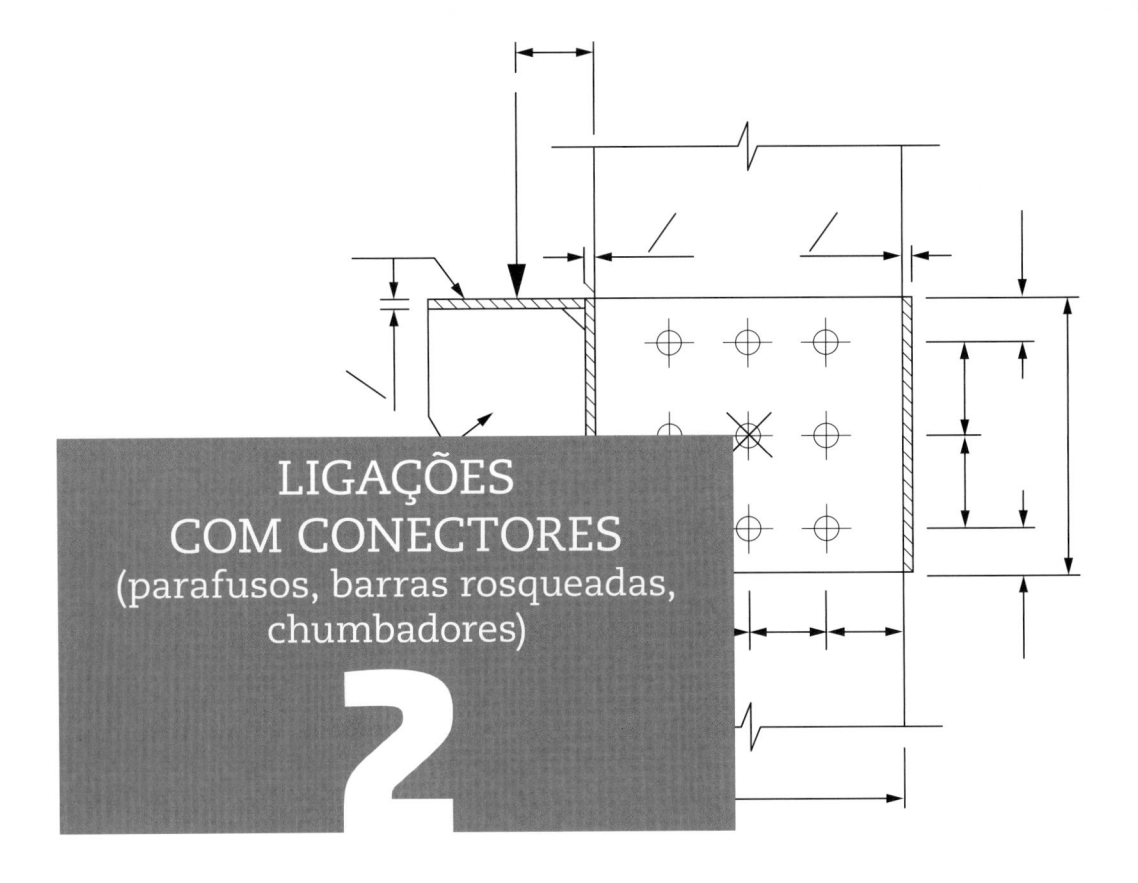

LIGAÇÕES COM CONECTORES
(parafusos, barras rosqueadas, chumbadores)
2

2.1 Conexões parafusadas

Conexões são requisitadas quando várias extremidades de elementos devem ser unidas a outros membros/elementos estruturais para permitir que a carga seja transferida em um fluxo ordenado até a fundação. O projeto de uma conexão envolve produzir uma junta/união que seja segura, econômica de materiais e capaz de ser construída (exequível); projetar detalhes típicos padronizados agiliza a montagem na obra e tende a ser mais econômico do que só pensar na economia de materiais propriamente dita.

As conexões ou uniões estruturais podem ser classificadas de acordo com:

- O método de ligação, para rebites, parafusos ou solda. Conexões usando parafusos são classificadas como *bearing* (apoio, suporte) ou *friction-type* (fricção, atrito).
- A rigidez da conexão, a qual pode ser simples, rígida (como produzida por uma análise estrutural), ou de rigidez intermediária. O American Institute of Steel Construction (AISC), com base na rigidez das conexões, classifica as uniões como:
  » *Tipo 1 – conexões rígidas*: devem resistir ao momento fletor total desenvolvido na ligação.
  » *Tipo 2 – estrutura simples*: assume-se que não há momento fletor a ser transferido entre os elementos conectados. Aqui, uma pequena quantidade de momento é desenvolvida, mas é ignorada no projeto. Qualquer excentricidade na junta abaixo de um valor de aproximadamente $2^1/_2$" (63 mm) é negligenciada.
  » *Tipo 3 – conexões semirrígidas*: assume-se que a ligação possui uma capacidade inferior à da estrutura principal para resistir ao momento fletor. Os projetos dessas conexões requisitam a suposição, com documentação adequada, de uma quantidade arbitrária de capacidade de momento fletor (por exemplo: 20%, 30%, 75% da capacidade do elemento estrutural).

Por sua vez, os tipos de forças transferidas através da conexão estrutural são os seguintes:

- *Forças de cisalhamento*: comuns para vigas principais e secundárias de pisos de pavimentos.
- *Momento*: tanto de flexão como de torção.
- *Cisalhamento e momento fletor atuando de modo simultâneo*: conexões dos tipos 1 e 3 (do AISC).
- *Tração ou compressão*: para elementos de treliças envolvendo união ou fixação de barras.

- *Tração ou compressão com cisalhamento*: para travamento/braçadeira/travamento em diagonal.

Quanto ao local de fabricação, as conexões podem ser classificadas em:
- *Conexões de oficina*: quando são produzidas na montadora (oficina de fabricação).
- *Conexões de campo*: quando suas partes de união são fabricadas na oficina para serem montadas no campo (*in loco*).

Nota: Os autores recomendam que, para ligações, sempre seja tomada a medida mais rigorosa de dimensionamento, levando em conta a ação simultânea de momento fletor e de esforço cisalhante, tanto porque as anomalias, na maioria dos casos, iniciam-se nas ligações (como corrosão, por exemplo) quanto porque um colapso por falha na ligação ocorre sem aviso prévio.

2.2 Parafusos de baixa e de alta resistência e arruelas

Existem duas classes gerais de parafusos usados em aplicações estruturais: os de alta resistência (ASTM A325) e os de baixa resistência (ASTM A307). Os parafusos A307, de uso geral, algumas vezes são chamados de parafusos inacabados. Esses parafusos têm uma haste e as superfícies de apoio um pouco ásperas. São feitos de aço, com tensão última (f_u) da ordem de 60 ksi (grau A) a 100 ksi (grau B) (415 MPa a 690 MPa), e estão disponíveis em diâmetros de $1/4$" (6,35 mm) a 4" (101,6 mm) e em comprimentos de 1" a 8", com incrementos de $1/4$", e acima de 8", com incrementos de $1/2$". Apresentam-se com diversas configurações de cabeça e de porcas, mas as cabeças hexagonais e quadradas são as mais comumente usadas.

Os parafusos A307 são mais baratos do que os parafusos A325 e A490 e devem ser usados apenas em aplicações estruturais de carga estática, quando possível. São aplicados em estruturas pequenas, em locais onde as instalações dos parafusos sejam visíveis para checagens regulares de manutenção, e em cargas de serviço que sejam relativamente pequenas.

As configurações gerais de comprimento, cabeça e porca dos parafusos de alta resistência (A325) são as mesmas aplicadas aos parafusos A307, exceto pelas dimensões dos diâmetros, que podem não estar disponíveis. Os parafusos A325 podem ser obtidos com metalurgia para finalidades especiais, como a alta resistência à corrosão, e também com revestimento de galvanização.

Quando parafusos de alta resistência foram introduzidos nas aplicações estruturais, as arruelas foram requeridas para distribuir a carga do parafuso para uma área maior da superfície do metal mais macio, tendendo a puncioná-lo (efeito de esfolação, ou *galling*) (Quadro 2.1). Há dois tipos de arruelas: as cônicas e as nervuradas. As arruelas cônicas são requeridas na superfície inclinada entre a cabeça do parafuso e a superfície da chapa ou entre a porca e a superfície do metal da chapa quando a inclinação do elemento excede 1:20. Já as arruelas nervuradas são as que podem aplainar e achatar sob um torque específico, de modo que o instalador possa observar a tração adequada do parafuso. Além disso, porcas de travamento automático são disponibilizadas para instalações sujeitas a carregamentos dinâmicos, de modo que a porca não afrouxe durante o serviço.

O tensionamento é o alongamento axial gerado no parafuso, pelo método específico, para alcançar a pré-carga (carga em um parafuso logo após este ter sido apertado). Para o tensionamento, faz-se necessário deixar uma folga de cerca de $1 \cdot D$, em que D é o diâmetro do parafuso – na prática, deixa-se uma folga geral de 10 mm, além de todas as espessuras já somadas (espessuras de chapa, de arruelas e de porcas). Na seção A3.10 (disponível em <www.ofitexto.com.br/livro/estruturas-metalicas>), será mostrada outra maneira de determinar essa folga.

Parafusos de alta resistência são instalados com uma tração desenvolvida em sua haste equivalente a aproximadamente 70% da tensão última especificada pela ASTM ($0,7 \cdot f_u$), pelos dois métodos (Quadro 2.2):
- *Método de giro (volta) da porca*: a porca é inicialmente apertada até um ajuste adequado, ou seja, o ponto no qual a chave de aperto de parafuso começa a impactar, ou cerca de meia volta a partir do momento em que a resistência da porca é desenvolvida usando a chave de aperto. E, a partir desse ponto, a porca é girada em relação ao eixo da haste do parafuso de meia volta adicional (volta de três quartos quando $L > 8 \cdot D$ ou 200 mm).
- *Controle de torque*: tanto torque como chave de parafuso de impacto calibrados são usados. Esse método requer a utilização de arruelas enrijecidas/endurecidas sob o elemento girado (a porca ou a cabeça do parafuso) para prevenir o efeito de esfolação e para prover um atrito mais uniforme.

Testes efetuados em um amplo número de uniões aparafusadas indicam que qualquer um desses dois métodos põe suficiente força na haste do parafuso para produzir a tração desejada.

Se o parafuso é submetido a uma tensão excessiva, ele simplesmente estraçalha, e um novo parafuso pode ser instalado. Um parafuso pobremente fabricado seria pron-

Quadro 2.1 REQUISITOS DE ARRUELA PARA PARAFUSOS DE ALTA RESISTÊNCIA

Método de tensionamento	Parafusos ASTM A325	Parafusos ASTM A490	
		Material-base com f_y < 40 ksi	Material-base com f_y > 40 ksi
Chave de aperto calibrada (torquímetro)	Uma arruela sob o elemento torneado	Duas arruelas	Uma arruela sob o elemento torneado
Giro de porca	Nenhum	Duas arruelas	Uma arruela sob o elemento torneado
Ambos os métodos, fendas e furos de grandes dimensões	Duas arruelas	Duas arruelas	Duas arruelas

Quadro 2.2 MÉTODO DE APERTO

Parafuso	Giro da porca	Torque especificado
A325[a]	Não	Sim
A490[b]	Sim	Sim

[a] Arruelas são necessárias ao usar parafusos de grandes dimensões.
[b] Usar arruelas em faces de flange inclinadas, como indicado, e duas arruelas quando o material do conector tiver tensão de f_y < 40 ksi (28 MPa) – regra geral para qualquer parafuso.

tamente detectado. Quando não se é detectado, é sinal de que o esforço adequado foi desenvolvido.

Uma tração de parafuso de aproximadamente $0,7 \cdot f_u$ dá uma reserva adequada de esforço. No caso de o parafuso estar submetido a esforço excessivo (por exemplo, a uma volta de três quartos em vez de a uma meia volta), sua tração atua como uma mola sólida, forte e pesada para segurar as partes unidas na posição ligada. Esse efeito de aperto (*clamping effect*) também tende a segurar a união contra o afrouxamento da porca em situações de carregamento da fadiga, de modo que, na maioria das vezes, uma porca de fechamento (contraporca) não é requerida. Se parafusos A325 não forem excessivamente forçados (não mais do que meia volta a três quartos de volta de porca), eles podem ser recusados uma ou mais vezes. Testes de reúso indicam que parafusos A490 não deveriam ser usados em quaisquer situações.

2.3 Tensões admissíveis e últimas dos conectores

Os conectores são descritos por parafusos, barras, rebites, chumbadores (químicos e mecânicos).

Para dimensionar um conector para uma dada ligação submetida a um determinado esforço solicitante, faz-se necessário executar diversas etapas de dimensionamento, tanto para o conector quanto para a chapa que o interliga a um determinado elemento estrutural.

De modo a facilitar a organização no tocante à pesquisa e à aplicação de escritório, procurou-se listar todas as etapas aplicadas ao dimensionamento de conectores e chapas, como será visto nos itens a seguir e nos exemplos aplicados a casos reais ao final deste capítulo, envolvendo ligações com o uso de parafusos, barras, chumbadores (químicos e mecânicos) e chapas.

Nos dimensionamentos, serão adotadas as tensões admissíveis e/ou últimas dos aços constituintes dos conectores e das chapas a ligar. Desse modo, são dadas a seguir essas tensões aplicadas aos tipos de aço mais comumente usados nos projetos de estruturas metálicas e, nos anexos, é mostrado um banco de dados relacionado a tensões de outros tipos de aço.

As tensões admissíveis (f_y) e últimas (f_u) dos aços constituintes dos parafusos mais usados são:

- Para parafusos de baixa resistência ASTM A307, utiliza-se f_u = 415 MPa.
- Para parafusos de alta resistência em aço ASTM A325 e com diâmetro situado no intervalo 12,70 mm ≤ D ≤ 25,40 mm, utilizam-se f_y = 635 MPa e f_u = 825 MPa.
- Para parafusos de alta resistência em aço ASTM A325 e com diâmetro situado no intervalo 25,40 mm < D ≤ 38,10 mm, utilizam-se f_y = 560 MPa e f_u = 725 MPa.
- Para parafusos de alta resistência em aço ASTM A490 e com diâmetro situado no intervalo 12,70 mm < D ≤ 38,10 mm, utilizam-se f_y = 895 MPa e f_u = 1.035 MPa.

Nota: Para ligações estruturais, utilizar parafusos de alta resistência em aço ASTM A325.

As tensões admissíveis (f_y) e últimas (f_u) dos aços constituintes das barras mais usadas são:

- Para barras em aço ASTM A36, utilizam-se f_y = 250 MPa e f_u = 400 MPa.
- Para barras em aço ASTM A588, utilizam-se f_y = 345 MPa e f_u = 485 MPa.
- Para barras em aço SAE 1020 laminado a quente, utilizam-se f_y = 214 MPa e f_u = 455 MPa.
- Para barras em aço SAE 1040 laminado a quente, utilizam-se f_y = 365 MPa e f_u = 620 MPa.
- Para barras em aço SAE 1060 laminado a quente, utilizam-se f_y = 489 MPa e f_u = 806 MPa.

Essas barras são utilizadas para unir colunas a fundações e vigas metálicas a vigas e pilares de concreto, por meio de ancoragem através dos elementos de concreto etc.

As tensões admissíveis (f_y) e últimas (f_u) dos aços constituintes das chapas mais usadas são:
- Para chapas em aço ASTM A36, utilizam-se f_y = 250 MPa e f_u = 400 MPa.
- Para chapas em aço ASTM A588, utilizam-se f_y = 345 MPa e f_u = 485 MPa.
- Para chapas em aço ASTM A572 Gr. 50, utilizam-se f_y = 345 MPa e f_u = 450 MPa.

Para ligações estruturais, utilizam-se as barras constituídas de quaisquer desses aços indicados. Porém, procura-se dar preferência a barras em aço ASTM A588, não só por possuírem tensões resistentes maiores, como também por terem maior resistência à corrosão – ver Cap. 7 para compatibilidade entre aços constituintes de conectores e chapas no tocante ao processo de corrosão.

Todas as etapas que envolvem o dimensionamento de conectores, para todos os casos possíveis de esforços solicitantes, são dadas ao longo deste capítulo.

Para estruturas principais, deve-se adotar parafuso de alta resistência, como o ASTM A325. Para estruturas secundárias, de menor magnitude de esforço solicitante, podem ser adotados parafusos de baixa resistência, como o ASTM A307, que são denominados parafusos comuns.

Nota: Antes de dar início ao processo de cálculo e desenho no projeto, deve-se procurar saber, junto ao orçamentista/fabricante, a quantidade mínima de massa de aço a ser requisitada no projeto para o fornecimento de um determinado tipo de aço. Por exemplo, para o fornecimento de aço ASTM A588, alguns fabricantes exigiam uma massa mínima de 60.000 kg no projeto. Assim, uma especificação incompatível com as regras de fornecimento de aço do mercado implica diretamente retrabalho de cálculo, desenho e projeto, afetando prazo e custo do escritório.

2.4 Distâncias geométricas entre eixos de furos e entre eixos de furos e bordas de chapa, e quantidade mínima de conectores por ligação

Para todos os casos a seguir, será adotado t para o valor da espessura da chapa e D para o valor do diâmetro do parafuso.

2.4.1 Distância mínima entre eixos de furos

A distância entre eixos de furos não deve ser inferior ao valor de $2{,}7 \cdot D$, sempre procurando adotar $3 \cdot D$. Além disso, a distância entre as bordas de dois furos consecutivos não deve ser inferior ao valor de D.

$$d_{mín} = 3 \cdot D \quad \text{ou} \quad d_{mín} = 2{,}7 \cdot D$$

Para que não haja rasgamento da região da chapa, entre eixos de furos, deve ser obedecida a seguinte equação:

$$e \geq \frac{2 \cdot N_c}{f_u \cdot t} + \frac{D}{2}$$

em que:
e = espaçamento entre eixos de furos (em cm);
N_c = esforço de contato transmitido por um parafuso à parte mais solicitada da espessura t da chapa (em kN);
f_u = tensão última do aço constituinte da chapa (em kN/cm²).

N_c equivale ao valor da força solicitante de tração aplicada dividida pelo número de parafusos. Por exemplo, na ligação mostrada na Fig. 2.1A, $N_c = \dfrac{N}{3 \text{ parafusos}}$, tanto para a chapa do perfil L quanto para a chapa de alma do perfil I. Já na ligação mostrada na Fig. 2.1B, $N_c = \dfrac{N/2}{3 \text{ parafusos}}$ para a verificação do perfil L, e $N_c = \dfrac{N}{3 \text{ parafusos}}$ para a verificação da chapa de alma do perfil I.

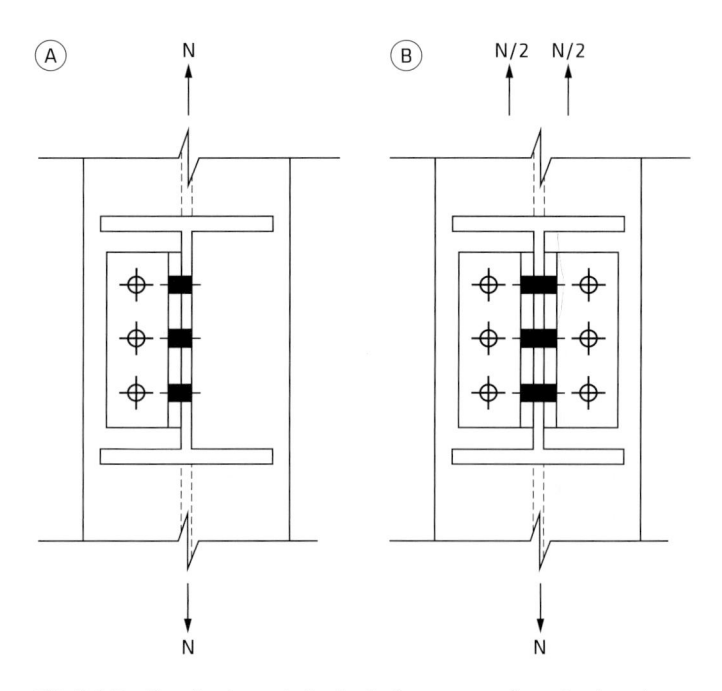

Fig. 2.1 Explicação da magnitude de força para cômputo do valor de N_c

A distância entre os eixos de conectores ainda deve atender ao valor de:

$$d \geq \frac{2 \cdot V_{Sd}}{f_u \cdot t} + \frac{D}{2}$$

em que:
d = distância entre eixos de conectores (em cm);
V_{Sd} = esforço de corte de projeto (em kN);
f_u = tensão última do aço constituinte da chapa (em kN/cm²).

2.4.2 Distância mínima entre eixo de furo e borda de chapa

A distância entre um eixo de furo e a borda de chapa não deve ser inferior a 1,75 · D, para o caso de chapa cortada com serra ou tesoura.

$$d_{mín} = 1,75 \cdot D$$

Independentemente do tipo de corte na chapa, essa distância mínima pode ser considerada com valor de 2 · D.

$$d_{mín} = 2 \cdot D$$

A distância entre um eixo de furo e a borda da chapa não deve ser inferior a $(1,25 + \delta) \cdot D$, para o caso de chapa laminada ou de borda lisa e sem entalhes, cortada com maçarico.

O valor de δ é dado a seguir, em função do diâmetro (D) do parafuso:

δ = 0,25 para D ≤ 16 mm
δ = 0,15 para 16 mm ≤ D < 25,40 mm
δ = 0 para D ≥ 25,40 mm

E, para que não haja rasgamento da região da chapa, entre o eixo do furo e a borda, deve ser obedecida a seguinte equação:

$$e \geq \frac{2 \cdot N_c \cdot t}{f_u}$$

em que:
e = espaçamento entre eixos de furos (em cm).

2.4.3 Distância máxima entre eixos de furos

A distância entre eixos de furos não deve ultrapassar o limite de 300 mm.

2.4.4 Distância máxima entre eixo de furo e borda de chapa

A distância entre eixo de furo e borda de chapa não deve exceder o limite de 150 mm nem de 12 · t, sendo t a espessura da chapa.

$$d_{máx} = 12 \cdot t \leq 15,0 \text{ cm}$$

2.4.5 Quantidade mínima de conectores por ligação

Sempre deve ser adotado um número mínimo de dois conectores por ligação, e nunca se deve utilizar apenas um conector. Adotar esse número mínimo sempre na direção da força solicitante.

2.5 Cálculo do comprimento de um parafuso e posição da zona bruta ou zona rosqueada no plano de corte

Um parafuso de cabeça sextavada é constituído das partes apresentadas nas Figs. 2.2 e 2.3.

O comprimento total do parafuso depende basicamente do número e das espessuras das chapas a ligar e das porcas sextavadas e arruelas (lisas e de pressão) a utilizar.

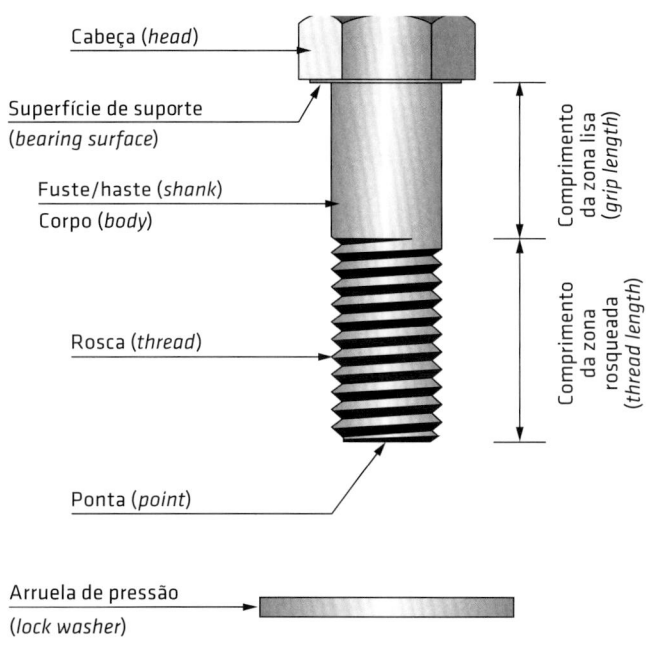

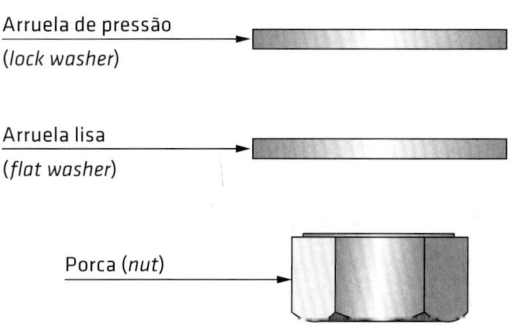

Fig. 2.2 Desenho típico de um parafuso com o uso de porca sextavada e arruelas

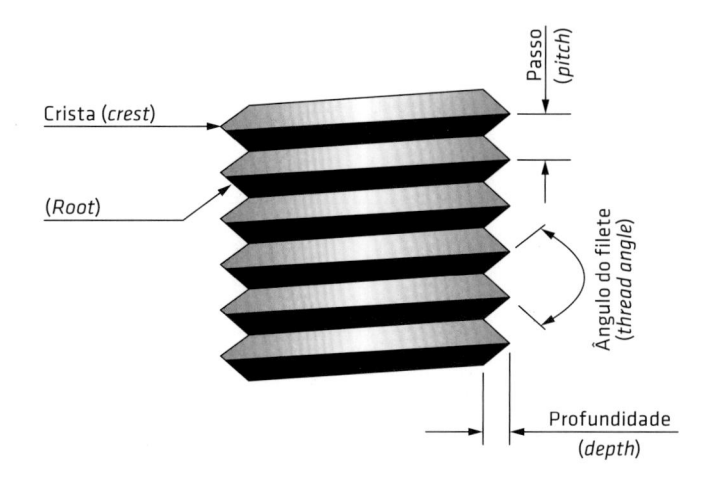

Fig. 2.3 Detalhes da zona rosqueada do parafuso

Ver o exemplo da Fig. 2.4, em que se dispõe do uso de três chapas com espessura de $^3/_8$" cada, uma arruela lisa, duas arruelas de pressão e uma porca sextavada.

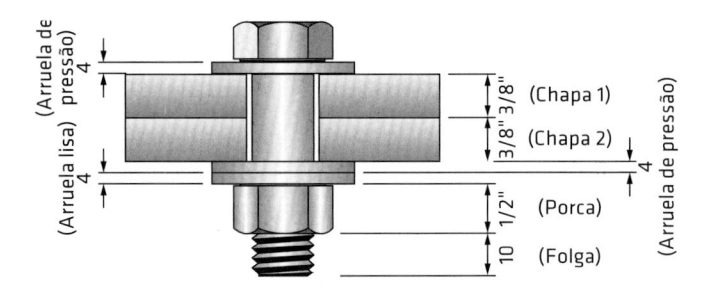

Fig. 2.4 Detalhe do parafuso ligando as chapas, com o uso de uma porca sextavada, duas arruelas de pressão e uma arruela lisa, provido de uma folga de 10 mm

O comprimento total do parafuso a adotar nessa ligação é calculado do seguinte modo:

$L = Arruela_{pressão} + Ch_1 + Ch_2 + Arruela_{pressão} + Arruela_{lisa} +$
$+ Porca_{sextavada} + Folga$

$L = 4$ mm $+ 9,5$ mm $+ 9,5$ mm $+ 4$ mm $+ 4$ mm $+ 12,7$ mm $+$
$+ 10$ mm $\Rightarrow L = 53,7$ mm

Como o comprimento do parafuso deve ser especificado em polegada, basta levar o valor de comprimento total em milímetro para a Tab. 2.1, que apresenta comprimentos de parafuso, a fim de obter seu comprimento em polegada equivalente. Optou-se por fazer $L = 2$", pois, caso se utilize 2¼" = 57,15 mm, haverá uma folga além de 10 mm.

Tab. 2.1 COMPRIMENTOS COMERCIAIS DE PARAFUSO

Polegadas	Milímetro
1¼"	31,75
1½"	38,10
1¾"	44,45
2"	50,80
2¼"	57,15
2½"	63,50
2¾"	69,85
3"	76,20
3¼"	82,55
3½"	88,90
3¾"	95,25
4"	101,60
4¼"	107,95
4½"	114,30
4¾"	120,65
5"	127,00
5¼"	133,35
5½"	139,70
5¾"	146,05
6"	152,40
6¼"	158,75

O diâmetro nominal do parafuso é igual à espessura da porca. Sendo assim, como sua porca possui espessura de ½", o parafuso também possui diâmetro de ½".

A especificação completa desse parafuso em um projeto real seria dada da seguinte forma: parafuso ASTM A325 $\phi^1/_2$" × 2" (com uma porca sextavada, duas arruelas de pressão e uma arruela lisa).

Caso fosse necessário inserir duas porcas no detalhe do projeto anterior (Fig. 2.4), com o uso de porca e contraporca, seria preciso inserir mais uma arruela lisa entre ambas as porcas, passando a se ter o esquema mostrado na Fig. 2.5.

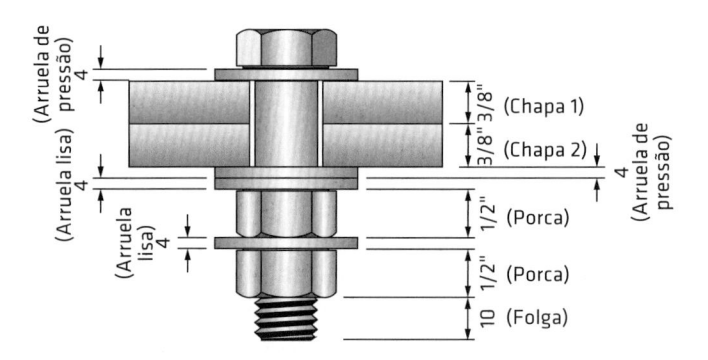

Fig. 2.5 Detalhe do parafuso anterior com o acréscimo de uma porca sextavada ao conjunto, denominada contraporca

E seu novo comprimento seria de:

$L = A_{pressão} + Ch_1 + Ch_2 + A_{pressão} + A_{lisa} + Porca_{sextavada} +$
$+ A_{lisa} + Porca_{sextavada} + Folga$

$L = 4$ mm $+ 9,5$ mm $+ 9,5$ mm $+ 4$ mm $+ 4$ mm $+ 12,7$ mm $+$
$+ 4$ mm $+ 12,7$ mm $+ 10$ mm
$L = 70,4$ mm

Consultando a Tab. 2.1, encontra-se $L = 2¾$" $= 69,85$, pois, caso se utilize 3" = 76,20 mm, haverá uma folga além de 10 mm.

Nota: Sempre especificar diâmetros de conectores e espessuras de chapas em polegada, e não em milímetro.

Para arruelas lisas e de pressão (Figs. 2.6 e 2.7), pode-se considerar, para efeito de cálculo do comprimento do parafuso ou da barra de ancoragem, as seguintes espessuras:
- 4 mm para parafusos ou barras com diâmetro de até ½".
- 6 mm para parafusos ou barras com diâmetros de $^5/_8$" a $^7/_8$".
- 9,5 mm para parafusos ou barras com diâmetros de 1" a 1¾".
- 12 mm para parafusos ou barras com diâmetros de $1^7/_8$" a 3".

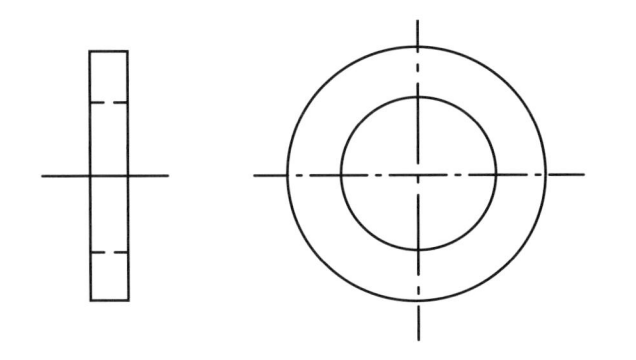

Fig. 2.6 Forma geométrica da arruela lisa

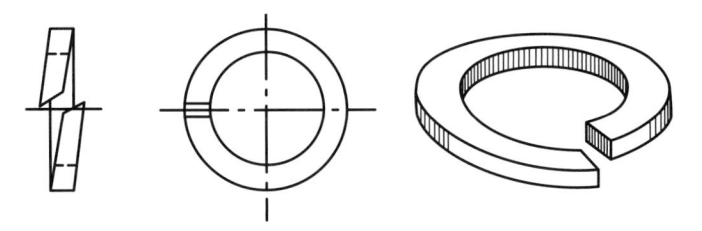

Fig. 2.7 Forma geométrica da arruela de pressão

O uso de porca e contraporca normalmente ocorre em casos de elevado esforço de tração na ligação ou em casos em que a estrutura se localize em uma área pública, na qual possa ficar sujeita a atos de vandalismo.

Nota: Ao projetar, recomenda-se sempre deixar a zona bruta (lisa) do conector na região em que o conector é submetido ao esforço solicitante, conforme apresentado na Fig. 2.8A. E, ao calcular, independentemente da equação, de fatores e de coeficientes a utilizar, sempre se deve considerar a pior situação – a zona rosqueada estar situada na região do esforço, como mostra a Fig. 2.8B.

Dependendo do número de chapas a serem conectadas por um parafuso, poderá ser aplicado, no fuste do parafuso, o corte simples ou o corte duplo.

No caso de corte simples, esquematizado na Fig. 2.9, com duas chapas, sobre cada uma atuará um esforço solicitante em sentidos diferentes N1 e N2, porém com magnitudes iguais a N (esforço de corte total aplicado). O parafuso deverá ser dimensionado ao valor integral de N.

No caso do esquema apresentado na Fig. 2.10, em que se têm três chapas unidas pelo mesmo parafuso, sobre a chapa do meio atuará o esforço de corte total N2, e sobre as outras duas chapas (superior e inferior) atuarão esforços N1 e N3, no sentido contrário a N2. Porém, cada componente de força N1 e N3 equivalerá ao esforço total de corte aplicado no parafuso dividido por 2 e, então, pode-se dizer que sobre o parafuso não mais atuará o esforço total de corte N, mas este dividido pela metade (N/2), configurando um caso de corte duplo.

Dessa forma, sempre que houver um caso de corte duplo em uma determinada ligação, bastará indicar o número 2 na incógnita n da equação de corte no parafuso, que equivale ao número de planos de corte, duplicando assim seu esforço resistente. E, quando se tratar de corte simples, como ocorre na maioria dos casos, indicar $n = 1$ para o plano de corte.

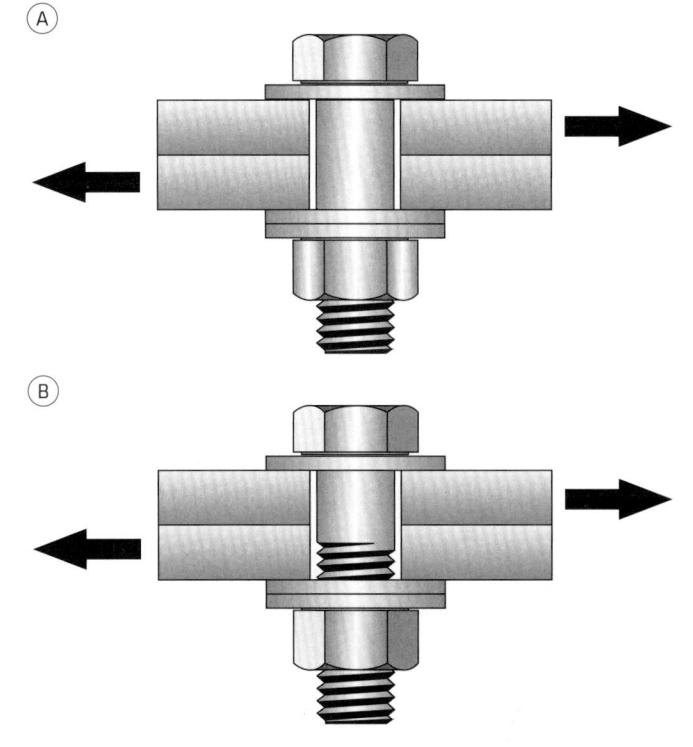

Fig. 2.8 Parafusos com suas zonas (A) lisa e (B) rosqueada posicionadas na região do esforço cortante solicitante

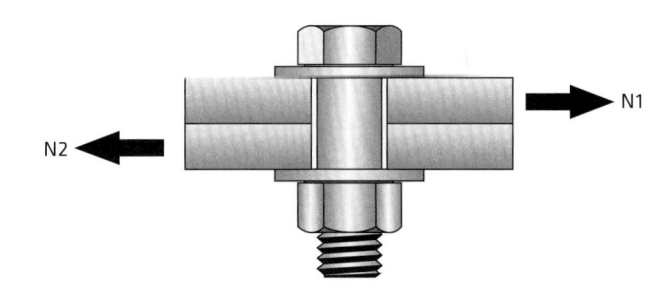

Fig. 2.9 Corte simples aplicado no parafuso

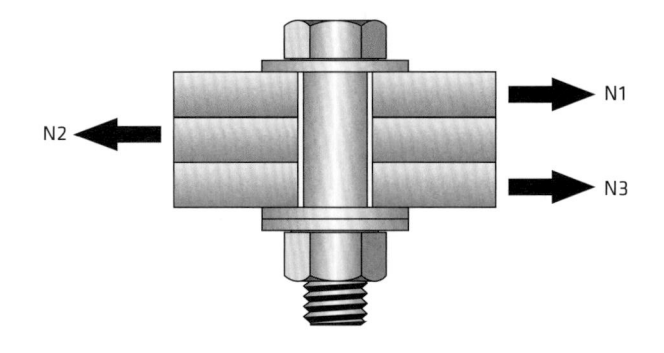

Fig. 2.10 Corte duplo aplicado no parafuso

2.6 Resistência nominal e de projeto

Ao longo das equações que serão apresentadas daqui em diante, será mencionado o uso da resistência nominal em algumas e o uso da resistência de projeto em outras.

A resistência nominal é utilizada para combater o valor do esforço solicitante nominal, que não vem multiplicado de coeficiente de majoração algum. Ou seja, utilizam-se os esforços solicitantes obtidos a partir da aplicação de carregamentos sem multiplicá-los pelos coeficientes de ponderação das ações, comparando-os com o valor da resistência nominal.

As resistências nominais podem ser indicadas sem acompanhamento de letra alguma, ou acompanhadas da letra N, por exemplo, passando o esforço resistente nominal a ter a escrita R_N.

E, sempre que se fala em resistência de projeto, significa dizer que esta estará combatendo o valor do esforço solicitante ponderado, ou seja, multiplicado por um coeficiente de majoração. Nesse caso, compara-se o valor do esforço solicitante ponderado com o valor da resistência de projeto.

As resistências de projeto devem ser indicadas com o acompanhamento obrigatório da letra D, passando o esforço resistente de projeto a ter a seguinte escrita: R_D, em que D significa *design* (projeto), escrito na língua inglesa.

Os coeficientes de majoração foram dados no Cap. 1.

Nota: Para ligações em estruturas metálicas, independentemente de se utilizar equação com uso de resistência nominal ou de resistência de projeto, recomenda-se fortemente que, *de preferência*, sejam utilizados os valores dos esforços solicitantes de forma ponderada, isto é, multiplicados por fatores de segurança, pois o custo de alguns parafusos a mais ou o gasto com chapas um pouco mais espessas para ligações estruturais não representam mais do que 10% da massa total de aço de todo o projeto. Ou seja, não são nada se comparados com o colapso da estrutura, seguido ou não de incidentes ou acidentes por subdimensionamento, processo de corrosão ou outro, atrelados aos elementos de ligação por conectores. E acidentes causados por falta de quantidade mínima de conectores ainda ocorrem.

2.7 Dimensionamento à tração axial da chapa

O dimensionamento à tração é dado pelas equações a seguir, em função de cada caso.

- Para ruptura da seção líquida:

$$R_{DT} = \phi_t \cdot R_N = \phi_t \cdot A_N \cdot f_u, \text{ com } \phi_t = 0{,}75$$

em que:

R_{DT} = resistência de projeto à tração (em kN);
ϕ_t = coeficiente de minoração da resistência à tração;
R_N = resistência da seção líquida (em kN);
A_N = área líquida da seção transversal da chapa (em cm²).

A área líquida da seção transversal da chapa é calculada subtraindo-se a área de furos da área bruta:

$$A_N = A_{G;Chapa} - A_{Furos}$$

em que:

$A_{G;Chapa}$ = área bruta da seção transversal da chapa (em cm²);
A_{Furos} = área da seção transversal dos furos (em cm²).

A área bruta da chapa é encontrada em função de sua espessura e sua largura perpendicular ao esforço de tração:

$$A_{G;Chapa} = b \cdot t$$

em que:

$A_{G;Chapa}$ = área bruta da seção transversal perpendicular ao esforço de tração, que, nesse caso, é a seção transversal horizontal (em cm²);
b = largura da placa perpendicular ao esforço de tração (em cm).

A área de furos é encontrada em função do diâmetro fictício do conector, da espessura da chapa e do número de conectores ao longo de uma linha perpendicular ao esforço de tração:

$$A_{Furos} = n_H \cdot d_{fictício} \cdot t, \text{ com } d_{fictício} = d + 0{,}35 \text{ cm}$$

em que:

A_{Furos} = área total de furos da seção transversal perpendicular ao esforço de tração, que, nesse caso, é a seção transversal horizontal (em cm²);
n_H = número de parafusos por linha horizontal;
$d_{fictício}$ = diâmetro fictício do parafuso, também denominado d' (em cm²);
d = diâmetro nominal do parafuso (em cm).

- Para escoamento da seção bruta:

$$R_{DT} = \phi_t \cdot R_N = \phi_t \cdot A_{G;Chapa} \cdot f_y, \text{ com } \phi_t = 0{,}90$$

- Para barras rosqueadas:

$$R_{DT} = \phi_t \cdot R_N = 0{,}75 \cdot \phi_t \cdot A_{G;Chapa} \cdot f_u, \text{ com } \phi_t = 0{,}65$$

Adota-se um coeficiente médio de 0,75, correspondente a um valor médio da razão de área da rosca/área da barra, que varia entre 0,73 e 0,80.

No caso de furos em zigue-zague, representados na Fig. 2.11, utiliza-se a fórmula $\sum\left(\frac{S^2}{4 \cdot g}\right)$ calcada em diversos percursos, a fim de encontrar o caminho que resulte no menor valor para a seção líquida da chapa, uma vez que esta pode sofrer colapso em qualquer um desses percursos, sendo seus valores indicados a seguir:

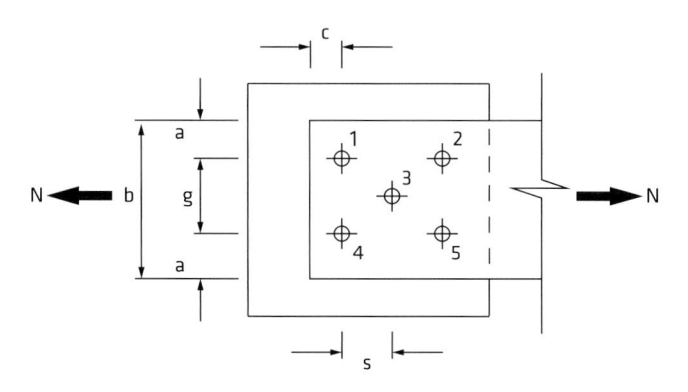

Fig. 2.11 Caso de furação em zigue-zague

$$A_N = \left\{ b - \sum\left(d + 0{,}35\text{ cm}\right) + \sum\left(\frac{S^2}{4 \cdot g}\right) \right\} \cdot t$$

em que:
A_N = área da seção transversal líquida da chapa (em cm²);
b = largura da menor chapa (em cm);
d = diâmetro do parafuso (em cm);
S = espaçamento longitudinal entre furos (*pitch*) (em cm);
g = espaçamento transversal entre duas linhas de furos paralelos ao esforço solicitante (*gage*) (em cm);
a e c = distâncias de cada furo à borda (em cm).

As soluções teóricas são muito complicadas para um projeto com furos em zigue-zague, então uma aproximação é permitida. O valor aproximado de $\frac{S^2}{4 \cdot g}$ é baseado no procedimento de Cochrane (1922) e é quase universalmente usado.

Por exemplo, no cálculo da área líquida do problema indicado na Fig. 2.12, com parafusos de diâmetro nominal de $^3/_8$" (0,95 cm) e cada chapa com espessura de ¼" (0,635 cm), haveria:

- Área líquida da chapa para o percurso 1-3-4-6-7:

$$A_N = \left\{ 18\text{ cm} - 5\text{ parafusos} \times \left(0{,}95\text{ cm} + 0{,}35\text{ cm}\right) + \right.$$
$$\left. + 4\text{ caminhos} \times \left[\frac{(3{,}5\text{ cm})^2}{4 \times 3\text{ cm}}\right] \right\} \times 0{,}635\text{ cm} = 9{,}90\text{ cm}^2$$

- Área líquida da chapa para o percurso 1-3-6-7:

$$A_N = \left\{ 18\text{ cm} - 4\text{ parafusos} \times \left(0{,}95\text{ cm} + 0{,}35\text{ cm}\right) + \right.$$
$$\left. + 2\text{ caminhos} \times \left[\frac{(3{,}5\text{ cm})^2}{4 \times 3\text{ cm}}\right] \right\} \times 0{,}635\text{ cm} = 9{,}42\text{ cm}^2$$

- Área líquida da chapa para o percurso 1-4-7:

$$A_N = \left\{ 18\text{ cm} - 3\text{ parafusos} \times \left(0{,}95\text{ cm} + 0{,}35\text{ cm}\right) + 0 \right\} \times$$
$$\times 0{,}635\text{ cm} = 14{,}10\text{ cm}^2$$

Portanto, para esse exemplo, deve ser adotado o valor de $A_N = 9{,}42$ cm².

Observar que, quando se estuda uma seção transversal de chapa linear como a do percurso realizado pelos parafusos 1-4-7, a parcela $\sum\left(\frac{S^2}{4 \cdot g}\right)$ fica nula, pois só é aplicada em casos de parafusos em zigue-zague.

2.8 Dimensionamento ao cisalhamento de bloco de chapa

Para casos em que coexistam chapas finas ligadas por conectores em uma determinada ligação, o colapso estrutural pode vir a ocorrer por rasgamento, o qual se denomina colapso por cisalhamento de bloco, com esforços solicitantes cisalhantes ocorrendo nos planos paralelos à força (áreas A_V, ou seja, áreas cisalhadas nos planos paralelos à força solicitante aplicada) e esforços solicitantes de tração ocorrendo no plano normal à força (área A_T, ou seja, área tracionada no plano perpendicular à força solicitante aplicada, esquematizada por área hachurada, como explicado nas Figs. 2.13 e 2.14).

Para a verificação da ruptura por cisalhamento do bloco da chapa, faz-se necessário calcular as áreas tracionadas bruta e líquida da chapa, bem como as áreas cisalhadas bruta e líquida, pelo passo a passo dado a seguir.

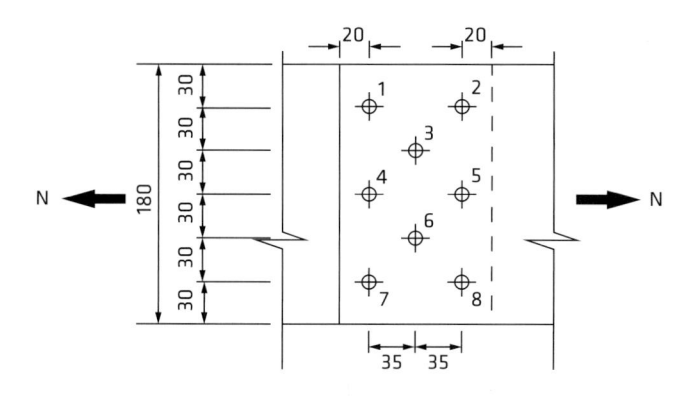

Fig. 2.12 Exemplo de caso de furação em zigue-zague

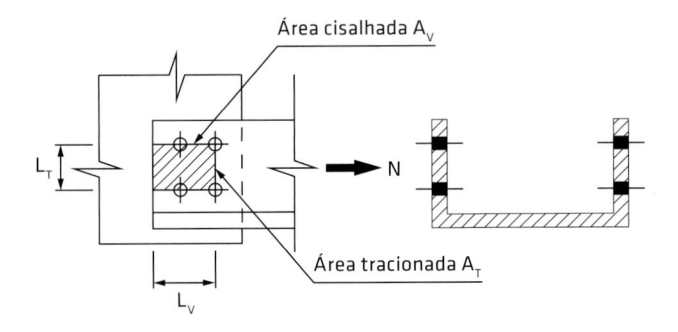

Fig. 2.13 Colapso de cisalhamento por bloco em uma ligação parafusada do banzo inferior em perfil U à chapa *gousset* de uma treliça (detalhe retirado da Fig. 2.41)

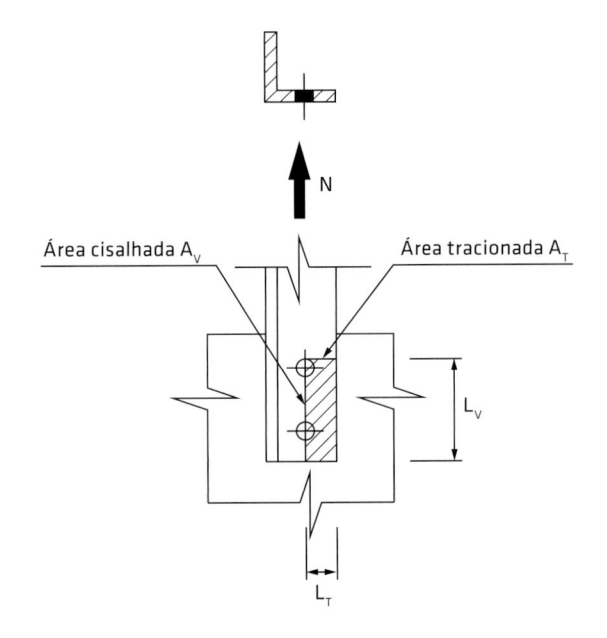

Fig. 2.14 Colapso de cisalhamento por bloco em uma ligação parafusada do montante em perfil L à chapa *gousset* de uma treliça (detalhe retirado da Fig. 2.41)

Primeiro, calcula-se a área de furo na chapa, em função do diâmetro fictício e da espessura da chapa:

$$d_{fictício} = d + 0,35 \text{ cm}$$
$$A_{Furos} = d_{fictício} \cdot t$$

Agora se calcula a área tracionada bruta, em função da distância entre o eixo do furo e a borda da chapa, e da espessura da chapa, fazendo (Figs. 2.15 e 2.16):

$$A_{TG} = (2 \cdot c) \cdot t$$

em que:
A_{TG} = área tracionada bruta (em cm²);
c = distância horizontal do eixo do furo à borda da chapa (em cm);
t = espessura da chapa (em cm).

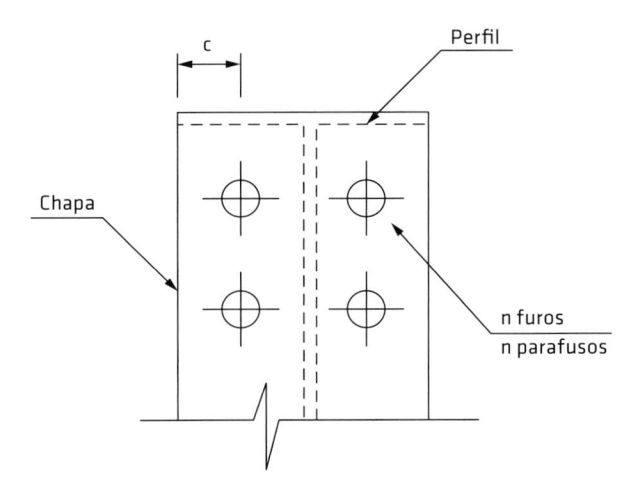

Fig. 2.15 Valor de c (distância horizontal do eixo do furo à borda da chapa)

De posse de A_{Furos} e de A_{TG}, calcula-se a área tracionada líquida:

$$A_{TN} = A_{TG} - A_{Furos}$$

em que:
A_{TN} = área tracionada líquida (em cm²).

Agora se calcula a área cisalhada bruta:

$$A_{VG} = D_{TC-PF} \cdot t$$

em que:
A_{VG} = área cisalhada bruta (em cm²);
D_{TC-PF} = distância do eixo do último parafuso de topo ao fundo da chapa = $a + d_2 + d_1 + d_2$.

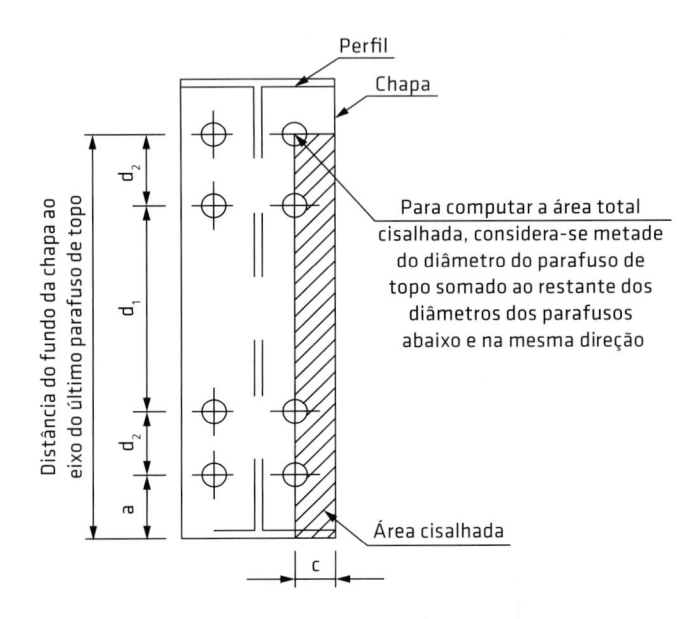

Fig. 2.16 Área cisalhada

E, por fim, calcula-se a área cisalhada líquida do seguinte modo:

$$A_{VN} = A_{VG} - \left[(n_V - 0{,}50) \cdot d_{fictício} \cdot t \cdot n''\right]$$

em que:
A_{VN} = área cisalhada líquida (em cm²);
n_V = número de parafusos por linha vertical;
n'' = número de planos de corte.

Uma vez calculadas todas as áreas necessárias, dá-se início ao cálculo dos esforços resistentes. Para isso, serão analisadas duas situações em função das áreas encontradas e das correlações $0{,}6 \cdot f_u \cdot A_{VN}$ e $f_u \cdot A_{TN}$.

Para $0{,}6 \cdot f_u \cdot A_{VN} > f_u \cdot A_{TN}$, tem-se:

$$R_D = \phi \cdot (0{,}6 \cdot f_u \cdot A_{VN} + f_y \cdot A_{TG}), \text{ com } \phi = 0{,}75$$

Para $f_u \cdot A_{TN} > 0{,}6 \cdot f_u \cdot A_{VN}$, tem-se:

$$R_D = \phi \cdot (0{,}6 \cdot f_y \cdot A_{VG} + f_u \cdot A_{TN}), \text{ com } \phi = 0{,}75$$

em que:
R_D = resistência de projeto (em kN);
ϕ = coeficiente de minoração da resistência ao cisalhamento do bloco;
A_{VN} = área líquida da seção transversal cisalhada (em cm²);
A_{TG} = área bruta da seção transversal tracionada (em cm²);
A_{VG} = área bruta da seção transversal cisalhada (em cm²);
A_{TN} = área líquida da seção transversal tracionada (em cm²).

2.9 Dimensionamento ao corte

A resistência ao corte dos conectores (parafusos, barras, rebites etc.) é dada pela equação geral:

$$R_{DT} = \phi_V \cdot R_{NV} \cdot n'' \cdot n$$

Para parafusos de baixa resistência (A307) e barras rosqueadas, tem-se:

$$R_{NV} = 0{,}7 \cdot A_G \cdot \phi_V \cdot f_u$$

O coeficiente de 0,7 já admite o uso do parafuso em sua situação mais desfavorável, com sua zona rosqueada passando pelo plano de corte, onde a seção transversal rosqueada corresponde a 0,7 da seção transversal bruta.

Já para parafusos de alta resistência (A325, A490) cuja zona rosqueada se situe fora do plano de corte, tem-se:

$$R_{NV} = A_G \cdot \phi_V \cdot f_u \Rightarrow R_{NV} = 0{,}6 \cdot A_G \cdot f_u$$

Para que a zona rosqueada se situe fora do plano de corte, faz-se necessário indicar corretamente o valor do comprimento do parafuso no projeto, como indicado na seção 2.5.

Para essas equações, R_{DT} é a resistência de projeto à tração (em kN); R_{NV}, a resistência nominal para um plano de corte (em kN); A_G, a área bruta da seção transversal do conector (em cm²); n'', o número de planos de corte; n, o número de parafusos paralelos ao esforço cortante; f_u, a tensão última do aço constituinte do conector (em kN/cm²); e ϕ_V, o coeficiente de minoração da resistência ao corte.

Adotam-se os seguintes valores de ϕ_V em função de cada caso:
- $\phi_V = 0{,}60$ para parafusos de baixa resistência (ASTM A307) e barras rosqueadas;
- $\phi_V = 0{,}65$ para parafusos de alta resistência (ASTM A325 e ASTM A490) e rebites.

2.10 Dimensionamento ao rasgamento da chapa e à pressão de apoio

A resistência R_D à pressão de apoio entre o fuste do conector e a borda do furo e ao rasgamento da chapa entre conectores ou entre um conector e a respectiva borda de chapa é dada pela expressão:

$$R_D = \phi \cdot R_N$$

Para essa equação, usa-se $\phi = 0{,}75$.

2.10.1 Para resistência à pressão de apoio

Para o dimensionamento da resistência nominal da chapa à pressão de apoio, é adotada a fórmula a seguir:

$$R_N = 3 \cdot d \cdot t \cdot f_u$$

Nessa equação, utiliza-se o coeficiente de valor 3 quando se tiver uma situação em que as cargas permanentes são preponderantes. Quando se tiver uma situação de cargas variáveis e com deformações sucessivas, o AISC recomenda o valor 2,4 para trabalho com furos padronizados ou pouco alongados (pouco oblongos) ou 2,0 para furos alongados (oblongos).

Os furos oblongos são usados em situações em que não haja muita certeza das medidas obtidas em campo, de onde se deixa uma certa folga no furo na direção vertical ou horizontal, dependendo do caso. Por exemplo: criação de ligações parafusadas no alto de uma cobertura existente que está sofrendo corrosão pela existência de soldas de campo e que passará por uma restauração.

2.10.2 Para resistência ao rasgamento

Para dimensionamento da resistência nominal da chapa ao rasgamento, é adotada a fórmula a seguir:

$$R_N = a \cdot t \cdot f_u$$

em que:
R_D = resistência de projeto ao rasgamento da chapa e à pressão de apoio (em kN);
ϕ = coeficiente de minoração da resistência ao rasgamento da chapa e à pressão de apoio;
R_N = resistência nominal (em kN);
a = distância vertical do eixo do furo de topo à borda da chapa (em cm);
d = diâmetro da zona lisa (não rosqueada) do parafuso (em cm).

O valor de a, cuja posição é ilustrada na Fig. 2.17, é dado por:
- a = distância entre o eixo do furo e a extremidade da chapa, medida ao longo da direção da força solicitante atuante, para obter a resistência ao rasgamento entre um eixo de furo extremo e a respectiva borda da chapa (em cm);
- a = distância entre o eixo do furo e a borda do furo mais próximo, medida ao longo da direção da força solicitante atuante, para obter a resistência ao rasgamento da chapa entre eixos de furos. Usa-se $a = S - \dfrac{d}{2}$, sendo S o valor do espaçamento entre os eixos dos furos e d o diâmetro nominal do conector (em cm).

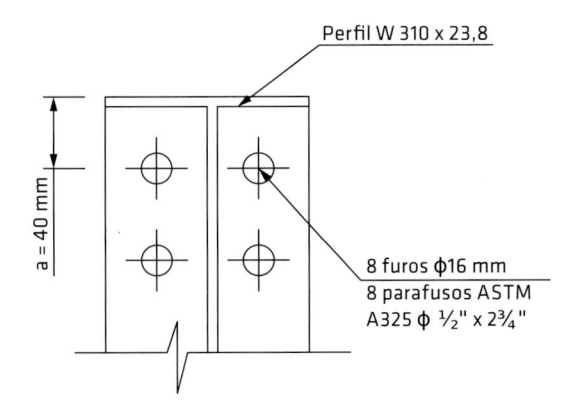

Fig. 2.17 Posição da dimensão a em um caso real de projeto, com a força de cisalhamento atuando ao longo da vertical desse desenho

Nota: No caso de furos alongados ou alargados, a expressão de R_N é reduzida por valores obtidos empiricamente, como visto no exemplo a seguir, extraído da Tabela 13 da NBR 8800 (ABNT, 2008):

$$R_N = \alpha \cdot t \cdot f_u$$

Os valores de α são determinados da seguinte maneira, com os valores de η_1 e η_2 indicados na Tab. 2.2:
- Para rasgamento entre dois furos consecutivos, cujos centros sejam espaçados de S, quando não houver ortogonalidade entre a força no parafuso analisado e a reta que liga esses centros:

$$\alpha = \frac{S}{d} - \eta_1 \leq 3{,}0$$

- Para rasgamento entre um furo e uma borda situada à distância e do centro do furo, quando não houver paralelismo entre essa borda e a força no parafuso analisado:

$$\alpha = \frac{e}{d} - \eta_2 \leq 3{,}0$$

- Quando houver tal paralelismo:

$$\alpha = 3{,}0$$

- Havendo duas bordas a considerar (furos próximos a cantos), prevalece a que resultar no menor valor de α.

Tab. 2.2 VALORES DE η_1 E η_2

Tipo de furo	η_1	η_2
Furo padrão ou furo alongado na direção perpendicular de rasgamento	0,50	0
Furo alongado	0,72	0,12
Furo pouco alongado na direção de rasgamento	0,83	0,20
Furo muito alongado na direção de rasgamento	1,94 para $d \leq 40$ 2,00 para $d > 40$	0,75

2.11 Dimensionamento à tração do conector

A resistência de conectores no formato de parafusos ou barras rosqueadas é dada pela equação:

$$R_{DT} = \phi_t \cdot R_{NT}$$

O valor de R_{NT} é dado do seguinte modo, em função do tipo de conector a usar:

$$R_{NT} = A_G \cdot f_u \text{ (para rebites)}$$
$$R_{NT} = 0{,}75 \cdot A_G \cdot f_u$$
$$\text{(para parafusos de alta resistência e barras rosqueadas)}$$

em que:
R_{DT} = resistência de projeto à tração (em kN);
R_{NT} = resistência nominal à tração (em kN);
A_G = área bruta da seção transversal do conector (em cm²);
f_u = tensão última do aço constituinte do conector (em kN/cm²);
ϕ_t = coeficiente de minoração da resistência à tração.

Adotam-se os seguintes valores de ϕ_t em função de cada caso:
- ϕ_t = 0,60 para parafusos de baixa resistência (ASTM A307) e barras rosqueadas;
- ϕ_t = 0,65 para parafusos de alta resistência (ASTM A325 e ASTM A490) e rebites.

A área bruta (A_G) do conector é calculada por:

$$A_G = \pi \cdot \left(\frac{D}{2}\right)^2$$

em que:
A_G = área bruta da seção transversal do conector (em cm²);
D = diâmetro da zona lisa do parafuso (em cm).

2.12 Dimensionamento à tração e corte simultâneos

Quando se tem uma situação típica de projeto em que se projeta uma determinada ligação parafusada como do tipo engastada, e não só apoiada ou rotulada, recai-se em uma situação de atuação simultânea de esforços solicitantes de tração e corte nos conectores, e, para esses casos, não se deve usar somente as equações vistas até aqui.

Em primeiro lugar, deve ser atendida a verificação a seguir.
- Para barras rosqueadas ou parafusos de baixa resistência:

$$\phi_t \cdot R_{NT} < 0,64 \cdot A_{G;Chapa} \cdot f_u - 1,93 \cdot V_d$$

- Para parafusos de alta resistência com sua zona rosqueada posicionada no plano de atuação do esforço solicitante de corte:

$$\phi_t \cdot R_{NT} < 0,69 \cdot A_{G;Chapa} \cdot f_u - 1,93 \cdot V_d$$

- Para parafusos de alta resistência com sua zona rosqueada posicionada fora do plano de atuação do esforço solicitante de corte:

$$\phi_t \cdot R_{NT} < 0,64 \cdot A_{G;Chapa} \cdot f_u - 1,50 \cdot V_d$$

em que:
ϕ_t = coeficiente de minoração da resistência à tração;
R_{NT} = resistência nominal à tração (em kN);
A_G = área bruta da seção transversal da chapa (em cm²);
f_u = tensão última do aço constituinte do conector (em kN/cm²);
V_d = esforço de corte de projeto solicitante (em kN).

Em seguida, procede-se com o dimensionamento a esforços solicitantes simultâneos de cisalhamento e tração por um dos três métodos a seguir.

2.12.1 Método de dimensionamento 1

Esse método considera o momento de inércia de todo o grupo de parafusos, e, a partir desse dado, calcula-se a tensão normal solicitante máxima no parafuso mais solicitado. Assim, quanto maior for a distância do centro de gravidade do conjunto de parafusos atuantes sobre a linha neutra da chapa de ligação, menor será a tensão normal solicitante.

De posse dessa tensão normal máxima e da tensão de cisalhamento no parafuso mais solicitado, adentra-se no ábaco com valores da NB, da American Association of State Highway and Transportation Officials (AASHTO) e do AISC, apresentado na Fig. 2.18, e verifica-se se essas tensões solicitantes são menores do que as tensões resistentes do parafuso adotado. Utiliza-se esse método adotando parafuso de alta resistência ASTM A325, identificado pela curva de número 6 na Fig. 2.18, com a consideração de número par de furos na chapa.

Ao longo deste item, será mostrado todo o passo a passo de dimensionamento por esse método, a ser usado sempre que houver aplicação simultânea de esforços de tração e de cisalhamento.

a) Momento de inércia dos parafusos
Calcula-se o momento de inércia total do conjunto de parafusos (para um exemplo de quatro parafusos por linha vertical) como sendo:

$$I_x = 4 \cdot A_G \cdot (d'_1 + d'_2), \text{ com } d'_1 = \left(\frac{d_1}{2}\right) \text{ e } d'_2 = \left(\frac{d_1}{2}\right) + d_2$$

em que:
I_x = momento de inércia do conjunto de parafusos (em cm⁴);
$d'_1, d'_2, \ldots d'_N$ = distâncias em função de d_1, d_2 (em cm);
$d_1, d_2, \ldots d_N$ = distâncias verticais entre parafusos, como esquematizados nas Figs. 2.19 a 2.25 (em cm).

A distância do centro de gravidade do conjunto de parafusos (sobre ou sob a linha neutra da chapa) à linha neutra da chapa, para um exemplo de quatro parafusos por linha vertical, é de:

$$y_{cg} = \frac{\left(\dfrac{d_2}{2} + d_1 + \dfrac{d_2}{2}\right)}{2}$$

em que:

y_{cg} = distância do centro de gravidade dos parafusos à linha neutra da placa (em cm).

Os valores de momento de inércia e de centro de gravidade do conjunto de parafusos aqui definidos serão usados, mais adiante ao longo deste item, no cômputo das tensões de tração máximas solicitantes.

A seguir são dadas equações para o cálculo do momento de inércia e de centro de gravidade do conjunto de parafusos, para chapas com número par de furos (por linha vertical) e para situações de 4 a 20 furos dispostos ao longo de duas linhas verticais de conectores (Figs. 2.19 a 2.21).

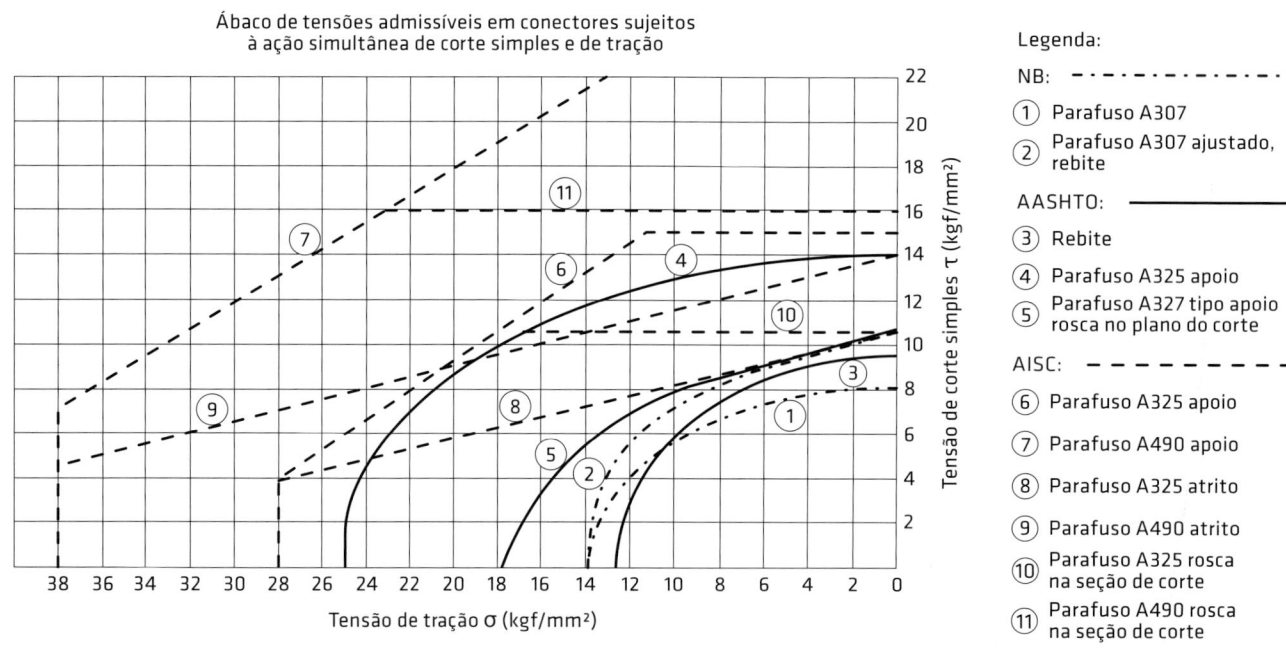

Fig. 2.18 Ábaco – tensões resistentes de tração e de cisalhamento para casos de atuações simultâneas de esforços solicitantes de tração e de cisalhamento

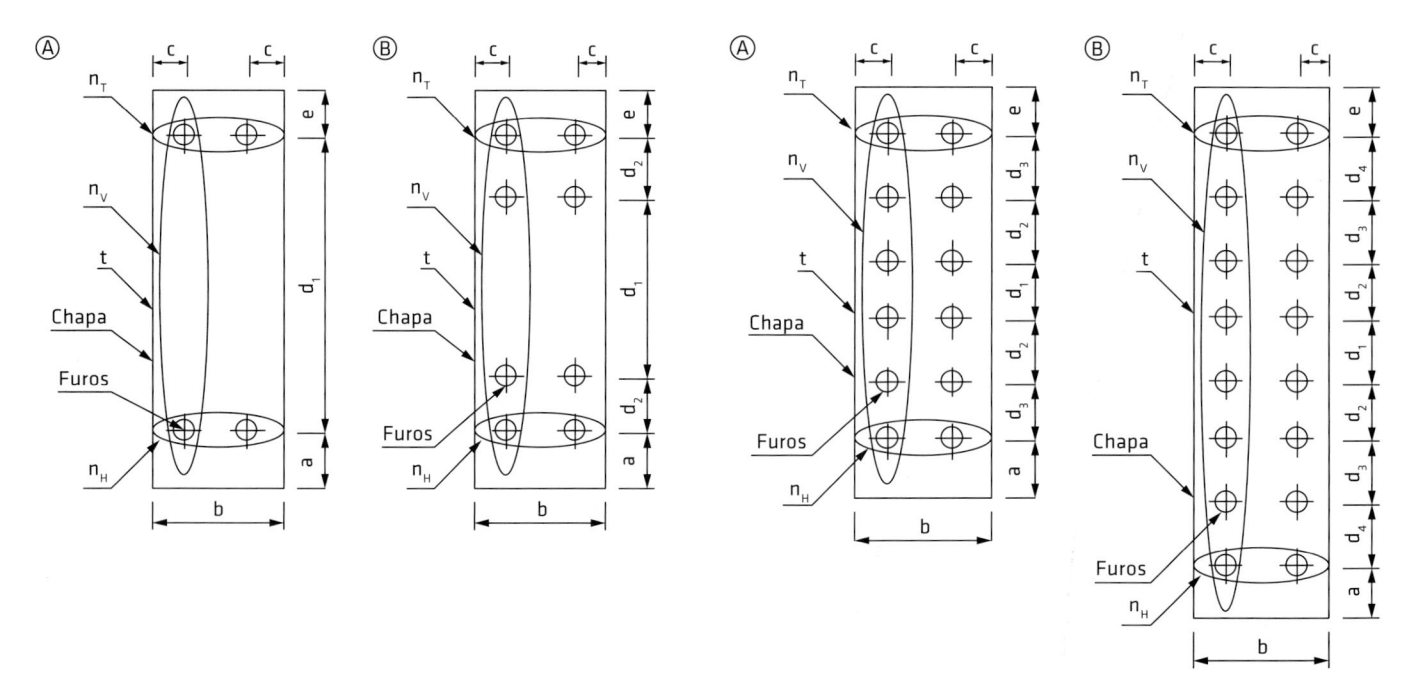

Fig. 2.19 Exemplos de chapas de ligação para número par de furos dispostos em cada uma das duas linhas verticais de conectores: (A) com total de quatro furos e (B) com total de oito furos

Fig. 2.20 Exemplos de chapas de ligação para número par de furos dispostos em cada uma das duas linhas verticais de conectores: (A) com total de 12 furos e (B) com total de 16 furos

- Para chapa com número par de furos e total de quatro furos, representada na Fig. 2.19A:

$$I_x = 4 \cdot A_G \cdot \left(d'_1{}^2\right), \text{ com } d'_1 = \left(\frac{d_1}{2}\right)$$

$$y_{cg} = \frac{d_1}{2}$$

- Para chapa com número par de furos e total de oito furos, representada na Fig. 2.19B:

$$I_x = 4 \cdot A_G \cdot \left(d'_1{}^2 + d'_2{}^2\right), \text{ com } d'_1 = \left(\frac{d_1}{2}\right) \text{ e } d'_2 = \left(\frac{d_1}{2}\right) + d_2$$

$$y_{cg} = \frac{\left(\frac{d_2}{2}\right) + d_1 + \left(\frac{d_2}{2}\right)}{2}$$

- Para chapa com número par de furos e total de 12 furos, representada na Fig. 2.20A:

$$I_x = 4 \cdot A_G \cdot \left(d'_1{}^2 + d'_2{}^2 + d'_3{}^2\right),$$

com $d'_1 = \left(\frac{d_1}{2}\right)$, $d'_2 = \left(\frac{d_1}{2}\right) + d_2$ e $d'_3 = \left(\frac{d_1}{2}\right) + d_2 + d_3$

$$y_{cg} = \frac{\left(\frac{d_3 + d_2}{2}\right) + d_1 + \left(\frac{d_2 + d_3}{2}\right)}{2}$$

- Para chapa com número par de furos e total de 16 furos, representada na Fig. 2.20B:

$$I_x = 4 \cdot A_G \cdot \left(d'_1{}^2 + d'_2{}^2 + d'_3{}^2 + d'_4{}^2\right),$$

com $d'_1 = \left(\frac{d_1}{2}\right)$, $d'_2 = \left(\frac{d_1}{2}\right) + d_2$, $d'_3 = \left(\frac{d_1}{2}\right) + d_2 + d_3$

e $d'_4 = \left(\frac{d_1}{2}\right) + d_2 + d_3 + d_4$

$$y_{cg} = \frac{\left(\frac{d_4 + d_3 + d_2}{2}\right) + d_1 + \left(\frac{d_2 + d_3 + d_4}{2}\right)}{2}$$

- Para chapa com número par de furos e total de 20 furos, representada na Fig. 2.21:

$$I_x = 4 \cdot A_G \cdot \left(d'_1{}^2 + d'_2{}^2 + d'_3{}^2 + d'_4{}^2 + d'_5{}^2\right),$$

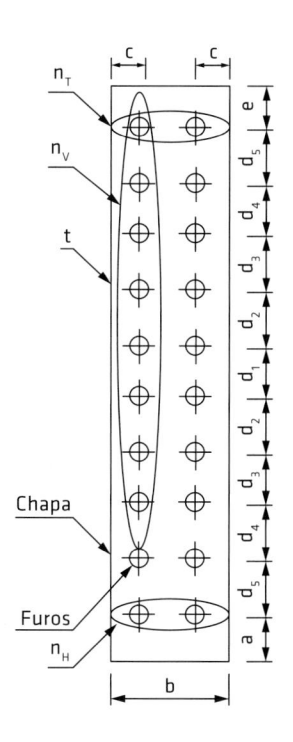

Fig. 2.21 Exemplo de chapa de ligação para número par de furos dispostos em cada uma das duas linhas verticais de conectores – 20 furos

com $d'_1 = \left(\frac{d_1}{2}\right)$, $d'_2 = \left(\frac{d_1}{2}\right) + d_2$, $d'_3 = \left(\frac{d_1}{2}\right) + d_2 + d_3$,

$$d'_4 = \left(\frac{d_1}{2}\right) + d_2 + d_3 + d_4 \text{ e } d'_5 = \left(\frac{d_1}{2}\right) + d_2 + d_3 + d_4 + d_5$$

$$y_{cg} = \frac{\left(\frac{d_5 + d_4 + d_3 + d_2}{2}\right) + d_1 + \left(\frac{d_2 + d_3 + d_4 + d_5}{2}\right)}{2}$$

E assim por diante para dimensionar o momento de inércia para qualquer número de conectores, desde que os furos estejam dispostos em número par para cada uma das duas linhas verticais na chapa.

A seguir são dadas equações para o cálculo do momento de inércia e de centro de gravidade do conjunto de parafusos, para chapas com número total ímpar de furos (por linha vertical) e com número total de 6 a 18 furos dispostos em duas linhas verticais de conectores (Figs. 2.22 e 2.23).

- Para chapa com número ímpar de furos por linha vertical e total de seis furos, representada na Fig. 2.22A:

$$I_x = 4 \cdot A_G \cdot d'_1{}^2, \text{ com } d'_1 = d_1$$

$$y_{cg} = \frac{d_1}{2} + \frac{d_1}{2}$$

- Para chapa com número ímpar de furos por linha vertical e total de dez furos, representada na Fig. 2.22B:

$$I_x = 4 \cdot A_G \cdot \left({d'_1}^2 + {d'_2}^2 \right), \text{ com } d'_1 = d_1 \text{ e } d'_2 = d_1 + d_2$$

$$y_{cg} = \frac{d_2 + d_1}{2} + \frac{d_1 + d_2}{2}$$

- Para chapa com número ímpar de furos por linha vertical e total de 14 furos, representada na Fig. 2.23A:

$$I_x = 4 \cdot A_G \cdot \left({d'_1}^2 + {d'_2}^2 + {d'_3}^2 \right),$$

com $d'_1 = d_1$, $d'_2 = d_1 + d_2$ e $d'_3 = d_1 + d_2 + d_3$

$$y_{cg} = \frac{d_3 + d_2 + d_1}{2} + \frac{d_1 + d_2 + d_3}{2}$$

- Para chapa com número ímpar de furos por linha vertical e total de 18 furos, representada na Fig. 2.23B:

$$I_x = 4 \cdot A_G \cdot \left({d'_1}^2 + {d'_2}^2 + {d'_3}^2 + {d'_4}^2 \right),$$

com $d'_1 = d_1$, $d'_2 = d_1 + d_2$, $d'_3 = d_1 + d_2 + d_3$

e $d'_4 = d_1 + d_2 + d_3 + d_4$

$$y_{cg} = \frac{d_4 + d_3 + d_2 + d_1}{2} + \frac{d_1 + d_2 + d_3 + d_4}{2}$$

E assim por diante para dimensionar o momento de inércia para qualquer número de conectores, desde que os furos estejam dispostos em número ímpar para cada uma das duas linhas verticais na chapa.

Chapas de ligação com número ímpar de furos por linha vertical de conectores são mais adequadas para ligações sujeitas a esforços cortantes muito elevados em relação aos momentos fletores. Já as chapas com número par de furos por linha vertical de conectores – que são as mais largamente utilizadas – são mais apropriadas em situações em que há momentos fletores muito elevados em relação aos esforços cortantes, ou seja, chapas com números pares por linha vertical que possuem parafusos de topo mais afastados do centro de gravidade da placa, o que aumenta o valor do braço de alavanca (d_1, d_2, d_3... d_N) e, consequentemente, a tensão resistente normal do conjunto (resistências à tração dos parafusos).

Uma vez dadas as equações para dimensionamento do momento de inércia para chapas de ligação com números pares e ímpares de furos por linha vertical, que são comumente utilizadas em projetos de estruturas metálicas, agora serão mostradas as chapas de ligação para casos excepcionais de vigas com chapas de ligação localizadas em

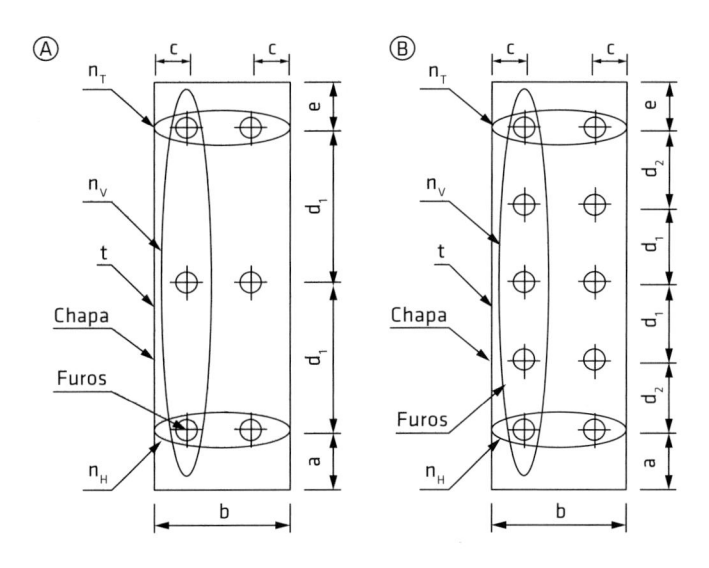

Fig. 2.22 Exemplos de chapas de ligação para número ímpar de furos dispostos em cada uma das duas linhas verticais de conectores: (A) com total de seis furos e (B) com total de dez furos

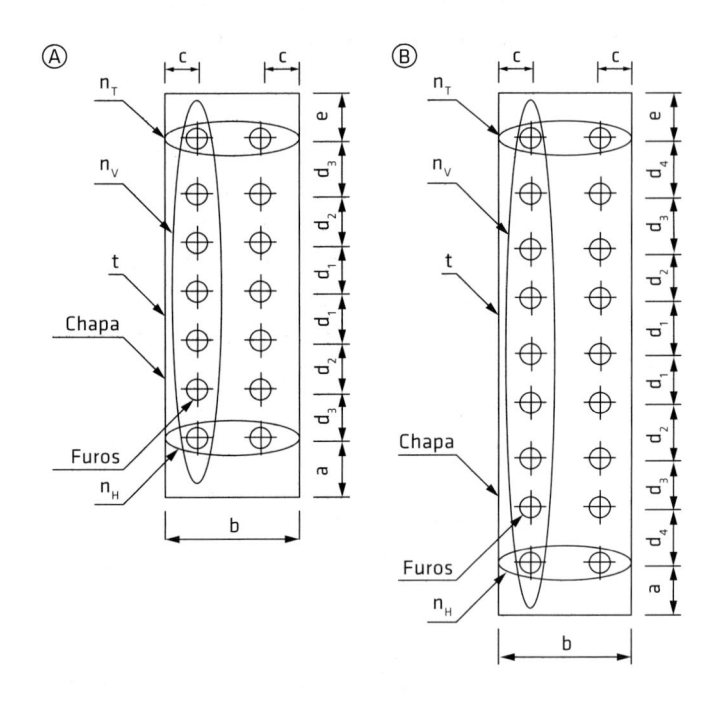

Fig. 2.23 Exemplos de chapas de ligação para número ímpar de furos dispostos em cada uma das duas linhas verticais de conectores: (A) com total de 14 furos e (B) com total de 18 furos

regiões de esforços solicitantes extremamente elevados, onde se faz necessário usar chapas maiores, com o uso de quatro linhas verticais de furos.

Chapas de ligação com quatro linhas verticais de furos, por exemplo, já foram utilizadas pelos autores em coberturas destinadas a supermercados, com vãos muito extensos entre pilares (maiores do que 40 m) e com sistemas de maquinários de ar condicionado (*rooftops*) extremamente pesados montados sobre essas vigas. Para vencer vãos tão elevados como esses, fez-se necessário conectar várias vigas de comprimentos de 12 m por meio de chapas de ligação que acabavam inevitavelmente se localizando em regiões de elevado esforço solicitante. Ver os exemplos nas Figs. 2.24 e 2.25.

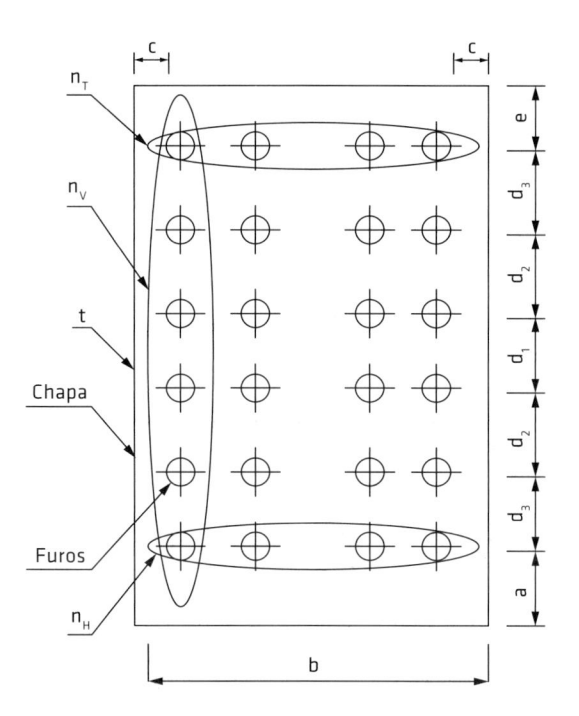

Fig. 2.24 Exemplo de chapa de ligação para número par de furos dispostos em cada uma das quatro linhas verticais de conectores – 24 furos

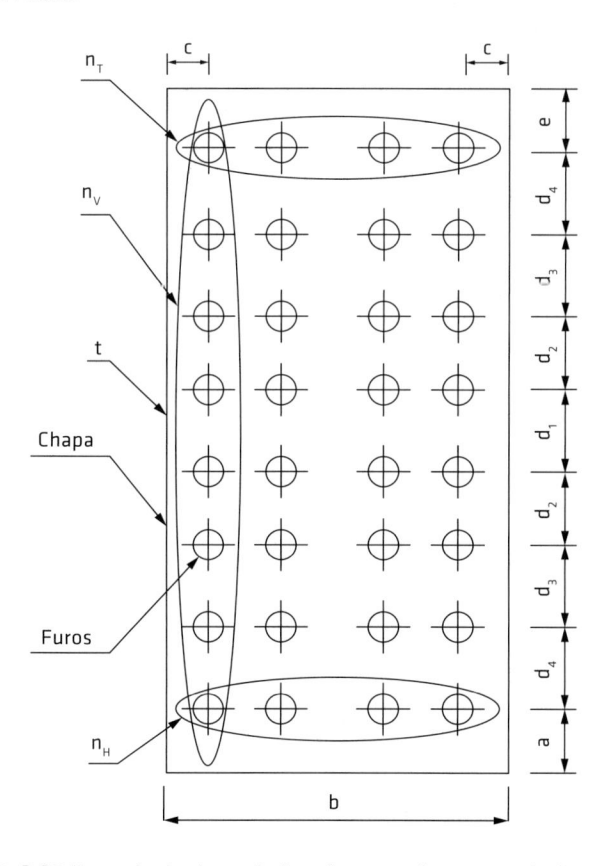

Fig. 2.25 Exemplo de chapa de ligação para número par de furos dispostos em cada uma das quatro linhas verticais de conectores – 32 furos

- Para chapa com número par de furos por linha vertical e total de 24 conectores, representada na Fig. 2.24:

$$I_x = 4 \cdot A_G \cdot \left(d'^2_1 + d'^2_2 + d'^2_3\right),$$

com $d'_1 = \left(\dfrac{d_1}{2}\right)$, $d'_2 = \left(\dfrac{d_1}{2}\right) + d_2$ e $d'_3 = \left(\dfrac{d_1}{2}\right) + d_2 + d_3$

$$y_{cg} = \dfrac{\left(\dfrac{d_3 + d_2}{2}\right) + d_1 + \left(\dfrac{d_2 + d_3}{2}\right)}{2}$$

- Para chapa com número par de furos por linha vertical e total de 32 furos, representada na Fig. 2.25:

$$I_x = 4 \cdot A_{G;Conector} \cdot \left(d'^2_1 + d'^2_2 + d'^2_3 + d'^2_4\right),$$

com $d'_1 = \left(\dfrac{d_1}{2}\right)$, $d'_2 = \left(\dfrac{d_1}{2}\right) + d_2$, $d'_3 = \left(\dfrac{d_1}{2}\right) + d_2 + d_3$

e $d'_4 = \left(\dfrac{d_1}{2}\right) + d_2 + d_3 + d_4$

$$y_{cg} = \dfrac{\left(\dfrac{d_4 + d_3 + d_2}{2}\right) + d_1 + \left(\dfrac{d_2 + d_3 + d_4}{2}\right)}{2}$$

E assim por diante para dimensionar o momento de inércia para qualquer número de furos, desde que dispostos em quatro linhas verticais na chapa e em número par de furos por linha vertical de conectores.

b) Tensão solicitante máxima de tração

Para o cálculo da tensão de tração, será necessário o valor do momento de inércia do conjunto de parafusos existentes sobre a linha neutra e o valor da distância do centro de gravidade desse conjunto de parafusos à linha neutra da chapa.

Com os valores de I_x e de y_{cg} já definidos na seção anterior e de posse do momento fletor de projeto, calcula-se a tensão máxima de tração solicitante atuante nos conectores pela fórmula:

$$\sigma = \dfrac{M_{Sd} \cdot y_{cg}}{I_x}$$

em que:

σ = tensão de tração aplicada no parafuso (em kN/cm²);
M_{Sd} = momento de cálculo solicitante (em kNcm);
y_{cg} = distância do centro de gravidade dos parafusos à linha neutra (em cm);
I_x = momento de inércia do conjunto de parafusos (em cm⁴).

c) Tensão solicitante máxima de cisalhamento

Para o cálculo da tensão de cisalhamento, precisa-se da área bruta do parafuso utilizado e do número total dos parafusos.

Com os valores de A_G e de n já definidos nas seções anteriores e de posse do esforço cisalhante de projeto, calcula-se a tensão máxima de cisalhamento atuante nos conectores pela seguinte fórmula:

$$\tau = \frac{V_{Sd}}{n \cdot A_G}$$

em que:
τ = tensão de cisalhamento aplicada no parafuso (em kN/cm^2);
n = número total de parafusos;
V_{Sd} = esforço de cisalhamento de projeto solicitante;
A_G = área bruta do parafuso (em cm^2).

d) Tensões resistentes de tração e de cisalhamento

Os valores de tensões resistentes de tração e de corte simples, para parafusos constituídos dos aços indicados, são dados na Fig. 2.18.

Para analisar pelo ábaco dessa figura, primeiro se transforma a unidade das tensões solicitantes de tração e de corte simples obtidas para kgf/mm^2, depois se marca o valor de tensão de corte simples na coluna vertical e o de tração na linha horizontal, e unem-se os dois pontos, verificando se essa união cairá dentro do limite de resistência do parafuso definido no projeto (ver seção 2.18) de um caso real de uso desse ábaco.

Para o caso de uso de parafusos de alta resistência em aço ASTM A325, adota-se a curva do AISC de número 6 como limite e, para outros conectores, como parafusos de baixa resistência A307 e parafusos de alta resistência A490, verifica-se a legenda para o uso do ábaco.

Notar que se pode utilizar, por exemplo, para um mesmo parafuso de alta resistência em aço A325, a curva do AISC de número 6, a qual considera o parafuso com sua zona lisa localizada na região do esforço cisalhante, ou mesmo a curva do AISC de número 10, a qual considera o parafuso com sua zona rosqueada localizada na região do esforço cisalhante.

2.12.2 Métodos de dimensionamento 2 e 3

A conexão submetida à aplicação simultânea de esforços solicitantes de tração e de cisalhamento pode ser ainda tratada por outros dois meios:

a) Método 2

O método 2 considera a aplicação de tração principal nos parafusos (a qual é sempre desenvolvida em conexões com a existência de parafusos de alta resistência, como o A325, por exemplo).

Esse método assume o uso de parafusos de alta resistência na ligação das chapas, de tal sorte que, a partir do momento em que estes são protendidos, as chapas sofrem uma compressão ao longo de toda a sua altura e, quando é aplicado o momento fletor, gerando tração, o esforço solicitante passa a assumir a região de todo da chapa. Com isso, assume-se que a linha neutra se posiciona exatamente na metade da altura entre os dois grupos de parafusos de tração e de compressão.

b) Método 3

Nesse método, considera-se que o momento fletor aplicado na ligação produzirá esforços solicitantes de tração, no grupo de parafusos localizados na parte superior, e de compressão, no grupo de parafusos localizados na região inferior.

Com isso, supõe-se que o diagrama de tensões é linear e que a soma das áreas transversais dos parafusos tracionados e distanciados um do outro em uma medida de a possa ser transformada em uma área retangular cuja altura seja $h - y_c$ e cuja largura venha a ser $t = 2 \cdot A_I/a$, formando um aspecto de T invertido.

Essas duas hipóteses de métodos 2 e 3 são ilustradas nas Figs. 2.26 e 2.27, respectivamente.

Com o advento de parafusos de alta resistência, a hipótese de tração no parafuso mais solicitado permite que a conexão atue como uma unidade elástica e que as tensões possam ser calculadas usando a equação usual de momento, $f_b = M \cdot c/I$, que é válida até o limite estabelecido pela separação das chapas. Assim, desde que a união nunca seja projetada para um momento fletor elevado, sendo este suficiente para causar a separação das chapas de ligação, o método mostrado na Fig. 2.26 mostra-se adequadamente conservador para uso em projeto executivo. Já o método mostrado na Fig. 2.27 é utilizado para projetar ou analisar uma conexão usando parafusos comuns, como o A307.

O valor de T_B indicado na Fig. 2.26 é dado pela Tab. 2.3.

O colapso de peças tracionadas geralmente fica caracterizado quando é atingido o limite de escoamento em toda a seção transversal. Mesmo que a peça possa resistir a um esforço superior a este sem que ocorra ruptura, visto que o limite de ruptura à tração é bastante superior ao limite de escoamento, a deformação excessiva resultante pode levar o sistema estrutural ou uma parte dele ao colapso ou à perda de funcionalidade. Assim, tanto o escoamento na área total quanto a ruptura na área útil são encarados como estados-limites últimos. A ocorrência de um ou outro depende da redução da área ocasionada pelos furos.

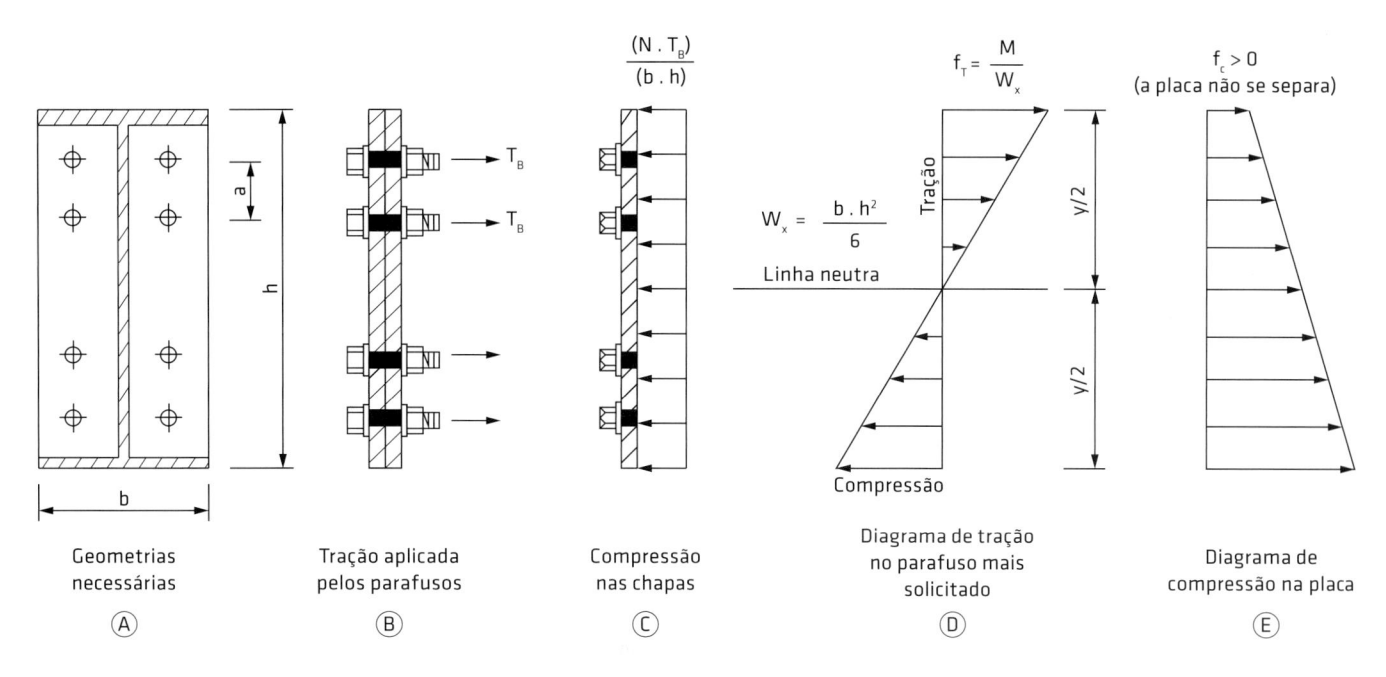

Fig. 2.26 Método 2 – conexão a momento fletor com tração assumida no parafuso mais solicitado

A — Geometrias necessárias
B — Tração aplicada pelos parafusos
C — Compressão nas chapas
D — Diagrama de tração no parafuso mais solicitado
E — Diagrama de compressão na placa

$\dfrac{(N \cdot T_B)}{(b \cdot h)}$

$f_T = \dfrac{M}{W_x}$

$W_x = \dfrac{b \cdot h^2}{6}$

Linha neutra

$f_c > 0$ (a placa não se separa)

Tab. 2.3 TENSÃO MÍNIMA NO PARAFUSO DESCRITA PARA INSTALAÇÃO ADEQUADA (ESSES VALORES SÃO CHAMADOS TAMBÉM DE PROVA DE CARGA DO PARAFUSO)

Diâmetro do parafuso (in)	Tração no parafuso (kips)			Diâmetro do parafuso (mm)	Tração no parafuso (kN)		
	A325	A449	A490		A325	A449	A490
½	12		17	12,70	52		73
⅝	19		27	15,88	75		105
¾	28	Usar parafusos A325 ou A490	40	19,05	141	Usar parafusos A325 ou A490	200
⅞	39		55	22,22	170		240
1	51		73	25,4	220		310
1⅛	56		91	28,58	275		388
1¼	71		116	31,75	322		454
1⅜	85		138	34,93	438		618
1½	104		168	38,10	591		834
Acima 1½	0,7 f_u [a]			Acima de 40	0,7 f_u [a]		
2				50,80	628 MPa		
2¼	137,5 ksi			57,15	886		
2½	178,8			63,50	1.057		
2¾	220			69,85	1.215		
3	328			76,20	1.440		

[a] f_u = tensão última (dada na seção 2.3).

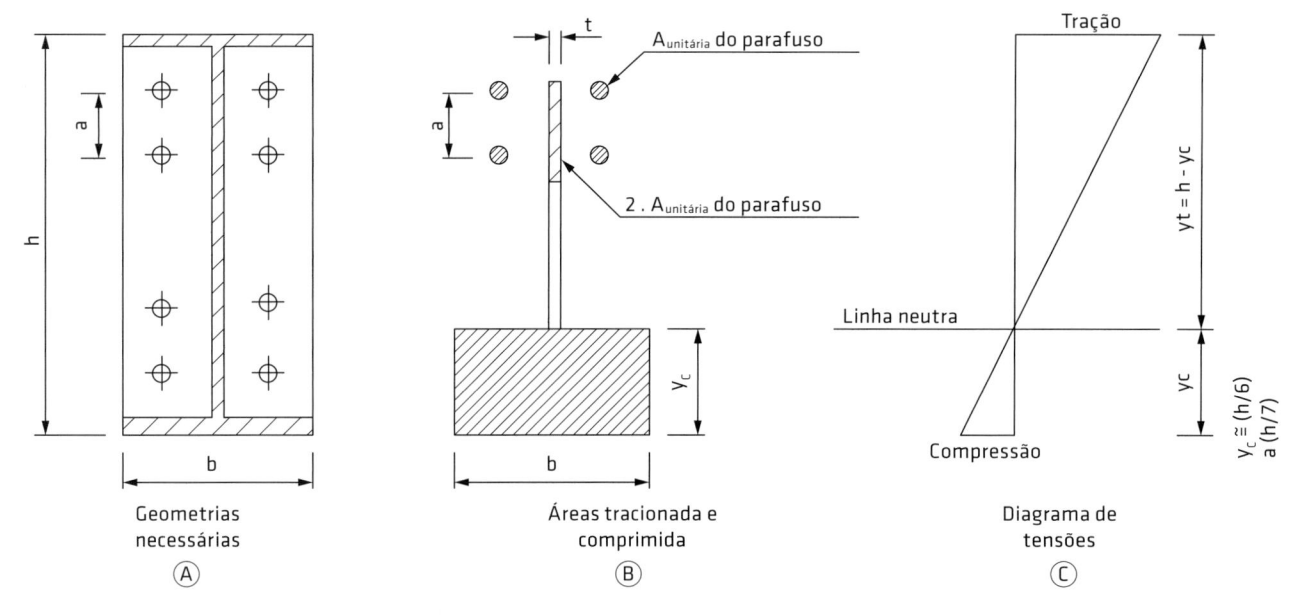

Fig. 2.27 Método 3 – conexão a momento com tração no parafuso principal negligenciada

Na área bruta (A_G):

$$F_T = 0{,}60 \cdot A_G \cdot f_u$$

Na área líquida efetiva (A_e):

$$F_T = 0{,}50 \cdot A_e \cdot f_u$$

A Tab. 2.3 considera o valor de tensão no parafuso igual a $F_T = 0{,}50 \cdot A_e \cdot f_u$.

2.12.3 Exemplo envolvendo os três métodos

Será feito o estudo de parafusos usados para interligar chapas de ligação de duas vigas, estando sujeitos à combinação simultânea de esforços solicitantes de tração e de cisalhamento, utilizando e analisando o uso dos três métodos indicados anteriormente. Ver a Fig. 2.28.

a) Dados dos parafusos
- Conector em aço ASTM A325 com diâmetro $d = ¾"$ (1,91 cm).
- Chapa em aço ASTM A36 com espessura $t = ½"$ (1,27 cm).

i. Espaçamentos

▷ Entre conectores

$$D_{mín} = 2{,}7 \cdot D = 2{,}7 \times 19{,}1 \text{ mm} = 51{,}6 \text{ mm}$$
$$D_{mín} = 3 \cdot D = 3 \times 19{,}1 \text{ mm} = 57{,}3 \text{ mm}$$
$$D_{máx} = 12 \cdot t \leq 150 \text{ mm} \Rightarrow D_{máx} = 12 \times 12{,}7 \text{ mm} = 152{,}4 \text{ mm}$$
$$\leq 150 \text{ mm (no limite)}$$

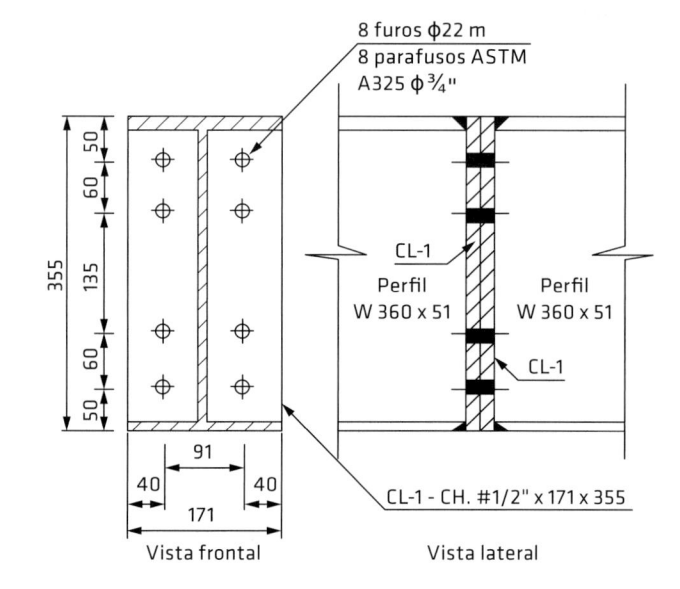

Fig. 2.28 Emenda com uso de chapas de ligação alinhadas com os topos das vigas

▷ Entre borda de chapa e conector

$$D_{mín} = 2 \cdot D = 2 \times 19{,}1 \text{ mm} = 38{,}2 \text{ mm}$$
$$D_{mín} = 3 \cdot D = 3 \times 19{,}1 \text{ mm} = 57{,}3 \text{ mm}$$
$$D_{máx} = 12 \cdot t \leq 150 \text{ mm} \Rightarrow D_{máx} = 12 \times 12{,}7 \text{ mm} = 152{,}4 \text{ mm}$$
$$\leq 150 \text{ mm (no limite)}$$

As prescrições ditadas englobam os critérios mais exigentes relativos a espaçamentos entre conectores preconizados pelo AISC, pela NBR 8800 (ABNT, 2008) e pelo DIN.

ii. Esforços solicitantes de projeto

Na região de localização dessa emenda ao longo da viga, os seguintes esforços solicitantes atuam simultaneamente:
- Esforço cortante solicitante de projeto: $V_{Sd} = 54$ kN.

- Momento fletor solicitante de projeto: $M_{Sd} = 32$ kNm = 3.200 kNcm.

b) Usando o método 1

i. Cálculo do momento de inércia e da posição da linha neutra

Para chapa com número par de furos por linha vertical e total de oito furos:

$$A_G = \frac{\pi \cdot D^2}{4} = \frac{\pi \cdot (1{,}91 \text{ cm})^2}{4} = 2{,}87 \text{ cm}^2$$

$$d'_1 = \frac{d_1}{2} = \frac{135 \text{ mm}}{2} = 67{,}5 \text{ mm} = 6{,}75 \text{ cm}$$

$$d'_2 = \frac{d_1}{2} + d_2 = 67{,}5 \text{ mm} + 60 \text{ mm} = 127{,}5 \text{ mm} = 12{,}75 \text{ cm}$$

$$I_x = 4 \cdot A_G \cdot (d'^2_1 + d'^2_2) = 4 \times 2{,}87 \text{ cm}^2 \times \left[(6{,}75 \text{ cm})^2 + (12{,}75 \text{ cm})^2\right] =$$
$$= 2.389{,}28 \text{ cm}^4$$

$$y_{cg} = \frac{\frac{d_2}{2} + d_1 + \frac{d_2}{2}}{2} = \frac{\frac{60 \text{ mm}}{2} + 135 \text{ mm} + \frac{60 \text{ mm}}{2}}{2} =$$
$$= 97{,}50 \text{ mm} = 9{,}75 \text{ cm}$$

ii. Cálculo das tensões solicitantes normal e de cisalhamento

De posse desses dados e dos esforços solicitantes, calculam-se as tensões solicitantes, normal e de cisalhamento fazendo:

$$\sigma = \frac{M_{Sd} \cdot y_{cg}}{I_x} = \frac{3.200{,}0 \text{ kNcm} \times 9{,}75 \text{ cm}}{2.389{,}28 \text{ cm}^4} = 13{,}06 \text{ kN/cm}^2$$

$$\tau = \frac{V_{Sd}}{n \cdot A_G} = \frac{54{,}0 \text{ kN}}{8 \times 2{,}87 \text{ cm}^2} = 2{,}35 \text{ kN/cm}^2$$

c) Usando o método 2

Esse método aplica-se a parafusos comuns, e não de alta resistência. Será mostrado o passo a passo do dimensionamento usando parafusos comuns A307 apenas para mostrar esse método. Em uma ligação principal estrutural, não se recomenda usar parafusos comuns, como do tipo A307.

i. Determinação da linha neutra

Para a determinação da linha neutra, basta fazer a igualdade de momentos estáticos das áreas tracionadas e comprimidas.

$$Q_{\text{Peça tracionada}} = Q_{\text{Peça comprimida}}$$

$$(A \cdot y_{\text{méd}})_{\text{Área tracionada}} = (A \cdot y_{\text{méd}})_{\text{Área comprimida}}$$

$$(b \cdot y) \cdot \frac{y}{2} = [t \cdot (h-y)] \cdot \frac{h-y}{2} \Rightarrow \frac{b \cdot y^2}{2} = \frac{t \cdot (h-y)^2}{2}$$

Os valores de b, h e t são tidos como:
- O valor de b corresponde à largura da chapa, sendo igual a 171 mm = 17,1 cm.
- O valor de h corresponde à altura da chapa, sendo igual a 355 mm = 35,5 cm.
- O valor de t corresponde a:

$$t = \frac{2 \cdot A_{\text{Parafuso}}}{\text{Distância entre linhas horizontais de parafusos}}$$

$$A_{\text{Parafuso }\varnothing 3/4"} = \frac{\pi \cdot D^2}{4} = \frac{\pi \cdot (1{,}91 \text{ cm})^2}{4} = 2{,}87 \text{ cm}^2$$

$$t = \frac{2 \times 2{,}87 \text{ cm}^2}{6 \text{ cm}} = 0{,}96 \text{ cm}$$

De posse desses valores, retorna-se à equação do segundo grau:

$$\frac{17{,}1 \cdot y^2}{2} = \frac{0{,}96 \times (35{,}5 - y)^2}{2}$$

$$8{,}55 \cdot y^2 = \frac{0{,}96 \times (1.260{,}25 - 71 \cdot y + y^2)}{2}$$

$$8{,}55 \cdot y^2 = 604{,}92 - 34{,}08 \cdot y + 0{,}48 \cdot y^2$$

$$8{,}07 \cdot y^2 + 34{,}08 \cdot y - 604{,}92 = 0$$

$$\Delta = b^2 - 4 \cdot a \cdot c = 34{,}08^2 - 4 \times 8{,}07 \times (-604{,}92) \Rightarrow \Delta = 20.688{,}26$$

$$y = \frac{-b \pm \sqrt{\Delta}}{2a} = \frac{-34{,}08 \pm \sqrt{20.688{,}26}}{2 \times 8{,}07}$$

$$\begin{cases} y' = \frac{-34{,}08 + 143{,}83}{16{,}14} = 6{,}80 \text{ cm (atende!)} \\ y'' = \frac{-34{,}08 - 143{,}83}{16{,}14} = -11{,}02 \text{ cm (não atende!)} \end{cases}$$

Assim, o valor de y equivale a 6,80 cm, que corresponde a um valor aproximado de $h/6$ a $h/7$.

ii. Momento de inércia

$$I_x = I_{x1} + I_{x2} = \frac{b_1 \cdot h_1^3}{3} + \frac{b_2 \cdot h_2^3}{3}$$

$$I_x = \frac{0{,}96 \times (35{,}5 - 6{,}80)^3}{3} + \frac{17{,}1 \times 6{,}80^3}{3} = 9.357{,}03 \text{ cm}^4$$

iii. Tensão de tração no parafuso superior (mais solicitado)

$$\sigma = \frac{M \cdot y}{I} = \frac{3.200{,}0 \text{ kNcm} \times (35{,}5 - 5 - 6{,}80) \text{ cm}}{9.357{,}03 \text{ cm}^4} = 8{,}11 \text{ kN/cm}^2$$

iv. Tensão de corte

$$\tau = \frac{V}{A} = \frac{V_{Sd}}{n \cdot A_G} = \frac{54{,}0 \text{ kN}}{8 \times 2{,}87 \text{ cm}^2} = 2{,}35 \text{ kN/cm}^2$$

d) Usando o método 3

i. Tensão de tração no topo da chapa

$$\sigma_T = \frac{6 \cdot M}{b \cdot h^2} = \frac{6 \times 3.200,0 \text{ kNcm}}{17,1 \text{ cm} \times (35,5 \text{ cm})^2} = 0,89 \text{ kN/cm}^2$$

$$\sigma_C = \frac{n \cdot T_B}{b \cdot h} = \frac{8 \text{ parafusos} \times 122,0 \text{ kN}}{17,1 \text{ cm} \times 35,5 \text{ cm}} = 1,61 \text{ kN/cm}^2$$

em que:

σ_T = tensão de tração promovida pelos parafusos (em kN/cm²);

σ_C = tensão de compressão (em kN/cm²);

M = momento fletor solicitante (em kNcm);

b = largura da chapa (em cm);

h = altura da chapa (em cm);

n = número de parafusos de alta resistência;

T_B = tensão mínima no parafuso para instalação adequada (em kN) (ver Tab. 2.3).

Como a tensão de tração $\sigma_T = 0,89$ kN/cm² é inferior à tensão de compressão $\sigma_C = 1,61$ kN/cm², não haverá separação entre as chapas. Em uma ligação com parafusos protendidos de alta resistência, as chapas encontram-se pré-comprimidas e a tração aplicada apenas reduz essa pré-compressão, de modo a não separar as chapas de ligação CL-1.

e) Análise dos resultados

Pelos três métodos utilizados, o método 1 apresenta valor de tensão normal solicitante superior aos demais e mesmo valor de tensão de cisalhamento do método 2.

Assim, o método 1 é o mais correto, visto que calcula, com precisão, o real valor de $y_{méd}$ (posição em que a tensão é nula), ou seja, considera as parcelas reais de tração e de compressão para a estrutura, em virtude dos esforços solicitantes de projeto. Dessa maneira, por esse método, as tensões solicitantes são de:

$$\sigma = 13,06 \text{ kN/cm}^2 = 13,06 \text{ kgf/mm}^2$$
$$\tau = 2,35 \text{ kN/cm}^2 = 2,35 \text{ kgf/mm}^2$$

Em seguida, inserem-se os valores de σ e τ no ábaco com valores da NB, da AASHTO e do AISC mostrado na Fig. 2.29, em que é verificado se os valores encontrados se interceptam em um ponto dentro dos limites de resistência do parafuso ASTM A325 definido no projeto.

Para parafuso de alta resistência ASTM A325, com sua zona lisa (não rosqueada) na região de contato do esforço solicitante de cisalhamento, utilizar a curva de número 6, referente ao parafuso A325 – apoio.

Notar que, ao inserir os valores no ábaco, os valores de tensões solicitantes $\sigma = 13,06$ kN/cm² = 13,06 kgf/mm² e $\tau = 2,35$ kN/cm² = 2,35 kgf/mm² interceptam-se em um ponto localizado abaixo dos limites da curva de número 6, usada para parafusos de alta resistência A325, com sua zona lisa localizada na região de corte. Para o pior caso, com sua zona rosqueada na zona de corte, usar a curva 10.

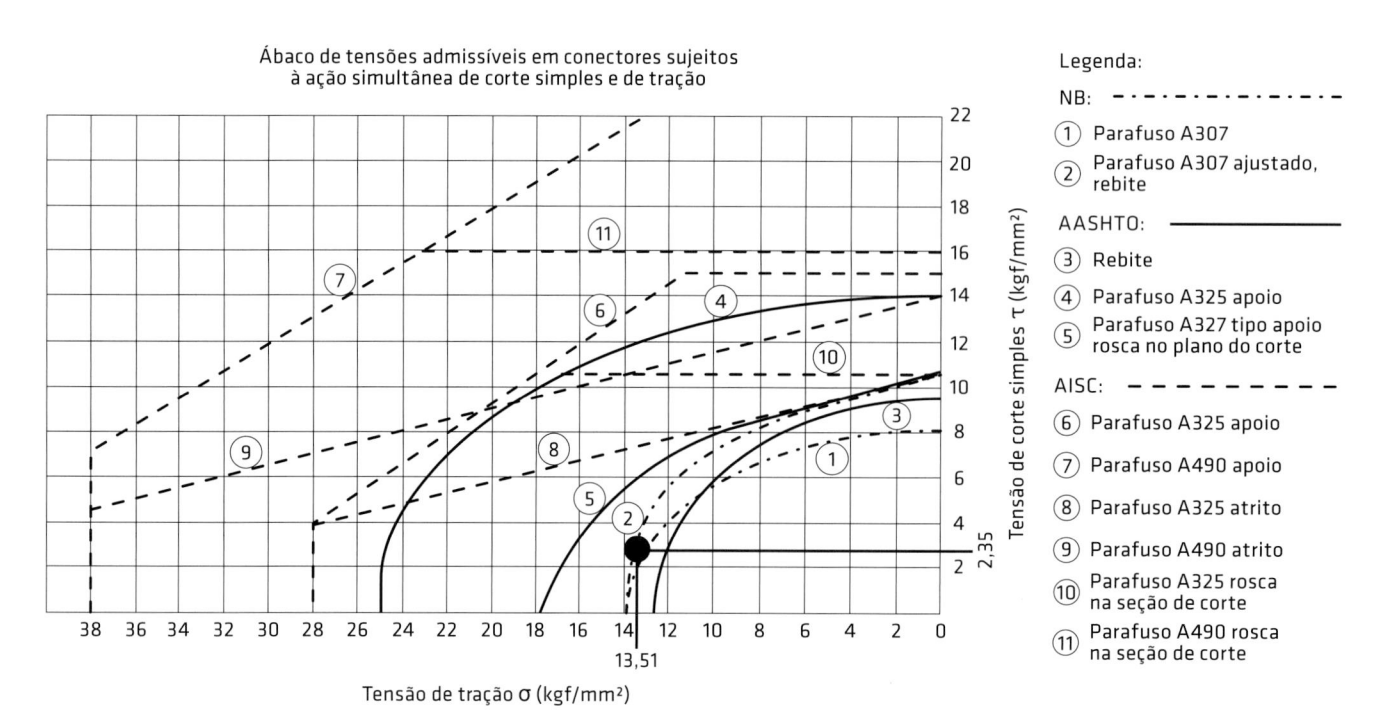

Fig. 2.29 Ábaco – tensões resistentes de tração e de cisalhamento para casos de atuações simultâneas de esforços solicitantes de tração e de cisalhamento

2.13 Dimensionamento da chapa a cisalhamento

As chapas de ligação, quando submetidas a esforços solicitantes de cisalhamento, devem ser dimensionadas por dois critérios: escoamento da seção bruta e ruptura da seção líquida.

Para o escoamento da seção bruta, usar:

$$R_D = 0{,}6 \cdot \phi \cdot A_G \cdot f_y$$

em que:
R_D = resistência de projeto ao escoamento da seção bruta (em kN);
$\phi = 0{,}90$;
f_y = tensão admissível do aço constituinte da chapa (em kN/cm^2);
A_G = área da seção transversal bruta da chapa (em cm^2), dada por:

$$A_G = t \cdot b$$

sendo t a espessura da chapa (em cm), e b, a largura da chapa (em cm).

Por sua vez, para a ruptura da seção líquida, usar:

$$R_D = 0{,}6 \cdot \phi \cdot A_N \cdot f_u$$

em que:
$\phi = 0{,}75$;
A_N = área da seção transversal líquida da chapa (em cm^2), dada por:

$$A_N = t \cdot b - n \cdot d_{fictício} \cdot t$$

sendo t a espessura da chapa (em cm), b a largura da chapa (em cm), n o número de conectores e $d_{fictício}$ o diâmetro fictício (em cm).

Para os projetos (desenhos de detalhamento), sempre adotar folga de 3,20 mm ($^1/_8$") para os furos.

2.14 Casos comuns de ligações parafusadas utilizadas nos escritórios de cálculo estrutural

Aqui serão mostradas várias situações de ligações parafusadas utilizadas no cotidiano dos escritórios de cálculo estrutural. Em qualquer ligação parafusada, basicamente, sempre é necessário considerar o dimensionamento da chapa ao cisalhamento.

Observar que em todos os desenhos desta seção foi utilizado o método de rebatimento de vistas pelo diedro brasileiro.

Na Fig. 2.30, tem-se um caso de ligação excêntrica, em que o esforço cortante aplicado na interface da ligação coluna-perfil L encontra-se distante do centro de gravidade dos parafusos. Trata-se de um caso envolvendo corte simples, no qual se tem a chapa do perfil L atuando com esforço em um sentido e a chapa do flange da coluna atuando no outro sentido. E o mesmo corte simples ocorrendo na ligação da alma da viga, com a chapa do perfil L atuando em um sentido e a chapa da alma da viga no outro sentido.

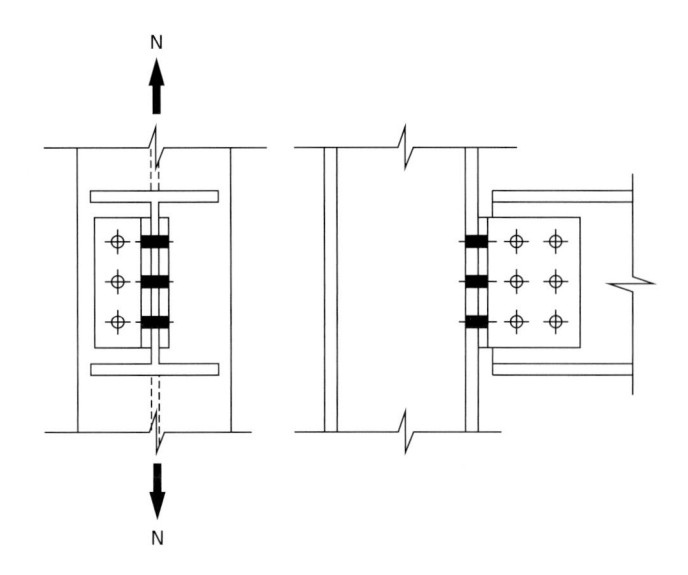

Fig. 2.30 Ligação entre uma viga e uma coluna por meio de um perfil L parafusado na alma da viga e no flange da coluna

Na Fig. 2.31, tem-se o mesmo caso de ligação excêntrica explicado na Fig. 2.30, exceto pela colocação de dois perfis L para efetuar a ligação entre os perfis da coluna e da viga. No caso da ligação da alma da viga com os dois perfis L dispostos um de cada lado, haverá a atuação de um corte duplo,

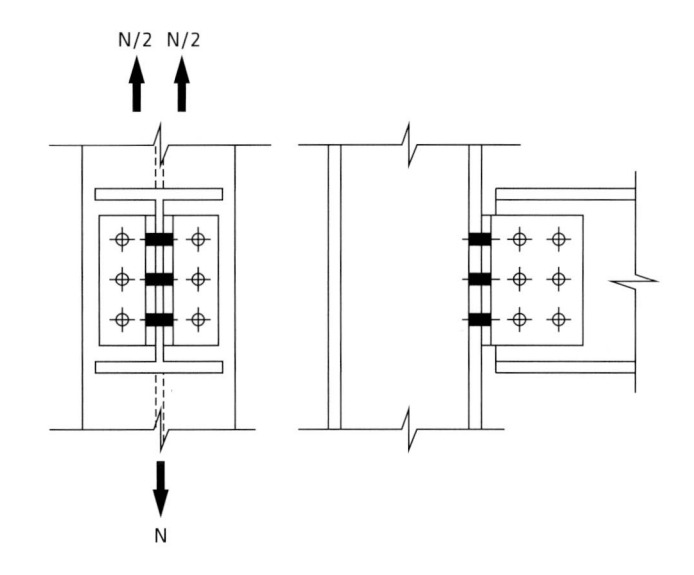

Fig. 2.31 Ligação entre uma viga e uma coluna por meio de dois perfis L parafusados tanto na alma da viga como no flange da coluna

em que os esforços solicitantes N/2 aplicados nos dois perfis L atuarão em um sentido e o esforço integral N da alma da viga atuará no outro sentido.

O uso de chapas duplas para unir um determinado perfil favorece os esforços atuantes nos parafusos, onde estes terão seus esforços resistentes multiplicados por dois planos de corte (o número de planos de corte é indicado pela letra n", sendo n" = 2 nesse caso).

Além disso, observar, na Fig. 2.31, que se pode usar perfis L de abas desiguais. Isso permite a colocação de mais parafusos na ligação da alma da viga, que, por ser uma ligação excêntrica, absorverá o esforço cortante e o momento fletor correspondente ao esforço cortante aplicado multiplicado pelo braço de alavanca equivalente à distância entre a interface da aplicação da carga (flange da coluna – perfis L) e o centro de gravidade do grupo de parafusos inseridos na alma da viga.

A ligação apresentada na Fig. 2.32 é muito útil e muito usada em casos onde se têm vãos muito longos, bem acima do comprimento comercial de uma viga, que é de 12 m, em que a continuidade das vigas é feita por emendas como as mostradas na figura.

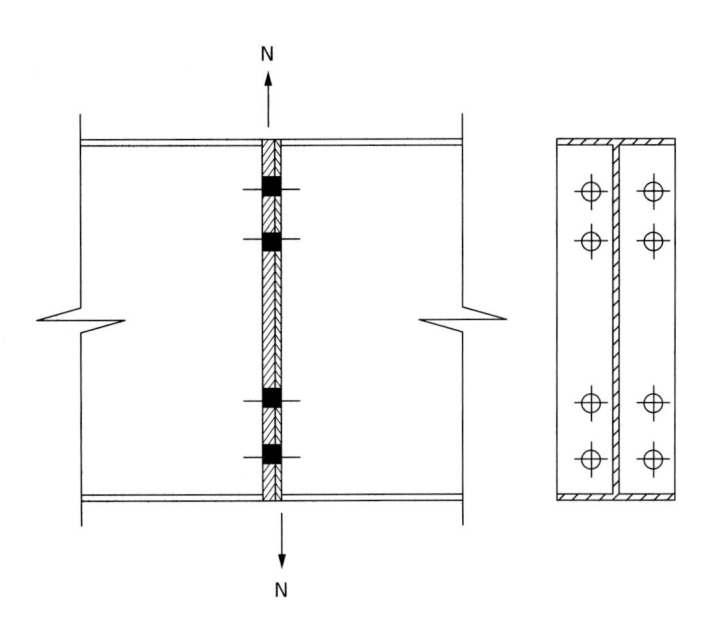

Fig. 2.32 Caso de emenda entre duas vigas por meio de chapas de ligação soldadas a cada extremidade de viga e parafusadas entre si *in loco*

Essa emenda possui duas particularidades: é lisa em cima, ou seja, não apresenta ressaltos na superfície do flange da viga, permitindo o uso de coberturas do tipo *roll-on*, por exemplo, que devem ser montadas sobre uma estrutura cujas faces superiores sejam totalmente lisas e sem ressaltos; e o dimensionamento para ligações desse tipo deve levar em conta a atuação simultânea de corte simples e de momento fletor aplicados – para ligações desse tipo, pode-se aplicar o ábaco ilustrado na Fig. 2.18.

Essas emendas devem ser posicionadas, sempre que possível, em regiões da viga onde atuam os menores esforços de momento fletor possíveis. Na maioria dos casos isso é possível, porém existem situações, por exemplo, em que há vãos de 40 m a serem vencidos por vigas de perfil VS onde, ao posicionar as chapas de ligação (CL) ao longo de um vão constituído de várias vigas de 12 m a emendar, torna-se inevitável ver a chapa de ligação recair em regiões de momento fletor muito elevado. Com isso, o cálculo do momento de inércia, para casos de momentos fletores solicitantes muito elevados, pode vir a requisitar quatro linhas verticais de conectores, como já mostrado na seção 2.12.1, a fim de gerar uma tensão resistente adequada.

Em pilares de edifícios, podem ser deixados trechos de vigas soldadas a estes com uma chapa de ligação soldada à extremidade da viga, a ser conectada com a viga intermediária que será montada *in loco*, como mostrado nos casos das Figs. 2.33 e 2.34: de um pilar de extremidade e de um pilar central do mesmo prédio. Deve-se sempre limitar o comprimento desse trecho de viga soldado ao pilar até uma região onde a chapa de ligação recaia em uma região (do vão total da viga) de menor esforço de momento fletor solicitante possível, mas também procurar não deixar esse trecho de viga muito comprido, de modo a não prejudicar/dificultar seu condicionamento para transporte/logística até o local da obra.

Na Fig. 2.35, tem-se a vista em perspectiva do prédio com o uso de chapas de ligação entre as colunas e todas as vigas, com trechos de vigas já soldadas aos pilares na oficina/montadora, como mostrado nas Figs. 2.33 e 2.34.

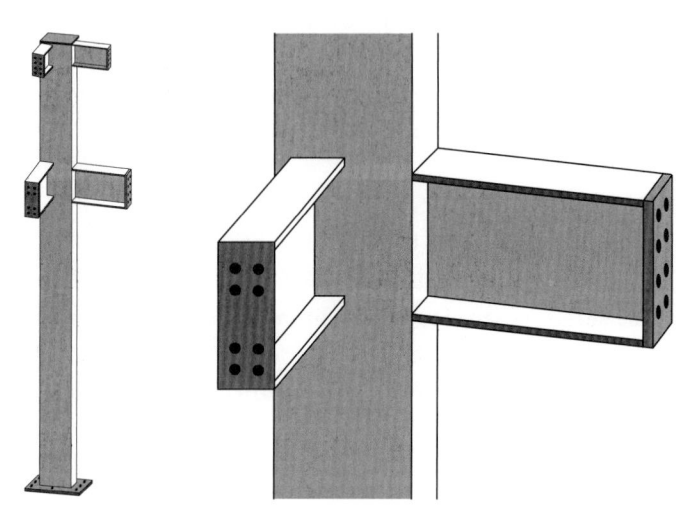

Fig. 2.33 Detalhe de ligação entre coluna e viga em um pilar de extremidade de um prédio, de modo a evitar a solda de campo

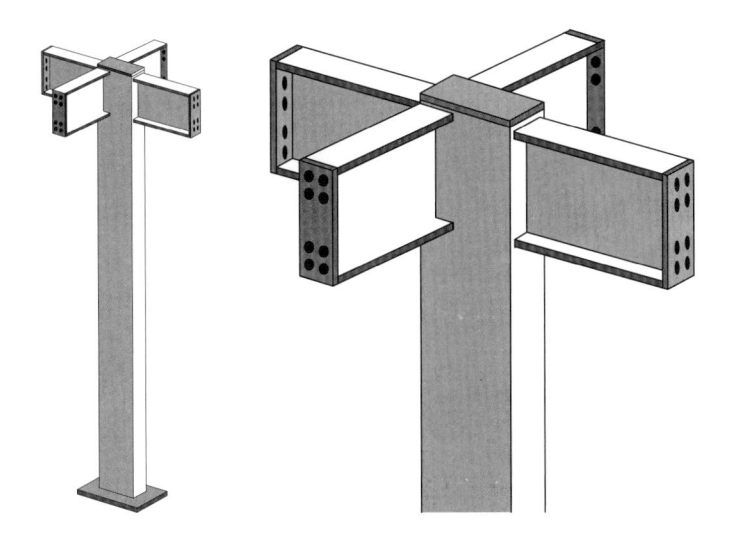

Fig. 2.34 Detalhe de ligação entre coluna e viga em um pilar central de um prédio, de modo a evitar a solda de campo

Na Fig. 2.36 é mostrada a vista de uma elevação do prédio da Fig. 2.35 com as posições das chapas de ligação que unem os trechos de vigas soldadas de fábrica a seus respectivos pilares (V1a soldada ao P1a; V1c e V1d soldadas ao P2; e V1f soldada ao P3) e os trechos das vigas intermediárias (V1b e V1e) que serão montadas em campo, sem nenhum uso de solda de campo.

Em outro caso, muito comum quando se participa de concorrências de obras de supermercados, indústrias etc., costuma-se utilizar trechos de vigas de perfis maiores sobre os pilares, em que normalmente atuam momentos fletores negativos (M1 e M2) muito maiores do que os momentos fletores positivos (M3), e trechos de perfis menores para os vãos das vigas entre esses pilares, em que atuam os momentos positivos de menor magnitude (Fig. 2.37). Para a emenda dos perfis maiores com os perfis menores, a permanecer localizada nas regiões onde estarão atuando os momentos fletores negativos M4, M5, M6 e M7, adotam-se chapas de ligação desses tipos, com o uso de enrijecedor sob a viga menor, como mostrado na Fig. 2.38.

Já para a emenda das vigas metálicas com os pilares de concreto pré-fabricados, utilizam-se consoles (capa-

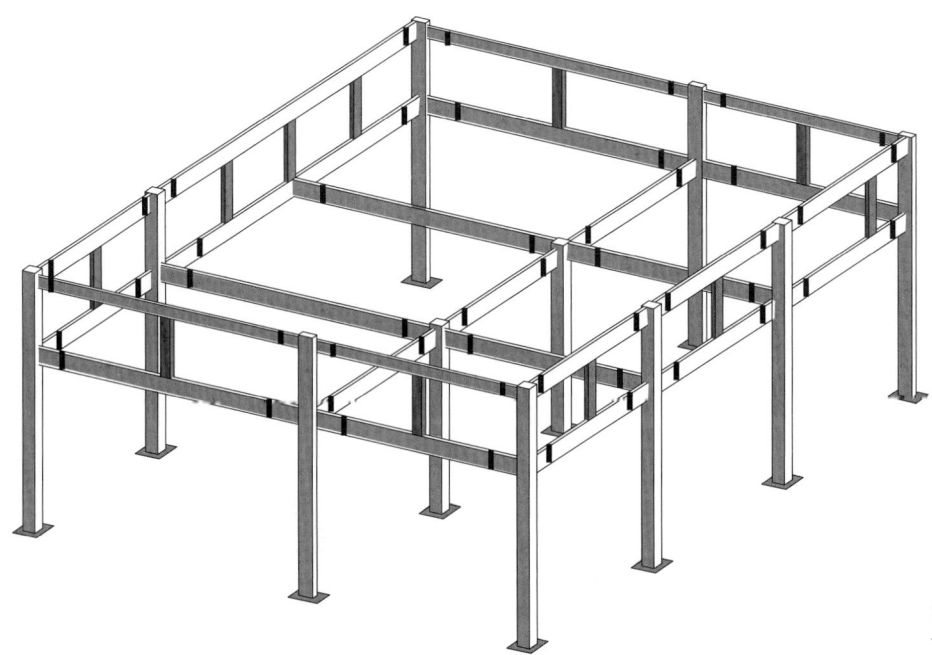

Fig. 2.35 Vista em perspectiva do prédio – desenho feito no *software* Revit

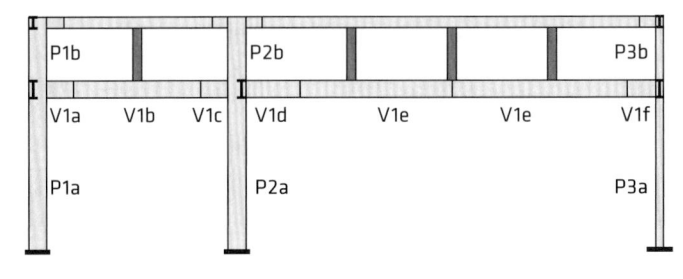

Fig. 2.36 Vista de uma elevação do prédio da Fig. 2.35

cetes) formados por chapas e barras de pré-concretagem soldados à chapa, que já vem inserida na cabeça do pilar de concreto (Fig. 2.39). E, no campo, a viga é soldada aos consoles com o uso de solda de campo, inevitavelmente, dadas as incertezas de prumos desses pilares executados, que sempre acabam prolongando o vão total da viga a ser montada; nos casos em que a fabricação dos pilares de concreto e a das vigas de aço ocorrem simultanea-

Diagrama de momentos fletores

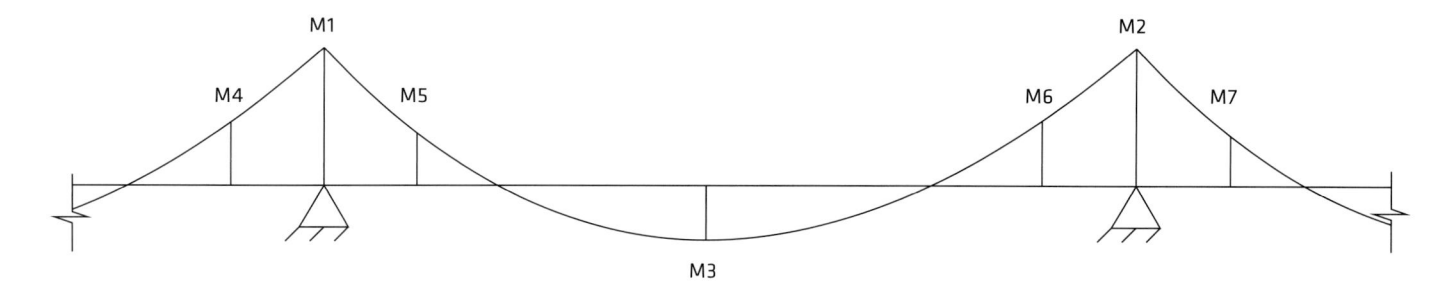

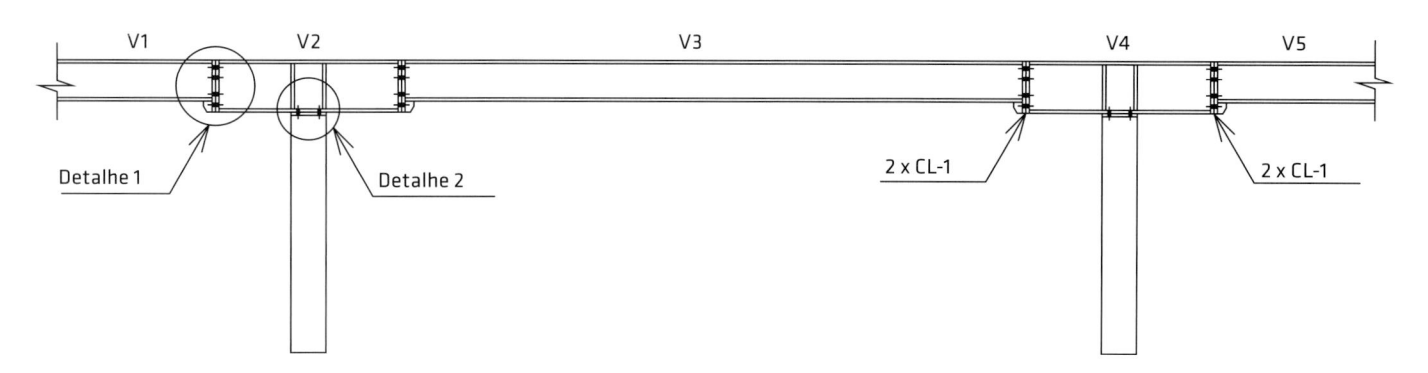

Fig. 2.37 Detalhe do posicionamento dos perfis maiores sobre os pilares e de perfis menores nos vãos

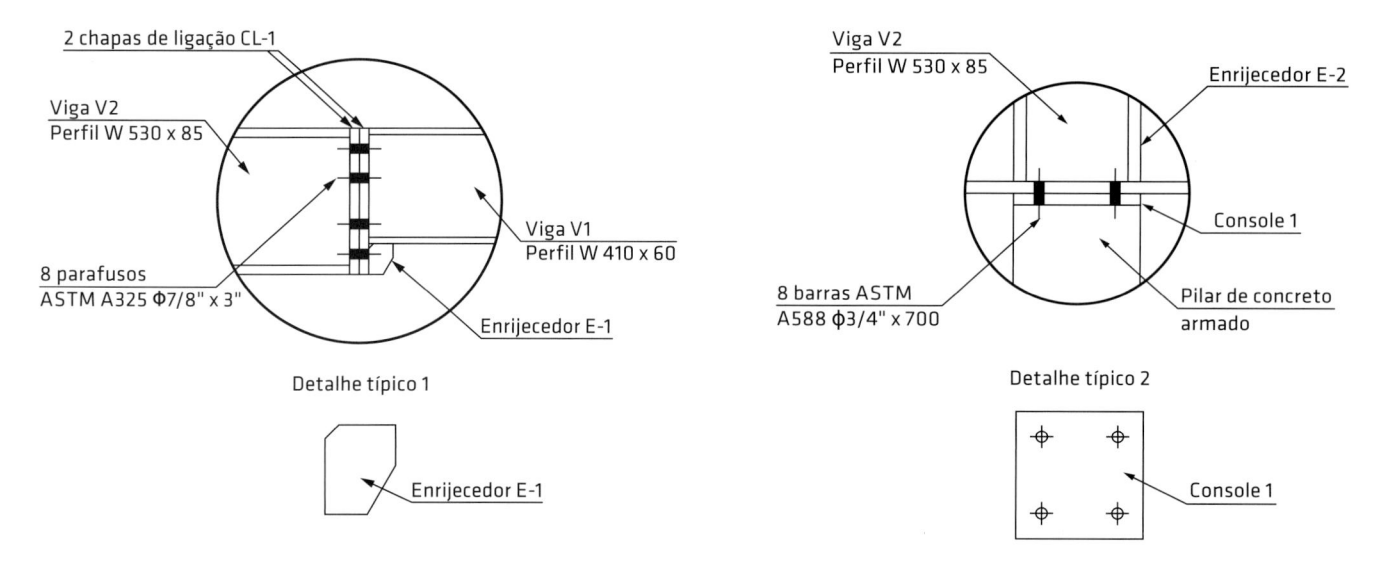

Fig. 2.38 Detalhe típico 1 – chapa de ligação e enrijecedor usado para unir vigas de perfil maior e de perfil menor

Fig. 2.39 Detalhe típico 2 – console chumbado à cabeça do pilar metálico por meio de barras de ancoragem em aço ASTM A588 soldadas à chapa com o uso de solda-tampão

mente para atender ao prazo, e a depender do vão total da obra, deve-se prever, em projeto, um comprimento adicional para o trecho de extremidade final da viga, de cerca de 1 m ou mais, por exemplo.

O caso da ligação mostrada na Fig. 2.40 também é utilizado para unir vigas em vãos acima de 12 m, que é o comprimento comercial de uma viga; nada impede de se fabricar uma viga com vãos de 14 m, 16 m etc., já soldada de fábrica sem necessitar de emenda, porém carretas com comprimentos acima de 12 m precisam ser agendadas quando de sua passagem pela região específica – deve-se conversar com o comprador de sua empresa.

Em relação à emenda anterior, esse tipo diferencia-se basicamente em dois quesitos: em primeiro lugar, uma parte do momento fletor aqui será absorvida pelas chapas de união dos flanges e outra parte será absorvida pelas chapas de união das almas; em segundo lugar, sobre a superfície dos flanges existirão ressaltos promovidos pelo uso das chapas de ligação, que deixarão a superfície inadequada para receber coberturas como do tipo *roll-on*, por exemplo.

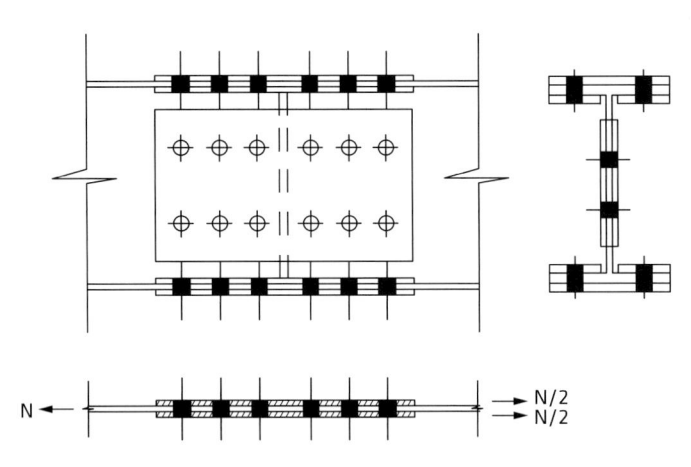

Fig. 2.40 Caso de emenda entre duas vigas por meio de chapas duplas para unir cada um dos flanges superiores e inferiores, além de chapas duplas para unir as duas almas

Essa ligação já permite o cálculo dos momentos e dos esforços cortantes de forma separada, e não obrigatoriamente simultânea como no exemplo anterior, em que havia chapas de ligação promovendo o alinhamento das vigas pelo topo.

Observar que, nesse caso, utilizam-se chapas duplas para unir tanto os flanges como as almas e que, em ambos os casos, haverá a atuação de corte duplo e não simples.

Na Fig. 2.41, são utilizadas chapas *gousset* para permitir a união entre um perfil U de banzo inferior de uma treliça e um montante e duas diagonais em perfis L, de forma perfeitamente parafusada e sem o uso de solda de campo. A transmissão dos esforços de tração e de compressão entre os elementos é feita considerando a aplicação de corte simples nos parafusos.

O perfil U do banzo inferior pode ser utilizado voltado para baixo, de modo a impedir o acúmulo de sujeiras, pó e até água de chuva, derivada de possíveis falhas promovidas pelas telhas de cobertura.

Assim como em qualquer treliça, faz-se necessário que as linhas neutras de todos os perfis de montante, diagonais e de banzos interceptem-se em um mesmo ponto; é muito comum, nos projetos executivos, a falta desse cuidado básico de alinhamento das linhas neutras, que segue o princípio da isostática.

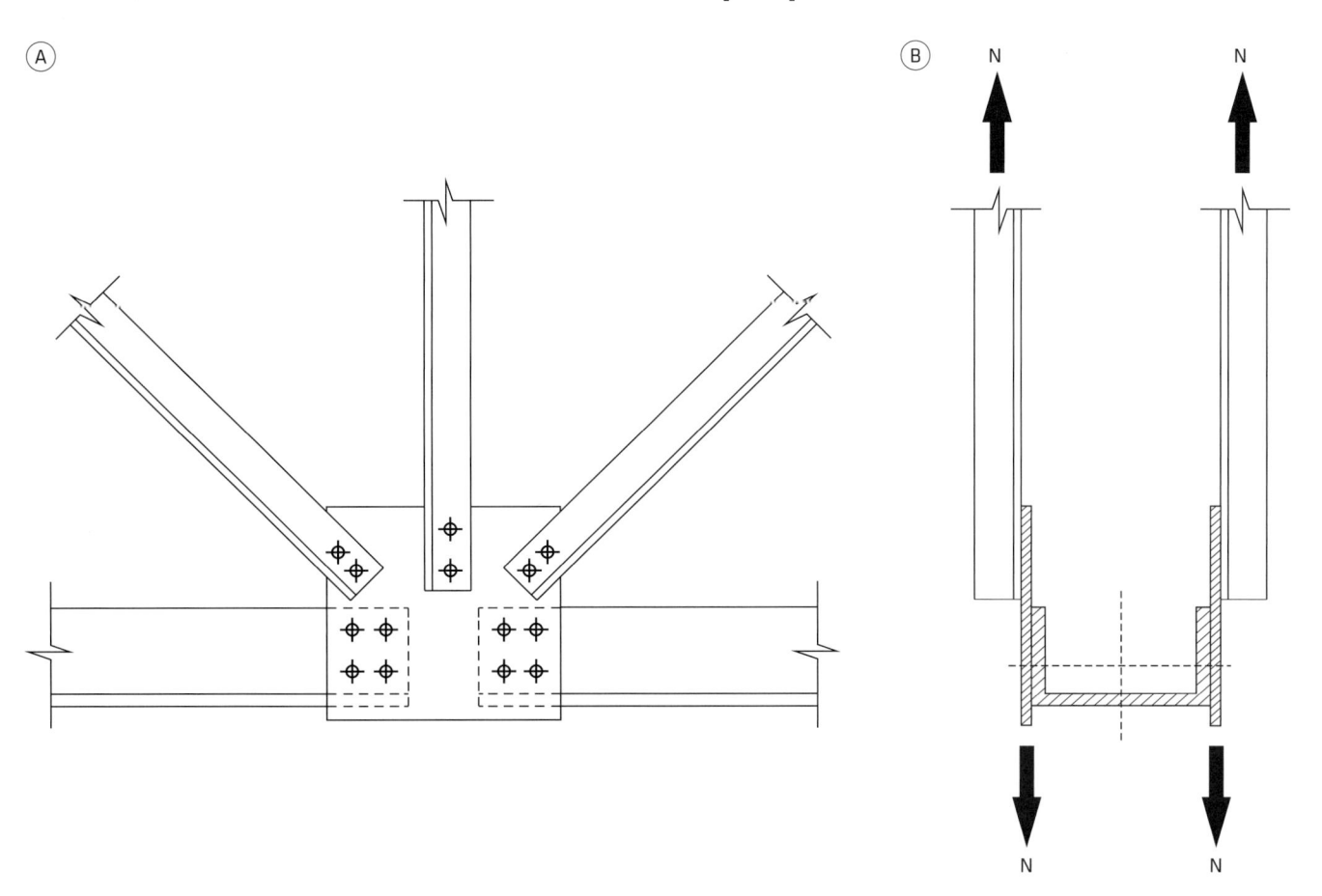

Fig. 2.41 Uso de chapa *gousset* para permitir a ligação do tipo parafusada entre diversos elementos: (A) vista frontal e (B) vista lateral

2.15 Dimensionamento de ligação axial por cisalhamento

Em ligações longas, onde L seja superior a $15 \cdot D$ ou a 630 mm, a força solicitante aplicada à chapa ligada por conectores deve ser multiplicada por 1,25, a fim de considerar a não distribuição uniforme de esforços solicitantes entre os conectores, pois, nesse caso, pode ocorrer o colapso dos conectores de extremidade antes que seja obtida a uniformidade dos esforços solicitantes entre os conectores. A distribuição desigual dos esforços solicitantes entre os conectores está representada na Fig. 2.42.

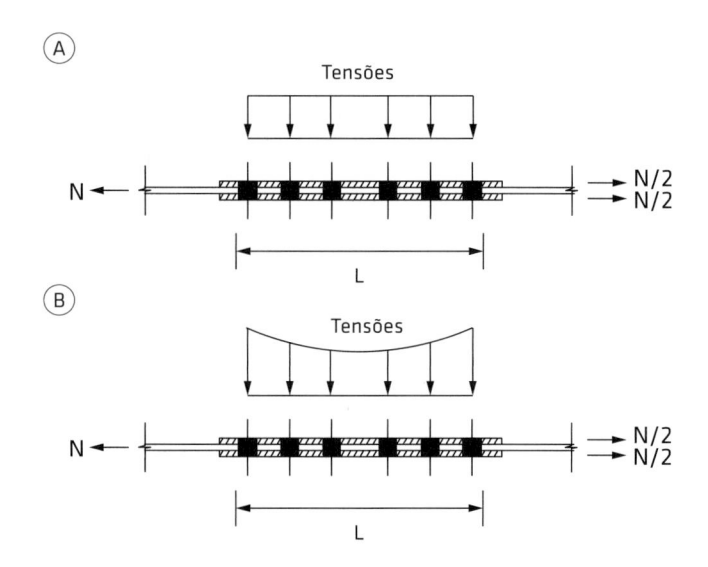

Fig. 2.42 Distribuição dos esforços solicitantes entre os conectores: (A) em um regime elástico e (B) em um regime plástico

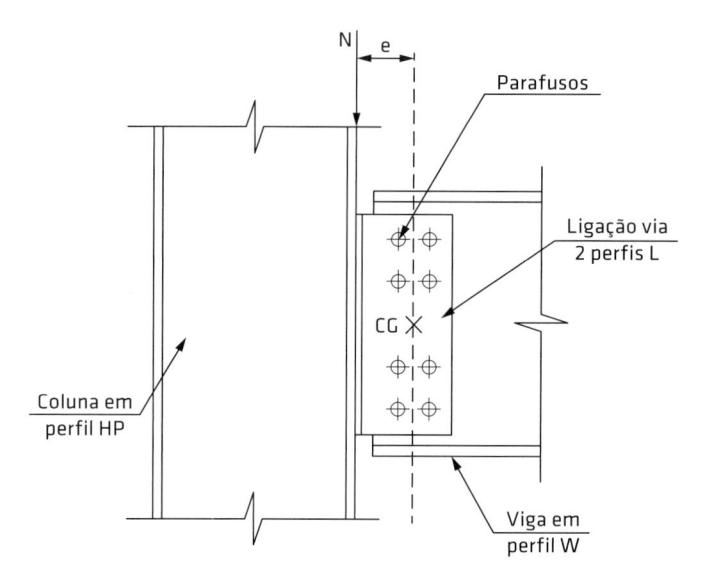

Fig. 2.43 Caso 1: ligação de viga de perfil W a um pilar de perfil HP, com chapas de ligação em perfil duplo L (um em cada face da alma da viga)

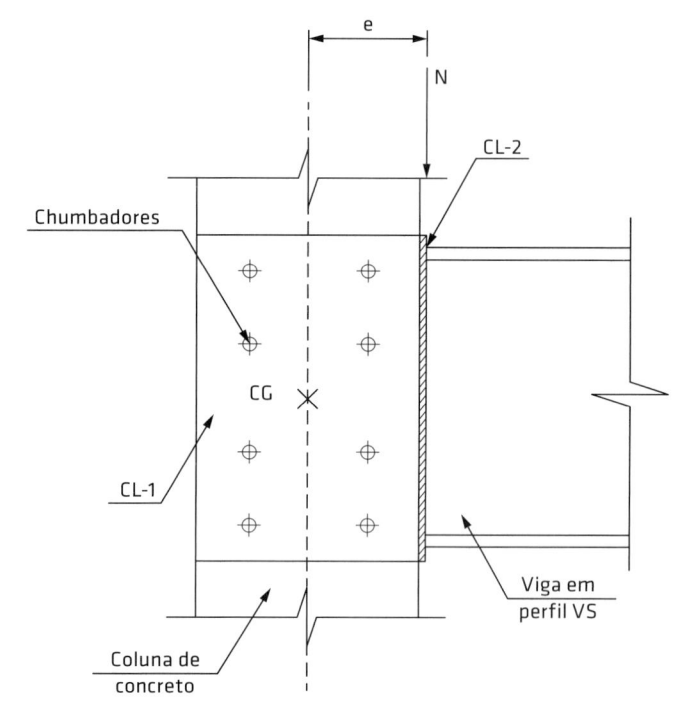

Fig. 2.44 Caso 2: ligação de viga de perfil VS a um pilar de concreto armado com chapas de ligação constituídas de duas CL-1 (uma em cada face oposta do pilar de concreto) e uma CL-2, com as duas CL-1 sendo soldadas à CL-2

2.16 Dimensionamento de ligação excêntrica por cisalhamento

As ligações excêntricas são muito comuns nas ligações estruturais e possuem os aspectos ilustrados nas Figs. 2.43 e 2.44.

O valor exato do esforço solicitante aplicado no parafuso mais solicitado (o mais próximo do ponto de aplicação da força) é de difícil determinação, uma vez que depende de uma série de fatores, tais como atrito entre chapas de ligação, magnitude de aperto do parafuso, deformação das chapas etc.

Para isso, usa-se uma aproximação razoável para o cálculo das tensões, considerando que:
- Os parafusos assumem um comportamento perfeitamente elástico e as placas assumem um comportamento de disco perfeitamente rígido.
- A placa, ao girar, produzirá esforços solicitantes de tal sorte que os centros de rotação da placa e do conjunto de parafusos serão proporcionais.

Com isso, tomando como premissa o cálculo simplificado e as considerações apresentadas, faz-se o cálculo do esforço solicitante no parafuso mais solicitado, adotando o passo a passo mostrado para o exemplo de uma viga de aço conectada a uma coluna de concreto armado (ver Fig. 2.45).

1. Primeiro, decompõe-se a carga solicitante excêntrica aplicada, transformando-a em uma carga centrada (N) e um momento fletor (M).

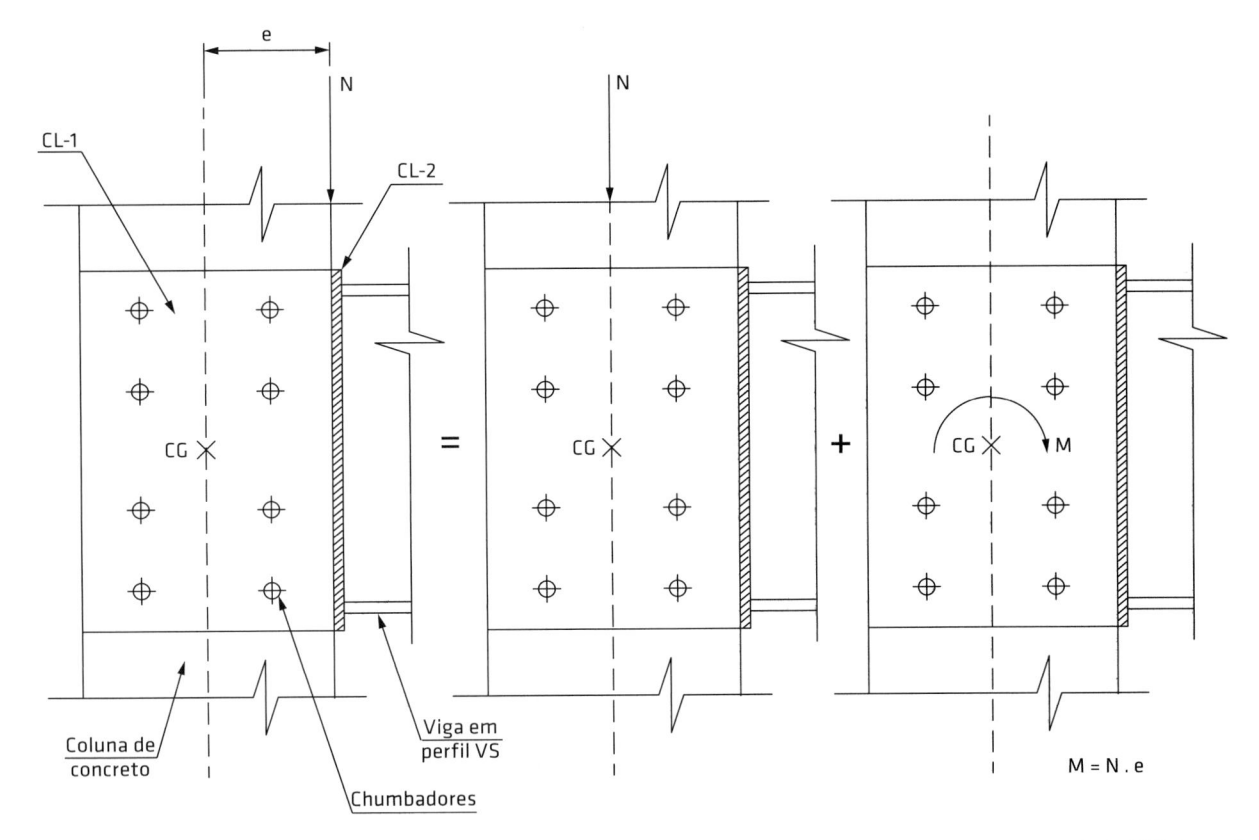

Fig. 2.45 Decomposição da força excêntrica N em uma força N e um momento fletor M, aplicados no centro de gravidade (CG) do conjunto de parafusos

2. Considera-se a distribuição da carga centrada (N) igual para cada parafuso (Fig. 2.46), fazendo:

$$R_S = \frac{N}{n}$$

em que:
R_S = esforço solicitante aplicado em cada parafuso a partir da carga centrada N (em kN);
N = carga centrada (em kN);
n = número de parafusos.

3. Considera-se o efeito do momento fletor aplicado a cada parafuso (Fig. 2.47), fazendo:

$$M = N \cdot e = R_1 \cdot a_1 + R_2 \cdot a_2 + \cdots + R_n \cdot a_n$$

Com isso feito, a tensão em cada parafuso é dada por:

$$f_{V1} = \frac{R_1}{A_G}; \ f_{V2} = \frac{R_2}{A_G}; \ \cdots; \ f_{Vn} = \frac{R_n}{A_G}$$

Como a tensão solicitante em cada parafuso é proporcional à distância a, faz-se:

$$\frac{f_{V1}}{a_1} = \frac{f_{V2}}{a_2}; \cdots; \frac{f_{Vn}}{a_n}$$

Como todos os parafusos possuem o mesmo diâmetro, tem-se:

$$\frac{R_1}{a_1} = \frac{R_2}{a_2}; \cdots; \frac{R_n}{a_n}$$

Pondo os esforços solicitantes em função de R_1 e de a:

$$R_1 = R_1 \cdot \left(\frac{a_1}{a_1}\right); \ R_2 = R_1 \cdot \left(\frac{a_2}{a_1}\right); \ \cdots; \ R_n = R_1 \cdot \left(\frac{a_n}{a_1}\right)$$

Substituindo a equação anterior em $M = N \cdot e$:

$$M = \frac{R_1 \cdot a_1^2}{a_1} + \frac{R_1 \cdot a_2^2}{a_1} + \cdots + \frac{R_1 \cdot a_n^2}{a_1}$$

Então:

$$M = \frac{R_1}{a_1} \cdot \Sigma a^2$$

O esforço no parafuso 1 é, portanto, de:

$$R_1 = \frac{M}{\Sigma a^2} \cdot a_1$$

E nos demais parafusos será de:

$$R_2 = \frac{M}{\Sigma a^2} \cdot a_2; \ R_3 = \frac{M}{\Sigma a^2} \cdot a_3; \ \cdots; \ R_n = \frac{M}{\Sigma a^2} \cdot a_n$$

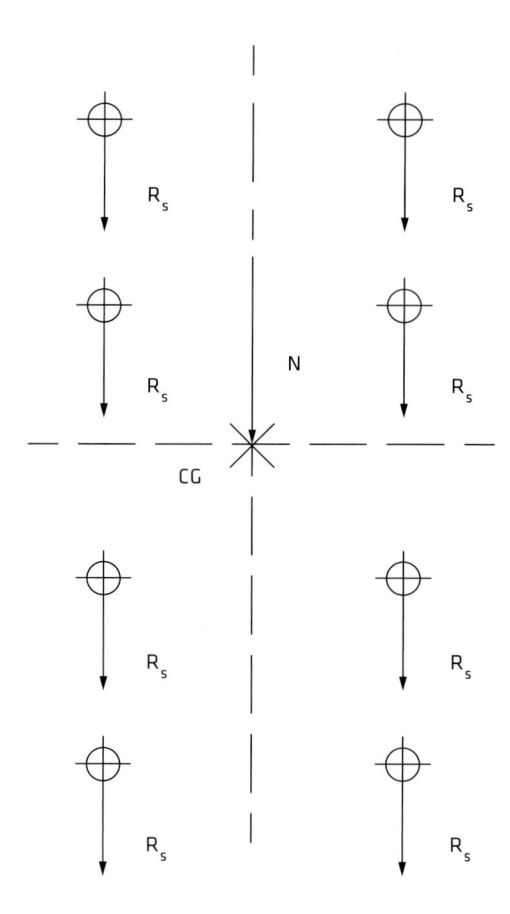

Fig. 2.46 Decomposição da força N em forças R_s de igual magnitude, aplicadas em cada parafuso

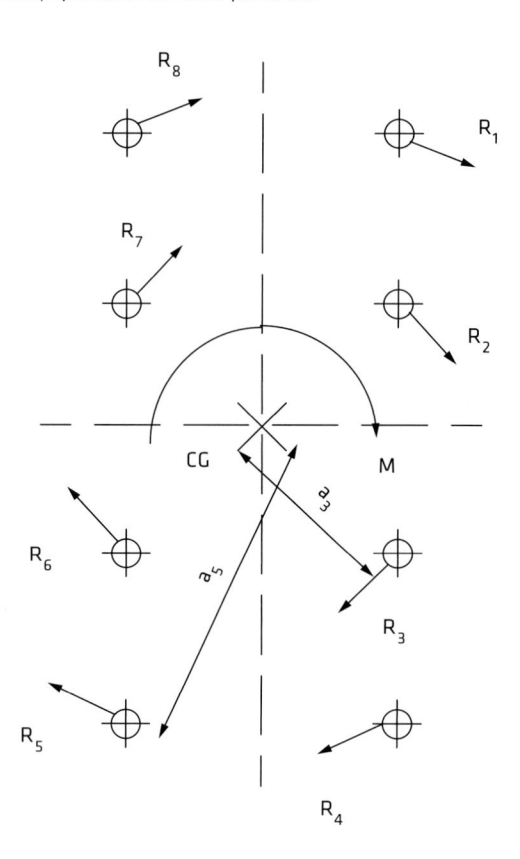

Fig. 2.47 Decomposição do momento fletor M em forças R_1 a R_8, com suas direções perpendiculares ao centro de gravidade (CG) do conjunto de parafusos e distantes de valores a em relação ao CG

Fazendo uma equação geral, tem-se:

$$R = \frac{M}{\Sigma a^2} \cdot a$$

Decompondo R em R_x e R_y (Fig. 2.48):

$$R_x = \frac{R \cdot y}{a}; \quad R_y = \frac{R \cdot x}{a}; \quad a^2 = x^2 + y^2$$

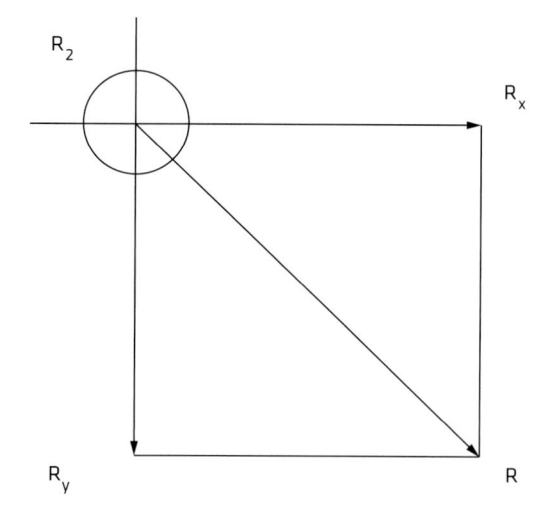

Fig. 2.48 Decomposição da força R em R_x e R_y

Substituindo as equações de R na equação de a (Fig. 2.49):

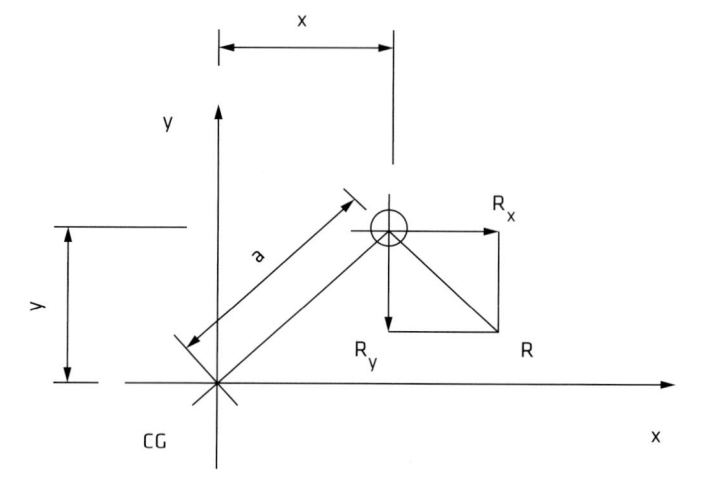

$$R_x = \frac{M}{\Sigma(x^2 + y^2)} \cdot y \qquad R_y = \frac{M}{\Sigma(x^2 + y^2)} \cdot x$$

Fig. 2.49 Decomposição da força R em R_x e R_y e distância de R ao centro de gravidade (CG) do conjunto de parafusos

O esforço total no parafuso resulta da combinação dos esforços da carga centrada (N) e do momento fletor (M), chegando a:

$$R = \sqrt{R_x^2 + (R_y + R_S)^2}$$

E a tensão de cisalhamento final no parafuso mais solicitado é dada por:

$$f_V = \frac{R}{A_G} \le F_V$$

2.17 Fatores que afetam o projeto da junta/união

2.17.1 Comprimento da junta

Conforme pode ser visto na Fig. 2.42, a distribuição do esforço é desigual do parafuso mais à dianteira para o parafuso mais à traseira. Se a junta for muito longa ou comprida, é evidente que o primeiro parafuso carregará mais da razão P/n da carga e o último parafuso carregará nada ou quase nada de carga. Com o metal-base (ou chapa) projetado para ser adequado para tração na seção líquida, a placa não estraçalha, mas estica, com base na equação $P \cdot L / A \cdot E$, de modo que cada um dos parafusos da frente irá submeter-se a esforços de cisalhamento compatíveis ou irá cisalhar, se o esforço solicitante e o deslocamento resultante do furo forem muito grandes. A perda de resistência do parafuso dianteiro transferirá a carga para o(s) próximo(s) parafuso(s) em linha, e o parafuso seguinte poderá cisalhar, e assim por diante, produzindo uma falha na junta. Esse é um processo chamado de *unbuttoning* (desabotoamento). Entretanto, deve-se perceber que, com cargas solicitantes muito elevadas envolvidas, esse processo ocorre quase instantaneamente. Se a junta é curta o bastante, de modo que todos os parafusos carreguem a carga solicitante, o primeiro parafuso deforma-se com a placa. Quando os esforços correspondentes ao limite de elasticidade (ao corte) se desenvolvem, os parafusos continuam a se deformar com o aumento da carga, e o próximo parafuso em linha irá levantar-se com a carga transferida. A carga última da junta será alcançada quando todos os parafusos tiverem atingido seu rendimento. Análises de compatibilidade de esforço raramente são feitas, desde que os fatores de segurança usados junto com as propriedades de ductilidade do aço sejam tais que, exceto para juntas longas, somente os primeiros parafusos em uma conexão tenham seus rendimentos atingidos ou estejam próximos de atingi-los.

Há de se notar que o fator de segurança para a conexão (particularmente os parafusos/elementos de fixação) deveria ser maior nos elementos estruturais a conectar, pois uma falha em uma junta geralmente é catastrófica, ocorrendo de modo muito rápido, enquanto uma falha em um elemento permite que medidas de segurança sejam empreendidas a tempo.

Considerando que nenhuma junta (com furos e sob tensão) é mais do que 85% eficaz e com base no trabalho de Bendigo, Hansen e Rumpf (1963), a eficiência de uma junta, assumindo espaçamento razoável entre parafusos da ordem de três vezes o diâmetro, pode ser computada por:

$$E = 0{,}85 - C_1 \cdot (L - C_2); L \ge C_2$$

em que:
$C_1 = 0{,}007$ e $C_2 = 16$ in (fps);
$C_1 = 0{,}00275$ e $C_2 = 406$ mm (SI).

Essa equação indica que juntas com comprimentos acima de 406 mm têm uma eficiência de 85%, ou seja, sem redução da capacidade da ligação para o comprimento da junta. Para comprimentos maiores, existe uma perda quase linear da capacidade da junta, atingindo a capacidade de aproximadamente 60% da junta curta quando o comprimento é da ordem de 1.250 mm (50 in).

2.17.2 Prescrições mínimas para juntas

As especificações do AISC requisitam que todas as conexões, exceto aquelas em treliças, que carregam tensões calculadas, sejam projetadas com carga de projeto, mas com carga não inferior a 6 kips (ou 27 kN). Além disso, requisitam que as juntas de treliças, sob compressão ou tração, sejam projetadas para a carga de projeto, mas não com menos do que 50% do esforço efetivo do elemento estrutural, baseado no tipo da tensão de projeto.

A AREA requisita que as conexões para elementos principais sejam projetadas para o esforço efetivo total do elemento estrutural. Para elementos secundários e travamentos, a conexão é projetada para uma média do esforço do elemento e da tensão de projeto. Um mínimo de três conectores é exigido para ligações parafusadas.

2.17.3 Retardamento de cisalhamento (*shear lag*)

Juntas longas são indesejáveis por possuírem eficiência reduzida (abaixo de 85% quando $L > 406$ mm), mas, em casos em que perfis W ou C são usados com chapas *gousset* sobre os flanges (ver Fig. 2.50), faz-se necessário produzir uma junta suficientemente comprida, em que a tensão na seção A-A possa ser transferida para os flanges e para as chapas *gousset*, por causa de sua distribuição pelo elemento estrutural. Se o comprimento da junta é muito grande, o elemento submetido a esforço solicitante de tração pode falhar em virtude de uma elevada concentração de tensões na alma, produzindo rasgamento e resultando em falha progressiva da seção. Uma medida eficaz de retardamento do cisalhamento (efeito de *shear lag*) é baseada na distância do eixo de gravidade do elemento até o plano do conector (ou da chapa *gousset*). Munse e Chesson Jr. (1963) fornecem uma equação geral para a eficiência de retardamento de cisalhamento:

$$Esl \text{ (shear lag)} = \left(\frac{1 - x_{méd}}{L}\right) \cdot 100$$

em que:
$x_{méd}$ = distância média do eixo de gravidade até o plano do conector (= $d/2$ para perfis W e simplesmente $x_{méd}$ dado nas tabelas para perfis L);
L = comprimento da junta.

Para a maioria das seções soldadas projetadas, essa equação deveria resultar em um valor de *Esl* de 85% a 90%. As reduções do AISC para o retardamento de cisalhamento são apresentadas na Fig. 2.50.

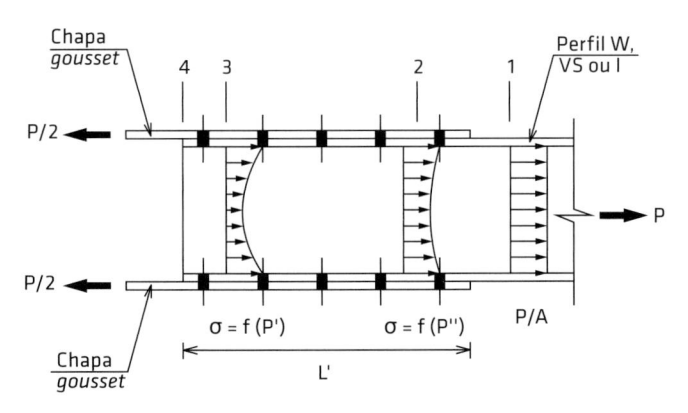

Fig. 2.50 Fluxo de cisalhamento na emenda de um elemento tracionado durante a transferência de carga para as chapas *gousset*

Nas regiões 1 a 4 dessa figura, em uma situação em que se faz necessário ter uma chapa *gousset* suficientemente longa, a fim de transferir os esforços do flange de um dado perfil para outro, acontece o seguinte:
- No *ponto 1*: a tensão uniforme gerada pela força axial de tração no elemento terá sua transferência para a chapa *gousset* retardada por causa da distribuição de tensões ao longo do elemento tracionado.
- No *ponto 2*: a transferência de tensões está nos flanges dos quais resultam tensões significativas. Tensões no interior da alma do perfil W (VS ou I) serão menores do que P/A por causa do fenômeno de retardamento de cisalhamento. Assim, em emendas longas, a alma pode rasgar em razão do resultado de amplas tensões diferenciais dadas em uma falha progressiva na emenda.
- No *ponto 3*: a carga adicional é transferida para as chapas *gousset*.
- No *ponto 4*: todas as cargas são transferidas para as chapas *gousset* e as tensões no elemento tracionado equivalem a zero.

Essa figura ilustra qualitativamente o problema de fluxo de cisalhamento ou o fenômeno do *shear lag* como uma carga a ser transferida para as chapas *gousset* a partir do elemento principal. O problema é mais crítico quando perfis L são usados e somente uma aba do perfil é conectada ao elemento principal para transferir a carga.

Em qualquer caso, quando elementos tracionados têm um perfil onde nem todas as seções transversais estão em um plano em comum (como uma aba de perfil L, almas de vigas com conexões de flanges – como mostrado anteriormente –, flanges de perfis U quando a alma é conectada, entre outros), apresentam uma área efetiva A_e, computada como se segue:

- Para perfis L de abas iguais ou desiguais conectados por uma aba na chapa de ligação – perfis simples ou duplos (em pares):

$$A_e = 0,90 \cdot A_N$$

- Para perfis W com $b_f \geq 0,67 \cdot d$ ou perfis T a partir desses perfis e conectados somente pelo flange:

$$A_e = 0,90 \cdot A_N$$

- Para todos os outros perfis, incluindo perfis construídos (personalizados), com um mínimo de três conectores em linha:

$$A_e = 0,85 \cdot A_N$$

- Quaisquer elementos tracionados com somente dois conectores em linha:

$$A_e = 0,75 \cdot A_N$$

2.17.4 Parafusos longos

Testes efetuados em rebites indicam uma perda de eficiência decorrente da flexão quando a razão L/D é maior do que 5. Por sua vez, testes em parafusos de alta resistência para uma razão L/D acima de 9 indicam uma perda não significativa de eficiência. Com base nessas considerações, um aumento do diâmetro de parafusos A307 é solicitado conforme o Quadro 2.3.

2.17.5 Perfil L de arraste/arranque (*lug angle*)

Perfis L de arraste (*lug angle*) podem ser usados para reduzir o comprimento da junta e o efeito de retardamento de

Quadro 2.3 AUMENTO DO DIÂMETRO DO PARAFUSO EM FUNÇÃO DE SEU AUMENTO DE COMPRIMENTO

	Aumento solicitado
AISC (rebites e parafusos A307)	1% para cada incremento de $1/16$" (3 mm) ao exceder $L = 5 \cdot D$
AASHTO	1% para cada incremento de $1/16$" (3 mm) ao exceder $L = 5 \cdot D$
AREA	O mesmo da AASHTO

cisalhamento, com perfis L simples ou duplos ligados à chapa *gousset*, como ilustrado na Fig. 2.51. Sua utilização na extremidade dianteira da junta tende a reduzir o termo $x_{méd}/L$ na equação:

$$Esl\ (shear\ lag) = \left(\frac{1 - x_{méd}}{L}\right) \cdot 100$$

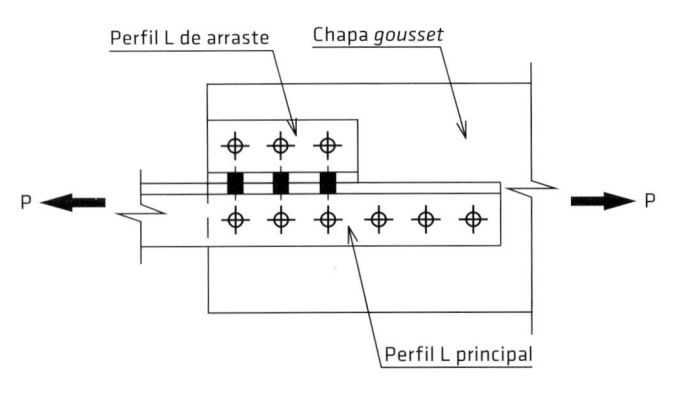

Fig. 2.51 Perfil L de arraste (*lug angle*)

2.17.6 Distribuição de cisalhamento e de suporte entre conectores em um grupo

Uma premissa básica do projeto de conexão é aquela em que o conector carrega uma porção dividida de forma relativa da carga da conexão. Para uma junta com conectores de tamanho constante em um modelo simétrico e carregado de modo que a carga passa através do centro do modelo, a carga é igual a:

$$P_{Conector} = \frac{P_{Total}}{\text{Número de conectores}}$$

Quando o grupo de conectores não é simétrico ou a carga não passa através do centroide do grupo de conectores, estes não são igualmente tensionados. Essa situação é considerada em detalhe na próxima seção.

2.17.7 Fator nominal de segurança de conectores e conexões

Testes de força de cisalhamento em parafusos de alta resistência (ver Wallaert e Fisher, 1965) dão valores médios de cisalhamento máximo em termos de tensão última de tração f_u (ver seção 2.3) de:

- $\tau_u = 0,62 \cdot f_u$ (placas sob tração);
- $\tau_u = 0,68 \cdot f_u$ (placas sob compressão).

Esses testes indicam que a tração inicial no parafuso (efeito de aperto – *clamping effect* – da chapa) não tem efeito na força máxima de cisalhamento do parafuso. Caso se designe o fator de segurança F como $F = \frac{\tau_u}{F_V}$, serão obtidos parafusos A325 em conexões de atrito com diâmetro ≤ 25 mm (mais comumente usados):

$$F = \frac{0,62 \times 825,0\ \text{MPa}}{120,0} = 4,26$$

Esse valor de F = 4,26 pode ser reduzido à ordem de 3,3 para juntas compactas e a cerca de 2,0 para juntas cujos comprimentos excedam a 1.270 mm (50 in).

Observações de juntas por muito tempo em serviço indicam que um fator de segurança de F ≥ 2,0 para conectores é satisfatório.

2.17.8 Parafusos submetidos a carregamento excêntrico

Geralmente, quando a excentricidade da carga no grupo do parafuso é menor do que aproximadamente 2½" (≅ 60 mm), ela é negligenciada. Uniões como a da conexão simples da seção 2.20, que é largamente usada, estão nessa categoria. Já a conexão de suporte da seção 2.21, também aplicada a um caso real, é carregada com uma excentricidade obviamente muito grande para ser negligenciada.

2.18 Caso real aplicado a uma emenda com o uso de chapas de ligação alinhadas de topo com as vigas

Para exemplificar o dimensionamento de uma chapa de ligação dessa natureza, muito comum em casos em que a região de topo das vigas precisa permanecer alinhada com o topo das chapas, para receber uma laje de concreto ou uma cobertura (por exemplo, coberturas do tipo *roll-on*, lajes pré-fabricadas etc.), será calculada uma chapa de ligação usada no projeto da edificação mostrada no Cap. 5.

2.18.1 Definição das nomenclaturas das chapas de ligação e de sua planta de locação

Antes de iniciar o dimensionamento das chapas de ligação (aqui denominadas CL) de uma determinada estrutura, faz-se necessário, a título de organização, indicar sua numeração com base em algum critério, e em seguida fazer uma planta baixa de locação de todas essas chapas.

Costuma-se organizar as chapas por tipo de perfil. Porém, quando se tem uma variação muito grande de esforços solicitantes, mesmo para um determinado tipo de chapas de ligação, é possível subdividi-las em um número maior de chapas, a fim de economizar nos materiais utilizados.

Para esse prédio de um pavimento, composto de três tipos de perfis para todo o projeto, procurou-se adotar um tipo de chapa de ligação para cada tipo de perfil de viga indicado. Por exemplo, para a emenda de perfis W 310 × 23,80 adotaram-se chapas de ligação com numeração CL-1, para a emenda de perfis W 310 × 32,70 adotou-se CL-2 e, para a emenda de perfis W 310 × 38,70, CL-3.

De posse das nomenclaturas já definidas, elabora-se a planta baixa de locação das chapas de ligação, conforme indicado no Cap. 5.

2.18.2 Resumo de esforços solicitantes atuantes para cada chapa de ligação

Com a planta baixa de locação das chapas de ligação e dos esforços solicitantes definidos para cada pórtico no Cap. 5, é feito um resumo dos esforços solicitantes máximos atuantes em cada chapa de ligação (Tab. 2.4).

Tab. 2.4 RESUMO DOS ESFORÇOS SOLICITANTES APLICADOS NAS CHAPAS DE LIGAÇÃO

Viga	Perfil da viga	V_d (kN)	M_d (kNm)	Chapa de ligação
V1	W 310 × 23,80	2,257	7,807	CL-1
V2	W 310 × 32,7	1,773	28,259	CL-2
V3	W 310 × 32,7	1,782	26,484	CL-2
V4	W 310 × 23,80	1,614	8,096	CL-1
V5	W 310 × 38,7	3,033	23,895	CL-3
V6	W 310 × 32,7	1,665	12,167	CL-2
V7	W 310 × 23,80	1,135	4,357	CL-1

Nessa tabela, notar que os esforços solicitantes atuantes nas chapas CL-1 não apresentam uma grande discrepância de valor. Caso uma CL-1 exibisse um valor muito diferente de esforços em relação às demais, as numerações das chapas de ligação poderiam ser classificadas não só por perfil, mas também por faixas de esforços solicitantes, a fim de gerar uma determinada economia em termos de chapas que serão dimensionadas. Essa subdivisão de chapas por magnitude de esforços solicitantes deve ser analisada com critério pelo engenheiro, pois, quando essa economia é muito ínfima, é mais interessante deixar um leque menor de variedade de chapas de ligação, bem como de perfis, para facilitar a montagem no campo.

Por exemplo, para um projeto desse porte, utilizaram-se apenas três tipos diferentes de perfis e de chapas. Porém, costuma-se receber projetos desse porte com um número muito maior de tipos de perfis, o que gera maiores custos; padronizar reduz custo no global (material e mão de obra).

Quando se faz um projeto com uma gama muito grande de tipos de perfis, ainda é possível deparar-se com o obstáculo de um dos perfis não estar disponível na prateleira da fabricante na época oportuna da compra. Caso isso aconteça, só resta ao engenheiro modificar o projeto. Por esse motivo, aconselha-se sempre verificar junto à fabricante a disponibilidade de perfis para os próximos meses; isso evita transtornos futuros, atrasos de obras e custos extras.

Para edificações de porte pequeno, sem grande variação de esforços solicitantes, pode-se separar o maior valor de esforço cisalhante e de momento fletor atuantes para cada grupo de numeração de chapa. Nesse caso, para todas as chapas de ligação do tipo CL-1, o maior esforço cisalhante é de 2,257 kN e o maior momento fletor é de 8,096 kNm. Esses valores são então usados para dimensionar apenas uma vez a CL-1, de forma a representar todas as demais. O correto é calcular cada uma das CL-1, mas aqui não haverá grande diferença de materiais perante os esforços máximos gerais. Essa metodologia de dimensionamento geral faz-se útil no dia a dia do escritório quando há um universo muito vasto de chapas de ligação a dimensionar para uma edificação maior, com uma variação de magnitude de carga não muito grande entre elas.

2.18.3 Dimensionamento das chapas de ligação

A seguir, tem-se o dimensionamento da chapa de ligação CL-1, destinada à união das vigas V1, compostas de perfis W 310 × 23,80, e com esforços solicitantes máximos de cisalhamento de 2,257 kN e de momento fletor de 8,096 kNm.

a) Definições das geometrias e das propriedades dos materiais

i. Esforços solicitantes de projeto

De posse dos valores máximos de esforços solicitantes para essa primeira CL-1, obtêm-se os valores dos esforços solicitantes de projeto ao multiplicar os valores máximos por um coeficiente de majoração de carga γ. Os valores de majoração de carga foram indicados no Cap. 1.

Nesse caso, as cargas indicadas na Tab. 2.4 já estão ponderadas, pois já recebem a nomenclatura d (design = projeto), mencionando que são cargas solicitantes de projeto.

$$V_{Sd} = \gamma \cdot V_{Sol} = 2{,}257 \text{ kN}$$
$$M_{Sd} = \gamma \cdot M_{Sol} = 8{,}096 \text{ kNm}$$

em que:

V_{Sol} = esforço cisalhante nominal (em kN);
M_{Sol} = momento solicitante nominal (em kNm);
V_{Sd} = esforço cisalhante de projeto (em kN);
M_{Sd} = momento fletor de projeto (em kNm).

Nota: Em uma determinada memória de cálculo, é necessário indicar se as cargas solicitantes aplicadas na estrutura são nominais ou ponderadas. Quando as cargas indicadas são nominais, elas não foram multiplicadas por quaisquer coeficientes de majoração, enquanto as ponderadas já o foram.

ii. Propriedades do perfil W 310 × 23,80

Consultando a tabela de perfis W da Gerdau Açominas, separam-se os elementos geométricos d, d', h_w, b_f, t_f e t_w:

- d = 305,0 mm = 30,50 cm;
- h_w = 292,0 mm = 29,20 cm;
- d' = 272,0 mm = 27,20 cm;
- b_f = 101,0 mm = 10,10 cm;
- t_f = 6,7 mm = 0,67 cm;
- t_w = 5,6 mm = 0,56 cm.

iii. Propriedades da chapa

Definindo a altura e a largura da chapa como as mesmas atribuídas ao perfil W 310 × 23,80, têm-se:

- Altura da chapa (h): 305 mm = 30,50 cm.
- Largura da chapa (b): 101,00 mm = 10,10 cm.

Como a espessura depende do dimensionamento, seu valor é estimado em 3/8":

- Espessura da chapa (t): 9,50 mm = 0,95 cm (3/8").

Nota: Se fosse utilizada solda de filete para unir o perfil W à chapa, a altura da chapa deveria ultrapassar um pouco a altura do perfil, em pelo menos cerca de 20 mm, de modo a permitir a aplicação da solda. Nesse caso, como será visto no Cap. 3, seria utilizada solda de penetração total. Essa solda é indicada para casos de topos de perfis e de chapas alinhados, além de ser mais recomendada para ligações estruturais principais e pesadas.

iv. Propriedades do conector

Para chapas de ligação dessa natureza, é comum a utilização de parafusos como conectores. Barras com extremidades rosqueadas são mais usuais no caso de haver um comprimento muito longo a vencer (por exemplo, ligações em pilares, vigas de concreto etc.).

Sempre se deve adotar parafusos de alta resistência, como os constituídos de aço ASTM A325; nunca utilizar parafusos comuns, como os do tipo ASTM A307, para ligações sujeitas a ações simultâneas de esforço cortante e de momento fletor. Para o dimensionamento, serão estimados parafusos com diâmetro de ½" (12,70 mm).

v. Distâncias máximas e mínimas entre conectores (parafusos ou barras)

▻ Distâncias entre eixos de furos

$$d_{mín} = 3 \cdot d = 3 \times 12{,}7 \text{ mm} = 38{,}1 \text{ mm}$$
$$d_{máx} = 12 \cdot t \leq 150{,}0 \text{ mm} \Rightarrow d_{máx} = 12 \times 9{,}5 \text{ mm} = 114{,}0 \text{ mm} \leq 150{,}0 \text{ mm}$$

Com isso, a distância mínima entre eixos de parafusos deve ser de 38,1 mm, e a máxima, de 114,0 mm. Pode-se utilizar uma distância mínima de até $2{,}7 \cdot D$.

A distância entre eixos de conectores deve ainda atender ao valor de:

$$d \geq \frac{2 \cdot V_{Sd}}{f_u \cdot t} + \frac{d}{2} = \frac{2 \times 2{,}257 \text{ kN}}{40{,}0 \text{ kN/cm}^2 \times 0{,}95 \text{ cm}} + \frac{1{,}27 \text{ cm}}{2} \Rightarrow d \geq 0{,}75 \text{ cm}$$

▻ Distâncias entre eixos de furos e bordas de chapas

$$d_{mín} = 2 \cdot d = 2 \times 12{,}7 \text{ mm} = 25{,}4 \text{ mm}$$

De posse dessas distâncias mínimas entre eixos de conectores e entre eixos de conectores e bordas de chapas, faz-se um croqui da chapa de ligação, de modo a manter as posições dos parafusos sob e sobre a linha neutra da chapa simetricamente e posicionando o maior número possível de parafusos afastados ao máximo da linha neutra, a fim de combater o esforço de tração que será gerado pelo binário do momento fletor na parte superior da chapa. Com isso em mente, cria-se um primeiro esboço da chapa de ligação, apresentado na Fig. 2.52.

vi. Número de chapas de ligação

O número de chapas de ligação e planos de corte é apresentado a seguir.

- Número de chapas de ligação (n'): 2.
- Número de planos de corte (n''): 1 (parafusos sujeitos a corte simples e não duplo; ver Figs. 2.9 e 2.10).

vii. Tensões resistentes dos aços (ver seção 2.3)

Para as chapas, será adotado o aço ASTM A36, com tensões admissível e última nos valores de f_y = 250 MPa e f_u = 400 MPa, respectivamente.

Para os parafusos de alta resistência, será adotado o aço ASTM A325, com tensões admissível e última nos valores de f_y = 635 MPa e f_u = 825 MPa, respectivamente.

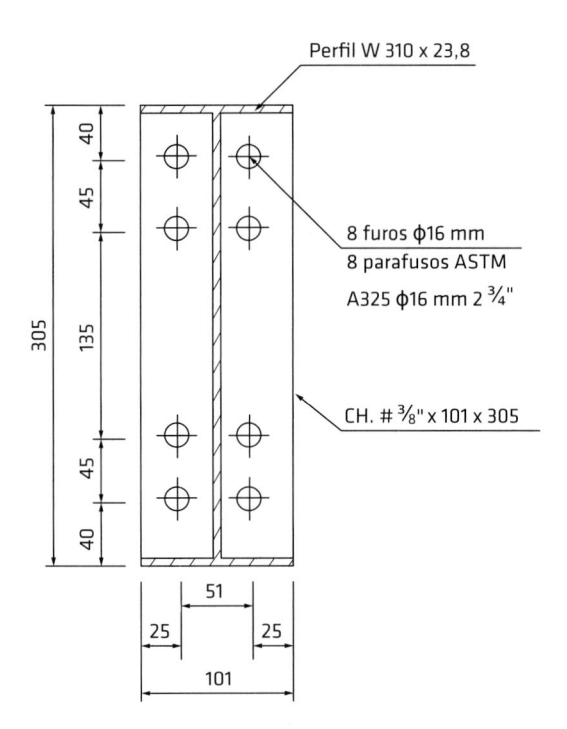

Fig. 2.52 Desenho do projeto da chapa de ligação CL-1

viii. Número de parafusos

O número de parafusos adotado para essa chapa é apresentado a seguir.

- Número total de parafusos (n): 8.
- Número de parafusos por linha vertical (n_V): 4.
- Número de parafusos por linha horizontal (n_H): 2.
- Número de parafusos na linha horizontal do topo da chapa (n_T): 2.

ix. Propriedades da solda

Para a solda, o eletrodo será definido como do tipo E70XY. A tensão resistente do eletrodo E70 é de f_w = 485 MPa = 48,50 kN/cm².

Nota: Não se deve adotar o eletrodo E60XY para ligações estruturais principais, pesadas, não só devido à sua menor resistência, mas também porque, para E60, não se exige certificado de solda por parte do soldador.

As soldas para esse problema serão dimensionadas no Cap. 3.

x. Momento de inércia dos parafusos

A área bruta (A_G) do parafuso adotado, de diâmetro de 1,27 cm, corresponde a:

$$A_G = \frac{\pi \cdot d^2}{4} = \frac{\pi \cdot (1,27 \text{ cm})^2}{4} = 1,27 \text{ cm}^2$$

De posse da área bruta e das distâncias entre todos os conectores, calcula-se o momento de inércia total do conjunto de parafusos (para número par por linha vertical, ver seção 2.12.1):

$$d'_1 = \frac{d_1}{2} = \frac{135 \text{ mm}}{2} = 67,5 \text{ mm} = 6,75 \text{ cm}$$

$$d'_2 = \frac{d_1}{2} + d_2 = 67,5 \text{ mm} + 45 \text{ mm} = 127,5 \text{ mm} = 11,25 \text{ cm}$$

$$I_x = 4 \cdot A_G \cdot \left(d'^2_1 + d'^2_2\right) =$$
$$= 4 \times 1,27 \text{ cm}^2 \times \left[(6,75 \text{ cm})^2 + (11,25 \text{ cm})^2\right] = 874,40 \text{ cm}^4$$

A distância do centro de gravidade do conjunto de parafusos (sobre ou sob a linha neutra da chapa) à linha neutra da chapa, ilustrada na Fig. 2.53, é de:

$$y_{cg} = \frac{\frac{d_2}{2} + d_1 + \frac{d_2}{2}}{2} = \frac{\frac{45 \text{ mm}}{2} + 135 \text{ mm} + \frac{45 \text{ mm}}{2}}{2} = 90,0 \text{ mm} = 9,0 \text{ cm}$$

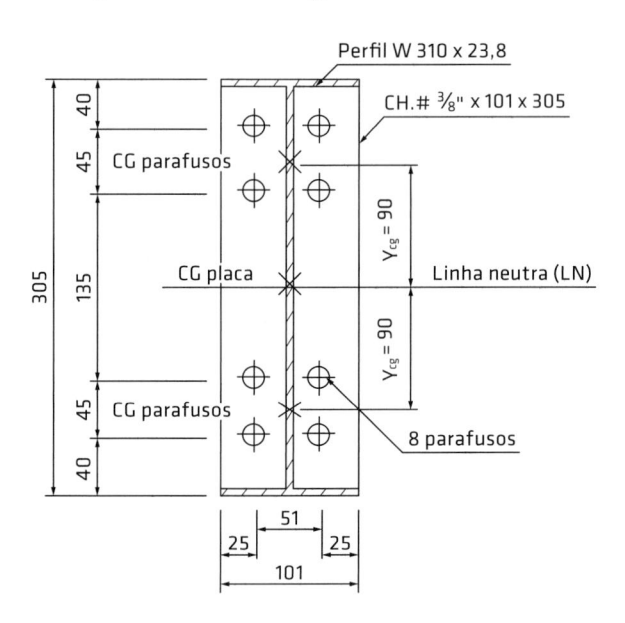

Fig. 2.53 Distância do centro de gravidade do conjunto de parafusos à linha neutra da chapa

b) Dimensionamento da chapa de ligação à combinação simultânea de esforços solicitantes de cisalhamento e de momento fletor

i. Tensão solicitante máxima de tração

Para o cálculo da tensão de tração, precisa-se do valor do momento de inércia do conjunto de parafusos existentes sobre a linha neutra e do valor da distância do centro de gravidade desse conjunto de parafusos à linha neutra da chapa.

Com os valores de I_x e de y_{cg} já definidos na seção anterior e de posse do momento fletor de projeto, calcula-se a tensão solicitante máxima de tração atuante nos conectores pela fórmula:

$$\sigma = \frac{M_{Sd} \cdot y_{cg}}{I_x} = \frac{809{,}60 \text{ kNcm} \times 9{,}0 \text{ cm}}{874{,}40 \text{ cm}^4} = 8{,}33 \text{ kN/cm}^2$$

ii. Tensão solicitante máxima de cisalhamento

Para o cálculo da tensão de cisalhamento, necessita-se da área bruta do parafuso utilizado e do número total de parafusos.

Com os valores de A_G e de n já definidos nas seções anteriores e de posse do esforço cisalhante de projeto, calcula-se a tensão solicitante máxima de cisalhamento atuante nos conectores pela fórmula:

$$\tau = \frac{V_{Sd}}{n \cdot A_G} = \frac{2{,}257 \text{ kN}}{8 \times 1{,}27 \text{ cm}^2} = 0{,}22 \text{ kN/cm}^2$$

iii. Tensões resistentes de tração e de cisalhamento

Os valores de tensões resistentes de tração e de corte simples são dados no ábaco da Fig. 2.18. Para o caso de uso de parafusos de alta resistência em aço ASTM A325, adota-se a curva do AISC de número 6 como limite, e inserem-se os valores de tensões solicitantes obtidos.

Para analisar pelo ábaco, primeiro se transforma a unidade das tensões solicitantes de tração e de corte simples para kgf/mm², obtendo:

- Para tração: $\sigma = 8{,}33 \text{ kN/cm}^2 \rightarrow \sigma = 8{,}33 \text{ kgf/mm}^2$.
- Para corte simples: $\tau = 0{,}22 \text{ kN/cm}^2 \rightarrow \tau = 0{,}22 \text{ kgf/mm}^2$.

Depois se inserem os valores no ábaco, como visualizado na Fig. 2.54, e é verificado se a coordenada gera um ponto que caia dentro do intervalo-limite de tensões resistentes do parafuso adotado no projeto. Em caso positivo, o parafuso satisfaz, e, em caso negativo, o dimensionamento deve ser refeito, de modo a modificar o número de parafusos e/ou o diâmetro deles.

Observa-se que os valores de tensões solicitantes de tração e de corte simples se situam bem abaixo dos limites dados pela curva 6 do AISC, que corresponde a parafusos estruturais A325 com sua zona lisa (não rosqueada) da barra situada na região do esforço cortante; para considerar o parafuso ASTM A325 com sua zona rosqueada posicionada na região de aplicação do cortante, utilizar a curva 10.

Ainda analisando o gráfico da Fig. 2.54, verifica-se que o diâmetro dos parafusos poderia ser reduzido, pois há folga na resistência das tensões. Porém, cabe observar que, para reduzir o valor do diâmetro do parafuso de ½" para ³/₈", seria preciso utilizar parafusos ASTM A307 de menor resistência, uma vez que não há parafusos ASTM A325 de diâmetros inferiores a ½" no comércio; com isso, não mais se utilizaria a curva 6 de tensão resistente do ábaco, mas sim a curva 1, correspondente ao A307.

Essas relações de diâmetros e aços disponíveis no comércio devem estar em constante exercício na mente do engenheiro; caso contrário, de nada valerá o esforço embutido no cálculo e no projeto, podendo-se gerar retrabalho no momento da obra.

c) Chapas

i. Resistência da chapa ao corte

Adotando a equação para parafusos de alta resistência, tem-se:

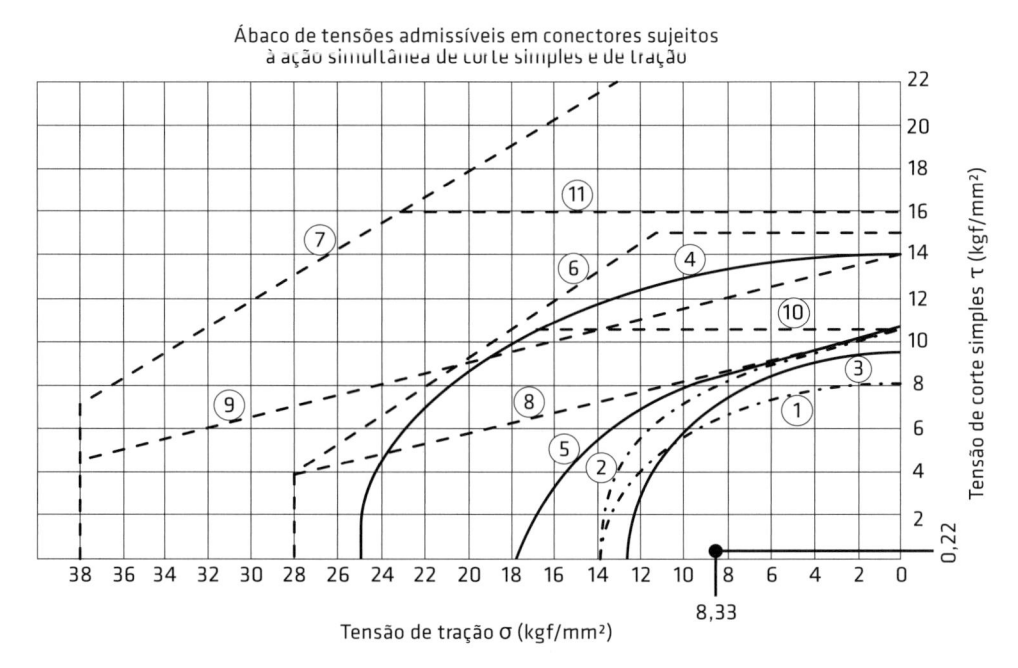

Fig. 2.54 Tensões admissíveis de tração e de corte simples para parafusos

$$R_{NV} = A_G \cdot \phi_V \cdot f_u \Rightarrow R_{NV} = 0{,}65 \times 1{,}27 \text{ cm}^2 \times 82{,}50 \text{ kN/cm}^2 =$$
$$= 68{,}10 \text{ kN}$$

Com o valor da resistência nominal, calcula-se agora o valor da resistência de projeto pela equação a seguir, para corte simples ($n'' = 1$ plano de corte, por ser corte simples) (Fig. 2.55).

$$R_{DT} = \phi_V \cdot R_{NV} \cdot n'' \cdot n \Rightarrow R_{DT} = 0{,}65 \times 68{,}10 \text{ kN} \times 1 \times 8 =$$
$$= 354{,}12 \text{ kN}$$

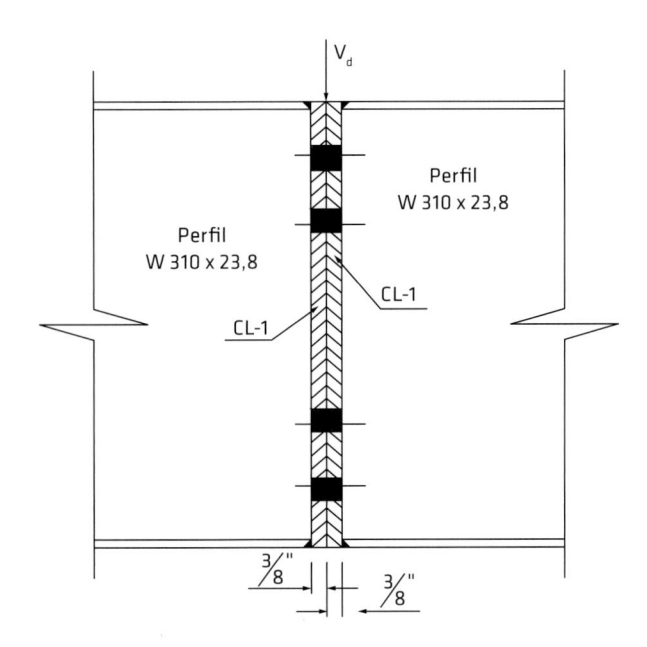

Fig. 2.55 Vista da ampliação do esforço cisalhante de projeto na ligação

Como o esforço resistente $R_{DT} = 354{,}12$ kN é superior ao esforço solicitante cortante de projeto $V_{Sd} = 23{,}66$ kN, a chapa satisfaz ao corte.

ii. Resistência da chapa à pressão de apoio e ao rasgamento

▻ Pressão de apoio

Aplicando a equação da resistência nominal da chapa à pressão de apoio, obtém-se:

$$R_N = 3 \cdot D \cdot t \cdot f_u =$$
$$= 3 \times 1{,}27 \text{ cm} \times 0{,}95 \text{ cm} \times 40 \text{ kN/cm}^2 = 144{,}78 \text{ kN}$$

Aplicando agora o valor da resistência nominal na equação para o cálculo da resistência de projeto e usando $\phi = 0{,}75$, tem-se:

$$R_{DT} = \phi \cdot R_N \cdot n_V =$$
$$= 0{,}75 \times 144{,}78 \text{ kN} \times 4 \text{ parafusos} = 434{,}34 \text{ kN}$$

Como o esforço resistente $R_{DT} = 434{,}34$ kN é superior ao esforço solicitante cortante de projeto $V_{Sd} = 2{,}257$ kN, a chapa satisfaz à pressão de apoio.

▻ Rasgamento

Para o dimensionamento da resistência nominal da chapa ao rasgamento, é adotada a fórmula a seguir:

$$R_N = a \cdot t \cdot f_u = 4{,}0 \text{ cm} \times 0{,}95 \text{ cm} \times 40 \text{ kN/cm}^2 = 152{,}0 \text{ kN}$$

O valor de a é indicado na Fig. 2.56.

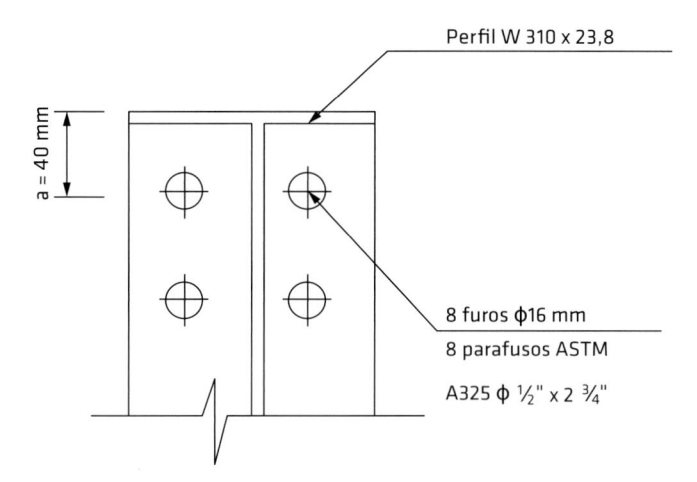

Fig. 2.56 Indicação da medida a, mensurada na direção do esforço solicitante aplicado

Aplicando o valor da resistência nominal na equação para o cálculo da resistência de projeto e usando $\phi = 0{,}75$, tem-se:

$$R_{DT} = \phi \cdot R_N \cdot n_V = 0{,}75 \times 152{,}0 \text{ kN} \times 4 \text{ parafusos} = 456{,}0 \text{ kN}$$

Como o esforço resistente $R_{DT} = 456{,}00$ kN é superior ao esforço solicitante cortante de projeto $V_{Sd} = 2{,}257$ kN, a chapa satisfaz ao rasgamento.

iii. Tração na chapa

Como o esforço de tração é transmitido por apenas um lado do perfil, deve-se calcular a área líquida efetiva antes de calcular a resistência à tração da chapa, do seguinte modo:

- A partir do diâmetro do parafuso de 12,70 mm (½") adotado, calcula-se seu diâmetro fictício, que já leva em consideração algum dano na borda da chapa, no ato de sua execução por meio de broca e punção, fazendo:

$$d_{fictício} = d + 0{,}35 \text{ cm} = 1{,}27 \text{ cm} + 0{,}35 \text{ cm} = 1{,}62 \text{ cm}$$

- De posse do diâmetro fictício, calcula-se a área total de furos da chapa, fazendo:

$A_{Furos} = n_H \cdot d_{fictício} \cdot t = 2 \text{ parafusos} \times 1{,}62 \text{ cm} \times 0{,}95 \text{ cm} =$
$= 3{,}08 \text{ cm}^2$

- A área bruta da placa é compreendida por:

$$A_{G;Chapa} = b \cdot t = 10{,}10 \text{ cm} \times 0{,}95 \text{ cm} = 9{,}60 \text{ cm}^2$$

- Com a área total de furos e a área bruta da placa, ambas referentes à seção transversal horizontal, calcula-se a área líquida do seguinte modo:

$$A_N = A_{G;Chapa} - A_{Furos} = 9{,}60 \text{ cm}^2 - 3{,}08 \text{ cm}^2 = 6{,}52 \text{ cm}^2$$

- E, por fim, calcula-se a área líquida efetiva da placa, fazendo:

$$A_{N;ef} = C_t \cdot A_N = 0{,}85 \times 6{,}52 \text{ cm}^2 = 5{,}54 \text{ cm}^2$$

em que:
A_N = área líquida da seção transversal da chapa (em cm²);
C_t = coeficiente de redução da área líquida da chapa: $C_t = 0{,}85$;
$A_{N;ef}$ = área líquida efetiva da seção transversal da chapa (em cm²).

Com o valor das áreas bruta e líquida obtidas, calculam-se as resistências da chapa ao escoamento da seção bruta e da seção líquida, respectivamente.

▶ Escoamento da seção bruta
Adotando aço ASTM A36 para a chapa (f_y = 250 MPa e f_u = 400 MPa), usando $\phi_t = 0{,}9$ e com o valor obtido para a área bruta ($A_{G;Chapa}$), tem-se:

$$R_{DT} = \phi_t \cdot A_{G;Chapa} \cdot f_y = 0{,}90 \times 9{,}60 \text{ cm}^2 \times 25{,}0 \text{ kN/cm}^2 = 216{,}0 \text{ kN}$$

Como o esforço resistente obtido R_{DT} = 216,0 kN é superior ao esforço solicitante cortante de projeto V_{Sd} = 2,257 kN, a chapa satisfaz ao escoamento da seção bruta.

▶ Ruptura da seção líquida
Com o valor obtido para a área líquida efetiva ($A_{N;ef}$), calcula-se a resistência à ruptura da seção líquida, usando $\phi_t = 0{,}75$:

$$R_{DT} = \phi_t \cdot A_{N;ef} \cdot f_u = 0{,}75 \times 5{,}54 \text{ cm}^2 \times 40{,}0 \text{ kN/cm}^2 = 166{,}20 \text{ kN}$$

Como o esforço resistente obtido R_{DT} = 166,20 kN é superior ao esforço solicitante cortante de projeto V_{Sd} = 2,257 kN, a chapa satisfaz à ruptura da seção líquida.

iv. Ruptura por cisalhamento do bloco da chapa
Primeiro, calcula-se a área de furo na chapa, em função do diâmetro fictício e da espessura da chapa, fazendo:

$$A_{Furos} = d_{fictício} \cdot t = 1{,}62 \text{ cm} \times 0{,}95 \text{ cm} = 1{,}54 \text{ cm}^2$$

Agora, calcula-se a área tracionada bruta, em função da distância entre o eixo do furo e a borda da chapa e também da espessura da chapa, fazendo:

$$A_{TG} = (2 \cdot c) \cdot t = (2 \times 2{,}50 \text{ cm}) \times 0{,}95 \text{ cm} = 4{,}75 \text{ cm}^2$$

O valor de c é indicado na Fig. 2.57.

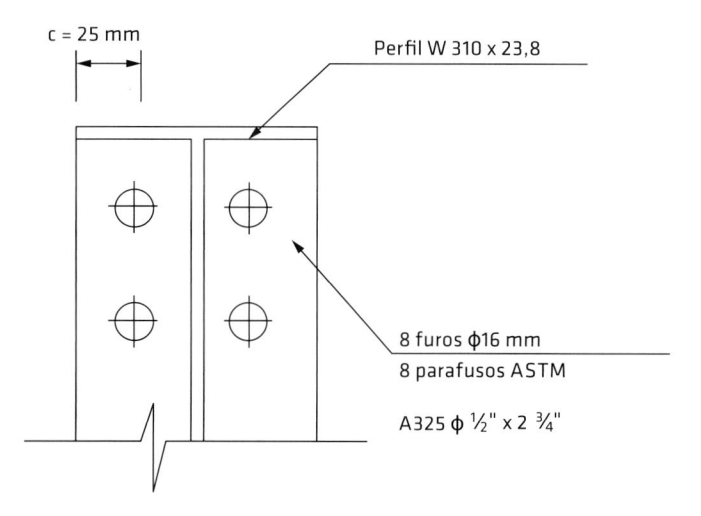

Fig. 2.57 Indicação da medida c, mensurada na direção perpendicular ao esforço cisalhante de projeto aplicado

De posse de A_{Furos} e A_{TG}, calculam-se a área tracionada líquida (A_{TN}), a área cisalhada bruta (A_{VG}) e a área cisalhada líquida (A_{VN}):

$$A_{TN} = A_{TG} - A_{Furos} = 4{,}75 \text{ cm}^2 - 1{,}54 \text{ cm}^2 = 3{,}21 \text{ cm}^2$$
$$d_{TC\text{-}PF} = a + d_2 + d_1 + d_2 = 4{,}0 \text{ cm} + 4{,}50 \text{ cm} + 13{,}50 \text{ cm} +$$
$$+ 4{,}50 \text{ cm} = 26{,}50 \text{ cm}$$
$$A_{VG} = d_{TC\text{-}PF} \cdot t = 26{,}50 \text{ cm} \times 0{,}95 \text{ cm} = 25{,}18 \text{ cm}^2$$
$$A_{VN} = A_{VG} - \left[(n_V - 0{,}50) \cdot d_{fictício} \cdot t \cdot n''\right]$$
$$A_{VN} = 25{,}18 \text{ cm}^2 - \left[(4 - 0{,}50) \times 1{,}62 \text{ cm} \times 0{,}95 \times 1\right] \Rightarrow$$
$$\Rightarrow A_{VN} = 19{,}79 \text{ cm}$$

em que:
$d_{TC\text{-}PF}$ = distância do topo/base da chapa ao eixo do último parafuso de fundo/topo (ver Fig. 2.58).

Uma vez calculadas todas as áreas necessárias, dá-se início ao cálculo dos esforços resistentes. Para isso, analisam-se duas situações em função das áreas encontradas, e a que se encaixar dentro do intervalo será a resistência de projeto.

Para chapa em aço ASTM A36, encontra-se:

$$0{,}6 \cdot f_u \cdot A_{VN} = 0{,}60 \times 40 \text{ kN/cm}^2 \times 19{,}79 \text{ cm}^2 = 474{,}96 \text{ kN}$$
$$f_u \cdot A_{TN} = 40 \text{ kN/cm}^2 \times 3{,}21 \text{ cm}^2 = 128{,}40 \text{ kN}$$

Para $0{,}6 \cdot f_u \cdot A_{VN} > f_u \cdot A_{TN}$, tem-se:

$$R_D = \phi \cdot (0{,}6 \cdot f_u \cdot A_{VN} + f_y \cdot A_{TG})$$
$$R_D = 0{,}75 \times (0{,}6 \times 40 \text{ kN/cm}^2 \times 19{,}79 \text{ cm}^2 +$$
$$+ 25 \text{ kN/cm}^2 \times 4{,}75 \text{ cm}^2) = 445{,}28 \text{ kN}$$

Para $f_u \cdot A_{TN} > 0{,}6 \cdot f_u \cdot A_{VN}$, tem-se:

$$R_D = \phi \cdot (0{,}6 \cdot f_y \cdot A_{VG} + f_u \cdot A_{TN})$$
$$R_D = 0{,}75 \times (0{,}6 \times 25 \text{ kN/cm}^2 \times 25{,}18 \text{ cm}^2 +$$
$$+ 40 \text{ kN/cm}^2 \times 3{,}21 \text{ cm}^2) = 379{,}58 \text{ kN}$$

Como $0{,}6 \cdot f_u \cdot A_{VN} > f_u \cdot A_{TN}$, o esforço resistente de projeto é regido por $R_D = 445{,}28$ kN, que é maior do que $V_{Sd} = 2{,}257$ kN, o que satisfaz ao dimensionamento.

d) Cálculo do comprimento do parafuso

Com a definição da espessura da chapa e do diâmetro do parafuso, pode-se calcular o comprimento total do parafuso a adotar nessa ligação, do seguinte modo:

$L = \text{Arruela}_{pressão} + Ch_1 + Ch_2 + \text{Arruela}_{pressão} + \text{Arruela}_{lisa} +$
$+ \text{Porca}_{sextavada} + \text{Folga}$
$L = 4 \text{ mm} + 9{,}5 \text{ mm} + 9{,}5 \text{ mm} + 4 \text{ mm} + 4 \text{ mm} + 12{,}7 \text{ mm} +$
$+ 10 \text{ mm} \Rightarrow L = 53{,}7 \text{ mm}$

Voltando à Tab. 2.1, vê-se que o comprimento de 53,7 mm equivale ao comprimento comercial de 2¼". Então, a especificação do parafuso pode ser escrita da seguinte forma: parafuso ASTM A325 ϕ½" × 2¼".

e) Cálculo do diâmetro do furo

De modo geral, pode-se adotar o diâmetro do furo como igual ao diâmetro do parafuso acrescido de uma folga equivalente a ⅛" (3,18 mm ≅ 3,20 mm), segundo especificações do AISC, da AASHTO e da AREA.

Assim, para receber um parafuso de diâmetro de ½", o diâmetro do furo deve ser de:

$$12{,}70 \text{ mm} + 3{,}20 \text{ mm} = 15{,}90 \text{ mm} \cong 16{,}0 \text{ mm}$$

O furo deve sempre ser mais largo do que o parafuso em pelo menos ¹⁄₁₆" (1,59 mm ≅ 1,60 mm) para permitir um ligeiro desajuste (incluindo rebarbas tanto no furo quanto no conector e/ou mudanças de temperatura entre a furação e a montagem), de modo que a montagem possa proceder rapidamente. Quando o furo é feito, esse adicional previne possíveis danos no metal ao redor do furo, produzindo, assim, um diâmetro efetivo de furo de $d + \frac{1}{8}"$, ou $d + 3{,}20$ mm.

Nota: Especificar o valor do diâmetro do parafuso em polegada, e não em milímetro, pois alguém pode converter o valor do diâmetro do parafuso de milímetro para polegada de forma errada. Sabe-se que 1" = 25,40 mm, mas que, em uma conversão corriqueira, pode ser usado 25 mm ou 26 mm, o que pode acabar modificando o diâmetro do parafuso. Já o diâmetro do furo deve ser especificado em milímetro, para evitar que, ao fazer a conversão, o arredondamento seja feito para menos (ficando com uma folga mínima necessária menor do que 3,20 mm).

f) Projeto final

As Figs. 2.59 e 2.60 ilustram a versão final do projeto desenvolvido durante esta seção. Detalhes do tipo da Fig. 2.60 são comumente feitos em escala 1:10 em projetos de estruturas metálicas, e o detalhe de ampliação da solda, em escala 1:5. Observar, na Fig. 2.59, que a quantidade de furos é indicada em milímetro, e que tanto o diâmetro quanto o comprimento do parafuso seguem em polegada – esses dados devem ser indicados em um projeto executivo. Todas as cotas devem ser indicadas na unidade milímetro, e normalmente são recomendadas as seguintes escalas: 1:50 a 1:20 para plantas baixas, elevações e cortes;

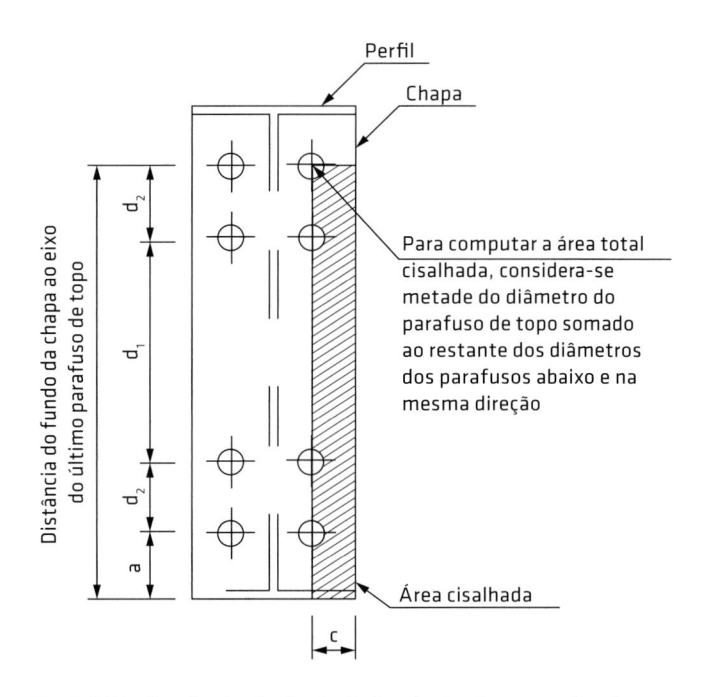

Fig. 2.58 Indicação da distância do fundo da chapa ao eixo do último conector

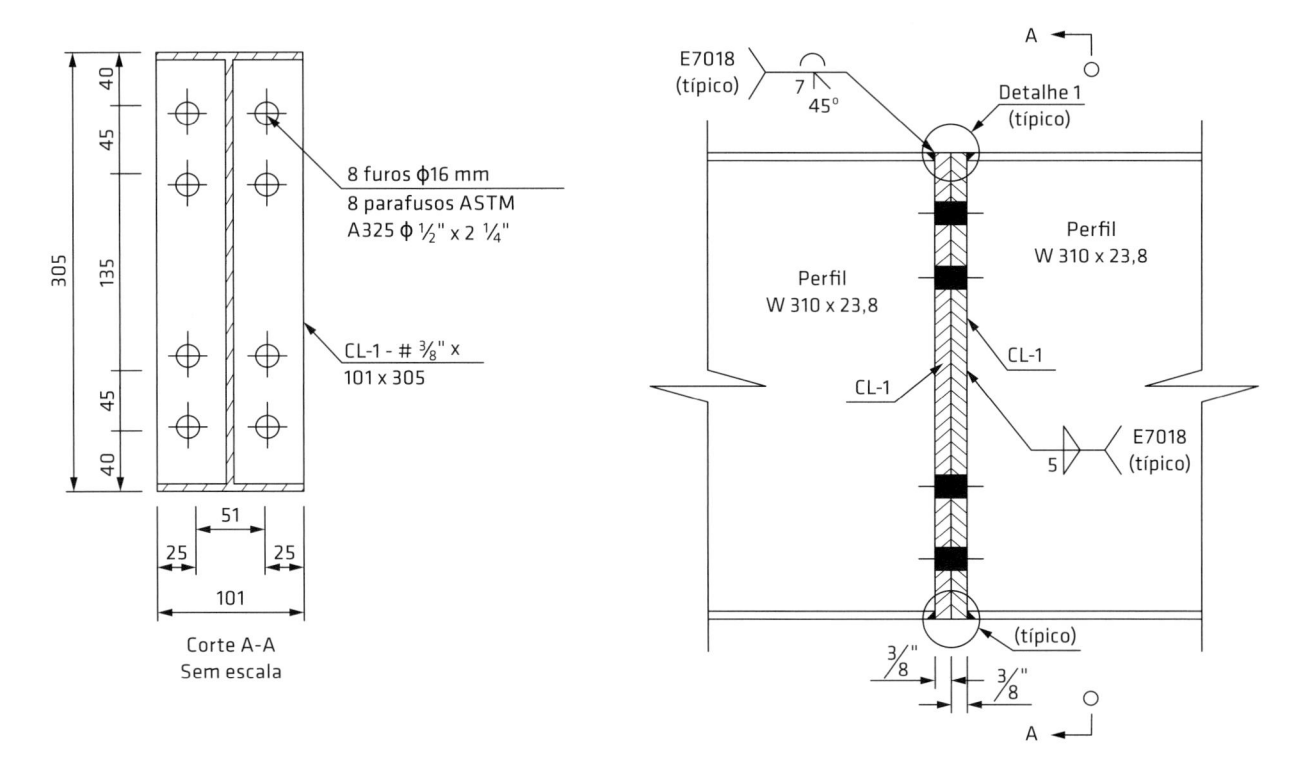

Fig. 2.59 Vista rebatida – via diedro – da chapa de ligação CL-1 de emenda para duas vigas em perfil W 310 × 23,8 e detalhe típico de solda para essa ligação

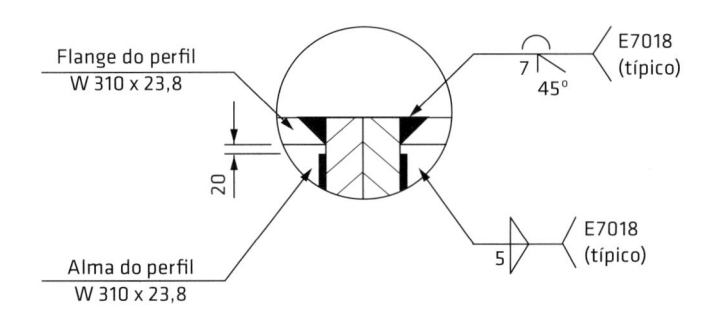

Fig. 2.60 Detalhe 1 típico de soldagem

1:20 para detalhes de montagem e de fabricação; e 1:10 a 1:5 para detalhes de fabricação.

Quanto à solda, procura-se indicar um detalhe específico quando se tiver duas soldas de formas diferentes a serem aplicadas. Nesse caso, tem-se solda de bisel (penetração total) e solda de filete, que possuem formas geométricas diferentes e que serão aplicadas em tempos distintos. Se uma vier a ser executada em contato com a outra, de forma a ficar uma sobre ou adjacente à outra, fatalmente já haverá um ponto muito fortemente propício ao início do processo de corrosão nessa ligação. E, por esse motivo, o detalhe é mostrado não só para enfatizar as simbologias de diferentes soldas, mas também para indicar obrigatoriamente uma distância mínima de 20 mm, a fim de garantir que não haja contato (sobreposição) de soldas diferentes e evitar, em consequência, um ponto forte de corrosão.

Sempre que houver solda sobre solda, haverá processo de corrosão e o projeto será falho nesse detalhe específico. Normalmente, o processo de corrosão ocorre nas ligações dos elementos principais, sejam soldados ou parafusados, por se ter uma maior quantidade de elementos como chapas, parafusos e soldas constituídos de tipos de aço diferentes e incompatíveis entre si. E, por isso, as regiões de ligações merecem maior atenção no que se refere à proteção contra o processo de corrosão, como será visto no Cap. 7.

No caso de ligações parafusadas, sempre especificar, em nota e com um documento de memorial descritivo ou especificação técnica/de serviço, que se aplique uma camada de massa epóxi sobre todos os elementos de parafusos, porcas e arruelas depois de montados.

No caso de soldas, estas devem receber pintura com o uso de pincel embebido na tinta, devendo-se batê-lo sobre o cordão de solda para preencher bem suas regiões porventura porosas, e depois aplicar as diversas camadas de tinta especificadas no projeto; a solda deve ser bem esmerilhada antes de receber a tinta.

2.19 Caso real aplicado ao uso de emenda com chapas para flanges e almas de vigas

Nesta seção, será mostrado outro tipo de ligação, de aplicação comum em vigas de pontes e/ou passarelas onde não é necessário deixar o topo das vigas totalmente livre.

2.19.1 Definição das nomenclaturas das chapas de ligação e de sua planta de locação

Ao dimensionar emendas para vigas, é interessante tentar projetar um número mínimo de detalhes típicos para estas, pois, quanto menos detalhes diferenciados um projeto tiver, menor será a chance de erros tanto na fabricação quanto na montagem e menor será o tempo de produção e, consequentemente, o custo.

As emendas usadas em vigas principais devem ser locadas de modo a se situarem na região da viga com o menor momento fletor possível, ou o mais próximo de zero. Por outro lado, como o custo das emendas, comparado com o todo do projeto, é irrelevante em casos em que se têm poucas emendas, pode-se dimensioná-las de modo que suas chapas e parafusos resistam aos esforços solicitantes máximos de esforço cortante e de momento fletor aplicados na viga a receber a emenda. Dessa forma, no caso de haver cotas assimétricas de posicionamento das emendas e a viga ser invertida por engano em sua montagem, as emendas estarão preparadas para resistir ao pior caso – isso já aconteceu em montagens de vigas metálicas em obras.

No caso da passarela em estudo, a viga é praticamente simétrica, assim como as cotas de locação das emendas. As emendas foram posicionadas nas regiões de mínimos esforços de momentos fletores possíveis. Com isso, os esforços solicitantes aplicados nessas regiões de emendas acabaram sendo bem similares para ambas as emendas. No entanto, para esse exemplo, foram aplicados os esforços solicitantes máximos da viga principal no dimensionamento das emendas, deixando-as bem a favor da segurança.

As locações das chapas de ligação das emendas são mostradas na Fig. 2.61.

2.19.2 Resumo de esforços solicitantes atuantes para cada chapa de ligação

Para essa passarela, foram obtidos os seguintes esforços máximos atuantes na CL-1:

- Esforço cisalhante máximo $V_{máx}$ = 43,90 kN.
- Esforço de momento fletor máximo $M_{máx}$ = 106,30 kNm.

Como a passarela é praticamente simétrica, as cargas de máxima magnitude que vierem a atuar na ligação locada à esquerda também atuarão com similar magnitude na ligação situada à direita.

2.19.3 Dimensionamento da chapa de ligação típica

A seguir, apresenta-se o dimensionamento da chapa de ligação CL-1, destinada à união das vigas V1, compostas de perfis W 310 × 44,5 e com esforços solicitantes de cisalhamento de 43,90 kN e de momento fletor de 106,30 kNm.

a) Esforços solicitantes de projeto

De posse dos valores máximos de esforços solicitantes para a CL-1, obtêm-se os valores dos esforços solicitantes de projeto multiplicando os valores máximos por um coeficiente de majoração de carga γ. Esses valores de majoração de carga são indicados no Cap. 1 e, nesse caso, adotou-se γ = 1,40:

$$V_{Sd} = \gamma \cdot V_{Sol} = 1,40 \times 43,90 \text{ kN} = 61,46 \text{ kN}$$

$$M_{Sd} = \gamma \cdot M_{Sol} = 1,40 \times 106,30 \text{ kNm} = 148,82 \text{ kNm} = 14.882,0 \text{ kNcm}$$

$$f_y = \frac{M_n}{Z} \Rightarrow 34,50 \text{ kN/cm}^2 = \frac{M_n}{712,80 \text{ cm}^3} \Rightarrow M_n = 24.591,6 \text{ kNcm}$$

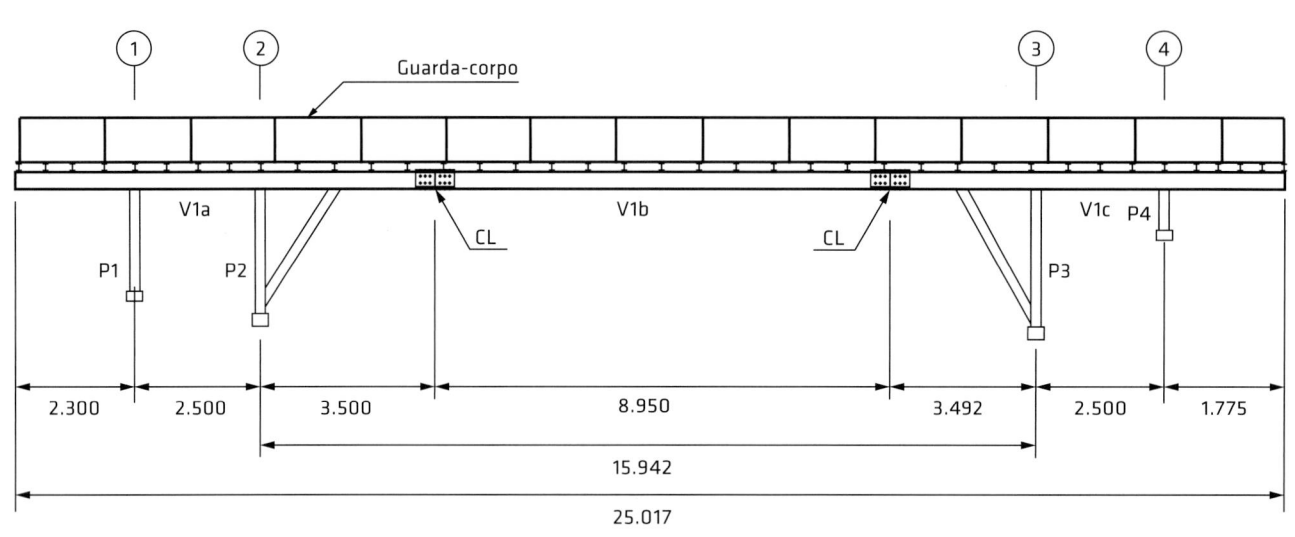

Elevação da passarela – Locação das chapas de ligação
Escala: 1:20

Fig. 2.61 Planta baixa de locação de chapas de ligação da passarela

O módulo de resistência plástico referente ao eixo x (Z_x) é obtido a partir da tabela do perfil; para os perfis I, pode ser determinado por $\dfrac{b_f \cdot (d^2 - h^2) + t_w \cdot h^2}{4}$. Na falta de informações, pode ser adotado o valor de aproximadamente $1{,}12 \cdot W_x$.

Já o módulo de resistência elástico referente ao eixo x (W_x) é obtido a partir da tabela do perfil e equivale a $\dfrac{I_x}{d/2}$ para vigas I, sendo I_x o momento de inércia e d a altura total do perfil I. Então:

$$M_{Rd} = \frac{M_n}{\gamma_1} = \frac{24.591{,}60 \text{ kNcm}}{1{,}10} = 22.356{,}0 \text{ kNcm}$$

em que:
M_{Rd} = momento fletor resistente de projeto (d = design) (em kNcm);
M_n = momento resistente nominal (em kNcm);
γ_1 = coeficiente de ponderação do esforço resistente.

b) Emenda da alma – determinação do esforço solicitante

Para transmitir 50% da capacidade do perfil à flexão:

$$M_{Sd} = 50\% \cdot M_{Rd} = 0{,}5 \times 22.356{,}0 \text{ kNcm} = 11.178{,}0 \text{ kNcm}$$

A parcela de momento fletor a ser absorvida pela alma é dada por:

$$M_{wd} = \frac{M \cdot I_o}{I_{Total}} + (V \cdot a) \Rightarrow M_{wd} = \frac{M_{Sd} \cdot \dfrac{A_w}{6}}{A_f + \dfrac{A_w}{6}} + (V_{Sd} \cdot a)$$

$$A_w = h \cdot t_w = 29{,}1 \text{ cm} \times 0{,}66 \text{ cm} = 19{,}21 \text{ cm}^2$$
$$A_f = b_f \cdot t_f = 16{,}6 \text{ cm} \times 1{,}12 \text{ cm} = 18{,}59 \text{ cm}^2$$

$$M_{wd} = \frac{11.178{,}0 \times \dfrac{19{,}21}{6}}{18{,}59 + \dfrac{19{,}21}{6}} + (61{,}46 \text{ kN} \times 10 \text{ cm}) \Rightarrow$$
$$\Rightarrow M_{wd} = 2.256{,}89 \text{ kNcm}$$

em que:
M_{wd} = momento fletor de projeto a ser absorvido pela alma (em kNcm);
A_w = área da seção transversal da alma (em cm²);
A_f = área da seção transversal do flange (em cm²);
a = distância do ponto de aplicação do esforço solicitante ao centro de gravidade dos conectores (em cm).

A parcela M_{FD}, que é o momento fletor de projeto a ser absorvido pelo flange (em kNcm), é calculada conforme segue:

$$M_{FD} = M_{Sd} - M_{wd} = 11.178{,}0 \text{ kNcm} - 2.256{,}89 \text{ kNcm} =$$
$$= 8.921{,}11 \text{ kNcm}$$

O esforço na chapa do flange vale:

$$F_{fd} = \frac{M_{FD}}{d} = \frac{8.921{,}11 \text{ kNcm}}{31{,}3 \text{ cm}} \Rightarrow F_{fd} = 285{,}02 \text{ kN}$$

c) Emenda do flange

Procura-se adotar, em ligações estruturais que utilizam esse tipo de sistema, uma espessura para a chapa de ligação aproximadamente igual à espessura do flange do perfil. Nesse caso, como o perfil W 310 × 44,5 possui uma espessura de flange t_f = 11,20 mm, será adotada uma chapa de união de flanges com 12,7 mm de espessura, tanto para o flange superior quanto para o inferior.

É possível colocar chapas inteiras (não divididas) sobre o flange superior e sob o flange inferior da viga, como mostrado na Fig. 2.62.

E chapas divididas (não inteiras), por terem o elemento da alma no meio, podem ser colocadas sob o flange superior e sobre o flange inferior da viga, como exibido na Fig. 2.63.

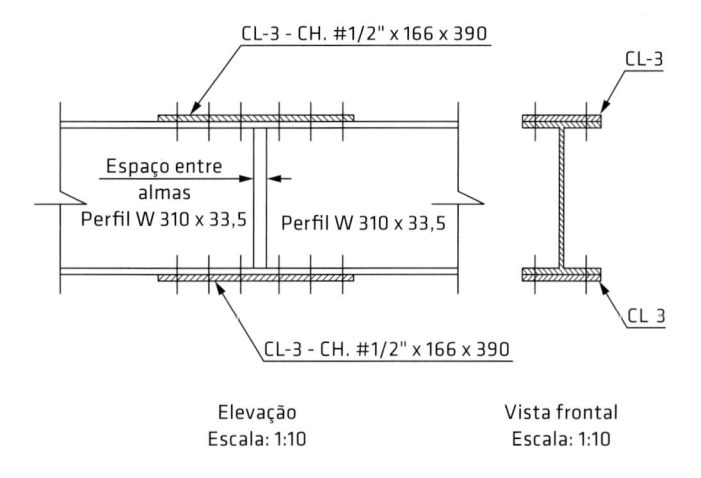

Fig. 2.62 Desenho da emenda do flange – chapas CL-3 (inteiras)

Por serem adotadas duas chapas sobre e sob cada um dos dois flanges que constituem a viga, tem-se o caso de corte duplo.

A seção 2.19.4 apresenta todos os desenhos de fabricação final feitos para esse projeto executivo, assim como as medidas geométricas das peças que serão usadas no dimensionamento a seguir.

i. Resistência da chapa ao corte

Serão utilizados parafusos de alta resistência ASTM A325 (f_u = 825 MPa = 82,50 kN/cm²) com diâmetro esti-

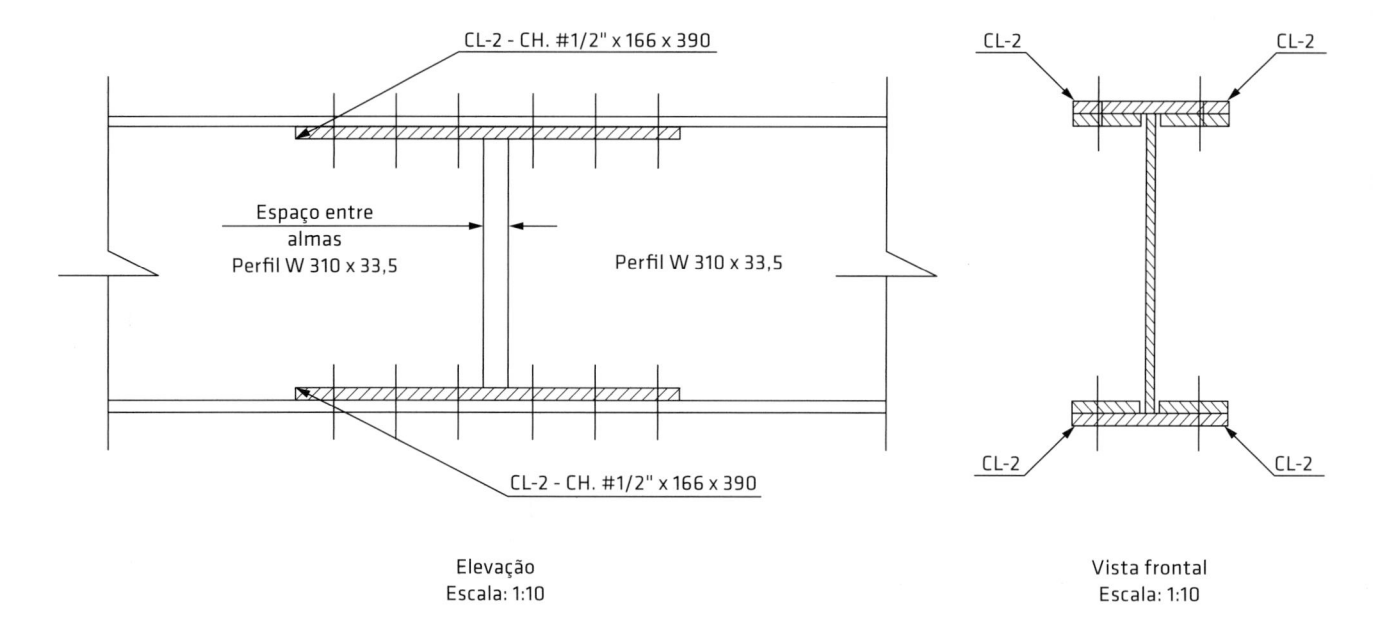

Fig. 2.63 Desenho da emenda do flange – chapas CL-2 (divididas)

mado de ³/₄" e seis parafusos por flange, para cada viga a emendar.

Com o diâmetro adotado, calcula-se a área bruta de um parafuso, fazendo:

$$A_G = \frac{\pi \cdot d^2}{4} = \frac{\pi \cdot (1{,}91\text{ cm})^2}{4} = 2{,}87\text{ cm}^2$$

Adotando as equações para corte, tem-se:

$$R_{NV} = A_G \cdot \phi_V \cdot f_u$$

Substituindo R_{NV} na equação de R_{DT} a fim de encontrar este último, tem-se:

$$R_{DT} = \phi_V \cdot R_{NV} \cdot n'' \cdot n \Rightarrow R_{DT} = \phi_V \cdot A_G \cdot \phi_V \cdot f_u \cdot n'' \cdot n$$
$$R_{DT} = 0{,}60 \times 2{,}87\text{ cm}^2 \times 0{,}65 \times 82{,}50\text{ kN/cm}^2 \times 2 \times 6$$
$$R_{DT} = 1.108{,}11\text{ kN}$$

Como o esforço resistente na chapa de ligação de flange obtido $R_{DT} = 1.108{,}11$ kN é superior ao esforço solicitante $N_{Sd} = 285{,}02$ kN, o dimensionamento satisfaz.

ii. Ruptura da seção líquida das chapas
Será adotado $\phi_t = 0{,}75$, por serem usados parafusos ASTM A325 de alta resistência e chapas de aço ASTM A36 (f_u = 400 MPa = 40 kN/cm²), tendo:

$$A_N = \left\{ b - n \cdot (D + 0{,}35\text{ cm}) + \Sigma \left(\frac{S^2}{4 \cdot g} \right) \right\} \cdot t$$
$$A_N = \left\{ 16{,}60\text{ cm} - 2 \times (1{,}91\text{ cm} + 0{,}35\text{ cm}) + 0 \right\} \times 1{,}12\text{ cm} =$$
$$= 13{,}53\text{ cm}^2$$

Para t, foi adotado o menor valor entre a espessura da base do flange (b_f), que vale 1,12 cm, e a espessura da chapa de ligação, que vale 1,27 cm.

$$R_N = 0{,}6 \cdot A_N \cdot f_u = 0{,}6 \times 13{,}53\text{ cm}^2 \times 40{,}0\text{ kN/cm}^2 = 324{,}72\text{ kN}$$
$$R_{DT} = \phi_t \cdot R_{NT} = 0{,}75 \times 324{,}72\text{ kN} \Rightarrow R_{DT} = 243{,}54\text{ kN}$$

Como a ligação trabalha a corte duplo, a resistência total é de:

$$2 \cdot R_{DT} = 2 \times 243{,}54\text{ kN} = 487{,}08\text{ kN}$$

Como $2 \cdot R_{DT} = 487{,}08$ kN é maior do que o esforço de tração solicitante $F_{fd} = 285{,}02$ kN, a chapa de ligação e seus conectores satisfazem ao dimensionamento.

iii. Ruptura de apoio e rasgamento entre furo e borda
Para t, foi adotado o menor valor entre a espessura da base do flange (b_f), que vale 1,12 cm, e a espessura da chapa de ligação, que vale 1,27 cm. A distância do eixo do furo à borda da chapa na direção do esforço normal, indicada por a, vale 3,50 cm (Fig. 2.64). Com isso, tem-se:

$$R_N = a \cdot t \cdot f_u = 3{,}50\text{ cm} \times 1{,}12\text{ cm} \times 40\text{ kN/cm}^2 \Rightarrow$$
$$\Rightarrow R_N = 156{,}80\text{ kN}$$

Substituindo o valor de R_N na equação de R_{DT}, com a adoção de seis parafusos, tem-se:

$$R_{DT} = \phi \cdot R_N \cdot n_V = 0{,}75 \times 156{,}80\text{ kN} \times 6\text{ parafusos} \Rightarrow$$
$$\Rightarrow R_{DT} = 705{,}60\text{ kN}$$

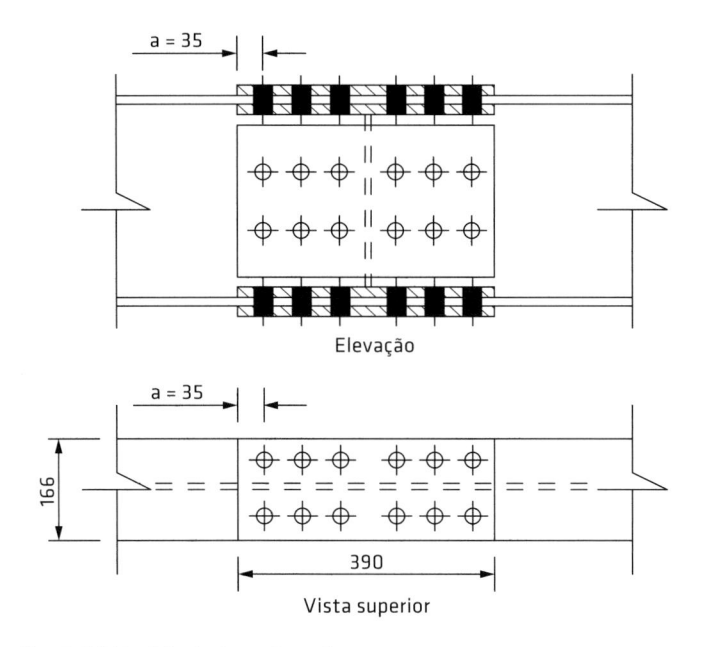

Fig. 2.64 Medida de a no desenho

Como a ligação trabalha a corte duplo, a resistência total é de:

$$2 \cdot R_{DT} = 2 \times 705{,}60 \text{ kN} = 1.411{,}20 \text{ kN}$$

Como $2 \cdot R_{DT} = 1.411{,}20$ kN é maior do que o esforço de tração solicitante $F_{fd} = 285{,}02$ kN, a chapa de ligação e seus conectores satisfazem ao dimensionamento.

d) Emenda da alma – dimensionamento

Para a alma, são colocadas duas chapas de emenda, de modo a permanecer uma de cada lado da alma do perfil W a unir, constituindo um caso de corte duplo, conforme indicado na Fig. 2.65.

i. Resistência da chapa ao corte

Caso fosse adotada apenas uma chapa para a ligação das almas dos perfis, haveria o caso de corte simples, e a resistência dos parafusos seria feita do seguinte modo:

- Encontra-se a área unitária do parafuso. Será considerado um diâmetro $d = 3/4$" (19,05 mm) com disposição de seis parafusos por alma de viga.

$$A_G = \frac{\pi \cdot d^2}{4} = \frac{\pi \cdot (1{,}91 \text{ cm})^2}{4} = 2{,}87 \text{ cm}^2$$

- Determina-se o valor de R_{NV}:

$$R_{NV} = A_G \cdot \phi_V \cdot f_u$$

- Substitui-se R_{NV} na equação de R_{DT}:

$$R_{DT} = \phi_V \cdot R_{NV} \cdot n'' \cdot n \Rightarrow R_{DT} = \phi_V \cdot A_G \cdot \phi_V \cdot f_u \cdot n'' \cdot n$$
$$R_{DT} = 0{,}60 \times 2{,}87 \text{ cm}^2 \times 0{,}65 \times 82{,}50 \text{ kN/cm}^2 \times 1 \times 6$$
$$R_{DT} = 554{,}05 \text{ kN}$$

No entanto, como foram adotadas duas chapas, uma de cada lado da alma dos perfis, a ligação irá trabalhar a corte duplo, e a resistência dos parafusos passa a ser:

$$R_{DT} = \phi_V \cdot R_{NV} \cdot n'' \cdot n \Rightarrow R_{DT} = \phi_V \cdot A_G \cdot \phi_V \cdot f_u \cdot n'' \cdot n$$
$$R_{DT} = 0{,}60 \times 2{,}87 \text{ cm}^2 \times 0{,}65 \times 82{,}50 \text{ kN/cm}^2 \times 2 \times 6$$
$$R_{DT} = 1.108{,}11 \text{ kN}$$

Como $R_{DT} = 1.108{,}11$ kN é superior ao esforço de tração solicitante $F_{fd} = 285{,}02$ kN, a chapa de ligação e os conectores satisfazem ao dimensionamento.

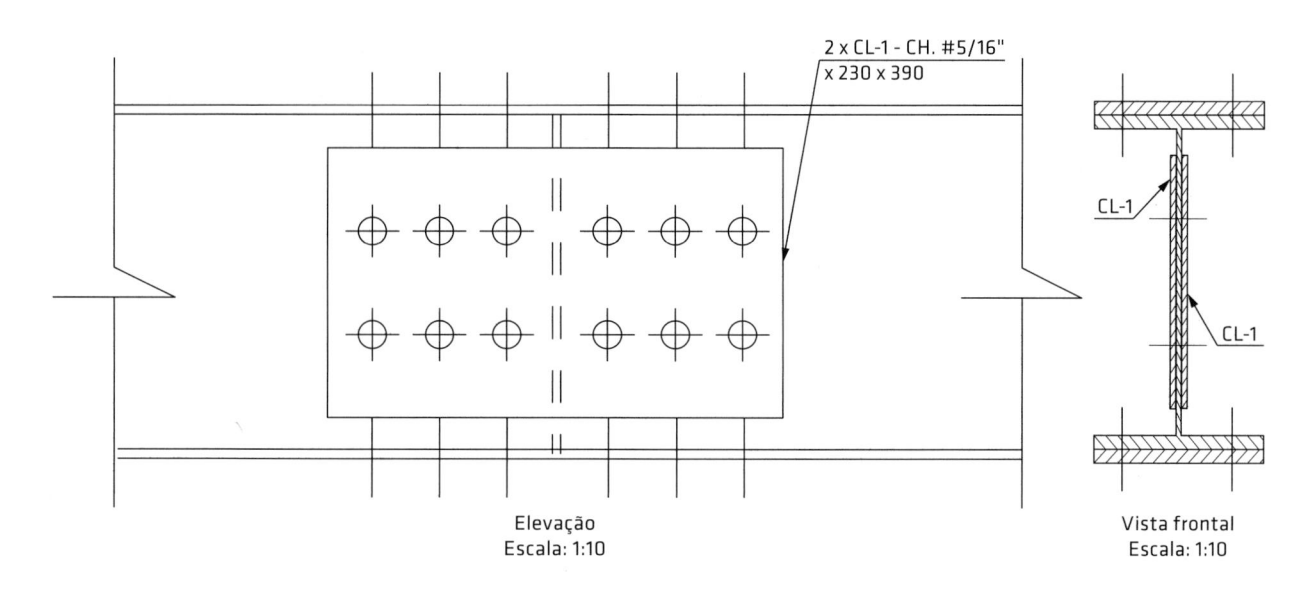

Fig. 2.65 Chapa de ligação CL-1 para emenda de almas

ii. Pressão de apoio

Para o dimensionamento da resistência nominal da chapa à pressão de apoio, de posse do diâmetro, da espessura de chapa t = ½" (12,70 mm), da espessura de alma t_w = 6,6 mm e de aço ASTM A36, tem-se:

$$R_N = 3 \cdot D \cdot t \cdot f_u = 3 \times 1,91 \text{ cm} \times 0,66 \text{ cm} \times 40,0 \text{ kN/cm}^2 \Rightarrow$$
$$\Rightarrow R_N = 151,27 \text{ kN}$$

Para t, foi adotado o menor valor entre a espessura da alma do perfil (t_w), que vale 0,66 cm, e a espessura da chapa de ligação, que vale 1,27 cm.

Aplicando o valor da resistência nominal encontrada na equação para o cálculo da resistência de projeto, tem-se:

$$R_{DT} = \phi \cdot R_N \cdot n_V = 0,75 \times 151,27 \text{ kN} \times 6 \text{ parafusos} = 680,72 \text{ kN}$$

Como o esforço resistente R_{DT} = 680,72 kN é superior ao esforço solicitante cortante de projeto V_{Sd} = 61,46 kN, a chapa satisfaz à pressão de apoio.

iii. Cálculo do esforço solicitante no parafuso mais solicitado

$$M_{OD} = M_{wd} + (V \cdot a) = 2.256,89 + (61,46 \times 10 \text{ cm}) \Rightarrow$$
$$\Rightarrow M_{OD} = 2.871,49 \text{ kNcm}$$

O momento de inércia do conjunto de parafusos é dado por:

$$\Sigma x^2 + \Sigma y^2 = (n_{parafusos} \cdot A \cdot d^2)x + (n_{parafusos} \cdot A \cdot d^2)y$$
$$\Sigma x^2 + \Sigma y^2 = \left[4_{parafusos} \times 2,87 \times (6,0 \text{ cm})^2\right] +$$
$$+ \left[6_{parafusos} \times 2,87 \times (4,5 \text{ cm})^2\right] = 761,99 \text{ cm}^4$$

As distâncias X e Y do centro de gravidade do grupo de parafusos estão sendo representadas na Fig. 2.66.

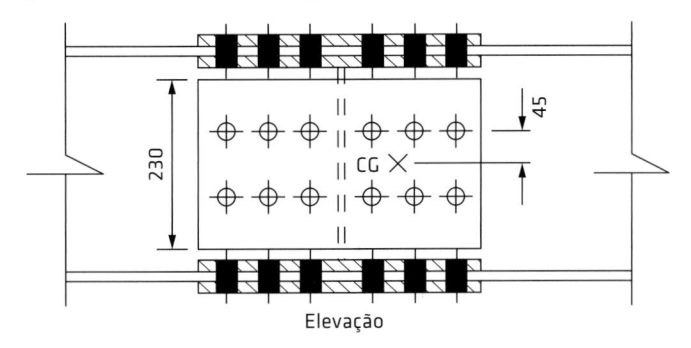

Fig. 2.66 Distâncias X e Y do centro de gravidade do grupo de parafusos

Os maiores esforços solicitantes provocados pelo momento são:

$$F_{YD} = \frac{M_{OD}}{\Sigma x^2 + \Sigma y^2} \cdot X_{maior}$$
$$F_{YD} = \frac{2.871,49 \text{ kNcm}}{761,99 \text{ cm}^4} \times 6,0 \text{ cm} \Rightarrow F_{YD} = 22,61 \text{ kN}$$
$$F_{XD} = \frac{M_{OD}}{\Sigma x^2 + \Sigma y^2} \cdot Y_{maior}$$
$$F_{XD} = \frac{2.871,49 \text{ kNcm}}{761,99 \text{ cm}^4} \times 4,5 \text{ cm} \Rightarrow F_{XD} = 16,96 \text{ kN}$$

O esforço cortante produz:

$$F_{yd} = \frac{V_{Sd}}{n_{parafusos}} = \frac{61,46 \text{ kN}}{6} = 10,24 \text{ kN}$$

O esforço solicitante máximo no parafuso mais solicitado é de:

$$F_d = \sqrt{(F_{YD} + F_{yd})^2 + F_{XD}^2} = \sqrt{(22,61 \text{ kN} + 10,24 \text{ kN})^2 + (16,96 \text{ kN})^2} =$$
$$= 36,97 \text{ kN}$$

iv. Rasgamento entre o furo e a borda da chapa

A resistência ao rasgamento entre o eixo do furo e a borda da chapa de emenda, com a = 7,00 cm, é dada por:

$$R_N = a \cdot t \cdot f_u = 7,0 \text{ cm} \times 0,66 \text{ cm} \times 40,0 \text{ kN/cm}^2 \Rightarrow R_N = 184,80 \text{ kN}$$

sendo a representado na Fig. 2.67.

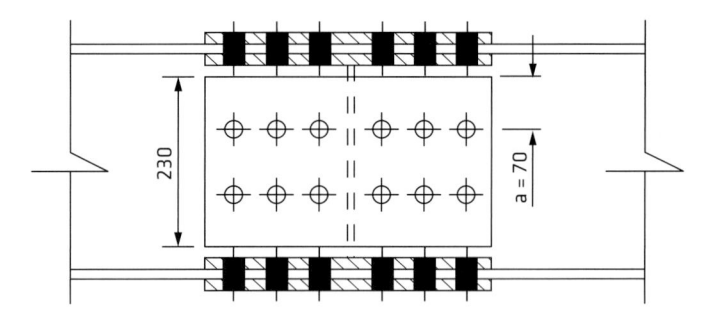

Fig. 2.67 Dimensão de a no desenho

Substituindo o valor de R_N na equação de R_{DT}, tem-se:

$$R_{DT} = \phi \cdot R_N \cdot n_V = 0,75 \times 184,80 \text{ kN} \times 1 \text{ parafuso} \Rightarrow R_{DT} = 138,60 \text{ kN}$$

Como o esforço resistente R_{DT} = 138,60 kN é superior ao maior esforço solicitante F_d = 36,97 kN para o parafuso mais solicitado, a chapa satisfaz ao rasgamento.

v. Ruptura da seção líquida

Com o diâmetro e a quantidade de parafusos adotados e as distâncias explanadas a seguir, calcula-se a área líquida (A_N), com b = 29,10 cm (nesse caso, a largura da chapa equivale à altura da alma).

$$A_G = b \cdot t = 29,10 \text{ cm} \times 0,66 \text{ cm} = 19,21 \text{ cm}^2$$
$$d_{fictício} = d + 0,35 \text{ cm} = 1,91 \text{ cm} + 0,35 \text{ cm} = 2,26 \text{ cm}$$
$$A_{Furos} = n_H \cdot d_{fictício} \cdot t$$
$$A_{Furos} = 2 \text{ parafusos por linha vertical (perpendicular ao esforço)} \times$$
$$\times 2,26 \text{ cm} \times 1,27 \text{ cm} = 5,74 \text{ cm}^2$$
$$A_N = A_G - A_{Furos} = 19,21 \text{ cm}^2 - 5,74 \text{ cm}^2 = 13,47 \text{ cm}^2$$

Para a área de furos, que reduzirá o tamanho da área líquida, usou-se t como a maior espessura entre a alma da viga e a chapa de emenda.

Com o valor da área líquida definido, tem-se:

$$R_{DT} = 0,6 \cdot \phi_t \cdot A_{N;ef} \cdot f_u$$
$$R_{DT} = 0,6 \times 0,75 \times 13,47 \text{ cm}^2 \times 40,0 \text{ kN/cm}^2 \Rightarrow R_{DT} = 242,46 \text{ kN}$$

Como o esforço resistente R_{DT} = 242,46 kN é superior ao maior esforço solicitante F_d = 36,97 kN para o parafuso mais solicitado, a chapa satisfaz à ruptura da seção líquida.

vi. Resistência à flexão das chapas de emenda da alma

O módulo plástico (Z) de uma chapa de seção retangular é dado por:

$$Z = \frac{b \cdot h^2}{4}$$

Nesse caso, b é a espessura e h é a altura da chapa, logo, b = $^5/_{16}$" = 7,9 mm ≅ 0,8 cm e h = 230 mm = 23 cm. Dessa forma:

$$Z = \frac{b \cdot h^2}{4} = \frac{0,8 \text{ cm} \times (23,0 \text{ cm})^2}{4} = 105,80 \text{ cm}^2$$

Com isso:

$$M_{Rd} = \frac{Z \cdot f_y}{\gamma_1} = \frac{2 \text{ chapas} \times 105,80 \text{ cm} \times 25,0 \text{ kN/cm}^2}{1,10} \Rightarrow$$
$$\Rightarrow M_{Rd} = 4.809,09 \text{ kNcm}$$

Como M_{Rd} = 4.809,09 kNcm é maior do que M_{OD} = 2.871,49 kNcm, o dimensionamento da chapa de emenda para a alma satisfaz.

2.19.4 Projeto final

As Figs. 2.68 a 2.73 ilustram a versão final do projeto desenvolvido ao longo desta seção.

Observar que as vistas mostradas na Fig. 2.69, de forma rebatida e respeitando o diedro brasileiro, devem permanecer juntas. O corte A-A indicado na Fig. 2.70 não precisa necessariamente se alinhar com o desenho no qual se fez a chamada desse corte, ao contrário das vistas rebatidas, que devem permanecer alinhadas obrigatoriamente. Mas o corte de uma planta deve permanecer junto do desenho principal, para manter a clareza do entendimento e a facilidade de encontrá-lo em uma leitura no canteiro de obras.

2.19.5 Fotos do sistema de emenda adotado para essa passarela

Na Fig. 2.74, vê-se um caso de estrutura de passarela metálica constituída de vigas principais em perfil W 310 × 44,50, e a ligação entre essas vigas é mostrada na Fig. 2.75.

Já seus pilares são formados por perfis Schedule 40 ϕ8" (esp. = 8,18 mm e massa = 42,53 kg/m), apoiados sobre fundação direta e rasa de blocos de concreto.

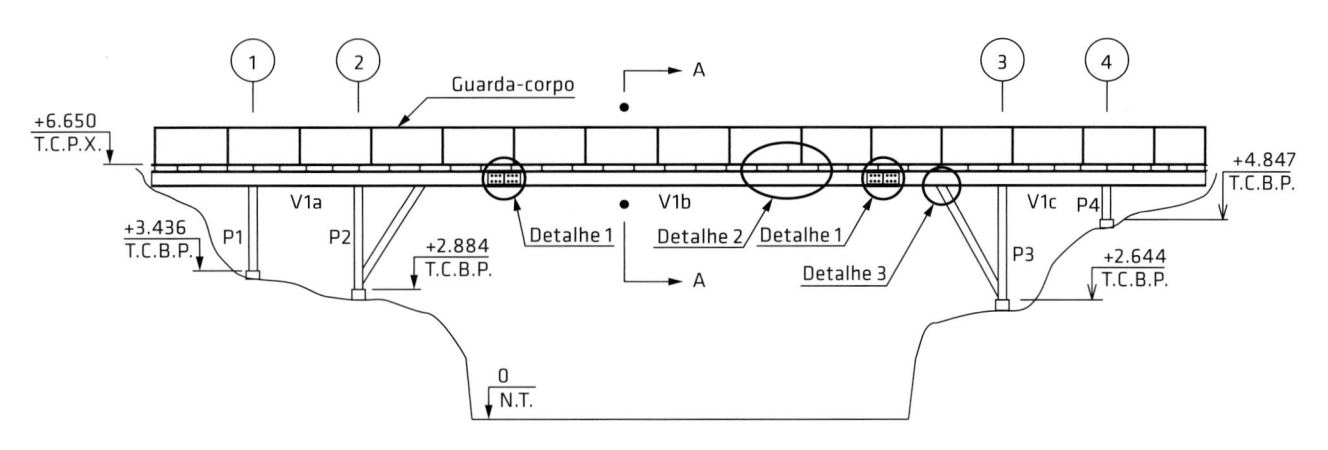

T.C.P.X. = topo da chapa piso xadrez
T.C.B.P. = topo da chapa de base do pilar
N.T. = nível do terreno

Elevação da passarela
Escala: 1:20

Fig. 2.68 Elevação da estrutura principal da passarela

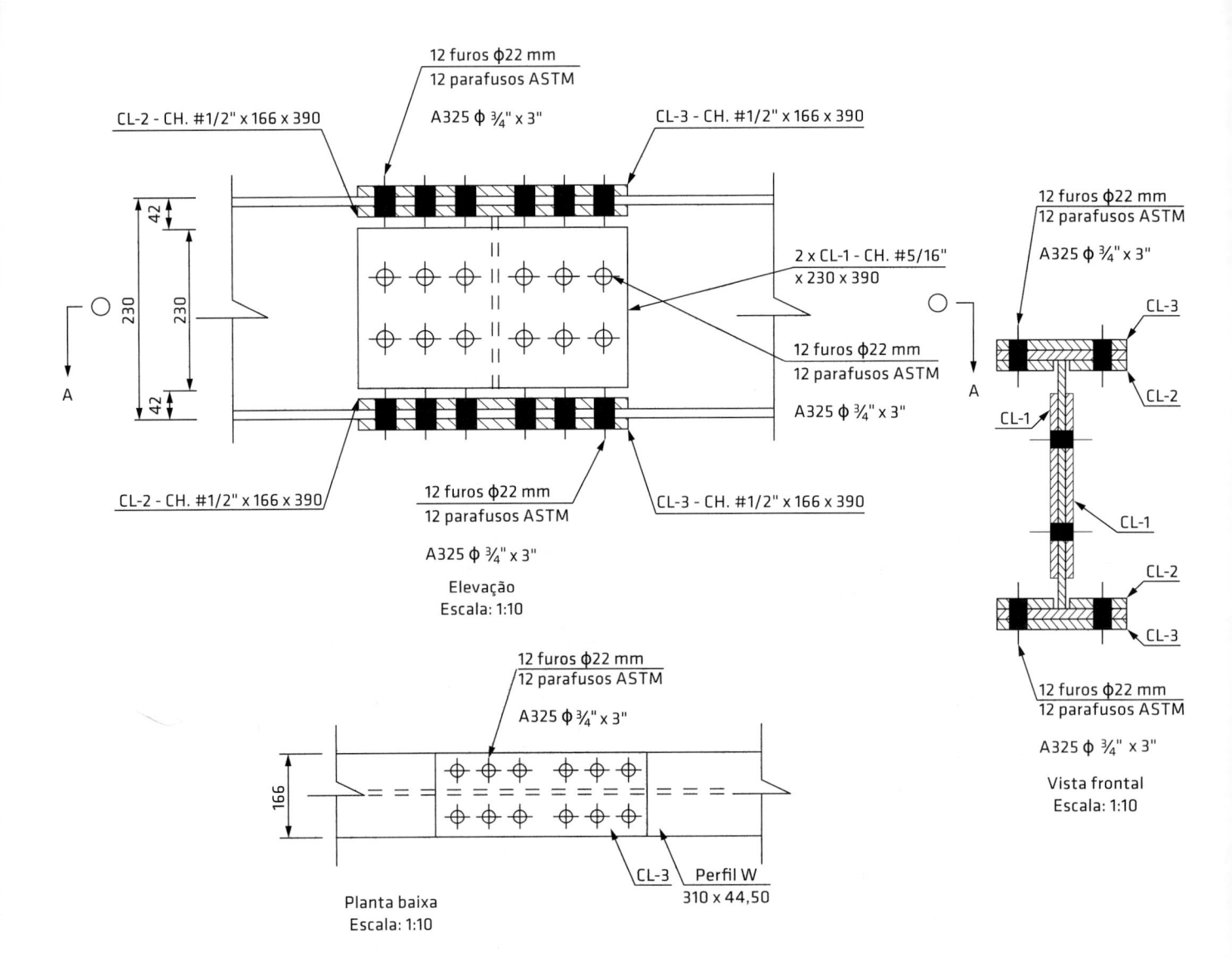

Fig. 2.69 Projeto de montagem – detalhe típico 1 da passarela mostrada em elevação na Fig. 2.68

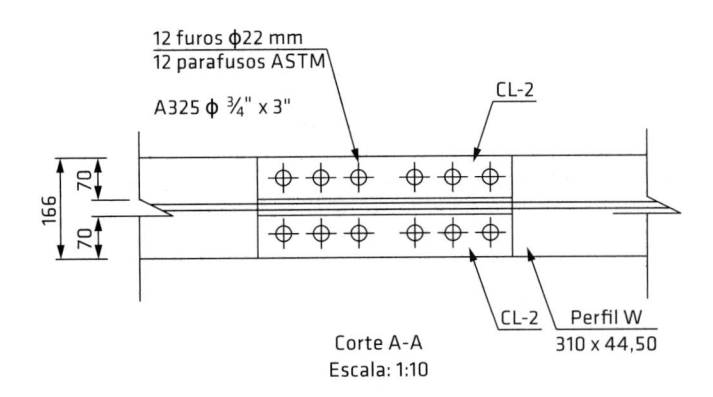

Fig. 2.70 Corte A-A indicado na Fig. 2.69

No detalhe 1, identificado na Fig. 2.75, vê-se um sistema de ligação entre as vigas principais V1a e V1b formado por chapas de ligação duplas para a união das almas e a união dos flanges superior e inferior.

Na Fig. 2.76, é mostrado o mesmo detalhe 1 de modo isolado e ampliado e as respectivas posições das chapas de ligação CL-1, CL-2 e CL-3, além dos respectivos parafusos de ligação das almas e dos flanges de ambas as vigas, de mesmo tipo de perfil.

As chapas de ligação CL-2 e CL-3, responsáveis pela união dos flanges superior e inferior, são vistas com mais clareza na Fig. 2.77. Notar que elas são duplas, sendo uma localizada sobre e a outra sob os flanges inferior e superior – respectivamente, a CL-2 e a CL-3. Além dessas, ainda existem as chapas CL-1, também duplas, para a ligação da alma dos perfis das vigas.

Observar, na Fig. 2.78, as chapas de emenda para as almas e para os flanges das vigas de perfil W 310 × 44,5, parafusadas, apenas para fazer um teste ainda na oficina a respeito de seus devidos encaixes.

Em ligações parafusadas, sempre procurar fazer sua pré-montagem na própria oficina antes de levá-las para o campo. Isso evita surpresas indesejáveis, como falhas de encaixe das peças.

(A)

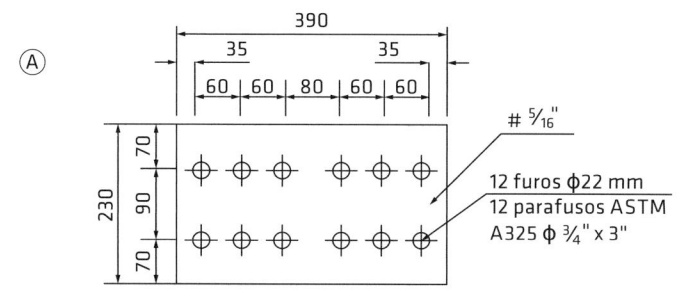

Chapa de ligação CL-1 - # $^5/_{16}$" x 230 x 390 (x 16)

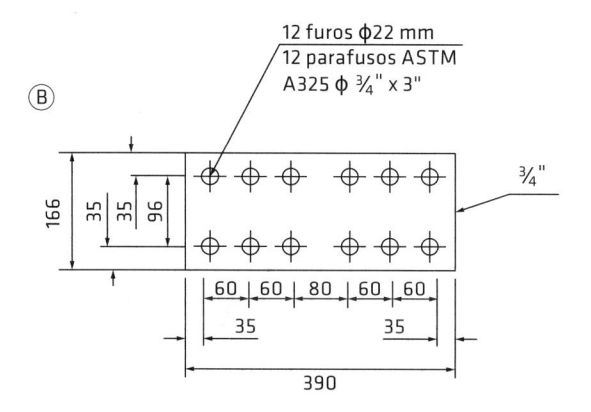

12 furos ɸ22 mm
12 parafusos ASTM A325 ɸ ¾" x 3"
$^5/_{16}$"

(B)

12 furos ɸ22 mm
12 parafusos ASTM A325 ɸ ¾" x 3"
¾"

Chapa de ligação CL-3 - # $^5/_{16}$" x 166 x 390 (x 16)

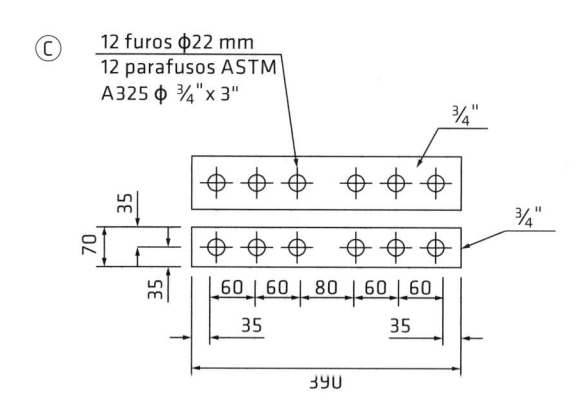

(C)

12 furos ɸ22 mm
12 parafusos ASTM A325 ɸ ¾" x 3"
¾"
¾"

Chapa de ligação CL-2 - # $^5/_{16}$" x 70 x 390 (x 32)

Fig. 2.71 Projeto de fabricação – detalhes de fabricação das chapas de ligação: (A) CL-1; (B) CL-2; (C) CL-3

E7018 (típico)
Chapa xadrez #5/16"
E7018 (típico)
Viga - perfil W 150 x 13
Calço - perfil W 150 x 13

Detalhe típico 2
Escala: 1:10

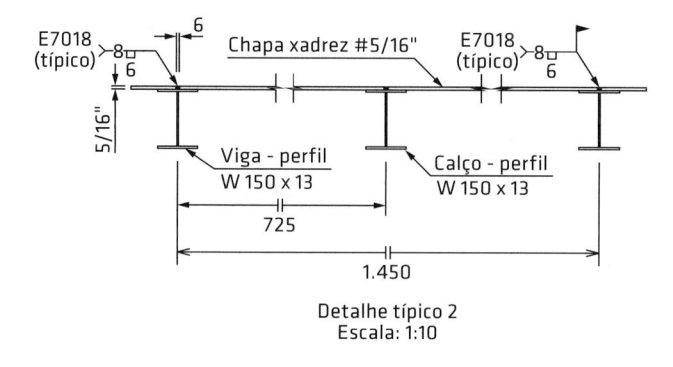

Fig. 2.72 Detalhe típico 2 da passarela mostrada em elevação na Fig. 2.68

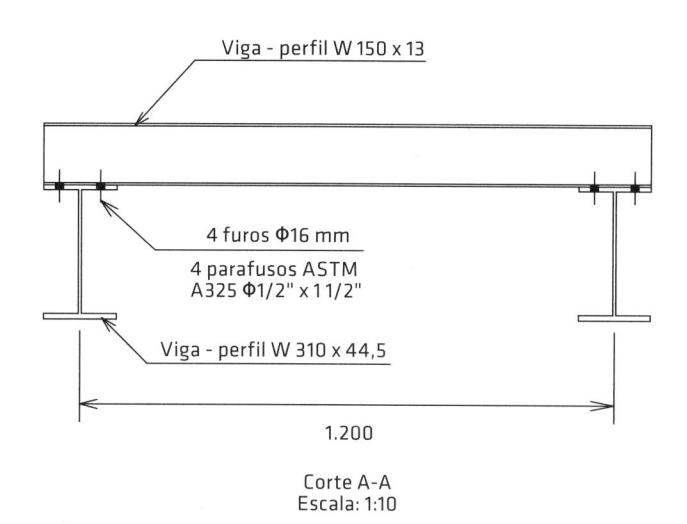

Viga - perfil W 150 x 13
4 furos Φ16 mm
4 parafusos ASTM A325 Φ1/2" x 1 1/2"
Viga - perfil W 310 x 44,5

Corte A-A
Escala: 1:10

Fig. 2.73 Corte A-A da passarela mostrada em elevação na Fig. 2.68

Fig. 2.74 Passarela de aço – vista das vigas principais V1a, V1b e V1c

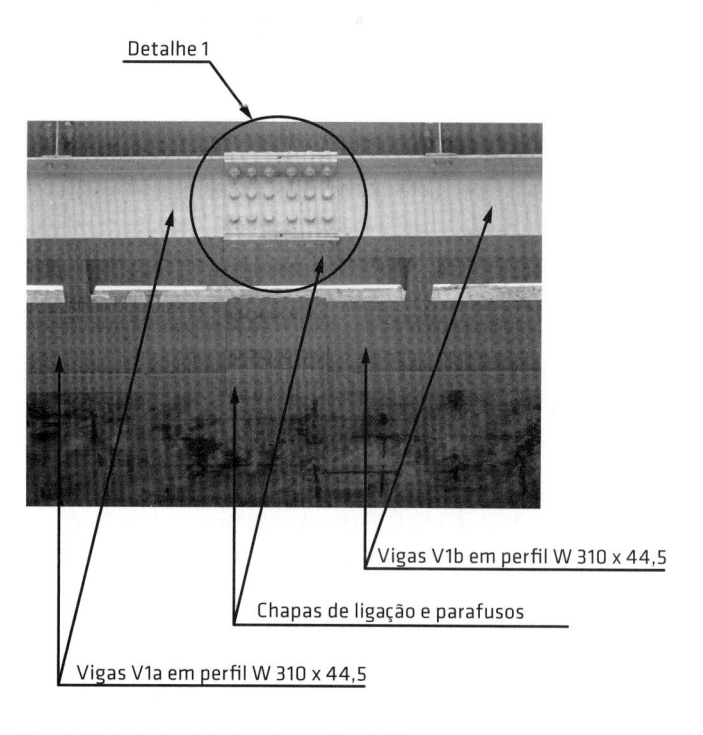

Vigas V1b em perfil W 310 x 44,5
Chapas de ligação e parafusos
Vigas V1a em perfil W 310 x 44,5

Fig. 2.75 Detalhe 1 indicado na Fig. 2.74

LIGAÇÕES COM CONECTORES (PARAFUSOS, BARRAS ROSQUEADAS, CHUMBADORES)

12 furos ϕ22 mm

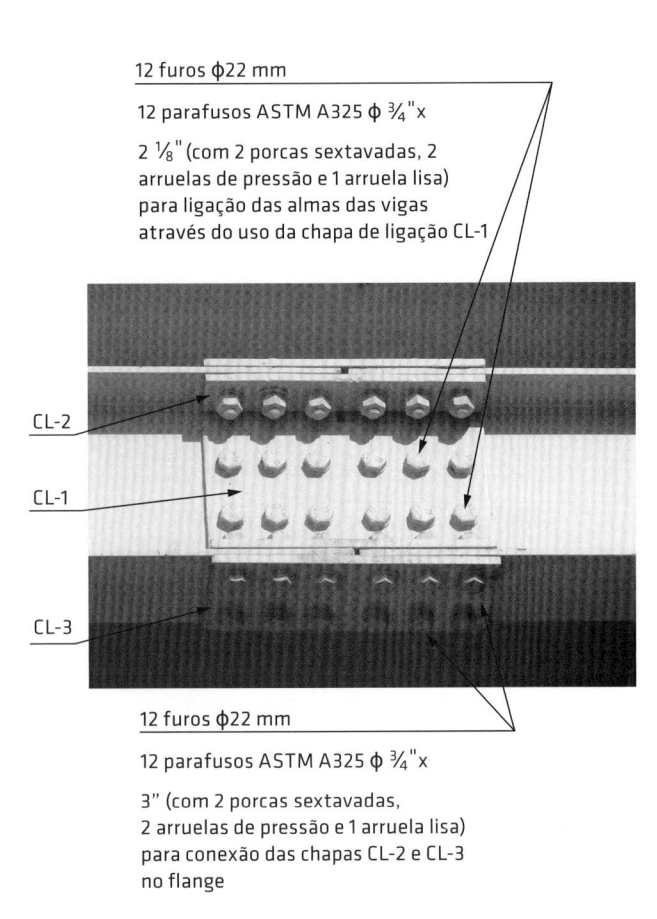

12 parafusos ASTM A325 ϕ ¾"x 2 ⅛" (com 2 porcas sextavadas, 2 arruelas de pressão e 1 arruela lisa) para ligação das almas das vigas através do uso da chapa de ligação CL-1

12 furos ϕ22 mm

12 parafusos ASTM A325 ϕ ¾"x 3" (com 2 porcas sextavadas, 2 arruelas de pressão e 1 arruela lisa) para conexão das chapas CL-2 e CL-3 no flange

Fig. 2.76 Detalhe 1 indicado nas Figs. 2.74 e 2.75

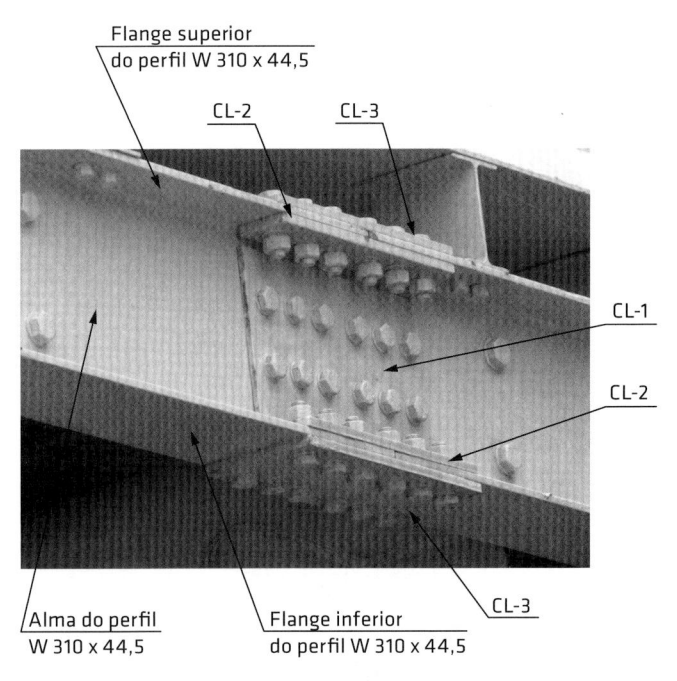

Fig. 2.77 Detalhe 1 indicado nas Figs. 2.74 e 2.75 de outra perspectiva

Fig. 2.78 Pré-montagem, na oficina, da emenda mostrada nas Figs. 2.75 a 2.77

2.20 Caso real de ligação excêntrica – com o uso de perfis L e viga W

Nesta seção, será abordado um caso de ligação excêntrica formada por dois perfis L usados para ligar uma viga de aço em perfil W a uma viga de concreto existente.

Esse é um caso de projeto real em que as lajes de concreto, formadas por vãos de 5,95 m × 8,65 m, não atendiam ao limite de deformação vertical e também não satisfaziam aos esforços de momentos fletores negativos atuantes.

Com a utilização de vigas metálicas posicionadas sob as lajes de concreto, ao longo da metade de seus vãos, foi possível a divisão da laje em duas partes iguais, reduzindo, com isso, suas dimensões para 4,325 m × 5,95 m, ante o vão original de 5,95 m × 8,65 m. Ao reduzir as dimensões da laje de concreto, automaticamente foram reduzidas sua deformação vertical máxima e o esforço solicitante de momento fletor atuante nela, permitindo-lhe atender aos esforços e deformações através desse reforço não destrutivo para ela.

As vigas metálicas, por sua vez, foram interligadas às vigas de concreto armado existentes por meio do uso de perfis L, cujo sistema de ligação excêntrica será abordado nesta seção, mostrando-se todo o dimensionamento passo a passo.

Como se tratou de um caso de lajes de concreto iguais, com mesma magnitude de cargas solicitantes aplicadas, acabou-se por utilizar um mesmo tipo de perfil W para o reforço de todas elas e, assim, também uma mesma ligação típica para todas, diferenciando apenas, como mostrado em planta, uma ligação típica entre a viga metálica VM1 e a viga de concreto de extremidade V17c – 25 × 60, indicada pelo detalhe 9, e outra ligação típica entre duas vigas metálicas VM1 e VM2, de perfis W 410 × 38,8, e a viga de concreto V18c – 25 × 60, indicada pelo detalhe 10, como exibido na planta retirada de seu projeto original, na Fig. 2.79.

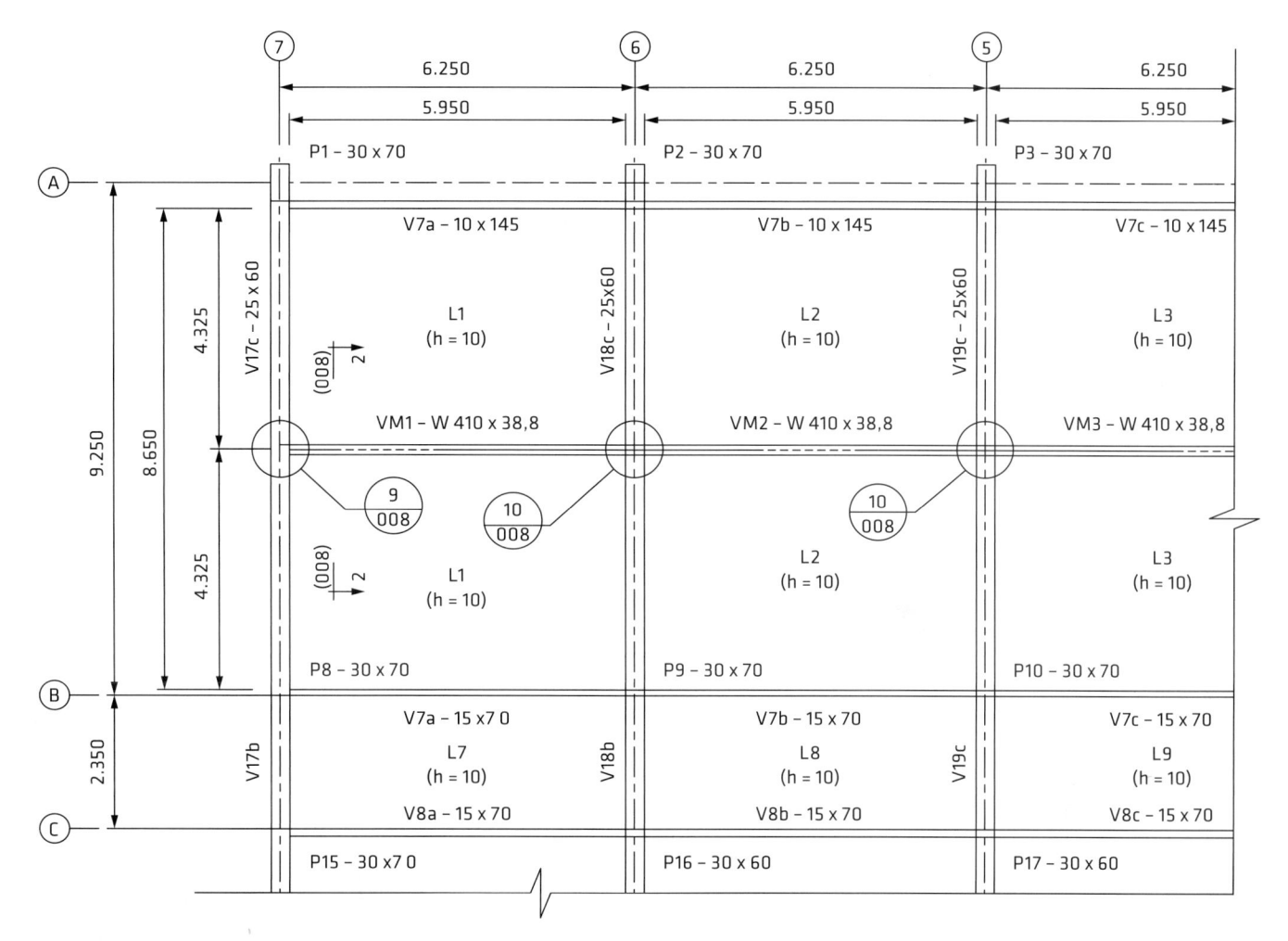

Fig. 2.79 Planta baixa de locação das vigas de reforço

Nesse método sugestivo de indicação, os detalhes são indicados pelo número localizado na parte superior do círculo, e a planta em que se situa, pelo número indicado na parte inferior do círculo. Por exemplo: detalhe 9, localizado na planta 008 (como se lê nessa planta). Já o corte é indicado pelo número correspondente seguido do número da planta em que se situa. Por exemplo: corte 2-2 (Fig. 2.80), localizado na planta 008 (como se lê nessa planta).

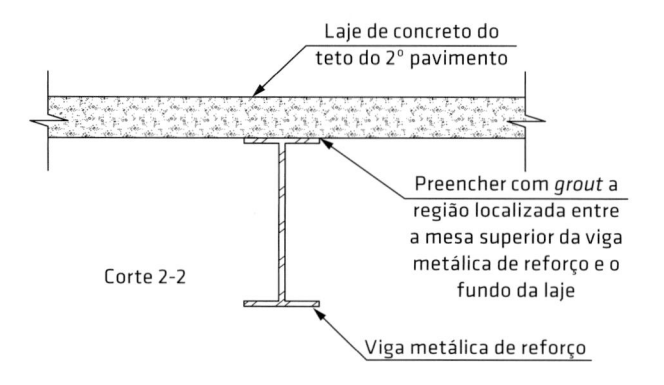

Fig. 2.80 Detalhe da interface do topo da viga metálica de reforço com o fundo da laje

O detalhe 1 indicado na Fig. 2.81 refere-se ao detalhe 9 original da planta apresentada na Fig. 2.79.

2.20.1 Resumo de esforços solicitantes atuantes

Para essa viga, foram obtidos os seguintes esforços solicitantes atuantes em sua ligação típica indicada pelo detalhe 9 (Fig. 2.82):
- Esforço cisalhante máximo $V_{máx}$ = 34,10 kN.
- Esforço de momento fletor máximo $M_{máx}$ = 3.548,18 kNm.

A partir dos esforços solicitantes nominais, encontram-se os esforços solicitantes de projeto:
- Esforço cisalhante máximo de projeto $V_{d;máx}$ = 34,10 kN × 1,40 = 47,74 kN.
- Esforço de momento fletor máximo de projeto $M_{d;máx}$ = 3.550 kNm × 1,40 = 4.970 kNm.

2.20.2 Definição das propriedades dos elementos adotados no projeto

Dando início ao dimensionamento dos perfis L e de seus conectores para resistirem aos esforços solicitantes obtidos na seção anterior, têm-se os dados de projeto:

Fig. 2.81 Detalhe da ligação das vigas metálicas de reforço com a viga de concreto armado existente

Detalhe 1 – Chapa de ligação CL-1

Corte A-A
Escala: 1:10

Detalhe da CL-1

Detalhe típico 9

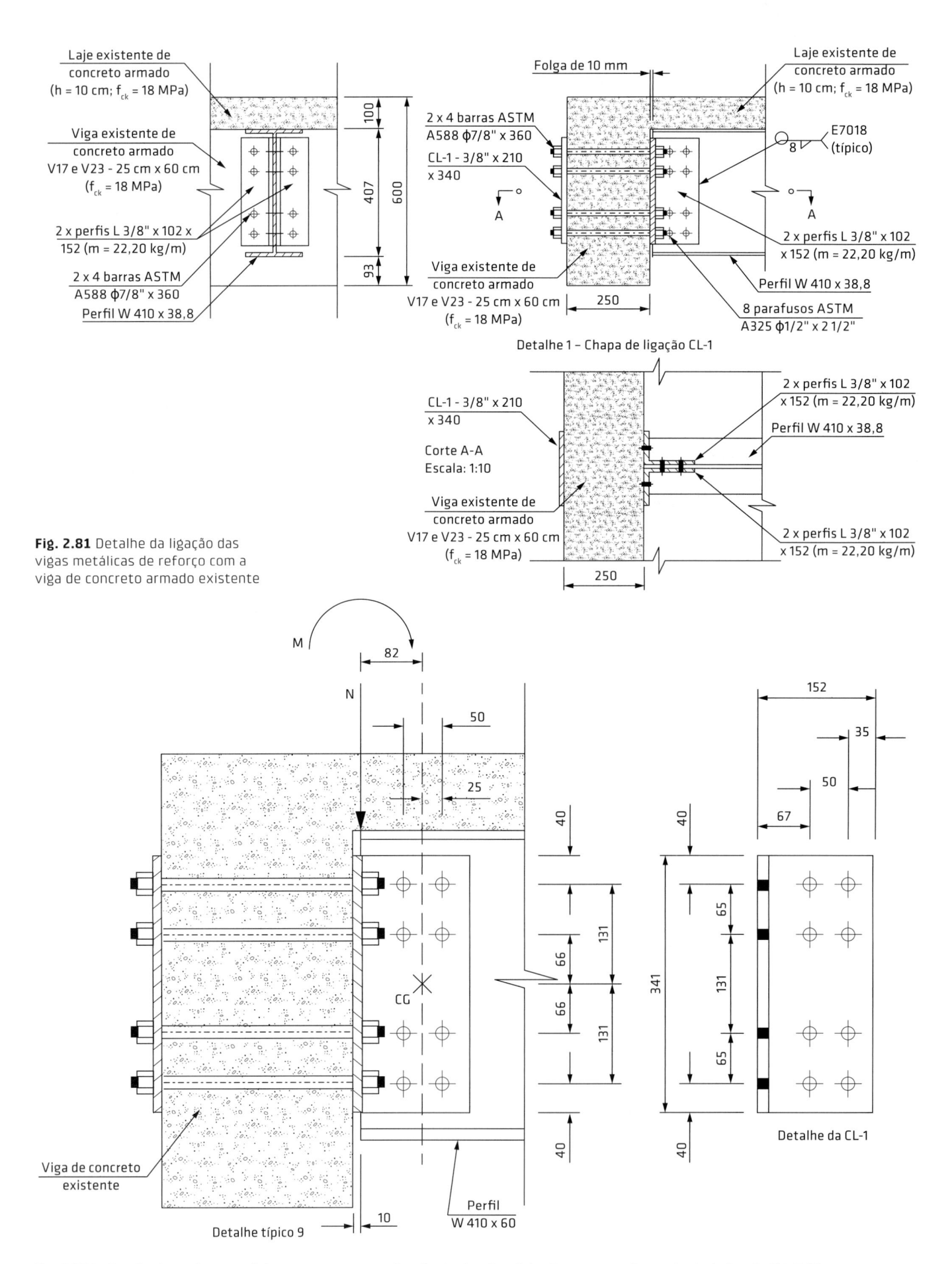

Fig. 2.82 Indicação dos esforços solicitantes atuantes na ligação do detalhe típico 9, apresentado na planta baixa da Fig. 2.79

- Dois perfis L 4" × 4" × ½" (m = 24,10 kg/m) em aço ASTM A36 (f_u = 400 MPa = 40 kN/cm²).
- Oito parafusos de alta resistência ASTM A325 com diâmetro de 5/8" (15,88 mm) – para parafusos ASTM A325 cujo diâmetro se situe dentro do intervalo de 12,70 mm ≤ d ≤ 25,40 mm, as tensões resistentes são f_y = 635 MPa e f_u = 825 MPa.
- Eletrodo E70 para solda. A tensão resistente desse eletrodo é igual a f_w = 485 MPa = 48,50 kN/cm².

2.20.3 Dimensionamento da chapa de ligação típica

a) Determinação da reação do parafuso mais solicitado

Considera-se a distribuição da carga centrada (N) igual para cada parafuso, fazendo:

$$R_S = \frac{N}{n} = \frac{34,10 \text{ kN}}{8} = 4,26 \text{ kN}$$

A soma vetorial das distâncias dos conectores ao centro de gravidade é dada por:

$$x_{cg} = \frac{5 \text{ cm}}{2} = 2,50 \text{ cm e } y_{cg} = \frac{6,6 \text{ cm} + 13,10 \text{ cm}}{2} = 9,85 \text{ cm}$$

$$x^2 = n_{parafusos} \cdot x_{cg}^2 = 8 \text{ parafusos} \times (2,50 \text{ cm})^2 = 50,0 \text{ cm}^2$$

$$y^2 = n_{parafusos} \cdot y_{cg}^2 = 8 \text{ parafusos} \times (9,85 \text{ cm})^2 = 776,18 \text{ cm}^2$$

$$\Sigma R^2 = x^2 + y^2 = 50 \text{ cm}^2 + 776,18 \text{ cm}^2 = 826,18 \text{ cm}^2$$

O cálculo do momento fletor atuante na ligação em virtude da carga centrada é feito do seguinte modo:

$$M = N \cdot d = 34,10 \text{ kN} \times 8,20 \text{ cm} = 279,62 \text{ kNcm}$$

Somando esse momento, gerado pela excentricidade da carga, ao valor do momento fletor atuante na ligação, tem-se:

$$M = 279,62 \text{ kNcm} + 3.548,18 \text{ kNcm} = 3.827,80 \text{ kNcm}$$

As componentes vertical e horizontal do esforço solicitante aplicado nos parafusos em função do momento fletor (M) são:

$$R_x = \frac{M}{\Sigma(x^2 + y^2)} \cdot y_{cg} = \frac{3.827,80 \text{ kNcm}}{826,18 \text{ cm}^2} \times 9,85 \text{ cm} = 45,64 \text{ kN}$$

$$R_y = \frac{M}{\Sigma(x^2 + y^2)} \cdot x_{cg} = \frac{3.827,80 \text{ kNcm}}{826,18 \text{ cm}^2} \times 2,50 \text{ cm} = 11,58 \text{ kN}$$

De posse das componentes vertical e horizontal devidas à carga centrada e ao momento fletor, calcula-se a reação no parafuso mais solicitado:

$$R = \sqrt{(45,64 \text{ kN})^2 + (11,58 \text{ kN} + 4,26 \text{ kN})^2} = 48,31 \text{ kN}$$

$$R_D = 48,31 \text{ kN} \times 1,40 = 67,63 \text{ kN}$$

b) Determinação da área necessária do parafuso

$$R_{DT} = 0,6 \cdot A_G \cdot \phi_V \cdot f_u \cdot n'' \cdot n$$
$$67,63 \text{ kN} = 0,6 \cdot A_G \cdot 0,65 \cdot 82,50 \text{ kN/cm}^2 \cdot$$
$$\cdot 2 \text{ planos de corte} \cdot 1 \text{ parafuso}$$
$$A_G = 1,05 \text{ cm}^2$$

Substituindo A_G = 1,05 cm² na fórmula de cálculo de área de um parafuso, tem-se:

$$A_G = \frac{\pi \cdot d^2}{4} \Rightarrow 1,05 \text{ cm}^2 = \frac{\pi \cdot d^2}{4} \Rightarrow d = 1,16 \text{ cm}$$

Como é preciso um diâmetro d = 1,16 cm para o parafuso mais solicitado, será adotado no projeto um parafuso de alta resistência com diâmetro comercial superior a este, com valor de d = ½" (1,27 cm).

c) Dimensionamento da chapa ao rasgamento

Para o dimensionamento da chapa ao rasgamento, com a = 4,00 cm (vide Fig. 2.83, que mostra um desenho extraído de um projeto real), tem-se:

$$R_N = a \cdot t \cdot f_u = 4,0 \text{ cm} \times 1,27 \text{ cm} \times 40,0 \text{ kN/cm}^2 = 203,20 \text{ kN}$$

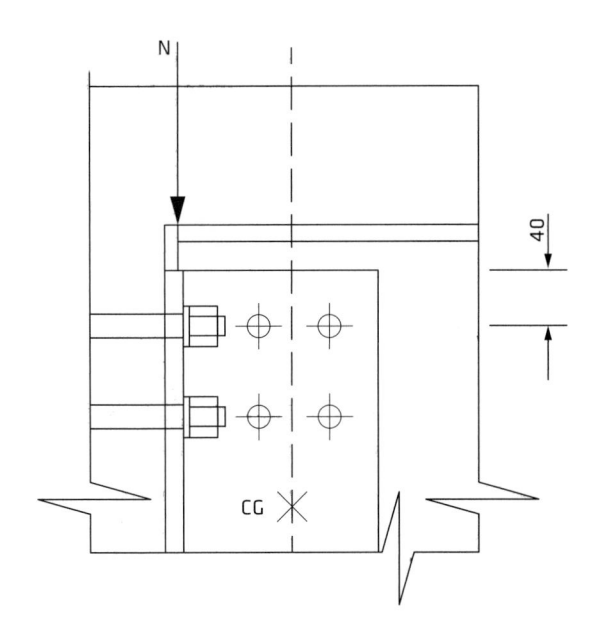

Fig. 2.83 Detalhe da distância a = 40 mm medida na direção do esforço cisalhante aplicado, entre o eixo do furo de topo e a extremidade de topo da chapa de ligação (perfil L, nesse caso)

Aplicando o valor da resistência nominal na equação para o cálculo da resistência de projeto, tem-se:

$$R_{DT} = \phi \cdot R_N \cdot n_V = 0{,}75 \times 203{,}20 \text{ kN} \times$$
$$\times \text{ 4 parafusos por linha vertical da chapa}$$
$$R_{DT} = 609{,}60 \text{ kN}$$

Como o valor do esforço resistente da chapa ao rasgamento R_{DT} = 609,60 kN é superior ao esforço aplicado no parafuso mais solicitado F = 67,63 kN, o dimensionamento satisfaz.

d) Dimensionamento da chapa à pressão de apoio
Para o dimensionamento de chapa à pressão de apoio, tem-se:

$$R_N = 3 \cdot D \cdot t \cdot f_u = 3 \times 1{,}27 \text{ cm} \times 1{,}27 \text{ cm} \times 40{,}0 \text{ kN/cm}^2 \Rightarrow$$
$$\Rightarrow R_N = 193{,}55 \text{ kN}$$

Aplicando o valor da resistência nominal encontrada na equação para o cálculo da resistência de projeto, chega-se a:

$$R_{DT} = \phi \cdot R_N \cdot n_V = 0{,}75 \times 193{,}55 \text{ kN} \times 1 \text{ parafuso} \Rightarrow$$
$$\Rightarrow R_{DT} = 145{,}16 \text{ kN}$$

O valor de R_{DT} = 145,16 kN é superior ao esforço solicitante máximo R = 67,63 kN e, sendo assim, o dimensionamento satisfaz.

2.20.4 Projeto de fabricação
As Figs. 2.84 e 2.85 ilustram a versão final do projeto desenvolvido durante esta seção.

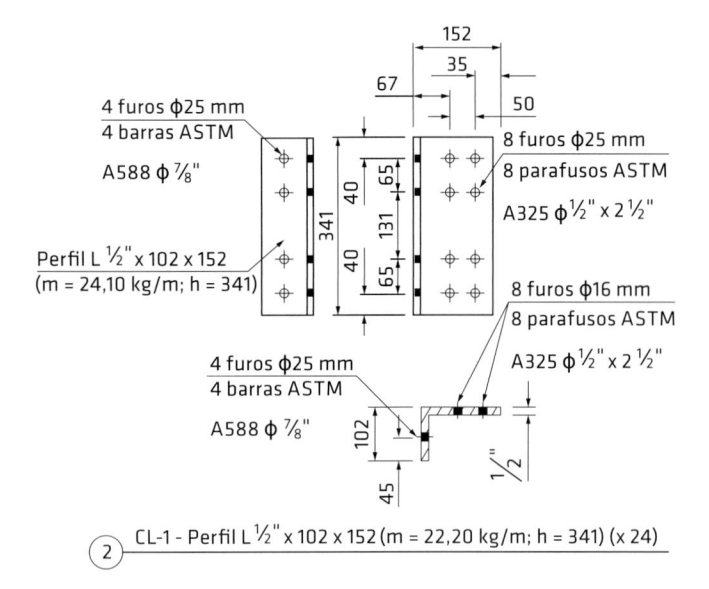

Fig. 2.84 Detalhe de fabricação do perfil L

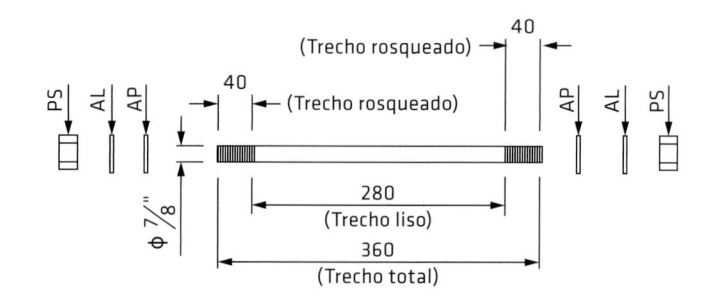

Fig. 2.85 Desenho de fabricação da barra de ancoragem

2.20.5 Detalhes da obra
Nas Figs. 2.86 e 2.87, vê-se o sistema de içamento montado, bem como a viga principal para o reforço da laje de concreto armado existente sendo içada e posicionada pelos operários *in loco*. A viga de reforço usada é constituída por perfil W 410 × 60 (Fig. 2.88).

Na Fig. 2.89, observam-se as chapas de ligação localizadas nas extremidades das vigas principais, constituídas por perfil L 6" × 4" × ½" (m = 30,66 kg/m), com comprimento L = 340 mm, e posicionadas nas duas faces da alma do perfil W da viga principal. Notar que a ligação dos perfis L com a viga de concreto é feita com o uso de barras de transferência ASTM A588 e que a ligação dos perfis L (posicionados um de cada lado) com a alma da viga se dá através do uso de parafusos de alta resistência.

Observar, na Fig. 2.90, o posicionamento das arruelas de pressão, das porcas sextavadas e da folga deixada para a zona rosqueada da barra de transferência em aço ASTM A588. Já para os parafusos ASTM A325, foi deixada uma folga menor.

Fig. 2.86 Vista do detalhe de um sistema de içamento sobre a laje com dois furos de passagem das cordas

Fig. 2.87 Inserção de barras ASTM A588: (A) içamento da viga e (B) instalação das barras de ancoragem

Operários inserindo as barras ASTM A588 através dos furos previamente efetuados com uso de broca na viga de concreto existente

Laje de concreto existente (h = 10 cm)

Viga de concreto 20 x 50 existente

Laje de concreto existente (h = 10 cm)

2 vigas em perfil W 410 x 60

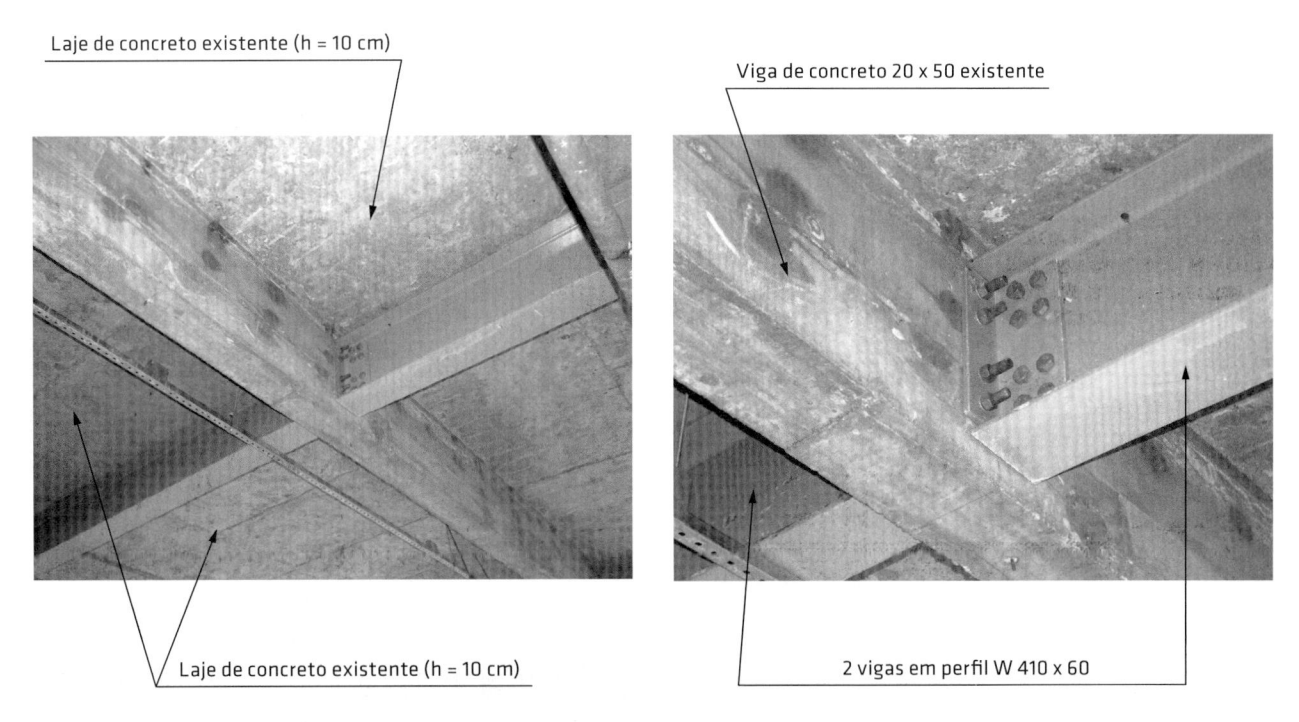

Fig. 2.88 Vistas do sistema de ligação da viga metálica principal com a viga de concreto armado existente, do mesmo detalhe, por meio de perfis L, barras de ancoragem (através da viga de concreto) e parafusos de alta resistência (através da alma da viga metálica e perfis L)

A folga maior deixada para as barras de transferência deve-se, justamente, ao fato de estar transpassando um elemento de concreto armado, independente de ser existente ou não, que possui dimensões irregulares, incertas em relação à precisão milimétrica para o aço. Essa viga de concreto possui, em projeto, dimensões de 25 cm × 60 cm e resistência característica do concreto à compressão f_{ck} = 18 MPa. Porém, a largura de 25 cm, quando medida *in loco*, aparece com dimensões de 25,9 cm, 26,2 cm, 25,4 cm etc.

Nota: Nas notas de projetos de estruturas metálicas, sempre indicar que todas as medidas devem ser determinadas *in loco* antes de proceder à sua fabricação e montagem. Sempre!

Para as barras de transferência, cuja instalação é demonstrada na Fig. 2.91, recomenda-se sempre dimensioná-las considerando a zona rosqueada responsável por receber o esforço de cisalhamento, e não a zona lisa, em função das incertezas de posicionamento da zona rosqueada em

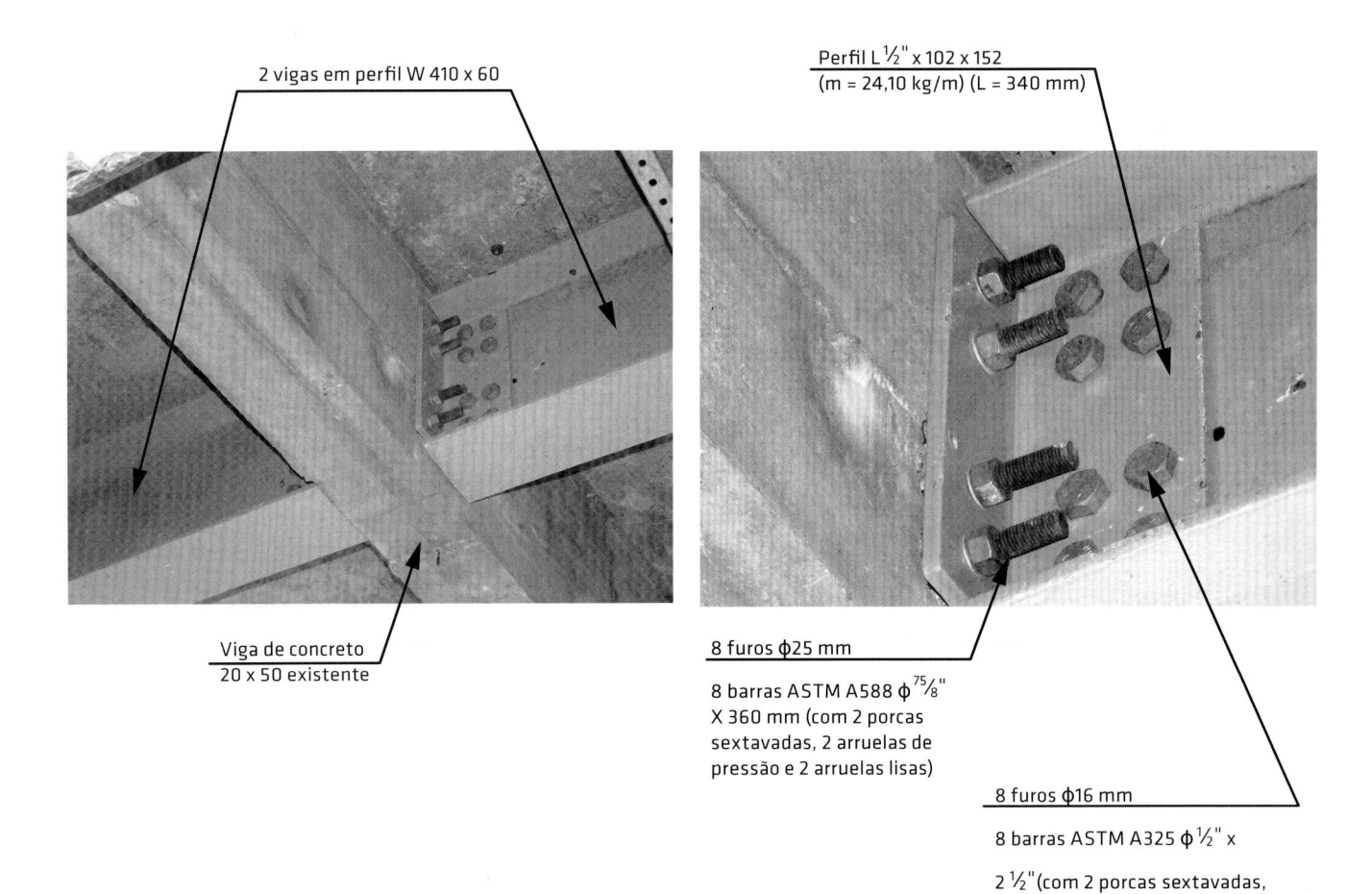

Fig. 2.89 Vistas de outro sistema de ligação do mesmo tipo apresentado na Fig. 2.88

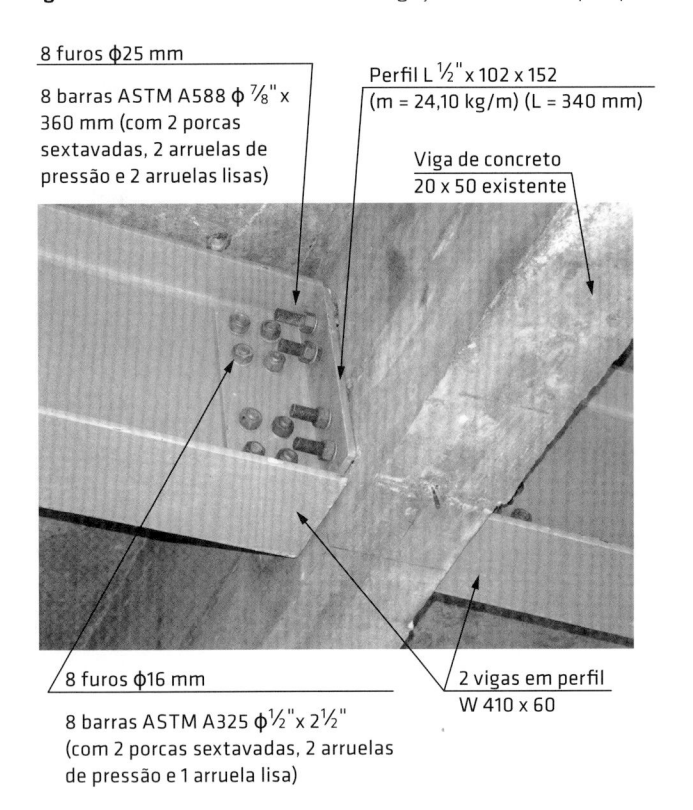

Fig. 2.90 Vista de outro sistema de ligação do mesmo tipo apresentado nas Figs. 2.88 e 2.89, dessa vez entre a viga de aço principal formada por perfil W 410 × 60 e a viga de concreto existente

uma viga de concreto com dimensões incertas, imprecisas em termos de milímetros.

Nota: Para o caso de uso de brocas, especificá-las com diâmetro igual ao diâmetro nominal da barra a ser instalada acrescido de uma folga de 3,20 mm. Caso a viga ou o pilar de concreto a ser transpassado possua dimensão igual ou superior a 30 cm, não se tornará mais exequível utilizar brocas por dois motivos: para distâncias a vencer como essa, as brocas quebram-se com facilidade e, no ato da furação, fica difícil manter a perpendicularidade ao longo do corpo da viga de concreto indo de uma face à outra.

Quando se tratar de ancoragem de barras de transferência através de uma viga de concreto, sempre procurar adotar a folga máxima equivalente ao diâmetro nominal (da zona lisa) da barra acrescida de um valor de 3,20 mm.

2.21 Caso real de ligação excêntrica – com o uso de console fixado a um pilar de concreto

Nesta seção será abordado um caso de ligação excêntrica formada por um console de aço que teve de ser dimen-

Fig. 2.91 Operário fazendo furos no concreto armado existente por meio de broca com diâmetro nominal superior ao diâmetro da barra de transferência a ser posicionada

sionado de forma urgente, em atendimento à equipe de obra, para servir de novo apoio para uma viga de concreto armado cujo apoio original precisaria ser demolido. Essa é uma situação comum.

No caso, ilustrado na Fig. 2.92, havia o seguinte quadro: o tramo *a* da viga V6 existente seria demolido e a viga V6b ficaria apoiada apenas no pilar P15 existente, sem condições de ficar engastada neste. A V6 era uma viga contínua que se apoiava no P15, seguia e apoiava as vigas V8a e V8b. Com a demolição do tramo V6a, o tramo V6b não conseguiria mais servir de apoio para a viga V8 e esta iria cair.

Uma solução para esse quadro foi solicitada de forma emergencial, dada a necessidade de demolição da V6a, tendo alterado todo o quadro estrutural.

Como os pilares P1 e P4 constituintes de uma nova torre de elevador estavam sendo construídos de forma adjacente ao prédio existente, viu-se a oportunidade de criar consoles metálicos nos pilares P1 e P4 a fim de serviram de novos suportes para a viga V8 de fachada e, assim, aposentar de vez a viga V6, que poderia, posteriormente, ser demolida (ver Fig. 2.93).

O pilar $P_{ALVENARIA}$, para a amarração da quina de toda a alvenaria, não existia e também teve de ser criado.

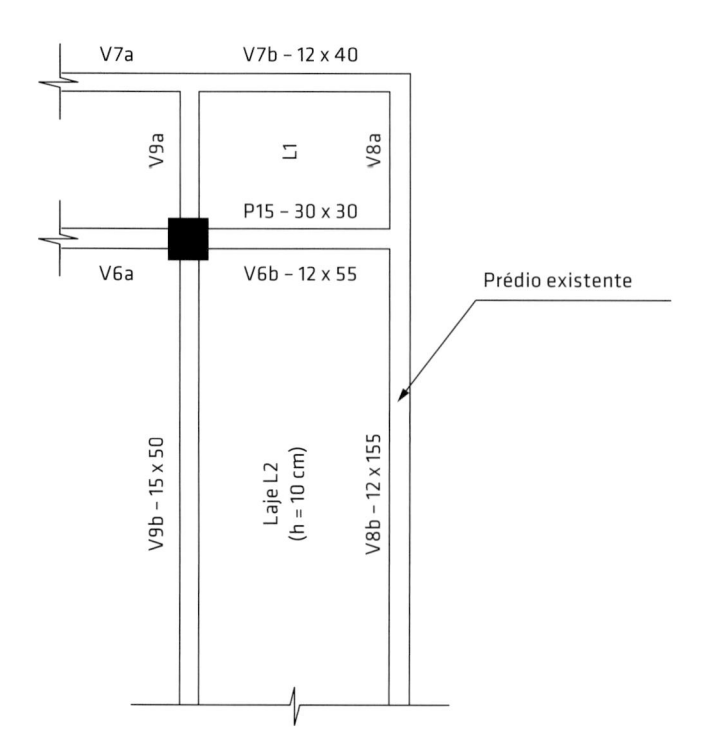

Fig. 2.92 Planta baixa da situação existente – prédio com mais de 30 anos de existência, f_{ck} = 18 MPa

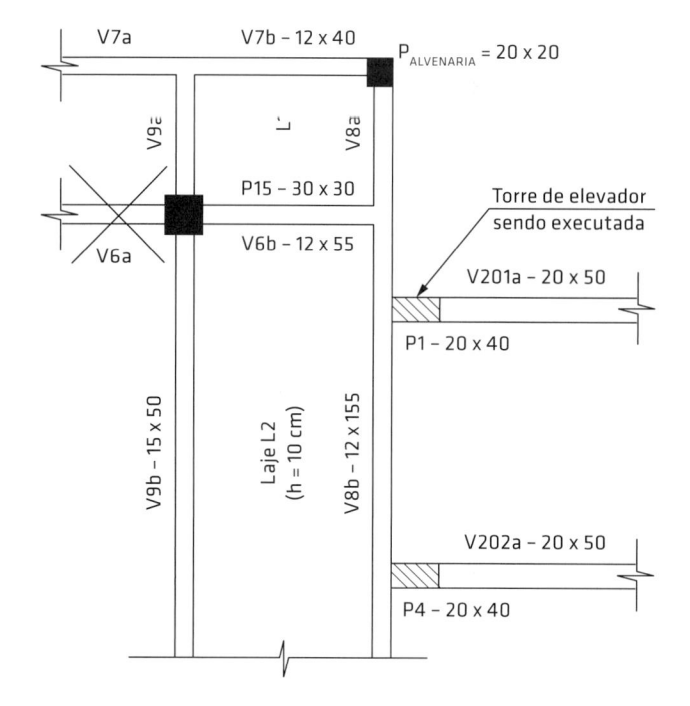

Fig. 2.93 Planta baixa da situação a executar

Com isso, foram criados dois consoles metálicos, fixados nos pilares P1 e P4 recém-construídos, de acordo com o projeto de montagem elaborado na Fig. 2.94, cujos conectores serão objeto de dimensionamento nesta seção.

Observar o rebatimento de vistas adotado de modo a respeitar o diedro brasileiro – a planta baixa é chamada de vista superior, a elevação é chamada de vista frontal e a vista frontal é denominada vista lateral. Segundo o rebatimento de vistas, não é preciso indicar cortes ou vistas, a menos que se deseje mostrar um corte específico do meio da elevação, por exemplo, de onde se faria uma planta baixa à parte.

Na Fig. 2.95 são mostradas as vistas indicadas fora da ordem do rebatimento de vista, a fim de exibi-las de modo ampliado – lembrar que, no projeto, devem obrigatoriamente ser mantidas as ordens de rebatimentos dos diedros.

Antes da definição do posicionamento das barras, buscaram-se informações de forma e armação do pilar existente, de onde se conseguiu obter o desenho mostrado na Fig. 2.96.

Com o posicionamento das armações dos vergalhões principais, foram localizadas as barras de ancoragem ASTM A588 $\phi 5/8$" exatamente entre as barras principais N1 do pilar, constituídas de aço CA50 e com diâmetro de 12,50 mm.

Em uma estrutura de concreto armado, é comum nomear as barras de ½" como sendo de 12,50 mm, mas em estruturas metálicas considera-se 12,70 mm.

A Fig. 2.97 apresenta o alinhamento dos furos criados na chapa CL-3 do console, que receberão as barras de ancoragem em aço ASTM A588 $\phi 5/8$", de modo que os eixos destas passem entre as barras principais N1 do pilar exis-

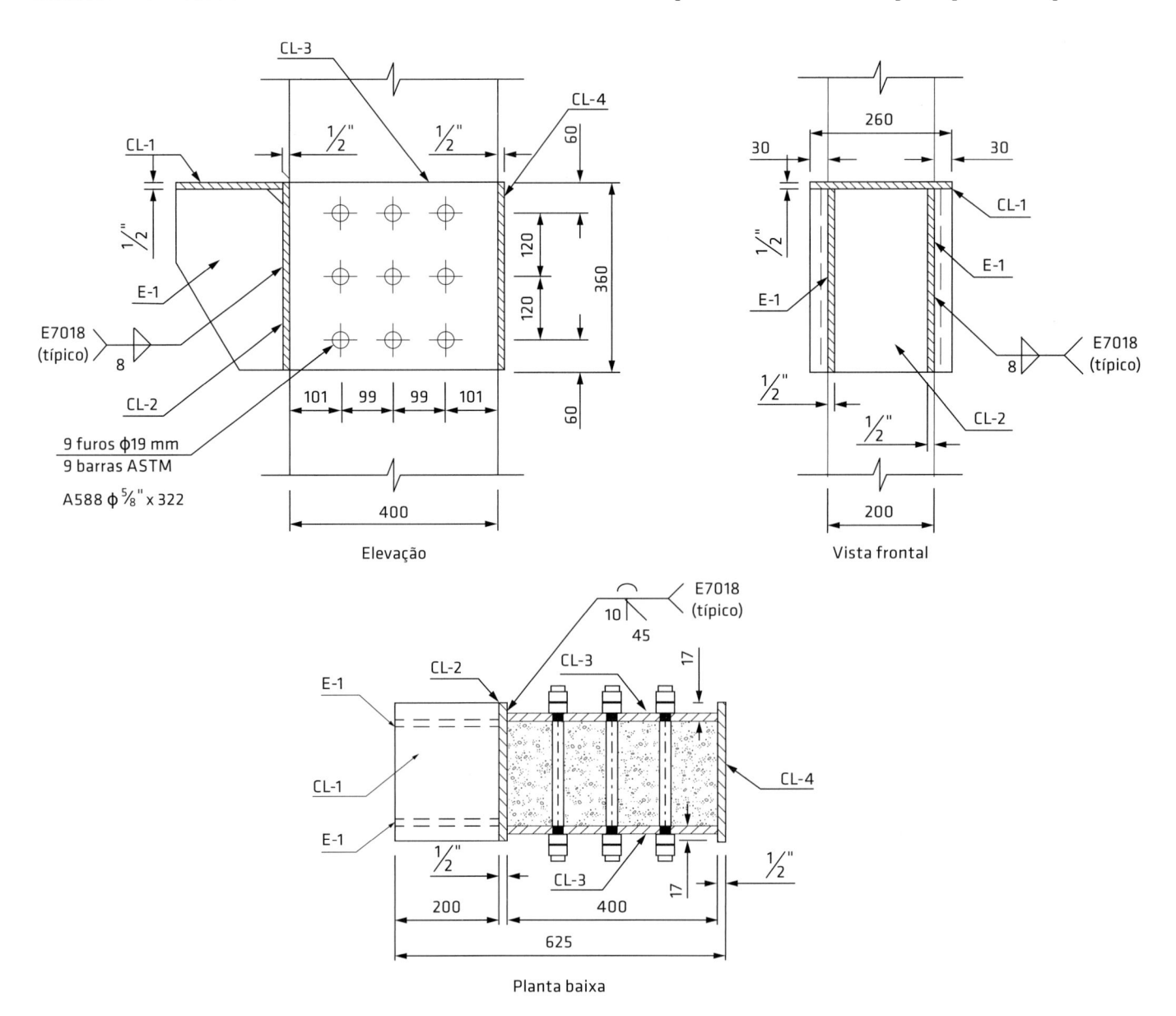

Fig. 2.94 Detalhes do projeto de montagem original

tente e, com isso, o serviço de broca no campo não venha a interferir nos vergalhões em aço CA50 e ϕ½".

Nota: Para pilares com largura de até 25 cm, torna-se exequível especificar barras de ancoragem com o uso de brocas para fazer os furos. Já para pilares cuja largura seja superior a 30 cm, torna-se difícil executar a furação com broca em campo, pois muitas brocas se quebram e muitos furos saem desalinhados do outro lado.

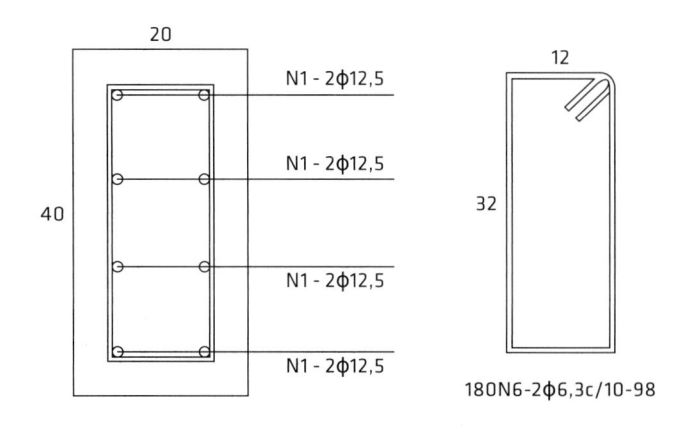

Fig. 2.96 Detalhe do pilar de concreto armado

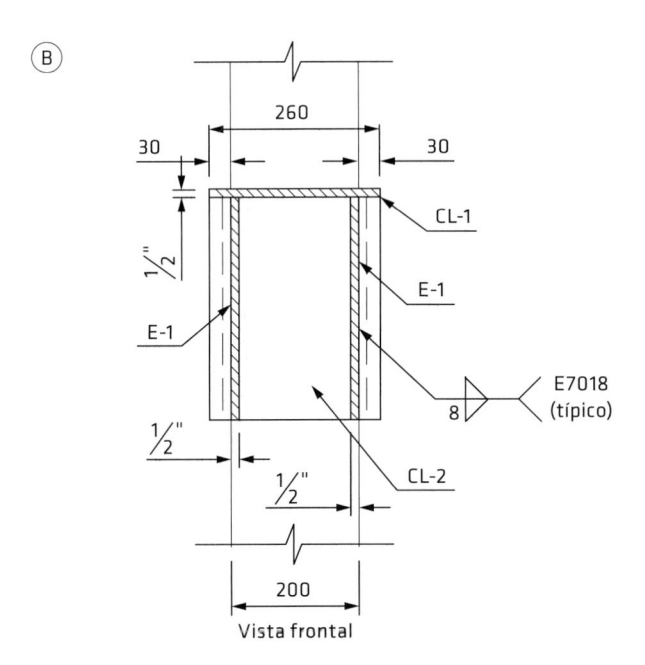

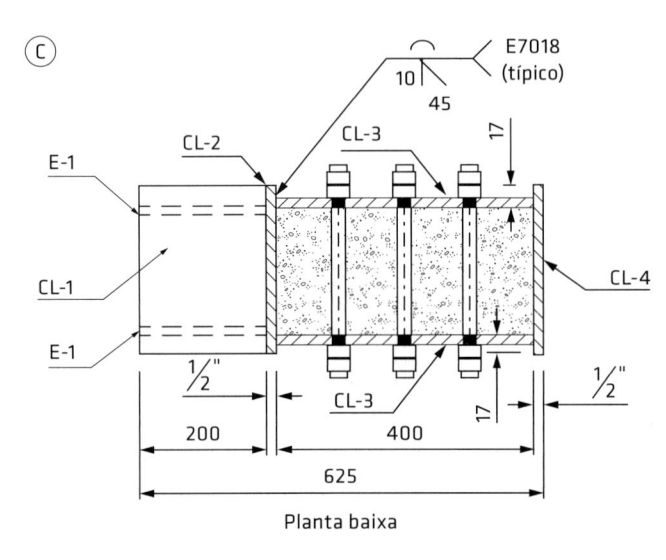

Fig. 2.95 Novo projeto de montagem, com ampliação (A) da elevação, (B) da vista frontal e (C) da planta baixa

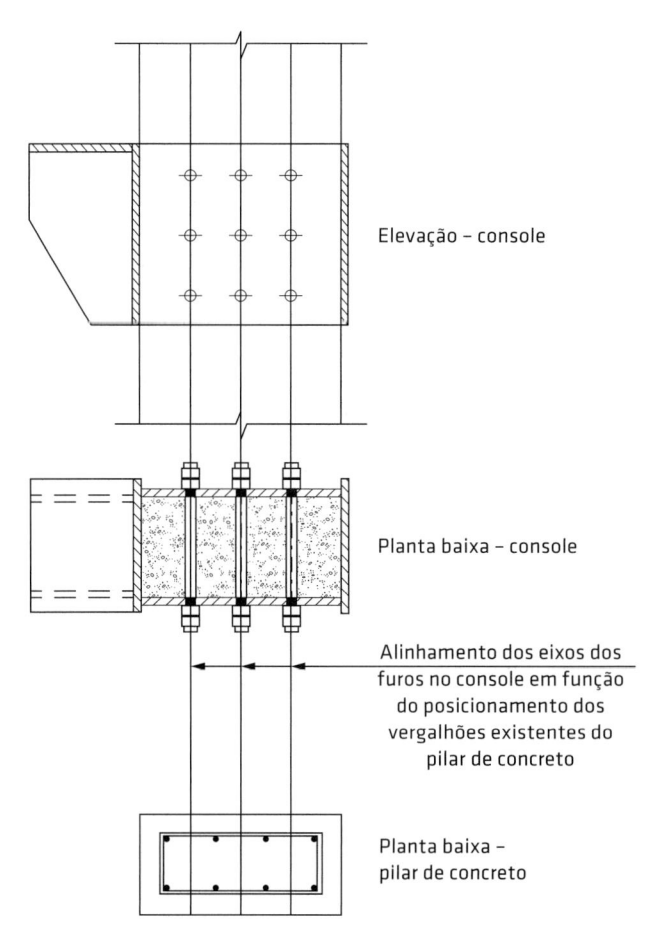

Fig. 2.97 Alinhamento dos furos criados na chapa CL-3 do console

Deve-se ter muito cuidado ao especificar chumbadores a serem fixados em ambas as laterais de pilares com largura inferior a 30 cm, pois os bulbos de pressão deles irão se sobrepor e danificar o interior do concreto, principalmente se forem utilizados chumbadores mecânicos em pilares antigos com baixas resistências de concreto à compressão (f_{ck}), da ordem de 18 MPa.

Sendo assim, para casos de pilares ou vigas de concreto existentes, recomenda-se o uso de barras de ancoragem para pilares com larguras máximas de 25 cm e de chumbadores químicos para larguras mínimas de 30 cm.

2.21.1 Resumo de esforços solicitantes atuantes

Para console de aço (ver Fig. 2.98), obteve-se a seguinte reação de apoio gerada pela viga de concreto armado existente:
- Esforço cisalhante máximo $V_{máx} = 100$ kN.
- Esforço de momento fletor máximo $M_{máx} = 0$ kNm.

A partir dos esforços solicitantes nominais, encontram-se os esforços solicitantes de projeto:
- Esforço cisalhante máximo de projeto
  $V_{d;máx} = \gamma \cdot V_{máx} = 1,40 \times 100,0$ kN $\times 140,0$ kN.
- Esforço de momento fletor máximo $M_{máx} = 0$ kNcm.

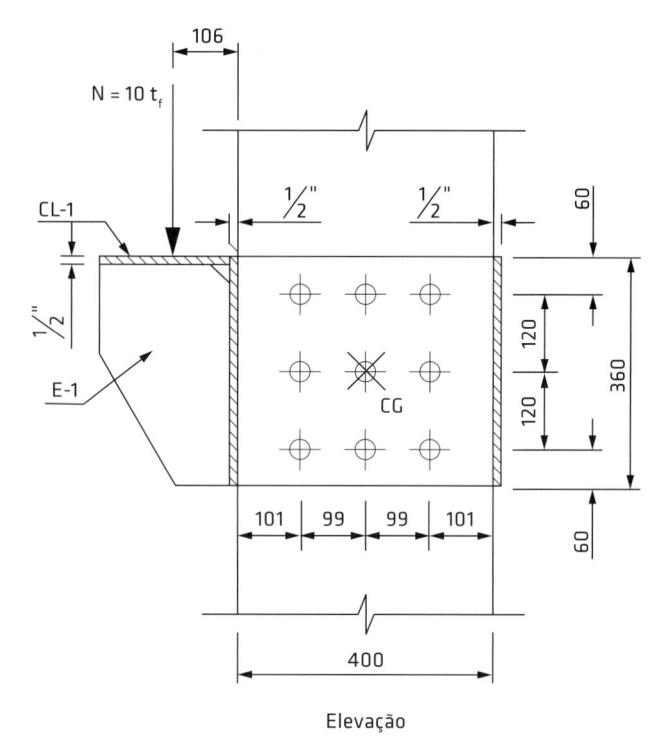

Fig. 2.98 Indicação da reação de apoio N da viga de concreto existente a ser gerada no console de aço a projetar

2.21.2 Definição das propriedades dos elementos adotados no projeto

Os dados de projeto são os seguintes:
- Chapas em aço ASTM A36 ($f_u = 400$ MPa $= 40$ kN/cm²).
- Nove barras ASTM A588 com $d = 5/8$" (15,88 mm), cujas tensões resistentes são $f_y = 345$ MPa e $f_u = 485$ MPa.
- Eletrodo E70 para solda. A tensão resistente desse eletrodo é igual a $f_w = 485$ MPa $= 48,50$ kN/cm².

2.21.3 Dimensionamento da chapa de ligação típica

a) Determinação da reação da barra mais solicitada

Considera-se a carga centrada (N) igualmente distribuída para cada parafuso, fazendo:

$$R_S = \frac{N}{n} = \frac{140,0 \text{ kN}}{9} = 15,56 \text{ kN}$$

A soma vetorial das distâncias dos conectores ao centro de gravidade é dada por:

$$x_{cg} = 9,9 \text{ cm e } y_{cg} = 12,0 \text{ cm}$$

$$x^2 = n_{parafusos} \cdot x_{cg}^2 = 6 \text{ parafusos} \times (9,9 \text{ cm})^2 = 588,06 \text{ cm}^2$$

$$y^2 = n_{parafusos} \cdot y_{cg}^2 = 6 \text{ parafusos} \times (12,0 \text{ cm})^2 = 864,00 \text{ cm}^2$$

$$\Sigma R^2 = x^2 + y^2 = 588,06 \text{ cm}^2 + 864,00 \text{ cm}^2 = 1.452,06 \text{ cm}^2$$

O cálculo do momento fletor atuante na ligação em virtude da carga centrada é feito do seguinte modo:

$$M = N \cdot d = 100,0 \text{ kN} \times (10,6 + 10,1 + 9,9) \text{ cm} = 3.060,0 \text{ kNcm}$$

Somando esse momento gerado pela excentricidade da carga ao valor do momento fletor atuante na ligação, tem-se:

$$M = 3.060,0 \text{ kNcm} + 0,0 \text{ kNcm} = 3.060,0 \text{ kNcm}$$

As componentes vertical e horizontal do esforço solicitante aplicado nos parafusos em função do momento fletor (M) são:

$$R_x = \frac{M}{\Sigma(x^2 + y^2)} \cdot y_{cg} = \frac{3.060,0 \text{ kNcm}}{1.452,06 \text{ cm}^2} \times 12,0 \text{ cm} = 25,3 \text{ kN}$$

$$R_y = \frac{M}{\Sigma(x^2 + y^2)} \cdot x_{cg} = \frac{3.060,0 \text{ kNcm}}{1.452,06 \text{ cm}^2} \times 9,9 \text{ cm} = 20,9 \text{ kN}$$

De posse das componentes vertical e horizontal devidas à carga centrada e ao momento fletor, calcula-se a reação no parafuso mais solicitado:

$$R = \sqrt{(25,3 \text{ kN})^2 + (20,9 \text{ kN} + 15,56 \text{ kN})^2} = 44,38 \text{ kN}$$
$$R_D = 44,38 \text{ kN} \times 1,40 = 62,13 \text{ kN}$$

b) Determinação da área necessária da barra

$$R_{DT} = 0{,}6 \cdot A_G \cdot \phi_V \cdot f_u \cdot n'' \cdot n \Rightarrow$$
$$62{,}13 \text{ kN} = 0{,}6 \cdot A_G \cdot 0{,}65 \cdot 48{,}50 \text{ kN/cm}^2 \cdot$$
$$\cdot \text{ 2 planos de corte} \cdot \text{1 parafuso} \Rightarrow$$
$$A_G = 0{,}66 \text{ cm}^2$$

Substituindo $A_G = 1{,}66$ cm² na fórmula de cálculo de área de um parafuso, tem-se:

$$A_G = \frac{\pi \cdot d^2}{4} \Rightarrow 1{,}66 \text{ cm}^2 = \frac{\pi \cdot d^2}{4} \Rightarrow d = 1{,}45 \text{ cm}$$

Como é preciso um diâmetro $d = 1{,}45$ cm para a barra mais solicitada, será adotada no projeto uma barra com diâmetro comercial superior a este, com valor de $d = 5/8"$ (1,59 cm).

c) Dimensionamento da chapa ao rasgamento

Para o dimensionamento da chapa ao rasgamento, com $a = 6{,}00$ cm (vide Fig. 2.99), tem-se:

$$R_N = a \cdot t \cdot f_u = 6{,}0 \text{ cm} \times 1{,}27 \text{ cm} \times 40{,}0 \text{ kN/cm}^2 = 304{,}8 \text{ kN}$$

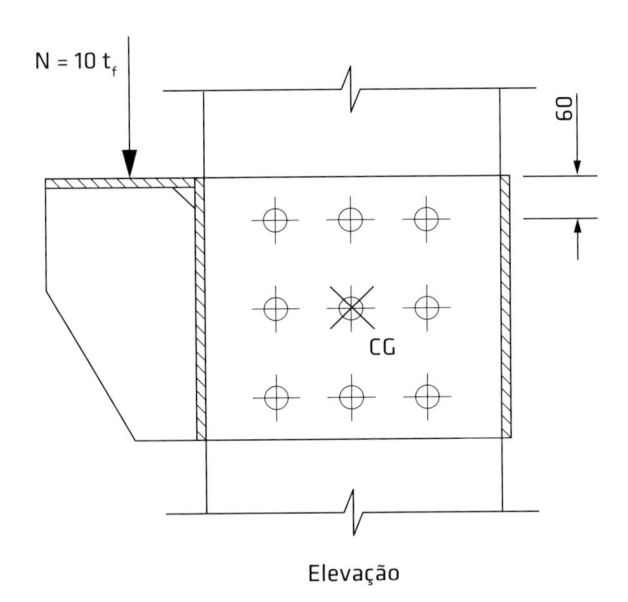

Fig. 2.99 Detalhe da distância a = 60 mm medida na direção do esforço cisalhante aplicado, entre o eixo do furo de topo e a extremidade de topo da chapa de ligação (chapa CL-3)

Aplicando o valor da resistência nominal na equação para o cálculo da resistência de projeto, tem-se:

$$R_{DT} = \phi \cdot R_N \cdot n_V = 0{,}75 \times 304{,}8 \text{ kN} \times$$
$$\times \text{ 3 barras por linha vertical da chapa}$$
$$R_{DT} = 685{,}80 \text{ kN}$$

Como o valor do esforço resistente da chapa ao rasgamento $R_{DT} = 685{,}80$ kN é superior ao esforço aplicado na barra mais solicitada $R_D = 62{,}13$ kN, o dimensionamento satisfaz.

d) Dimensionamento da chapa à pressão de apoio

Para o dimensionamento da chapa à pressão de apoio, tem-se:

$$R_N = 3 \cdot D \cdot t \cdot f_u = 3 \times 1{,}27 \text{ cm} \times 1{,}27 \text{ cm} \times 40{,}0 \text{ kN/cm}^2 \Rightarrow$$
$$\Rightarrow R_N = 193{,}55 \text{ kN}$$

Aplicando o valor da resistência nominal encontrada na equação para o cálculo da resistência de projeto, tem-se:

$$R_{DT} = \phi \cdot R_N \cdot n_V = 0{,}75 \times 193{,}55 \text{ kN} \times 1 \text{ parafuso} \Rightarrow$$
$$\Rightarrow R_{DT} = 145{,}16 \text{ kN}$$

Como o valor de $R_{DT} = 145{,}16$ kN é superior ao esforço solicitante máximo $R_D = 62{,}13$ kN, o dimensionamento satisfaz.

2.21.4 Projeto de fabricação

As Figs. 2.100 a 2.102 ilustram a versão final do projeto desenvolvido durante esta seção.

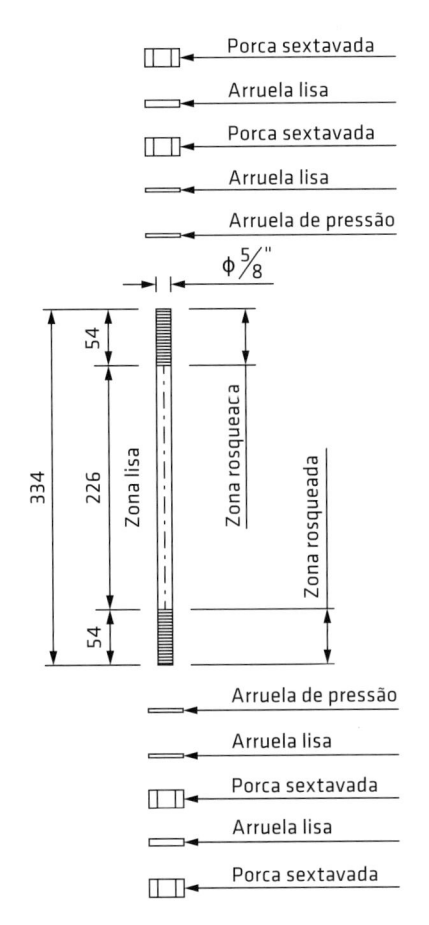

Detalhe da barra de transpasse – barra ASTM A588 $\phi\, 5/8" \times 344$ (com 4 porcas sextavadas, 4 arruelas lisas e 2 arruelas de pressão)

Fig. 2.100 Detalhe de fixação da barra de ancoragem

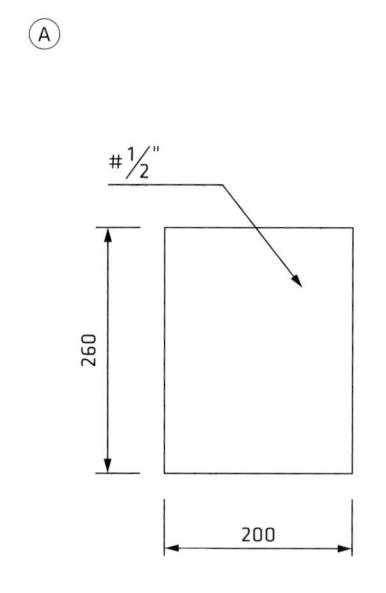

Chapa de ligação CL-1 (x1) - # ½" x 260 x 200

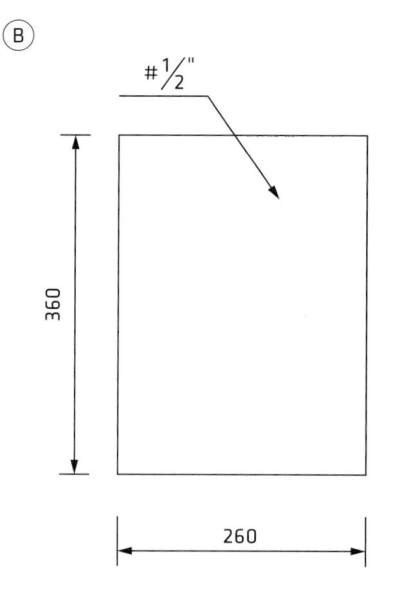

Chapa de ligação CL-2 (x1) - # ½" x 260 x 360

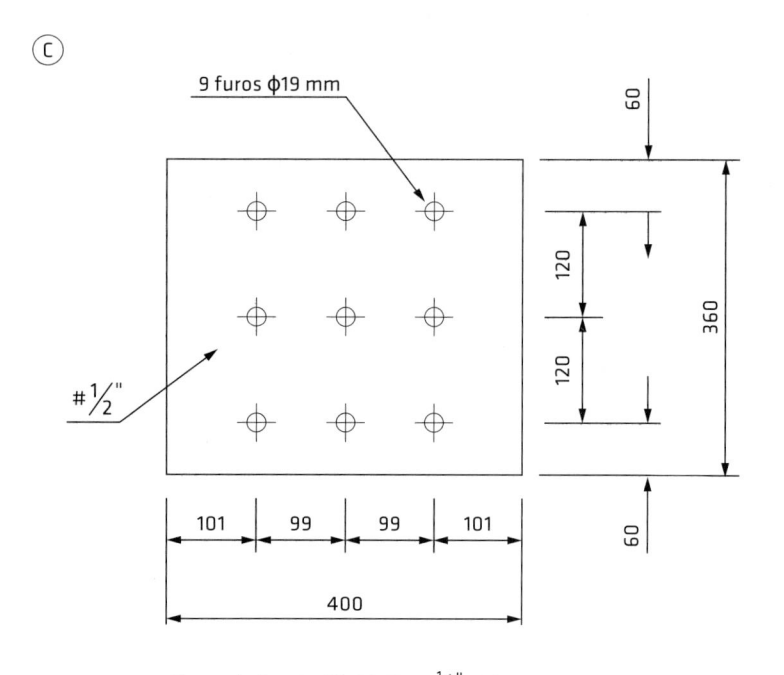

Chapa de ligação CL-3 (x2) - # ½" x 360 x 400

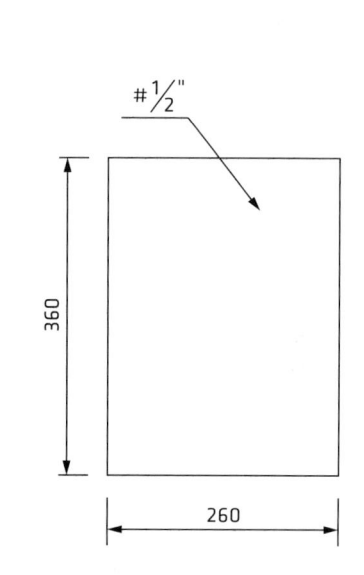

Chapa de ligação CL-4 (x1) - # ½" x 260 x 360

Fig. 2.101 Detalhes de fabricação (A) da chapa CL-1, (B) da chapa CL-2, (C) da chapa CL-3 e (D) da chapa CL-4

2.22 Percentual de massa de aço para ligações parafusadas e percentuais devidos a perdas de materiais diversos

A massa total de ligações parafusadas, contabilizando a massa total de barras rosqueadas e de chapas, equivale, para projetos bem dimensionados pelas fórmulas apresentadas até aqui, a no máximo 10% do valor da massa total de todos os elementos estruturais (terças, vigas, colunas etc.); esse dado foi obtido por meio de estudos com gráficos a respeito de todos os quantitativos de materiais utilizados em centenas de projetos executivos já concebidos, em que a massa das ligações parafusadas não passou de 10%, exceto em casos muito especiais, como projetos de *bunkers* e outros do gênero.

Portanto, para efeito de pré-dimensionamento, pode-se adotar sem medo o valor de 10% do valor da massa total de todos os elementos estruturais para uma licitação ou concorrência, visto que, nessas horas, mal se terá tempo para pré-dimensionar as peças estruturais e muito menos para dimensionar as ligações em nível de projeto executivo.

Da mesma forma, para projetos executivos e em casos de licitação, sempre se deve deixar um percentual devido a perdas para os seguintes materiais:

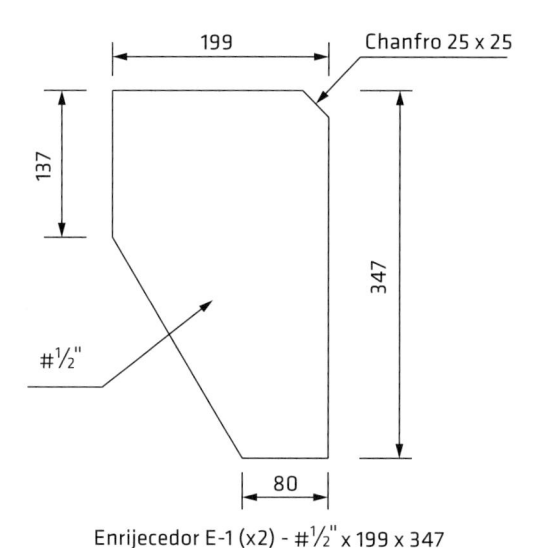

Fig. 2.102 Detalhe de fabricação do enrijecedor E-1

- Para telhas de cobertura e/ou de fechamento lateral – 3% sobre o quantitativo total.
- Para a pintura de estruturas contra o processo de corrosão – 15% para cobrir perdas.
- Para a armação de concreto armado – 10% para cobrir as perdas de barras de aço (corte e dobra).

Para um projeto executivo de estrutura metálica, não é necessário inserir percentual devido a perdas. O que se faz é determinar a quantidade de perfis com os comprimentos comerciais que serão necessários para suprir todo o projeto, e esse valor não é garantido pelo percentual de 10%.

Essa quantidade de perfis pode ser computada já se pensando nos cortes e nos aproveitamentos destes, que normalmente são fornecidos com comprimentos comerciais de 6 m (perfis L, U etc.) ou 12 m (perfis W, H etc.), de forma a complementar a lista de materiais – essa é uma informação importante que deve ser levantada pelo engenheiro de projetos ou pelo comprador/engenheiro orçamentista, mas que não deve ser esquecida antes de se liberar o projeto executivo.

2.23 Chumbadores mecânicos

Os chumbadores mecânicos são aplicados em situações em que os elementos de concreto já se encontram executados. Em seu dimensionamento, devem ser considerados os fatores de segurança apresentados nesta seção, nunca utilizando diretamente os valores de esforço de tração e de cortante dados pelo fabricante.

Em situações de construção de estruturas metálicas em prédios de concreto já executados, recomendam-se os chumbadores mecânicos da fabricante Tecnart para ligações pesadas, como de marquises em balanço de até 9 m de vão livre e com 200 m de extensão, sem o uso de tirantes.

O projeto de uma ligação por meio de chumbadores mecânicos exige muito cuidado também quanto ao posicionamento. As distâncias mínimas indicadas nas Figs. 2.103 e 2.104 devem ser obrigatoriamente atendidas.

A distância entre eixos de chumbadores mecânicos deve ser no mínimo de $10 \cdot D$, sendo D o diâmetro nominal dos chumbadores, e de $5 \cdot D$ entre o eixo do chumbador e o fundo da peça.

A distância entre a extremidade do chumbador e o fundo da peça não é fornecida nos catálogos dos fabricantes, então é recomendado adotar uma distância mínima de $5 \cdot D$, pois nessa região de ponta há a influência do bulbo de pressão e do efeito de cone de arrancamento, e também porque esses chumbadores mecânicos se abrem em suas extremidades quando instalados, provocando microfissuras no corpo do concreto na região de ponta.

Então, pode-se dizer que alguma modificação ocorre no corpo do concreto nessa região, por menor que seja, para promover a ancoragem mecânica, e por isso deve ser respeitada uma distância mínima entre extremidade de chumbador e fundo de concreto e entre extremidades de chumbadores, quando estes são executados de modo oposto um ao outro.

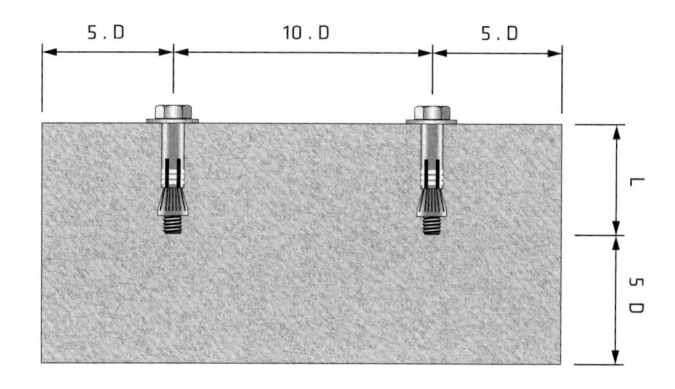

Fig. 2.103 Distâncias mínimas entre eixos de chumbadores mecânicos e fundo de concreto e entre eixos de chumbadores mecânicos

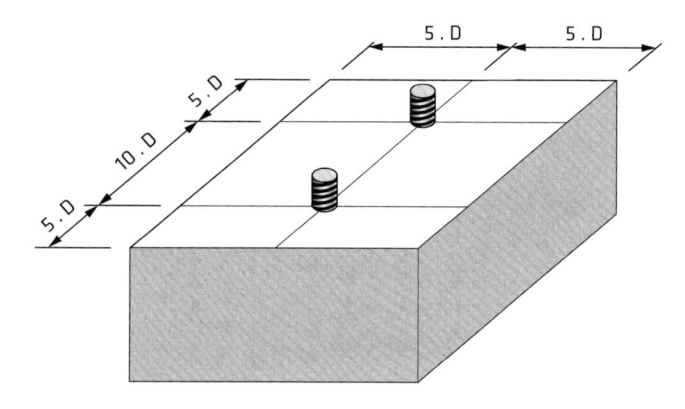

Fig. 2.104 Vista em perspectiva das distâncias mínimas entre eixos de chumbadores mecânicos e bordas do concreto e entre eixos de chumbadores mecânicos

Nota: Recomenda-se o estudo do cone de arrancamento, que é muito complexo e delicado e que não deve ser ignorado em hipótese alguma.

No caso de se executarem chumbadores em uma viga ou pilar de concreto de forma que um venha a ficar oposto ao outro, deve ser mantida uma distância mínima de $10 \cdot D$ entre eles – esse dado não é fornecido em catálogos, e sim baseado em experiência e estudos próprios –, como mostra a Fig. 2.105.

Em peças de concreto com largura menor que 30 cm, não se recomenda a instalação mostrada na Fig. 2.105, com chumbadores posicionados de modo oposto um ao outro.

Quando as distâncias mínimas não são atendidas, parte do corpo do concreto pode ser arrancada pelo efeito de cone, com o risco de levar a estrutura ao colapso. De acordo com os testes de arrancamento elaborados pela empresa Tecnart, quando um chumbador é arrancado, ele traz consigo uma parte cônica de concreto de raio igual a cinco vezes o diâmetro nominal do chumbador, como ilustrado na Fig. 2.106.

Quando aplicada uma força solicitante de tração a um chumbador, este forma uma área de compressão no corpo do concreto com o formato próximo de um cone, cujo vértice é a extremidade (ponta) do chumbador e sua base, equivalente a uma medida de $10 \cdot D$, sendo D o diâmetro nominal do chumbador (Fig. 2.107).

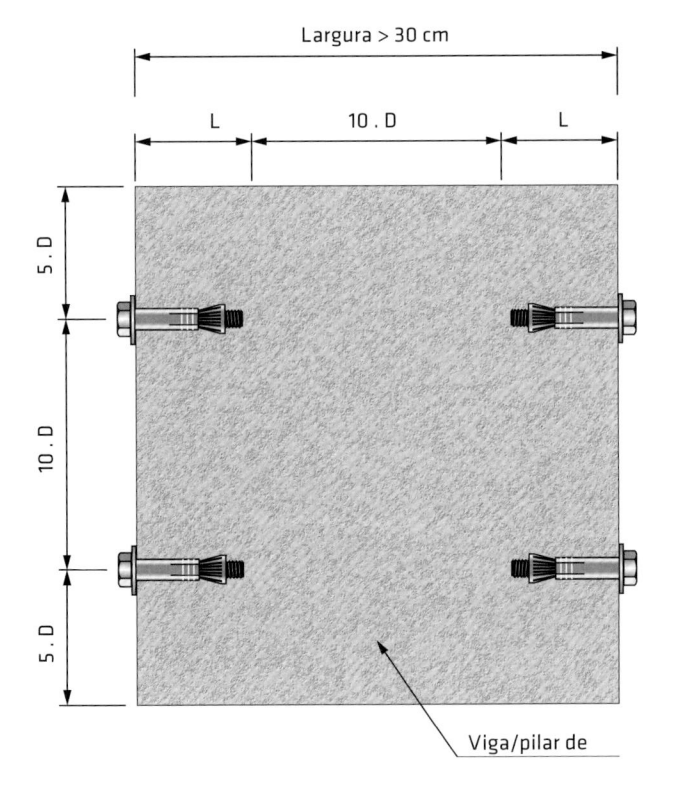

Fig. 2.105 Distância mínima entre extremidades de chumbadores no concreto

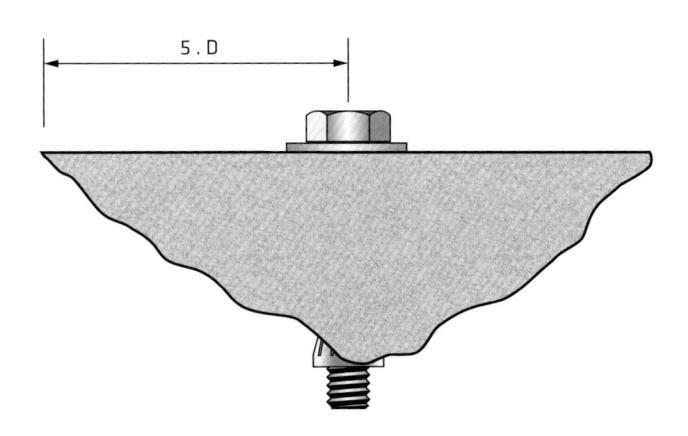

Fig. 2.106 Esquematização de parte de concreto arrancado durante ensaio

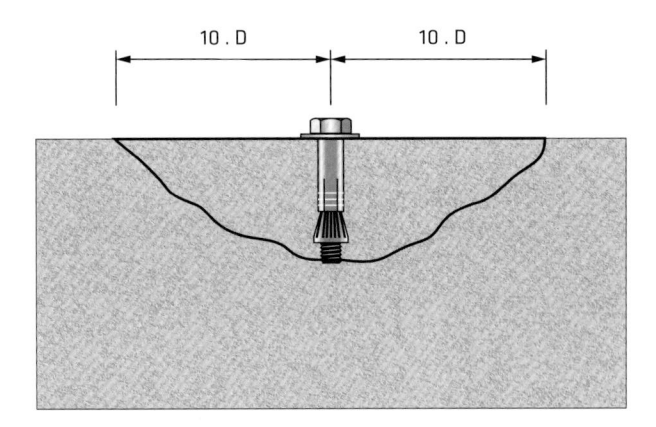

Fig. 2.107 Área de tensão do chumbador

Nota: Quando da instalação de chumbadores mecânicos ou químicos, deve ser dada a devida atenção às armações existentes em uma peça de concreto, consultando o projeto de formas e armações de concreto e procurando identificar sua localização, antes de proceder às furações, para que não haja interferência dos chumbadores a instalar nas armaduras existentes. Caso a estrutura existente seja muito antiga e não seja possível conhecer tais plantas estruturais, pode-se fazer uma prospecção *in loco*, efetuando uma raspagem na peça de concreto em linha, de modo a identificar as posições dos vergalhões de aço, antes mesmo de projetar as chapas de ligação.

O gráfico ilustrado na Fig. 2.108 foi desenvolvido pela empresa Tecnart tomando como base um concreto de 274 kgf/cm² sem armação (concreto simples).

2.23.1 Exemplo 1 – Uso do gráfico da Fig. 2.108

A carga de tração (arrancamento) de um chumbador Tecbolt de código TB 12070 é de 3.193 kgf. Supondo um concreto com resistência característica à compressão (f_{ck}) de 20 MPa (200 kgf/cm²), entra-se no gráfico a partir do valor de 200 kgf/cm² no eixo x, estende-se uma linha reta até a linha-limite de tração e projeta-se uma linha hori-

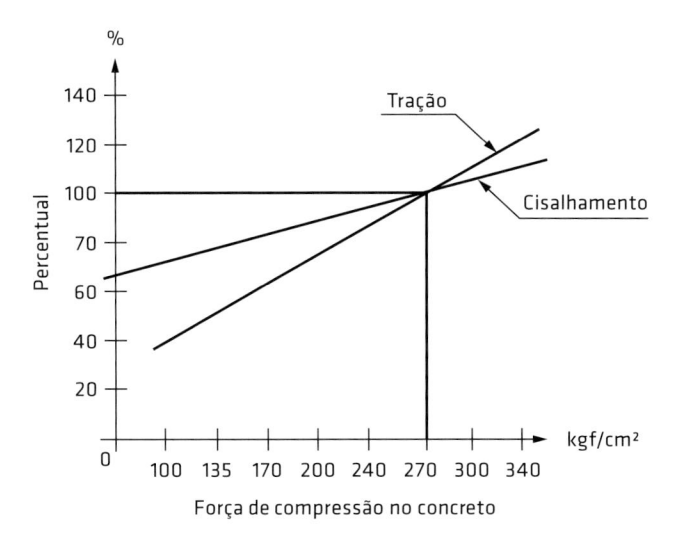

Fig. 2.108 Variação na carga do chumbador (em percentual) em função da tensão de compressão no concreto
Fonte: catálogo da empresa Tecnart.

zontal para o eixo y, obtendo um percentual de cerca de 82%. Isso significa que o valor da carga de tração a ser usada para esse chumbador, considerando um concreto com f_{ck} = 20 MPa, deve ser de:

Carga resistente de tração para f_{ck} de 20 MPa = 82% de 3.193 kgf = 2.618,26 kgf

A carga de cisalhamento resistente para esse chumbador, com base no catálogo, é de 4.778 kgf. Entrando no gráfico através do valor de 200 kgf/cm² e estendendo uma linha reta até a linha-limite de cisalhamento e uma linha horizontal para a esquerda, chega-se a um valor de 68% no eixo y. Com isso, o esforço de cisalhamento desse chumbador, em um concreto com esse f_{ck}, é de:

Carga resistente de cisalhamento para f_{ck} de 20 MPa = 68% de 4.778 kgf = 3.249,04 kgf

Para que possam ser utilizados em um projeto executivo, esses chumbadores ainda devem ser reduzidos de um fator de segurança, como mostrado na Tab. 2.5.

Tab. 2.5 FATORES DE SEGURANÇA USADOS PARA CHUMBADORES MECÂNICOS PARA CADA CONDIÇÃO DE TRABALHO

Cargas	Fatores de segurança	Observações
Estática	4	
Variáveis	4 ou 5	Depende da magnitude da variação
Vibratórias	8 a 10	Apenas um sentido de vibração
	12 a 15	Vibração nos dois sentidos
Choque	4	Depende da frequência do choque

Imaginando o uso desse chumbador mecânico para marquises em balanço, que ficam submetidas à ação dinâmica de vento, pode-se utilizar um fator de segurança (FS) = 4,0.

Aplicando esse fator de segurança nas cargas resistentes de tração e de cisalhamento encontradas anteriormente, obtêm-se as cargas efetivas a serem utilizadas no projeto executivo:

- Carga resistente de tração para f_{ck} de 20 MPa e FS de $4,0 = \dfrac{2.618,26\ \text{kgf}}{4} = 654,57\ \text{kgf}$.
- Carga resistente de cisalhamento para f_{ck} de 20 MPa e FS de $4,0 = \dfrac{3.249,04\ \text{kgf}}{4} = 812,26\ \text{kgf}$.

Cada um desses valores pode ser confrontado diretamente com as cargas solicitantes, se estas estiverem sendo aplicadas de forma isolada. Caso as cargas solicitantes de tração e de corte estejam sendo executadas simultaneamente – por exemplo, se estiver sendo aplicada, em uma determinada ligação, uma carga solicitante de tração de 400 kgf e uma carga de cisalhamento de 300 kgf para cada chumbador –, deve-se aplicar a seguinte fórmula de verificação de resistência:

$$\frac{N_{Sd}}{N_{Rd}} + \frac{V_{Sd}}{V_{Rd}} \leq 1,0$$

em que:

N_{Sd} = carga de projeto solicitante de tração (em kN);
N_{Rd} = carga de projeto resistente de tração (em kN);
V_{Sd} = carga de projeto solicitante de cisalhamento (em kN);
V_{Rd} = carga de projeto resistente de cisalhamento (em kN).

Então, aplicando os valores obtidos na fórmula, tem-se:

$$\frac{400,00\ \text{kgf}}{654,57\ \text{kgf}} + \frac{300,00\ \text{kgf}}{812,26\ \text{kgf}} \leq 1,0 \Rightarrow 0,61 + 0,37 = 0,98 \leq 1,0$$

(Satisfaz!)

Com isso, seguindo o roteiro de (i) adentrar no gráfico em função da resistência característica do concreto à compressão (f_{ck}), considerando-o sem armação, (ii) reduzir cada valor de um respectivo fator de segurança apropriado para cada situação, e (iii) confrontá-los na equação anterior para casos de aplicação simultânea de esforços solicitantes de tração e de cisalhamento, verifica-se que o chumbador Tecbolt de código TB 12070 atende ao requisito de cálculo estrutural.

Notar que ainda é necessário especificar seu comprimento, que deve ser baseado na espessura da peça de concreto existente no local somada a uma folga de 5 · D a 10 · D da ponta do chumbador ao fundo do concreto.

Nota: Observar que os esforços resistentes aqui são admissíveis e podem ser comparados com as cargas solicitantes nominais (sem ponderá-las). Para ter uma segurança a mais, poderão ser considerados os esforços solicitantes ponderados, adotando a carga solicitante de projeto.

2.23.2 Exemplo 2 – Chumbadores mecânicos submetidos a esforço simultâneo de tração e corte

No caso da ligação de uma viga metálica a um pilar de concreto submetida à ação simultânea de esforço de tração (advindo do momento fletor) e de corte (Fig. 2.109), a verificação do chumbador deve ser feita como mostrado anteriormente, de modo a entrar no gráfico da Fig. 2.108 e depois reduzir a resistência do chumbador de um determinado fator de segurança, conforme exibido na Tab. 2.5, para então entrar com os valores de esforços solicitantes e resistentes na equação geral reproduzida novamente a seguir, com o objetivo de verificar se o chumbador satisfaz ou não ao cálculo estrutural dessa ligação.

$$\frac{N_{Sd}}{N_{Rd}} + \frac{V_{Sd}}{V_{Rd}} \leq 1,0$$

Em uma ligação desse tipo, sempre se procura deixar um conjunto de chumbadores dispostos na parte superior do flange da viga e outro conjunto de chumbadores no entorno do flange inferior, de modo simétrico; assim, o esforço de tração advindo do momento fletor será resistido apenas pelos quatro chumbadores localizados na parte superior.

Dessa forma, os chumbadores mais solicitados serão os localizados no entorno do flange superior da viga, ficando submetidos a esforços de tração e de corte simultâneos, obtidos do seguinte modo:

$$N_{Sdt} = \frac{M_{Sd}}{d_{Viga} - t_{f;Viga}}$$

em que:
M_{Sd} = momento fletor solicitante de projeto;
N_{Sdt} = esforço normal de tração solicitante de projeto;
d_{Viga} = altura total do perfil da viga;
$t_{f;Viga}$ = espessura de seu flange.

Dividindo N_{Sdt} por quatro chumbadores, obtém-se o esforço de tração para um chumbador.

O esforço cortante é obtido considerando a atuação de todos os chumbadores:

$$V_{Sdt} = \frac{V_{Sd}}{n_{chumbador}} = \frac{V_{Sd}}{8 \text{ chumbadores}}$$

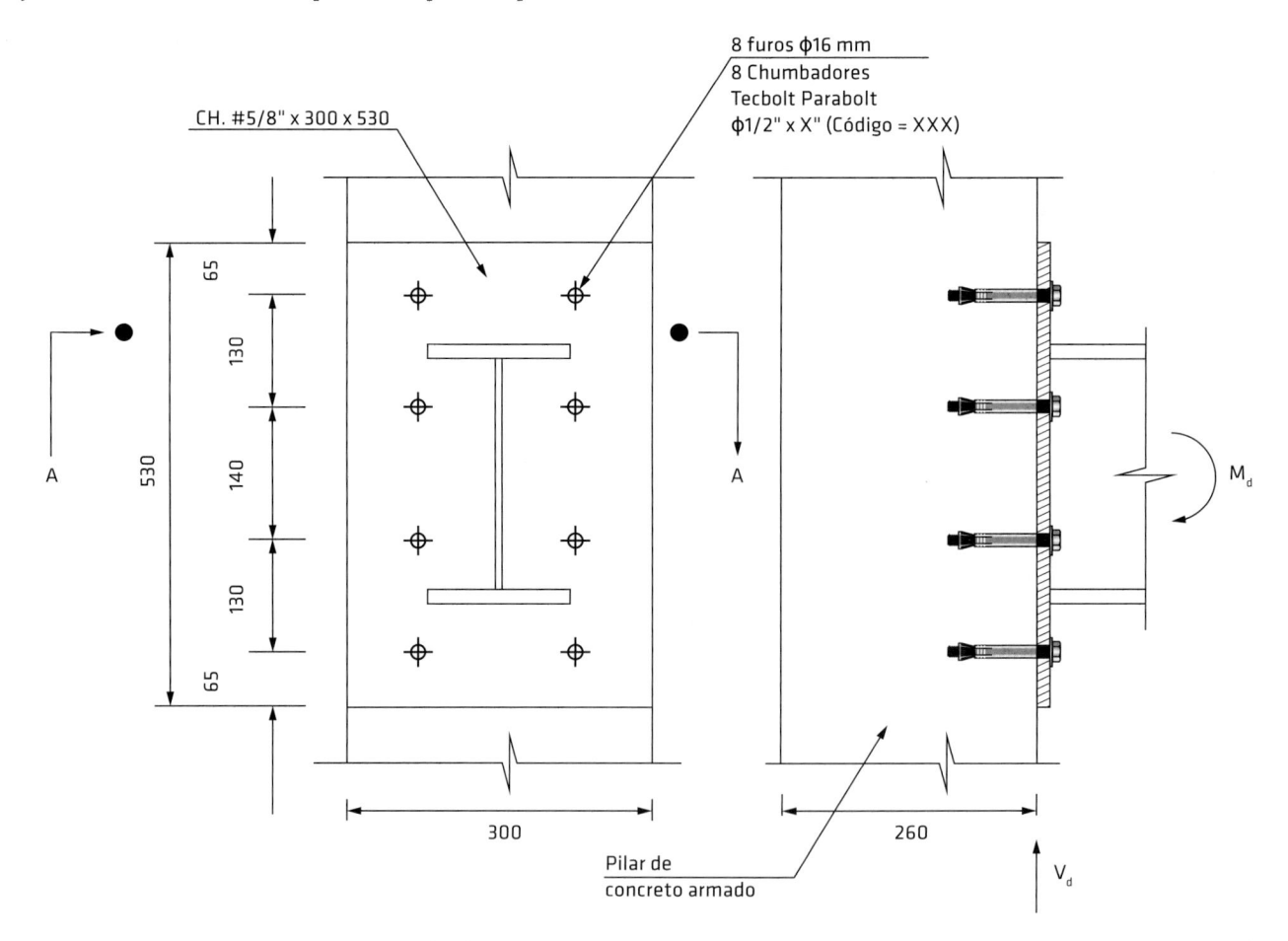

Fig. 2.109 Vistas frontal e lateral de uma ligação rígida constituída de chumbadores trabalhando à tração e ao cisalhamento de modo simultâneo – vide Fig. 2.110 como complemento

De posse de N_{Sdt} e de V_{Sdt} para um chumbador do conjunto mais solicitado, verifica-se se este satisfaz à equação geral $\frac{N_{Sd}}{N_{Rd}} + \frac{V_{Sd}}{V_{Rd}} \leq 1,0$.

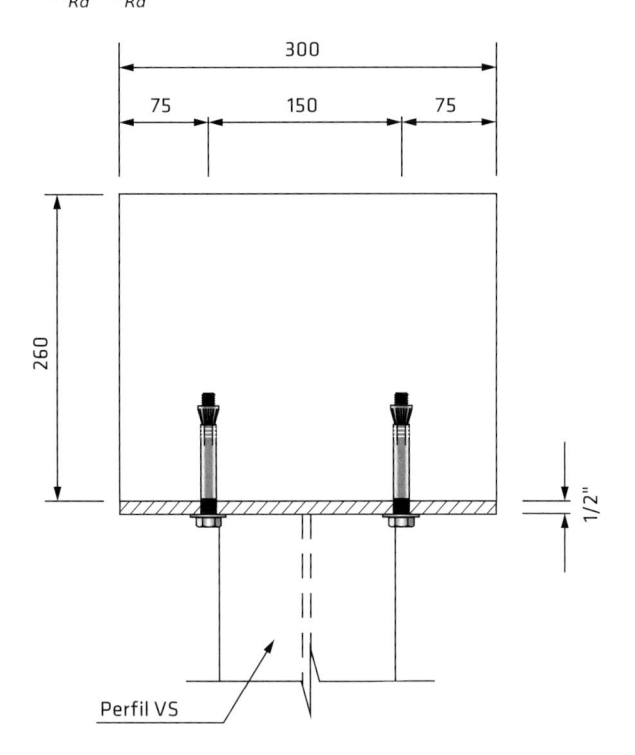

Fig. 2.110 Corte A-A indicado na Fig. 2.109 – vista em planta da ligação anterior

Lembrar-se sempre de posicionar o conjunto de chumbadores de forma simétrica no entorno do flange superior da viga, e o outro conjunto, também de forma simétrica, no entorno do flange inferior.

Se os chumbadores não resistirem bem à tração, é possível aplicar dois métodos para salvar a ligação. No primeiro método, aumenta-se a altura da viga na região da ligação para ampliar o braço de alavanca e, assim, reduzir o esforço de tração, como mostra a Fig. 2.111.

Mesmo com um artifício como esse, os chumbadores mecânicos devem ficar alinhados e simétricos ao centro da parte superior do flange da viga, pois será nesse centro que atuará o esforço de tração máximo. Esse artifício é mais fácil de ser aplicado quando se dispõe de perfil soldado para a viga, em que se pode recortar um pedaço da viga, destacar seus flanges de sua alma e montar os consoles indicados. No caso de uma viga em perfil laminado, esse console pode ser projetado e manufaturado com o uso de chapas soldadas, mantendo as chapas de flange com a mesma espessura do flange da viga e as chapas de alma com a mesma espessura da alma do perfil da viga. Esse sistema é útil porque o chumbador mecânico fica condicionado às geometrias do pilar existente.

Nunca se deve liberar uma ligação estrutural sem ter 100% de certeza do que está sendo calculado e projetado, pois, quando a ligação falha, toda a estrutura falha e ocorrem incidentes e/ou acidentes.

Já no segundo método, aplica-se o descrito na seção a seguir, em que se passa a trabalhar com chumbadores submetidos unicamente ao corte, eliminando a tração.

2.23.3 Exemplo 3 – Chumbadores mecânicos submetidos apenas a esforço cortante

Um artifício para unir vigas metálicas a pilares de concreto armado é utilizar os chumbadores mecânicos pelas laterais, onde eles trabalharão apenas ao corte, e não simultaneamente à tração e ao corte, como visto na seção anterior.

Na Fig. 2.112, tem-se o corte advindo do esforço cortante solicitante aplicado V_d e do esforço de corte produzido pela força de tração, em que essa força de tração é obtida em função do momento fletor aplicado, fazendo:

$$N_{Sdt} = \frac{M_{Sd}}{d_{Viga} - t_{f;Viga}}$$

em que:

d_{Viga} = altura total do perfil da viga;

$t_{f;Viga}$ = espessura de seu flange.

Daí, divide-se o esforço de tração N_{Sdt} por 2 × 4 chumbadores localizados na parte superior, obtendo-se o esforço de corte (V_{Sdt1}) a partir da tração (N_{Sdt}) aplicada em cada um deles:

$$V_{Sdt1} = \frac{N_{Sdt}}{n_{chumbador}}$$

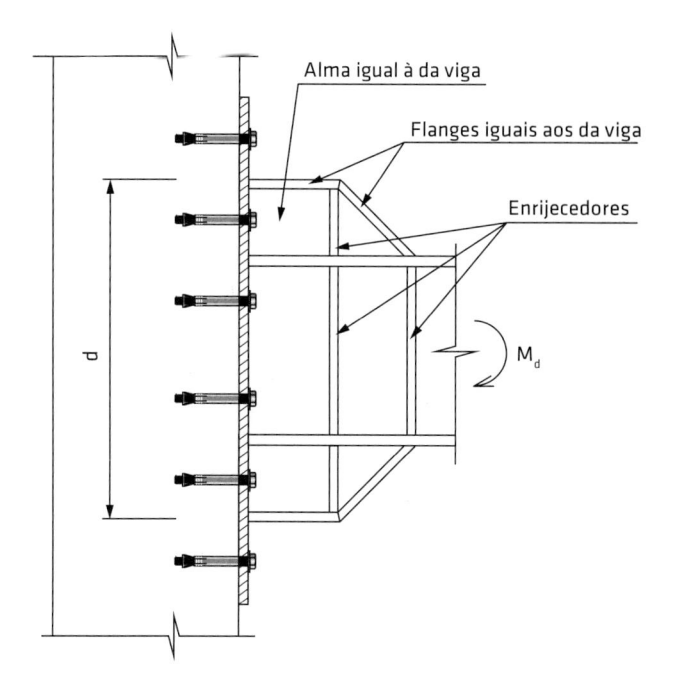

Fig. 2.111 Detalhe – aumento da altura da viga na região da ligação

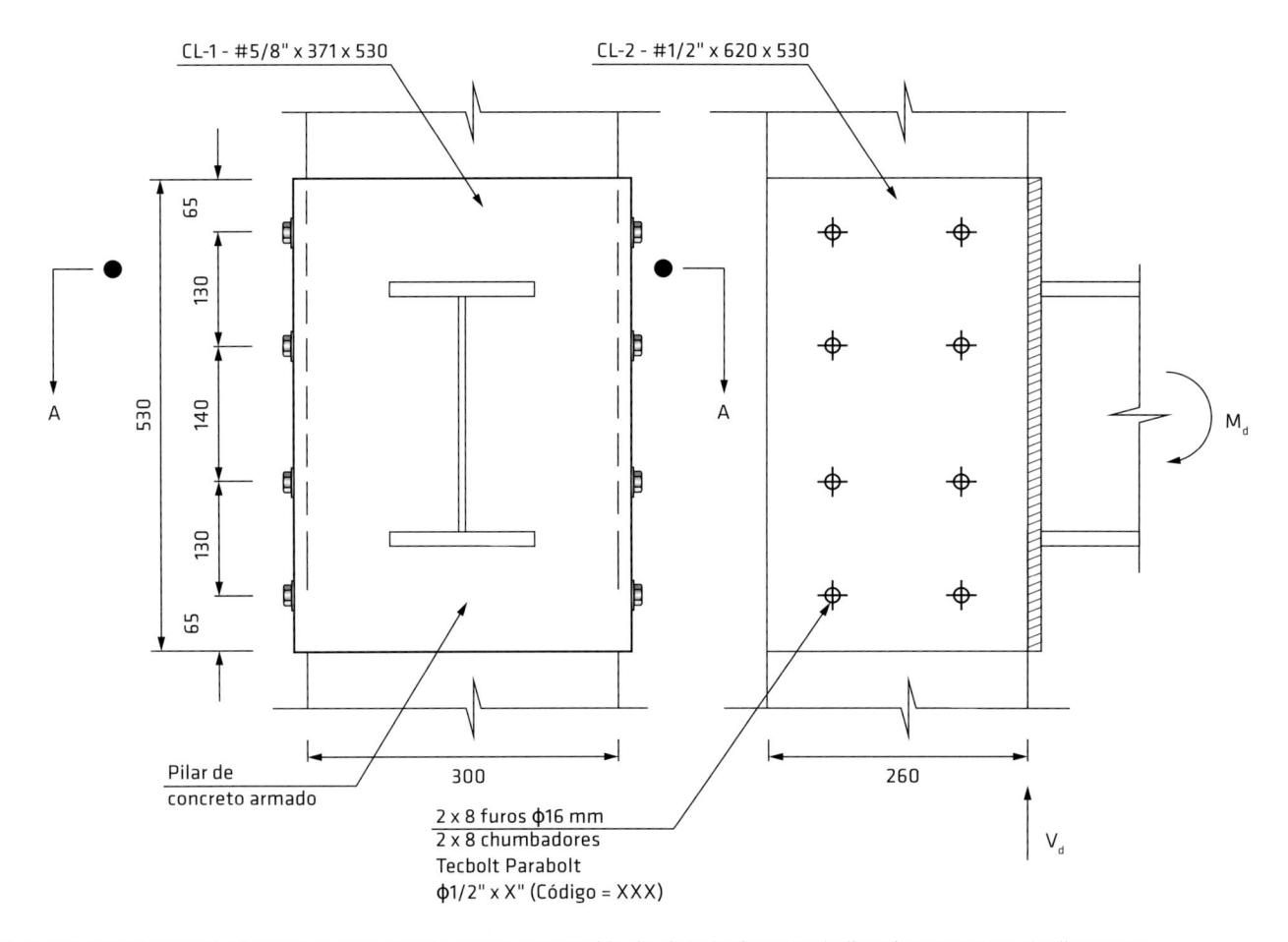

Fig. 2.112 Vistas frontal e lateral de uma ligação rígida constituída de chumbadores trabalhando apenas ao cisalhamento

Em seguida, chega-se ao valor do esforço de corte (V_{Sdt2}) a partir do esforço cortante (V_{Sd}) aplicado em cada um dos chumbadores:

$$V_{Sdt2} = \frac{V_{Sd}}{n_{chumbador}}$$

A soma das duas parcelas de corte, $V_{Sdt1} + V_{Sdt2}$, resulta no esforço cortante total V_{Sdt}, o qual deve ser inferior ao esforço resistente ao cisalhamento do chumbador especificado.

O esforço resistente do chumbador deve ser obtido em função do f_{ck} do concreto existente, adentrando no gráfico ilustrado na Fig. 2.108 e reduzindo esse valor de um fator de segurança apropriado, como mostrado na Tab. 2.5, para então encontrar o valor resistente de projeto.

Para chumbadores, por estar sendo utilizada uma carga solicitante de projeto, ou seja, já ponderada, além de um fator de redução da resistência do concreto e de um fator de segurança, costuma-se não calcular o esforço solicitante no chumbador mais solicitado, como visto na seção 2.16 e no exemplo feito na seção 2.21, para casos de ligações excêntricas. Todavia, esse valor de esforço solicitante máximo de corte, considerando uma ligação excêntrica, deve ser verificado em paralelo a fim de comparar os valores, mesmo para chumbadores.

Em ligações do tipo indicado na Fig. 2.113, sempre procurar deixar uma folga de 20 mm de cada lado da chapa CL-1 em relação às chapas CL-2, para que seja possível aplicar um cordão de solda de filete ou de solda de penetração total para unir as chapas CL-1 e CL-2. O único inconveniente em ligações desse tipo é ter de usar soldas de campo, sobre as quais todo o tratamento descrito no Cap. 7 deverá ser aplicado.

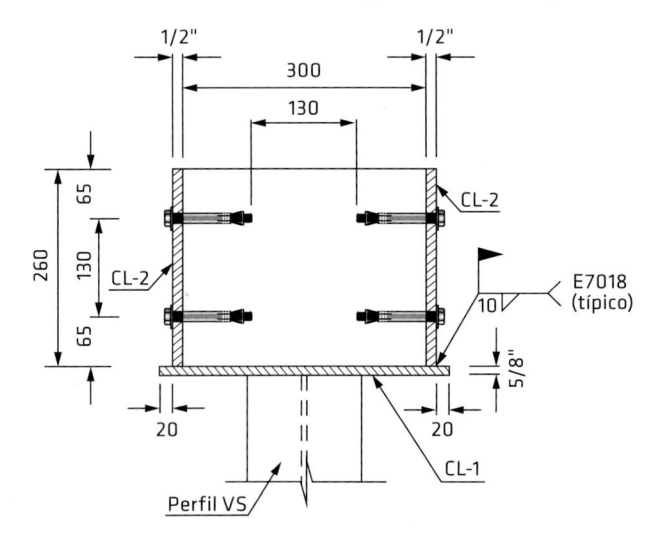

Fig. 2.113 Corte A-A indicado na Fig. 2.112 – vista em planta da ligação anterior com os chumbadores trabalhando somente ao cisalhamento

Em caso de ligação muito pesada, costuma-se soldar uma quarta chapa CL-3 pelo fundo do pilar, de modo a abraçá-lo totalmente, dependendo naturalmente de obstáculos existentes no entorno, como paredes, portões etc.

Nota: Todos os detalhes indicados nas Figs. 2.112 e 2.113 foram feitos respeitando o diedro brasileiro, com o desenho da planta baixa rebatida para cima, de modo a formar a vista frontal, e esta rebatida para a direita, de modo a formar a vista lateral. Porém, como não foi possível agrupar todas as vistas rebatidas em uma só página, optou-se por indicar primeiro um corte na vista frontal e, em outra página, a planta baixa. Em projetos executivos, havendo espaço para indicar todas as vistas rebatidas em uma só região do desenho, não se faz necessário indicar cortes, pois o diedro fala por si só e será entendido por um engenheiro ou projetista. O mesmo se aplica às Figs. 2.109 e 2.110.

2.24 Chumbadores químicos

Os chumbadores químicos são utilizados para situações nas quais os elementos de concreto já se encontram executados, igualmente como abordado para os chumbadores mecânicos. Recomendam-se os chumbadores químicos da fabricante Hilti.

Uma vantagem que esses chumbadores oferecem em relação aos mecânicos é a de exigir um menor espaçamento entre os eixos dos chumbadores, de $6 \cdot D$, e entre os eixos dos chumbadores e a borda do concreto, de $3 \cdot D$, sendo D o diâmetro nominal do chumbador, conforme mostrado nas Figs. 2.114 e 2.115.

Outra vantagem é o fato de esses chumbadores não terem sua ponta (extremidade) expandida durante a instalação, promovendo, assim, menos microfissuras no corpo do concreto. No entanto, se não forem respeitadas as distâncias mínimas, ainda pode ocorrer o mesmo efeito de arrancamento de cone próprio para os chumbadores.

2.25 Barras de ancoragem para ligações de vigas metálicas a pilares ou a vigas de concreto armado

As barras de ancoragem são utilizadas em emendas envolvendo ligações de elementos metálicos, tais como vigas de aço, a pilares ou a vigas de concreto armado. Normalmente, são executadas do seguinte modo:

- Faz-se um furo com broca no elemento de concreto, com o diâmetro da broca superior ao da barra a ser utilizada em cerca de 3,20 mm. Por exemplo: se utilizar barras de ancoragem com diâmetro nominal de $5/8"$, especificar brocas com diâmetro de $3/4"$.
- Limpa-se o furo com jato de ar comprimido, a fim de retirar restos de poeira e de concreto velho.
- Insere-se a barra em cada furo.
- Pode-se injetar ou não *grout* em cada furo.

Essas barras são usadas em situações em que a peça de concreto já se encontra executada ou em casos de edificações já existentes passando por reformas. Então, por que não empregar chumbadores químicos ou mecânicos?

Embora também seja possível, o uso desses chumbadores químicos ou mecânicos não é recomendável quando uma viga ou um pilar de concreto armado possui largura da ordem de até 25 cm. Isso ocorre porque, ao inserir um chumbador oposto ao outro, em cada face desse elemento, suas extremidades ficam muito próximas e, com isso, pode haver interferências de bulbos de pressão, podendo causar o rompimento do centro do elemento de concreto.

As barras são projetadas, normalmente, em aços SAE 1020, ASTM A36 ou ASTM A588, e sempre deve ser especificado o uso de porca e contraporca em cada uma de suas extremidades.

Atenção especial deve ser dada para o comprimento de suas zonas lisas e de suas zonas rosqueadas, de modo que

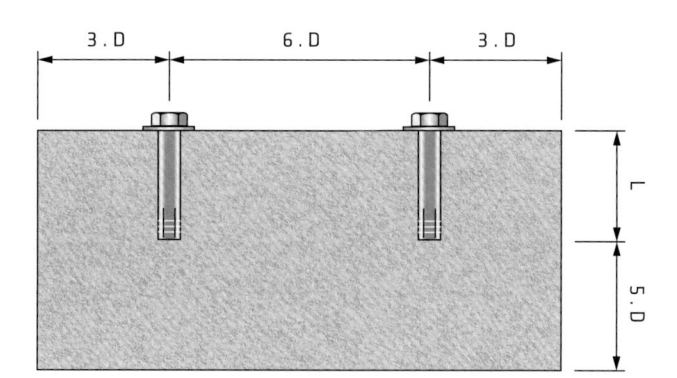

Fig. 2.114 Distâncias mínimas entre eixos de chumbadores químicos e bordas e fundo de concreto e entre eixos de chumbadores químicos

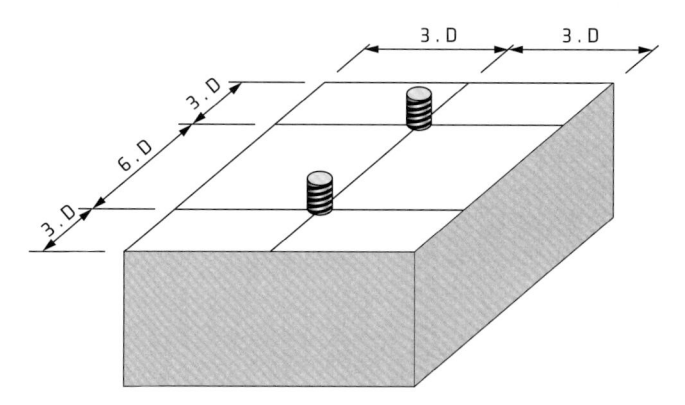

Fig. 2.115 Vista em perspectiva das distâncias mínimas entre eixos de chumbadores químicos e bordas de concreto e entre eixos de chumbadores químicos

a zona lisa permaneça em contato com o elemento de concreto e com a chapa metálica – zona onde se dá o esforço cortante na ligação. E deve-se projetar a zona rosqueada para além da chapa de ligação, de maneira a receber apenas as arruelas de pressão e lisas, bem como as porcas sextavadas.

Quando se tratar de elementos e concreto existentes, sempre projetar as barras pedindo em nota que todas as medidas sejam obtidas e conferidas *in loco* antes da fabricação, além de deixar uma folga de 5 mm em virtude de falhas na execução das peças de concreto, cuja precisão é dada em centímetro.

A distância mínima entre eixos de barras de ancoragem e bordas deve ser de $4 \cdot D$, sendo D o diâmetro nominal da barra, enquanto a distância mínima a ser mantida entre as barras deve ser de $6,5 \cdot D$.

O dimensionamento das barras de ancoragem é feito aplicando as fórmulas a seguir para encontrar os esforços resistentes admissíveis das barras.

Para a resistência da barra à tração:

$$N_R = 0,33 \cdot f_u \cdot A_B$$

Para a resistência da barra ao cisalhamento (com zona rosqueada no plano de cisalhamento):

$$V_R = 0,17 \cdot f_u \cdot A_B$$

Para a resistência da barra ao cisalhamento (com zona rosqueada fora do plano de cisalhamento):

$$V_R = 0,22 \cdot f_u \cdot A_B$$

em que:
f_u = tensão última da barra (em kN/cm²) – ver seção 2.3;
A_B = área da seção transversal da barra (em cm²).

Nota: Os esforços resistentes aqui são admissíveis e podem ser comparados com as cargas solicitantes nominais (sem ponderá-las). Para ter uma segurança a mais, poderão ser considerados os esforços solicitantes ponderados, adotando a carga solicitante de projeto.

Por exemplo, para uma barra ASTM A588 com diâmetro de ³/₄", os esforços resistentes admissíveis seriam:
- A tensão admissível para o aço ASTM A588 é f_u = 485 MPa = 48,5 kN/cm² (seção 2.3).
- A área de uma barra com diâmetro nominal de ³/₄" é determinada por:

$$A_B = \frac{\pi \cdot d^2}{4} = \frac{\pi \cdot (1,91\,\text{cm})^2}{4} = 2,87\,\text{cm}^2$$

- O esforço resistente admissível de tração da barra é de:

$$N_R = 0,33 \times 48,5\,\text{kN/cm}^2 \times 2,87\,\text{cm}^2 = 45,93\,\text{kN}$$

- E o esforço resistente admissível de cisalhamento da barra, considerando a zona rosqueada no plano de corte, é de:

$$V_R = 0,17 \times 48,5\,\text{kN/cm}^2 \times 2,87\,\text{cm}^2 = 23,66\,\text{kN}$$

Aconselha-se sempre calcular o comprimento da barra de modo que sua zona rosqueada permaneça fora da zona de cisalhamento do esforço solicitante, mas considerando, no cálculo, o esforço resistente com a zona rosqueada posicionada na zona de cisalhamento, como uma segurança a mais que protege a ligação contra falhas construtivas.

2.25.1 Exemplo 1 – barras submetidas a esforço cortante

Pelo exemplo da Fig. 2.116, a zona lisa da barra possui um comprimento de 231 mm, que foi calculado levando em conta que a zona lisa se estende até a espessura da chapa (zona crítica onde atua cisalhamento na barra), de modo a deixar a zona rosqueada fora dessa área crítica:

Espessura da chapa + largura do pilar + espessura da chapa + folga contra imperfeições no concreto =
= 12,7 mm + 200 mm + 12,7 mm + 5 mm = 230,4 mm ≅
≅ 231 mm

E o comprimento da zona rosqueada foi calculado do seguinte modo:

1 arruela de pressão + 1 arruela lisa + 1 porca sextavada + + folga na rosca =
= 4,0 mm + 4,0 mm + 12,7 mm + 10 mm = 30,7 mm ≅
≅ 31 mm

2.25.2 Exemplo 2 – barras submetidas a esforços de tração e cortante

Neste exemplo é ilustrado um caso típico de duas chapas de ligação utilizadas para interligar uma viga de aço a uma coluna de concreto com o uso de barras de transpasse, mantendo a parte lisa das barras dentro da região de esforço (largura do concreto e espessura da chapa de aço). Nesse caso, a barra deve ser dimensionada ao esforço combinado de tração e de cisalhamento, e nunca apenas à tração ou ao cisalhamento, de forma separada (Fig. 2.117).

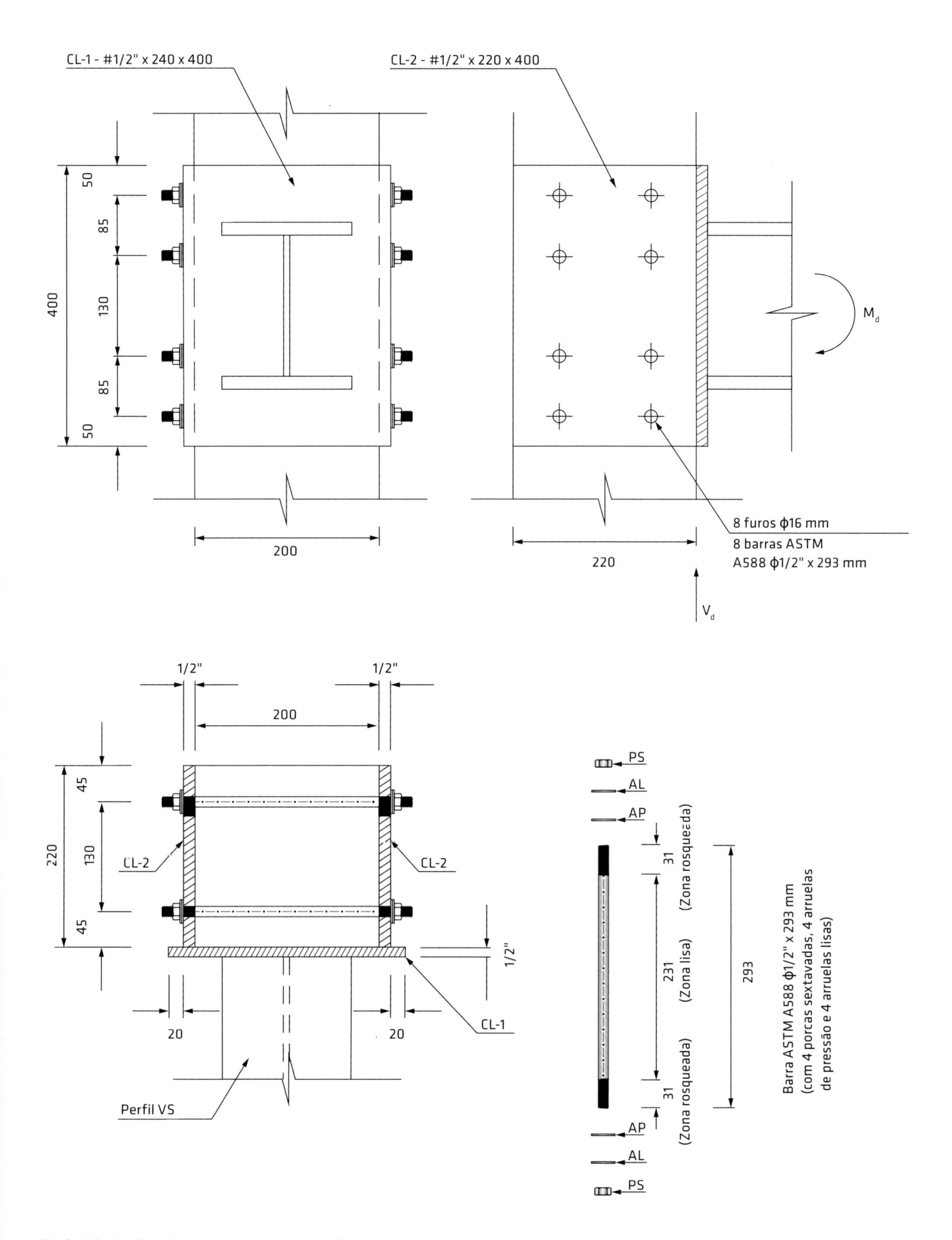

Fig. 2.116 Ligação rígida entre uma viga e um pilar de concreto, constituída por barras de ancoragem submetidas apenas ao corte

LIGAÇÕES COM CONECTORES (PARAFUSOS, BARRAS ROSQUEADAS, CHUMBADORES) 113

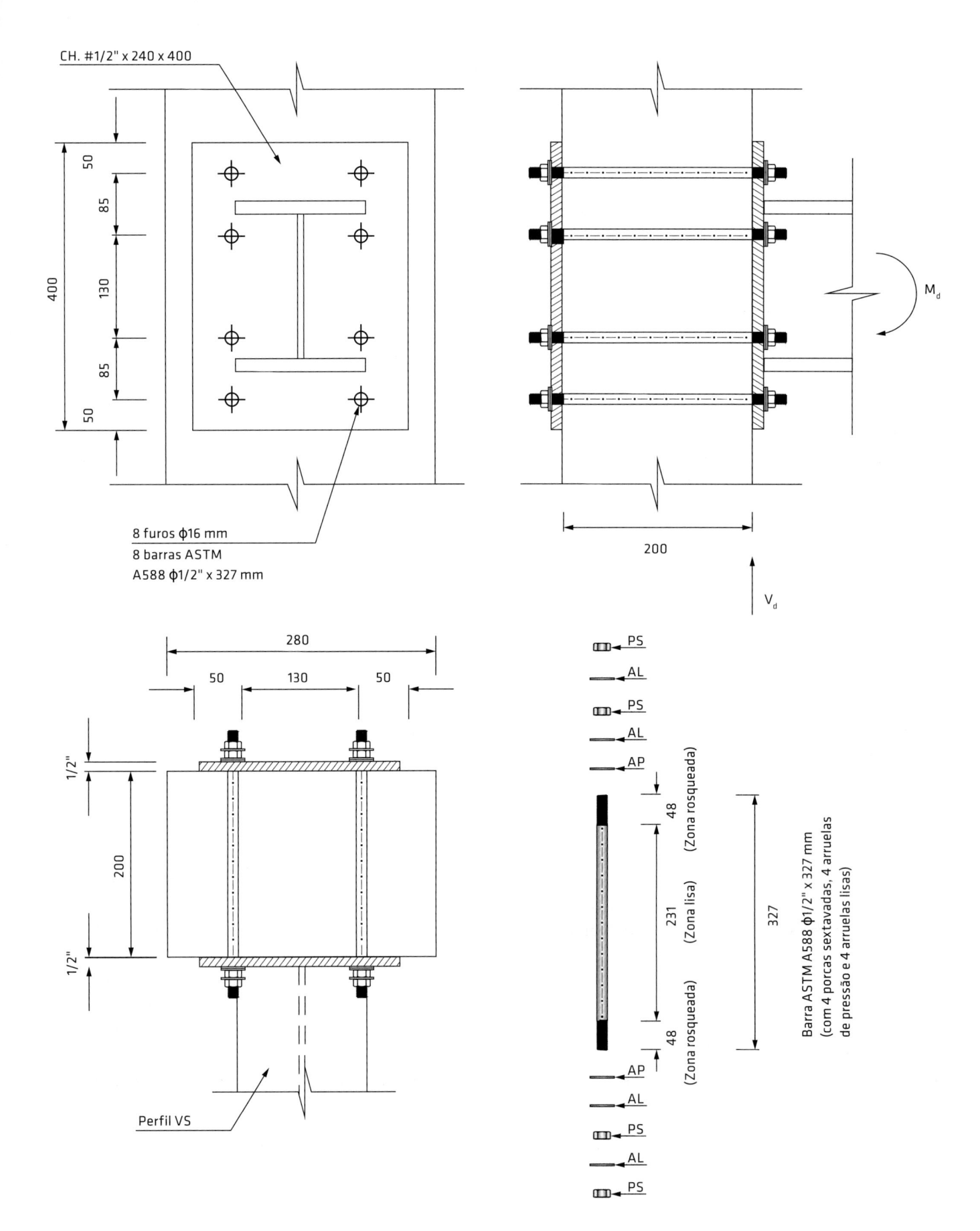

Fig. 2.117 Ligação rígida entre uma viga e um pilar de concreto, constituída por barras de ancoragem submetidas à tração e ao corte, de modo simultâneo

2.26 Barras de ancoragem de pré-concretagem para ligações de pilares metálicos a fundações de concreto armado

As assim chamadas barras de pré-concretagem são barras maciças, geralmente especificadas em aços SAE 1020, ASTM A36 ou ASTM A588, que servem para engastar um pilar (ou outro elemento) a uma fundação de concreto armado.

Essas barras devem ser montadas e milimetricamente alinhadas junto com as armaduras em aço CA50 da fundação, e, depois de a fundação ser concretada, elas permanecem no lugar esperando a chegada da chapa de base metálica do pilar a ser encaixado.

Normalmente, utilizam-se gabaritos de madeira para alinhar as barras durante todo o dinamismo da fase de concretagem, pois, se ocorrer falha de alinhamento, por menor que seja, a chapa de ligação não poderá mais ser encaixada.

A grande vantagem dessas barras, em detrimento de qualquer outro sistema, é a maior segurança de engastamento, principalmente para ligações principais e pesadas. Não se recomenda o uso de chumbadores químicos ou mecânicos para estruturas muito altas (como torres, torres de escadas, prédios etc.), já que, além da resistência promovida pelo conector, ainda é necessário ter um comprimento de ancoragem adequado, o que só será possível com o uso de barras de ancoragem devidamente projetadas.

O dimensionamento dos esforços resistentes admissíveis das barras de ancoragem desse caso é feito do mesmo modo apresentado na seção 2.25.

A seguir, são mostrados quatro casos típicos de uso de barras de ancoragem, juntamente com as mínimas dimensões geométricas já definidas, para ligações submetidas a esforços solicitantes de projeto (ponderados) simultâneos de momento fletor (M_d), esforço normal (N_d) e esforço horizontal (H_d).

2.26.1 Caso 1 – barras retas (sem o uso de dobras ou ganchos)

A Fig. 2.118 mostra um sistema de ligação rígida entre um pilar e uma base de concreto, com o uso de barras de ancoragem retas (sem dobras ou ganchos); os valores geométricos mínimos referenciados à figura estão apresentados na Tab. 2.6.

Todas as dimensões dessa tabela encontram-se em milímetro, exceto onde indicado em polegada.

A seguir, ver a marcha de cálculo realizada para o comprimento da barra reta com diâmetro de $1/2$".

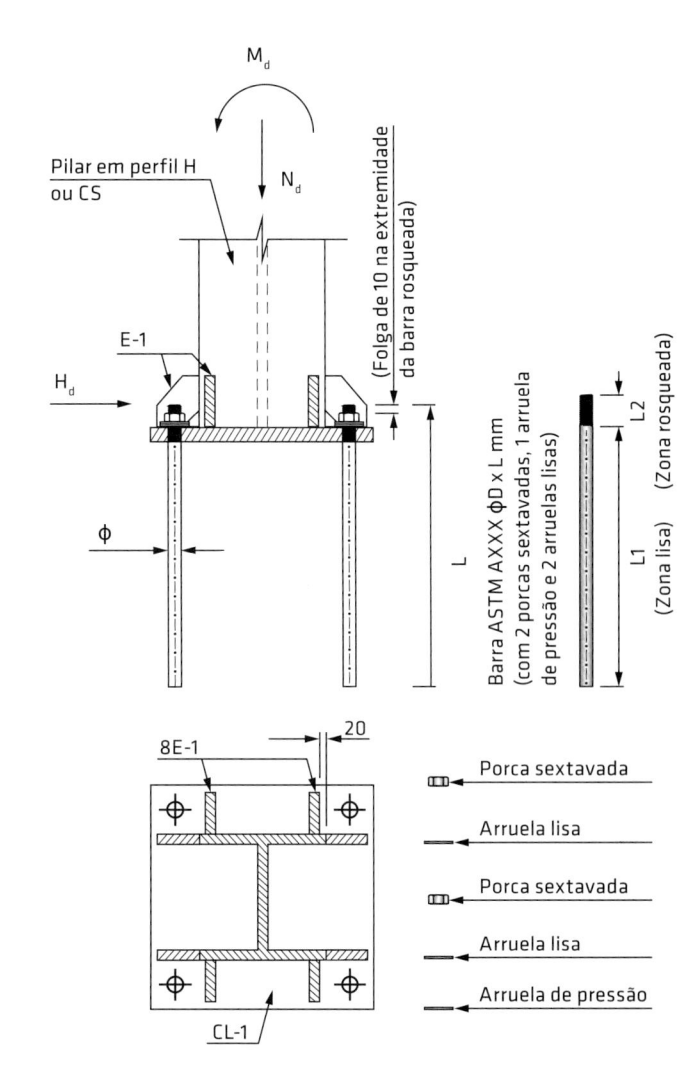

Fig. 2.118 Caso 1 – barras retas, sem o uso de dobras ou ganchos

Tab. 2.6 VALORES GEOMÉTRICOS MÍNIMOS REFERENCIADOS À FIG. 2.118 – PARA BARRA EM AÇO ASTM A36 E CONCRETO COM F_{CK} = 30 MPA

ϕ_1	$1/2$"	$5/8$"	$3/4$"	$7/8$"	1"	$1 1/4$"	$1 1/2$"	$1 5/8$"	$1 3/4$"
L_1	480	560	715	835	955	1.190	1.520	1.700	1.900

O comprimento da barra com gancho (ver caso 2 na seção 2.26.2) é feito basicamente descontando da barra reta um valor de $10 \cdot D$, sendo D o diâmetro nominal da barra.

O cálculo do comprimento de uma barra de ancoragem é realizado considerando a resistência característica do concreto à compressão. Para uma barra com diâmetro de $1/2$" e um concreto com f_{ck} = 30 MPa, o cálculo do comprimento é obtido da seguinte forma:

$$f_{ctm} = 0{,}3 \cdot f_{ck}^{2/3} = 0{,}3 \cdot \sqrt[3]{f_{ck}^2} = 0{,}3 \times \sqrt[3]{(30 \text{ MPa})^2} = 2{,}90 \text{ MPa}$$

$$f_{ctk;Inf} = 0{,}7 \cdot f_{ctm} = 0{,}7 \times 2{,}90 \text{ MPa} = 2{,}03 \text{ MPa}$$

$$f_{ctd} = \frac{f_{ctk;Inf}}{\gamma_C} = \frac{2{,}03 \text{ MPa}}{1{,}40} = 1{,}45 \text{ MPa}$$

$$f_{bd} = \eta_1 \cdot \eta_2 \cdot \eta_3 \cdot f_{ctd} = 1{,}0 \times 1{,}0 \times 1{,}0 \times 1{,}45 \text{ MPa} = 1{,}45 \text{ MPa}$$

em que:

η_1 = parâmetro que considera a rugosidade da barra de aço;
η_2 = parâmetro que considera a posição da barra na peça;
η_3 = parâmetro que considera o diâmetro da barra;
f_{ctd} = resistência de cálculo do concreto à tração direta;
f_{bd} = tensão de ancoragem;
f_{ctm} = resistência média do concreto à tração.

a) Para o tipo de barra
- η_1 = 1,0 para barras lisas (é o caso das barras ASTM A36, SAE 1020 e ASTM A588, considerado em todos os casos, 1 a 4).
- η_1 = 1,4 para barras entalhadas.
- η_1 = 2,25 para barras nervuradas.

b) Para a situação de aderência
- η_2 = 1,0 para situações de boa aderência (toda a fundação é considerada como zona de boa aderência, considerada em todos os casos, 1 a 4).
- η_2 = 1,4 para situações de má aderência.

c) Para o diâmetro da barra (aplicar para cada diâmetro)

$$\eta_3 = 1,0 \text{ para } \varnothing \leq 32 \text{ mm}$$
$$\eta_3 = \frac{132-\varnothing}{100} \text{ para } \varnothing > 32 \text{ mm}$$

d) Ancoragem básica (ℓ_b)

$$f_{yd} = \frac{f_y}{\gamma_s} = \frac{250 \text{ MPa}}{1,15} = 217,39 \text{ MPa}$$

$$Z_D = A_s \cdot f_{yd} = \frac{\pi \cdot \varnothing^2}{4} \cdot f_{yd} = f_{bd} \cdot \pi \cdot \varnothing \cdot \ell_b \Rightarrow \ell_b = \frac{\varnothing}{4} \cdot \frac{f_{yd}}{f_{bd}}$$

$$\ell_b = \frac{\varnothing}{4} \cdot \frac{f_{yd}}{f_{db}} = \frac{1,27 \text{ cm}}{4} \times \frac{217,39 \text{ MPa}}{1,45 \text{ MPa}} \Rightarrow \ell_b = 47,60 \text{ cm} \cong$$
$$\cong 48,0 \text{ cm}$$

Para barras em aço ASTM A36, utiliza-se f_y = 250 MPa.

e) Ancoragem necessária

$$\ell_{b;Nec} = \alpha_1 \cdot \ell_b \cdot \frac{A_{s;Calculada}}{A_{s;Efetiva}} \geq \ell_{b;mín}$$

O valor do comprimento ℓ_b da barra pode ainda ser reduzido por essa fórmula ao inserir o valor da área total da seção transversal de aço calculada e o valor da área total da seção transversal de aço utilizada; adotar α_1 = 0,7.

2.26.2 Caso 2 – barras retas com suas extremidades em forma de gancho

A Fig. 2.119 mostra um sistema de ligação rígida entre um pilar e uma base de concreto com o uso de barras de ancoragem cujas extremidades são curvadas em forma de ganchos; os valores geométricos mínimos referenciados à figura estão apresentados na Tab. 2.7.

Tab. 2.7 VALORES GEOMÉTRICOS MÍNIMOS REFERENCIADOS À FIG. 2.119 – PARA BARRAS LISAS E CONCRETO COM F_{CK} = 26 MPA

ϕ_1	$1/2$"	$5/8$"	$3/4$"	$7/8$"	1"	$1^{1}/_4$"	$1^{1}/_2$"	$1^{5}/_8$"	$1^{3}/_4$"
L_1	330	430	530	630	700	700	700	800	800
ϕ_2	$5/8$"	$3/4$"	$7/8$"	1"	$1^{1}/_2$"	$1^{3}/_4$"	2"	$2^{1}/_4$"	$2^{1}/_4$"

ϕ_1	$1^{7}/_8$"	2"	$2^{1}/_4$"	$2^{1}/_2$"	$2^{5}/_8$"	$2^{3}/_4$"	$2^{7}/_8$"	3"	$3^{1}/_4$"
L_1	800	800							
ϕ_2	$2^{3}/_4$"	$2^{3}/_4$"							

Todas as dimensões dessa tabela encontram-se em milímetro, exceto onde indicado em polegada. O comprimento da barra de ancoragem com diâmetro de ϕ_2 é igual ao comprimento da chapa de base.

2.26.3 Caso 3 – barras retas com suas extremidades dobradas a 90°

A Fig. 2.120 mostra um sistema de ligação rígida entre um pilar e uma base de concreto com o uso de barras de ancoragem retas com suas extremidades dobradas a 90°; os valores geométricos mínimos referenciados à figura estão apresentados na Tab. 2.8.

Tab. 2.8 VALORES GEOMÉTRICOS MÍNIMOS REFERENCIADOS À FIG. 2.120 – PARA BARRAS LISAS E CONCRETO COM F_{CK} = 26 MPA

ϕ	$1/2$"	$5/8$"	$3/4$"	$7/8$"	1"	$1^{1}/_4$"	$1^{1}/_2$"	$1^{5}/_8$"	$1^{3}/_4$"
L_1	370	460	555	645	740	920	1.105	1.200	1.290
L_3	130	160	190	220	250	320	380	420	450

ϕ	$1^{7}/_8$"	2"	$2^{1}/_4$"	$2^{1}/_2$"	$2^{5}/_8$"	$2^{3}/_4$"	$2^{7}/_8$"	3"	$3^{1}/_4$"
L_1	1.380	1.480							
L_3	480	510							

Todas as dimensões dessa tabela encontram-se em milímetro, exceto onde indicado em polegada.

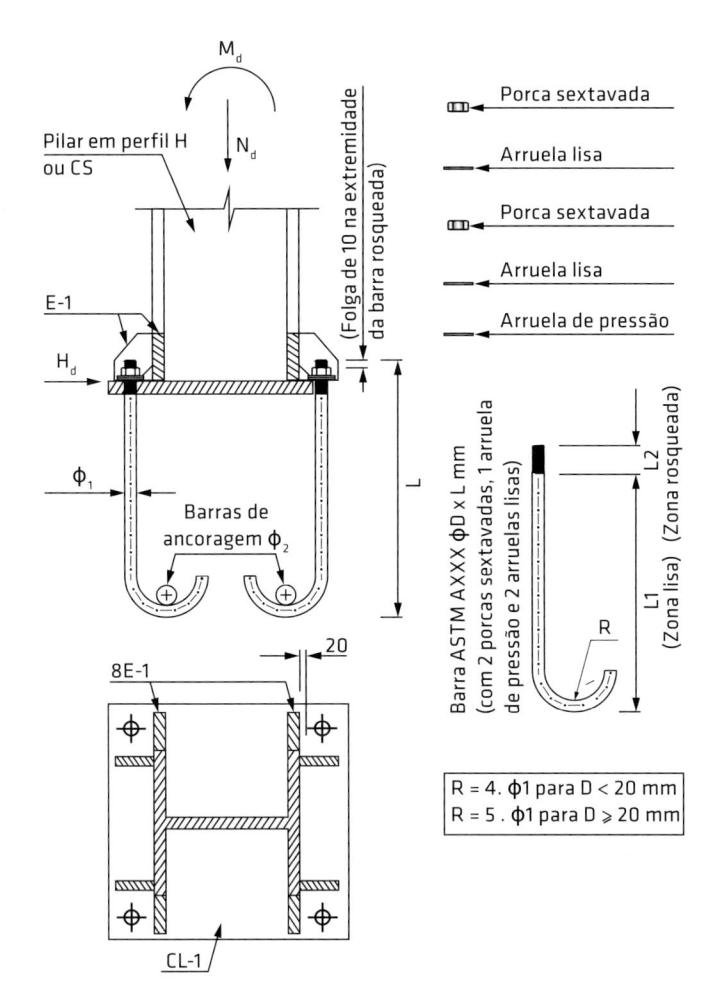

Fig. 2.119 Caso 2 – barras retas com extremidades em forma de gancho

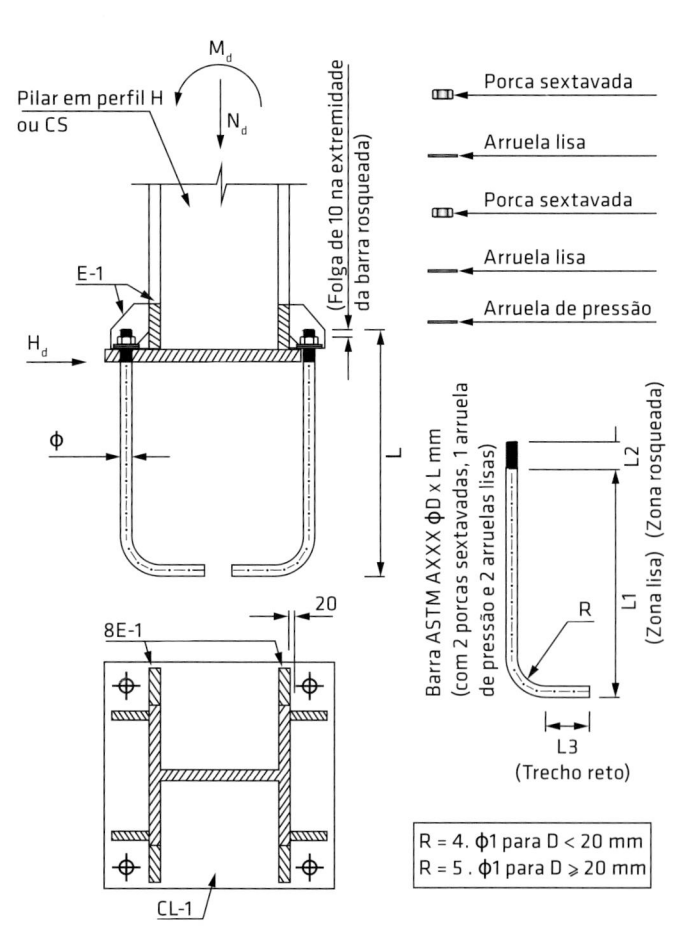

Fig. 2.120 Caso 3 – barras retas com extremidades dobradas a 90°

2.26.4 Caso 4 – barras retas com ancoragens promovidas por pedaços de chapas

A Fig. 2.121 mostra um sistema de ligação rígida entre um pilar e uma base de concreto com o uso de barras de ancoragem retas com pedaços de chapas soldadas a suas extremidades; os valores geométricos mínimos referenciados à figura estão apresentados na Tab. 2.9.

Tab. 2.9 VALORES GEOMÉTRICOS MÍNIMOS REFERENCIADOS À FIG. 2.121 – PARA BARRAS LISAS E CONCRETO COM F_{CK} = 26 MPA

φ	1/2"	5/8"	3/4"	7/8"	1"	1 1/4"	1 1/2"	1 5/8"	1 3/4"
L_1	350	450	550	650	800	1.000	1.250	1.250	1.250
a	100	100	100	100	100	100	120	120	150
t	3/8"	1/2"	1/2"	5/8"	3/4"	3/4"	1"	1 1/4"	1 1/4"

φ	1 7/8"	2"	2 1/4"	2 1/2"	2 5/8"	2 3/4"	2 7/8"	3"	3 1/4"
L_1	1.500	1.700							
a	150	150							
t	1 1/4"	1 1/4"							

Todas as dimensões dessa tabela encontram-se em milímetro, exceto onde indicado em polegada.

2.27 Parafusos de fixação e de costura

Em substituição aos ganchos formados por barras maciças, procurar adotar parafusos autobrocantes para a fixação da telha metálica na estrutura de viga/terça de cobertura ou de fechamento lateral, e utilizar parafusos de costura para fixar as abas das telhas.

Os parafusos de fixação e de costura devem ser especificados com proteção de Aluseal contra o processo de corrosão. Parafusos com esse tipo de proteção são testados ao extremo em câmaras salinas.

Esses parafusos já vêm com anel de neoprene para vedação entre a telha e não precisam de porcas, pois suas extremidades possuem forma de brocas, sendo fáceis de instalar e dispostos nos mais variados comprimentos, servindo para aplicações tanto para telhas simples como para telhas duplas.

Uma telha simples de aço galvanizado, por exemplo, possui espessura variando de 0,5 mm a 1,2 mm, enquanto uma telha do tipo sanduíche, que possui um enchimento em seu interior para promover o isolamento térmico/acústico, possui espessura de cerca de 40 mm de enchimento, no mínimo. Naturalmente, deve-se pesquisar cada fabricante, sendo um exemplo a Fischer, de excelente qualidade.

A Fig. 2.122 mostra um exemplo de fixação de telha MPB Onda 40 (esp. 0,50 mm) com o uso de parafusos de costura e de fixação, com proteção de Aluseal, para a ligação da telha às terças de cobertura e de fechamento lateral.

2.28 Casos de colapsos de ligações parafusadas

Na Fig. 2.123 são mostrados alguns casos típicos de possíveis colapsos de ocorrência em conectores, quando estes se encontrarem subdimensionados perante os esforços solicitantes.

2.29 Abordagens de detalhes de projetos originais

Nas Figs. 2.124 a 2.133 são mostrados diversos casos reais já vivenciados que indicam ligações com o uso de conectores aplicados aos mais variados tipos geométricos de seções.

O desenho ilustrado na Fig. 2.124 faz parte do conjunto de desenhos de montagem de um projeto de estruturas metálicas, no qual são indicadas as informações necessárias para que o engenheiro civil de campo monte a estrutura. Nesse grupo de desenhos, não é necessário indicar: as soldas de ligação dos enrijecedores com a chapa de base, a solda de ligação do pilar H à chapa de base e o diâmetro dos furos das chapas. Essas informações devem ser indicadas no grupo de desenhos de fabricação do projeto.

Os desenhos de montagem podem ser feitos na escala 1:20.

Já os desenhos mostrados na Fig. 2.125 pertencem ao grupo de desenhos de fabricação do projeto de estruturas metálicas da Fig. 2.124.

No caso de desenhos de fabricação, cada elemento pode receber uma nomenclatura em forma de sigla, o que facilita sua chamada nos desenhos de montagem. Por exemplo, para chapas de ligação, pode-se adotar CL-1, CL-2, ..., CL-n, e para enrijecedores, E-1, E-2, ..., E-n, sempre seguidos de suas quantidades entre parênteses, o que irá facilitar a montagem da lista de materiais.

Quando for indicar furos em uma chapa, sempre procurar informar, na parte de cima da linha de chamada, o diâmetro do furo em milímetro, e, sob essa linha, os parafusos ou barras em polegada.

No caso de parafusos ou barras, sempre especificar o diâmetro, o comprimento, a quantidade, o tipo de aço e o número, em parênteses, de porcas sextavadas e de arruelas lisas e de pressão. Para as chapas, sempre indicar suas dimensões gerais e a espessura.

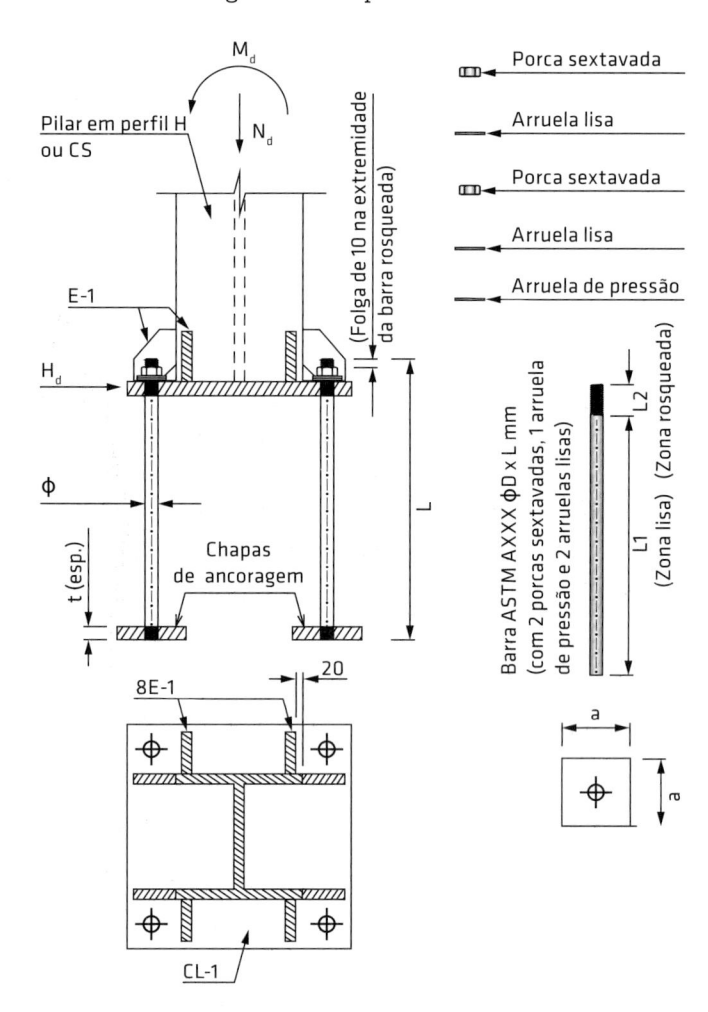

Fig. 2.121 Caso 4 – barras retas com ancoragens promovidas por pedaços de chapas

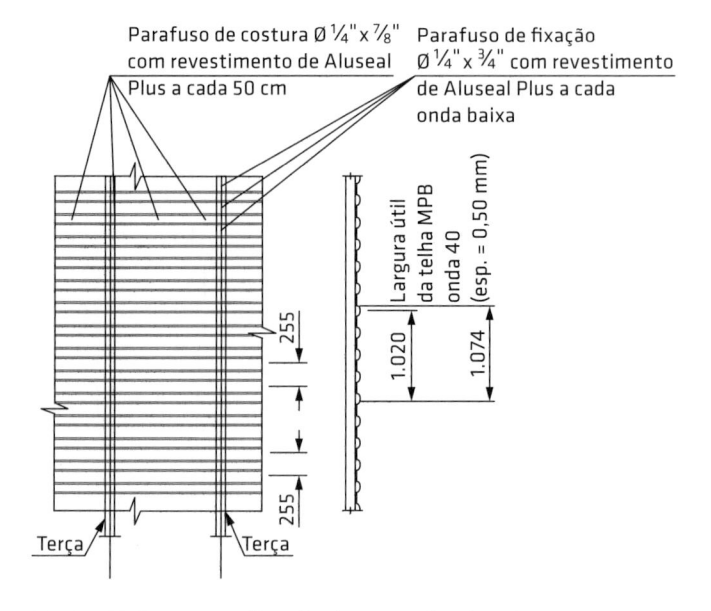

Fig. 2.122 Sistema de fixação de uma telha de cobertura com o uso de parafusos de fixação e de costura

Cisalhamento do parafuso

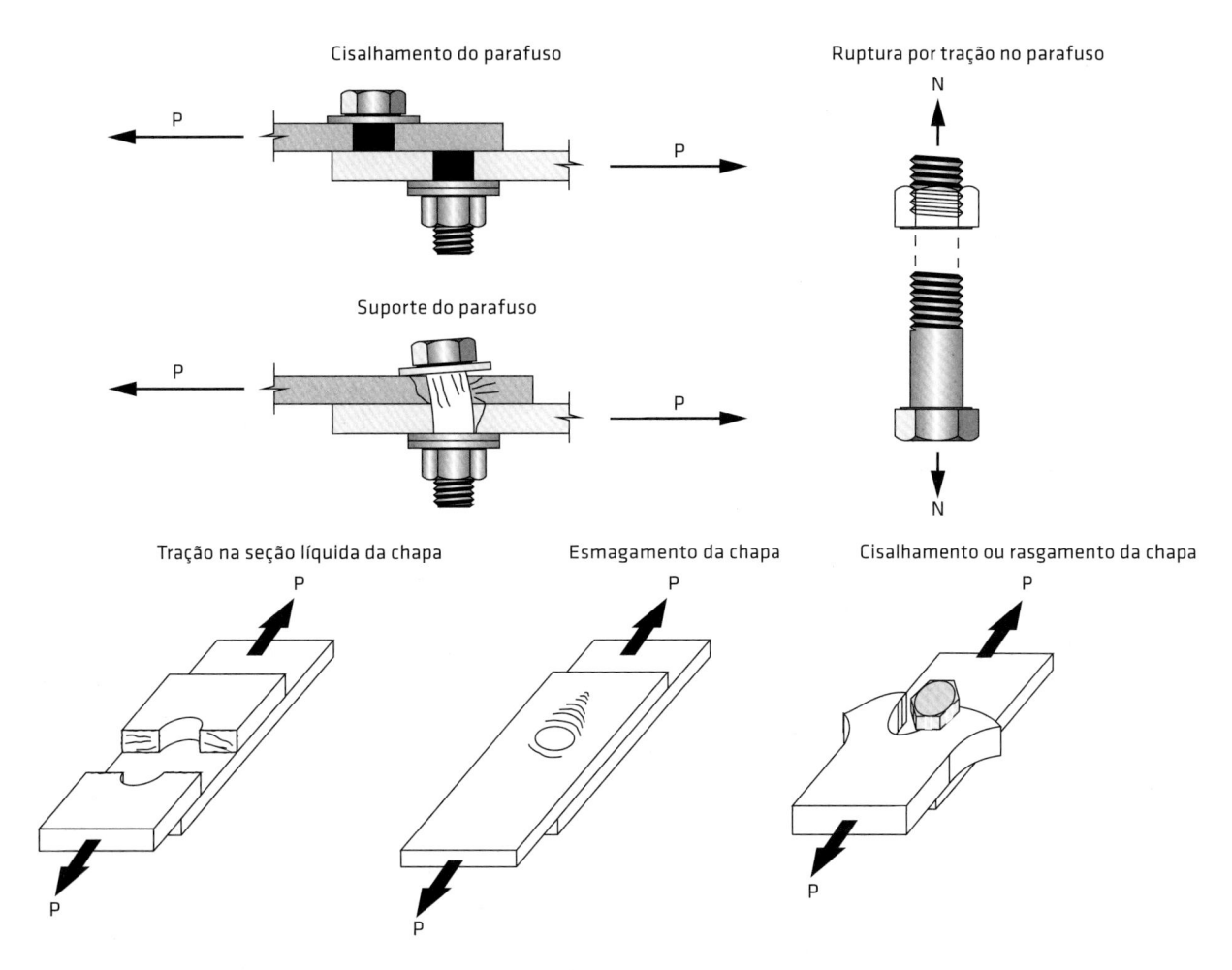

Ruptura por tração no parafuso

Suporte do parafuso

Tração na seção líquida da chapa

Esmagamento da chapa

Cisalhamento ou rasgamento da chapa

Fig. 2.123 Diversos modos de falhas de emendas parafusadas, causadas por falhas nas chapas e/ou conectores

Detalhe 1 - base de pilares P1
Escala: 1:20

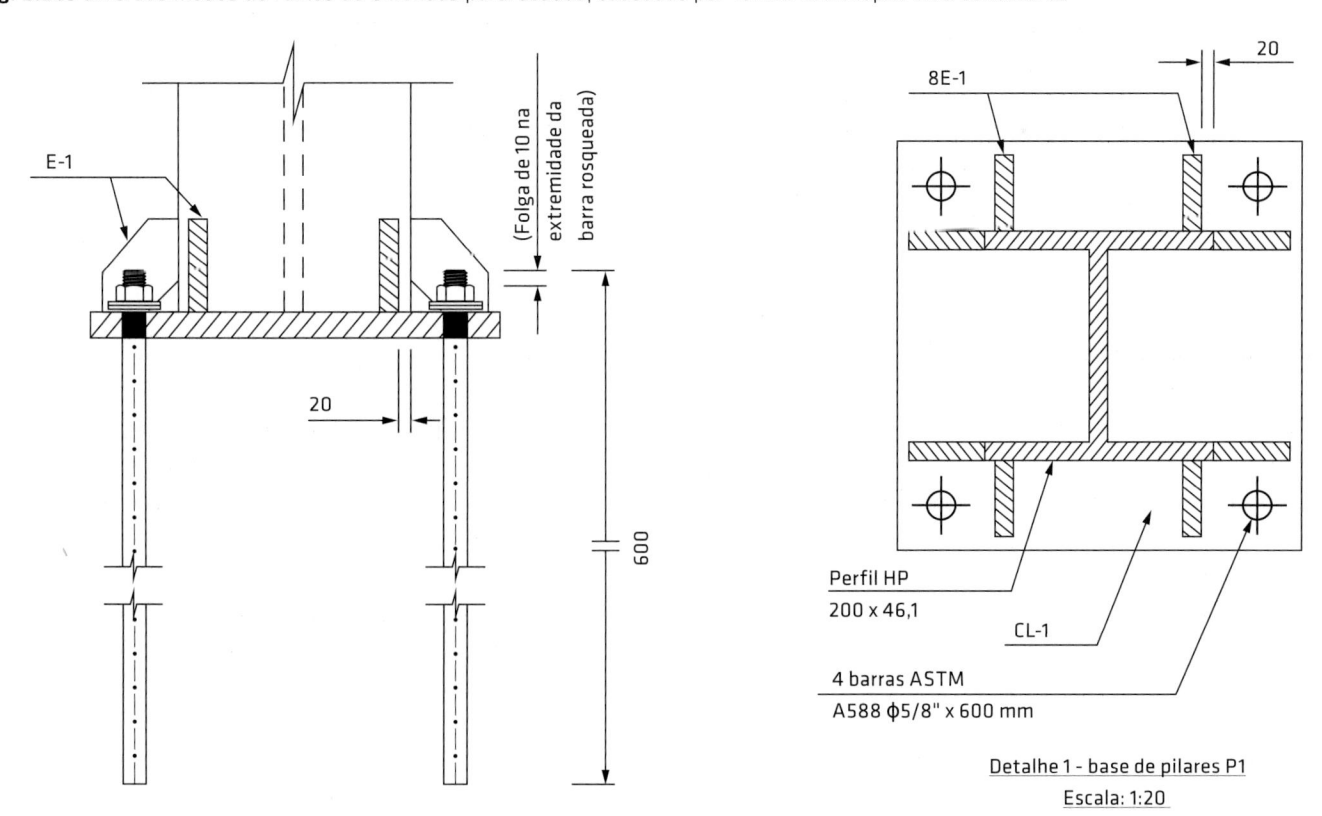

Fig. 2.124 Detalhe de uma ligação de base de pilar H a ser ancorado em uma base de concreto com o uso de barras de ancoragem em aço ASTM A588

LIGAÇÕES COM CONECTORES (PARAFUSOS, BARRAS ROSQUEADAS, CHUMBADORES)

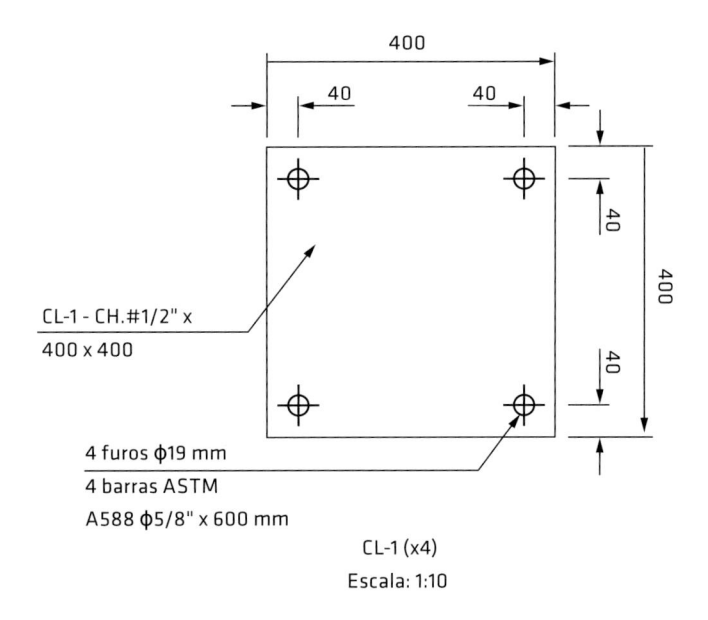

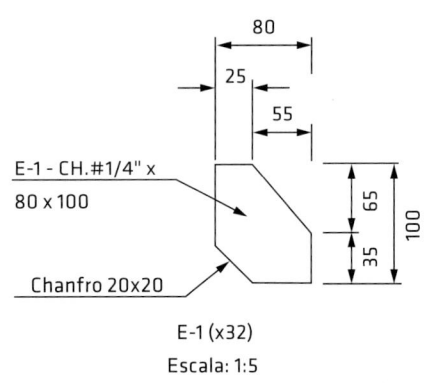

Fig. 2.125 Detalhes da chapa de base e do enrijecedor

No detalhe do enrijecedor, é necessário indicar um chanfro com medida mínima de 20 mm × 20 mm, para que a solda de ligação do enrijecedor à chapa de base do pilar não interfira com a solda de ligação do perfil H do pilar com a mesma chapa de base. Pois, caso duas soldas de aplicações diferentes se encontrem, se dará início ao processo de corrosão.

Os desenhos de fabricação podem ser feitos na escala 1:10 a 1:5.

No caso de barras de ancoragem, por não terem comprimentos, zonas lisas e zonas rosqueadas determinadas comercialmente, como no caso dos parafusos, sempre desenhar as barras indicando os comprimentos de suas zonas lisa e rosqueada.

No caso ilustrado pela Fig. 2.126, indicaram-se duas situações para o cômputo do comprimento da zona rosqueada, que deve permanecer acima do topo da chapa de base do pilar: na Fig. 2.126A, mostrando a barra com o uso de uma porca sextavada, e, na Fig. 2.126B, mostrando a barra com o uso de duas porcas sextavadas (porca e contraporca).

No exemplo de uso de uma porca (Fig. 2.126A), o comprimento da zona lisa seria (ver seção 2.5 para a espessura de arruelas):

1 arruela de pressão + 1 arruela lisa +
+ 1 porca sextavada (⁵/₈" = 15,80 mm) + folga =
= 6,0 mm + 6,0 mm + 15,8 mm + 10 mm = 37,8 mm ≅
≅ 38,0 mm

No exemplo de uso de duas porcas (Fig. 2.126B), o comprimento da zona lisa seria (ver seção 2.5 para a espessura de arruelas):

1 arruela de pressão + 1 arruela lisa +
+ 1 porca sextavada (⁵/₈" = 15,80 mm) + 1 arruela lisa +
+ 1 porca sextavada (⁵/₈" = 15,80 mm) + folga =

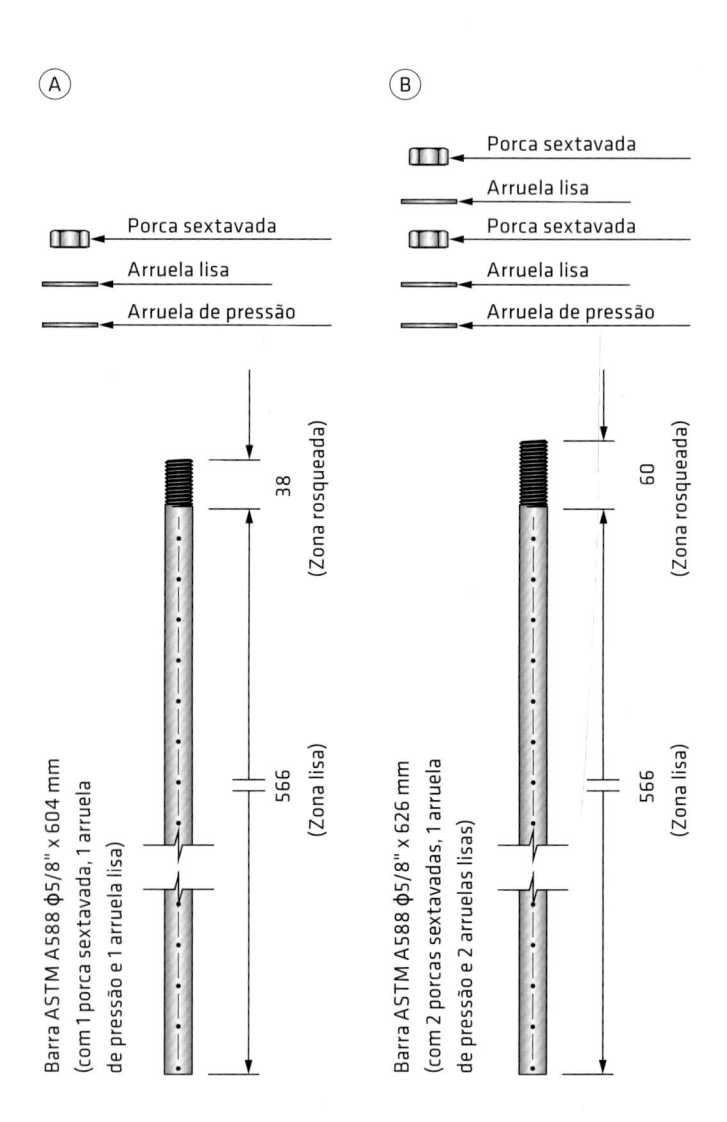

Fig. 2.126 Detalhe das barras de ancoragem

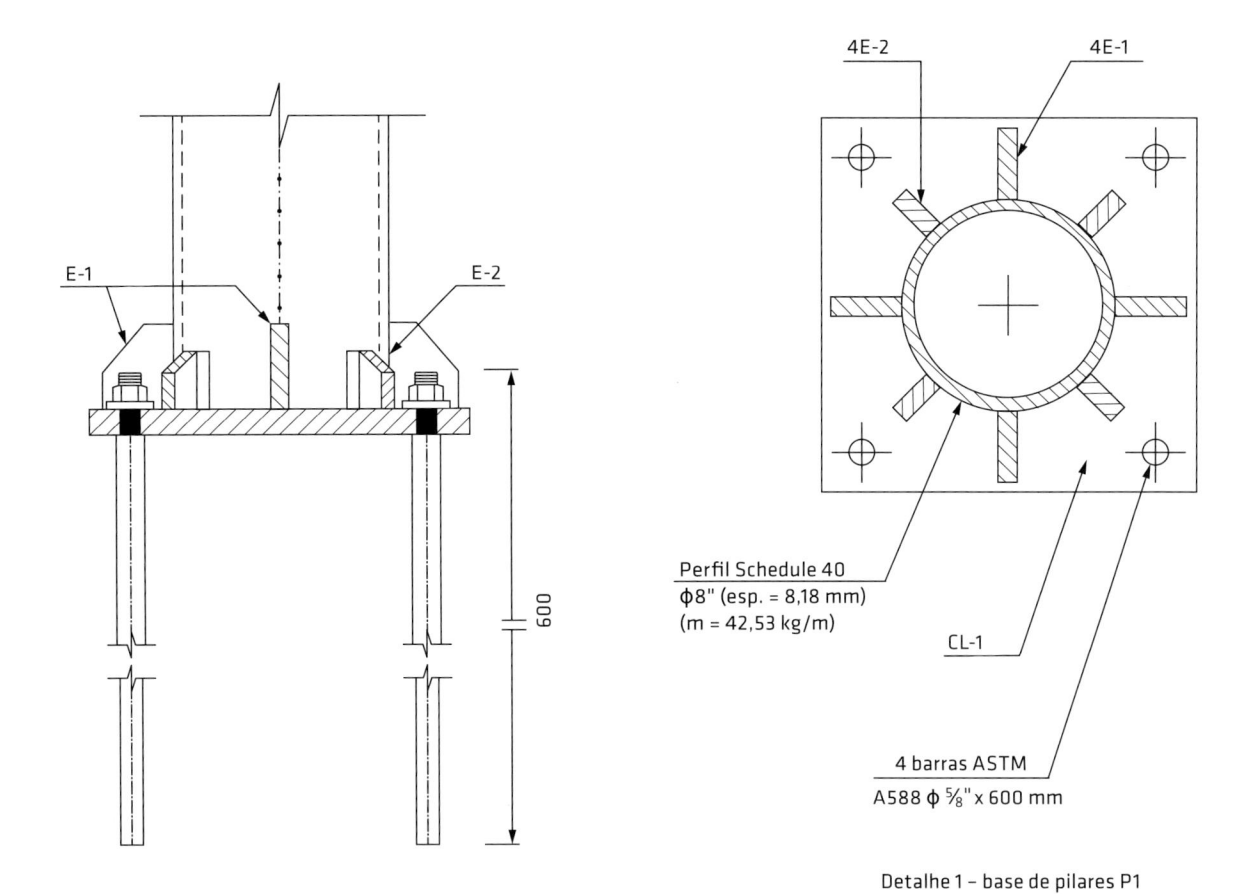

Fig. 2.127 Detalhe de uma ligação de base de pilar Schedule (de seção circular) a ser ancorado em uma base de concreto com o uso de barras de ancoragem em aço ASTM A588, de chapa de base (ou de ligação) e seus enrijecedores de base de coluna

$= 6{,}0\ mm + 6{,}0\ mm + 15{,}8\ mm + 6{,}0\ mm + 15{,}8\ mm +$
$+ 10\ mm = 59{.}6\ mm \cong 60{.}0\ mm$

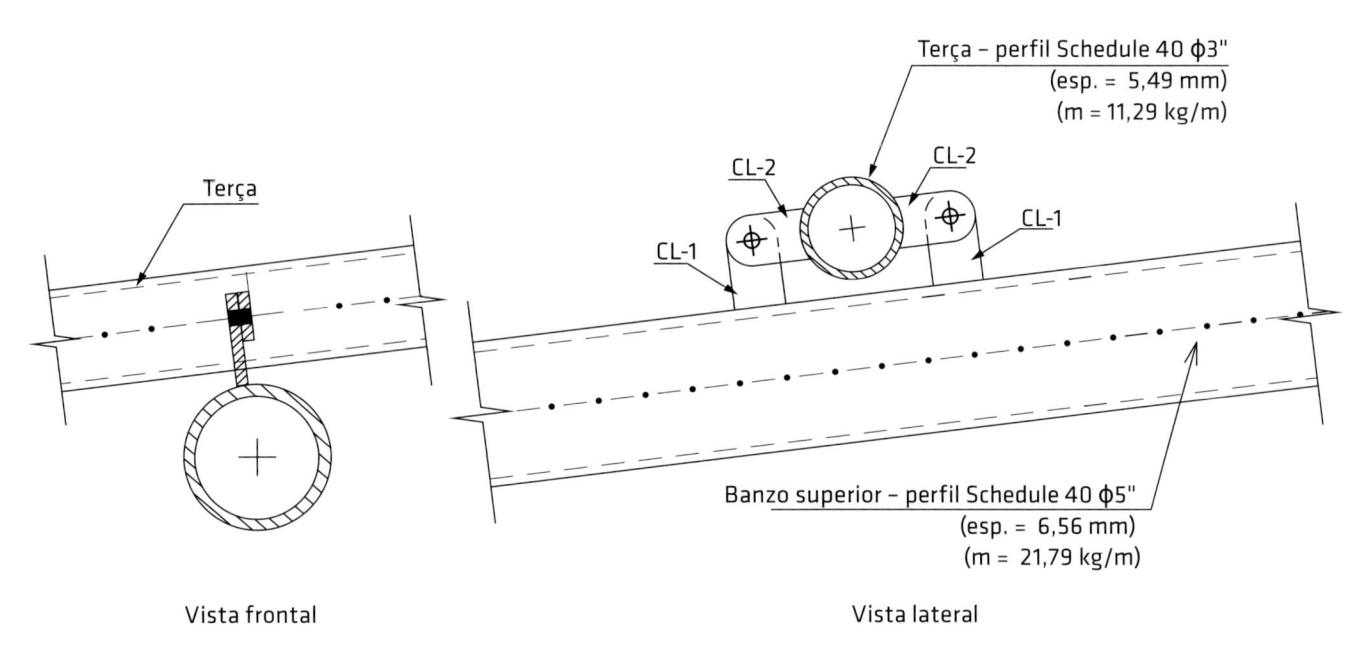

Detalhe 1 – ligação da terça com o banzo superior da treliça
Escala: 1:20

Fig. 2.128 Detalhe de uma ligação típica parafusada usada para unir perfis de terças de seção circular Schedule, retirado de seu projeto de montagem

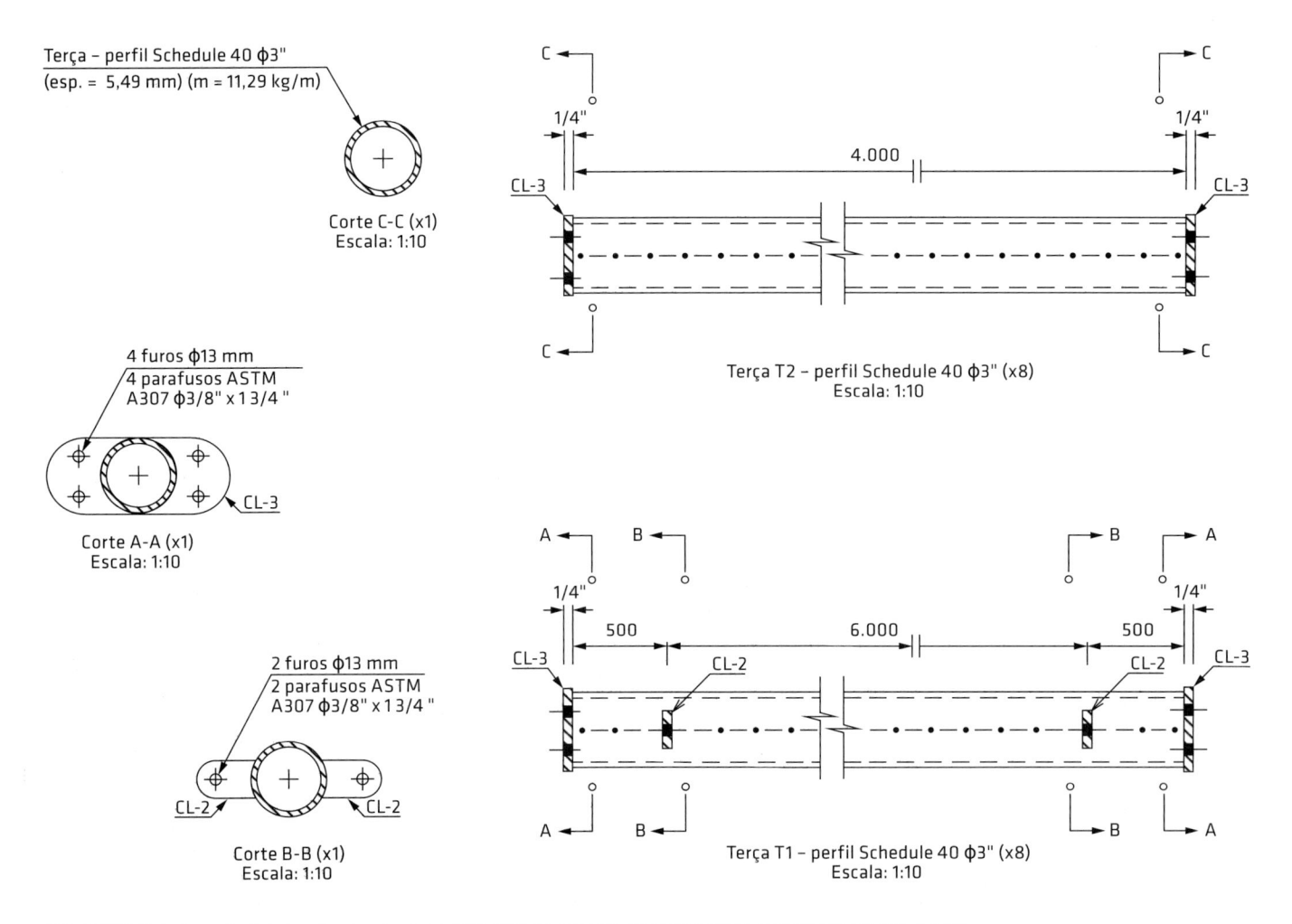

Fig. 2.129 Detalhes de fabricação das terças utilizadas no projeto de montagem, mostrado na Fig. 2.128

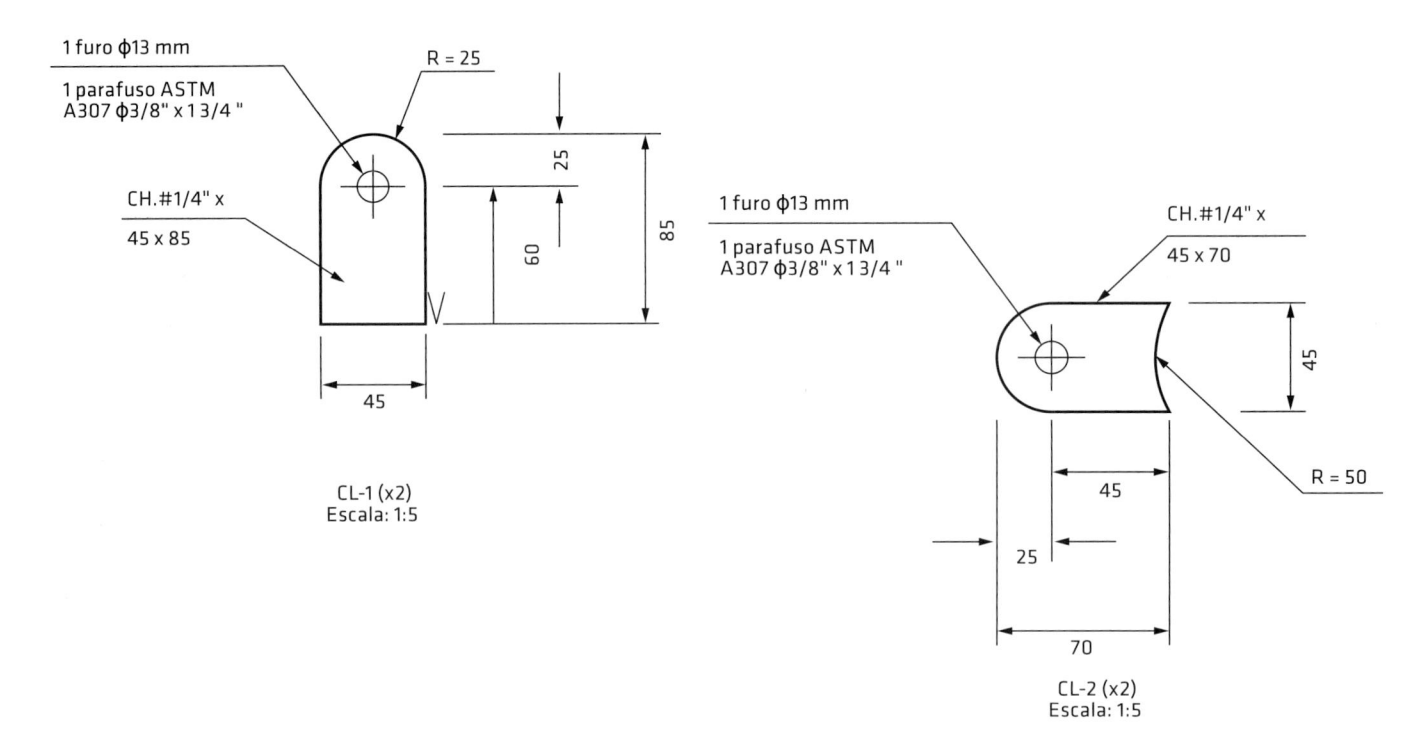

Fig. 2.130 Detalhes de fabricação dos enrijecedores E-1 e E-2, para a ligação das terças mostradas na Fig. 2.128

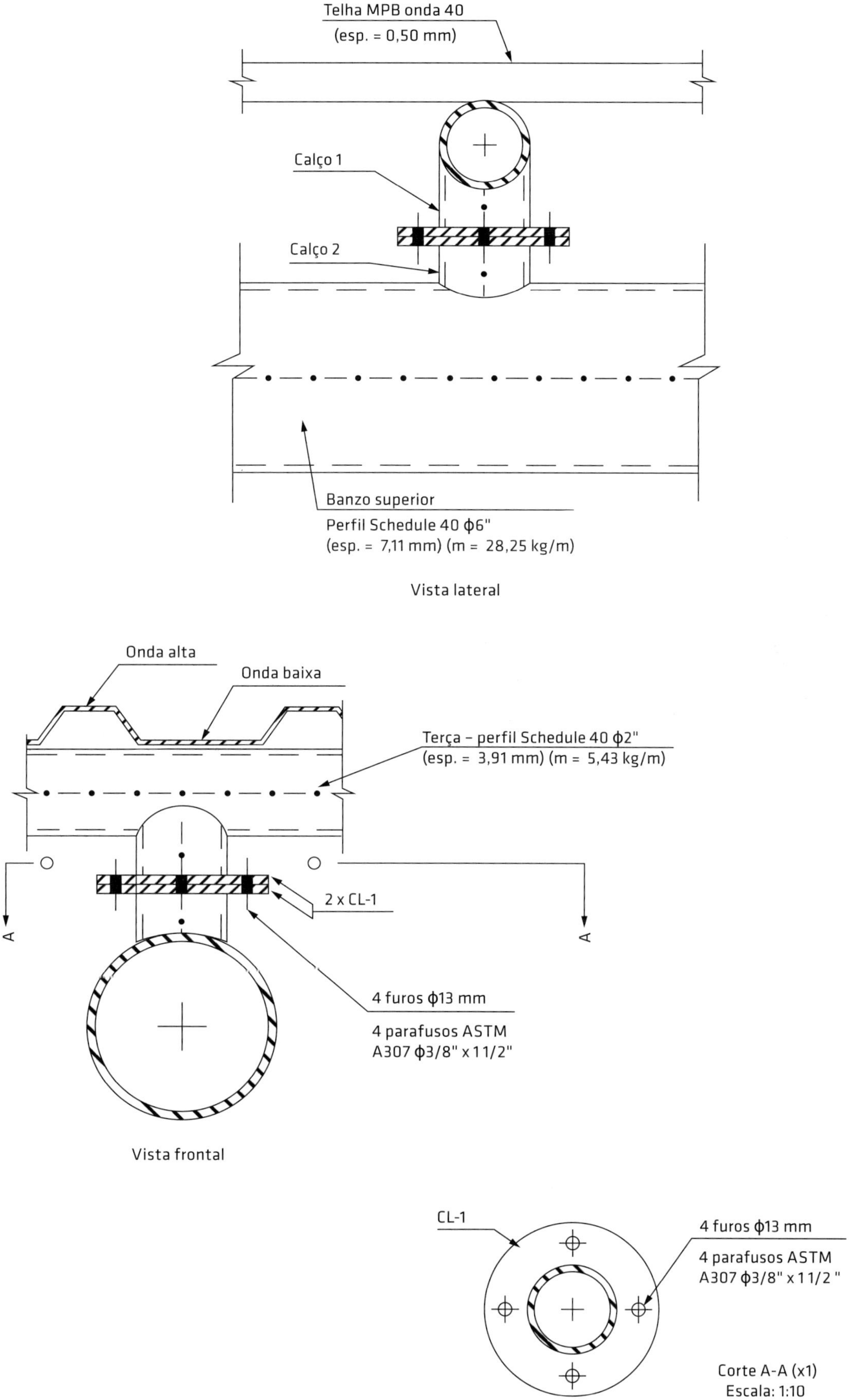

Fig. 2.131 Detalhe de uma ligação parafusada adotada para ligar uma viga de perfil Schedule 40 ϕ6" a uma terça de perfil Schedule 40 ϕ2", retirado de um projeto de montagem

LIGAÇÕES COM CONECTORES (PARAFUSOS, BARRAS ROSQUEADAS, CHUMBADORES)

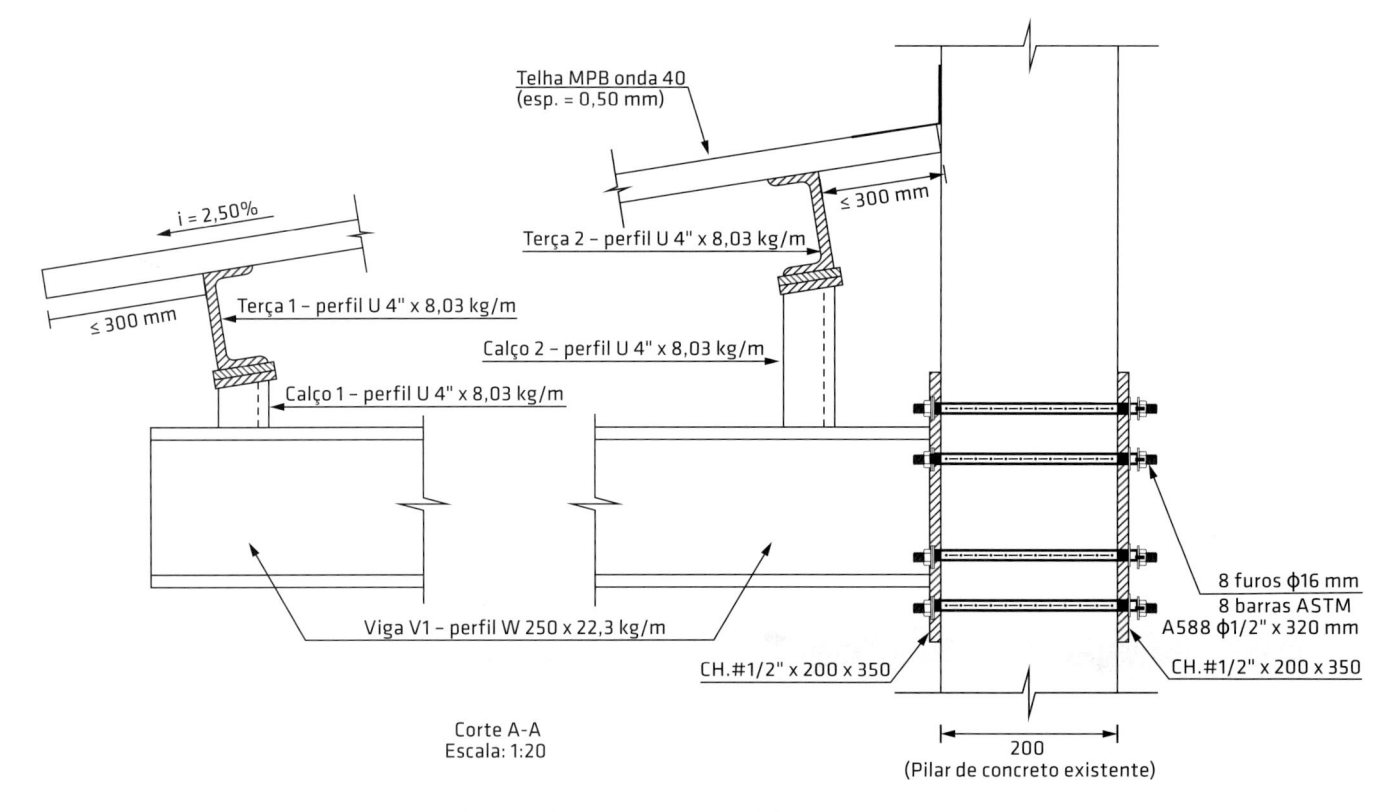

Fig. 2.132 Detalhe de projeto de montagem de parte de uma marquise em balanço

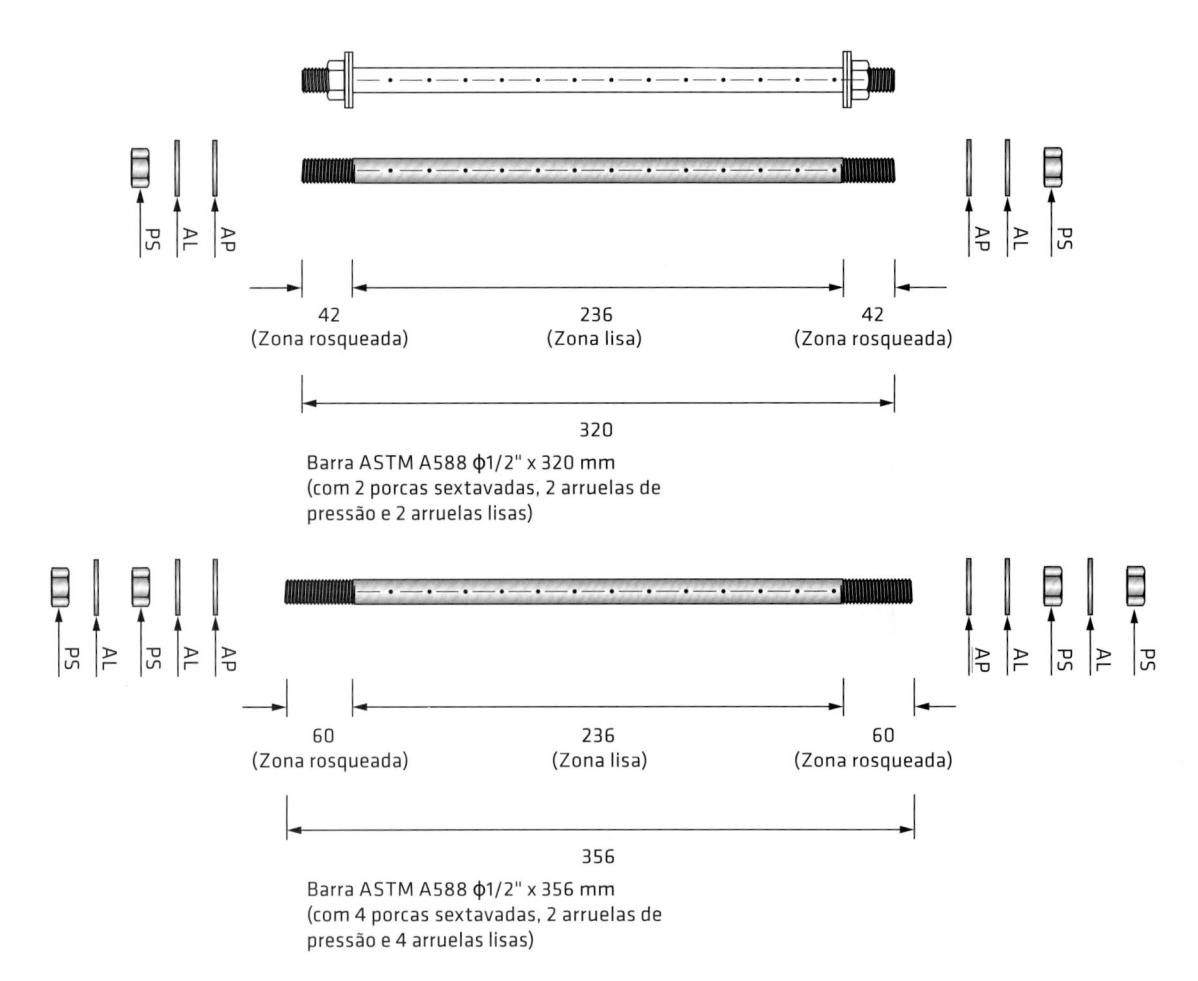

Fig. 2.133 Detalhe de fabricação das barras de ancoragem utilizadas no projeto de montagem da marquise indicada na Fig. 2.132

2.30 Abordagens de casos reais

2.30.1 Fixação de bases de pilares por meio de chumbadores de pré-concretagem e químicos

Para um sistema de base de coluna apoiado diretamente sobre o piso de concreto (Fig. 2.134), com o fundo da chapa de base do pilar no mesmo nível do piso existente, o sistema de base fica suscetível ao contato com líquidos (produtos químicos de limpeza, óleos de máquinas, poças d'água de chuva etc.), favorecendo, assim, o processo de corrosão.

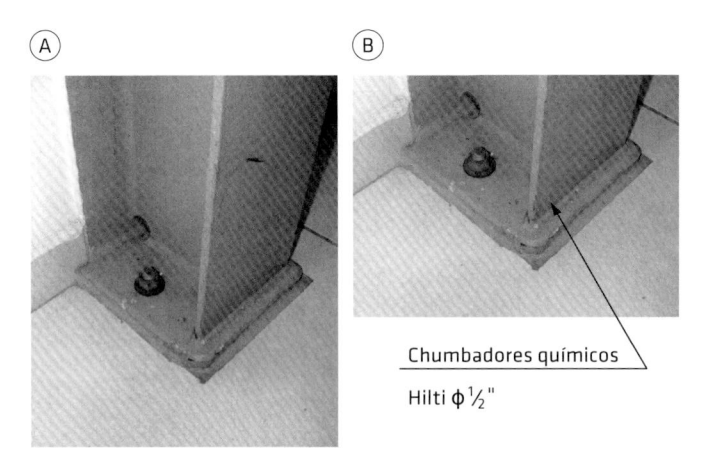

Fig. 2.134 Vista de bases apoiadas diretamente no piso: (A) base de pilar executada com um chumbador químico em cada face e (B) base de pilar com o uso de dois chumbadores por face

A Fig 2.135 mostra casos de bases de colunas instaladas sobre uma base de concreto. O nível de topo de cada uma das bases encontra-se elevado em cerca de 10 cm em relação ao sistema de piso existente; o valor ideal reside em um intervalo de 10 cm a 20 cm, para situações corriqueiras.

Na Fig. 2.136B, tem-se uma vista ampliada da arruela de pressão, da porca sextavada e da folga relativamente excessiva deixada para a zona rosqueada da barra de ancoragem em aço A36 usada para a fixação da coluna de um pau de carga com capacidade para 2 tf (Fig. 2.136A).

Todas essas barras são instaladas no sistema de armadura da fundação, antes mesmo da concretagem, sendo assim chamadas de barras de pré-concretagem.

Notar que o sistema de porcas sextavadas, arruelas e barras recebeu uma proteção com pintura após sua montagem, o que o protege da corrosão galvânica (corrosão que se dá com dois tipos de materiais diferentes; no caso, aço da barra e aço da chapa, em meio a um eletrólito).

Fig. 2.136 Vista de uma base de coluna para monta-carga com capacidade para 2 tf

Na Fig. 2.137, tem-se a vista de um sistema de arruela de pressão e porca sextavada e de uma folga excessiva deixada na zona rosqueada da barra de ancoragem em aço ASTM A588, usada para fixar a base de um pilar responsável pelo apoio de um sistema de cobertura reticulada espacial.

Fig. 2.135 Vistas de bases de pilares metálicos elevados em relação ao piso existente

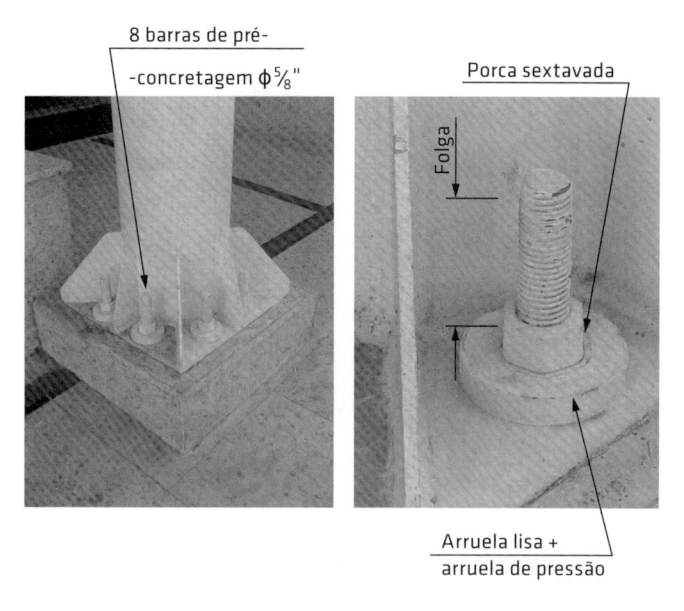

Fig. 2.137 Vista de uma base de coluna para cobertura do tipo treliçada espacial

Nota-se, ainda, o cuidado com a elevação da base da coluna em relação ao piso e com a pintura aplicada nas barras, arruelas e porcas após a montagem, o que as protege do processo de corrosão.

O sistema de pintura aplicado nos sistemas de barras da Fig. 2.136B mostra-se muito mais denso do que o mostrado na Fig. 2.137. Para evitar a dependência de um sistema de pintura muito bem aplicado, justamente nessas regiões de porcas e barras que apresentam muitas saliências, recomenda-se que seja aplicada massa epóxi para a proteção desses elementos, seguida de pintura da cor da chapa para não destoar do conjunto, arquitetonicamente falando.

2.30.2 Uso de uma porca sextavada

Na Fig. 2.138, notar a folga deixada na extremidade da barra de ancoragem. Para folgas como essa, costuma-se prever um máximo de 10 mm, e não de alguns centímetros, como mostrado.

Observar a coloração alaranjada presente na zona rosqueada da barra, bem como em parte da porca, como fruto da corrosão galvânica coexistindo entre esses elementos e a chapa de base. Como a chapa de base não apresenta tanta corrosão, pode-se concluir que o aço desta é mais nobre e mais resistente à corrosão, como será visto a partir do Quadro 7.1 (p. 328), com a chapa funcionando como cátodo (recebe elétrons, não se desgasta) e o sistema de fixação (barra, porca e arruela), como ânodo (cede elétrons, sofrendo redução de seção com o tempo).

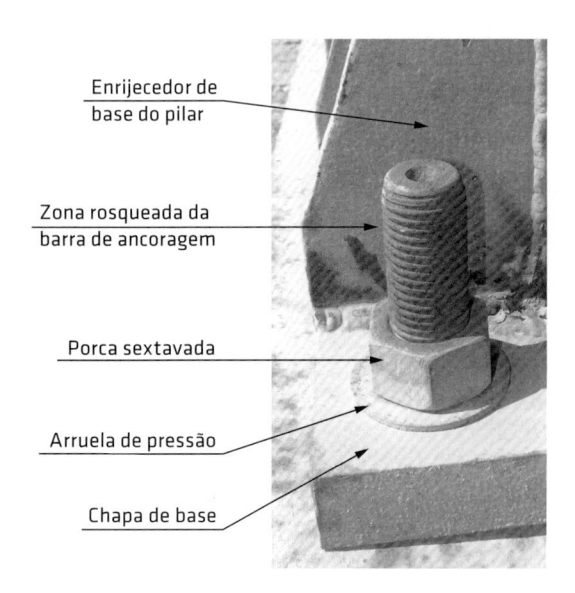

Fig. 2.138 Vista de um conjunto de barra de ancoragem de pré-concretagem, porca sextavada e arruela de pressão, montados sem terem recebido sistema de pintura ou de massa epóxi após a montagem

2.30.3 Uso de porca e contraporca

Pela Fig. 2.139, percebe-se a existência de uma única arruela de pressão entre a primeira porca sextavada e a chapa de base, além da ausência de uma arruela lisa entre a primeira e a segunda porca, a qual também é chamada de contraporca.

Observar que essa base de coluna possui uma elevação em relação ao piso, e que o sistema de barras não recebeu pintura de proteção contra corrosão após a devida montagem.

Tanto as barras de pré-concretagem quanto a chapa de base são constituídas de aço ASTM A36, sendo, portanto, compatíveis entre si quanto ao processo de corrosão.

Fig. 2.139 Vista de um sistema de base de coluna para cobertura do tipo autoportante, com o uso de telha IMAP

2.30.4 União de viga com coluna

Na Fig. 2.140, a chapa de ligação vem para o campo já soldada à viga em perfil W 250 × 38,5, com o uso de solda de filete aplicada em todo o contorno e com quatro furos de 19 mm de diâmetro que serão alinhados no campo com os outros quatro furos deixados na alma da coluna em perfil W 250 × 38,5, para juntos receberem quatro parafusos de alta resistência ASTM A325 ϕ¾".

Esse sistema de ligação viga-coluna, com a utilização de chapa de ligação, evita a aplicação de solda de campo, que é responsável por danificar, de imediato, tanto a proteção contra a corrosão com o uso de galvanização quanto a pintura.

Na Fig. 2.141, o pilar, constituído de dois perfis U soldados entre si de modo a formar um perfil de seção retangular, recebe, soldada em sua extremidade ainda durante a montagem, uma chapa com quatro furos. A viga, por sua vez, recebe quatro furos, nessa região, em seu flange inferior.

Com os furos e as soldas devidamente executados pela equipe de montagem, conforme definido no projeto executivo de estruturas, esses elementos são transportados para o campo para serem, então, montados in loco com o emprego de parafusos de alta resistência ASTM A325.

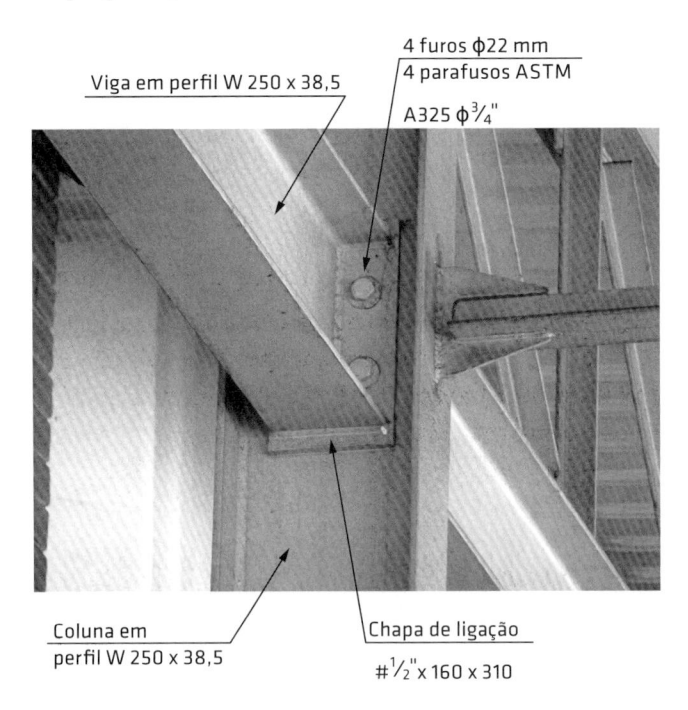

Fig. 2.140 Vista de um sistema de ligação viga-coluna aplicado em uma cobertura, com o uso de chapa de ligação soldada (na montadora, e não no campo) à extremidade da viga, sendo parafusada à alma do pilar por parafusos

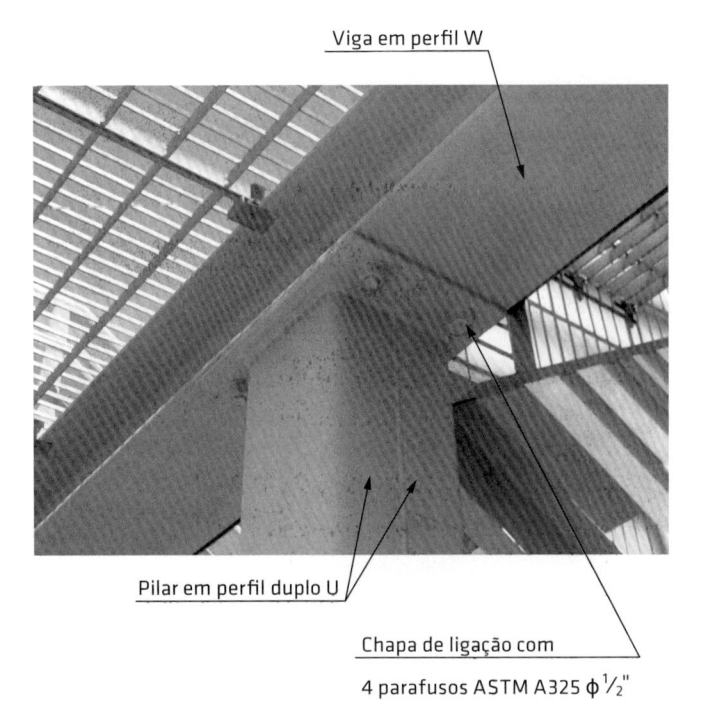

Fig. 2.141 Vista de um sistema de ligação viga-coluna aplicado para um mezanino, com uma chapa de ligação soldada (na montadora, e não no campo) à extremidade do pilar, sendo parafusada ao flange inferior da viga

2.30.5 União de perfis de seção circular com o uso de parafusos

Pela Fig. 2.142, percebe-se que, mesmo para perfis Schedule (que possuem seção transversal circular), é possível criar sistemas de ligação por meio de chapas de ligação e parafusos para interligá-los; na fase de projeto, ainda haverá tempo de bolar sistemas criativos que evitem o uso de solda de campo.

Nesse caso, foi soldada uma chapa de ligação CL-1 à terça e uma CL-2 ao perfil da viga, utilizando dois parafusos comuns ASTM A307 $\phi^3/_8$".

Nota: Para qualquer sistema de ligação parafusado, em se tratando de estruturas metálicas, adotar sempre um número mínimo de dois conectores por ligação, seja por meio de parafusos de baixa ou de alta resistência, de chumbadores ou de barras, e evitar criar uma ligação levando em conta o atrito.

Fig. 2.142 Vista de um sistema de ligação viga-terça para uma cobertura

Na situação mostrada na Fig. 2.143, foi utilizado um sistema de ligação por meio de chapas e conectores para unir a coluna em perfil Schedule à viga de cobertura de mesmo perfil de seção transversal também circular. Observar que os perfis não receberam sistema de pintura após a monta-

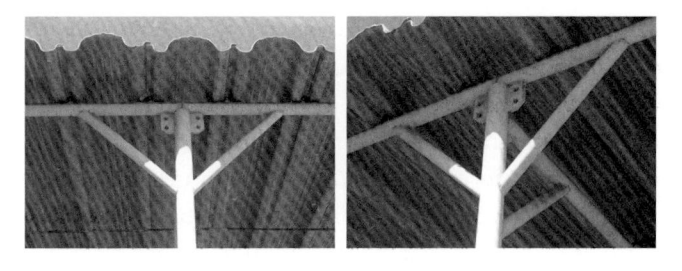

Fig. 2.143 Vistas de um mesmo sistema de ligação entre perfis Schedule para uma cobertura, de perspectivas diferentes

gem, o que pode vir a promover, na região dos parafusos, o aparecimento da corrosão galvânica.

Para a união das vigas com os pilares, foi utilizado um sistema de mãos-francesas com o emprego de solda de campo aplicada em suas extremidades de ligação, o que agride ferozmente todo o sistema de proteção com galvanização e/ou pintura previsto e aplicado nos elementos estruturais.

Ilustradas na Fig. 2.144, as terças têm a função de resistir à carga de vento aplicada horizontalmente contra a telha de fechamento lateral e, por conseguinte, transferir os esforços solicitantes resultantes para o pilar e a fundação de concreto.

Cada terça é responsável por uma parcela simétrica da geometria da telha e, assim, de carga de vento. A última terça de fechamento, mais abaixo, recebe apenas a metade da última faixa de telha, visto que, sob ela, continua um sistema em alvenaria no qual não se precisa considerar a carga de vento, além do fato de um sistema de alvenaria funcionar como sistema de travamento lateral para a coluna. Para alvenarias, não se considera o vento atuante em estruturas metálicas; pode ser considerada a contribuição de travamento (como sistema de travamento, costuma-se ignorar).

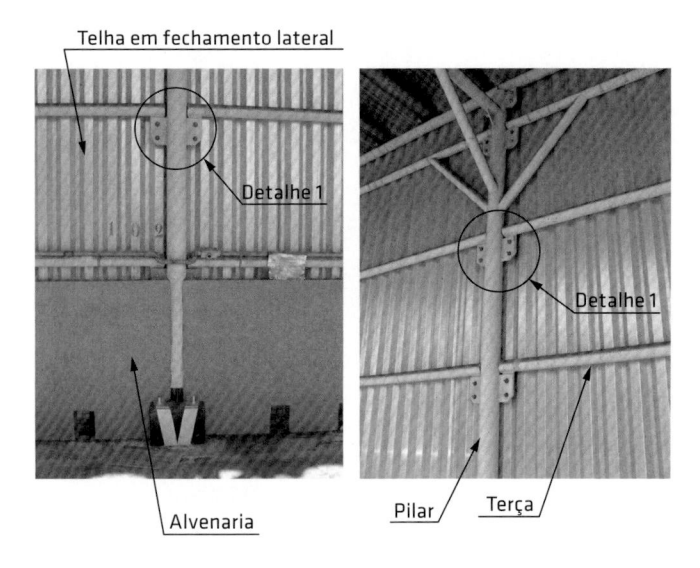

Fig. 2.144 Vistas de um mesmo sistema de pilar interligado a terças de fechamento lateral

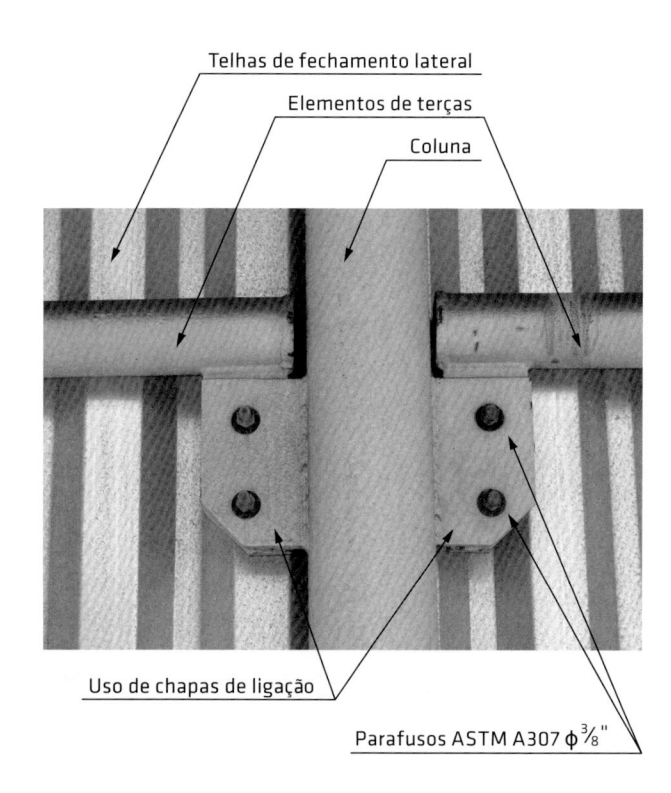

Fig. 2.145 Vista de um sistema formado por chapas de ligação soldadas à coluna e de outras chapas de ligação soldadas às terças de suporte para as telhas de fechamento lateral, com o uso de união parafusada no local com quatro parafusos comuns (de baixa resistência) ASTM A307 $\phi^{3}/_{8}$"

Sendo assim, para a faixa coberta por uma parede de alvenaria em galpões, não se considera a carga acidental de vento.

Desse sistema de fechamento, será apresentado de modo ampliado, nas Figs. 2.145 e 2.146, um detalhe típico do sistema de ligação por meio de chapas e parafusos entre as terças de fechamento lateral e o pilar.

Na Fig. 2.145, observar que foi projetada uma folga entre a extremidade da terça de fechamento lateral e a coluna,

Fig. 2.146 Vista de outra perspectiva do detalhe mostrado na Fig. 2.145

para que, no ato da montagem, não houvesse atrito entre esses elementos. Também houve o devido cuidado de vedar a extremidade do perfil de seção circular com uma tampa redonda, impedindo, assim, a entrada de intempéries e de elementos nocivos ao aço.

Na Fig. 2.146 aparecem os dois sistemas de chapas usados para unir os perfis de seção circular da coluna e da terça de fechamento lateral. No primeiro, tem-se uma chapa soldada ao perfil da coluna por meio de solda de filete vertical aplicada em todo o contorno do contato e, no segundo, outra chapa soldada por meio de solda de filete horizontal aplicada em todo o contorno do contato desta com a terça de fechamento lateral.

As Figs. 2.147 a 2.149 mostram um sistema de ligação de perfis Schedule em uma passarela.

Esse sistema disponibiliza a ligação dos perfis Schedule $\phi 8$" às vigas principais em perfil W $310 \times 44,5$ da passarela mostrada nas Figs 2.147 a 2.149, sem a utilização de solda de campo.

O detalhe do projeto executivo referente à ligação mostrada na Fig. 2.149 é ilustrado na Fig. 2.150.

Fig. 2.147 Vistas das colunas que sustentam a passarela

Fig. 2.148 Vista de pilares em perfis Schedule 40 $\phi 8$" interligados à viga principal de perfil W $310 \times 44,5$, de modo a constituir a estrutura de uma passarela

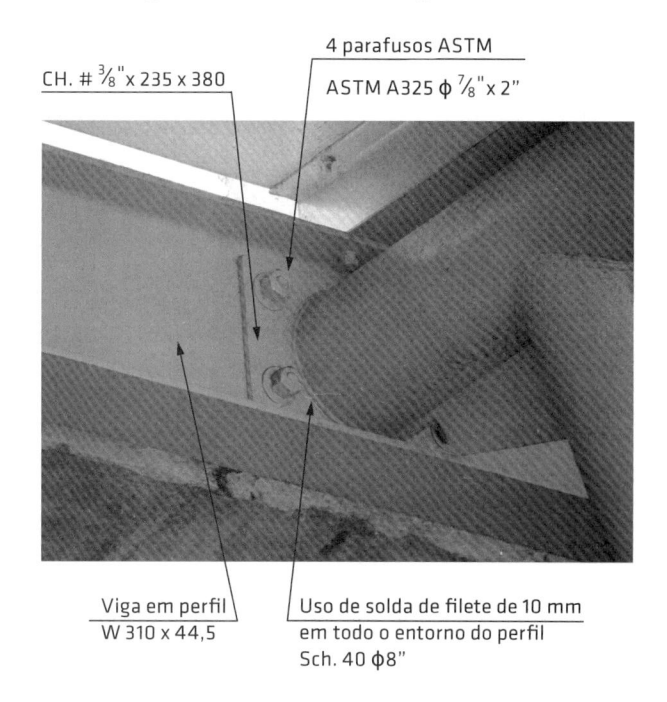

Fig. 2.149 Vista ampliada do sistema de ligação usado para unir o perfil de seção Schedule 40 $\phi 8$" interligado ao sistema de colunas da Fig. 2.148 à alma de uma viga em perfil W $310 \times 44,5$, com o emprego de chapa de ligação com quatro parafusos de alta resistência ASTM A325, como indicado

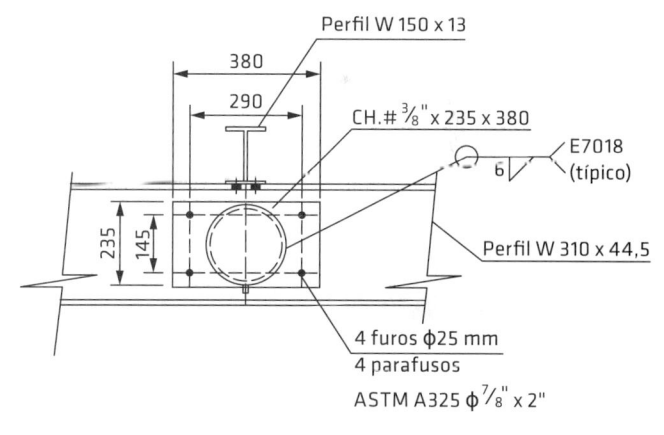

Fig. 2.150 Detalhe do projeto estrutural original referente ao sistema de ligação visto na Fig. 2.149

Na Fig. 2.151, vê-se que foram usadas duas chapas de ligação, com quatro furos cada, sendo uma soldada à viga e outra à terça de cobertura, de modo que permitissem o parafusamento destas em campo, sem o uso de solda de campo.

Com isso, percebe-se que, exceto para casos raros, sempre há um modo de projetar um sistema de ligação parafusada de tal sorte que evite a adoção de solda de campo,

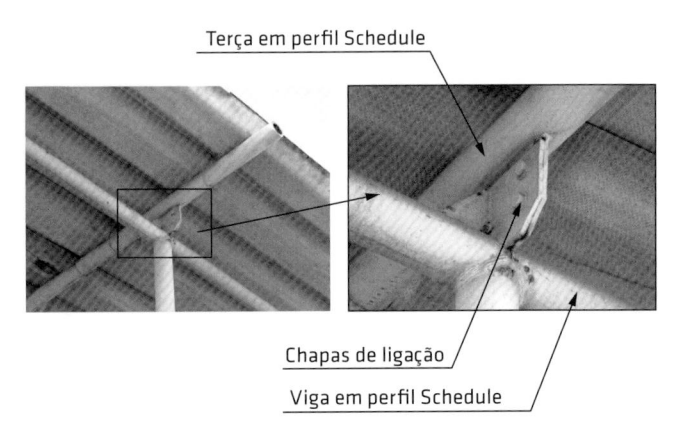

Fig. 2.151 Vista ampliada de um sistema de chapas de ligação utilizado para permitir o parafusamento entre dois perfis de seção circular em uma cobertura, com o uso de telha canalete de fibrocimento

Fig. 2.153 Vista da ligação de uma viga de perfil I americano a um perfil de coluna de seção circular, com uma chapa plana de espessura de $^3/_8$" soldada à coluna e parafusada à alma da viga

bastando, para isso, dedicar-se com esmero ao projeto, com um nível de dimensionamento claro, objetivo, exequível, com riqueza de detalhes.

Do contrário, fica fácil simplesmente indicar em nota o uso de uma solda de campo – o que normalmente se encontra nos projetos a verificar – e pronto. Com isso, o profissional exime-se do dimensionamento, do detalhamento, "facilitando" sua vida no projeto, e não só dificultando o trabalho em campo como também retirando a proteção contra a corrosão do sistema construtivo.

A Fig. 2.152 mostra a preocupação do projeto em detalhar chapas de ligação que já viessem soldadas da montadora aos respectivos perfis de coluna e de terça, de modo que estas fossem montadas *in loco*, com parafusos comuns ASTM A307.

Porém, para os elementos de mão-francesa, que unem os pilares às terças, foi utilizada solda de campo. Fica fácil perceber isso através de uma leitura estrutural da foto.

Fig. 2.152 Vistas de outro sistema de chapas de ligação empregado para permitir o parafusamento entre dois perfis de seção circular, em um sistema de cobertura com o uso de telha de aço IMAP

Os perfis I americano possuem almas mais espessas e mesas de menor dimensão para a mesma altura de viga em relação aos perfis W. Ambos são tipos de perfis laminados (Figs. 2.153 e 2.154).

Fig. 2.154 Vista do sistema de ligação identificado na Fig. 2.153, de outra perspectiva, de onde se nota, com maior clareza, a presença das chapas de ligação

2.30.6 União de vigas e colunas de perfil W/I com o uso de chapas de ligação planas e parafusos

Aqui são abordados casos em que há uma viga de perfil W ou I apoiada diretamente sobre um pilar (Figs. 2.155 e 2.156).

Em uma ligação do tipo ilustrado na Fig 2.155, devem ser previstos enrijecedores na viga, de maneira que permaneçam alinhados com os flanges da coluna.

Observar que não foram utilizados parafusos nesse sistema de ligação, mas sim barras rosqueadas, que ficaram com folgas exacerbadas.

Uma prática comum nesse tipo de obra, que deve deixar o projetista atento, é que se costuma adquirir as barras

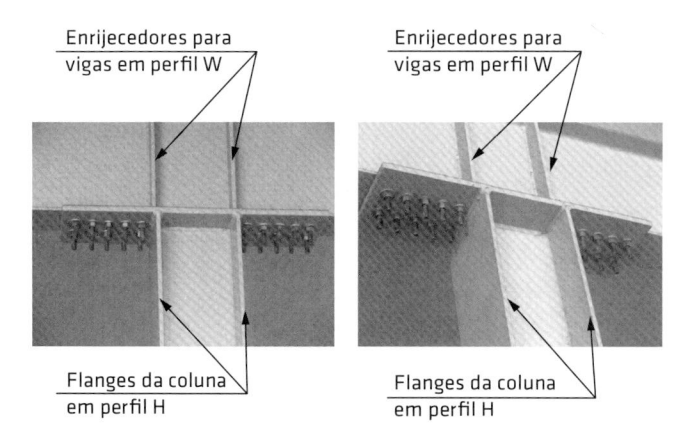

Fig. 2.155 Vistas de uma ligação de coluna em perfil H com uma viga em perfil W

com seus comprimentos totalmente rosqueados, ou seja, sem zonas de barra lisa. Por isso a recomendação de que se levem em conta, no dimensionamento, barras com suas zonas rosqueadas posicionadas na região do esforço cortante da chapa, quando o ideal seria a barra ter sua zona lisa. Outro lembrete é o de sempre desenhar o detalhe típico da barra de ligação, indicando o comprimento de sua zona lisa e de sua zona rosqueada, de modo a resguardar o projeto.

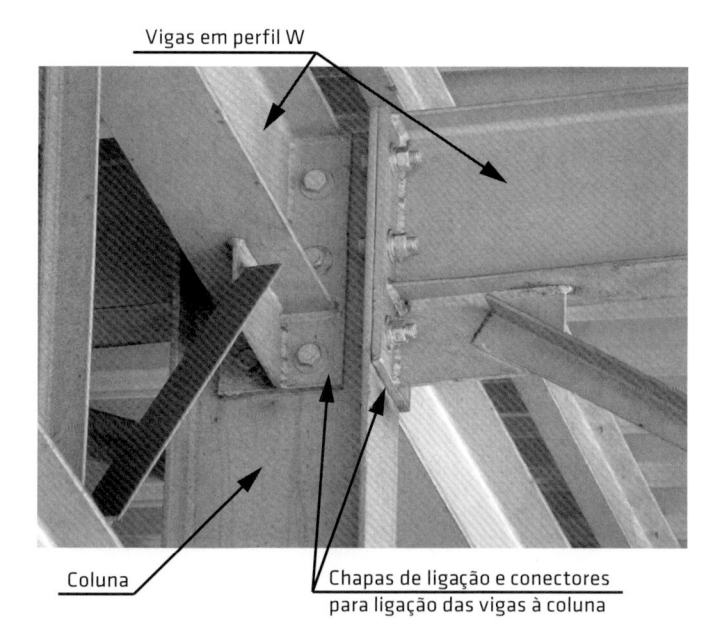

Fig. 2.156 Vista da união de duas vigas em perfil W a uma coluna de perfil H, com chapas de ligação e parafusos de alta resistência ASTM A325. Sob as vigas, são vistas chapas *gousset* para a união de perfis L soldados *in loco* e pertencentes a uma treliça

Nesse projeto, poderiam ter sido usados parafusos de maior diâmetro, a fim de reduzir o número de conectores. Entretanto, dispunha-se de uma viga com mesa muito pequena, de cerca de 100 mm de largura, para um esforço solicitante muito elevado na região onde há um balanço comprido, o que acabou não permitindo o emprego de diâmetros maiores do que $^3/_8$". Com isso, foi necessário usar parafusos em maior quantidade para compensar o esforço.

2.30.7 União de vigas de perfil W/I/U com uso de chapas, perfis L e parafusos

Nas Figs. 2.157 a 2.160 são mostradas formas usuais de ligações entre vigas de perfis W, I e U e outras vigas da mesma família de perfis, porém, em alguns casos, com propriedades geométricas diferentes.

Observar, pela Fig. 2.160, que foi projetada uma chapa plana – não um perfil L ou outro – soldada na extremidade de um dos perfis U, de modo que este viesse a ser parafusado na alma do outro perfil U.

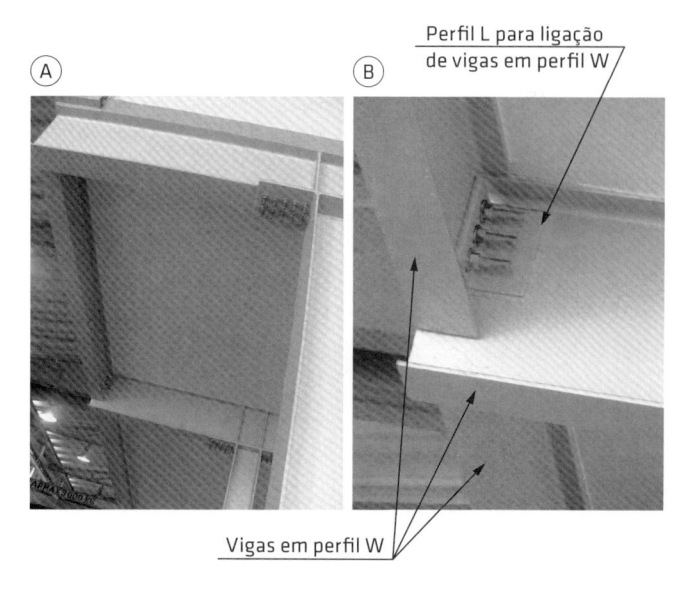

Fig. 2.157 Vista (A) do balanço do mezanino e (B) de uma união entre duas vigas de perfil W por meio de um perfil L soldado à alma da viga maior e parafusado na alma da outra viga menor, utilizadas na montagem de (A)

Fig. 2.158 Outras vistas do mesmo detalhe da estrutura mostrada na Fig. 2.157, para a união de duas vigas em perfis W por meio de perfis L soldados em ambas as faces da alma do perfil W maior, e parafusados, por meio de parafusos de alta resistência ASTM A325, às almas dos perfis menores de fachada

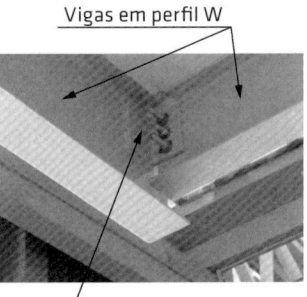

Fig. 2.159 Vista de outro detalhe de ligação da mesma estrutura abordada nas Figs. 2.157 e 2.158, de união de uma viga de periferia às extremidades de duas vigas em balanço por meio de perfis L soldados às almas das vigas maiores e parafusados na alma da viga menor, sendo todas constituídas de perfis W

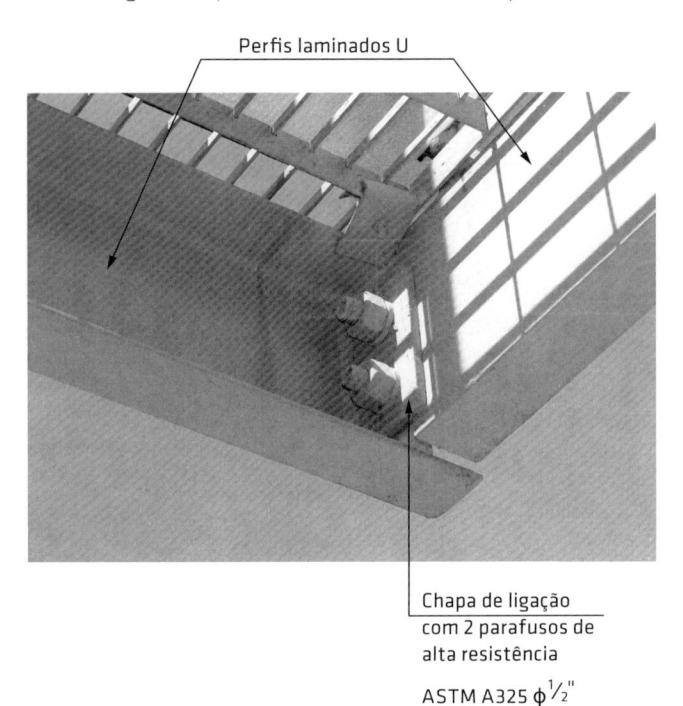

Fig. 2.160 Vista da união de dois perfis U laminados, por meio de uma chapa de ligação

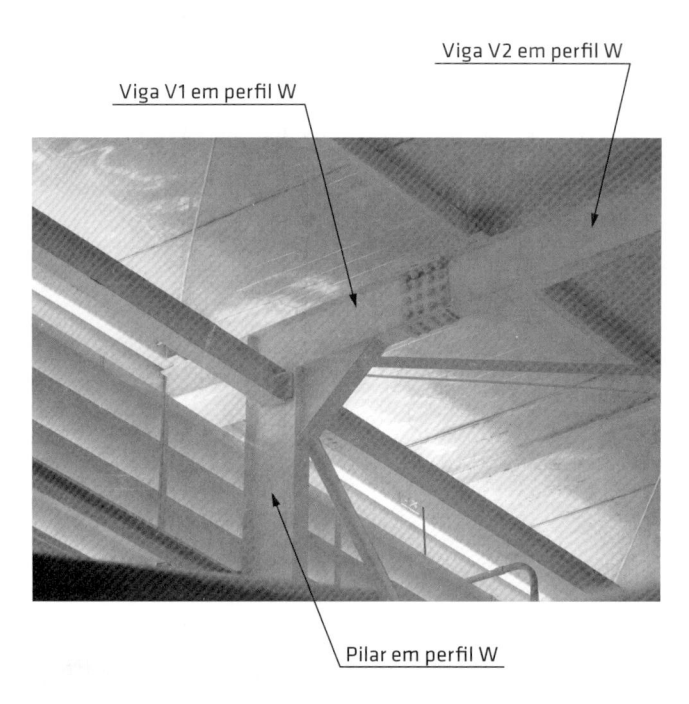

Fig. 2.161 Vista de uma emenda efetuada em uma viga de cobertura de perfil W que se apoia em uma coluna de perfil W

quível seu transporte. Para a união das partes, são projetadas emendas, de preferência parafusadas, com o uso de chapas e parafusos de alta resistência, e não com solda de campo.

Ao dividir uma mesma viga em partes, pode-se nomeá-las por sistema numérico, por exemplo, V1, V2, V3 etc., ou sistema alfanumérico, como V1a, V1b, V1c etc., de modo a facilitar a identificação dessas partes no ato da montagem pelo engenheiro de campo.

A Fig. 2.162 traz um detalhe ampliado da emenda vista na Fig. 2.161, através do qual se tem uma visão nítida do uso de chapas de ligação, tanto para unir as almas das

Para que um perfil U possa ser conectado a outro com a mesma altura, é necessário projetar o recorte de parte dos flanges e da alma de um dos dois perfis.

2.30.8 Emendas entre vigas de perfis I/W

Pelo sistema estrutural mostrado na Fig. 2.161, verifica-se que a viga V1 veio soldada ao pilar para ser parafusada, em campo, à viga V2, com uma emenda formada por chapas e parafusos.

À alma da coluna são parafusadas outras duas vigas de aço, uma de cada lado, com uma mísula entre o pilar e a viga V1.

Para uma mesma viga de aço cujo comprimento exceda o comprimento comercial de 12 m de uma carreta, faz-se necessário dividir a viga em partes, para que se torne exe-

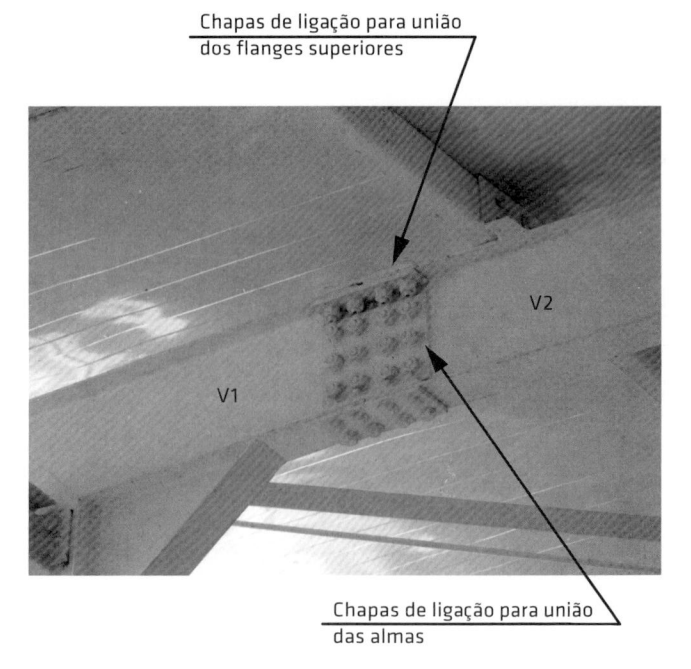

Fig. 2.162 Detalhe da emenda parafusada vista na Fig. 2.161

duas vigas, V1 e V2, quanto para unir seus flanges superiores e inferiores.

Esse tipo de detalhe é mostrado de forma mais minuciosa no caso da emenda usada para unir as vigas da passarela metálica, visto neste mesmo capítulo.

2.30.9 Sistemas de travamentos de cobertura

Os tirantes, mostrados na Fig. 2.163, trabalham essencialmente à tração. Sendo assim, peças com inércias pequenas, como perfis L, barras maciças e cabos de aço, são normalmente usadas para a função de apenas resistir a esforços de tração, que é o ponto forte das peças de aço.

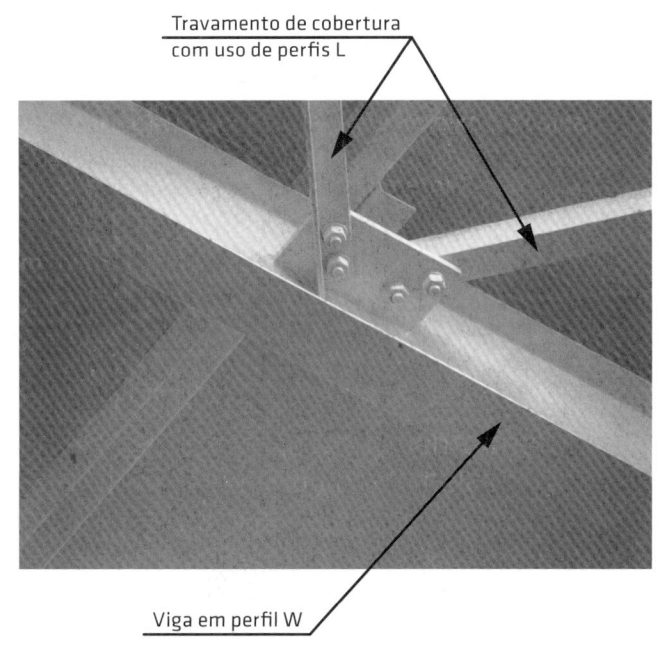

Fig. 2.163 Vista de um sistema de travamento formado por dois perfis L parafusados a uma chapa de ligação soldada a uma viga de cobertura em perfil W

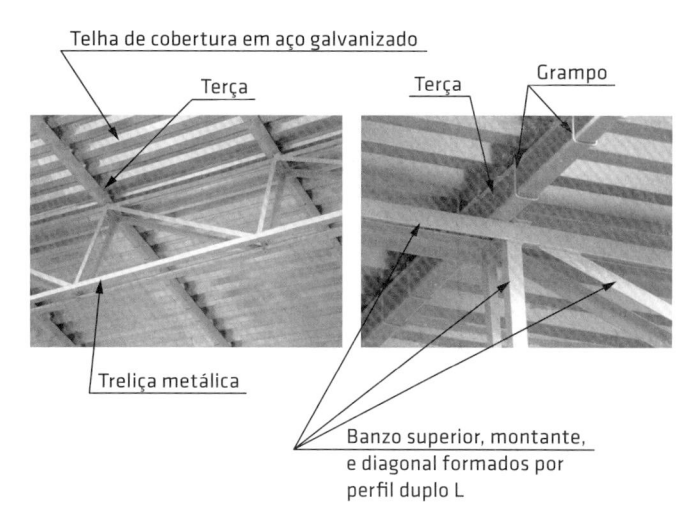

Fig. 2.164 Vista de uma treliça de uma cobertura cujos banzos, montantes e diagonais são formados por perfil duplo L. Quanto mais afastados entre si os perfis L estiverem, maior será o esforço resistente que possuirão

Fig. 2.165 Vista de um sistema de ligação por atrito de um portão em balanço ligado a uma coluna de concreto

2.30.10 União de telhas de cobertura a treliças

Nesta seção são evidenciados casos de ligação de telhas a perfis de terças de cobertura. Antes de mais nada, cabem duas observações: jamais devem ser usados grampos formados por barras para unir telhas a perfis, como será abordado no Cap. 7; e, no caso do uso de perfis duplos, quanto mais afastados estiverem um do outro, maior será o esforço resistente de compressão (Fig. 2.164).

2.30.11 Ligações por atrito

O atrito existe entre superfícies de aço e de concreto, porém nenhuma ligação, por mais simples que seja, deve ser garantida somente pelo atrito e pelo aperto, como feito na Fig. 2.165.

Toda ligação de estrutura metálica deve receber um mínimo de dois conectores (parafusos, barras ou chumbadores químicos ou mecânicos) fixados ao concreto ou a outra estrutura que seja capaz de ancorá-los com segurança e que possua esforços resistentes de tração e de cisalhamento maiores do que os esforços solicitantes atuantes.

Em uma análise de um projeto com fixações como a da Fig. 2.165, pode-se perceber a ligação indevida de estruturas principais pesadas de uma cobertura a um pilar de concreto armado, baseando-se apenas no abraçamento e no aperto. Portanto, esse projeto foi reprovado.

Como o pilar possuía medidas de 400 mm × 400 mm, o que inviabilizava a furação com broca para permitir a passagem de barras de ancoragem, foi requisitada a utilização de ligações fixadas ao pilar por meio de chumbadores mecânicos ou químicos.

2.30.12 Chapas de ligação e conectores para fixações de guarda-corpos

Aqui é mostrado, por meio das Figs. 2.166 e 2.167, um tipo de solução desenvolvida para a fixação de guarda-corpo removível, quando é necessário ter uma passagem livre até a edificação, para a entrada e a saída de equipamentos de grandes geometrias.

Fig. 2.166 Vistas de perfis Schedule com diâmetros maiores servindo de encaixes (berços, copos) para os perfis Schedule do guarda-corpo, a fim de torná-lo removível – uma exigência do cliente para a entrada e a saída de equipamentos desse andar. Esses encaixes, por sua vez, são chumbados à viga de concreto da fachada por meio de chumbadores mecânicos Tecbolt Parabolt

Fig. 2.167 Vistas ampliadas dos sistemas de encaixes dos perfis Schedule indicados na Fig. 2.166 – note-se a ligação da chapa de ligação fixada à viga de concreto por meio de chumbadores mecânicos Tecbolt Parabolt $\phi^3/_8$" (menor diâmetro disponível)

2.30.13 Furos oblongos

Os furos oblongos são normalmente usados em casos em que não se dispõe de certa precisão de montagem, deixando certa folga em uma das dimensões do furo, de modo a permitir uma tolerância maior a erros de instalação no campo.

Para o caso de uma viga de escada, como ilustrado nas Figs. 2.168 e 2.169, o uso de furos oblongos é de certa forma um exagero, por se tratar de um caso de montagem simples de campo. Procurar adotar o furo oblongo com bom senso, para casos em que não se dispõe de muitas informações do local ou em que haja muitas interferências.

2.30.14 Conflito de parafusos

Na Fig. 2.170, o sistema de ligação entre um perfil U (à esquerda) de uma escada e um perfil W (à direita) de uma viga é feito por meio de um perfil L e quatro parafusos. Esses conectores são incompatíveis com as dimensões do perfil L, o que acabou levando à sobreposição da cabeça de dois parafusos sobre as cabeças dos outros dois.

Nesse tipo de ligação, não se respeitou o limite de 2 · D entre o parafuso e a borda da chapa. Um erro como esse pode gerar um problema maior na obra, o de impedir a exequibilidade da montagem da ligação, fazendo com que se percam as peças e seja necessário encaminhar um novo pedido de fabricação e montagem, gerando atrasos e custos na obra por causa da falha de um detalhe típico de ligação parafusada.

Com isso, o devido cuidado deve ser reservado ao detalhamento de todas as ligações típicas de um projeto, do ponto de vista tanto estrutural quanto geométrico.

2.30.15 Sistema de emenda com o uso de chapas para unir almas e flanges de vigas de mesmo perfil para uma cobertura

Deve-se ter o devido cuidado ao usar esse sistema de ligação, representado nas Figs. 2.171 e 2.172, quando for preciso deixar o topo da viga livre. Por exemplo, para o emprego de coberturas do tipo *roll-on*, o topo da viga deve permanecer livre, de modo a não existir qualquer tipo de obstáculo para a instalação da telha. Para esses casos, recomenda-se utilizar o sistema de emenda apresentado na próxima seção, com o uso de topo de chapa de ligação soldado à extremidade de viga alinhada com o topo da viga.

2.30.16 Sistema de emenda para vigas de mesmo tipo de perfil ou de perfis diferentes entre si com o uso de chapas alinhadas no topo das vigas e soldadas às extremidades das vigas

Para esse caso, ilustrado na Fig. 2.173, pode-se dimensionar uma viga principal, como a V4, com partes de outras vigas V1a soldadas a ela, em que, nas extremidades das V1a, sejam projetadas chapas de ligação que receberão *in loco* as outras partes V1b.

Fig. 2.168 Chapas de piso de uma escada fixadas a um perfil U 8" de uma escada

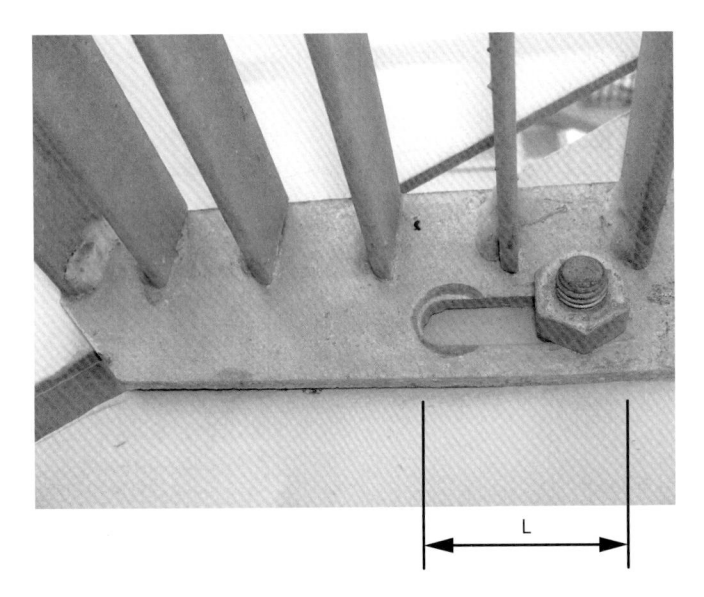

Fig. 2.169 Vista dos furos oblongos efetuados nas chapas de piso de uma escada

Fig. 2.170 Vista do conflito entre dois parafusos

O comprimento do pedaço de viga V1a é determinado até uma região da viga V1 onde haverá um mínimo possível de esforço solicitante de momento fletor, que será usado para o cálculo da chapa de ligação localizada na região da viga inteira V1, necessitando, assim, de menor número de parafusos e de menor espessura para essas chapas de ligação.

Observar, na ampliação mostrada na Fig. 2.174, o uso de solda de filete vertical para unir a alma da viga à chapa de ligação. Essa solda é aplicada em ambas as faces da viga.

Nas Figs. 2.175 a 2.179 são mostrados detalhes do projeto original concebido em escritório e enviado para a oficina, a fim de permitir a fabricação das peças mostradas na Fig. 2.174.

Para uma viga intermediária como a mostrada nas Figs. 2.180 e 2.181, a ser parafusada no local entre outras duas chapas de ligação, faz-se necessário considerar, no projeto, um desconto de 3 mm a 4 mm de seu comprimento total de uma extremidade à outra da chapa de ligação para que não cause atrito na hora da montagem com outros perfis e que permita o encaixe no local.

Observar, nas Figs. 2.182 e 2.183, que primeiro foi montada a viga principal V4, que já veio com as partes V1a soldadas. Depois, a viga V1b foi parafusada às partes V1a em uma extremidade e V1c na outra extremidade.

Essa metodologia, usada para a emenda de vigas, elimina o uso de soldas de campo, bastando que as chapas de ligação CL-1 sejam dimensionadas a esforços solicitantes simultâneos de cortante e momento fletor pelo ábaco mostrado na Fig. 2.18.

Notar, também, que a parte superior da viga metálica está alinhada com as chapas de ligação CL-1, permanecendo totalmente lisa e livre de obstáculos, o que lhe permite receber lajes pré-fabricadas desse tipo (Fig. 2.184).

Fig. 2.171 Vistas de um sistema de ligação com o uso de chapas para uniões das almas e dos flanges de duas partes de viga constituídas de mesmo tipo de perfil

(A)

(B)

Fig. 2.172 Vista (A) da parte inferior e (B) de outra perspectiva do mesmo sistema de ligação evidenciado na Fig. 2.171

Fig. 2.173 Vista de uma viga principal V4 com outras partes de viga V1a soldadas a ela, com o uso de chapa de ligação alinhada de topo nas extremidades da V4 e de todas as partes das V1a

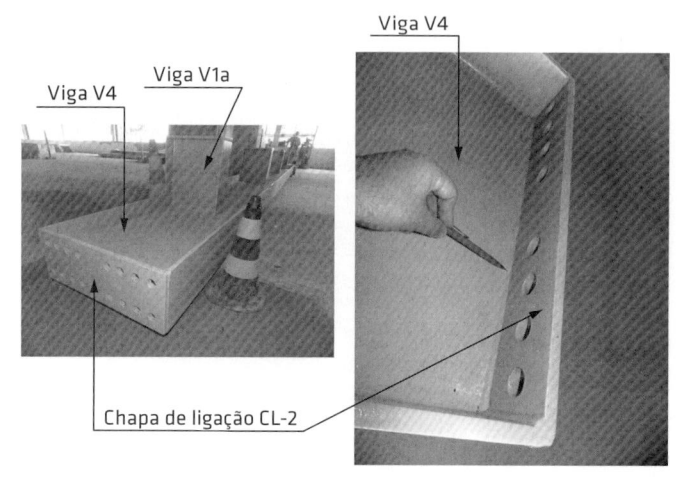

Fig. 2.174 Vistas da chapa de ligação CL-1 soldada na extremidade da viga em perfil W 610 × 101

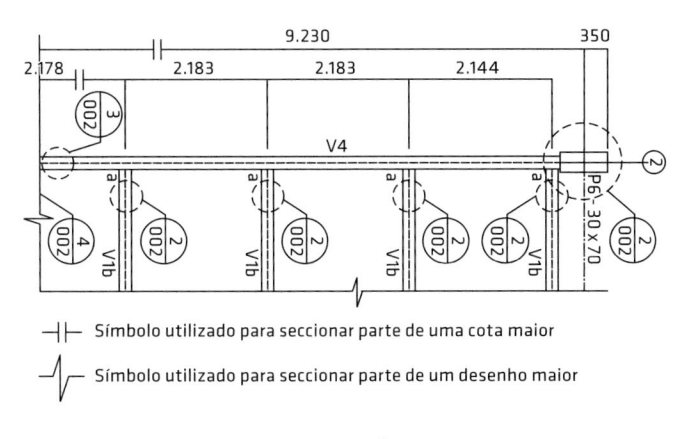

—|— Símbolo utilizado para seccionar parte de uma cota maior

—/— Símbolo utilizado para seccionar parte de um desenho maior

Fig. 2.175 Detalhe da planta baixa do projeto executivo original de locação das vigas V4 e das vigas V1a e de partes das V1b

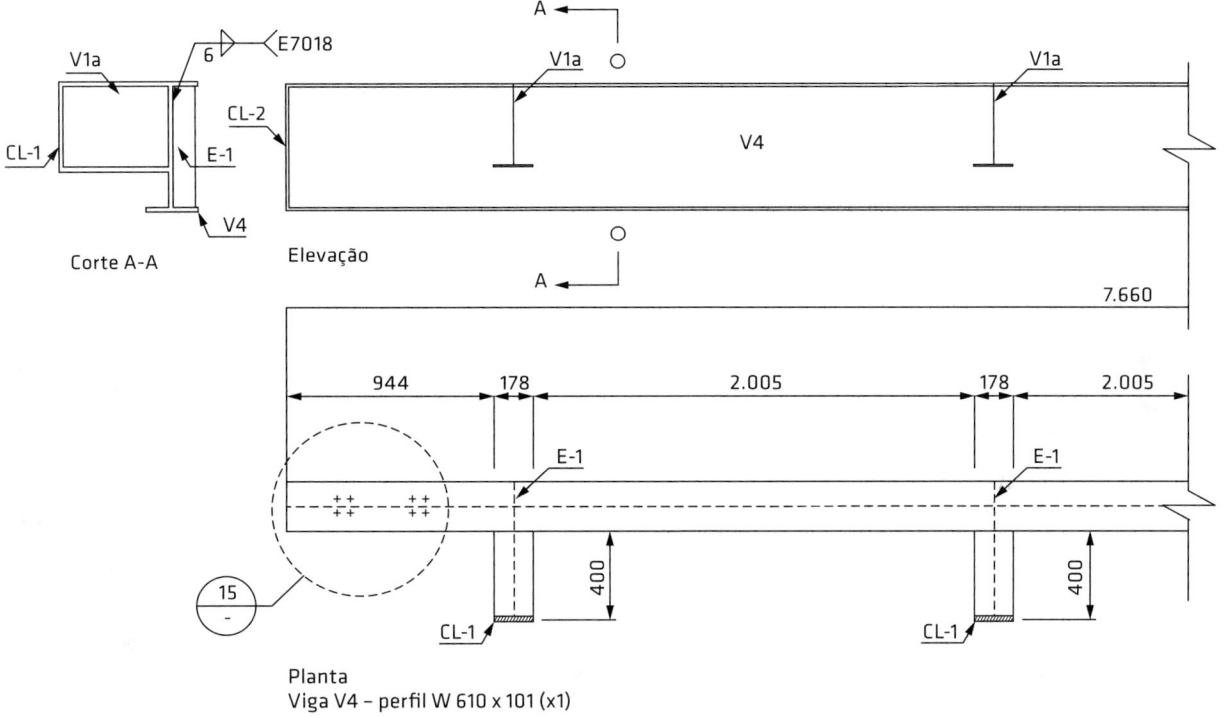

Corte A-A Elevação

Planta
Viga V4 – perfil W 610 x 101 (x1)

Fig. 2.176 Detalhe de fabricação de parte da viga V4, indicando o rebatimento da elevação da viga para sua planta baixa, com o uso do diedro do sistema brasileiro

Chapa de ligação CL-1 para união de
perfil W 410 x 60 com perfil W 410 x 60 (x20)

Chapa de ligação CL-2 para união de
perfil W 610 x 101 com perfil W 610 x 101 (x8)

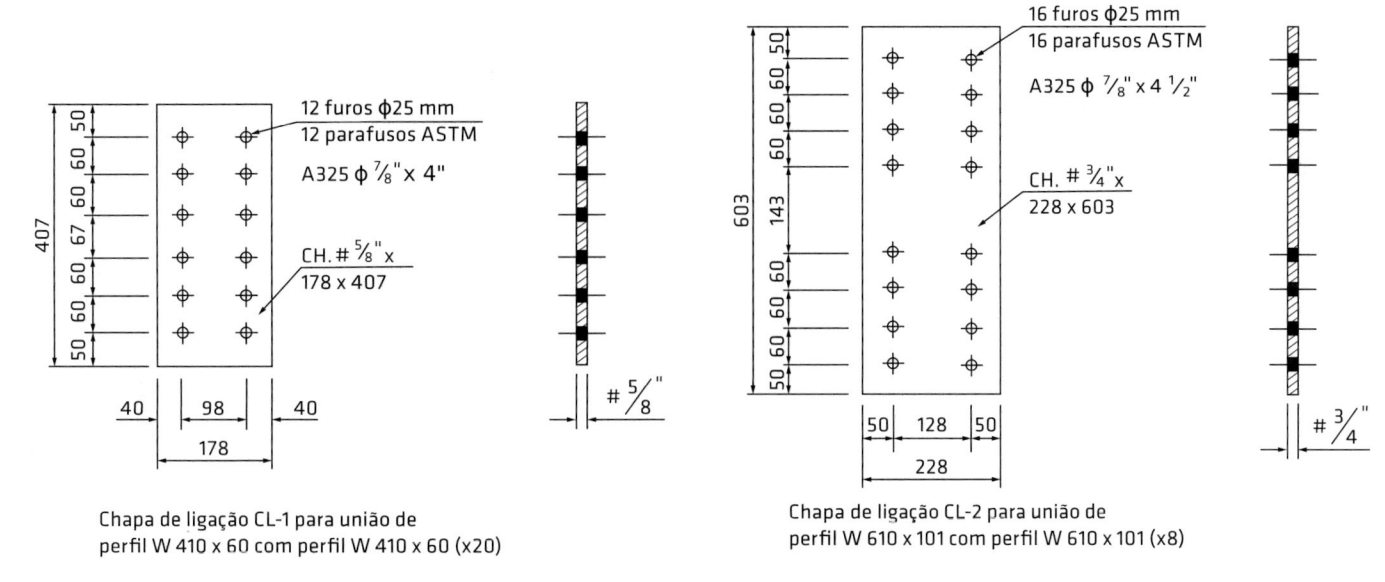

Fig. 2.177 Desenho de fabricação da chapa de ligação CL-2 para a união dos perfis W 410 × 60 constituintes das vigas V1

Fig. 2.178 Desenho de fabricação da chapa de ligação CL-1 para a união dos perfis W 610 × 101 constituintes das vigas V4

(A) Detalhe 2 - viga W 410 x 60 com W 410 x 60
Escala: 1:10

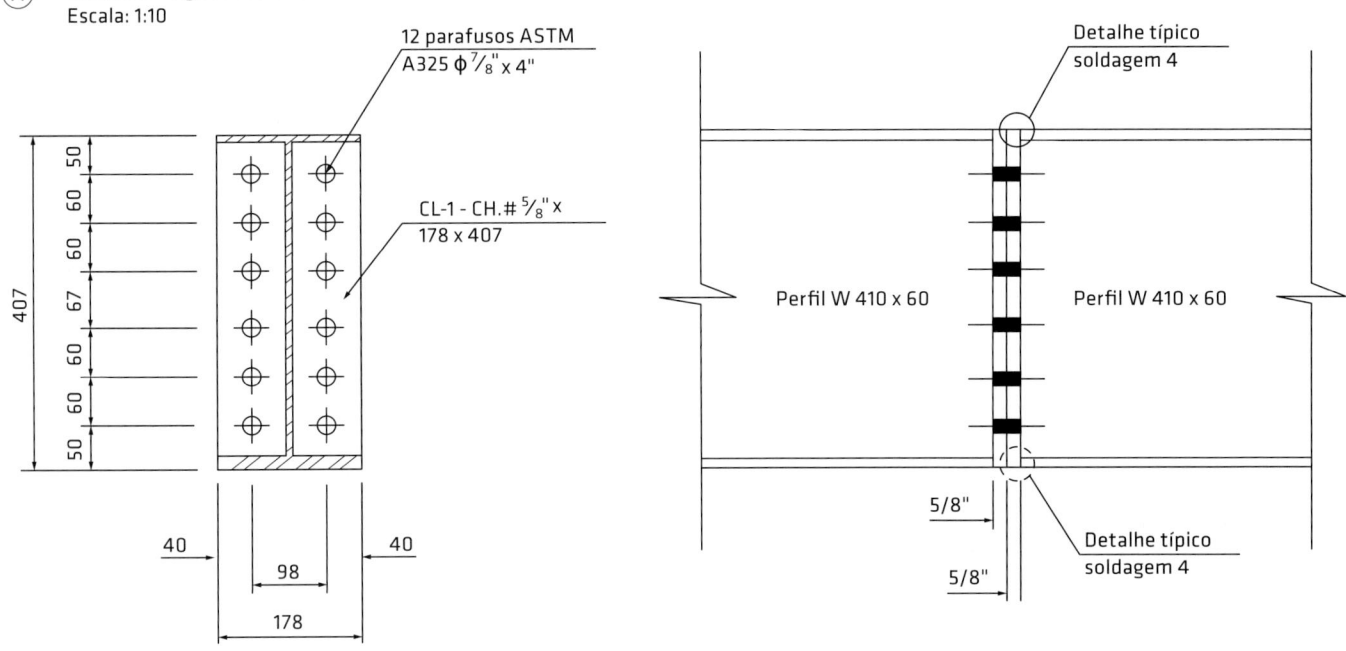

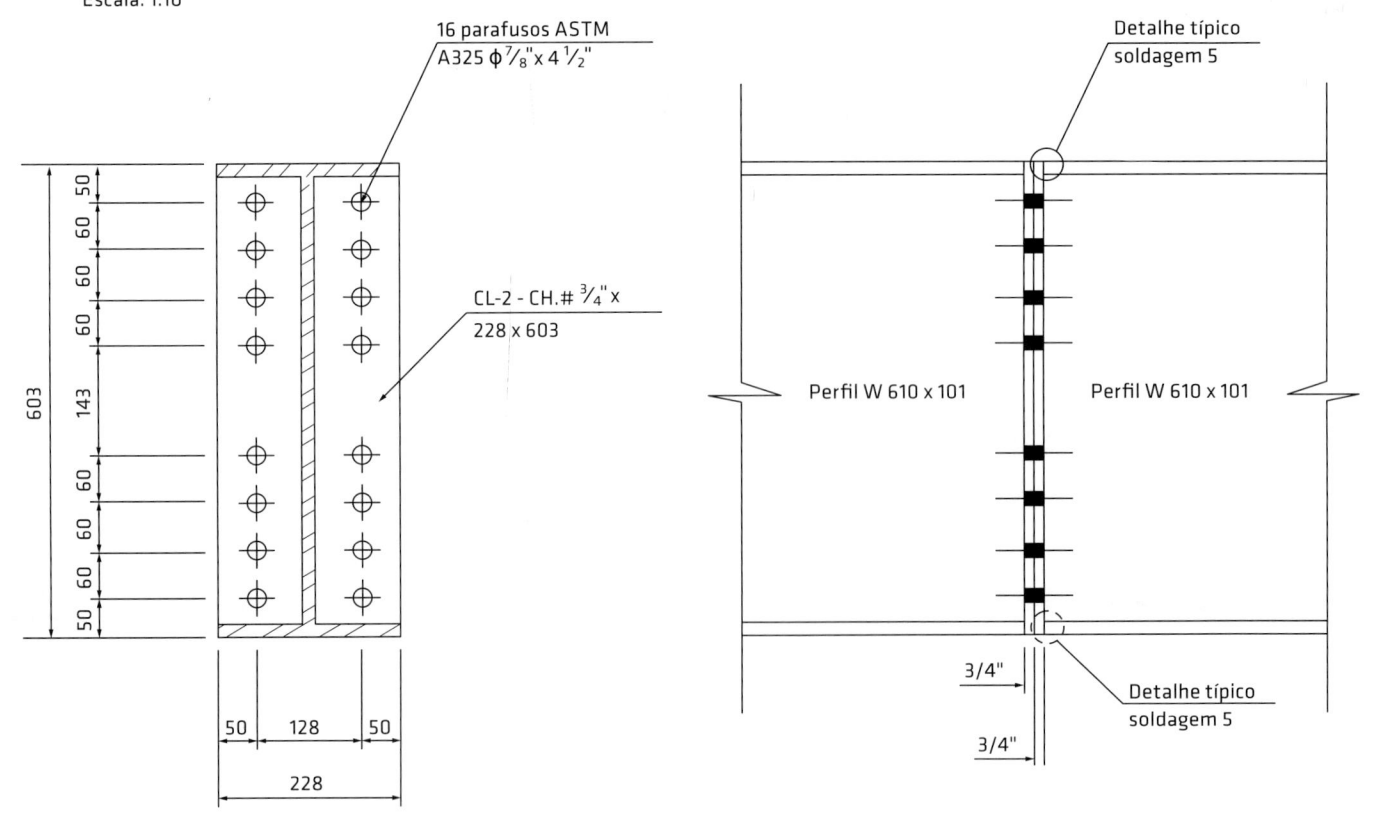

Fig. 2.179 Desenho de montagem da emenda de ligação entre perfis (A) W 410 × 60 e (B) W 610 × 101, com o uso de chapas de ligação CL-2 e com a indicação dos detalhes típicos 4 e 5 de soldagem, que serão mostrados no Cap. 3

Fig. 2.180 Vista da viga V1b intermediária que será conectada às partes V1a, em um extremo, e V1c, no outro extremo do vão da viga V1

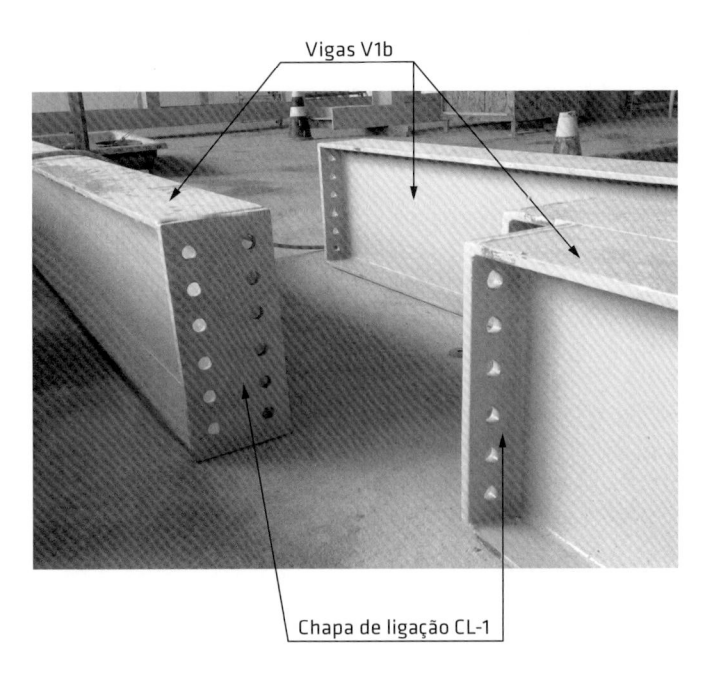

Fig. 2.181 Vistas de várias vigas V1b esperando sobre a laje para serem içadas e montadas com as outras partes das vigas V1a e V1c

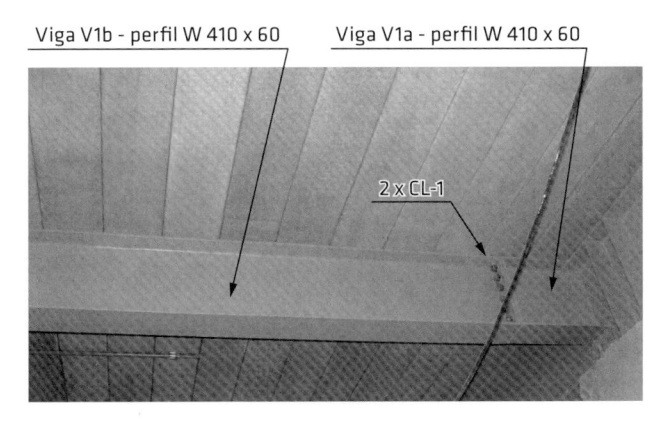

Fig. 2.182 Vista da viga V1 montada, servindo de apoio para uma laje pré-fabricada

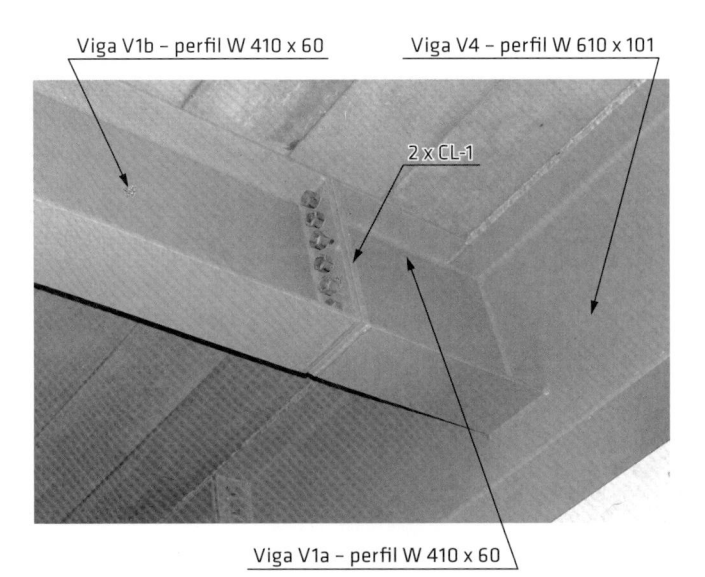

Fig. 2.183 Outra vista da viga CL-1 montada, com a indicação de suas chapas de ligação CL-1

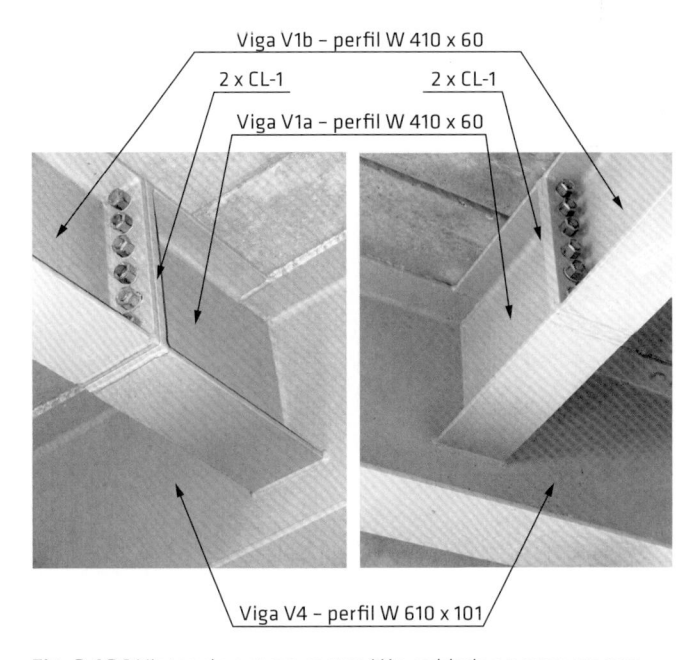

Fig. 2.184 Vistas de outras partes V1a soldadas a essa mesma viga V4, já devidamente montadas

LIGAÇÕES COM CONECTORES (PARAFUSOS, BARRAS ROSQUEADAS, CHUMBADORES)

Sobre essas lajes serão montados aparelhos de ar condicionado com cargas acidentais da ordem de 2,50 tf/m².

A seguir, são apresentados detalhes dos parafusos de alta resistência de cabeça sextavada (Fig. 2.185), com suas respectivas porcas e arruelas (Fig. 2.186), utilizados nas ligações das vigas abordadas nesta seção.

Na Fig. 2.187 são mostrados detalhes dos perfis secundários constituídos de perfis U. Notar a preocupação da fase de projeto em projetar perfis L dotados de furos, já soldados em fábrica, para permitir a ligação dos perfis U aos demais elementos da estrutura, de forma a abolir o uso de solda de campo – ver Cap. 7.

2.30.17 Sistema de ligações com o uso de chumbadores

Na Fig. 2.188, observam-se diversos erros graves que, comumente, são concebidos em projetos e executados na prática até por construtoras, tais como:

- No uso de chumbadores mecânicos, deve-se respeitar a distância de $5 \cdot D$, do eixo do chumbador à borda do concreto, e de $10 \cdot D$ nominal, entre eixos de chumbadores. Da extremidade (ponta) de um chumbador mecânico ao fundo do concreto, recomenda-se deixar uma distância mínima de $5 \cdot D$ nominal (essa distância não é indicada pelos fabricantes e no fundo do concreto há o efeito de arrancamento do concreto por efeito de cone).
- Uma base para receber chumbadores mecânicos deve ser feita de concreto armado, e não apenas de concreto, *grout* ou, muito menos, blocos de concreto preenchidos com *grout*, como no caso da Fig. 2.188, pois a extremidade do chumbador se expande, provocando tensões de tração no concreto e o rompimento deste, quando não existe um concreto armado adequado na região.
- Sempre que se fizer uma chapa de aço sobre uma base de concreto, procurar executar uma camada de

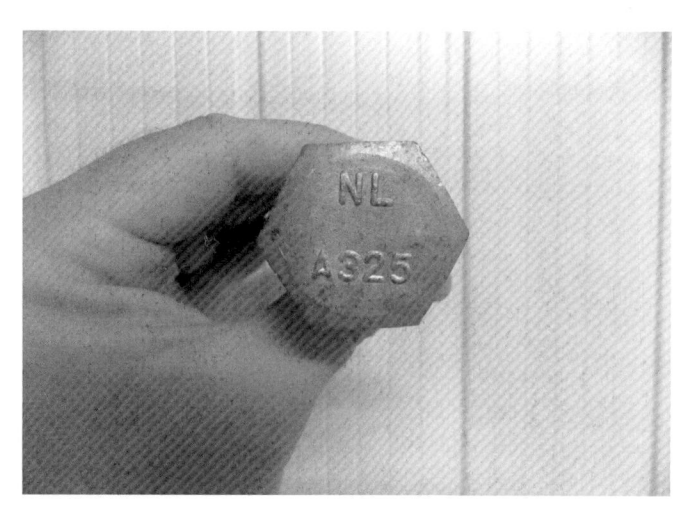

Fig. 2.185 Vistas frontal e lateral do parafuso de alta resistência ASTM A325 usado para conectar as chapas de ligação CL-1 das vigas V1 e V4, mostradas nas Figs. 2.182 a 2.184

Fig. 2.186 Vistas das porcas sextavadas e das arruelas lisas usadas nas montagens dos parafusos de alta resistência A325

Perfil U 6" × 12,20 kg/m

Chapa de ligação CL-3

Fig. 2.187 Vistas de perfis U 6" × 12,20 kg/m laminados com perfis L dotados de furos soldados em suas extremidades para montagem parafusada

3 cm (no mínimo) a 5 cm de *grout*, para nivelar a chapa de aço sobre o concreto, pois apenas o concreto não garante o nivelamento adequado.

Fig. 2.188 Vistas de ligações de uma base de pilarete fixada diretamente em um muro de bloco de concreto preenchido com *grout*, com o emprego de chumbadores mecânicos

As Figs. 2.189 a 2.191 registram um caso em que o montador não se preocupou com a espessura do piso de concreto existente e se ele era constituído de concreto armado ou concreto simples (sem armação). Foram instalados chumbadores mecânicos com cerca de 9 cm, sendo 7 cm embutidos em uma laje de concreto de piso que possuía apenas 10 cm de espessura, uma malha inferior de tela de aço com diâmetro de 4,2 mm e uma camada de *korodur* (sem função estrutural) com 2 cm sobre esta. Ou seja, foram especificados chumbadores com comprimento incompatível com a altura do piso existente, em um concreto de piso subdimensionado com relação à sua espessura e sua armação, com f_{ck} = 25 MPa, que acabou sofrendo colapso estrutural durante o impacto de uma empilhadeira contra a estante.

Fig. 2.189 Vistas de uma estante fixada com chumbadores mecânicos

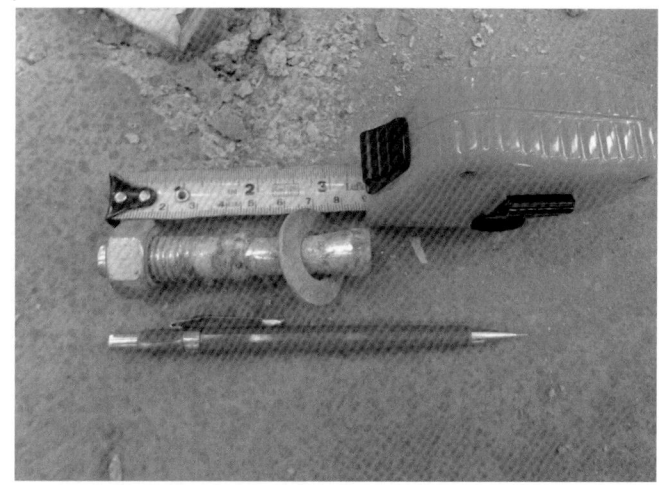

Fig. 2.190 Vistas do comprimento do chumbador mecânico usado

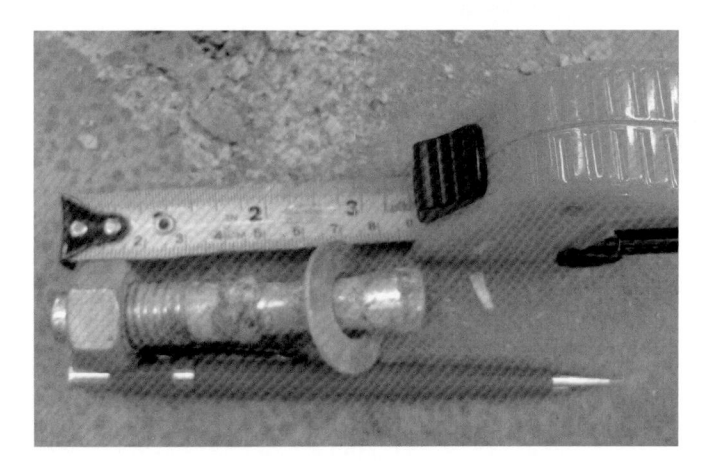

Fig. 2.191 Vista ampliada do chumbador mecânico

Esse exemplo deve ser refletido pelo aluno aspirante a engenheiro, pelo engenheiro calculista de escritório e pelo engenheiro civil de campo, pois é um caso de ocorrência comum, em que os montadores, ao verem um piso de concreto, acabam não se preocupando com sua espessura e características estruturais.

Nesse caso, tem-se uma estante com mais de 8 m de altura, com capacidade de carga de 4 tf para cada prateleira (cada andar), e que poderia ter caído e gerado incidentes ou até acidentes, mas que estava vazia no momento do sinistro.

Em suma, é um caso típico não de falha do chumbador mecânico, mas de falta de conhecimento das condições geométricas e estruturais dos elementos coexistindo nesse universo de trabalho.

Com um piso de concreto com essas características, o mais coerente seria rasgar o pavimento e projetar blocos de fundação adequados, com barras de pré-concretagem em aço ASTM A588, por exemplo, ou adotar outra solução, mas não utilizar um concreto com essas características.

Outro detalhe na Fig. 2.189 que merece a devida atenção é a quantidade de furos previstos para cada pé de estante. Observar que há apenas um furo previsto na chapa que sofreu o impacto e apenas dois furos na base do pilar da estante. Recomenda-se utilizar um mínimo de quatro furos por chapa de base de pilar ou pilarete, pois, quando se dispõe de quatro conectores instalados de forma simétrica, apenas dois trabalharão à tração, ficando os outros dois submetidos à compressão.

Caro aluno e caro engenheiro, reflitam a respeito dos casos abordados neste capítulo e não deixem isso ocorrer em seus projetos ou em suas obras.

LIGAÇÕES SOLDADAS

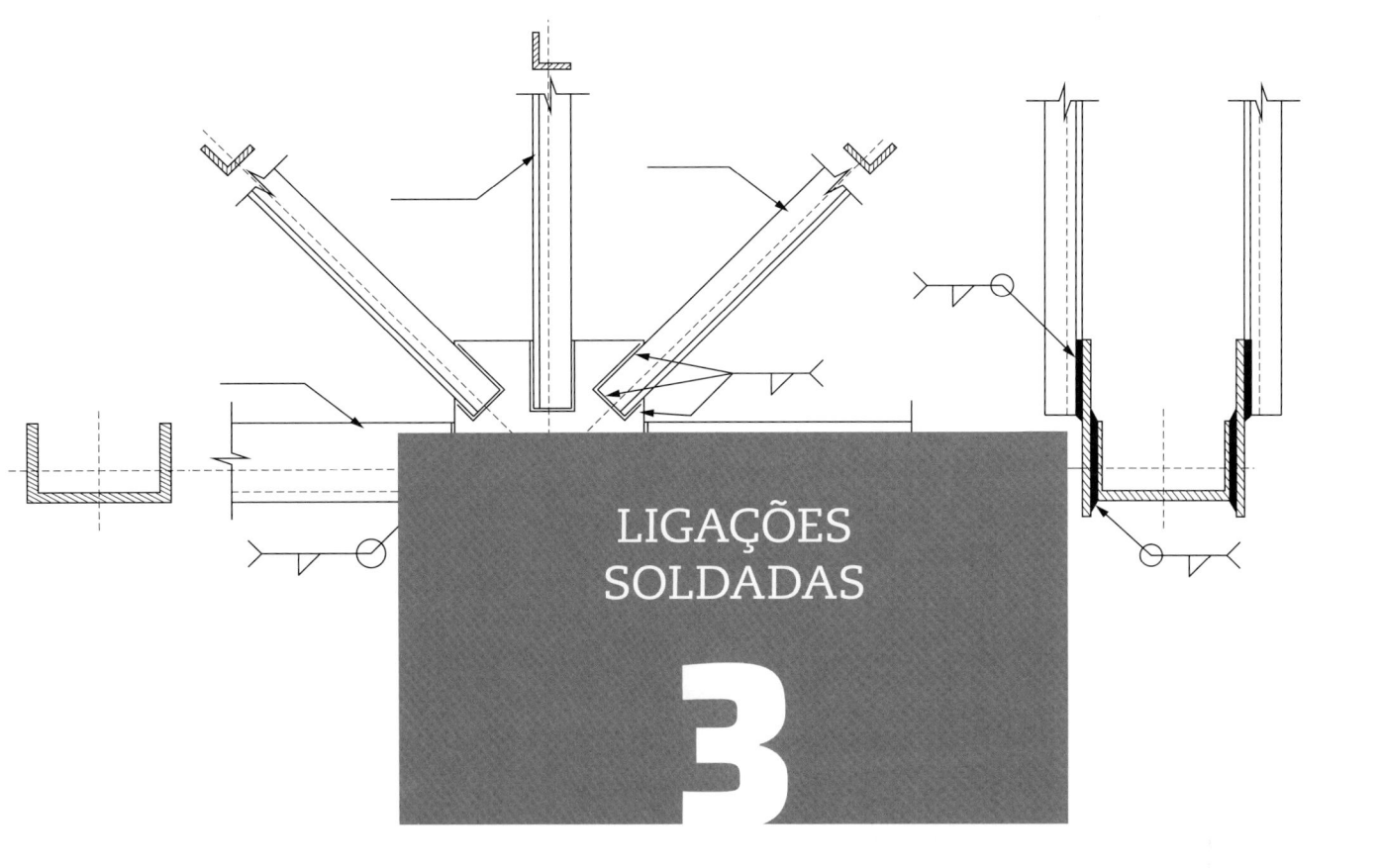

3

3.1 Considerações gerais

Soldagem é a junção de pedaços de metal por aquecimento de pontos de contato até um certo estado fluido ou aproximadamente fluido, com ou sem aplicação de pressão. A soldagem mais antiga remonta há 3.000 anos e envolveu o aquecimento de pedaços de metal até um estado plástico, que então foram martelados juntos (por exemplo, usando pressão).

Em algumas soldagens é usado gás, termo aqui empregado para denotar o uso de mistura de gás/oxigênio para produzir uma chama muito quente a fim de aquecer as partes do metal e o enchimento da solda.

A maioria dos processos de soldagem utiliza corrente elétrica, que aquece um eletrodo e o coloca no estado líquido, o qual então é depositado como enchimento ao longo da interface de dois ou mais pedaços de metais a serem unidos. O processo funde a porção do metal-base (metal sendo unido) e o metal da solda (eletrodo), de modo a intermisturar os dois materiais e a desenvolver uma continuidade destes quando o resfriamento suceder. Se a quantidade de metal de solda (eletrodo) é relativamente pequena para a espessura das partes juntadas, o processo tende a ser não confiável. A fusão insuficiente do metal-base faz com que a solda possa quebrar (*pop off*) ou não unir completamente o metal-base com o metal da solda. Esse evento pode ser evitado tanto por pré-aquecimento do metal-base quanto por limitação do tamanho da solda. Quando o processo de solda acontece num ambiente frio, faz-se necessário pré-aquecer as partes, particularmente onde os elementos são tão espessos que um grande diferencial de temperatura não é capaz de se desenvolver em um curto espaço de tempo e as tensões resultantes acabam sendo tão altas que a zona de solda falha.

Dos processos de soldagem disponíveis, os seguintes são os mais prováveis de serem usados em aplicações estruturais:

- *shielded metal arc welding* (SMAW);
- *gas metal arc welding* (GMAW);
- *submerged arc welding* (SAW);
- *electroslag welding*.

3.2 Eletrodos de soldagem

Há uma grande variedade de eletrodos disponíveis, de modo que um tipo proverá tanto a resistência de projeto adequada quanto a compatibilização do metal-base com o metal da solda a ser executado. Em aplicações estruturais, a Sociedade Americana de Solda (American

Welding Society, AWS), em cooperação com a ASTM, estabeleceu um sistema de numeração do eletrodo que classifica os eletrodos de soldagem (também conhecidos como *rod*) como segue:

Eaaabc

em que:

E = eletrodo;

aaa = dígito de dois ou três números que estabelece a tensão última resistente do metal da solda (os valores de resistência correntemente disponíveis estão indicados na Tab. 3.1);

b = dígito que indica a adequabilidade da posição de soldagem, que pode ser plana, horizontal, vertical ou acima da cabeça; usar um dos seguintes valores:

1 = adequada para todas as posições;

2 = adequada para filetes horizontais e para trabalhos de posicionamento plano.

c = dígito que indica o fornecimento de corrente e a técnica de soldagem: ac, dc, dc *straight polarity* (polaridade contínua), dc *reversed polarity* (polaridade inversa) etc.

Por exemplo, um tipo de especificação dado por E7013 significa que se requisita no processo de soldagem: o uso de um eletrodo com tensão última resistente de f_u = 70 ksi (485 MPa), a adequabilidade para qualquer posição (número 1) e o uso de corrente ac ou dc com polaridade contínua ou reversa (*straight* ou *reversed polarity*).

Para projetos estruturais, o que interessa é o tipo de eletrodo E60, E70, E80 etc. Os eletrodos E70 são os mais largamente utilizados em trabalhos estruturais.

Tab. 3.1 RESISTÊNCIA DOS ELETRODOS

Resistência em ksi	60	70	80	90	110	120
Resistência em MPa	415	485	550	620	760	825

3.3 Tipos de junta e de solda

Um grande número de tipos de solda pode ser usado em aplicações estruturais, incluindo: entalhe (*groove*), filete (*fillet*), tampão (*plug*), costura (*seam*), fenda (*slot*) e ponto (*spot*). A maioria das soldas estruturais é de entalhe (aproximadamente 15% dos casos) e de filete (cerca de 80% dos casos).

Nas ligações metálicas, é possível utilizar uma ou mais soldas para uma mesma união. Na Fig. 3.1 são mostradas algumas ligações básicas, denominadas ligação *butt*, ligação *corner*, ligação *lap*, ligação T e ligação *edge*.

A união *butt* (de união de topo de vigas) é obtida de uma solda de entalhe, como mostra a Fig. 3.2, e é tida para prover 100% de eficiência se construída de modo que a penetração total da solda seja obtida.

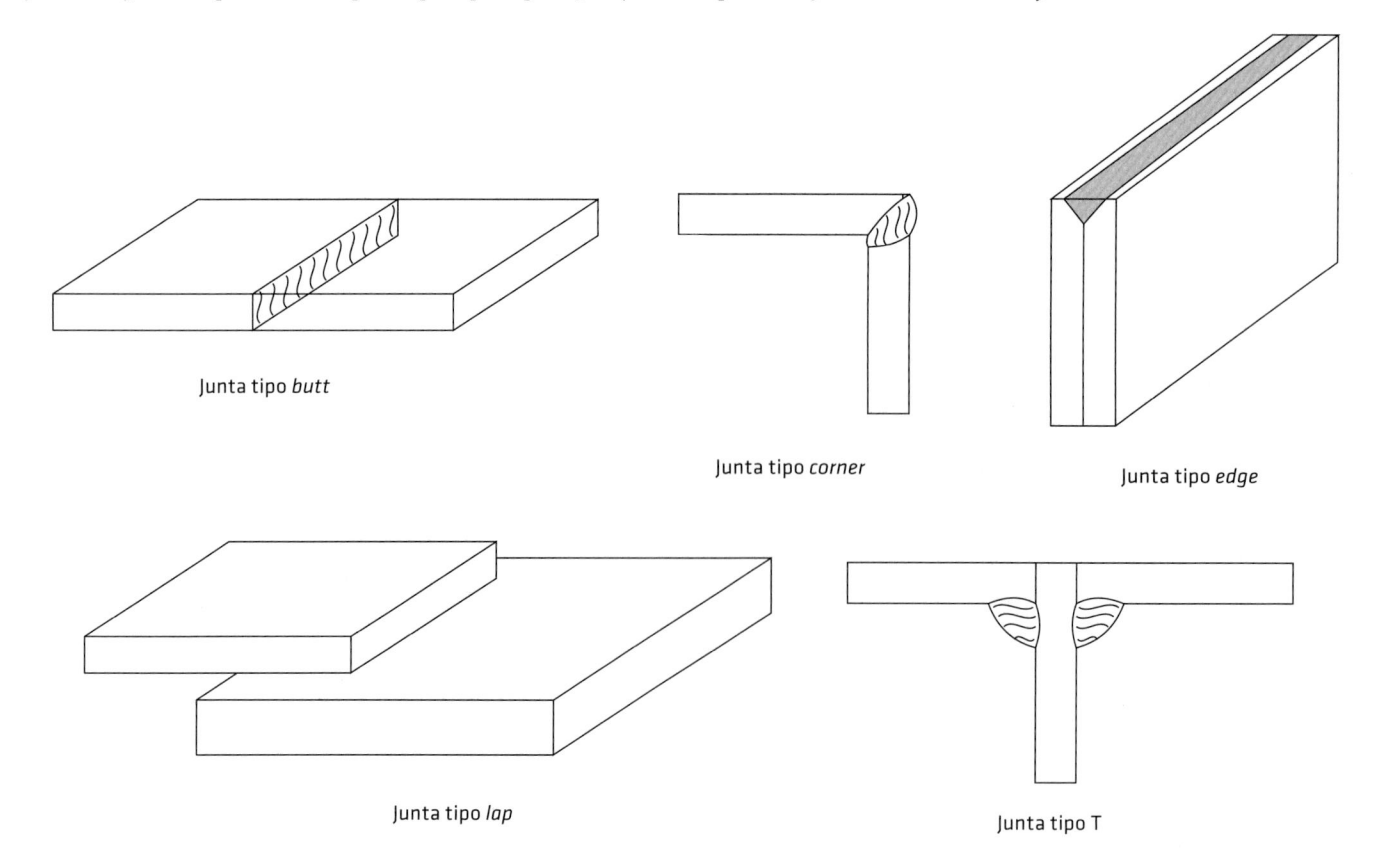

Junta tipo *butt*

Junta tipo *corner*

Junta tipo *edge*

Junta tipo *lap*

Junta tipo T

Fig. 3.1 Juntas soldadas

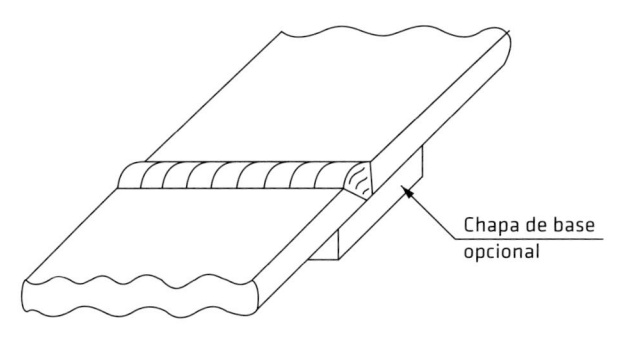

Solda de entalhe usada
numa ligação *single bevel*

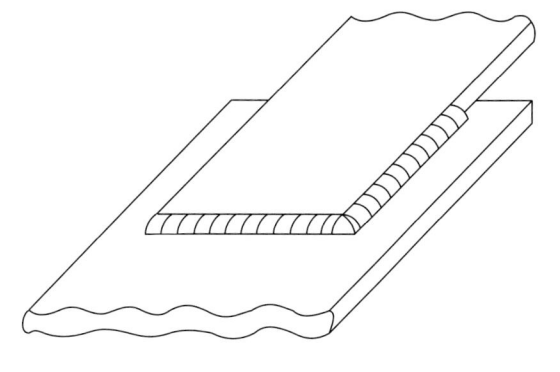

Chapa de base opcional

Solda de filete usada numa
ligação *lap joint*

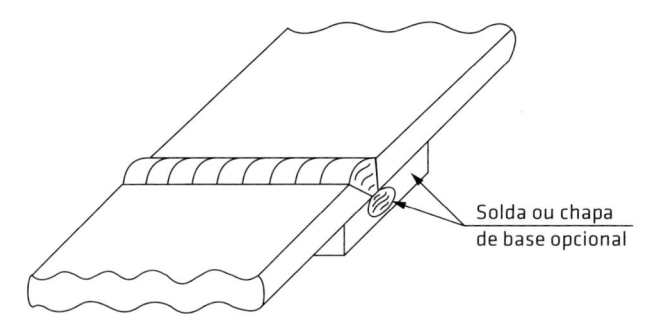

Solda de entalhe usada
numa ligação *J groove*

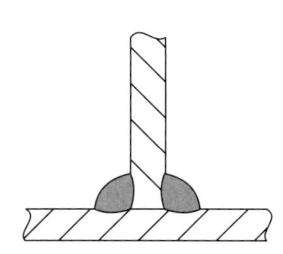

Solda ou chapa de base opcional

Solda de filete usada numa
ligação *double T joint*

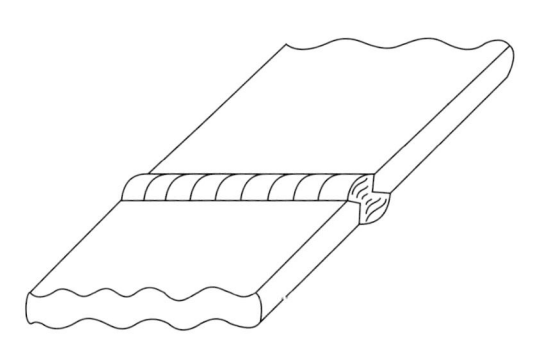

Solda de entalhe usada
numa ligação *double bevel*,
que requer soldagem em ambas as faces

Solda de filete usada numa
ligação *T joint*

Fig. 3.2 Soldas de entalhe e de filete em aplicações estruturais

3.4 Simbologias de soldas

Nesta seção são apresentadas algumas das simbologias padrão, tanto básicas como suplementares, utilizadas para indicar ligações soldadas em projetos, conforme mostrado no Quadro 3.1.

Na Fig. 3.3A, tem-se um caso de aplicação de solda de filete com 5 mm de espessura na união de duas chapas. Notar a indicação do símbolo complementar de solda de campo (bandeira preta), que deve ser evitado a todo custo, pois o uso de solda de campo retira a proteção com uso de galvanização e/ou pintura aplicada na estrutura.

Já na Fig. 3.3B, é mostrado um caso de aplicação de solda de filete com 8 mm de espessura em todo o contorno do contato do perfil com a chapa. O uso de solda de filete, nesse caso de união de viga com chapa de ligação, só deve ocorrer quando a chapa ultrapassar o topo do perfil – recomenda-se, para um cordão de solda de filete usual de 5 mm a 10 mm, deixar pelo menos 20 mm de chapa de ligação passando além dos limites do perfil.

Quadro 3.1 SIMBOLOGIAS PADRÃO BÁSICAS E SUPLEMENTARES DE SOLDAS

Símbolos básicos de solda			
Arco elétrico ou a gás	Cordão	Filete	△
		Recobrimento	⌣
	Tampão em furos ou rasgos		▭
	Com chanfro ou entalhe	Sem chanfro ou entalhe	‖
		Em V	∨
		Bisel	⩘
		Em J	⪢
		V curvo	⫏
		Bisel curvo	⫐
	Solda entre peças curvas		⪥
	Solda entre uma peça curva e uma outra plana		⫐

Símbolos suplementares de solda			
Solda de campo			⚑
Solda em todo o contorno			○
Solda de campo em todo o contorno			⚑○
Contorno da superfície da solda		Plana	—
		Convexa	⌒
		Côncava	⌣
Ponteamento			✕

Nota: As pernas verticais das soldas permanecem sempre à esquerda, independentemente de sua posição no desenho.

(A)

(B)

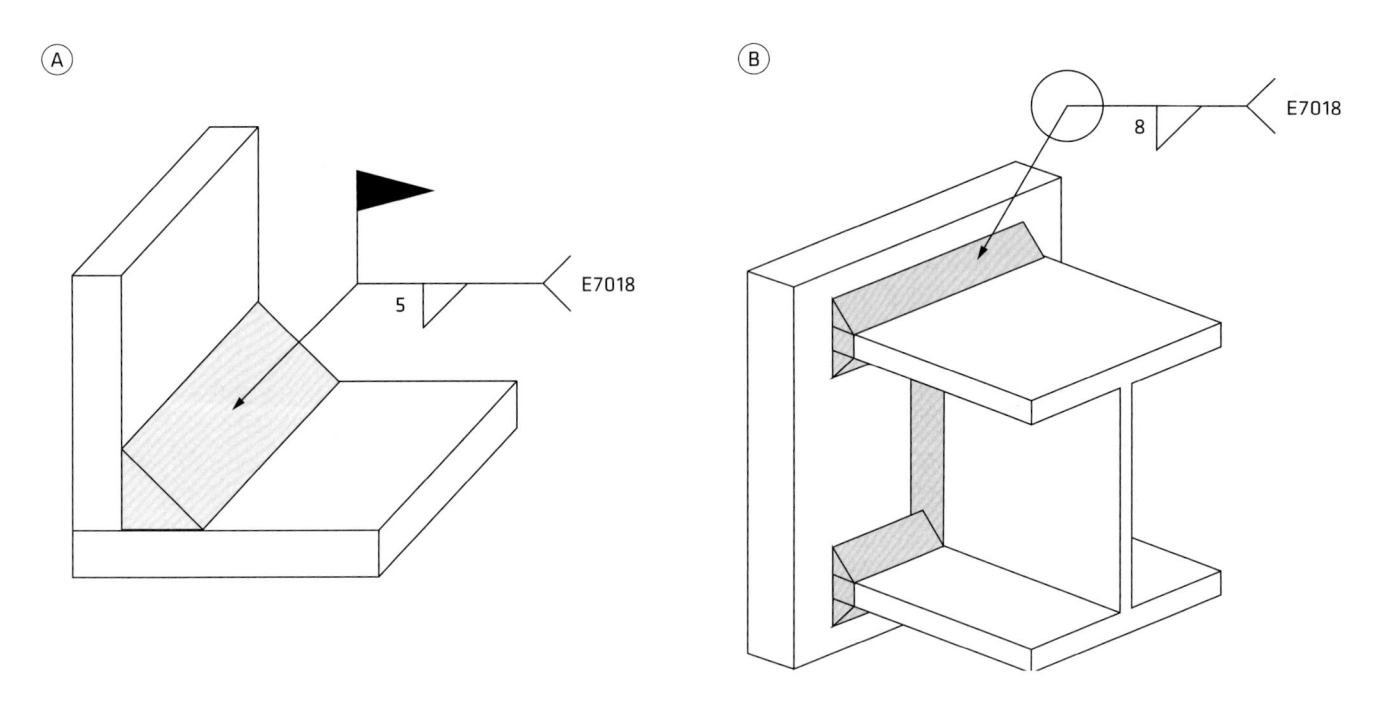

Fig. 3.3 Exemplificação do uso de soldas de filete

Na Fig. 3.4A, a solda de bisel com 10 mm de espessura é aplicada tanto na união dos flanges superiores dos dois perfis I quanto nos flanges inferiores, por causa da indicação do símbolo de bisel espelhado (rebatido). Além disso, pede-se solda com abertura de 60° e acabamento plano (uso do tracinho). Ainda há o emprego de solda sem chanfro ou entalhe (símbolo com traços paralelos) com 6 mm de espessura para promover a união das duas almas dos perfis I – essa solda de símbolo rebatido indica que deve ser aplicada também no lado oposto ao indicado. Essa solda é usada quando se tem paralelismo entre chapas.

Na Fig. 3.4B, tem-se outro detalhe de solda de bisel com 12 mm de espessura aplicada na união do flange superior de uma viga I com uma chapa de ligação e na união do flange inferior com a chapa, sem o uso de solda rebatida, mas com solda indicada duas vezes em locais diferentes. Além disso, pede-se a penetração total a 45° e aca-

em casos como esse, onde o flange e a alma do elemento receberão soldas de ambos os lados, devendo-se verificar a compatibilização do metal-base com o metal da solda.

Já na Fig. 3.6, é apresentado um caso em que a solda é aplicada de um lado e em seu lado oposto com as mesmas características. Assim, não é preciso indicar a solda de filete em duas posições do desenho, bastando fazer a notação uma única vez, porém com o símbolo da solda de filete espelhado para cima – sempre com a perna vertical posicionada à esquerda.

Observar que as Figs. 3.5 e 3.6 exibem o mesmo símbolo de solda de filete (triângulo retângulo), respectivamente à esquerda e à direita de cada figura, porém com a perna vertical sempre posicionada à esquerda. Em *softwares* como o AutoCAD, é comum cometer o erro de espelhar o desenho do símbolo de solda e a perna passar para a direita – portanto, atenção!

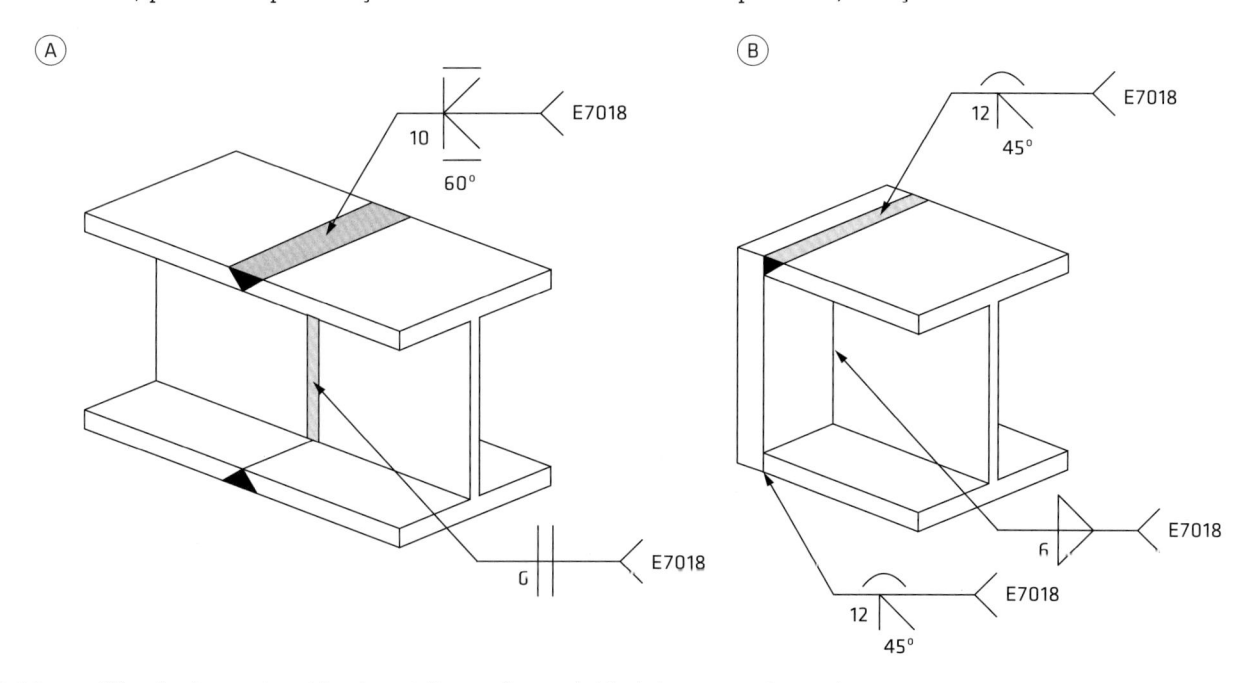

Fig. 3.4 Exemplificação do uso de soldas de entalhe em forma de bisel de penetração total

bamento côncavo na parte inferior da solda (uso do arco na parte superior). Ainda há a utilização de solda de filete com 6 mm de espessura com seu símbolo espelhado, informando que esta deve ser aplicada no lado indicado pela seta e em seu lado oposto.

A seguir serão mostrados alguns casos típicos de aplicação das simbologias padrão básicas mescladas com as simbologias complementares.

Por exemplo, na Fig. 3.5, notar o uso de uma solda de filete (indicada pelo triângulo retângulo com sua perna vertical sempre posicionada à esquerda) seguida da anotação de um círculo, o qual informa que a solda deve ser aplicada em todo o contorno do perfil. É necessário ter atenção

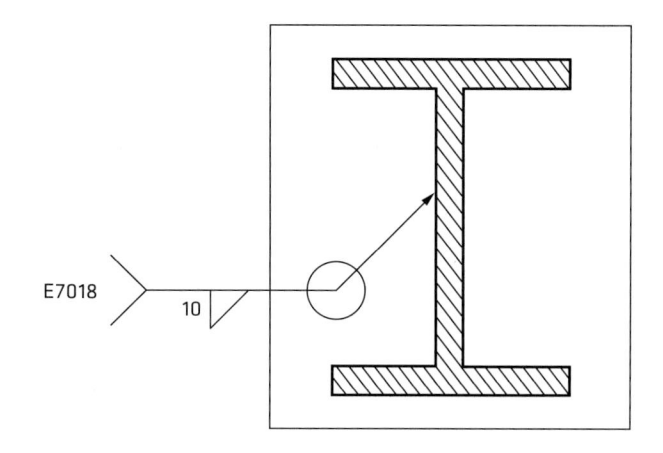

Fig. 3.5 Solda de filete aplicada em todo o contorno para a união de um perfil W com uma chapa de ligação

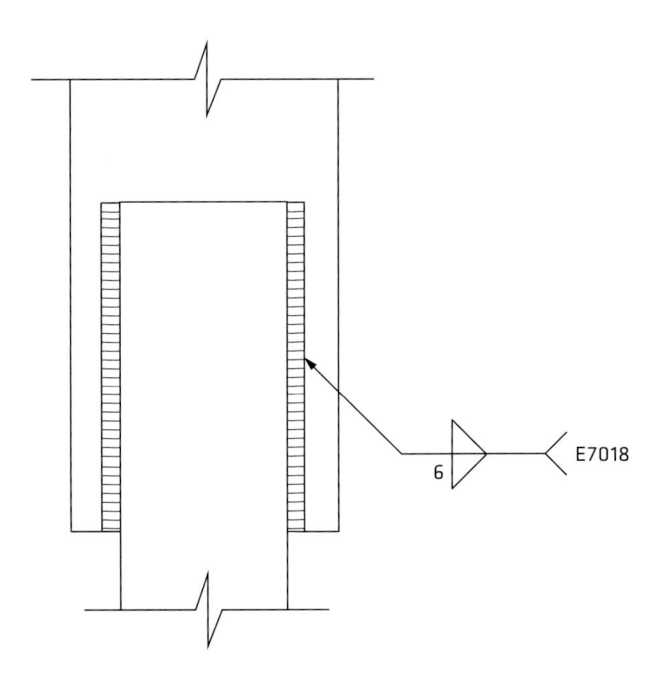

Fig. 3.6 Solda de filete aplicada ao longo de dois lados opostos para a união de duas chapas (união do tipo *lap*)

não atingir o fundo da chapa soldada. Em caso de colunas ou vigas muito altas/compridas, é comum dimensionar, devido à economia, soldas intermitentes para a união de dois perfis a fim de formar um único perfil composto. Nesse exemplo, o valor de 50 mm indica o comprimento da solda, e o de 150 mm, o passo. Nunca se deve aplicar solda de filete para a união de superfícies planas como mostrado nessa figura, pelo fato de essa solda não garantir uma união perfeitamente segura, dada a situação geométrica a soldar.

O espelhamento/rebatimento do símbolo da solda indica que esta deve ser aplicada nos lados opostos do perfil composto, com as mesmas propriedades.

A Fig. 3.9 mostra um caso típico de soldagem de topo de barra de ancoragem a uma placa de aço por meio de uma solda-tampão, em que o valor de 13 mm indica a altura da solda compatível com a espessura da chapa a soldar (12,70 mm), e o valor de 19 mm, o diâmetro do furo (15,8 mm) acrescido de folga de 3,2 mm. Essa solda-tampão preen-

Na Fig. 3.7, apresenta-se um caso de solda intermitente aplicada à alma de um perfil W, com o símbolo de solda de filete posicionado de forma desalinhada na parte de cima e de baixo da linha de chamada. Nesse exemplo, o valor de 30 mm indica o comprimento, e o de 100 mm, o passo (distância entre centros de comprimentos de soldas). O espelhamento (rebatimento) do símbolo da solda de filete indica ao soldador que a solda deve ser aplicada em ambos os lados da alma (um oposto ao outro) do perfil W (a ser unido à superfície plana do flange de uma coluna em perfil H).

No caso da Fig. 3.8, é aplicada uma solda de entalhe (de penetração) parcial para unir duas superfícies planas alinhadas pelo topo, que, nesse caso, refere-se a ambos os flanges de dois perfis W; chama-se parcial pelo fato de

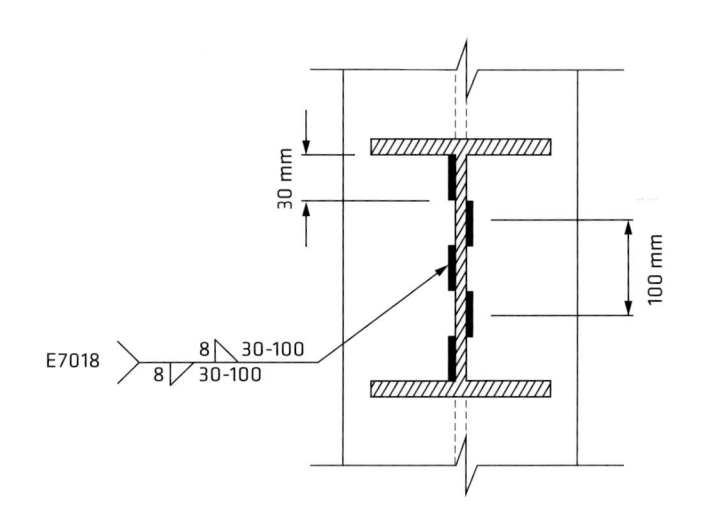

Fig. 3.7 Solda de filete intermitente e alternada

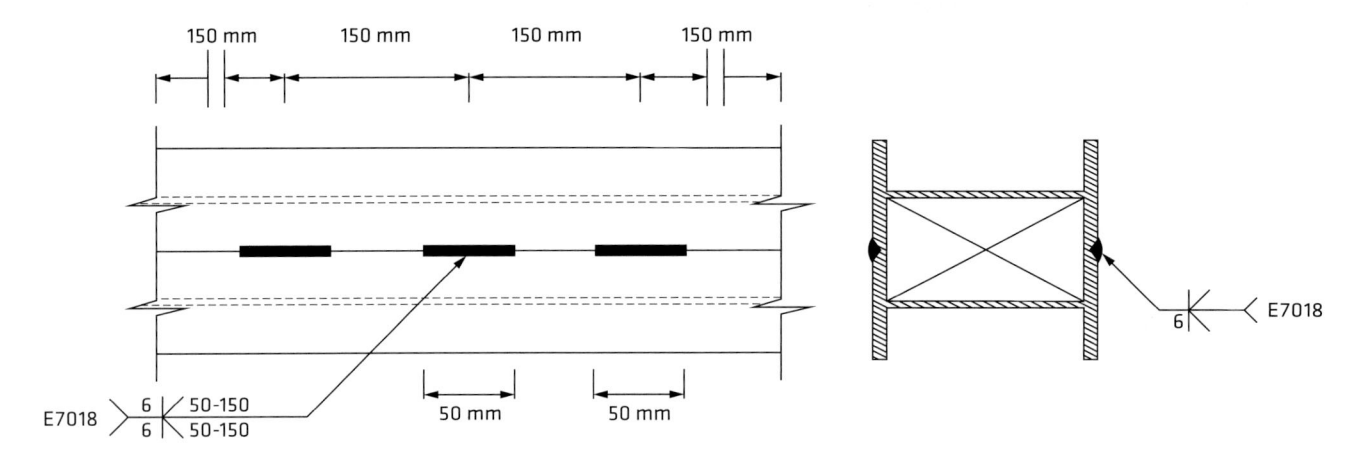

Fig. 3.8 Solda de entalhe de penetração parcial, espelhada para ser aplicada nos lados opostos (faces superior e inferior dos perfis W mostrados)

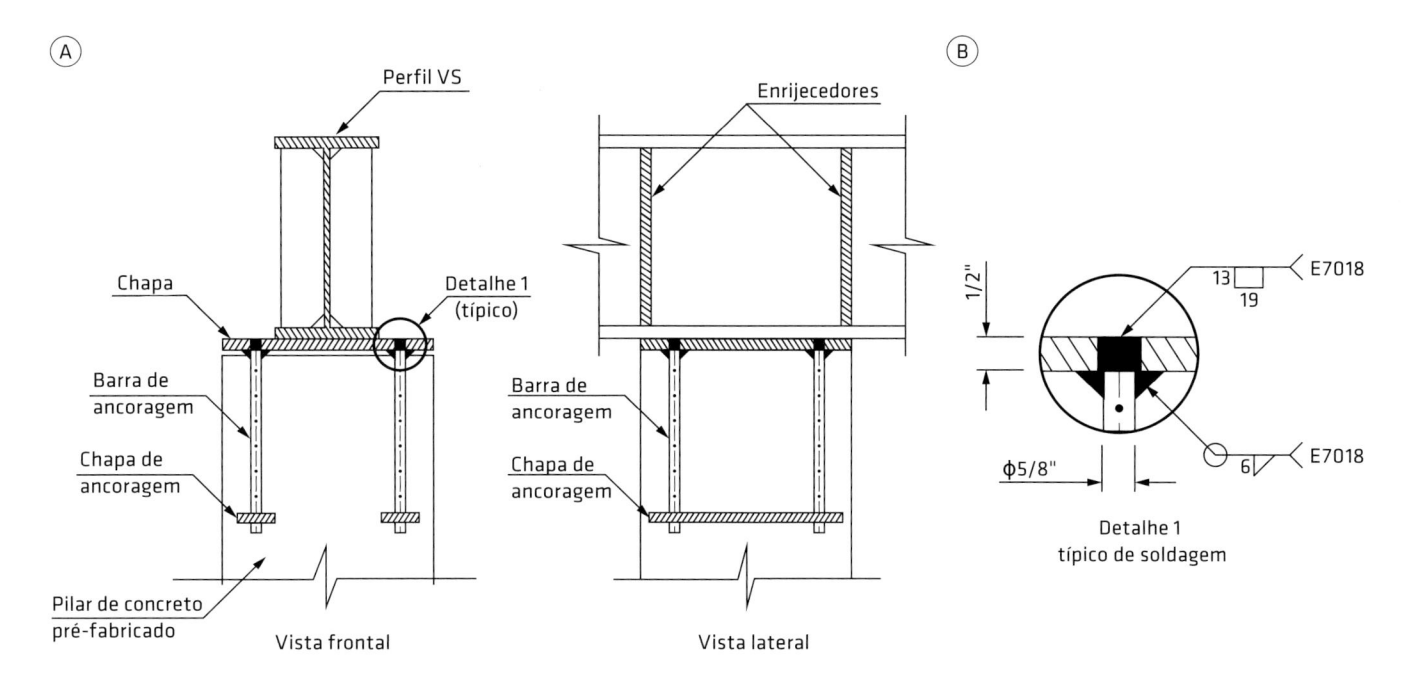

Fig. 3.9 Solda-tampão (bujão) usada para conectar barras de pré-concretagem a uma chapa de ligação – esse tipo de chapa é muito utilizado em topos de pilares pré-fabricados sobre os quais são soldadas vigas de cobertura de supermercados, indústrias, galpões grandes e com pés-direitos muito elevados, com o uso de solda de campo

cherá o entorno do vazio entre a barra e o furo efetuado na placa de modo a unir ambos. E, abaixo da chapa, recomenda-se indicar uma solda de filete a ser aplicada em todo o contorno da interseção da barra com a chapa, a fim de garantir uma resistência extra.

Esse é um caso comum de ancoragem de uma chapa ao topo de um pilar de concreto por meio de barras. Esse conjunto de chapa soldada a barras é chamado de *insert*, e recomenda-se deixar uma nota no projeto de que o *insert* deve ser inserido no concreto durante sua concretagem. Do contrário, se o *insert* chegar ao campo da obra com o pilar já executado, será um grande problema; em situações como essa, torna-se inevitável aplicar solda de campo para unir o flange inferior da viga à chapa de topo.

Na indicação de solda-tampão da Fig. 3.9B, os números 13 e 19 referem-se respectivamente a:
- Espessura da chapa ou profundidade da solda-tampão. Nesse caso, foi empregado o valor de 13 mm porque a chapa possui espessura de ½" (12,70 mm).
- Diâmetro do furo na chapa (já com a folga de 3,20 mm). Esse valor foi utilizado porque a barra de ancoragem tem diâmetro de ⅝" (15,80 mm) e, com o acréscimo da folga de 3,20 mm, resulta em 19,00 mm.

Para complementar a soldagem de barras de pré-concretagem a chapas como essas, a fim de constituírem consoles (capacetes), ainda são aplicadas soldas de filete em todo o contorno da região de contato da barra com a superfície inferior da chapa, como no caso em que se usou solda de filete com espessura de 6 mm.

Na Fig. 3.10, é evidenciado um caso real de uso de chapa *gousset*, muito útil para a união de perfis de montantes, diagonais e banzos em nós de treliças.

Em ligações entre perfis de seção circular (Fig. 3.11), dependendo do ângulo, torna-se inevitável o contato entre as soldas de filete de uma ligação com a outra. Nesses casos, a solda deve receber pintura, inicialmente com o uso de pincel embebido na tinta, a ser aplicada em várias camadas.

3.5 Tensões admissíveis de solda

A união *butt* (de união de topo de vigas) é a única união provável para ser usada em tração direta. As tensões de tração ou compressão admissíveis para metais-soldas são dadas na Tab. 3.2.

A tensão de cisalhamento admissível para soldas de filete é limitada a $f_V = 0,3 \cdot f_{u;Eletrodo}$ nas especificações da AISC, ou seja, para o metal da solda, deve-se usar o limite de tensão última de cisalhamento de $0,3 \cdot f_{u;Eletrodo}$. Assim, caso se utilize um eletrodo E70, é necessário limitar sua tensão última de cisalhamento a:

$$0,3 \cdot f_{u;Eletrodo} = 0,3 \times 70,0 \text{ ksi} = 21,0 \text{ ksi}$$

ou, em MPa:

$$0,3 \times 485,0 \text{ MPa} = 145,5 \text{ MPa}$$

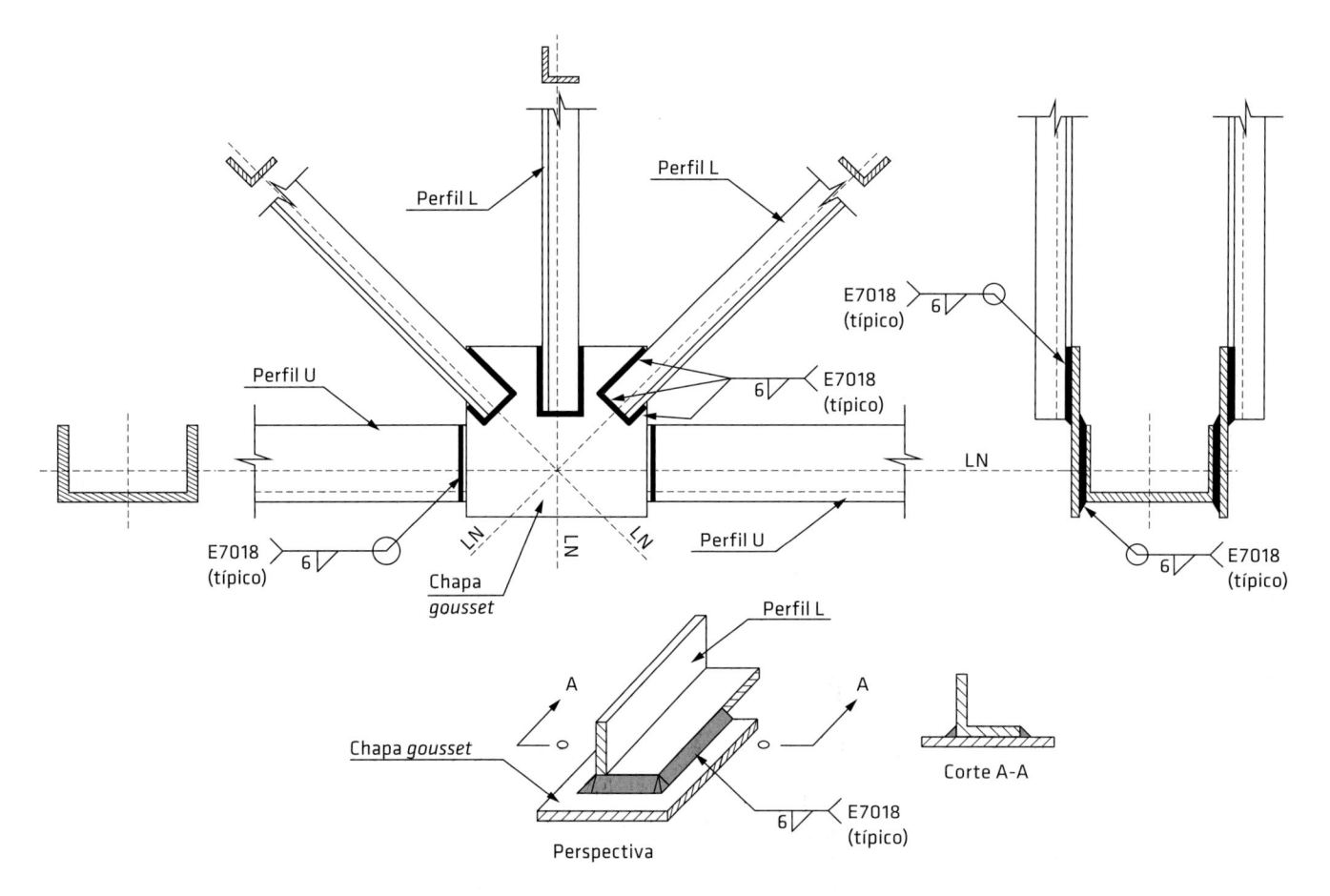

Fig. 3.10 Uso de soldas de filete para unir dois perfis L (diagonais), um montante, um banzo inferior e uma chapa *gousset*. No cálculo da resistência dessas soldas, somam-se todos os comprimentos de regiões de contato do perfil L com a chapa *gousset* – indicados pelas linhas pretas mais espessas

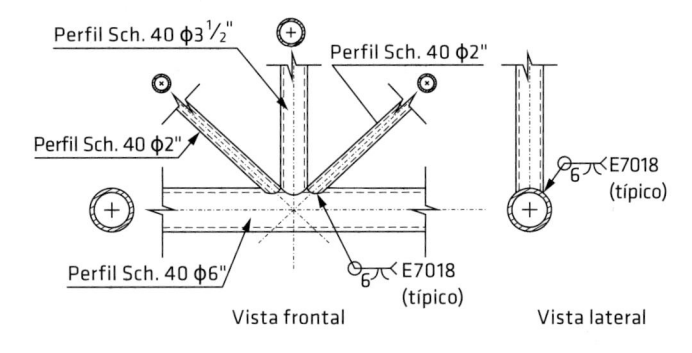

Fig. 3.11 Uso de solda entre peças curvas. Essa solda é dimensionada como uma solda de filete, considerando para seu comprimento todo o perímetro de contato entre os dois perfis

Para os metais-base, deve-se usar o limite de tensão admissível de $0,4 \cdot f_{y;\text{Aço do metal}}$. Assim, caso se utilize um aço do tipo A36 a ser soldado, é necessário limitar sua tensão admissível a:

$$0,4 \cdot f_{y;\text{Aço do metal}} = 0,4 \times 250,0 \text{ MPa} = 100,0 \text{ MPa}$$

Esses limites de tensão admissível serão usados na verificação da compatibilidade do metal-base com o metal da solda, mais adiante.

3.6 Soldas de filete

A solda de filete possui seção transversal com formato aproximado de um triângulo. O devido cuidado deve ser tomado para que a dimensão da garganta da solda seja executada adequadamente (ver Fig. 3.12). Na maioria dos casos, as pernas de solda D são feitas com dimensões aproximadamente iguais, mas não é necessário, na execução, que as pernas tenham as mesmas dimensões. Se são usadas soldas com dimensões de pernas iguais, adota-se a seguinte equação para determinar sua área transversal mínima para o cálculo da resistência de cisalhamento:

$$T = D \cdot \cos 45° = D \cdot 0,70711$$

em que:
T = dimensão da garganta da solda de filete (*throat*) (em mm);
D = espessura nominal da perna da solda de filete, também chamada de b_W (w = *weld*) (em mm).

São mostradas na Fig. 3.13 algumas especificações ditadas pela AISC para soldas de filete na união entre chapas e perfis.

Tab. 3.2 TENSÕES ADMISSÍVEIS DE SOLDA POR DIVERSAS ESPECIFICAÇÕES

		Tensão admissível do eletrodo		
Tipo de solda	Tipo de tensão	AISC	AASHTO	AREA
Entalhe de penetração total (full-penetration groove)	Tração ou compressão paralela ou normal ao eixo da solda	Mesma do metal-base[a]	Mesma do metal-base[a]	Mesma do metal-base[a]
Entalhe de penetração parcial (partial-penetration groove)	Tração ou compressão paralela ou normal ao eixo da solda	Mesma do metal-base	Mesma do metal-base	Mesma do metal-base
Todas as soldas de entalhe	Cisalhamento	$0{,}3 \cdot f_{u;Eletrodo}$	$0{,}27 \cdot f_{u;Eletrodo}$	$0{,}35 \cdot f_{u;Eletrodo}$
Soldas de filete[b]	Cisalhamento	$0{,}3 \cdot f_{u;Eletrodo}$	$0{,}27 \cdot f_{u;Eletrodo}$	$0{,}35 \cdot f_{u;Eletrodo}$
Soldas-tampão e de fenda (plug and slot welds)	Cisalhamento	$0{,}3 \cdot f_{u;Eletrodo}$	$0{,}27 \cdot f_{u;Eletrodo}$	$0{,}35 \cdot f_{u;Eletrodo}$

[a] O metal-base deve ser compatível com o metal da solda. Por exemplo, eletrodos E60 são limitados a metal-base com f_y não maior do que 42 ksi (290 MPa); eletrodos E70, a metal-base com f_y não maior do que 55 ksi (380 MPa); e eletrodos E80, a metal-base com f_y não maior do que 65 ksi (415 MPa).
[b] A tensão de cisalhamento pode ser limitada pela tensão máxima admissível do metal-base ($f_v = 0{,}4 \cdot f_y$ nas especificações da AISC; $f_v = 0{,}3 \cdot f_y$ nas especificações da AASHTO; $f_v = 0{,}35 \cdot f_y$ nas especificações da AREA).

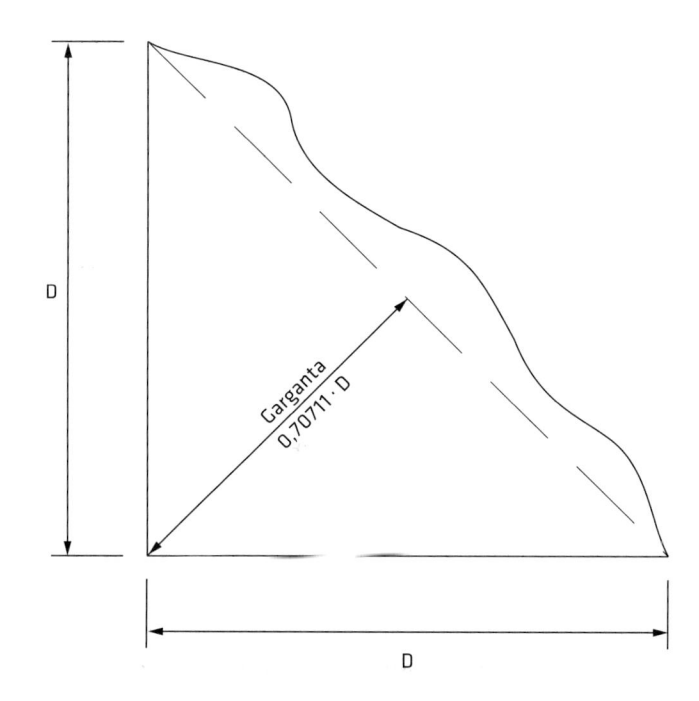

Fig. 3.12 Área de cisalhamento crítica para soldas de filete. Dimensão da garganta para área mínima de cisalhamento

3.7 Soldas-tampão (plug) e de fenda (slot)

As soldas-tampão (plug) podem ser usadas para prevenir as chapas do efeito de empenamento (buckling) em uniões lap longas submetidas a esforços solicitantes de compressão ou para conectar chapas de topo a chapas inferiores. Elas podem ser adotadas tanto em buracos redondos quanto em fendas com bordos arredondados. Ter as bordas do orifício da chapa sempre arredondadas é uma premissa desse tipo de solda.

Já as soldas de fenda (slot) representam um tipo especial de solda de filete em que é difícil obter o comprimento necessário para desenvolver a resistência de cisalhamento requisitada em uma dada união lap.

As dimensões mínimas mostradas na Fig. 3.14 atendem às especificações da AISC para ambos os tipos de solda tratados nesta seção.

Essas dimensões asseguram que haja adequada transferência de cisalhamento ao longo da chapa depois da contração substancial da solda, mediante a ocorrência de seu subsequente resfriamento após o aquecimento e a aplicação da solda.

Não se deve utilizar solda de filete no lugar de nenhuma das soldas apresentadas nesta seção, pois ela possui uma quantidade de metal de solda fundido muito inferior à encontrada nessas aplicações, o que representaria uma transferência inadequada de cisalhamento após sua pouca contração (em virtude do pouco material de metal de solda fundido).

3.8 Tamanho mínimo de solda

As dimensões mínimas de solda são determinadas em função da espessura do metal-base a soldar. Esse cuidado assegura transferência adequada de calor e resfriamento lento e adequado da área de aplicação de solda, de modo que o metal da solda e o metal-base não cristalizem e tendam a rachar (efeito crack) ou quebrar (efeito pop off) em razão da insuficiente fusão de solda para o interior do metal-base, se não for bem dimensionada.

Os valores da AWS, usados como um guia para as especificações americanas AISC e AASHTO, são dados na Tab. 3.3 para soldas de filete.

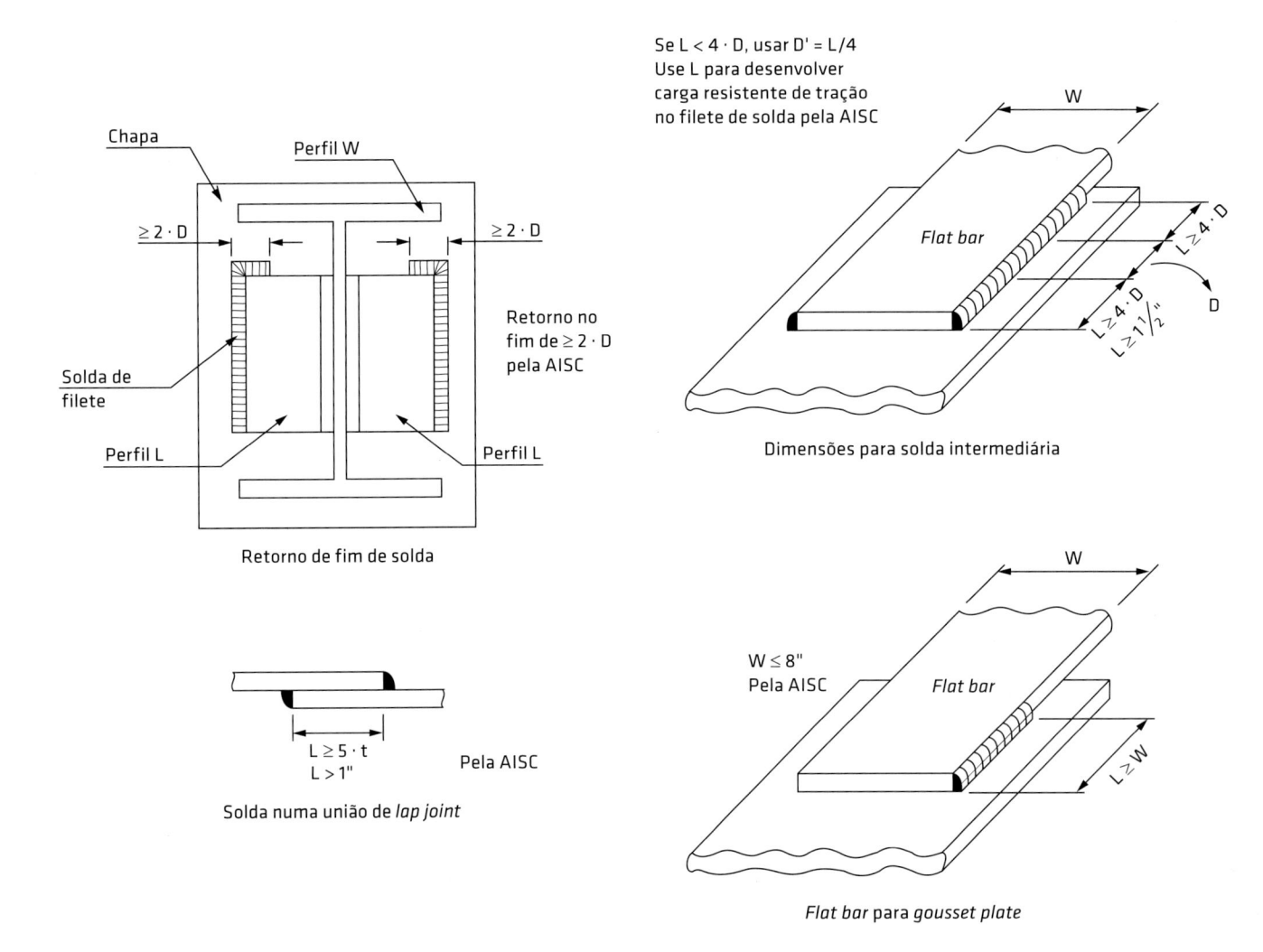

Fig. 3.13 Especificações da AISC para conexão soldada

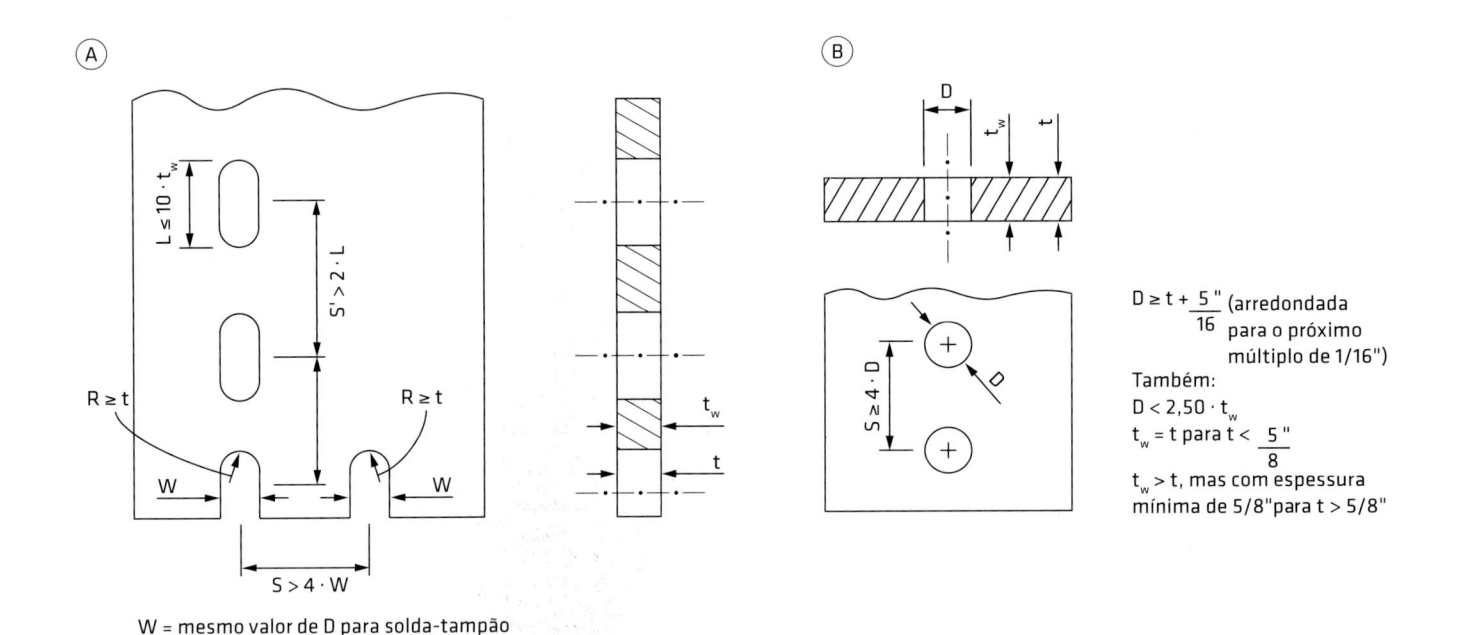

Fig. 3.14 Especificações da AISC para soldas de fenda e tampão (orifício, circular ou bujão, *plug weld*)

Tab. 3.3 TAMANHO MÍNIMO DE SOLDA DE FILETE SEGUNDO A AWS[b]

Espessura do metal-base[a]		AISC		AASHTO	
Fps (in)	SI (mm)	Fps (in)	SI (mm)	Fps (in)	SI (mm)
$t \leq \frac{1}{4}$	$t \leq 6{,}35$	$\frac{1}{8}$	3	$\frac{1}{8}$	5
$\frac{1}{4} < t \leq \frac{1}{2}$	$6{,}35 < t \leq 12{,}7$	$\frac{3}{16}$	5	$\frac{3}{16}$	5
$\frac{1}{2} < t \leq \frac{3}{4}$	$12{,}7 < t \leq 19{,}05$	$\frac{1}{4}$	6	$\frac{1}{4}$	6
$t > \frac{3}{4}$	$t > 19{,}05$	$\frac{5}{16}$	8	$\frac{5}{16}$[b]	8

[a] A espessura do metal-base é a menor espessura entre os metais a serem unidos.
[b] Ver as especificações da AASHTO para espessura de metal-base $t > 1\frac{1}{2}"$ ou 38 mm.

Já para soldas de penetração parcial (ver Fig. 3.15), são fornecidos na Tab. 3.4 os valores mínimos de espessura de solda em função da espessura do metal-base.

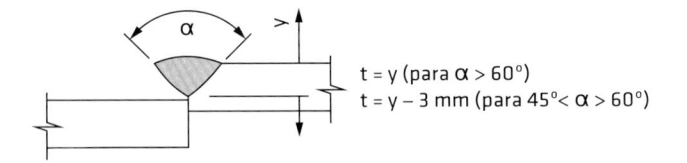

$t = y$ (para $\alpha > 60°$)
$t = y - 3$ mm (para $45° < \alpha > 60°$)

Fig. 3.15 Espessura de solda de entalhe de penetração parcial a ser usada nas equações de cálculo da resistência da solda

Tab. 3.4 DIMENSÃO MÍNIMA DE SOLDA DE ENTALHE DE PENETRAÇÃO PARCIAL

Espessura da chapa mais espessa t (mm)	Espessura da solda de penetração parcial b_w (mm)
Até 6,35	3
De 6,35 a 12,7	5
De 12,7 a 19,05	6
De 19,05 a 37,5	8
De 37,5 a 57	10
De 57 a 152	13
Acima de 152	16

3.9 Tamanho máximo de solda

A Tab. 3.5 indica o tamanho máximo a ser aplicado a soldas de filete ao longo das partes dos elementos de aço conectados.

Recomenda-se que a espessura máxima da solda seja controlada pela verificação da resistência de cisalhamento do metal da solda e do metal-base. Essa checagem, quando aplicada ao uso de solda de filete, é feita do seguinte modo:

$$0{,}70711 \cdot D \cdot \beta_1 \cdot f_u \leq t \cdot \beta_2 \cdot f_y$$

em que:
D = espessura nominal da perna da solda de filete, também denominada b_w (w = *weld*) (em cm);
β_1 = coeficiente de redução da tensão última resistente da solda, tomado como igual a 0,30;
f_u = tensão última resistente do metal da solda (eletrodo) (em kN/cm^2);
t = espessura do elemento de aço (em cm);
β_2 = coeficiente de redução da tensão admissível do aço, tomado como igual a 0,40;
f_y = tensão admissível do aço do metal-base (em kN/cm^2).

Tab. 3.5 DIMENSÃO MÁXIMA DA SOLDA DE FILETE

Elemento		AISC e AASHTO
Fps (in)	SI (mm)	
$t \leq \frac{1}{4}$	$t \leq 6$	Usar D = espessura t do elemento
$t > \frac{1}{4}$	$t > 6$	Usar $D = t - \frac{1}{16}$ ou $t - 1$ mm[a]

[a] A menos que a dimensão da garganta de solda seja executada para usar o valor integral de t.

3.10 Cálculo da resistência da solda e da compatibilização entre o metal da solda e o metal-base

Nesta seção será mostrado como calcular a resistência da solda em função de seu tipo, seja de filete, de bisel etc., além de como verificar a compatibilização do metal da solda com o metal-base, pois realizar a verificação da resistência sem checar a compatibilidade, e vice-versa, pode trazer sérios riscos à chapa e/ou à solda.

No dimensionamento de soldas, o engenheiro deve atentar para alguns pontos importantes, que serão vistos ao longo desta seção, tais como:

- verificar a compatibilidade do metal-base com o metal da solda;
- verificar a resistência da solda em face dos esforços solicitantes;
- verificar se a simbologia de solda adotada é exequível na fábrica ou no canteiro;
- evitar ao máximo o uso de solda de campo, uma vez que ela retira a proteção do aço contra a corrosão, seja por galvanização, seja por pintura.

É muito comum deparar-se com projetos estruturais que, de forma indiscriminada, indicam um detalhe típico de solda, por exemplo, de filete com 5 mm de espessura para todo o projeto, independentemente do local de aplicação, de ser exequível em uma região de encontro de peças com geometrias diferentes, de ser uma situação em que uma solda de penetração total ou parcial seria mais adequada, ou de ser indicada em planta uma solda de entalhe e, no campo, ser executada uma solda de filete. Todo cuidado é pouco na verificação do projeto e na fiscalização da obra.

3.10.1 Tensões resistentes dos eletrodos
Para estruturas principais, adota-se sempre eletrodo E70 com tensão de f_w = 485 MPa = 48,50 kN/cm².

3.10.2 Compatibilização entre metal da solda e metal-base
Quando a solda é de penetração, utiliza-se a fórmula a seguir para a compatibilização entre o metal da solda e o metal-base:

$$D \cdot \beta_1 \cdot f_w \leq t_p \cdot \beta_2 \cdot f_y$$

em que:
t_p = espessura da chapa (p = *plate*) que recebe a solda (em cm);
β_1 = coeficiente de minoração de resistência da solda;
β_2 = coeficiente de minoração de resistência do aço da chapa.

Ao adotar solda de penetração total superior a 6 mm, reduz-se 1 mm de sua espessura na equação anterior, para a compatibilização, passando-se a utilizar, por exemplo, D = 7 mm – 1 mm = 6 mm = 0,60 cm. Se a solda é de penetração parcial, adota-se para D seu valor parcial.

O valor de β_1 é igual a 0,30 pela AISC, o que corresponde a uma consideração de 30% da resistência do eletrodo na verificação, para efeito de dimensionamento. De acordo com a mesma instituição, o valor de β_2 equivale a 0,40, o que representa uma consideração de 40% da resistência do aço da chapa na verificação, para efeito de dimensionamento.

Quando a solda é de filete, a fórmula a seguir é utilizada para a compatibilização do metal da solda com o metal-base:

$$0{,}70711 \cdot D \cdot \beta_1 \cdot f_w \leq t_p \cdot \beta_2 \cdot f_y$$

Trata-se da mesma fórmula usada para a solda de penetração, apenas se multiplicando a espessura da solda de filete pelo coeficiente 0,70711 (ver seção 3.6).

3.10.3 Resistência da solda
A resistência de uma solda de entalhe é obtida pelo cálculo da resistência pelo metal da solda e pelo metal-base como mostrado a seguir, em que se considera o menor valor para ser comparado com o esforço solicitante aplicado na ligação:

$$R_{Rd1} = L \cdot D \cdot \beta_1 \cdot f_w \quad \text{(pelo metal da solda)}$$
$$R_{Rd2} = L \cdot t_p \cdot \beta_2 \cdot f_y \quad \text{(pelo metal-base)}$$

em que:
R_{Rd1} = esforço resistente do flange obtido pela tensão resistente do eletrodo (em kN);
R_{Rd2} = esforço resistente do flange obtido pela tensão resistente do aço do perfil (em kN);
L = comprimento de solda (em cm).

O cálculo de uma solda de filete é feito pela determinação da resistência do metal da solda e do metal-base, como apresentado nas equações a seguir, em que se considera o menor valor obtido:

$$R_{Rd1} = 0{,}70711 \cdot L \cdot D \cdot \beta_1 \cdot f_w \quad \text{(pelo metal da solda)}$$
$$R_{Rd2} = L \cdot t_p \cdot \beta_2 \cdot f_y \quad \text{(pelo metal-base)}$$

3.10.4 Resistência da solda – pela NBR 8800 (ABNT, 2008)
O cálculo da resistência de uma solda de filete é feito do seguinte modo para o metal-base:

$$\tau_{Rd} = \frac{A_M \cdot 0{,}6 \cdot f_y}{\gamma_{a1}} \quad \text{(pelo metal-base)}$$

em que:
γ_{a1} = 1,10;
A_M = área do metal-base, que é igual a $t_p \cdot L$, sendo t_p a espessura da chapa (menor espessura envolvida na ligação) e L o comprimento da solda.

A razão de $1/\gamma_{a1} = 1/1{,}10 \cong 0{,}90$ (pode-se aplicar 0,90 diretamente na fórmula).

Para o metal da solda, o cálculo é feito por meio de:

$$\tau_{Rd} = \frac{A_w \cdot 0{,}6 \cdot f_w}{\gamma_{w2}} \quad \text{(pelo metal da solda)}$$

em que:
γ_{w2} = 1,35;
A_W = área efetiva de solda, que é igual a $0{,}70711 \cdot D \cdot L$, sendo D a espessura do filete de solda e L o comprimento da solda.

A razão de $1/\gamma_{w2} = 1/1{,}35 \cong 0{,}75$ (pode-se aplicar 0,75 diretamente na fórmula).

Já o cálculo da resistência de uma solda de penetração total é realizado da seguinte forma:

$$\tau_{Rd} = \frac{A_{MB} \cdot 0{,}6 \cdot f_y}{\gamma_{a1}} \quad \text{(pelo metal-base)}$$

em que:

$\gamma_{a1} = 1{,}10$;

A_{MB} = área efetiva do metal-base, que é igual a $t_p \cdot L$, sendo t_p a espessura da chapa (menor espessura envolvida na ligação) e L o comprimento da solda.

A razão de $1/\gamma_{a1} = 1/1{,}10 \cong 0{,}90$ (pode-se aplicar 0,90 diretamente na fórmula).

E, por fim, o cálculo da resistência de uma solda de penetração parcial é obtido pelo menor dos valores apresentados a seguir:

$$\tau_{Rd} = \frac{A_W \cdot 0{,}6 \cdot f_w}{\gamma_{w1}} \text{ (pelo metal da solda para tração ou compressão normal à seção da solda)}$$

$$\tau_{Rd} = \frac{A_W \cdot 0{,}6 \cdot f_w}{\gamma_{w2}} \text{ (pelo metal da solda para cisalhamento paralelo ao eixo da solda)}$$

$$\tau_{Rd} = \frac{A_M \cdot f_y}{\gamma_{a1}} \text{ (pelo metal-base)}$$

em que:

$\gamma_{w1} = 1{,}25$;
$\gamma_{w2} = 1{,}35$;
$\gamma_{a1} = 1{,}10$.

3.11 Efeito de rasgamento/ruptura lamelar ou em lamelas (*lamellar tearing*)

O fenômeno de ruptura lamelar ou em lamelas (*lamellar tearing*) pode ocorrer em certas ligações soldadas, principalmente em perfis laminados, e não é uma condição normal, pois envolve muitos fatores:

- Deve haver esforços solicitantes relativamente grandes no metal-base (a ruptura lamelar não ocorre no metal da solda, mas no metal-base). Os esforços solicitantes provenientes desse fenômeno ocorrem onde acontecem tensões de grande magnitude.
- O carregamento é geralmente perpendicular à direção do laminador que produziu o elemento a ser soldado. Esse tipo de carregamento é típico em regiões de vigas soldadas a flanges de colunas, onde o carregamento ocorre no flange da coluna, e não no flange da viga.
- Deve existir esforço de restrição por parte do metal-base em relação ao metal da solda.

Se houver a aplicação de uma solda espessa, ou soldas aplicadas em ambos os lados de uma chapa, impondo esforços de cisalhamento sobre algum metal-base, o fenômeno de ruptura lamelar acontecerá, podendo gerar rupturas, uma vez que haverá esforços solicitantes elevados e contidos derivados da ação de encolhimento/encurtamento da solda mediante seu resfriamento (ver Fig. 3.16). Essa contenção pode ser desempenhada por uma solda de um lado afastado, pela própria espessura do metal-base ou pela combinação de ambos os fatores.

A larga aplicação de metal de solda e metal-base em solda do tipo *butt* (de topo de vigas), com penetração total, tende a aumentar a possibilidade de ruptura. Por exemplo: usar eletrodo E80 em vez de E70 num processo de soldagem com o aço ASTM A36 tende a causar ruptura. Um flange fino de coluna enrijecida por chapas é também suscetível ao fenômeno de ruptura lamelar, desde que os enrijecedores de seu flange sejam soldados ao flange da coluna, produzindo o efeito de restrição/contenção.

Um método prático empregado para evitar a ruptura lamelar é o uso de soldas de filete em um projeto de junta que permita alívio de tensão ou carregamento diferente do normal para a direção da laminação; esse método é requisitado para minimizar esforços de encolhimento/encurtamento da solda mediante seu resfriamento (ver Fig. 3.17). O artigo da AISC (1973) discute esse fenômeno indesejado em nossas estruturas em alguns detalhes e dá um número de alternativas de união que podem ser usadas para reduzir seu efeito.

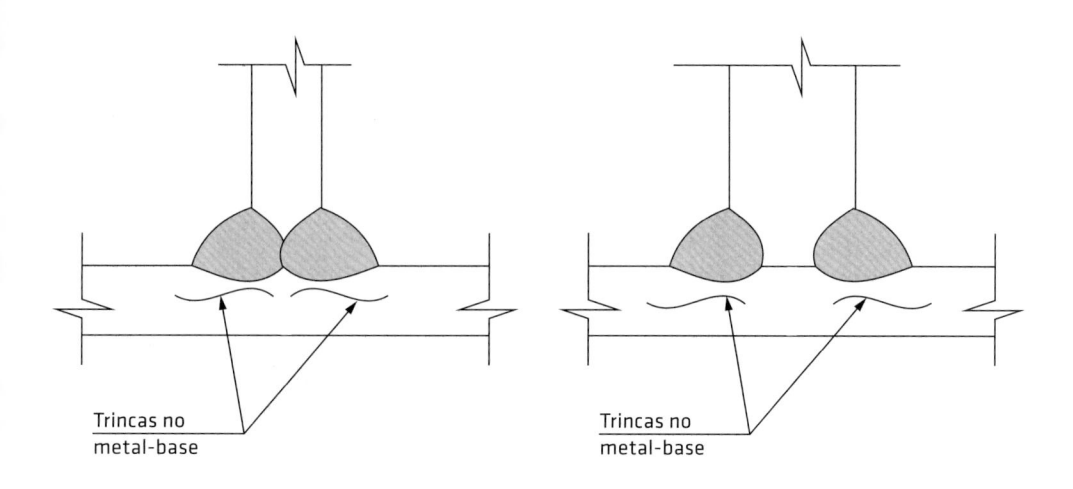

Fig. 3.16 Tipo de ligação soldada suscetível ao efeito de ruptura lamelar

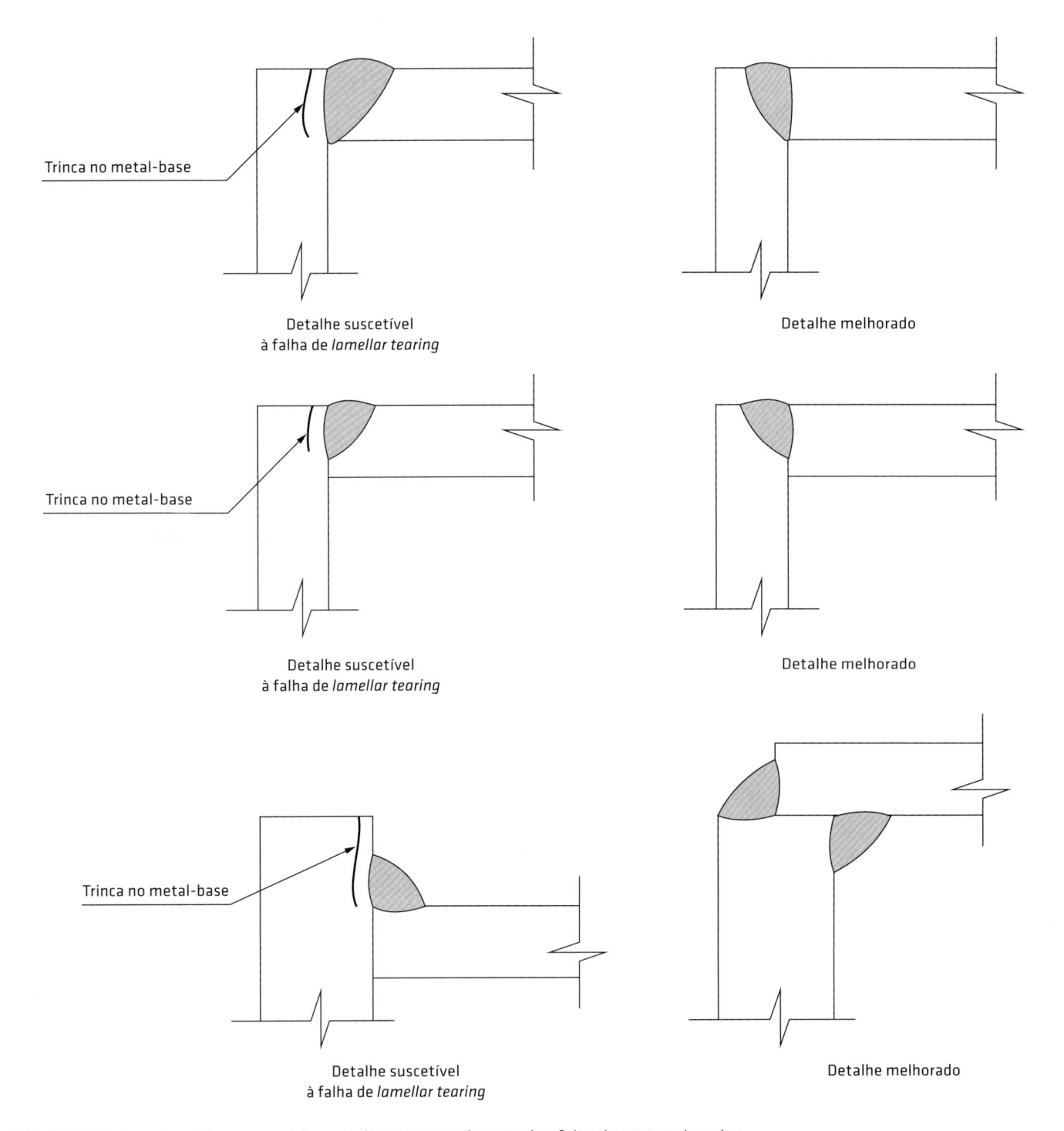

Detalhe suscetível
à falha de *lamellar tearing*

Detalhe melhorado

Detalhe suscetível
à falha de *lamellar tearing*

Detalhe melhorado

Detalhe suscetível
à falha de *lamellar tearing*

Detalhe melhorado

Fig. 3.17 Detalhes de solda que propiciam e evitam o aparecimento do efeito de ruptura lamelar

3.12 Orientação de soldas

Testes de laboratório em juntas (uniões) de tamanho pequeno a médio mostram que soldas do tipo *butt* (de topo de vigas) não limitam a capacidade da união onde o eletrodo foi "combinado" com o metal-base. A orientação de tensões aplicadas não tem um efeito significativo no esforço de união *butt*.

Já a orientação de tensões de soldas de filete é um fator significativo no esforço último da união/junta. Testes em uniões usando soldas de filete – ver Butler e Kulak (1971) – mostram que soldas carregadas de modo perpendicular ao eixo de solda são aproximadamente 44% mais resistentes do que as soldas carregadas de modo paralelo ao eixo de solda. Esse aumento de esforço resistente pode ser atribuído ao desenvolvimento da defasagem do cisalhamento (efeito *shear lag*) nas soldas carregadas longitudinalmente, com maiores deformações de solda (para soldas de filete, o termo *deformação* é preferível ao termo *rendimento*) na conexão mais próxima da carga. Esse aumento de resistência da solda não é diretamente considerado nas especificações de projeto porque a direção do carregamento não é suficientemente confiável. Ele é indiretamente considerado pela AISC (Sec. 1-17.7) ao limitar o comprimento longitudinal da solda para barras planas (*flat bars* – ver Fig. 3.13). Ele é também indiretamente considerado em uniões do tipo *lap* (sobrepor – ver Fig. 3.13) por requisição de soldas de filete ao longo dos finais da barra/chapa (AISC Sec. 1-17.9).

3.13 Conexões soldadas

As conexões soldadas são mais fáceis de ser fabricadas do que as conexões parafusadas. Entretanto, em conexões de estruturas de pórticos, as uniões usualmente requerem parafusos tanto para montagens temporárias quanto para montagens permanentes, para assegurar o posicionamento dos elementos estruturais durante o trabalho de alinhamento e a adequação dos elementos estruturais para o processo de soldagem.

Nas conexões soldadas pesadas, normalmente se lida com seções transversais espessas de elementos de aço (metais-base) e de soldas. Soldas do tipo *butt* (de topo de viga) são geralmente projetadas para o esforço de tração (ou compressão) do metal-base. Soldas de filete, por sua vez, são projetadas para elementos estruturais de espessuras finas no plano de cisalhamento e a esforço admissível de cisalhamento da solda.

A solda *butt* usada para resistir a esforços de momento fletor desenvolve tensões equivalentes a:

$$f_b = \frac{M}{W} = \frac{M}{\frac{I}{c}} = \frac{M \cdot c}{I}$$

em que:

f_b = tensão de momento fletor da chapa do metal-base (em MPa);
M = momento fletor (em kNm);
W = módulo resistente (em cm^3);
c = centroide da peça (em cm);
I = momento de inércia (em cm^4).

A Fig. 3.18 ilustra dois casos típicos de soldagem de uma viga a uma coluna. Na Fig. 3.18A, é mostrado o caso em que os flanges superior e inferior da viga são unidos ao flange do pilar por meio de solda de penetração total (com a solda ultrapassando o limite da espessura do flange da viga), com a alma soldada por meio de solda de filete aplicada nos lados opostos. Já na Fig. 3.18B, esse mesmo tipo de ligação é garantido pelo uso de solda de filete aplicada em todo o contorno.

Esse é um dos casos de união mais severos em estruturas metálicas, que serve para unir uma viga biengastada ou em balanço a um pilar, havendo, portanto, grandes magnitudes de esforços solicitantes atuantes nesse cenário. Assim, como em todos os demais casos mostrados neste capítulo, a verificação da compatibilização do metal-base com o metal da solda deve ser efetuada com rigor, e o mesmo deve ser feito para a verificação da resistência da solda perante os esforços solicitantes.

No caso da solda por entalhe, é recomendado dimensioná-la para o esforço de tração aplicado no flange. Esse esforço é encontrado pela razão entre o momento fletor e a altura do perfil da viga, devendo-se dimensionar a solda de filete aplicada na alma para o esforço solicitante de cisalhamento de modo separado. Já no caso da solda de filete aplicada em todo o entorno, deve-se verificar a resistência dessa solda perante o esforço combinado de tração e de cisalhamento.

3.13.1 Conexões rígidas viga-coluna

Na maioria das ligações viga-coluna, é utilizada solda de filete para resistir ao esforço solicitante de cisalhamento da alma e solda de flanges para resistir aos esforços de tração e de compressão, como se nenhum esforço de cisalhamento chegasse até os flanges, de modo a evitar a situação de esforços combinados de tração × cisalhamento. Essa assunção é razoável e trabalha bem na prática.

Na Fig. 3.19 é utilizada uma chapa de topo para desenvolver o momento fletor na viga, o que permite uma tolerância de perda de ajuste do espalhamento entre a viga e a coluna.

A chapa de topo não deve ser soldada em uma zona de aproximadamente 1,2 vez a largura da chapa (como mostrado na Fig. 3.19), de maneira que os efeitos de defasagem no cisalhamento (*shear lag*) não causem tensões altas locais e falha na chapa/placa (ou solda). Alternativamente, a preocupação de *shear lag* pode ser resolvida pela escolha de um comprimento de ligação que mobilize toda a capacidade de transmissão de carga.

Sendo assim, o efeito de *shear lag* descreve o comportamento na ligação de extremidade de um membro tracionado onde alguns (mas não todos) elementos transversais são ligados. A área que é eficaz para resistir à tensão pode ser inferior à área total líquida calculada.

Shear lag ocorre quando algumas partes da seção transversal não estão diretamente conectadas. Quando nem todas as partes dos flanges são unidas diretamente às almas, o elemento conectado torna-se altamente tensionado, enquanto os flanges não ligados não são totalmente tensionados. Para flanges largos, cargas axiais são transferidas por cisalhamento das almas para os flanges, resultando na distorção em seus planos. Por conseguinte,

(A) Detalhe de união de coluna com viga, com uso de solda de filete na alma da viga e de bisel no flange da viga, a unir com o flange da coluna

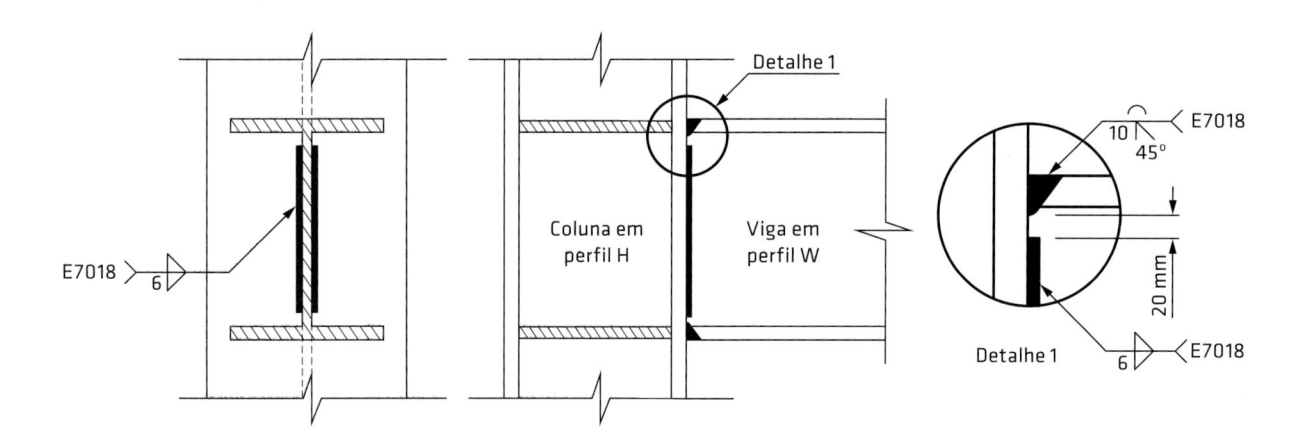

(B) Detalhe de união de coluna com viga, com uso de solda de filete em todo o entorno da viga, a unir com o flange da coluna

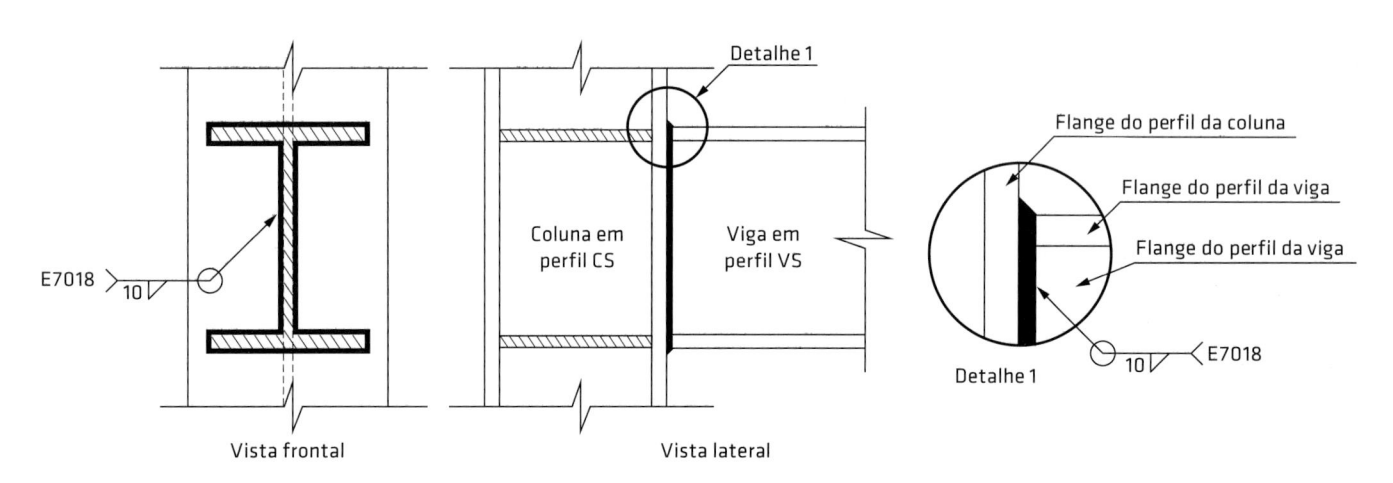

Fig. 3.18 Conexões soldadas para uniões de vigas diretamente aos flanges das colunas

as seções planas não permanecem planas e a distribuição de tensões nos flanges não é uniforme.

Pode ser necessária a instalação de enrijecedores, a serem colocados de modo oposto aos flanges de tração e/ou compressão da viga, de modo a transmitir a carga para o pilar. Independentemente da necessidade constatada, recomenda-se que os enrijecedores sempre sejam usados, determinando somente suas espessuras.

Em referência à Fig. 3.19, a solda de alma da coluna oposta ao flange de compressão da viga pode ser tratada como uma chapa carregada na borda, usando a equação geral para flambagem de placas no regime elástico (F_{cr}):

$$F_{cr} = \frac{k_c \cdot \pi^2 \cdot E}{12 \cdot \left(1 - \mu^2\right) \cdot \left(\frac{b}{t}\right)^2}$$

Adotando, nessa equação, os valores de $k_c = 1{,}15$ para chapa considerada engastada e livre, como a chapa de topo da Fig. 3.19; $E = 29.000$ ksi; e $\mu = 0{,}30$.

A partir dessa equação, chega-se a:

$$\frac{d_c}{t_w} = \frac{1{,}83}{\sqrt{f_{yc}}}$$

em que:
$d_c = 0{,}90 \cdot d$, sendo d a altura total do perfil.

Considerando $F_{cr} = f_{yc} = f_y$ da coluna, há a possibilidade de usar um valor mais alto para o f_y da coluna do que o da viga.

A força no flange comprimido é dada por $P_{cr} = F_{cr} \cdot A_e$ (ver Fig. 3.20), em que a área efetiva da solda de alma da coluna submetida à compressão é tomada como $d_c \cdot t_w$, de onde é possível obter, por substituição de valores:

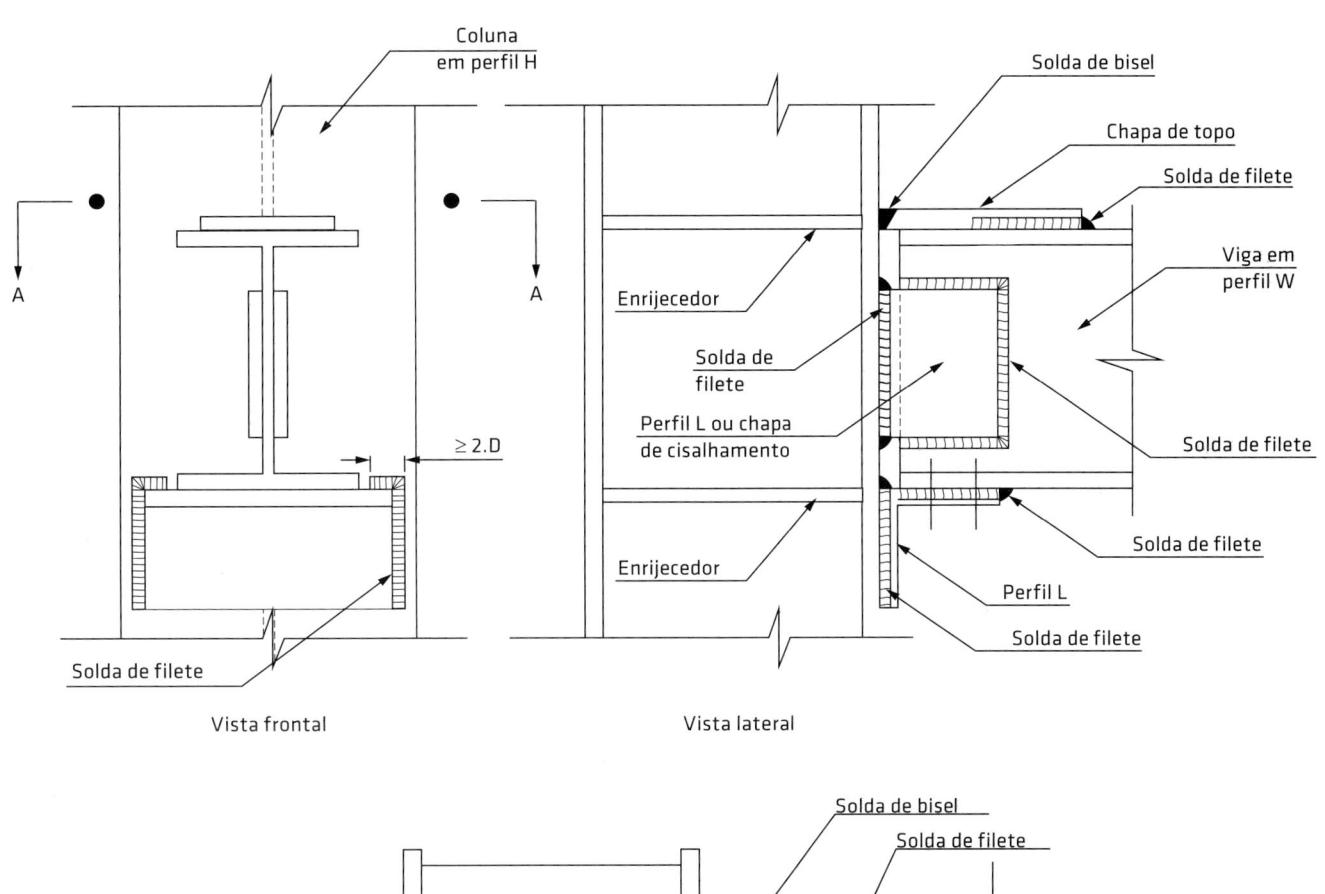

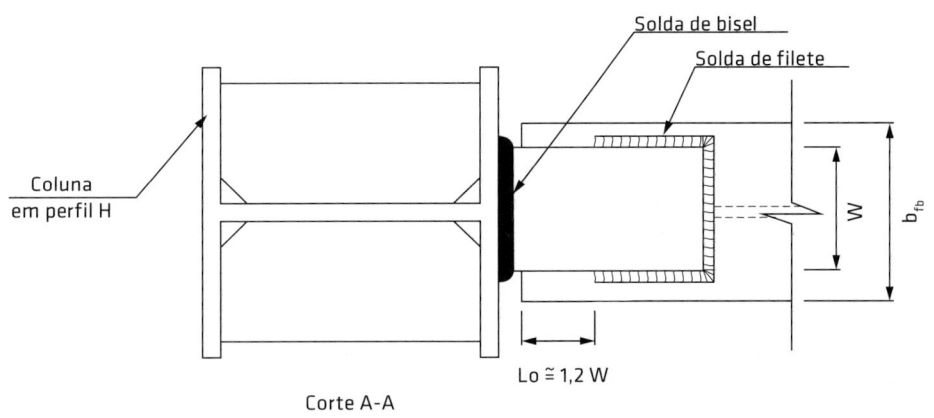

Fig. 3.19 Conexão de viga em perfil W soldado ao flange da coluna em perfil H com o uso de uma chapa de topo, um perfil L de apoio (berço) e uma chapa soldada na alma

$$P_{cr} = \frac{33.400}{\left(d_c/t_w\right)^2} \cdot d_c \cdot t_w \cdot \sqrt{f_y/36\,\text{ksi}}$$

O valor de 36 ksi equivale a 250 MPa, que é a tensão admissível do aço ASTM A36, e o termo adicional $\sqrt{f_y/36\,\text{ksi}}$ é usado para ajustar a outros tipos de grau de aço. O fator 33.400 é um ajustamento extra para incorporar os resultados de testes – ver Chen e Newlin (1973).

Com isso, tem-se:

$d_c \leq \dfrac{4.100 \cdot t_w^3 \cdot \sqrt{f_y}}{P_{bf}}$ (sistema fps, com f_y em ksi e P_{bf} em kips. Ver exemplo da seção 3.16.3)

em que:

P_{bf} = força de compressão do flange da viga × F, com $F = 5/3$

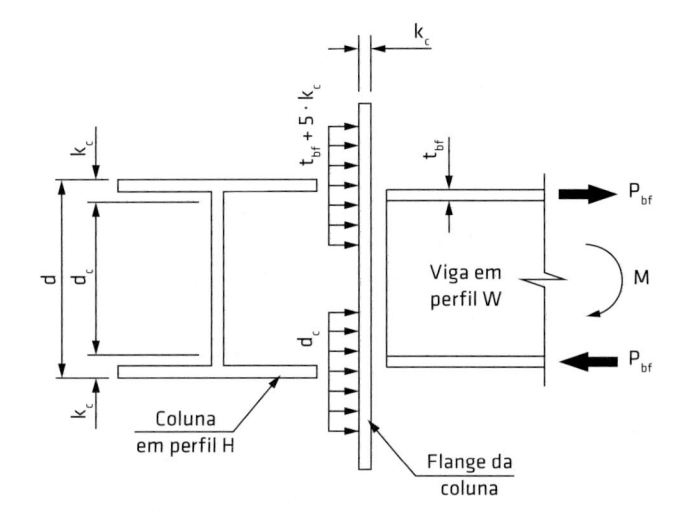

Fig. 3.20 Zona de estresse na alma da coluna, com a identificação do valor de d_c

para carga permanente e acidental e $F = 4/3$ para carga permanente mais acidental mais vento (em kips);
t_w = espessura do flange da coluna (em polegadas);
d_c = em polegadas;
f_y = tensão admissível do aço da coluna (em ksi).

Será necessário utilizar um enrijecedor oposto ao flange comprimido da viga, se o valor de d_c da coluna, previamente fornecido, for maior do que o encontrado por essa equação.

O enrijecedor de tração da coluna, a ser posicionado de modo oposto ao flange tracionado da viga, será requisitado se a inequação a seguir for satisfeita:

$$P_{bf} \leq f_{yc} \cdot t_w \cdot (t_{bf} + 5 \cdot k_c)$$

Um método mais conveniente para determinar os requerimentos de enrijecedor é dado por:

$$P_{st} + P_{cw} = P_{bf}$$

Fazendo $P_{st} = A_{st} \cdot f_{yst}$, obtém-se:

$$A_{st} = \frac{P_{bf} - f_{yc} \cdot t_w \cdot (t_{bf} + 5 \cdot k_c)}{f_{yst}}$$

Essa é a equação da AISC para enrijecedores de coluna opostos ao flange tracionado da viga. Observar que apenas valores positivos são válidos para A_{st}.

O flange da coluna deve ter espessura suficiente para resistir aos esforços de tração dados pelo flange da viga sem deformação excessiva. Uma análise da linha de rendimento dá a seguinte equação:

$$t_{cf} < 0,4 \cdot \sqrt{\frac{P_{bf}}{f_{yc}}}$$

(sistema fps, com f_{yc} em ksi e P_{bf} em kips – ver exemplo da seção 3.16.3)

Se a espessura do flange da coluna, previamente fornecida, for menor do que o valor dado pelo lado direito dessa equação, então deverão ser colocados enrijecedores de flange à tração.

As especificações da AISC requisitam que qualquer flange de coluna ou enrijecedor de flange obedeça aos seguintes critérios:

- $A_{st} \geq$ equação de d_c, se esta vier a ser aplicável.
- Largura de ambos os enrijecedores + $t_{wc} \geq 0,67 \cdot b_{fb}$.
- Espessura do enrijecedor $t_s \geq \frac{t_{fb}}{2}$ (ver exemplo da seção 3.16.3).

- A razão $\frac{b}{t}$ também deve ser satisfeita (ver exemplo da seção 3.16.3).
- Para viga disposta em um só lado da coluna, os enrijecedores podem se estender somente até o meio da altura da alma da coluna.
- A união de solda dos enrijecedores da coluna deve ser dimensionada para resistir a momentos fletores desequilibrados em cada lado da coluna.
- Enrijecedores, quando requisitados a esforços de tração, devem ser soldados aos flanges da coluna de modo a resistir ao esforço solicitante de $A_{st} \cdot f_{yst}$ (exemplo: usar solda *butt* de penetração total).
- Enrijecedores de compressão devem ser soldados ou adequadamente ajustados para o flange da coluna de modo que o flange da viga consiga entregar-lhe a carga de compressão.

3.14 Conexões soldadas carregadas excentricamente

Muitas conexões produzem soldas que são carregadas excentricamente, como mostra a Fig. 3.21. Nesses casos, a análise da tensão usa o conceito da solda que envolve a máxima tensão, dada por:

$$R_w = \sqrt{R_{Momento}^2 + R_{Cisalhamento}^2}$$

em que:
R = força ou tensão resultante.

O valor de R_w é limitado a $R_w \leq R_{Admissível}$.

O conceito de uso do momento de inércia (ou de momento polar de inércia) de linha é usado para a análise da tensão da solda.

3.14.1 Perfis L soldados às almas de vigas como apoios

O projeto de perfis L usados para apoios de vigas, soldados a suas almas, ajuda no combate ao esforço de cisalhamento. A máxima resistência de solda aplicada a perfis L é obtida computando o momento polar de inércia da solda, para determinar as componentes vertical e horizontal de resistência de cisalhamento da solda. A aplicação desses muitos conceitos é ilustrada na Fig. 3.21.

Geralmente, adotam-se perfis com dimensões de 3" × 3" ou 4" × 3" como apoios soldados para as vigas.

3.14.2 Perfis L soldados às mesas de vigas como apoios

Já o projeto de perfis L usados para apoios de vigas, soldados a suas mesas, ajuda principalmente no combate ao momento fletor e também no combate ao esforço de cisa-

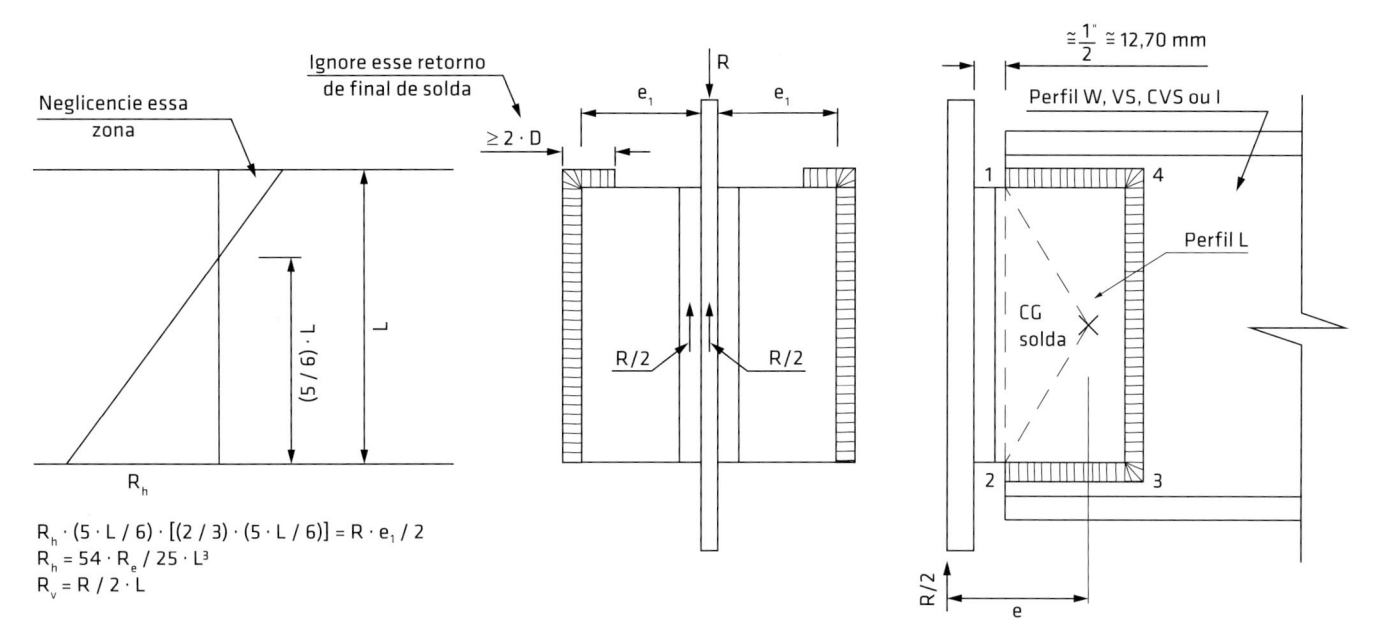

$R_h \cdot (5 \cdot L / 6) \cdot [(2/3) \cdot (5 \cdot L / 6)] = R \cdot e_1 / 2$
$R_h = 54 \cdot R_e / 25 \cdot L^3$
$R_v = R / 2 \cdot L$

Momento de inércia (I) da linha neutra = $L^3 / 3$ (em relação à base)
Momento de inércia (I) da linha neutra = $L^3 / 12$ (centroide)

Fig. 3.21 Perfis L soldados à alma de viga e carregados excentricamente

lhamento, sendo o perfil L verificado a momento fletor, e as pernas da solda de filete, ao cisalhamento.

A tensão admissível usada para o perfil L de aço é de:

$$f_b = 0,75 \cdot f_y$$

Computando a tensão de momento fletor atual como $f_b = \dfrac{M}{W}$ e com módulo resistente de $W = \dfrac{b \cdot t}{6}$, consegue-se dimensionar a espessura do perfil L pela seguinte equação:

$$t = \sqrt{\dfrac{6 \cdot M}{0,75 \cdot f_y \cdot b}}$$

em que:
t = espessura do perfil L (em mm);
M = momento fletor solicitante (em kNm);
f_y = tensão admissível do aço constituinte do perfil L (em MPa);
b = largura do perfil (em mm).

Nas Figs. 3.22 e 3.23 são evidenciados casos projetados para que perfis L atuassem como apoios (berços) de perfis de viga, em uniões com pilares. Nesses casos específicos, o perfil L superior é usado apenas para estabilizar a viga lateralmente, enquanto o perfil L inferior é utilizado para resistir ao esforço solicitante de reação de apoio da viga. Recomenda-se que o perfil L superior seja dimensionado para resistir ao esforço solicitante máximo de tração de forma rigorosa, como no caso mostrado na Fig. 3.18, sempre posicionando enrijecedores soldados à alma e aos flanges do pilar de modo a permanecerem alinhados com as abas dos perfis L, para transmitir os esforços de tração da viga ao pilar.

3.15 Conexões rígidas com o uso de solda de entalhe de penetração total e solda de filete

No caso de chapas com furos (para o encaixe de parafusos na montagem) soldadas às extremidades de vigas a serem diretamente unidas a outras chapas de extremidades de viga ou a flanges de pilares, deve-se usar uma solda *butt* (de topo de viga) na união dos flanges da viga com a chapa, para resistir aos esforços solicitantes máximos de tração e compressão derivados do momento fletor, e soldas de filete em ambos os lados da alma, para unir a alma da viga à chapa e combater o esforço solicitante máximo de cisalhamento de modo separado. Esse procedimento de projeto é baseado na pesquisa de Krishnamurthy (1978).

Um detalhe como o mostrado na Fig. 3.24 pode ser indicado na escala 1:20 em um projeto executivo, e seu respectivo detalhe 1 pode ser exibido na escala 1:5 a 1:10, conforme apresentado na Fig. 3.25.

Em uma emenda onde se utilizam dois tipos de solda de aplicações diferentes, como, nesse caso, o uso de solda de entalhe de penetração total de 10 mm de espessura para unir o flange à chapa de ligação e de solda de filete com

Uso de perfis L de base e de topo, para apoio e estabilidade, respectivamente, em uniões de vigas com colunas

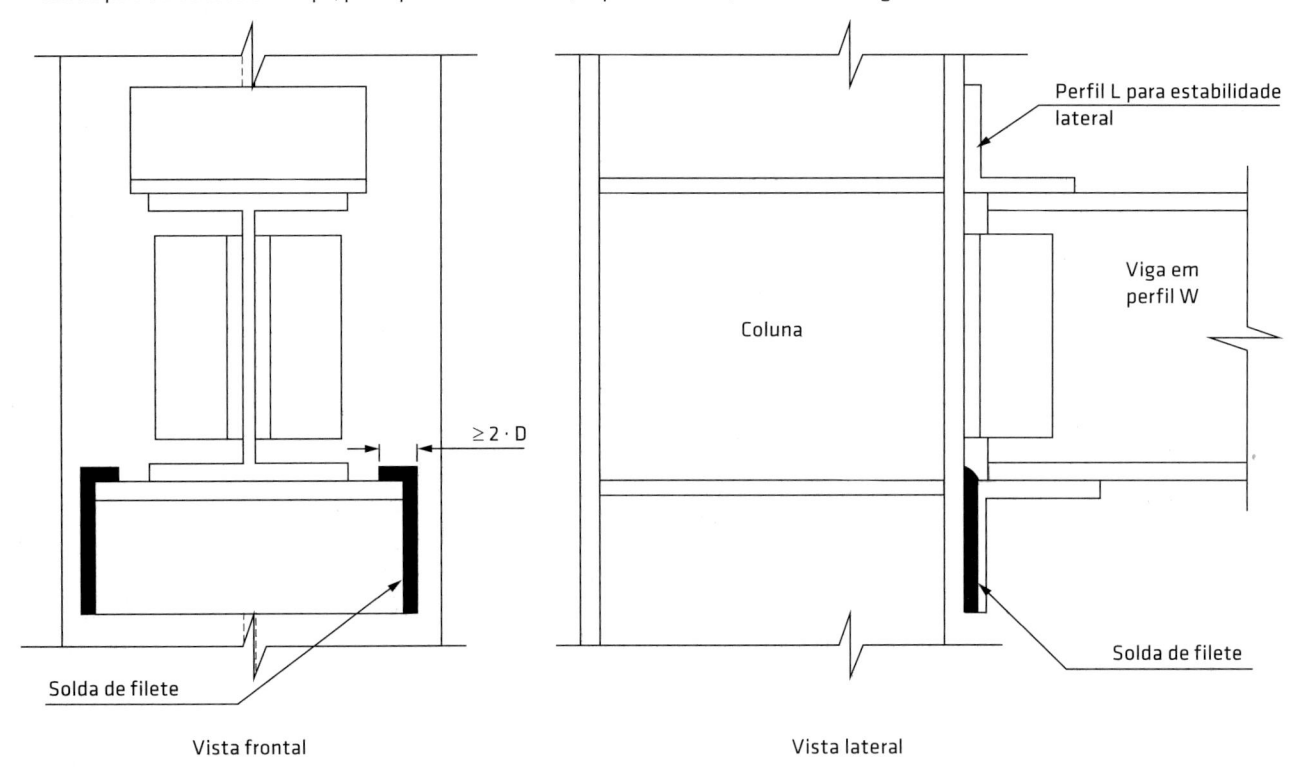

Fig. 3.22 Perfil L soldado ao flange de uma coluna e usado como apoio para uma viga

Dimensionamento de solda de filete para união de perfil L de apoio de viga ao flange da coluna

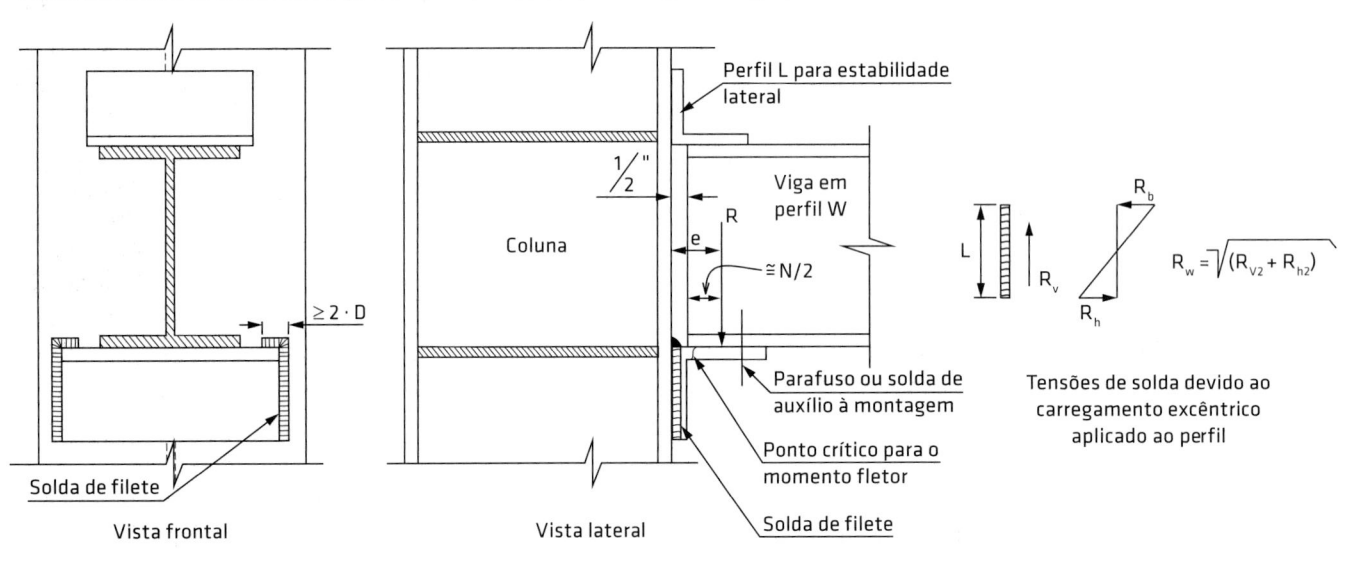

$$R_w = \sqrt{(R_{v2} + R_{h2})}$$

Tensões de solda devido ao carregamento excêntrico aplicado ao perfil

Vista dos apoios em perfil L para viga

Fig. 3.23 Perfis L de base (berços) soldados aos flanges das colunas para assentamento de vigas

6 mm de espessura para unir a alma à chapa de ligação, faz-se necessário deixar um espaçamento mínimo entre estas, para que não haja interferência de uma sobre a outra, o que geraria um processo de corrosão nessa região por contato de soldas.

Notar, na Fig. 3.25, o símbolo de solda de filete espelhado, o que indica que a solda de filete com 6 mm de espessura deve ser aplicada em ambos os lados da alma do perfil I ou W. Ao indicar o símbolo de solda de filete (triângulo retângulo), deve-se sempre posicionar sua perna vertical à esquerda,

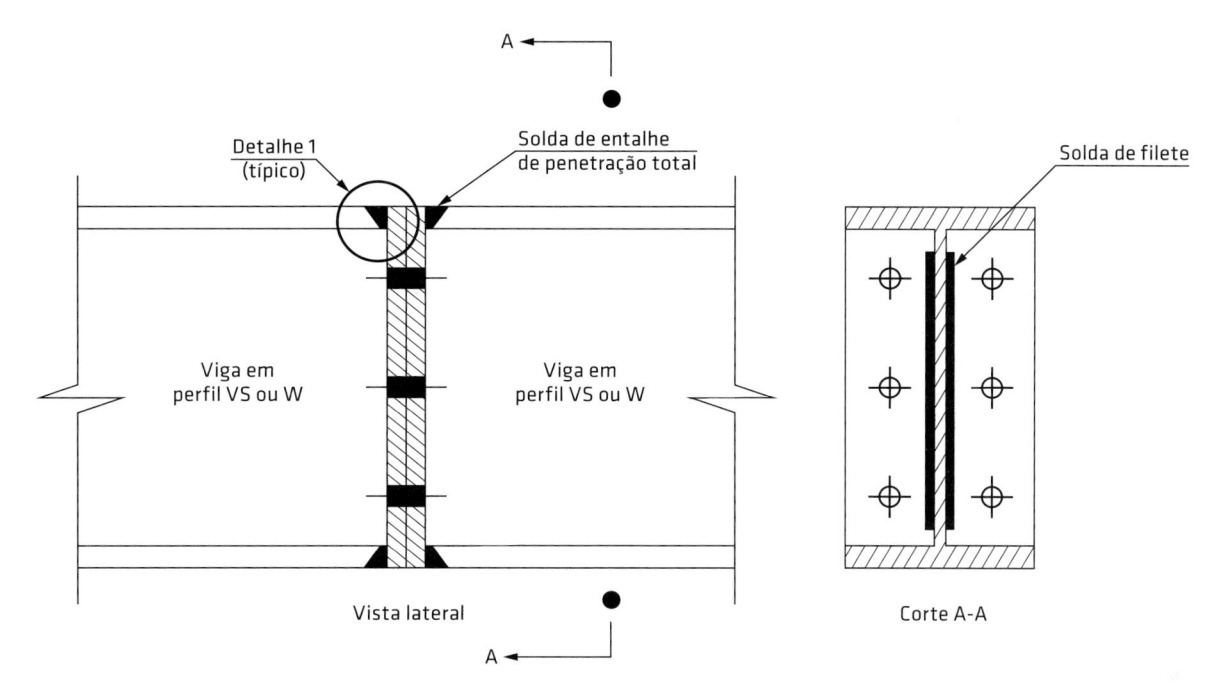

Fig. 3.24 Conexão rígida com o uso de solda de entalhe de penetração total para o combate de ação simultânea de esforço solicitante de tração devido ao momento fletor e ao esforço cortante

independentemente de onde essa solda venha a ser indicada, como exemplificado na Fig. 3.26. Nessa mesma figura, é possível também observar um símbolo de solda de filete de cada lado da alma do perfil, o qual deve ser adotado caso se retire o símbolo espelhado/rebatido indicado na Fig. 3.25.

Dessa forma, o uso de símbolos como o círculo, que indica a aplicação de solda em todo o contorno, ou o uso de solda rebatida limpam bastante o desenho técnico, permitindo que haja mais espaço para a indicação de outros detalhes não menos importantes e obrigatórios.

3.16 Exemplos

3.16.1 Soldas para a união tipo *lap*

Projetar as soldas para a união tipo *lap* mostrada na Fig. 3.27 usando uma barra chata de aço ASTM A36, com $f_y = 250$ MPa e eletrodo E60.

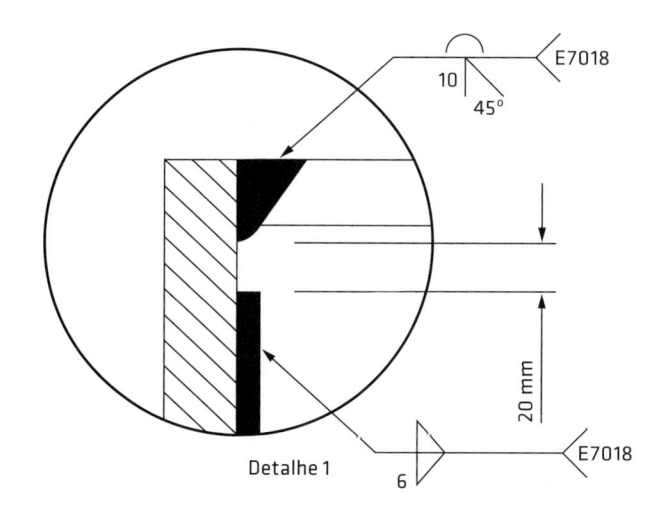

Fig. 3.25 Detalhe 1 ampliado da Fig. 3.24

Solução

Primeiro, define-se a resistência máxima à tração da chapa por meio de:

$$f = \frac{P}{A} \Rightarrow 0{,}6 \cdot f_y = \frac{P}{b \cdot t} \Rightarrow 0{,}6 \times 25{,}0 \text{ kN/cm}^2 =$$
$$= \frac{P}{0{,}95 \text{ cm} \times 16{,}0 \text{ cm}} \Rightarrow P = 228{,}0 \text{ kN}$$

Com isso, verifica-se que a chapa de menor dimensão usada nessa ligação, com largura de 16 cm e espessura de $^3/_8$", resiste a uma tração máxima de 228 kN.

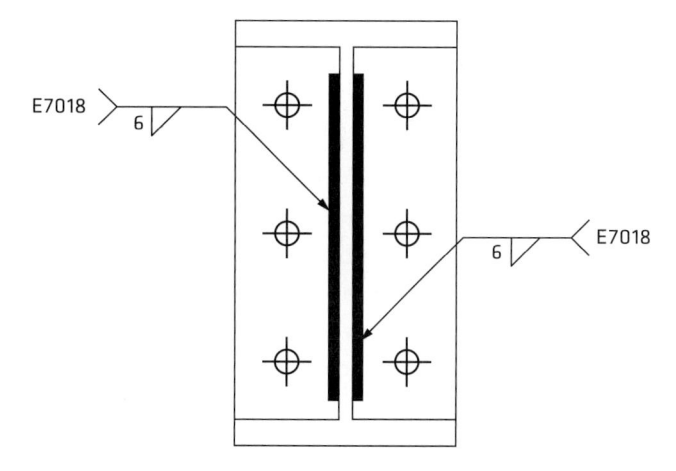

Fig. 3.26 Indicação de solda de filete, sempre com a perna vertical do triângulo situada à esquerda

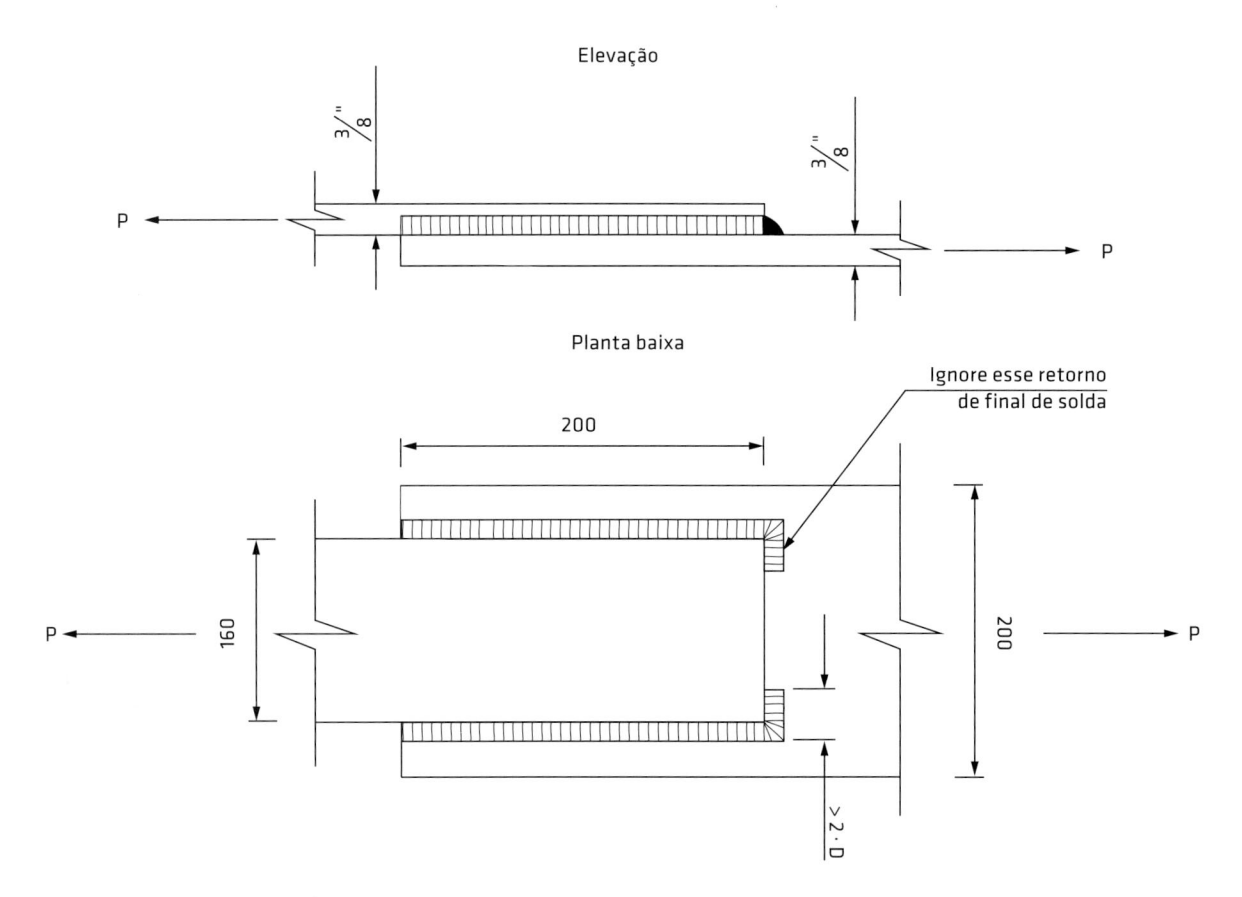

Fig. 3.27 Chapas soldadas em uma união tipo *lap*

Agora se dimensiona uma solda de filete para resistir a esse esforço de tração máximo suportado pela menor chapa e, assim, fazer a união das duas chapas nessa união do tipo *lap*.

Adotando solda de filete com espessura de 6 mm e eletrodo E60, primeiro se verifica a compatibilidade do metal da solda com o metal-base do seguinte modo:

Espessura da solda de filete: b_w = 6 mm = 0,6 cm

Espessura do metal de menor espessura na ligação:
$t = {}^3/_8'' = 9{,}50$ mm $= 0{,}95$ cm
$0{,}7 \cdot b_w \cdot 0{,}3 \cdot f_w \leq 0{,}4 \cdot t \cdot f_y$
$0{,}7 \times 0{,}6\,\text{cm} \times 0{,}3 \times 41{,}50\,\text{kN/cm}^2 \leq 0{,}4 \times 0{,}95\,\text{cm} \times 25{,}0\,\text{kN/cm}^2$
$5{,}23\,\text{kN/cm} \leq 9{,}50\,\text{kN/cm} \Rightarrow \left(\text{Satisfaz!}\right)$

Verifica-se que a resistência ao cisalhamento oferecida pelo metal da solda com o uso de solda de 6 mm de espessura, em kN/cm, é inferior à resistência do metal-base (chapa de aço de menor espessura da ligação).

Calculando a resistência da solda de filete, tem-se:

$R_w = \text{n}^{\underline{o}}\ \text{lados} \cdot L \cdot 0{,}7 \cdot b_w \cdot \beta_1 \cdot f_w$
$R_w = 2\ \text{lados} \times 20\,\text{cm} \times 0{,}7 \times 0{,}6\,\text{cm} \times 0{,}3 \times 41{,}50\,\text{kN/cm}^2$
$R_w = 209{,}16\,\text{kN} \Rightarrow \left(\text{Não satisfaz!}\right)$

Verifica-se que, mesmo aplicando uma solda de filete de ambos os lados da chapa, a solda ainda não satisfaz ao dimensionamento por possuir uma resistência de 209,16 kN, inferior ao esforço solicitante de tração máximo resistido pela chapa de 228,0 kN.

No entanto, ainda existem vários recursos para aumentar a resistência da solda. Por exemplo, mudar o eletrodo E60 para E70, o que elevará o valor de sua tensão (f_w); aumentar o comprimento da solda de filete; ou aumentar a espessura da solda e verificar novamente a compatibilidade entre o metal da solda e o metal-base. Esses são recursos que só envolvem mudanças no âmbito da solda, sem afetar o projeto das peças geométricas e do aço, o que garante a segurança da ligação.

Trocando o eletrodo E60 por E70, a resistência da solda passa a ser de:

$R_w = 2\ \text{lados} \times 20\,\text{cm} \times 0{,}7 \times 0{,}6\,\text{cm} \times 0{,}3 \times 48{,}50\,\text{kN/cm}^2$
$R_w = 244{,}44\,\text{kN} \Rightarrow \left(\text{Satisfaz!}\right)$

Ao ser especificado o eletrodo E70, cuja tensão última é superior à do eletrodo E60, a solda passa a adquirir uma resistência maior do que a do aço e, assim, a satisfazer a ligação.

Notar que, no exemplo, pede-se para usar eletrodo E60, que não é recomendável para ligações estruturais principais, pelo fato de ser um tipo de eletrodo que não exige o certificado do soldador para sua aplicação. Mas, de forma didática, seu uso será mantido conforme pedido no problema, nesse caso efetuando-se a mudança da espessura do filete de solda de 6 mm para 8 mm, visto que existe uma folga na compatibilidade entre o metal da solda e o metal-base, de modo a aumentar a resistência da solda respeitando a compatibilização entre o metal-base e o metal da solda.

Adotando uma solda de filete de 8 mm, a compatibilização passa a ficar do seguinte modo:

$$0,7 \cdot b_w \cdot 0,3 \cdot f_w \leq 0,4 \cdot t \cdot f_y$$
$$0,7 \times 0,8\,\text{cm} \times 0,3 \times 41,50\,\text{kN/cm}^2 \leq 0,4 \times 0,95\,\text{cm} \times 25,0\,\text{kN/cm}^2$$
$$6,97\,\text{kN/cm} \leq 9,50\,\text{kN/cm} \Rightarrow (\text{Satisfaz!})$$

Satisfeita a compatibilização, será encontrada sua resistência:

$$R_w = n^\circ\,\text{lados} \cdot L \cdot 0,7 \cdot b_w \cdot \beta_1 \cdot f_w$$
$$R_w = 2\,\text{lados} \times 20\,\text{cm} \times 0,7 \times 0,8\,\text{cm} \times 0,3 \times 41,50\,\text{kN/cm}^2$$
$$R_w = 278,88\,\text{kN} \Rightarrow (\text{Satisfaz!})$$

Veja que manter o eletrodo E60 e simplesmente aumentar a espessura do filete de solda de 6 mm para 8 mm, respeitando a compatibilização entre o metal da solda e o metal-base, resulta em uma resistência superior ao esforço solicitante de 228 kN.

Agora, em uma terceira alternativa, serão mantidos a solda de 6 mm e o eletrodo E60, que não estavam satisfazendo à condição de resistência, aumentando-se apenas o comprimento da solda de filete. Essa nova configuração é mostrada na Fig. 3.28.

O uso do símbolo rebatido de filete de solda (triângulo rebatido, com a perna vertical sempre à esquerda, não importando de onde se indica a solda) já mostra que a solda deve ser aplicada no lado de 200 mm indicado pela seta e no lado oposto a esta. Pode-se informar o comprimento de 200 mm na simbologia, mas a simples indicação já mostra que a solda deve ser executada ao longo de toda essa face linear de contato entre ambas as chapas.

No entanto, como a seta não indica o uso de solda de filete no lado de 160 mm, faz-se em separado, como mostra a Fig. 3.29, em substituição aos retornos de 20 mm.

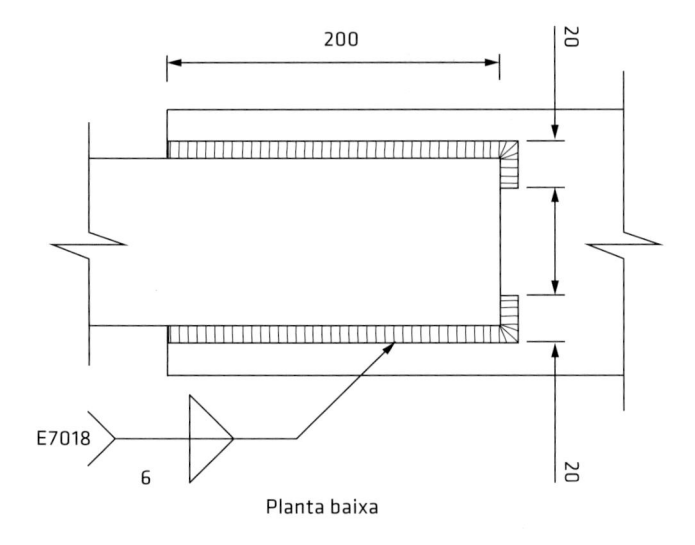

Fig. 3.28 Projeto final da solda com retornos de 20 mm cada

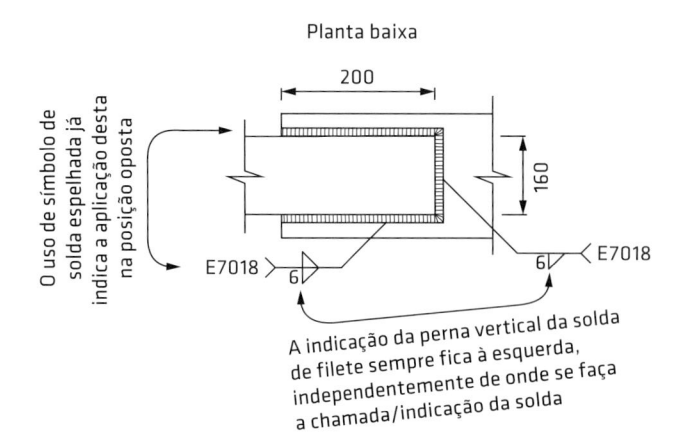

Fig. 3.29 Novo projeto de solda contínua

Os retornos de solda de 20 mm em cada extremidade, quando usados, embora sejam mantidos no projeto executivo, são ignorados no cálculo.

A solda ao longo do lado de 16 cm passa a ficar com um comprimento total de:

$$L = 20,0\,\text{cm} + 16,0\,\text{cm} + 20,0\,\text{cm} = 56,0\,\text{cm}$$

Ao mexer apenas no comprimento da solda, não é preciso fazer novamente a compatibilização entre metal de solda e metal-base para solda de 6 mm e eletrodo E60. Com isso, recalcula-se sua nova resistência fazendo:

$$R_w = n^\circ\,\text{lados} \cdot L \cdot 0,7 \cdot b_w \cdot \beta_1 \cdot f_w$$
$$R_w = 56\,\text{cm} \times 0,7 \times 0,6\,\text{cm} \times 0,3 \times 41,50\,\text{kN/cm}^2$$
$$R_w = 292,82\,\text{kN} \Rightarrow (\text{Satisfaz!})$$

Assim, a solda passa a ter uma resistência superior à do aço, apenas aumentando seu comprimento.

Nota: Neste exemplo, pediu-se uma solda com resistência superior à do aço. Mas, numa ligação de projeto, basta que a solda possua uma resistência superior à da carga solicitante efetivamente aplicada sobre a chapa, que nem sempre será igual à capacidade máxima de resistência do aço.

A solda ao longo de toda a região de contorno de contato entre as chapas também poderia ter sido informada através do uso de um único símbolo com um círculo, como representado na Fig. 3.30.

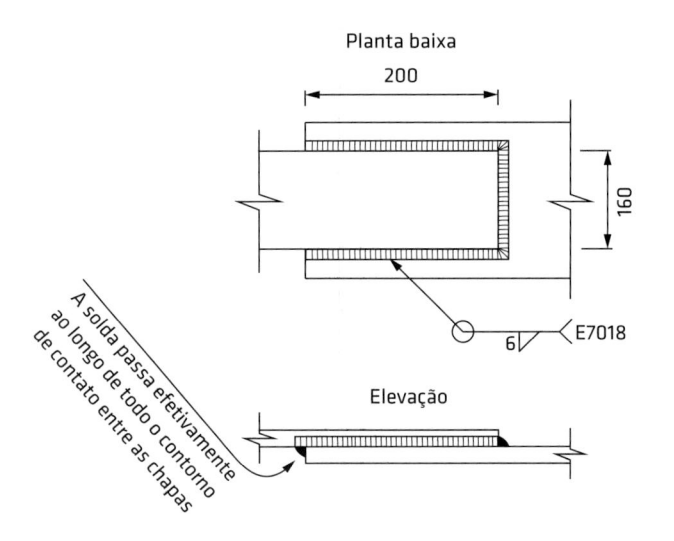

Fig. 3.30 Projeto final da solda aplicada em todo o contorno

Com a indicação de uma única seta e o círculo, não se faz mais necessário informar a aplicação de solda em outras faces da chapa.

O uso do círculo representa que a solda deve ser aplicada em todo o contorno. Esse círculo pode ser inserido em qualquer simbologia de solda, bastando, para isso, certificar-se da possibilidade de aplicar a solda em todo o contorno, sem presença de obstáculos ou de outras soldas no caminho, o que poderia gerar um contato solda-solda e consequente corrosão quase que imediata.

Assim, com o uso de solda de contorno, a solda passa a ter um comprimento total equivalente a:

$$L = 20{,}0 \text{ cm} + 16{,}0 \text{ cm} + 20{,}0 \text{ cm} + 16{,}0 \text{ cm} = 72{,}0 \text{ cm}$$

3.16.2 Solda de filete

Projetar a solda de filete para unir os dois perfis W 250 × 25,3 ao perfil L 6" × 4" × 3/8" a ser aparafusado no flange da coluna de perfil H 310 × 79, usando eletrodos E70 e aço ASTM A36 com f_y = 345 MPa. A ligação está submetida a apenas um esforço cortante de V = 200 kN, sem a existência de momento fletor.

Observar, na apresentação dos perfis nesse problema (Fig. 3.31), que eles possuem as seguintes características:

- Um perfil W para uso em vigas é indicado apenas por sua altura seguida de sua massa. Por exemplo: W 250 × 25,3 especifica um perfil com altura aproximada de 250 mm e massa de 25,3 kg/m. Esse perfil possui as seguintes medidas: d = 257 mm; b_f = 102 mm; t_w = 6,10 mm; e t_f = 8,40 mm.
- Um perfil H para uso em pilares é indicado apenas por sua altura seguida de sua massa. Por exemplo: H 310 × 79 especifica um perfil com altura aproximada

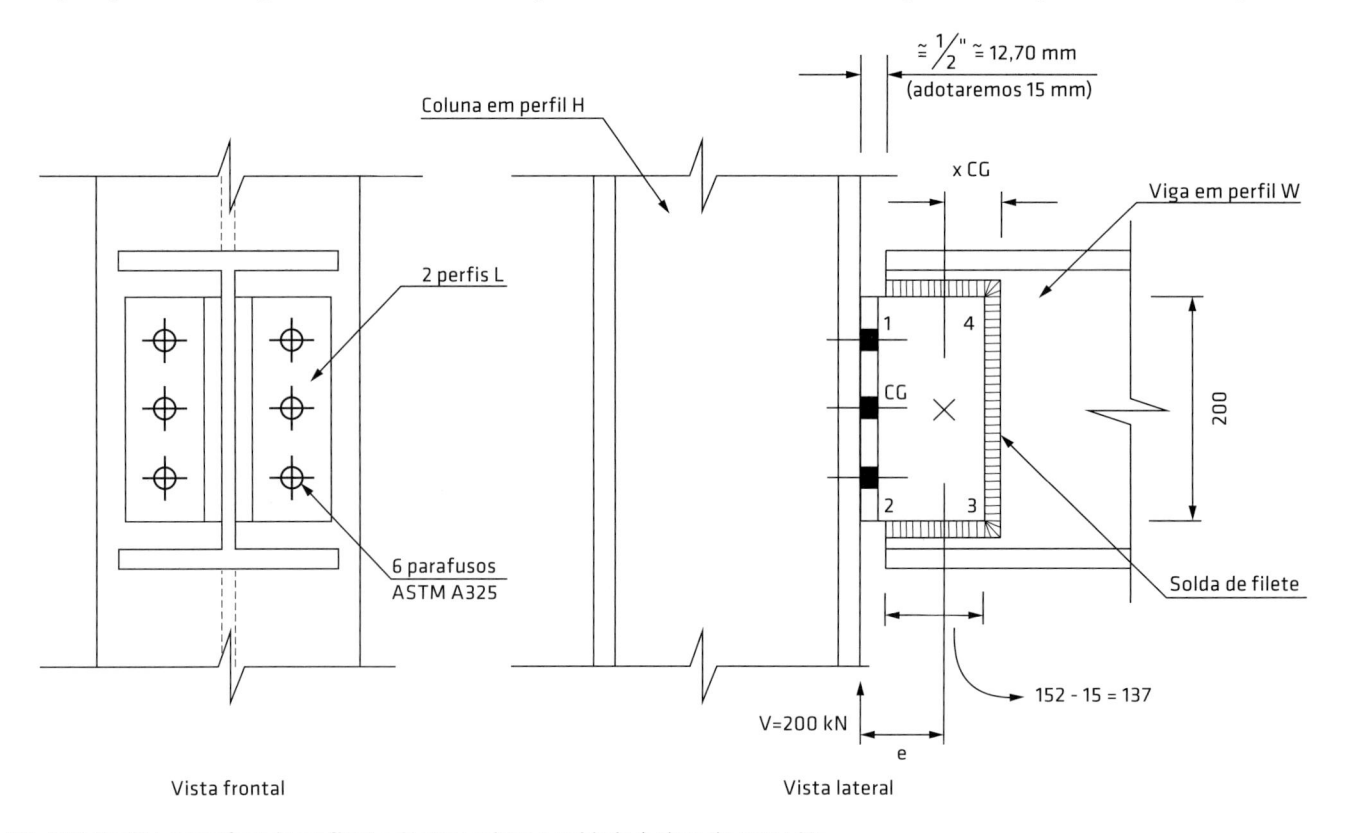

Fig. 3.31 Perfil L aparafusado ao flange de uma coluna e soldado à alma de uma viga

de 310 mm e massa de 79 kg/m. Esse perfil possui as seguintes medidas: $d = 299$ mm; $b_f = 306$ mm; $t_w = 11,0$ mm; e $t_f = 11,0$ mm.

- Um perfil L laminado é indicado por sua espessura seguida de suas duas dimensões, por ser um perfil assimétrico. Por exemplo: L 6" × 4" × 3/8". Para perfis L e U, costuma-se indicar também sua massa, o que facilita para o comprador; para esse perfil, a massa é de $m = 22,2$ kg/m. Se tivesse dimensões simétricas, seria possível indicar o perfil L apenas por uma dimensão seguida de sua espessura.

De posse do esforço cortante nominal fornecido, define-se o esforço cortante de projeto fazendo:

$$V_{Sd} = \gamma \cdot V_{sol} = 1,40 \times 200,0 \text{ kN} = 280,0 \text{ kN}$$

O esforço cortante de 280 kN pode ser transportado para o centro de gravidade dos cordões de solda, passando a ter uma força cortante e um momento fletor aplicados no centro de gravidade da solda.

a) Cálculo de x_{cg}

$$2 \cdot 13,7 \text{ cm} \cdot \left(\frac{13,7 \text{ cm}}{2} - x_{cg}\right) - 20,0 \text{ cm} \cdot x_{cg} = 0$$

$$187,69 \text{ cm} - 27,4 \text{ cm} \cdot x_{cg} - 20,0 \text{ cm} \cdot x_{cg} = 0 \Rightarrow x_{cg} = 3,96 \text{ cm}$$

b) Esforço solicitante devido ao cortante de projeto (V_d)

$$f_V = \frac{V_d}{\sum L} = \frac{280 \text{ kN}}{2 \times 13,7 \text{ cm} + 20,0 \text{ cm}} \Rightarrow f_V = 5,91 \text{ kN/cm}$$

c) Esforço solicitante devido ao momento fletor de projeto (M_d)

$$M_d = V_d \cdot d = 280,0 \text{ kN} \times (15,2 \text{ cm} - x_{cg}) = 280,0 \text{ kN} \times (15,2 \text{ cm} - 3,96 \text{ cm})$$

$$M_d = 3.147,20 \text{ kNcm}$$

d) Determinação de I_x

$$d = \frac{20 \text{ cm}}{2} = 10,0 \text{ cm} \quad \text{e} \quad b_w = 6,0 \text{ mm} = 0,6 \text{ cm}$$

$$A = 0,7 \cdot b_w \cdot L = 0,7 \times 0,6 \text{ cm} \times 13,7 \text{ cm} = 5,75 \text{ cm}^2$$

$$I_x = 2 \cdot A \cdot d^2 = 2 \times 5,75 \text{ cm}^2 \times (10,0 \text{ cm})^2$$

$$I_x = 1.150 \text{ cm}^4$$

e) Determinação de I_y

$$d = x_{cg} = 3,96 \text{ cm}, \quad h = 13,7 \text{ cm} \quad \text{e} \quad b_w = 6,0 \text{ mm} = 0,6 \text{ cm}$$

$$A = 0,7 \cdot b_w \cdot L = 0,7 \times 0,6 \text{ cm} \times 20,0 \text{ cm} = 8,40 \text{ cm}^2$$

$$I_y = A \cdot d^2 + 2 \cdot \left(\frac{b \cdot h^3}{12}\right) = 8,40 \text{ cm}^2 \times (3,96 \text{ cm})^2 + 2 \times \left[\frac{0,42 \text{ cm} \times (13,7 \text{ cm})^3}{12}\right] \Rightarrow$$

$$I_y = 311,72 \text{ cm}^4$$

f) Determinação de I_p

$$I_p = I_x + I_y = 1.150 \text{ cm}^4 + 311,72 \text{ cm}^4 = 1.461,72 \text{ cm}^4$$

Por unidade de comprimento, o valor de momento polar de inércia fica:

$$I_p = \frac{I_p}{0,7 \cdot b_w} = \frac{1.461,72 \text{ cm}^4}{0,7 \times 0,6 \text{ cm}} = 3.480,29 \text{ cm}^4/\text{cm}$$

Os pontos mais solicitados serão os mais afastados do centro de gravidade.

$$f_{Mx} = \tau_x \cdot t = \frac{M_d}{I_p} \cdot t = \frac{3.147,20 \text{ kNcm}}{3.480,29 \text{ cm}^4/\text{cm}} \times 10 \text{ cm} \Rightarrow$$

$$\Rightarrow f_{Mx} = 9,04 \text{ kN/cm}$$

$$t = \frac{20,0 \text{ cm}}{2} = 10,0 \text{ cm}$$

$$f_{My} = \tau_x \cdot t = \frac{M_d}{I_p} \cdot t = \frac{3.147,20 \text{ kNcm}}{3.480,29 \text{ cm}^4/\text{cm}} \times 9,74 \text{ cm} \Rightarrow$$

$$\Rightarrow f_{My} = 8,81 \text{ kN/cm}$$

$$t = 13,7 \text{ cm} - x_{cg} = 13,7 \text{ cm} - 3,96 \text{ cm} = 9,74 \text{ cm}$$

g) Esforço combinado solicitante

$$f = \sqrt{f_{Mx}^2 + (f_V + f_{My})^2} =$$

$$= \sqrt{(9,04 \text{ kN/cm})^2 + (5,91 \text{ kN/cm} + 8,81 \text{ kN/cm})^2}$$

$$f = 17,27 \text{ kN/cm}$$

h) Esforço resistente de projeto, por unidade de comprimento (kN/cm)

i. Tensão resistente do metal-base

$b = 6,10$ mm (menor valor entre a espessura da alma do perfil da viga, $t_w = 6,1$ mm, e a espessura do perfil L, $t = 3/8"$)

$$\tau_{Rd} = \frac{b \cdot 0.6 \cdot f_y}{\gamma_{a1}} = \frac{0.61 \text{ cm} \times 0.6 \times 25.0 \text{ kN/cm}^2}{1.10} = 8.32 \text{ kN/cm}$$

ii. Tensão resistente do metal da solda

$$t = 0.7 \cdot b_w = 0.7 \times 0.6 \text{ cm} = 0.42 \text{ cm}$$
$$\tau_{Rd} = \frac{t \cdot 0.6 \cdot f_w}{\gamma_{a2}} = \frac{0.42 \text{ cm} \times 0.6 \times 48.5 \text{ kN/cm}^2}{1.35} \Rightarrow$$
$$\Rightarrow \tau_{Rd} = 9.05 \text{ kN/cm}$$

Como as tensões resistentes, tanto do metal-base quanto do metal da solda, são superiores à tensão solicitante combinada, o projeto de solda de filete satisfaz.

3.16.3 Conexão a momento fletor

Projetar a conexão a momento fletor mostrada nas Figs. 3.32 (elevação) e 3.33 (corte A-A) usando eletrodos E70 e aço ASTM A36. A viga encontra-se em perfil VS 400 × 68, a coluna, em perfil CS 300 × 76, e os esforços solicitantes de projeto são: esforço cortante (V_d) = 160 kN e momento fletor (M_d) = 160 kNm.

Para o dimensionamento, são necessários os seguintes dados dos perfis:
- Viga VS 400 × 68: d = 400 mm; b_f = 200 mm; t_w = 6,30 mm; t_f = 16,00 mm; W_x = 1.311,15 cm³; e I_x = 26.223,01 cm⁴.
- Coluna CS 300 × 76: d = 300 mm; b_f = 300 mm; t_w = 8,0 mm; t_f = 12,50 mm; W_x = 1.126 cm³; e I_x = 16.894 cm⁴.

Em função do momento fletor aplicado na ligação, é possível calcular o valor das forças de tração e de compressão aplicadas nos flanges superior e inferior, respectivamente, como será feito a seguir.

A altura da viga descontada da espessura do flange é dada por:

$$d' = d - t_f = 400,0 \text{ mm} - 16,0 \text{ mm} = 384,0 \text{ mm} = 0,384 \text{ m}$$
$$T = C = \frac{M}{d'} = \frac{160,0 \text{ kNm}}{0,384 \text{ m}} = 416,67 \text{ kN}$$

Adotando chapa de topo com largura de 250 mm – pode-se adotar 160 mm, como mostrado na Fig. 3.33, o que resultará numa espessura de chapa de ³/₄" – e de posse da carga máxima de tração aplicada no flange superior da viga, obtém-se a espessura mínima da chapa de topo da ligação fazendo:

$$f_b = \frac{P}{A} \Rightarrow 0,6 \cdot f_y = \frac{T}{b \cdot t} \Rightarrow 0,6 \times 25,0 \text{ kN/cm}^2 = \frac{416,67 \text{ kN}}{25,0 \text{ cm} \cdot t} \Rightarrow$$
$$\Rightarrow t = 1,11 \text{ cm} = 11,1 \text{ mm}$$

A chapa com espessura de ½" é o tamanho comercial que atende a esse valor.

Agora se dimensiona o comprimento mínimo de solda a aplicar de cada lado da chapa de topo para resistir ao esforço solicitante de tração e se verifica se o comprimento da chapa de topo atende.

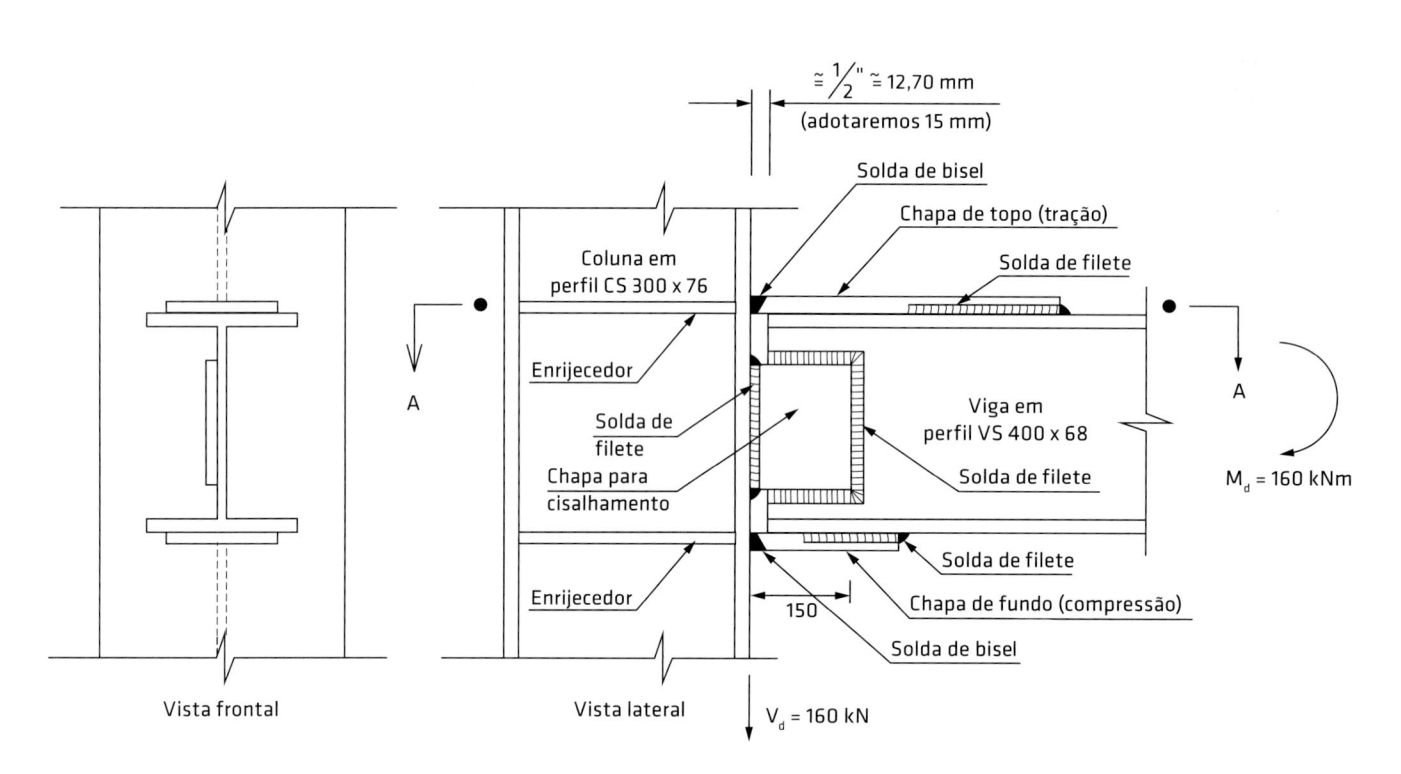

Fig. 3.32 Chapas de base e de topo usadas para unir os flanges de uma viga a uma coluna, e uma chapa para unir a alma da viga ao flange da coluna

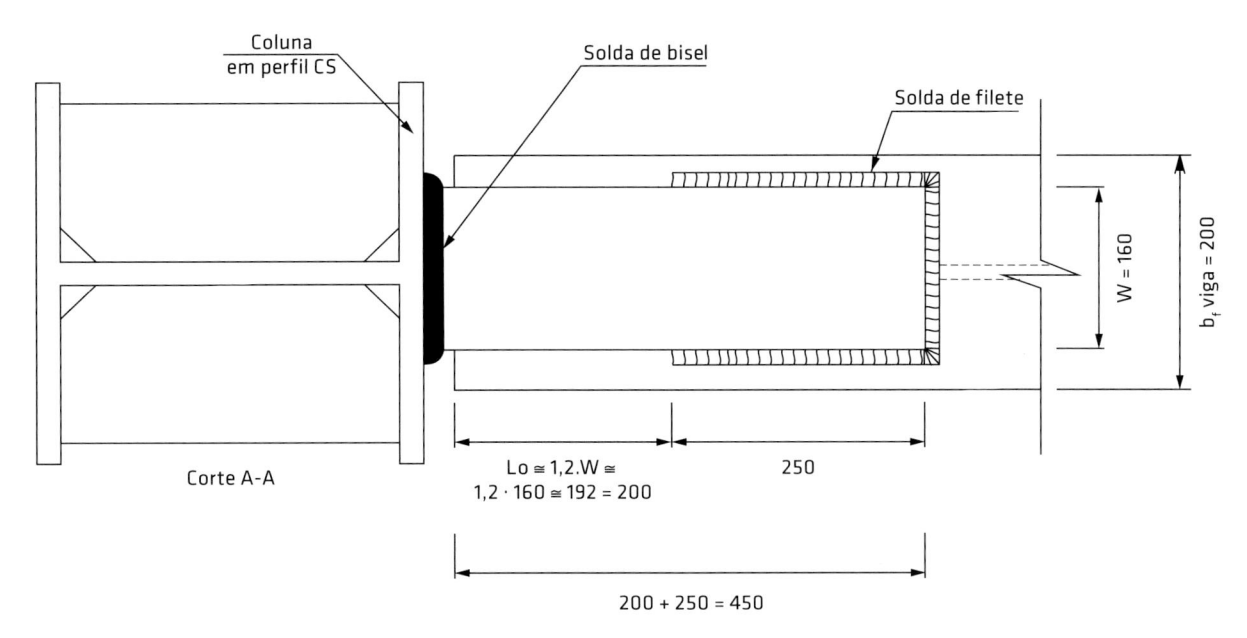

Fig. 3.33 Corte A-A – definição do comprimento

Considerando uma solda de filete com espessura de 12 mm, verifica-se a compatibilidade entre o metal da solda e o metal-base fazendo:

$$0{,}7 \cdot b_w \cdot 0{,}3 \cdot f_w \leq 0{,}4 \cdot t \cdot f_y$$

A espessura do metal é regida pela menor espessura entre o flange da viga (16,0 mm) e a espessura da chapa de topo (12,7 mm).

$$0{,}7 \times 1{,}2 \text{ cm} \times 0{,}3 \times 48{,}50 \text{ kN/cm}^2 \leq 0{,}4 \times 1{,}27 \text{ cm} \times 25{,}0 \text{ kN/cm}^2$$
$$12{,}22 \text{ kN/cm} \leq 12{,}7 \text{ kN/cm} \Rightarrow \left(\text{Satisfaz!}\right)$$

Agora se calcula a resistência da solda de filete de 12 mm conforme indicado a seguir.

- Resistido pela solda:

$$R_w = \text{n}^\text{o} \text{ lados} \cdot L \cdot 0{,}7 \cdot b_w \cdot \beta_1 \cdot f_w$$
$$R_w = 2 \text{ lados} \times 25{,}0 \text{ cm} \times 0{,}7 \times 1{,}2 \text{ cm} \times 0{,}3 \times 48{,}50 \text{ kN/cm}^2$$
$$R_w = 611{,}1 \text{ kN} \Rightarrow \left(\text{Satisfaz!}\right)$$

- Resistido pelo metal-base:

t = menor espessura entre a chapa de topo (15,88 mm) e o flange da viga (16 mm)

$$R_w = \text{n}^\text{o} \text{ lados} \cdot L \cdot t \cdot \beta_2 \cdot f_y$$
$$R_w = 2 \text{ lados} \times 25{,}0 \text{ cm} \times 1{,}27 \text{ cm} \times 0{,}4 \times 25{,}0 \text{ kN/cm}^2$$
$$R_w = 635{,}0 \text{ kN} \Rightarrow \left(\text{Satisfaz!}\right)$$

Verifica-se que, com um comprimento de solda de filete de 25,0 cm aplicada em cada lado da chapa, a solda de filete possui uma resistência de 611,10 kN, que é superior ao esforço solicitante de tração de 416,67 kN aplicado no flange superior da viga e na chapa.

Para combater o cisalhamento, usar chapa de um só lado da alma da viga, ligada ao flange da coluna.

A altura livre máxima da viga de perfil VS 400 × 68, para o encaixe da chapa de cisalhamento a ser soldada à sua alma, é encontrada descontando-se a altura da viga, de cerca de duas a três vezes a espessura de seu flange, do modo descrito a seguir.

A altura da viga VS 400 × 68 é de d = 400 mm.

A altura livre para o encaixe de uma chapa de cisalhamento, de modo que esta não interfira nas soldas de ligação da alma com os flanges, faz-se descontando essa altura total de duas vezes o dobro da espessura de seu flange (para descontar a solda de união dos flanges com a alma), da seguinte maneira:

$$\text{Altura livre} = d' = d - 2 \times 2 \cdot t_f \Rightarrow d' = d - 4 \cdot t_f$$
$$d' = d - 4 \cdot t_f = 400{,}0 \text{ mm} - 4 \times 16{,}0 \text{ mm} \Rightarrow d' = 336{,}0 \text{ mm}$$

Ou seja, em uma chapa de cisalhamento com altura de 336 mm, não haverá interferência sobre as soldas de fabricação da viga VS.

No entanto, deve-se ainda dar atenção para que as soldas de filete, a serem usadas para unir essa chapa de cisalhamento à alma do perfil da viga, não se interceptem, para evitar um ponto suscetível à corrosão.

Para isso, deve-se manter uma distância mínima de 20 mm entre quaisquer tipos de soldas. Assim, desconta-se a altura livre encontrada de uma distância de 20 mm tanto na parte superior quanto na inferior, do seguinte modo:

Altura livre de solda = 336,0 mm − 2 × 20,0 mm ⇒ 296,0 mm

Será adotada uma chapa de cisalhamento com altura total de 290 mm (ver Fig. 3.34).

Caso estivessem sendo usados perfis laminados, os mesmos descontos descritos deveriam ser feitos, visto que o raio de concordância existente sob os flanges de perfis laminados gera interferências imediatas para a ligação de chapas de cisalhamento como estas, conforme visto na Fig. 3.35.

Uma vez definida a altura da chapa de cisalhamento como igual a 290 mm, dimensiona-se a espessura (t) da chapa de cisalhamento fazendo:

$$f_V = \frac{V_d}{b \cdot t} \Rightarrow 0,4 \cdot f_y = \frac{160,0 \text{ kN}}{150,0 \text{ mm} \cdot t}$$

$$0,4 \times 25,0 \text{ kN/cm}^2 = \frac{160,0 \text{ kN}}{15,0 \text{ cm} \cdot t} \Rightarrow t = 1,067 \text{ cm} = 10,67 \text{ mm}$$

Com isso, a chapa para combater um esforço cortante de projeto de 160,0 kN deverá ter uma espessura mínima de 12,70 mm (½").

Em seguida, calcula-se a solda de filete para unir essa chapa à alma do perfil da viga. Para isso, faz-se a compatibilidade do metal da solda com o metal-base utilizando a menor espessura entre a alma da viga (6,30 mm) e a

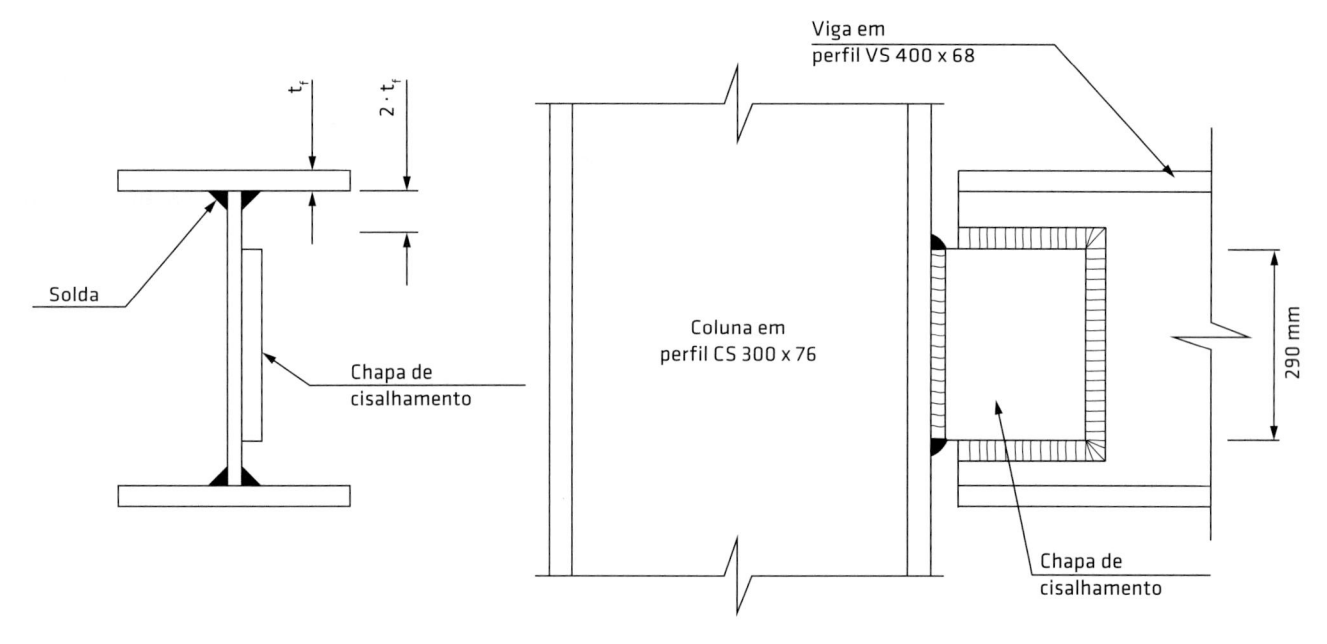

Fig. 3.34 Vista da distância livre a deixar entre a borda soldada da chapa de cisalhamento e a solda de oficina de um perfil I soldado

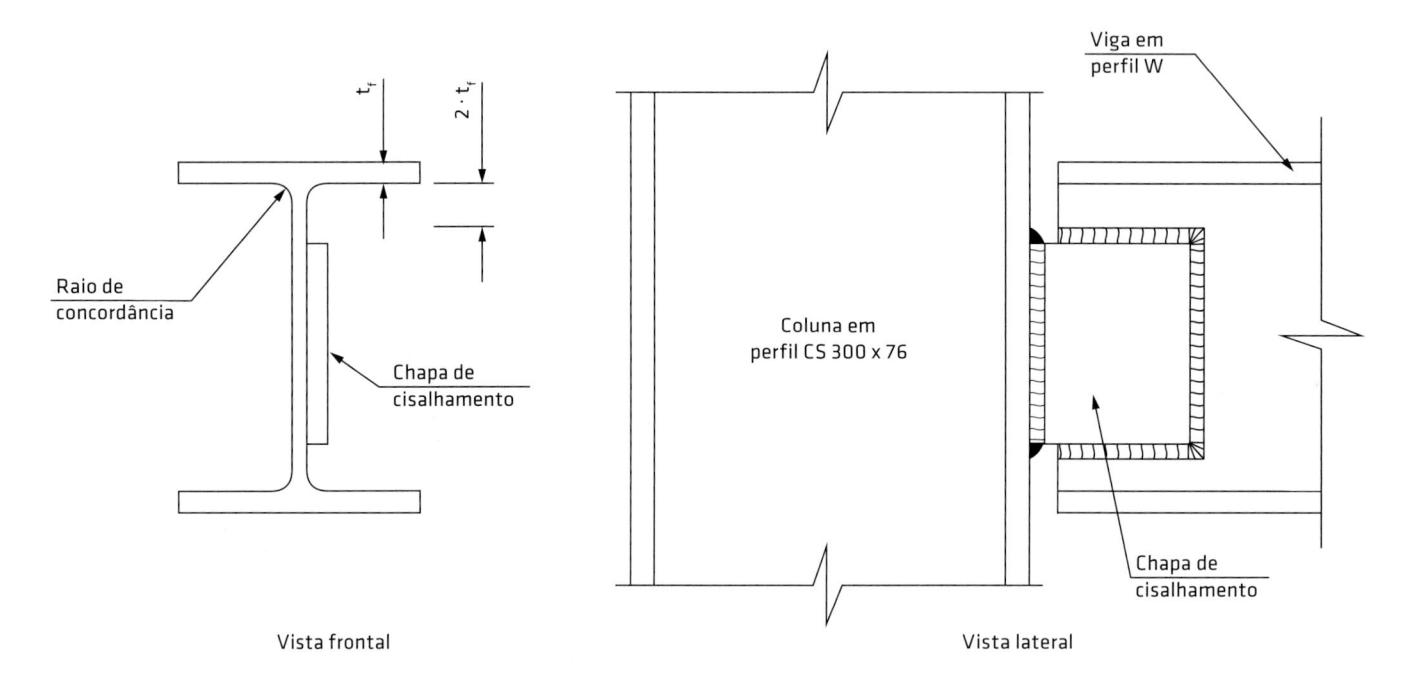

Fig. 3.35 Vista da distância livre a deixar entre a borda soldada da chapa de cisalhamento e o raio de concordância de um perfil I laminado

chapa de combate ao cisalhamento (12,7 mm) e adotando um filete de solda de 6 mm:

$$0,21 \cdot b_w \cdot f_w \leq 0,4 \cdot t_{Menor} \cdot f_y$$
$$0,21 \times 0,6 \text{ cm} \times 48,50 \text{ kN/cm}^2 \leq 0,4 \times 0,63 \times 25,0 \text{ kN/cm}^2$$
$$6,11 \text{ kN/cm} \leq 6,30 \text{ kN/cm} \Rightarrow \left(\text{Satisfaz!}\right)$$

De posse da compatibilização efetivamente atendida, determina-se a resistência da solda da maneira indicada a seguir.

- Comprimento de contato da chapa de combate ao cisalhamento:

$$L = 200,0 \text{ mm} + 2 \times \left(150,0 \text{ mm} - 15 \text{ mm}\right) = 560,0 \text{ mm} = 56 \text{ cm}$$

- Resistido pela solda:

$$R_w = \text{nº lados} \cdot L \cdot 0,7 \cdot b_w \cdot \beta_1 \cdot f_w$$
$$R_w = 1 \text{ lado} \times 56,0 \text{ cm} \times 0,7 \times 0,6 \text{ cm} \times 0,3 \times 48,50 \text{ kN/cm}^2$$
$$R_w = 342,22 \text{ kN} \Rightarrow \left(\text{Satisfaz!}\right)$$

- Resistido pelo metal-base:

$$R_w = \text{nº lados} \cdot L \cdot t \cdot \beta_2 \cdot f_y$$
$$R_w = 1 \text{ lado} \times 56,0 \text{ cm} \times 0,63 \text{ cm} \times 0,4 \times 25,0 \text{ kN/cm}^2$$
$$R_w = 352,80 \text{ kN} \Rightarrow \left(\text{Satisfaz!}\right)$$

Verifica-se que a menor resistência de projeto encontrada entre o metal da solda e o metal-base é de 342,22 kN, sendo esta oriunda do metal da solda.

Para a verificação da necessidade de reforço da coluna com o uso de enrijecedores alinhados com os flanges superior e inferior da viga, faz-se:

$$t_{cf} \leq 0,4 \cdot \sqrt{\frac{P_{bf}}{f_{yc}}}, \text{ com } t_{cf} \text{ em polegadas, } P_{bf} \text{ em kips e } f_{yc} \text{ em ksi}$$

em que:
$t_{cf} = t_f$ da coluna = 16,0 mm = 1,6 cm;
$P_{bf} = F \cdot T = \frac{5}{3} \times 416,67 \text{ kN} = 694,45 \text{ kN}$, sendo $F = \frac{5}{3}$ para carga permanente e acidental e $F = \frac{4}{3}$ para carga permanente, acidental e de vento.

Primeiro, transformam-se as unidades para kips e ksi:
- Para transformar P_{bf} de kN para kips, divide-se o valor por 4,4482216:

$$P_{bf} = \frac{694,45 \text{ kN}}{4,4482216} = 156,12 \text{ kips}$$

- Para transformar f_{yc} de MPa para ksi, multiplica-se o valor por 0,1450377:

$$F_{yc} = 250 \text{ MPa} \times 0,1450377 = 36,26 \text{ ksi}$$

Agora, substituindo os dados na fórmula de t_{cf}, encontra-se:

$$t_{cf} \leq 0,4 \cdot \sqrt{\frac{156,12 \text{ kips}}{36,26 \text{ ksi}}} \Rightarrow t_{cf} \leq 0,83 \text{ in}$$

Considerando que $t_{cf} = t_f$ da coluna = 16,0 mm e comparando esse valor com t_{cf} convertido para mm, tem-se:

$$16,0 \text{ mm} \leq 0,83 \text{ in} \times 25,4 \Rightarrow 16,0 \text{ mm} \leq 21,08 \text{ mm}$$

Como a espessura do flange da coluna (t_{cf}) é menor, a coluna precisa de enrijecedores de flange. Então, calculando a área necessária para o enrijecedor, tem-se:

$$A_{st} = \frac{P_{bf} - f_{yc} \cdot t_w \cdot \left(t_{bf} + 5 \cdot k_c\right)}{f_{yst}}$$
$$A_{st} = \frac{694,45 \text{ kN} - 25,0 \text{ kN/cm}^2 \times 0,8 \text{ cm} \times \left(1,25 \text{ cm} + 5 \times 1,6 \text{ cm}\right)}{25,0 \text{ kN/cm}^2} \Rightarrow$$
$$\Rightarrow A_{st} = 20,38 \text{ cm}^2$$

em que:
$f_{yc} = f_{yst} = f_y$ do aço = 250 MPa = 25 kN/cm²;
$t_{cw} = t_w$ da coluna = 8,0 mm;
$t_{bf} = t_f$ da viga = 12,5 mm.

Para encontrar a largura do enrijecedor, com um de cada lado da alma da coluna, subtrai-se a alma da largura do flange da coluna e divide-se o resultado por 2. Para determinar a largura disponível de cada lado:

$$\frac{b_f - t_w}{2} = \frac{300,0 \text{ mm} - 8,0 \text{ mm}}{2} = 146,0 \text{ mm}$$

A largura do enrijecedor é igual à largura disponível de 146 mm descontada de 5 mm, para não correr o risco de ultrapassar a borda do flange da coluna, por causa de possíveis imperfeições que possam vir a ocorrer no processo de fabricação da viga, ficando:

$$146,0 \text{ mm} - 5,0 \text{ mm} = 141,0 \text{ mm} \approx 140,0 \text{ mm}$$

Adotando enrijecedores para a coluna, posicionados de modo oposto ao flange da viga, com largura de 140 mm cada um, tem-se:

2 enrijecedores × 140,0 mm ≥ 0,67 × 300,0 mm ⇒

⇒ 280,0 mm ≥ 201 mm (Satisfaz!)

$$A_{st} = 2 \text{ enrijecedores} \times 140,0 \text{ mm} \cdot t_s$$

$$20,38 \text{ cm}^2 = 28,0 \text{ cm} \cdot t_s \Rightarrow t_s = 0,73 \text{ cm} = 7,3 \text{ mm}$$

$$t_s \geq \frac{t_{bf}}{2} \Rightarrow 7,3 \text{ mm} \geq \frac{16,0 \text{ mm}}{2} \Rightarrow$$

⇒ 7,3 mm ≥ 8,0 mm (Não satisfaz!)

em que:

t_s = espessura do enrijecedor (s = *stiffner*);
A_{st} = área do enrijecedor de tração (s = *stiffner*);
$t_{bf} = t_f$ da viga = 16,0 mm (f = flange, b = *beam*);
$t_{cf} = t_f$ da coluna = 12,5 mm (f = flange, c = *column*).

Como a relação apresentada não é satisfatória, serão adotados enrijecedores com espessura superior a 8 mm, por exemplo, com espessura de ½" (12,7 mm).

Agora, verificando o flange de compressão:

$$t_{cw} = t_w \text{ da coluna} = 8,0 \text{ mm} \Rightarrow t_{cw} = \frac{8,0 \text{ mm}}{25,4} = 0,3150$$

$$d_{c(w)} \leq \frac{4.100 \cdot t_{cw}^3 \cdot \sqrt{f_y}}{P_{bf}} \Rightarrow d_{c(w)} \leq \frac{4.100 \times (0,315 \text{ in})^3 \times \sqrt{36,26 \text{ ksi}}}{156,12 \text{ kips}}$$

$$d_{c(w)} \leq 4,95 \text{ in} \Rightarrow d_{c(w)} \leq 125,73 \text{ mm}$$

em que:

$d_{c(w)}$ = altura do enrijecedor de compressão da coluna.

Desde que d_c da coluna adotada seja maior do que $d_{c(w)}$ calculado anteriormente, os enrijecedores de compressão são também necessários. Usar o mesmo enrijecedor adotado no flange tracionado para o flange comprimido.

Com d_c sendo tomado como 0,90 · d_{coluna} = 0,90 × 300 mm = 270,0 mm = 27,0 cm, como $d_{c(w)}$ = 12,57 cm < d_c = 27,0 cm, enrijecedores de compressão são necessários nessa ligação.

Assim, com o uso desses enrijecedores de tração e de compressão, as soldas de filete que os unirão à alma do perfil da coluna transferirão uma carga de T = C = 16,67 kN para os flanges opostos (de trás) da coluna.

Antes de calcular a resistência da solda, verifica-se a compatibilidade do metal da solda com o metal-base utilizando uma solda de filete de 6 mm de espessura e t = 8 mm (menor valor entre a espessura de 8 mm da alma da coluna e a espessura do enrijecedor de 12,7 mm adotado):

$$0,7 \cdot b_w \cdot 0,3 \cdot f_w \leq 0,4 \cdot t \cdot f_y$$

0,7 × 0,6 cm × 0,3 × 48,50 kN/cm² ≤ 0,4 × 0,8 cm × 25,0 kN/cm²

6,11 kN/cm ≤ 8,00 kN/cm ⇒ (Satisfaz!)

Em seguida, calcula-se a resistência da solda.

$$R_w = \text{nº lados} \cdot L \cdot 0,7 \cdot b_w \cdot \beta_1 \cdot f_w$$

A altura total (comprimento L) do enrijecedor deve ser descontada de 3 mm a 4 mm da altura livre h_w da coluna e possuir chanfros de 30 mm × 30 mm em suas quinas, para permitir o encaixe e a soldagem no encontro com o flange e a alma da coluna, de forma que as soldas de filete usadas na união do enrijecedor não interfiram na solda de união de alma e de flange da coluna. Logo, tem-se:

$$h_w = 300,0 \text{ mm} - 2 \times 12,5 \text{ mm} = 275 \text{ mm}$$
$$h_w - 3,0 \text{ mm} = 275,0 \text{ mm} - 3,0 \text{ mm} = 272,0 \text{ mm}$$

Somando essa altura às larguras de 140 mm já calculadas, encontra-se o comprimento total permitido para a solda de filete:

$$L = 272,0 \text{ mm} + 2 \times 140,0 \text{ mm} = 552,0 \text{ mm}$$

Como a solda do enrijecedor é aplicada nas duas faces, têm-se dois lados de aplicação de solda.

$$R_w = 2 \text{ lados} \times 55,2 \text{ cm} \times 0,7 \times 0,6 \text{ cm} \times 0,3 \times 48,50 \text{ kN/cm}^2$$
$$R_w = 674,65 \text{ kN} \Rightarrow (\text{Satisfaz!})$$

Pelo metal-base:

$$R_w = \text{nº lados} \cdot L \cdot t \cdot \beta_2 \cdot f_y \text{ (pelo metal-base)}$$
$$R_w = 2 \text{ lados} \times 55,2 \text{ cm} \times 0,8 \text{ cm} \times 0,4 \times 25,0 \text{ kN/cm}^2$$
$$R_w = 883,20 \text{ kN} \Rightarrow (\text{Satisfaz!})$$

Como as resistências de solda, tanto pelo metal da solda como pelo metal-base, são maiores do que o esforço solicitante de T = C = 416,67 kN aplicados na coluna pelos flanges da viga, o enrijecedor pode seguir com seu comprimento apenas até a metade da altura da alma da coluna, desde que o esforço solicitante de momento fletor atue em apenas um lado da coluna. Recomenda-se, portanto, que se usem sempre enrijecedores com comprimentos seguindo ao longo de toda a altura da alma da coluna, e que se adotem quatro enrijecedores, sendo dois alinhados com o flange de tração da viga e outros dois alinhados com o flange de compressão da viga, ficando os dois com o mesmo valor da maior espessura encontrada para um e para outro.

Na Fig. 3.36, observe-se que a solda de 6 mm é representada pelo símbolo de solda de filete (triângulo) de modo espelhado, indicando que a solda deve ser aplicada em ambas as faces da união do enrijecedor com o pilar. E, como foi indicado na nomenclatura típica, não se faz necessário indicar outra solda desta para a ligação do outro enrijecedor E-1 mais abaixo com a coluna, pois o sistema de solda será idêntico (típico). A solda de filete deve ser indicada em todas as regiões de contato, quando não for possível informar apenas uma solda em todo o contorno, como nesse caso, onde o chanfro quebra a continuidade da solda.

Note-se que, como se utilizaram chanfros de dimensões de 30 × 30 nas quinas dos enrijecedores para que não houvesse contato da solda de ligação do enrijecedor E-1 com a solda de fabricação do perfil H da coluna (que une seus flanges à sua alma), é possível retornar às fórmulas de resistência das soldas e descontar, do comprimento L, um valor equivalente a 4 × 30 mm = 120 mm = 12 cm, por não haver solda nessa região, e encontrar a menor resistência pelo metal da solda:

$$R_w = 2 \text{ lados} \times (55{,}2 \text{ cm} - 12{,}0 \text{ cm}) \times 0{,}7 \times 0{,}6 \text{ cm} \times 0{,}3 \times \\ \times 48{,}50 \text{ kN/cm}^2$$

$$R_w = 527{,}99 \text{ kN} \Rightarrow (\text{Satisfaz!})$$

Ainda se encontra uma resistência de solda superior ao esforço solicitante de $T = C = 416{,}67$ kN.

3.16.4 Solda de filete aplicada em todo o contorno de viga

Na Fig. 3.37, a viga em perfil W 410 × 60 está soldada à coluna em perfil H 250 × 73, com solda de filete aplicada em todo o contorno da viga. Verificar se essa solda resiste aos esforços solicitantes aplicados, adotando aço ASTM A36 para ambos os perfis e eletrodo E70. A ligação da Fig. 3.37 está submetida a dois esforços solicitantes simultâneos de esforço cortante $V_d = 70$ kN e de momento fletor $M_d = 95$ kNm.

Os perfis possuem as seguintes características:
- Viga VS 410 × 60: $d = 407$ mm; $b_f = 178$ mm; $t_w = 7{,}70$ mm; e $t_f = 12{,}80$ mm.
- Coluna H 250 × 73: $d = 253$ mm; $b_f = 254$ mm; $t_w = 8{,}60$ mm; e $t_f = 14{,}20$ mm.

Se não houvesse um espaço entre o flange superior da viga e o topo da chapa de ligação, não seria possível aplicar a solda de filete para resistir a um esforço de tração tão elevado e aplicado no flange superior. A solda de filete aplicada no encontro de duas chapas com superfícies niveladas não é indicada para ligações estruturais principais.

Na Fig. 3.38, observe-se que há a indicação de solda de campo com o uso de uma bandeira pintada de preto, pois, para essa disposição construtiva de soldar uma viga diretamente ao flange de um pilar, não há como evitar solda de campo.

Aqui se poderia seccionar a viga principal, de modo que uma parte dessa viga viria soldada ao flange da coluna e com uma chapa de ligação soldada à sua extremidade para ser conectada à sua outra parte no local, com parafusos, como mostrado no exemplo da seção 2.18; sempre há um modo de evitar o uso de solda de campo.

a) Esforços solicitantes de projeto

Os esforços solicitantes fornecidos no problema são nominais e, por isso, os esforços de projeto devem ser encontrados do seguinte modo:

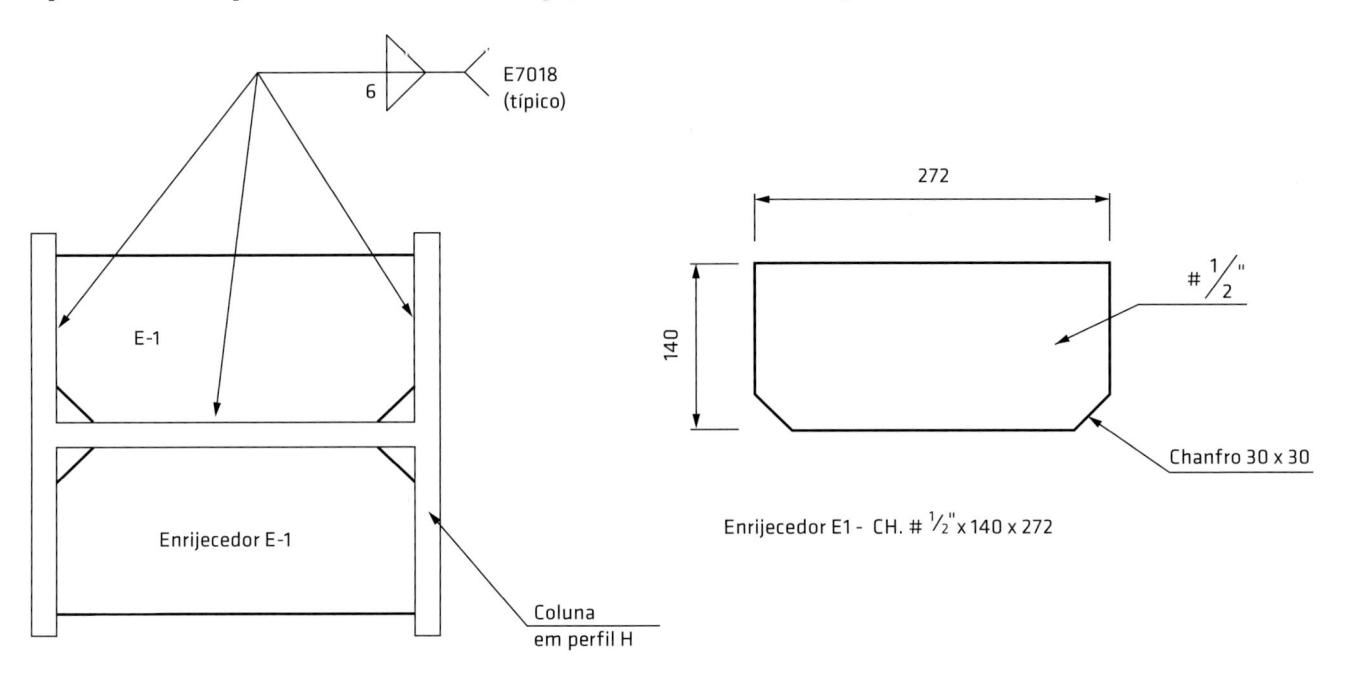

Fig. 3.36 Projeto dos enrijecedores para a coluna

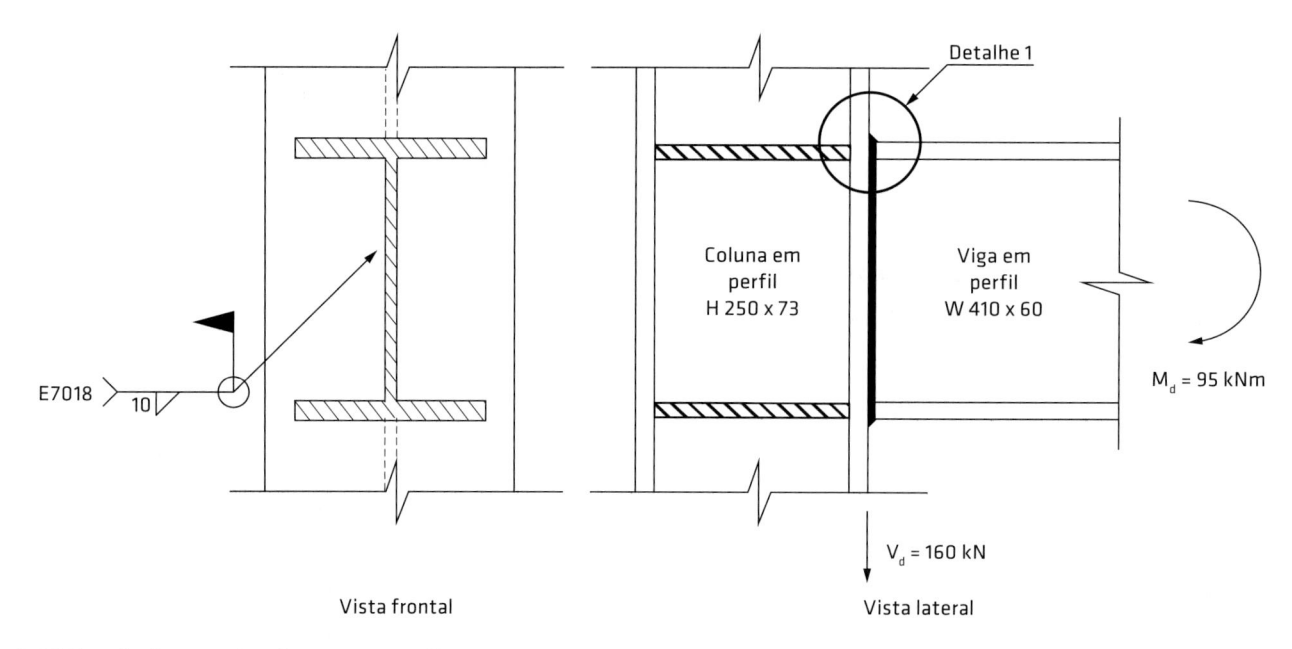

Fig. 3.37 Ligação de uma viga diretamente ao flange de uma coluna com o uso de solda de filete e com a indicação dos esforços solicitantes nominais aplicados

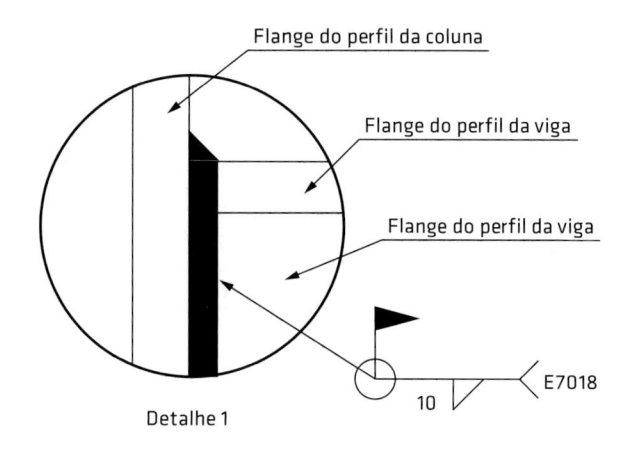

Fig. 3.38 Detalhe típico de solda com o uso de solda de filete com 10 mm de espessura em todo o entorno

$$V_{Sd} = \gamma \cdot V_{sol} = 1,40 \times 70,0 \text{ kN} = 98,0 \text{ kN}$$
$$M_{Sd} = \gamma \cdot M_{sol} = 1,40 \times 95,0 \text{ kNm} = 133,0 \text{ kNm} = 13.300,0 \text{ kNcm}$$

A força solicitante de tração atuante no flange, decorrente do momento fletor, é de:

$$F_F = \frac{M_{Sd}}{d - t_f} = \frac{13.300,0 \text{ kNm}}{40,7 \text{ cm} - 1,28 \text{ cm}} = 337,39 \text{ kN}$$

b) Tensão resistente de projeto referente à solda (pela AISC)

Adotando uma solda de filete com espessura de 10 mm, faz-se a compatibilização entre o metal da solda e o metal-base da seguinte maneira:

$$0,7 \cdot b_w \cdot 0,3 \cdot f_w \leq 0,4 \cdot t \cdot f_y \Rightarrow 0,21 \cdot b_w \cdot f_w \leq 0,4 \cdot t_{Menor} \cdot f_y$$

Nessa conexão, haverá uma ligação do flange do pilar, com espessura de $t_f = 14,20$ mm, com a alma da viga, com espessura de $t_w = 7,70$ mm, em que a menor espessura envolvida é de 7,70 mm, e, no outro trecho dessa mesma conexão, o contato desse mesmo flange de coluna com o flange da viga, com espessura de $t_f = 12,80$ mm, sobressaindo o flange da viga como o metal-base de menor espessura. Assim, a menor espessura de chapa envolvida em toda a conexão é a alma da viga, com espessura de 7,70 mm, que será utilizada na fórmula de compatibilização.

$$0,21 \times 1,0 \text{ cm} \times 41,50 \text{ kN/cm}^2 \leq 0,4 \times 0,77 \text{ cm} \times 34,5 \text{ kN/cm}^2$$
$$8,72 \text{ kN/cm} \leq 10,63 \text{ kN/cm} \Rightarrow (\text{Satisfaz!})$$

Verifica-se que a resistência ao cisalhamento oferecida pelo metal da solda com o uso de solda de 10 mm de espessura, em kN/cm, é inferior à resistência do metal-base (chapa de aço de menor espessura da ligação), satisfazendo essa verificação.

Como a solda de filete, com espessura de 10 mm, é compatível com o flange, calcula-se a resistência da solda do flange pelo metal da solda do seguinte modo:

$$L_1 = b_{f;Viga} = 178,0 \text{ mm} = 17,8 \text{ cm}$$
$$L_2 = b_{f;Viga} - t_w = 178,0 \text{ mm} - 7,7 \text{ mm} = 170,3 \text{ mm} = 17,03 \text{ cm}$$
$$R_w = n^\circ \text{ lados} \cdot L \cdot 0,7 \cdot b_w \cdot \beta_1 \cdot f_w$$
$$R_w = (1 \text{ lado} \times 17,8 \text{ cm} + 1 \text{ lado} \times 17,03 \text{ cm}) \times 0,7 \times$$
$$\times 1,0 \text{ cm} \times 0,3 \times 48,50 \text{ kN/cm}^2$$
$$R_w = 354,74 \text{ kN} \Rightarrow (\text{Satisfaz!})$$

A resistência no flange, pelo metal-base, é de:

$t = t_f = 12{,}80$ mm (menor valor entre as espessuras do flange do pilar, $t_f = 12{,}80$ mm, e do flange da viga, $t_f = 14{,}20$ mm)

$R_w = $ nº lados $\cdot L \cdot t \cdot \beta_2 \cdot f_y$ (pelo metal-base)
$R_w = (1 \text{ lado} \times 17{,}8 \text{ cm} + 1 \text{ lado} \times 17{,}03 \text{ cm}) \times 1{,}28 \text{ cm} \times 0{,}4 \text{ cm} \times 34{,}50 \text{ kN/cm}^2$
$R_w = 615{,}24$ kN $\Rightarrow$ (Satisfaz!)

Como a solda de filete com espessura de 10 mm é compatível com a alma, calcula-se a resistência da solda da alma pelo metal da solda do seguinte modo:

$L = d - 2 \cdot t_f = 407{,}0$ mm $- 2 \times 12{,}8$ mm $= 381{,}4$ mm $= 38{,}14$ cm
$R_w = $ nº lados $\cdot L \cdot 0{,}7 \cdot b_w \cdot \beta_1 \cdot f_w$
$R_w = 2 \text{ lados} \times 38{,}14 \text{ cm} \times 0{,}7 \times 1{,}0 \text{ cm} \times 0{,}3 \times 48{,}50 \text{ kN/cm}^2$
$R_w = 776{,}91$ kN $\Rightarrow$ (Satisfaz!)

A resistência na alma, pelo metal-base, é de:

$t = t_f = 12{,}80$ mm (menor valor entre as espessuras do flange do pilar, $t_f = 12{,}80$ mm, e da alma da viga, $t_w = 7{,}70$ mm)

$R_w = $ nº lados $\cdot L \cdot t \cdot \beta_2 \cdot f_y$ (pelo metal-base)
$R_w = 2 \text{ lados} \times 38{,}14 \text{ cm} \times 0{,}77 \text{ cm} \times 0{,}4 \times 34{,}50 \text{ kN/cm}^2$
$R_w = 810{,}55$ kN $\Rightarrow$ (Satisfaz!)

Para a alma, o menor esforço resistente de solda advém do metal da solda, com valor de $R_w = 776{,}91$ kN, maior do que o esforço cortante de projeto solicitante aplicado na alma, de 98 kN.

c) Tensão resistente de projeto referente à solda (por outro método)

Calcula-se a força resistente de solda atuante no flange da viga para resistir ao esforço de tração de projeto decorrente do momento fletor atuante:

i. Flange da viga – metal da solda

$A_W = 0{,}7 \cdot b_w \cdot L = 0{,}7 \times 1{,}0 \text{ cm} \times$
$\times (1 \text{ lado} \times 17{,}8 \text{ cm} + 1 \text{ lado} \times 17{,}03 \text{ cm}) =$
$= 24{,}38 \text{ cm}^2$
$R_D = 0{,}75 \cdot A_W \cdot 0{,}6 \cdot f_w = 0{,}75 \times 24{,}38 \text{ cm}^2 \times$
$\times 0{,}6 \times 48{,}5 \text{ kN/cm}^2 \Rightarrow$
$\Rightarrow R_D = 532{,}09$ kN

ii. Flange da viga – metal-base

$A_m = t \cdot L = 1{,}28 \text{ cm} \times (1 \text{ lado} \times 17{,}8 \text{ cm} + 1 \text{ lado} \times 17{,}03 \text{ cm}) =$
$= 44{,}58 \text{ cm}^2$
$R_D = 0{,}9 \cdot A_m \cdot 0{,}6 \cdot f_y = 0{,}9 \times 44{,}58 \text{ cm}^2 \times 0{,}6 \times 34{,}5 \text{ kN/cm}^2 \Rightarrow$
$\Rightarrow R_D = 830{,}53$ kN

Verifica-se, para o flange, que o menor esforço resistente de solda advém do metal da solda, com valor de $R_w = 532{,}09$ kN, maior do que o esforço de tração de projeto solicitante aplicado no flange, de 337,39 kN.

Posteriormente, calcula-se a força resistente de solda atuante na alma da viga para resistir ao esforço cortante de projeto:

iii. Alma da viga – metal-base

$A_m = t \cdot L = 0{,}77 \text{ cm} \times (1 \text{ lado} \times 17{,}8 \text{ cm} + 1 \text{ lado} \times 17{,}03 \text{ cm}) =$
$= 26{,}82 \text{ cm}^2$
$R_D = 0{,}9 \cdot A_m \cdot 0{,}6 \cdot f_y = 0{,}9 \times 26{,}82 \text{ cm}^2 \times 0{,}6 \times 34{,}5 \text{ kN/cm}^2 \Rightarrow$
$\Rightarrow R_D = 499{,}66$ kN

iv. Alma da viga – metal da solda

$A_W = 0{,}7 \cdot b_w \cdot L = 0{,}7 \times 1{,}0 \text{ cm} \times$
$\times (1 \text{ lado} \times 17{,}8 \text{ cm} + 1 \text{ lado} \times 17{,}03 \text{ cm}) = 24{,}38 \text{ cm}^2$
$R_D = 0{,}75 \cdot A_W \cdot 0{,}6 \cdot f_w = 0{,}75 \times 24{,}38 \text{ cm}^2 \times 0{,}6 \times$
$\times 48{,}5 \text{ kN/cm}^2 \Rightarrow R_D = 532{,}09$ kN

Para a alma, o menor esforço resistente de solda advém do metal-base, com valor de $R_w = 499{,}66$ kN, maior do que o esforço cortante de projeto solicitante aplicado na alma, de 98 kN.

3.16.5 Soldas para chapas de ligação

A Fig. 3.39 mostra um projeto das soldas para a ligação do perfil W 310 × 23,8 à chapa de ligação CL-1, referente ao prédio dado no Cap. 5, cujas ligações parafusadas foram dimensionadas na seção 2.18.

No caso dessa chapa de ligação em específico, será mostrado o dimensionamento de dois tipos de solda muito comuns em ligações estruturais: a solda de entalhe (bisel) com penetração total na região de ligação do flange superior e do flange inferior da viga em perfil W com a chapa de ligação, e a solda de filete na região de ligação da alma do perfil W com a chapa.

Para o caso em que o topo de chapa é alinhado com o topo de viga, a solda mais eficaz para resistir ao esforço de tração aplicado no flange superior da viga, em função do momento fletor, é do tipo bisel com penetração total. Uma

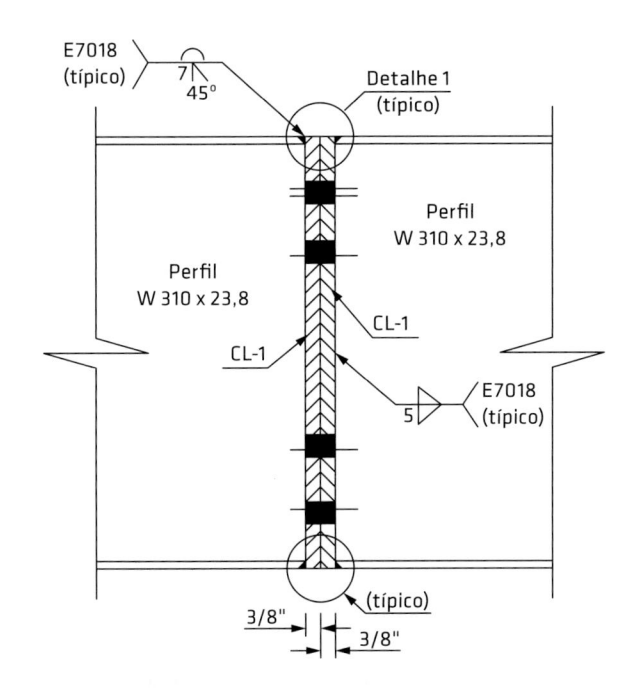

Fig. 3.39 Emenda de viga com o uso de chapas de ligação parafusadas

solda de filete de topo aplicada na união de uma chapa de ligação alinhada com o flange superior da viga ficaria muito fragilizada e perigosa para uma ligação principal desse tipo.

Na Fig. 3.40, observe-se a distância mínima deixada entre a solda de filete, de 5 mm, e a solda de entalhe de penetração total, de 7 mm, a fim de evitar que ambas as soldas, aplicadas em execuções distintas, se interceptem.

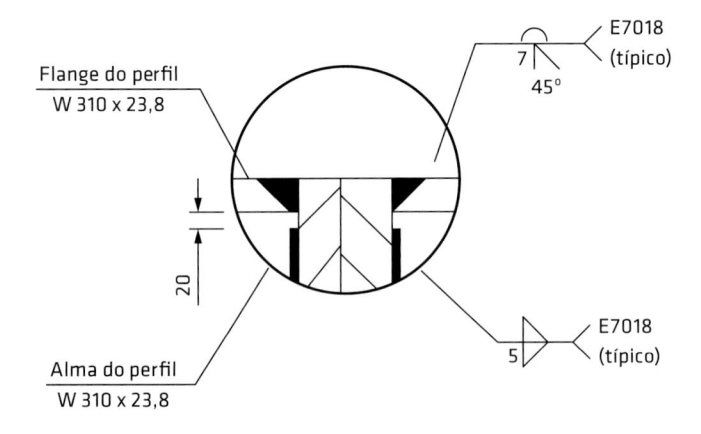

Fig. 3.40 Detalhe 1 ampliado – típico de soldagem

A Tab. 3.6 indica um resumo dos esforços solicitantes máximos de projeto aplicados nas chapas de ligação de cada viga calculada e dimensionada no Cap. 5.

Os esforços solicitantes indicados nessa tabela já estão ponderados de fatores de segurança, por estarem acompanhados da letra $d = design$.

Tab. 3.6 ESFORÇOS SOLICITANTES MÁXIMOS DE PROJETO DE CORTANTE E DE MOMENTO FLETOR OBTIDOS A PARTIR DAS EMENDAS POSICIONADAS NOS DIAGRAMAS INDICADOS NO CAP. 5

Tabela de esforços solicitantes aplicados nas chapas de ligação (CL)

Viga	Perfil da viga	V_d (kN)	M_d (kNm)	CL
V1	W 310 × 23,80	2,257	7,807	CL-1
V2	W 310 × 32,7	1,773	28,259	CL-2
V3	W 310 × 32,7	1,782	26,484	CL-2
V4	W 310 × 23,80	1,614	8,096	CL-1
V5	W 310 × 38,7	3,033	23,895	CL-3
V6	W 310 × 32,7	1,665	12,167	CL-2
V7	W 310 × 23,80	1,135	4,357	CL-1

a) Compatibilização do metal-base com o metal da solda

i. Solda de flange

Ao adotar solda de bisel (entalhe) com penetração total na região de encontro do flange do perfil W com a chapa de ligação, deve-se verificar a espessura do flange e da chapa e dimensionar a solda em função da menor espessura existente na ligação.

Como será adotada uma chapa de ligação com espessura de $t = {}^3/_8"$ (9,50 mm) e o flange da viga de perfil W 310 × 23,80 possui $t_f = 6,7$ mm = 0,67 cm, toma-se a menor espessura de 6,70 mm como mandatória.

Dessa forma, pode-se utilizar uma espessura de solda de penetração total de 7 mm, mas dimensioná-la com 6 mm.

Agora, verifica-se a compatibilidade do metal-base, que é o metal do flange do perfil da viga e da chapa de ligação, com o metal da solda, pela fórmula a seguir:

$$D \cdot \beta_1 \cdot f_w \leq t_p \cdot \beta_2 \cdot f_y$$

A espessura da solda pode ser chamada de b_w, pois D pode ser confundido com o diâmetro do parafuso.

Como está sendo utilizado eletrodo E70, a tensão resistente desse eletrodo é de $f_w = 485$ MPa = 48,50 kN/cm².

O perfil W é em aço ASTM A572 Gr. 50, com $f_y = 345$ MPa = 34,50 kN/cm², e a chapa de ligação é em ASTM A36, com $f_y = 250$ MPa = 25 kN/cm².

Quando os aços das chapas usadas possuem uma mesma tensão admissível, adota-se essa tensão admissível e escolhe-se a menor espessura entre as chapas, para inseri-la na fórmula de compatibilização apenas uma vez.

No entanto, quando se têm a chapa de ligação e a viga formada por aços com tensões admissíveis distintas, deve-se fazer a compatibilização para cada caso.

Fazendo a compatibilização entre o metal da solda e o metal-base para o flange da viga, tem-se:

$$D \cdot \beta_1 \cdot f_w \le t_p \cdot \beta_2 \cdot f_y$$
$$0{,}60\text{ cm} \times 0{,}3 \times 48{,}5 \text{ kN/cm}^2 \le 0{,}67\text{ cm} \times 0{,}40 \times 34{,}5 \text{ kN/cm}^2$$
$$8{,}73 \text{ kN/cm} \le 9{,}25 \text{ kN/cm} \Rightarrow (\text{Satisfaz!})$$

E, para a compatibilização entre o metal da solda e o metal-base da chapa de ligação:

$$D \cdot \beta_1 \cdot f_w \le t_p \cdot \beta_2 \cdot f_y$$
$$0{,}60\text{ cm} \times 0{,}3 \times 48{,}5 \text{ kN/cm}^2 \le 0{,}95\text{ cm} \times 0{,}40 \times 25{,}0 \text{ kN/cm}^2$$
$$8{,}73 \text{ kN/cm} \le 9{,}50 \text{ kN/cm} \Rightarrow (\text{Satisfaz!})$$

Com isso, verifica-se que a compatibilização entre o metal da solda e o metal-base satisfaz para ambas as chapas, constituídas de aços diferentes.

ii. Solda de alma

Ao adotar solda de filete na região de encontro da alma do perfil W com a chapa de ligação, deve-se primeiramente verificar a espessura da alma e da chapa de ligação e dimensionar a solda em função da menor espessura e da menor tensão admissível entre esses dois tipos de aço.

Considerando a chapa de ligação com espessura de $t = {}^3/_8$" (9,50 mm) e o flange da viga W 310 × 23,80 – t_w = 5,60 mm = 0,56 cm, toma-se a menor espessura de 5,60 mm como mandatória.

Da mesma forma que para o flange, será necessário fazer a compatibilização entre o metal da solda e o metal-base para cada um dos aços utilizados.

A equação de compatibilização é a mesma usada para a verificação quando se tem solda de entalhe, diferindo apenas na inserção do coeficiente 0,70711 por causa do uso de solda de filete, como mostrado a seguir:

$$0{,}70711 \cdot D \cdot \beta_1 \cdot f_w \le t_p \cdot \beta_2 \cdot f_y$$

Adotando uma solda de filete com espessura $D = 5$ mm = 0,50 cm, tem-se:

$$0{,}70711 \cdot D \cdot \beta_1 \cdot f_w \le t_p \cdot \beta_2 \cdot f_y$$
$$0{,}70711 \times 0{,}50\text{ cm} \times 0{,}3 \times 48{,}5 \text{ kN/cm}^2 \le 0{,}56\text{ cm} \times 0{,}40 \times 34{,}5 \text{ kN/cm}^2$$
$$5{,}14 \text{ kN/cm} \le 7{,}73 \text{ kN/cm} \Rightarrow (\text{Satisfaz!})$$

E, para a compatibilização entre o metal da solda e o metal-base da chapa de ligação:

$$0{,}70711 \cdot D \cdot \beta_1 \cdot f_w \le t_p \cdot \beta_2 \cdot f_y$$
$$0{,}70711 \times 0{,}50\text{ cm} \times 0{,}3 \times 48{,}5 \text{ kN/cm}^2 \le 0{,}95\text{ cm} \times 0{,}40 \times 25{,}0 \text{ kN/cm}^2$$
$$5{,}14 \text{ kN/cm} \le 9{,}50 \text{ kN/cm} \Rightarrow (\text{Satisfaz!})$$

Com isso, verifica-se que a compatibilização do metal da solda com o metal-base satisfaz tanto para o uso de solda de bisel (entalhe) na ligação do flange do perfil W 310 × 23,80 com a chapa de ligação, quanto para o uso de solda de filete na ligação da alma do perfil W 310 × 23,80 com a chapa de ligação.

b) Resistência da solda

Há duas regiões de interesse de esforço solicitante para um perfil W: a região do flange e a região da alma. A região do flange resistirá ao esforço de tração derivado do efeito do binário do momento fletor, enquanto a região da alma resistirá ao esforço cortante.

i. Solda de flange

O esforço solicitante máximo de tração aplicado no flange do perfil W 310 × 23,80 é de:

$$F_{fd} = \frac{M_{Sd}}{d - t_f} = \frac{809{,}60 \text{ kNcm}}{30{,}5 \text{ cm} - 0{,}67 \text{ cm}} \Rightarrow F_{fd} = 27{,}14 \text{ kN}$$

O esforço resistente da solda de entalhe de penetração total aplicada no flange é dado pelo menor valor obtido pelas equações:

$$R_{Rd1} = L \cdot D \cdot \beta_1 \cdot f_w \text{ (pelo metal da solda)}$$
$$R_{Rd2} = L \cdot t_p \cdot \beta_2 \cdot f_y \text{ (pelo metal-base)}$$

O comprimento de solda no flange equivale ao valor da largura do perfil W: $L = 101$ mm = 10,1 cm.

O valor da espessura da solda de entalhe é tomado como igual a 7 mm, por ser ligeiramente superior ao da espessura da menor chapa a ser soldada em questão, entre o flange do perfil (t_f = 6,70 mm) e a chapa de ligação (t = 9,50 mm); subtraindo esse valor de 1 mm, por ser superior a 6 mm, obtém-se D = 7 mm – 1 mm.

Com isso, calcula-se a resistência da solda pelo metal da solda:

$$R_{Rd1} = L \cdot D \cdot \beta_1 \cdot f_w = 10{,}1\text{ cm} \times 0{,}6\text{ cm} \times 0{,}3 \times 48{,}5 \text{ kN/cm}^2 = 88{,}17 \text{ kN}$$

E a resistência da solda pelo metal-base duas vezes para cada tipo de aço envolvido na ligação:

$R_{Rd2} = L \cdot t_p \cdot \beta_2 \cdot f_y = 10,1 \times 0,67 \text{ cm} \times 0,4 \times 34,5 \text{ kN/cm}^2 =$
$= 93,38 \text{ kN (pelo perfil)}$

$R_{Rd2} = L \cdot t_p \cdot \beta_2 \cdot f_y = 10,1 \times 0,95 \text{ cm} \times 0,4 \times 25,0 \text{ kN/cm}^2 =$
$= 95,95 \text{ kN (pela chapa)}$

O menor esforço resistente de solda de entalhe de penetração total, obtido pelas equações da AISC tanto para o metal-base quanto para o metal da solda, é de 88,17 kN, sendo superior ao valor do esforço solicitante de $F_{fd} = 27,14$ kN aplicado no flange do perfil W em questão. Então, o dimensionamento da solda de entalhe aplicada na ligação da chapa de ligação com o flange satisfaz.

ii. Solda de alma

O esforço solicitante máximo de corte simples de projeto aplicado na alma do perfil W 310 × 23,80 é de $V_{Sd} = 2,257$ kN.

O esforço resistente da solda de filete é dado pelas mesmas equações utilizadas para a solda de entalhe, apenas considerando a aplicação da solda de filete em cada um dos dois lados da alma do perfil W 310 × 23,80, o uso do coeficiente 0,70711 e o comprimento de solda igual à altura da alma do próprio perfil W.

$L = d - 2 \cdot t_f = 305,0 \text{ mm} - 2 \times 6,7 \text{ mm} = 291,6 \text{ mm} =$
$= 29,16 \text{ cm}$

O cálculo da resistência da solda pelo metal da solda é feito por meio de:

$R_{Rd1} = 2 \text{ lados} \cdot L \cdot 0,70711 \cdot D \cdot \beta_1 \cdot f_w$
$R_{Rd1} = 2 \times 29,16 \text{ cm} \times 0,70711 \times 0,5 \text{ cm} \times 0,3 \times 48,50 \text{ kN/cm}^2 \Rightarrow$
$\Rightarrow R_{Rd1} = 300,01 \text{ kN}$

E o da resistência da solda pelo metal-base:

$R_{Rd2} = 2 \text{ lados} \cdot L \cdot t_p \cdot \beta_2 \cdot f_y$
$R_{Rd2} = 2 \times 29,16 \text{ cm} \times 0,56 \text{ cm} \times 0,4 \times 34,5 \text{ kN/cm}^2 \Rightarrow$
$\Rightarrow R_{Rd2} = 450,70 \text{ kN (pelo perfil)}$
$R_{Rd2} = 2 \times 29,16 \text{ cm} \times 0,95 \text{ cm} \times 0,4 \times 25,0 \text{ kN/cm}^2 \Rightarrow$
$\Rightarrow R_{Rd2} = 554,04 \text{ kN (pela chapa)}$

O esforço resistente de solda de filete aplicado nos dois lados da alma, pela AISC, é de 300,10 kN, que é superior ao esforço solicitante $V_{Sd} = 2,257$ kN aplicado na alma do perfil W. Então, o dimensionamento da solda de alma satisfaz.

3.17 Abordagens de casos reais

3.17.1 Soldas de filete para enrijecedor de pilar

Na Fig. 3.41, é possível observar a solda de filete aplicada em uma das faces do enrijecedor ligado à coluna e que, na quina inferior, foi previsto um chanfro de dimensões de 30 mm × 30 mm, de modo a evitar que a solda de filete para a união da coluna com a chapa de base interceptasse a solda de entalhe aplicada na união do enrijecedor com a coluna, impedindo, assim, uma corrosão imediata de contato entre soldas de diferentes aplicações.

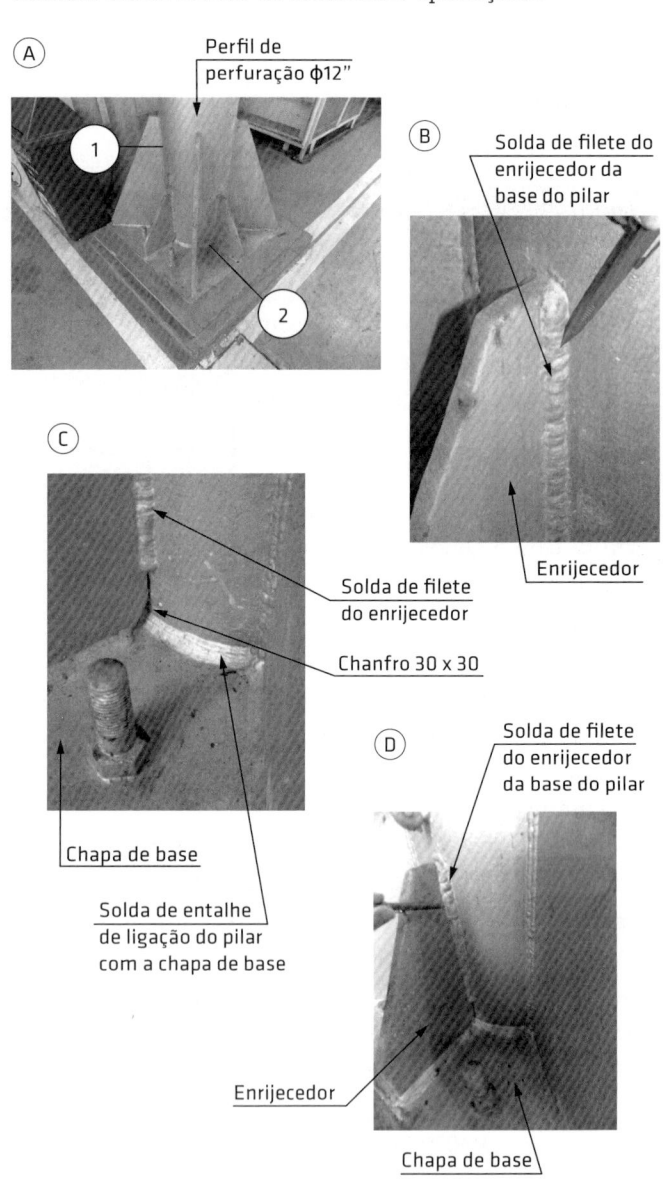

Fig. 3.41 Vistas ampliadas de soldas de filete para a ligação entre enrijecedores e coluna de perfil de perfuração ϕ12" para ponte rolante e para a ligação entre coluna e chapa de base: (A) detalhe da base do pilar em perfil de seção circular Schedule; (B) detalhe 1 de ligação do enrijecedor à chapa do pilar; (C) detalhe 2 de ligação do pilar à sua chapa de base; (D) detalhe da solda de filete aplicada para a união do enrijecedor com a coluna para ponte rolante de 20 tf em perfil de perfuração ϕ12"

3.17.2 Soldas de filete para enrijecedor de viga

A Fig. 3.42A mostra uma viga em perfil VS que possui o flange superior soldado à sua coluna por uma solda de filete, como é possível ver na Fig. 3.42B. Não foi deixado um chanfro na quina do enrijecedor da viga, fazendo com que ambas as soldas viessem a se sobrepor, o que favorece o surgimento de corrosão de solda.

Notar que a largura do enrijecedor se estende até a extremidade do flange superior da viga, o que não é correto, pois, devido a possíveis falhas atreladas ao processo de fabricação de vigas tanto laminadas quanto soldadas, recomenda-se que a largura do enrijecedor seja descontada, sempre, de 5 mm, de modo que este não corra o risco de ultrapassar o limite da borda do flange da viga.

Os perfis estruturais possuem comprimentos comerciais de 6 m a 12 m. Sendo assim, faz-se necessário prever em projeto uma solda típica de emenda entre dois perfis de mesmo tipo, levando em consideração o dimensionamento para o trecho de maior esforço solicitante. Caso esse esforço seja de valor muito elevado, de modo que não se consiga um comprimento de solda suficiente para atingir a resistência desejada, torna-se necessário indicar os locais onde as uniões por solda poderão ser aplicadas. Se esse detalhe e sua localização não forem feitos, o monta-

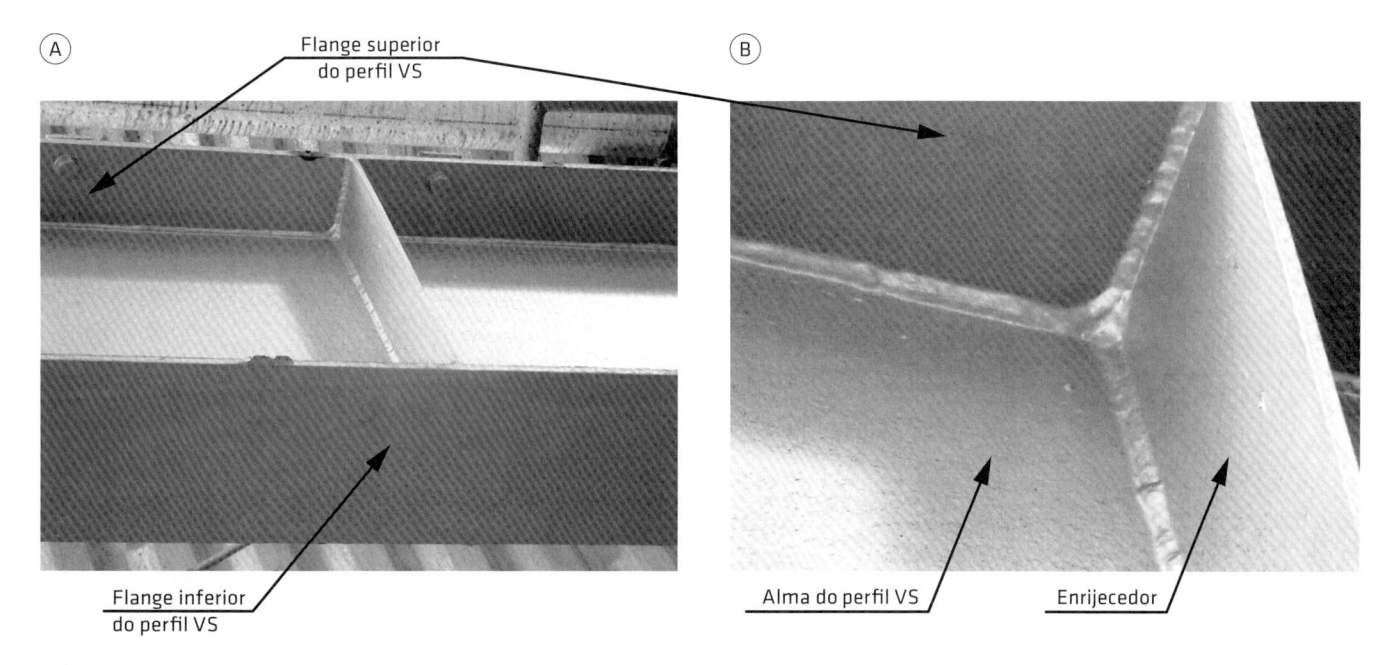

Fig. 3.42 (A) Solda de filete aplicada na união do enrijecedor com a viga de uma ponte rolante em perfil VS e (B) vista ampliada dessa ligação

3.17.3 Soldas de filete para emenda de banzo de treliça

Na Fig. 3.43, observa-se uma treliça onde os banzos superiores e inferiores, as diagonais e os montantes são formados pelo mesmo tipo de perfil U. De imediato, sabe-se que as diagonais e os montantes se encontram superdimensionados, pois são submetidos a esforços solicitantes inferiores aos aplicados nos banzos, ou seja, para diagonais e montantes se utilizam perfis com seções menores do que os usados nos banzos de uma treliça.

Não é recomendável usar um perfil U no banzo inferior voltado para cima, como mostrado na Fig. 3.43, mas sim voltado para baixo, devido à possibilidade de acúmulo de água e de poeira naquele e sua consequente corrosão.

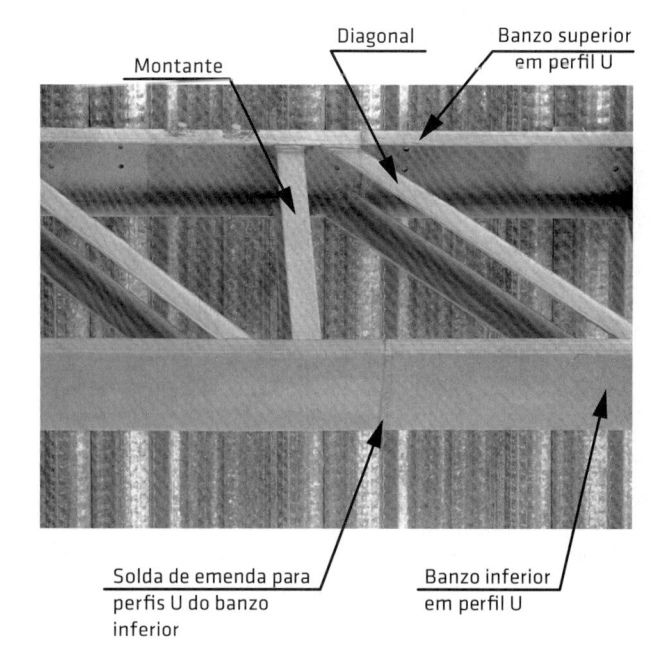

Fig. 3.43 Vista de uma solda de filete usada para a união de dois perfis U de modo a formar o elemento de banzo inferior dessa treliça

dor fará essa emenda com solda em qualquer lugar, sem saber se irá resistir ou não ao esforço solicitante nessa determinada região.

A Fig. 3.44 mostra o detalhe de uma treliça constituída por perfis U para os banzos superiores e inferiores e por perfis duplo L para suas diagonais e montantes.

Já a Fig. 3.45 apresenta em detalhe a ligação de dois perfis U alinhados com o uso de solda de filete. Note-se que, aqui, o esforço solicitante é baixo se comparado a outros casos em que o uso de solda de filete deve ser evitado para unir chapas de perfis alinhadas por topo ou por base – nesses casos mais severos, deve-se adotar solda de entalhe, como já explicado neste capítulo.

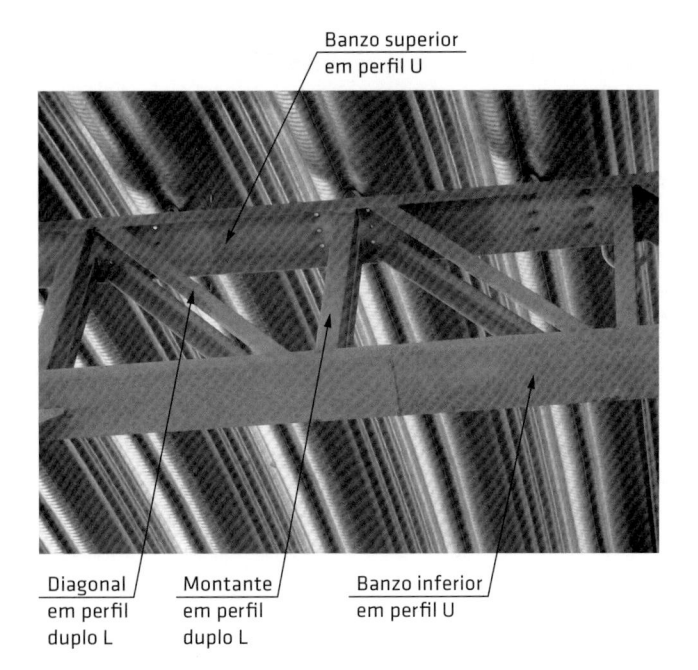

Fig. 3.44 Vista de uma treliça de cobertura para o apoio de uma telha do tipo autoportante

Fig. 3.45 Vista da solda de filete para a emenda dos banzos inferiores formados por perfis U da treliça mostrada na Fig. 3.44

No caso da Fig. 3.46, tem-se um tipo de treliça formada por perfis duplo L, de modo a formar os banzos, as diagonais e os montantes. Quanto mais afastados estiverem os perfis, maior será o esforço resistente oferecido a cada um desses elementos estruturais.

Treliças com perfis muito singelos e esbeltos são capazes de vencer vãos de dezenas de metros. Afinal, essa é a função da treliça: ser uma viga sempre mais leve do que uma viga maciça usada para a mesma função. Caso seja dimensionada uma treliça com uma massa superior à de um perfil maciço para a mesma carga e vão, o dimensionamento fatalmente estará apresentando algum erro.

As treliças possuem menos massa do que perfis maciços usados para a mesma função, sendo, portanto, mais baratas no quesito material. Porém, são mais caras quanto à mão de obra, pois precisam ser montadas num pátio de montadora, possuindo custo de mão de obra mais elevado do que um perfil maciço compatível, naturalmente, pois o perfil maciço praticamente já vem pronto. Com isso, deve-se orçar o custo total de um perfil treliçado e compará-lo com o de um maciço. De modo geral, os perfis treliçados acabam sendo melhores do que os perfis maciços para grandes vãos, além de garantirem uma estética mais agradável do ponto de vista arquitetônico.

Fig. 3.46 Vista de emenda com o uso de solda de filete para a união dos perfis duplo L constituintes dos banzos inferiores da treliça mostrada

3.17.4 Soldas de filete para emenda de diagonais e montantes de treliça

Notar que, na Fig. 3.47, a diagonal em perfil L está tão afastada do montante que, com certeza, sua linha neutra não interceptará as linhas neutras do montante e do banzo superior em um mesmo ponto em comum, como recomenda o fundamento básico para treliças isostáticas.

Solda de filete para união dos perfis L das diagonais e montantes com o banzo superior

Fig. 3.47 Vista de soldas de filete aplicadas nas uniões de perfis duplo L entre elementos de diagonais, montantes e banzos

3.17.5 Soldas de filete para emenda de perfis de seção circular

A Fig. 3.48 mostra um caso de solda de filete aplicada em todo o contorno, para promover a união de dois perfis de seção circular.

Guarda-corpo em perfis Schedule 40 ϕ2"

Solda de filete para emenda de perfis Schedule

Fig. 3.48 Vista de um cordão de solda de filete para unir dois perfis Schedule 40 que constituem um guarda-corpo

3.17.6 Soldas de filete para ligações de perfis de vigas a colunas

A Fig. 3.49A evidencia um caso de ligação de um perfil W a uma coluna constituída de dois perfis U soldados entre si, a fim de formar um perfil composto. Note-se, no detalhe da Fig. 3.49B, a solda de filete utilizada em todo o contorno da união do perfil da viga à chapa, e da chapa à coluna.

(A) Vista ampliada da solda de filete aplicada em todo o contorno da chapa de ligação

(B) Solda de filete para união dos perfis U

Coluna em perfil duplo U laminado

Viga em perfil W

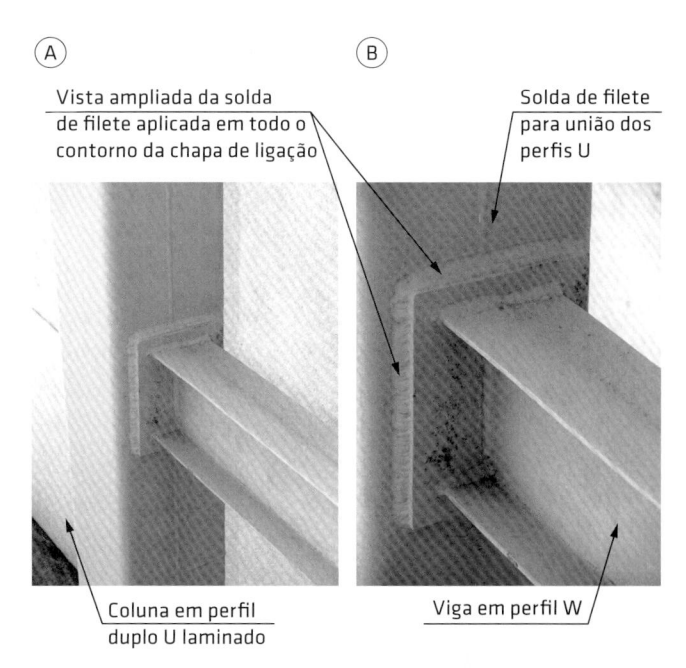

Fig. 3.49 (A) Vista de um sistema de ligação em que se dispõe de uma viga em perfil W, com uma chapa de ligação soldada à sua extremidade na própria montadora, sendo unida a uma coluna formada por perfis duplo U soldados entre si, com o uso de solda de campo entre a chapa de ligação e a coluna; e (B) ampliação desse sistema de ligação

Pontos de encontro entre soldas, como no caso do encontro da solda aplicada no pilar estando em contato com a solda de contorno da chapa, são sempre regiões perigosas para o surgimento de corrosão e devem ser evitados.

Na Fig. 3.50, a solda de filete para a união dos perfis U, formando uma seção retangular (fechada) para a coluna, intercepta diretamente a solda de ligação da chapa à co-

Vista ampliada da solda de filete aplicada em todo o contorno da chapa de ligação

Solda de filete para união dos perfis U

Fig. 3.50 Vista da Fig. 3.49 de outra perspectiva, com a mesma ligação vista, agora na parte inferior

luna, criando uma condição de contato entre duas soldas de aplicações diferentes e, assim, uma região propícia para a corrosão. A solda de campo, por si só, já destrói o mecanismo de proteção contra a corrosão.

3.17.7 Soldas de filete para emenda de pilares de seção U

A Fig. 3.51 traz um caso de solda de filete utilizada para unir dois perfis U, a fim de constituir um único perfil composto para a coluna – coluna essa existente na mesma região daquela mostrada na Fig. 3.49.

A Fig. 3.52 mostra uma coluna de pau de carga constituída por dois perfis U soldados entre si com solda de filete. Para casos como esse, deve-se evitar solda de filete, adotando solda de penetração parcial – por ser um perfil fechado, não há como aplicar solda de penetração total.

3.17.8 Soldas de filete para união de perfis W e I

O tipo de emenda de vigas apresentado na Fig. 3.53 – em Z, comumente chamado de *ombro amigo* – deve ser evitado.

Fig. 3.51 Vista da união de dois perfis U de uma coluna por meio de solda de filete contínua ao longo de toda a sua altura

Fig. 3.52 Vista de uma coluna usada para pau de carga, com capacidade para 2 tf, formada por dois perfis U unidos por cordão contínuo de solda de filete

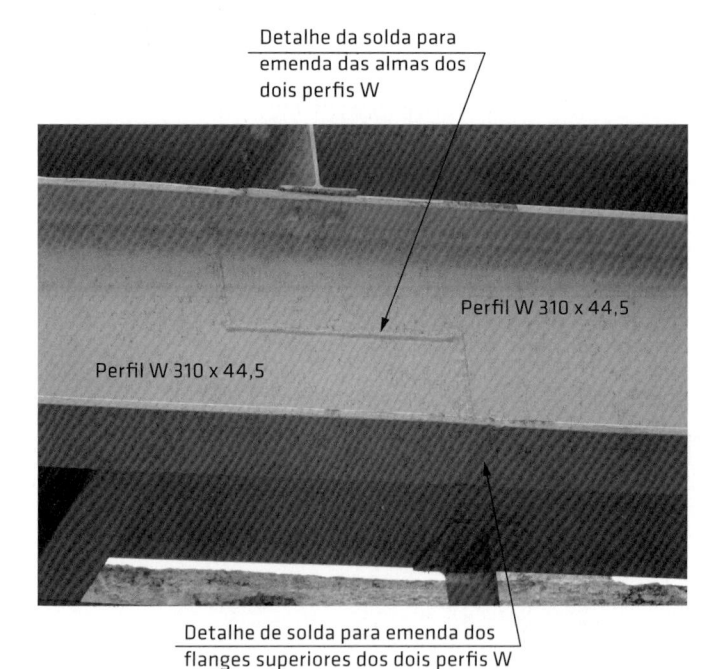

Fig. 3.53 Vista da emenda de dois perfis W de uma viga estrutural para passarela através de solda de entalhe aplicada entre os flanges superiores e inferiores e, entre as almas, precedida de um recorte em Z

Com a evolução das técnicas de soldagem de aços, utiliza-se, nesses casos, a emenda de topo, para evitar a concentração de tensões em função da *zona termicamente afetada* (ZTA), conhecida também como *zona afetada pelo calor* (ZAC), em que há transformações nas características do metal-base em face da temperatura imprimida pelo metal da solda, potencializada pela mudança de direção do cordão de solda.

As Figs. 3.54 a 3.56, embora sejam de emendas em Z, servirão para mostrar detalhes e procedimentos de soldagem.

A região de emenda da solda aplicada a um perfil deve ser cuidadosamente estudada, de modo que essa emenda

Detalhe da solda para emenda das almas dos dois perfis W

Perfil W 310 x 44,5

Perfil W 310 x 44,5

Detalhe da solda para emenda dos flanges superiores dos dois perfis W

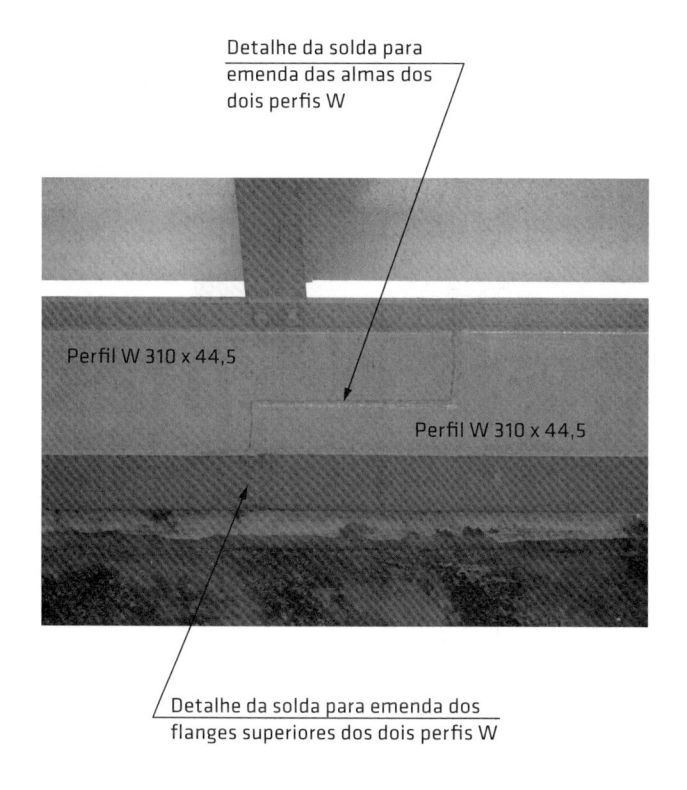

Fig. 3.54 Vista de outra emenda aplicada na união de outras duas vigas no complexo da mesma passarela abordada na Fig. 3.53

seja aplicada, preferencialmente, na região de menor esforço solicitante da viga, mas dimensionada para esforços solicitantes maiores ou para o esforço solicitante máximo aplicado na viga.

Essas soldas de penetração total de flange e de filete para almas foram aplicadas na oficina, onde podem ser realizadas com mais calma, mais esmero e controle de qualidade, além de evitar o uso de solda de campo. Essas emendas foram feitas a fim de compor outras vigas, com o objetivo de aproveitar os perfis com comprimentos de 12 m, como vêm de fábrica. A coloração da solda é prateada e o aço estrutural vem de fábrica na cor preta.

Na Fig. 3.56A, há inscrições de "OK!" feitas na alma do perfil junto a essa emenda, indicando que essa solda já foi verificada por um inspetor de solda habilitado. Na Fig. 3.56B, vê-se o martelinho de soldador usado nesse trabalho.

A Fig. 3.57 mostra o emprego de chapa de ligação para promover a emenda das almas dos dois perfis VS que formam a viga principal de uma ponte rolante. O advento da chapa, como se observa ao comparar as Figs. 3.58 e 3.59, propicia o aumento do comprimento de cordão de solda nessa região.

Fig. 3.55 Vistas das soldas de emenda aplicadas nas emendas dos perfis W 310 × 44,5 mostrados nas Figs. 3.53 e 3.54, sob duas perspectivas

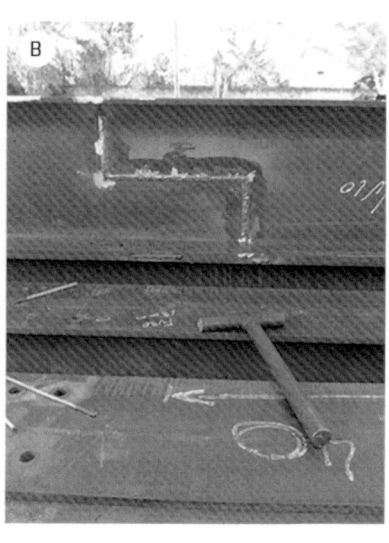

Fig. 3.56 Outras vistas das soldas de emenda

LIGAÇÕES SOLDADAS 183

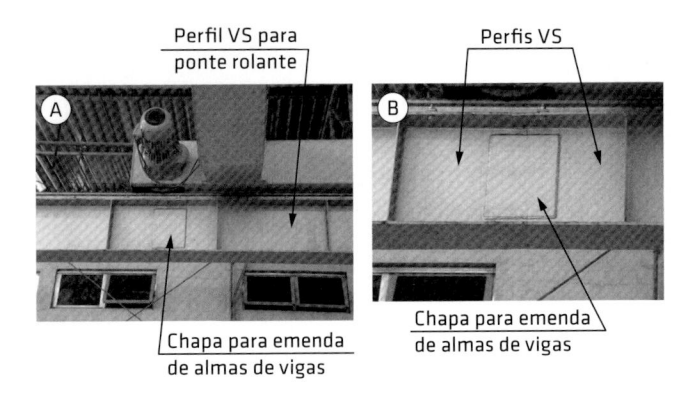

Fig. 3.57 (A) Vista de duas partes de uma mesma viga em perfil VS e (B) ampliação da emenda usada para uni-las para uma ponte rolante com capacidade de 16 tf

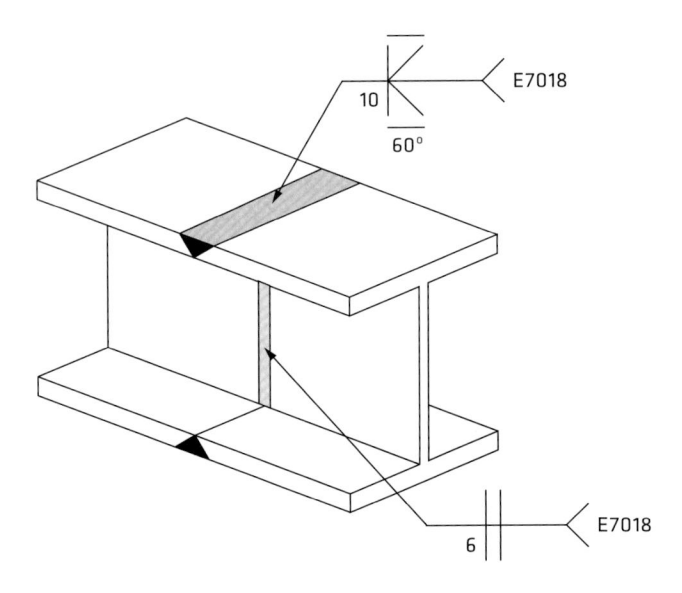

Fig. 3.58 Uso de soldas de filete sem chanfro ou entalhe para uniões planas

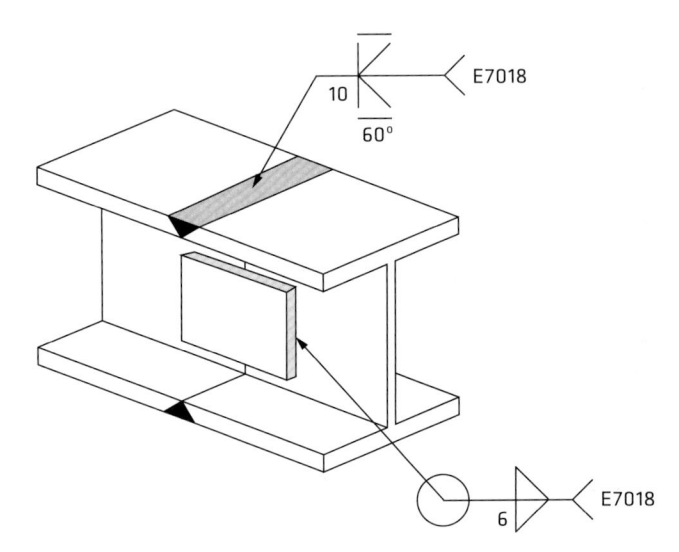

Fig. 3.59 Uso de soldas de filete em todo o contorno da união de uma chapa *gousset* com as almas dos perfis. O emprego dessa chapa oferece um comprimento maior de solda para a ligação

Na Fig. 3.59, os flanges superiores e inferiores foram unidos por meio de solda de bisel com penetração total para combater o esforço de tração proveniente do momento fletor que há nessa região. Para o caso do uso da chapa, deverá ser considerado o que já foi exposto para a emenda em Z e avaliar se o aumento do comprimento de solda não comprometerá a resistência do perfil.

3.17.9 Soldas de filete para união de coluna com viga

Nas Figs. 3.60 e 3.61, o perfil das colunas, formado por um tubo de perfuração de seção circular, possui um diâmetro maior do que a largura da viga em perfil VS e, por isso, foi usada uma chapa de ligação em forma de uma tampa redonda, de modo a permitir a soldagem em todo o perímetro do perfil circular das colunas.

Observar que não foram colocados enrijecedores de apoio na viga, na região em que se apoia sobre o pilar. Isso é errado, pois o enrijecedor de apoio é obrigatório e serve para transmitir o esforço solicitante da viga para o pilar. Caso não exista enrijecedor, podem ocorrer deformações no flange inferior da viga.

Na viga da Fig. 3.62, também não foram previstos enrijecedores de apoio, só existindo enrijecedores intermediários ao longo da viga.

3.17.10 Soldas de filete para perfis de seção quadrada/retangular

Como mostra a Fig. 3.63, as vigas principais de ponte rolante são geralmente constituídas de perfis de seção retangular, enquanto as vigas que irão apoiá-las acabam sendo constituídas de perfis PS, que é um perfil de chapas soldadas como um VS. Por nem sempre ter um perfil tabelado pela norma capaz de resistir aos esforços solicitantes de momento fletor e de cortante e, ainda, atender à deformação vertical, que não deve ultrapassar os limites adotados para pontes rolantes, determina-se um perfil soldado personalizado denominado PS.

Esses perfis PS ficam com mesas e almas bem espessas, e com alturas e larguras elevadas. Para pontes da ordem de 20 tf, é comum projetar perfis PS com altura de 600 mm a 800 mm. Para essas alturas, não existem perfis laminados W, pois o maior perfil W é o 610 × 174. Para essa mesma carga, as vigas principais em perfis caixão ficam acima de 800 mm de altura.

A folga indicada na Fig. 3.64 permite a criação de um espaço para o uso de solda de filete. Caso não houvesse essa defasagem deixada entre a chapa de alma e de flange, e estas últimas estivessem exatamente alinhadas, só existiria a possibilidade de aplicar solda de filete paralela, que é muito mais frágil por sua condição de execução.

Enrijecedor

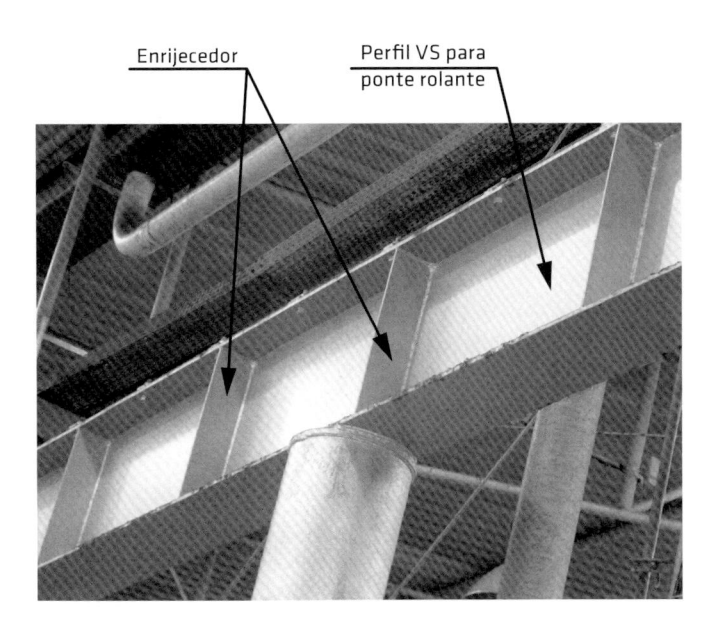

Perfil VS para ponte rolante

Fig. 3.60 Vista do cordão de uma solda de filete para unir um perfil Schedule de coluna a uma viga principal de ponte rolante com capacidade de 16 tf em perfil VS

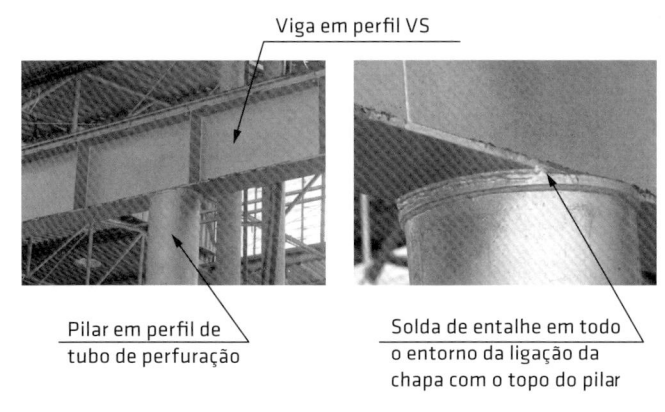

Viga em perfil VS

Pilar em perfil de tubo de perfuração

Solda de entalhe em todo o entorno da ligação da chapa com o topo do pilar

Fig. 3.62 Vistas de outro sistema de ligação soldada aplicada a outra união de pilar e viga da mesma ponte rolante mostrada nas Figs. 3.60 e 3.61

Fig. 3.63 Vista de duas vigas principais de uma ponte rolante, formadas por perfis de seção retangular (ou caixão)

Vigas em perfis de seção retangular

Folga

Alma dupla do perfil seção retangular

Fig. 3.61 Vista de outra coluna em outro trecho de viga do mesmo galpão mostrado na Fig. 3.60

Fig. 3.64 Vista da folga deixada para o recuo da chapa de alma em relação à chapa de flange superior usada nos perfis de seção retangular (caixão) mostrados na Fig. 3.63

LIGAÇÕES SOLDADAS 185

3.17.11 Soldas de filete para união dos perfis com chapa *gousset*

Nesta seção, evidencia-se, através das Figs. 3.65 e 3.66, a grande utilidade de chapas *gousset* em ligações de nós de treliças, de modo a não só promover a ligação de diversos elementos de diagonais, montantes e banzos em um só ponto, mas também permitir a interseção dos eixos de todos esses perfis através de um único ponto em comum – princípio da isostática aplicada a projetos de treliças, e muito desrespeitado/ignorado em projetos.

Fig. 3.65 Vista de uma chapa *gousset* usada para permitir a união entre elementos de montante, de diagonais e de banzo inferior dessa treliça

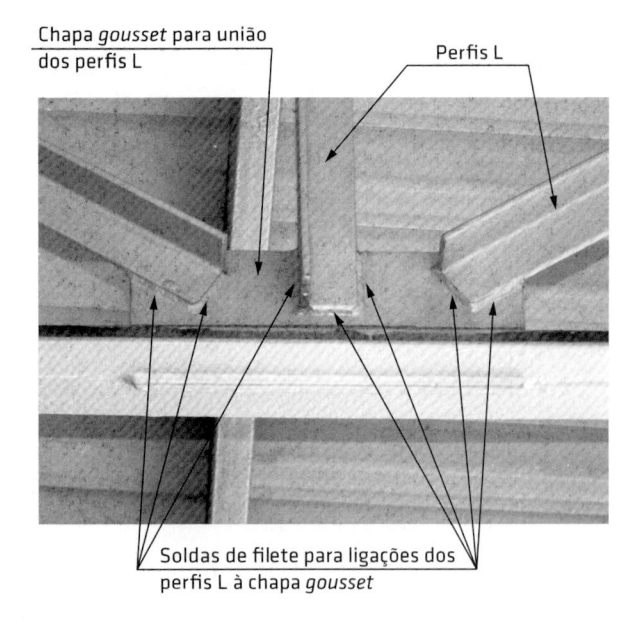

Fig. 3.66 Detalhe ampliado dos cordões de solda de filete usados para unir os elementos vistos na Fig. 3.65 à chapa *gousset*, para a mesma treliça de cobertura

3.17.12 Soldas de filete para emenda de pilares

Na Fig. 3.67, além da solda de filete vertical usada para unir os dois perfis U a fim de compor um único perfil de seção retangular, também foram adotadas soldas de filete, horizontais, para unir os perfis U simples usados de cada lado. Os perfis U de chapa fina dobrada a frio são encontrados no comércio com comprimentos de 6 m, e suas partes cortadas acabam sendo aproveitadas para compor pilares de diferentes alturas na montadora.

Fig. 3.67 Vistas de emendas usadas em um mesmo tipo de pilar, com o uso de solda de filete para unir dois perfis U, a fim de constituir um perfil de seção retangular

Por isso, é sempre importante e necessário indicar o detalhe típico de solda para qualquer tipo de emenda, pois, caso contrário, o montador poderá usar o tipo de solda que julgar mais adequado do ponto de vista de montagem, e quase nunca esses detalhes de soldas são calculados e dimensionados pelos montadores.

Aliás, diga-se de passagem, raramente se depara com projetos estruturais de aço cujas soldas sejam adequadamente dimensionadas, tanto quanto à sua resistência perante os esforços solicitantes como quanto à compatibilidade do metal-base com o metal da solda.

3.17.13 Soldas de filete para emendas de vigas W e I

Na Fig. 3.68A, são mostradas uniões soldadas de coluna em perfil W com vigas principais de um mezanino de mesmo perfil, e, na Fig. 3.68B, uniões soldadas de uma viga principal (maior) com uma viga secundária (menor), que constituem uma estrutura de piso de mezanino. Por sua vez, na Fig. 3.69A são apresentadas uniões soldadas entre vigas constituídas de perfis diferentes, e, na Fig. 3.69B, uniões soldadas entre vigas constituídas de mesmos perfis.

Pelo aspecto da montagem das vigas para essa estrutura, verifica-se facilmente que foram utilizadas soldas de campo. Quando a solda de campo é aplicada, ela automaticamente destrói a proteção usada contra o processo de corrosão, com o emprego de pintura e/ou de galvanização.

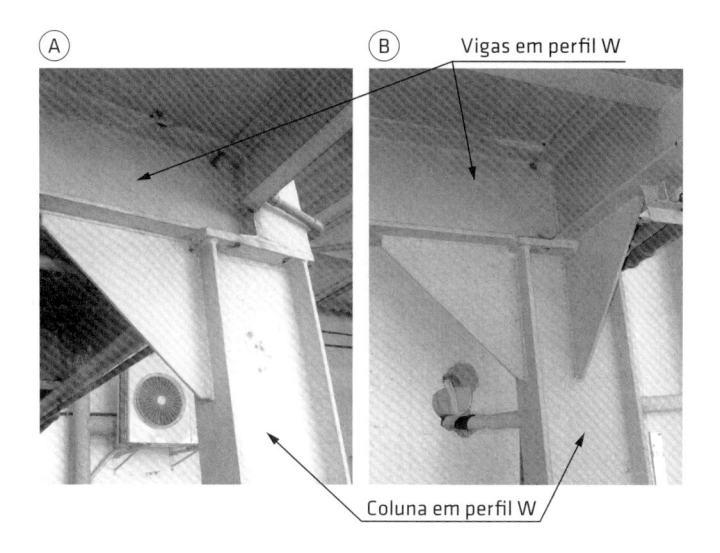

Fig. 3.68 Uniões soldadas de colunas e vigas

Fig. 3.69 Uniões soldadas entre vigas

Para casos como esses, poderiam ter sido criadas chapas de ligação soldadas nas extremidades das vigas secundárias (menores) e alinhadas com os topos das vigas (a fim de deixar o topo da viga livre para a instalação do piso em chapa mostrado). Esse tipo de chapa de ligação foi mostrado no Cap. 2, nas Figs. 2.173, 2.174, 2.180 e 2.181, e também será discutido na próxima seção, em que basta posicionar, no projeto, a chapa de ligação numa região próxima do apoio, na qual haja pouca magnitude de momento fletor e de esforço cortante aplicado.

3.17.14 Sistema de emenda para vigas com uso de chapas alinhadas no topo

Nesta seção, será apresentado um sistema de emenda para vigas, de mesmo tipo de perfil ou de perfis diferentes entre si, com o uso de chapas alinhadas no topo das vigas e soldadas às extremidades destas.

O tipo de metodologia de detalhamento indicado na Fig. 3.70 permite que parte da viga V1 venha soldada à viga principal V4 mostrada, possibilitando que a parte V1b seja, posteriormente, içada, parafusada e montada, sem o uso de solda de campo.

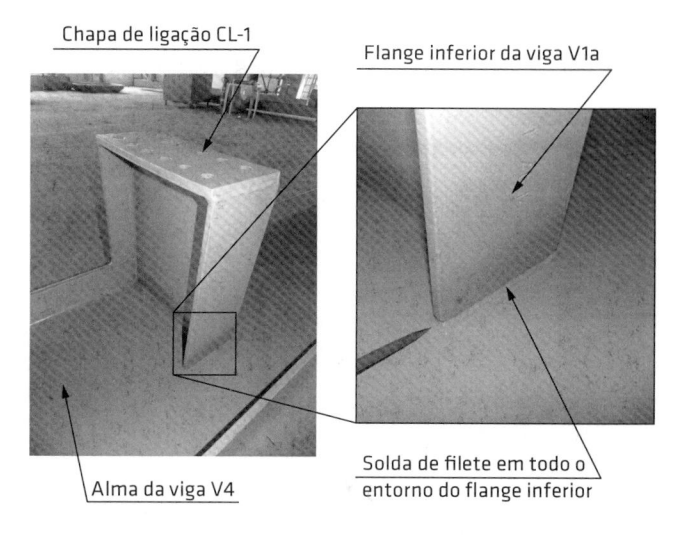

Fig. 3.70 Vista do detalhe da solda de filete usada para unir a viga V1a à viga V4, mostradas nas Figs. 2.173, 2.174, 2.180 e 2.181

Aqui se adotou solda de filete em todo o entorno da ligação do flange inferior, da viga V1a à viga V4, pois uma solda de entalhe (metal da solda) para essa mesma função apresentaria incompatibilidade com a espessura da alma (metal-base) do perfil da viga V4.

A compatibilização do metal da solda com o metal-base deve *sempre* ser realizada.

Já o flange superior da viga V1a foi soldado com o uso de solda de bisel (penetração total) ao flange superior da viga V4, pelo fato de o flange superior trabalhar à tração e exigir maior esforço resistente da solda.

Um cordão de solda de penetração total é mais resistente do que um cordão de solda de filete. Mas, caso se utilize a solda de filete em todo o contorno, esta poderá ser compatível com a solda de entalhe.

Para ligações sujeitas a momentos fletores elevados e, consequentemente, a esforços solicitantes de tração elevados, recomenda-se empregar solda de penetração total.

A Fig. 3.71 mostra a aplicação da solda de penetração total usada no flange superior da viga V1a, que estará submetida a elevados esforços de tração derivados do momento fletor.

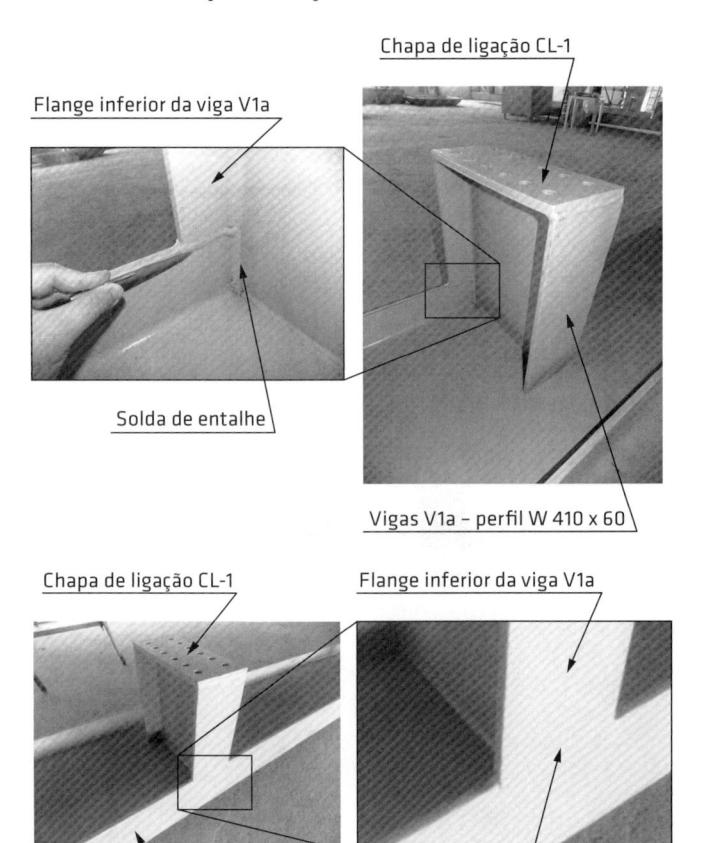

Fig. 3.71 Vistas ampliadas da solda de penetração total para unir o flange superior da viga V1a ao flange superior da viga V4, por fora da viga, mostradas nas Figs. 2.173, 2.174, 2.180 e 2.181

A Fig. 3.72 exibe as vistas dos detalhes típicos de soldas para a união das chapas de ligação CL-1 e CL-2 com as vigas V1a e V4, respectivamente. Esses detalhes são indicados nos detalhes de fabricação mostrados na Fig. 2.179, como detalhe 4 e detalhe 5, respectivamente.

Esses detalhes são apresentados nas plantas de fabricação, pois interessam ao montador. Nas plantas de montagem, são mostradas as nomenclaturas das vigas apenas para a respectiva montagem no local. Não interessa ao montador que seja indicado detalhe de solda de fabricação numa planta de montagem. Sendo assim, procura-se dividir o mesmo projeto em plantas de montagem e plantas de fabricação.

O flange superior da viga V1b estará submetido ao mesmo esforço solicitante combinado de momento fletor e de esforço cortante aplicado na extremidade da viga V1a, pois ambas as chapas de ligação estão localizadas na mesma região da viga V1 (ver Fig. 3.73).

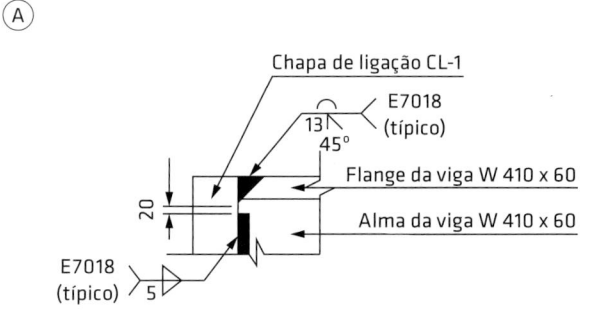

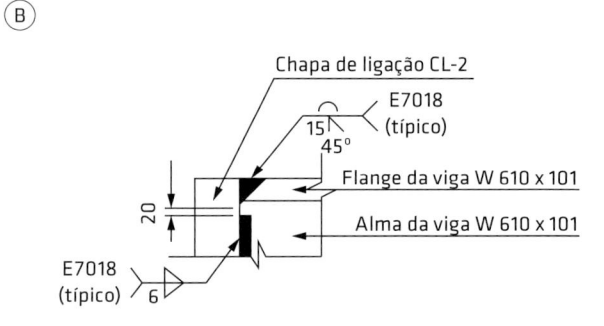

Fig. 3.72 (A) Detalhe típico 4 e (B) detalhe típico 5 de soldas

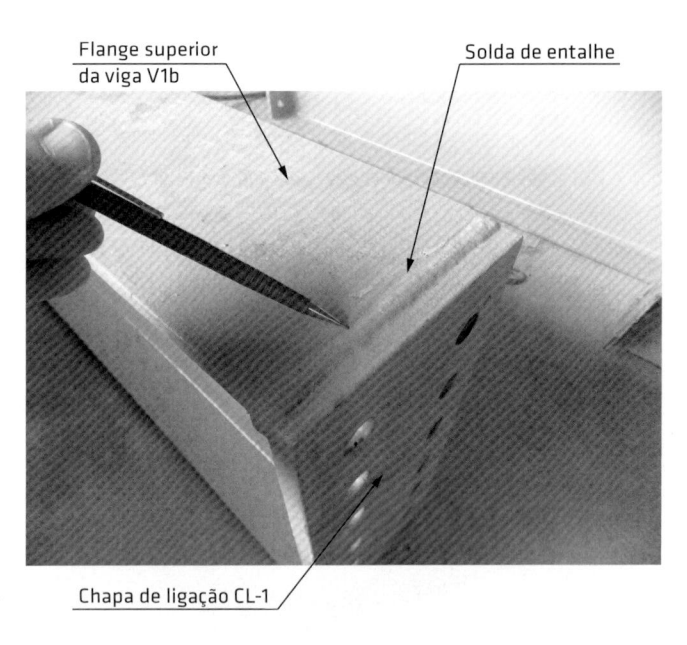

Fig. 3.73 Vista da solda de penetração total usada para conectar a chapa de ligação CL-1 às extremidades da viga V1b, mostradas nas Figs. 2.173, 2.174, 2.180 e 2.181

Observar que, para a região indicada na Fig. 3.74, a execução da solda não confere com o detalhe típico de soldagem mostrado no detalhe 4 do projeto executivo indicado na Fig. 3.72A. No projeto, especifica-se que haja um espaçamento de 20 mm entre a solda de entalhe para a ligação do flange da viga com a chapa de ligação e a solda de filete usada para a união da alma dessa viga com essa mesma chapa CL-1. Esse encontro de soldas de aplicações diferentes, da solda de penetração total do flange com a solda de filete para a alma, pode gerar corrosão.

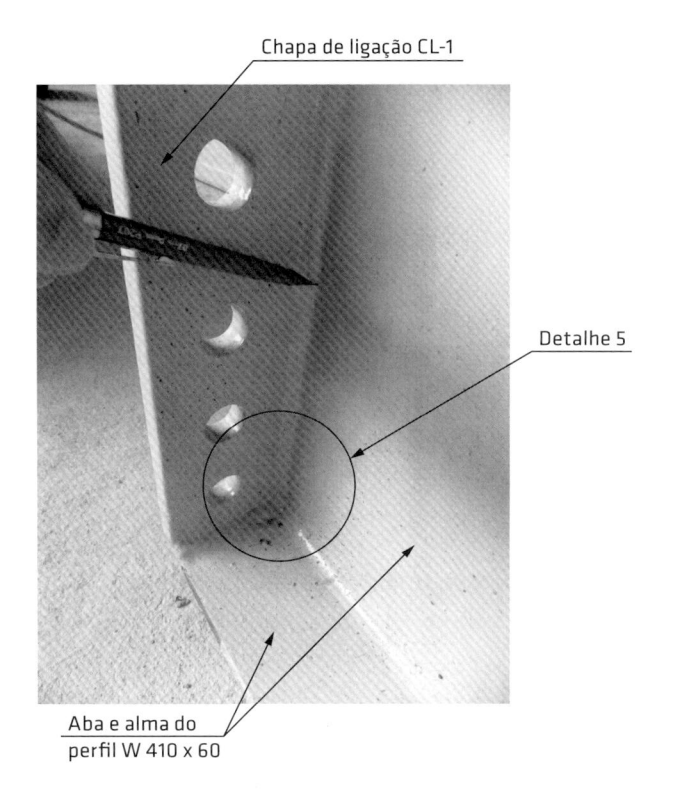

Fig. 3.74 Vista da região de quina do encontro da viga V1b com a chapa de ligação CL-1

O uso de solda de filete intermitente faz-se útil quando é necessário unir dois perfis a fim de compor um único de seção fechada, como mostrado na Fig. 3.76, reduzindo o custo e o tempo da montagem dos perfis. Caso fossem utilizadas soldas de filete contínuas, seriam gastos mais tempo e dinheiro para a montagem desses perfis.

Na Fig. 3.77, observa-se que o perfil de seção retangular formado pelos dois perfis U teve sua extremidade vedada por meio de uma chapa retangular, a fim de evitar a entrada de elementos nocivos à proteção do aço contra o processo de corrosão.

A solda indicada na Fig. 3.75 é feita na montadora, sendo apenas parafusada no campo, impedindo, assim, o uso de solda de campo. Os perfis U e L da figura são laminados.

Um perfil U laminado possui flanges (abas) mais espessos do que sua alma, enquanto um perfil L laminado possui uma mesma espessura para as duas abas. Um perfil L pode ser especificado com abas iguais ou desiguais; nesse caso, é aplicado um de abas iguais.

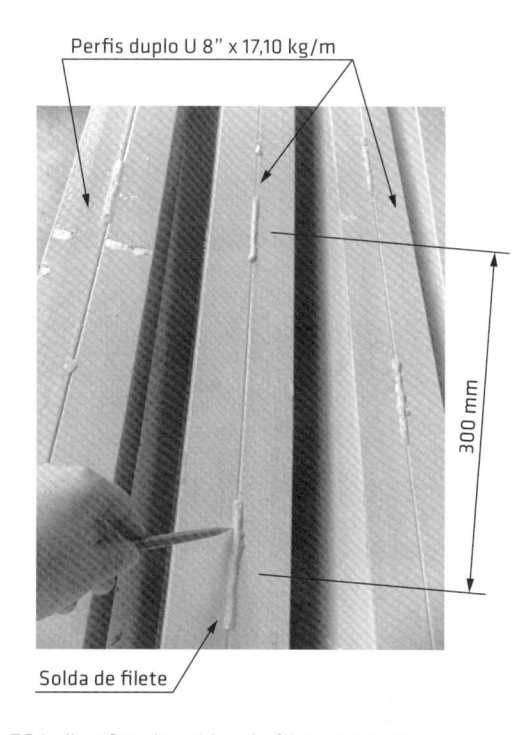

Fig. 3.76 Indicações de soldas de filete intermitentes para a união de dois perfis U laminados

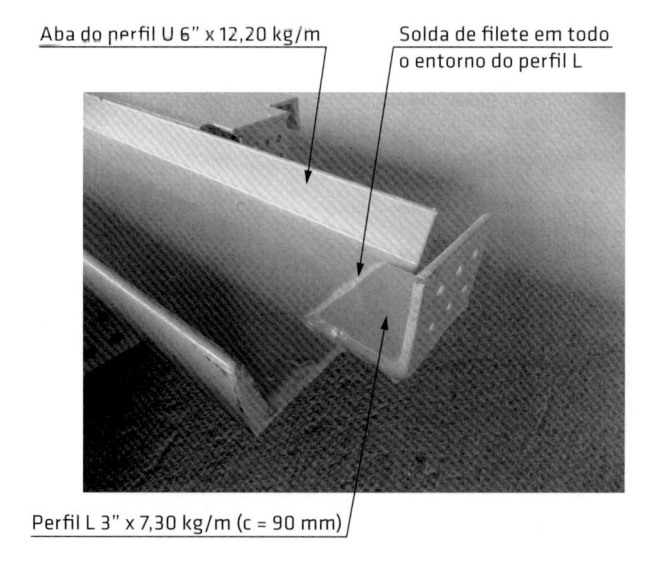

Fig. 3.75 Vista da ligação de um perfil L à extremidade do perfil U com o uso de solda de filete aplicada em todo o entorno da ligação

Fig. 3.77 Vistas de outras perspectivas das soldas de filete aplicadas nos perfis mostrados nas Figs. 3.75 e 3.76

LIGAÇÕES SOLDADAS

Ao especificar soldas de filete, faz-se necessário indicar tanto seu comprimento unitário, que nesse caso é de 100 mm, quanto a distância entre seus centros de cordões de solda, que nesse caso é de 300 mm (ver Fig. 3.78).

Na Fig. 3.79, apresenta-se o detalhe do projeto executivo que levou a essa fabricação, em que é mostrada a metodologia de indicação de solda de filete intermitente.

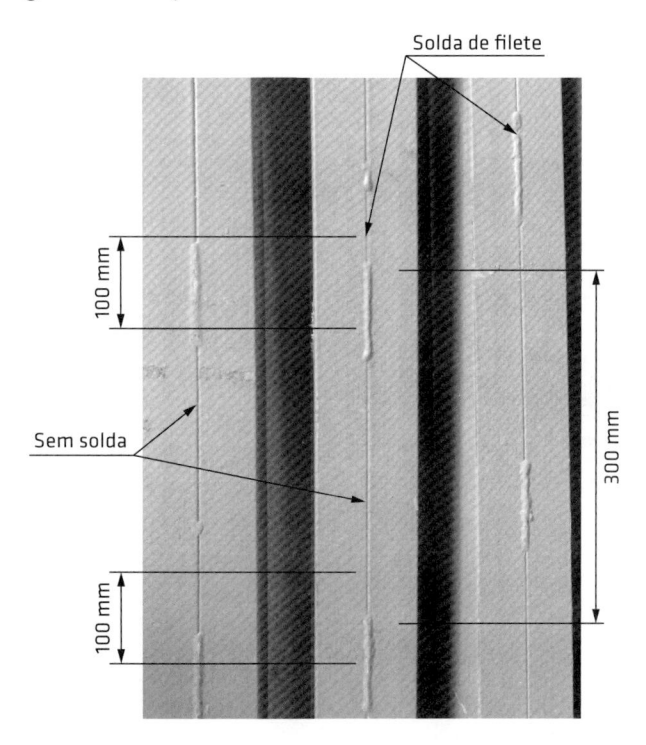

Fig. 3.78 Vista de outra perspectiva das soldas de filete intermitentes aplicadas nos perfis mostrados na Fig. 3.77

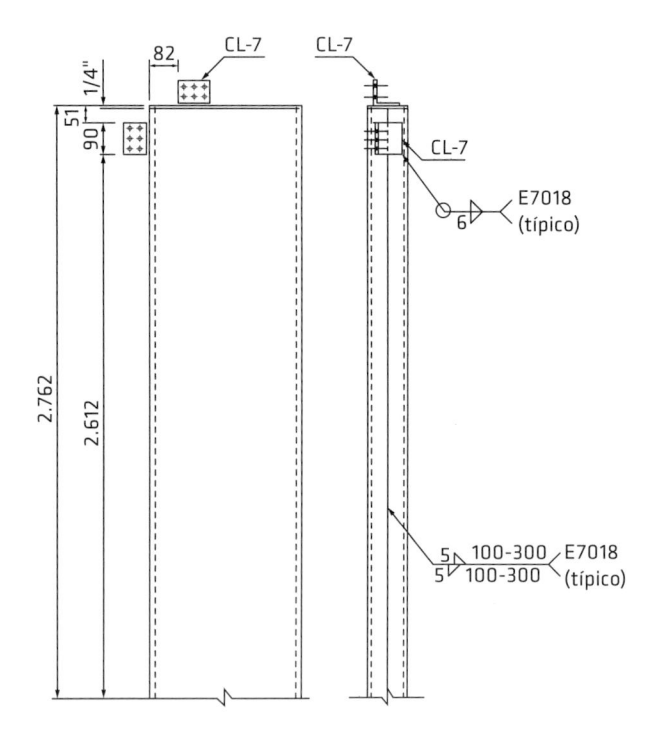

Fig. 3.79 Detalhe de fabricação do pilar em perfil duplo U 8" × 17,10 kg/m com o uso de solda de filete intermitente

3.17.15 Ligações soldadas para barras maciças

Esse tipo de ligação de solda de filete (Figs. 3.80 e 3.81), aplicada em todo o entorno, deve resistir ao esforço solicitante de tração, uma vez que esse é um modelo de tubo típico montado e usado para içar outros perfis num canteiro de obras.

O cálculo da solda de filete é feito do mesmo modo mostrado nos exemplos deste capítulo, apenas considerando que o comprimento L da solda equivale ao perímetro $2 \cdot \pi \cdot R$ da extremidade da barra maciça. Com isso, pelo pouco comprimento, normalmente acabam sendo usadas soldas de filete de elevada espessura para compensar o esforço resistente.

Comumente, procura-se limitar a espessura da solda de filete, para esse tipo de aplicação, ao valor-limite da compatibilização do metal da solda com o metal-base permitido.

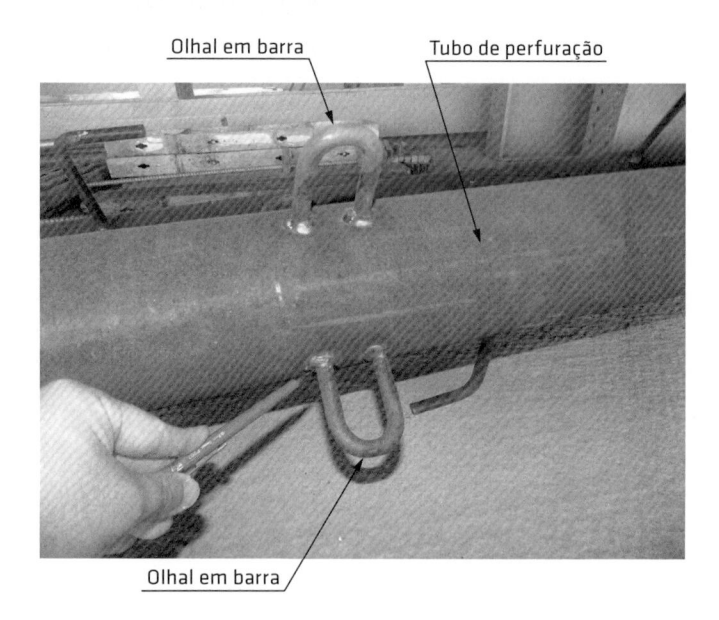

Fig. 3.80 Vista de duas barras maciças soldadas a um tubo de perfuração, com solda de filete aplicada em todo o contorno da região de contato da barra maciça com o tubo

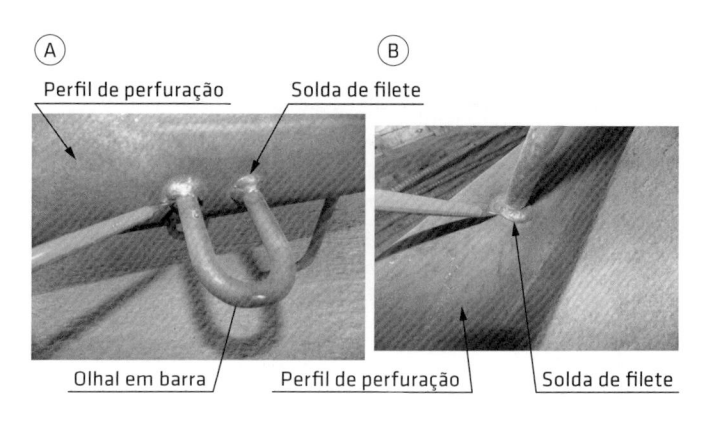

Fig. 3.81 Vista ampliada da solda de filete usada para unir uma barra maciça a um perfil de perfuração, indicados na Fig. 3.80

DIMENSIONAMENTO DE COBERTURA

4

4.1 Considerações iniciais

Neste capítulo será feito o dimensionamento de uma cobertura em duas águas, com vão de 30,00 m, constituída por terças e tesouras em perfis formados a frio (PFF) do tipo U e telha trapezoidal simples.

Serão mostrados os cálculos e os dimensionamentos, passo a passo, referentes a essa cobertura, constituída também de treliças metálicas e de marquises em balanço, trazendo detalhes reais de seus projetos executivos, bem como fotos das obras.

Por ser um capítulo que se aplica muito ao cotidiano dos projetos de cálculo estrutural, houve o devido cuidado de não só mostrar o cálculo referente ao perfil usado no projeto original, mas também de abordar outros tipos de perfis para o mesmo dimensionamento, de forma a abrir, para o leitor, um leque das opções comumente usadas.

4.1.1 Telhas

Normalmente se utilizam telhas trapezoidais ou onduladas, que podem ser:
- *simples*: constituídas por uma única chapa metálica;
- *termoacústicas (também chamadas de sanduíche)*: constituídas de duas chapas metálicas com núcleo de espuma de poliuretano (PUR), poli-isocianurato (PIR), poliestireno expandido (EPS) ou lã de rocha (LDR). A espessura do núcleo pode variar de 20 mm a 150 mm;
- *autoportantes*: devido à sua forma geométrica, consegue-se maior resistência mecânica, que permite vencer grandes vãos sem apoios intermediários.

As chapas metálicas podem ser em aço galvanizado e/ou zincalume, aço galvalume natural, aço pré-pintado ou alumínio, com espessuras de 0,43 mm a 1,25 mm. No caso de telhas em alumínio, deve-se utilizar um isolante entre a telha e a terça para evitar a corrosão galvânica.

As telhas metálicas são perfiladas a partir de chapas lisas e podem ser produzidas com comprimento de até 12 m; entretanto, telhas com esse comprimento são difíceis de manipular, razão pela qual devem ser empregados, preferencialmente, tamanhos próximos de 6 m.

Além das telhas metálicas, também são utilizadas telhas de fibrocimento, telhas translúcidas e, em alguns casos, telhas cerâmicas.

4.1.2 Terças

As terças são vigas de sustentação das telhas. De modo geral, adotam-se perfis PFF do tipo U ou Z, simples ou enrijecidos, por apresentarem uma boa resistência aliada a um baixo peso por metro linear. Em alguns casos, podem ser utilizados perfis laminados do tipo U ou L, perfis tubulares circulares, quadrados ou retangulares, ou ainda perfis cartola; entretanto, deve-se atentar para o aspecto econômico da escolha.

O afastamento das terças que sustentam telhas metálicas, para facilitar a montagem, não deve ser maior que 2,50 m e, por razões econômicas, não deve ser menor que 2,00 m.

4.1.3 Tesouras

As tesouras são responsáveis por transmitir as cargas da cobertura para os pilares. Normalmente são treliças inclinadas, principalmente para vencerem grandes vãos, por questão de economia. Algumas orientações importantes são feitas a seguir:

- As tesouras são dimensionadas como treliças ideais cujos nós são articulados e, por isso, considera-se que estejam atuando somente os esforços normais (tração e compressão). Na prática, existem outros esforços, porém não são significantes e podem ser desprezados.
- O ângulo β, formado pelas diagonais e pelo plano horizontal, deve ficar entre 30° e 60° (30° ≤ α ≤ 60°).
- O ângulo β, que é a inclinação do telhado, depende do tipo de telha a ser usada. Normalmente, a inclinação do telhado é indicada em termos de porcentagem, que nada mais é do que a tangente do ângulo β. Quando a inclinação do telhado é de 10%, a tangente do ângulo β é igual a 0,10 (10%); logo, tem-se:

$$\beta = \tan^{(-1)} 0{,}10 \to \beta = 5{,}7106° \ (5°42'38'')$$

- Os perfis devem ser considerados, preferencialmente, com os eixos do centro de gravidade coincidentes com as linhas de trabalho da estrutura. Nos nós onde acontece o encontro de várias barras, pode-se fazer pequenos ajustes para a acomodação destas. Contudo, deve-se ter cuidado, pois isso gera esforços cortantes e fletores que não são considerados nos cálculos.
- É comum definir um tipo de perfil para o banzo superior e outro para o inferior, embora seja possível adotar mais de um tipo de perfil para cada situação. Entretanto, isso exige um cuidado grande durante o processo de fabricação e pode comprometer a eventual economia da opção.
- Procura-se uniformizar os perfis das diagonais e dos montantes. Normalmente as diagonais das extremidades são as mais exigidas e, por isso, pode-se adotar dois tipos de perfil, um para as duas ou três barras da extremidade e outro para as barras restantes. Quanto aos montantes, geralmente se adota somente um tipo.
- Outro critério utilizado nesse projeto é a inversão da posição das diagonais da extremidade, fazendo com que elas trabalhem à tração e, com isso, haja perfis mais econômicos.

4.2 Arranjo estrutural – plantas

As Figs. 4.1 a 4.6 apresentam o arranjo estrutural de uma cobertura.

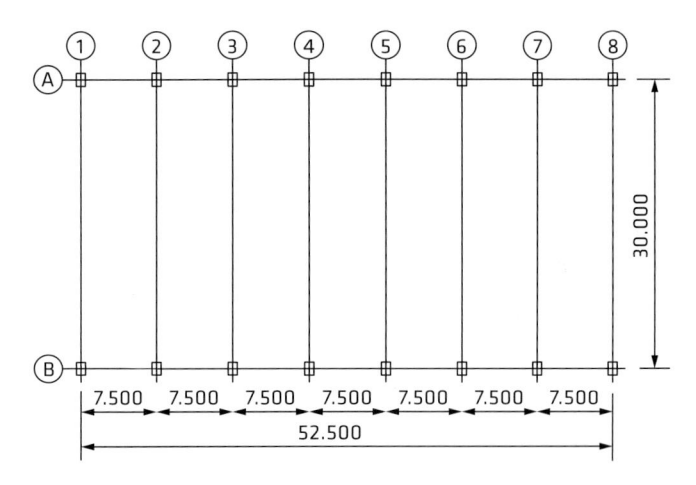

Fig. 4.1 Planta baixa da cobertura

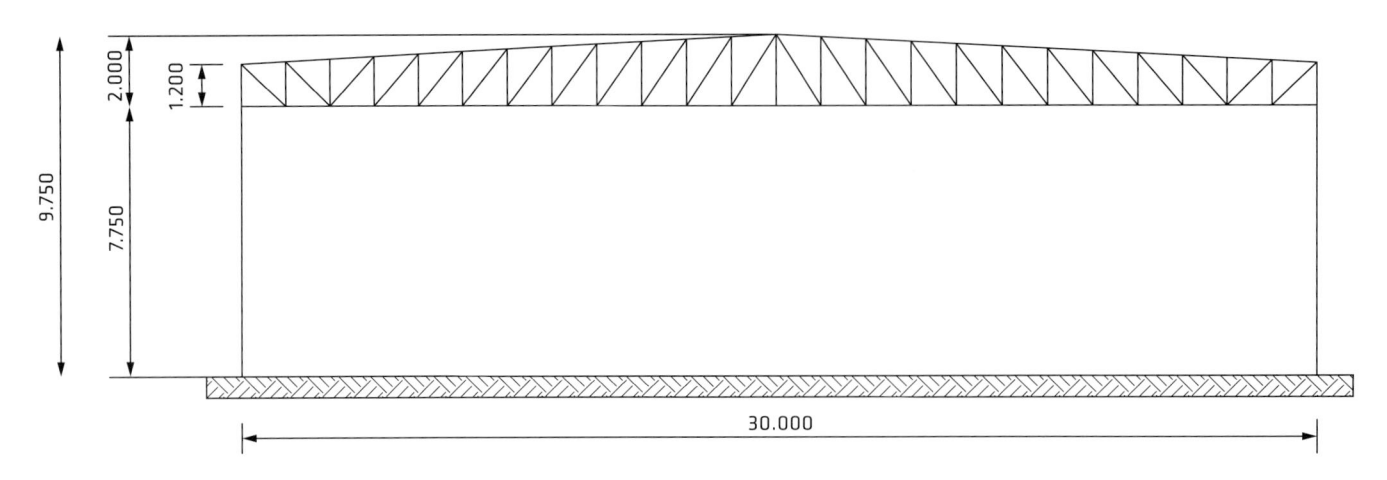

Fig. 4.2 Planta baixa de arquitetura – corte longitudinal

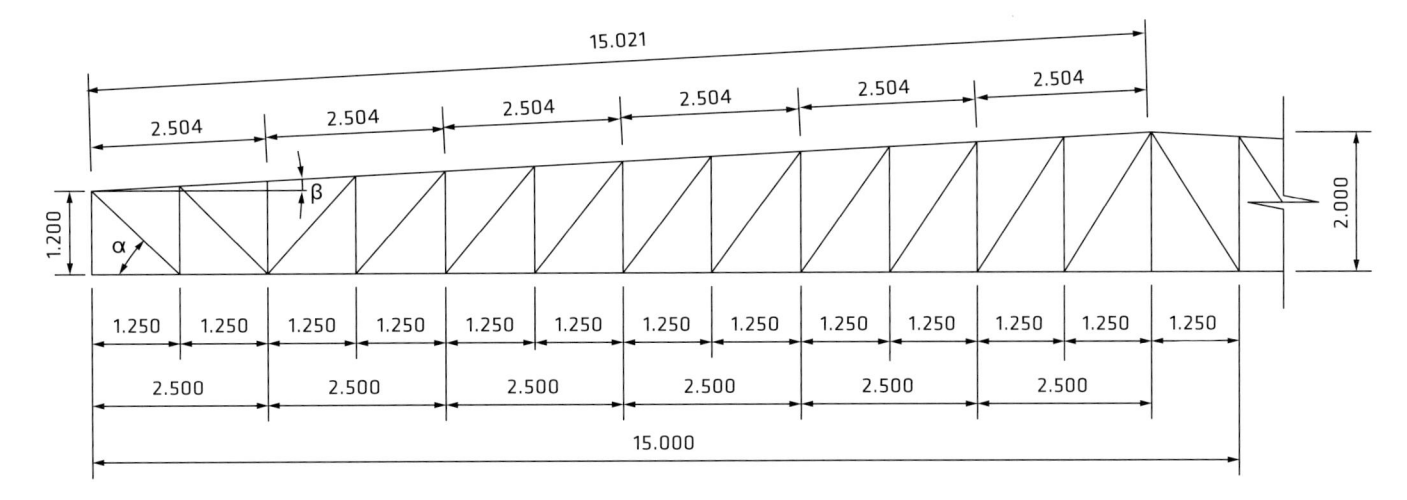

Fig. 4.3 Tesoura – linhas de trabalho e cotas

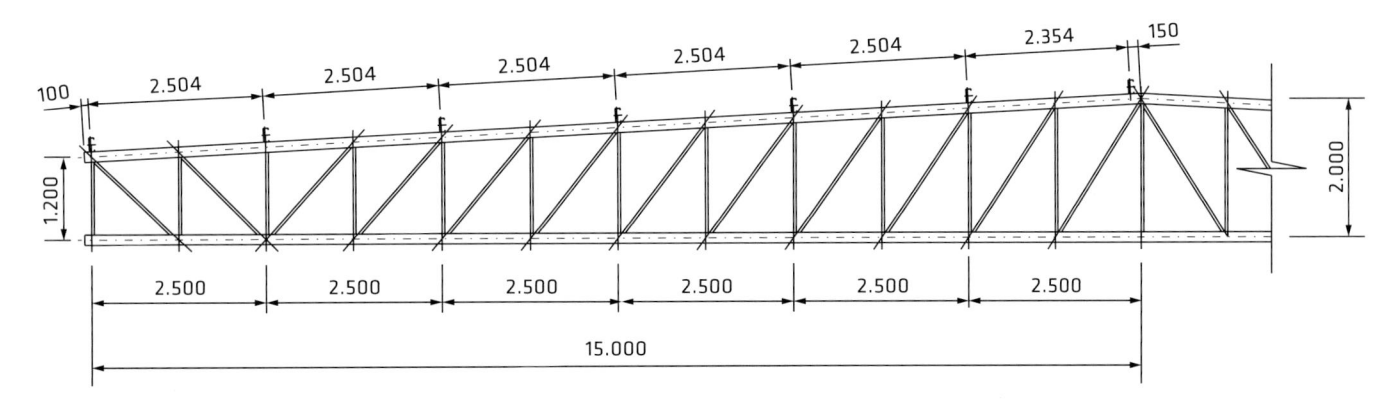

Fig. 4.4 Tesoura – disposição dos perfis

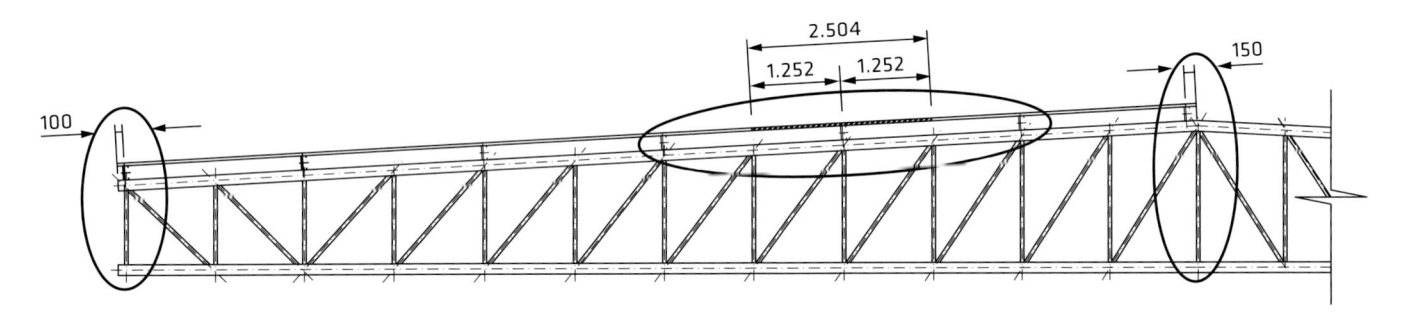

Fig. 4.5 Tesoura – localização dos detalhes

Área de influência da cobertura

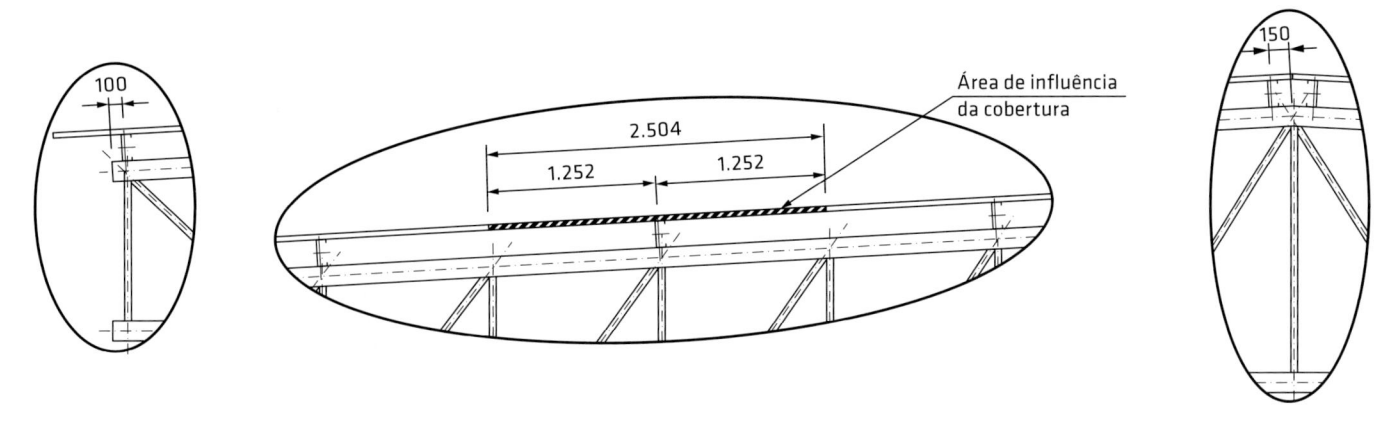

Fig. 4.6 Tesoura – detalhes

DIMENSIONAMENTO DE COBERTURA

4.3 Determinação dos carregamentos

O dimensionamento das estruturas da cobertura começa com a determinação dos esforços referentes às cargas permanentes e às cargas acidentais (sobrecarga e vento).

4.3.1 Ações permanentes
- Telha trapezoidal simples, de aço galvanizado: peso próprio = 0,05 kN/m².
  Ref.: telha MBP 40/1,025 – largura útil = 1.025 mm e espessura = 0,50 mm.
- Terças e correntes: 0,05 kN/m².
- Tesouras: 0,50 kN/m².

4.3.2 Ações acidentais
- Sobrecarga característica mínima: 0,25 kN/m².

4.3.3 Vento – NBR 6123 (ABNT, 1988)

a) Características da edificação
- Vão entre eixos de colunas: 7,50 m.
- Comprimento: 50,00 m.
- Largura: 30,00 m.
- Pé-direito interno: 7,75 m.
- Cobertura em telha trapezoidal: 5,00 kgf/m² = 0,05 kN/m².

b) Dados do vento

V_0 = 35 m/s (Estado do Rio de Janeiro)
S_1 = 1,00
S_2 = 0,88 (categoria III – classe C)
S_3 = 1,00 (grau 2)
V_K = 30,80 m/s
q = 0,58 kN/m²

c) Coeficientes de pressão e de forma externos, para paredes de edificações de planta retangular

$$\frac{h}{b} = \frac{8,95}{30,00} = 0,30 \rightarrow \frac{h}{b} < \frac{1}{2} \qquad \frac{a}{b} = \frac{52,50\,m}{30,00\,m} = 1,75 \rightarrow \frac{3}{2} < \frac{a}{b} < 2$$

$$A_1 = B_1 = \begin{cases} \dfrac{b}{3} = \dfrac{30,00\,m}{3} = 10,00\,m \\ \dfrac{a}{4} = \dfrac{52,50\,m}{4} = 13,125\,m \end{cases} \rightarrow \text{adotado: } 13,125\,m$$

$$A_2 = B_2 = \frac{a}{2} - A_1 = \frac{52,50\,m}{2} - 13,125\,m = 13,125\,m$$

$$A_3 = B_3 = \frac{a}{2} = \frac{52,50}{2} = 26,25\,m$$

$$C_1 = D_1 = \begin{cases} 2h = 2 \times 8,95 = 17,90\,m \\ \dfrac{b}{2} = \dfrac{30,00\,m}{2} = 15,00\,m \end{cases} \rightarrow \text{adotado: } 15,00\,m$$

$$C_2 = D_2 = b - C_1 = 30,00\,m - 15,00\,m = 15,00\,m$$

$$c_{pe-M\acute{e}dio} = -0,95$$

A Fig. 4.7 apresenta os coeficientes de pressão externa para as paredes. As imagens foram geradas pelo programa VisualVentos.

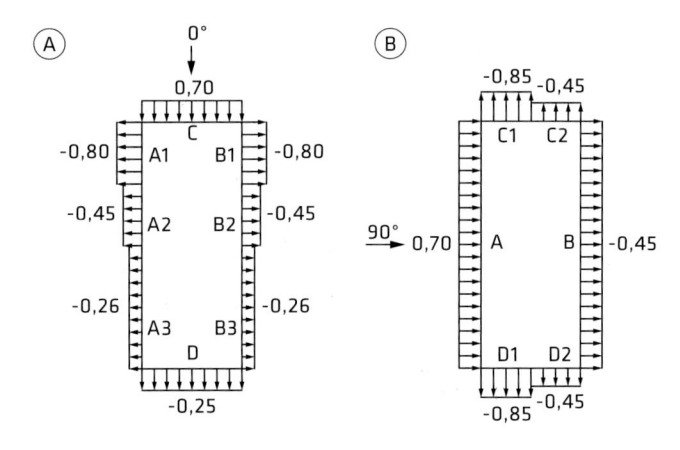

Fig. 4.7 Coeficientes de pressão externa – paredes: (A) vento 0° e (B) vento 90°

d) Coeficientes de pressão e de forma, externos, para telhados com duas águas, simétricas, em edificações de planta retangular, com $h/b < 2$

$$\frac{h}{b} = \frac{8,95}{30,00} = 0,30 \rightarrow \frac{h}{b} < \frac{1}{2}$$

Inclinação do telhado = 5,33%
$\beta = 3,05°$

A Fig. 4.8 mostra os coeficientes de pressão externa para os telhados. As imagens foram geradas pelo programa VisualVentos.

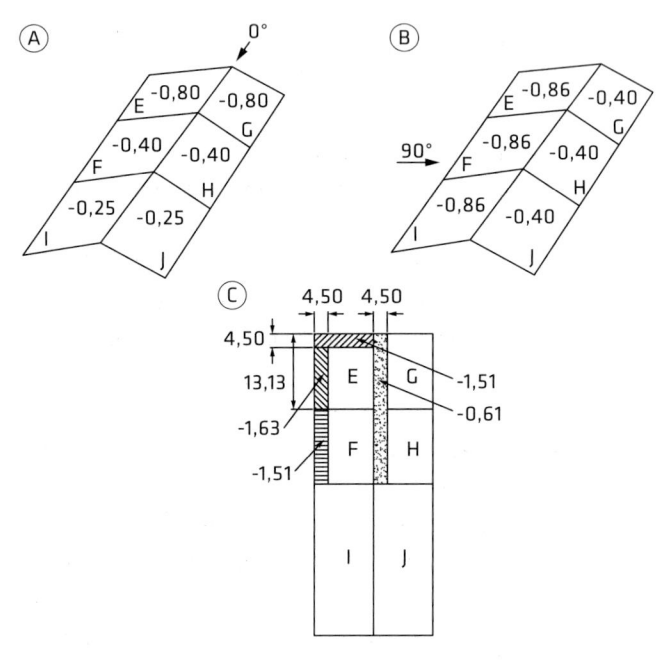

Fig. 4.8 Coeficientes de pressão externa – telhados com duas águas: (A) vento 0°; (B) vento 90°; (C) $c_{pe-M\acute{e}dio}$

Para a determinação dos coeficientes de pressão interna, foi considerada a situação de quatro faces igualmente permeáveis, o que leva aos valores de c_{pi} = −0,3 e 0,2.

e) Combinações dos coeficientes de pressão

Nas Figs. 4.9 e 4.10 são apresentadas as combinações dos coeficientes de pressão para o vento atuando a 0° e a 90°. As imagens foram geradas pelo programa VisualVentos.

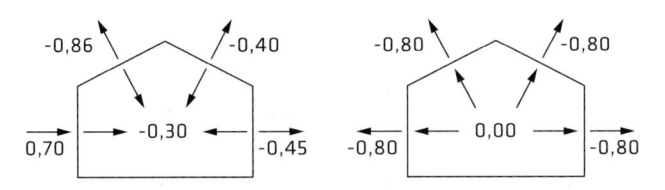

Fig. 4.9 Gráficos: vento 0°

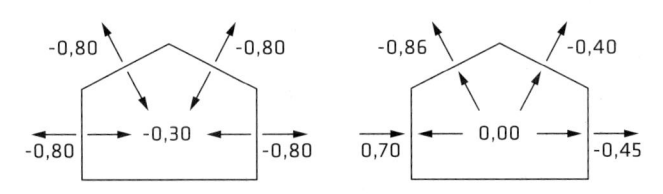

Fig. 4.10 Gráficos: vento 90°

4.4 Telhas

4.4.1 Cargas atuantes

a) Primeira combinação – PP + SC
- *Peso próprio:* PP = 0,05 kN/m².
- *Sobrecarga:* SC = 0,25 kN/m².
- *Total:* 0,30 kN/m².

b) Segunda combinação – PP + VT
- *Peso próprio:* PP = 0,05 kN/m².
- *Vento* (−0,86 × 0,58): −0,50 kN/m².
- *Total:* −0,45 kN/m².

4.4.2 Dimensionamento

Como o telhado tem mais de 15 m, serão utilizadas pelo menos duas telhas e, com isso, elas terão quatro apoios. O vão entre terças, como mostram as Figs. 4.3 e 4.4, será de aproximadamente 2,50 m. A carga admissível para vão de 2,50 m, espessura de 0,50 mm e quatro apoios, segundo o catálogo da telha, está entre 1,35 kN/m² (para vão de 2,40 m) e 1,14 kN/m² (para vão de 2,60 m). Nesse caso, pode-se considerar a média das cargas, ou seja, 1,25 kN/m². Entretanto, esses valores são para flecha L/180, e a flecha admissível de telhas deve ser L/200. Aplicando uma regra de três simples, chega-se ao valor da carga admissível a ser considerada: 1,12 kN/m².

a) Primeira combinação – PP + SC

$$\sigma_{adm} \geq \sigma_{atuante} \rightarrow 1{,}12\ kN/m^2 \geq 0{,}30\ kN/m^2$$

b) Segunda combinação – PP + VT

$$\sigma_{adm} \geq \sigma_{atuante} \rightarrow 1{,}12\ kN/m^2 \geq 0{,}45\ kN/m^2$$

c) Verificação das zonas críticas sujeitas a arrancamento

As zonas críticas são as hachuradas na Fig. 4.8C, onde existe a possibilidade de arrancamento das telhas. Nesse caso, o c_{pe} máximo é igual a 1,63. Também será considerada a flecha L/200.

$$\sigma_{atuante} = c_{pe;máx} \cdot q_{VT} + PP_{telha}$$
$$\sigma_{atuante} = -1{,}63 \times 0{,}58\ kN/m^2 + 0{,}05\ kN/m^2 = 0{,}90\ kN/m^2$$
$$\sigma_{adm} \geq \sigma_{atuante} \rightarrow 1{,}12\ kN/m^2 \geq 0{,}90\ kN/m^2$$

4.5 Terças

4.5.1 Cargas atuantes

As cargas atuantes nas terças são as oriundas do peso próprio da viga acrescido do peso das correntes (ou tirantes) do travamento horizontal (correntes simples, diagonais e rígidas), e do peso próprio das telhas, que compõem as cargas permanentes (serão chamadas de PP – peso próprio); a sobrecarga, que vale 0,25 kN/m² como carga distribuída e 1,00 kN como carga concentrada no centro do vão (pior situação para as vigas biapoiadas), e o vento são as cargas acidentais.

Essas cargas são convertidas para cargas lineares, multiplicando-se o valor por área pelo vão de influência. Nas terças internas, é o próprio vão (metade do vão até a terça localizada imediatamente acima e metade do vão até a terça imediatamente abaixo). Nas terças de extremidade, é a metade do vão. Isso vale para vãos equidistantes. Como, para efeito de dimensionamento, precisa-se analisar a situação que conduz ao maior carregamento, será considerado o vão de 2,50 m.

- *PP* (terças + correntes = 0,05 kN/m² × 2,50 m): 0,125 kN/m.
- *Telhas* (0,05 kN/m² × 2,50 m): 0,125 kN/m.
- *Total:* 0,250 kN/m.
- *SC distribuída* (0,25 kN/m² × 2,50 m): 0,625 kN/m.
- *VT* (−0,86 × 0,58 kN/m² × 2,50 m): −1,247 kN/m.

Além disso, as terças encontram-se acompanhando a inclinação do telhado e, por isso, é preciso determinar as componentes do carregamento segundo os eixos ortogonais x-x e y-y. A Fig. 4.11 mostra a carga q e suas componentes q_x e q_y.

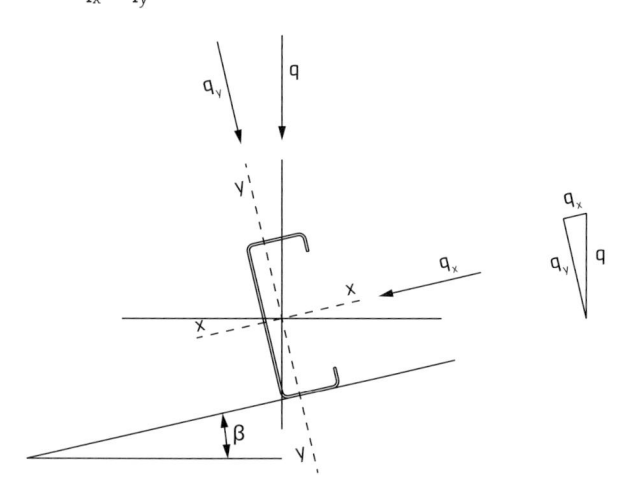

Fig. 4.11 Componentes de carga nas terças, com β = 3,05°

4.5.2 Carregamentos

a) PP

$$q_x = 0{,}25 \cdot \text{sen } 3{,}05° = 0{,}013 \text{ kN/m}$$
$$q_y = 0{,}25 \cdot \cos 3{,}05° = 0{,}250 \text{ kN/m}$$

b) SC

$$q_x = 0{,}625 \cdot \cos 3{,}05° = 0{,}624 \text{ kN/m}$$
$$q_y = 0{,}625 \cdot \text{sen } 3{,}05° = 0{,}033 \text{ kN/m}$$

c) VT

$$q_y = -1{,}247 \text{ kN/m}$$

4.5.3 Diagrama de esforços

Para a determinação dos esforços nas barras, foram modeladas vigas utilizando o programa Ftool (Two-dimensional Frame Analysis Tool) – Educational Version 3.0. Como o modelo estrutural é de uma viga biapoiada, pode-se determinar os esforços apenas através das fórmulas já consagradas. Outra maneira seria considerar as terças como vigas contínuas; entretanto, deve-se atentar para a garantia da continuidade das vigas nos apoios das tesouras.

Como requisito do programa, foram estimados, para as terças, perfis PFF U 200 × 50 × 3,0.

Como as terças não possuem resistência à flambagem suficiente no eixo de menor inércia (eixo x-x da figura e eixo y-y do perfil), faz-se necessário utilizar contenção lateral. Essa contenção é realizada pelas correntes simples, diagonais e rígidas, como mostra a Fig. 4.12. As correntes simples e diagonais são barras redondas com diâmetro de 12,5 mm (1/2") ou 16 mm (5/8"), enquanto as rígidas são cantoneiras L 1½" × 1½" × 1/8", L 1½" × 1½" × 3/16", L 1¾" × 1¾" × 1/8" ou L 1¾" × 1¾" × 3/16".

Nas Figs. 4.13 e 4.14 são apresentados exemplos de diagrama de corpo livre (DCL) das cargas consideradas com as reações, de diagrama de esforços cortantes (DEC) e de diagrama de momentos fletores (DMF), para os eixos x e y.

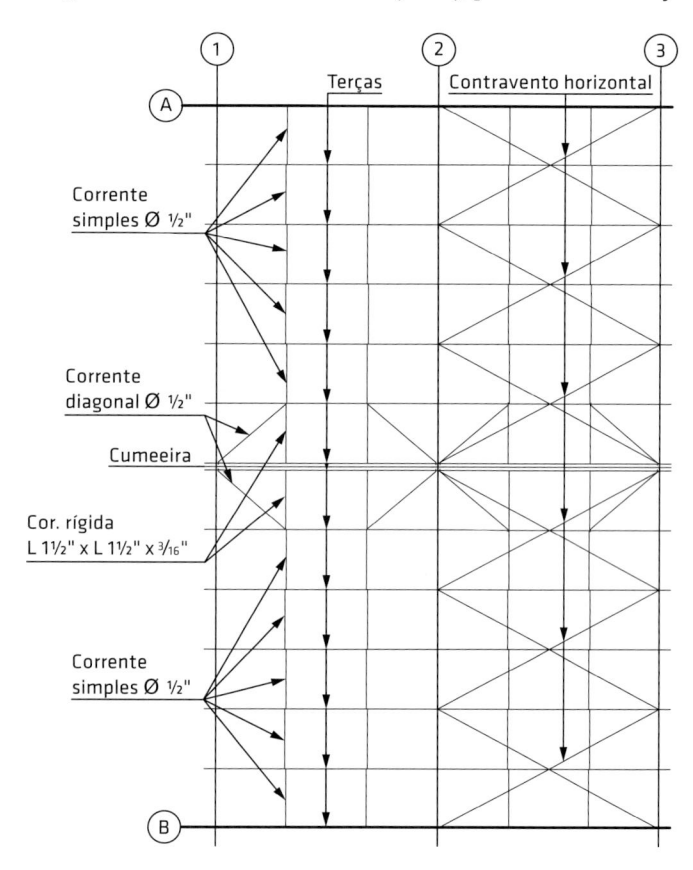

Fig. 4.12 Cobertura – correntes simples, diagonal e rígida e contravento horizontal

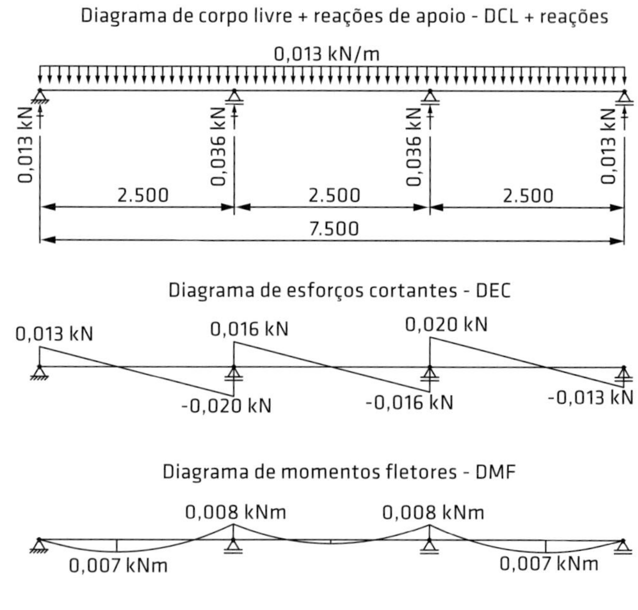

Fig. 4.13 PP – eixo x-x

Diagrama de corpo livre + reações de apoio – DCL + reações

0,250 kN/m

0,938 kN — 7.500 — 0,938 kN

Diagrama de esforços cortantes – DEC

0,938 kN

−0,938 kN

Diagrama de momentos fletores – DMF

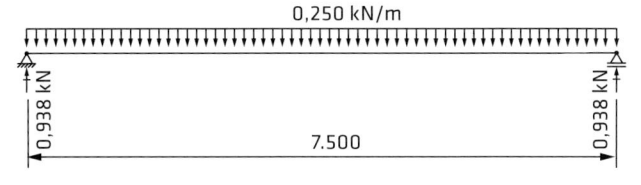

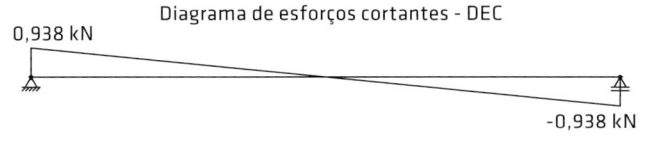

1,758 kNm

Fig. 4.14 PP – eixo y-y

Faça o *download* de todos os diagramas de esforços deste projeto na página do livro (www.ofitexto.com.br/livro/estruturas-metalicas).

4.5.4 Combinações de carregamento

Para a determinação dos esforços, foram feitas combinações com os seguintes critérios:

Combinação 1: $S_d = \gamma_g \cdot G + \gamma_q \cdot Q_1$
Combinação 2: $S_d = \gamma_g \cdot G + \gamma_q \cdot Q_2$
Combinação 3: $S_d = \gamma_{g1} \cdot G + \gamma_q \cdot Q_3$
Combinação 4: $S_d = \gamma_{g1} \cdot G + \gamma_{q1} \cdot Q_1 + \psi_2 \cdot \gamma_q \cdot Q_3$
Combinação 5: $S_d = \gamma_{g1} \cdot G + \gamma_{q1} \cdot Q_2 + \psi_2 \cdot \gamma_q \cdot Q_3$

em que:

G = ação permanente;

Q = ação variável (Q_1 = sobrecarga 1; Q_2 = sobrecarga 2; Q_3 = vento);

γ_g = coeficiente de ponderação da ação permanente – adotado o valor de 1,25;

γ_{g1} = coeficiente de ponderação da ação permanente – adotado o valor de 1,0;

γ_q = coeficiente de ponderação da ação variável – adotado o valor de 1,4;

γ_{q1} = coeficiente de ponderação da ação variável – adotado o valor de 1,0;

ψ_2 = fator de combinação de ações – adotado o valor de 0,6.

a) Esforço cortante – eixo x-x

Comb. 1 = ±0,093 kN
Comb. 2 = ±0,025 kN
Comb. 3 = ±0,020 kN
Comb. 4 = ±0,065 kN
Comb. 5 = ±0,020 kN

b) Esforço cortante – eixo y-y

Comb. 1 = ±4,683 kN
Comb. 2 = ±1,873 kN
Comb. 3 = ±5,608 kN
Comb. 4 = ±0,977 kN
Comb. 5 = ±2,817 kN

c) Momento fletor – eixo x-x

Comb. 1 = −0,039 kNm
Comb. 2 = −0,010 kNm
Comb. 3 = −0,008 kNm
Comb. 4 = −0,027 kNm
Comb. 5 = −0,008 kNm

d) Momento fletor – eixo y-y

Comb. 1 = 8,780 kNm
Comb. 2 = 4,823 kNm
Comb. 3 = −10,517 kNm
Comb. 4 = −1,833 kNm
Comb. 5 = −4,346 kNm

e) Resumo das combinações de carregamentos

Cortante máximo – eixo x-x = ±0,093 kN
Cortante máximo – eixo y-y = ±5,608 kN
Momento fletor máximo – eixo x-x = 0,039 kNm
Momento fletor máximo – eixo y-y = 10,517 kNm

4.5.5 Esforços resistentes de cálculo

Como a terça é um perfil PFF, a determinação de sua capacidade de resistência é feita utilizando as prescrições da NBR 14762 (ABNT, 2010). Na norma citada, existem dois métodos de dimensionamento – o método da largura efetiva e o método da seção efetiva. Neste livro, o dimensionamento será feito pelo segundo método.

Outra questão importante é referente à qualificação estrutural do aço usado na fabricação dos perfis. Segundo o item 4.2 da norma citada, tem-se que:

> A utilização de aços sem qualificação estrutural para perfis é tolerada se o aço possuir propriedades mecânicas adequadas para receber o trabalho a frio.
> Não devem ser adotados no projeto valores superiores a 180 MPa e 300 MPa para a resistência ao escoamento f_y e a resistência à ruptura f_u, respectivamente. (ABNT, 2010).

O dimensionamento de perfis PFF é realizado considerando três aspectos:
- tração;
- compressão;
- flexão.

a) Resistência ao esforço normal

i. Resistência à tração

Considerar o que será abordado no item e) da seção 5.2.9, que trata da determinação da resistência à tração nos aspectos do escoamento da seção bruta e da ruptura da seção líquida. Observar que, para a determinação do fator C_t referente a ligações parafusadas, a NBR 14762 (ABNT, 2010), no item 9.6, prescreve o seguinte critério:

▷ Chapas com ligações parafusadas
- Um parafuso ou todos os parafusos da ligação contidos em uma única seção transversal:

$$C_t = 2,5 \cdot \frac{d}{g} \leq 1,0$$

- Dois parafusos na direção da solicitação, alinhados ou em zigue-zague:

$$C_t = 0,5 + 1,25 \cdot \frac{d}{g} \leq 1,0$$

- Três parafusos na direção da solicitação, alinhados ou em zigue-zague:

$$C_t = 0,67 + 0,83 \cdot \frac{d}{g} \leq 1,0$$

- Quatro ou mais parafusos na direção da solicitação, alinhados ou em zigue-zague:

$$C_t = 0,75 + 0,625 \cdot \frac{d}{g} \leq 1,0$$

em que:
d = diâmetro nominal do parafuso;
g = espaçamento dos furos na direção perpendicular à solicitação, sendo que:

- quando houver espaçamentos diferentes entre os furos, considerar o maior valor de g;
- quando g for menor que $e_1 + e_2$, utilizar o valor de $e_1 + e_2$;
- quando houver um único parafuso na seção analisada, g é a própria largura bruta da chapa;
- quando o valor de g for inferior a $3d$, para os furos com disposição em zigue-zague, g será o maior valor entre $3d$ e $e_1 + e_2$.

Esses elementos aparecem representados na Fig. 4.15.

▷ Perfis com ligações parafusadas
- Todos os elementos conectados, com dois ou mais parafusos na direção da solicitação:

$$C_t = 1,0$$

- Todos os parafusos contidos em uma única seção transversal (incluindo o caso particular de um único parafuso na ligação); o perfil deve ser tratado como chapa equivalente, com C_t dado por:

$$C_t = 2,5 \cdot \frac{d}{g} \leq 1,0$$

- Cantoneiras e perfis U com dois ou mais parafusos na direção da solicitação, sendo que nem todos os elementos estão conectados:

$$C_t = 1,0 - 1,2 \cdot \frac{x}{L}$$

com $0,4 \leq C_t \leq 0,9$ e em que:
x = excentricidade da ligação, tomada como a distância entre o centroide da seção da barra e o plano de cisalhamento da ligação;
L = comprimento da ligação parafusada.

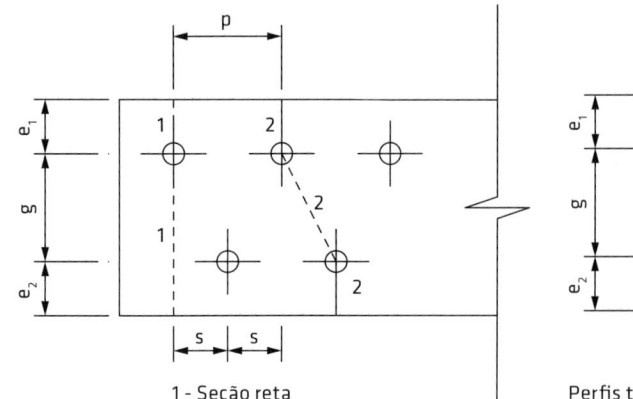

1 - Seção reta
2 - Seção zigue-zague

Perfis tratados como chapa (todos os furos contidos em uma única seção)

Fig. 4.15 Furação em chapas e perfis
Fonte: adaptado de ABNT (2010).

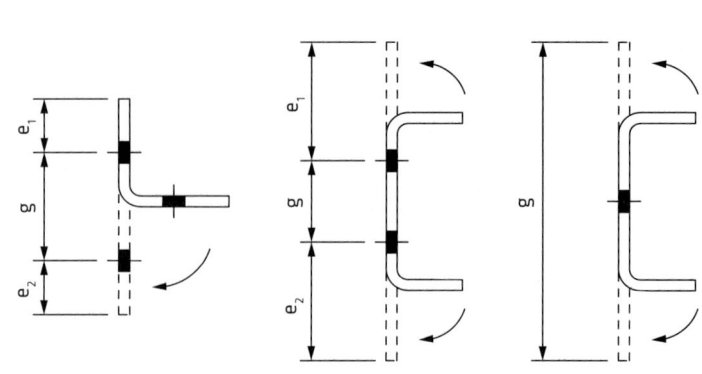

A força axial de tração resistente de cálculo N_{Rdt} é o menor dos valores obtidos nas seguintes situações:

▸ Escoamento da seção bruta

$$N_{Rdt} = \frac{A_G f_y}{\gamma_{a1}}, \text{ com } \gamma_{a1} = 1,10$$

▸ Ruptura na seção líquida fora da região da ligação

$$N_{Rdt} = \frac{A_{N0} f_y}{\gamma_{a2}}, \text{ com } \gamma_{a2} = 1,35$$

▸ Ruptura da seção líquida na região da ligação

$$N_{Rdt} = \frac{C_t A_N f_y}{\gamma_{a3}}, \text{ com } \gamma_{a3} = 1,65$$

em que:

A_G = área bruta da seção transversal da barra;

A_{N0} = área líquida da seção transversal da barra fora da região da ligação (por exemplo, decorrente de furos ou recortes que não estejam associados à ligação da barra);

A_N = área líquida da seção transversal da barra na região da ligação, com $A_N = 0,9 \left[b - np \cdot df + (np - 1)\frac{s^2}{4g} \right] t$ para ligações parafusadas e $A_N = A_G$ para ligações soldadas, sendo que:

- df é a dimensão do furo na direção perpendicular à solicitação, e, para furo padrão, $df = d + 0,35$ cm;
- np é a quantidade de furos contidos na linha de ruptura analisada;
- s é o espaçamento dos furos na direção da solicitação;
- g é o espaçamento dos furos na direção perpendicular à solicitação.

b) Resistência à compressão axial

Para o caso dos perfis PFF, as flambagens global e local influenciam o cálculo da resistência à compressão. N_{Rdc} é dado por:

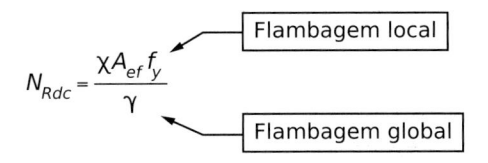

$$N_{Rdc} = \frac{\chi A_{ef} f_y}{\gamma}$$

- Flambagem local
- Flambagem global

i. Fator χ

O fator χ é o coeficiente de redução da força axial de compressão resistente, relacionado com a flambagem global e calculado através da determinação de λ_0, índice de esbeltez reduzido, que, por sua vez, depende do valor de N_e, que é a força axial de flambagem global elástica. Logo, têm-se:

▸ Para perfis com dupla simetria ou simétricos em relação a um ponto (Fig. 4.16)

$$N_e \leq \begin{cases} N_{ex} = \dfrac{\pi^2 E I_x}{\left(k_x \cdot L_x\right)^2} \\ N_{ey} = \dfrac{\pi^2 E I_y}{\left(k_y \cdot L_y\right)^2} \\ N_{ez} = \dfrac{1}{r_0^2}\left[\dfrac{\pi^2 E C_w}{\left(k_z \cdot L_z\right)^2} + G \cdot J\right] \end{cases}$$

e

$$r_0 = \sqrt{r_x^2 + r_y^2 + x_0^2 + y_0^2}$$

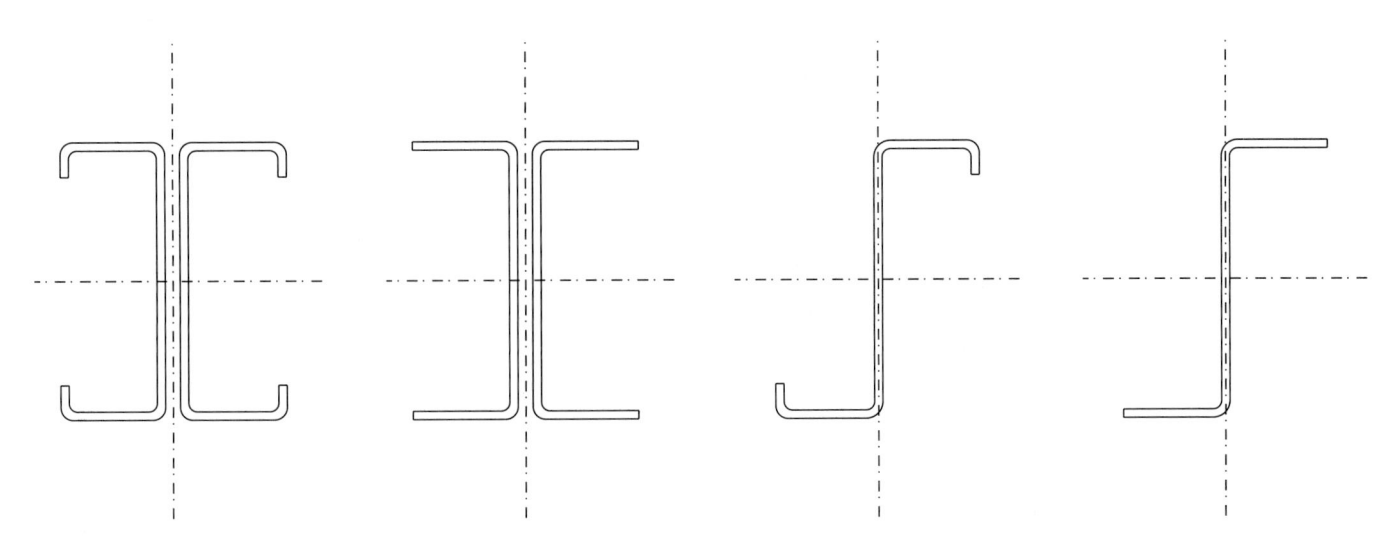

Fig. 4.16 Perfis com dupla simetria

em que:
C_w = constante de empenamento da seção;
E = módulo de elasticidade;
G = módulo de elasticidade transversal;
J = constante de torção da seção (também denominada I_t);
r_0 = raio de giração polar da seção bruta em relação ao centro de torção;
r_x e r_y = raios de giração em relação aos eixos x e y;
x_0 e y_0 = distâncias do centro de torção ao centroide, na direção dos eixos principais x e y, respectivamente.

▷ Para perfis monossimétricos

A Fig. 4.17 mostra os perfis monossimétricos e seus elementos.

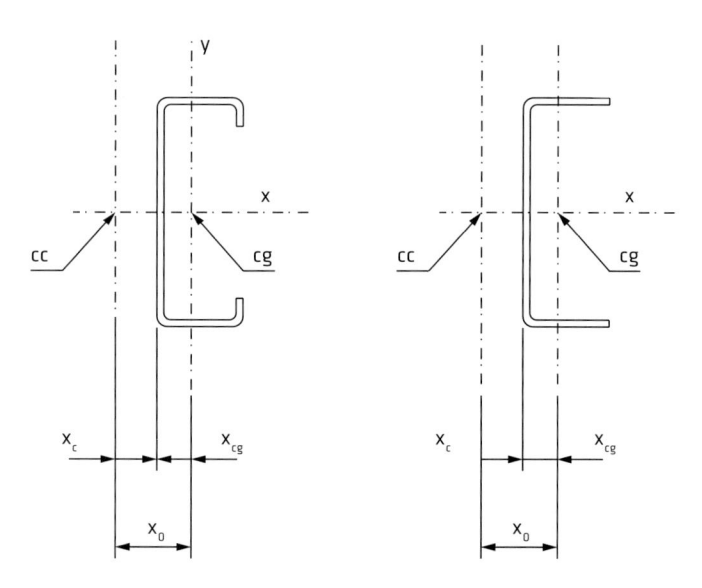

Fig. 4.17 Perfis monossimétricos, em que cc é o centro de cisalhamento, cg é o centro de gravidade, x_c é a distância do centro de cisalhamento do perfil, x_{cg} é a distância do centro de gravidade do perfil e x_0 é igual à soma de x_c com x_{cg}

$$N_e \leq \begin{cases} N_{ey} = \dfrac{\pi^2 E I_y}{(k_y \cdot L_y)^2} \\ N_{exz} = \dfrac{N_{ex}+N_{ez}}{2\left[1-(x_0/r_0)^2\right]}\left[1-\sqrt{1-\dfrac{4N_{ex}N_{ez}\left[1-(x_0/r_0)^2\right]}{(N_{ex}+N_{ez})^2}}\right] \end{cases}$$

N_{ex}, N_{ey} e r_0 já foram definidos anteriormente, e N_{exz} é a força axial de flambagem global elástica por flexotorção. Caso o eixo y seja o eixo de simetria, substituir x por y e x_0 por y_0.

ii. Índice λ_0

$$\lambda_0 = \sqrt{\dfrac{A \cdot f_y}{N_e}}$$

iii. Determinação de χ

$$\text{Para } \lambda_0 \leq 1{,}5 \rightarrow \chi = 0{,}658^{\lambda_0^2}$$

$$\text{Para } \lambda_0 > 1{,}5 \rightarrow \chi = \dfrac{0{,}877}{\lambda_0^2}$$

iv. Área efetiva (A_{ef})

A_{ef} é a área efetiva da seção transversal da barra, calculada pelo método da seção efetiva (MSE), conforme indicado a seguir:

$$A_{ef} = \begin{cases} A \text{ para } \lambda_p \leq 0{,}776 \\ A \cdot \left(1 - \dfrac{0{,}15}{\lambda_p^{0{,}8}}\right) \cdot \dfrac{1}{\lambda_p^{0{,}8}} \text{ para } \lambda_p > 0{,}776 \end{cases}$$

v. Coeficiente λ_p

O valor de λ_p é dado por:

$$\lambda_p = \sqrt{\dfrac{\chi \cdot A \cdot f_y}{N_\ell}}$$

vi. Força axial de flambagem local elástica (N_ℓ)

O fator N_ℓ pode ser calculado por meio de análise de estabilidade elástica ou, diretamente, através de:

$$N_\ell = k_\ell \cdot \dfrac{\pi^2 E}{12 \cdot (1-\nu^2)(b_{w;ef}/t)^2} \cdot A$$

em que k_ℓ é o coeficiente de flambagem local para a seção completa e pode ser determinado da seguinte maneira:

▷ Para seções U ou Z – simples (Fig. 4.18)

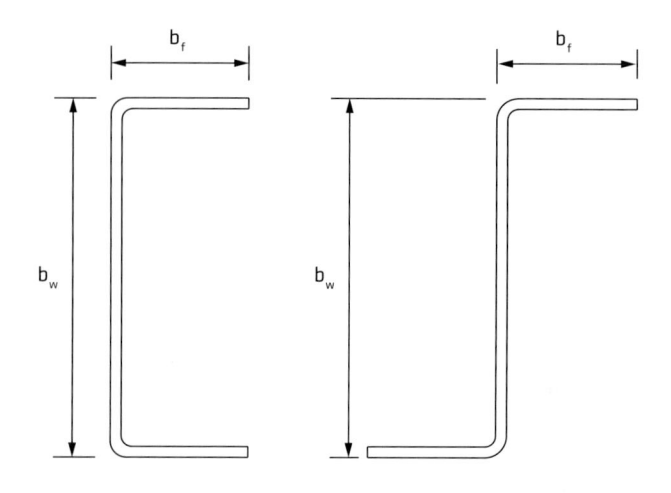

Fig. 4.18 Seções U ou Z – simples

$$k_\ell = 4{,}0 + 3{,}4\,\eta + 21{,}8\,\eta^2 - 174{,}3\,\eta^3 + 319{,}9\,\eta^4 - 237{,}6\,\eta^5 + 63{,}6\,\eta^6$$
$$(0{,}1 \leq \eta \leq 1{,}0)$$

▻ Para seções U ou Z – enrijecido e seção cartola (Fig. 4.19)

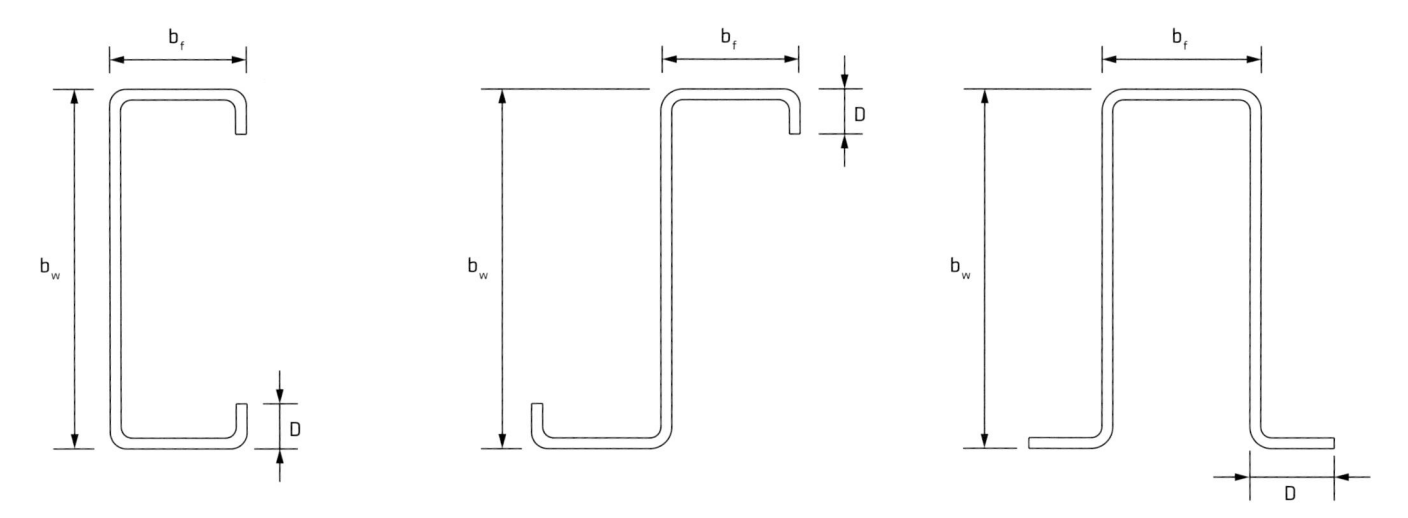

Fig. 4.19 Seções U ou Z – enrijecido e seção cartola

$$k_\ell = 6{,}8 - 5{,}8\,\eta + 9{,}2\,\eta^2 - 6{,}0\,\eta^3$$
$$\left(0{,}1 \le \eta \le 1{,}0 \text{ e } 0{,}1 \le D/b_w \le 1{,}0\right)$$

▻ Para seção tubular retangular com solda de costura contínua (para seção tubular retangular formada por dois perfis U simples ou U enrijecido com solda de costura intermitente, k_ℓ deve ser calculado para cada perfil isoladamente) (Fig. 4.20)

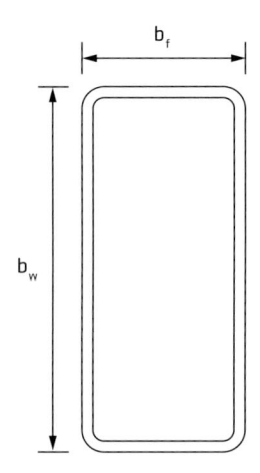

Fig. 4.20 Seção tubular retangular

$$k_\ell = 6{,}6 - 5{,}8\,\eta + 8{,}6\,\eta^2 - 5{,}4\,\eta^3$$
$$\left(0{,}1 \le \eta \le 1{,}0\right)$$

vii. Fator η

$$\eta = \frac{b_{f;ef}}{b_{w;ef}}$$

em que:
$b_{f;ef} = b_f - t$ para perfis enrijecidos e $b_{f;ef} = b_f - \dfrac{t}{2}$ para perfis simples, sendo b_f a medida da mesa (flange) do perfil e t a espessura do perfil;

$b_{w;ef} = b_w - t$ para perfis enrijecidos e simples, sendo b_w a medida da alma do perfil.

viii. Flambagem distorcional

A resistência à compressão para as barras sujeitas à flambagem distorcional – ver item c) desta mesma seção, a seguir – é calculada por:

$$N_{Rdc} = \frac{\chi_{dist} \cdot A \cdot f_y}{\gamma}, \text{ com } \gamma = 1{,}20$$

em que:
A = área bruta da seção transversal da barra;
χ_{dist} = coeficiente de redução da força axial de compressão resistente relacionado com a flambagem distorcional, calculado da seguinte maneira:

$$\chi_{dist} = 1{,}00 \quad \text{para } \lambda_{dist} \le 0{,}561$$
$$\chi_{dist} = \left(1 - \frac{0{,}25}{\lambda_{dist}^{1{,}2}}\right) \cdot \frac{1}{\lambda_{dist}^{1{,}2}} \quad \text{para } \lambda_{dist} > 0{,}561$$

$\lambda_{dist} = \sqrt{\dfrac{A \cdot f_y}{N_{dist}}}$ = índice de esbeltez reduzido associado à flambagem distorcional, sendo N_{dist} a força axial de flambagem distorcional elástica, a qual deve ser calculada com base na análise de estabilidade elástica. Neste trabalho, quando necessário, utilizou-se o programa CUFSM (Cornell University Finite Strip Method), versão 3.12, para a determinação dos valores de N_{dist}.

A verificação da flambagem distorcional pode ser dispensada, para os perfis com seção U ou Z enrijecidos, se a relação $D_{ef}/b_{w;ef}$ for igual ou superior aos valores indicados na Tab. 4.1.

Tab. 4.1 RELAÇÃO $D_{EF}/B_{W;EF}$ PARA A DETERMINAÇÃO DA RESISTÊNCIA À COMPRESSÃO

	$b_{w;ef}/t$				
$b_{f;ef}/b_{w;ef}$	250	200	125	100	50
0,4	0,02	0,03	0,04	0,04	0,08
0,6	0,03	0,04	0,06	0,06	0,15
0,8	0,05	0,06	0,08	0,10	0,22
1,0	0,06	0,07	0,10	0,12	0,27
1,2	0,06	0,07	0,12	0,15	0,27
1,4	0,06	0,08	0,12	0,15	0,27
1,6	0,07	0,08	0,12	0,15	0,27
1,8	0,07	0,08	0,12	0,15	0,27
2,0	0,07	0,08	0,12	0,15	0,27

Os valores de $b_{f;ef}$ e $b_{w;ef}$ são determinados como já visto anteriormente. Para valores intermediários, deve-se interpolar linearmente.

c) Resistência ao momento fletor

A resistência dos perfis formados a frio (PFF) é determinada sempre no regime elástico. Além disso, é preciso considerar os vários tipos de flambagem – local, global, distorcional e lateral com torção (ver Fig. 4.21). A flambagem distorcional somente precisa ser verificada para os perfis enrijecidos ou para os perfis simples quando tiverem a mesa tracionada conectada a painel e à mesa comprimida livre (neste caso, deve-se consultar bibliografia especializada).

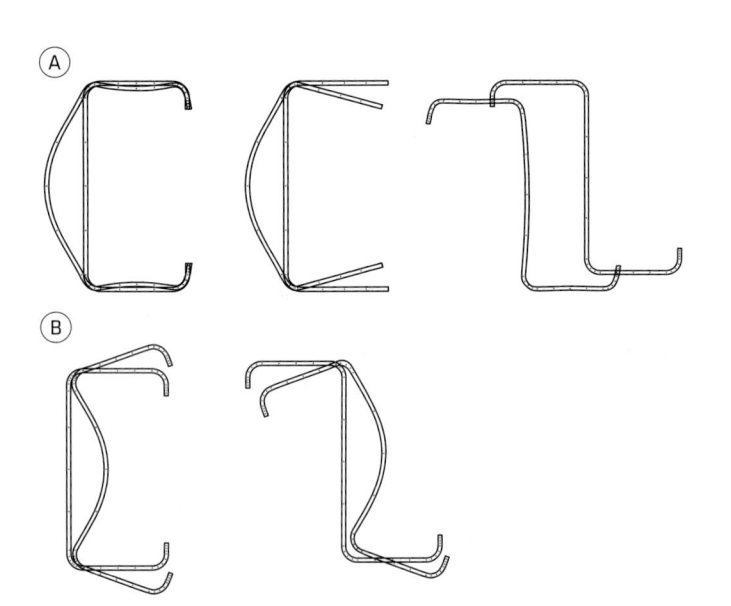

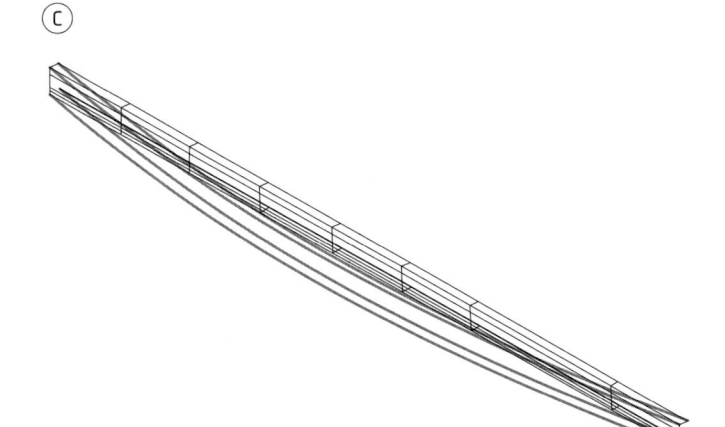

Fig. 4.21 Tipos de flambagem: (A) local, (B) distorcional e (C) global

i. M_{Rd} – início de escoamento da seção efetiva

Para determinar o valor do momento fletor resistente de cálculo no início de escoamento da seção efetiva (M_{Rd}), utiliza-se a seguinte fórmula:

$$M_{Rd} = \frac{W_{ef} \cdot f_y}{\gamma}, \text{ com } \gamma = 1,10$$

ii. Módulo de resistência (W_{ef})

W_{ef} é o módulo de resistência elástico da seção efetiva em relação à fibra extrema que atinge o escoamento, calculado pelo método da seção efetiva (MSE), conforme indicado a seguir:

$$W_{ef} = \begin{cases} W \text{ para } \lambda_p \leq 0,673 \\ W \cdot \left(1 - \frac{0,22}{\lambda_p}\right) \cdot \frac{1}{\lambda_p} \text{ para } \lambda_p > 0,673, \text{ com } \lambda_p = \sqrt{\frac{W \cdot f_y}{M_\ell}} \end{cases}$$

iii. Índice λ_0

$$\lambda_p = \sqrt{\frac{W \cdot f_y}{M_\ell}}$$

iv. Momento fletor de flambagem local elástica (M_ℓ)

O fator M_ℓ pode ser calculado por meio de análise de estabilidade elástica ou, diretamente, através de:

$$M_\ell = k_\ell \cdot \frac{\pi^2 E}{12 \cdot (1 - \nu^2)(b_{w;ef}/t)^2} \cdot W_c$$

em que:
W_c = módulo de resistência elástico da seção bruta em relação à fibra extrema comprimida;
k_ℓ = coeficiente de flambagem local para a seção completa, determinado da seguinte maneira (observar que as fórmu-

las de determinação de k_ℓ para a flexão são diferentes das utilizadas para a determinação de k_ℓ para a compressão):

▸ Para seções U ou Z – simples (Fig. 4.22)

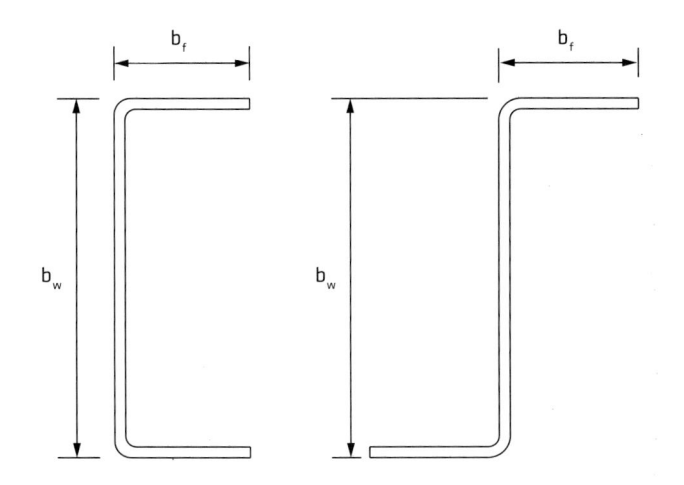

Fig. 4.22 Seções U ou Z – simples

$$k_\ell = \eta^{-1,843}$$
$$(0,1 \le \eta \le 1,0)$$

▸ Para seções U ou Z enrijecido (Fig. 4.23)

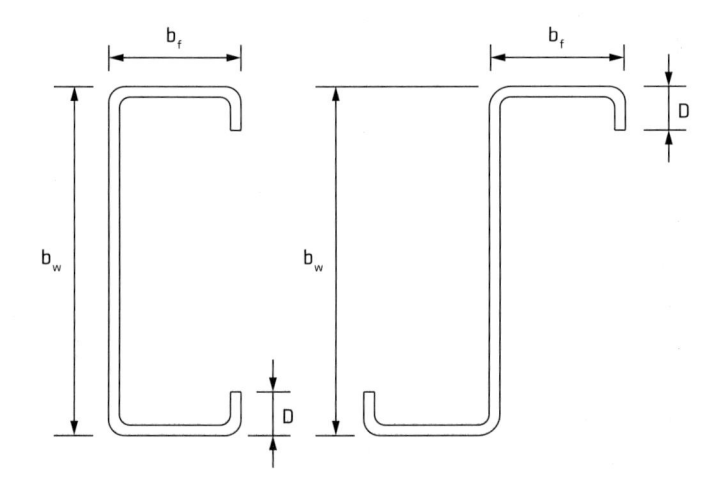

Fig. 4.23 Seções U ou Z – enrijecido

As expressões a seguir são válidas para $0,2 \le \eta \le 1,0$ e para os valores de μ indicados.

$$k_\ell = a - b(\mu - 0,2)$$
$$a = 81 - 730\eta + 4.261\eta^2 - 12.304\eta^3 + 17.919\eta^4 - 12.796\eta^5 + 3.574\eta^6$$

$$b = 0 \begin{cases} \text{para } 0,1 \le \mu \le 0,2 \text{ e } 0,2 \le \eta \le 1,0 \\ \text{para } 0,2 \le \mu \le 0,3 \text{ e } 0,6 \le \eta \le 1,0 \end{cases}$$

$$b = 320 - 2.788\eta + 13.458\eta^2 - 27.667\eta^3 + 19.167\eta^4; \text{ para } 0,2 < \mu \le 0,3 \text{ e } 0,2 \le \eta \le 0,6$$

▸ Para seção tubular retangular com solda de costura contínua (para seção tubular retangular formada por dois perfis U simples ou U enrijecido com solda de costura intermitente, k_ℓ deve ser calculado para cada perfil isoladamente) (Fig. 4.24)

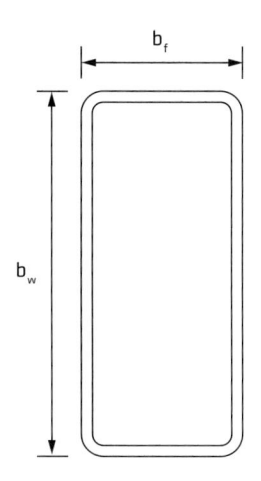

Fig. 4.24 Seção tubular retangular

$$k_\ell = 14,5 + 178\eta - 602\eta^2 + 649\eta^3 - 234\eta^4$$
$$(0,1 \le \eta \le 1,0)$$

v. Fatores η e μ

$$\eta = \frac{b_{f;ef}}{b_{w;ef}}$$

$$\mu = \frac{D_{ef}}{b_{w;ef}}$$

em que:
$b_{f;ef} = b_f - t$ para perfis enrijecidos e $b_{f;ef} = b_f - \dfrac{t}{2}$ para perfis simples, sendo b_f a medida da mesa (flange) do perfil e t a espessura do perfil;
$b_{w;ef} = b_w - t$ para perfis enrijecidos e simples, sendo b_w a medida da alma do perfil;
$D_{ef} = D - \dfrac{t}{2}$.

vi. Flambagem lateral com torção
A resistência à flambagem lateral com torção é calculada da seguinte maneira:

$$M_{Rd} = \frac{\chi_{FLT} \cdot W_{c;ef} \cdot f_y}{\gamma}, \text{ com } \gamma = 1,10$$

vii. Índice λ_0

$$\lambda_0 = \sqrt{\frac{W_c \cdot f_y}{M_e}}$$

viii. Fator M_e

M_e é o momento fletor de flambagem lateral com torção, em regime elástico, determinado da seguinte maneira:

▸ Barras com seção duplamente simétrica ou monossimétrica sujeitas à flexão em torno do eixo de simetria (eixo x)

$$M_e = C_b \cdot r_0 \sqrt{N_{ey} \cdot N_{ez}}$$

▸ Barras com seção Z pontossimétrica, com carregamento no plano da alma

$$M_e = 0{,}5 \cdot C_b \cdot r_0 \sqrt{N_{ey} \cdot N_{ez}}$$

com N_{ey}, N_{ez} e r_0 determinados como no item b) desta mesma seção.

O valor de C_b é calculado da seguinte maneira:

$$C_b = \frac{12{,}5\, M_{máx}}{2{,}5\, M_{máx} + 3\, M_A + 4\, M_B + 3\, M_C}$$

em que:

$M_{máx}$ = momento fletor máximo solicitante, em módulo, no comprimento destravado;

M_A = momento fletor a um quarto da extremidade esquerda;

M_B = momento fletor na seção central;

M_C = momento fletor a três quartos da extremidade esquerda.

Considerando uma viga biapoiada, têm-se:

$$M_{máx} = M_B = \frac{q \cdot \ell^2}{8}$$

$$M_A = M_C = \frac{q \cdot \ell}{2} \cdot \frac{\ell}{4} - \frac{q \cdot \ell}{4} \cdot \frac{\ell}{8} = \frac{3q \cdot \ell^2}{32}$$

$$C_b = \frac{12{,}5 \cdot \frac{q \cdot \ell^2}{8}}{2{,}5 \cdot \frac{q \cdot \ell^2}{8} + 6 \cdot \frac{3 \cdot q \cdot \ell^2}{32} + 4 \cdot \frac{q \cdot \ell^2}{8}} =$$

$$= \frac{12{,}5 \cdot \frac{q \cdot \ell^2}{8}}{2{,}5 \cdot \frac{q \cdot \ell^2}{8} + 6 \cdot \frac{3 \cdot q \cdot \ell^2}{32} + 4 \cdot \frac{q \cdot \ell^2}{8}} \cong 1{,}14$$

▸ Em barras com seção monossimétrica sujeitas à flexão em torno do eixo perpendicular ao eixo de simetria, M_e pode ser calculado com base no Anexo E da NBR 14762 (ABNT, 2010)

▸ Barras com seção fechada (caixão) sujeitas à flexão em torno do eixo x serão apresentadas no Cap. 5

ix. Determinação de χ_{FLT}

χ_{FLT} é o fator de redução do momento fletor resistente associado à flambagem lateral com torção e vale:

Para $\lambda_0 \leq 0{,}6 \rightarrow \chi_{FLT} = 1{,}0$

Para $0{,}6 \leq \lambda_0 < 1{,}336 \rightarrow \chi_{FLT} = 1{,}11\left(1 - 0{,}278\, \lambda_0^2\right)$

Para $\lambda_0 \geq 1{,}336 \rightarrow \chi_{FLT} = \dfrac{1}{\lambda_0^2}$

x. Módulo de resistência ($W_{c;ef}$)

$W_{c;ef}$ é o módulo de resistência elástico da seção efetiva em relação à fibra extrema comprimida, calculado pelo método da seção efetiva (MSE), conforme indicado a seguir:

$$W_{c;ef} = \begin{cases} W_c & \text{para } \lambda_p \leq 0{,}673 \\ W_c \cdot \left(1 - \dfrac{0{,}22}{\lambda_p}\right) \cdot \dfrac{1}{\lambda_p} & \text{para } \lambda_p > 0{,}673, \end{cases}$$

$$\text{com } \lambda_p = \sqrt{\frac{\chi_{FLT} \cdot W_c \cdot f_y}{M_\ell}}$$

xi. Flambagem distorcional

A resistência à flexão para as barras sujeitas à flambagem distorcional deve ser calculada por (observar que, embora as fórmulas sejam parecidas, existem diferenças em relação às que aparecem na determinação da resistência à compressão):

$$M_{Rd} = \frac{\chi_{dist} \cdot W \cdot f_y}{\gamma}, \text{ com } \gamma = 1{,}10$$

em que:

W = módulo de resistência elástico da seção bruta em relação à fibra extrema que atinge o escoamento;

χ_{dist} = coeficiente de redução do momento fletor resistente relacionado com a flambagem distorcional, calculado da seguinte maneira:

$\chi_{dist} = 1{,}00 \quad$ para $\lambda_{dist} \leq 0{,}673$

$\chi_{dist} = \left(1 - \dfrac{0{,}22}{\lambda_{dist}}\right) \cdot \dfrac{1}{\lambda_{dist}} \quad$ para $\lambda_{dist} > 0{,}673$

$\lambda_{dist} = \sqrt{\dfrac{W \cdot f_y}{M_{dist}}}$ = índice de esbeltez reduzido associado à

flambagem distorcional, sendo M_{dist} o momento fletor de flambagem distorcional elástica, o qual deve ser calculado com base na análise de estabilidade elástica. Neste trabalho, quando necessário, utilizou-se o programa CUFSM (Cornell University Finite Strip Method), versão 3.12, para a determinação dos valores de M_{dist}.

A verificação da flambagem distorcional pode ser dispensada, para os perfis com seção U ou Z enrijecidos, se a relação $D_{ef}/b_{w;ef}$ for igual ou superior aos valores indicados na Tab. 4.2.

Tab. 4.2 RELAÇÃO $D_{EF}/B_{W;EF}$ PARA A DETERMINAÇÃO DA RESISTÊNCIA À FLEXÃO

$b_{f;ef}/b_{w;ef}$	$b_{w;ef}/t$				
	250	200	125	100	50
0,4	0,05	0,06	0,10	0,12	0,25
0,6	0,05	0,06	0,10	0,12	0,25
0,8	0,05	0,06	0,09	0,12	0,22
1,0	0,05	0,06	0,09	0,11	0,22
1,2	0,05	0,06	0,09	0,11	0,20
1,4	0,05	0,06	0,09	0,10	0,20
1,6	0,05	0,06	0,09	0,10	0,20
1,8	0,05	0,06	0,09	0,10	0,19
2,0	0,05	0,06	0,09	0,10	0,19

Os valores de $b_{f;ef}$ e $b_{w;ef}$ são determinados como já visto anteriormente. Para valores intermediários, deve-se interpolar linearmente.

d) Resistência ao cisalhamento

Para determinar a força cortante resistente de cálculo (V_{Rd}), utilizam-se as seguintes fórmulas:

$$\lambda = \frac{h}{t} \cdot \sqrt{\frac{f_y}{k_v \cdot E}} \begin{cases} \text{para } \lambda \leq 1,08 \rightarrow V_{Rd} = \dfrac{0,6 \cdot f_y \cdot h \cdot t}{\gamma} \\ \text{para } 1,08 < \lambda \leq 1,4 \rightarrow V_{Rd} = \dfrac{0,65 \cdot t^2 \sqrt{k_v \cdot E \cdot f_y}}{\gamma} \\ \text{para } \lambda > 1,4 \rightarrow V_{Rd} = \dfrac{0,905 \cdot k_v \cdot E \cdot t^3}{h \cdot \gamma} \end{cases}$$

$$\lambda = \frac{b_{w;ef} - 4 \cdot t}{t} \cdot \sqrt{\frac{f_y}{k_v \cdot E}}$$

em que k_v é o coeficiente de flambagem local por cisalhamento, dado por:

$k_v = 5,0$ para alma sem enrijecedores transversais ou para $a/h > 3$

$k_v = 5,0 + \dfrac{5}{(a/h)^2}$ para alma com enrijecedores transversais – ver NBR 14762 (ABNT, 2010)

em que a é a distância entre enrijecedores transversais de alma.

Para seções com duas ou mais almas, cada alma deve ser analisada como um elemento separado resistindo à sua parcela de força cortante.

4.5.6 Dimensionamento

Será adotado, como estimativa de cálculo, um perfil UDC (enrijecido) 200 × 75 × 25 × 3,00 × 8,96 kg/m em aço ASTM A36 ($f_y = 250$ MPa).

a) Propriedades

$J_x = 732,66$ cm^4 $\qquad b_{w;ef} = 19,70$ cm
$W_x = W_c = 73,27$ cm^3 $\qquad b_{f;ef} = 7,20$ cm
$r_x = 7,92$ cm $\qquad t = 0,30$ cm
$J_y = 97,38$ cm^4 $\qquad x_{cg} = 2,30$ cm
$W_y = 19,51$ cm^3 $\qquad x_c = 3,63$ cm
$r_y = 2,89$ cm $\qquad x_0 = 5,93$ cm
$I_t = J = 0,35$ cm^4 $\qquad y_0 = 0,00$
$A = 11,68$ cm^2 $\qquad r_0 = 10,31$ cm
$C_w = 8.474,91$ cm^6 $\qquad \nu = 0,30$
$b_w = 20,00$ cm $\qquad E = 200,00$ GPa
$b_f = 7,50$ cm $\qquad G = 76,923$ GPa
$D = 2,50$ cm

b) Determinação da resistência ao esforço normal

i. Resistência à tração

$$N_{Rdt} = \frac{A_G f_y}{\gamma_{a1}} = \frac{11,68 \times 25,0}{1,10}$$

$$N_{Rdt} = 265,45 \text{ kN}$$

ii. Resistência à compressão axial

$L_x = 750,0$ cm
$L_y = 250,0$ cm
$L_z = 750,0$ cm
$k_x = k_y = 1,00$
$k_z = 0,50$

$$\lambda_x = \frac{k_x \cdot L_x}{r_x} = \frac{1,0 \times 750}{7,92} = 94,70$$

$$\lambda_y = \frac{k_y \cdot L_y}{r_y} = \frac{1,0 \times 250}{2,89} = 86,51$$

$$r_0 = \sqrt{r_x^2 + r_y^2 + x_0^2 + y_0^2} = \sqrt{7,92^2 + 2,89^2 + 5,93^2 + 0,00^2} = 10,31$$

$$N_{ex} = \frac{\pi^2 \cdot E \cdot I_x}{(k_x \cdot L_x)^2} = \frac{\pi^2 \times 20.000 \times 732,66}{(1,0 \times 750)^2} = 257,10$$

$$N_{ey} = \frac{\pi^2 \cdot E \cdot I_y}{(k_y \cdot L_y)^2} = \frac{\pi^2 \times 20.000 \times 97,38}{(1,0 \times 250)^2} = 307,55$$

$$N_{ez} = \frac{1}{r_0^2} \left[\frac{\pi^2 \cdot E \cdot C_w}{(k_z \cdot L_z)^2} + G \cdot J \right] =$$

$$= \frac{1}{10,31^2} \left[\frac{\pi^2 \times 20.000 \times 8.474,91}{(0,5 \times 750)^2} + 7.692,3 \times 0,35 \right] = 137,24$$

$$N_{exz} = \frac{N_{ex} + N_{ez}}{2\left[1 - (x_0/r_0)^2\right]} \left[1 - \sqrt{1 - \frac{4 N_{ex} N_{ez} \left[1 - (x_0/r_0)^2\right]}{(N_{ex} + N_{ez})^2}} \right]$$

$$N_{exz} = \frac{257,10 + 137,24}{2\left[1 - (5,93/10,31)^2\right]} \times$$

$$\times \left[1 - \sqrt{1 - \frac{4 \times 257,10 \times 137,24 \times \left[1 - (5,93/10,31)^2\right]}{(257,10 + 137,24)^2}}\right] =$$

$$= 110,06$$

$$N_e \leq \begin{cases} N_{ey} = 307,55 \\ N_{exz} = 110,06 \end{cases} \rightarrow N_e = 110,06$$

$$\lambda_0 = \sqrt{\frac{A \cdot f_y}{N_e}} = \sqrt{\frac{11,68 \text{ cm}^2 \times 25,0 \text{ kN/cm}^2}{110,02 \text{ kN}}} = 1,63$$

Para $\lambda_0 \leq 1,5 \rightarrow \chi = 0,658^{\lambda_0^2}$

Para $\lambda_0 > 1,5 \rightarrow \chi = \frac{0,877}{\lambda_0^2} \rightarrow \chi = \frac{0,877}{1,63^2} = 0,330$

$$\eta = \frac{b_{f;ef}}{b_{w;ef}} = \frac{7,20}{19,70} = 0,365$$

$$k_\ell = 6,8 - 5,8\eta + 9,2\eta^2 - 6,0\eta^3 = 6,8 - 5,8 \times 0,365 + 9,2 \times$$
$$\times 0,365^2 - 6,0 \times 0,365^3$$

$$k_\ell = 5,617$$

$$N_\ell = k_\ell \cdot \frac{\pi^2 E}{12 \cdot (1 - \nu^2)(b_{w;ef}/t)^2} \cdot A =$$

$$= 5,617 \cdot \frac{\pi^2 \times 20.000}{12 \times (1 - 0,3^2)\left(\frac{19,70}{0,3}\right)^2} \times 11,68$$

$$N_\ell = 275,020 \text{ kN}$$

$$\lambda_p = \sqrt{\frac{\chi \cdot A \cdot f_y}{N_\ell}} = \sqrt{\frac{0,330 \times 11,68 \text{ cm}^2 \times 25,0 \text{ kN/cm}^2}{275,020 \text{ kN}}} = 0,59$$

$$A_{ef} = \begin{cases} A & \text{para } \lambda_p \leq 0,776 \\ A \cdot \left(1 - \frac{0,15}{\lambda_p^{0,8}}\right) \cdot \frac{1}{\lambda_p^{0,8}} \end{cases} \rightarrow A_{ef} = A = 11,68 \text{ cm}^2$$

iii. Verificação da necessidade de análise da flambagem distorcional

$$\frac{b_{w;ef}}{t} = \frac{19,7 \text{ cm}}{0,3 \text{ cm}} \cong 66,0$$

$$\eta = \frac{b_{f;ef}}{b_{w;ef}} = \frac{7,20}{19,70} \cong 0,4$$

$$\mu = \frac{D_{ef}}{b_{w;ef}} = \frac{2,35}{19,70} \cong 0,12$$

$\frac{D_{ef}}{b_{w;ef}}(\text{mínimo}) = 0,07$ (interpolando valores da Tab. 4.1)

Como $\mu \geq \frac{D_{ef}}{b_{w;ef}}(\text{mínimo})$, não há a necessidade de verificação da flambagem distorcional.

$$N_{Rdc} = \frac{\chi \cdot A_{ef} \cdot f_y}{\gamma} = \frac{0,330 \times 11,68 \text{ cm}^2 \times 25,0 \text{ kN/cm}^2}{1,20}$$

$$N_{Rdc} = 80,30 \text{ kN}$$

c) Determinação da resistência ao momento fletor em X

i. Determinação dos fatores η, k_ℓ e M_ℓ

$$\eta = \frac{b_{f;ef}}{b_{w;ef}} = \frac{7,20}{19,70} = 0,365 \quad \mu = \frac{D_{ef}}{b_{w;ef}} = \frac{2,35}{19,70} \cong 0,12$$

$$a = 81 - 730\eta + 4.261\eta^2 - 12.304\eta^3 + 17.919\eta^4 -$$
$$- 12.796\eta^5 + 3.574\eta^6 = 27,510$$

$$a = 27,510$$

$$b = 0 \begin{cases} \text{para } 0,1 \leq \mu \leq 0,2 \text{ e } 0,2 \leq \eta \leq 1,0 \\ \text{para } 0,2 \leq \mu \leq 0,3 \text{ e } 0,6 \leq \eta \leq 1,0 \end{cases}$$

$$b = 320 - 2.788\eta + 13.458\eta^2 - 27.667\eta^3 + 19.167\eta^4;$$
$$\text{para } 0,2 < \mu \leq 0,3$$
$$\text{e } 0,2 \leq \eta \leq 0,6$$

Como $0,1 \leq \mu \leq 0,2$ e $0,2 \leq \eta \leq 1,0$, temos $b = 0$.

$$k_\ell = a - b(\mu - 0,2) = 27,510 - 0,0 \times (0,12 - 0,2) = 27,510$$

$$M_\ell = k_\ell \cdot \frac{\pi^2 E}{12 \cdot (1 - \nu^2)(b_{w;ef}/t)^2} \cdot W_c =$$

$$= 27,510 \times \frac{\pi^2 \times 20.000}{12 \times (1 - 0,30^2) \times (66,0)^2} \times 73,27$$

$$M_\ell = 8.449,096 \text{ kNcm}$$

ii. Início de escoamento da seção efetiva

$$\lambda_p = \sqrt{\frac{W \cdot f_y}{M_\ell}} = \sqrt{\frac{73,27 \text{ cm}^3 \times 25,0 \text{ kN/cm}^2}{8.449,096 \text{ kNcm}}} = 0,47$$

$$W_{ef} = \begin{cases} W & \text{para } \lambda_p \leq 0,673 \\ W \cdot \left(1 - \frac{0,22}{\lambda_p}\right) \cdot \frac{1}{\lambda_p} & \text{para } \lambda_p > 0,673 \end{cases}$$

Como $\lambda_p \leq 0,673 \rightarrow W_{ef} = W = 73,27 \text{ cm}^3$.

$$M_{Rd} = \frac{W_{ef} \cdot f_y}{\gamma} = \frac{73,27 \text{ cm}^3 \times 25,0 \text{ kN/cm}^2}{1,10}$$

$$M_{Rd;x} = 16,65 \text{ kNm}$$

iii. Flambagem lateral com torção

$$k_\ell = 27,510 \quad M_\ell = 8.449,096 \text{ kNcm}$$

$$M_e = C_b \cdot r_0 \sqrt{N_{ey} \cdot N_{ez}} = 1,14 \times 10,31 \times \sqrt{307,55 \times 137,33} =$$
$$= 2.414,692 \text{ kNcm}$$

$$\lambda_0 = \sqrt{\frac{W_c \cdot f_y}{M_e}} = \sqrt{\frac{73,27 \text{ cm}^3 \times 25,0 \text{ kN/cm}^2}{2.414,692 \text{ kNcm}}} = 0,87$$

Para $\lambda_0 \leq 0,6 \rightarrow \chi_{FLT} = 1,0$

Para $0,6 \leq \lambda_0 < 1,336 \rightarrow \chi_{FLT} = 1,11(1 - 0,278\lambda_0^2)$

Para $\lambda_0 \geq 1{,}336 \to \chi_{FLT} = \dfrac{1}{\lambda_0^2}$

Como $0{,}6 \leq \lambda_0 < 1{,}336 \to$
$$\to \chi_{FLT} = 1{,}11\left(1 - 0{,}278 \times 0{,}87^2\right) = 0{,}876.$$

$$\lambda_p = \sqrt{\dfrac{\chi_{FLT} \cdot W_c \cdot f_y}{M_\ell}} =$$
$$= \sqrt{\dfrac{0{,}876 \times 73{,}27\ cm^3 \times 25{,}0\ kN/cm^2}{8.449{,}096\ kNcm}} = 0{,}44$$

$$W_{c;ef} = \begin{cases} W_c & \text{para } \lambda_p \leq 0{,}673 \\ W_c \cdot \left(1 - \dfrac{0{,}22}{\lambda_p}\right) \cdot \dfrac{1}{\lambda_p} & \text{para } \lambda_p > 0{,}673 \end{cases}$$

Como $\lambda_p \leq 0{,}673$, tem-se $W_{c;ef} = W_c = 73{,}27\ cm^3$.

$$M_{Rd} = \dfrac{\chi_{FLT} W_{c;ef} \cdot f_y}{\gamma} = \dfrac{0{,}876 \times 73{,}27\ cm^3 \times 25{,}0\ kN/cm^2}{1{,}10}$$
$$M_{Rd;x} = 14{,}59\ kNm$$

d) Determinação da resistência ao momento fletor em Y

$\eta = 0{,}365$
$k_\ell = 27{,}510$
$M_\ell = 2.249{,}588$
$\gamma = 1{,}10$

i. Início de escoamento da seção efetiva

$$\lambda_p = 0{,}47$$
$$W_{ef} = 19{,}51\ cm^3$$
$$M_{Rd;y} = 4{,}43\ kNm$$

ii. Flambagem lateral com torção – com base no Anexo E da NBR 14762 (ABNT, 2010)

▸ Parâmetros β_ℓ, x_m e x_0
- Para seção U simples:

$$\beta_\ell = 0$$
$$x_m = \dfrac{b_{f;ef}^2}{b_{w;ef} + 2 b_{f;ef}}$$
$$x_0 = b_{f;ef} \cdot \left(\dfrac{3 \cdot b_{w;ef}^2 \cdot b_{f;ef}}{b_{w;ef}^3 + 6 b_{w;ef}^2 \cdot b_{f;ef}}\right) + x_m$$

- Para seção U enrijecido:

$$x_m = \dfrac{b_{f;ef}\left(b_{f;ef} + 2 D_{ef}\right)}{b_{w;ef} + 2 b_{f;ef} + 2 D_{ef}}$$
$$x_0 = b_{f;ef} \cdot$$
$$\cdot \left[\dfrac{3 \cdot b_{w;ef}^2 \cdot b_{f;ef} + D_{ef}\left(6 \cdot b_{w;ef}^2 - 8 \cdot D_{ef}^2\right)}{b_{w;ef}^3 + 6 \cdot b_{w;ef}^2 \cdot b_{f;ef} + D_{ef}\left(8 \cdot D_{ef}^2 - 12 \cdot b_{w;ef} \cdot D_{ef} + 6 \cdot b_{w;ef}^2\right)}\right] + x_m$$

$$\beta_\ell = 2 \cdot D_{ef} \cdot t \left(b_{f;ef} - x_m\right)^3 +$$
$$+ \dfrac{2t\left(b_{f;ef} - x_m\right)}{3}\left[\left(\dfrac{b_{w;ef}}{2}\right)^3 - \left(\dfrac{b_{w;ef}}{2} - D_{ef}\right)^3\right]$$

$$x_m = 2{,}208\ cm$$
$$x_0 = 5{,}66\ cm$$
$$\beta_\ell = 708{,}348$$

▸ Parâmetros β_w, β_f e j

$$\beta_w = -\left[\dfrac{t \cdot x_m \cdot b_{w;ef}^3}{12} + t \cdot x_m^3 \cdot b_{w;ef}\right]$$
$$\beta_f = \dfrac{t}{2}\left[\left(b_{f;ef} - x_m\right)^4 - x_m^4\right] + \dfrac{t \cdot b_{w;ef}^2}{4}\left[\left(b_{f;ef} - x_m\right)^2 - x_m^2\right]$$
$$j = \dfrac{1}{2 \cdot I_y}\left(\beta_w + \beta_f + \beta_\ell\right) + x_0$$
$$\beta_w = -485{,}643$$
$$\beta_f = 673{,}025$$
$$j = 10{,}259$$

▸ Parâmetro M_e

Adotando $C_s = 1{,}0$ e $C_m = 1{,}0$:

$$M_e = \dfrac{C_s \cdot N_{ex}}{C_m}\left[j + C_s\sqrt{j^2 + r_0^2\left(\dfrac{N_{ez}}{N_{ex}}\right)}\right] = 5.909{,}816\ kNcm$$

$$\lambda_0 = \sqrt{\dfrac{W_y \cdot f_y}{M_e}} = \sqrt{\dfrac{19{,}51\ cm^3 \times 25{,}0\ kN/cm^2}{5.909{,}816\ kNcm}} = 0{,}29$$

Como $\lambda_0 \leq 0{,}6 \to \chi_{FLT} = 1{,}0$.

$$\lambda_p = \sqrt{\dfrac{\chi_{FLT} \cdot W_c \cdot f_y}{M_\ell}} = \sqrt{\dfrac{1{,}00 \times 19{,}51\ cm^3 \times 25{,}0\ kN/cm^2}{2.249{,}588\ kNcm}} =$$
$$= 0{,}47$$

$$W_{y;ef} = \begin{cases} W_y & \text{para } \lambda_p \leq 0{,}673 \\ W_y \cdot \left(1 - \dfrac{0{,}22}{\lambda_p}\right) \cdot \dfrac{1}{\lambda_p} & \text{para } \lambda_p > 0{,}673 \end{cases}$$

$$W_{y;ef} = W_y = 19{,}51\ cm^3$$

$$M_{Rd} = \dfrac{\chi_{FLT} W_{y;ef} \cdot f_y}{\gamma} = \dfrac{1{,}00 \times 19{,}51\ cm^3 \times 25{,}0\ kN/cm^2}{1{,}10}$$
$$M_{Rd;x} = 4{,}43\ kNm$$

e) Resistência ao cisalhamento

$$\lambda = \dfrac{h}{t}\sqrt{\dfrac{f_y}{k_v E}} = \dfrac{20{,}0 - 4 \times 0{,}30}{0{,}30} \times \sqrt{\dfrac{25{,}0}{5{,}0 \times 20.000}} =$$
$$= 0{,}99 \to \lambda \leq 1{,}08$$

$$V_{Rd} = \dfrac{0{,}6 f_y h t}{\gamma} = \dfrac{0{,}6 \times 25{,}0 \times 18{,}8 \times 0{,}30}{1{,}10} = 76{,}91\ kN$$

$$V_{Rd} = 76{,}91\ kN$$

f) Verificação das interações

Como as terças estão sujeitas aos esforços de flexão e cisalhamento, serão feitas duas verificações, uma analisando a combinação dos esforços de flexão e outra analisando a combinação dos esforços de flexão e cisalhamento.

i. Verificação da combinação dos esforços de flexão

$$\frac{N_{Sdc}}{N_{Rdc}} + \frac{M_{Sd;x}}{M_{Rd;x}} + \frac{M_{Sd;y}}{M_{Rd;y}} = \frac{0,0}{80,30} + \frac{10,517}{14,59} + \frac{0,039}{4,43}$$

$$\frac{N_{Sdc}}{N_{Rdc}} + \frac{M_{Sd;x}}{M_{Rd;x}} + \frac{M_{Sd;y}}{M_{Rd;y}} = 0,0 + 0,721 + 0,009 = 0,730 \leq 1 \rightarrow OK!$$

ii. Verificação da combinação dos esforços de flexão e cisalhamento

$$\left(\frac{M_{Sd;x}}{M_{Rd;x}}\right)^2 + \left(\frac{M_{Sd;y}}{M_{Rd;y}}\right)^2 + \left(\frac{V_{Sd}}{V_{Rd}}\right)^2 = \left(\frac{10,517}{14,59}\right)^2 + \left(\frac{0,039}{4,43}\right)^2 + \left(\frac{5,608}{76,91}\right)^2$$

$$\left(\frac{M_{Sd;x}}{M_{Rd;x}}\right)^2 + \left(\frac{M_{Sd;y}}{M_{Rd;y}}\right)^2 + \left(\frac{V_{Sd}}{V_{Rd}}\right)^2 = 0,520 + 0,000 + 0,005 =$$

$$= 0,525 \leq 1 \rightarrow OK!$$

g) Verificação da flecha

$$\delta_{lim} = \frac{L}{180} = \frac{750\ cm}{180} = 4,17\ cm$$

$$\delta = \delta_{PP+SC} = \frac{0,0054 \cdot q \cdot \ell^4}{E \cdot I} =$$

$$= \frac{0,0054 \times \frac{0,25 + 0,625}{100} \times 750^4}{20.000 \times 732,66} = 1,02\ cm$$

$$\delta_{lim} \geq \delta \rightarrow OK!$$

$$\delta_{lim;Vento} = \frac{750}{120} = 6,25\ cm$$

$$\delta_{Vento} = \delta_{Vento} = \frac{0,0054 \cdot q \cdot \ell^4}{E \cdot I} =$$

$$= \frac{0,0054 \times \frac{1,247}{100} \times 750^4}{20.000 \times 732,66} = 1,45\ cm$$

$$\delta_{lim;Vento} \geq \delta_{Vento} \rightarrow OK!$$

Portanto, deve-se adotar para as terças um perfil PFF – UDC 200 × 75 × 25 × 3,00 × 8,96 kg/m.

4.6 Tesouras

4.6.1 Cargas atuantes

As cargas atuantes nas tesouras são as oriundas do peso próprio da tesoura acrescido do peso da cobertura (formado pelo peso das telhas, terças, correntes e contraventamento horizontal do telhado), os quais compõem as cargas permanentes, que serão chamadas aqui de PP (peso próprio); a sobrecarga, que vale 0,25 kN/m² como carga distribuída, e o vento são as cargas acidentais.

Essas cargas são convertidas em cargas lineares multiplicando-se o valor por área pelo vão de influência. Nesse caso, será considerado o vão entre as tesouras; as tesouras das extremidades estão sujeitas à metade da carga, mas, por simplificação, costuma-se fazer um dimensionamento só utilizando a pior situação. Depois, essas cargas serão convertidas em cargas pontuais aplicadas nos nós da tesoura onde estão localizadas as terças.

4.6.2 Carregamento por área
- PP (terças + correntes): 0,05 kN/m².
- Telhas: 0,05 kN/m².
- SC distribuída: 0,25 kN/m².
- VT: –0,58 kN/m².

4.6.3 Carregamento linear
- PP (tesoura): 0,40 kN/m.
- Terças + correntes (0,05 kN/m² × 7,50 m): 0,375 kN/m.
- Telhas (0,05 kN/m² × 7,50 m): 0,375 kN/m.
- Total: 1,15 kN/m.
- SC distribuída (0,25 kN/m² × 7,50 m): 1,88 kN/m.
- VT (–0,58 kN/m² × 7,50 m): –4,35 kN/m.

4.6.4 Carregamento pontual

a) PP

$$PP_1 = 1,15 \times \frac{2,504}{2}\ m = 1,440\ kN$$
$$PP_2 = 1,15 \times 2,504\ m = 2,880\ kN$$

b) SC

$$SC_1 = 1,88 \times \frac{2,504}{2}\ m = 2,354\ kN$$
$$SC_2 = 1,88 \times 2,504\ m = 4,708\ kN$$

c) VT 0°

$$VT_1 = -0,80 \times 4,35 \times \frac{2,504}{2}\ m = -4,357\ kN$$
$$VT_2 = -0,80 \times 4,35 \times 2,504\ m = -8,714\ kN$$

d) VT 90°

$$VT_1 = -0,86 \times 4,35 \times \frac{2,504}{2}\ m = -4,684\ kN$$
$$VT_2 = -0,86 \times 4,35 \times 2,504\ m = -9,367\ kN$$
$$VT_3 = -\left(\frac{0,86 + 0,40}{2}\right) \times 4,35 \times 2,504\ m = -6,862\ kN$$
$$VT_4 = -0,40 \times 4,35 \times 2,504\ m = -4,357\ kN$$
$$VT_5 = -0,40 \times 4,35 \times \frac{2,504}{2}\ m = -2,178\ kN$$

4.6.5 Diagramas de esforços

As Figs. 4.25 e 4.26 apresentam exemplos de diagrama de corpo livre (DCL) das cargas e diagrama de esforços normais (DEN) considerados com as reações para PP.

> Faça o *download* de todos os diagramas de esforços considerados na página do livro (www.ofitexto.com.br/livro/estruturas-metalicas).

4.6.6 Combinações de esforços nas barras

De posse dos esforços nas barras, determinam-se as combinações seguindo os critérios apresentados no Cap. 1. Nesse exemplo, foram consideradas as seguintes combinações:

Combinação 1: $S_d = \gamma_{g1} \cdot G_1 + \gamma_{q1} \cdot Q_1$
Combinação 2: $S_d = G_1 + \gamma_{q2} \cdot Q_2$
Combinação 3: $S_d = G_1 + \gamma_{q2} \cdot Q_3$
Combinação 4: $S_d = \gamma_{g1} \cdot G_1 + \gamma_{q1} \cdot Q_1 + \gamma_{q2} \cdot \psi_2 \cdot Q_2$
Combinação 5: $S_d = \gamma_{g1} \cdot G_1 + \gamma_{q1} \cdot Q_1 + \gamma_{q2} \cdot \psi_2 \cdot Q_3$

em que:

G = ação permanente, sendo que:
- G_1 = esforços provocados pela carga PP.

Q = ação variável, sendo que:
- Q_1 = esforços provocados pela carga SC;
- Q_2 = esforços provocados pela carga VT 0°;
- Q_3 = esforços provocados pela carga VT 90°.

γ = coeficiente de ponderação, sendo que:
- γ_{g1} = coeficiente de ponderação da ação permanente de pequena variabilidade (adotado para as cargas G_1, valendo 1,25);
- γ_{q1} = coeficiente de ponderação da ação variável – sobrecarga (adotado para as cargas Q_1, valendo 1,50);
- γ_{q2} = coeficiente de ponderação da ação variável – vento (adotado para as cargas Q_2 e Q_3, valendo 1,40).

ψ_2 = fator de redução para ação variável – vento (adotado para as cargas Q_2 e Q_3, valendo 0,60).

Com o auxílio de uma planilha eletrônica do tipo Microsoft Excel, é possível gerar os valores das combinações para os diversos tipos de esforços e, ainda, determinar os valores das combinações últimas de esforços.

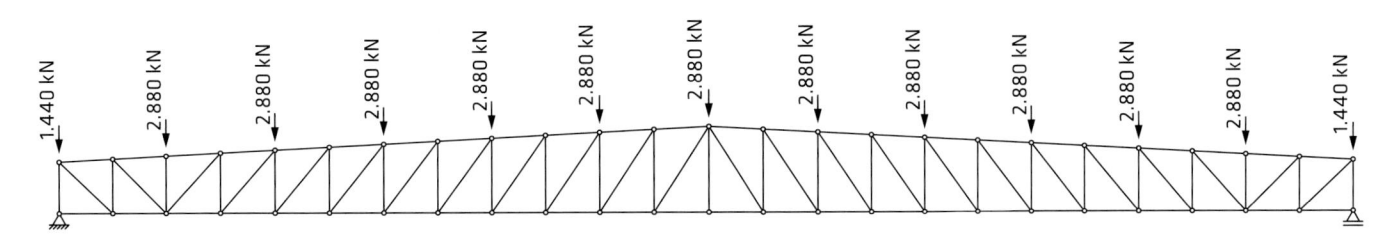

Fig. 4.25 DCL

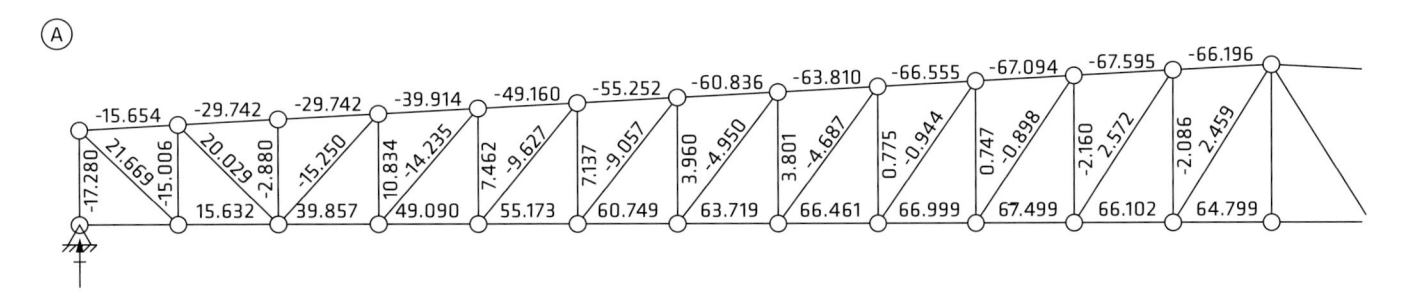

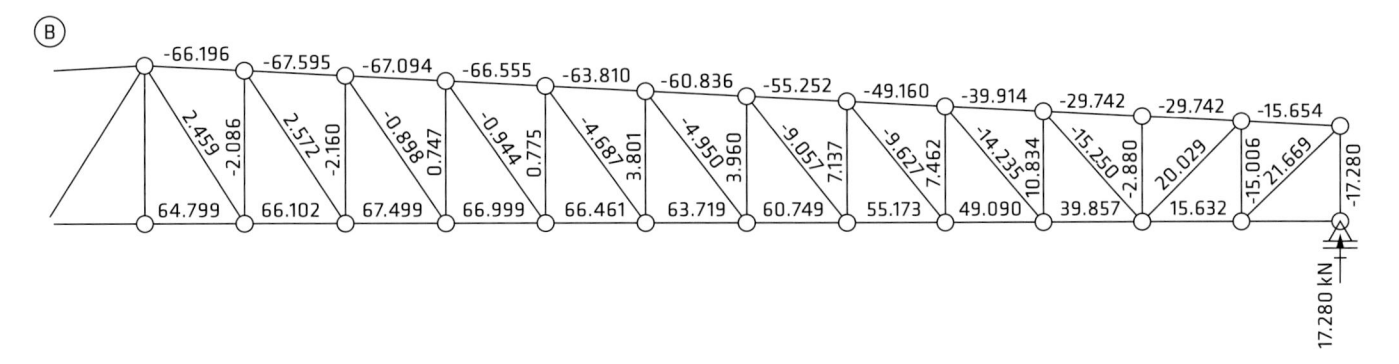

Fig. 4.26 DEN + reações

As barras da tesoura foram divididas, segundo suas características, em:
- 1: corda (ou banzo) superior, subdividida em trechos de a a x;
- 2: corda (ou banzo) inferior, subdividida em trechos de a a x;
- diagonais de 3 a 26;
- montantes de 27 a 51.

Embora os banzos estejam subdivididos, deverá ser considerado o maior valor para o dimensionamento das peças. A diagonal 3 é oposta à diagonal 26, a 4 é oposta à 25 e assim por diante. O mesmo vale para os montantes 27 e 51, 28 e 50 e assim por diante. Portanto, deverão ter o mesmo tipo de perfil, mesmo que apresentem esforços diferentes. Além disso, como já foi falado anteriormente, serão separados por grupos para efeito de simplificação e padronização de montagem.

> Faça o *download* das planilhas que foram utilizadas na determinação das combinações de esforços e das combinações últimas de carregamentos na página do livro (www.ofitexto.com.br/livro/estruturas-metalicas).

4.6.7 Dimensionamento

a) Banzo superior

Nessa cobertura será utilizado um conjunto formado por 2 UDC 150 × 50 × 3,00 × 5,68 kg/m afastados de 100 mm, conforme mostrado na Fig. 4.27.

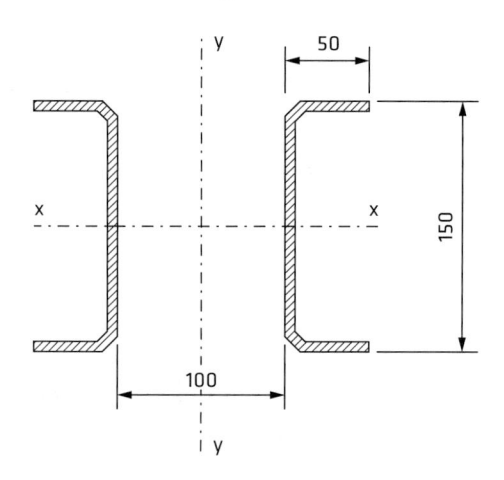

Fig. 4.27 Seção dos banzos

i. Propriedades

$J_x = 473,24$ cm^4 $\qquad$ $J_y = 578,57$ cm^4
$W_x = W_c = 63,10$ cm^3 $\qquad$ $W_y = 58,74$ cm^3
$r_x = 5,69$ cm $\qquad$ $r_y = 6,29$ cm

$I_t = J = 0,43$ cm^4 $\qquad$ $b_{w;ef} = 14,70$ cm
$A = 14,46$ cm^2 $\qquad$ $b_{f;ef} = 4,85$ cm
$C_w = 6.332,28$ cm^6 $\qquad$ $r_0 = 8,48$ cm
$b_w = 15,00$ cm $\qquad$ $\nu = 0,30$
$b_f = 5,00$ cm $\qquad$ $E = 200,00$ GPa
$t = 0,30$ cm $\qquad$ $G = 76,923$ GPa

ii. Resistência ao esforço normal

▷ Resistência à tração

$$N_{Rdt} = \frac{A_G \cdot f_y}{\gamma_{a1}} = \frac{14,46 \times 25,0}{1,10} \Rightarrow N_{Rdt} = 332,73 \text{ kN}$$

▷ Resistência à compressão axial

Os banzos superiores estão contidos discretamente no eixo y-y pelas terças e no eixo x-x pelos montantes. Com isso, os comprimentos de flambagem são:

$L_x = 125,0$ cm $\qquad$ $N_{ez} = N_{exz} = 1.163,03$
$L_y = 250,0$ cm $\qquad$ $\lambda_0 = 0,56$
$L_z = 250,0$ cm $\qquad$ $\chi = 0,877$
$k_x = k_y = 1,00$ $\qquad$ $\eta = 0,330$
$k_z = 0,50$ $\qquad$ $k_\ell = 4,069$
$\lambda_x = 22,16$ $\qquad$ $N_\ell = 448,481$
$\lambda_y = 39,63$ $\qquad$ $\lambda_p = 0,85$
$N_{ex} = 5.813,75$ $\qquad$ $A_{ef} = 13,82$ cm^2
$N_{ey} = 1.817,66$

$$N_{Rdc} = 252,50 \text{ kN}$$

Nota: Para o coeficiente k_z, adota-se o valor de 1,00 para empenamento livre e de 0,50 para empenamento impedido.

▷ Verificação da necessidade de presilhas

Como a barra é formada por dois perfis separados, é preciso analisar a necessidade de presilhas para unir as barras. Nesse caso, será utilizada a recomendação da NBR 8800 (ABNT, 2008) – que o índice de esbeltez ℓ/r de qualquer perfil, entre duas ligações adjacentes, não seja superior a ½ do índice de esbeltez da barra composta (KL/r). Para cada perfil componente, o índice de esbeltez deve ser calculado com seu raio de giração mínimo.

O perfil UDC 150 × 50 × 3,00 × 5,68 kg/m possui $r_x = 5,69$ cm e $r_y = 1,48$ cm. Dessa forma, tem-se:

$$\frac{\ell}{r_{min}} \leq \frac{\lambda}{2} \Rightarrow \ell \leq \frac{39,63}{2} \times 1,48 \text{ cm} = 29,33 \text{ cm}$$

Como o espaçamento entre montantes é igual a 125 cm, faz-se necessária a colocação de uma presilha na parte superior e de outra na parte inferior (ligando as mesas dos perfis) a cada 25,0 cm.

b) Banzo inferior

Nessa cobertura será utilizado um conjunto formado por dois UDC 150 × 50 × 4,75 × 8,64 kg/m afastados de 100 mm, conforme já mostrado na Fig. 4.27.

i. Propriedades

$J_x = 676,00$ cm^4 $b_w = 15,00$ cm
$W_x = W_c = 90,13$ cm^3 $b_f = 5,00$ cm
$r_x = 5,54$ cm $t = 0,475$ cm
$J_y = 896,86$ cm^4 $b_{w;ef} = 14,53$ cm
$W_y = 91,87$ cm^3 $b_{f;ef} = 4,76$ cm
$r_y = 6,38$ cm $r_0 = 8,45$ cm
$I_t = J = 1,67$ cm^4 $\nu = 0,30$
$A = 22,02$ cm^2 $E = 200,00$ GPa
$C_w = 25.204,98$ cm^6 $G = 76,923$ GPa

ii. Resistência ao esforço normal

▸ Resistência à tração

$$N_{Rdt} = \frac{A_G \cdot f_y}{\gamma_{a1}} = \frac{22,02 \times 25,0}{1,10} \Rightarrow N_{Rdt} = 500,45 \text{ kN}$$

▸ Resistência à compressão axial

Diferentemente dos banzos superiores, os inferiores estão contidos discretamente no eixo x-x pelos montantes; entretanto, não possuem contenção no eixo y-y e, por isso, precisam de contenção interligando as tesouras, nesse caso, a intervalos de 750 cm (três linhas de contenção) – usualmente essa contenção é formada por uma barra ligando os banzos inferiores e em "X" nos vãos onde se localizam os contraventos horizontais.

$L_x = 125,0$ cm $N_{ez} = 4.637,67$
$L_y = 750,0$ cm $N_{exz} = 4.637,67$
$L_z = 125,0$ cm $\lambda_0 = 1,32$
$k_x = k_y = 1,00$ $\chi = 0,482$
$k_z = 0,50$ $\eta = 0,328$
$\lambda_x = 22,56$ $k_\ell = 4,082$
$\lambda_y = 117,52$ $N_\ell = 1.737,610$
$N_{ex} = 8.539,97$ $\lambda_p = 0,39$
$N_{ey} = 314,73$ $A_{ef} = 22,02$ cm^2

$$N_{Rdc} = 221,12 \text{ kN}$$

▸ Verificação da necessidade de presilhas

O perfil UDC 150 × 50 × 4,75 × 8,64 kg/m possui $r_x = 5,54$ cm e $r_y = 1,47$ cm. Dessa forma, tem-se:

$$\frac{\ell}{r_{mín}} \leq \frac{\lambda}{2} \Rightarrow \ell \leq \frac{117,52}{2} \times 1,47 \text{ cm} = 86,37 \text{ cm}$$

Como o espaçamento entre montantes é igual a 125 cm, faz-se necessária a colocação de uma presilha na parte superior e de outra na parte inferior (ligando as mesas dos perfis) na metade da distância entre dois montantes (a cada 62,50 cm).

▸ Disposição das linhas de contravento das tesouras

A Fig. 4.28 mostra a disposição das linhas de contraventamento para a contenção do banzo inferior das tesouras.

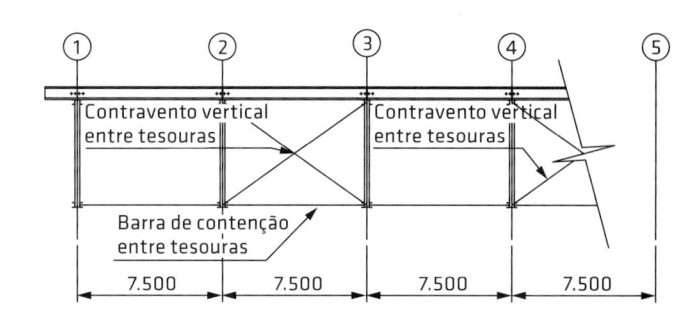

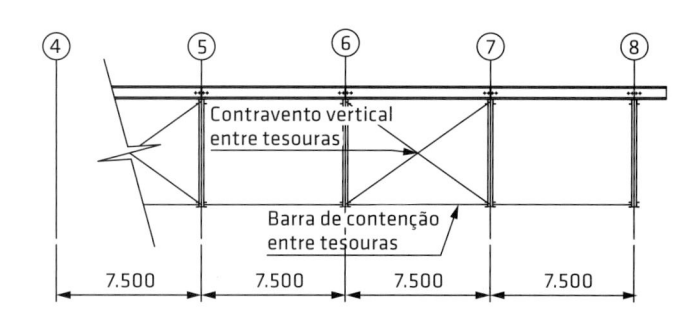

Fig. 4.28 Disposição das linhas de contravento das tesouras

As diagonais e os montantes serão soldados entre os perfis que formam os banzos e, por isso, precisarão ter, necessariamente, alma de 100 mm. Esses elementos serão divididos em três grupos, em função dos esforços semelhantes.

c) Diagonais 3 a 7 e 22 a 26

Para essas diagonais, será adotado o perfil U 100 × 50 × 4,75 × 6,77 kg/m.

i. Propriedades

$J_x = 136,84$ cm^4 $I_t = J = 0,68$ cm^4
$W_x = W_c = 27,37$ cm^3 $A = 9,05$ cm^2
$r_x = 3,89$ cm $C_w = 339,53$ cm^6
$J_y = 21,39$ cm^4 $b_w = 10,00$ cm
$W_y = 5,99$ cm^3 $b_f = 5,00$ cm
$r_y = 1,54$ cm $t = 0,475$ cm

$b_{w;ef}$ = 9,525 cm r_0 = 5,13 cm
$b_{f;ef}$ = 4,763 cm ν = 0,30
x_{cg} = 1,19 cm E = 200,00 GPa
x_s = 1,79 cm G = 76,923 GPa

ii. Resistência ao esforço normal

▸ Resistência à tração

$$N_{Rdt} = \frac{A_G \cdot f_y}{\gamma_{a1}} = \frac{9,05 \times 25,0}{1,10} \Rightarrow N_{Rdt} = 205,68 \text{ kN}$$

▸ Resistência à compressão axial

As diagonais possuem comprimentos de flambagem diferentes; como se tem um grupo delas, será considerado o maior comprimento de flambagem das diagonais.

L_x = 198,0 cm N_{ez} = 457,77
L_y = 198,0 cm N_{exz} = 343,12
L_z = 198,0 cm λ_0 = 1,45
$k_x = k_y$ = 1,00 χ = 0,415
k_z = 0,50 η = 0,500
λ_x = 50,92 k_ℓ = 2,925
λ_y = 128,79 N_ℓ = 1.189,978
N_{ex} = 688,99 λ_p = 0,28
N_{ey} = 107,70 A_{ef} = 9,05 cm²

$$N_{Rdc} = 78,24 \text{ kN}$$

d) Diagonais 8 a 21 e montantes 31 a 47
Para estes, será adotado o perfil U 100 × 50 × 3,00 × 4,48 kg/m.

i. Propriedades

J_x = 91,27 cm⁴ b_f = 5,00 cm
$W_x = W_c$ = 18,25 cm³ t = 0,30 cm
r_x = 3,96 cm $b_{w;ef}$ = 9,70 cm
J_y = 14,26 cm⁴ $b_{f;ef}$ = 4,85 cm
W_y = 3,92 cm³ x_{cg} = 1,21 cm
r_y = 1,57 cm x_c = 1,82 cm
$I_t = J$ = 0,17 cm⁴ r_0 = 5,23 cm
A = 5,82 cm² ν = 0,30
C_w = 234,81 cm⁶ E = 200,00 GPa
b_w = 10,00 cm G = 76,923 GPa

ii. Resistência ao esforço normal

▸ Resistência à tração

$$N_{Rdt} = \frac{A_G \cdot f_y}{\gamma_{a1}} = \frac{5,82 \times 25,0}{1,10} \Rightarrow N_{Rdt} = 132,27 \text{ kN}$$

▸ Resistência à compressão axial

L_x = 236,0 cm N_{ez} = 169,75
L_y = 236,0 cm N_{exz} = 136,35
L_z = 236,0 cm λ_0 = 1,70
$k_x = k_y$ = 1,00 χ = 0,303
k_z = 0,50 η = 0,500
λ_x = 59,59 k_ℓ = 2,925
λ_y = 150,77 N_ℓ = 294,344
N_{ex} = 323,47 λ_p = 0,39
N_{ey} = 50,54 A_{ef} = 5,82 cm²

$$N_{Rdc} = 36,74 \text{ kN}$$

e) Montantes 27 a 30 e 48 a 51
Para estes, será adotado o perfil U 100 × 50 × 3,00 × 4,48 kg/m. Embora seja o mesmo perfil do item anterior, o comprimento de flambagem é diferente, o que altera o resultado final.

i. Propriedades

J_x = 91,27 cm⁴ b_f = 5,00 cm
$W_x = W_c$ = 18,25 cm³ t = 0,30 cm
r_x = 3,96 cm $b_{w;ef}$ = 9,70 cm
J_y = 14,26 cm⁴ $b_{f;ef}$ = 4,85 cm
W_y = 3,92 cm³ x_{cg} = 1,21 cm
r_y = 1,57 cm x_c = 1,82 cm
$I_t = J$ = 0,17 cm⁴ r_0 = 5,23 cm
A = 5,82 cm² ν = 0,30
C_w = 234,81 cm⁶ E = 200,00 GPa
b_w = 10,00 cm G = 76,923 GPa

ii. Resistência ao esforço normal

▸ Resistência à tração

$$N_{Rdt} = \frac{A_G \cdot f_y}{\gamma_{a1}} = \frac{5,82 \times 25,0}{1,10} \Rightarrow N_{Rdt} = 132,27 \text{ kN}$$

▸ Resistência à compressão axial

L_x = 140,0 cm N_{ez} = 401,23
L_y = 140,0 cm N_{exz} = 337,65
L_z = 140,0 cm λ_0 = 1,01
$k_x = k_y$ = 1,00 χ = 0,652
k_z = 0,50 η = 0,500
λ_x = 35,35 k_ℓ = 2,925
λ_y = 89,44 N_ℓ = 294,344
N_{ex} = 919,18 λ_p = 0,57
N_{ey} = 143,61 A_{ef} = 5,82 cm²

$$N_{Rdc} = 79,06 \text{ kN}$$

4.6.8 Resultados e verificações

A Tab. 4.3 apresenta a planilha adotada para a verificação dos perfis utilizados em cada elemento.

4.6.9 Fotos de obras

As Figs. 4.29 a 4.31 mostram a montagem de um galpão em estruturas metálicas com perfis PFF, de acordo com o que

Tab. 4.3 RESULTADOS E VERIFICAÇÃO

Posição	N° barra	Esforços (N) Compressão	Esforços (N) Tração	Material	L_x (cm)	L_y (cm)	N_{Rdt} (tração)	N_{Rdc} (compressão)	Verif.
Corda superior	1	−250,242	218,734	150 × 50 × 3 × 11,36 kg/m	125,00	225,00	332,73	256,34	OK
Corda inferior	2	−218,424	249,887	150 × 50 × 4,75 × 17,28 kg/m	225,00	500,00	500,45	221,12	OK
Diagonais	3	−70,119	80,219	100 × 50 × 4,75 × 6,77 kg/m	173,28	173,28	205,68	78,24	OK
Diagonais	4	−64,812	74,148	100 × 50 × 4,75 × 6,77 kg/m	177,96	177,96	205,68	78,24	OK
Diagonais	5	−56,458	49,350	100 × 50 × 4,75 × 6,77 kg/m	187,68	187,68	205,68	78,24	OK
Diagonais	6	−52,700	46,064	100 × 50 × 4,75 × 6,77 kg/m	192,71	192,71	205,68	78,24	OK
Diagonais	7	−35,639	31,152	100 × 50 × 4,75 × 6,77 kg/m	197,83	197,83	205,68	78,24	OK
Diagonais	8	−33,530	29,309	100 × 50 × 3 × 4,48 kg/m	203,04	203,04	132,27	36,74	OK
Diagonais	9	−18,326	16,018	100 × 50 × 3 × 4,48 kg/m	208,33	208,33	132,27	36,74	OK
Diagonais	10	−17,352	15,166	100 × 50 × 3 × 4,48 kg/m	213,70	213,70	132,27	36,74	OK
Diagonais	11	−5,514	3,054	100 × 50 × 3 × 4,48 kg/m	219,15	219,15	132,27	36,74	OK
Diagonais	12	−5,248	2,909	100 × 50 × 3 × 4,48 kg/m	224,65	224,65	132,27	36,74	OK
Diagonais	13	−17,195	9,523	100 × 50 × 3 × 4,48 kg/m	230,22	230,22	132,27	36,74	OK
Diagonais	14	−16,441	12,878	100 × 50 × 3 × 4,48 kg/m	235,85	235,85	132,27	36,74	OK
Diagonais	15	0,000	12,878	100 × 50 × 3 × 4,48 kg/m	235,85	235,85	132,27	36,74	OK
Diagonais	16	−8,324	9,523	100 × 50 × 3 × 4,48 kg/m	230,22	230,22	132,27	36,74	OK
Diagonais	17	−3,326	9,447	100 × 50 × 3 × 4,48 kg/m	224,65	224,65	132,27	36,74	OK
Diagonais	18	−3,495	9,923	100 × 50 × 3 × 4,48 kg/m	219,15	219,15	132,27	36,74	OK
Diagonais	19	−17,352	15,166	100 × 50 × 3 × 4,48 kg/m	213,70	213,70	132,27	36,74	OK
Diagonais	20	−18,326	16,018	100 × 50 × 3 × 4,48 kg/m	208,33	208,33	132,27	36,74	OK
Diagonais	21	−33,530	29,309	100 × 50 × 3 × 4,48 kg/m	203,04	203,04	132,27	36,74	OK
Diagonais	22	−35,639	31,152	100 × 50 × 4,75 × 6,77 kg/m	197,83	197,83	205,68	78,24	OK
Diagonais	23	−52,700	46,064	100 × 50 × 4,75 × 6,77 kg/m	192,71	192,71	205,68	78,24	OK
Diagonais	24	−56,458	49,350	100 × 50 × 4,75 × 6,77 kg/m	187,68	187,68	205,68	78,24	OK
Diagonais	25	−64,812	74,148	100 × 50 × 4,75 × 6,77 kg/m	177,96	177,96	205,68	78,24	OK
Diagonais	26	−70,119	80,219	100 × 50 × 4,75 × 6,77 kg/m	173,28	173,28	205,68	78,24	OK
Montantes	27	−63,972	55,918	100 × 50 × 3 × 4,48 kg/m	120,00	120,00	132,27	79,06	OK
Montantes	28	−55,554	48,560	100 × 50 × 3 × 4,48 kg/m	126,67	126,67	132,27	79,06	OK
Montantes	29	−10,662	10,234	100 × 50 × 3 × 4,48 kg/m	133,33	133,33	132,27	79,06	OK
Montantes	30	−35,059	40,109	100 × 50 × 3 × 4,48 kg/m	140,00	140,00	132,27	79,06	OK
Montantes	31	−24,146	27,625	100 × 50 × 3 × 4,48 kg/m	146,67	146,67	132,27	36,74	OK
Montantes	32	−23,096	26,422	100 × 50 × 3 × 4,48 kg/m	153,33	153,33	132,27	36,74	OK
Montantes	33	−12,813	14,660	100 × 50 × 3 × 4,48 kg/m	160,00	160,00	132,27	36,74	OK
Montantes	34	−12,302	14,072	100 × 50 × 3 × 4,48 kg/m	166,67	166,67	132,27	36,74	OK
Montantes	35	−2,509	4,528	100 × 50 × 3 × 4,48 kg/m	173,33	173,33	132,27	36,74	OK
Montantes	36	−2,416	4,362	100 × 50 × 3 × 4,48 kg/m	180,00	180,00	132,27	36,74	OK
Montantes	37	−7,997	14,440	100 × 50 × 3 × 4,48 kg/m	186,67	186,67	132,27	36,74	OK
Montantes	38	−7,721	13,941	100 × 50 × 3 × 4,48 kg/m	193,33	193,33	132,27	36,74	OK
Montantes	39	0,000	0,000	100 × 50 × 3 × 4,48 kg/m	200,00	200,00	132,27	36,74	OK
Montantes	40	−7,721	6,748	100 × 50 × 3 × 4,48 kg/m	193,33	193,33	132,27	36,74	OK
Montantes	41	−7,997	6,990	100 × 50 × 3 × 4,48 kg/m	186,67	186,67	132,27	36,74	OK
Montantes	42	−7,848	2,764	100 × 50 × 3 × 4,48 kg/m	180,00	180,00	132,27	36,74	OK
Montantes	43	−8,150	2,869	100 × 50 × 3 × 4,48 kg/m	173,33	173,33	132,27	36,74	OK
Montantes	44	−12,302	14,072	100 × 50 × 3 × 4,48 kg/m	166,67	166,67	132,27	36,74	OK
Montantes	45	−12,813	14,660	100 × 50 × 3 × 4,48 kg/m	160,00	160,00	132,27	36,74	OK
Montantes	46	−23,096	26,422	100 × 50 × 3 × 4,48 kg/m	153,33	153,33	132,27	36,74	OK
Montantes	47	−24,146	27,625	100 × 50 × 3 × 4,48 kg/m	146,67	146,67	132,27	36,74	OK
Montantes	48	−35,059	40,109	100 × 50 × 3 × 4,48 kg/m	140,00	140,00	132,27	79,06	OK
Montantes	49	−10,662	9,320	100 × 50 × 3 × 4,48 kg/m	133,33	133,33	132,27	79,06	OK
Montantes	50	−55,554	48,560	100 × 50 × 3 × 4,48 kg/m	126,67	126,67	132,27	79,06	OK
Montantes	51	−63,972	55,918	100 × 50 × 3 × 4,48 kg/m	120,00	120,00	132,27	79,06	OK

Fig. 4.29 Montagem de cobertura em perfil PFF
Fonte: cortesia de Fercal Construções Ltda.

Fig. 4.30 Telhado, terças e tesouras de cobertura
Fonte: cortesia de Fercal Construções Ltda.

Fig. 4.31 Detalhes dos banzos, diagonais e montantes da tesoura
Fonte: cortesia de Fercal Construções Ltda.

foi demonstrado no tópico anterior. Embora sejam de outro galpão, este foi construído com metodologia semelhante ao exposto anteriormente.

4.6.10 Tesoura – outra opção

Será apresentado a seguir o dimensionamento da mesma tesoura, agora considerando uma geometria mais comum – os banzos em U na horizontal, o superior com a abertura voltada para baixo e o inferior com a abertura voltada para cima, e os montantes e as diagonais em cantoneiras, como mostrado na Fig. 4.32. Para esse caso, será usado aço ASTM A572 Gr. 50 (f_y = 34,5 MPa e f_u = 48,0 MPa) para os banzos.

a) Banzo superior

Será utilizado um perfil UDC 300 × 100 × 3,75 × 14,36 kg/m.

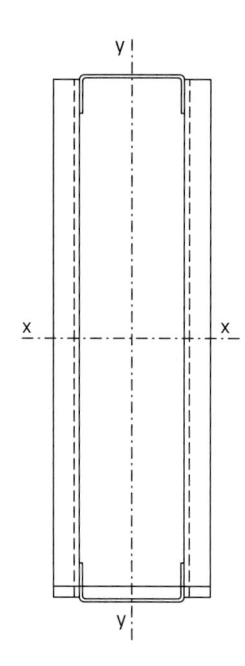

Fig. 4.32 Seção das tesouras

i. Propriedades

$J_x = 2.427{,}31$ cm^4	$b_w = 30{,}00$ cm
$W_x = W_c = 161{,}82$ cm^3	$b_f = 10{,}00$ cm
$r_x = 11{,}46$ cm	$t = 0{,}375$ cm
$J_y = 165{,}63$ cm^4	$b_{w;ef} = 29{,}625$ cm
$W_y = 21{,}08$ cm^3	$b_{f;ef} = 98{,}13$ cm
$r_y = 2{,}99$ cm	$r_0 = 13{,}10$ cm
$I_t = J = 0{,}87$ cm^4	$\nu = 0{,}30$
$A = 18{,}47$ cm^2	$E = 200{,}00$ GPa
$C_w = 25.970{,}71$ cm^6	$G = 76{,}923$ GPa

ii. Resistência ao esforço normal

▷ Resistência à tração

$$N_{Rdt} = \frac{A_G \cdot f_y}{\gamma_{a1}} = \frac{18{,}47 \times 34{,}5}{1{,}10} \Rightarrow N_{Rdt} = 579{,}26 \text{ kN}$$

▷ Resistência à compressão axial

Os banzos superiores estão contidos discretamente no eixo y-y pelas terças e no eixo x-x pelos montantes. Observe-se que o eixo x-x do perfil corresponde ao eixo y-y da tesoura e vice-versa; com isso, os comprimentos de flambagem estão invertidos em relação ao caso anterior. Dessa forma, os comprimentos de flambagem são:

$L_x = 125{,}0$ cm	$\lambda_y = 21{,}81$
$L_y = 250{,}0$ cm	$N_{ex} = 7.666{,}11$
$L_z = 250{,}0$ cm	$N_{ey} = 2.092{,}42$
$k_x = k_y = 1{,}00$	$N_{ez} = 3.899{,}86$
$k_z = 0{,}50$	$N_{exz} = 3.404{,}21$
$\lambda_x = 41{,}74$	$\lambda_0 = 0{,}55$
$\chi = 0{,}881$	$N_\ell = 223{,}174$
$\eta = 0{,}331$	$\lambda_p = 1{,}59$
$k_\ell = 4{,}172$	$A_{ef} = 11{,}43$ cm^2

Nesse caso, como $\lambda_p > 0{,}776$, tem-se:

$$A_{ef} = A \cdot \left(1 - \frac{0{,}15}{\lambda_p^{0{,}8}}\right) \cdot \frac{1}{\lambda_p^{0{,}8}} = 18{,}47 \times \left(1 - \frac{0{,}15}{1{,}59^{0{,}8}}\right) \times \frac{1}{1{,}59^{0{,}8}} = 11{,}43$$

$$N_{Rdc} = 289{,}51 \text{ kN}$$

b) Banzo inferior

Para o banzo inferior, será utilizado um perfil UDC 300 × 100 × 4,75 × 18,06 kg/m.

i. Propriedades

$J_x = 3.040{,}07$ cm^4	$b_w = 30{,}00$ cm
$W_x = W_c = 202{,}67$ cm^3	$b_f = 10{,}00$ cm
$r_x = 11{,}42$ cm	$t = 0{,}475$ cm
$J_y = 206{,}70$ cm^4	$b_{w;ef} = 29{,}525$ cm
$W_y = 26{,}43$ cm^3	$b_{f;ef} = 9{,}763$ cm
$r_y = 2{,}98$ cm	$r_0 = 12{,}90$ cm
$I_t = J = 1{,}75$ cm^4	$\nu = 0{,}30$
$A = 23{,}30$ cm^2	$E = 200{,}00$ GPa
$C_w = 32.196{,}14$ cm^6	$G = 76{,}923$ GPa

ii. Resistência ao esforço normal

▷ Resistência à tração

$$N_{Rdt} = \frac{A_G \cdot f_y}{\gamma_{a1}} = \frac{23{,}30 \times 34{,}5}{1{,}10} \Rightarrow N_{Rdt} = 730{,}77 \text{ kN}$$

iii. Resistência à compressão axial

Também nesse caso será considerada uma contenção interligando as tesouras a intervalos de 750 cm (três linhas de contenção). Da mesma forma, os comprimentos de flambagem estão invertidos em relação ao caso anterior e, com isso, os comprimentos de flambagem são:

$L_x = 125{,}0$ cm	$N_{ez} = 352{,}74$
$L_y = 750{,}0$ cm	$N_{exz} = 328{,}98$
$L_z = 750{,}0$ cm	$\lambda_0 = 1{,}56$
$k_x = k_y = 1{,}00$	$\chi = 0{,}360$
$k_z = 0{,}50$	$\eta = 0{,}331$
$\lambda_x = 41{,}97$	$k_\ell = 4{,}172$
$\lambda_y = 65{,}66$	$N_\ell = 454{,}794$
$N_{ex} = 1.066{,}82$	$\lambda_p = 0{,}80$
$N_{ey} = 2.611{,}26$	$A_{ef} = 22{,}86$ cm^2

$$N_{Rdc} = 236{,}60 \text{ kN}$$

Os montantes e as diagonais, nesse caso, serão perfis laminados do tipo L que podem ser utilizados em duas posições: externamente aos banzos (Fig. 4.33A) e internamente aos banzos (Fig. 4.33B). A primeira possui propriedades maiores, entretanto existem situações em que é necessário usar a segunda forma. Outra questão a analisar é a necessidade de utilizar presilhas, como já foi visto para os banzos da situação anterior.

c) Diagonais 3 a 8 e 21 a 26

Para essas diagonais, será adotado o perfil L 1¾" × 1¾" × ³/₁₆" × 3,15 kg/m.

i. Propriedades

$J_x = J_y = 7,50$ cm⁴
$W_x = W_y = 2,30$ cm³
$r_x = r_y = 1,37$ cm
$r_z = 0,89$ cm
$A = 4,00$ cm²
$b_w = b_f = 4,445$ cm
$t = 0,476$ cm
$e_y = 1,30$ cm
$J_{xg} = 15,00$ cm⁴

$W_{xg} = 4,77$ cm³
$r_{xg} = 1,37$ cm
$J_{yg} = 2.140,52$ cm⁴
$W_{yg} = 680,61$ cm³
$r_{yg} = 16,36$ cm
$A_G = 8,00$ cm²
$\nu = 0,30$
$E = 200,00$ GPa
$G = 76,923$ GPa

ii. Resistência ao esforço normal

▸ Resistência à tração

$$N_{Rdt} = \frac{A_G \cdot f_y}{\gamma_{a1}} = \frac{8,00 \times 25,0}{1,10}$$
$$N_{Rdt} = 181,82 \text{ kN}$$

▸ Resistência à compressão axial

As diagonais possuem comprimentos de flambagem diferentes. Nesse caso, para poder utilizar o mesmo tipo de cantoneira, será feita a análise com dois comprimentos de flambagem para esse grupo de diagonais: um para as diagonais 3, 4, 25 e 26, cujo comprimento de flambagem máximo é de 178,0 cm, e outro para as demais, cujo comprimento de flambagem máximo é de 203,0 cm.

Para $L_x = L_y = 178,0$ cm, com $k_x = k_y = 1,00$.

$$\lambda_x = 129,99$$
$$\lambda_y = 10,88$$
$$N_{ex} = 93,45$$
$$N_{ey} = 13.335,49$$

$$\lambda_p (b/t \text{ da mesa}) = 0,45 \cdot \sqrt{\frac{E}{f_y}} =$$
$$= 0,45 \times \sqrt{\frac{20.000 \text{ kN/cm}^2}{25 \text{ kN/cm}^2}} = 12,73$$

$$\lambda_r (b/t \text{ da mesa}) = 0,91 \cdot \sqrt{\frac{E}{f_y}} =$$
$$= 0,91 \times \sqrt{\frac{20.000 \text{ kN/cm}^2}{25 \text{ kN/cm}^2}} = 25,74$$

$$\lambda (b/t \text{ da mesa}) = \frac{b}{t} = \frac{4,445}{0,476} = 9,34 \quad \lambda \leq \lambda_p \quad Q_s = 1,0$$

$$\begin{cases} \lambda_{0x} = \sqrt{\frac{Q_s \cdot A_G \cdot f_y}{N_{ex}}} = \sqrt{\frac{1,0 \times 8,0 \times 25}{93,45}} = 1,46 \\ \lambda_{0y} = \sqrt{\frac{Q_s \cdot A_G \cdot f_y}{N_{ey}}} = \sqrt{\frac{1,0 \times 8,0 \times 25}{13.335,49}} = 0,12 \end{cases}$$

$$\rightarrow \lambda_{0x} > \lambda_{0y} \rightarrow \lambda = \lambda_{0x} = 1,46$$

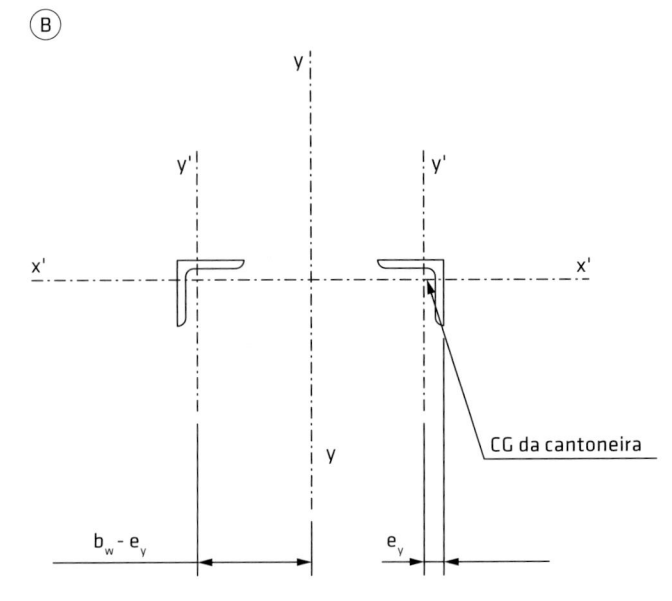

Fig. 4.33 Seção das cantoneiras duplas: (A) cantoneiras externas ao banzo e (B) cantoneiras internas ao banzo

Para $\lambda_0 \leq 1,5 \rightarrow \chi = 0,658^{\lambda_0^2}$

Para $\lambda_0 > 1,5 \rightarrow \chi = \dfrac{0,877}{\lambda_0^2} \rightarrow \chi = 0,658^{1,46^2} = 0,41$

$$N_{Rdc} = \dfrac{\chi \cdot Q \cdot A_G \cdot f_y}{\gamma} = \dfrac{0,41 \times 1,0 \times 8,0 \times 25,0}{1,10}$$

$$N_{Rdc} = 74,55 \text{ kN}$$

▸ Verificação da necessidade de presilhas

Como as cantoneiras atuarão juntas, será verificada a necessidade de presilha. Observar que, para essa análise, deverá ser utilizado o raio de giração mínimo do perfil – que é o r_z. Dessa forma, tem-se:

$$\dfrac{\ell}{r_{mín}} \leq \dfrac{\lambda}{2} \Rightarrow \ell \leq \dfrac{129,99}{2} \times 0,89 \text{ cm} = 57,84 \text{ cm}$$

Portanto, será adotado um espaçamento de até 550 mm para as presilhas.

Para $L_x = L_y = 203,0$ cm, com $k_x = k_y = 1,00$.

$$\lambda_x = 148,18$$
$$\lambda_y = 12,41$$
$$N_{ex} = 71,85$$
$$N_{ey} = 10.253,14$$

$$\lambda_p (b/t \text{ da mesa}) = 0,45 \cdot \sqrt{\dfrac{E}{f_y}} =$$

$$= 0,45 \times \sqrt{\dfrac{20.000 \text{ kN/cm}^2}{25 \text{ kN/cm}^2}} = 12,73$$

$$\lambda_r (b/t \text{ da mesa}) = 0,91 \cdot \sqrt{\dfrac{E}{f_y}} =$$

$$= 0,91 \times \sqrt{\dfrac{20.000 \text{ kN/cm}^2}{25 \text{ kN/cm}^2}} = 25,74$$

$$\lambda (b/t \text{ da mesa}) = \dfrac{b}{t} = \dfrac{4,445}{0,476} = 9,34 \quad \lambda \leq \lambda_p \quad Q_s = 1,0$$

$$\begin{cases} \lambda_{0x} = \sqrt{\dfrac{Q_s \cdot A_G \cdot f_y}{N_{ex}}} = \sqrt{\dfrac{1,0 \times 8,0 \times 25}{71,15}} = 1,668 \\ \lambda_{0y} = \sqrt{\dfrac{Q_s \cdot A_G \cdot f_y}{N_{ey}}} = \sqrt{\dfrac{1,0 \times 8,0 \times 25}{10.152,87}} = 0,140 \end{cases} \rightarrow$$

$$\rightarrow \lambda_{0x} > \lambda_{0y} \rightarrow \lambda = \lambda_{0x} = 1,668$$

Para $\lambda_0 \leq 1,5 \rightarrow \chi = 0,658^{\lambda_0^2}$

Para $\lambda_0 > 1,5 \rightarrow \chi = \dfrac{0,877}{\lambda_0^2} \rightarrow \chi = \dfrac{0,877}{1,668^2} = 0,32$

$$N_{Rdc} = \dfrac{\chi \cdot Q \cdot A_G \cdot f_y}{\gamma} = \dfrac{0,32 \times 1,0 \times 8,0 \times 25,0}{1,10}$$

$$N_{Rdc} = 58,18 \text{ kN}$$

▸ Verificação da necessidade de presilhas

$$\dfrac{\ell}{r_{mín}} \leq \dfrac{\lambda}{2} \Rightarrow \ell \leq \dfrac{148,18}{2} \times 0,89 \text{ cm} = 65,94 \text{ cm}$$

Portanto, nesse caso, será adotado um espaçamento de até 650 mm para as presilhas.

d) Diagonais 9 a 20 e montantes 27 a 51

Para essas diagonais, será adotado o perfil L 1¾" × 1¾" × ⅛" × 2,14 kg/m.

i. Propriedades

$J_x = J_y = 5,41$ cm^4 $\quad$ $W_{xg} = 3,36$ cm^3
$W_x = W_y = 1,64$ cm^3 $\quad$ $r_{xg} = 1,41$ cm
$r_x = r_y = 1,40$ cm $\quad$ $J_{yg} = 1.436,76$ cm^4
$r_z = 0,89$ cm $\quad$ $W_{yg} = 445,51$ cm^3
$A = 2,71$ cm^2 $\quad$ $r_{yg} = 16,28$ cm
$b_w = b_f = 4,445$ cm $\quad$ $A_G = 5,42$ cm^2
$t = 0,317$ cm $\quad$ $\nu = 0,30$
$e_y = 1,22$ cm $\quad$ $E = 200,00$ GPa
$J_{xg} = 10,82$ cm^4 $\quad$ $G = 76,923$ GPa

ii. Resistência ao esforço normal

▸ Resistência à tração

$$N_{Rdt} = \dfrac{A_G \cdot f_y}{\gamma_{a1}} = \dfrac{5,42 \times 25,0}{1,10} \Rightarrow N_{Rdt} = 123,18 \text{ kN}$$

▸ Resistência à compressão axial

As barras possuem comprimentos de flambagem diferentes. Também, nesse caso, para poder utilizar o mesmo tipo de cantoneira, será feita a análise com dois comprimentos de flambagem: um para os montantes 27 a 30 e 48 a 51, cujo comprimento de flambagem máximo é de 140,0 cm, e outro para as demais, cujo comprimento de flambagem máximo é de 236,0 cm.

Para $L_x = L_y = 140,0$ cm, com $k_x = k_y = 1,00$.

$$\lambda_x = 99,09$$
$$\lambda_y = 8,60$$
$$N_{ex} = 108,97$$
$$N_{ey} = 14.469,64$$

$$\lambda_p (b/t \text{ da mesa}) = 0,45 \cdot \sqrt{\dfrac{E}{f_y}} =$$

$$= 0,45 \times \sqrt{\dfrac{20.000 \text{ kN/cm}^2}{25 \text{ kN/cm}^2}} = 12,73$$

$$\lambda_r \left(b/t \text{ da mesa}\right) = 0,91 \cdot \sqrt{\frac{E}{f_y}} =$$
$$= 0,91 \times \sqrt{\frac{20.000 \text{ kN/cm}^2}{25 \text{ kN/cm}^2}} = 25,74$$

$$\lambda \left(b/t \text{ da mesa}\right) = \frac{b}{t} = \frac{4,445}{0,317} = 14,02 \quad \lambda_p < \lambda \leq \lambda_r$$

$$\begin{cases} \lambda \leq \lambda_p \rightarrow Q_s = 1,0 \\ \lambda_p < \lambda \leq \lambda_r \rightarrow Q_s = 1,34 - 0,76 \cdot \lambda \cdot \sqrt{\frac{f_y}{E}} \\ \lambda > \lambda_r \rightarrow Q_s = \frac{0,53 \cdot E}{f_y \cdot \lambda^2} \end{cases}$$

$$Q_s = 1,34 - 0,76 \times 14,02 \times \sqrt{\frac{25 \text{ kN/cm}^2}{20.000 \text{ kN/cm}^2}} = 0,96$$

$$\begin{cases} \lambda_{0x} = \sqrt{\frac{Q_s \cdot A_G \cdot f_y}{N_{ex}}} = \sqrt{\frac{0,96 \times 5,42 \times 25}{108,97}} = 1,093 \\ \lambda_{0y} = \sqrt{\frac{Q_s \cdot A_G \cdot f_y}{N_{ey}}} = \sqrt{\frac{0,96 \times 8,0 \times 25}{14.469,64}} = 0,095 \end{cases} \rightarrow$$

$$\rightarrow \lambda_{0x} > \lambda_{0y} \rightarrow \lambda = \lambda_{0x} = 1,093$$

Para $\lambda_0 \leq 1,5 \rightarrow \chi = 0,658^{\lambda_0^2}$

Para $\lambda_0 > 1,5 \rightarrow \chi = \frac{0,877}{\lambda_0^2} \rightarrow \chi = 0,658^{1,093^2} = 0,61$

$$N_{Rdc} = \frac{\chi \cdot Q \cdot A_G \cdot f_y}{\gamma} = \frac{0,61 \times 0,96 \times 5,42 \times 25,0}{1,10}$$
$$N_{Rdc} = 72,14 \text{ kN}$$

▻ Verificação da necessidade de presilhas

Como as cantoneiras atuarão juntas, será verificada a necessidade de presilha. Observar que, para essa análise, deverá ser utilizado o raio de giração mínimo do perfil – que é o r_z. Dessa forma, tem-se:

$$\frac{\ell}{r_{mín}} \leq \frac{\lambda}{2} \Rightarrow \ell \leq \frac{99,09}{2} \times 0,89 \text{ cm} = 44,10 \text{ cm}$$

Portanto, será adotado um espaçamento de até 440 mm para as presilhas.

Para $L_x = L_y = 236,0$ cm, com $k_x = k_y = 1,00$.

$$\lambda_x = 167,03$$
$$\lambda_{y1} = 14,50$$
$$N_{ex} = 38,35$$
$$N_{ey} = 5.092,02$$

$$\lambda_p \left(b/t \text{ da mesa}\right) = 0,45 \cdot \sqrt{\frac{E}{f_y}} =$$
$$= 0,45 \times \sqrt{\frac{20.000 \text{ kN/cm}^2}{25 \text{ kN/cm}^2}} = 12,73$$

$$\lambda_r \left(b/t \text{ da mesa}\right) = 0,91 \cdot \sqrt{\frac{E}{f_y}} =$$
$$= 0,91 \times \sqrt{\frac{20.000 \text{ kN/cm}^2}{25 \text{ kN/cm}^2}} = 25,74$$

$$\lambda \left(b/t \text{ da mesa}\right) = \frac{b}{t} = \frac{4,445}{0,317} = 14,02 \quad \lambda_p < \lambda \leq \lambda_r$$

$$\begin{cases} \lambda \leq \lambda_p \rightarrow Q_s = 1,0 \\ \lambda_p < \lambda \leq \lambda_r \rightarrow Q_s = 1,34 - 0,76 \cdot \lambda \cdot \sqrt{\frac{f_y}{E}} \\ \lambda > \lambda_r \rightarrow Q_s = \frac{0,53 \cdot E}{f_y \cdot \lambda^2} \end{cases}$$

$$Q_s = 1,34 - 0,76 \times 14,02 \times \sqrt{\frac{25 \text{ kN/cm}^2}{20.000 \text{ kN/cm}^2}} = 0,96$$

$$\begin{cases} \lambda_{0x} = \sqrt{\frac{Q_s \cdot A_G \cdot f_y}{N_{ex}}} = \sqrt{\frac{0,96 \times 5,42 \times 25}{38,35}} = 1,842 \\ \lambda_{0y} = \sqrt{\frac{Q_s \cdot A_G \cdot f_y}{N_{ey}}} = \sqrt{\frac{0,96 \times 8,0 \times 25}{5.092,02}} = 0,160 \end{cases} \rightarrow$$

$$\rightarrow \lambda_{0x} > \lambda_{0y} \rightarrow \lambda = \lambda_{0x} = 1,842$$

Para $\lambda_0 \leq 1,5 \rightarrow \chi = 0,658^{\lambda_0^2}$

Para $\lambda_0 > 1,5 \rightarrow \chi = \frac{0,877}{\lambda_0^2} \rightarrow \chi = \frac{0,877}{1,842^2} = 0,26$

$$N_{Rdc} = \frac{\chi \cdot Q \cdot A_G \cdot f_y}{\gamma} = \frac{0,26 \times 0,96 \times 5,42 \times 25,0}{1,10}$$
$$N_{Rdc} = 30,75 \text{ kN}$$

▻ Verificação da necessidade de presilhas

$$\frac{\ell}{r_{mín}} \leq \frac{\lambda}{2} \Rightarrow \ell \leq \frac{167,03}{2} \times 0,89 \text{ cm} = 74,33 \text{ cm}$$

Portanto, nesse caso, será adotado um espaçamento de até 740 mm para as presilhas.

4.6.11 Resultados e verificações

A Tab. 4.4 apresenta a planilha adotada para a verificação dos perfis utilizados em cada elemento.

4.6.12 Tesoura – perfil tubular circular

Outro perfil muito utilizado para as tesouras ou treliças é o tubular de seção circular. O caminho de dimensionamento é o mesmo apresentado nas duas opções anteriores, diferindo apenas nas fórmulas. A seguir serão exibidas as fórmulas usadas. Para maiores informações, consultar a NBR 16239 (ABNT, 2013), que trata dos perfis tubulares.

Tab. 4.4 RESULTADOS E VERIFICAÇÃO

Posição	Nº barra	Esforços (N) Compressão	Esforços (N) Tração	Material	L_x (cm)	L_y (cm)	N_{Rdt} (tração)	N_{Rdc} (compressão)	Verif.
Corda superior	1	−250,242	218,734	300 × 100 × 3,75 × 14,36 kg/m	125,00	225,00	579,26	289,51	OK
Corda inferior	2	−218,424	249,887	300 × 100 × 4,75 × 18,06 kg/m	225,00	750,00	730,77	236,60	OK
Diagonais	3	−70,119	80,219	L1.3/4" × 1.3/4 × 3/16"	173,28	173,28	181,82	74,55	OK
Diagonais	4	−64,812	74,148	L1.3/4" × 1.3/4 × 3/16"	177,96	177,96	181,82	74,55	OK
Diagonais	5	−56,458	49,350	L1.3/4" × 1.3/4 × 3/16"	187,68	187,68	181,82	58,18	OK
Diagonais	6	−52,700	46,064	L1.3/4" × 1.3/4 × 3/16"	192,71	192,71	181,82	58,18	OK
Diagonais	7	−35,639	31,152	L1.3/4" × 1.3/4 × 3/16"	197,83	197,83	181,82	58,18	OK
Diagonais	8	−33,530	29,309	L1.3/4" × 1.3/4 × 3/16"	203,04	203,04	181,82	58,18	OK
Diagonais	9	−18,326	16,018	L1.3/4" × 1.3/4 × 1/8"	208,33	208,33	123,18	30,75	OK
Diagonais	10	−17,352	15,166	L1.3/4" × 1.3/4 × 1/8"	213,70	213,70	123,18	30,75	OK
Diagonais	11	−5,514	3,054	L1.3/4" × 1.3/4 × 1/8"	219,15	219,15	123,18	30,75	OK
Diagonais	12	−5,248	2,909	L1.3/4" × 1.3/4 × 1/8"	224,65	224,65	123,18	30,75	OK
Diagonais	13	−17,195	9,523	L1.3/4" × 1.3/4 × 1/8"	230,22	230,22	123,18	30,75	OK
Diagonais	14	−16,441	12,878	L1.3/4" × 1.3/4 × 1/8"	235,85	235,85	123,18	30,75	OK
Diagonais	15	0,000	12,878	L1.3/4" × 1.3/4 × 1/8"	235,85	235,85	123,18	30,75	OK
Diagonais	16	−8,324	9,523	L1.3/4" × 1.3/4 × 1/8"	230,22	230,22	123,18	30,75	OK
Diagonais	17	−3,326	9,447	L1.3/4" × 1.3/4 × 1/8"	224,65	224,65	123,18	30,75	OK
Diagonais	18	−3,495	9,923	L1.3/4" × 1.3/4 × 1/8"	219,15	219,15	123,18	30,75	OK
Diagonais	19	−17,352	15,166	L1.3/4" × 1.3/4 × 1/8"	213,70	213,70	123,18	30,75	OK
Diagonais	20	−18,326	16,018	L1.3/4" × 1.3/4 × 1/8"	208,33	208,33	123,18	30,75	OK
Diagonais	21	−33,530	29,309	L1.3/4" × 1.3/4 × 3/16"	203,04	203,04	181,82	58,18	OK
Diagonais	22	−35,639	31,152	L1.3/4" × 1.3/4 × 3/16"	197,83	197,83	181,82	58,18	OK
Diagonais	23	−52,700	46,064	L1.3/4" × 1.3/4 × 3/16"	192,71	192,71	181,82	58,18	OK
Diagonais	24	−56,458	49,350	L1.3/4" × 1.3/4 × 3/16"	187,68	187,68	181,82	58,18	OK
Diagonais	25	−64,812	74,148	L1.3/4" × 1.3/4 × 3/16"	177,96	177,96	181,82	74,55	OK
Diagonais	26	−70,119	80,219	L1.3/4" × 1.3/4 × 3/16"	173,28	173,28	181,82	74,55	OK
Montantes	27	−63,972	55,918	L1.3/4" × 1.3/4 × 1/8"	120,00	120,00	123,18	72,14	OK
Montantes	28	−55,554	48,560	L1.3/4" × 1.3/4 × 1/8"	126,67	126,67	123,18	72,14	OK
Montantes	29	−10,662	10,234	L1.3/4" × 1.3/4 × 1/8"	133,33	133,33	123,18	72,14	OK
Montantes	30	−35,059	40,109	L1.3/4" × 1.3/4 × 1/8"	140,00	140,00	123,18	72,14	OK
Montantes	31	−24,146	27,625	L1.3/4" × 1.3/4 × 1/8"	146,67	146,67	123,18	30,75	OK
Montantes	32	−23,096	26,422	L1.3/4" × 1.3/4 × 1/8"	153,33	153,33	123,18	30,75	OK
Montantes	33	−12,813	14,660	L1.3/4" × 1.3/4 × 1/8"	160,00	160,00	123,18	30,75	OK
Montantes	34	−12,302	14,072	L1.3/4" × 1.3/4 × 1/8"	166,67	166,67	123,18	30,75	OK
Montantes	35	−2,509	4,528	L1.3/4" × 1.3/4 × 1/8"	173,33	173,33	123,18	30,75	OK
Montantes	36	−2,416	4,362	L1.3/4" × 1.3/4 × 1/8"	180,00	180,00	123,18	30,75	OK
Montantes	37	−7,997	14,440	L1.3/4" × 1.3/4 × 1/8"	186,67	186,67	123,18	30,75	OK
Montantes	38	−7,721	13,941	L1.3/4" × 1.3/4 × 1/8"	193,33	193,33	123,18	30,75	OK
Montantes	39	0,000	0,000	L1.3/4" × 1.3/4 × 1/8"	200,00	200,00	123,18	30,75	OK
Montantes	40	−7,721	6,748	L1.3/4" × 1.3/4 × 1/8"	193,33	193,33	123,18	30,75	OK
Montantes	41	−7,997	6,990	L1.3/4" × 1.3/4 × 1/8"	186,67	186,67	123,18	30,75	OK
Montantes	42	−7,848	2,764	L1.3/4" × 1.3/4 × 1/8"	180,00	180,00	123,18	30,75	OK
Montantes	43	−8,150	2,869	L1.3/4" × 1.3/4 × 1/8"	173,33	173,33	123,18	30,75	OK
Montantes	44	−12,302	14,072	L1.3/4" × 1.3/4 × 1/8"	166,67	166,67	123,18	30,75	OK
Montantes	45	−12,813	14,660	L1.3/4" × 1.3/4 × 1/8"	160,00	160,00	123,18	30,75	OK
Montantes	46	−23,096	26,422	L1.3/4" × 1.3/4 × 1/8"	153,33	153,33	123,18	30,75	OK
Montantes	47	−24,146	27,625	L1.3/4" × 1.3/4 × 1/8"	146,67	146,67	123,18	30,75	OK
Montantes	48	−35,059	40,109	L1.3/4" × 1.3/4 × 3/16"	140,00	140,00	123,18	72,14	OK
Montantes	49	−10,662	9,320	L1.3/4" × 1.3/4 × 3/16"	133,33	133,33	123,18	72,14	OK
Montantes	50	−55,554	48,560	L1.3/4" × 1.3/4 × 3/16"	126,67	126,67	123,18	72,14	OK
Montantes	51	−63,972	55,918	L1.3/4" × 1.3/4 × 3/16"	120,00	120,00	123,18	72,14	OK

a) Resistência ao esforço normal

i. Resistência à tração

$$N_{Rdt} = \frac{A_G \cdot f_y}{\gamma_{a1}}$$

ii. Resistência à compressão axial

$$\lambda = \frac{L_b}{r}$$

$$N_e = \frac{\pi^2 \cdot E \cdot I}{(k \cdot L_b)^2}$$

$$\lambda_p (b/t \text{ da mesa}) = 0,11 \cdot \frac{E}{f_y}$$

$$\lambda_r (b/t \text{ da mesa}) = 0,45 \cdot \frac{E}{f_y}$$

$$\lambda (b/t \text{ da mesa}) = \frac{D}{t}$$

em que D é o diâmetro externo e t é a espessura da parede do tubo.

$$\begin{cases} \lambda \leq \lambda_p \rightarrow Q = Q_s = 1,0 \\ \lambda_p < \lambda \leq \lambda_r \rightarrow Q = Q_s = \frac{0,038 \cdot E}{\lambda \cdot f_y} + \frac{2}{3} \\ \lambda > \lambda_r \rightarrow \text{nesse caso não é prevista a utilização} \\ \quad \text{de perfis tubulares} \end{cases}$$

$$\lambda_0 = \sqrt{\frac{Q \cdot A_G \cdot f_y}{N_e}}$$

Para $\lambda_0 \leq 1,5 \rightarrow \chi = 0,658^{\lambda_0^2}$

Para $\lambda_0 > 1,5 \rightarrow \chi = \frac{0,877}{\lambda_0^2}$

$$N_{Rdc} = \frac{\chi \cdot Q \cdot A_G \cdot f_y}{\gamma}$$

b) Resistência ao momento fletor

$$\lambda = \frac{D}{t} \quad \lambda_p = 0,07 \cdot \frac{E}{f_y} \quad \lambda_r = 0,31 \cdot \frac{E}{f_y} \quad \lambda_{lim} = 0,45 \cdot \frac{E}{f_y}$$

$$M_{pl}(kNm) = \frac{Z_x(cm^4) \cdot f_y(kN/cm^2)}{100}$$

$$\begin{cases} \lambda \leq \lambda_p \rightarrow M_{RD} = \frac{M_{pl}}{\gamma_{a1}} \\ \lambda_p < \lambda \leq \lambda_r \rightarrow M_{RD} = \left(\frac{0,021 \cdot E}{\lambda} + f_y\right) \cdot \frac{W}{\gamma_{a1}} \\ \lambda_r < \lambda \leq \lambda_{lim} \rightarrow M_{RD} = \left(\frac{0,33 \cdot E}{\lambda}\right) \cdot \frac{W}{\gamma_{a1}} \\ \lambda > \lambda_{lim} \rightarrow \text{nesse caso não é prevista a utilização de} \\ \quad \text{perfis tubulares} \end{cases}$$

c) Resistência ao cisalhamento

$$\tau_{cr} \begin{cases} \dfrac{1,60 \cdot E}{\sqrt{\dfrac{L_v}{D}} \cdot \left(\dfrac{D}{t_d}\right)^{5/4}} \leq 0,60 f_y \\ \dfrac{0,78 \cdot E}{\left(\dfrac{D}{t_d}\right)^{3/2}} \leq 0,60 f_y \end{cases}$$

em que:

D = diâmetro externo da seção transversal;

$t_d = \begin{cases} 0,93 \cdot t & \text{para tubos com costura} \\ t & \text{para tubos com costura} \end{cases}$, com t igual à espessura nominal do tubo;

L_v = distância entre as seções de forças cortantes máxima e nula.

4.7 Marquises

As marquises são coberturas normalmente projetadas em balanço e utilizadas tanto em construções multifamiliares como em instalações industriais.

A beleza de uma marquise reside em sua estética, sendo um elemento crucial para o realce de uma fachada arquitetônica.

De modo geral, procura-se dimensioná-las sem o uso de tirantes, a depender da resistência dos elementos existentes (por exemplo: pilares de concreto armado ou de aço) para servir-lhes de engaste com segurança e resistência, realçando, assim, sua plasticidade.

Ainda no aspecto funcional e estético, alguns cuidados devem ser observados para a marquise:

- uma marquise curta em comprimento não deve se situar em uma altura muito elevada, pois não servirá para proteger os transeuntes da chuva e do sol de forma tão eficaz – deve-se procurar fazer um estudo arquitetônico;
- uma marquise de comprimento grande não deve se situar em uma altura muito baixa, pois sua estética ficará prejudicada;
- para marquises curvas, adotar preferencialmente perfis soldados, que podem ter suas mesas separadas de sua alma, suas almas calandradas e reconstruídas; perfis laminados são mais difíceis de serem calandrados.

Assim, ao longo desta seção, serão apresentados dois projetos executivos reais: um referente a uma marquise na cidade de Manaus (AM) e outro referente a uma marquise na cidade de São Paulo (SP).

4.7.1 Marquise do supermercado Carrefour – Manaus (AM)

As Figs. 4.34 a 4.35 mostram uma obra do supermercado Carrefour, cuja marquise, com formas retas, encontra-se localizada em sua fachada, possuindo 5,33 m em balanço e 24,00 m de comprimento, sem o uso de tirantes. A altura bem conciliada com seu respectivo comprimento garante uma boa proteção contra os raios solares e a chuva para seus usuários.

Fig. 4.34 Vista geral da fachada do supermercado com a marquise montada

Fig. 4.35 Vistas inferiores da marquise: vigas, terças e telha

a) Detalhes do projeto

Na planta geral apresentada na Fig. 4.36 são feitas chamadas de cortes diversos, que serão detalhados adiante, bem como são indicados os eixos, que devem ser fiéis aos projetos de arquitetura.

Os sentidos dos caimentos e a inclinação da calha devem ser sempre indicados, como mostrado na Fig. 4.37.

Na planta, indicam-se os cortes e, a partir deles, cada detalhe típico a ser detalhado (Figs. 4.38 a 4.40). As plantas baixas, os cortes e os detalhes típicos constituem o projeto de montagem.

Observar, por esses cortes, que são feitas as mínimas indicações possíveis dos elementos, para não poluir e congestionar o desenho; basta chamar cada elemento por um nome específico, que será detalhado e informado na planta de fabricação.

Na ligação das vigas principais em balanço com os pilares de concreto armado a serem executados, optou-se pelo detalhamento de barras de pré-concretagem, que deveriam ser executadas junto com o concreto armado, em vez de serem utilizados chumbadores químicos ou mecânicos, conforme mostrado na Fig. 4.41.

A vantagem do uso de barras de pré-concretagem reside principalmente na menor distância deixada entre as barras em relação ao uso de chumbadores mecânicos, por exemplo, uma vez que estes últimos exigiriam uma distância de $10 \cdot D$ entre si. Outra vantagem é a não exigência de um fator de segurança alto, como os adotados para chumbadores químicos ou mecânicos, para uma situação de trabalho preponderantemente à tração, como é o caso em questão.

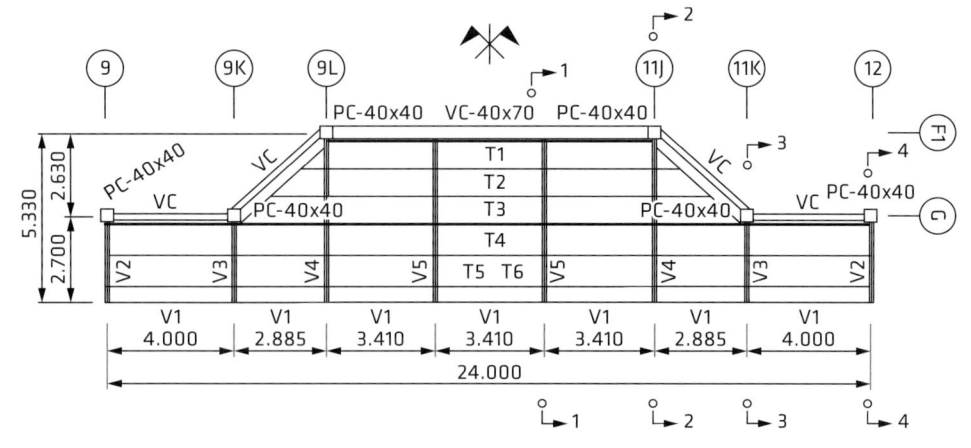

VC - viga de concreto
PC - pilar de concreto
T1 a T6 - terças de aço
V1 a V4 - vigas de aço

Planta baixa - vigas e terças
Escala: 1:25

Fig. 4.36 Planta baixa de vigas e terças

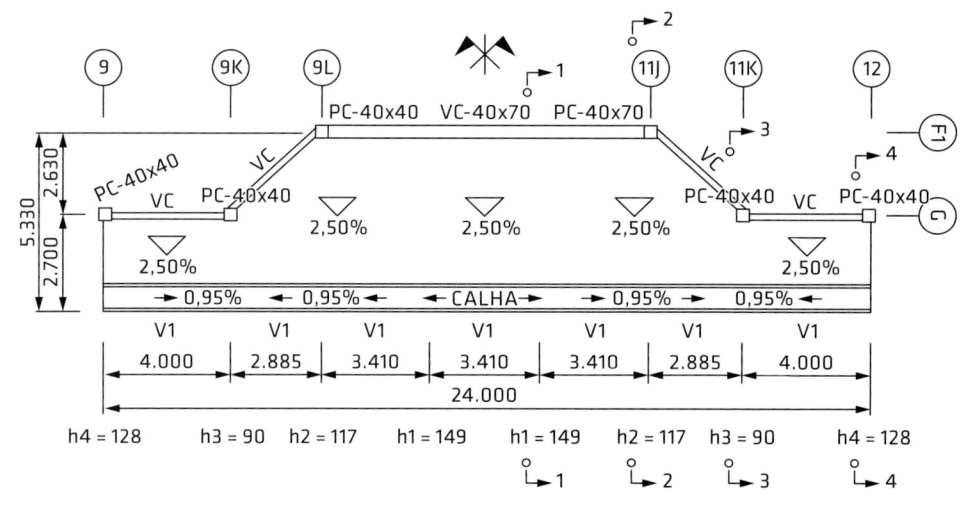

Fig. 4.37 Planta baixa da telha de cobertura e calha

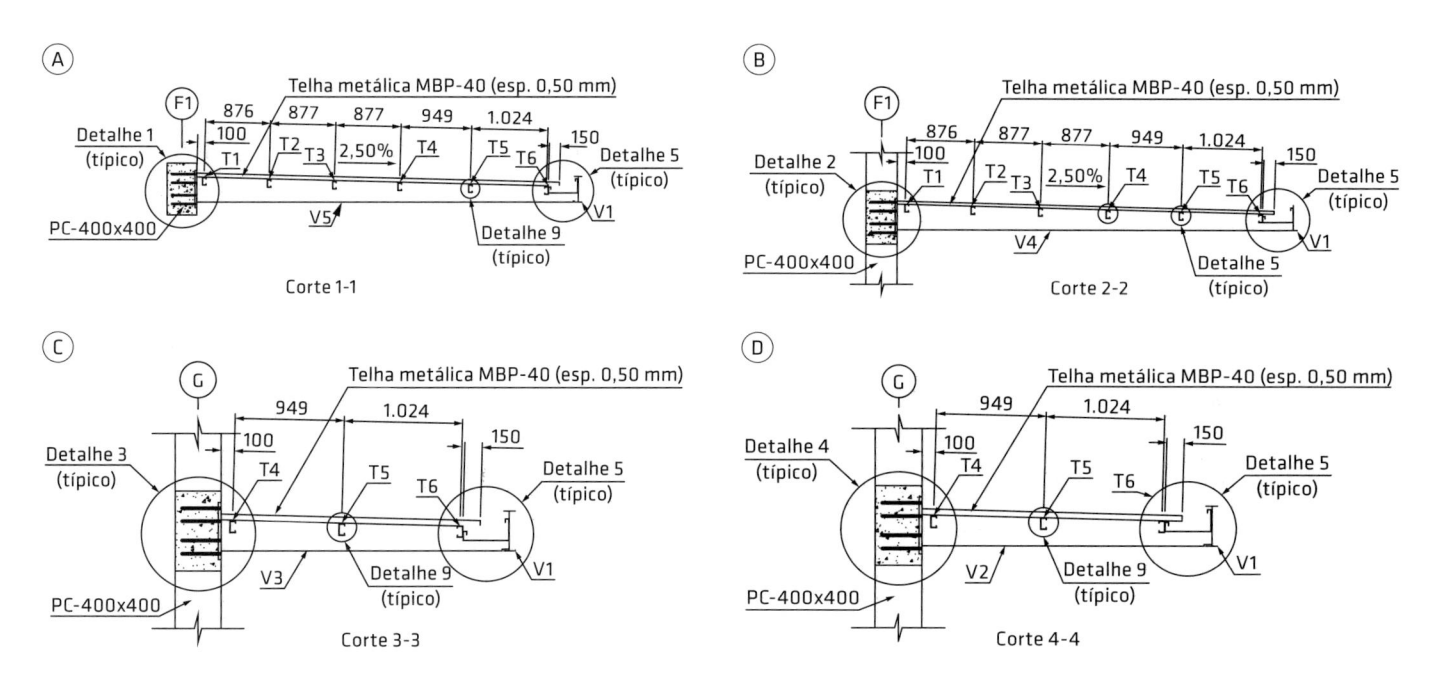

Fig. 4.38 Cortes: (A) 1-1 – viga V5; (B) 2-2 – viga V4; (C) 3-3 – viga V3; (D) 4-4 – viga V2

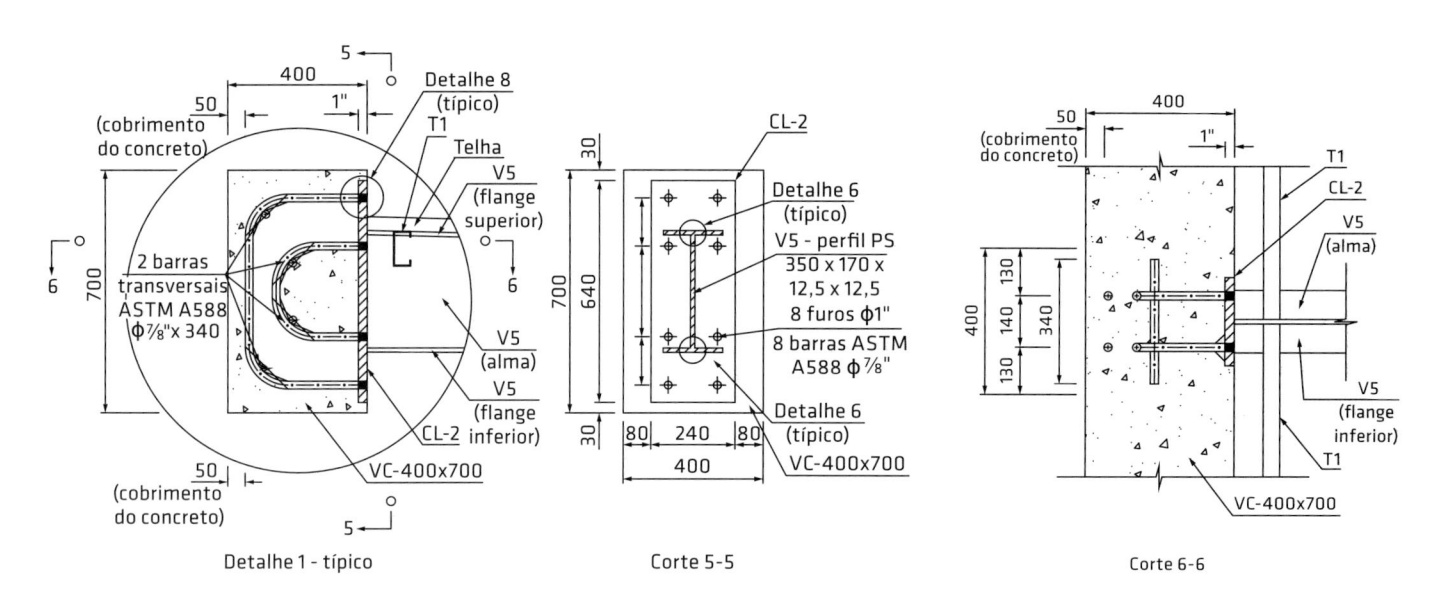

Fig. 4.39 Detalhe típico 1 e corte 5-5

Fig. 4.40 Corte 6-6

222 ESTRUTURAS METÁLICAS

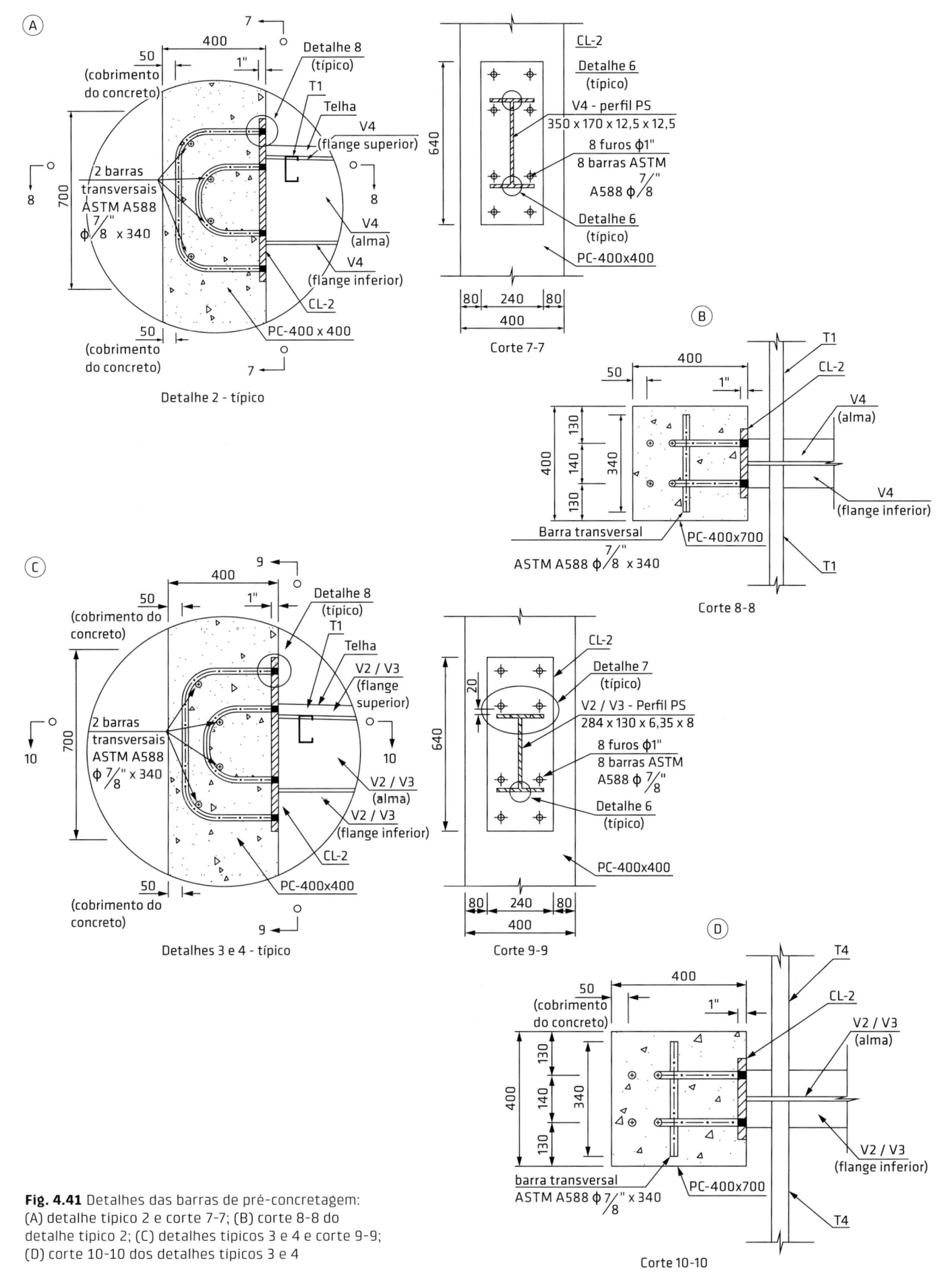

Fig. 4.41 Detalhes das barras de pré-concretagem: (A) detalhe típico 2 e corte 7-7; (B) corte 8-8 do detalhe típico 2; (C) detalhes típicos 3 e 4 e corte 9-9; (D) corte 10-10 dos detalhes típicos 3 e 4

DIMENSIONAMENTO DE COBERTURA   223

Procura-se adotar chumbadores químicos ou mecânicos quando se tem um pilar existente. E, mesmo assim, busca-se colocá-los nas laterais do pilar junto com chapas de ligação, para que trabalhem preponderantemente ao corte, e não à tração e ao corte simultâneos.

Nota: Uma grande desvantagem desse sistema de marquise, apesar de a equipe de obra ter preferido proceder assim, foi o uso de solda de campo em todas as ligações, como se pode ver pelo exemplo de detalhe apresentado nas Figs. 4.42 a 4.48, em razão da distância entre o local de execução da obra e a fábrica, em São Paulo. Porém, ficou acordado, e assim foi feito, de se aplicar um sistema de pintura em toda a estrutura depois do uso da solda de campo.

Faça o *download* de todos os detalhes desse projeto na página do livro (www.ofitexto.com.br/livro/estruturas-metalicas).

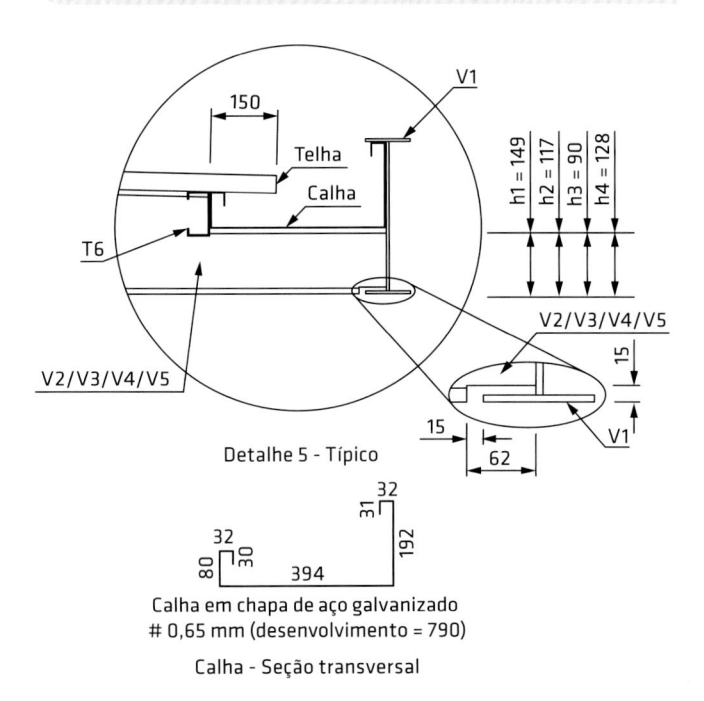

Fig. 4.42 Detalhe típico 5

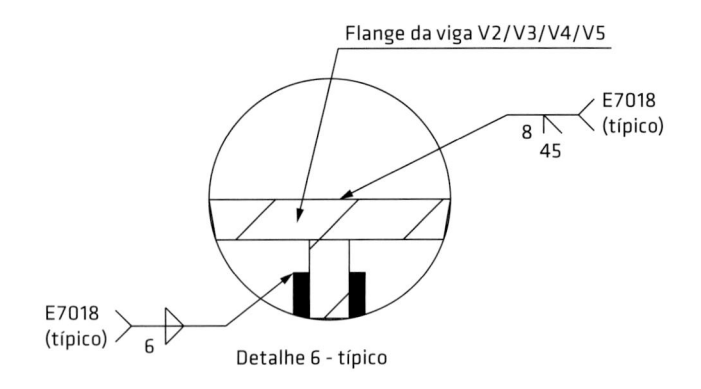

Fig. 4.43 Detalhe típico 6

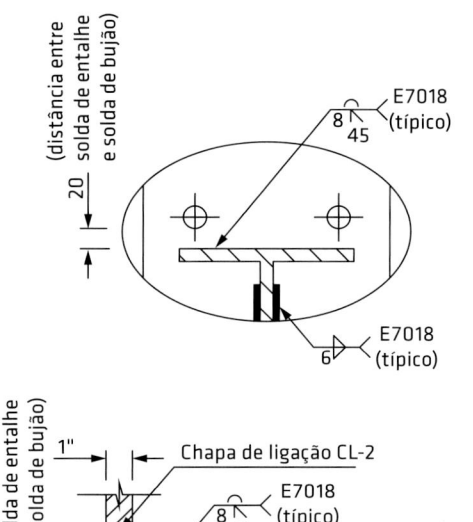

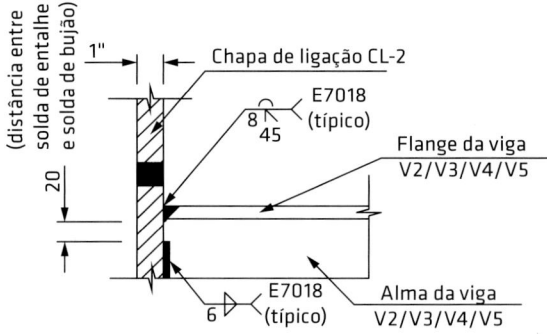

Detalhe 7 - Solda de filete e solda de entalhe, para ligação das CL-2 com as vigas V2, V3, V4 e V5

Fig. 4.44 Detalhe típico 7 de soldagem das vigas principais às chapas de ligação CL-2

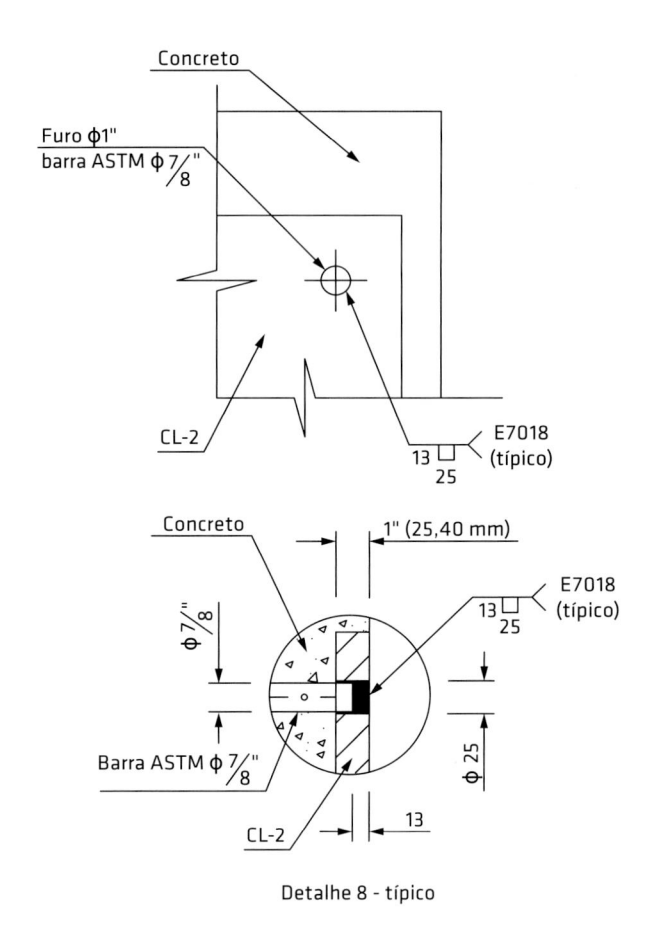

Detalhe 8 - típico

Fig. 4.45 Detalhe típico 8 – solda-tampão (bujão)

Essa metodologia de uso de solda de campo foi aplicada, também, na estrutura da marquise que será mostrada na próxima seção. No caso que será abordado, depois das soldas de campo, foi aplicada massa epóxi em toda a estrutura, seguida de pintura, o que a deixou com um aspecto bem bonito e elegante. No entanto, há de se pesar o uso de massa epóxi em toda a estrutura do ponto de vista financeiro.

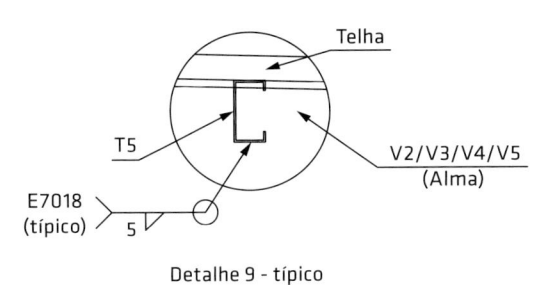

Fig. 4.46 Detalhe típico 9

a) Fotos da obra

Nas Figs. 4.49 e 4.50, observar a viga calandrada na fachada, soldada às vigas principais retas, as quais estão engastadas aos pilares de concreto armado existentes por meio de chumbadores mecânicos da Tecnart. As terças, por sua vez, são conectadas às vigas principais e servem de apoio para a telha de cobertura.

A viga calandrada não encosta na fachada da edificação, permanecendo em balanço ao longo de seu leve esboço.

Na Fig. 4.51, é possível notar a ligação da viga principal ao pilar de concreto armado existente por meio de chapas de ligação e de chumbadores mecânicos da Tecnart.

Quanto à calha, optou-se por deixá-la apoiada na viga calandrada de fachada.

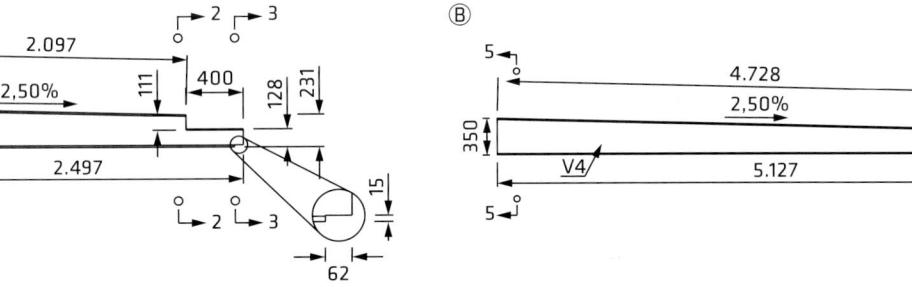

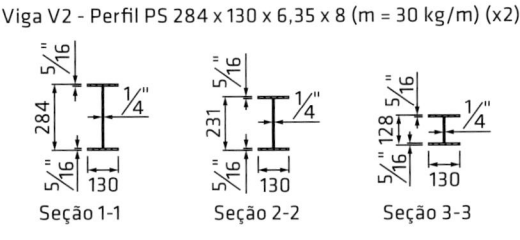

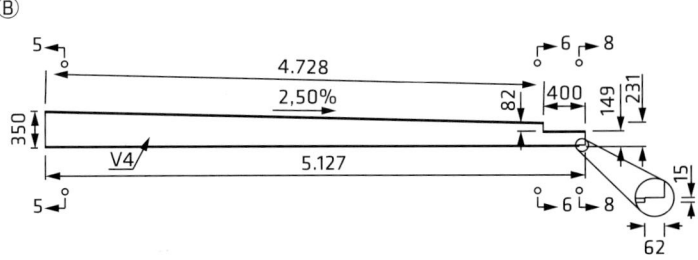

Fig. 4.47 Detalhes de fabricação das vigas (A) V2 e (B) V4

Assim, deixa-se aqui o exercício para que o leitor repense nas ligações das marquises abordadas neste capítulo sem o uso de solda de campo.

Notar que não se indicou a bandeira preta nos detalhes das soldas, porque havia sido informado, em nota, que todas as soldas seriam de campo. Isso é errado. Todas as bandeiras e simbologias atinentes a cada solda devem ser indicadas em cada detalhe do projeto.

4.7.2 Marquise do supermercado Carrefour – São Paulo (SP)

Nesta seção serão abordados o cálculo e o dimensionamento das peças principais de uma marquise em balanço usada na fachada de um supermercado Carrefour em São Paulo.

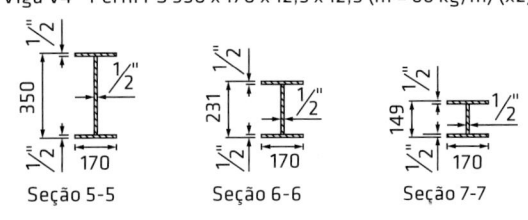

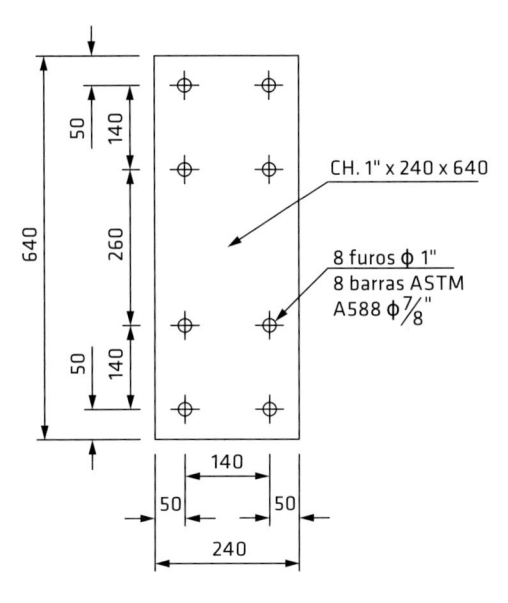

Fig. 4.48 Detalhe da chapa de ligação CL-2

Fig. 4.49 Vistas das marquises na fase de construção

Fig. 4.50 Detalhes da marquise – antes e depois da colocação da telha de cobertura

Fig. 4.51 Detalhes do sistema de fixação – engaste da marquise ao pilar existente de concreto armado

b) Detalhes do projeto

A Fig. 4.52 exibe a planta geral, onde são feitas as chamadas de cortes diversos, que serão detalhados adiante, e são indicados os eixos considerados. A Fig. 4.53 mostra o sentido dos caimentos e a inclinação da calha, que devem ser sempre indicados.

A Fig. 4.54 mostra o detalhe de ligação da viga V2 no pilar de concreto armado existente, ao passo que a Fig. 4.55 apresenta os cortes 3-3 e 4-4 desse detalhe, que também serve de apoio para as vigas duplas V7 ligadas por chumbadores e conectadas ao pilar pela chapa de ligação CL-5.

A Fig. 4.56 ilustra o detalhe da viga V3 se apoiando na viga dupla V8 (constituída de dois perfis W 410 × 38 soldados e unidos entre si por meio da solda indicada). Observar, na Fig. 4.57, o recorte feito na extremidade do flange inferior da viga V3 para possibilitar seu encaixe no flange do perfil da viga V8.

Notar a ligação da viga V3 com a viga V8 com o uso de solda de filete com espessura de 5 mm, aplicada em todo o contorno.

Para a calha, utilizou-se uma seção transversal constante (sem variação de altura) apoiada sobre as extremidades das vigas V2 a V5, que, estas sim, possuíam variação de altura para garantir a inclinação da calha.

Na Fig. 4.58, observar o uso de solda ponteada (símbolo de asterisco) ao longo da calha, apenas para fixá-la, com a utilização de eletrodo E6013 (sem função estrutural), e, na Fig. 4.59, o detalhe típico das ligações entre as terças e as vigas.

Até aqui, todos esses detalhes referem-se ao projeto de montagem. A partir de agora, serão mostrados os detalhes isolados que farão parte do projeto de fabricação.

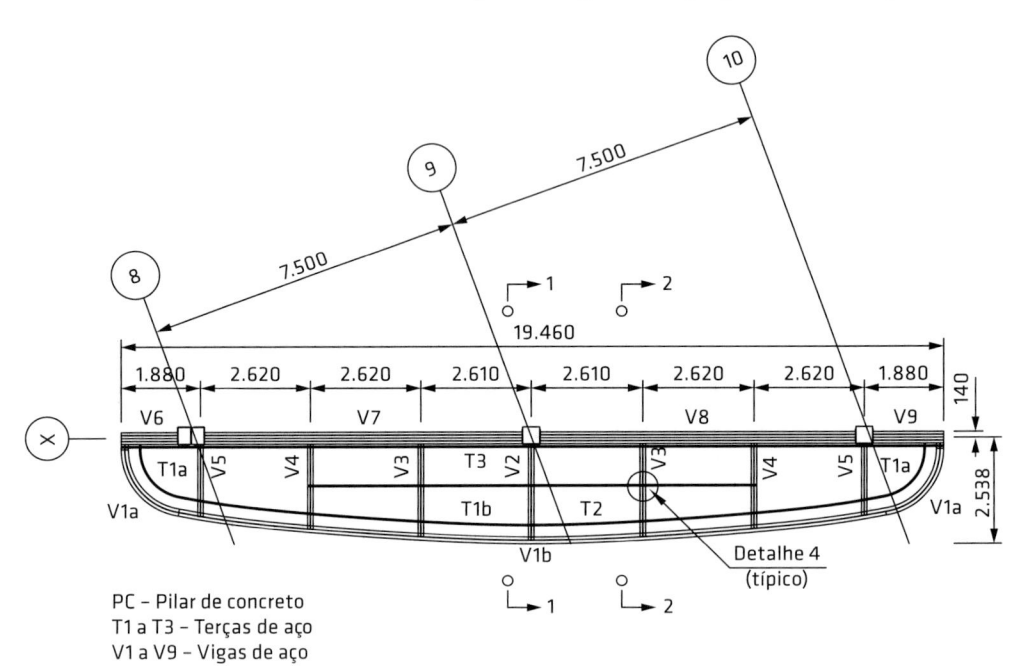

Fig. 4.52 Planta baixa de vigas e terças, com indicações de eixos e cortes

PC – Pilar de concreto
T1 a T3 – Terças de aço
V1 a V9 – Vigas de aço

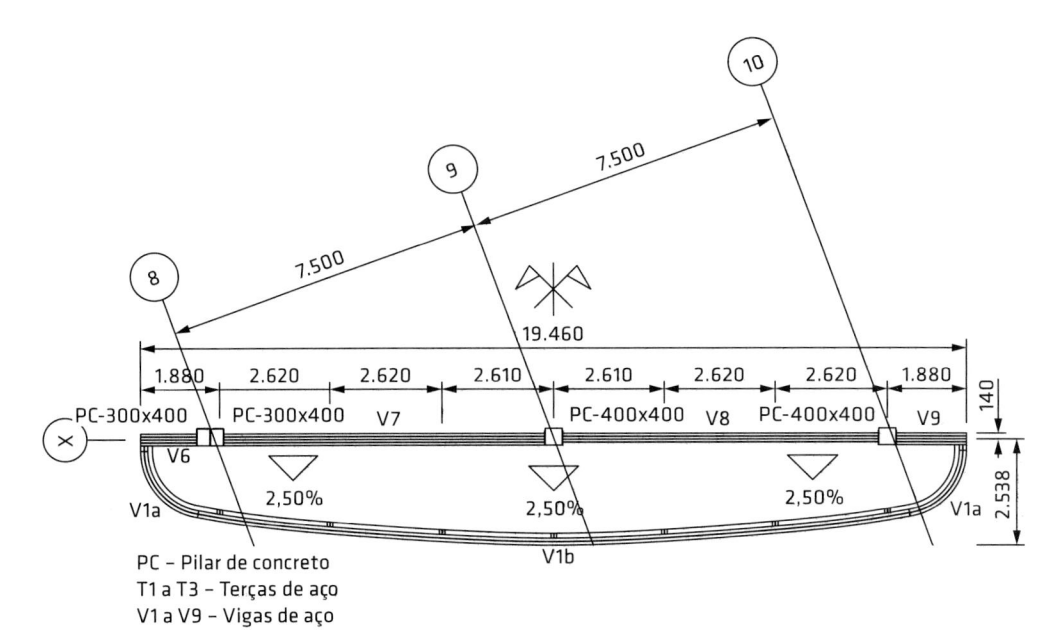

Fig. 4.53 Planta baixa da telha de cobertura e calha

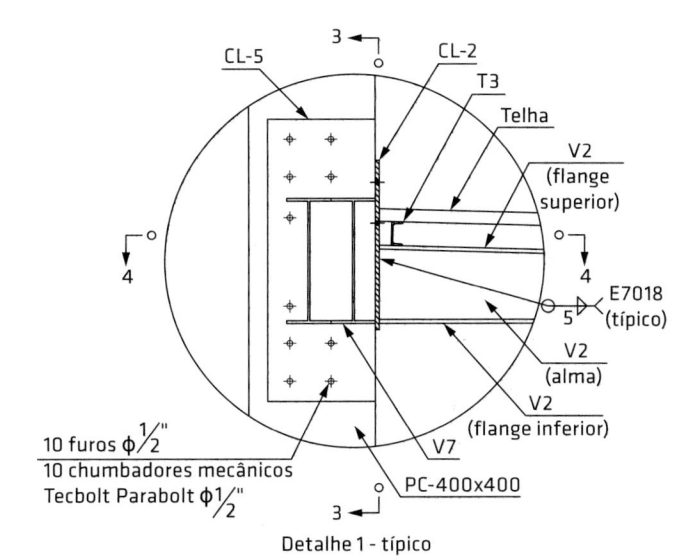

PC – Pilar de concreto
T1 a T3 – Terças de aço
V1 a V9 – Vigas de aço

Detalhe 1 - típico

Fig. 4.54 Detalhe típico 1

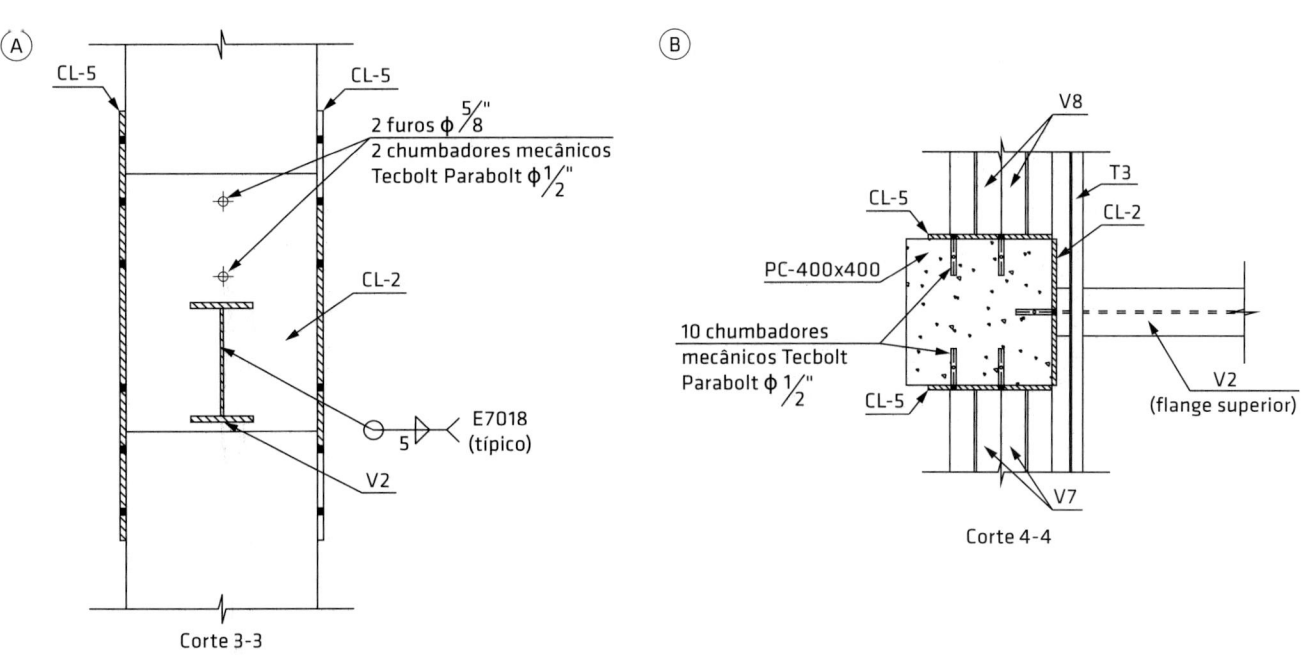

Corte 3-3

Corte 4-4

Fig. 4.55 Cortes do detalhe típico 1: (A) 3-3 e (B) 4-4

DIMENSIONAMENTO DE COBERTURA 227

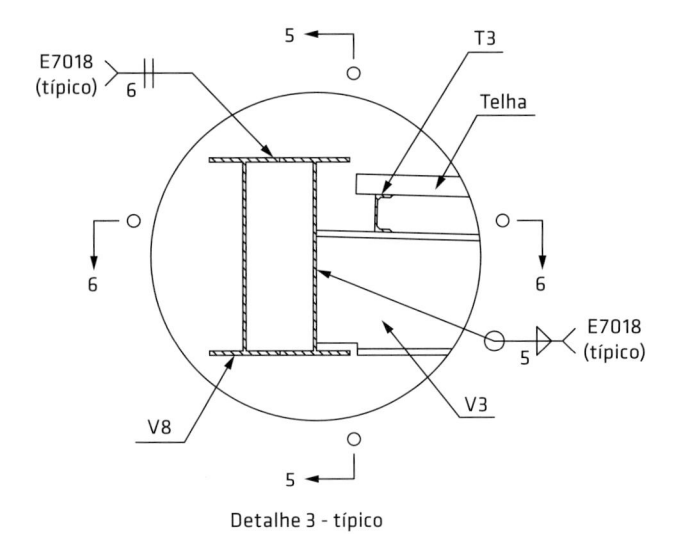

Fig. 4.56 Detalhe típico 3

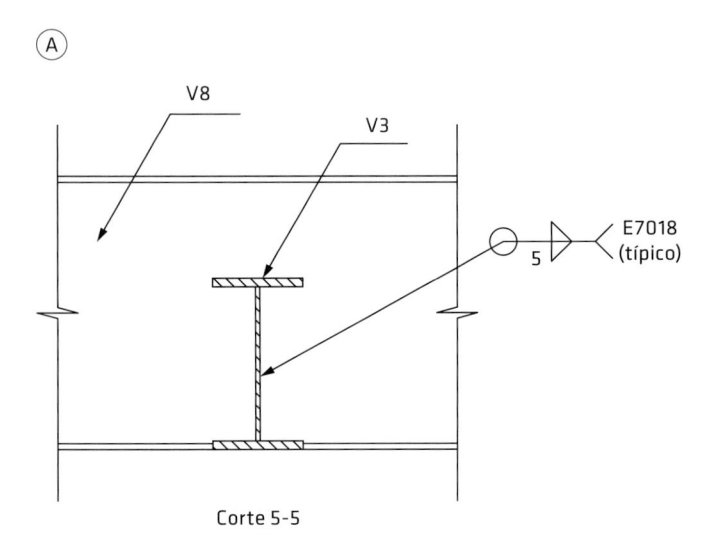

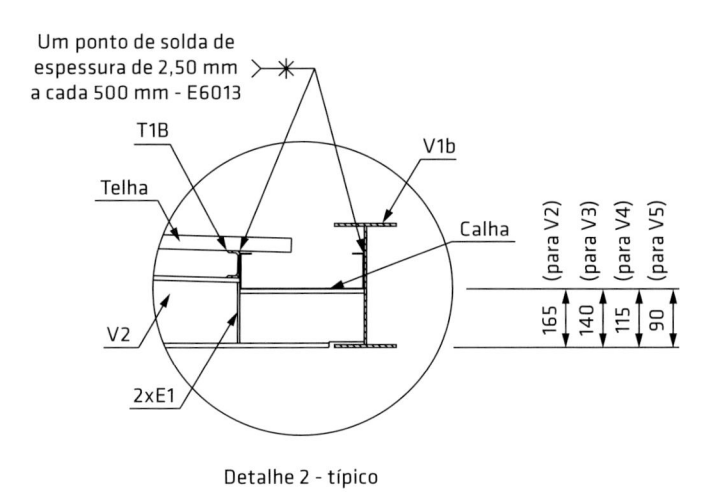

Fig. 4.58 Detalhe típico 2

Fig. 4.57 Cortes do detalhe típico 3: (A) 5-5 e (B) 6-6

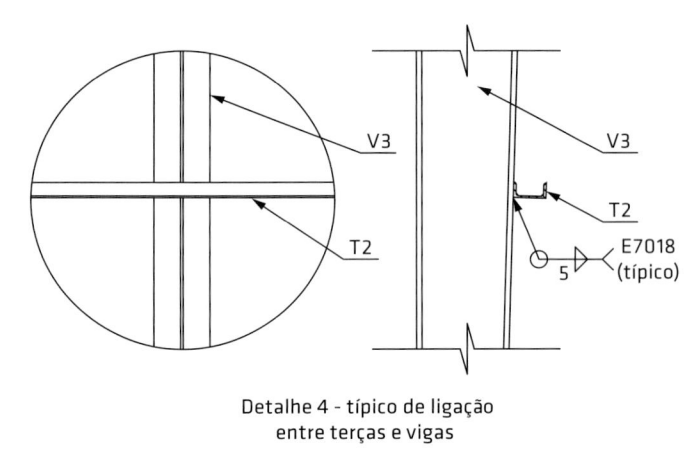

Fig. 4.59 Detalhe típico 4

A Fig. 4.60 ilustra os projetos detalhados de cada viga em separado que farão parte do projeto de fabricação.

O termo *desenvolvimento*, na Fig. 4.61, refere-se à somatória de todas as medidas da calha:

$$30 + 100 + 340 + 100 + 30 = 600 \text{ mm}$$

4.7.3 Cargas atuantes

As cargas atuantes são as mesmas das tesouras, ou seja, as cargas permanentes PP, formadas pelo peso próprio da marquise acrescido do peso da cobertura, e as cargas acidentais, constituídas pela sobrecarga, que vale 0,25 kN/m², e pelo vento.

O mesmo critério usado para as tesouras para a conversão das cargas superficiais em cargas lineares e depois em cargas pontuais será adotado para as marquises.

Os passos para a determinação das cargas são iguais aos empregados para as tesouras, com exceção do valor maior para a estrutura metálica, devido aos perfis utilizados nas vigas, e dos esforços de vento, pois houve alteração na localização.

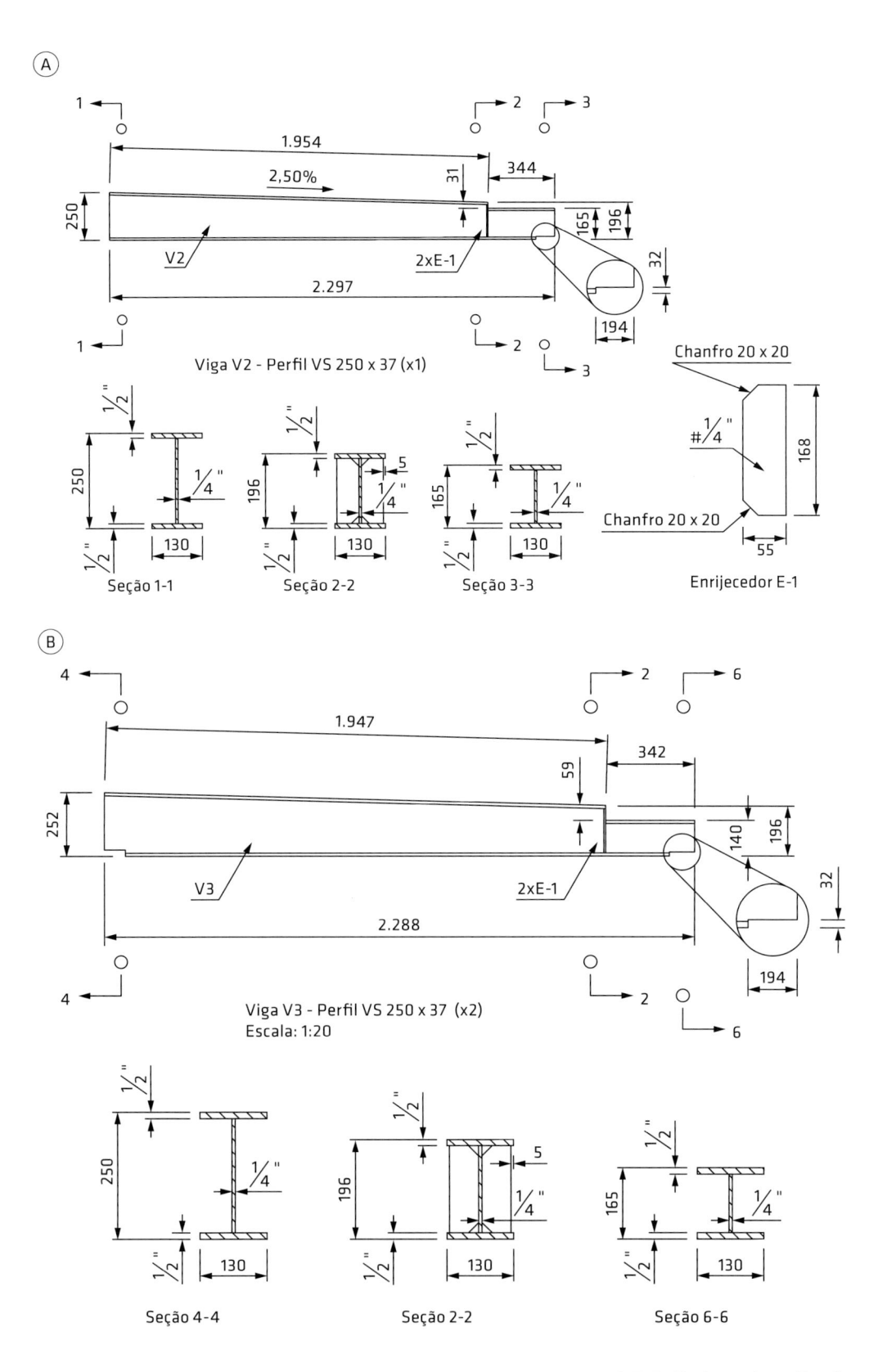

Fig. 4.60 Desenhos de fabricação das vigas (A) V2 e (B) V3

Fig. 4.61 Detalhe da seção transversal da calha

4.7.4 Determinação dos esforços de vento

Com base na isopleta de velocidade básica de vento (Cap. 1), determinam-se os valores de V_0 para cada caso.

A primeira marquise encontra-se na cidade de Manaus, que apresenta $V_0 = 30$ m/s. Nesse caso, será considerado terreno plano ou fracamente acidentado para o fator topográfico S_1, cujo valor é igual a 1,0.

Para o fator de rugosidade S_2, será adotada a categoria II – terrenos abertos em nível ou aproximadamente em nível, com poucos obstáculos isolados, tais como árvores e edificações baixas –, e, para as dimensões da edificação, a classe B – toda edificação ou parte de edificação para a qual a maior dimensão horizontal ou vertical da superfície frontal esteja entre 20 m e 50 m. Será considerada uma altura de 3,50 m.

$$S_2 = b \cdot F_r \left(z/10\right)^p$$

Levando em conta que $b = 1,00$, $F_r = 0,98$, $p = 0,09$ e $z = 3,50$ m, tem-se:

$$S_2 = 1,00 \times 0,98 \times \left(\frac{3,50}{10}\right)^{0,09} = 0,89$$

O próximo passo é determinar o fator estatístico S_3, que será igual a 1,0 – edificações para hotéis e residências, edificações para comércio e indústria com alto fator de ocupação.

Com base nos dados levantados, têm-se, para a cidade de Manaus:

$$V_0 = 30 \text{ m/s}$$
$$S_1 = 1,0$$
$$S_2 = 0,89$$
$$S_3 = 1,0$$
$$V_k = V_0 \cdot S_1 \cdot S_2 \cdot S_3$$
$$V_k = 30 \text{ m/s} \times 1,0 \times 0,89 \times 1,0$$
$$V_k = 26,70 \text{ m/s}$$
$$q = 0,613 \cdot V_k^2$$
$$q = 0,613 \times \left(26,70 \text{ m/s}\right)^2$$
$$q = 437,00 \text{ N/m}^2 \cong 0,44 \text{ kN/m}^2$$

A segunda marquise encontra-se na cidade de São Paulo, que apresenta $V_0 = 40$ m/s. Nesse caso, também será considerado terreno plano ou fracamente acidentado para o fator topográfico S_1, cujo valor é igual a 1,0.

Já para o fator de rugosidade S_2, será adotada a categoria V – terrenos cobertos por obstáculos numerosos, grandes, altos e pouco espaçados –, e, para as dimensões da edificação, a classe B – toda edificação ou parte de edificação para a qual a maior dimensão horizontal ou vertical da superfície frontal esteja entre 20 m e 50 m. Será também considerada uma altura de 3,50 m.

$$S_2 = b \cdot F_r \left(z/10\right)^p$$

Uma vez que $b = 0,75$, $F_r = 0,98$, $p = 0,15$ e $z = 3,50$ m, tem-se:

$$S_2 = 0,75 \times 0,98 \times \left(\frac{3,50}{10}\right)^{0,15} = 0,63$$

O fator estatístico S_3 será igual a 1,0 – edificações para hotéis e residências, edificações para comércio e indústria com alto fator de ocupação.

Com base nos dados levantados, têm-se, para a cidade de São Paulo:

$$V_0 = 40 \text{ m/s}$$
$$S_1 = 1,0$$
$$S_2 = 0,63$$
$$S_3 = 1,0$$
$$V_k = V_0 \cdot S_1 \cdot S_2 \cdot S_3$$
$$V_k = 40 \text{ m/s} \times 1,0 \times 0,63 \times 1,0$$
$$V_k = 25,20 \text{ m/s}$$
$$q = 0,613 \cdot V_k^2$$
$$q = 0,613 \times \left(25,20 \text{ m/s}\right)^2$$
$$q = 389,28 \text{ N/m}^2 \cong 0,39 \text{ kN/m}^2$$

a) Coeficientes de pressão e de forma externos, para telhados com uma água, em edificações de planta retangular, com $h/b < 2$

$$\frac{h}{b} = \frac{3,50}{2,538} = 1,38 \rightarrow \frac{h}{b} < 2$$
$$\theta = 1,43°$$

Os valores e a localização dos coeficientes de pressão e de forma são apresentados na Tab. 4.5.

4.7.5 Dimensionamento

A partir desse ponto, será apresentado apenas o dimensionamento da marquise da cidade de São Paulo, embora tenha sido calculado o vento para as duas cidades. Também será mostrado o dimensionamento de algumas vigas. O das terças já foi apresentado anteriormente. Além disso, em se tratando de uma marquise que se encontra em uma zona com altas sucções, será considerado o valor do coeficiente $c_{pe\text{-}Médio}$ H_1, que é equivalente aos coeficientes L_1, H_e e L_e.

Para a determinação das cargas, será considerado um vão entre vigas de 2,62 m e um vão entre terças de 0,977 m (1,954 m²). Também será considerada, como carga acidental, a proveniente da calha (somente para a extremidade livre da viga):

Seção da calha = 0,1 × 1,0 m = 0,10 m²
Carga linear = 0,10 m² × 10 kN/m³ = 1,00 kN/m

Tab. 4.5 VALORES DE C_{PE} CONFORME A TABELA 6 DA NBR 6123

θ	\multicolumn{10}{c}{Valores de C_e para ângulo de incidência do vento}
	90°[c]		45°		0°		−45°		−90°	
	H	L	H	L	H e L[a]	H e L[b]	H	L	H	L
5°	−1,0	−0,5	−1,0	−0,9	−1,0	−0,5	−0,9	−1,0	−0,5	−1,0

θ	\multicolumn{6}{c}{$C_{pe\text{-}Médio}$}
	H_1	H_2	L_1	L_2	H_e	L_e
5°	−2,0	−1,5	−2,0	−1,5	−2,0	−2,0

a Até uma profundidade igual a b/2.
b De b/2 até a/2.
c Considerar valores simétricos do outro lado do eixo de simetria paralelo ao vento.
Fonte: ABNT (1988).

4.7.6 Carregamento linear

- PP (viga): 0,50 kN/m.
- *Terças + correntes* (0,05 kN/m² × 2,62 m): 0,13 kN/m.
- *Telhas* (0,05 kN/m² × 2,62 m): 0,13 kN/m.
- Total: 0,76 kN/m.
- SC distribuída (0,25 kN/m² × 2,62 m): 0,66 kN/m.
- SC da calha (1,00 kN/m² × 2,62 m): 2,62 kN/m.
- VT (−0,39 kN/m² × 2,62 m): −1,02 kN/m.

4.7.7 Carregamento pontual

a) PP

$$PP_1 = 0,76 \times \frac{0,977}{2} \text{ m} = 0,371 \text{ kN}$$

$$PP_2 = 0,76 \times 0,977 \text{ m} = 0,743 \text{ kN}$$

b) SC

$$SC_1 = 0,66 \times \frac{0,977}{2} \text{ m} = 0,322 \text{ kN}$$

$$SC_2 = 0,66 \times 0,977 \text{ m} = 0,645 \text{ kN}$$

$$SC_{3(calha)} = 2,62 \times 0,34 \text{ m} = 0,891 \text{ kN}$$

c) VT

$$VT_1 = -2,00 \times 1,02 \times \frac{0,977}{2} \text{ m} = -0,997 \text{ kN}$$

$$VT_2 = -2,00 \times 1,02 \times 0,977 \text{ m} = -1,993 \text{ kN}$$

4.7.8 Diagramas de esforços (Figs. 4.62 a 4.69)

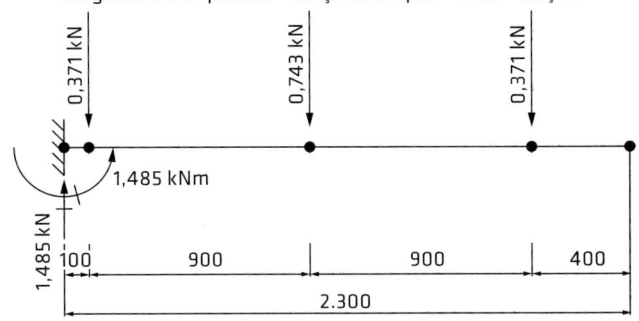

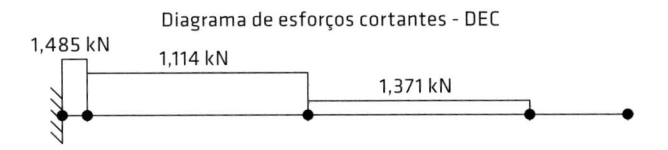

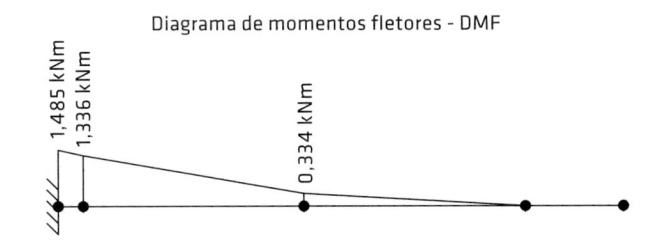

Fig. 4.62 Viga V2 – PP

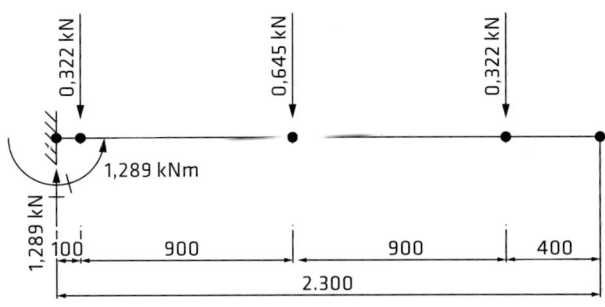

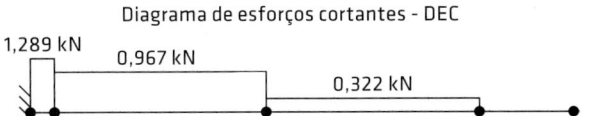

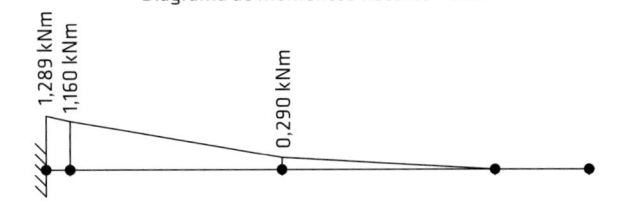

Fig. 4.63 Viga V2 – SC

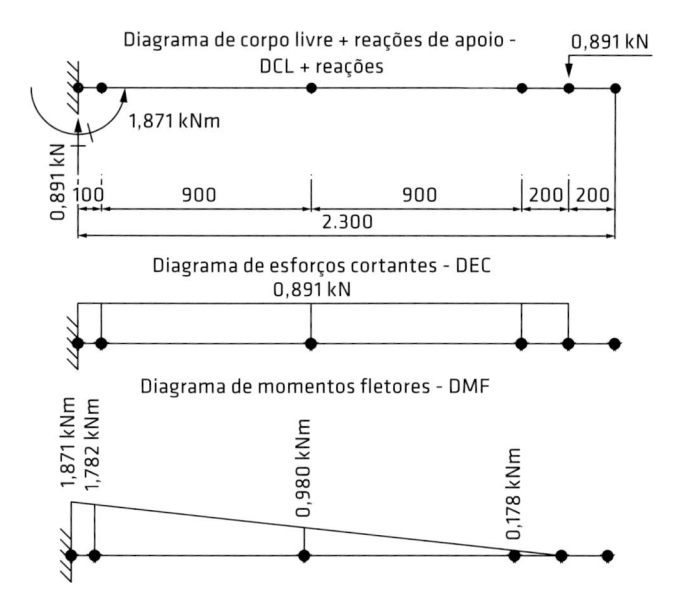

Fig. 4.64 Viga V2 – SC – calha

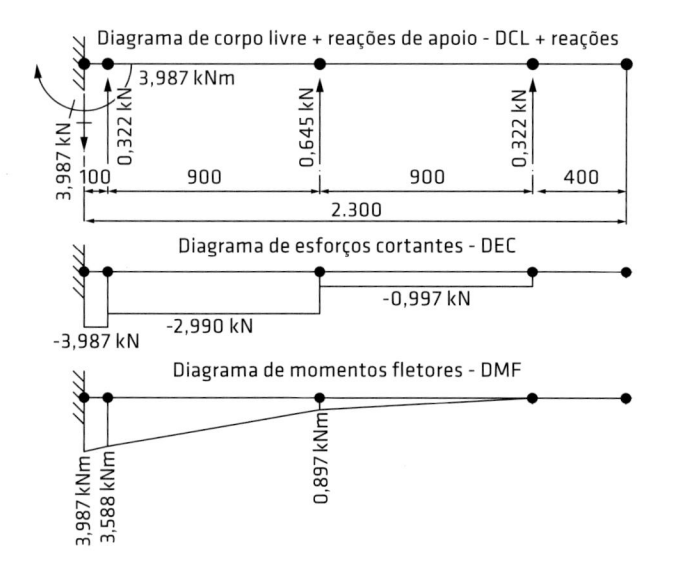

Fig. 4.65 Viga V2 – VT

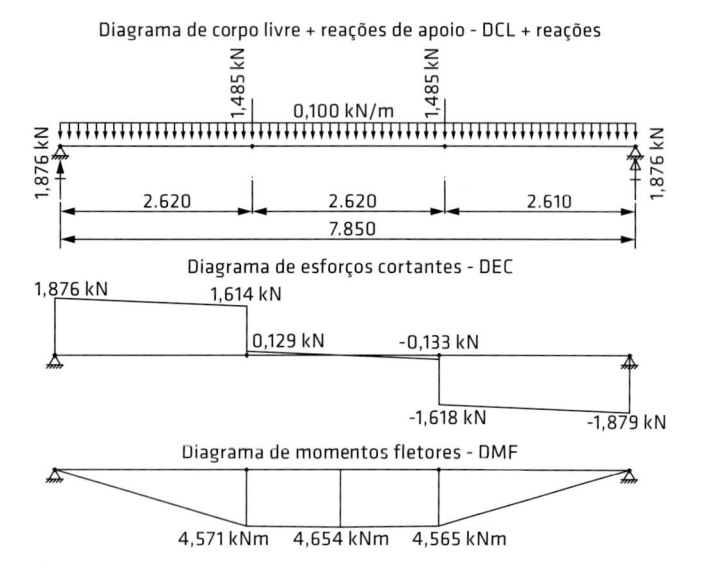

Fig. 4.66 Viga V7 – PP

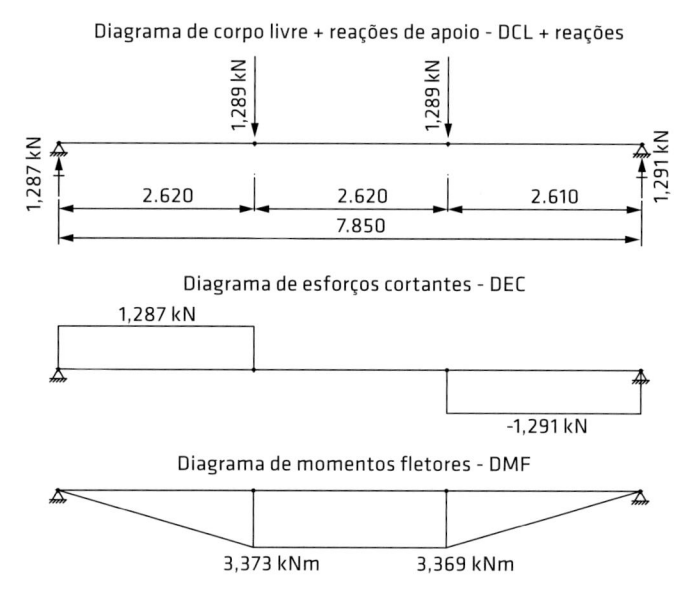

Fig. 4.67 Viga V7 – SC

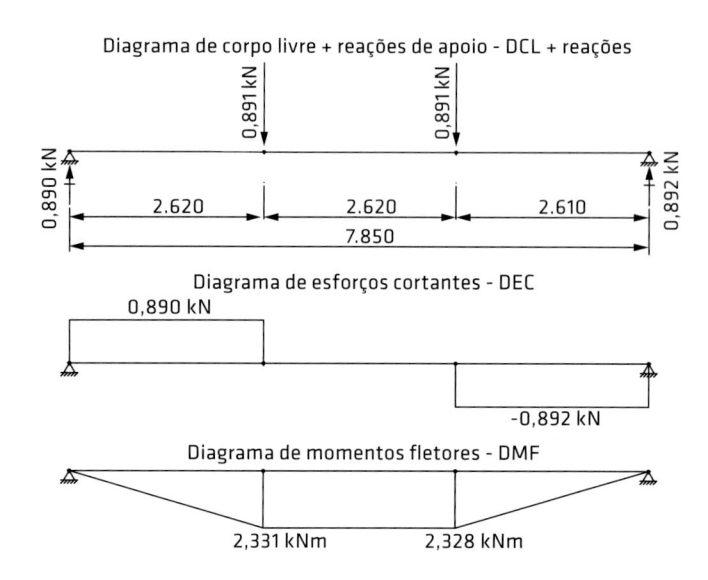

Fig. 4.68 Viga V7 – SC – calha

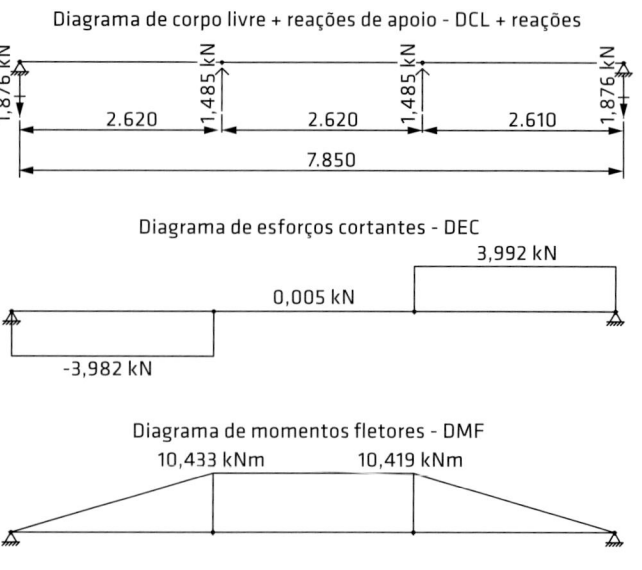

Fig. 4.69 Viga V7 – VT

4.7.9 Combinações de esforços nas barras

De posse dos esforços nas barras, determinam-se as combinações seguindo os critérios apresentados no Cap. 1. Nesse caso, tem-se a situação do carregamento oriundo da calha. Em geral, não se considera esse carregamento de modo isolado porque, normalmente, a calha é fixada na última terça, que é a que recebe apenas a metade do carregamento das telhas (a área de influência é a metade da área das terças intermediárias), diferentemente do que acontece na viga da marquise.

Entretanto, existe uma probabilidade menor de que essa carga atue junto com as outras cargas acidentais, razão pela qual essas cargas serão analisadas em separado.

Os esforços serão analisados nas várias seções da viga, em razão de ela possuir altura variável.

A seguir estão relacionadas as combinações utilizadas, e as Tabs. 4.6 e 4.7 exibem os resultados encontrados para esforços cortantes e para esforços de momento fletor nas barras, respectivamente.

Combinação 1: $S_d = \gamma_g \cdot G + \gamma_q \cdot Q_1 + \psi_1 \cdot \gamma_q \cdot Q_2$
Combinação 2: $S_d = \gamma_g \cdot G + \gamma_q \cdot Q_2 + \psi_1 \cdot \gamma_q \cdot Q_1$
Combinação 3: $S_d = \gamma_{g1} \cdot G + \gamma_{q1} \cdot Q_3$
Combinação 4: $S_d = \gamma_g \cdot G + \gamma_q \cdot Q_1 + \psi_2 \cdot \gamma_{q1} \cdot Q_3$
Combinação 5: $S_d = \gamma_g \cdot G + \gamma_q \cdot Q_2 + \psi_2 \cdot \gamma_q \cdot Q_3$
Combinação 6: $S_d = \gamma_g \cdot G + \gamma_q \cdot Q_1 + \psi_1 \cdot \gamma_q \cdot Q_2 + \psi_2 \cdot \gamma_{q1} \cdot Q_3$
Combinação 7: $S_d = \gamma_g \cdot G + \gamma_q \cdot Q_2 + \psi_1 \cdot \gamma_q \cdot Q_1 + \psi_2 \cdot \gamma_{q1} \cdot Q_3$

em que:

G = ação permanente;
Q = ação variável, sendo que:
- Q_1 = sobrecarga;
- Q_2 = sobrecarga da calha;
- Q_3 = vento.

γ = coeficiente de ponderação, sendo que:
- γ_g = coeficiente de ponderação da ação permanente (adotado o valor de 1,25);
- γ_{g1} = coeficiente de ponderação da ação permanente (adotado o valor de 1,0, para a determinação da flecha atuante);

Tab. 4.6 ESFORÇOS CORTANTES NAS BARRAS

| | Cortante | | | | γ_g | γ_q | γ_{q1} | ψ_1 | ψ_2 | | | |
| | | | | | 1,25 | 1,5 | 1,4 | 0,7 | 0,6 | | | $V_{d;máx}$ |
Nº barra	PP	SC	SC – C	VT	Comb. 1	Comb. 2	Comb. 3	Comb. 4	Comb. 5	Comb. 6	Comb. 7	
V2a	1,485	1,289	0,891	−3,987	4,725	4,546	−4,097	0,441	−0,156	1,376	1,197	
V2b	1,114	0,967	0,891	−2,990	3,779	3,744	−3,072	0,331	0,217	1,267	1,233	4,725
V2c	1,371	0,322	0,891	−0,997	3,132	3,388	−0,025	1,359	2,213	2,295	2,551	
V2d	0,000	0,000	0,891	0,000	0,936	1,337	0,000	0,000	1,337	0,936	1,337	
V7a	1,876	1,287	0,890	−3,982	5,210	5,031	−3,699	0,931	0,335	1,865	1,686	
V7b	1,614	1,287	0,890	−3,982	4,883	4,704	−3,961	0,603	0,000	1,538	1,359	
V7c	0,129	0,000	0,000	0,005	0,161	0,161	0,136	0,165	0,165	0,165	0,165	5,222
V7d	−0,133	0,000	0,000	0,005	−0,166	−0,166	−0,126	−0,162	−0,162	−0,162	−0,162	
V7e	−1,618	−1,291	−0,892	3,992	−4,896	−4,716	3,971	−0,606	−0,007	−1,542	−1,363	
V7f	−1,879	−1,291	−0,892	3,992	−5,222	−5,042	3,710	−0,932	−0,333	−1,869	−1,689	

Tab. 4.7 ESFORÇOS DE MOMENTO FLETOR NAS BARRAS

| | Momento fletor | | | | γ_g | γ_q | γ_{q1} | ψ_1 | ψ_2 | | | |
| | | | | | 1,25 | 1,5 | 1,4 | 0,7 | 0,6 | | | $M_{d;máx}$ |
Nº barra	PP	SC	SC – C	VT	Comb. 1	Comb. 2	Comb. 3	Comb. 4	Comb. 5	Comb. 6	Comb. 7	
V2a	−1,485	−1,289	−1,871	3,987	−5,754	−6,016	4,097	−0,441	−1,314	−2,405	−2,667	
V2b	−1,336	−1,160	−1,782	3,588	−5,281	−5,561	3,687	−0,396	−1,329	−2,267	−2,547	6,016
V2c	−0,334	−0,290	−0,980	0,897	−1,882	−2,192	0,922	−0,099	−1,134	−1,128	−1,439	
V2d	0,000	0,000	−0,178	0,000	−0,187	−0,267	0,000	0,000	−0,267	−0,187	−0,267	
V7a	4,571	3,373	2,331	−10,433	13,221	12,752	−10,035	2,010	0,447	4,457	3,988	
V7b	4,654	3,371	2,330	−10,426	13,320	12,851	−9,942	2,116	0,554	4,562	4,093	13,320
V7c	4,565	3,369	2,328	−10,419	13,204	12,736	−10,022	2,008	0,446	4,452	3,984	

- γ_q = coeficiente de ponderação da ação variável – sobrecarga (adotado o valor de 1,5);
- γ_{q1} = coeficiente de ponderação da ação variável – vento (adotado o valor de 1,4);
- γ_{q2} = coeficiente de ponderação da ação variável (adotado o valor de 1,0, para a determinação da flecha atuante).

ψ = fator de combinação de ações, sendo que:
- ψ_1 = fator de combinação de ações – sobrecarga (adotado o valor de 0,7);
- ψ_2 = fator de combinação de ações – vento (adotado o valor de 0,6).

4.7.10 Propriedades dos perfis utilizados

Foram utilizados dois tipos de perfil no projeto das marquises. Para as vigas V2 a V5, usou-se um perfil soldado simétrico, com mesas de ½" × 130 mm, alma de ¼" e altura variando de 224 mm a 139 mm, com a altura final do perfil variando de 250 mm a 165 mm. Para as vigas V6 a V9, optou-se por um perfil composto formado por dois perfis W 410 × 38. Todos os perfis são em aço ASTM A572 Gr. 50.

As fórmulas de determinação das propriedades dos perfis serão mostradas no Cap. 5. Já neste capítulo, será analisado o dimensionamento de perfis com seção variável (vigas V2 a V5). As vigas V6 a V9 estão sujeitas à carga de torção, e seu dimensionamento não será objeto deste trabalho.

Os requisitos que devem ser atendidos para as seções variáveis, segundo o Anexo J da NBR 8800 (ABNT, 2008), são:
- as seções transversais devem ser do tipo I, H ou caixão, com dois eixos de simetria;
- as mesas devem ter seção constante entre seções contidas contra instabilidade;
- a altura da(s) alma(s) deve variar linearmente entre seções contidas contra instabilidade.

A determinação dos esforços resistentes de cálculo para barras com seção variável é semelhante àquela para barras com seção constante, com algumas adaptações:
- a força axial de tração deve ser determinada tomando-se a área bruta da seção transversal de menor altura e a área líquida da seção sujeita à ruptura;
- a força axial de compressão deve ser determinada tomando-se as dimensões e as propriedades geométricas da seção de menor altura – além disso, na determinação das forças axiais de flambagem elástica, os coeficientes de flambagem por flexão em relação ao eixo perpendicular à alma e de torção devem ser obtidos por análise racional (o coeficiente de flambagem por flexão em relação ao eixo perpendicular às mesas pode ser determinado como para barras prismáticas);
- o momento fletor resistente de cálculo para o estado-limite de flambagem lateral com torção, entre seções contidas lateralmente, não pode ser inferior ao momento fletor solicitante de cálculo da seção onde ocorre a maior tensão de compressão nas mesas;
- na determinação dos parâmetros de esbeltez λ, λ_p e λ_r, para qualquer estado-limite, devem ser adotadas as propriedades geométricas da seção de maior altura.

a) Viga V2 – perfil PS 250 × 130 × 6,35 × 12,7 × 37,1 kg/m

i. Propriedades do trecho de maior altura (250 mm)

$J_x = 5.190,00$ cm^4 $C_w = 65.466,00$ cm^6
$W_x = 415,20$ cm^3 $b_f = 13,00$ cm
$Z_x = 466,30$ cm^3 $t_w = 0,635$ cm
$r_x = 10,47$ cm $t_f = 1,27$ cm
$J_y = 466,00$ cm^4 $h = 22,50$ cm
$W_y = 71,70$ cm^3 $d = 25,00$ cm
$Z_y = 109,60$ cm^3 $d' = 22,50$ cm
$r_y = 3,14$ cm $\lambda_m = 5,12$
$A_G = 47,30$ cm^2 $\lambda_a = 35,43$
$I_t = 19,78$ cm^4

ii. Propriedades do trecho de altura intermediária (196 mm)

$J_x = 3.005,00$ cm^4 $C_w = 39.061,00$ cm^6
$W_x = 306,60$ cm^3 $b_f = 13,00$ cm
$Z_x = 344,60$ cm^3 $t_w = 0,635$ cm
$r_x = 8,27$ cm $t_f = 1,27$ cm
$J_y = 465,00$ cm^4 $h = 17,10$ cm
$W_y = 71,50$ cm^3 $d = 19,60$ cm
$Z_y = 109,00$ cm^3 $d' = 17,10$ cm
$r_y = 3,25$ cm $\lambda_m = 5,12$
$A_G = 43,90$ cm^2 $\lambda_a = 26,93$
$I_t = 19,32$ cm^4

iii. Propriedades do trecho de menor altura (165 mm)

$J_x = 2.039,00$ cm^4 $C_w = 26.966,00$ cm^6
$W_x = 247,20$ cm^3 $b_f = 13,00$ cm
$Z_x = 278,90$ cm^3 $t_w = 0,635$ cm
$r_x = 6,98$ cm $t_f = 1,27$ cm
$J_y = 465,00$ cm^4 $h = 14,00$ cm
$W_y = 71,50$ cm^3 $d = 16,50$ cm
$Z_y = 108,70$ cm^3 $d' = 14,00$ cm
$r_y = 3,33$ cm $\lambda_m = 5,12$
$A_G = 41,90$ cm^2 $\lambda_a = 22,05$
$I_t = 19,05$ cm^4

iv. Resistência à tração – escoamento da seção bruta

$$N_{Rdt} = \frac{41,9 \times 34,5}{1,10} \Rightarrow N_{Rdt} = 1.314,14 \text{ kN}$$

v. Resistência à compressão

$$L_x \text{ (cm)} = 230,00$$
$$L_y \text{ (cm)} = 230,00$$
$$k_x = 2,00$$
$$k_y = 2,00$$

$$\lambda_x = \frac{k_x \cdot L_x}{r_x} = \frac{2,0 \times 230,0}{6,98} = 65,90$$

$$\lambda_y = \frac{k_y \cdot L_y}{r_y} = \frac{2,0 \times 230,0}{3,33} = 138,14$$

$$N_{ex} = \frac{\pi^2 E I_x}{(k_x \cdot L_x)^2} = \frac{\pi^2 \cdot 20.000 \times 2.039,0}{(2,0 \times 230,0)^2} = 1.902,09$$

$$N_{ey} = \frac{\pi^2 E I_y}{(k_y \cdot L_y)^2} = \frac{\pi^2 \cdot 20.000 \times 465,0}{(2,0 \times 230,0)^2} = 433,78$$

$$\frac{b_f}{2t_f} = 5,12 \le 0,56\sqrt{\frac{E}{f_y}} = 0,56\sqrt{\frac{20.000}{34,50}} = 13,48 \rightarrow Q_s = 1,0$$

$$\frac{d'}{t_w} = 35,43 < 35,88 \rightarrow Q_a = 1,0$$

$$Q = Q_s \cdot Q_a = 1,0 \times 1,0 = 1,0$$

$$\lambda_{0x} = \sqrt{\frac{Q \cdot A_G \cdot f_y}{N_{ex}}} = \sqrt{\frac{1,0 \times 41,90 \times 34,5}{1.902,09}} = 0,87 \rightarrow$$

$$\rightarrow \chi_x = 0,658^{\lambda_0^2} = 0,658^{0,87^2} = 0,73$$

$$\lambda_{0y} = \sqrt{\frac{Q \cdot A_G \cdot f_y}{N_{ey}}} = \sqrt{\frac{1,0 \times 41,90 \times 34,5}{433,78}} = 1,83 \rightarrow$$

$$\rightarrow \chi_y = \frac{0,877}{\lambda_0^2} = \frac{0,877}{1,83^2} = 0,26$$

$$N_{Rdc} = \frac{\chi \cdot Q \cdot A_G \cdot f_y}{\gamma_{a1}} = \frac{0,26 \times 1,00 \times 41,90 \times 34,5}{1,10}$$

$$N_{Rdc} = 341,68 \text{ kN}$$

vi. Resistência à flexão

▶ Flambagem local da alma (FLA)

$$\lambda_a = \frac{d'}{t_w} = 35,43$$

$$\lambda_{pa} = 3,76\sqrt{\frac{E}{f_y}} = 3,76\sqrt{\frac{20.000}{34,50}} = 90,53 \rightarrow \lambda_a \le \lambda_{pa}$$

$$M_{na} = M_{pl} = Z_x f_y = 278,90 \times \frac{34,5}{100} = 96,22 \text{ kNm}$$

▶ Flambagem local da mesa (FLM)

$$\lambda_m = \frac{b_f}{2t_f} = 5,12$$

$$\begin{cases} \lambda_{pm} = 0,38\sqrt{\frac{20.000}{34,50}} = 9,15 \rightarrow \lambda_m \le \lambda_{pm} \end{cases}$$

$$M_{nm} = M_{pl} = Z_x f_y = 278,90 \times \frac{34,5}{100} = 96,22 \text{ kNm}$$

▶ Flambagem lateral com torção (FLT)

$$\begin{cases} \lambda_{Lt} = \frac{L_x}{r_x} = \frac{230,00}{6,98} = 32,95 \\ \lambda_{Lt} = \frac{L_y}{r_y} = \frac{230,00}{3,33} = 69,07 \end{cases}$$

$$\lambda_{pLt} = 1,76\sqrt{\frac{20.000}{34,50}} = 42,38$$

$$\lambda_{rLt} = \frac{1,38\sqrt{I_y \cdot J}}{r_y \cdot J \cdot \beta_1}\sqrt{1 + \sqrt{1 + \frac{27 \cdot C_w \cdot \beta_1^2}{I_y}}}$$

$$\beta_1 = \frac{0,7 \cdot f_y \cdot W}{E \cdot J} = \frac{0,7 \times 34,5 \times 247,2}{20.000 \times 19,05} = 0,01567$$

$$\lambda_{rLt} = \frac{1,38 \times \sqrt{465,0 \times 19,05}}{3,33 \times 19,05 \times 0,01567} \times$$

$$\times \sqrt{1 + \sqrt{1 + \frac{27 \times 26.966,0 \times 0,01567^2}{465,0}}} = 192,77$$

$$\lambda_{pLt} < \lambda_{Lt} \le \lambda_{rLt}$$

$$M_r = 0,70 \cdot f_y \cdot W = 0,7 \times 34,5 \times 247,2 = 5.969,88 \text{ kNcm} =$$
$$= 59,70 \text{ kNm}$$

$$M_{nm} = M_{pl} - (M_{pl} - M_r)\left(\frac{\lambda_{Lt} - \lambda_{pLt}}{\lambda_{rLt} - \lambda_{pLt}}\right)$$

$$M_{nm} = 96,22 - (96,24 - 59,70)\left(\frac{69,07 - 42,38}{192,78 - 42,38}\right) = 89,74 \text{ kNm}$$

▶ Verificação W_x

$$M_n \le 1,50 \times 247,2 \times \frac{34,5}{100} = 127,93 \text{ kNm}$$

Portanto, a resistência ao momento fletor será:

$$M_{Rd} = \frac{M_n}{\gamma_{a1}} = \frac{89,74}{1,10}$$

$$M_{Rd} = 81,58 \text{ kNm}$$

vii. Resistência ao cisalhamento

$$\lambda_v = \frac{d'}{t_w} = 35,43$$

$$\lambda_{pv} = 1,10\sqrt{\frac{k_v E}{f_y}} = 1,10\sqrt{\frac{5,0 \times 20.000}{34,5}} = 59,22 \rightarrow \lambda_v \le \lambda_{pv}$$

$$V_{pl} = 0,6 A_w f_y = 0,6 \times 14,0 \times 0,635 \times 34,5 = 184,02$$

$$V_{Rd} = \frac{V_{pl}}{\gamma_{a1}} = \frac{184,02}{1,10}$$

$$V_{Rd} = 167,29 \text{ kN}$$

b) Resultados finais para a viga V2

A seguir serão apresentados os resultados do dimensionamento da viga V2.

i. Combinações últimas normais

$$\text{Cortante máximo – eixo x-x} = \pm 4{,}725 \text{ kN}$$
$$\text{Momento fletor máximo – eixo x-x} = 6{,}016 \text{ kNm}$$

ii. Verificações

Quando, em uma barra, estão atuando simultaneamente a força cortante e o momento fletor, têm-se duas situações:

$$\frac{M_{Sd}}{M_{Rd}} \leq 1{,}0 = \frac{6{,}016 \text{ kNm}}{81{,}58 \text{ kNm}} = 0{,}074 \leq 1{,}0$$

$$\frac{V_{Sd}}{V_{Rd}} \leq 1{,}0 = \frac{4{,}725 \text{ kN}}{167{,}29 \text{ kN}} = 0{,}028 \leq 1{,}0$$

c) Verificação da flecha

Para a verificação da flecha, como há cargas concentradas em vários pontos, optou-se por considerar uma formulação utilizando o momento fletor determinado. Além disso, a favor da segurança, foi usado o momento fletor majorado, entretanto poderia ter sido adotado o momento fletor para as cargas de serviço (com os coeficientes de majoração iguais a 1,0).

$$\delta_{lim} = \frac{L}{250} = \frac{230 \text{ cm}}{250} = 0{,}92 \text{ cm}$$

$$\delta = \frac{M \cdot \ell^2}{3 \cdot E \cdot I} = \frac{601{,}6 \text{ kNcm} \times 230^2}{3 \times 20{,}000 \times 3{,}005{,}0} = 0{,}18 \text{ cm}$$

$$\delta_{lim} \geq \delta \rightarrow \text{OK!}$$

DIMENSIONAMENTO DE PRÉDIO

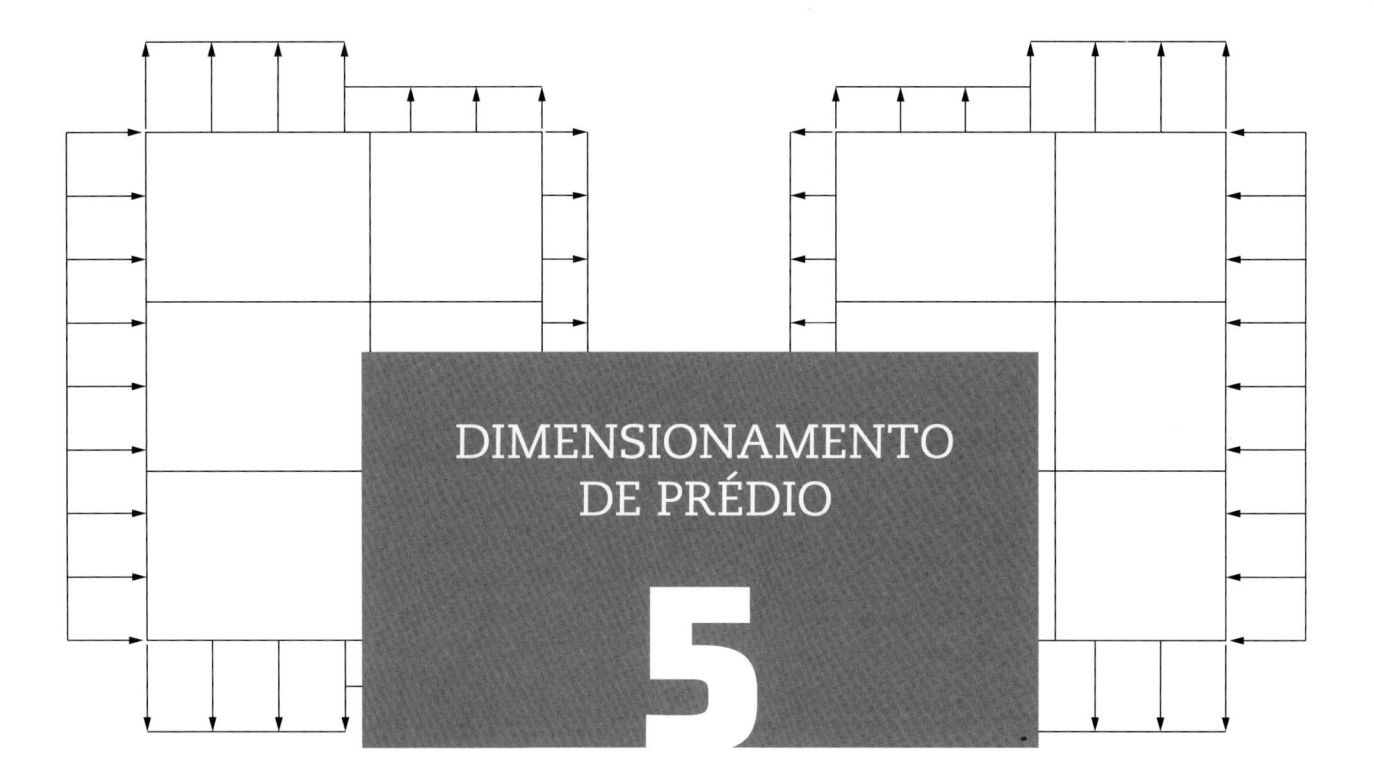

5

Neste capítulo foi feito o dimensionamento de um pequeno edifício de um pavimento com laje maciça de 13 cm de altura. Na laje, foram instalados quatro reservatórios superiores para água, com capacidade de 1.000 L cada, e uma condensadora (equipamento de ar condicionado).

Como descrito no Cap. 1, para a elaboração desse projeto, precisou-se do arranjo estrutural feito a partir da planta de arquitetura, representado nas Figs. 5.1 e 5.2, evidenciando-se apenas os elementos de alvenaria. Dessa forma, foi possível determinar o posicionamento dos pilares, que, preferencialmente, deverão ser localizados nos encontros de alvenarias (quinas), como mostra a Fig. 5.3, para evitar fissuras e trincas nessas regiões. Além disso, procurou-se utilizar uma distribuição em módulos, distando de 4 m a 6 m entre si, com o objetivo de obter uma melhor economicidade do projeto, representada por uma menor taxa de quilograma de aço por área.

É sempre importante haver, ainda nas fases que antecedem o projeto executivo (anteprojeto, projeto básico), uma integração entre as diversas disciplinas envolvidas nele – arquitetura, elétrica, hidrossanitária, TIC/TCOM (informática e comunicação), VAC (ar-condicionado) etc. –, para a definição de pontos que tragam equilíbrio e economia à estrutura sem afetar a estética, a funcionalidade e o conforto da edificação, evitando, assim, pilares e vigas que interfiram com portas, janelas, tubulações, circulações etc. Caso venham a surgir mudanças significativas na fase de projeto executivo, isso fatalmente se traduzirá em retrabalho, afetando todo o trabalho do grupo.

5.1 Arranjo estrutural

5.1.1 Plantas

Os pilares de periferia (P1, P2, P3, P5, P6, P8, P9, P10, P11) seguem além da laje de cobertura para servirem como travamento da platibanda, enquanto os pilares do meio (P4 e P7) morrem na laje de cobertura.

Na planta apresentada na Fig. 5.4, foram dispostas as quatro caixas-d'água e a condensadora.

Como o fundo das caixas-d'água de fibra de vidro ou de polietileno tende a deformar com o tempo, elas não devem ser apoiadas sobre elementos lineares, como vigas ou grelhas, e também não devem ser apoiadas diretamente sobre as lajes da cobertura. Além disso, para a instalação das tubulações, é necessária uma distância mínima de cerca de 30 cm entre o fundo da caixa-d'água e o topo da laje de cobertura. Pode-se, então, projetar uma mesa com

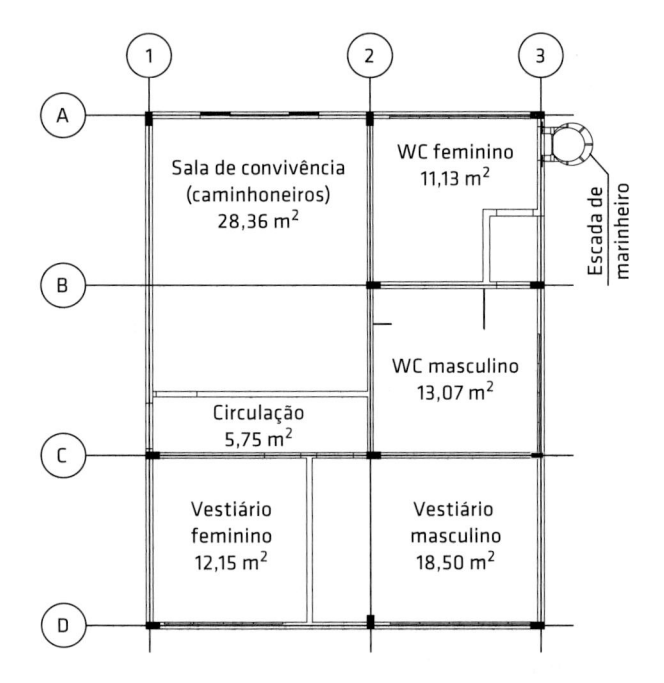

Fig. 5.1 Planta baixa de arquitetura – pavimento térreo

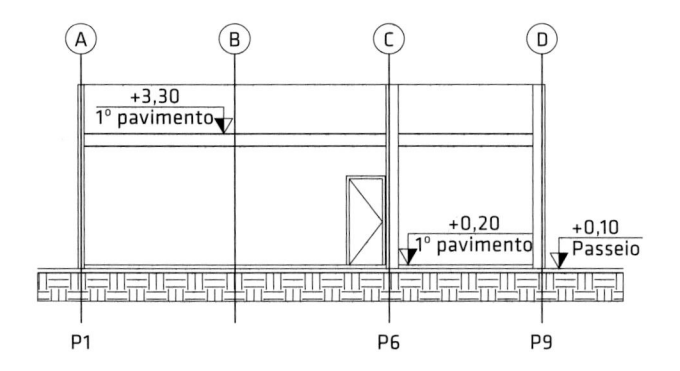

Fig. 5.2 Planta baixa de arquitetura – corte longitudinal

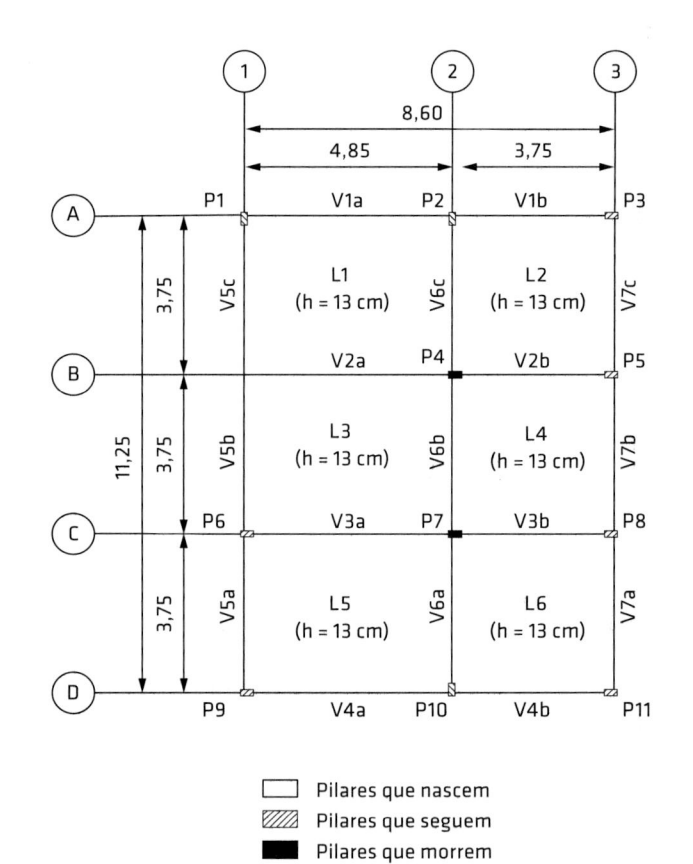

□ Pilares que nascem
▨ Pilares que seguem
■ Pilares que morrem

Fig. 5.3 Planta baixa de locação das lajes, vigas e pilares

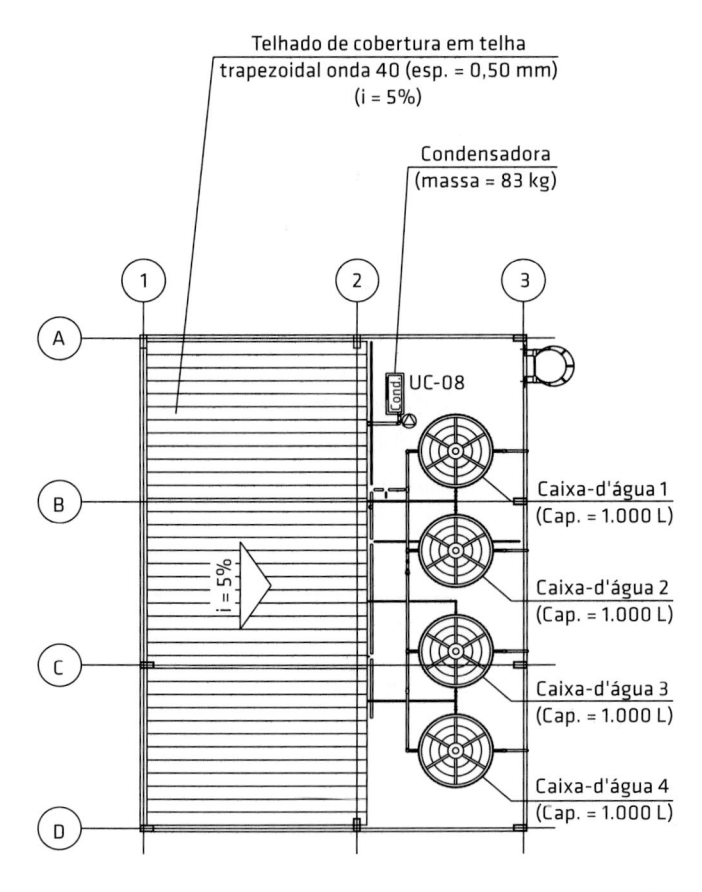

Fig. 5.4 Planta baixa de locação de aparelhos e equipamentos de ar condicionado e de hidrossanitária – pavimento cobertura

laje plana alinhada na projeção das caixas, para exercer essa função de apoio.

Como os equipamentos de VAC (ar-condicionado) também ficam descobertos, precisam se situar num nível acima do topo da laje da cobertura. Nesse caso, utilizou-se uma base de concreto com 7 cm de altura para resolver o problema.

5.2 Determinação dos carregamentos

5.2.1 Cargas permanentes

a) Laje de cobertura

A laje adotada para esse projeto foi a do tipo maciça, com altura estimada em 13 cm. Considerou-se a aplicação de emboço (sob a laje) e contrapiso (sobre a laje). Com essas definições, foi possível determinar os valores referentes aos carregamentos correspondentes:

i. Geometria da laje

h_{Laje} = 13,0 cm

h_{Emb} (altura do emboço) = 2,0 cm

$h_{Contrapiso}$ = 3,0 cm

h_{AG} (altura do acabamento em granito) = 0,50 cm

ii. Materiais

γ_A (argamassa) = 20,0 kN/m³

γ_G (granito) = 20,0 kN/m³

γ_C (concreto) = 25,0 kN/m³

iii. Cargas permanentes

$$g_{Laje} = h_{Laje} \cdot \gamma_C = 0{,}13 \text{ m} \times 25{,}0 \text{ kN/m}^3 = 3{,}25 \text{ kN/m}^2$$
$$g_{Revest} = (h_{Emb} + h_{Contrapiso}) \cdot \gamma_A$$
$$g_{Revest} = (0{,}02 \text{ m} + 0{,}03 \text{ m}) \times 20{,}0 \text{ kN/m}^3 = 1{,}00 \text{ kN/m}^2$$
$$g_{Acab} = h_{AG} \cdot \gamma_C = 0{,}005 \text{ m} \times 20{,}0 \text{ kN/m}^3 = 0{,}10 \text{ kN/m}^2$$

iv. Totais

$$g = g_{Laje} + g_{Revest} + g_{Acab}$$
$$g = 3{,}25 \text{ kN/m}^2 + 1{,}00 \text{ kN/m}^2 + 0{,}10 \text{ kN/m}^2$$
$$g = 4{,}35 \text{ kN/m}^2$$

Nota: É importante sempre ter atenção aos materiais definidos pelo projeto arquitetônico, pois uma troca de material durante o projeto poderá resultar em alterações no projeto estrutural. Pode-se, por essas razões, adotar para lajes de piso e cobertura as seguintes premissas:
- Para efeito de carga permanente sobre lajes de piso, normalmente se considera a aplicação de 3 cm de emboço acrescida de acabamento.
- Pelo fato de o granito possuir massa específica maior do que a cerâmica e poder vir a ser usado em substituição à cerâmica, é preferível considerá-lo na aplicação. Costuma-se considerar 5 mm de placa de granito.
- Já para as lajes de cobertura, considera-se 5 cm de impermeabilização, sem acabamento.
- É importante frisar que, em ambientes industriais, é comum o uso de pisos elevados em substituição aos materiais de contrapiso, com o piso elevado aplicado diretamente sobre a laje. Nesse caso, deve-se consultar o catálogo do fabricante. Normalmente, o peso próprio de piso elevado varia de 0,40 kN/m² a 0,60 kN/m².

b) Base dos reservatórios de água

O trecho da cobertura da edificação que receberá as caixas-d'água foi constituído pelas lajes L2, L4 e L6, possuindo dimensões de 3,75 m × 3,75 m cada.

A partir das informações de locação dos reservatórios e das dimensões descritas no catálogo do fabricante, verificou-se que o diâmetro máximo da caixa-d'água é de 1,52 m e, por isso, é possível – independentemente da distância técnica prevista no projeto de hidrossanitária – ter a locação de até duas caixas sobre uma mesma laje. Com isso, concluiu-se que o pior cenário é duas caixas-d'água sobre uma mesma laje.

Para apoiar as caixas a 30 cm do topo da laje, considerou-se uma laje de concreto com 12 cm de altura, sustentada por quatro vigas com largura de 20 cm distanciadas umas das outras em 50 cm (intereixo). A massa por metro linear da mesa resultou em (a largura da laje, por razões construtivas, ficou em 1,68 m):

$$g_{Mesa} = g_{Laje} + g_{Vigas}$$
$$g_{Mesa} = (h_{Laje} \cdot b_{Laje} + h_{Vigas} \cdot b_{Vigas} \cdot Q_{Vigas}) \cdot \gamma_C$$
$$g_{Mesa} = [0{,}12 \text{ m} \times 1{,}68 \text{ m} + (0{,}30 \text{ m} - 0{,}12 \text{ m}) \times 0{,}20 \text{ m} \times 4] \times$$
$$\times 25{,}0 \text{ kN/m}^3$$
$$g_{Mesa} = 8{,}64 \text{ kN/m}$$

A laje L4 recebeu essa mesa ao longo de toda a sua extensão de 3,75 m, enquanto as lajes L2 e L5 receberam essa mesa apenas em parte de sua extensão. Multiplicando a massa por metro linear da mesa pela extensão da laje L4, obteve-se:

$$G_{Mesa} = g_{Mesa} \cdot Compr_{Laje} = 8{,}64 \text{ kN/m} \times 3{,}75 \text{ m} = 32{,}40 \text{ kN}$$

Dividindo a massa da mesa corrida que as apoia pela área da laje L4, encontrou-se a carga distribuída pela área total de laje:

$$g_{Mesa-A\,Laje} = \frac{G_{Mesa}}{A_{Laje\,L4}} = \frac{32{,}40 \text{ kN}}{3{,}75 \text{ m} \times 3{,}75 \text{ m}} = 2{,}304 \text{ kN/m}^2$$

Na sequência, determinou-se a carga aplicada pela área unitária da mesa da caixa-d'água. Para isso, foi considerada a área espraiada da mesa de apoio da caixa-d'água até a linha neutra da laje. Considerando uma laje maciça com altura total de 13 cm, calculou-se a área espraiada da base da caixa-d'água do seguinte modo:

$$L_{Viga-esp} = \frac{h_{Laje}}{2} + L_{Viga} + \frac{h_{Laje}}{2} = \frac{0{,}13 \text{ m}}{2} + 0{,}20 \text{ m} +$$
$$+ \frac{0{,}13 \text{ m}}{2} = 0{,}33 \text{ m}$$

$$g_{Mesa-A\,apoio} = \frac{G_{Mesa}}{A_{Apoio}} = \frac{32{,}40 \text{ kN}}{0{,}33 \text{ m} \times 3{,}75 \text{ m} \times 4 \text{ vigas}} =$$
$$= 6{,}545 \text{ kN/m}^2$$

Fazendo a média entre as cargas distribuídas encontradas pelos dois métodos, conforme apresentado no Cap. 1, obteve-se:

$$\bar{g} = \frac{g_{Mesa-A\,Laje} + g_{Mesa-A\,apoio}}{2} =$$
$$= \frac{2,304\ kN/m^2 + 6,545\ kN/m^2}{2} \cong$$
$$\cong 4,42\ kN/m^2$$

Como o posicionamento das caixas poderá ser efetuado em quaisquer das lajes L2, L4 e L6 (lajes que receberão as caixas-d'água), adotou-se esse valor como a carga acidental aplicada sobre todas essas lajes.

c) Base do equipamento de ar condicionado
A condensadora apoia-se sobre uma mesa de concreto com dimensões de 40 cm × 95 cm e com altura de 7 cm. Seguindo os mesmos passos da base das caixas-d'água, obteve-se:

$$G_{Base} = (Larg \cdot Comp \cdot Alt) \cdot \gamma_C$$
$$G_{Base} = (0,40\ m \times 0,95\ m \times 0,07\ m) \times 25,0\ kN/m^3 =$$
$$= 0,665\ kN$$

$$g_{Base-A\,Laje} = \frac{G_{Base}}{A_{Laje\,L2}} = \frac{0,665\ kN}{3,75\ m \times 3,75\ m} = 0,047\ kN/m^2$$

$$L_{Base-esp} = \frac{h_{Laje}}{2} + L_{Viga} + \frac{h_{Laje}}{2} = \frac{0,13\ m}{2} + 0,40\ m +$$
$$+ \frac{0,13\ m}{2} = 0,53\ m$$

$$Comp_{Base-esp} = \frac{h_{Laje}}{2} + Comp_{Viga} + \frac{h_{Laje}}{2} = \frac{0,13\ m}{2} + 0,95\ m +$$
$$+ \frac{0,13\ m}{2} = 1,08\ m$$

$$g_{Cond-A\,apoio} = \frac{G_{Mesa}}{A_{Apoio}} = \frac{0,665\ kN}{0,53\ m \times 1,08\ m} = 1,162\ kN/m^2$$

$$\bar{g} = \frac{g_{Caixa-A\,Laje} + g_{Caixa-A\,apoio}}{2} =$$
$$= \frac{0,047\ kN/m^2 + 1,162\ kN/m^2}{2} \cong$$
$$\cong 0,60\ kN/m^2$$

O valor encontrado como carga permanente referente aos equipamentos de ar condicionado foi menor que o dos reservatórios e, como os dois valores não atuam juntos, não foi considerado.

d) Perfis metálicos
Como foi visto no Cap. 1, para as vigas e os pilares foi considerado o valor de 0,50 kN/m.

5.2.2 Cargas acidentais

a) Cargas verticais
Para as regiões de laje de cobertura onde não há tráfego de pessoas de modo constante, mas sim acesso de pessoas para manutenção de equipamentos e caixas-d'água de modo periódico, foi considerada uma carga distribuída de 1,00 kN/m².

b) Caixa-d'água
A determinação da carga distribuída pela área da laje foi feita dividindo-se a massa das duas caixas-d'água pela área da laje L4.

$$q_{Caixa-A\,Laje} = \frac{Q_{Caixa}}{A_{Laje\,L4}} = \frac{2 \times 10\ kN}{3,75\ m \times 3,75\ m} = 1,422\ kN/m^2$$

E a da carga distribuída pela área de apoio, dividindo-se a massa de duas caixas-d'água pela área de apoio.

$$L_{Viga-esp} = \frac{h_{Laje}}{2} + L_{Viga} + \frac{h_{Laje}}{2} = \frac{0,13\ m}{2} + 0,20\ m +$$
$$+ \frac{0,13\ m}{2} = 0,33\ m$$

$$q_{Caixa-A\,apoio} = \frac{Q_{Caixa}}{A_{Apoio}} = \frac{2 \times 10\ kN}{0,33\ m \times 3,75\ m \times 4\ vigas} =$$
$$= 4,040\ kN/m^2$$

Fazendo a média entre as cargas distribuídas encontradas pelos dois métodos, conforme apresentado no Cap. 1, obteve-se:

$$\bar{q} = \frac{q_{Caixa-A\,Laje} + q_{Caixa-A\,apoio}}{2} =$$
$$= \frac{1,422\ kN/m^2 + 4,040\ kN/m^2}{2} \cong 2,73\ kN/m^2$$

Como o posicionamento das caixas poderá ser efetuado em quaisquer das lajes L2, L4 e L6 (lajes que receberão as caixas-d'água), adotou-se esse valor como a carga acidental aplicada sobre todas as lajes.

c) Equipamento de ar condicionado
A condensadora pesa 84 kg e, seguindo os mesmos passos das caixas-d'água, obteve-se:

$$q_{Cond-A\,Laje} = \frac{Q_{Cond}}{A_{Laje\,L2}} = \frac{0,84\ kN}{3,75\ m \times 3,75\ m} = 0,060\ kN/m^2$$

$$L_{Base-esp} = \frac{h_{Laje}}{2} + L_{Viga} + \frac{h_{Laje}}{2} = \frac{0,13\ m}{2} + 0,40\ m +$$
$$+ \frac{0,13\ m}{2} = 0,53\ m$$

$$Comp_{Base-esp} = \frac{h_{Laje}}{2} + Comp_{Viga} + \frac{h_{Laje}}{2} = \frac{0,13 \text{ m}}{2} +$$
$$+ 0,95 \text{ m} + \frac{0,13 \text{ m}}{2} = 1,08 \text{ m}$$

$$q_{Cond-A\ apoio} = \frac{Q_{Cond}}{A_{Apoio}} = \frac{0,84 \text{ kN}}{0,53 \text{ m} \times 1,08 \text{ m}} = 1,468 \text{ kN/m}^2$$

$$\bar{q} = \frac{q_{Caixa-A\ Laje} + q_{Caixa-A\ apoio}}{2} =$$
$$= \frac{0,060 \text{ kN/m}^2 + 1,468 \text{ kN/m}^2}{2} \cong 0,76 \text{ kN/m}^2$$

Nesse caso também o valor encontrado como sobrecarga referente aos equipamentos de ar condicionado é menor que o dos reservatórios e, como os dois valores não atuam juntos, não foi considerado.

5.2.3 Representação dos carregamentos

As cargas determinadas nos itens anteriores podem ser organizadas numa planta. Essa planta, com a locação das cargas aplicadas para cada pavimento, é de grande valia para a organização da memória de cálculo, principalmente em situações de edificações que agrupem cargas de diferentes magnitudes e geometrias aplicadas, como é o caso de edifícios industriais destinados unicamente ao recebimento e uso de equipamentos de elétrica, TIC/TCOM etc. ao longo das diversas lajes e pavimentos.

Na Fig. 5.5, para efeito de orientação, é mostrada uma planta com uma legenda de aplicação das cargas.

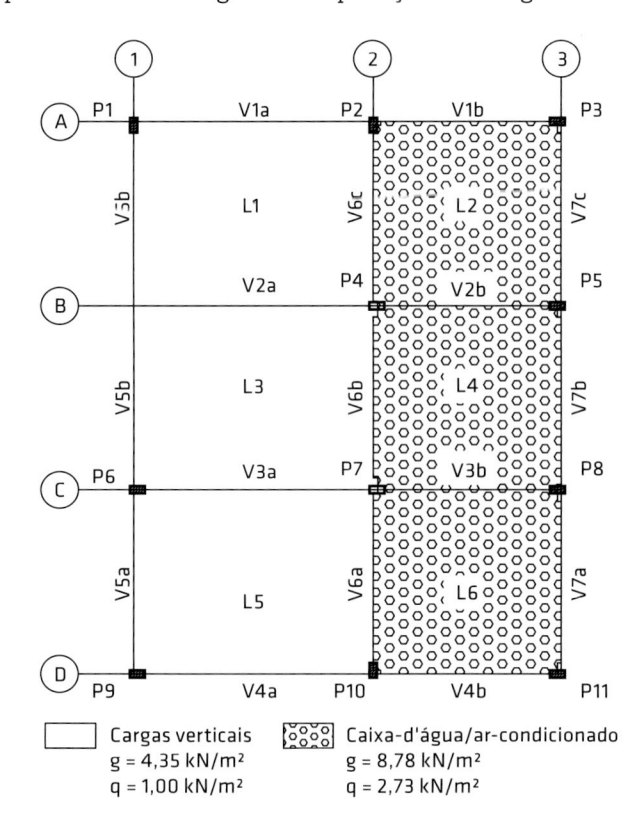

Fig. 5.5 Planta de locação das cargas distribuídas aplicadas

5.2.4 Carregamento de lajes sobre vigas da cobertura

A planta da Fig. 5.6 representa as áreas de contribuição das cargas por vigas (quinhões de carga).

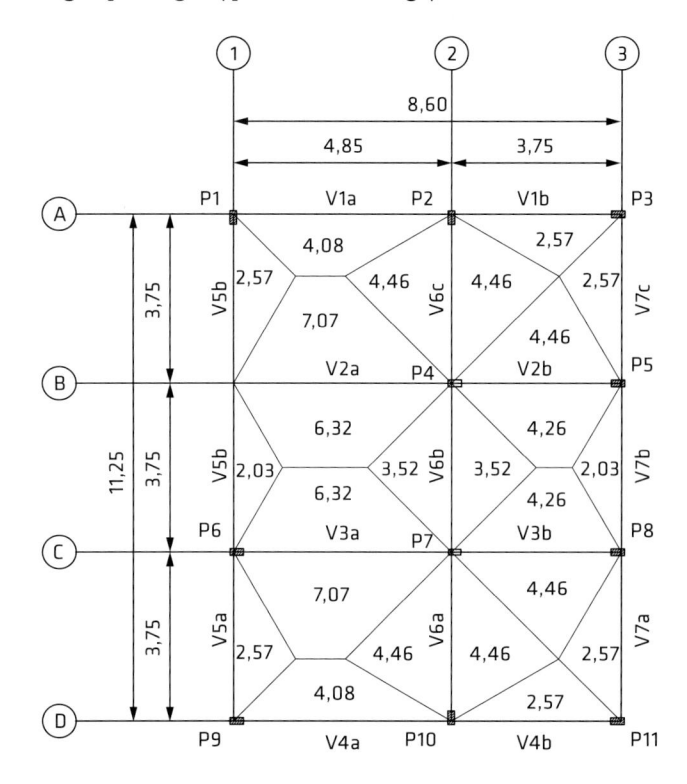

Fig. 5.6 Planta baixa de quinhões de carga

5.2.5 Carregamentos nas vigas da cobertura

Com os valores das cargas distribuídas e os quinhões de carga, determinam-se as cargas lineares atuantes nas vigas. Deve-se considerar que as cargas permanentes são de dois tipos: uma de pequena variabilidade (estruturas metálicas), cujo coeficiente de ponderação é 1,25, e outra de grande variabilidade (lajes e estruturas de concreto), com coeficiente de ponderação de 1,40. Pode-se optar por juntar os valores e considerar um único coeficiente de valor 1,40.

A seguir, serão apresentados os valores por viga, com as cargas referentes à estrutura metálica (peso próprio da viga) separadas das referentes às estruturas de concreto.

Para todas as vigas, o peso próprio será de 0,50 kN/m.

a) Vigas

i. Viga V1a e V4a

$$\text{Laje} = 4,35 \text{ kN/m}^2 \times \left(\frac{4,08 \text{ m}^2}{4,85 \text{ m}}\right) = 3,66 \text{ kN/m}$$

$$\text{Cargas verticais} = 1,00 \text{ kN/m}^2 \times \left(\frac{4,08 \text{ m}^2}{4,85 \text{ m}}\right) = 0,84 \text{ kN/m}$$

ii. Viga V1b e V4b

$$\text{Laje} = 8{,}78 \text{ kN/m}^2 \times \left(\frac{2{,}57 \text{ m}^2}{3{,}75 \text{ m}}\right) = 6{,}02 \text{ kN/m}$$

$$\text{Cargas verticais} = 2{,}73 \text{ kN/m}^2 \times \left(\frac{2{,}57 \text{ m}^2}{3{,}75 \text{ m}}\right) = 1{,}87 \text{ kN/m}$$

iii. Viga V2a e V3a

$$\text{Laje} = 4{,}35 \text{ kN/m}^2 \times \left(\frac{13{,}39 \text{ m}^2}{4{,}85 \text{ m}}\right) = 12{,}01 \text{ kN/m}$$

$$\text{Cargas verticais} = 1{,}00 \text{ kN/m}^2 \times \left(\frac{13{,}39 \text{ m}^2}{4{,}85 \text{ m}}\right) = 2{,}76 \text{ kN/m}$$

iv. Viga V2b e V3b

$$\text{Laje} = 8{,}78 \text{ kN/m}^2 \times \left(\frac{8{,}72 \text{ m}^2}{3{,}75 \text{ m}}\right) = 20{,}42 \text{ kN/m}$$

$$\text{Cargas verticais} = 2{,}73 \text{ kN/m}^2 \times \left(\frac{8{,}72 \text{ m}^2}{3{,}75 \text{ m}}\right) = 6{,}35 \text{ kN/m}$$

v. Viga V5a e V5c

$$\text{Laje} = 4{,}35 \text{ kN/m}^2 \times \left(\frac{2{,}57 \text{ m}^2}{3{,}75 \text{ m}}\right) = 2{,}98 \text{ kN/m}$$

$$\text{Cargas verticais} = 1{,}00 \text{ kN/m}^2 \times \left(\frac{2{,}57 \text{ m}^2}{3{,}75 \text{ m}}\right) = 0{,}69 \text{ kN/m}$$

vi. Viga V5b

$$\text{Laje} = 4{,}35 \text{ kN/m}^2 \times \left(\frac{2{,}03 \text{ m}^2}{3{,}75 \text{ m}}\right) = 2{,}35 \text{ kN/m}$$

$$\text{Cargas verticais} = 1{,}00 \text{ kN/m}^2 \times \left(\frac{2{,}03 \text{ m}^2}{3{,}75 \text{ m}}\right) = 0{,}54 \text{ kN/m}$$

vii. Viga V7a e V7c

$$\text{Laje} = 8{,}78 \text{ kN/m}^2 \times \left(\frac{2{,}57 \text{ m}^2}{3{,}75 \text{ m}}\right) = 6{,}02 \text{ kN/m}$$

$$\text{Cargas verticais} = 2{,}73 \text{ kN/m}^2 \times \left(\frac{2{,}57 \text{ m}^2}{3{,}75 \text{ m}}\right) = 1{,}87 \text{ kN/m}$$

viii. Viga V6a e V6c

$$\text{Laje} = \frac{4{,}35 \text{ kN/m}^2 + 8{,}78 \text{ kN/m}^2}{2} \times \left(\frac{8{,}92 \text{ m}^2}{3{,}75 \text{ m}}\right) = 15{,}62 \text{ kN/m}$$

$$\text{Cargas verticais} = \frac{1{,}00 \text{ kN/m}^2 + 2{,}73 \text{ kN/m}^2}{2} \times \left(\frac{8{,}92 \text{ m}^2}{3{,}75 \text{ m}}\right) =$$
$$= 4{,}44 \text{ kN/m}$$

ix. Viga V6b

$$\text{Laje} = \frac{4{,}35 \text{ kN/m}^2 + 8{,}78 \text{ kN/m}^2}{2} \times \left(\frac{7{,}04 \text{ m}^2}{3{,}75 \text{ m}}\right) = 12{,}32 \text{ kN/m}$$

$$\text{Cargas verticais} = \frac{1{,}00 \text{ kN/m}^2 + 2{,}73 \text{ kN/m}^2}{2} \times \left(\frac{7{,}04 \text{ m}^2}{3{,}75 \text{ m}}\right) =$$
$$= 3{,}50 \text{ kN/m}$$

x. Viga V7b

$$\text{Laje} = 8{,}78 \text{ kN/m}^2 \times \left(\frac{2{,}03 \text{ m}^2}{3{,}75 \text{ m}}\right) = 4{,}75 \text{ kN/m}$$

$$\text{Cargas verticais} = 2{,}73 \text{ kN/m}^2 \times \left(\frac{2{,}03 \text{ m}^2}{3{,}75 \text{ m}}\right) = 1{,}48 \text{ kN/m}$$

5.2.6 Vento – NBR 6123 (ABNT, 1988)

Nessa construção, o vento atua nas paredes da edificação, pelas quais os esforços são transmitidos para os pilares, que têm a função de resistir a esses esforços. Dessa maneira, são utilizadas somente as informações referentes aos coeficientes de pressão e de forma externos, para paredes de edificações de planta retangular.

a) Características da edificação
- Vão entre eixos de colunas: 3,75 m.
- Comprimento: 11,25 m.
- Largura: 8,60 m.
- Elevação total: 4,50 m.
- Laje tipo maciça de 13 cm de altura.

b) Dados do vento
- $V_0 = 35$ m/s (Macaé/RJ).
- $S_1 = 1{,}00$.
- $S_2 = 0{,}87$ (categoria III – A).
- $S_3 = 1{,}00$ (grau 1).
- $V_K = 30{,}45$ m/s.
- $q = 0{,}57$ kN/m².

c) Coeficientes de pressão e de forma externos, para paredes de edificações de planta retangular

$$\frac{h}{b} = \frac{4{,}50 \text{ m}}{8{,}60 \text{ m}} = 0{,}52 \rightarrow \frac{1}{2} < \frac{h}{b} < \frac{3}{2}$$

$$\frac{a}{b} = \frac{11{,}25 \text{ m}}{8{,}60 \text{ m}} = 1{,}31 \rightarrow 1 < \frac{a}{b} < \frac{3}{2}$$

$$A_1 = B_1 = \begin{cases} \dfrac{b}{3} = \dfrac{8{,}60 \text{ m}}{3} = 2{,}867 \text{ m} \\ \dfrac{a}{4} = \dfrac{11{,}25 \text{ m}}{4} = 2{,}813 \text{ m} \end{cases} \rightarrow \text{adotado } 2{,}867 \text{ m}$$

$$A_2 = B_2 = \frac{a}{2} - A_1 = \frac{11,25\,m}{2} - 2,867\,m = 2,758\,m$$

$$A_3 = B_3 = \frac{a}{2} = \frac{11,25\,m}{2} = 5,625\,m$$

$$C_1 = D_1 = \begin{cases} 2h = 2 \times 4,50 = 9,00\,m \\ \frac{b}{2} = \frac{8,60\,m}{2} = 4,30\,m \end{cases} \rightarrow \text{adotado } 4,30\,m$$

$$C_2 = D_2 = b - C_1 = 8,60\,m - 4,30\,m = 4,30\,m$$

$$c_{pe\text{-}Médio} = -0,90$$

A Fig. 5.7 mostra os coeficientes de pressão externa para as paredes, gerados pelo Programa VisualVentos.

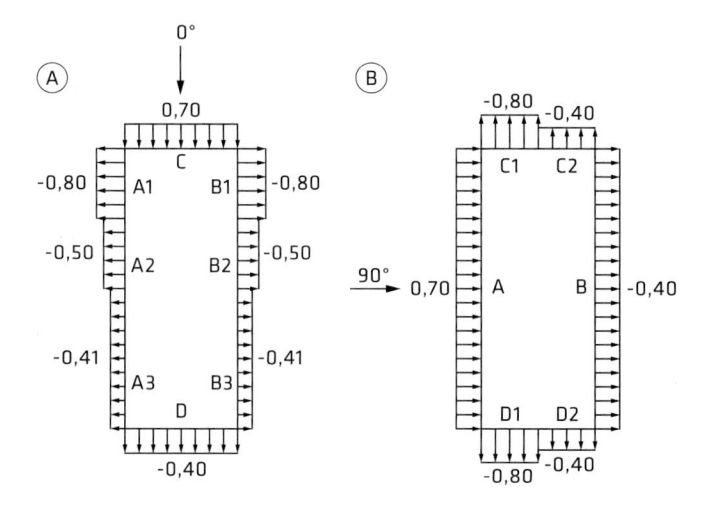

Fig. 5.7 Coeficientes de pressão externa – paredes: (A) vento 0° e (B) vento 90°

d) Carregamento nos pilares

Coeficientes de pressão e de forma externos, para paredes de edificações de planta retangular:

i. Vento 0°

$$A_1 \text{ e } B_1 = -0,80 \times 0,57\,kN/m^2 = -0,456\,kN/m^2$$
$$A_2 \text{ e } B_2 = -0,50 \times 0,57\,kN/m^2 = -0,285\,kN/m^2$$
$$A_3 \text{ e } B_3 = -0,41 \times 0,57\,kN/m^2 = -0,234\,kN/m^2$$
$$C = +0,70 \times 0,57\,kN/m^2 = +0,399\,kN/m^2$$
$$D = -0,40 \times 0,57\,kN/m^2 = -0,228\,kN/m^2$$

ii. Vento 90°

$$A = +0,70 \times 0,57\,kN/m^2 = +0,399\,kN/m^2$$
$$B = -0,40 \times 0,57\,kN/m^2 = -0,228\,kN/m^2$$
$$C_1 \text{ e } D_1 = -0,80 \times 0,57\,kN/m^2 = -0,456\,kN/m^2$$
$$C_2 \text{ e } D_2 = -0,40 \times 0,57\,kN/m^2 = -0,228\,kN/m^2$$

As Figs. 5.8 e 5.9 mostram as localizações das cargas nessas duas condições de vento.

e) Vento a 0°

i. Pilar P1

$$A_1 \text{ e } B_1 = -0,456\,kN/m^2 \times 2,867\,m - 0,285\,kN/m^2 \times 0,883\,m =$$
$$= -1,559\,kN/m$$
$$A_3 \text{ e } B_3 = -0,234\,kN/m^2 \times 3,750\,m = -0,878\,kN/m$$
$$C = +0,399\,kN/m^2 \times 2,425\,m = +0,968\,kN/m$$
$$D = -0,228\,kN/m^2 \times 2,425\,m = -0,553\,kN/m$$

ii. Pilar P2 e P10

$$C = +0,399\,kN/m^2 \times 4,300\,m = +1,716\,kN/m$$
$$D = -0,228\,kN/m^2 \times 4,300\,m = -1,238\,kN/m$$

iii. Pilar P3 e P11

$$A_1 \text{ e } B_1 = -0,456\,kN/m^2 \times 1,875\,m = -0,855\,kN/m$$
$$A_3 \text{ e } B_3 = -0,234\,kN/m^2 \times 1,875\,m = -0,439\,kN/m$$
$$C = +0,399\,kN/m^2 \times 1,875\,m = +0,748\,kN/m$$
$$D = -0,228\,kN/m^2 \times 1,875\,m = -0,428\,kN/m$$

iv. Pilar P5

$$A_1 \text{ e } B_1 = -0,456\,kN/m^2 \times 0,992\,m - 0,285\,kN/m^2 \times 2,758\,m =$$
$$= -1,238\,kN/m$$
$$A_3 \text{ e } B_3 = -0,234\,kN/m^2 \times 3,750\,m = -0,878\,kN/m$$

v. Pilar P6 e P8

$$A_1 \text{ e } B_1 = -0,456\,kN/m^2 \times 0,992\,m - 0,285\,kN/m^2 \times 2,758\,m =$$
$$= -1,238\,kN/m$$
$$A_3 \text{ e } B_3 = -0,234\,kN/m^2 \times 3,750\,m = -0,878\,kN/m$$

vi. Pilar P9

$$A_1 \text{ e } B_1 = -0,456\,kN/m^2 \times 1,875\,m = -0,855\,kN/m$$
$$A_3 \text{ e } B_3 = -0,234\,kN/m^2 \times 1,875\,m = -0,439\,kN/m$$
$$C = +0,399\,kN/m^2 \times 2,425\,m = +0,968\,kN/m$$
$$D = -0,228\,kN/m^2 \times 2,425\,m = -0,553\,kN/m$$

f) Vento a 90°

i. Pilar P1 e P9

$$A = +0,399\,kN/m^2 \times 3,750\,m = +1,496\,kN/m$$
$$B = -0,228\,kN/m^2 \times 3,750\,m = -0,855\,kN/m$$
$$C_1 \text{ e } D_1 = -0,456\,kN/m^2 \times 2,425\,m = -1,106\,kN/m$$
$$C_2 \text{ e } D_2 = -0,234\,kN/m^2 \times 2,425\,m = -0,567\,kN/m$$

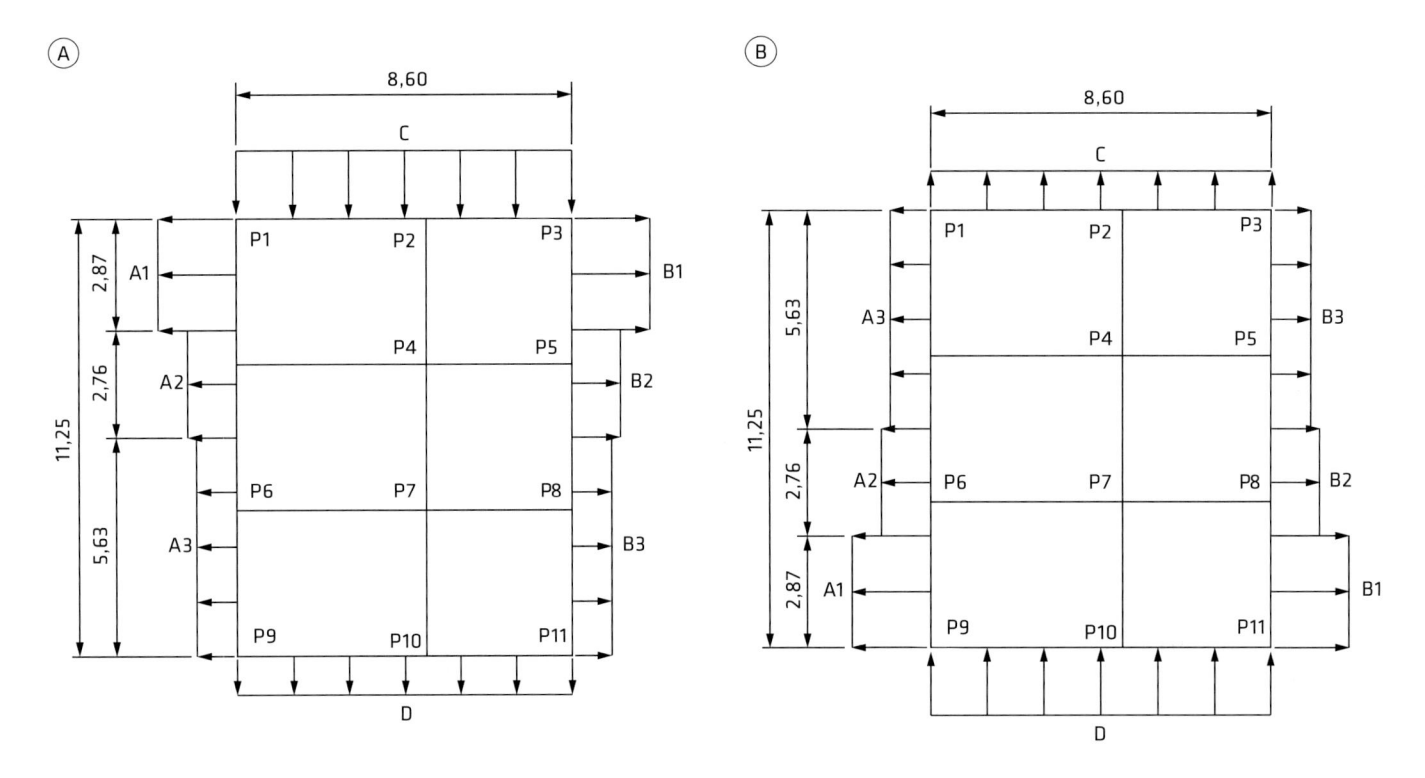

Fig. 5.8 Vento a 0°: (A) condição 1 — VT 0°-1 e (B) condição 2 — VT 0°-2

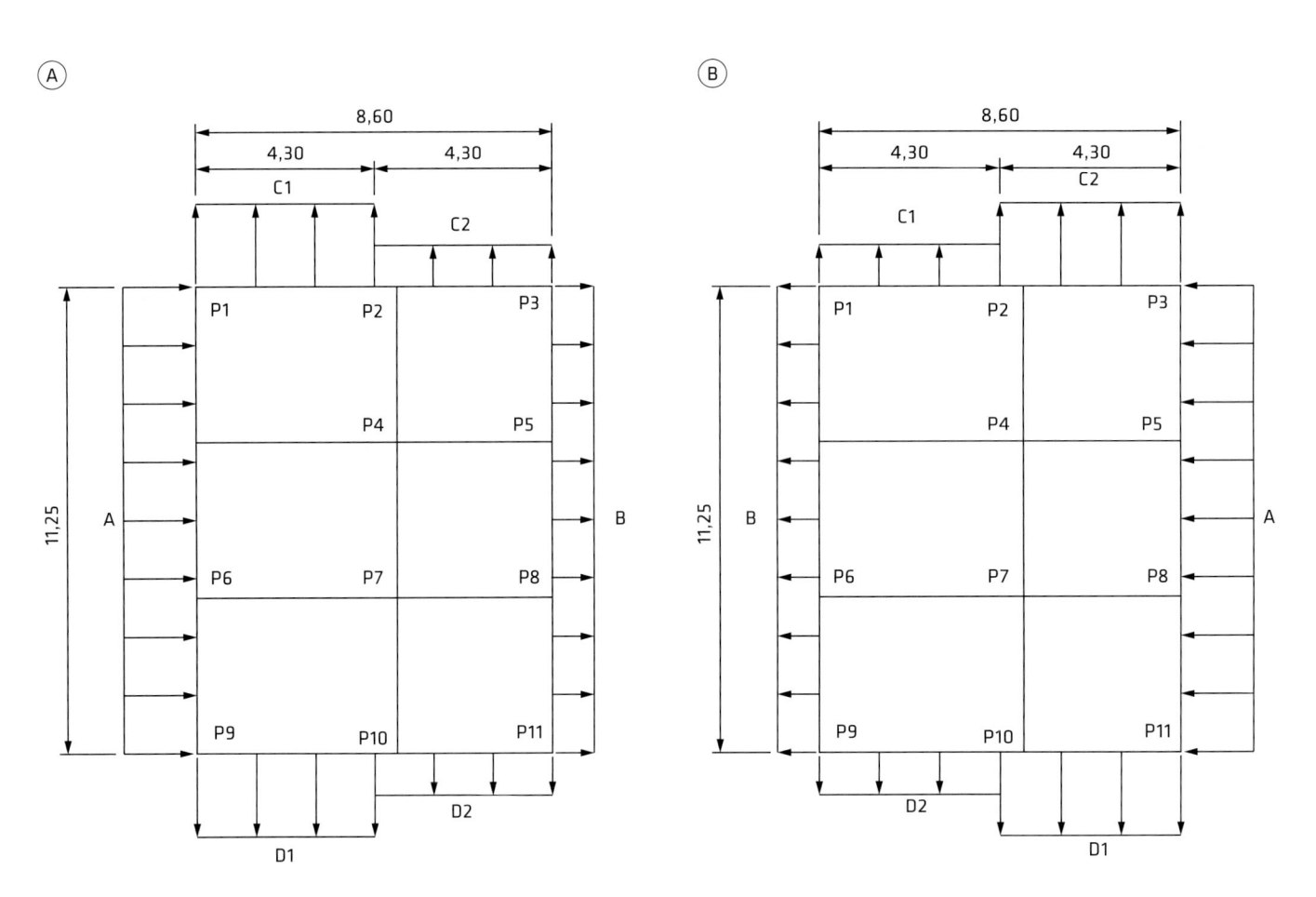

Fig. 5.9 Vento a 90°: (A) condição 1 — VT 90°-1 e (B) condição 2 — VT 90°-2

ii. Pilar P2 e P10

$C = -0{,}456 \text{ kN/m}^2 \times 1{,}875 \text{ m} - 0{,}285 \text{ kN/m}^2 \times 2{,}425 \text{ m} =$
$= -1{,}546 \text{ kN/m}$
$D = -0{,}456 \text{ kN/m}^2 \times 2{,}425 \text{ m} - 0{,}285 \text{ kN/m}^2 \times 1{,}875 \text{ m} =$
$= -1{,}640 \text{ kN/m}$

iii. Pilar P3 e P11

$A = +0{,}399 \text{ kN/m}^2 \times 1{,}875 \text{ m} = +0{,}748 \text{ kN/m}$
$B = -0{,}228 \text{ kN/m}^2 \times 1{,}875 \text{ m} = -0{,}428 \text{ kN/m}$
$C_1 \text{ e } D_1 = -0{,}456 \text{ kN/m}^2 \times 1{,}875 \text{ m} = -0{,}855 \text{ kN/m}$
$C_2 \text{ e } D_2 = -0{,}228 \text{ kN/m}^2 \times 1{,}875 \text{ m} = -0{,}428 \text{ kN/m}$

iv. Pilar P5, P6 e P8

$A = +0{,}399 \text{ kN/m}^2 \times 3{,}75 \text{ m} = +1{,}496 \text{ kN/m}$
$B = -0{,}228 \text{ kN/m}^2 \times 3{,}75 \text{ m} = -0{,}855 \text{ kN/m}$

5.2.7 Diagramas de esforços

Para a determinação dos esforços nas barras, foram modelados pórticos utilizando o programa Ftool (Two-Dimensional Frame Analysis Tool) – Educational Version 3.0. Os pórticos de 1 a 4 seguiram as filas A, B, C e D, respectivamente, e os pórticos de 5 a 7 seguiram os eixos de 1 a 3, respectivamente.

Para a determinação dos esforços, os perfis das barras foram estimados da seguinte maneira:
- Perfis tubulares de 150 mm × 300 mm com parede de 9,5 mm de espessura para todos os pilares. Deve-se observar o posicionamento dos pilares em relação aos eixos.
- Perfis W 310 × 23 para as vigas V101, V104 e V107.
- Perfis W 310 × 32,7 para as vigas V102, V103 e V106.
- Perfil W 310 × 38,7 para a viga V105.

Outra questão importante é que os pórticos são hiperestáticos e, por isso, o posicionamento e o tipo dos perfis influenciam o resultado das barras. Se, depois do dimensionamento, os perfis encontrados forem muito diferentes dos estimados, o processo deverá ser revisto.

A seguir, nas Figs. 5.10 a 5.14, será apresentado um exemplo de diagrama de corpo livre (DCL) das cargas consideradas, diagrama de esforços normais com as reações (DEN + Reações), diagrama de esforços cortantes (DEC) e diagrama de momentos fletores (DMF), com o intuito de mostrar a determinação dos valores.

Pórtico P1 – pilares P1, P2 e P3 e viga V1a e V1b

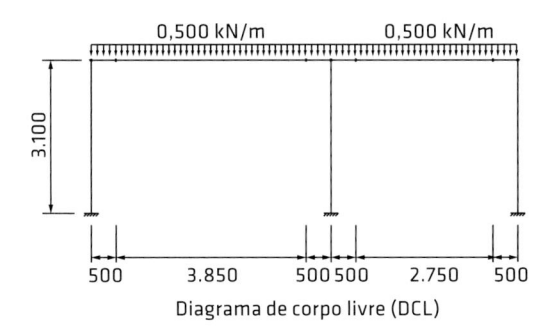

Diagrama de corpo livre (DCL)

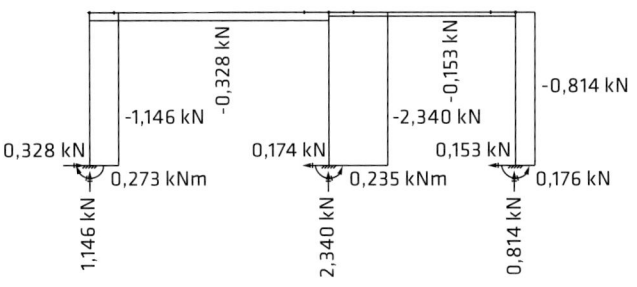

Diagrama de esforços normais e reações (DEN + reações)

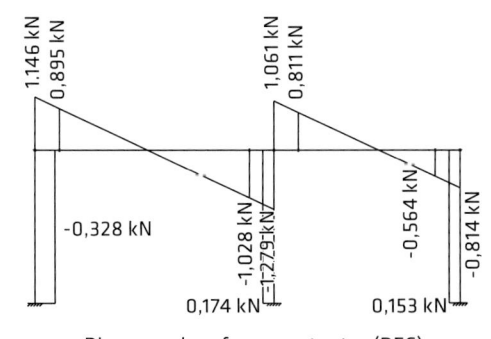

Diagrama de esforços cortantes (DEC)

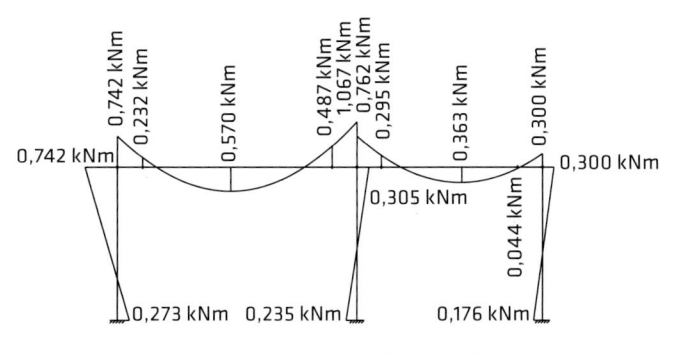

Diagrama de momentos fletores (DMF)

Fig. 5.10 PP1 – estruturas metálicas

> Faça o *download* de todos os diagramas de esforços deste projeto na página do livro (www.ofitexto.com.br/livro/estruturas-metalicas).

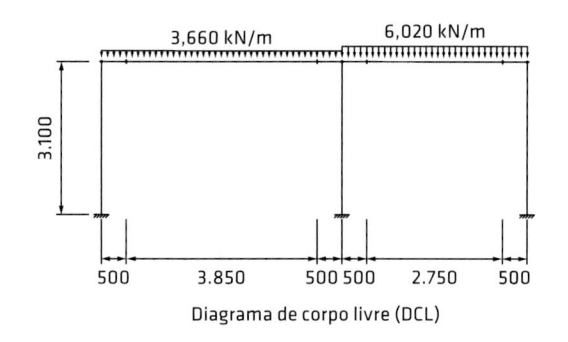

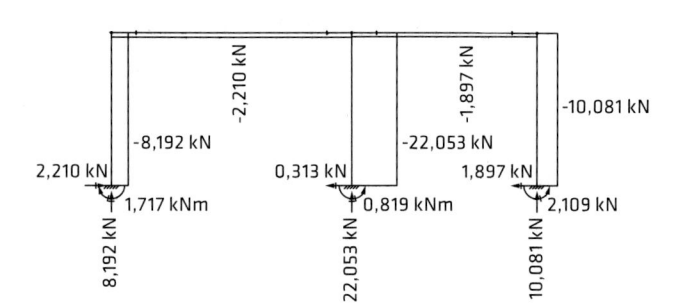

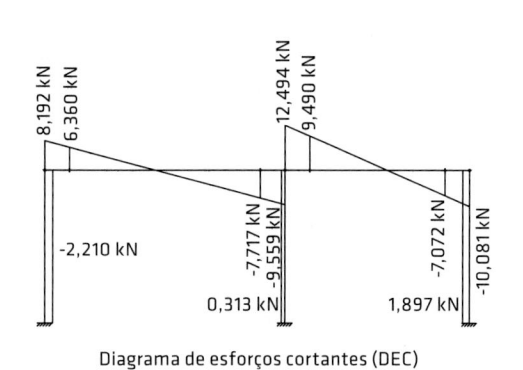

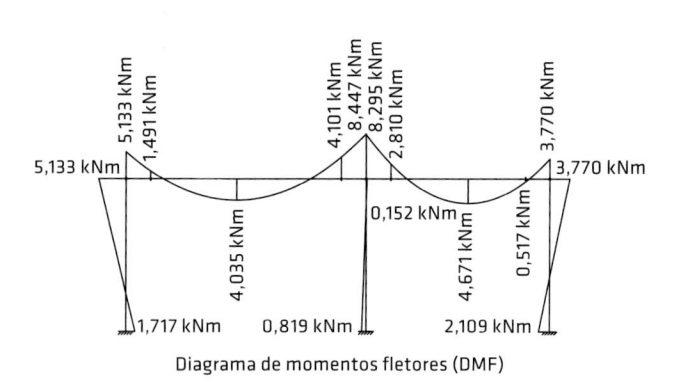

Fig. 5.11 PP2 – estruturas de concreto

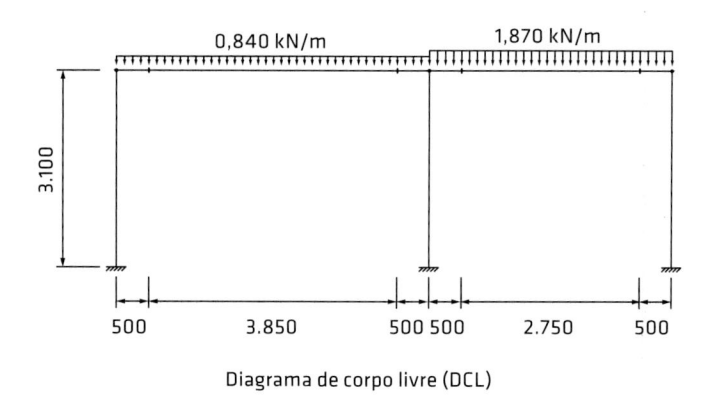

Fig. 5.12 Sobrecarga (SC)

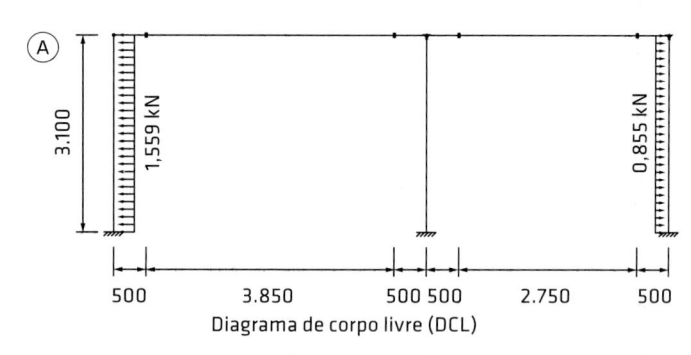

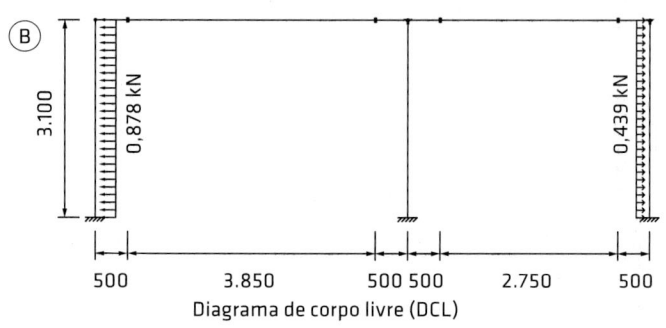

Fig. 5.13 Vento a 0°: (A) condição 1 e (B) condição 2

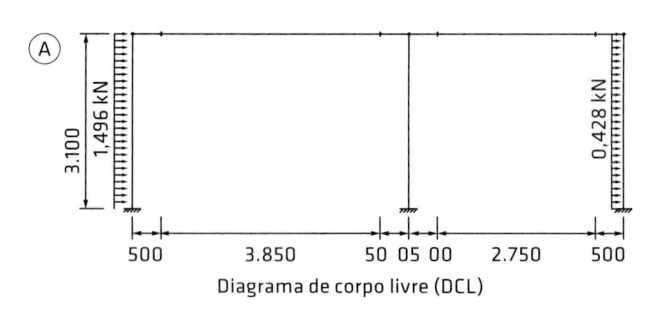

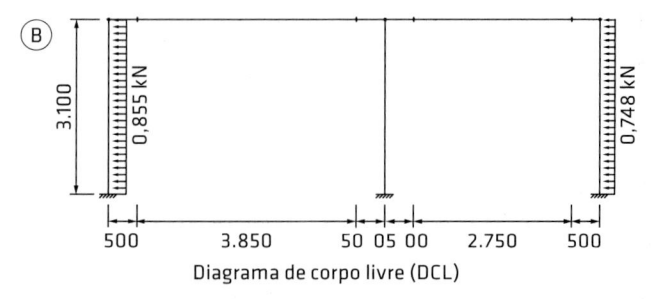

Fig. 5.14 Vento a 90°: (A) condição 1 e (B) condição 2

5.2.8 Combinações de esforços nas barras

De posse dos esforços nas barras, determinam-se as combinações, seguindo os critérios apresentados no Cap. 1. Nesse exemplo, foram consideradas as seguintes combinações:

Combinação 1: $S_d = \gamma_{g1} \cdot G_1 + \gamma_{g2} \cdot G_2 + \gamma_{q1} \cdot Q_1$
Combinação 2: $S_d = (G_1 + G_2) + \gamma_{q2} \cdot Q_2$
Combinação 3: $S_d = (G_1 + G_2) + \gamma_{q2} \cdot Q_3$
Combinação 4: $S_d = (G_1 + G_2) + \gamma_{q2} \cdot Q_4$
Combinação 5: $S_d = (G_1 + G_2) + \gamma_{q2} \cdot Q_5$
Combinação 6: $S_d = \gamma_{g1} \cdot G_1 + \gamma_{g2} \cdot G_2 + \gamma_{q1} \cdot Q_1 + \gamma_{q2} \cdot \psi_2 \cdot Q_2$
Combinação 7: $S_d = \gamma_{g1} \cdot G_1 + \gamma_{g2} \cdot G_2 + \gamma_{q1} \cdot Q_1 + \gamma_{q2} \cdot \psi_2 \cdot Q_3$
Combinação 8: $S_d = \gamma_{g1} \cdot G_1 + \gamma_{g2} \cdot G_2 + \gamma_{q1} \cdot Q_1 + \gamma_{q2} \cdot \psi_2 \cdot Q_4$
Combinação 9: $S_d = \gamma_{g1} \cdot G_1 + \gamma_{g2} \cdot G_2 + \gamma_{q1} \cdot Q_1 + \gamma_{q2} \cdot \psi_2 \cdot Q_5$

em que:

G_k = ação permanente:
G_1 = esforços provocados pela carga PP-EM;
G_2 = esforços provocados pela carga PP-EC;
Q_k = ação variável:
Q_1 = esforços provocados pela carga SC;
Q_2 = esforços provocados pela carga VT 0°-1;
Q_3 = esforços provocados pela carga VT 0°-2;
Q_4 = esforços provocados pela carga VT 90°-1;
Q_5 = esforços provocados pela carga VT 90°-2;
γ = coeficientes de ponderação:
γ_{g1} = coeficiente de ponderação da ação permanente de pequena variabilidade – adotado para as cargas G_1, valendo 1,25;
γ_{g2} = coeficiente de ponderação da ação permanente de grande variabilidade – adotado para as cargas G_2, valendo 1,40;
γ_{q1} = coeficiente de ponderação da ação variável: sobrecarga – adotado para as cargas Q_1, valendo 1,50;
γ_{q2} = coeficiente de ponderação da ação variável: vento – adotado para as cargas Q_2 a Q_5, valendo 1,40;
ψ_2 = fator de redução para ação variável: vento – adotado para as cargas Q_2 a Q_5, valendo 0,60.

Com o auxílio de uma planilha eletrônica, tipo Microsoft Excel, é possível gerar os valores das combinações para os diversos tipos de esforços e ainda determinar os valores das combinações últimas de esforços.

> Faça o download de tabelas com trechos da planilha que foi utilizada na determinação das combinações de esforços e das combinações últimas de carregamentos na página do livro (www.ofitexto.com.br/livro/estruturas-metálicas).

5.2.9 Determinação da resistência dos perfis

Os elementos constituintes das barras são solicitados aos esforços de tração ou compressão, flexão e cisalhamento. Esses esforços podem atuar isoladamente ou em conjunto. O dimensionamento parte do princípio de que a resistência do perfil a um esforço (ou à combinação de vários esforços) necessariamente deve ser maior que o esforço solicitante.

Portanto, precisa-se determinar a resistência, aos diversos esforços, dos perfis que serão usados nos elementos. Para isso, adotam-se as fórmulas preconizadas pela NBR 8800 (ABNT, 2008) para os perfis laminados e soldados, pela NBR 14762 (ABNT, 2010) para os perfis formados a frio e pela NBR 16239 (ABNT, 2013) para os perfis tubulares.

A utilização dessas fórmulas depende das propriedades geométricas dos perfis, que normalmente constam em tabelas, mas que também podem ser determinadas com as fórmulas aprendidas na disciplina de Resistência dos Materiais.

a) Resistência à compressão – N_{Rdc}

Para a determinação da resistência à compressão de barras prismáticas, utiliza-se a seguinte fórmula:

$$N_{Rdc} = \frac{\chi \cdot Q \cdot A_G \cdot f_y}{\gamma_{a1}}$$

em que:
χ = fator de redução associado à compressão;
Q = fator de redução total associado à flambagem local.

i. Fator χ

O fator χ está associado à flambagem global da barra e é determinado a partir do índice de esbeltez reduzido λ_0, que a NBR 8800 (ABNT, 2008) apresenta tabelado (a tabela é apresentada no Anexo 3 – disponível em <www.ofitexto.com.br/livro/estruturas-metálicas>), mas que pode ser encontrado da seguinte maneira:

$$\text{Para } \lambda_0 \leq 1,5 \rightarrow \chi = 0,658^{\lambda_0^2}$$
$$\text{Para } \lambda_0 > 1,5 \rightarrow \chi = \frac{0,877}{\lambda_0^2}$$

ii. Índice de esbeltez reduzido λ_0

O índice de esbeltez reduzido λ_0 é dado por:

$$\lambda_0 = \sqrt{\frac{Q \cdot A_G \cdot f_y}{N_e}}, \text{ com } Q = Q_s \cdot Q_a$$

iii. Fator Q

Os elementos das seções transversais usuais são classificados em AA (duas bordas vinculadas) e AL (apenas uma borda longitudinal vinculada) – consultar o anexo F da

NBR 8800 (ABNT, 2008). Q é o fator de redução total associado à flambagem local, Q_s é o fator de redução referente aos elementos AL, que, no caso dos perfis W ou I, são as mesas (ou flanges), e Q_a é o fator de redução referente aos elementos AA, que, no caso dos perfis W ou I, é a alma.

As seguintes fórmulas são utilizadas para os perfis W e I:

$$Q_s \rightarrow \text{Para} \begin{cases} \dfrac{b_f}{2t_f} \leq 0{,}56\sqrt{\dfrac{E}{f_y}} \rightarrow Q_s = 1{,}0 \\[6pt] 0{,}56\sqrt{\dfrac{E}{f_y}} < \dfrac{b_f}{2t_f} \leq 1{,}03\sqrt{\dfrac{E}{f_y}} \rightarrow Q_s = 1{,}415 - \\[6pt] \quad - 0{,}74\dfrac{b_f}{t_f}\sqrt{\dfrac{f_y}{E}} \\[6pt] 1{,}03\sqrt{\dfrac{E}{f_y}} < \dfrac{b_f}{2t_f} \rightarrow Q_s = \dfrac{0{,}69E}{f_y\left(\dfrac{b_f}{t_f}\right)^2} \end{cases}$$

$$Q_a \rightarrow \text{Para} \begin{cases} \dfrac{d'}{t_w} \leq 1{,}49\sqrt{\dfrac{E}{f_y}} \rightarrow Q_a = 1{,}0 \\[6pt] \dfrac{d'}{t_w} > 1{,}49\sqrt{\dfrac{E}{f_y}} \rightarrow Q_a = \dfrac{A_{ef}}{A_G} \\[6pt] \text{com} \begin{cases} A_{ef} = A_G - \sum (b - b_{ef})t \\[4pt] b_{ef} = 1{,}92 \cdot t \cdot \sqrt{\dfrac{E}{\sigma}} \cdot \left[1 - \dfrac{c_a}{b/t}\cdot\sqrt{\dfrac{E}{\sigma}}\right] \leq b \\[6pt] c_a = \begin{cases} 0{,}38 \text{ (para seções tubulares} \\ \text{retangulares)} \\ 0{,}34 \text{ (para demais seções)} \\ \sigma = \chi \cdot f_y \rightarrow \text{para } Q = 1{,}0 \text{ ou, de} \\ \text{forma conservadora, } \sigma = f_y \end{cases} \end{cases} \end{cases}$$

iv. Fator A_G

A_G é a área bruta da seção transversal da barra.

v. Força crítica de flambagem global por flexão – N_e

O fator N_e é obtido conforme o anexo E da NBR 8800 (ABNT, 2008). A seguir, é apresentada a fórmula que será utilizada na determinação dos esforços.

$$N_e = \frac{\pi^2 \cdot E \cdot I}{(kL)^2}$$

em que:

kL = comprimento de flambagem por flexão em relação ao eixo considerado;

I = momento de inércia da seção transversal em relação ao eixo considerado;

E = módulo de elasticidade do aço.

vi. Limitação do índice de esbeltez

Para as barras comprimidas, o índice de esbeltez, que é obtido dividindo o comprimento de flambagem (kL) pelo raio de giração (r), considerando o maior valor, não deve ser maior que 200.

b) Resistência à flexão – M_{Rd}

A resistência à flexão é determinada pela análise de três fatores: a flambagem local da alma (FLA), a flambagem local da mesa (FLM) e a flambagem lateral com torção (FLT).

Esses fatores estão condicionados ao conceito de rótula plástica, que será abordado a seguir.

i. Rótula plástica

A partir do diagrama de momento × rotação de uma seção de um perfil I sujeito a cargas crescentes (Fig. 5.15), pode-se observar que, ao ultrapassar o limite do momento fletor (M_y) correspondente ao início de escoamento da seção, o aumento de cargas passa a produzir o fenômeno da plastificação das fibras internas, chegando-se ao momento máximo que a seção pode suportar (M_p), que corresponde ao escoamento de toda a seção.

Enquanto a tensão máxima é menor do que a tensão de escoamento do aço, a viga apresenta comportamento linear. Dessa forma, tem-se:

$$\sigma_{máx} = \frac{M_{y;máx}}{I} = \frac{M}{W} < f_y$$

O momento M_y da seção não representa a capacidade resistente da viga e, com isso, é possível continuar aumentando a carga após atingi-lo. A partir de M_y, o comportamento passa a ser não linear, pois as fibras mais internas da seção também vão se plastificando progressivamente, até ser atingida a plastificação total da seção.

O momento resistente, igual ao momento de plastificação total da seção M_p, corresponde a grandes rotações desenvolvidas na viga. Nesse ponto, a seção no meio do vão transforma-se em uma rótula plástica.

É possível notar, pelo diagrama, que a rotação da seção (ϕ) apresenta grandes incrementos à medida que a seção se plastifica. Atingindo o momento resistente plástico (M_p), a seção continua a se deformar, sem induzir aumento do momento resistente.

A condição de *rotação crescente*, com um *momento resistente constante*, é denominada *rótula plástica*.

A formação de rótulas plásticas depende da ductilidade do material e da resistência à flambagem. A resistência à flambagem do elemento deve ser garantida por meio de

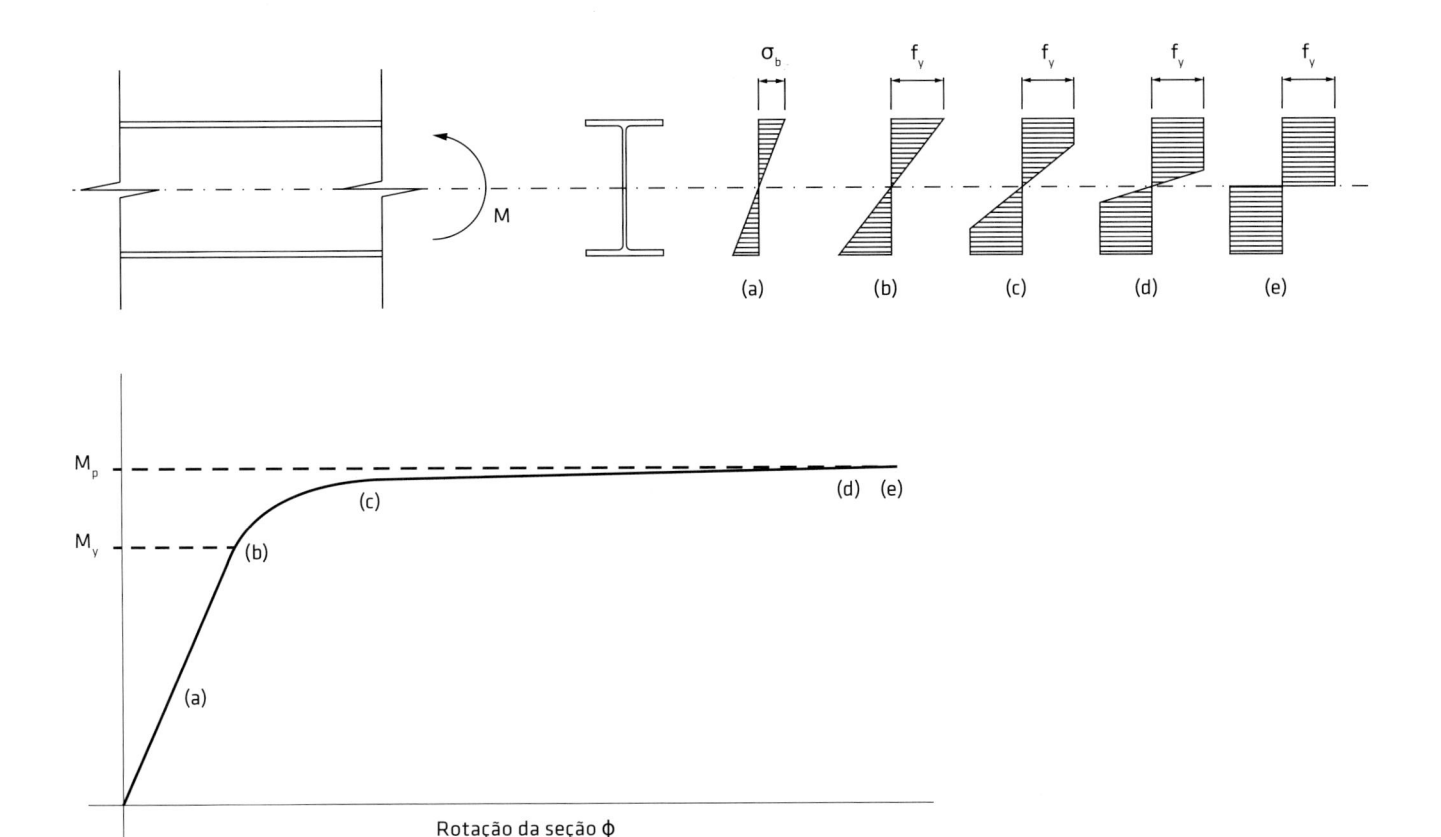

Fig. 5.15 Gráfico momento × rotação da seção

sua contenção lateral. A resistência à flambagem local é impedida por condições geométricas da seção.

Nas seções simétricas, as linhas neutras elástica e plástica coincidem, ao contrário do que ocorre em seções não simétricas.

O módulo plástico pode ser interpretado geometricamente como o primeiro momento da área da seção transversal acima da linha neutra mais o primeiro momento da área abaixo da linha neutra, conforme apresentado na Fig. 5.16.

ii. Classificação das vigas

De acordo com a NBR 8800 (ABNT, 2008), as seções das vigas podem ser divididas em três classes, conforme a influência da flambagem local sobre os respectivos momentos fletores resistentes (M_r):

- *Seção compacta* ($\lambda \leq \lambda_p$) – é aquela que atinge o momento de plastificação total ($M_r = M_p$) e exibe capacidade de rotação inelástica suficiente para configurar rótula plástica.
- *Seção semicompacta* ($\lambda_p \leq \lambda \leq \lambda_r$) – a flambagem local ocorre após ter se desenvolvido a plastificação parcial ($M_y < M_r \leq M_p$) sem apresentar significativa rotação.
- *Seção esbelta* ($\lambda \geq \lambda_r$) – a ocorrência da flambagem local impede que seja atingido o momento de início de plastificação ($M_r < M_y$).

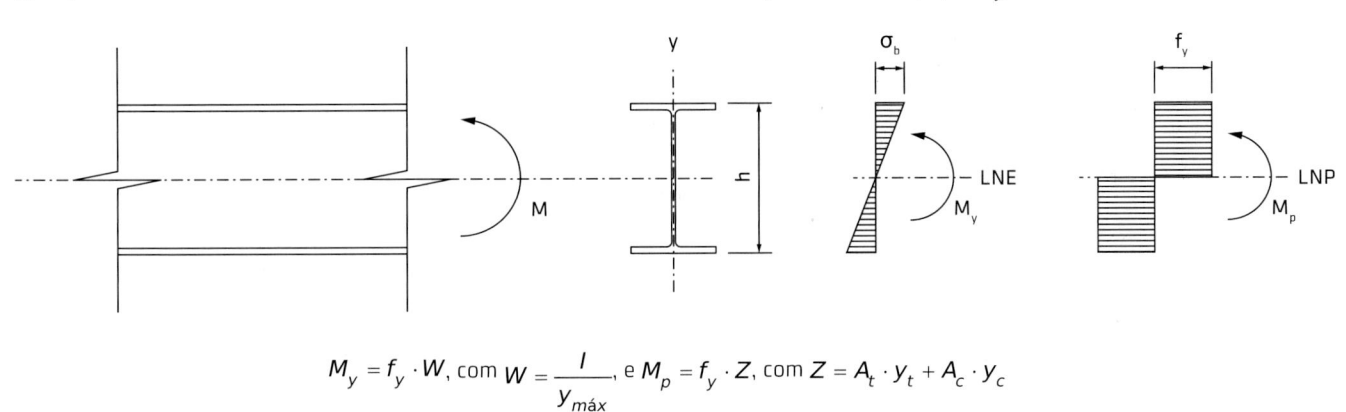

$$M_y = f_y \cdot W, \text{ com } W = \frac{I}{y_{máx}}, \text{ e } M_p = f_y \cdot Z, \text{ com } Z = A_t \cdot y_t + A_c \cdot y_c$$

Fig. 5.16 Momento de início de plastificação e de plastificação total

iii. **Flambagem local da alma (FLA)**

O parâmetro de análise é a relação entre o comprimento (h para os perfis soldados e d' para os laminados) e a espessura da alma. A Tab. 5.1 mostra esses parâmetros para perfis I, H, U, seções caixão e tubulares.

Tab. 5.1 VALORES DE λ, M_R E M_{CR} PARA FLAMBAGEM LOCAL DA ALMA

Tipos de seção e eixo de flexão	λ_a	λ_{pa}	λ_{ra}	$M_{r;a}$	$M_{cr;a}$
Para seções I e H com dois eixos de simetria e seções U não sujeitas a momento de torção, fletidas em relação ao eixo de maior momento de inércia	$\dfrac{h}{t_w}$	$3{,}76\sqrt{\dfrac{E}{f_y}}$	$5{,}70\sqrt{\dfrac{E}{f_y}}$	$f_y \cdot W$	Viga esbelta – consultar anexo H da NBR 8800 (ABNT, 2008)
Seções I e H com apenas um eixo de simetria, situado no plano médio da alma, fletidas em relação ao eixo de maior momento de inércia[1]	$\dfrac{h_c}{t_w}$	$\dfrac{\dfrac{h_c}{h_p}\sqrt{\dfrac{E}{f_y}}}{\left(0{,}54\dfrac{M_{pl}}{M_r} - 0{,}09\right)^2}$	$5{,}70\sqrt{\dfrac{E}{f_y}}$	$f_y \cdot W$	Viga esbelta – consultar anexo H da NBR 8800 (ABNT, 2008)
Seções I e H com dois eixos de simetria e seções U fletidas em relação ao eixo de menor momento de inércia[2]	$\dfrac{h}{t_w}$	$1{,}12\sqrt{\dfrac{E}{f_y}}$	$1{,}40\sqrt{\dfrac{E}{f_y}}$	$\dfrac{W_{ef}^2}{W}\cdot f_y$	Viga esbelta – consultar anexo H da NBR 8800 (ABNT, 2008)
Seções caixão e tubulares retangulares, duplamente simétricas, fletidas em relação a um dos eixos de simetria que seja paralelo a dois lados	$\dfrac{h}{t_w}$	Seções caixão: $3{,}76\sqrt{\dfrac{E}{f_y}}$ Seções tubulares retangulares: $2{,}42\sqrt{\dfrac{E}{f_y}}$	$5{,}70\sqrt{e}$	$f_y \cdot W$	–

em que:

h_c = duas vezes a distância do centro geométrico da seção transversal à face interna da mesa comprimida;

h_p = duas vezes a distância da linha neutra plástica da seção transversal à face interna da mesa comprimida;

W_{ef} = módulo de resistência mínimo elástico, relativo ao eixo de flexão, para uma seção que tem uma mesa comprimida (ou alma comprimida, no caso de perfil U fletido em relação ao eixo de menor inércia) de largura igual a b_{ef}, com σ igual a f_y. Em alma comprimida de seção U fletida em relação ao eixo de menor momento de inércia, $b = h$, $t = t_w$ e $b_{ef} = h_{ef}$.

$$b_{ef} = 1{,}92 \cdot t\sqrt{\dfrac{E}{\sigma}}\left[1 - \dfrac{C_a}{b/t}\sqrt{\dfrac{E}{\sigma}}\right] \leq b$$

com $C_a = 0{,}38$ para mesas ou almas de seções tubulares retangulares e $C_a = 0{,}34$ para todos os outros elementos e, ainda, $\sigma = \chi \cdot f_y$, adotando $Q = 1{,}0$. Opcionalmente, de forma conservadora, pode-se tomar $\sigma = f_y$.

Se:

$$\begin{cases} \lambda_a \leq \lambda_{pa} \to M_{na} = M_{pl} = Z_x f_y \\ \lambda_{pa} < \lambda_a \leq \lambda_{ra} \to M_{na} = M_{pl} - \left(M_{pl} - M_r\right)\left(\dfrac{\lambda_{La} - \lambda_{pa}}{\lambda_{ra} - \lambda_{pa}}\right) \\ \lambda_{pa} > \lambda_{ra} \to \text{Consultar anexo H da NBR 8800 (ABNT, 2008)} \end{cases}$$

$$M_{Rd} = \dfrac{M_{na}}{\gamma_{a1}}$$

Notas:

[1] Para essas seções, devem ser obedecidas as seguintes limitações:

a. $\dfrac{1}{9} \leq \alpha_y \leq 9$, com $\alpha_y = \dfrac{I_{yc}}{I_{yt}}$;

b. a soma das áreas da menor mesa e da alma deve ser superior à área da maior mesa.

Com:

I_{yc} = momento de inércia da mesa comprimida em relação ao eixo que passa pelo plano médio da alma (se no comprimento destravado houver momentos positivo e negativo, tomar a mesa de menor momento de inércia em relação ao eixo mencionado);

I_{yt} = momento de inércia da mesa tracionada em relação ao eixo que passa pelo plano médio da alma (se no comprimento destravado houver momentos positivo e negativo, tomar a mesa de maior momento de inércia em relação ao eixo mencionado).

[2] Este caso aplica-se à alma da seção U só quando comprimida pelo momento fletor.

iv. Flambagem local da mesa (FLM)
Esse parâmetro refere-se à razão entre a largura e a espessura da mesa do perfil. A Tab. 5.2 mostra esses parâmetros para perfis I, H, U, seções caixão e tubulares.

Em algumas fórmulas utiliza-se a tensão residual, indicada por σ_r, que corresponde a 30% da resistência ao escoamento do aço utilizado. Normalmente, esse valor é subtraído da resistência, conforme mostrado a seguir:

$$\left(f_y - \sigma_r\right)\cdot W = \left(f_y - 0,30\cdot f_y\right)\cdot W = 0,70 f_y \cdot W$$

v. Flambagem lateral com torção (FLT)
Na flambagem lateral, a viga perde seu equilíbrio no plano principal de flexão e, por isso, apresenta deslocamentos laterais e rotações de torção.

A resistência à torção está relacionada com o comprimento livre de flambagem, representado por L_b. Para evitar a flambagem lateral de uma viga, pode-se conter lateralmente o perfil. Essa contenção pode ser contínua, como a que uma laje fornece, desde que se garanta a interface entre os dois elementos utilizando os conectores de cisalhamento, por exemplo; ou discreta, quando se utilizam contenções a intervalos espaçados, desde que a distância entre esses apoios não ultrapasse $50 \cdot r_y$ do perfil da viga. Quando se emprega a contenção contínua, não é preciso verificar a flambagem lateral com torção. A Tab. 5.3 mostra esses parâmetros para perfis I, H, U, seções sólidas, seções caixão e tubulares.

c) Resistência ao cisalhamento – V_{Rd}
Os esforços cortantes de uma viga são, em sua maioria, absorvidos pela alma da seção, em especial os perfis do tipo I ou H. Quando a alma não tem capacidade de resistir ao esforço, ela pode ser reforçada com a utilização de enrijecedores laterais, dispostos em intervalos ao longo do comprimento da viga.

Para a determinação de V_{Rd}, precisa-se primeiro definir os valores de λ_v, λ_{pv} e λ_{rv}:

$$\lambda_v = \frac{h}{t_w} \qquad \lambda_{pv} = 1,10\sqrt{\frac{k_v \cdot E}{f_y}} \qquad \lambda_{rv} = 1,37\sqrt{\frac{k_v \cdot E}{f_y}}$$

Tab. 5.2 VALORES DE λ, M_R E M_{CR} PARA FLAMBAGEM LOCAL DA MESA

Tipos de seção e eixo de flexão	λ_m	λ_{pm}	λ_{rm}	$M_{r;m}$	$M_{cr;m}$
Para seções I e H com dois eixos de simetria e seções U não sujeitas a momento de torção, fletidas em relação ao eixo de maior momento de inércia	$\dfrac{b}{t}$	$0,38\sqrt{\dfrac{E}{f_y}}$	Perfil laminado $\lambda_{rm} = 0,83\sqrt{\dfrac{E}{0,7 f_y}}$	$0,70 f_y \cdot W$	Perfil laminado $M_{cr;m} = \dfrac{0,69 E}{\lambda^2}\cdot W_c$
Seções I e H com apenas um eixo de simetria, situado no plano médio da alma, fletidas em relação ao eixo de maior momento de inércia	$\dfrac{b}{t}$	$0,38\sqrt{\dfrac{E}{f_y}}$	Perfil soldado $\lambda_{rm} = 0,95\sqrt{\dfrac{E}{0,7\dfrac{f_y}{k_c}}}$	$0,70 f_y \cdot W_c$ $0,70 f_y \cdot W$	Perfil soldado $M_{cr;m} = \dfrac{0,90 E k_c}{\lambda^2}\cdot W_c$
Seções I e H com dois eixos de simetria e seções U fletidas em relação ao eixo de menor momento de inércia					
Seções caixão e tubulares retangulares, duplamente simétricas, fletidas em relação a um dos eixos de simetria que seja paralelo a dois lados	$\dfrac{b}{t}$	$1,12\sqrt{\dfrac{E}{f_y}}$	$\lambda_{rm} = 1,40\sqrt{\dfrac{E}{f_y}}$	$f_y \cdot W_{ef}$	$M_{cr;m} = \dfrac{W_{ef}^2}{W}\cdot f_y$

em que:

$\dfrac{b}{t} = \dfrac{b_f}{2 t_f}$ para os perfis I e H, sendo que, para os com um eixo de simetria, considera-se a mesa comprimida. Para os de seção U, utiliza-se a largura total;

$\dfrac{b}{t} = \dfrac{b_f}{t_f}$. Para as seções tubulares retangulares, b corresponde à parte plana e, para os perfis caixão, à distância livre entre as almas;

$k_c = \dfrac{4}{\sqrt{h/t_w}}$, sendo $0,35 \leq k_c \leq 0,76$;

W_c = módulo de resistência elástico do lado comprimido da seção, relativo ao eixo de flexão.
Dessa forma, o momento fletor resistente de cálculo vale:

$$\begin{cases} \lambda_m \leq \lambda_{pm} \rightarrow M_{nm} = M_{pl} = Z_x f_y \\ \lambda_{pm} < \lambda_m \leq \lambda_{rm} \rightarrow M_{nm} = M_{nm} = M_{pl} - \left(M_{pl} - M_r\right)\left(\dfrac{\lambda_m - \lambda_{pm}}{\lambda_{rm} - \lambda_{pm}}\right) \\ \lambda_{pm} > \lambda_{rm} \rightarrow M_{nm} = M_{cr} \end{cases}$$

$$M_{Rd} = \frac{M_{nm}}{\gamma_{a1}}$$

Tab. 5.3 VALORES DE λ, M_R E M_{CR} PARA FLAMBAGEM LATERAL COM TORÇÃO

Tipos de seção e eixo de flexão	λ_m	λ_{pm}	λ_{rm}	$M_{r;m}$	$M_{cr;m}$
Para seções I e H com dois eixos de simetria e seções U não sujeitas a momento de torção, fletidas em relação ao eixo de maior momento de inércia	$\dfrac{L_b}{r_y}$	$1,76\sqrt{\dfrac{E}{f_y}}$	(1)	$0,70 f_y \cdot W$	(1)
Seções I e H com apenas um eixo de simetria, situado no plano médio da alma, fletidas em relação ao eixo de maior momento de inércia	$\dfrac{L_b}{r_y}$	$1,76\sqrt{\dfrac{E}{f_y}}$	(2)	$0,70 f_y \cdot W_c$ $\leq f_y \cdot W_t$	(2)
Seções I e H com dois eixos de simetria e seções U fletidas em relação ao eixo de menor momento de inércia			Não se aplica		
Seções sólidas retangulares fletidas em relação ao eixo de maior momento de inércia	$\dfrac{L_b}{r_y}$	$\dfrac{0,13 E}{M_{pl}}\sqrt{J \cdot A}$	$\dfrac{2,00 E}{M_R}\sqrt{J \cdot A}$	$f_y \cdot W$	$\dfrac{2,00 C_b \cdot E}{\lambda}\sqrt{J \cdot A}$
Seções caixão e tubulares retangulares, duplamente simétricas, fletidas em relação a um dos eixos de simetria que seja paralelo a dois lados. Só aplicável quando o eixo de flexão for o de maior momento de inércia	$\dfrac{L_b}{r_y}$	$\dfrac{0,13 E}{M_{pl}}\sqrt{J \cdot A}$	$\dfrac{2,00 E}{M_R}\sqrt{J \cdot A}$	$f_y \cdot W$	$\dfrac{2,00 C_b \cdot E}{\lambda}\sqrt{J \cdot A}$

Notas:

(1)
$$\lambda_r = \frac{1,38\sqrt{I_y \cdot J}}{r_y \cdot J \cdot \beta_1}\sqrt{1 + \sqrt{1 + \frac{27 \cdot C_w \cdot \beta_1^2}{I_y}}}$$

$$M_{cr} = \frac{C_b \cdot \pi^2 \cdot E \cdot I_y}{L_b^2}\sqrt{\frac{C_w}{I_y}\left(1 + 0,039 \cdot \frac{J \cdot L_b^2}{C_w}\right)}$$

com

$$\beta_1 = \frac{0,7 \cdot f_y \cdot W}{E \cdot J}$$

$$J = I_T$$

$$C_w = \frac{I_y (d - t_f)^2}{4} \quad \text{(para seções I)}$$

$$C_w = \frac{t_f (b_f - 0,5 t_w)^3 (d - t_f)^2}{12}\left[\frac{3(b_f - 0,5 t_w) t_f + 2(d - t_f) t_w}{6(b_f - 0,5 t_w) t_f + (d - t_f) t_w}\right] \quad \text{(para seções U)}$$

(2)
$$\lambda_r = \frac{1,38\sqrt{I_y \cdot J}}{r_{yc} \cdot J \cdot \beta_1}\sqrt{\beta_2 + \sqrt{\beta_2^2 + \frac{27 \cdot C_w \cdot \beta_1^2}{I_y}}}$$

$$M_{cr} = \frac{C_b \cdot \pi^2 \cdot E \cdot I_y}{L_b^2}\left[\beta_3 + \sqrt{\beta_3^2 + \frac{C_w}{I_y}\left(1 + 0,039 \cdot \frac{J \cdot L_b^2}{C_w}\right)}\right]$$

com

$$\beta_1 = \frac{0,7 \cdot f_y \cdot W_c}{E \cdot J}$$

$$\beta_2 = 5,2 \cdot \beta_1 \cdot \beta_3 + 1$$

$$\beta_3 = 0,45\left(d - \frac{t_{fs} + t_{fi}}{2}\right)\left(\frac{\alpha_y - 1}{\alpha_y + 1}\right) \quad (\alpha_y \text{ conforme a nota (1) da Tab. 5.1})$$

$$C_w = \frac{\left(d - \dfrac{t_{fs}+t_{fi}}{2}\right)^2}{12}\left[\frac{t_{fi}\cdot b_{fi}^3 \cdot t_{fs}\cdot b_{fs}^3}{t_{fi}\cdot b_{fi}^3 + t_{fs}\cdot b_{fs}^3}\right]$$

Dessa forma, o momento fletor resistente de cálculo vale:

$$\begin{cases} \lambda_{Lt} \le \lambda_{pLt} \to M_{nLt} = M_{pl} = Z_x f_y \\ \lambda_{pLt} < \lambda_{Lt} \le \lambda_{rLt} \to M_{nLt} = M_{nLt} = M_{pl} - (M_{pl} - M_r)\left(\dfrac{\lambda_{Lt}-\lambda_{pLt}}{\lambda_{rLt}-\lambda_{pLt}}\right) \\ \lambda_{pLt} > \lambda_{rLt} \to M_{nLt} = M_{cr} \end{cases}$$

$$M_{Rd} = \frac{M_{nLt}}{\gamma_{a1}}$$

Para os diversos casos, a variação acontece nos valores de h, k_v e A_w (área efetiva de cisalhamento), como será mostrado a seguir.

i. Seções I, H e U fletidas em relação ao eixo perpendicular à alma
- $h = d'$ para perfis laminados, sendo h o valor da altura da alma para perfis soldados e d' a medida da alma (h) menos os dois raios de concordância (d' normalmente é apresentado nas tabelas de perfil laminado).
- $k_v = \begin{cases} 5{,}0 \text{ para almas sem enrijecedores transversais,} \\ \quad \text{para } \dfrac{a}{h} > 3 \text{ ou para } \dfrac{a}{h} > \left[\dfrac{260}{\left(h/t_w\right)}\right]^2 \\ 5{,}0 + \dfrac{5}{\left(a/h\right)^2} \text{ para todos os outros casos} \end{cases}$

sendo a igual à distância entre as linhas de centro de dois enrijecedores transversais adjacentes.
- $A_w = d \cdot t_w$, sendo d a altura total da seção transversal e t_w a espessura da alma.

ii. Seções tubulares retangulares e caixão
- $h = d'$ para seções tubulares, sendo h a distância entre as faces internas das mesas para seções caixão e d' a medida da alma (h) menos os dois raios de concordância (parte reta das seções tubulares).
- $k_v = 5{,}0$.
- $A_w = 2h \cdot t_w$, com t_w igual à espessura de uma das almas (as duas almas devem ter a mesma espessura).

iii. Seções T fletidas em relação ao eixo perpendicular à alma
- h = altura total da seção transversal (d).
- t_w = espessura da alma, desde que $d/t_w \le 260$.
- $k_v = 1{,}2$.
- $A_w = d \cdot t_w$.

iv. Seções formadas por duas cantoneiras fletidas em relação ao eixo perpendicular ao eixo de simetria

Em seções formadas por duas cantoneiras iguais constituindo uma seção tipo T, fletidas em relação ao eixo central de inércia perpendicular ao eixo de simetria, têm-se:
- h = altura total da seção transversal (b);
- t_w = espessura da aba perpendicular ao eixo de flexão de uma das cantoneiras (t), desde que $b/t \le 260$;
- $A_w = 2b \cdot t$.

v. Seções I, H e U fletidas em relação ao eixo perpendicular às mesas (eixo de menor momento de inércia)
- h = metade da largura das mesas nas seções I e H ($b_f/2$) e igual à largura total das mesas nas seções U (b_f).
- t_w = espessura média das mesas (t_f).
- $k_v = 1{,}2$.
- $A_w = 2b_f \cdot t_f$.

vi. Força cortante correspondente à plastificação da alma por cisalhamento – V_{pl}

Para todas as seções anteriores, o valor de V_{pl} é calculado da seguinte maneira:

$$V_{pl} = 0{,}6 \cdot A_w \cdot f_y$$

De posse dos valores de λ_v, λ_{pv} e λ_{rv}, parte-se para a determinação do valor da resistência ao cisalhamento (V_{Rd}) como visto a seguir:

$$\begin{cases} \lambda_v \le \lambda_{pv} \to V_{Rd} = \dfrac{V_{pl}}{\gamma_{a1}} \\ \lambda_v < \lambda_{pv} \le \lambda_{rv} \to V_{Rd} = \dfrac{\lambda_{pv}}{\lambda_v} \cdot \dfrac{V_{pl}}{\gamma_{a1}} \quad \text{com } \gamma_{a1} = 1{,}10 \\ \lambda_v > \lambda_{rv} \to V_{Rd} = 1{,}24 \cdot \left(\dfrac{\lambda_{pv}}{\lambda_v}\right)^2 \cdot \dfrac{V_{pl}}{\gamma_{a1}} \end{cases}$$

d) Enrijecedores transversais

Usam-se enrijecedores transversais para reforçar a alma dos perfis cujas dimensões não resistem ao esforço cortante solicitante.

Esses enrijecedores também podem ser dispostos em locais da seção que recebam esforços oriundos de carga concentrada.

Pode-se dispensar os enrijecedores para as vigas quando:

$$\frac{h}{t_w} < 2{,}46\sqrt{\frac{E}{f_y}} \quad \text{e} \quad \frac{h}{t_w} < 260$$

Segundo a NBR 8800 (ABNT, 2008), quando forem necessários enrijecedores transversais, deverão ser obedecidos os seguintes requisitos:

- os enrijecedores transversais devem ser soldados à alma e às mesas do perfil, podendo, entretanto, ser interrompidos do lado da mesa tracionada, de forma que a distância entre os pontos mais próximos das soldas entre mesa e alma e entre enrijecedor e alma fique entre $4t_w$ e $6t_w$;
- a relação entre largura e espessura dos elementos que formam os enrijecedores não pode ultrapassar $0{,}56\sqrt{\frac{E}{f_y}}$;
- o momento de inércia da seção de um enrijecedor singelo ou de um par de enrijecedores (alinhados opostamente um de cada lado da alma) em relação ao eixo no plano médio da alma não pode ser inferior a $a \cdot t_w^3 \cdot j$, em que $j = \left[\dfrac{2{,}5}{(a/h)^2}\right] - 2 \geq 0{,}5$.

e) Resistência à tração

A resistência à tração de uma barra é determinada considerando duas situações:

i. Escoamento da seção bruta

$$N_{Rdt} = \frac{A_G \cdot f_y}{\gamma_{a1}}$$

em que A_G representa a área bruta da seção transversal da barra, f_y a resistência ao escoamento do aço e $\gamma_{a1} = 1{,}10$.

ii. Ruptura da seção líquida

$$N_{Rdt} = \frac{A_e \cdot f_u}{\gamma_{a2}}$$

em que A_e representa a área líquida efetiva da seção transversal da barra, f_u a resistência à ruptura do aço e $\gamma_{a2} = 1{,}35$.

iii. Área líquida efetiva

A área líquida efetiva é dada por:

$$A_e = C_t \cdot A_N$$

em que A_N é a área líquida da barra, C_t é um coeficiente de redução da área líquida no caso de ligações parafusadas e A_G, no caso de ligações soldadas (sem furação).

Para a área líquida, considera-se o desconto da seção dos furos em duas situações: furação reta e furação zigue-zague. Deve ser utilizado o diâmetro efetivo dos furos (d'), que é determinado considerando, para furos padrão, o acréscimo de 1,5 mm, correspondente à folga entre o furo e o parafuso, e de 2,0 mm, por conta da danificação do furo pelo processo de execução.

$$d' = d + 3{,}5 \text{ mm}$$

▶ Furação reta

$$A_N = \left[b - np \cdot (d + 0{,}35)\right] \cdot t$$

com b igual à largura da peça, np igual ao número de furos da linha e t igual à espessura da peça. Todos os dados estão em centímetros, e A_N, em centímetros quadrados.

▶ Furação zigue-zague

Quando a furação está disposta em forma de zigue-zague, é necessário encontrar o caminho que apresenta a menor seção líquida. A Fig. 5.17 exibe quatro caminhos possíveis para a análise de uma furação em zigue-zague.

$$A_N = \left[b - np(d + 0{,}35) + (np - 1)\frac{s^2}{4g}\right] \cdot t$$

iv. Coeficiente de redução – C_t

Quando a força for transmitida por todos os elementos da seção transversal da barra, através de parafusos ou soldas:

$$C_t = 1{,}00$$

Quando a força de tração for transmitida somente por soldas transversais, em que A_c é a área da seção transversal dos elementos conectados:

$$C_t = \frac{A_c}{A_G}$$

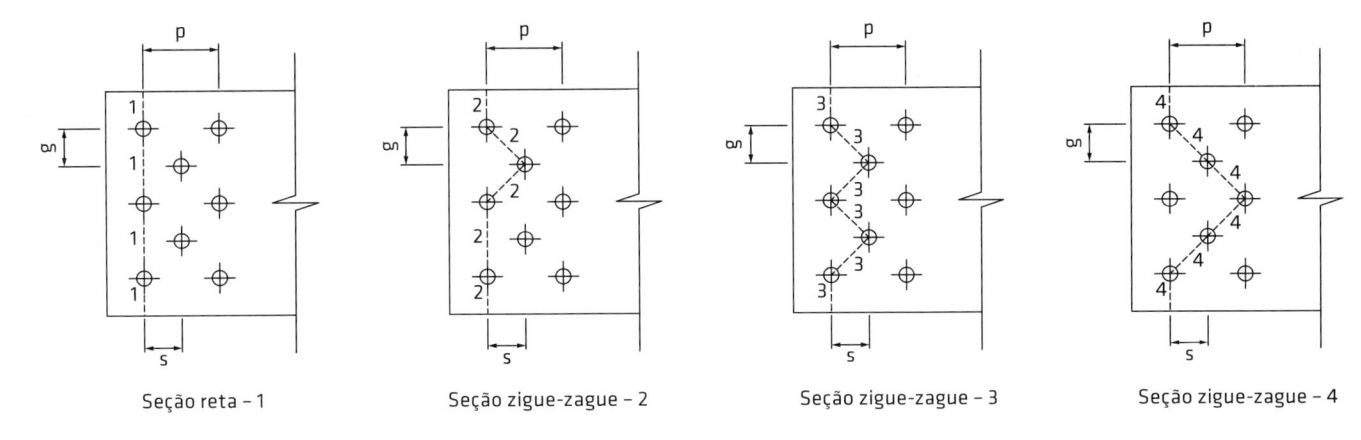

Seção reta – 1   Seção zigue-zague – 2   Seção zigue-zague – 3   Seção zigue-zague – 4

Fig. 5.17 Seções de furação

Nas barras com seções transversais abertas (atendendo à relação $0{,}60 \leq C_t \leq 0{,}90$):

$$C_t = 1 - \frac{e_c}{\ell_c}$$

em que e_c é a excentricidade da ligação, igual à distância do centro geométrico da seção da barra ao plano de cisalhamento da ligação, e ℓ_c é o comprimento efetivo da ligação.

Nas ligações parafusadas, esse comprimento é igual à distância do primeiro ao último parafuso da linha de furação com maior número de parafusos, na direção da força axial, enquanto nas ligações soldadas é igual ao comprimento da solda na direção da força axial.

Nas chapas planas, quando a força de tração for transmitida somente por soldas longitudinais ao longo de ambas as suas bordas:

$$C_t = \begin{cases} 1{,}00 \text{ para } \ell_w \geq 2b \\ 0{,}87 \text{ para } 2b > \ell_w \geq 1{,}5b \\ 0{,}75 \text{ para } 1{,}5b > \ell_w \geq b \end{cases}$$

em que ℓ_w é o comprimento dos cordões de solda e b é a largura da chapa (distância entre as soldas situadas nas duas bordas), conforme mostrado na Fig. 5.18.

Nota: Ver Cap. 2.

5.2.10 Propriedades dos perfis utilizados

Será apresentado a seguir o processo de determinação dos esforços resistentes dos perfis estimados para as vigas no projeto mencionado anteriormente. No caso desse edifício, a laje não foi utilizada como contenção da viga.

Foi usada uma contenção discreta para as vigas V1 a V4 no vão de 4,85 m. Com isso, o comprimento de flambagem (L_b) ficou dividido por dois (2,425 m). Como essas vigas são contínuas, no 2º tramo o valor de L_b é de 3,75 m. Será necessário, então, analisar as duas situações, uma com L_b = 242,5 cm e outra com L_b = 375 cm.

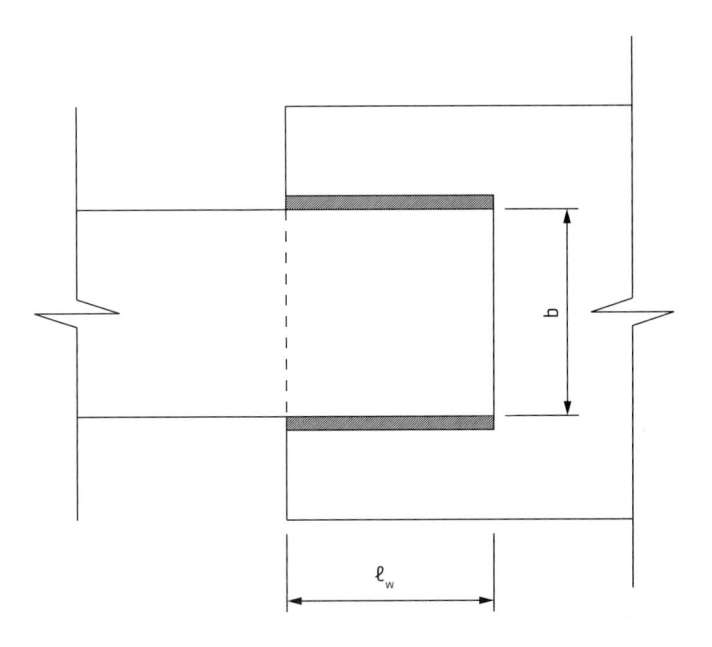

Fig. 5.18 Valores de b e ℓ_w para solda longitudinal

A viga V5 possui L_b = 375 cm para o 1º e o 2º tramos. Já as vigas V6 e V7 possuem L_b = 375 cm.

Ao final, será feita a comparação considerando a laje como contenção do perfil. Para essa situação, não é preciso levar em conta as verificações relativas à flambagem lateral com torção (FLT).

a) Perfil W 310 × 23,8

i. Propriedades

$J_x = 4.346{,}00 \text{ cm}^4 \quad W_x = 285{,}00 \text{ cm}^3 \quad Z_x = 333{,}20 \text{ cm}^3 \quad r_x = 11{,}89 \text{ cm}$
$J_y = 116{,}00 \text{ cm}^4 \quad W_y = 22{,}90 \text{ cm}^3 \quad Z_y = 36{,}90 \text{ cm}^3 \quad r_y = 1{,}94 \text{ cm}$
$A = 30{,}70 \text{ cm}^2 \quad I_t = 4{,}65 \text{ cm}^4 \quad C_w = 25.594{,}00 \text{ cm}^6$
$b_f = 10{,}10 \text{ cm} \quad t_w = 0{,}56 \text{ cm} \quad t_f = 0{,}67 \text{ cm} \quad h = 29{,}20 \text{ cm}$
$d = 30{,}50 \text{ cm} \quad d' = 27{,}20 \text{ cm} \quad \lambda_m = 7{,}54 \quad \lambda_a = 48{,}50$

ii. Resistência à compressão – 1º tramo

$L_x \text{ (cm)} = 485{,}00 \quad L_y \text{ (cm)} = 242{,}50 \quad L_b \text{ (cm)} = 242{,}50 \quad k_x = 1{,}00 \quad k_y = 1{,}00$

$$\lambda_x = \frac{k_x \cdot L_x}{r_x} = \frac{1,0 \times 485,0}{11,89} = 40,79$$

$$\lambda_y = \frac{k_y \cdot L_y}{r_y} = \frac{1,0 \times 242,50}{1,94} = 125,0$$

$$N_{ex} = \frac{\pi^2 \cdot E \cdot I_x}{(k_x \cdot L_x)^2} = \frac{\pi^2 \times 20.000 \times 4.346,0}{(1,0 \times 485)^2} = 3.647,0$$

$$N_{ey} = \frac{\pi^2 \cdot E \cdot I_y}{(k_y \cdot L_y)^2} = \frac{\pi^2 \times 20.000 \times 116,0}{(1,0 \times 242,5)^2} = 389,37$$

$$\frac{b_f}{2t_f} = 7,54 \leq 0,56\sqrt{\frac{E}{f_y}} = 0,56\sqrt{\frac{20.000}{34,50}} = 13,48 \rightarrow Q_s = 1,0$$

$$\frac{d'}{t_w} = 48,50 > 35,88 \rightarrow Q_a = \frac{A_{ef}}{A_G}$$

Para determinar o valor de A_{ef}, é necessário primeiro determinar o valor de b_{ef}:

$$b_{ef} = \left[1,92 \cdot t_w \sqrt{\frac{E}{\sigma}} \cdot \left(1 - \frac{0,34}{d'/t_w}\sqrt{\frac{E}{\sigma}}\right)\right] \leq b,$$

sendo $b = \begin{cases} d' \text{ para perfis laminados} \\ h \text{ para perfis soldados} \end{cases}$

$\sigma = \chi \cdot f_y \rightarrow$ para $Q = 1,0$ ou, de forma conservadora, $\sigma = f_y$

$$\lambda_{0;bef} = \sqrt{\frac{Q \cdot A_G \cdot f_y}{N_{ex}}} = \sqrt{\frac{1,0 \times 30,7 \times 34,5}{3.647,0}} = 0,54 \rightarrow$$

$$\rightarrow \chi_{bef} = 0,658^{\lambda_0^2} = 0,658^{0,54^2} = 0,89$$

$$\sigma = \chi_{bef} \cdot f_y = 0,89 \times 34,5 = 30,71$$

$$b_{ef} = \left[1,92 \times 0,56 \times \sqrt{\frac{20.000}{30,71}} \times \left(1 - \frac{0,34}{48,50} \times \sqrt{\frac{20.000}{30,71}}\right)\right] \leq 27,20$$

$$b_{ef} = 22,53$$

Considerando $\sigma = f_y$, o valor de b_{ef} fica menor, vale 21,52.

$$A_{ef;w} = b_{ef} \cdot t_w = 22,57 \times 0,56 = 12,62$$

$$A_{G;w} = b \cdot t_w = 27,20 \times 0,56 = 15,23$$

$$Q_a = \frac{A_{ef}}{A_G} = \frac{12,64}{15,23} = 0,83$$

$$Q = Q_s \cdot Q_a = 1,0 \times 0,83 = 0,83$$

$$\lambda_{0x} = \sqrt{\frac{Q \cdot A_G \cdot f_y}{N_{ex}}} = \sqrt{\frac{0,83 \times 30,70 \times 34,5}{3.647,0}} = 0,49 \rightarrow \chi_x =$$

$$= 0,658^{\lambda_0^2} = 0,658^{0,49^2} = 0,90$$

$$\lambda_{0y} = \sqrt{\frac{Q \cdot A_G \cdot f_y}{N_{ey}}} = \sqrt{\frac{0,83 \times 30,70 \times 34,5}{389,37}} = 1,50 \rightarrow \chi_y =$$

$$= 0,658^{\lambda_0^2} = 0,658^{1,50^2} = 0,39$$

$$N_{Rdc} = \frac{\chi \cdot Q \cdot A_G \cdot f_y}{\gamma_{a1}} = \frac{0,39 \times 0,83 \times 30,70 \times 34,5}{1,10}$$

$$N_{Rdc} = 311,68 \text{ kN}$$

iii. Resistência à compressão – 2º tramo

L_x (cm) = 375,00 L_y (cm) = 375,00 L_b (cm) = 375,00 k_x = 1,00 k_y = 1,00

$$\lambda = \frac{k \cdot L_b}{r_{min}} = \frac{1,0 \times 375,0}{1,94} = 193,30$$

$$N_{ex} = \frac{\pi^2 \cdot E \cdot I_x}{(k_x \cdot L_x)^2} = \frac{\pi^2 \times 20.000 \times 4.346,0}{(1,0 \times 375,0)^2} = 6.100,38$$

$$N_{ey} = \frac{\pi^2 \cdot E \cdot I_y}{(k_y \cdot L_y)^2} = \frac{\pi^2 \times 20.000 \times 116,0}{(1,0 \times 375,0)^2} = 162,83$$

$$\frac{b_f}{2t_f} = 7,54 \leq 0,56\sqrt{\frac{E}{f_y}} = 0,56\sqrt{\frac{20.000}{34,50}} = 13,48 \rightarrow Q_s = 1,0$$

$$\frac{d'}{t_w} = 48,50 > 35,88 \rightarrow Q_a = \frac{A_{ef}}{A_G}$$

Para determinar o valor de A_{ef}, é necessário primeiro determinar o valor de b_{ef}:

$$b_{ef} = \left[1,92 \cdot t_w \sqrt{\frac{E}{\sigma}} \cdot \left(1 - \frac{0,34}{d'/t_w}\sqrt{\frac{E}{\sigma}}\right)\right] \leq b,$$

sendo $b = \begin{cases} d' \text{ para perfis laminados} \\ h \text{ para perfis soldados} \end{cases}$

$\sigma = \chi \cdot f_y \rightarrow$ para $Q = 1,0$ ou, de forma conservadora, $\sigma = f_y$

$$\lambda_{0;bef} = \sqrt{\frac{Q \cdot A_G \cdot f_y}{N_{ex}}} = \sqrt{\frac{1,0 \times 30,7 \times 34,5}{6.100,38}} = 0,42 \rightarrow$$

$$\rightarrow \chi_{bef} = 0,658^{\lambda_0^2} = 0,658^{0,42^2} = 0,93$$

$$\sigma = \chi_{bef} \cdot f_y = 0,93 \times 34,5 = 32,09$$

$$b_{ef} = \left[1,92 \times 0,56 \times \sqrt{\frac{20.000}{32,09}} \times \left(1 - \frac{0,34}{48,50} \times \sqrt{\frac{20.000}{32,09}}\right)\right] \leq 27,20$$

$$b_{ef} = 22,14$$

Considerando $\sigma = f_y$, o valor de b_{ef} fica menor, vale 21,52.

$$A_{ef;w} = b_{ef} \cdot t_w = 22,14 \times 0,56 = 12,40$$

$$A_{G;w} = b \cdot t_w = 27,20 \times 0,56 = 15,23$$

$$Q_a = \frac{A_{ef}}{A_G} = \frac{12,40}{15,23} = 0,81$$

$$Q = Q_s \cdot Q_a = 1,0 \times 0,81 = 0,81$$

$$\lambda_{0x} = \sqrt{\frac{Q \cdot A_G \cdot f_y}{N_{ex}}} = \sqrt{\frac{0,81 \times 30,70 \times 34,5}{6.100,38}} = 0,38 \rightarrow$$

$$\rightarrow \chi_x = 0,658^{\lambda_0^2} = 0,658^{0,38^2} = 0,94$$

$$\lambda_{0y} = \sqrt{\frac{Q \cdot A_G \cdot f_y}{N_{ey}}} = \sqrt{\frac{0,81 \times 30,70 \times 34,5}{162,83}} = 2,30 \rightarrow$$

$$\rightarrow \chi_y = \frac{0,877}{\lambda_0^2} = \chi = \frac{0,877}{2,30^2} = 0,17$$

$$N_{Rdc} = \frac{\chi \cdot Q \cdot A_G \cdot f_y}{\gamma_{a1}} = \frac{0,17 \times 0,81 \times 30,70 \times 34,5}{1,10}$$

$$N_{Rdc} = 132,58 \text{ kN}$$

iv. Resistência à flexão

▷ Flambagem local da alma (FLA)

$$\lambda_a = \frac{d'}{t_w} = 48,50$$

$$\lambda_{pa} = 3,76\sqrt{\frac{E}{f_y}} = 3,76\sqrt{\frac{20.000}{34,50}} = 90,53 \to \lambda_a \le \lambda_{pa}$$

$$M_{na} = M_{pl} = Z_x f_y = 333,20 \times \frac{34,5}{100} = 114,95 \text{ kNm}$$

▷ Flambagem local da mesa (FLM)

$$\lambda_m = \frac{b_f}{2t_f} = 7,54$$

$$\left\{\lambda_{pm} = 0,38\sqrt{\frac{20.000}{34,50}} = 9,15 \to \lambda_m \le \lambda_{pm}\right.$$

$$M_{nm} = M_{pl} = Z_x f_y = 333,20 \times \frac{34,5}{100} = 114,95 \text{ kNm}$$

▷ Flambagem lateral com torção (FLT)

1º tramo: $\left\{\lambda_{Lt} = \dfrac{L_b}{r_y} = \dfrac{242,50}{1,94} = 125,00\right.$

2º tramo: $\left\{\lambda_{Lt} = \dfrac{L_b}{r_y} = \dfrac{375,00}{1,94} = 193,30\right.$

$$\lambda_{pLt} = 1,76\sqrt{\frac{20.000}{34,50}} = 42,38$$

$$\lambda_{rLt} = \frac{1,38\sqrt{I_y \cdot J}}{r_y \cdot J \cdot \beta_1}\sqrt{1 + \sqrt{1 + \frac{27 \cdot C_w \cdot \beta_1^2}{I_y}}}$$

$$\beta_1 = \frac{0,7 \cdot f_y \cdot W}{E \cdot J} = \frac{0,7 \times 34,5 \times 285,0}{20.000 \times 4,65} = 0,07401$$

$$\lambda_{rLt} = \frac{1,38 \times \sqrt{116,0 \times 4,65}}{1,94 \times 4,65 \times 0,07401}\sqrt{1 + \sqrt{1 + \frac{27 \times 25.594 \times 0,07401^2}{116,0}}} =$$
$$= 125,18$$

1º tramo: $\lambda_{pLt} < \lambda_{Lt} \le \lambda_{rLt}$

$M_r = 0,70 f_y \cdot W = 0,7 \times 34,5 \times 285,0 = 6.882,75 \text{ kNcm} =$
$= 68,83 \text{ kNm}$

$$M_{nm} = M_{pl} - (M_{pl} - M_r)\left(\frac{\lambda_{Lt} - \lambda_{pLt}}{\lambda_{rLt} - \lambda_{pLt}}\right)$$

$$M_{nm} = 114,95 - (114,95 - 68,83)\left(\frac{125,0 - 42,38}{125,18 - 42,38}\right) =$$
$$= 68,93 \text{ kNm}$$

2º tramo: $\lambda_{Lt} \ge \lambda_{rLt} \to M_{nLt} = M_{cr}$

$$M_{cr} = \frac{C_b \cdot \pi^2 \cdot E \cdot I_y}{L_b^2}\sqrt{\frac{C_w}{I_y}\left(1 + 0,039 \cdot \frac{J \cdot L_b^2}{C_w}\right)}$$

Para determinar o valor de C_b, será utilizada a fórmula a seguir:

$$C_b = \frac{12,5 M_{máx}}{2,5 M_{máx} + 3 M_A + 4 M_B + 3 M_C}$$

O valor $M_{máx}$ representa o momento fletor máximo solicitante, em módulo, no comprimento destravado; M_A é o momento fletor a um quarto da extremidade esquerda; M_B é o momento fletor na seção central; e M_C é o situado a três quartos da extremidade esquerda. Considerando uma viga biapoiada, têm-se:

$$M_{máx} = M_B = \frac{q \cdot \ell^2}{8}$$

$$M_A = M_C = \frac{q \cdot \ell}{2} \cdot \frac{\ell}{4} - \frac{q \cdot \ell}{4} \cdot \frac{\ell}{8} = \frac{3q \cdot \ell^2}{32}$$

$$C_b = \frac{12,5 \cdot \dfrac{q \cdot \ell^2}{8}}{2,5 \cdot \dfrac{q \cdot \ell^2}{8} + 6 \cdot \dfrac{3 \cdot q \cdot \ell^2}{32} + 4 \cdot \dfrac{q \cdot \ell^2}{8}} =$$

$$= \frac{12,5 \cdot \dfrac{q \cdot \ell^2}{8}}{2,5 \cdot \dfrac{q \cdot \ell^2}{8} + 6 \cdot \dfrac{3 \cdot q \cdot \ell^2}{32} + 4 \cdot \dfrac{q \cdot \ell^2}{8}} \cong 1,14$$

$$M_{cr} = \frac{1,14 \times \pi^2 \times 20.000 \times 116,0}{375^2} \times$$
$$\times \sqrt{\frac{25.594}{116,0}\left(1 + 0,039 \times \frac{4,65 \times 375^2}{25.594}\right)} = 3.895,79 \text{ kNcm}$$
$$M_{nLt} = M_{cr} = 38,96 \text{ kNm}$$

▷ Verificação W_x

$$M_n \le 1,50 \times 285,0 \times \frac{34,5}{100} = 147,49 \text{ kNm}$$

Portanto, a resistência ao momento fletor será:

1º tramo: $M_{Rd} = \dfrac{M_n}{\gamma_{a1}} = \dfrac{68,93}{1,10}$ $\quad M_{Rd} = 62,66 \text{ kNm}$

2º tramo: $M_{Rd} = \dfrac{M_n}{\gamma_{a1}} = \dfrac{38,96}{1,10}$ $\quad M_{Rd} = 35,42 \text{ kNm}$

v. Resistência ao cisalhamento

$$\lambda_v = \frac{d'}{t_w} = 48,50$$

$$\lambda_{pv} = 1{,}10\sqrt{\frac{k_v \cdot E}{f_y}} = 1{,}10\sqrt{\frac{5{,}0 \times 20.000}{34{,}5}} = 59{,}22 \to \lambda_v \le \lambda_{pv}$$

$$V_{pl} = 0{,}6 \cdot A_w \cdot f_y = 0{,}6 \times 30{,}50 \times 0{,}56 \times 34{,}5 = 353{,}56$$

$$V_{Rd} = \frac{V_{pl}}{\gamma_{a1}} = \frac{353{,}56}{1{,}10}$$

$$V_{Rd} = 321{,}42 \text{ kN}$$

vi. Resistência à tração

Como os perfis não receberão furações, será considerado apenas o escoamento da seção bruta.

$$N_{Rdt} = \frac{30{,}7 \times 34{,}5}{1{,}10} \Rightarrow N_{Rdt} = 962{,}86 \text{ kN}$$

b) Perfil W 310 × 32,7

i. Propriedades

$J_x = 6.570{,}00 \text{ cm}^4 \quad W_x = 419{,}80 \text{ cm}^3 \quad Z_x = 485{,}30 \text{ cm}^3 \quad r_x = 12{,}49 \text{ cm}$
$J_y = 192{,}00 \text{ cm}^4 \quad W_y = 37{,}60 \text{ cm}^3 \quad Z_y = 59{,}80 \text{ cm}^3 \quad r_y = 2{,}13 \text{ cm}$
$A = 42{,}10 \text{ cm}^2 \quad I_t = 12{,}91 \text{ cm}^4 \quad C_w = 43.612{,}00 \text{ cm}^6$
$b_f = 10{,}20 \text{ cm} \quad t_w = 0{,}66 \text{ cm} \quad t_f = 1{,}08 \text{ cm} \quad h = 29{,}10 \text{ cm}$
$d = 31{,}30 \text{ cm} \quad d' = 27{,}10 \text{ cm} \quad \lambda_m = 4{,}72 \quad \lambda_a = 41{,}12$

ii. Resistência à compressão – 1º tramo

$L_x \text{ (cm)} = 485{,}00 \quad L_y \text{ (cm)} = 242{,}50 \quad L_b \text{ (cm)} = 242{,}50 \quad k_x = 1{,}00 \quad k_y = 1{,}00$

$$\lambda_x = \frac{k_x \cdot L_x}{r_x} = \frac{1{,}0 \times 485{,}0}{12{,}49} = 38{,}83$$

$$\lambda_y = \frac{k_y \cdot L_y}{r_y} = \frac{1{,}0 \times 242{,}50}{2{,}13} = 113{,}85$$

$$N_{ex} = \frac{\pi^2 \cdot E \cdot I_x}{(k_x \cdot L_x)^2} = \frac{\pi^2 \times 20.000 \times 6.570{,}0}{(1{,}0 \times 485)^2} = 5.513{,}30$$

$$N_{ey} = \frac{\pi^2 \cdot E \cdot I_y}{(k_y \cdot L_y)^2} = \frac{\pi^2 \times 20.000 \times 192{,}0}{(1{,}0 \times 242{,}5)^2} = 644{,}48$$

$$\frac{b_f}{2t_f} = 4{,}72 \le 0{,}56\sqrt{\frac{E}{f_y}} = 0{,}56\sqrt{\frac{20.000}{34{,}50}} = 13{,}48 \to Q_s = 1{,}0$$

$$\frac{d'}{t_w} = 41{,}12 > 35{,}88 \to Q_a = \frac{A_{ef}}{A_G}$$

$$\lambda_{0;bef} = \sqrt{\frac{Q \cdot A_G \cdot f_y}{N_{ex}}} = \sqrt{\frac{1{,}0 \times 42{,}1 \times 34{,}5}{6.570{,}0}} = 0{,}51 \to$$

$$\to \chi_{bef} = 0{,}658^{\lambda_0^2} = 0{,}658^{0{,}51^2} = 0{,}90$$

$$\sigma = \chi_{bef} \cdot f_y = 0{,}90 \times 34{,}5 = 31{,}05$$

$$b_{ef} = \left[1{,}92 \times 0{,}56 \times \sqrt{\frac{20.000}{30{,}91}} \times \left(1 - \frac{0{,}34}{41{,}12} \times \sqrt{\frac{20.000}{30{,}91}}\right)\right] \le 27{,}20$$

$$b_{ef} = 25{,}41$$

Considerando $\sigma = f_y$, o valor de b_{ef} fica menor, vale 24,44.

$$A_{ef;w} = b_{ef} \cdot t_w = 25{,}41 \times 0{,}66 = 16{,}77$$
$$A_{G;w} = b \cdot t_w = 27{,}10 \times 0{,}66 = 17{,}89$$

$$Q_a = \frac{A_{ef}}{A_G} = \frac{16{,}80}{17{,}89} = 0{,}94$$

$$Q = Q_s \cdot Q_a = 1{,}0 \times 0{,}94 = 0{,}94$$

$$\lambda_{0x} = \sqrt{\frac{Q \cdot A_G \cdot f_y}{N_{ex}}} = \sqrt{\frac{0{,}94 \times 42{,}10 \times 34{,}5}{5.513{,}30}} = 0{,}50 \to$$

$$\to \chi_x = 0{,}658^{\lambda_0^2} = 0{,}658^{0{,}50^2} = 0{,}90$$

$$\lambda_{0y} = \sqrt{\frac{Q \cdot A_G \cdot f_y}{N_{ey}}} = \sqrt{\frac{0{,}94 \times 42{,}10 \times 34{,}5}{644{,}48}} = 1{,}46 \to$$

$$\to \chi_y = 0{,}658^{\lambda_0^2} = 0{,}658^{1{,}46^2} = 0{,}41$$

$$N_{Rdc} = \frac{\chi \cdot Q \cdot A_G \cdot f_y}{\gamma_{a1}} = \frac{0{,}41 \times 0{,}94 \times 42{,}10 \times 34{,}5}{1{,}10}$$

$$N_{Rdc} = 508{,}88 \text{ kN}$$

iii. Resistência à compressão – 2º tramo

$L_x \text{ (cm)} = 375{,}00 \quad L_y \text{ (cm)} = 375{,}00 \quad L_b \text{ (cm)} = 375{,}00 \quad k_x = 1{,}00 \quad k_y = 1{,}00$

$$\lambda = \frac{k \cdot L_b}{r_{min}} = \frac{1{,}0 \times 375{,}0}{2{,}13} = 176{,}06$$

$$N_{ex} = \frac{\pi^2 \cdot E \cdot I_x}{(k_x \cdot L_x)^2} = \frac{\pi^2 \times 20.000 \times 6.570{,}0}{(1{,}0 \times 375)^2} = 9.222{,}16$$

$$N_{ey} = \frac{\pi^2 \cdot E \cdot I_y}{(k_y \cdot L_y)^2} = \frac{\pi^2 \times 20.000 \times 192{,}0}{(1{,}0 \times 375)^2} = 269{,}51$$

$$\frac{b_f}{2t_f} = 4{,}72 \le 0{,}56\sqrt{\frac{E}{f_y}} = 0{,}56\sqrt{\frac{20.000}{34{,}50}} = 13{,}48 \to$$
$$\to Q_s = 1{,}0$$

$$\frac{d'}{t_w} = 41{,}12 > 35{,}88 \to Q_a = \frac{A_{ef}}{A_G}$$

$$\lambda_{0;bef} = \sqrt{\frac{Q \cdot A_G \cdot f_y}{N_{ex}}} = \sqrt{\frac{1{,}0 \times 42{,}1 \times 34{,}5}{9.222{,}16}} = 0{,}40 \to$$

$$\to \chi_{bef} = 0{,}658^{\lambda_0^2} = 0{,}658^{0{,}40^2} = 0{,}94$$

$$\sigma = \chi_{bef} \cdot f_y = 0{,}94 \times 34{,}5 = 32{,}43$$

$$b_{ef} = \left[1{,}92 \times 0{,}56 \times \sqrt{\frac{20.000}{32{,}29}} \times \left(1 - \frac{0{,}34}{41{,}12} \times \sqrt{\frac{20.000}{32{,}29}}\right)\right] \le 27{,}20$$

$$b_{ef} = 25{,}01$$

Considerando $\sigma = f_y$, o valor de b_{ef} fica menor, vale 24,44.

$$A_{ef;w} = b_{ef} \cdot t_w = 25{,}01 \times 0{,}66 = 16{,}51$$
$$A_{G;w} = b \cdot t_w = 27{,}10 \times 0{,}66 = 17{,}89$$

$$Q_a = \frac{A_{ef}}{A_G} = \frac{16{,}53}{17{,}89} = 0{,}92$$

$$Q = Q_s \cdot Q_a = 1{,}0 \times 0{,}92 = 0{,}92$$

$$\lambda_{0x} = \sqrt{\frac{Q \cdot A_G \cdot f_y}{N_{ex}}} = \sqrt{\frac{0{,}92 \times 42{,}10 \times 34{,}5}{9.222{,}16}} = 0{,}38 \to$$

$$\to \chi_x = 0{,}658^{\lambda_0^2} = 0{,}658^{0{,}38^2} = 0{,}94$$

$$\lambda_{0y} = \sqrt{\frac{Q \cdot A_G \cdot f_y}{N_{ey}}} = \sqrt{\frac{0{,}92 \times 42{,}10 \times 34{,}5}{269{,}51}} = 2{,}23 \to$$

$$\to \chi_y = \frac{0{,}877}{\lambda_0^2} = \chi = \frac{0{,}877}{2{,}23^2} = 0{,}18$$

$$N_{Rdc} = \frac{\chi \cdot Q \cdot A_G \cdot f_y}{\gamma_{a1}} = \frac{0{,}18 \times 0{,}92 \times 42{,}10 \times 34{,}5}{1{,}10}$$

$$N_{Rdc} = 218{,}66 \text{ kN}$$

iv. Resistência à flexão

▷ Flambagem local da alma (FLA)

$$\lambda_a = \frac{d'}{t_w} = 41{,}12$$

$$\lambda_{pa} = 3{,}76\sqrt{\frac{E}{f_y}} = 3{,}76\sqrt{\frac{20.000}{34{,}50}} = 90{,}53 \to \lambda_a \le \lambda_{pa}$$

$$M_{na} = M_{pl} = Z_x \cdot f_y = 485{,}30 \times \frac{34{,}5}{100} = 167{,}43 \text{ kNm}$$

▷ Flambagem local da mesa (FLM)

$$\lambda_m = \frac{b_f}{2t_f} = 4{,}72$$

$$\left\{\lambda_{pm} = 0{,}38\sqrt{\frac{20.000}{34{,}50}} = 9{,}15 \to \lambda_m \le \lambda_{pm}\right.$$

$$M_{nm} = M_{pl} = Z_x \cdot f_y = 485{,}30 \times \frac{34{,}5}{100} = 167{,}43 \text{ kNm}$$

▷ Flambagem lateral com torção (FLT)

1º tramo: $\left\{\lambda_{Lt} = \dfrac{L_b}{r_y} = \dfrac{242{,}50}{2{,}13} = 113{,}85\right.$

2º tramo: $\left\{\lambda_{Lt} = \dfrac{L_b}{r_y} = \dfrac{375{,}00}{2{,}13} = 176{,}06\right.$

$$\lambda_{pLt} = 1{,}76\sqrt{\frac{20.000}{34{,}50}} = 42{,}38$$

$$\lambda_{rLt} = \frac{1{,}38\sqrt{I_y \cdot J}}{r_y \cdot J \cdot \beta_1}\sqrt{1 + \sqrt{1 + \frac{27 \cdot C_w \cdot \beta_1^2}{I_y}}}$$

$$\beta_1 = \frac{0{,}7 \cdot f_y \cdot W}{E \cdot J} = \frac{0{,}7 \times 34{,}5 \times 419{,}80}{20.000 \times 12{,}91} = 0{,}03926$$

$$\lambda_{rLt} = \frac{1{,}38 \times \sqrt{192{,}0 \times 12{,}91}}{2{,}13 \times 12{,}91 \times 0{,}03926}\sqrt{1 + \sqrt{1 + \frac{27 \times 43.612{,}0 \times 0{,}03926^2}{192{,}0}}} =$$

$$= 130{,}94$$

1º tramo: $\lambda_{pLt} < \lambda_{Lt} \le \lambda_{rLt}$

$$M_r = 0{,}70 \cdot f_y \cdot W = 0{,}7 \times 34{,}5 \times 419{,}80 = 10.138{,}17 \text{ kNcm} =$$
$$= 101{,}38 \text{ kNm}$$

$$M_{nm} = M_{pl} - \left(M_{pl} - M_r\right)\left(\frac{\lambda_{Lt} - \lambda_{pLt}}{\lambda_{rLt} - \lambda_{pLt}}\right)$$

$$M_{nm} = 167{,}43 - \left(167{,}43 - 101{,}38\right)\left(\frac{113{,}85 - 42{,}38}{130{,}93 - 42{,}38}\right) =$$
$$= 114{,}13 \text{ kNm}$$

2º tramo: $\lambda_{Lt} \ge \lambda_{rLt} \to M_{nLt} = M_{cr}$

$$M_{cr} = \frac{C_b \cdot \pi^2 \cdot E \cdot I_y}{L_b^2}\sqrt{\frac{C_w}{I_y}\left(1 + 0{,}039 \cdot \frac{J \cdot L_b^2}{C_w}\right)}$$

$$M_{cr} = \frac{1{,}14 \times \pi^2 \times 20.000 \times 192{,}0}{375^2}\sqrt{\frac{43.612{,}0}{192{,}0}\left(1 + 0{,}039 \times \frac{12{,}91 \times 375^2}{43.612{,}0}\right)} =$$
$$= 7.500{,}06 \text{ kNcm}$$

$$M_{nLt} = M_{cr} = 75{,}00 \text{ kNm}$$

▷ Verificação W_x

$$M_n \le 1{,}50 \times 419{,}80 \times \frac{34{,}5}{100} = 217{,}25 \text{ kNm}$$

Portanto, a resistência ao momento fletor será:

1º tramo: $M_{Rd} = \dfrac{M_n}{\gamma_{a1}} = \dfrac{114{,}13}{1{,}10}$ $M_{Rd} = 103{,}75 \text{ kNm}$

2º tramo: $M_{Rd} = \dfrac{M_n}{\gamma_{a1}} = \dfrac{75{,}00}{1{,}10}$ $M_{Rd} = 68{,}18 \text{ kNm}$

v. Resistência ao cisalhamento

$$\lambda_v = \frac{d'}{t_w} = 41{,}12$$

$$\lambda_{pv} = 1{,}10\sqrt{\frac{k_v \cdot E}{f_y}} = 1{,}10\sqrt{\frac{5{,}0 \times 20.000}{34{,}5}} = 59{,}22 \to \lambda_v \le \lambda_{pv}$$

$$V_{pl} = 0{,}6 \cdot A_w \cdot f_y = 0{,}6 \times 31{,}30 \times 0{,}66 \times 34{,}5 = 427{,}62$$

$$V_{Rd} = \frac{V_{pl}}{\gamma_{a1}} = \frac{427{,}62}{1{,}10}$$

$$V_{Rd} = 388{,}75 \text{ kN}$$

vi. Resistência à tração

Será considerado apenas o escoamento da seção bruta.

$$N_{Rdt} = \frac{42{,}10 \times 34{,}5}{1{,}10} \Rightarrow N_{Rdt} = 1.320{,}41 \text{ kN}$$

c) Perfil W 310 × 38,7

i. Propriedades

$J_x = 8.581{,}00 \text{ cm}^4$ $W_x = 553{,}60 \text{ cm}^3$ $Z_x = 615{,}40 \text{ cm}^3$ $r_x = 13{,}14 \text{ cm}$

$J_y = 727{,}00 \text{ cm}^4 \quad W_y = 88{,}10 \text{ cm}^3 \quad Z_y = 134{,}90 \text{ cm}^3 \quad r_y = 3{,}82 \text{ cm}$
$A = 49{,}70 \text{ cm}^2 \quad I_t = 13{,}20 \text{ cm}^4 \quad C_w = 163.728{,}00 \text{ cm}^6$
$b_f = 16{,}50 \text{ cm} \quad t_w = 0{,}58 \text{ cm} \quad t_f = 0{,}97 \text{ cm} \quad h = 29{,}10 \text{ cm}$
$d = 31{,}00 \text{ cm} \quad d' = 27{,}10 \text{ cm} \quad \lambda_m = 8{,}51 \quad \lambda_a = 46{,}66$

ii. Resistência à compressão

$L_x \text{(cm)} = 750{,}0 \quad L_y \text{(cm)} = 375{,}0 \quad L_b \text{(cm)} = 375{,}0 \quad k_x = 1{,}00 \quad k_y = 1{,}00$

$$\lambda_x = \frac{k_x \cdot L_x}{r_x} = \frac{1{,}0 \times 750{,}0}{13{,}14} = 57{,}08$$

$$\lambda_y = \frac{k_y \cdot L_y}{r_y} = \frac{1{,}0 \times 375{,}0}{3{,}82} = 98{,}17$$

$$N_{ex} = \frac{\pi^2 \cdot E \cdot I_x}{(k_x \cdot L_x)^2} = \frac{\pi^2 \times 20.000 \times 8.581{,}0}{(1{,}0 \times 750{,}0)^2} = 3.011{,}24$$

$$N_{ey} = \frac{\pi^2 \cdot E \cdot I_y}{(k_y \cdot L_y)^2} = \frac{\pi^2 \times 20.000 \times 727{,}0}{(1{,}0 \times 375{,}0)^2} = 1.020{,}47$$

$$\frac{b_f}{2t_f} = 8{,}51 \leq 0{,}56\sqrt{\frac{E}{f_y}} = 0{,}56\sqrt{\frac{20.000}{34{,}50}} = 13{,}48 \rightarrow$$
$$\rightarrow Q_s = 1{,}0$$

$$\frac{d'}{t_w} = 46{,}66 > 35{,}88 \rightarrow Q_a = \frac{A_{ef}}{A_G}$$

$$\lambda_{0;bef} = \sqrt{\frac{Q \cdot A_G \cdot f_y}{N_{ex}}} = \sqrt{\frac{1{,}0 \times 49{,}70 \times 34{,}5}{3.011{,}24}} = 0{,}75 \rightarrow$$
$$\rightarrow \chi_{bef} = 0{,}658^{\lambda_0^2} = 0{,}658^{0{,}75^2} = 0{,}79$$

$$\sigma = \chi_{bef} \cdot f_y = 0{,}79 \times 34{,}5 = 27{,}26$$

$$b_{ef} = \left[1{,}92 \times 0{,}56 \times \sqrt{\frac{20.000}{27{,}19}} \times \left(1 - \frac{0{,}34}{41{,}12} \times \sqrt{\frac{20.000}{27{,}19}}\right)\right] \leq 27{,}10$$

$$b_{ef} = 24{,}21$$

Considerando $\sigma = f_y$, o valor de b_{ef} fica menor, vale 22,11.

$$A_{ef;w} = b_{ef} \cdot t_w = 24{,}21 \times 0{,}58 = 14{,}04$$
$$A_{G;w} = b \cdot t_w = 27{,}10 \times 0{,}58 = 15{,}72$$

$$Q_a = \frac{A_{ef}}{A_G} = \frac{14{,}04}{15{,}72} = 0{,}89$$

$$Q = Q_s \cdot Q_a = 1{,}0 \times 0{,}89 = 0{,}89$$

$$\lambda_{0x} = \sqrt{\frac{Q \cdot A_G \cdot f_y}{N_{ex}}} = \sqrt{\frac{0{,}89 \times 49{,}70 \times 34{,}5}{3.011{,}24}} = 0{,}71 \rightarrow$$
$$\rightarrow \chi_x = 0{,}658^{\lambda_0^2} = 0{,}658^{0{,}71^2} = 0{,}81$$

$$\lambda_{0y} = \sqrt{\frac{Q \cdot A_G \cdot f_y}{N_{ey}}} = \sqrt{\frac{0{,}89 \times 49{,}70 \times 34{,}5}{1.020{,}47}} = 1{,}22 \rightarrow$$
$$\rightarrow \chi_y = 0{,}658^{\lambda_0^2} = 0{,}658^{1{,}22^2} = 0{,}54$$

$$N_{Rdc} = \frac{\chi \cdot Q \cdot A_G \cdot f_y}{\gamma_{a1}} = \frac{0{,}54 \times 0{,}89 \times 49{,}70 \times 34{,}5}{1{,}10}$$

$$N_{Rdc} = 749{,}15 \text{ kN}$$

iii. Resistência à flexão

▶ Flambagem local da alma (FLA)

$$\lambda_a = 46{,}66$$
$$\lambda_{pa} = 90{,}54 \rightarrow \lambda_a \leq \lambda_{pa}$$
$$M_{na} = M_{pl} = Z_x \cdot f_y = 615{,}40 \times \frac{34{,}5}{100} = 212{,}31 \text{ kNm}$$

▶ Flambagem local da mesa (FLM)

$$\lambda_m = \frac{b_f}{2t_f} = 8{,}51$$
$$\{\lambda_{pm} = 9{,}15 \rightarrow \lambda_m \leq \lambda_{pm}$$
$$M_{nm} = M_{pl} = Z_x \cdot f_y = 615{,}40 \times \frac{34{,}5}{100} = 212{,}31 \text{ kNm}$$

▶ Flambagem lateral com torção (FLT)

$$\lambda_{Lt} = \frac{L_b}{r_y} = \frac{375{,}0}{3{,}82} = 98{,}17$$

$$\lambda_{pLt} = 1{,}76\sqrt{\frac{20.000}{34{,}50}} = 42{,}38$$

$$\lambda_{rLt} = \frac{1{,}38\sqrt{I_y \cdot J}}{r_y \cdot J \cdot \beta_1}\sqrt{1 + \sqrt{1 + \frac{27 \cdot C_w \cdot \beta_1^2}{I_y}}}$$

$$\beta_1 = \frac{0{,}7 \cdot f_y \cdot W}{E \cdot J} = \frac{0{,}7 \times 34{,}5 \times 553{,}60}{20.000 \times 13{,}20} = 0{,}05064$$

$$\lambda_{rLt} = \frac{1{,}38 \times \sqrt{727{,}0 \times 13{,}20}}{3{,}82 \times 13{,}20 \times 0{,}05064} \times$$
$$\times \sqrt{1 + \sqrt{1 + \frac{27 \times 163.728{,}0 \times 0{,}05064^2}{727{,}0}}} = 119{,}25$$

$$\lambda_{pLt} < \lambda_{Lt} \leq \lambda_{rLt}$$

$M_r = 0{,}7 \cdot f_y \cdot W = 0{,}7 \times 34{,}5 \times 553{,}60 = 13.369{,}44 \text{ kNcm}$
$= 133{,}69 \text{ kNm}$

$$M_{nm} = M_{pl} - (M_{pl} - M_r)\left(\frac{\lambda_{Lt} - \lambda_{pLt}}{\lambda_{rLt} - \lambda_{pLt}}\right)$$

$$M_{nm} = 212{,}31 - (212{,}31 - 133{,}69)\left(\frac{98{,}17 - 42{,}38}{119{,}25 - 42{,}38}\right) =$$
$$= 155{,}25 \text{ kNm}$$

▶ Verificação W_x

$$M_n \leq 1{,}50 \times 553{,}60 \times \frac{34{,}5}{100} = 286{,}49 \text{ kNm}$$

Portanto, a resistência ao momento fletor será:

$$M_{Rd} = \frac{M_n}{\gamma_{a1}} = \frac{155{,}25}{1{,}10}$$

$$M_{Rd} = 141{,}14 \text{ kNm}$$

iv. Resistência ao cisalhamento

$$\lambda_v = \frac{d'}{t_w} = 46,66$$

$$\lambda_{pv} = 59,22 \rightarrow \lambda_v \leq \lambda_{pv}$$

$$V_{pl} = 0,6 \cdot A_w \cdot f_y = 0,6 \times 31,00 \times 0,58 \times 34,5 = 372,19$$

$$V_{Rd} = \frac{V_{pl}}{\gamma_{a1}} = \frac{372,19}{1,10}$$

$$V_{Rd} = 338,35 \text{ kN}$$

v. Resistência à tração

Será considerado apenas o escoamento da seção bruta.

$$N_{Rdt} = \frac{49,7 \times 34,5}{1,10} \Rightarrow N_{Rdt} = 1.558,77 \text{ kN}$$

Será apresentada agora a determinação dos valores resistentes dos perfis, considerando que haja contenção lateral contínua proporcionada pela laje. Vale lembrar que, para isso, é necessário o uso de conectores de cisalhamento a fim de garantir a contenção da laje.

d) Perfil W 310 × 23,8

i. Propriedades

$J_x = 4.346,00 \text{ cm}^4$ $W_x = 285,00 \text{ cm}^3$ $Z_x = 333,20 \text{ cm}^3$ $r_x = 11,89 \text{ cm}$
$A = 30,70 \text{ cm}^2$ $I_t = 4,65 \text{ cm}^4$ $C_w = 25.594,00 \text{ cm}^6$
$b_f = 10,10 \text{ cm}$ $t_w = 0,56 \text{ cm}$ $t_f = 0,67 \text{ cm}$ $h = 29,20 \text{ cm}$
$d = 30,50 \text{ cm}$ $d' = 27,20 \text{ cm}$ $\lambda_m = 7,54$ $\lambda_a = 48,50$

ii. Resistência à compressão

L_x (cm) = 485,00 $k_x = 1,00$ $N_{ex} = 3.647,0$

$$\lambda_x = \frac{k_x \cdot L_x}{r_x} = \frac{1,0 \times 485,0}{11,89} = 40,79$$

$$\frac{b_f}{2t_f} = 7,54 \leq 13,55 \rightarrow Q_s = 1,0$$

$$\frac{d'}{t_w} = 48,50 > 35,88 \rightarrow Q_a = \frac{A_{ef}}{A_G} = \frac{12,64}{15,23} = 0,83$$

$$\lambda_{0x} = 0,49 \rightarrow \chi_x = 0,90$$

$$N_{Rdc} = 719,26 \text{ kN}$$

iii. Resistência à flexão

▷ Flambagem local da alma (FLA)

$$\lambda_a = 48,50$$

$$\lambda_{pa} = 90,54 \rightarrow \lambda_a \leq \lambda_{pa}$$

$$M_{na} = M_{pl} = Z_x \cdot f_y = 333,20 \times \frac{34,5}{100} = 114,95 \text{ kNm}$$

▷ Flambagem local da mesa (FLM)

$$\lambda_m = \frac{b_f}{2t_f} = 7,54$$

$$\lambda_{pm} = 9,15 \rightarrow \lambda_m \leq \lambda_{pm}$$

$$M_{nm} = M_{pl} = Z_x \cdot f_y = 333,20 \times \frac{34,5}{100} = 114,95 \text{ kNm}$$

▷ Verificação W_x

$$M_n \leq 1,50 \times 285,0 \times \frac{34,5}{100} = 147,48 \text{ kNm}$$

Portanto, a resistência ao momento fletor será:

$$M_{Rd} = \frac{M_n}{\gamma_{a1}} = \frac{114,95}{1,10}$$

$$M_{Rd} = 104,50 \text{ kNm}$$

iv. Resistência ao cisalhamento

$$\lambda_v = \frac{d'}{t_w} = 48,50 \qquad \lambda_{pv} = 59,22 \rightarrow \lambda_v \leq \lambda_{pv}$$

$$V_{pl} = 0,6 \cdot A_w \cdot f_y = 0,6 \times 30,50 \times 0,56 \times 34,5 = 353,56$$

$$V_{Rd} = \frac{V_{pl}}{\gamma_{a1}} = \frac{353,56}{1,10} \qquad V_{Rd} = 321,42 \text{ kN}$$

v. Resistência à tração

Será considerado apenas o escoamento da seção bruta.

$$N_{Rdt} = \frac{30,7 \times 34,5}{1,10} \Rightarrow N_{Rdt} = 962,86 \text{ kN}$$

e) Perfil W 310 × 32,7

i. Propriedades

$J_x = 6.570,00 \text{ cm}^4$ $W_x = 419,80 \text{ cm}^3$ $Z_x = 485,30 \text{ cm}^3$ $r_x = 12,49 \text{ cm}$
$A = 42,10 \text{ cm}^2$ $I_t = 12,91 \text{ cm}^4$ $C_w = 43.612,00 \text{ cm}^6$
$b_f = 10,20 \text{ cm}$ $t_w = 0,66 \text{ cm}$ $t_f = 1,08 \text{ cm}$ $h = 29,10 \text{ cm}$
$d = 31,30 \text{ cm}$ $d' = 27,10 \text{ cm}$ $\lambda_m = 4,72$ $\lambda_a = 41,12$

ii. Resistência à compressão

L_x (cm) = 485,00 $k_x = 1,00$ $N_{ex} = 5.513,3$

$$\lambda_x = \frac{k_x \cdot L_x}{r_x} = \frac{1,0 \times 485,0}{12,49} = 38,83$$

$$\frac{b_f}{2t_f} = 4,72 \leq 13,55 \rightarrow Q_s = 1,0$$

$$\frac{d'}{t_w} = 41,12 > 35,88 \rightarrow Q_a = \frac{A_{ef}}{A_G} = \frac{16,80}{17,89} = 0,94$$

$$\lambda_{0x} = 0,50 \rightarrow \chi_x = 0,90$$

$$N_{Rdc} = 1.117,06 \text{ kN}$$

iii. Resistência à flexão

▸ Flambagem local da alma (FLA)

$$\lambda_a = 41{,}12$$
$$\lambda_{pa} = 90{,}54 \to \lambda_a \le \lambda_{pa}$$
$$M_{na} = M_{pl} = Z_x \cdot f_y = 485{,}30 \times \frac{34{,}5}{100} = 167{,}43 \text{ kNm}$$

▸ Flambagem local da mesa (FLM)

$$\lambda_m = \frac{b_f}{2t_f} = 4{,}72$$
$$\lambda_{pm} = 9{,}15 \to \lambda_m \le \lambda_{pm}$$
$$M_{nm} = M_{pl} = Z_x \cdot f_y = 485{,}30 \times \frac{34{,}5}{100} = 167{,}43 \text{ kNm}$$

▸ Verificação W_x

$$M_n \le 1{,}50 \times 419{,}80 \times \frac{34{,}5}{100} = 217{,}25 \text{ kNm}$$

Portanto, a resistência ao momento fletor será:

$$M_{Rd} = \frac{M_n}{\gamma_{a1}} = \frac{167{,}43}{1{,}10}$$
$$M_{Rd} = 152{,}21 \text{ kNm}$$

iv. Resistência ao cisalhamento

$$\lambda_v = \frac{d'}{t_w} = 41{,}12 \quad \lambda_{pv} = 59{,}22 \to \lambda_v \le \lambda_{pv}$$
$$V_{pl} = 0{,}6 \cdot A_w \cdot f_y = 0{,}6 \times 31{,}30 \times 0{,}66 \times 34{,}5 = 427{,}62$$
$$V_{Rd} = \frac{V_{pl}}{\gamma_{a1}} = \frac{427{,}62}{1{,}10}$$
$$V_{Rd} = 388{,}75 \text{ kN}$$

v. Resistência à tração
Será considerado apenas o escoamento da seção bruta.

$$N_{Rdt} = \frac{42{,}10 \times 34{,}5}{1{,}10}$$
$$N_{Rdt} = 1.320{,}41 \text{ kN}$$

f) Perfil W 310 × 38,7

i. Propriedades

$J_x = 8.581{,}00 \text{ cm}^4$ $W_x = 553{,}60 \text{ cm}^3$ $Z_x = 615{,}40 \text{ cm}^3$ $r_x = 13{,}14 \text{ cm}$
$A = 49{,}70 \text{ cm}^2$ $I_t = 13{,}20 \text{ cm}^4$ $C_w = 163.728{,}00 \text{ cm}^6$
$b_f = 16{,}50 \text{ cm}$ $t_w = 0{,}58 \text{ cm}$ $t_f = 0{,}97 \text{ cm}$ $h = 29{,}10 \text{ cm}$
$d = 31{,}00 \text{ cm}$ $d' = 27{,}10 \text{ cm}$ $\lambda_m = 8{,}51$ $\lambda_a = 46{,}66$

ii. Resistência à compressão

$L_x \text{ (cm)} = 750{,}00$ $k_x = 1{,}00$ $N_{ex} = 3.011{,}24$

$$\lambda_x = \frac{k_x \cdot L_x}{r_x} = \frac{1{,}0 \times 750{,}0}{13{,}14} = 57{,}08$$
$$\frac{b_f}{2t_f} = 8{,}51 \le 13{,}55 \to Q_s = 1{,}0$$
$$\frac{d'}{t_w} = 46{,}66 > 35{,}88 \to Q_a = \frac{A_{ef}}{A_G} = \frac{14{,}05}{15{,}718} = 0{,}89$$
$$\lambda_{0x} = 0{,}71 \to \chi_x = 0{,}81$$
$$N_{Rdc} = 1.123{,}72 \text{ kN}$$

iii. Resistência à flexão

▸ Flambagem local da alma (FLA)

$$\lambda_a = 46{,}66 \quad \lambda_{pa} = 90{,}54 \to \lambda_a \le \lambda_{pa}$$
$$M_{na} = M_{pl} = Z_x \cdot f_y = 615{,}40 \times \frac{34{,}5}{100} = 212{,}31 \text{ kNm}$$

▸ Flambagem local da mesa (FLM)

$$\lambda_m = \frac{b_f}{2t_f} = 8{,}51 \quad \lambda_{pm} = 9{,}15 \to \lambda_m \le \lambda_{pm}$$
$$M_{nm} = M_{pl} = Z_x \cdot f_y = 615{,}40 \times \frac{34{,}5}{100} = 212{,}31 \text{ kNm}$$

▸ Verificação W_x

$$M_n \le 1{,}50 \times 553{,}60 \times \frac{34{,}5}{100} = 286{,}49 \text{ kNm}$$

Portanto, a resistência ao momento fletor será:

$$M_{Rd} = \frac{M_n}{\gamma_{a1}} = \frac{212{,}31}{1{,}10}$$
$$M_{Rd} = 193{,}01 \text{ kNm}$$

iv. Resistência ao cisalhamento

$$\lambda_v = \frac{d'}{t_w} = 46{,}66 \quad \lambda_{pv} = 59{,}22 \to \lambda_v \le \lambda_{pv}$$
$$V_{pl} = 0{,}6 \cdot A_w \cdot f_y = 0{,}6 \times 31{,}00 \times 0{,}58 \times 34{,}5 = 372{,}19$$
$$V_{Rd} = \frac{V_{pl}}{\gamma_{a1}} = \frac{372{,}19}{1{,}10}$$
$$V_{Rd} = 338{,}35 \text{ kN}$$

v. Resistência à tração
Será considerado apenas o escoamento da seção bruta.

$$N_{Rdt} = \frac{49{,}7 \times 34{,}5}{1{,}10} \Rightarrow N_{Rdt} = 1.558{,}77 \text{ kN}$$

Como a contenção lateral contínua melhora a resistência dos perfis, é possível utilizar perfis de dimensões menores. Com base nisso, serão mostrados a seguir os valores resistentes de dois tipos que atendem aos esforços solicitantes das vigas. Observar que, para esse caso, é preciso rever os valores dos esforços solicitantes nos diagramas dos pórticos.

g) Perfil W 250 × 17,9

i. Propriedades

$J_x = 2.291,00$ cm^4 $W_x = 182,60$ cm^3 $Z_x = 211,00$ cm^3 $r_x = 9,96$ cm
$J_y = 91,00$ cm^4 $W_y = 18,10$ cm^3 $Z_y = 28,80$ cm^3 $r_y = 1,99$ cm
$A = 23,10$ cm^2 $I_t = 2,54$ cm^4 $C_w = 13.735,00$ cm^6
$b_f = 10,10$ cm $t_w = 0,48$ cm $t_f = 0,53$ cm $h = 24,00$ cm
$d = 25,10$ cm $d' = 22,00$ cm $\lambda_m = 9,53$ $\lambda_a = 45,92$

ii. Resistência à compressão

L_x (cm) = 485,00 $k_x = 1,00$ $N_{ex} = 1.922,52$

$$\lambda_x = \frac{k_x \cdot L_x}{r_x} = \frac{1,0 \times 485,0}{9,96} = 48,69$$

$$\frac{b_f}{2t_f} = 7,54 \leq 13,55 \rightarrow Q_s = 1,0$$

$$\frac{d'}{t_w} = 48,50 > 35,88 \rightarrow Q_a = \frac{A_{ef}}{A_G} = \frac{12,05}{15,23} = 0,89$$

$$\lambda_{0x} = 0,61 \rightarrow \chi_x = 0,86$$

$$N_{Rdc} = 554,54 \text{ kN}$$

iii. Resistência à flexão

▸ Flambagem local da alma (FLA)

$$\lambda_a = 48,50$$
$$\lambda_{pa} = 90,54 \rightarrow \lambda_a \leq \lambda_{pa}$$
$$M_{na} = M_{pl} = Z_x \cdot f_y = 211,00 \times \frac{34,5}{100} = 72,80 \text{ kNm}$$

▸ Flambagem local da mesa (FLM)

$$\lambda_m = \frac{b_f}{2t_f} = 9,53$$
$$\lambda_{pm} = 9,15 \rightarrow \lambda_m \leq \lambda_{pm}$$
$$M_{nm} = M_{pl} = Z_x \cdot f_y = 333,20 \times \frac{34,5}{100} = 72,05 \text{ kNm}$$

▸ Verificação W_x

$$M_n \leq 1,50 \times 182,60 \times \frac{34,5}{100} = 94,50 \text{ kNm}$$

Portanto, a resistência ao momento fletor será:

$$M_{Rd} = \frac{M_n}{\gamma_{a1}} = \frac{72,05}{1,10}$$

$$M_{Rd} = 65,50 \text{ kNm}$$

iv. Resistência ao cisalhamento

$$\lambda_v = \frac{d'}{t_w} = 45,92 \qquad \lambda_{pv} = 59,34 \rightarrow \lambda_v \leq \lambda_{pv}$$
$$V_{pl} = 0,6 \cdot A_w \cdot f_y = 0,6 \times 25,10 \times 0,48 \times 34,5 = 249,39$$
$$V_{Rd} = \frac{V_{pl}}{\gamma_{a1}} = \frac{249,39}{1,10}$$
$$V_{Rd} = 226,72 \text{ kN}$$

v. Resistência à tração

Será considerado apenas o escoamento da seção bruta.

$$N_{Rdt} = \frac{23,1 \times 34,5}{1,10} \Rightarrow N_{Rdt} = 724,50 \text{ kN}$$

h) Perfil W 250 × 22,3

i. Propriedades

$J_x = 2.939,00$ cm^4 $W_x = 231,40$ cm^3 $Z_x = 267,70$ cm^3 $r_x = 10,09$ cm
$J_y = 123,00$ cm^4 $W_y = 24,10$ cm^3 $Z_y = 38,40$ cm^3 $r_y = 2,06$ cm
$A = 28,90$ cm^2 $I_t = 4,77$ cm^4 $C_w = 18.629,00$ cm^6
$b_f = 10,20$ cm $t_w = 0,58$ cm $t_f = 0,69$ cm $h = 24,00$ cm
$d = 25,40$ cm $d' = 22,00$ cm $\lambda_m = 7,39$ $\lambda_a = 37,97$

ii. Resistência à compressão

L_x (cm) = 750,00 $k_x = 1,00$ $N_{ex} = 1.031,35$

$$\lambda_x = \frac{k_x \cdot L_x}{r_x} = \frac{1,0 \times 750,0}{10,09} = 74,33$$

$$\frac{b_f}{2t_f} = 7,39 \leq 13,55 \rightarrow Q_s = 1,0$$

$$\frac{d'}{t_w} = 37,97 > 35,88 \rightarrow Q_a = \frac{A_{ef}}{A_G} = \frac{12,76}{12,76} = 1,00$$

$$\lambda_{0x} = 0,98 \rightarrow \chi_x = 0,67$$

$$N_{Rdc} = 607,29 \text{ kN}$$

iii. Resistência à flexão

▸ Flambagem local da alma (FLA)

$$\lambda_a = 37,97$$
$$\lambda_{pa} = 90,54 \rightarrow \lambda_a \leq \lambda_{pa}$$
$$M_{na} = M_{pl} = Z_x \cdot f_y = 267,70 \times \frac{34,5}{100} = 92,36 \text{ kNm}$$

▷ Flambagem local da mesa (FLM)

$$\lambda_m = \frac{b_f}{2t_f} = 7{,}39 \qquad \lambda_{pm} = 9{,}15 \rightarrow \lambda_m \leq \lambda_{pm}$$

$$M_{nm} = M_{pl} = Z_x \cdot f_y = 267{,}70 \times \frac{34{,}5}{100} = 92{,}36 \text{ kNm}$$

▷ Verificação W_x

$$M_n \leq 1{,}50 \times 231{,}40 \times \frac{34{,}5}{100} = 119{,}75 \text{ kNm}$$

Portanto, a resistência ao momento fletor será:

$$M_{Rd} = \frac{M_n}{\gamma_{a1}} = \frac{92{,}36}{1{,}10}$$

$$M_{Rd} = 83{,}96 \text{ kNm}$$

iv. Resistência ao cisalhamento

$$\lambda_v = \frac{d'}{t_w} = 37{,}97 \qquad \lambda_{pv} = 59{,}28 \rightarrow \lambda_v \leq \lambda_{pv}$$

$$V_{pl} = 0{,}6 \cdot A_w \cdot f_y = 0{,}6 \times 25{,}40 \times 0{,}58 \times 34{,}5 = 304{,}95$$

$$V_{Rd} = \frac{V_{pl}}{\gamma_{a1}} = \frac{304{,}95}{1{,}10}$$

$$V_{Rd} = 277{,}23 \text{ kN}$$

v. Resistência à tração
Será considerado apenas o escoamento da seção bruta.

$$N_{Rdt} = \frac{28{,}9 \times 34{,}5}{1{,}10} \Rightarrow N_{Rdt} = 906{,}41 \text{ kN}$$

i) Tubo retangular 150 × 300 × 9,50 × 63,46 kg/m
Como o tubo retangular é um perfil formado a frio, a determinação de sua capacidade de resistência é feita utilizando as prescrições da NBR 14762 (ABNT, 2010), como será visto a seguir.

i. Propriedades

$J_x = 10.014{,}31 \text{ cm}^4 \qquad W_x = W_c = 667{,}62 \text{ cm}^3 \qquad r_x = 10{,}78 \text{ cm}$
$J_y = 3.329{,}52 \text{ cm}^4 \qquad W_y = 443{,}94 \text{ cm}^3 \qquad r_y = 6{,}21 \text{ cm}$
$I_t = J = 7.730{,}32 \text{ cm}^4 \qquad A = 86{,}20 \text{ cm}^2 \qquad C_w = 0{,}0 \text{ cm}^6$
$b_w = 30{,}0 \text{ cm} \qquad b_f = 15{,}0 \text{ cm} \qquad t = 0{,}95 \text{ cm}$
$b_{w;ef} = 29{,}05 \text{ cm} \qquad b_{f;ef} = 14{,}05 \text{ cm} \qquad h = 25{,}25 \text{ cm}$
$x_0 = y_0 = 0{,}00 \qquad r_0 = 12{,}44 \text{ cm} \qquad \nu = 0{,}30$
$E = 200{,}00 \text{ GPa} \qquad G = 76{,}923 \text{ GPa} \qquad f_y = 250{,}0 \text{ MPa}$

ii. Resistência à compressão
$L_x \text{ (cm)} = 310{,}00 \qquad L_y \text{ (cm)} = 310{,}00 \qquad L_z \text{ (cm)} = 310{,}00$

$k_x = 1{,}00 \qquad k_y = 1{,}00 \qquad k_z = 1{,}00$
$\lambda_x = 28{,}76 \qquad \lambda_y = 49{,}88$

$$N_{ex} = \frac{\pi^2 \cdot E \cdot I_x}{(k_x \cdot L_x)^2} = \frac{\pi^2 \times 20.000 \times 10.014{,}31}{(1{,}0 \times 310{,}0)^2} = 20.569{,}67$$

$$N_{ey} = \frac{\pi^2 \cdot E \cdot I_y}{(k_y \cdot L_y)^2} = \frac{\pi^2 \times 20.000 \times 3.329{,}52}{(1{,}0 \times 310{,}0)^2} = 6.838{,}93$$

$$N_{ez} = \frac{1}{r_0^2}\left[\frac{\pi^2 \cdot E \cdot C_w}{(k_z \cdot L_{bz})^2} + G \cdot J\right] = \frac{1}{12{,}44^2} \times$$

$$\times \left[\frac{\pi^2 \times 20.000 \times 0}{(310)^2} + 7.692{,}3 \times 7.730{,}32\right] = 384.131{,}97$$

$$r_0 = \sqrt{r_x^2 + r_y^2 + x_0^2 + y_0^2} = 12{,}44 \text{ cm}$$

$$N_e \leq \begin{cases} N_{ex} = 20.569{,}67 \\ N_{ey} = 6.838{,}93 \\ N_{ez} = 384.131{,}97 \end{cases}$$

$$\lambda_0 = \sqrt{\frac{A \cdot f_y}{N_e}} = \sqrt{\frac{86{,}20 \times 25{,}0}{6.838{,}93}} = 0{,}56 \rightarrow$$

$$\rightarrow \chi = 0{,}658^{\lambda_0^2} = 0{,}658^{0{,}56^2} = 0{,}88$$

$$\eta = \frac{b_{f;ef}}{b_{w;ef}} = \frac{14{,}05}{29{,}05} = 0{,}484$$

$$k_\ell = 6{,}6 - 5{,}8\eta + 8{,}6\eta^2 - 5{,}4\eta^3, \quad \text{com } (0{,}1 \leq \eta \leq 1{,}0)$$

$$k_\ell = 6{,}6 - 5{,}8 \times 0{,}484 + 8{,}6 \times 0{,}484^2 - 5{,}4 \times 0{,}484^3 = 5{,}196$$

$$N_\ell = k_\ell \cdot \frac{\pi^2 \cdot E}{12 \cdot (1-\nu^2)(b_{w;ef}/t)^2} \cdot A$$

$$N_\ell = 5{,}196 \times \frac{\pi^2 \times 20.000}{12 \times (1-0{,}30^2)(29{,}05/0{,}95)^2} \times 86{,}20 = 8.658{,}416$$

$$\lambda_p = \sqrt{\frac{\chi \cdot A \cdot f_y}{N_\ell}} = \sqrt{\frac{0{,}88 \times 86{,}20 \times 25{,}0}{8.658{,}416}} = 0{,}47$$

$$A_{ef} = \begin{cases} A \text{ para } \lambda_p \leq 0{,}776 \\ A \cdot \left(1 - \frac{0{,}15}{\lambda_p^{0{,}8}}\right) \cdot \frac{1}{\lambda_p^{0{,}8}} \text{ para } \lambda_p > 0{,}776 \end{cases}$$

$$A_{ef} = A = 86{,}20$$

$$N_{Rdc} = \frac{\chi \cdot A_{ef} \cdot f_y}{\gamma} = \frac{0{,}88 \times 86{,}20 \times 25{,}0}{1{,}20}$$

$$N_{Rdc} = 1.580{,}33 \text{ kN}$$

iii. Resistência à tração

$$N_{Rdt} = \frac{A_G \cdot f_y}{\gamma_{a1}} = \frac{86{,}20 \times 25}{1{,}10} \Rightarrow N_{Rdt} = 1.959{,}09 \text{ kN}$$

iv. Resistência ao momento fletor

$$\eta = \frac{b_{f;ef}}{b_{w;ef}} = \frac{14,05}{29,05} = 0,484$$

$$k_\ell = 14,5 + 178\,\eta - 602\,\eta^2 + 649\,\eta^3 - 234\,\eta^4,$$
$$\text{com } (0,1 \leq \eta \leq 1,0)$$

$$k_\ell = 14,5 + 178 \times 0,484 - 602 \times 0,484^2 + 649 \times 0,484^3 -$$
$$- 234 \times 0,484^4 = 20,372$$

$$M_\ell = k_\ell \cdot \frac{\pi^2 \cdot E \cdot I_x}{12 \cdot (1-\nu^2)(b_{w;ef}/t)^2} \cdot W_c$$

$$M_\ell = 20,372 \times \frac{\pi^2 \times 20.000 \times 10.014,31}{12 \times (1-0,30^2)(29,05/0,95)^2} \times 667,62 =$$
$$= 262.920,86$$

▶ Início de escoamento da seção efetiva

$$\lambda_p = \sqrt{\frac{W \cdot f_y}{M_\ell}} = \sqrt{\frac{667,62 \times 25,0}{262.920,86}} = 0,25$$

$$W_{ef} = \begin{cases} W & \text{para } \lambda_p \leq 0,673 \\ W \cdot \left(1 - \frac{0,22}{\lambda_p}\right) \cdot \frac{1}{\lambda_p} & \text{para } \lambda_p > 0,673 \end{cases}$$

$$W_{ef} = W = 667,62$$

$$M_{Rd} = \frac{W_{ef} \cdot f_y}{\gamma} = \frac{667,62 \times 25,0}{1,10} = 15.173,18 \text{ kNcm}$$

▶ Flambagem lateral com torção

Para barras com seção fechada (caixão), sujeitas à flexão em torno do eixo x:

$$M_e = C_b \cdot \sqrt{N_{ey} \cdot G \cdot J} =$$
$$= 1,14 \times \sqrt{6.838,93 \times 7.692,3 \times 7.730,32} = 726.985,39$$

$$\lambda_0 = \sqrt{\frac{W_c \cdot f_y}{M_e}} = \sqrt{\frac{667,62 \times 25,0}{726.985,39}} = 0,15$$

$$\chi_{FLT} = \begin{cases} 1,0 & \text{para } \lambda_0 \leq 0,6 \\ 1,11(1 - 0,0278 \cdot \lambda_0^2) & \text{para } 0,6 < \lambda_0 < 1,336 \\ \frac{1}{\lambda_0^2} & \text{para } \lambda_0 \geq 1,336 \end{cases}$$

$$\chi_{FLT} = 1,0$$

$$\lambda_p = \sqrt{\frac{\chi_{FLT} \cdot W \cdot f_y}{M_\ell}} = \sqrt{\frac{1,0 \times 667,62 \times 25,0}{262.920,86}} = 0,25$$

$$W_{ef} = \begin{cases} W & \text{para } \lambda_p \leq 0,673 \\ W \cdot \left(1 - \frac{0,22}{\lambda_p}\right) \cdot \frac{1}{\lambda_p} & \text{para } \lambda_p > 0,673 \end{cases}$$

$$W_{ef} = W = 667,62$$

$$M_{Rd} = \frac{W_{ef} \cdot f_y}{\gamma} = \frac{667,62 \times 25,0}{1,10} = 15.173,18 \text{ kNcm}$$

$$M_{Rd} = 151,73 \text{ Nm}$$

v. Resistência ao cisalhamento

$$\lambda = \frac{h}{t} \cdot \sqrt{\frac{f_y}{k_v \cdot E}} \begin{cases} \text{para } \lambda \leq 1,08 \to V_{Rd} = \dfrac{0,6 \cdot f_y \cdot h \cdot t}{\gamma} \\ \text{para } 1,08 < \lambda \leq 1,4 \to V_{Rd} = \dfrac{0,65 \cdot t^2 \sqrt{k_v \cdot E \cdot f_y}}{\gamma} \\ \text{para } \lambda > 1,4 \to V_{Rd} = \dfrac{0,905 \cdot k_v \cdot E \cdot t^3}{h \cdot \gamma} \end{cases}$$

$$\lambda = \frac{b_{w;ef} - 4 \cdot t}{t} \cdot \sqrt{\frac{f_y}{k_v \cdot E}} = \frac{29,05 - 4 \times 0,95}{0,95} \times \sqrt{\frac{25,0}{5,0 \times 20.000}} =$$
$$= 0,42 \to \lambda \leq 1,08$$

$$V_{Rd} = \frac{0,6 \cdot f_y \cdot h \cdot t}{\gamma} = \frac{0,6 \times 25,0 \times 25,25 \times 0,95}{1,10}$$

$$V_{Rd} = 654,20 \text{ kN}$$

5.3 Resultados finais para as vigas

Com base nos valores resistidos pelos perfis e nas orientações da NBR 8800 (ABNT, 2008), serão apresentados nas Tabs. 5.4 a 5.6 os resultados do dimensionamento das vigas do edifício.

5.3.1 Combinações últimas normais

Tab. 5.4 COMBINAÇÕES ÚLTIMAS NORMAIS DAS VIGAS

Viga	L_x	L_y	Nd (-)	Nd (+)	Vdx	Mdx
V1	485,0	242,5	4,746	0,000	15,367	15,681
V2	485,0	242,5	4,632	0,000	2,124	61,370
V3	485,0	242,5	9,031	0,000	2,133	52,977
V4	485,0	242,5	3,782	0,000	1,965	16,329
V5	750,0	375,0	15,353	3,043	3,733	61,877
V6	375,0	375,0	7,712	2,453	1,915	37,212
V7	375,0	375,0	5,184	0,000	1,485	13,883

5.3.2 Esforços resistentes de cálculo

Tab. 5.5 ESFORÇOS RESISTENTES DAS VIGAS

Viga	Perfil	J_x	$N_{t;Rd}$	$N_{c;Rd}$	$M_{x;Rd}$	$M_{y;Rd}$	$V_{d;Rd}$
V1	W 310 × 23,8	4.346,00	962,86	129,46	35,42	10,77	321,42
V2	W 310 × 32,7	6.570,00	1.320,41	215,02	68,18	17,69	388,75
V3	W 310 × 32,7	6.570,00	1.320,41	215,02	68,18	17,69	388,75
V4	W 310 × 23,8	4.346,00	962,86	129,46	35,42	10,77	321,42
V5	W 310 × 38,7	8.581,00	1.558,77	725,39	141,15	41,45	338,35
V6	W 310 × 32,7	6.570,00	1.320,41	215,02	68,18	17,69	388,75
V7	W 310 × 28,3	5.500,00	1.144,77	177,21	51,75	14,58	348,89

5.3.3 Verificação das interações

Quando numa barra estão atuando simultaneamente a força axial e o momento fletor, têm-se duas situações:

Para $\dfrac{N_{Sd}}{N_{Rd}} \geq 0{,}20$, $\dfrac{N_{Sd}}{N_{Rd}} + \dfrac{8}{9}\left(\dfrac{M_{x;Sd}}{M_{x;Rd}} + \dfrac{M_{y;Sd}}{M_{y;Rd}}\right) \leq 1{,}0$

Para $\dfrac{N_{Sd}}{N_{Rd}} < 0{,}20$, $\dfrac{N_{Sd}}{2N_{Rd}} + \left(\dfrac{M_{x;Sd}}{M_{x;Rd}} + \dfrac{M_{y;Sd}}{M_{y;Rd}}\right) \leq 1{,}0$

Tab. 5.6 VERIFICAÇÃO DAS INTERAÇÕES DAS VIGAS

Viga	N_{Sd}/N_{Rd}	V_{Sd}/V_{Rd}	$M_{x;Sd}/M_{x;Rd}$	$M_{y;Sd}/M_{y;Rd}$	$N + M_x + M_y$	Verificação
V1	0,04	0,05	0,44	0,00	0,461	OK
V2	0,02	0,01	0,90	0,00	0,911	OK
V3	0,04	0,01	0,78	0,00	0,798	OK
V4	0,03	0,01	0,46	0,00	0,476	OK
V5	0,02	0,01	0,44	0,00	0,449	OK
V6	0,04	0,00	0,55	0,00	0,564	OK
V7	0,03	0,00	0,27	0,00	0,283	OK

Como a contenção lateral contínua melhora a resistência dos perfis, é possível utilizar perfis de dimensões menores. Com base nisso, serão mostrados nas Tabs. 5.7 a 5.9 os valores resistentes de dois tipos que atendem aos esforços solicitantes das vigas. Observar que, para esse caso, é preciso rever os valores dos esforços solicitantes nos diagramas dos pórticos.

5.3.4 Combinações últimas normais

Tab. 5.7 COMBINAÇÕES ÚLTIMAS NORMAIS DAS VIGAS COM CONTENÇÃO LATERAL CONTÍNUA

Viga	L_x	L_y	Nd (−)	Nd (+)	Vdx	Mdx
V1	485,0		4,746	0,000	15,367	15,681
V2	485,0		4,632	0,000	2,124	61,370
V3	485,0		9,031	0,000	2,133	52,977
V4	485,0		3,782	0,000	1,965	16,329
V5	750,0		15,353	3,043	3,733	61,877
V6	375,0		7,712	2,453	1,915	37,212
V7	375,0		5,184	0,000	1,485	13,883

5.3.5 Esforços resistentes de cálculo

Tab. 5.8 ESFORÇOS RESISTENTES DAS VIGAS COM CONTENÇÃO LATERAL CONTÍNUA

Viga	Perfil	J_x	$N_{t;Rd}$	$N_{c;Rd}$	$M_{x;Rd}$	$M_{y;Rd}$	$V_{d;Rd}$
V1	W 250 × 17,9	2.291,00	724,50	552,60	63,32	8,52	226,72
V2	W 250 × 17,9	2.291,00	724,50	552,60	63,32	8,52	226,72
V3	W 250 × 17,9	2.291,00	724,50	552,60	63,32	8,52	226,72
V4	W 250 × 17,9	2.291,00	724,50	552,60	63,32	8,52	226,72
V5	W 250 × 22,3	2.939,00	906,41	604,57	71,63	11,34	277,23
V6	W 250 × 17,9	2.291,00	724,50	552,60	63,32	8,52	226,72
V7	W 250 × 17,9	2.291,00	724,50	552,60	63,32	8,52	226,72

5.3.6 Verificação das interações

Os critérios são os mesmos da seção 5.3.3

Tab. 5.9 VERIFICAÇÃO DAS INTERAÇÕES DAS VIGAS COM CONTENÇÃO LATERAL CONTÍNUA

Viga	N_{Sd}/N_{Rd}	V_{Sd}/V_{Rd}	$M_{x;Sd}/M_{x;Rd}$	$M_{y;Sd}/M_{y;Rd}$	$N + M_x + M_y$	Verificação
V1	0,01	0,07	0,25	0,00	0,252	OK
V2	0,01	0,01	0,97	0,00	0,973	OK
V3	0,02	0,01	0,84	0,00	0,845	OK
V4	0,01	0,01	0,26	0,00	0,261	OK
V5	0,03	0,01	0,86	0,00	0,877	OK
V6	0,01	0,01	0,59	0,00	0,595	OK
V7	0,01	0,01	0,22	0,00	0,224	OK

5.4 Resultados finais para os pilares

Agora, com base nos valores resistidos pelos perfis e nas orientações da NBR 8800 (ABNT, 2008) e da NBR 14762 (ABNT, 2010), serão apresentadas nas Tabs. 5.10 a 5.12 os resultados do dimensionamento dos pilares do edifício.

5.4.1 Combinações últimas normais

Tab. 5.10 COMBINAÇÕES ÚLTIMAS NORMAIS DOS PILARES

Pilar	L_x	L_y	Nd (−)	Nd (+)	Vdx	Vdy	Mdx	Mdy
P1	310,0	310,0	52,487	0,000	6,038	16,158	9,129	30,200
P2	310,0	310,0	8,727	0,000	2,369	8,575	3,384	3,868
P3	310,0	310,0	6,587	0,000	3,141	6,026	2,024	2,081
P4	310,0	310,0	9,906	0,000	4,632	5,648	2,723	3,999
P5	310,0	310,0	7,894	0,000	6,383	1,729	4,835	1,172
P6	310,0	310,0	11,827	0,000	9,898	36,156	4,643	3,379
P7	310,0	310,0	9,743	0,000	1,996	5,648	3,051	3,999
P8	310,0	310,0	8,254	0,000	10,283	1,729	4,771	1,172
P9	310,0	310,0	6,479	0,000	4,514	4,660	1,879	3,819
P10	310,0	310,0	8,925	0,000	1,531	8,575	2,628	3,868
P11	310,0	310,0	6,497	0,000	4,395	6,026	1,998	2,081

5.4.2 Esforços resistentes de cálculo

Tab. 5.11 ESFORÇOS RESISTENTES DOS PILARES

Pilar	Perfil	J_x	$N_{t;Rd}$	$N_{c;Rd}$	$M_{x;Rd}$	$M_{y;Rd}$	$V_{d;Rd}$
P1	TB RET 150 × 300 × 9,5 × 63,46 kg/m	10.014,31	1.959,09	1.573,15	151,73	151,73	654,20
P2	TB RET 150 × 300 × 9,5 × 63,46 kg/m	10.014,31	1.959,09	1.573,15	151,73	151,73	654,20
P3	TB RET 150 × 300 × 9,5 × 63,46 kg/m	10.014,31	1.959,09	1.573,15	151,73	151,73	654,20

Tab. 5.11 (continuação)

Pilar	Perfil	J_x	$N_{t;Rd}$	$N_{c;Rd}$	$M_{x;Rd}$	$M_{y;Rd}$	$V_{d;Rd}$
P4	TB RET 150 × 300 × 9,5 × 63,46 kg/m	10.014,31	1.959,09	1.573,15	151,73	151,73	654,20
P5	TB RET 150 × 300 × 9,5 × 63,46 kg/m	10.014,31	1.959,09	1.573,15	151,73	151,73	654,20
P6	TB RET 150 × 300 × 9,5 × 63,46 kg/m	10.014,31	1.959,09	1.573,15	151,73	151,73	654,20
P7	TB RET 150 × 300 × 9,5 × 63,46 kg/m	10.014,31	1.959,09	1.573,15	151,73	151,73	654,20
P8	TB RET 150 × 300 × 9,5 × 63,46 kg/m	10.014,31	1.959,09	1.573,15	151,73	151,73	654,20
P9	TB RET 150 × 300 × 9,5 × 63,46 kg/m	10.014,31	1.959,09	1.573,15	151,73	151,73	654,20
P10	TB RET 150 × 300 × 9,5 × 63,46 kg/m	10.014,31	1.959,09	1.573,15	151,73	151,73	654,20
P11	TB RET 150 × 300 × 9,5 × 63,46 kg/m	10.014,31	1.959,09	1.573,15	151,73	151,73	654,20

5.4.3 Verificação das interações

Os critérios são os mesmos da seção 5.3.3.

Tab. 5.12 VERIFICAÇÃO DAS INTERAÇÕES DOS PILARES

Pilar	N_{Sd}/N_{Rd}	V_{Sd}/V_{Rd}	$M_{x;Sd}/M_{x;Rd}$	$M_{y;Sd}/M_{y;Rd}$	$N + M_x + M_y$	Verificação
P1	0,03	0,02	0,06	0,20	0,276	OK
P2	0,01	0,01	0,02	0,03	0,051	OK
P3	0,00	0,01	0,01	0,01	0,029	OK
P4	0,01	0,01	0,02	0,03	0,047	OK
P5	0,01	0,01	0,03	0,01	0,042	OK
P6	0,01	0,06	0,03	0,02	0,057	OK
P7	0,01	0,01	0,02	0,03	0,050	OK
P8	0,01	0,02	0,03	0,01	0,042	OK
P9	0,00	0,01	0,01	0,03	0,040	OK
P10	0,01	0,01	0,02	0,03	0,046	OK
P11	0,00	0,01	0,01	0,01	0,029	OK

Notar que houve a opção de padronizar os perfis dos pilares em um único caso, e, mesmo nessas condições, os pilares possuem uma resistência bem superior ao carregamento solicitante. A título de exemplificação, serão apresentados nas Tabs. 5.13 e 5.14 os valores para um perfil com espessura de 6,35 mm. Outra opção seria a alteração da seção (por exemplo, utilizar um tubo retangular de 150 × 200). Cabe ressaltar, entretanto, que essa segunda alteração, além de causar modificações nos projetos de arquitetura, demanda a revisão dos diagramas de esforços dos pórticos, como já foi falado anteriormente.

5.4.4 Esforços resistentes de cálculo

Tab. 5.13 ESFORÇOS RESISTENTES DOS PILARES – 2ª OPÇÃO

Pilar	Perfil	J_x	$N_{t;Rd}$	$N_{c;Rd}$	$M_{x;Rd}$	$M_{y;Rd}$	$V_{d;Rd}$
P1	TB RET 150 × 300 × 6,35 × 42,43 kg/m	6.612,73	1.262,27	1.019,39	100,19	100,19	464,56
P2	TB RET 150 × 300 × 6,35 × 42,43 kg/m	6.612,73	1.262,27	1.019,39	100,19	100,19	464,56
P3	TB RET 150 × 300 × 6,35 × 42,43 kg/m	6.612,73	1.262,27	1.019,39	100,19	100,19	464,56
P4	TB RET 150 × 300 × 6,35 × 42,43 kg/m	6.612,73	1.262,27	1.019,39	100,19	100,19	464,56
P5	TB RET 150 × 300 × 6,35 × 42,43 kg/m	6.612,73	1.262,27	1.019,39	100,19	100,19	464,56
P6	TB RET 150 × 300 × 6,35 × 42,43 kg/m	6.612,73	1.262,27	1.019,39	100,19	100,19	464,56
P7	TB RET 150 × 300 × 6,35 × 42,43 kg/m	6.612,73	1.262,27	1.019,39	100,19	100,19	464,56
P8	TB RET 150 × 300 × 6,35 × 42,43 kg/m	6.612,73	1.262,27	1.019,39	100,19	100,19	464,56
P9	TB RET 150 × 300 × 6,35 × 42,43 kg/m	6.612,73	1.262,27	1.019,39	100,19	100,19	464,56
P10	TB RET 150 × 300 × 6,35 × 42,43 kg/m	6.612,73	1.262,27	1.019,39	100,19	100,19	464,56
P11	TB RET 150 × 300 × 6,35 × 42,43 kg/m	6.612,73	1.262,27	1.019,39	100,19	100,19	464,56

5.4.5 Verificação das interações

Os critérios são os mesmos da seção 5.3.3.

Tab. 5.14 VERIFICAÇÃO DAS INTERAÇÕES DOS PILARES – 2ª OPÇÃO

Pilar	N_{Sd}/N_{Rd}	V_{Sd}/V_{Rd}	$M_{x;Sd}/M_{x;Rd}$	$M_{y;Sd}/M_{y;Rd}$	$N + M_x + M_y$	Verificação
P1	0,05	0,03	0,09	0,30	0,418	OK
P2	0,01	0,02	0,03	0,04	0,077	OK
P3	0,01	0,01	0,02	0,02	0,044	OK
P4	0,01	0,01	0,03	0,04	0,072	OK
P5	0,01	0,01	0,05	0,01	0,064	OK
P6	0,01	0,08	0,05	0,03	0,086	OK
P7	0,01	0,01	0,03	0,04	0,075	OK
P8	0,01	0,02	0,05	0,01	0,063	OK
P9	0,01	0,01	0,02	0,04	0,060	OK
P10	0,01	0,02	0,03	0,04	0,069	OK
P11	0,01	0,01	0,02	0,02	0,044	OK

DIMENSIONAMENTO DE PLACAS

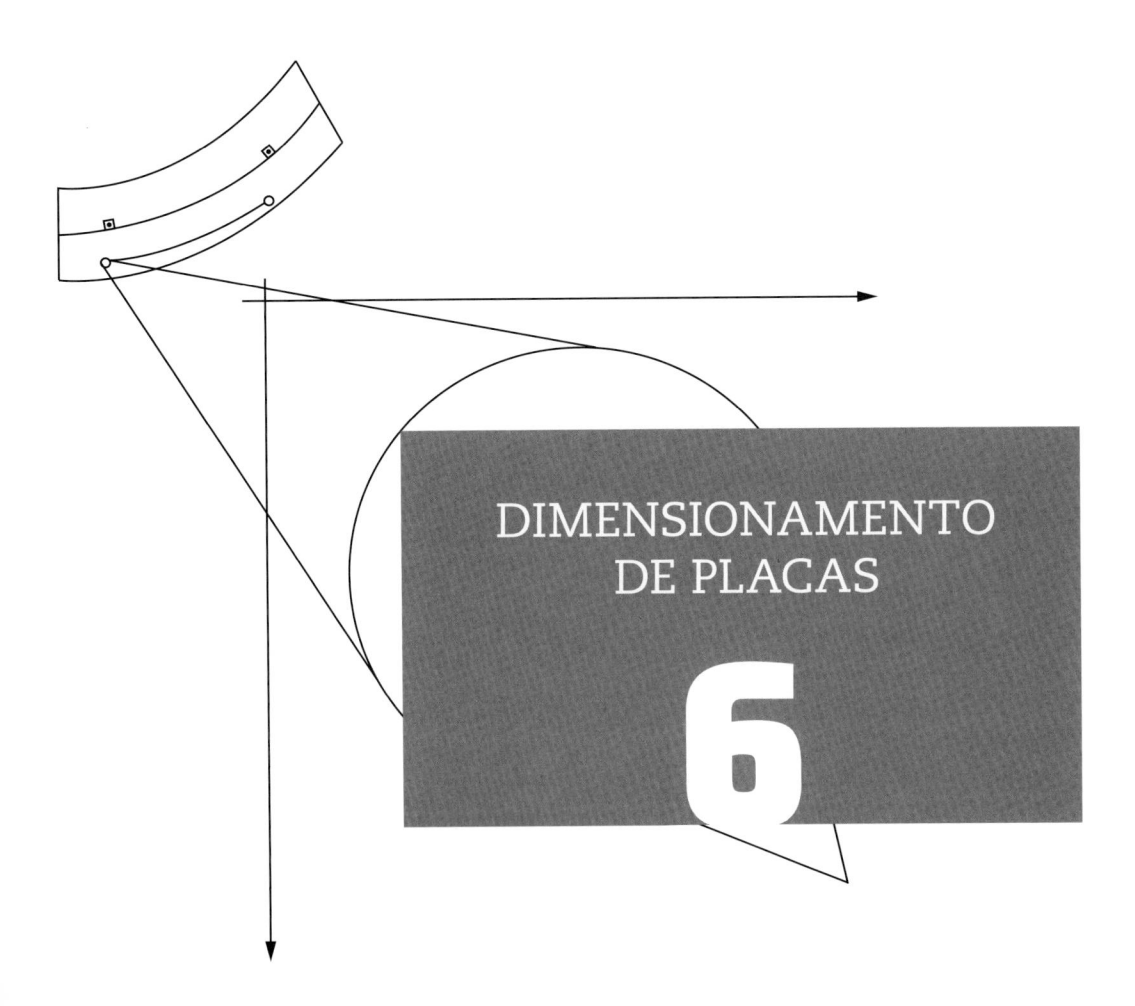

6

Neste capítulo será mostrado o desenvolvimento completo da teoria das placas, para o estudante ou profissional que desejar se aprofundar no assunto, e, logo em seguida, serão apresentadas as equações que norteiam o universo das placas, de modo a ensinar como dimensionar a deformação de placas para tampas sob qualquer magnitude de carga distribuída solicitante.

6.1 Desenvolvimento das fórmulas para cálculo

A partir da teoria das placas, chega-se a equações diretas que podem ser aplicadas rapidamente no cotidiano para o cálculo da deformação de placas (de tampas, para *bunkers* etc.), de forma prática e segura, sem empirismo, servindo ao aluno, técnico ou engenheiro no dia a dia de um escritório de cálculo estrutural.

Essas fórmulas também são utilizadas para o dimensionamento de:
- Chapas de bases para colunas sob carga normal e momento fletor aplicados de forma simultânea.
- Chapas para enrijecedores de forma a combater efeitos de *buckling* e de *crippling*.
- Chapas sob efeito de *prying action*.
- Chapas para calhas.
- Chapas sob efeito de *stress* etc.

6.1.1 Coordenadas

O estudo das placas será feito considerando o sistema cartesiano. Os deslocamentos u, v e w, que ocorrem nas direções x, y e z, respectivamente, serão positivos quando ocorrerem no sentido dos eixos coordenados (Fig. 6.1).

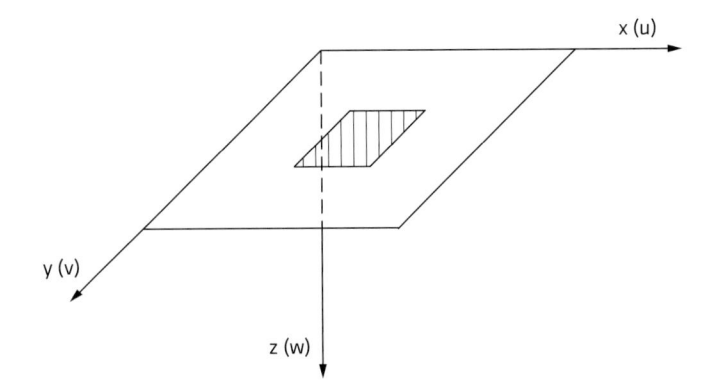

Fig. 6.1 Coordenadas do plano da chapa a analisar

6.1.2 Deslocamentos lineares, rotações e curvatura

Em princípio, determinam-se as flechas pela distância vertical, considerando a hipótese de que as deflexões são pequenas quando comparadas com a espessura da placa, sendo, portanto, desprezíveis as tensões na membrana ($\sigma_x = \sigma_y = 0$, no plano médio).

A configuração deformada da placa será (Figs. 6.2 e 6.3):

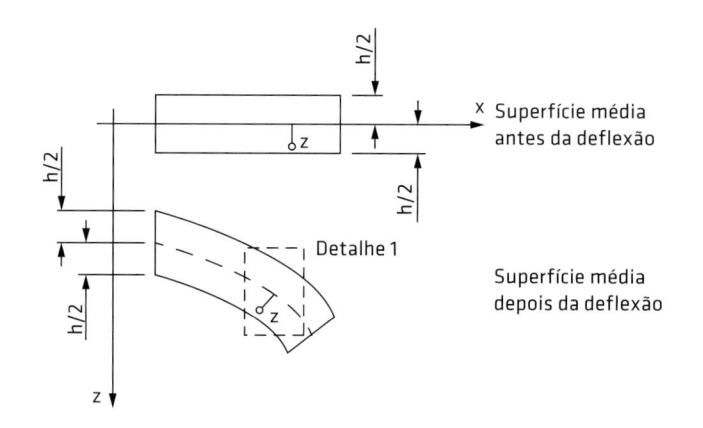

Fig. 6.2 Deslocamentos lineares, rotações e curvatura

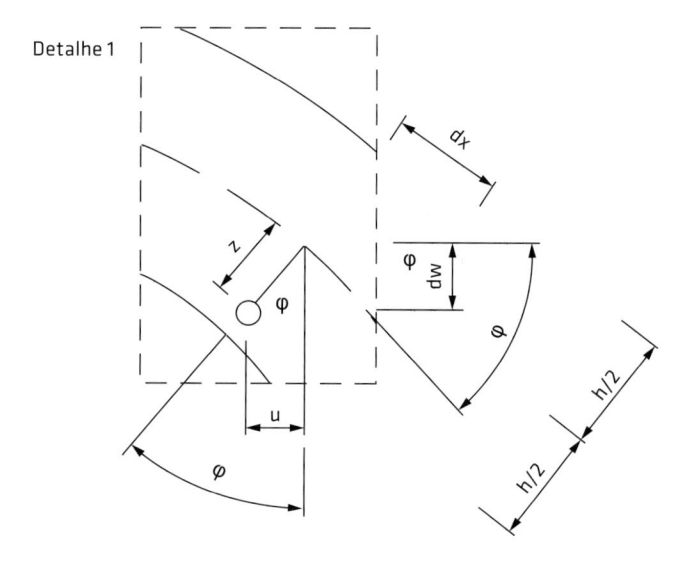

Fig. 6.3 Deslocamentos lineares, rotações e curvatura – detalhe 1

$$\varphi_x = \frac{\partial w}{\partial x}$$

e

$$\varphi_y = \frac{\partial w}{\partial y}$$

Analogamente:

$$\varphi_x = -\frac{u}{z} \Rightarrow u = -z \cdot \varphi_x = -z \cdot \frac{\partial w}{\partial x}$$

Da mesma forma, tem-se:

$$v = -z \cdot \frac{\partial w}{\partial y}$$

A declividade, ou rotação, é numericamente igual à derivada da função no ponto.

$$\frac{dy}{dx} = \frac{\theta_x}{E \cdot I}$$

A curvatura da superfície média de uma peça fletida é a variação da rotação da superfície deformada, supostamente positiva se possuir concavidade para cima, e pode ser calculada pelas expressões (a curvatura é numericamente igual à derivada segunda da função do ponto):

$$\frac{1}{\rho} = \frac{M_x}{E \cdot I} \Rightarrow \frac{d^2 y}{dx^2} = \frac{M_x}{E \cdot I}$$

em que ρ é o raio de curvatura e $1/\rho$ é a curvatura anticlástica.

$$\frac{1}{\rho_x} = -\frac{\partial^2 w}{\partial x^2}$$

Analogamente:

$$\frac{1}{\rho_y} = -\frac{\partial^2 w}{\partial y^2}$$

e

$$\frac{1}{\rho_{xy}} = -\frac{\partial^2 w}{\partial x \cdot \partial y}$$

6.1.3 Deformações lineares e angulares

A curvatura da seção fletida ocasiona deformações nas fibras do elemento estrutural, situadas fora da superfície neutra, encurtamentos e/ou alongamentos ε, e distorções γ.

Em princípio, relacionam-se as deformações lineares ε_x e ε_y com os deslocamentos (ver Fig. 6.4).

Supondo o deslocamento v constante, os deslocamentos dos pontos A e B, situados nos planos I-I e II-II (Fig. 6.4), podem ser expressos da maneira indicada a seguir.

No ponto A: u
No ponto B: $u + du = u + \frac{\partial u}{\partial x} dx = u + \frac{\partial}{\partial x} \cdot \left(-\frac{z \cdot \partial w}{\partial x}\right) dx$

$$\delta = \varepsilon \cdot L \Rightarrow \varepsilon = \frac{\delta}{L} \Rightarrow \varepsilon_x = \frac{\Delta dx}{dx} = \frac{A'B' - AB}{AB} =$$

$$= \frac{\left[u + \frac{\partial}{\partial x} \cdot \left(-\frac{z \cdot \partial w}{\partial x}\right) dx\right] - u}{dx} = -z \cdot \frac{\partial^2 w}{\partial x^2}$$

Analogamente:

$$\varepsilon_y = -z \cdot \frac{\partial^2 w}{\partial y^2}$$

Analisando o retângulo infinitesimal ABCD da Fig. 6.5, localizado a uma distância z da superfície neu-

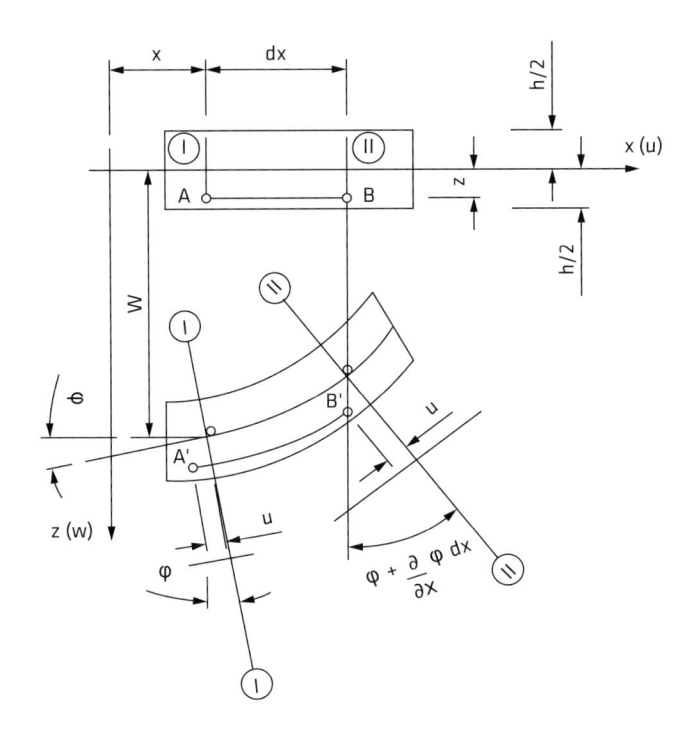

Fig. 6.4 Deformações lineares e angulares

tra, e levando em conta que os quatro vértices do retângulo possuem deslocamentos diferentes entre si, vê-se que o resultado será uma distorção γ entre os lados do retângulo. A determinação da distorção será a soma dos ângulos γ_1 e γ_2.

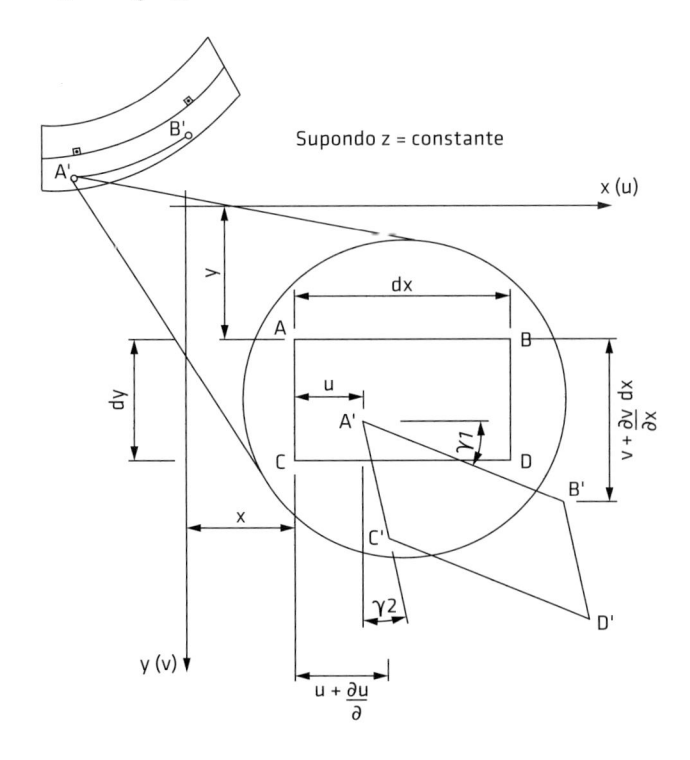

Fig. 6.5 Ampliação de uma área infinitesimal em forma de retângulo ABCD, extraída da placa em estudo

Os ângulos γ_1 e γ_2 são determinados do seguinte modo:

$$\gamma_1 = \frac{\partial v}{\partial x} = \frac{\partial \cdot \left(-z \cdot \frac{\partial w}{\partial y}\right)}{\partial x} = \frac{-z \cdot \partial^2 w}{\partial x \cdot \partial y}$$

$$\gamma_2 = \frac{\partial u}{\partial y} = \frac{\partial \cdot \left(-z \cdot \frac{\partial w}{\partial x}\right)}{\partial y} = \frac{-z \cdot \partial^2 w}{\partial y \cdot \partial x}$$

Com isso, tem-se:

$$\gamma_{xy} = \gamma_1 + \gamma_2 = u + v = \varepsilon_x + \varepsilon_y = -z \cdot \left(\frac{\partial^2 w}{\partial x \cdot \partial y}\right) - z \cdot \left(\frac{\partial^2 w}{\partial y \cdot \partial x}\right) \Rightarrow$$

$$\Rightarrow \gamma_{xy} = \gamma_{yx} = -2z \cdot \left(\frac{\partial^2 w}{\partial x \cdot \partial y}\right)$$

6.1.4 Relações entre tensões, deformações e deslocamentos

Para obter as tensões e os respectivos deslocamentos, na Fig. 6.6 é mostrado um modelo genérico a fim de servir como referência quanto a suas respectivas coordenadas.

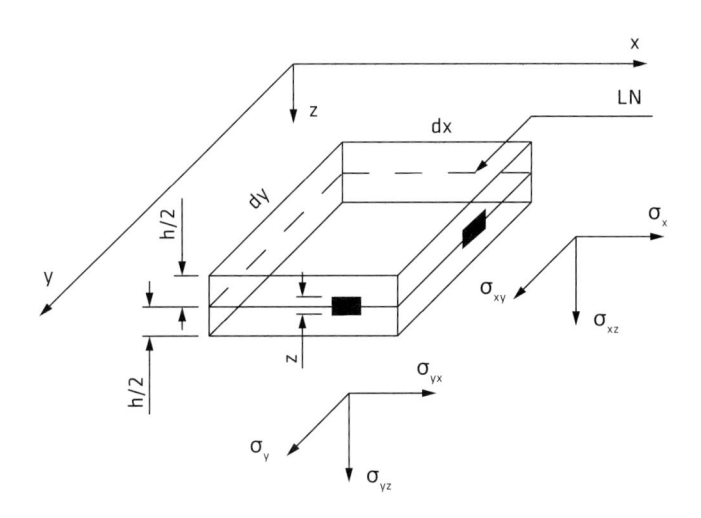

Fig. 6.6 Tensões

$$\varepsilon_x = \frac{\sigma_x}{E} - \frac{\nu \cdot \sigma_y}{E} - \frac{\nu \cdot \sigma_z}{E}$$

Multiplicando todos os numeradores por E, tem-se:

$$E \cdot \varepsilon_x = E \cdot \frac{\sigma_x}{E} - E \cdot \frac{\nu \cdot \sigma_y}{E} - E \cdot \frac{\nu \cdot \sigma_z}{E} \Rightarrow$$
$$\Rightarrow E \cdot \varepsilon_x = \sigma_x - \nu \cdot \sigma_y - \nu \cdot \sigma_z$$

Analisando bidimensionalmente, retira-se o termo z, passando a ter:

$$E \cdot \varepsilon_x = \sigma_x - \nu \cdot \sigma_y \Rightarrow \sigma_x = E \cdot \varepsilon_x + \nu \cdot \sigma_y$$

Analogamente:

$$\sigma_y = E \cdot \varepsilon_y + \nu \cdot \sigma_x$$

Essas duas equações representam as leis de Hooke, e, substituindo uma expressão na outra, têm-se:

$$\sigma_x = \frac{E}{1-\nu^2} \cdot \left(\varepsilon_x + \nu \cdot \varepsilon_y\right)$$

e

$$\sigma_y = \frac{E}{1-\nu^2} \cdot \left(\varepsilon_y + \nu \cdot \varepsilon_x\right)$$

Substituindo as equações $\varepsilon_x = -z \cdot \frac{\partial^2 w}{\partial x^2}$ e $\varepsilon_y = -z \cdot \frac{\partial^2 w}{\partial y^2}$ nas equações anteriores, têm-se:

$$\sigma_x = -\frac{E \cdot z}{1-\nu^2} \cdot \left(\frac{\partial^2 w}{\partial x^2} + \nu \cdot \frac{\partial^2 w}{\partial y^2}\right)$$

e

$$\sigma_y = -\frac{E \cdot z}{1-\nu^2} \cdot \left(\frac{\partial^2 w}{\partial y^2} + \nu \cdot \frac{\partial^2 w}{\partial x^2}\right)$$

Com essas últimas substituições, obtêm-se as equações que relacionam tensões normais e flechas.

Além das tensões normais σ_x e σ_y, também serão geradas tensões de cisalhamento τ_{xy} e τ_{yx}, no plano da placa, que são, por sua vez, relacionadas à distorção γ. Tem-se:

$$\tau = G \cdot \gamma \Rightarrow \tau_{xy} = G \cdot \gamma_{xy}$$

em que, para material homogêneo e isotrópico:

$$G = \frac{E}{2 \cdot (1+\nu)}$$

Logo:

$$\tau_{xy} = \tau_{yx} = \frac{E}{2 \cdot (1+\nu)} \cdot \gamma_{xy}$$

Substituindo γ_{xy} em τ, chega-se a:

$$\tau_{xy} = \frac{E}{2 \cdot (1+\nu)} \cdot \left[-2z \cdot \left(\frac{\partial^2 w}{\partial x \cdot \partial y}\right)\right]$$

$$\tau_{xy} = \tau_{yx} = -\frac{E \cdot z}{(1+\nu)} \cdot \left(\frac{\partial^2 w}{\partial x \cdot \partial y}\right)$$

6.1.5 Esforços internos

As tensões σ_x e σ_y geram momentos fletores na placa, os quais podem ser obtidos por integração das tensões normais. Os esforços internos, por unidade de comprimento de placa, serão:

$$m_x = \int_{-(h/2)}^{(h/2)} (z \cdot \sigma_x) dz$$

Substituindo o valor de σ_x, dado anteriormente, tem-se:

$$m_x = \int_{-(h/2)}^{(h/2)} \left[z \cdot \left(-\frac{E \cdot z}{1-\nu^2}\right) \cdot \left(\frac{\partial^2 w}{\partial x^2} + \nu \cdot \frac{\partial^2 w}{\partial y^2}\right)\right] dz$$

$$m_x = \int_{-(h/2)}^{(h/2)} \left[\left(-z^2 \cdot \frac{E}{1-\nu^2}\right) \cdot \left(\frac{\partial^2 w}{\partial x^2} + \nu \cdot \frac{\partial^2 w}{\partial y^2}\right)\right] dz$$

$$m_x = \left[-z^3 \cdot \frac{E}{3 \cdot (1-\nu^2)} \cdot \left(\frac{\partial^2 w}{\partial x^2} + \nu \cdot \frac{\partial^2 w}{\partial y^2}\right)\right]\Big|_{-(h/2)}^{(h/2)}$$

$$m_x = -\left[\left(\frac{h}{2}\right)^3 - \left(-\frac{h}{2}\right)^3\right] \cdot \frac{E}{3 \cdot (1-\nu^2)} \cdot \left(\frac{\partial^2 w}{\partial x^2} + \nu \cdot \frac{\partial^2 w}{\partial y^2}\right)$$

$$m_x = -\frac{E \cdot h^3}{12 \cdot (1-\nu^2)} \cdot \left(\frac{\partial^2 w}{\partial x^2} + \nu \cdot \frac{\partial^2 w}{\partial y^2}\right)$$

Analogamente:

$$m_x = -\frac{E \cdot h^3}{12 \cdot (1-\nu^2)} \cdot \left(\frac{\partial^2 w}{\partial y^2} + \nu \cdot \frac{\partial^2 w}{\partial x^2}\right) \quad (6.1)$$

Sabe-se que a derivada segunda da função do ponto é numericamente igual à curvatura, $\frac{1}{\rho_x} = -\frac{\partial^2 w}{\partial x^2}$ e $\frac{1}{\rho_y} = -\frac{\partial^2 w}{\partial y^2}$.

Além disso, a expressão $-\frac{E \cdot h^3}{12 \cdot (1-\nu^2)}$ representa a rigidez à flexão da placa (D). Assim, tem-se:

$$m_x = D \cdot \left(\frac{1}{\rho_x} + \nu \cdot \frac{1}{\rho_y}\right)$$

Da mesma forma, tem-se:

$$m_y = D \cdot \left(\frac{1}{\rho_y} + \nu \cdot \frac{1}{\rho_x}\right)$$

As tensões τ_x e τ_y geram, por sua vez, momentos torsores, os quais podem ser calculados, de maneira análoga, por:

$$m_x = \int_{-(h/2)}^{(h/2)} (z \cdot \tau_{xy}) dz$$

Substituindo o valor de τ_{xy}, dado anteriormente, tem-se:

$$m_{xy} = \int_{-(h/2)}^{(h/2)} \left[z \cdot \left[-2 \cdot G \cdot z \cdot \left(\frac{\partial^2 w}{\partial x \cdot \partial y}\right)\right]\right] dz$$

$$m_{xy} = -2 \cdot G \cdot \left(\frac{\partial^2 w}{\partial x \cdot \partial y}\right) \int_{-(h/2)}^{(h/2)} z^2 \cdot dz$$

$$m_{xy} = -2 \cdot G \cdot \left(\frac{\partial^2 w}{\partial x \cdot \partial y}\right) \cdot \frac{z^3}{3}\Big|_{-(h/2)}^{(h/2)}$$

$$m_{xy} = -2 \cdot G \cdot \left(\frac{\partial^2 w}{\partial x \cdot \partial y}\right) \cdot \left[\left(\frac{h}{2}\right)^3 - \left(-\frac{h}{2}\right)^3\right] \cdot \frac{1}{3}$$

$$m_{xy} = -2 \cdot G \cdot \left(\frac{\partial^2 w}{\partial x \cdot \partial y}\right) \cdot \frac{2h^3}{8} \cdot \frac{1}{3}$$

Substituindo $G = \dfrac{E}{2 \cdot (1+\nu)}$ na equação anterior, obtém-se:

$$m_{xy} = -2 \cdot \left[\frac{E}{2 \cdot (1+\nu)}\right] \cdot \left(\frac{\partial^2 w}{\partial x \cdot \partial y}\right) \cdot \frac{2h^3}{24}$$

$$m_{xy} = \left[\frac{-E}{(1+\nu)}\right] \cdot \left(\frac{\partial^2 w}{\partial x \cdot \partial y}\right) \cdot \frac{h^3}{12}$$

Multiplicando-se por $\dfrac{(1-\nu)}{(1-\nu)}$:

$$m_{xy} = \left[\frac{-E \cdot (1-\nu)}{(1+\nu) \cdot (1-\nu)}\right] \cdot \left(\frac{\partial^2 w}{\partial x \cdot \partial y}\right) \cdot \frac{h^3}{12}$$

$$m_{xy} = \left[\frac{-E \cdot h^3}{12 \cdot (1+\nu^2)}\right] \cdot (1-\nu) \cdot \left(\frac{\partial^2 w}{\partial x \cdot \partial y}\right)$$

Sabe-se que $D = -\dfrac{E \cdot h^3}{12 \cdot (1-\nu^2)}$ e que a curvatura é numericamente igual à derivada segunda do ponto $\dfrac{1}{\rho_{xy}} = \dfrac{-\partial^2 w}{\partial x \cdot \partial y}$.

$$m_{xy} = D \cdot (1-\nu) \cdot \frac{1}{\rho_{xy}}$$

6.1.6 Equilíbrio do elemento de placa

Conhecidas as relações entre as diferentes grandezas que representam o comportamento de uma placa, pode-se agora determinar sua equação governante.

O elemento de placa deverá estar em equilíbrio, o que é expresso pelo equilíbrio dos momentos nas direções dos eixos x e y e das forças na direção z.

Os incrementos exibidos a seguir foram discriminados por meio de séries de Taylor truncadas, da seguinte forma:

$$q_x + dq_x = q_x \cdot \frac{\partial q_x}{\partial x} dx \qquad m_y + dm_y = m_y + \frac{\partial m_y}{\partial y} dy$$

Ou seja,

$$f(x_0 + x) = f(x_0) + f'(x_0) \cdot x + f'(x_0) \cdot \left(\frac{x^2}{2!}\right) + f'(x_0) \cdot \left(\frac{x^3}{3!}\right) + \ldots$$

A partir da Fig. 6.7, aplica-se o somatório dos momentos na direção y como sendo nulo:

$$\left(m_x + \frac{\partial m_x}{\partial x} dx\right) dy - m_x dy + \left(m_{yx} + \frac{\partial m_{yx}}{\partial y} dy\right) dx -$$

$$- m_{yx} dx - \left(q_x + \frac{\partial q_x}{\partial x} dx\right) dy \cdot \frac{dx}{2} - q_x dy \cdot \frac{dx}{2} = 0$$

$$m_x dy + \frac{\partial m_x}{\partial x} dx \cdot dy - m_x dy + m_{yx} dx + \frac{\partial m_{yx}}{\partial y} dy \cdot dx -$$

$$- m_{yx} dx - \left(q_x + \frac{\partial q_x}{\partial x} dx + q_x\right) dy \cdot \frac{dx}{2} = 0$$

$$\frac{\partial m_x}{\partial x} dx \cdot dy + \frac{\partial m_{yx}}{\partial y} dy \cdot dx - \left(q_x + \frac{\partial q_x}{\partial x} dx + q_x\right) dy \cdot \frac{dx}{2} =$$

$$= 0 \Rightarrow \text{multiplicando-se por } \frac{1}{\partial dx \cdot dy}$$

$$\frac{\partial m_x}{\partial x} + \frac{\partial m_{yx}}{\partial y} - q_x = 0 \qquad (6.2)$$

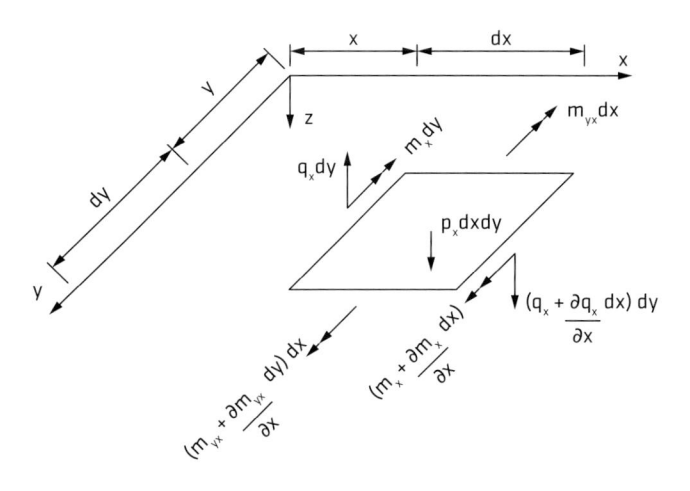

Fig. 6.7 Somatório de forças e momentos aplicados na placa, na direção y

Da mesma forma, para o somatório dos momentos na direção x, ilustrado na Fig. 6.8, tem-se:

$$\frac{\partial m_{xy}}{\partial x} + \frac{\partial m_y}{\partial y} - q_y = 0 \qquad (6.3)$$

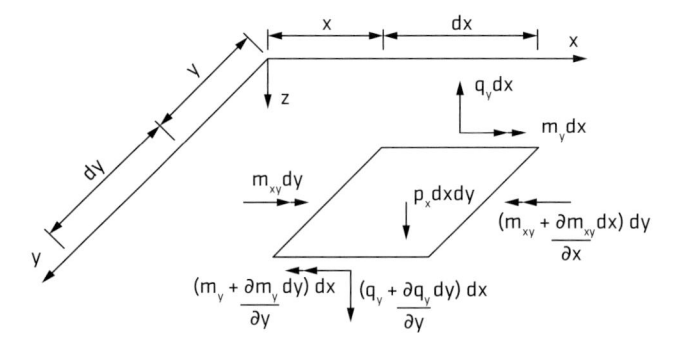

Fig. 6.8 Somatório de forças e momentos aplicados na placa, na direção x

E, para o somatório das forças na direção z, tem-se:

$$q_x dy - \left(q_x + \frac{\partial q_x}{\partial x}dx\right)dy + q_y dx - \left(q_y + \frac{\partial q_y}{\partial y}dy\right)dx -$$
$$- p_z dx dy = 0$$

$$q_x dy - q_x dy - \frac{\partial q_x}{\partial x}dx dy + q_y dx - q_y dx + \frac{\partial q_y}{\partial y}dy dx -$$
$$- p_z dx dy = 0$$

$$-\frac{\partial q_x}{\partial x}dx dy + \frac{\partial q_y}{\partial y}dy dx - p_z dx dy = 0$$

$$\frac{\partial q_x}{\partial x}dx dy - \frac{\partial q_y}{\partial y}dy dx + p_z dx dy = 0 \Rightarrow$$

$$\Rightarrow \text{multiplicando-se por } \frac{1}{dx \cdot dy}$$

$$\frac{\partial q_x}{\partial x} - \frac{\partial q_y}{\partial y} + p_z = 0 \tag{6.4}$$

Substituindo as Eqs. 6.2 e 6.3 na Eq. 6.4, obtém-se:

$$\frac{\partial^2 m_x}{\partial x^2} + \frac{\partial^2 m_y}{\partial y^2} + \frac{\partial^2 m_{yx}}{\partial x \partial y} + \frac{\partial^2 m_{xy}}{\partial x \partial y} + p_z = 0$$

Como $m_{xy} = m_{yx}$, chega-se a:

$$\frac{\partial^2 m_x}{\partial x^2} + \frac{\partial^2 m_y}{\partial y^2} + 2 \cdot \frac{\partial^2 m_{yx}}{\partial x \partial y} + p_z = 0$$

Substituindo, na equação anterior, as equações de esforços internos m_x e m_{xy}, obtidas para tensões normais e de cisalhamento, respectivamente, tem-se:

$$\frac{\partial^2 \left[D \cdot \left(\frac{1}{\rho_x} + \nu \cdot \frac{1}{\rho_y}\right)\right]}{\partial x^2} + \frac{\partial^2 \left[D \cdot \left(\frac{1}{\rho_y} + \nu \cdot \frac{1}{\rho_x}\right)\right]}{\partial y^2} + 2 \cdot$$

$$\cdot \frac{\partial^2 \left[D \cdot (1-\nu) \cdot \frac{1}{\rho_{xy}}\right]}{\partial x \partial y} + p_z = 0$$

Multiplicando todos os termos dessa equação por $\frac{1}{D}$ e sabendo que $\frac{1}{\rho_x} = \frac{\partial^2 w}{\partial x^2}$, $\frac{1}{\rho_y} = \frac{\partial^2 w}{\partial y^2}$ e $\frac{1}{\rho_{xy}} = \frac{-\partial^2 w}{\partial x \cdot \partial y}$, tem-se:

$$\frac{\partial^2 \left[-\frac{\partial^2 w}{\partial x^2} + \nu \cdot \left(-\frac{\partial^2 w}{\partial y^2}\right)\right]}{\partial x^2} + \frac{\partial^2 \left[-\frac{\partial^2 w}{\partial y^2} + \nu \cdot \left(-\frac{\partial^2 w}{\partial x^2}\right)\right]}{\partial y^2} +$$

$$+ 2 \cdot \frac{\partial^2 \left[(1-\nu) \cdot \left(-\frac{\partial^2 w}{\partial x \cdot \partial y}\right)\right]}{\partial x \partial y} + \frac{p_z}{D} = 0$$

$$-\frac{\partial^4 w}{\partial x^4} - \frac{\partial^4 w}{\partial x^2 \partial y^2} \cdot \nu - \frac{\partial^4 w}{\partial y^4} - \frac{\partial^4 w}{\partial x^2 \partial y^2} \cdot \nu - 2 \cdot \frac{\partial^4 w}{\partial x^2 \partial y^2} \cdot (1-\nu) + \frac{p_z}{D} = 0$$

$$-\frac{\partial^4 w}{\partial x^4} - 2 \cdot \frac{\partial^4 w}{\partial x^2 \partial y^2} \cdot \nu - \frac{\partial^4 w}{\partial y^4} - 2 \cdot \frac{\partial^4 w}{\partial x^2 \partial y^2} + 2 \cdot \frac{\partial^4 w}{\partial x^2 \partial y^2} \cdot \nu + \frac{p_z}{D} = 0$$

$$-\frac{\partial^4 w}{\partial x^4} - \frac{\partial^4 w}{\partial y^4} - 2 \cdot \frac{\partial^4 w}{\partial x^2 \partial y^2} + \frac{p_z}{D} = 0$$

$$\frac{\partial^4 w}{\partial x^4} + \frac{\partial^4 w}{\partial y^4} + 2 \cdot \frac{\partial^4 w}{\partial x^2 \partial y^2} - \frac{p_z}{D} = 0$$

$$\frac{p_z}{D} = \frac{\partial^4 w}{\partial x^4} + \frac{\partial^4 w}{\partial y^4} + 2 \cdot \frac{\partial^4 w}{\partial x^2 \partial y^2}$$

Com essa última substituição, chega-se à equação governante da placa, obtida por Lagrange em 1811.

Essa última equação pode ser escrita da seguinte forma:

$$\nabla 4 W = \frac{p_z}{D}$$

Trata-se de uma equação parcial, de quarta ordem, não homogênea, do tipo elíptica.

6.1.7 Condições de contorno

As condições de contorno para uma placa com quatro bordos apoiados, como a ilustrada na Fig. 6.9, são as seguintes:

$$W = 0 \text{ e } m_x = 0, \text{ em } x = 0 \text{ e } x = a$$
$$W = 0 \text{ e } m_y = 0, \text{ em } y = 0 \text{ e } y = b$$

Como os bordos permanecem retos após a deformação da placa, as seguintes condições são obrigatoriamente verificadas ao longo deles:

$$\frac{\partial^2 w}{\partial y^2} = 0, \text{ em } x = 0 \text{ e } x = a$$
$$\frac{\partial^2 w}{\partial x^2} = 0, \text{ em } y = 0 \text{ e } y = b$$

Simplificando as condições de contorno envolvendo os momentos fletores, têm-se:

$$m_x = -D \cdot \left(\frac{\partial^2 w}{\partial x^2} + \nu \cdot \frac{\partial^2 w}{\partial y^2}\right) = 0 \Rightarrow \frac{\partial^2 w}{\partial x^2} = 0, \text{ em } x = 0 \text{ e } x = a$$

$$m_y = -D \cdot \left(\frac{\partial^2 w}{\partial y^2} + \nu \cdot \frac{\partial^2 w}{\partial x^2}\right) = 0 \Rightarrow \frac{\partial^2 w}{\partial y^2} = 0, \text{ em } y = 0 \text{ e } y = a$$

Fig. 6.9 Deformação da placa entre quatro bordos

6.1.8 Deformações em uma barra simétrica na flexão pura

Será adotado um determinado arco de circunferência, ilustrado na Fig. 6.10, de modo que ρ seja seu raio do arco de circunferência e θ seja seu ângulo central, correspondente ao comprimento L' após o carregamento e a L antes do carregamento, a fim de ser possível descrever sua deformação específica.

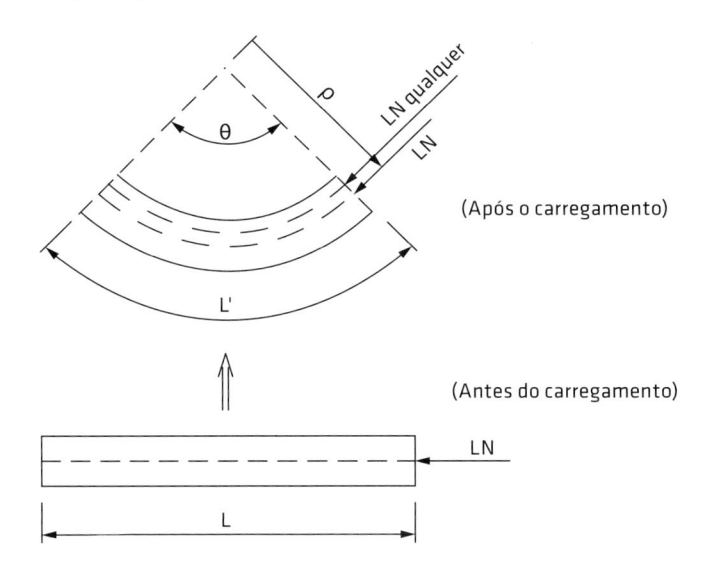

Fig. 6.10 Flexão pura em uma barra simétrica

$$\theta = \frac{L}{\rho}$$

$$\theta = \frac{L'}{\rho} = \frac{L'}{(\rho - y)}$$

$$\delta = L' - L = [\theta \cdot (\rho - y)] - (\theta \cdot \rho) \Rightarrow \delta = -y \cdot \theta$$

$$\delta = \varepsilon \cdot L \Rightarrow \varepsilon = \frac{\delta}{L} = \frac{-y \cdot \theta}{\theta \cdot \rho}$$

$$\varepsilon_x = -\frac{y}{\rho} \text{ (deformação devida à compressão)}$$

$$\varepsilon_{máx} = \frac{c}{\rho} \Rightarrow \rho = \frac{c}{\varepsilon_{máx}} \text{ ou } \frac{1}{\rho} = \frac{\varepsilon_{máx}}{c}$$

Substituindo $\rho = \frac{c}{\varepsilon_{máx}}$ na equação de ε_x:

$$\varepsilon_x = -\frac{y}{\rho} = -\frac{y}{\frac{c}{\varepsilon_{máx}}} \Rightarrow \varepsilon_x = -\frac{y \cdot \varepsilon_{máx}}{c}$$

Substituindo ε_x na equação da lei de Hooke:

$$\sigma = \varepsilon \cdot E \Rightarrow \sigma_x = \varepsilon_x \cdot E_x \Rightarrow \sigma_x = -\frac{y \cdot \varepsilon_{máx}}{c} \cdot E_x$$

Fazendo $\sigma_x = \sigma_{máx}$ e sabendo que $\varepsilon_{máx} = \sigma_{máx}/E$, chega-se a:

$$\sigma_x = \sigma_{máx} \Rightarrow \sigma_x = \frac{M_{máx}}{W_x}$$

$$\frac{1}{\rho} = \frac{\varepsilon_{máx}}{c} = \frac{\sigma_{máx}/E}{c} = \frac{\sigma_{máx}}{E \cdot c} = \frac{M_{máx}/W_x}{E \cdot c} = \frac{M_{máx}}{W_x \cdot E \cdot c}$$

$$\frac{1}{\rho} = \frac{M_{máx}}{I/y \cdot E \cdot c}$$

Para uma tensão máxima, faz-se y = c, obtendo:

$$\frac{1}{\rho} = \frac{M_{máx}}{I/c \cdot E \cdot c} \Rightarrow \frac{1}{\rho} = \frac{M_{máx}}{E \cdot I}$$

a) Exemplo 1

Seja o caso de uma placa com comprimento infinito e bordos apoiados, conforme mostrado na Fig. 6.11.

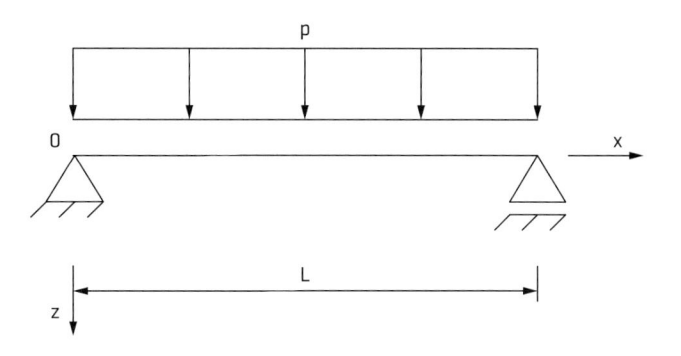

Fig. 6.11 Caso de placa com bordo infinito

Aplicando Lagrange, considerando que p é constante e eliminando os componentes do eixo y, tem-se:

$$\frac{\partial^4 w}{\partial x^4} + \frac{\partial^4 w}{\partial y^4} + 2 \cdot \frac{\partial^4 w}{\partial x^2 \partial y^2} = \frac{p_z}{D}$$

$$\frac{\partial^4 w}{\partial x^4} = \frac{p_z}{D}$$

Integrando a equação anterior:

$$\frac{d^4 w}{dx^4} = \frac{p}{D}$$

$$\frac{d^3 w}{dx^3} = \frac{p}{D} \cdot (x + C_1)$$

$$\frac{d^2 w}{dx^2} = \frac{p}{D} \cdot \left(\frac{x^2}{2} + C_1 \cdot x + C_2\right)$$

$$\frac{dw}{dx} = \frac{p}{D} \cdot \left(\frac{x^3}{6} + C_1 \cdot \frac{x^2}{2} + C_2 \cdot x + C_3\right)$$

$$W = \frac{p}{D} \cdot \left(\frac{x^4}{24} + C_1 \cdot \frac{x^3}{6} + C_2 \cdot \frac{x^2}{2} + C_3 \cdot x + C_4\right)$$

Para $x = 0$ e $W = 0 \Rightarrow C_2 = 0$

Para $x = L$ e $\frac{d^2 w}{dx^2} = 0 \Rightarrow C_1 = -\frac{L}{2}$

Para $x = \frac{L}{2}$ e $\frac{d^3 w}{dx^3} = 0 \Rightarrow \frac{(L/2)^3}{6} + \left(-\frac{L}{2}\right) \cdot \frac{(L/2)^2}{2} + 0 \cdot x + C_3 = 0 \Rightarrow$

$$\Rightarrow C_3 = \frac{L^3}{24}$$

Assim, têm-se, para momento e flecha (deformação vertical):

$$M = \frac{d^2w}{dx^2} = \frac{p}{D} \cdot \left(\frac{x^2}{2} + C_1 \cdot x + C_2\right) = \frac{p}{D} \cdot \left[\frac{x^2}{2} + \left(-\frac{L}{2}\right) \cdot x + 0\right]$$

$$M = \frac{p}{D} \cdot \left(\frac{x^2 - L \cdot x}{2}\right) \quad \text{(equação de momento fletor para placa com comprimento infinito)}$$

$$\delta = W = \frac{p}{D} \cdot \left(\frac{x^4}{24} + C_1 \cdot \frac{x^3}{6} + C_2 \cdot \frac{x^2}{2} + C_3 \cdot x + C_4\right)$$

$$\delta = W = \frac{p}{D} \cdot \left(\frac{x^4}{24} + \left(-\frac{L}{2}\right) \cdot \frac{x^3}{6} + 0 \cdot \frac{x^2}{2} + \frac{L^3}{24} \cdot x + 0\right)$$

$$\delta = W = \frac{p}{D} \cdot \left(\frac{x^4}{24} - \frac{L \cdot x^3}{12} + \frac{L^3 \cdot x}{24}\right)$$

$$\delta = W = \frac{p}{D} \cdot \left(\frac{x^4 - 2 \cdot L \cdot x^3 + L^3 \cdot x}{24}\right) \quad \text{(equação de deformação vertical para placa com comprimento infinito)}$$

b) Exemplo 2

Seja o caso de uma placa quadrada simplesmente apoiada nos quatro bordos e sujeita a um carregamento distribuído, conforme mostrado na Fig. 6.12.

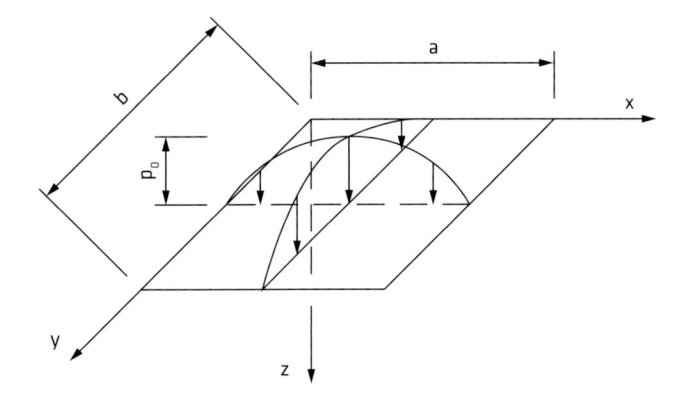

Fig. 6.12 Placa quadrada apoiada nos quatro bordos e sujeita a um carregamento distribuído

$$W = c \cdot \text{sen}\left(\frac{\pi \cdot x}{a}\right) \cdot \text{sen}\left(\frac{\pi \cdot y}{b}\right)$$

$$c = \frac{pmn}{D \cdot \pi^4 \cdot \left(m^2/a^2 + n^2/b^2\right)^2}$$

De forma a resolver a equação diferencial governante da placa (Lagrange), Navier estudou o caso de placas retangulares simplesmente apoiadas em que as condições de contorno fossem satisfeitas (Timoshenko; Woinowsky-Krieger, 1959).

Aplicando-se uma expansão dos carregamentos em séries duplas de Fourier na fórmula de Navier descrita, para um carregamento retangular distribuído (ver Fig. 6.13), obtém-se:

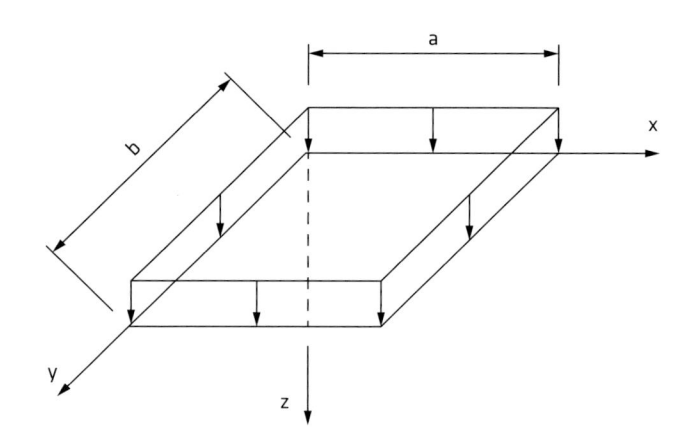

Fig. 6.13 Carregamento retangular distribuído

$$p_z(x,y) = \sum_m \sum_n pmn \cdot \text{sen}\left(\frac{m \cdot \pi \cdot x}{a}\right) \cdot \text{sen}\left(\frac{m \cdot \pi \cdot y}{b}\right)$$

em que:

$$pmn = \frac{16 \cdot p_0}{\pi^2 \cdot m \cdot n}$$

Tem-se, então:

$$W = \frac{pmn}{D \cdot \pi^4 \cdot \left(m^2/a^2 + n^2/b^2\right)^2} \cdot \text{sen}\left(\frac{m \cdot \pi \cdot x}{a}\right) \cdot \text{sen}\left(\frac{m \cdot \pi \cdot y}{b}\right)$$

$$W = \frac{16 \cdot p_0}{\pi^6 \cdot D} \cdot \sum_m \sum_n \frac{\text{sen}\left(\frac{m \cdot \pi \cdot x}{a}\right) \cdot \text{sen}\left(\frac{m \cdot \pi \cdot y}{b}\right)}{mn \cdot \left(m^2/a^2 + n^2/b^2\right)^2}$$

$$W_{máx=1;\, n=1} = \frac{16 \cdot p_0}{\pi^6 \cdot D} \cdot \frac{a^4}{4} \cdot \text{sen}\frac{\pi \cdot x}{a} \cdot \text{sen}\frac{\pi \cdot y}{b}$$

No ponto central, fazendo $x = \frac{a}{2}$ e $y = \frac{b}{2}$, chega-se a $\text{sen}\left(\frac{\pi}{2}\right) = 1$, e tem-se:

$$W_{\frac{a}{2};\frac{b}{2}} = \frac{16 \cdot p_0 \cdot a^4}{\pi^6 \cdot D \cdot 4} \Rightarrow \text{valor da deformação vertical}$$

máxima na placa, ocorrida na coordenada x

Da Eq. 6.1 e fazendo $a = b$, tem-se que:

$$m_x = -D \cdot \left(\frac{\partial^2 w}{\partial x^2} + \nu \cdot \frac{\partial^2 w}{\partial y^2}\right) = -D \cdot \left(\frac{\partial^2 w}{\partial y^2} + \nu \cdot \frac{\partial^2 w}{\partial x^2}\right)$$

$$m_x = -D \cdot \left(\frac{16 \cdot p_0 \cdot a^2}{\pi^4 \cdot D \cdot 4} + \nu \cdot \frac{16 \cdot p_0 \cdot a^2}{\pi^4 \cdot D \cdot 4}\right)$$

$$m_x = -D \cdot \left[(1 + \nu) \cdot 2 \cdot \frac{16 \cdot p_0 \cdot a^2}{\pi^4 \cdot D \cdot 4}\right]$$

$$m_x = \frac{8 \cdot p_0 \cdot a^2}{\pi^4} \cdot (1 + \nu)$$

Esse é o valor do momento fletor máximo na placa, ocorrido nas coordenadas $x = \dfrac{a}{2}$ e $y = \dfrac{b}{2}$.

Analogamente:

$$m_y = \frac{8 \cdot p_0 \cdot a^2}{\pi^4} \cdot (1 + \nu)$$

Aplicando as equações no ponto central da placa, conforme ilustrado na Fig. 6.14, tem-se:

$$W_{m=1;\, n=1} = \frac{16 \cdot p_0 \cdot a^4}{\pi^6 \cdot D \cdot 4}$$

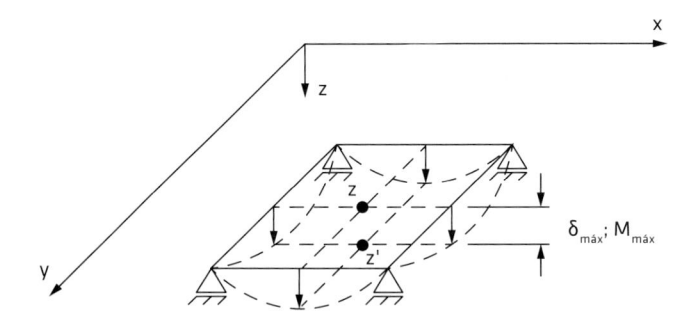

Fig. 6.14 Deformação vertical na placa

Sabendo-se, da seção 6.1.5, que a equação $D = -\dfrac{E \cdot h^3}{12(1 - \nu^2)}$ representa a rigidez à flexão da placa, obtida dos esforços internos gerados por tensões solicitantes, faz-se:

$$W_{máx=1;\, n=1} = -\frac{16 \cdot p_0 \cdot a^4}{\pi^6 \cdot 4 \cdot \dfrac{E \cdot h^3}{12(1 - \nu^2)}}$$

$$W_{máx=1;\, n=1} = -\frac{16 \cdot p_0 \cdot a^4 \cdot 12(1 - \nu^2)}{\pi^6 \cdot 4 \cdot E \cdot h^3}$$

Chega-se à equação final que determina a deformação vertical máxima aplicada no centro de uma placa apoiada em quatro pontos, dada por:

$$\delta_{máx} = -\frac{16 \cdot p_0 \cdot a^4 \cdot 12 \cdot (1 - \nu^2)}{\pi^6 \cdot 4 \cdot E \cdot h^3}$$

Que pode ser reescrita da forma:

$$\delta_{máx} = -\frac{p_0 \cdot a^4 \cdot 0{,}0499278 \cdot (1 - \nu^2)}{E \cdot h^3}$$

Com um valor de momento fletor máximo aplicado no centro de uma placa apoiada em quatro pontos, dado por:

$$m_x = \frac{8 \cdot p_0 \cdot a^2 \cdot (1 + \nu)}{\pi^4}$$

Que pode ser reescrito da forma:

$$m_x = 0{,}821279 \cdot p_0 \cdot a^2 \cdot (1 + \nu)$$

As forças concentradas nos cantos são:

$$W_{máx=1;\, n=1} = -\frac{16 \cdot p_0 \cdot a^4}{\pi^6 \cdot D \cdot 4}$$

$$\frac{\partial^2 w}{\partial x \cdot \partial y} = -\frac{16 \cdot p_0 \cdot 4 \cdot a^3}{6 \cdot \pi^5 \cdot D \cdot 4}$$

$$\frac{\partial^2 w}{\partial x \cdot \partial y} = -\frac{16 \cdot p_0 \cdot 12 \cdot a^2}{30 \cdot \pi^4 \cdot D \cdot 4} = -\frac{32 \cdot p_0 \cdot a^2}{5 \cdot \pi^4 \cdot D}$$

$$R_0 = 2 \cdot m_{xy} = 2 \cdot D \cdot (1 - \nu) \cdot \frac{1}{\rho_{xy}} = 2 \cdot D \cdot (1 - \nu) \cdot \left(-\frac{\partial^2 w}{\partial x \cdot \partial y}\right)$$

$$R_0 = 2 \cdot D \cdot (1 - \nu) \cdot \left(-\frac{32 \cdot p_0 \cdot a^2}{5 \cdot \pi^4 \cdot D}\right)$$

$$R_0 = 0{,}1314046 \cdot p_0 \cdot a^2 \cdot (1 - \nu)$$

$$R_{máx} = 0{,}1314046 \cdot p_0 \cdot a^2 \cdot (1 - \nu)$$

6.1.9 Caso de chapa metálica usada numa passarela

Seja o caso da passarela dada na Fig. 2.61, onde há uma chapa xadrez de aço com espessura de $5/16$" apoiada sobre calços e vigas. Como o cálculo da chapa foi feito?

Considerou-se a chapa apoiada em quatro apoios simples, como esquematizado na Fig. 6.15.

Pelas seções transversais mostradas nas Figs. 6.16 e 6.17, vê-se que os calços (constituídos de perfis W 150 × 13) e as vigas estão apoiados a cada 725 mm, no sentido longitudinal (do comprimento) da passarela, e que a distância entre as vigas principais em perfis W 310 × 44,5, que servem de apoio à passarela, é de 1.200 mm.

Notar que as chapas foram fabricadas em dimensões de 1.300 mm × 1.450 mm e foram soldadas aos calços com o uso de solda de filete e às vigas inteiras por meio de solda-tampão de campo (soldada até o eixo da viga, com um espaço deixado para a criação de uma fenda onde a solda pudesse ser penetrada); a solda foi projetada como de campo, mas se conseguiu trazer os módulos soldados com solda de oficina.

No esquema típico de ligação das chapas às vigas em perfis W 150 × 13, as soldas-tampão possuem 8 mm de altura, referindo-se à espessura de $5/16$" (8 mm), e a largura de solda de 6 mm refere-se à largura de 6 mm deixada entre as chapas (essa solda foi dimensionada como uma solda de filete considerando o desconto de $0{,}70 \cdot b_w$) (ver Fig. 6.16).

Esquema da chapa apoiada sobre vigas e calços

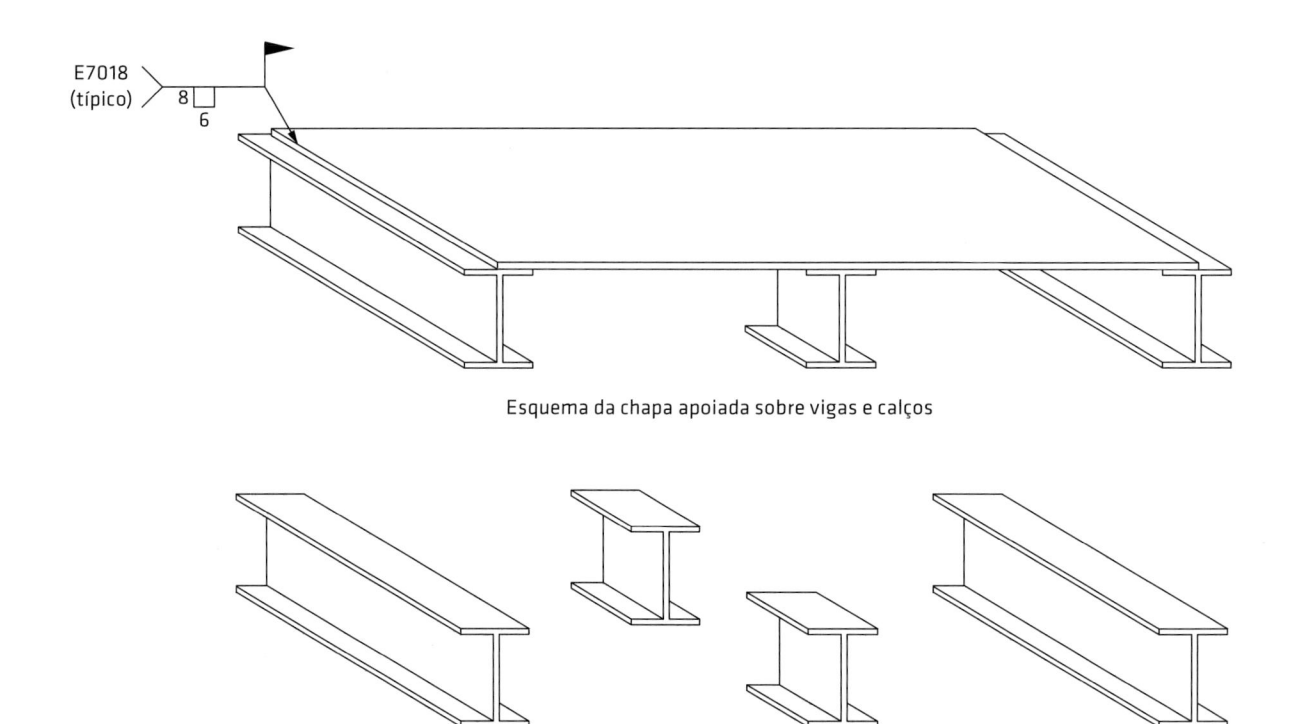

Esquema dos calços e apoios, sem a chapa

Fig. 6.15 Esquema do apoio da chapa da passarela

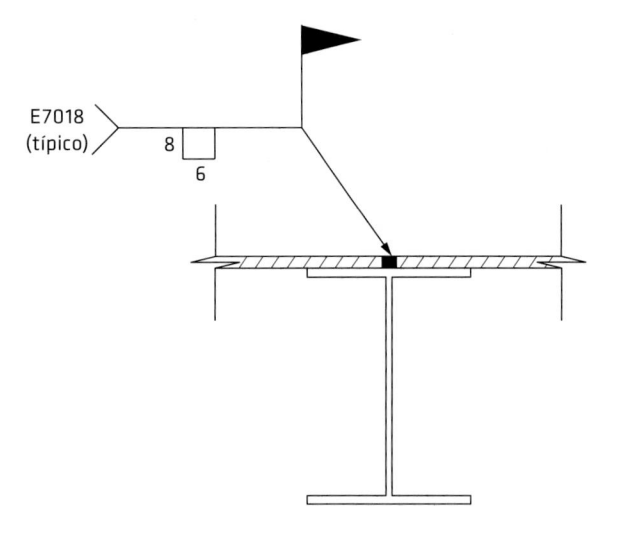

Fig. 6.16 Seção transversal do perfil W usado como apoio simples

Assim, considerou-se a chapa como possuindo dimensões de 725 mm × 1.200 mm e como se estivesse apoiada em quatro calços, de forma a desconsiderar a contribuição da viga inteira intercalada com os calços. Para efeito de cálculo, utilizou-se a largura de 1.300 mm (de face externa a face externa de viga, e não de 1.200 mm de eixo a eixo), como mostra a Fig. 6.17.

a) Dados
- Carga distribuída devida a pessoas (p) = 300 kgf/m² = 3,0 kN/m².
- Vão máximo entre eixos de vigas (a) = 1,30 m.
- E = 200 GPa = 200.000.000.000 kN/m² = 2,0 × 10¹¹ kN/m².
- ν = 0,30.
- Espessura da placa (h) = $5/_{16}$" (7,94 mm) = 7,94 × 10⁻³ m.

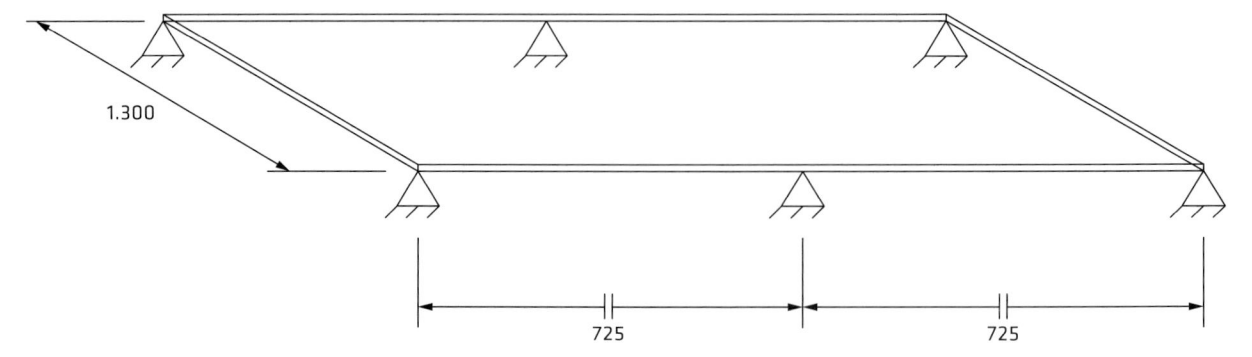

Esquema da chapa apoiada sobre quatro apoios simples (725 x 1.300)

Fig. 6.17 Esquema de apoio simples, com perfis W inteiros posicionados a cada 1.450 mm (= 2 × 725 mm) e com pedaços de perfis (calços) a cada 725 mm

b) Dimensionamento

Para uma chapa apoiada sobre quatro apoios simples (não bordos, mas só apoio), a expressão que produz sua deformação vertical máxima é:

$$\delta_{máx} = -\frac{p_0 \cdot a^4 \cdot 0{,}0499278 \cdot (1 - \nu^2)}{E \cdot h^3}$$

$$\delta_{máx} = -\frac{3{,}0 \text{ kN/m}^2 \times (1{,}30 \text{ m})^4 \times 0{,}0499278 \times (1 - 0{,}30^2)}{2{,}0 \times 10^{11} \text{ kN/m}^2 \times (7{,}94 \times 10^{-3})^3}$$

$$\delta_{máx} = 0{,}003889 \text{ m} = 3{,}89 \text{ mm}$$

Conforme indicado no Cap. 1, a deformação-limite para estruturas principais é de:

$$\delta_{lim} = \frac{L}{250} = \frac{1{,}30 \text{ m}}{250} = 0{,}0052 \text{ m} = 5{,}20 \text{ mm}$$

Com isso, verifica-se que a deformação vertical máxima solicitante no centro de uma placa apoiada nos quatro apoios simples é de 3,89 mm, sendo esta inferior ao limite de 5,20 mm, estabelecido por norma. No entanto, o perfil de chapa de aço com espessura de $3/16$", para as condições de vão e carga distribuída apresentadas, satisfaz.

Portanto, essa é a equação direta para a aplicação prática de escritório em casos de chapas apoiadas em quatro apoios simples, não sendo necessário aplicar toda a teoria vista neste capítulo, apenas essa equação geral.

Essa passarela atende bem ao público que a usa, sem sensação de vibração ou desconforto ao pisar.

Todavia, observar, nas Figs. 6.18 e 6.19, que sua condição real de modelo de cálculo deveria ser baseada em dois apoios simples, representados pelos calços, e em dois bordos simples, representados pelas vigas inteiras. As equações para bordos simples e engastados podem ser desenvolvidas pela teoria das placas apresentada neste capítulo.

6.1.10 Caso de tampa metálica para caixas de elétrica/TCOM

Seja a aplicação da fórmula para deformação de chapa apoiada sobre quatro apoios a uma tampa de chapa xadrez de aço destinada a uma caixa elétrica sobre tráfego de transeuntes (Fig. 6.20).

a) Dados
- Dimensões: 800 mm × 800 mm.
- Carga distribuída devida a pessoas (p) = 300 kgf/m² = 3,0 kN/m².

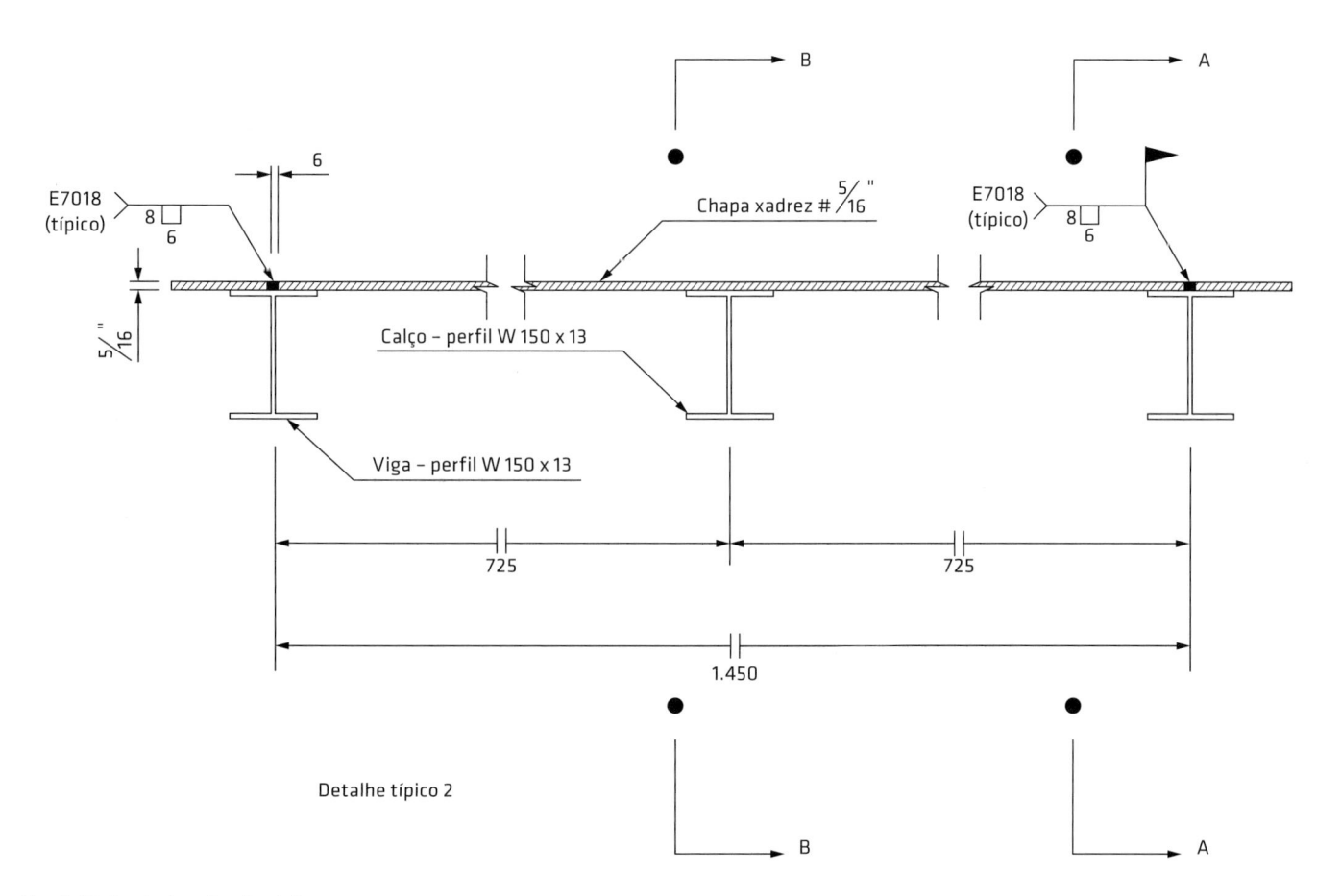

Fig. 6.18 Seção longitudinal da passarela

Ⓐ

Viga – perfil W 150 x 13
Chapa xadrez #$5/16$"
4 furos φ16 mm
4 parafusos ASTM A325 φ $1/2$" x 1 $1/2$"
Viga – perfil W 310 x 44,5
1.200

Ⓑ

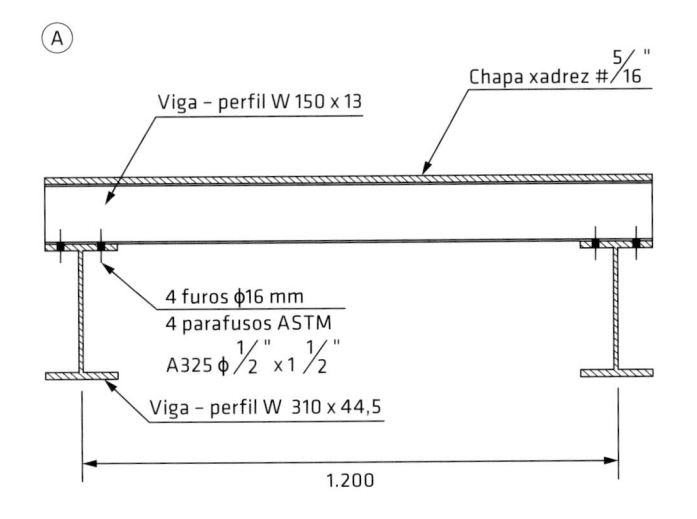

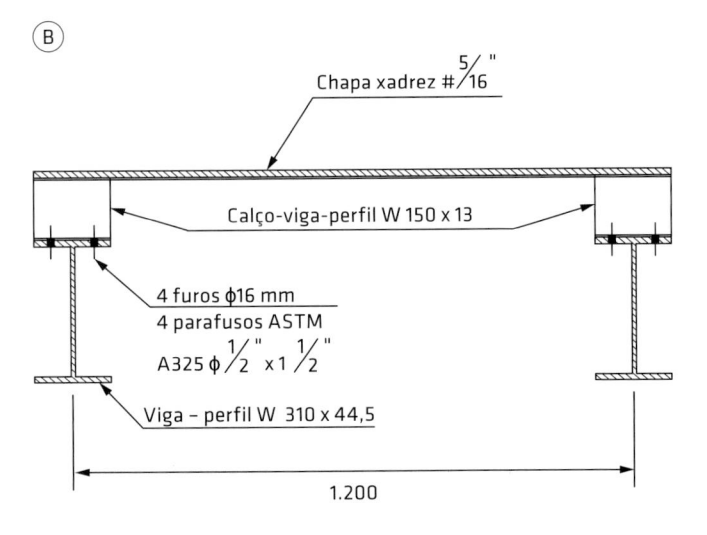

Chapa xadrez #$5/16$"
Calço-viga-perfil W 150 x 13
4 furos φ16 mm
4 parafusos ASTM A325 φ $1/2$" x 1 $1/2$"
Viga – perfil W 310 x 44,5
1.200

Fig. 6.19 Seção transversal da passarela: (A) corte A-A e (B) corte B-B

Fig. 6.20 Placa metálica de tampa para uma caixa elétrica no nível do piso da calçada

- Vão máximo entre eixos de vigas (a) = 0,80 m.
- E = 200 GPa = 200.000.000.000 kN/m² = 2,0 × 10¹¹ kN/m².
- ν = 0,30.
- Espessura da placa (h) = $3/16$" (4,76 mm) = 4,76 × 10⁻³ m.

b) Dimensionamento

$$\delta_{máx} = -\frac{p_0 \cdot a^4 \cdot 0{,}0499278 \cdot (1 - \nu^2)}{E \cdot h^3}$$

$$\delta_{máx} = -\frac{3{,}0 \text{ kN/m}^2 \times (0{,}80 \text{ m})^4 \times 0{,}0499278 \times (1 - 0{,}30^2)}{2{,}0 \times 10^{11} \text{ kN/m}^2 \times (4{,}76 \times 10^{-3})^3}$$

$$\delta_{máx} = 0{,}002588 \text{ m} = 2{,}59 \text{ mm}$$

Conforme indicado no Cap. 1, a deformação-limite para estruturas principais é de:

$$\delta_{lim} = \frac{L}{250} = \frac{0{,}80 \text{ m}}{250} = 0{,}0032 \text{ m} = 3{,}20 \text{ mm}$$

Com isso, verifica-se que a deformação vertical máxima solicitante no centro de uma placa apoiada nos quatro bordos é de 2,59 mm, sendo esta inferior ao limite de 3,20 mm, estabelecido por norma.

Observar que, nessa condição, é como se a chapa fosse apoiada em quatro bordos simples, mas a equação mostrada é usada para quatro apoios simples. Deixa-se para que o aluno e o engenheiro possam desenvolver, a partir da teoria das placas, as equações para bordos simples e engastados.

Utilizar a equação para quatro apoios simples para qualquer tipo de chapa é uma forma conservadora de dimensionamento e que sempre mostrou resultados que atendem ao tripé da engenharia: resistência × durabilidade × funcionalidade (conforto).

6.2 Base de pilar

Há basicamente dois tipos usados para bases: o modelo rotulado e o modelo engastado.

Em uma base rotulada, utilizam-se, em geral, dois conectores formados por barras de pré-concretagem ou chumbadores, enquanto em uma base engastada se faz necessário usar um mínimo de quatro conectores para efetivamente engastá-la à fundação de concreto.

A rótula é criada pela redução da seção transversal da coluna próxima à base, a fim de criar um modelo próximo de uma rótula perfeita, uma vez que só haverá a aplicação de esforços solicitantes normais e horizontais, não havendo momento fletor aplicado na base (ver Fig. 6.21).

Já as bases engastadas, ilustradas na Fig. 6.22, por estarem sujeitas à ação simultânea de momento fletor e de esforços solicitantes normais e horizontais, acabam requisitando uma espessura de chapa maior, o mesmo acontecendo com o diâmetro e a quantidade dos conectores, de forma a garantirem um engaste efetivo do pilar na fundação de concreto armado – nunca utilizar concreto

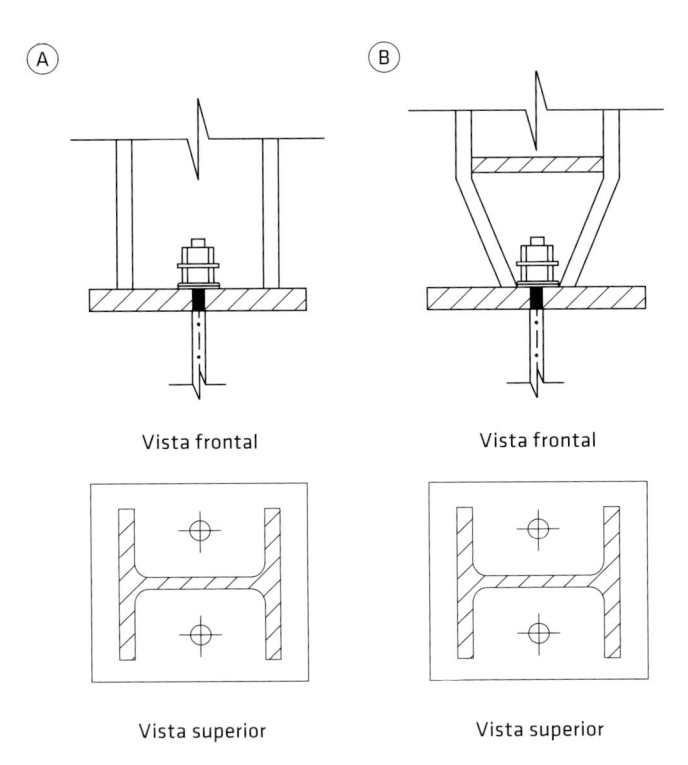

Fig. 6.21 Vista de bases rotuladas de pilares: (A) de um pilar com sua base engastada por apenas dois conectores, não capazes de resistir a momento fletor, e (B) de uma base de pilar com sua seção de encontro com a chapa reduzida, buscando um modelo próximo de uma rótula perfeita

simples (sem armação). Para o caso das bases rotuladas, o sistema de travamento dos pilares deverá considerar a necessidade de utilizar contraventamento para a estabilidade do conjunto.

No caso de uma base engastada, em que há a coluna soldada à chapa de base, e esta última a ser encaixada nas barras de pré-concretagem deixadas de espera na fundação, a espessura da chapa pode ser reduzida com o uso de enrijecedores de coluna e, com isso, os diâmetros das barras serão tanto menores quanto mais afastadas estiverem estas umas das outras – nem sempre isso é possível, dadas as condições geométricas do local.

Nos banzos de treliças fixados a uma base, pode-se criar uma chapa única ou chapas separadas para os respectivos engastes dos banzos à fundação.

As bases são usualmente soldadas à coluna na oficina/montadora antes do despacho para o canteiro de obras. Para isso, pode ser usada solda de penetração total ou de filete – normalmente se aplica a solda de penetração total para os flanges e a de filete para a alma, deixando uma distância de 20 mm entre elas, para não favorecer o processo de corrosão no ponto de encontro de soldas. Sendo a chapa de base pré-furada para a utilização das barras de pré-concretagem já engastadas na fundação de concreto, sempre se lembrar de deixar os furos com diâmetro superior ao das barras em 3,20 mm.

Chegando ao campo, procede-se com a raspagem da superfície da fundação existente, limpando-a com o uso de ar comprimido para retirar restos de concreto e poeira. Aplica-se uma demão de Sikadur 32 (ou produto equivalente) para promover uma ponte de aderência entre o concreto velho e o concreto novo, e executa-se, por fim, uma camada de *grout* com altura de 3 cm (mínima) a 5 cm, devidamente aplainada, para que a chapa de base da coluna possa ser assentada sobre essa camada, e nunca diretamente sobre a fundação de concreto propriamente dita.

Normalmente, utilizam-se gabaritos de madeira para alinhar as barras de pré-concretagem durante a concretagem da fundação, para que estas não saiam da posição – a precisão, nesse caso, deve ser milimétrica.

6.2.1 Dimensionamento das chapas de base submetidas a esforço normal

As dimensões da chapa de base são baseadas fundamentalmente na pressão admissível de contato da fundação. Assim, o dimensionamento das chapas de base baseia-se fundamentalmente na resistência característica do concreto à compressão (f_{ck}) constituinte da fundação, calculando-se a pressão aplicada sobre o concreto, pela chapa, do seguinte modo:

$$f_c = \frac{N}{b} \cdot c, \text{ com } f_c \text{ condicionado a um limite de } f_c \leq f_{ck}$$

A área de chapa de base da coluna é:

$$b \cdot c = \frac{N}{f_c}$$

em que as dimensões b e c devem ser especificadas em números inteiros, para favorecer a fabricação.

A espessura da chapa t é obtida considerando o dobramento na seção crítica com o uso de distâncias m ou n, a partir do bordo livre correspondente, conforme a Fig. 6.23.

Com a coluna perfeitamente soldada à chapa de base, cria-se uma condição na chapa de engastamento na coluna e de balanço (sob flexão) em suas extremidades. Dessa maneira, quanto maior for o comprimento em balanço, mais espessa será a placa, para uma mesma carga aplicada.

Para uma pressão uniforme e uma faixa m ou n, o momento fletor é dado por:

$$M = q \cdot m \cdot \frac{m}{2} \quad \text{ou} \quad M = q \cdot n \cdot \frac{n}{2}$$

Assim, o momento negativo aplicado no trecho da chapa em balanço (Fig. 6.24) é calculado do seguinte modo:

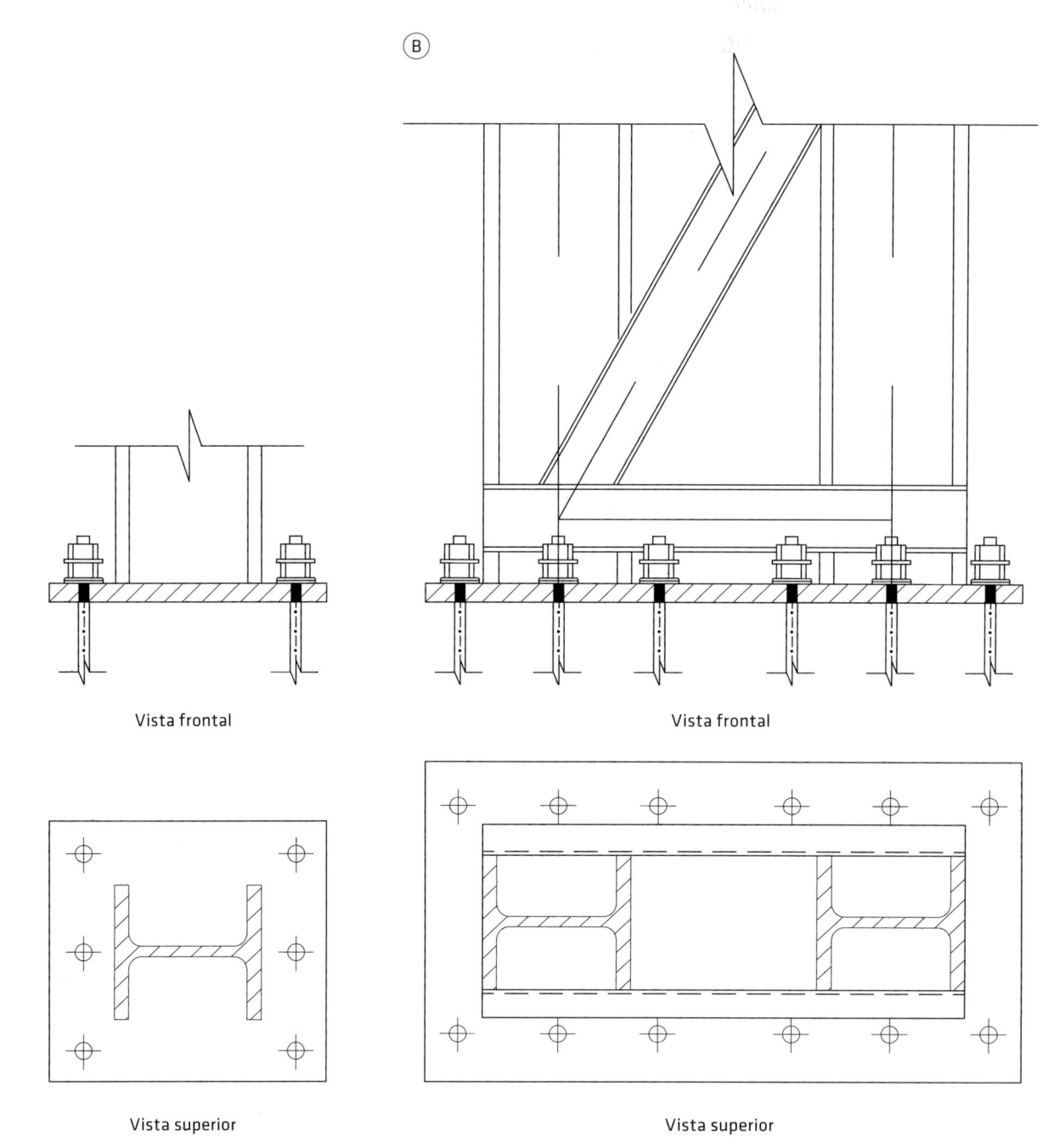

Fig. 6.22 Vista de bases engastadas de pilares: (A) de um pilar simples engastado a uma única base e (B) de um pilar treliçado com suas duas colunas em perfil H unificadas pela mesma chapa de base

$$M_1 = \frac{f_c \cdot m^2}{2} \quad \text{ou} \quad M = \frac{f_c \cdot n^2}{2}$$

Da resistência dos materiais, tem-se que a tensão normal é igual a:

$$\sigma = \frac{M}{W}$$

em que:
σ = tensão normal (em kN/cm²);
M = momento fletor (em kNcm);
W = módulo de resistência (em cm³).

O módulo de resistência, ou módulo resistente, é tido como:

$$W = \frac{I}{d} = \frac{b \cdot t^3 / 12}{2/t} = \frac{b \cdot t^2}{6}$$

em que:
t = espessura da chapa (em cm);
b = largura da chapa (em cm).

Para uma largura de 1 cm, tem-se:

$$W = \frac{1 \cdot t^2}{6} \Rightarrow W = \frac{t^2}{6}$$

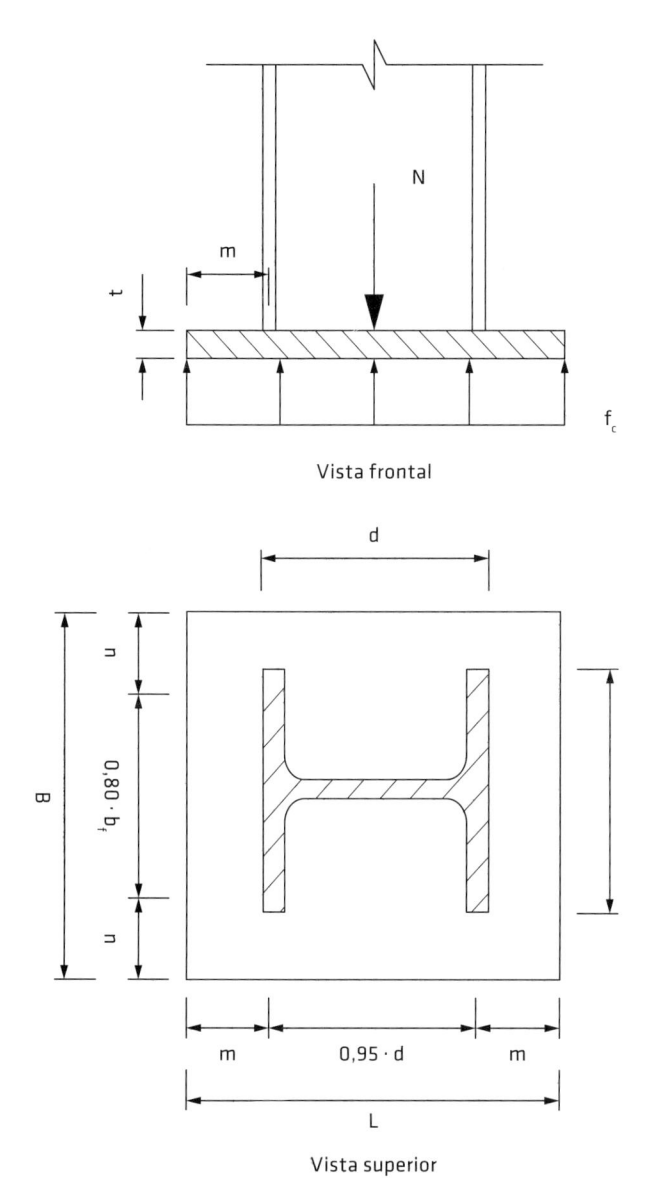

Fig. 6.23 Medidas de chapa B e L e das distâncias m e n até os bordos livres

A tensão normal à flexão possui o valor de:

$$f_b = 0{,}75 \cdot f_y$$

em que:
f_b = tensão normal à flexão (em kN/cm²);
f_y = tensão admissível do aço constituinte da chapa (em kN/cm²).

Para o trecho m, a tensão normal é tida como:

$$\sigma = \frac{M}{W} \Rightarrow f_b = \frac{\dfrac{f_c \cdot m^2}{2}}{\dfrac{t^2}{6}} = \frac{3 \cdot f_c \cdot m^2}{t^2}$$

Isolando t, tem-se:

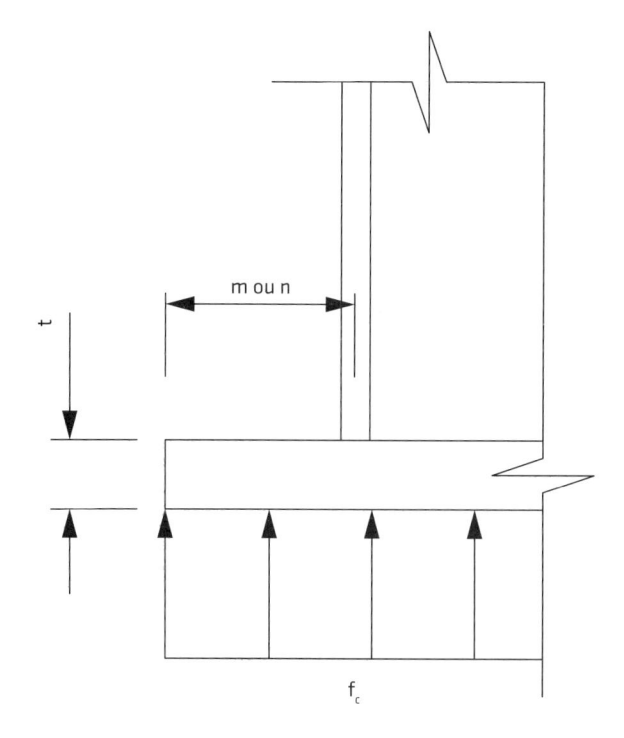

Fig. 6.24 Momentos negativos em função de m, n e f_c

$$t = \sqrt{\frac{3 \cdot f_c \cdot m^2}{f_B}} \Rightarrow t = \sqrt{\frac{3 \cdot f_c \cdot m^2}{0{,}75 \cdot f_y}} \text{ ou } t = 2 \cdot m \sqrt{\frac{f_c}{f_y}}$$

em que:
t = espessura da chapa (em cm);
m = comprimento do trecho em balanço (em cm).

Para o comprimento em balanço n, a espessura da placa é dimensionada de forma semelhante:

$$t = \sqrt{\frac{3 \cdot f_c \cdot n^2}{f_B}} \text{ ou } t = 2 \cdot n \sqrt{\frac{f_c}{f_y}}$$

O valor de t também pode ser determinado da seguinte maneira:

$$f_b = \frac{M}{W} = \frac{M}{\dfrac{b \cdot t^2}{6}} = \frac{6 \cdot M}{b \cdot t^2} \Rightarrow t = \sqrt{\frac{6 \cdot M}{f_B \cdot b}}$$

Nessa equação, utiliza-se M em kNm, f_b em MPa e b em milímetro, para encontrar t em metro.

Sempre que houver uma chapa em balanço submetida a um esforço solicitante de momento fletor, como no caso de um perfil L (cantoneira) servindo de base ou apoio para uma viga, pode-se aplicar diretamente a fórmula $t = \sqrt{6 \cdot M/f_b \cdot b}$ para definir a espessura do perfil, sendo o momento definido pela reação de apoio vezes a metade do comprimento da aba que serve de apoio. Esse caso será abordado na seção 6.6.

Assim, a espessura da chapa é governada pela pressão de contato da chapa de base, produzida pela flexão na seção crítica, como visto na Fig. 6.25.

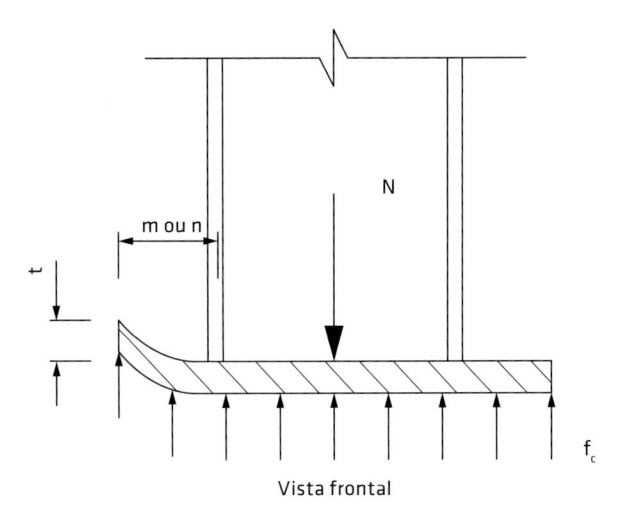

Fig. 6.25 A espessura t é dimensionada para resistir à flexão na chapa

6.2.2 Dimensionamento das chapas de base submetidas a esforço normal e momento fletor

Quando a chapa de base da coluna resiste a um esforço solicitante de momento fletor, as dimensões da chapa são ajustadas de tal modo que:

$$f = \frac{N}{A_{Chapa}} + \frac{M}{W}$$

Nesse caso, a chapa de base encontra-se solicitada por uma pressão irregular, que, em virtude do binário do momento fletor, passa a ficar tracionada de um lado e comprimida do outro (ver Fig. 6.26 para diagramas de tensões máxima e mínima).

A tensão de tração máxima é obtida pela equação:

$$f_{c;máx} = \frac{N}{A_{Chapa}} + \frac{M}{W} = \frac{N}{b \cdot L} + \frac{6 \cdot M}{b \cdot L^2} < f_c = 0,35\, f_{ck}$$

E a tensão de tração mínima é calculada do seguinte modo:

$$f_{c;mín} = \frac{N}{A_{Chapa}} - \frac{M}{W} = \frac{N}{b \cdot L} - \frac{6 \cdot M}{b \cdot L^2} < f_c = 0,35\, f_{ck}$$

O valor do comprimento da placa é obtido pela equação:

$$L = \frac{N}{2 \cdot b \cdot f_c} + \sqrt{\left(\frac{N}{2 \cdot b \cdot f_c}\right)^2 + \frac{6 \cdot M}{b \cdot f_c}}$$

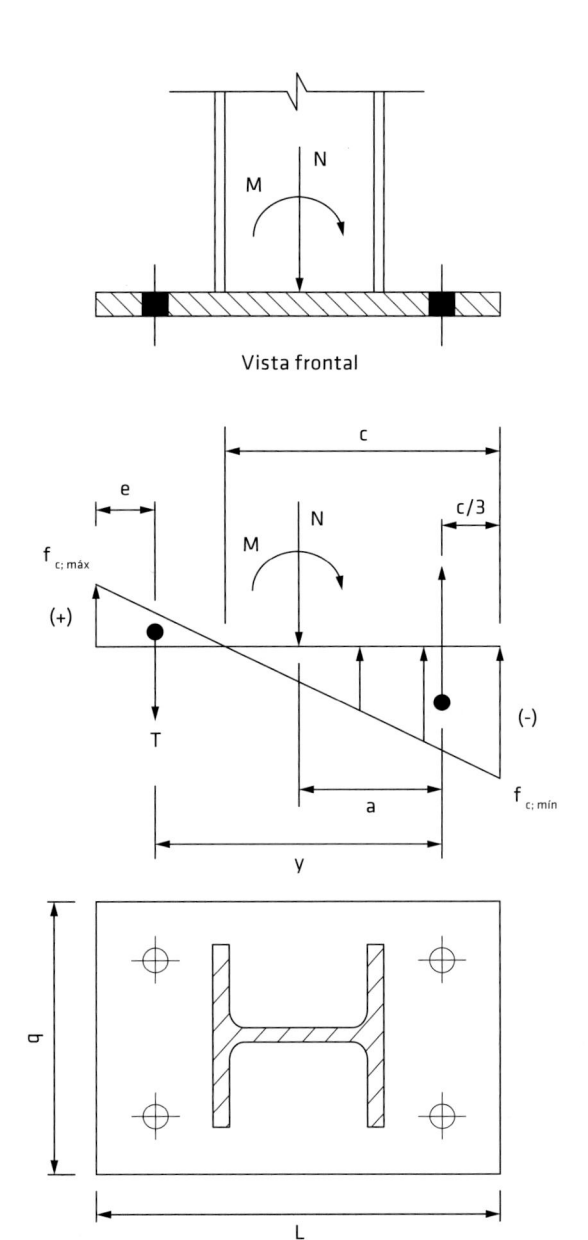

Fig. 6.26 Diagrama de tensões da chapa de base do pilar

O esforço de tração aplicado nos chumbadores tracionados é:

$$T = \frac{M - N \cdot a}{y}$$

em que:

$$a = \frac{L}{2} - \frac{c}{3}$$

$$c = \frac{f_{c;máx} \cdot L}{f_{c;máx} + f_{c;mín}}$$

$$y = L - \frac{c}{3} - e$$

6.2.3 Dimensionamento dos chumbadores à tração e ao cisalhamento

O esforço resistente de tração de uma barra de pré-concretagem é obtido por meio de:

$$T_{Barra} = 0,33 \cdot A_{Barra} \cdot f_{u;\, Aço\, da\, Barra}$$
$$Q_{Barra} = 0,40 \cdot A_{Barra} \cdot f_{u;\, Aço\, da\, Barra}$$

Para tensão última da barra (f_u), ver seção 2.3.

Quando, em um chumbador, atuam simultaneamente tração e cisalhamento, aplica-se:

$$f = \sqrt{f_t^2 + 3 \cdot f_H^2} \leq F_t = 0,33 \cdot f_u$$

6.2.4 Exemplo 1

Nesse exemplo, será apresentada a metodologia para o dimensionamento de uma base de pilar submetida a ações múltiplas de esforços solicitantes de momento fletor e de esforço normal.

No caso de um elemento de pilar constituído de um perfil H 200 × 86 submetido a ações múltiplas de esforço normal de 900 kN e de momento fletor de 45 kNm, será feito o dimensionamento da chapa de base, das barras de pré-concretagem e das soldas, de modo prático, simulando um dia de escritório de projeto.

No desenho de uma chapa de base, mostrado na Fig. 6.27, costuma-se começar pelos espaçamentos destinados a barras de pré-concretagem. Por exemplo, para um modelo como esse, estima-se a aplicação de seis barras de diâmetro $\phi^7/_8$", em aço ASTM A588.

Primeiramente, para o uso de barras de pré-concretagem, utilizam-se medidas de $6,5 \cdot D$ para distâncias entre eixos de barras e de $4,0 \cdot D$ entre eixo de barra e borda de concreto armado, sendo D o diâmetro nominal da barra.

Sob essa chapa, haverá uma camada de *grout* alinhada com a borda da chapa em seu topo e altura de 50 mm. Ao ser nivelada em suas bordas a 45°, se estenderá por 50 mm além da chapa de base.

Assim, além da geometria da barra, ainda se pode contar com 5 cm extras, além das quatro bordas da chapa de base, para contabilizar na distância entre eixos de barras e entre eixo de barra e borda de concreto.

Com isso, a barra de extremidade possui uma distância de 50 mm (como detalhado) de seu eixo à borda da chapa de base, e uma distância de pelo menos 50 mm da projeção do *grout*, totalizando 100 mm até a borda do concreto, o que dá uma distância de 10 cm ÷ 2,22 cm = $4,50 \cdot D$, sendo esta superior à distância mínima adotada de $4,0 \cdot D$.

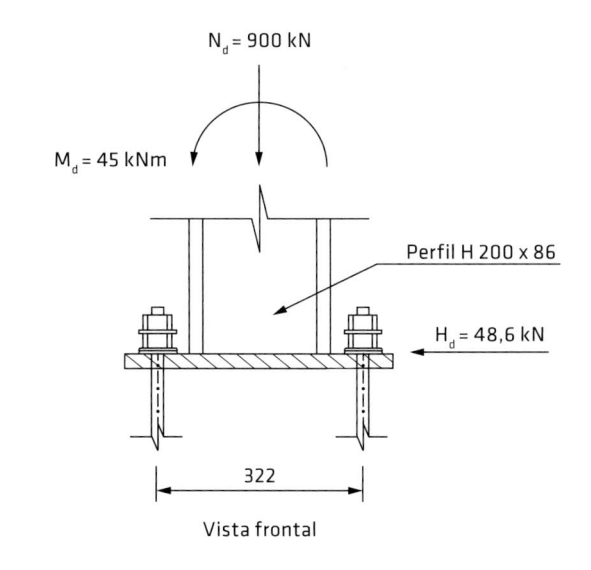

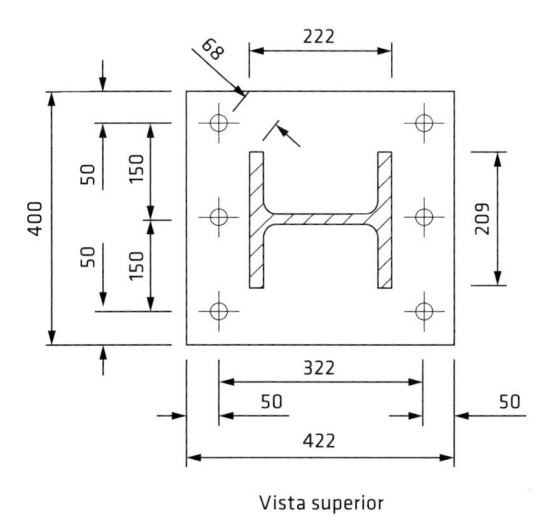

Fig. 6.27 Vistas superior e frontal, rebatidas pelo diedro brasileiro, de um detalhe de uma base de pilar soldado à sua chapa de base com furações prévias, formando um modelo de base engastada

A distância projetada entre os eixos de barras é de 150 mm, que equivale a 15 cm ÷ 2,22 cm = $6,76 \cdot D$, sendo superior à distância mínima de $6,5 \cdot D$.

A distância entre barras e bordas de chapa de aço é a mesma adotada para parafusos, recaindo no valor de $2 \cdot D = 2 \times 2,22$ cm = 4,44 cm (adotado 5 cm = 50 mm). Essa mesma distância foi estabelecida entre os eixos das barras e a borda do flange do perfil da coluna.

Com as distâncias entre eixos de conectores satisfeitas, tanto para a chapa de base de aço quanto para a fundação de concreto, pode-se definir uma geometria geral da chapa com dimensões de 400 mm × 422 mm.

De posse do momento fletor solicitante aplicado, com magnitude de 45 kNm = 4.500 kNcm, e do braço de alavanca entre os eixos de barras, com medida de 322 mm, calcula-se a máxima tração atuando nos chumbadores:

$$N_{Sdt} = \frac{M_{Sd}}{d} = \frac{4.500 \text{ kNcm}}{32,2 \text{ cm}} = 139,75 \text{ kN}$$

Essa tração de 139,75 kN atua nas três barras submetidas à tração, sendo que cada barra estará efetivamente submetida a um esforço de tração de projeto equivalente a:

$$N_{Sdt/Barra} = \frac{N_{Sdt}}{n^\circ \text{ barras}} = \frac{139,75 \text{ kN}}{3 \text{ barras}} = 46,58 \text{ kN}$$

A área de uma barra de $\phi^7/_8$" equivale a:

$$A_{\varnothing 7/_8"} = \frac{\pi \cdot D^2}{4} = \frac{\pi \cdot (2,22 \text{ cm})^2}{4} = 3,87 \text{ cm}^2$$

A tensão última para um aço A588 constituinte das barras é de f_u = 485 MPa = 48,50 kN/cm² (ver seção 2.3).

Assim, a força de tração admissível de uma barra de $\phi^7/_8$" é de (ver seção 2.26):

$$N_R = 0,33 \cdot f_u \cdot A_B = 0,33 \times 48,50 \text{ kN/cm}^2 \times 3,87 \text{ cm}^2 = 61,94 \text{ kN}$$

Como o esforço resistente de tração de uma barra (61,94 kN) é superior ao esforço solicitante (46,58 kN), o dimensionamento satisfaz. Observar que a fórmula de esforço resistente de tração é aplicada a esforço admissível que pode ser comparado com carga nominal (não ponderada). Porém, mesmo sendo um esforço admissível, a comparação foi feita com uma carga solicitante de projeto (ponderada), ficando a favor da segurança.

Agora, será dimensionada a chapa de base, aplicando a fórmula para o cálculo de espessura de chapas submetidas a momentos fletores:

$$t = \sqrt{\frac{6 \cdot M}{f_b \cdot b}}$$

Adotando a chapa de base em aço ASTM A588, tem-se:

$$f_b = 0,75 \cdot f_y = 0,75 \times 345,0 \text{ MPa} = 258,75 \text{ MPa}$$

O comprimento da chapa é de 422 mm e o momento fletor aplicado na base da coluna é de 45 kNm.

Todavia, não será utilizado esse momento fletor, e sim o aplicado na chapa. A carga de tração aplicada em cada flange da coluna é igual ao momento fletor dividido pela distância entre flanges:

$$N_{Sdt} = \frac{M_{Sdt}}{d} = \frac{4.500 \text{ kNcm}}{22,2 \text{ cm}} = 202,70 \text{ kN}$$

Imaginando que a chapa tende a empenar apenas entre o eixo do conector e a extremidade do perfil do pilar, calcula-se, a seguir, o momento fletor existente nesse pequeno espaço.

A distância entre a extremidade do flange do perfil da coluna e o eixo do conector é de 50 mm, mas a distância entre a extremidade do flange da coluna e o eixo do conector mais distante é de 68 mm, ambas mostradas na Fig. 6.28. Utiliza-se essa última medida para calcular o momento fletor aplicado nesse trecho de chapa:

$$M_{Sd;Chapa} = 202,70 \text{ kN} \times 6,8 \text{ cm} = 1.378,36 \text{ kNcm} = 13,78 \text{ kNm}$$

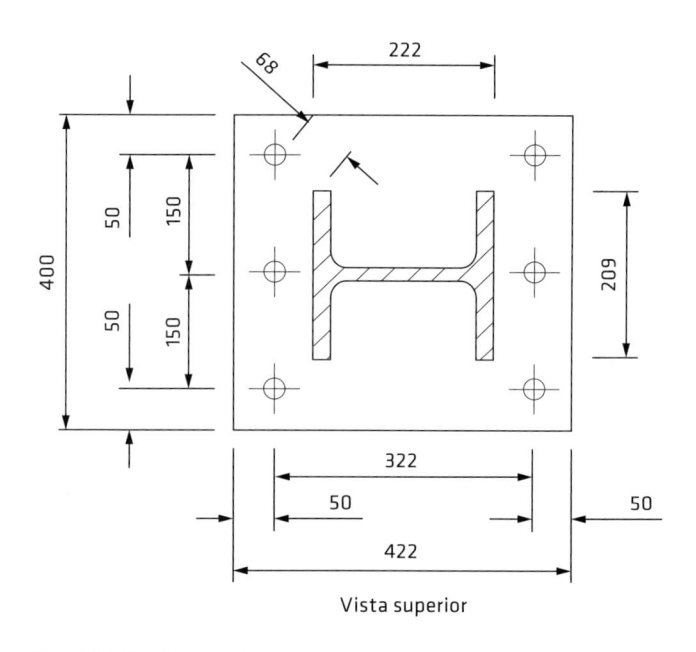

Fig. 6.28 Distância máxima entre eixo de conector e borda de perfil de coluna

Aplicando esse momento fletor na fórmula, calcula-se a espessura de chapa de base necessária para resisti-lo, fazendo:

$$t = \sqrt{\frac{6 \cdot M}{f_b \cdot b}} = \sqrt{\frac{6 \times 13,78 \text{ kNm}}{258,75 \text{ MPa} \times 422,0 \text{ mm}}} \Rightarrow$$
$$\Rightarrow t = 0,0275 \text{ m} = 2,75 \text{ cm}$$

Adota-se uma chapa com espessura de $1^1/_4$" = 31,75 mm = 3,175 cm.

Recalculando a espessura da chapa, levando em conta a atuação do esforço normal aplicado, a resistência à compressão do concreto constituinte da fundação e o momento fletor, tem-se:

$$f_c = \frac{N_{Total}}{b \cdot L} = \frac{900,0 \text{ kN}}{40,0 \text{ cm} \times 42,2 \text{ cm}} = 0,53 \text{ kN/cm}^2$$
$$f_c \leq 0,35 \cdot f_{ck} = 0,35 \times 40,0 \text{ MPa} = 14,0 \text{ MPa} = 1,40 \text{ kN/cm}^2$$

O esforço solicitante de compressão aplicado na chapa é inferior ao esforço resistente de compressão do concreto com f_{ck} de 40 MPa.

Agora, tomando a maior distância existente entre o eixo do conector mais afastado da borda do perfil da coluna e a borda do perfil como igual a 68 mm e de posse da carga distribuída resistente de compressão do concreto, calcula-se o momento fletor atuante na chapa, fazendo:

$$M = \frac{f_c \cdot m^2}{2} = \frac{1,40 \text{ kN/cm}^2 \times (6,80 \text{ cm})^2}{2} = 32,368 \text{ kNcm}$$

(por unidade de largura)

Essa carga resistente do concreto também atua de baixo para cima como uma carga distribuída solicitante, razão pela qual foi utilizada, em vez da carga distribuída normal aplicada de cima para baixo, que naturalmente deve ser inferior à carga distribuída resistente do concreto.

$$t = \sqrt{\frac{3 \cdot f_c \cdot m^2}{f_B}} = \sqrt{\frac{3 \times 1,40 \text{ kN/cm}^2 \times (6,80 \text{ cm})^2}{25,875 \text{ kN/cm}^2}} \Rightarrow t = 2,74 \text{ cm}$$

Adota-se uma chapa com espessura de $1^1/_4$" = 31,75 mm = 3,175 cm.

Por fim, dimensiona-se uma solda de penetração total para resistir ao esforço de tração atuante no flange da coluna tracionado.

Primeiro, verifica-se a compatibilização entre o metal da solda e o metal-base:

Resistência do metal da solda $\leq$ resistência do metal-base

$$b_W \cdot \beta_1 \cdot f_W \leq t_W \cdot \beta_2 \cdot f_y$$

Adotando solda de penetração parcial com espessura de 14 mm e buscando a menor espessura entre o flange da coluna (t_f = 20,60 mm) (ver Fig. 6.29) e a espessura da chapa (t = 31,75 mm), faz-se:

$$1,40 \text{ cm} \times 0,3 \times 48,50 \text{ kN/cm}^2 \leq 2,06 \text{ cm} \times 0,4 \times 34,50 \text{ kN/cm}^2$$
$$20,37 \text{ kN/cm} \leq 28,43 \text{ kN/cm } (\text{Satisfaz!})$$

Resistência da solda de penetração parcial a 45°:

$$N_{Sd} = \gamma \cdot N_{Sol} = 1,40 \times 202,70 \text{ kN} = 283,78 \text{ kN}$$

O comprimento L do cordão de solda de filete é igual à largura b do perfil, que vale 20,9 cm.

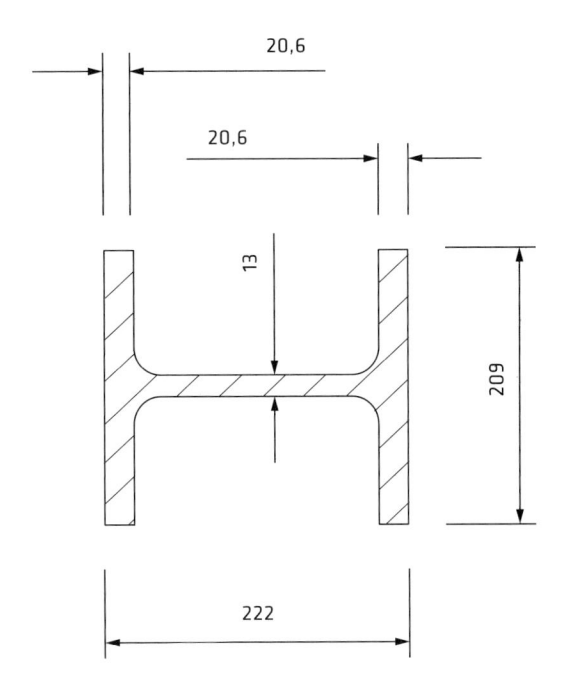

Fig. 6.29 Dimensões do perfil H 200 × 86

Para o caso da solda de penetração parcial em ângulo entre 45° e 60°, a espessura da solda deverá ser reduzida em 3 mm. Assim, o valor de b_W será:

$$b_W = 14,0 \text{ mm} - 3,0 \text{ mm} = 11,0 \text{ mm}$$

Com isso, tem-se:

$$R_W = n \cdot L \cdot b_W \cdot \beta_1 \cdot f_W \leq t_W \cdot \beta_2 \cdot f_y$$
$$R_W = 1 \text{ cordão de solda} \cdot 20,9 \text{ cm} \cdot 1,1 \text{ cm} \cdot 0,3 \cdot$$
$$\cdot 48,50 \text{ kN/cm}^2 \Rightarrow R_W = 334,50 \text{ kN}$$

Como o esforço resistente da solda R_w = 334,50 kN é superior ao esforço solicitante de projeto N_{Sd} = 283,78 kN, o dimensionamento satisfaz.

O próximo passo é determinar a espessura da solda na alma do perfil. Adotando solda de filete com espessura de 8 mm, faz-se:

Resistência do metal da solda $\leq$ resistência do metal-base

$$0,7 \cdot b_W \cdot \beta_1 \cdot f_W \leq t_W \cdot \beta_2 \cdot f_y$$

Considerando a menor espessura entre a alma da coluna (t_w = 13 mm) e a da chapa (t = 31,75 mm) para o metal-base, tem-se:

$$0,7 \times 0,8 \times 0,3 \times 48,50 \text{ kN/cm}^2 \leq 1,3 \text{ cm} \times 0,4 \times 34,50 \text{ kN/cm}^2$$
$$8,15 \text{ kN/cm} \leq 17,94 \text{ kN/cm } (\text{Satisfaz!})$$

Resistência da solda de filete:

$$0.7 \times 0.8 \times 0.3 \times 48{,}50 \text{ kN/cm}^2$$

$$L_{\text{Cordão de Solda}} = d_{\text{Perfil}} - 3 \cdot t_{f;\text{Perfil}} - 3 \cdot t_{f;\text{Perfil}} = 22{,}20 \text{ cm} -$$
$$- 3 \times 2{,}06 \text{ cm} - 3 \times 2{,}06 \text{ cm} = 9{,}84 \text{ cm}$$
$$R_W = n \cdot L \cdot 0{,}7 \cdot b_W \cdot \beta_1 \cdot f_W$$

Adota-se o cálculo 8,0 mm – 1,5 mm = 6,5 mm, pois sempre que a chapa com espessura de menor dimensão envolvida na ligação for superior a ¼" (6,35 mm), reduz-se a espessura do filete em 1,50 mm para o cálculo da resistência.

$$R_W = 2 \text{ cordões de solda} \cdot 9{,}84 \text{ cm} \cdot 0{,}7 \cdot 0{,}65 \text{ cm} \cdot 0{,}3 \cdot$$
$$\cdot 0{,}3 \cdot 48{,}50 \text{ kN/cm}^2$$
$$R_W = 130{,}29 \text{ kN}$$

O esforço resistente da solda $R_w = 130{,}29$ kN é superior ao esforço horizontal solicitante de projeto $H_{Sd} = 4{,}86$ tf = 48,60 kN, portanto o dimensionamento satisfaz.

Assim, o projeto final de detalhe da solda é descrito conforme indicado na Fig. 6.30.

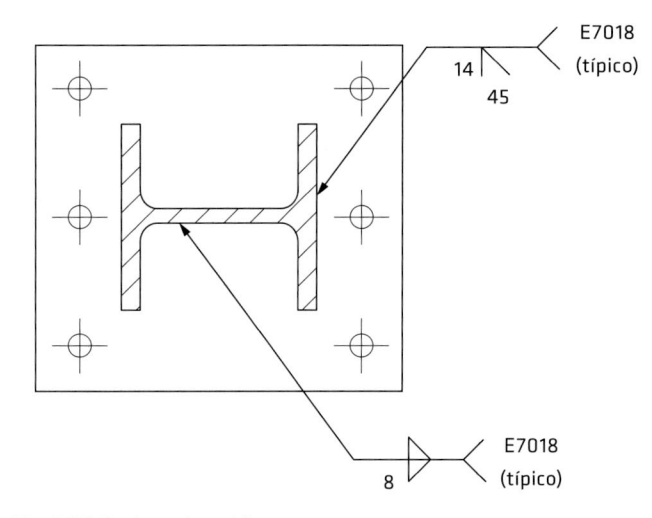

Fig. 6.30 Projeto da solda

Nota: Nesse caso, não é preciso indicar uma cota com medida mínima de 20 mm entre as soldas de filete de 8 mm e de penetração parcial de 14 mm, pois esta não irá ultrapassar a parede do flange – 14 mm é menor do que a espessura do flange de 20,6 mm –, e não entrará em contato com a de filete. Porém, se fosse aplicada uma solda de penetração total cuja espessura sobressaísse à espessura do flange, esta passaria para o lado interno e seria necessária uma folga de, no mínimo, 20 mm para separá-las, com o objetivo de evitar o processo de corrosão proveniente do contato entre soldas de aplicações diferentes.

6.2.5 Exemplo 2

Nesse exemplo, será apresentado o dimensionamento completo de uma base de pilar treliçado para uma ponte rolante com capacidade para 20 tf, dotada de chapa de base, barras de ancoragem e soldas, indicadas com detalhes extraídos do projeto executivo original, juntamente com o resumo dos esforços solicitantes máximos aplicados na base de cada coluna (banzo). Observar, na Fig. 6.31, as linhas neutras dos elementos se cruzando num mesmo ponto de interseção.

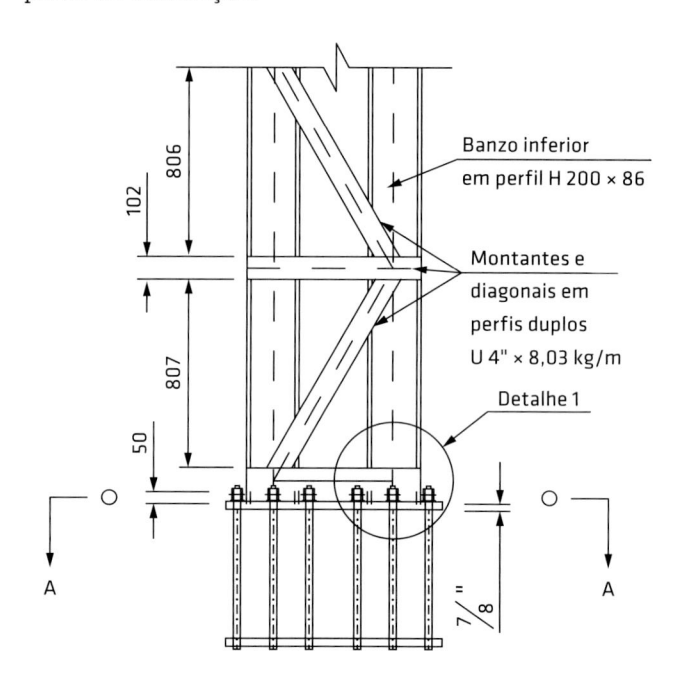

Fig. 6.31 Parte da elevação do pilar treliçado extraído do projeto original

Os esforços solicitantes nominais aplicados na base da coluna treliçada são (ver Fig. 6.32):

$$N_{\text{Sol;máx}} = 26{,}04 \text{ tf}; H_{\text{Sol;máx}} = 1{,}50 \text{ tf}; M_{\text{Sol;máx}} = 2{,}35 \text{ tfm}$$

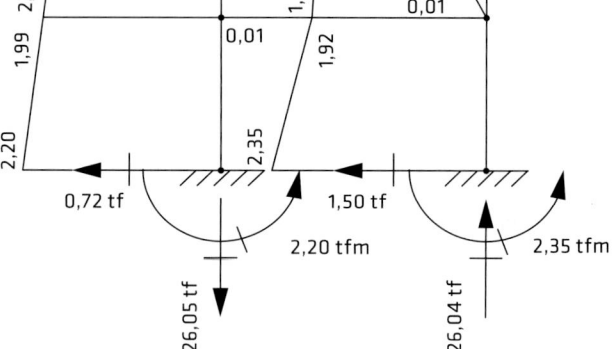

Fig. 6.32 Detalhe do diagrama de momento fletor extraído do diagrama geral do pórtico da ponte rolante – a distância entre colunas no diagrama é de 500 mm

Na Fig. 6.33 é mostrado o detalhe do corte A-A da base da coluna treliçada, enquanto na Fig. 6.34 é mostrado o detalhe 1 rebatido pelo diedro brasileiro.

Já o detalhe 2 de ligação soldada, cuja chamada é feita na Fig. 6.34, é evidenciado na Fig. 6.35 em detalhe, com a Fig. 6.36 trazendo explicações a respeito deste primeiro.

Fig. 6.33 Corte A-A indicado na Fig. 6.31 – a distância entre eixos de colunas é de 500 mm no projeto executivo, respeitando a mesma distância usada no diagrama de momento fletor

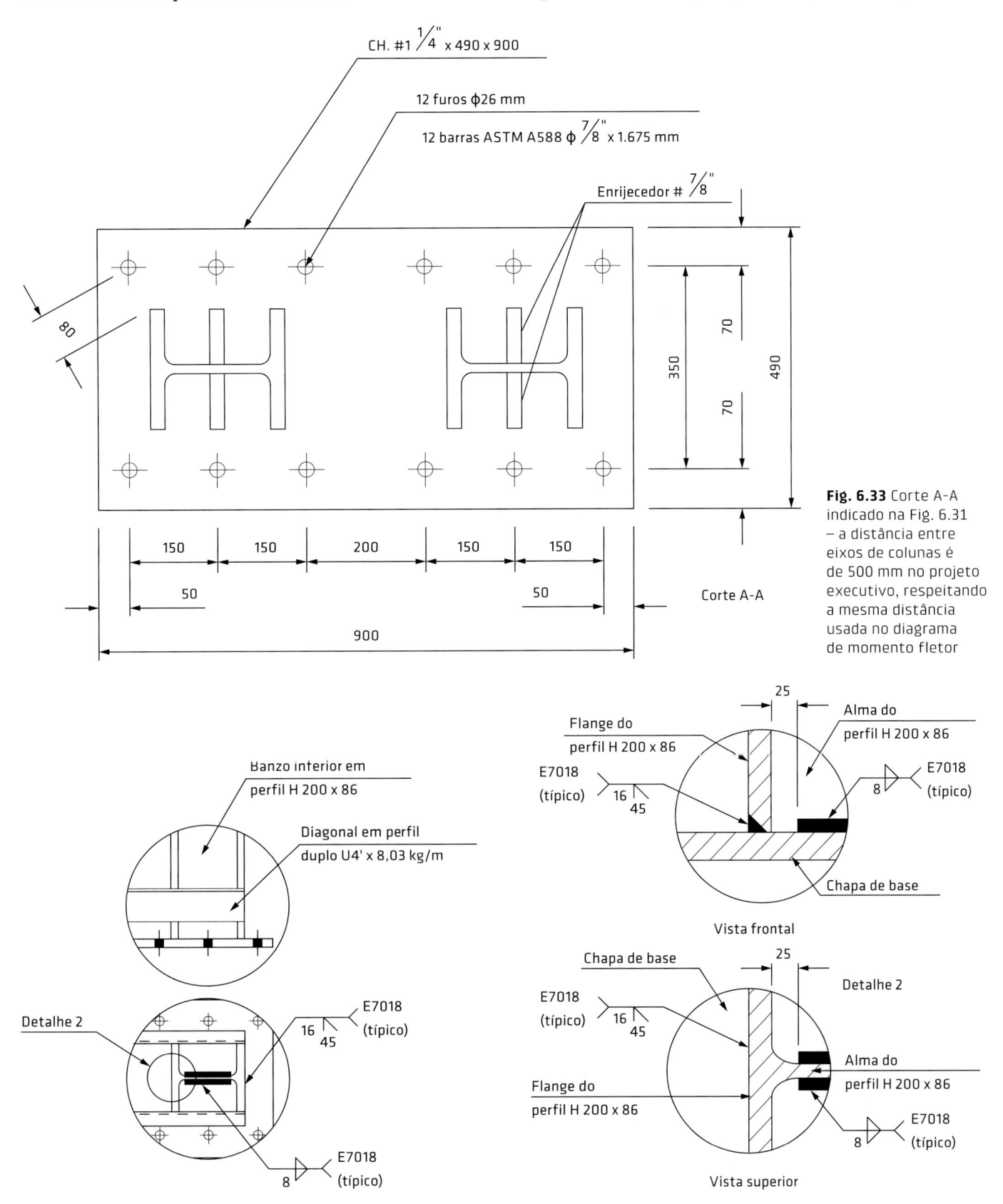

Fig. 6.34 Detalhe 1 indicado na Fig. 6.31, mostrando o pilar, a diagonal e as soldas

Fig. 6.35 Detalhe 2 indicado na Fig. 6.34, tipico de soldagem da coluna à base

A Fig. 6.37 traz o detalhamento completo da barra de ancoragem de pré-concretagem utilizado no projeto, com indicações de geometrias de seus acessórios de porcas, arruelas e de barras transversais de ancoragem auxiliares.

Nos detalhes de solda, como mostram as Figs. 6.34 e 6.35, optou-se por utilizar solda de penetração total, para combater o esforço de tração máximo aplicado no flange tracionado da coluna, e solda de filete na alma da coluna, para combater o esforço solicitante horizontal.

Na Fig. 6.35, observar que foi deixada e indicada uma distância de 25 mm entre a solda de filete e a solda de penetração total, para evitar o contato entre duas soldas de aplicações diferentes.

Nota: A solda de penetração parcial, por ser de 16 mm aplicada num flange com espessura de 20,6 mm, não preenche a totalidade de sua espessura; entretanto, se fosse de penetração total com 21 mm, seria necessário indicar a distância mínima de 20 mm entre as soldas de filete de 8 mm e de penetração total de 21 mm com acabamento convexo e a 45°, para que não houvesse o contato entre ambas (ver Fig. 6.36).

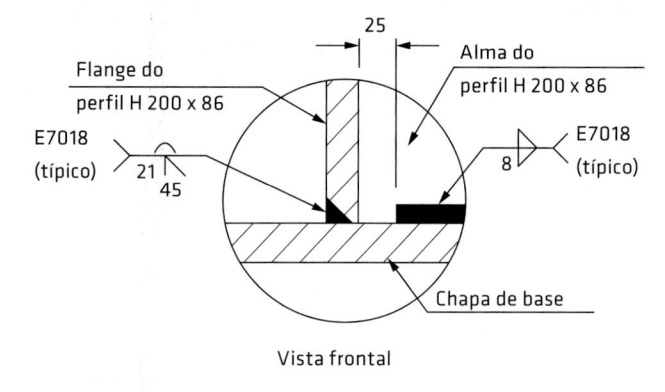

Fig. 6.36 Detalhe 2 indicado na Fig. 6.34, típico de soldagem da coluna à base, caso a solda fosse de penetração total

Para as barras de ancoragem, optou-se pelo modelo com gancho dobrado. Porém, como a distância entre as barras com gancho é muito curta, uma única barra foi concebida, mantendo-se dois membros verticais para a ancoragem conforme mostrado na Fig. 6.37.

Agora, será dado início ao dimensionamento completo de todos os elementos constituintes dessa base de coluna de ponte rolante.

a) Espessura da chapa

i. Esforços solicitantes – só considerando esforço normal

$$N_{Sol;\,máx} = 26,04\ tf = 260,40\ kN$$

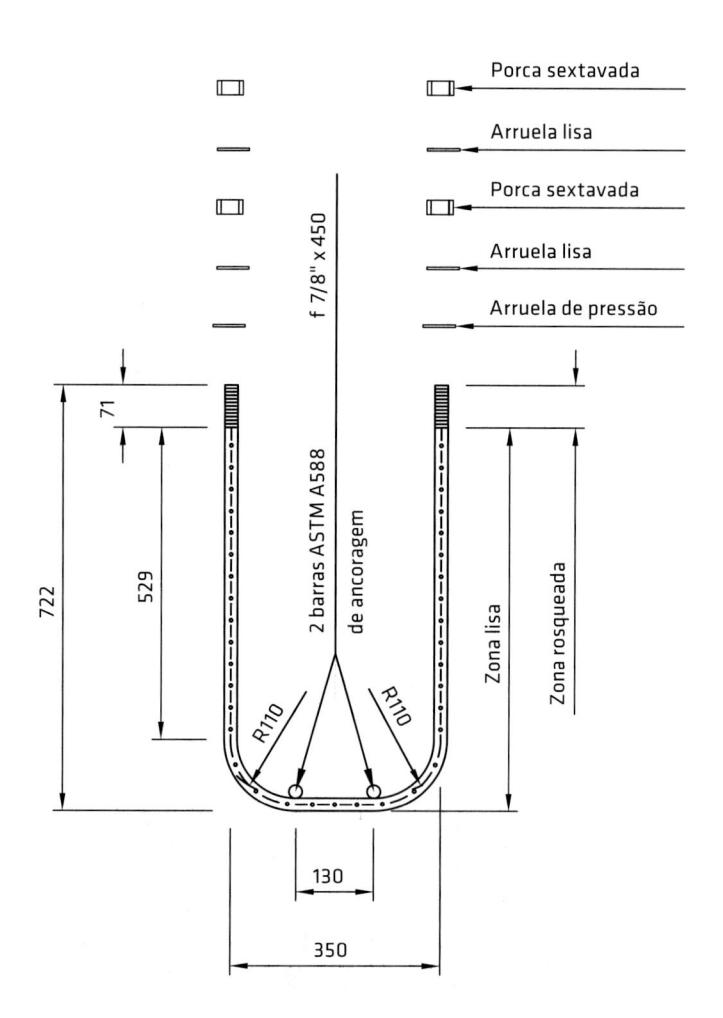

Fig. 6.37 Detalhe de fabricação da barra de pré-concretagem

▶ Momento atuante na chapa

A maior distância existente entre o eixo do conector e a extremidade do perfil do banzo é de $d = 80$ mm.

$$M_{Sol;\,máx} = N_{Sol;\,máx} \cdot d = 260,40\ kN \times 80\ mm =$$
$$= 260,40\ kN \times 0,08\ m = 20,83\ kNm$$

▶ Espessura da chapa – método 1

Considera apenas o momento fletor solicitante. Esse método é o mais usado na prática do escritório.

$$f_{y;\,ASTM\ A588} = 345,0\ MPa$$
$$f_B = 0,75 \cdot f_y = 0,75 \times 345,0\ MPa = 258,75\ MPa$$
$$t = \sqrt{\frac{6 \cdot M_{Sol;\,máx}}{f_B \cdot b}} = \sqrt{\frac{6 \times 20,83\ kNm}{258,75\ MPa \times 490,0\ mm}} \Rightarrow$$
$$\Rightarrow t = 0,031\ m = 3,10\ cm$$

Adota-se o uso de uma chapa com espessura de 1¼" = 31,75 mm = 3,175 cm.

▶ Espessura da chapa – método 2

Considera o momento fletor e o esforço normal aplicado.

$$f_c = \frac{N_{Total}}{b \cdot L} = \frac{260,4 \text{ kN}}{49,0 \text{ cm} \times 90,0 \text{ cm}} = 0,059 \text{ kN/cm}^2$$

$$f_c \leq 0,35 \cdot f_{ck} = 0,35 \times 40,0 \text{ MPa} = 14,0 \text{ MPa} = 1,40 \text{ kN/cm}^2$$

O esforço solicitante de compressão aplicado na chapa é inferior ao esforço resistente de compressão do concreto com f_{ck} = 40 MPa.

Agora, tomando a maior distância existente entre o eixo do conector mais afastado da borda do perfil da coluna e a borda do perfil, que vale 80 mm, e de posse da carga distribuída resistente de compressão do concreto, calcula-se o momento fletor atuante na chapa, fazendo:

$$M = \frac{f_c \cdot m^2}{2} = \frac{1,40 \text{ kN/cm}^2 \times (8,0 \text{ cm})^2}{2} = 44,8 \text{ kNcm (por unidade de largura)}$$

$$t = \sqrt{\frac{3 \cdot f_c \cdot m^2}{f_B}} = \sqrt{\frac{3 \times 1,40 \text{ kN/cm}^2 \times (8,0 \text{ cm})^2}{25,875 \text{ kN/cm}^2}} \Rightarrow t = 3,22 \text{ cm}$$

Pode-se adotar uma chapa com espessura ligeiramente próxima de 1¼" = 31,75 mm = 3,175 cm.

ii. Esforços solicitantes – considerando atuação combinada de esforço normal e momento fletor

$$N_{Sol; máx} = 26,05 \text{ tf} = 260,50 \text{ kN}$$
$$M_{Sol; máx} = 2,235 \text{ tfm} = 22,35 \text{ kNm} = 0,24 \text{ kNcm}$$
$$f_c \leq 0,35 \cdot f_{ck} = 0,35 \times 40,0 \text{ MPa} = 14,0 \text{ MPa} = 1,40 \text{ kN/cm}^2$$

A largura necessária da chapa de base será determinada como se segue:

$$L_{Nec} = \frac{N}{2 \cdot b \cdot f_c} + \sqrt{\left(\frac{N}{2 \cdot b \cdot f_c}\right)^2 + \frac{6 \cdot M}{b \cdot f_c}}$$

$$L_{Nec} = \frac{260,4 \text{ kN}}{2 \times 49,0 \text{ cm} \times 1,40 \text{ kN/cm}^2} + \sqrt{\left(\frac{260,4 \text{ kN}}{2 \times 49,0 \text{ cm} \times 1,40 \text{ kN/cm}^2}\right)^2 + \frac{6 \times 0,24 \text{ kNcm}}{49,0 \text{ cm} \times 1,40 \text{ kN/cm}^2}}$$

$$L_{Nec} = 1,90 + 1,90 = 3,80 \text{ cm} < 90,0 \text{ cm (Satisfaz!)}$$

$$f_{c; máx} = \frac{N}{A_{Chapa}} + \frac{M}{W} = \frac{N}{b \cdot L} + \frac{6 \cdot M}{b \cdot L^2} < f_c = 0,35 f_{ck}$$

$$f_{c; máx} = \frac{260,4 \text{ kN}}{49,0 \text{ cm} \times 90,0 \text{ cm}} + \frac{6 \times 0,24 \text{ kNcm}}{49,0 \text{ cm} \times (90 \text{ cm})^2} = 0,059 \text{ kN/cm}^2$$

$$f_{c; mín} = \frac{N}{A_{Chapa}} - \frac{M}{W} = \frac{N}{b \cdot L} - \frac{6 \cdot M}{b \cdot L^2} < f_c = 0,35 f_{ck}$$

$$f_{c; mín} = \frac{260,4 \text{ kN}}{49,0 \text{ cm} \times 90,0 \text{ cm}} - \frac{6 \times 0,24 \text{ kNcm}}{49,0 \text{ cm} \times (90 \text{ cm})^2} = 0,059 \text{ kN/cm}^2$$

$$c = \frac{f_{c; máx} \cdot L}{f_{c; máx} + f_{c; mín}} = \frac{0,059 \text{ kN/cm}^2 \times 90,0 \text{ cm}}{0,059 \text{ kN/cm}^2 + 0,059 \text{ kN/cm}^2} \Rightarrow$$
$$\Rightarrow c = 45 \text{ cm}$$

Considerando $f_{c;máx}$ = 0,059 kN/cm² atuando de forma uniforme ao longo da placa, tem-se:

$$t = \sqrt{\frac{3 \cdot f_c \cdot m^2}{f_B}} = \sqrt{\frac{3 \times 0,059 \text{ kN/cm}^2 \times (8,0 \text{ cm})^2}{25,875 \text{ kN/cm}^2}} \Rightarrow$$
$$\Rightarrow t = 0,66 \text{ cm}$$

Considerando $f_{c;máx}$ = 0,059 kN/cm² atuando de forma não uniforme (conforme realidade) ao longo da placa, tem-se por regra de três:

$$\begin{array}{rcl} c & \rightarrow & f_{c; máx} \\ (c - m) & \rightarrow & x \end{array}$$

$$\begin{array}{rcl} 45,0 \text{ cm} & \rightarrow & 0,059 \text{ kN/cm}^2 \\ (45,0 \text{ cm} - 8,0 \text{ cm}) & \rightarrow & x \end{array}$$

$$x = 0,049 \text{ kN/cm}^2$$

$$M = \frac{f_c \cdot m^2}{2} + (f_{c; máx} - x) \cdot \frac{m}{2} \cdot \frac{2 \cdot m}{3}$$

$$M = \frac{0,059 \text{ kN/cm}^2 \times (8,0 \text{ cm})^2}{2} + (0,059 \text{ kN/cm}^2 - 0,049 \text{ kN/cm}^2) \times$$
$$\times \frac{8,0 \text{ cm}}{2} \times \frac{2 \times 8,0 \text{ cm}}{3} = 2,10 \text{ kNcm}$$

$$t = \sqrt{\frac{6 \cdot M}{f_B}} = \sqrt{\frac{6 \times 2,10 \text{ kNcm}}{25,875 \text{ kN/cm}^2}} \Rightarrow t = 0,70 \text{ cm}$$

b) Diâmetro da barra

i. Dados geométricos

$$\frac{c}{3} = \frac{45,0 \text{ cm}}{3} = 15,0 \text{ cm}$$

$$y = L - \frac{c}{3} - e = 90,0 \text{ cm} - 15,0 \text{ cm} - 8,0 \text{ cm} = 67,0 \text{ cm}$$

e = 8 cm (distância do eixo do conector à extremidade da chapa ou pilar – usar o valor mais conservador, se não forem iguais)

$$a = \frac{90,0 \text{ cm}}{2} - 15,0 \text{ cm} = 30,0 \text{ cm}$$

ii. Esforço no conector

$$T = \frac{M - N \cdot a}{y}$$

$$T = \frac{0,22 \text{ kNcm} - 260,50 \text{ kN} \times 30,0 \text{ cm}}{67,0 \text{ cm}} \Rightarrow$$
$$\Rightarrow T = 116,64 \text{ kN (tração)}$$

▷ Para conector trabalhando à tração

$$T_{Barra} = 0,33 \cdot A_{Barra} \cdot f_{u;\, Aço\, da\, Barra} \Rightarrow$$
$$\Rightarrow A_{Barra} = \frac{T}{0,33 \cdot f_{u;\, Aço\, da\, Barra}} \cdot n$$
$$A_{Necessária} = \frac{116,64\, kN}{0,33 \times 48,50\, kN/cm^2 \times 6} = 1,21\, cm^2$$
$$A_{Conector} = \frac{\pi \cdot D^2}{4} \Rightarrow 1,21\, cm^2 = \frac{\pi \cdot D^2}{4} \Rightarrow D = 1,24\, cm$$

Adota-se barra ASTM A588 com diâmetro de $\phi 5/8"$, cuja área é igual a 1,98 cm².

▷ Para conector trabalhando ao cisalhamento

$$Q_{Barra} = 0,40 \cdot A_{Barra} \cdot f_{u;\, Aço\, da\, Barra} \Rightarrow$$
$$\Rightarrow A_{Necessária} = \frac{Q}{0,33 \cdot f_{u;\, Aço\, da\, Barra}} \cdot n$$
$$A_{Necessária} = \frac{15,0\, kN}{0,40 \times 34,50\, kN/cm^2 \times 6} = 0,18\, cm^2$$
$$A_{Conector} = \frac{\pi \cdot D^2}{4} \Rightarrow 0,18\, cm^2 = \frac{\pi \cdot D^2}{4} \Rightarrow D = 0,48\, cm$$

Adota-se barra ASTM A588 com diâmetro de $\phi 5/8"$ adotada anteriormente (área = 1,98 cm²).

▷ Para chumbador com esforços combinados de tração e cisalhamento

$$f_T = \frac{T}{A_{Chumb\, à\, Tração}} = \frac{260,50\, kN}{1,98\, cm^2 \times 6} = 21,93\, kN/cm^2$$
$$f_H = \frac{N}{A_{Chumb\, ao\, Cisalhamento}} = \frac{15,0\, kN}{1,98\, cm^2 \times 6} = 1,26\, kN/cm^2$$
$$f_{Res} = \sqrt{f_T^2 + 3 \cdot f_H^2} \leq F_t = 0,33 \cdot f_u$$
$$f_{Res} = \sqrt{(21,93\, kN/cm^2)^2 + 3 \times (1,26\, kN/cm^2)^2} \leq$$
$$\leq 0,33 \times 48,50\, kN/cm^2$$
$$f_{Res} = 22,04\, kN/cm^2 \leq 16,01\, kN/cm^2\, (\text{Não satisfaz!})$$

em que:

$A_{Chumb\, ao\, Cisalhamento}$ = área total dos chumbadores ao cisalhamento (em cm²);

$A_{Chumb\, à\, Tração}$ = área total dos chumbadores à tração (em cm²);

f_H = tensão no chumbador à compressão (em kN/cm²);

f_{Res} = tensão resultante (em kN/cm²);

f_T = tensão no chumbador à tração (em kN/cm²);

N = força de compressão (em kN);

T = força de tração (em kN).

Modificando o diâmetro da barra de $\phi 5/8"$ para $\phi 7/8"$ e recalculando os valores de f_T e f_H, têm-se:

$$\phi 7/8" = \varnothing\, 22,2\, mm = \varnothing\, 2,22\, cm$$
$$A_{Conector} = \frac{\pi \cdot D^2}{4} = \frac{\pi \cdot (2,22\, cm)^2}{4} \Rightarrow A_{Conector} = 3,87\, cm^2$$
$$f_T = \frac{T}{A_{Chumb\, à\, Tração}} = \frac{260,50\, kN}{3,87\, cm^2 \times 6} = 11,22\, kN/cm^2$$
$$f_H = \frac{N}{A_{Chumb\, ao\, Cisalhamento}} = \frac{15,0\, kN}{3,87\, cm^2 \times 6} = 0,65\, kN/cm^2$$
$$f_{Res} = \sqrt{f_T^2 + 3 \cdot f_H^2} \leq F_t = 0,33 \cdot f_u$$
$$f_{Res} = \sqrt{(11,22\, kN/cm^2)^2 + 3 \times (0,65\, kN/cm^2)^2} \leq$$
$$\leq 0,33 \times 48,50\, kN/cm^2$$
$$f_{Res} = 11,28\, kN/cm^2 \leq 16,01\, kN/cm^2\, (\text{Satisfaz!})$$

Após a alteração no diâmetro da barra, a tensão resultante passa a satisfazer ao dimensionamento.

Agora, a barra será dimensionada considerando o braço de alavanca, o esforço de tração solicitante e o resistente:

$$N_{Sol} = 260,50\, kN$$
$$N_{Sd} = \gamma \cdot N_{Sol} = 1,40 \times 260,50\, kN = 364,70\, kN$$
$$N_{Res;\, \phi 7/8"} = 0,33 \cdot A_{Barra} \cdot f_u = 0,33 \times 3,87\, cm^2 \times 48,50\, kN/cm^2 \Rightarrow$$
$$\Rightarrow N_{Res;\, \phi 7/8"} = 61,94\, kN$$

Para seis barras, tem-se:

$$N_{Res} = 6 \times 61,94\, kN = 371,64\, kN$$

Como 371,64 kN > N_{Sd} = 364,70 kN, o uso de seis barras em aço ASTM A588 $\phi 7/8"$ satisfaz.

iii. Comprimento da barra

O valor de f_{bd} é dependente do tipo de conformação superficial da barra utilizada, da zona na qual essa barra será alojada e do diâmetro de barra em utilização.

$$f_{ctm} = 0,3 \cdot \sqrt[3]{f_{ck}^2} = 0,3 \times \sqrt[3]{(40,0\, MPa)^2} = 3,51\, MPa$$
$$f_{ctk;\, inf} = 0,7 \cdot f_{ctm} = 0,7 \times 3,51\, MPa = 2,46\, MPa$$
$$f_{ctd} = \frac{f_{ctk;\, inf}}{\gamma_c} = \frac{2,46\, MPa}{1,40} = 1,76\, MPa$$
$$f_{bd} = \eta_1 \cdot \eta_2 \cdot \eta_3 \cdot f_{ctd} = 1,0 \times 1,0 \times 1,0 \times 1,76\, MPa = 1,76\, MPa$$
$$f_{c;\, máx} = \frac{N}{A_{Chapa}} + \frac{M}{W} = \frac{N}{b \cdot L} + \frac{6 \cdot M}{b \cdot L^2} < f_c = 0,35 f_{ck}$$

Os valores de η_1 são determinados em função do tipo da barra:

η_1 = 1,0 para barras lisas;

η_1 = 1,4 para barras entalhadas;

η_1 = 2,25 para barras nervuradas.

Os valores de η_2 referem-se à situação de aderência da barra:

$\eta_2 = 1,0$ para situações de boa aderência;
$\eta_2 = 1,4$ para situações de má aderência.

E os valores de η_3, ao diâmetro:
$\eta_3 = 1,0$ para $\varnothing \leq 32,0$ mm;
$\eta_3 = \dfrac{132 - \varnothing}{100}$ para $\varnothing > 32,0$ mm.

▸ Ancoragem básica

$$Z_D = A_S \cdot f_{yd} = \frac{\pi \cdot \varnothing^2}{4} \cdot f_{yd} = f_{bd} \cdot \pi \cdot \varnothing \cdot \ell_b \Rightarrow \ell_b = \frac{\varnothing}{4} \cdot \frac{f_{yd}}{f_{bd}}$$

$$\ell_b = \frac{\varnothing}{4} \cdot \frac{f_{yd}}{f_{bd}} = \frac{2,22 \text{ cm}}{4} \times \frac{300 \text{ MPa}}{1,76 \text{ MPa}} = 94,60 \text{ cm}$$

$$f_{yd} = \frac{f_y}{\gamma_s} = \frac{345 \text{ MPa}}{1,15} = 300 \text{ MPa}$$

em que:
ℓ_b = comprimento de ancoragem básica (em cm).

▸ Ancoragem necessária

$$\ell_{b;Nec} = \alpha_1 \cdot \ell_b \cdot \frac{A_{S;Calculada}}{A_{S;Efetiva}} \geq \ell_{b;min}$$

em que:
$A_{S;Calculada}$ = quantidade de armadura calculada como necessária para suportar ao carregamento atuante, sendo:

$$A_{S;Calculada} = \frac{N_{d;Sol}}{0,33 \cdot f_u} = \frac{364,70 \text{ kN}}{0,33 \times 48,50 \text{ kN/cm}^2} = 22,79 \text{ cm}^2$$

$A_{S;Efetiva}$ = quantidade de armadura que realmente é utilizada na seção, obtida por meio de:

$$A_{S;Efetiva} = \frac{N_{Res}}{0,33 \cdot f_u} = \frac{371,64 \text{ kN}}{0,33 \times 48,50 \text{ kN/cm}^2} = 23,22 \text{ cm}^2$$

$\ell_{b;min}$ = comprimento de ancoragem tido como o mínimo para conseguir aderência entre armadura e concreto, sendo igual ao maior dos seguintes valores:

$\ell_{b;min} \geq 0,3 \cdot \ell_b$; $\ell_{b;min} \geq 10 \cdot \phi$ (sendo ϕ o diâmetro da barra);
$$\ell_{b;min} \geq 10 \text{ cm}$$

α_1 = variável de cálculo que pode assumir o valor de 1,0 para barras sem gancho e de 0,7 para barras tracionadas com gancho e com cobrimento no plano normal ao do gancho $> 3 \cdot \phi$.

Dessa forma, tem-se:

$$\ell_{b;Nec} = 0,7 \times 94,60 \text{ cm} \times \frac{22,79 \text{ cm}^2}{23,22 \text{ cm}^2} = 64,99 \text{ cm}$$

Será adotado um valor líquido de ancoragem de 70 cm.

O projeto da chapa de base foi melhorado. Aumentou-se o espaçamento entre os eixos dos chumbadores de 15 cm para 20 cm, tendo em vista o uso do diâmetro de $^7/_8$" (22,2 mm), de modo a obedecer a uma média no espaçamento entre vergalhões e chumbadores mecânicos (mais rigoroso), obtendo-se:

$$\text{Espaçamento entre barras} = \frac{3 \times 2,22 \text{ cm} + 10 \times 2,22 \text{ cm}}{2} =$$
$$= 14,43 \text{ cm}$$

iv. Dimensionamento da solda

▸ Solda da alma

Será adotada solda de filete para combater o esforço horizontal aplicado na base do pilar de 15,0 kN, que se torna um esforço cisalhante para a solda.

▸ Compatibilização entre o metal da solda e o metal-base

Resistência do metal da solda $\leq$ resistência do metal-base
$$0,7 \cdot b_W \cdot \beta_1 \cdot f_W \leq t_W \cdot \beta_2 \cdot f_y$$

Considerando a espessura da solda de filete, $b_W = 8$ mm $= 0,8$ cm, a menor espessura entre a alma do perfil H 200 × 86 do banzo, $t_W = 13$ mm $= 1,3$ cm (conforme a Fig. 6.29), e a chapa de base para o metal-base na compatibilização, tem-se:

$0,7 \times 0,8$ cm $\times 0,3 \times 48,50$ kN/cm² $\leq 1,3$ cm $\times 0,4 \times 34,50$ kN/cm²
$8,15$ kN/cm $\leq 17,94$ kN/cm (Satisfaz!)

▸ Resistência da solda de filete

Para resistir ao esforço horizontal de $H_{Sol} = 15,0$ kN:

$$V_{Sd} = \gamma \cdot V_{Sol} = 1,40 \times 15,0 \text{ kN} = 21,0 \text{ kN}$$
$$L_{Cordão\,de\,Solda} = d_{Perfil} - 3 \cdot t_{f;Perfil} - 3 \cdot t_{f;Perfil} = 22,20 \text{ cm} -$$
$$- 3 \times 2,06 \text{ cm} - 3 \times 2,06 \text{ cm} = 9,84 \text{ cm}$$
$$R_W = n \cdot L \cdot 0,7 \cdot b_W \cdot \beta_1 \cdot f_W$$

Adota-se a espessura do filete igual a 6,5 cm (8,0 mm – 1,5 mm = 6,5 mm), como já explicado no Exemplo 1 (seção 6.2.4).

$R_W = 2$ cordões de solda $\times 9,84$ cm $\times 0,7 \times 0,65$ cm
$\times 0,3 \times 48,50$ kN/cm²
$R_W = 130,29$ kN

Como o esforço resistente da solda $R_W = 130,29$ kN é superior ao esforço horizontal solicitante de projeto $H_{Sd} = 21,00$ kN, o dimensionamento satisfaz.

▷ Solda de penetração parcial no flange

Será adotada solda de entalhe no flange para combater o esforço normal aplicado no banzo tracionado da coluna treliçada, de 260,50 kN, somado ao esforço aplicado no flange tracionado da coluna em função do momento fletor de:

$$N_{St} = \frac{M_{St}}{d} = \frac{22,0 \text{ kNm}}{22,2 \text{ cm}} = \frac{2.200 \text{ kNcm}}{22,2 \text{ cm}} = 99,10 \text{ kN}$$

Observar que o momento fletor gera um esforço de 99,1 kN no flange tracionado, mas que o valor de 260,5 kN é gerado em todo o perfil, pois, por ser um pilar treliçado, um banzo atuará à tração e outro à compressão. Com isso, o esforço atuante no flange tracionado da coluna é igual a:

$$\frac{260,5 \text{ kN}}{2} + 99,10 \text{ kN} = 229,35 \text{ kN}$$

▷ Compatibilização entre o metal da solda e o metal-base

Resistência do metal da solda ≤ resistência do metal-base

Adotando solda de penetração parcial com espessura de 16 mm e buscando a menor espessura entre o flange da coluna (t_f = 20,60 mm) e a espessura da chapa (t = 31,75 mm), faz-se:

$$b_W \cdot \beta_1 \cdot f_W \leq t_W \cdot \beta_2 \cdot f_y$$
$$1,60 \text{ cm} \times 0,3 \times 48,50 \text{ kN/cm}^2 \leq 2,06 \text{ cm} \times 0,4 \times 34,50 \text{ kN/cm}^2$$
$$23,28 \text{ kN/cm} \leq 28,43 \text{ kN/cm} \text{ (Satisfaz!)}$$

▷ Resistência da solda de penetração parcial a 45°

$$N_{Sd} = \gamma \cdot N_{Sol} = 1,40 \times 229,35 \text{ kN} = 321,09 \text{ kN}$$
$$L_{\text{Cordão de Solda}} = b_{\text{Perfil}} = 20,90 \text{ cm}$$
$$R_W = n \cdot L \cdot b_W \cdot \beta_1 \cdot f_W \leq t_W \cdot \beta_2 \cdot f_y$$

Adota-se b_w = 16 mm – 3 mm = 13 mm, pois, sempre que se utilizar solda de penetração parcial em ângulo entre 45° e 60°, reduz-se 3 mm desta.

$$R_W = 1 \text{ cordão de solda} \times 20,9 \text{ cm} \times 1,3 \text{ cm} \times 0,3 \times$$
$$\times 48,50 \text{ kN/cm}^2 \Rightarrow R_W = 395,32 \text{ kN}$$

Como o esforço resistente da solda R_w = 395,32 kN é superior ao esforço solicitante de projeto N_{Sd} = 321,09 kN, o dimensionamento satisfaz.

6.3 Enrijecedores intermediários

Enrijecedores são necessários quando a chapa de alma constituinte do perfil de uma viga I, W ou VS é muito fina, a relação $\frac{h_w}{t_w}$ é muito alta e/ou a tensão de cisalhamento na alma é relativamente alta.

Assim, os enrijecedores intermediários são chapas soldadas à alma da viga, colocadas ao longo de seu comprimento e posicionadas em ambos os lados desta de modo oposto uma à outra. Eles servem para ajudar a viga no combate ao cisalhamento e na estabilidade da alma comprimida da viga, de maneira a impedir o escoamento e o corrugamento da alma. Podem ser dispensados ou não, dependendo das análises a serem feitas nesta seção.

Os enrijecedores intermediários são sempre requisitados em regiões da viga sujeitas a carga concentrada e/ou reações de apoio. Nessas regiões, mesmo sem considerar a intensidade da carga, o enrijecedor é obrigatório.

Por exemplo, no caso ilustrado na Fig. 6.38, de uma viga recebendo outra, haverá uma carga concentrada atuando sobre a viga principal e, com isso, o enrijecedor posicionado de modo oposto à alma da viga secundária é obrigatório.

Além do enrijecedor, é necessário fazer recortes nas quinas da viga apoiada (viga secundária), de modo que esta possua medidas de cerca de 15 mm na horizontal e de $2 \cdot t_f$ na vertical, sendo t_f a espessura do flange da viga principal.

6.3.1 Geometrias

Todos os enrijecedores devem ser dotados de chanfros em suas quinas de encontro com as almas das vigas (ver Fig. 6.39), com dimensões mínimas de 20 mm × 20 mm, cuja finalidade é evitar o contato da solda que une o enrijecedor à alma da viga com a solda que une a alma ao flange da viga, em casos de perfis VS (soldados). E, no caso de perfis laminados, esses chanfros evitam interferência da chapa do enrijecedor com o raio de concordância.

Notar, com base na Fig. 6.40, que todo perfil laminado possui um raio de concordância, que equivale, em termos práticos, a uma medida inferior a $2 \cdot t_f$, sendo t_f a espessura de seu flange. Assim, procurar criar entalhes nas quinas de enrijecedores ou recortes na alma da viga a ser emendada à outra, de modo que as chapas desses enrijecedores ou almas de vigas não criem interferência com os raios de concordância.

A largura do enrijecedor é obtida da seguinte forma:

$$b_E = \frac{b_w - \frac{t_w}{2}}{2}$$

em que b_E é a largura do enrijecedor.

Do valor encontrado, deve-se descontar 5 mm, pois, na fabricação de perfis laminados ou soldados, há tolerâncias de erros de fabricação permitidas, e esse valor cobre eventuais falhas geométricas.

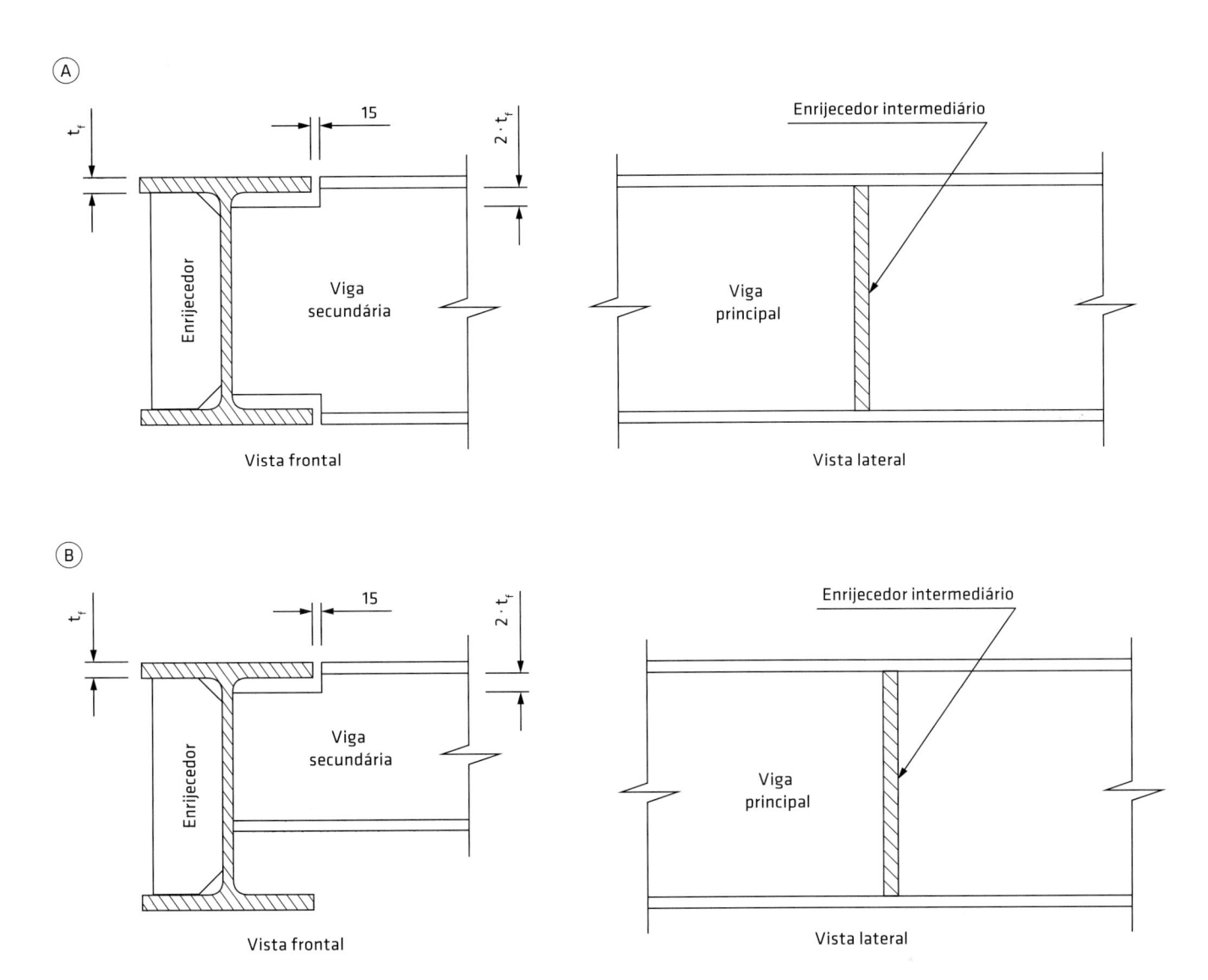

Fig. 6.38 Enrijecedor obrigatório para (A) viga apoiando-se em outra viga de mesmo perfil e (B) viga de perfil maior apoiando-se em viga de perfil menor

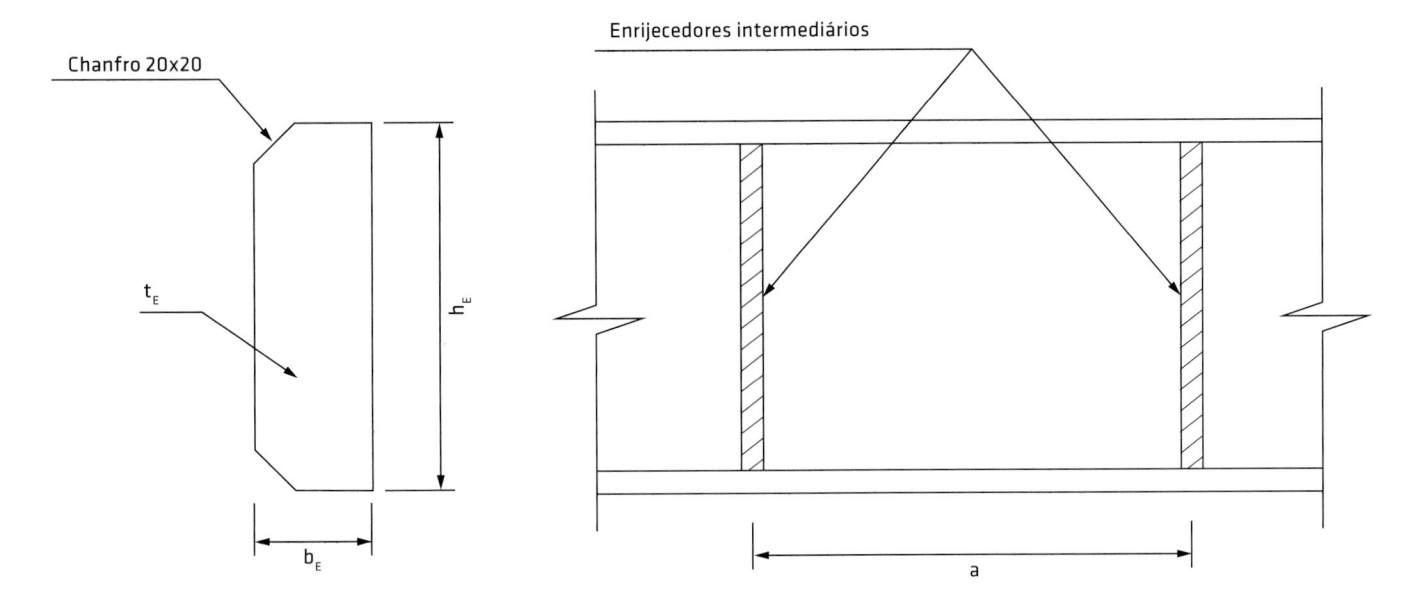

Fig. 6.39 Dimensões de um enrijecedor, dimensões mínimas de chanfro e valor de espaçamento máximo (a) entre enrijecedores intermediários

DIMENSIONAMENTO DE PLACAS 295

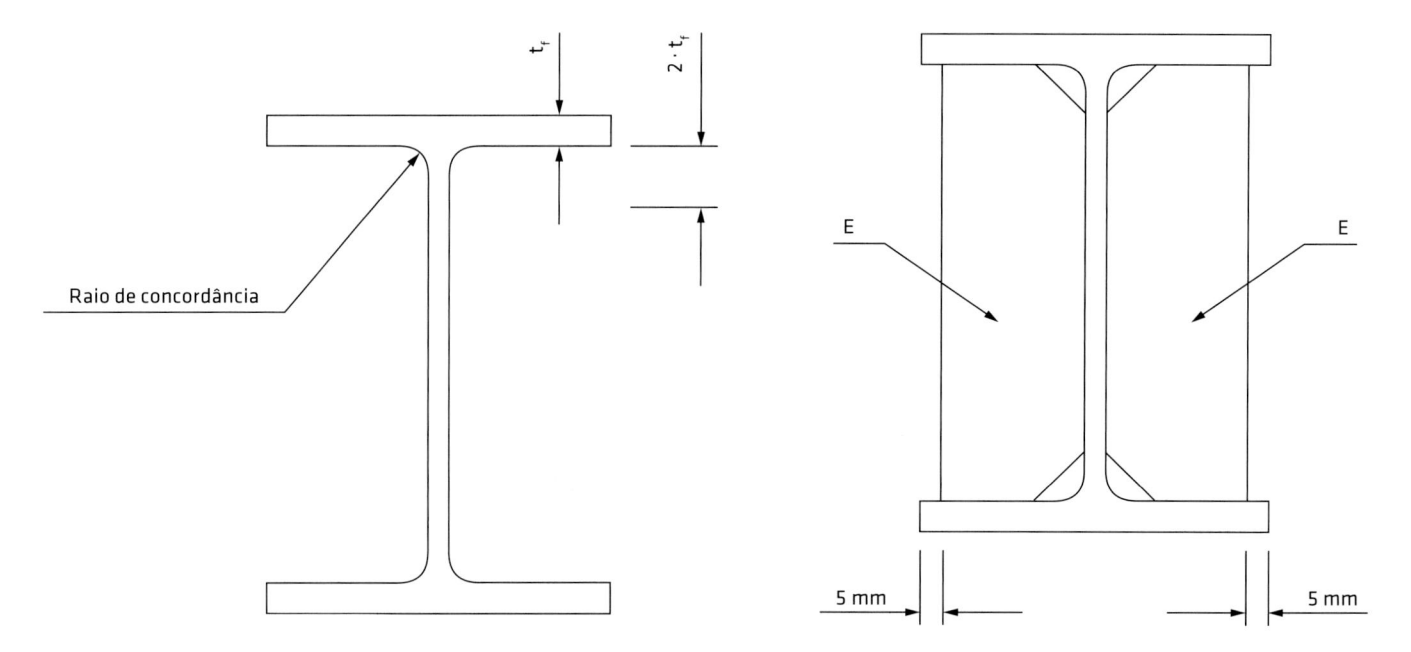

Fig. 6.40 Enrijecedores soldados a um perfil W (laminado)

As mesmas observações feitas anteriormente para um perfil laminado aplicam-se a casos de perfis soldados, uma vez que, se um perfil laminado possui o raio de concordância como obstáculo para uma quina de enrijecedor, um perfil soldado possui a solda que une sua alma aos flanges (Fig. 6.41).

6.3.2 Condição de flambagem local a ser atendida pelo enrijecedor

A condição a seguir deve ser atendida pelas geometrias do enrijecedor, a fim de evitar a ocorrência de flambagem local nele:

$$\frac{b_E}{t_w} \leq 0,56 \cdot \sqrt{\frac{E}{f_y}}$$

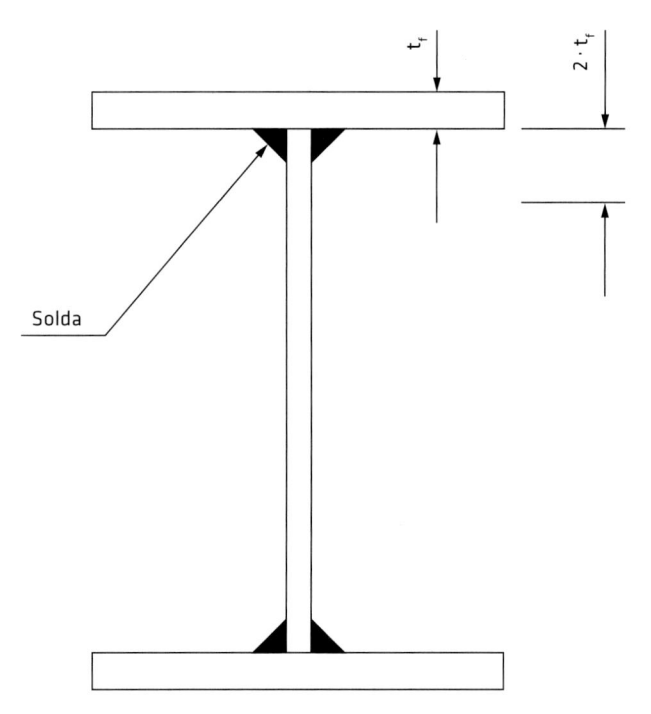

Fig. 6.41 Enrijecedores soldados a um perfil VS

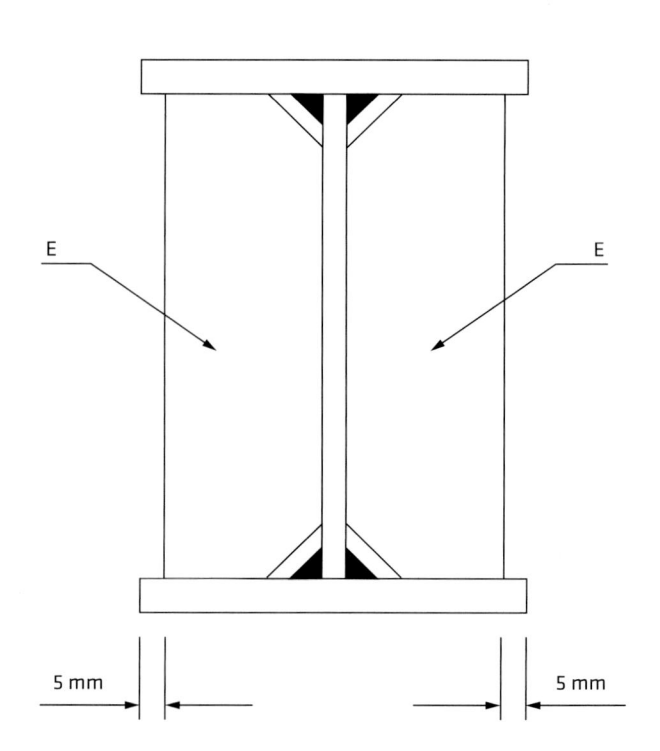

em que:

b_E = largura do enrijecedor (em cm);
t_w = espessura do enrijecedor (em cm);
E = módulo de elasticidade do aço da chapa (em kN/cm²);
f_y = tensão admissível do aço da chapa (em kN/cm²).

6.3.3 Condições de dispensa de enrijecedor intermediário para viga

Sempre que as condições indicadas a seguir forem atendidas, os enrijecedores intermediários poderão ser dispensados:

$$\frac{h_w}{t_w} \leq 2{,}46 \cdot \sqrt{\frac{E}{f_y}}$$

$$\frac{h_w}{t_w} \leq 260 \text{ (pela NBR 8800 e para edifícios pela AISC)}$$

$$\frac{h_w}{t_w} \leq 150 \text{ (para pontes pela AASHTO)}$$

$$V_{Rd;E} \geq V_{Sd;E}$$

em que:

h_w = altura livre do perfil da viga;
t_w = espessura da alma do perfil da viga;
$V_{Rd;E}$ = esforço cortante resistente do enrijecedor;
$V_{Sd;E}$ = esforço cortante solicitante do enrijecedor.

Caso alguma das condições indicadas não seja atendida, os enrijecedores intermediários deverão ser fixados à viga em distâncias equivalentes à medida de a, como será visto adiante, não devendo ser dispensados.

O cuidado deve ser resguardado para vigas de altura muito elevada, como os perfis soldados VS com alturas a partir de 700 mm. Nesses casos, a seguinte condição deve ser atendida:

$$\frac{h_w}{t_w} \leq 3{,}23 \cdot \sqrt{\frac{E}{f_y}}$$

Nota: Em vigas soldadas com alturas superiores a 800 mm, já se torna difícil soldar a alma às mesas sem criar ondas ao longo da chapa de alma. Assim, para essas situações, recomenda-se adotar enrijecedores intermediários distanciados do valor de a calculado, mesmo que sejam dispensados pelas fórmulas descritas nesta seção.

6.3.4 Condições de rigidez

A área transversal de um enrijecedor intermediário é geralmente pequena. Por isso, para assegurar que um enrijecedor tenha extensão e rigidez suficiente para manter a forma da alma da viga, seu momento de inércia deve ser, no mínimo, de:

$$I_E = \frac{t_f \cdot b_E^3}{3} \geq \left(\frac{h_E}{50}\right)^4$$

Segundo as especificações da AASHTO, da AISC e da NBR 8800 (ABNT, 2008), o momento de inércia de um enrijecedor deve atender às seguintes condições:

$$I_E = \frac{a \cdot t_w^3}{\left[\frac{2{,}5}{(a/h_w)^2}\right] - 2} \geq 0{,}5 \cdot a \cdot t_w^3$$

em que:

I_E = momento de inércia do enrijecedor (em cm⁴);
a = espaçamento entre enrijecedores (em cm).

6.3.5 Espaçamentos máximos entre enrijecedores

Quando enrijecedores intermediários são necessários, o espaçamento máximo entre eles é dado pelas seguintes condições:

$$\frac{a}{h_w} \leq 3 \quad \text{e} \quad 0{,}5 \leq \frac{a}{h_w} \leq \left[\frac{260}{h_w/t_w}\right]^2$$

6.3.6 Resistência do enrijecedor

A deformação na chapa (efeito de *buckling* – ver Fig. 6.42A) da alma traduz-se como uma distorção resultante da combinação de uma alta razão $\frac{d}{t_w}$ e de tensão devida ao momento fletor. O comprimento de alma não contraventado pode também contribuir para o efeito de *buckling* na alma. Assim, esse efeito indesejado pode ser controlado limitando a razão $\frac{d}{t_w}$ da alma do perfil da viga.

Quando uma viga se situa sobre um determinado apoio, o flange comprimido suporta uma carga concentrada ou carga distribuída, e são necessários enrijecedores de apoio. A tensão de compressão transferida pelo flange comprimido para a alma da viga, através dos enrijecedores de apoio que interligam o flange à alma, deve ser suficientemente baixa e/ou a espessura dos enrijecedores suficientemente alta, para que o efeito de *crippling* não ocorra (Fig. 6.42B); a tensão admissível do aço nessa região é tomada pelo valor de $f_a = 0{,}75 \cdot f_y$ (AISC).

Esse é um problema de estabilidade de placa de extremidade carregada. A equação a seguir é usada (ver Basler, 1961) para obter a tensão de compressão admissível para a alma:

$$F_{CR} = \frac{k_c \cdot \pi^2 \cdot E}{12 \cdot (1 - \mu^2) \cdot (b \cdot t)^2}$$

Considerando fator de segurança de 2,65, $E = 29.000$ ksi e alguns arredondamentos, a tensão de compressão admissível para a alma é obtida por:

$$F_{CR} = \frac{68.900 \cdot k_c}{\left(\frac{h_w}{t_w}\right)^2}$$

Basler (1961) sugeriu o seguinte valor para k_c, no caso do flange transferindo carga de compressão para a alma da viga livre para girar:

$$k_c = 2 + \frac{4}{\left(\frac{a}{h_w}\right)^2}$$

E, para o flange transferindo carga de compressão para a alma contida contra rotação, o seguinte valor:

$$k_c = 5,34 + \frac{4}{\left(\frac{a}{h_w}\right)^2}$$

Com isso, os valores de k_c sugeridos por Basler (1961) para flange transferindo carga de compressão para uma alma contida contra o efeito de rotação são dados como:

$$k_c = 4 + \frac{5,34}{\left(\frac{a}{h_w}\right)^2} \quad \text{para } \frac{a}{h_w} < 1$$

$$k_c = 5,34 + \frac{4}{\left(\frac{a}{h_w}\right)^2} \quad \text{para } \frac{a}{h_w} \geq 1$$

$$k_c = 5,34 \quad \text{para } \frac{a}{h_w} > 3$$

Esses valores de k_c são aplicados nas fórmulas:

$$\lambda_v = \frac{h}{t_w} \quad \lambda_{pv} = 1,10\sqrt{\frac{k_c \cdot E}{f_y}} \quad \lambda_{rv} = 1,37\sqrt{\frac{k_c \cdot E}{f_y}}$$

De posse dos valores de λ_v, λ_{pv} e λ_{rv}, determina-se o valor da resistência ao cisalhamento V_{Rd}.

$$\begin{cases} \lambda_v \leq \lambda_{pv} \rightarrow V_{Rd} = \dfrac{V_{pl}}{\gamma_{a1}} \\ \lambda_v < \lambda_{pv} \leq \lambda_{rv} \rightarrow V_{Rd} = \dfrac{\lambda_{pv}}{\lambda_v} \cdot \dfrac{V_{pl}}{\gamma_{a1}} \quad \text{com } \gamma_{a1} = 1,10 \\ \lambda_v > \lambda_{rv} \rightarrow V_{Rd} = 1,24 \cdot \left(\dfrac{\lambda_{pv}}{\lambda_v}\right)^2 \cdot \dfrac{V_{pl}}{\gamma_{a1}} \end{cases}$$

O valor de V_{pl} é calculado da seguinte maneira:

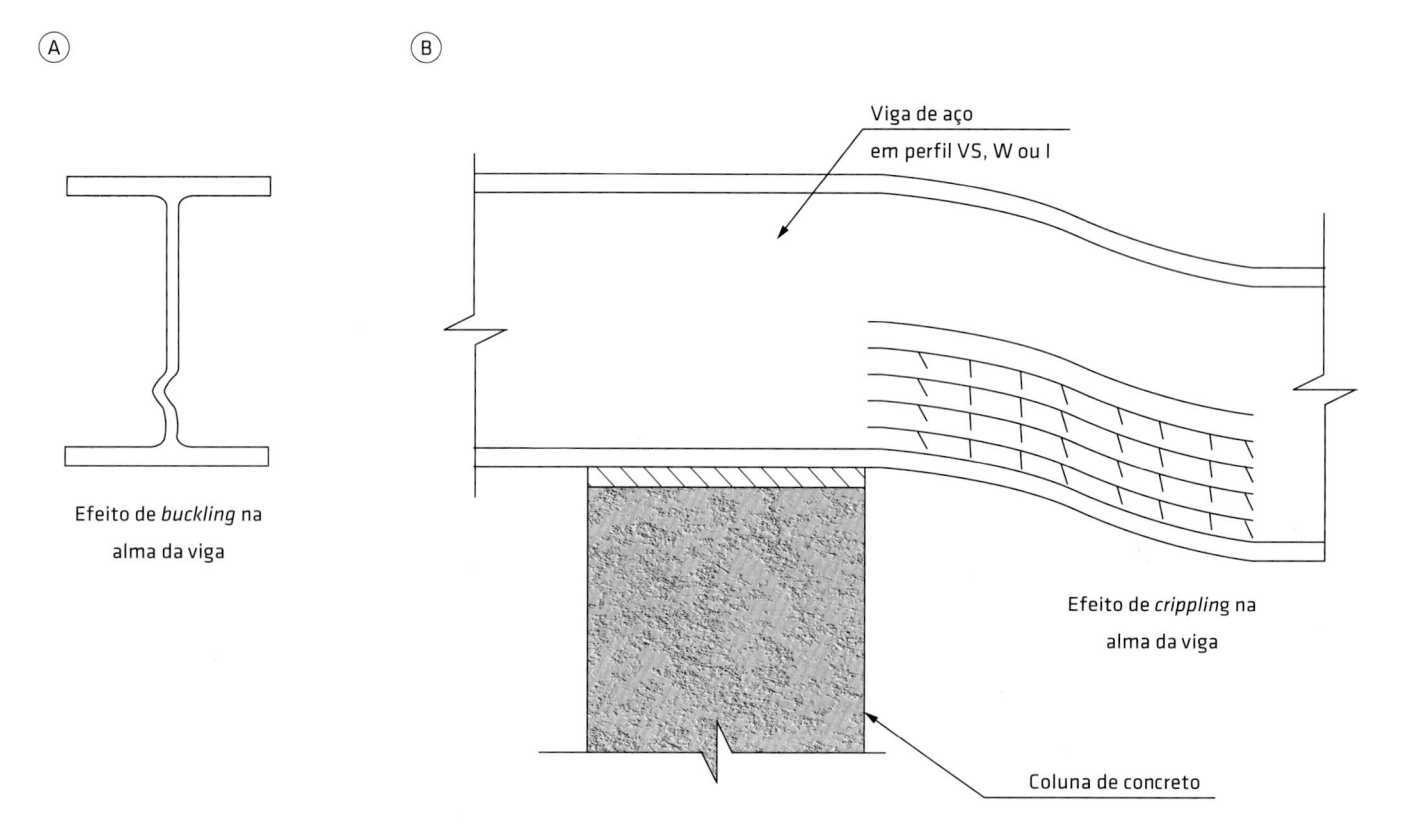

Fig. 6.42 Efeitos de (A) *buckling* e (B) *crippling* ocorridos na alma de uma viga metálica pela falta de enrijecedores de apoio

$$V_{pl} = 0,6 \cdot A_w \cdot f_y$$

Para vigas muito altas, com $\dfrac{h_w}{t_w} \leq 3,23 \cdot \sqrt{\dfrac{E}{f_y}}$, a resistência do enrijecedor é calculada do seguinte modo:

$$V_{Rd} = \dfrac{0,6 \cdot A_w \cdot f_y}{\gamma_{a1}} \cdot C_v$$

em que:

$C_v = \dfrac{7,97 \cdot E}{f_y \cdot \left(\dfrac{h_w}{t_w}\right)^2}$;

$\gamma_{a1} = 1,10$.

6.4 Enrijecedores de apoio

Como o próprio nome diz, os enrijecedores de apoio devem ser usados nas situações em que a viga é posicionada sobre um determinado apoio, sempre os alinhando com os flanges da coluna, quando metálica (Fig. 6.43A), e com os bordos da coluna, quando de concreto (Fig. 6.43B).

Os enrijecedores de apoio, além de possuírem as funções descritas para um enrijecedor intermediário, garantem a transferência de esforços solicitantes aplicados nos flanges para a alma da viga. Essas cargas são as reações de apoio propriamente ditas. Além disso, também são usados em extremidades de vigas em balanço.

Uma viga metálica não deve ser apoiada diretamente sobre o concreto de um pilar. Nessa situação, utiliza-se uma chapa (insert) inserida na cabeça do concreto, como mostrado na Fig. 6.43B.

A altura efetiva de um enrijecedor de apoio pode ser considerada, nas fórmulas, com o valor de $0,75 \cdot h_w$ para conectá-lo à alma da viga com segurança, sendo h_w a altura livre da viga. Altura livre é a distância interna e livre entre os dois flanges de um perfil, obtida da seguinte maneira:

$$h_w = d - 2 \cdot t_f$$

em que:

d = altura total da viga;

t_f = espessura de seu flange.

As mesmas relações descritas na seção 6.3.3, atinentes aos enrijecedores intermediários, devem ser aplicadas aos enrijecedores de apoio.

Também deve ser verificada a resistência ao esmagamento da área de contato do enrijecedor com o flange que recebe a reação de apoio, pela equação:

$$R_N = \dfrac{1,5 \cdot A_{cont} \cdot f_y}{\gamma_{a2}}$$

A resistência do enrijecedor ao escoamento da alma é dada por:

$$R_N = L_A \cdot t_w \cdot f_y$$
$$R_D = \varnothing \cdot R_N, \text{ com } \varnothing = 1,0 \text{ pela AISC}$$
$$L_A = b_E + 2,5 \cdot \left(t_f + t_{solda}\right)$$

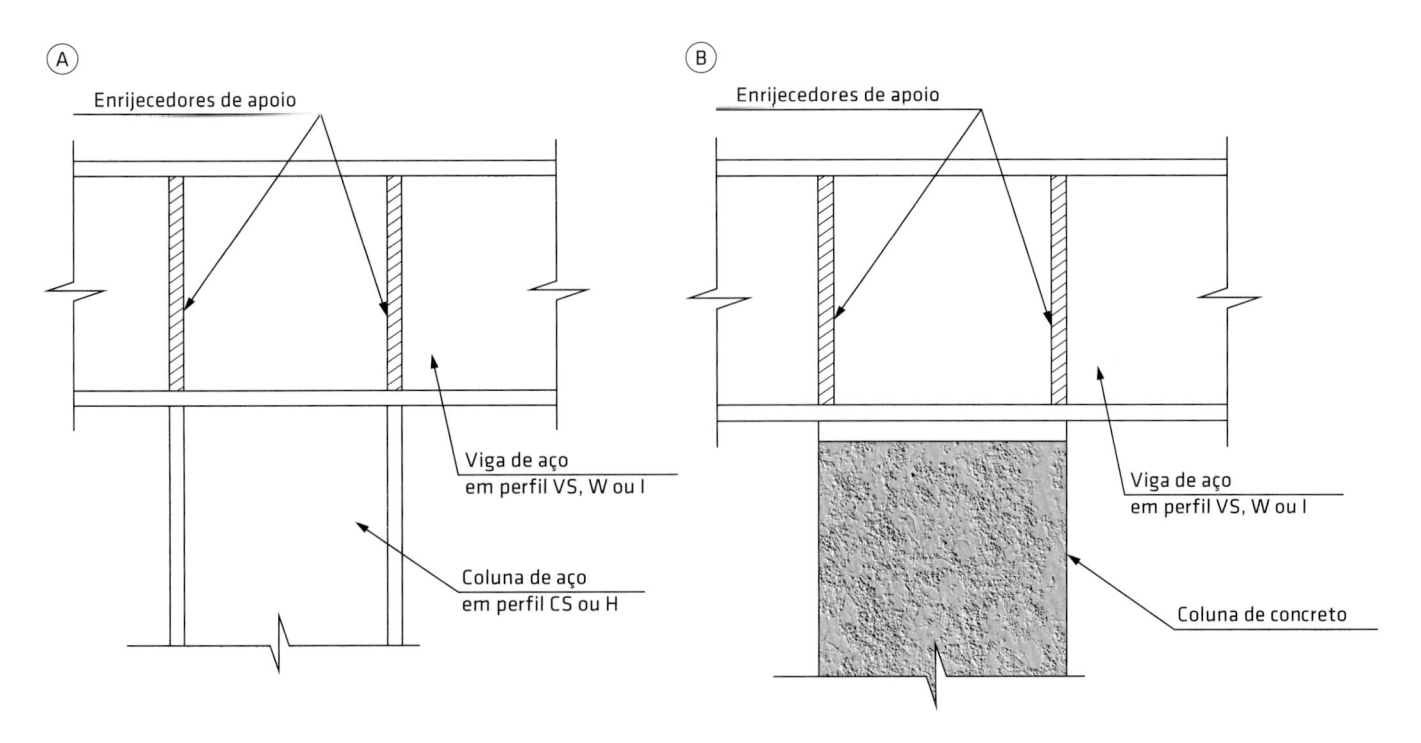

Fig. 6.43 Enrijecedores intermediários de uma viga em perfil VS, W ou I americano, alinhados com (A) os flanges de uma coluna metálica e (B) os bordos de uma coluna de concreto

em que:

R_N = resistência ao esmagamento (em kN);
L_A = extensão da alma carregada (em cm);
A_{cont} = área de contato do enrijecedor com o flange (em cm²);
γ_{a2} = coeficiente de ponderação das resistências, igual a 1,35;
b_E = largura do enrijecedor de apoio (em cm);
$t_f + t_{solda}$ = espessura do flange da viga + espessura da solda que une a alma da viga a seus flanges (em cm).

Por exemplo, se o flange da viga tiver 8 mm de espessura e a solda de filete que o une à sua alma tiver 5 mm de espessura, então $t_f + t_{solda}$ = 8 mm + 5 mm = 13 mm = 1,30 cm.

Os enrijecedores de apoio são projetados como colunas com uma área que inclui os próprios enrijecedores (situados em ambos os lados da alma da viga de modo oposto um ao outro) e a área central da alma da viga, equivalente a $12 \cdot t_w$, para os casos de apoios localizados nas extremidades (Fig. 6.44A,B,D), ou a $25 \cdot t_w$, para o caso de apoios intermediários (Fig. 6.44C), sendo t_w a espessura da alma da viga. Essa área é usada para computar o raio de giração e para checar as tensões solicitantes atuantes na coluna.

Assim, a área do enrijecedor, considerando parte da alma da viga, é obtida por uma das equações:

$$A_E = 2 \cdot b_E \cdot t_E + 12 \cdot t_w^2 \quad \text{para apoios de vigas extremos}$$
$$A_E = 2 \cdot b_E \cdot t_E + 25 \cdot t_w^2 \quad \text{para apoios intermediários}$$

O momento de inércia, o raio de giração e o coeficiente de flambagem são obtidos por:

$$I_E = 2 \text{ enrijecedores} \cdot \frac{b_E \cdot t_E^3}{12} \qquad i_E = \sqrt{\frac{I_E}{A_E}} \qquad \lambda = \frac{\ell fl_E}{i_E}$$

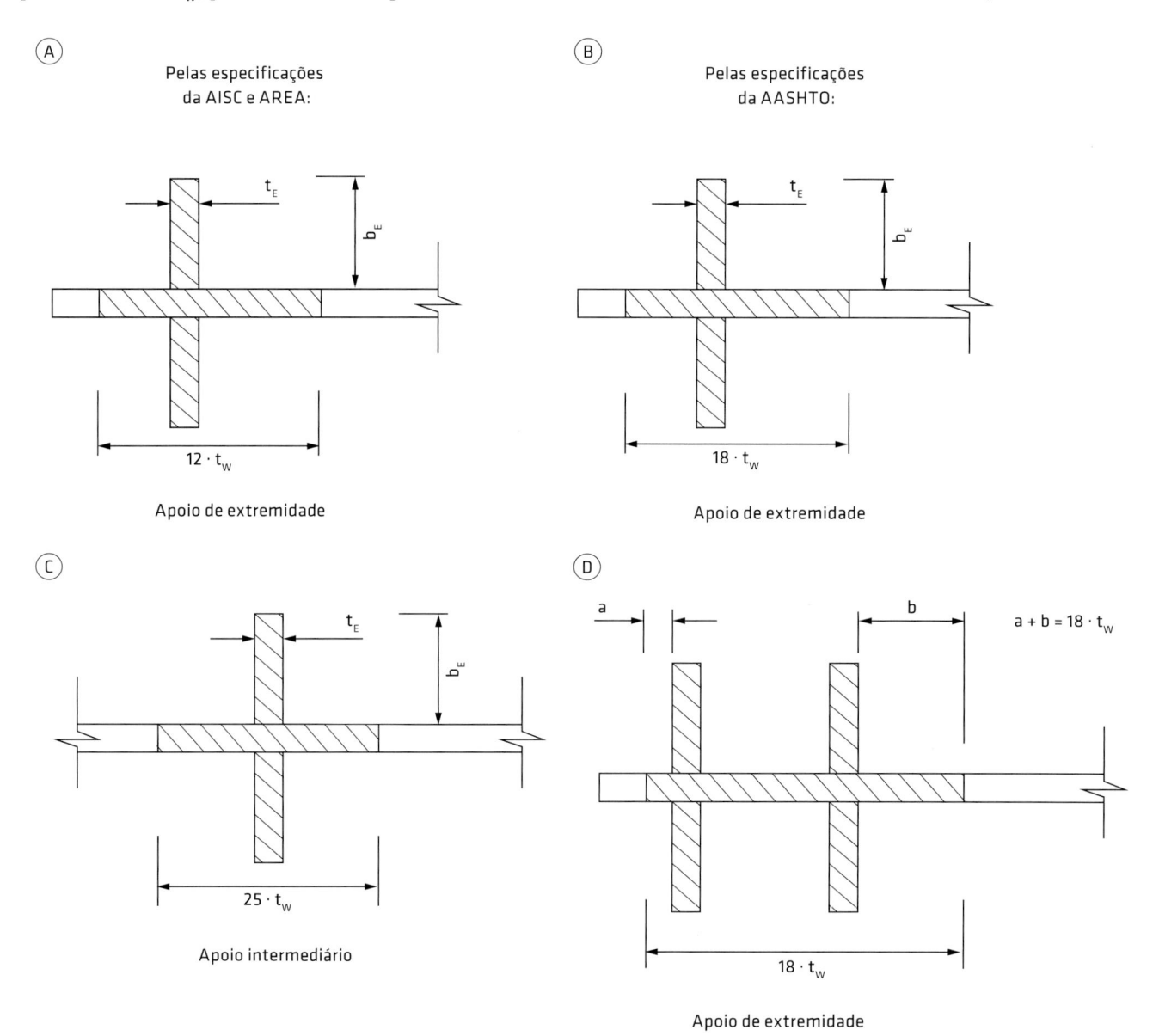

Fig. 6.44 Requerimentos para um enrijecedor de apoio, pelas especificações indicadas

O esforço resistente à compressão simples é dado por:

$$N_D = \frac{A_E \cdot f_y}{\gamma_{a1}} \quad \text{com } \gamma_{a1} = 1,10 \text{ e } N_D \geq R_{Sd}$$

em que:
I_E = momento de inércia do enrijecedor (em cm⁴);
b_E = largura do enrijecedor (em cm);
t_E = espessura do enrijecedor (em cm);
i_E = raio de giração do enrijecedor (em cm);
λ_E = coeficiente de flambagem do enrijecedor;
ℓfl_E = comprimento de flambagem do enrijecedor (em cm);
R_{Sd} = esforço solicitante da reação de apoio.

6.4.1 Exemplo

As Figs. 6.45 e 6.46 mostram uma viga metálica em perfil W 410 × 60 para apoio de uma cobertura localizada a 14 m de altura numa fábrica, sustentada por um *insert* metálico engastado na cabeça de um pilar pré-fabricado de concreto armado. A viga é ligada à chapa do *insert* por meio de solda de filete de campo e deve possuir dois enrijecedores alinhados com cada quina de pilar, de modo a evitar deformações locais em sua alma.

Observar, na Fig. 6.47, que a solda-tampão possui uma largura de 25 mm, que equivale à largura do furo de 25 mm para receber as barras com diâmetro de ⁷/₈" (22,2 mm), e uma altura de 16 mm, equivalente à espessura da chapa de ⁵/₈" (15,88 mm).

6.5 *Insert* para apoio de viga sobre pilar pré-fabricado de concreto armado

Para o dimensionamento da chapa de *insert* fixada no topo (cabeça) do pilar de concreto pré-fabricado, basta verificar a tensão solicitante em função da reação de apoio da viga e das dimensões da placa, comparando estas à resistência característica do concreto à compressão (f_{ck}), e depois verificar a espessura necessária para a chapa.

A tensão solicitante da reação de apoio sobre a chapa do *insert*, imaginando uma chapa quadrada, dá-se do seguinte modo:

$$f_c = \frac{R}{a^2}$$

em que:
f_c = tensão de contato solicitante sobre o concreto (em kN/cm²);
R = reação de apoio da viga sobre o pilar (em kN);
a = dimensão da chapa, que nesse caso é de 400 mm (coloca-se em centímetro).

Essa tensão solicitante deve ser menor do que a tensão resistente do concreto, que é calculada pela fórmula:

$$0,35 \cdot f_{ck}$$

De posse desses resultados, a seguinte relação deve ser satisfeita:

$$f_c \leq 0,35 \cdot f_{ck}$$

As barras são dimensionadas como visto no Cap. 2, e a espessura da chapa é calculada pela fórmula:

$$t = \frac{n}{25} \cdot \sqrt{f_c} \quad \text{com } n = \frac{a - b_F}{2}$$

em que:
f_{ck} = resistência característica do concreto à compressão (em kN/cm²);
b_F = largura do perfil da viga.

6.6 Perfil L como apoio de vigas

Os perfis L, também denominados cantoneiras, são comumente usados como apoios de vigas biapoiadas (Fig. 6.48), ou mesmo em balanços.

Normalmente, utilizam-se dois perfis, ficando um situado na base da coluna, para que efetivamente a sustente, e outro localizado sobre o flange superior da coluna, para estabilizá-la.

No caso de marquises em balanços, por exemplo, o perfil L superior é o que deve resistir à carga de tração solicitante máxima produzida pelo binário do momento fletor negativo atuante. Porém, no caso de apoios habituais, dimensiona-se o perfil L de apoio para uma determinada carga equivalente à reação de apoio da viga, que gerará um momento fletor solicitante, e replica-se esse perfil para a parte superior da ligação.

O dimensionamento de um perfil L é regido pelo momento fletor, e sua espessura é determinada pela seguinte equação:

$$t = \sqrt{\frac{6 \cdot M}{f_B \cdot b}} \quad (6.5)$$

em que:
t = espessura da chapa (em m);
M = momento solicitante admissível (em kNm);
$f_b = 0,75 \cdot f_y$ = tensão devida ao momento fletor (em MPa);
b = comprimento da chapa no sentido do momento fletor (em mm).

Utilizando os valores com as unidades indicadas, encontra-se a espessura na unidade de metro, sendo necessário convertê-la para milímetro.

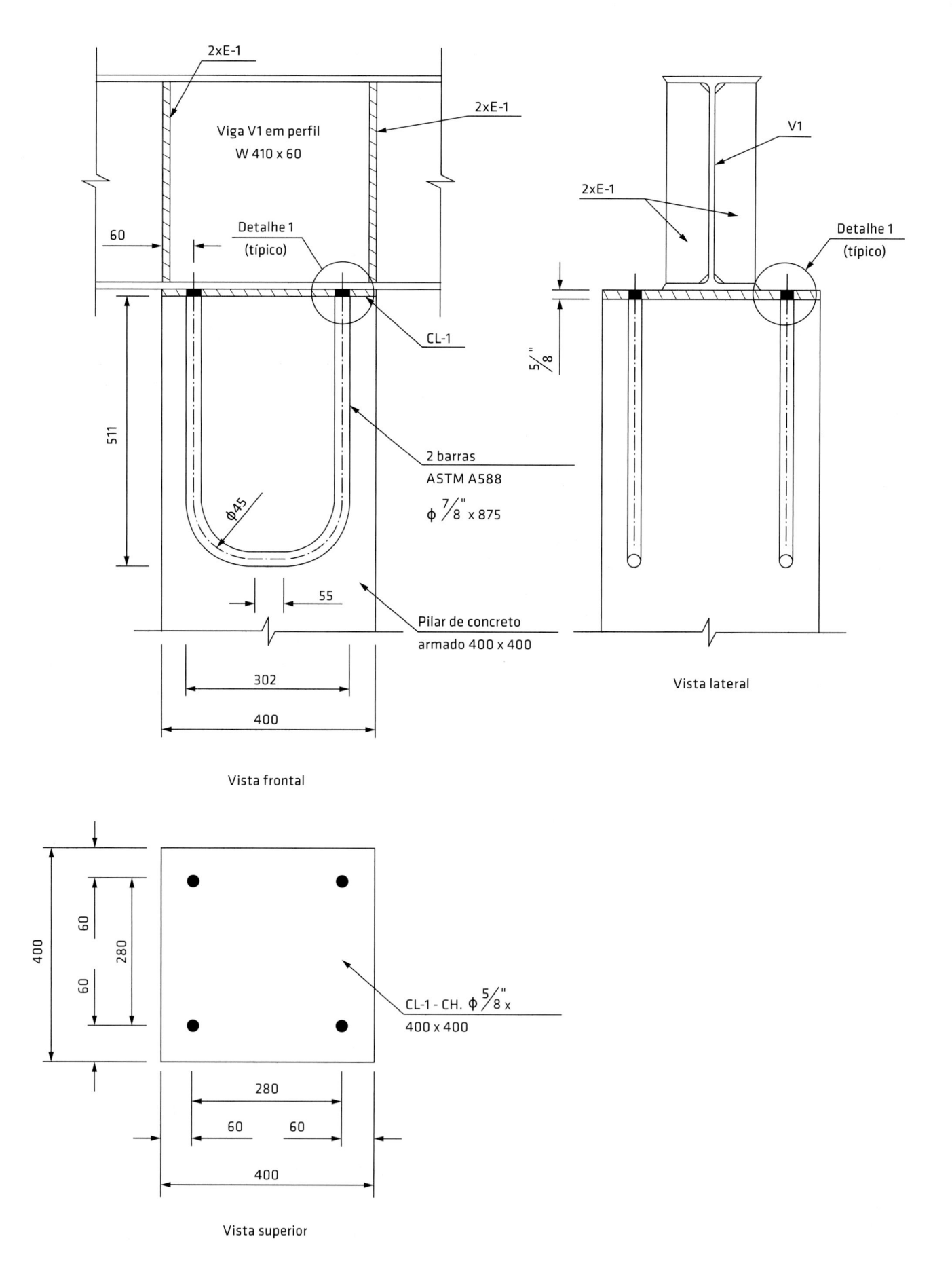

Fig. 6.45 Vistas de um *insert* metálico engastado à cabeça de um pilar pré-fabricado para apoio de uma viga metálica com enrijecedores de apoio alinhados às bordas do pilar de concreto

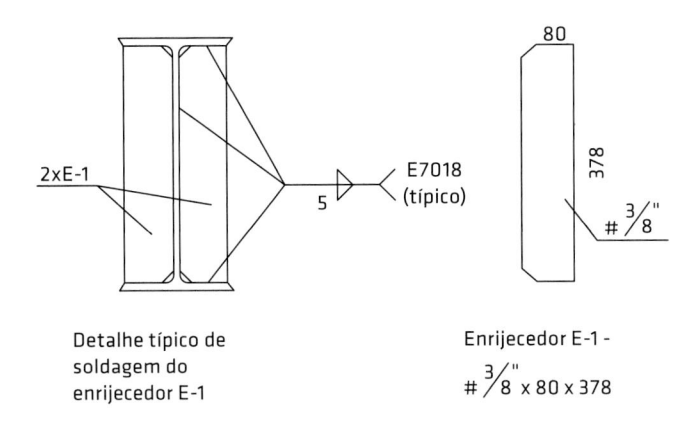

Fig. 6.46 Detalhes de fabricação do *insert*

Detalhe típico de soldagem do enrijecedor E-1

Enrijecedor E-1 - #$\frac{3}{8}$" x 80 x 378

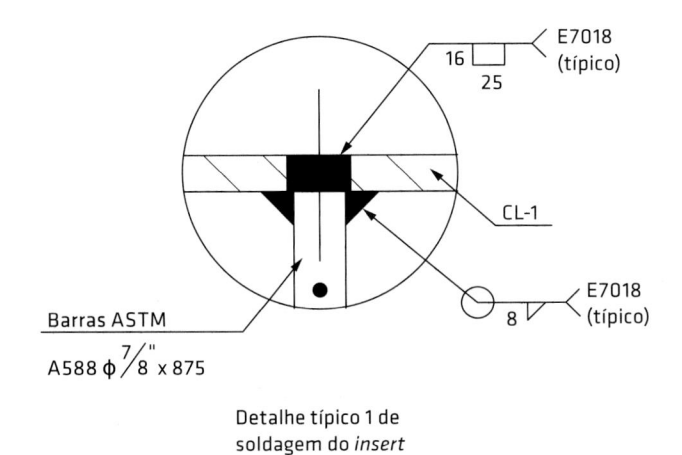

Fig. 6.47 Detalhe 1 indicado na Fig. 6.45

Detalhe típico 1 de soldagem do *insert*

O momento fletor é dado por $R \cdot e$, em que e equivale à distância do centro da mesa do perfil L sobre a qual a viga se apoia até a face do pilar, ou seja, e equivale à metade do comprimento da aba sobre a qual a viga se apoia. Em termos práticos, sempre se deve apoiar a viga sobre o perfil L com afastamento de, no máximo, 15 mm do perfil da coluna; caso contrário, gera-se uma excentricidade.

6.6.1 Exemplo

Na Fig. 6.49 é apresentado um detalhe de ligação de uma viga em perfil W 360 × 32,9 a um pilar de concreto, por meio de perfis L de apoio (inferior) e de alinhamento (de topo), por soldagem dos perfis L às chapas de ligação de #$^1/_2$" × 300 × 300 fixadas ao pilar de concreto armado com o uso de barras de ancoragem ASTM A588 $\phi^1/_2$" × 292.

No apoio da viga, haverá esforços solicitantes de momento fletor e de esforço cortante. As barras superiores deverão resistir à tração decorrente desse momento fletor adicionado ao esforço cortante. Porém, como as barras estão inseridas de modo perpendicular ao esforço de tração advindo do flange superior da viga, esse esforço de tração transforma-se em esforço cortante para a barra.

Assim, pode-se assumir que as barras de ancoragem resistirão a um esforço cortante total equivalente à somatória do esforço de tração e do esforço cortante da viga.

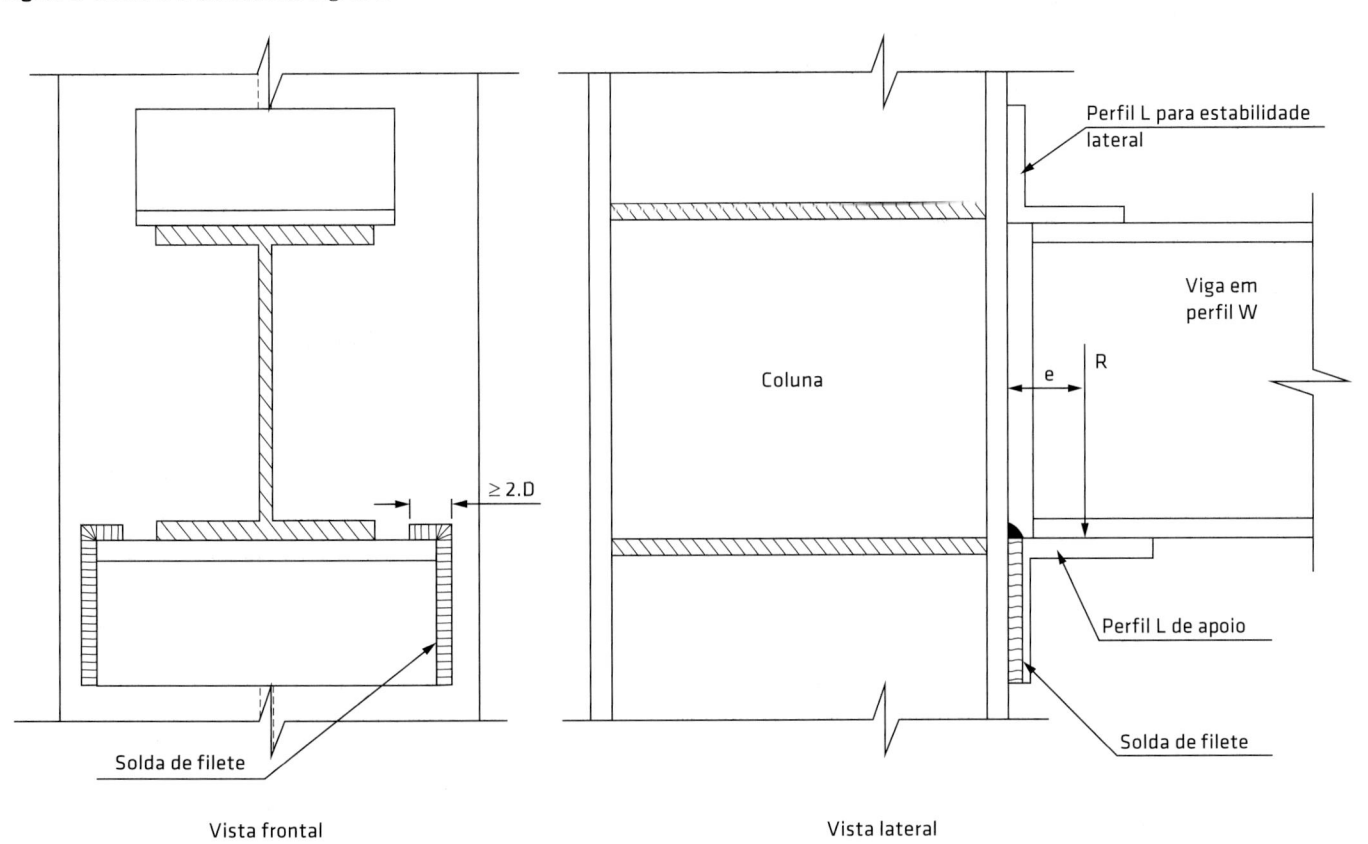

Fig. 6.48 Perfil L usado como apoio de viga

Vista frontal

Vista lateral

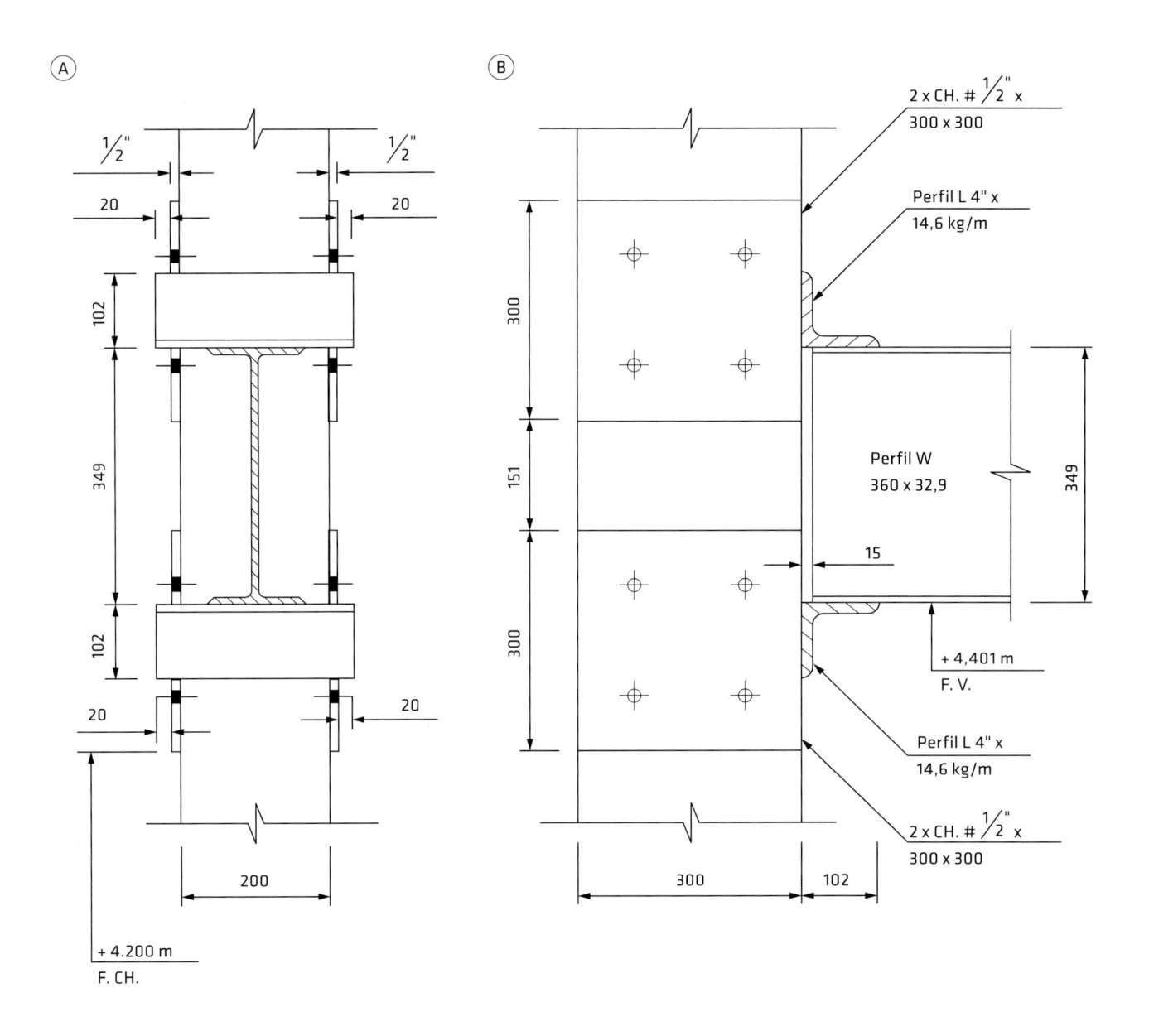

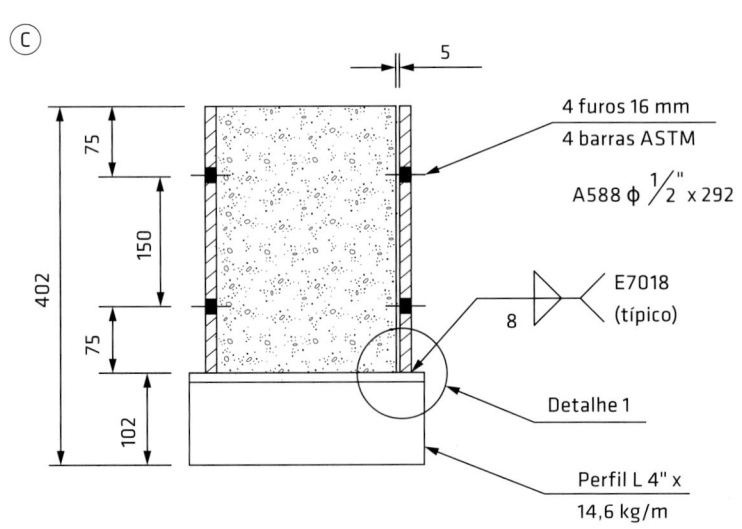

Fig. 6.49 Detalhe de ligação de viga a um pilar de concreto, por meio de perfis L e de chapas: (A) vista frontal; (B) vista lateral; (C) vista superior

Essas chapas, por sua vez, poderão ser soldadas aos perfis L por meio de soldas de filete (Fig. 6.50A) ou soldas de penetração total ou parcial (Fig. 6.50B).

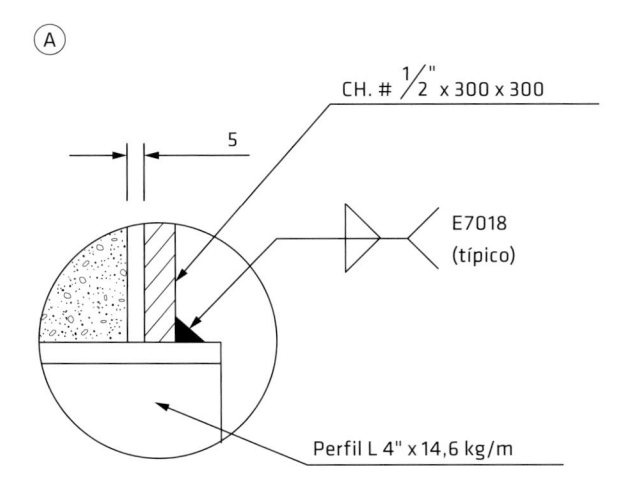

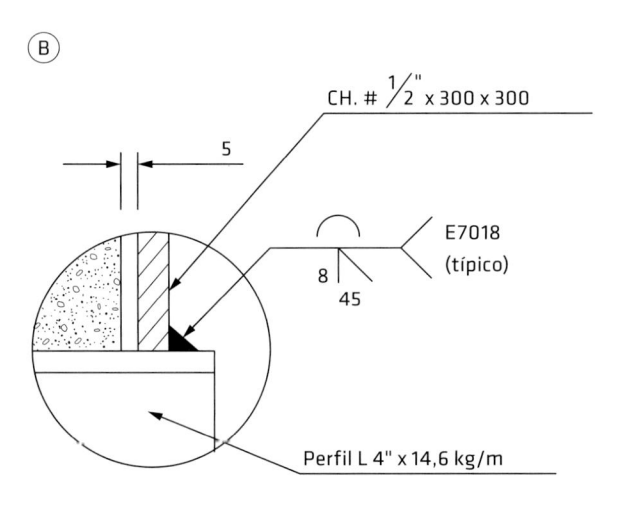

Fig. 6.50 Detalhe 1 – típico de soldagem, com o uso de eletrodo E7018 e de (A) solda de filete de 8 mm e (B) solda de penetração total

Notar que a solda de filete, nesse caso, só pode ser aplicada por causa do prolongamento de 20 mm (ver Fig. 6.49A) do perfil L além das chapas de ligação #$^1/_2$" × 300 × 300. Ou seja, sempre que projetar solda de filete, deve-se deixar uma chapa se estendendo em relação à outra em pelo menos 20 mm, a fim de permitir a chegada da solda de filete a uma quina, e nunca deixar as chapas alinhadas. Já a solda de penetração total pode ser aplicada tanto com as chapas alinhadas quanto se estendendo uma sobre a outra.

Ao trabalhar com pilar de concreto armado, é preciso deixar uma folga no comprimento do perfil L, visto que sempre há imperfeições na superfície do concreto. Em casos como esses, deve-se exigir medições *in loco* antes de proceder à fabricação das peças metálicas, além de deixar uma folga de pelo menos 5 mm, como ilustrado na Fig. 6.49C, entre o concreto e as chapas de ligação #$^1/_2$" × 300 × 300 – essa folga pode variar de 5 mm a 10 mm e é mais uma proteção contra possíveis falhas de medidas na fabricação do concreto.

Observar que o comprimento de 292 mm referente a cada uma das oito barras em aço já possui uma folga de 5 mm em seu comprimento – esse dado pode ser alertado em nota geral, juntamente com o pedido de verificação das medidas *in loco* das dimensões dos pilares de concreto, antes de as peças metálicas serem fabricadas, para que o fabricante não coloque uma folga a mais sobre a folga já reservada no projeto.

E, por fim, os perfis L são dimensionados normalmente, apenas considerando a reação de apoio aplicada sobre o perfil L. Como esse perfil possui abas simétricas com dimensões de 4" cada, a reação de apoio será aplicada na metade do comprimento da barra, ou seja, em 2" ou 5,08 cm.

Com isso, calcula-se o momento fletor como $M = R \cdot 5{,}08$ cm, sendo R a reação de apoio da viga, e inserem-se esses valores na fórmula geral da Eq. 6.5 para encontrar a espessura da cantoneira.

Ao utilizar essa fórmula, deve-se sempre adotar o momento fletor (M) em kNm, a tensão devida ao momento fletor (fB) em MPa e o comprimento da placa (no caso, o comprimento da aba da cantoneira) (b) em mm. O valor de t será encontrado em metro, sendo necessário convertê-lo em milímetro e depois em polegada, de modo a encontrar a espessura mínima para essa cantoneira.

Essa fórmula pode ser usada para qualquer chapa com borda em balanço submetida a um esforço solicitante de momento fletor.

6.7 Calha em aço galvanizado

6.7.1 Dimensionamento

As calhas normalmente são executadas em perfis formados a frio e, com isso, o dimensionamento segue os preceitos da NBR 14762, já mostrados no Cap. 4. A seguir serão apresentadas as maneiras de determinação das propriedades geométricas da seção de calhas.

a) Determinação da largura efetiva da aba comprimida

A largura efetiva de uma viga-calha é obtida por:

$$w = b - 2 \cdot (R + t)$$

em que:
b = largura total da calha adotada;
R = raio de dobra da chapa;
t = espessura da parede.

b) Módulo de resistência em relação à fibra externa da aba comprimida

Para uma situação de geometria básica, o módulo de resistência em relação à fibra externa é determinado em função da geometria da calha (ver Fig. 6.51), como mostrado no Quadro 6.1.

Quadro 6.1 DADOS GEOMÉTRICOS

Elemento	A (cm²)	y (cm)	A · y (cm³)	A · y² (cm⁴)
1	$2 \cdot t \cdot (a-t)$	$b - \dfrac{t}{2}$		
2	$2 \cdot t \cdot L_c$	$b - c$		
3	$(b - 2 \cdot t - 2 \cdot \rho) \cdot t$	$\dfrac{b}{2}$		
4	$2 \cdot t \cdot L_c$	$\rho - c$		
5	$2 \cdot \dfrac{b}{2} \cdot t = b \cdot t$	$\dfrac{t}{2}$		
Σ				

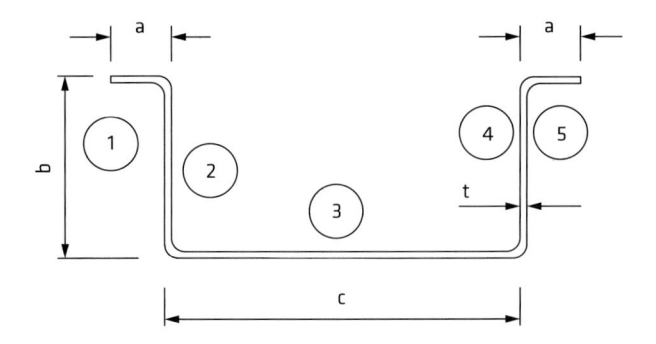

Fig. 6.51 Seção transversal de uma forma básica de perfil calha

Na Fig. 6.52 são mostradas, por um detalhe ampliado de dobra de chapa da Fig. 6.51, as indicações de raio de dobra (ρ), de espessura de chapa (t) e do centroide do semicírculo (c).

$$\rho = R + \frac{t}{2} \quad L_c = 1{,}57 \cdot \rho \quad c = 0{,}637 \cdot \rho$$

As áreas dos trechos definidos na Fig. 6.51 são dadas por:

$$A_1 = 2 \cdot t \cdot (a - t)$$
$$A_2 = A_4 = 2 \cdot t \cdot L_c$$
$$A_3 = (b - 2 \cdot t - 2 \cdot \rho) \cdot t$$
$$A_5 = 2 \cdot \frac{b}{2} \cdot t = b \cdot t$$

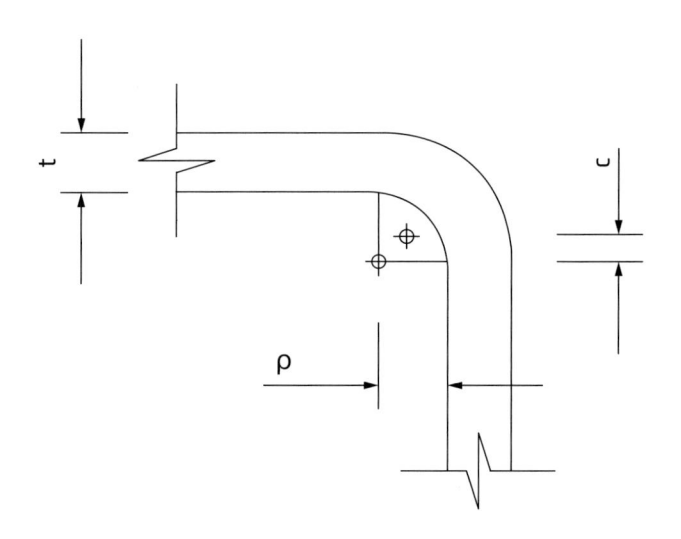

Fig. 6.52 Detalhe ampliado de chapa fina dobrada a frio

As distâncias dos eixos dos trechos em relação ao fundo do perfil são dadas por:

$$y_1 = b - \frac{t}{2}$$
$$y_2 = b - c$$
$$y_3 = \frac{b}{2}$$
$$y_4 = \rho - c$$
$$y_5 = \frac{t}{2}$$

De posse das somatórias de A e de A · y², calcula-se o valor do centro de gravidade, dado por:

$$y_c = \frac{\sum A \cdot y}{\sum A} \quad y_t = b - \frac{\sum A \cdot y}{\sum A}$$

c) Módulo de resistência W_x em relação à fibra externa comprimida

Com os valores das distâncias das fibras comprimidas y_c e das fibras tracionadas y_t ao centro de gravidade, calcula-se o valor do módulo de resistência W_x em relação à fibra externa comprimida.

Primeiro, encontra-se o valor do momento de inércia total, fazendo:

$$I_x = I_{x1} + I_{x2} + I_{x3}$$
$$I_{x1} = \sum A \cdot y^2 \quad \text{(a partir do Quadro 6.1)}$$
$$I_{x2} = \frac{(a-t) \cdot t^3 + t \cdot (b - 2 \cdot t - 2 \cdot \rho)^3}{12}$$
$$I_{x3} = \sum A \cdot y_c^2 \quad \text{(valor de } \sum A \text{ a partir do Quadro 6.1)}$$

Com os valores de I_x e de y_c, encontra-se o valor de W_x, que é referente à fibra externa comprimida, por meio de:

$$W_x = \frac{I_x}{y_c}$$

Os perfis em chapa fina dobrada a frio para calhas podem ser assimétricos, com a altura de um lado maior do que a do outro, conforme sua acomodação no local da cobertura. Todavia, pode-se adotar a altura menor para os dois lados, para simplificar, como mostrado na Fig. 6.53.

Os perfis em chapa fina dobrada a frio podem vir constituídos de orelhas e enrijecimentos, conforme apresentado na Fig. 6.54.

Os enrijecimentos em perfis calha são criados entre as almas e entre a alma e a orelha, paralelos à direção do esforço. Estes, assim como as dobras, servem para aumentar a resistência do perfil. Para calhas, de modo a simplificar o cálculo, pode-se adotar as chapas constituintes do flange e das almas como planas (sem enrijecimentos e sem uso de orelhas), seguindo o passo a passo explicado nesta seção e ficando a favor da segurança.

Nota: Em perfis para estruturas principais, como perfis de chapas finais destinados a treliças, terças, vigas e outros, as geometrias dos enrijecimentos e das orelhas devem ser consideradas, uma vez que o aumento da resistência propiciada por esses artifícios é considerável, e não deve ser desprezado.

d) Exemplo

As Figs. 6.55 a 6.58 mostram detalhes de um projeto de cobertura com o uso de perfis para apoios da calha.

Em projetos como esse, pode-se adotar as terças como constituídas de um mesmo perfil e fazer a inclinação com

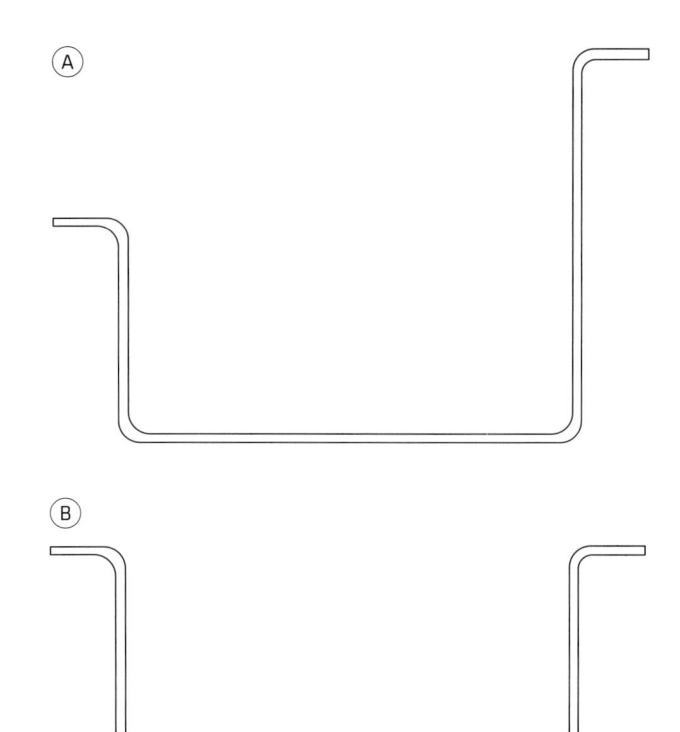

Fig. 6.53 (A) Perfil de calha real e (B) modelo de calha considerado

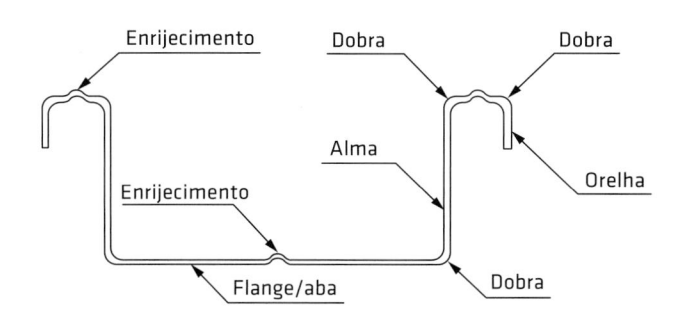

Fig. 6.54 Detalhe ampliado da dobra do perfil formado a frio

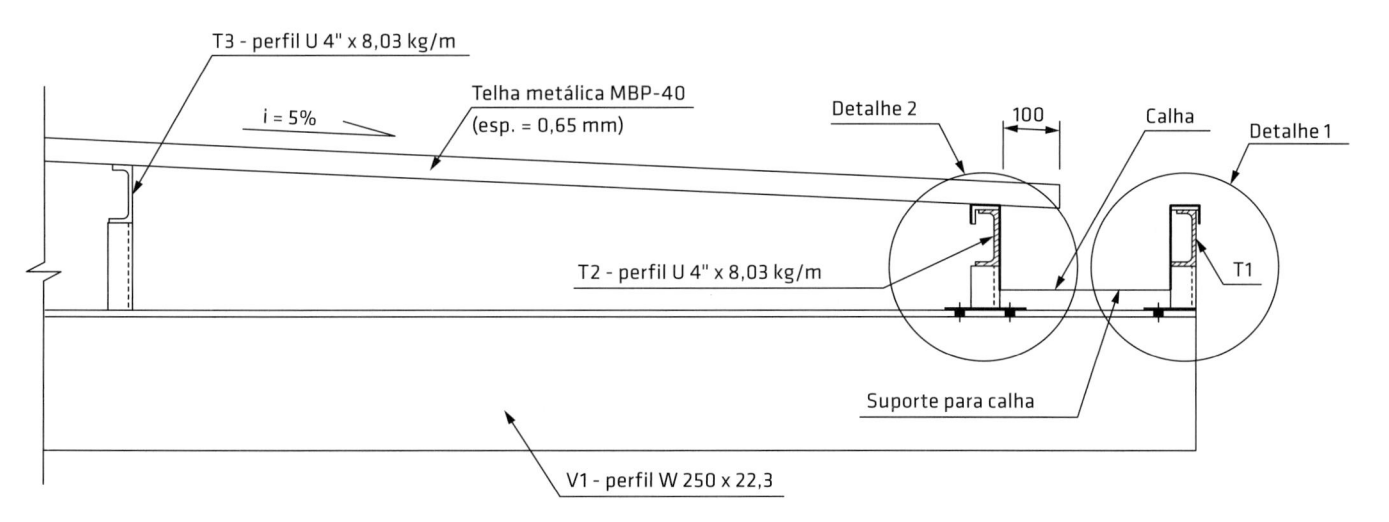

Elevação de parte de uma cobertura constituída de calha, terças com calços, vigas e telhas de cobertura e de fechamento

Fig. 6.55 Elevação da cobertura

o uso de calços de alturas diferentes para cada linha de terça, utilizando, ainda, uma chapa (CL-2) dotada de furos soldada à base do calço, para ser parafusada ao flange superior do perfil da viga (V1), como mostra a Fig. 6.56.

A Fig. 6.57 mostra vistas rebatidas do detalhe 1 da Fig. 6.55, com a indicação da viga e do calço 1 de apoio para a viga, soldado a uma chapa CL-1 dotada de furos e com o detalhe de virada do perfil de terça T1, com sua alma voltada para o meio externo, onde a planicidade desta poderá servir para a fixação de telha de fechamento lateral.

Costuma-se adotar duas terças para o apoio da calha, de modo a deixar um suporte formado por uma chapa es-

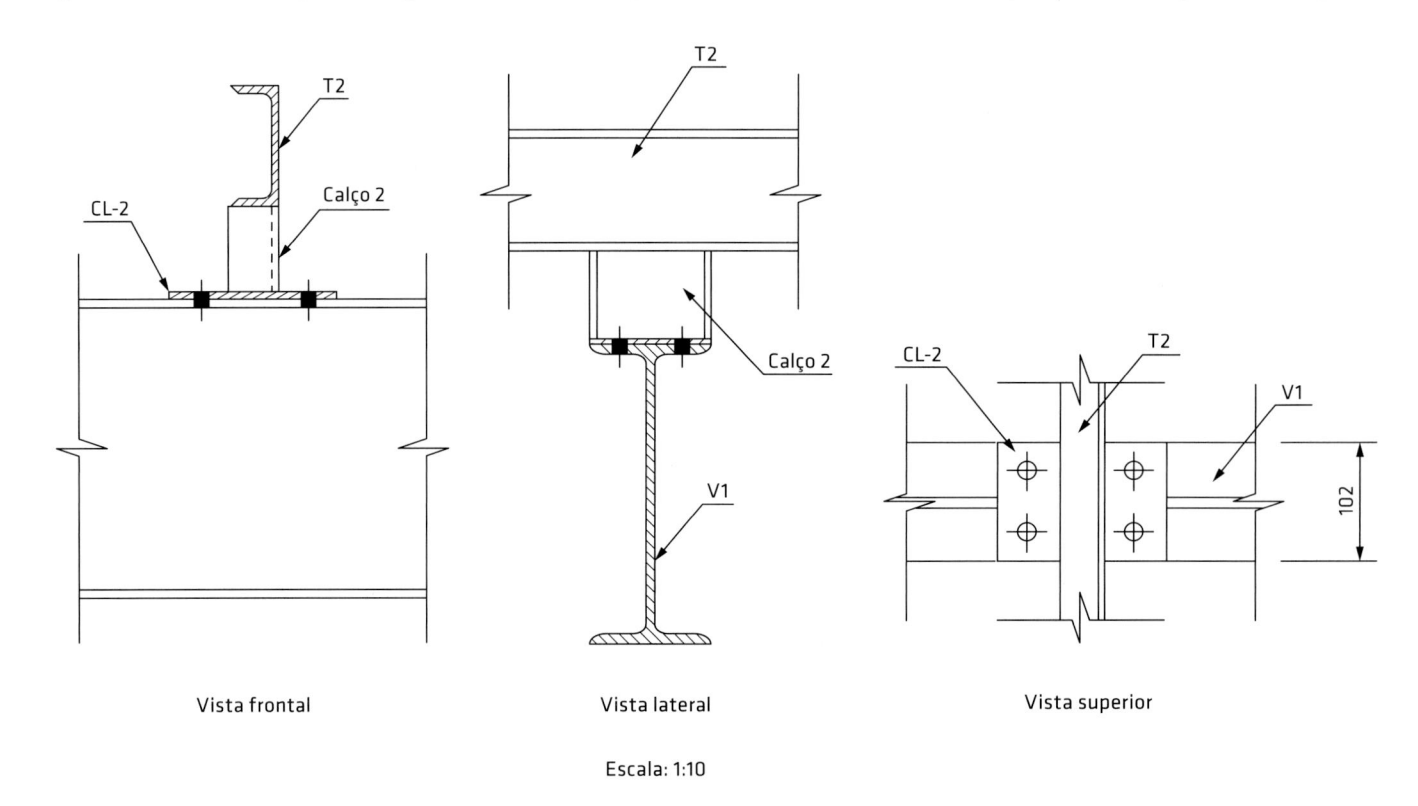

Fig. 6.56 Detalhe 2 ampliado e rebatido conforme o diedro brasileiro

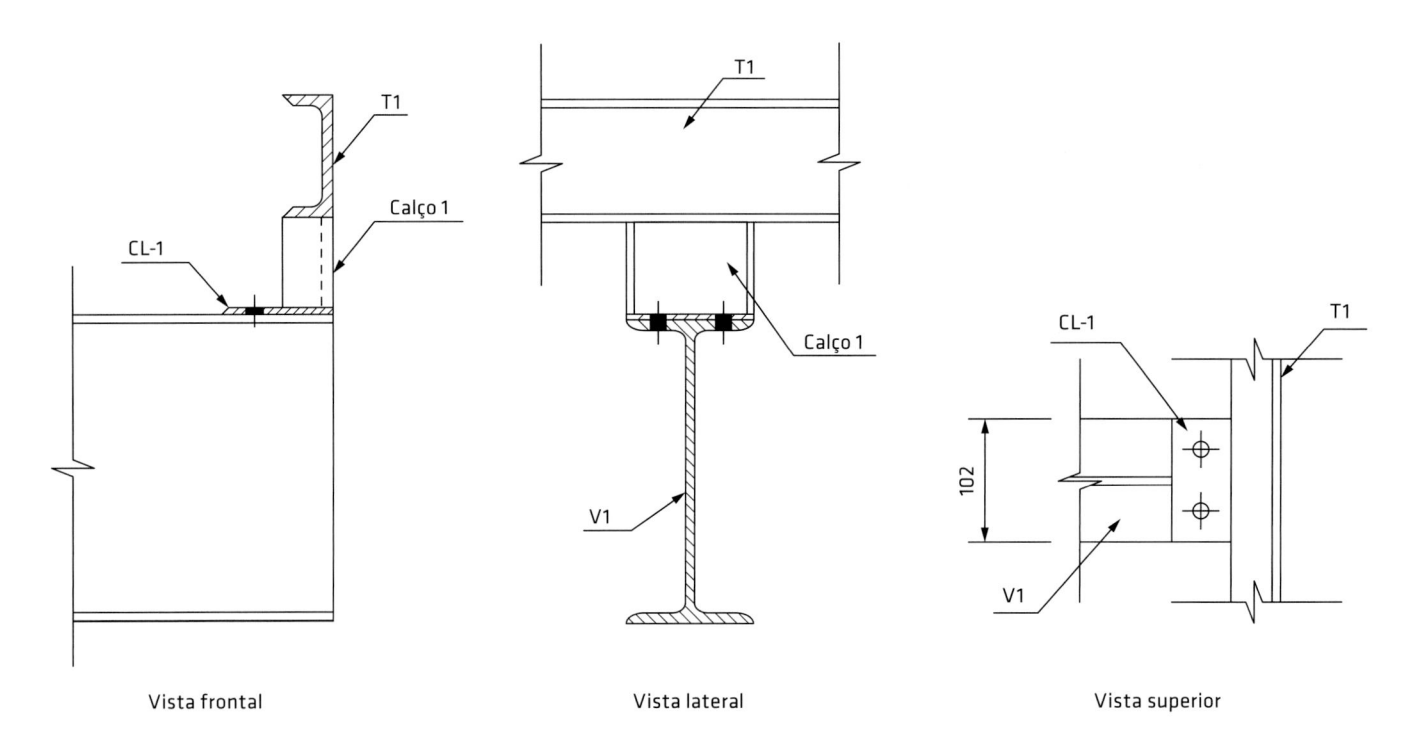

Fig. 6.57 Detalhe 1 ampliado e rebatido conforme o diedro brasileiro

treita, galvanizada, pintada e colocada a cada 1 m ao longo do comprimento da calha (ver Fig. 6.58).

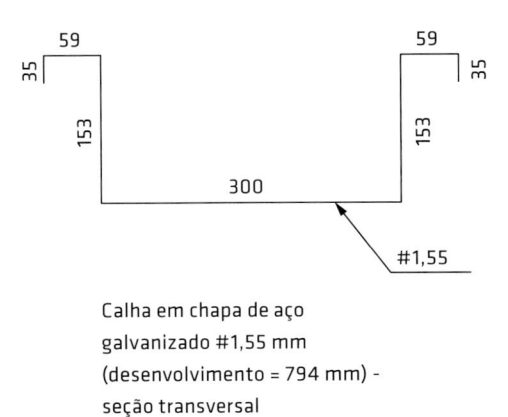

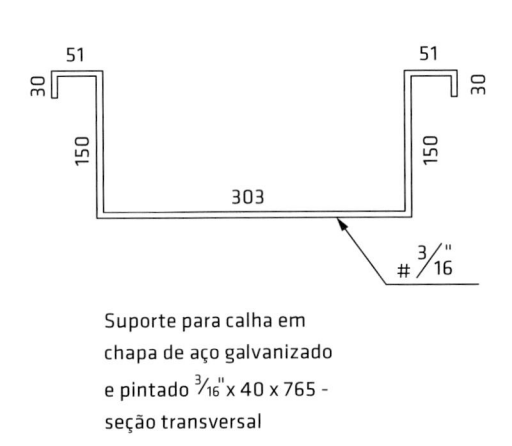

Calha em chapa de aço galvanizado #1,55 mm (desenvolvimento = 794 mm) - seção transversal

Suporte para calha em chapa de aço galvanizado e pintado ³⁄₁₆" x 40 x 765 - seção transversal

Fig. 6.58 Detalhes da calha e do suporte para a calha

6.8 Dimensionamento de ligação à tração

Um esforço solicitante de tração, quando aplicado de modo perpendicular a uma placa unida a um anteparo (por exemplo, pilar ou viga de concreto/aço) ou a uma placa unida a outra placa, tende a querer separar a placa da parte ligada, produzindo esforço solicitante de tração nos conectores e flexão na placa associada a um efeito de alavanca (*prying action*).

A Fig. 6.59 reproduz esquematicamente a situação de uma chapa de ligação subdimensionada, respectivamente, antes e depois de ser submetida a um esforço solicitante de tração.

A Fig. 6.60 traz os detalhes de vista frontal e de vista superior, de modo a obedecer ao rebatimento de vistas via diedro brasileiro, da chapa de ligação soldada a outras duas chapas laterais e unida ao pilar por meio de barras transversais, capazes de permitir a ligação da viga de aço à coluna de concreto armado.

A Fig. 6.61 mostra a magnitude de cada força constituinte desse cenário de efeito de alavanca.

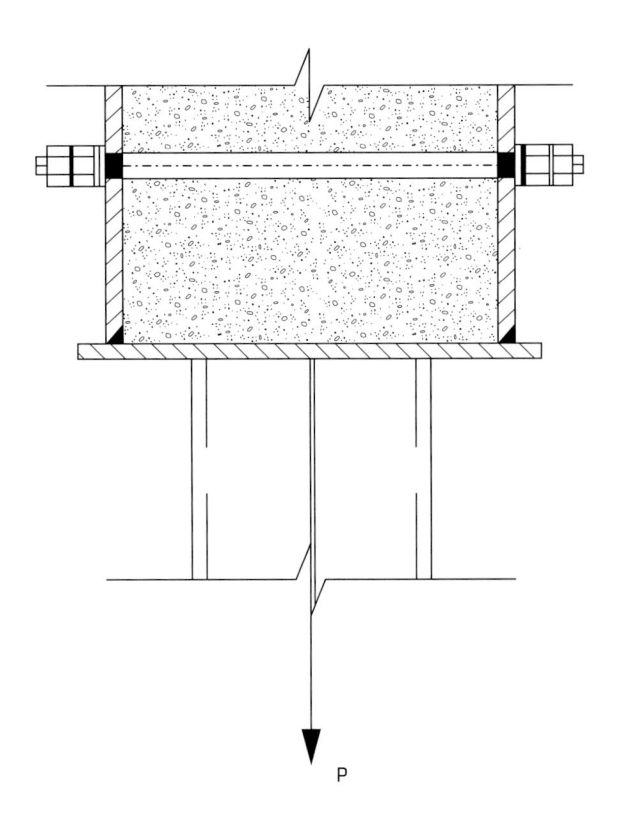

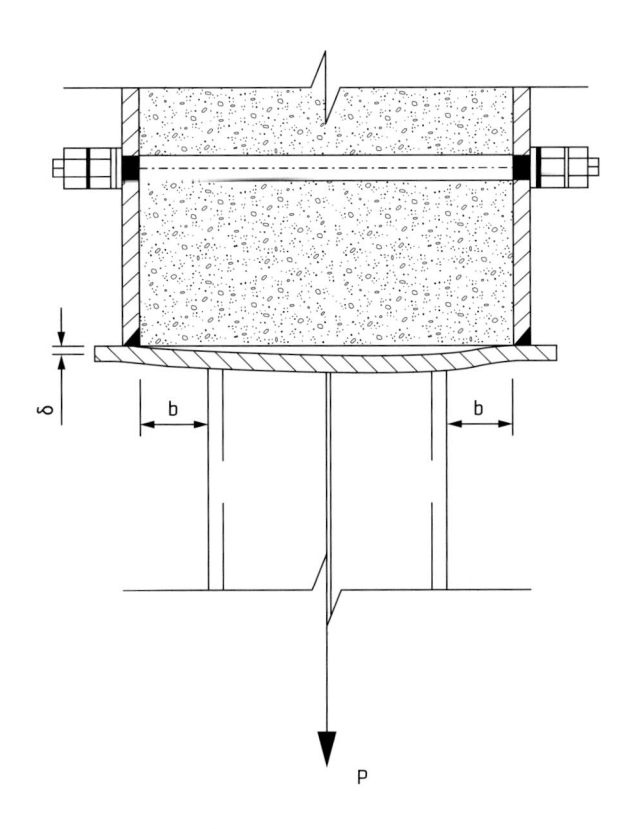

Fig. 6.59 Deformação sofrida pela chapa sob efeito de alavanca (*prying action*)

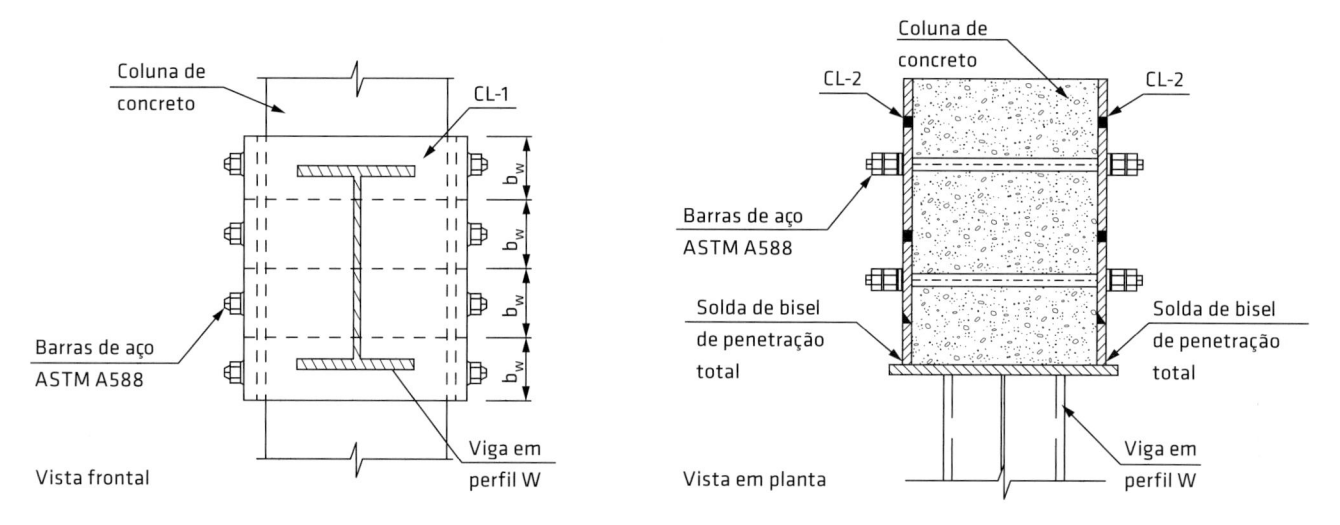

Fig. 6.60 Vista rebatida em diedros de uma situação real e comum do efeito de alavanca (*prying action*), com uma viga em perfil W ligada a uma dada chapa de ligação CL soldada a outras duas chapas laterais ligadas ao pilar de concreto com o uso de barras de transpasse

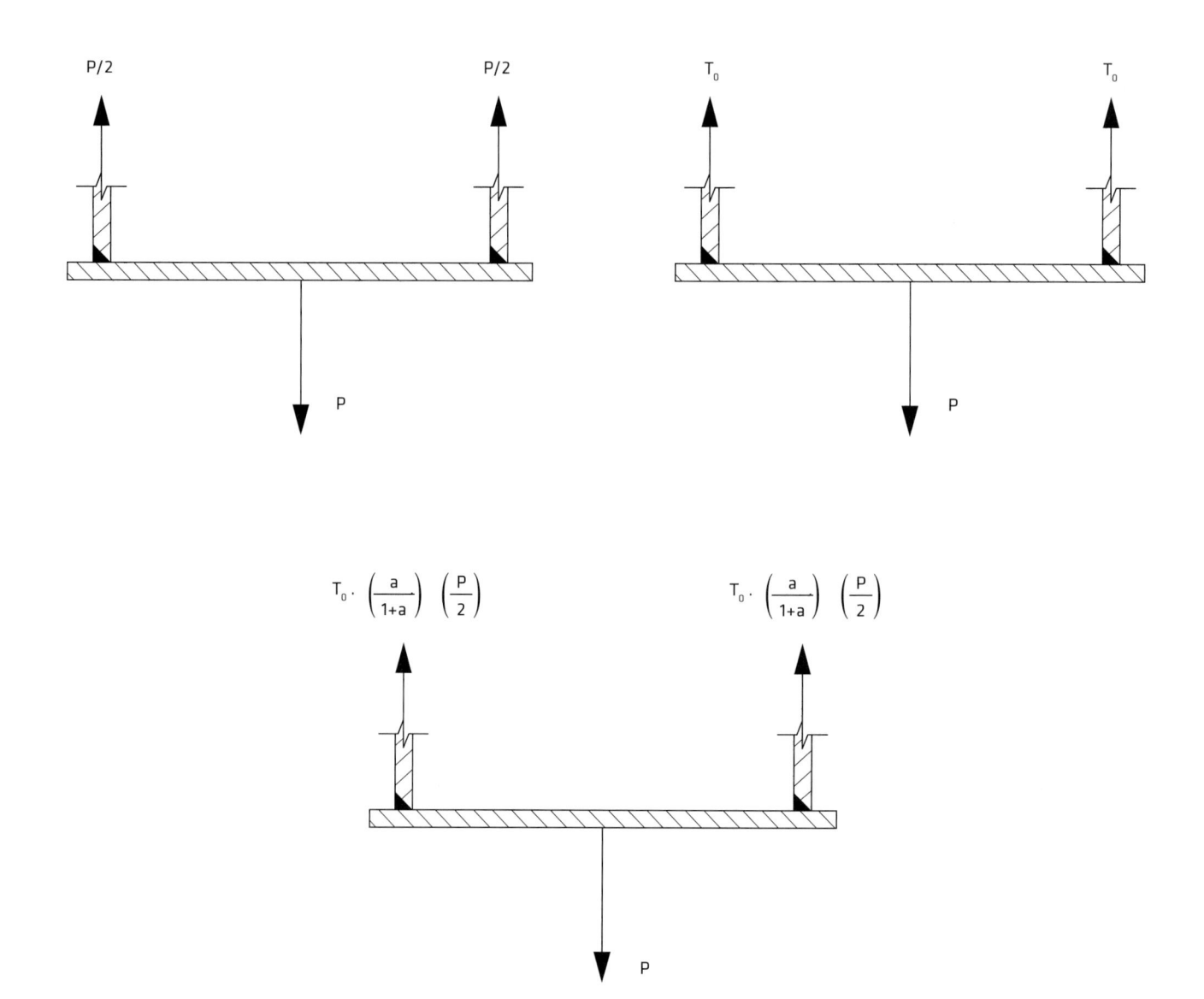

Fig. 6.61 Indicação das forças atuantes no efeito de alavanca

310   ESTRUTURAS METÁLICAS

A Fig. 6.62 esclarece as medidas geométricas *a* e *b* utilizadas no equacionamento da força de alavanca.

Quando a placa é suficientemente rígida e a força é aplicada entre duas linhas de conectores, o efeito de alavanca é atenuado.

A Fig. 6.63A indica a força solicitante atuante, a Fig. 6.63B, as reações geradas nos apoios, e a Fig. 6.63C, o diagrama de momentos fletores.

A Fig. 6.64 traz, em vista frontal rebatida para a vista superior (em planta), o detalhe de projeto final utilizado

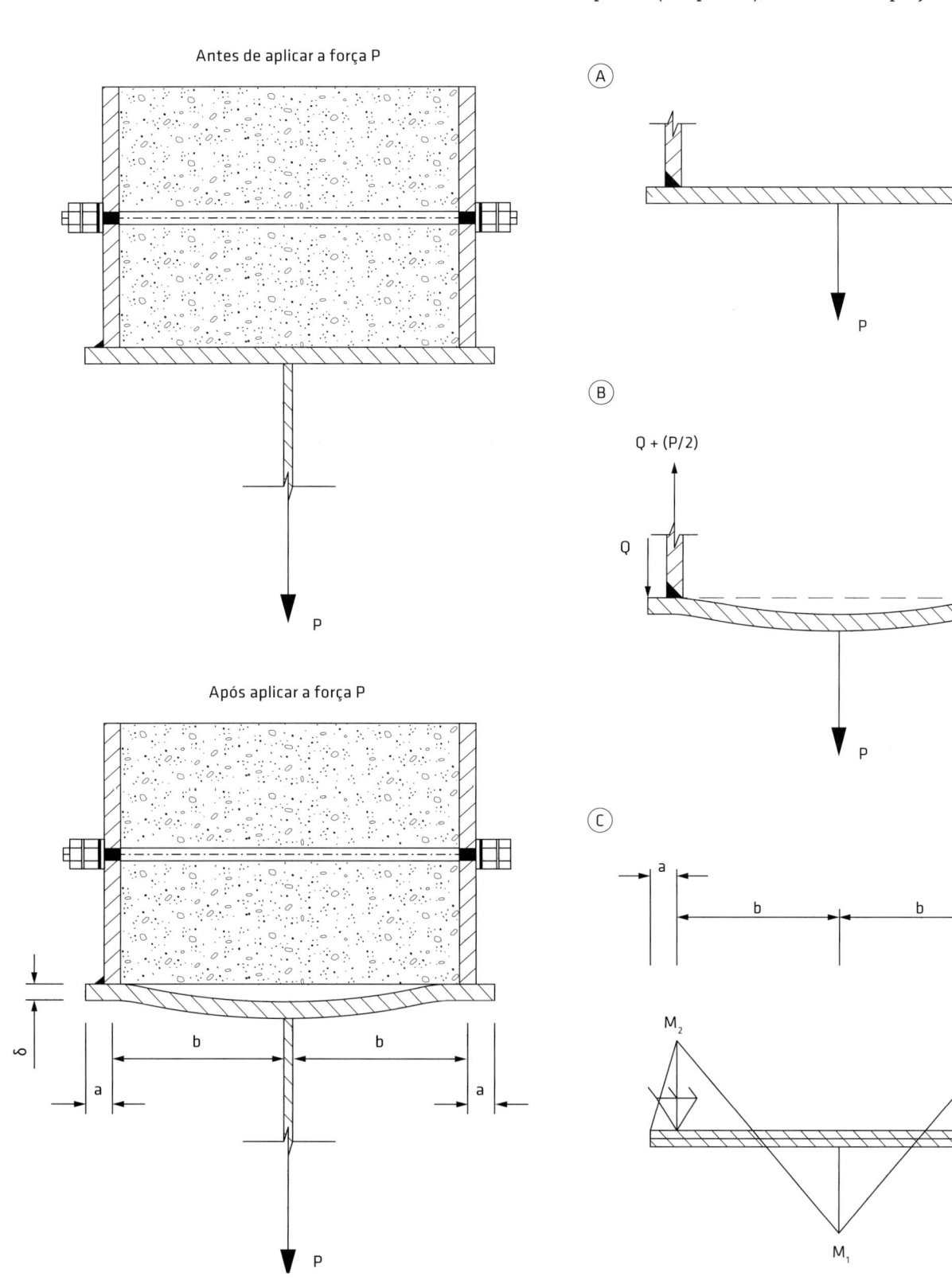

Fig. 6.62 Distâncias e geometrias utilizadas para o cálculo da força de alavanca aplicada na chapa de ligação

Fig. 6.63 Diagrama de momentos fletores atuantes quando ocorre a aplicação do esforço de alavanca na chapa de ligação

DIMENSIONAMENTO DE PLACAS

para permitir a ligação de uma viga a uma coluna. Observar que, nesse projeto, procurou-se dividir a placa em larguras iguais, de modo a considerar, no cálculo da barra superior – responsável por resistir ao esforço de tração total –, a largura única de b_w, sendo b_w, portanto, a largura efetiva do trecho de aplicação do esforço de tração.

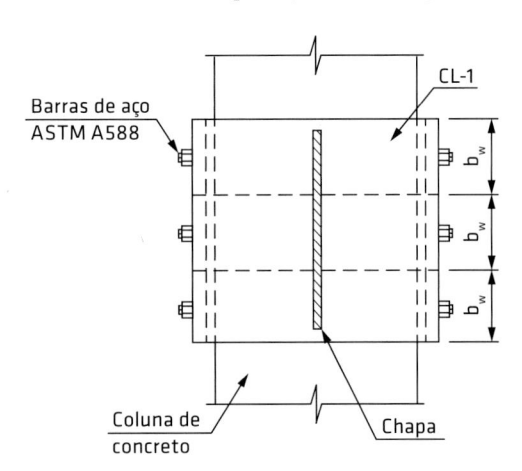

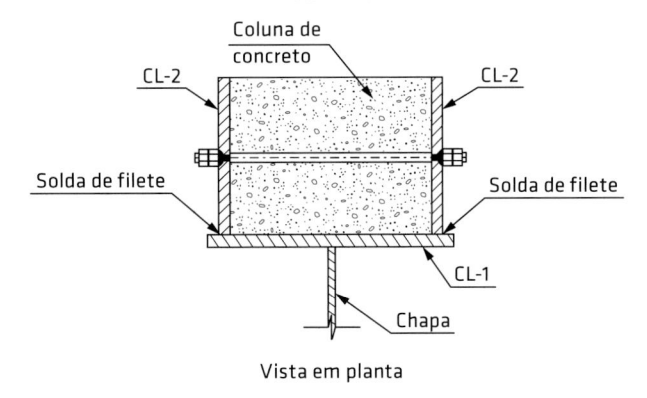

Fig. 6.64 Divisão da região de estudo em setores de larguras iguais (b_w)

Primeiro, faz-se o dimensionamento das chapas, aplicando:

$$M_1 = \frac{P \cdot b}{4}$$

$$M_2 = \frac{P \cdot b}{4}$$

$$f_B = \frac{M_{máx}}{W} \leq 0{,}75 \cdot f_y$$

$$W = \frac{b_w \cdot t^2}{6}$$

Pela fórmula de módulo resistente, b é a largura total da placa, e, nesse caso em específico, b é a largura do trecho de aplicação da força para o parafuso em estudo.

Em seguida, faz-se o dimensionamento dos conectores, considerando parafusos de alta resistência, do seguinte modo:

$$Q = \frac{T \cdot \left(100 \cdot b \cdot D^2 - 18 \cdot b_w \cdot t_f^2\right)}{70 \cdot a \cdot D^2 - 21 \cdot b_w \cdot t_f^2}$$

para parafusos de alta resistência ASTM A325

$$Q = \frac{T \cdot \left(100 \cdot b \cdot D^2 - 14 \cdot b_w \cdot t_f^2\right)}{62 \cdot a \cdot D^2 - 21 \cdot b_w \cdot t_f^2}$$

para parafusos de alta resistência ASTM A490

$$P = Q + T$$

$$f_T = \frac{P}{A} \leq F_t$$

em que:
A = área do parafuso (em cm²);
a = distância do eixo do parafuso à borda da chapa (trecho em balanço) (em cm);
b = distância do eixo do conector ao ponto onde a força de tração é aplicada (em cm);
b_w = largura da placa no trecho selecionado (em cm);
c = distância do eixo do parafuso ao ponto de aplicação da força P (em cm);
D = diâmetro do parafuso (em cm);
f_b = tensão normal de compressão na flexão (em kN/cm²);
F_t = tensão admissível do parafuso (em kN/cm²);
f_T = tensão de tração (em kN/cm²);
f_y = tensão admissível do aço constituinte da chapa (em kN/cm²);
M = momento fletor aplicado na chapa (em kNcm);
P = esforço de tração aplicado na chapa (em kN);
Q = esforço atuante na extremidade da chapa (em kN);
t = espessura da placa (em cm);
T = força de protensão atuante em cada parafuso (em kN);
t_f = espessura da chapa (em cm);
W = módulo resistente (em cm³).

O valor de tensão admissível do parafuso é:
F_t = 138 MPa, para parafusos de baixa resistência ASTM A307;
F_t = 305 MPa, para parafusos de alta resistência ASTM A325;
F_t = 370 MPa, para parafusos de alta resistência ASTM A490.

E, por fim, faz-se a verificação da chapa considerando o maior dos valores dos momentos fletores M_1 e M_2 obtidos:

$$M_2 = Q \cdot a$$

$$M_1 = \left(\frac{P}{2} + Q\right) \cdot b - Q \cdot (a + b)$$

6.9 Verificação do estresse de cisalhamento da placa

A verificação do estresse de cisalhamento da placa é feita com a aplicação de:

$$f_v = \frac{F_F}{2 \cdot b \cdot t}$$

$$F_V = 0,4 \cdot f_y$$

$$f_v \leq F_V$$

$$F_F = \frac{M}{d - t_f}$$

em que:

f_v = tensão de estresse de cisalhamento da placa (em kN/cm²);
F_F = força de tração aplicada pelo flange superior da viga (em kN);
b = largura da chapa de ligação (em cm);
t = espessura da chapa de ligação (em cm);
f_y = tensão admissível do aço da chapa de ligação (em kN/cm²);
M = momento fletor aplicado no apoio da viga (em kNcm);
d = altura da viga (em cm);
t_f = espessura do flange da viga (em cm).

A tensão admissível de cisalhamento F_v para perfis laminados pode ser computada pelos seguintes limites:

$$F_V = 0,4 \cdot f_y \ (\text{pela AISC})$$

$$F_V = 0,33 \cdot f_y \ (\text{pela AASHTO e AREA})$$

Raramente o esforço cortante governa uma ligação, a menos que a viga seja muito curta e a carga aplicada seja muito grande, de onde se terá um esforço cortante maior do que o momento fletor aplicado.

6.10 Dimensionamento da espessura de uma chapa de ligação cuja altura seja maior do que a da viga

Sempre que houver um caso de chapa de ligação cuja altura seja maior do que a altura da viga e que seja submetida a esforço de momento fletor, sua espessura pode ser dimensionada pela Eq. 6.5. Assim, a espessura da chapa é encontrada da mesma maneira vista na seção 6.6.

No entanto, para a determinação do momento fletor, pode-se calcular o braço de alavanca do parafuso ao flange superior da viga do modo descrito a seguir (Fig. 6.65).

O momento fletor é dado pela força de tração multiplicada pelo braço de alavanca:

$$M_d = F_d \cdot d$$

O braço de alavanca d é calculado do seguinte modo:

$$d = d_{eixo-borda} - 0,70 \cdot t_{solda} - \frac{D_{paraf}}{npt}$$

em que:

$d_{eixo-borda}$ = distância entre o eixo do parafuso e a borda do flange da viga;

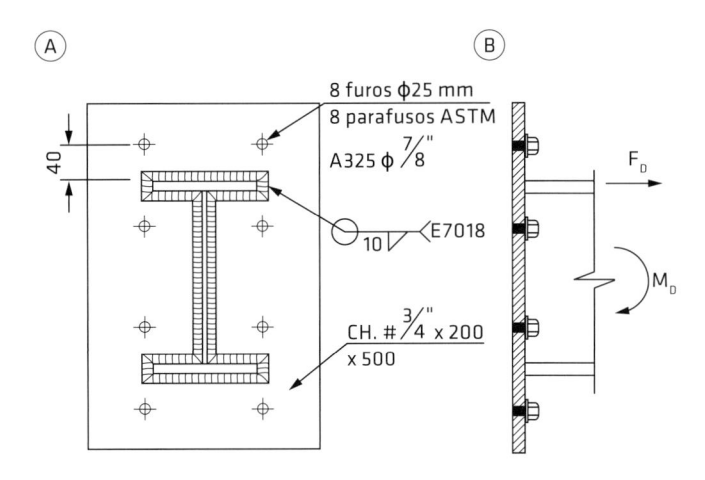

Fig. 6.65 (A) Vista frontal e (B) vista lateral de uma viga ligada a uma chapa de ligação sujeita à ação de momento fletor

t_{solda} = espessura da solda;
D_{paraf} = diâmetro do parafuso;
npt = número de parafusos no entorno do flange tracionado.

Assim, para essa situação, d seria dado por:

$$d = 40,0 \text{ mm} - 0,70 \times 10 \text{ mm} - \frac{22,2 \text{ mm}}{4} = 27,45 \text{ mm} =$$
$$= 2,745 \text{ cm}$$

Nesse caso, $npt = 4$, por haver quatro parafusos no entorno do flange tracionado; se houvesse apenas dois parafusos sob tração, npt seria igual a 2.

6.11 Abordagens de casos reais

6.11.1 Enrijecedores para bases de pilares

A Fig. 6.66 mostra a vista de um enrijecedor usado para base de coluna, com um chanfro de 20 mm × 20 mm efetuado em sua quina inferior, de modo a evitar que os cordões de solda de filete e de entalhe da união entrem em contato.

Na Fig. 6.67, é possível notar a existência de duas porcas sextavadas, chamadas de porca e contraporca, sem uma arruela lisa obrigatória entre elas e sem outra arruela lisa entre a arruela de pressão mostrada e a primeira porca. Além disso, não foram projetados e/ou executados chanfros nas quinas inferiores dos enrijecedores de pilar, permitindo o livre contato entre as soldas de filete presentes na ligação e criando, assim, um campo fértil para o surgimento de corrosão clássica de contato de solda sobre solda.

Nota: Quando houver esforços de momento fletor elevados, como no caso de ligação de colunas principais ou de vigas com chapas de ligação, deve-se procurar sempre usar solda

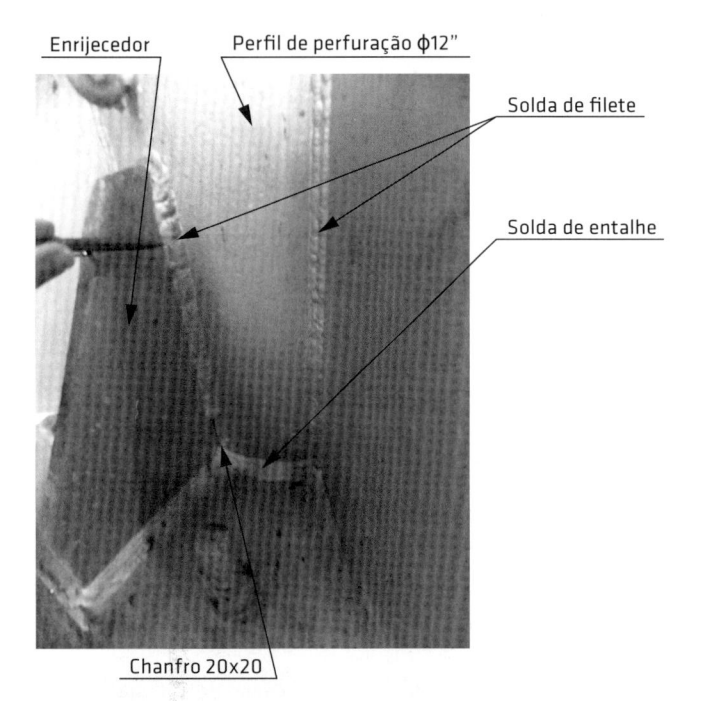

Fig. 6.66 Vista de um enrijecedor usado para base de coluna

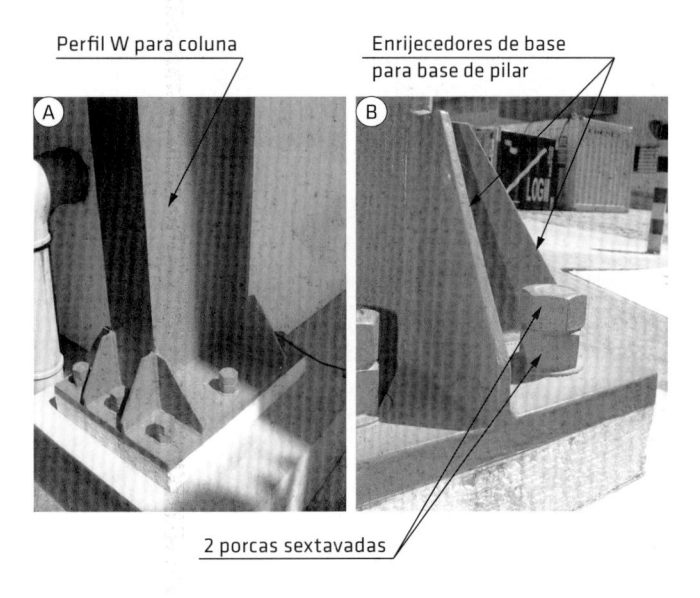

Fig. 6.67 (A) Vista de uma chapa de base de coluna com enrijecedores convergindo um em direção ao outro nas quinas do pilar de perfil W e (B) vista do sistema de porca e contraporca utilizado para prender a barra de pré-concretagem à base da coluna

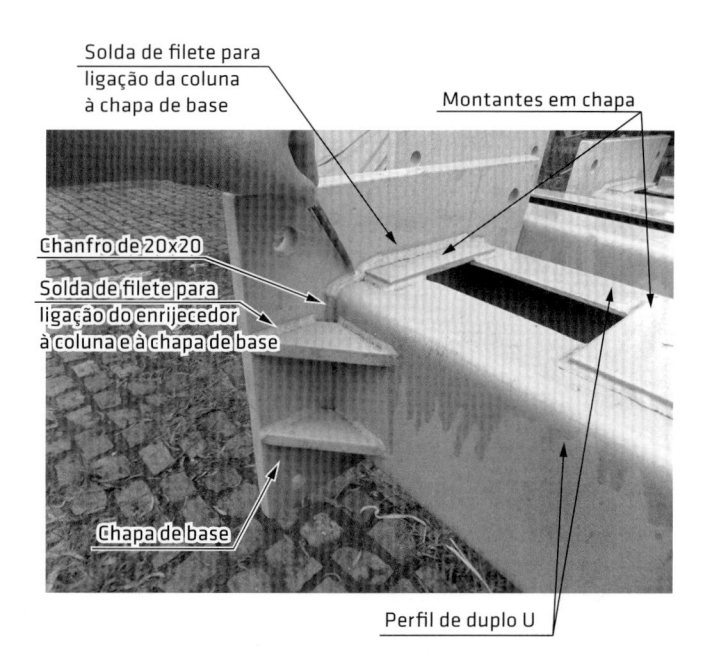

Fig. 6.68 Vista de enrijecedores de base de coluna posicionados em apenas uma direção da chapa de base

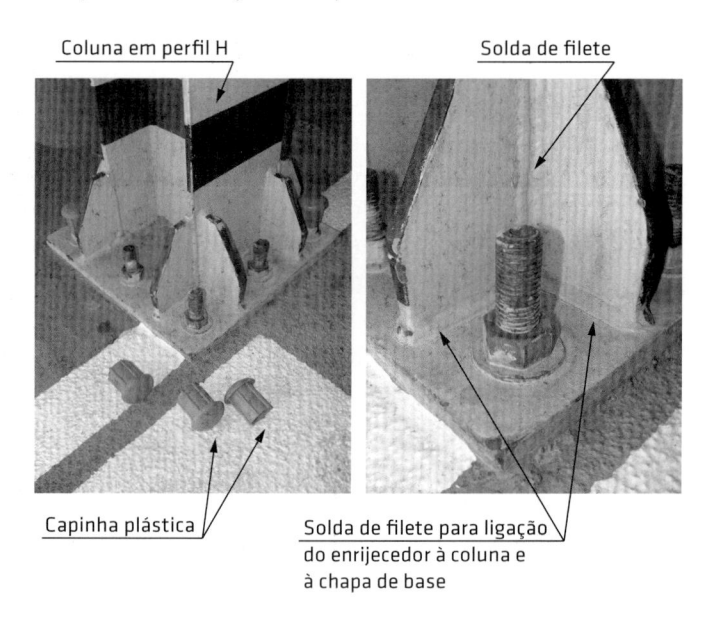

Fig. 6.69 Vistas de uma base de coluna de um mezanino usado para estender um prédio de concreto

de entalhe para a ligação dos flanges superior e inferior com a respectiva chapa, deixando a solda de filete para unir suas almas com essas chapas.

Na Fig. 6.68, observa-se a existência de chanfros criados nas quinas dos enrijecedores, de modo a evitar o contato dos diferentes cordões de solda aplicados nessa chapa de base.

Na Fig. 6.69, mostram-se enrijecedores de base soldados dois a dois nas quinas da base do pilar. Percebe-se, pela ampliação, que o enrijecedor da direita está afastado em cerca de 20 mm em relação à quina do flange da coluna, e que, mesmo assim, as soldas de filete da ligação ainda se encontram.

No entanto, pelo exemplo dado, percebem-se duas falhas de projeto: a proximidade dos enrijecedores e a ausência de chanfros nas quinas inferiores desses enrijecedores, os quais evitariam o contato das soldas da ligação.

Por outro lado, o que não exime a falha de projeto e/ou execução, as soldas receberam tratamento de pintura eficaz. Já as barras de ancoragem de pré-concretagem não receberam proteção com o uso de massa epóxi após suas respectivas montagens com porcas e arruelas, porém foram deixadas capinhas de plástico para protegê-las, o que acabou funcionando.

A chapa de base, nesse caso, mesmo alinhada diretamente sobre o piso existente, dificulta a montagem, uma vez que uma camada de *grout* com altura de 3 cm a 5 cm, projetada entre a chapa de base e o piso, auxilia sobremaneira no nivelamento da chapa de base, além de garantir um ressalto desta em relação ao piso existente, evitando o contato indesejado com líquidos (óleos de máquinas, produtos químicos de lavagem de piso etc.).

Observar, na Fig. 6.70, que poderiam ter sido adotados pequenos pedaços de placas despontando de cada quina do pilar para formar quatro enrijecedores dispostos em cada quina, sem a necessidade de usar enrijecedores laterais contínuos soldados aos perfis U da coluna. Esse esquema, utilizado na figura, demanda mais área de chapa, pois a alma de cada perfil U, que constitui o pilar, já possui a função de enrijecimento nessa região.

Outra função de disposição e de geometrias apresentadas pelos enrijecedores é a de reduzir as tensões presentes na chapa de base, de modo a permitir uma redução de sua espessura.

Notar o uso de porca e contraporca na extremidade de cada barra de ancoragem utilizada, bem como o devido espaçamento entre as porcas e as chapas dos enrijecedores. Uma distância equivalente a duas vezes o diâmetro nominal do conector entre o eixo deste e a face de chapa mais próxima permite que haja uma distância livre o suficiente para a inserção de ferramentas para a montagem das porcas. Distâncias menores do que essa prejudicam a montagem de campo.

O enrijecedor lateral, utilizado na Fig. 6.71 para enrijecer os flanges superior e inferior, acaba formando uma espécie de recipiente que propicia o acúmulo de água e de poeira em seu interior, além de fuligem das máquinas pesadas que trafegam diariamente nessa área, desde empilhadeiras até guindastes. Esse enrijecedor poderia ser substituído por enrijecedores fixados diretamente à alma do pilar e posicionados perpendicularmente aos quatro enrijecedores de menor porte mostrados na figura. Essa substituição evitaria o acúmulo de água e, ainda assim, a função de enrijecimento seria resguardada.

Fig. 6.71 Vista de um sistema de base de coluna usado para um galpão constituído de telha autoportante, onde se tem a sistemática de distribuição de enrijecedores utilizados nas faces dos flanges

6.11.2 Enrijecedores para vigas

Notar que o enrijecedor indicado na Fig. 6.72 deveria possuir um desconto de 5 mm em sua largura, de modo a garantir que sua extremidade não ultrapassasse a largura útil do flange da viga, onde, por um erro de fabricação de milímetros para menos, já seria capaz de deixar a quina do enrijecedor sobressalente.

Para o caso de vigas utilizadas em pontes rolantes, é comum e necessário o uso de enrijecedores espaçados. Na Fig. 6.73, tem-se uma viga soldada VS.

Nota: Normalmente, utilizam-se vigas de perfil PS para casos de pontes rolantes. Essas vigas são personalizadas, ou seja, suas larguras de mesas e de alturas e espessuras de flanges e de alma não se encaixam em nenhum perfil VS tabelado, o que é perfeitamente normal para pontes rolantes com capacidade de carga elevada. As distâncias entre as colunas costumam recair em valores da ordem de 5 m, pois essas vigas devem possuir uma deformação vertical variando de $L/600$ a $L/1.000$.

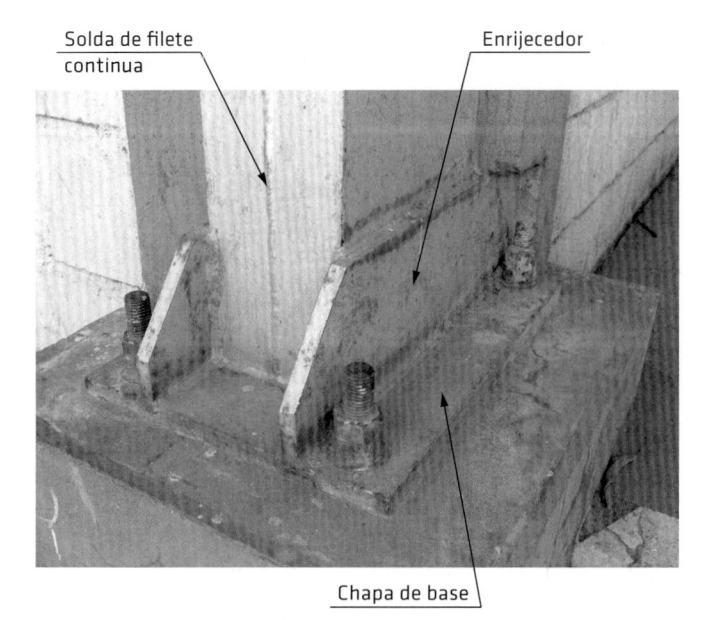

Fig. 6.70 Vista de uma base de pilar de um prédio de um pavimento, formada por enrijecedores laterais contínuos. Também se vê a solda de filete usada para unir os dois perfis U laminados que compõem o pilar de seção retangular

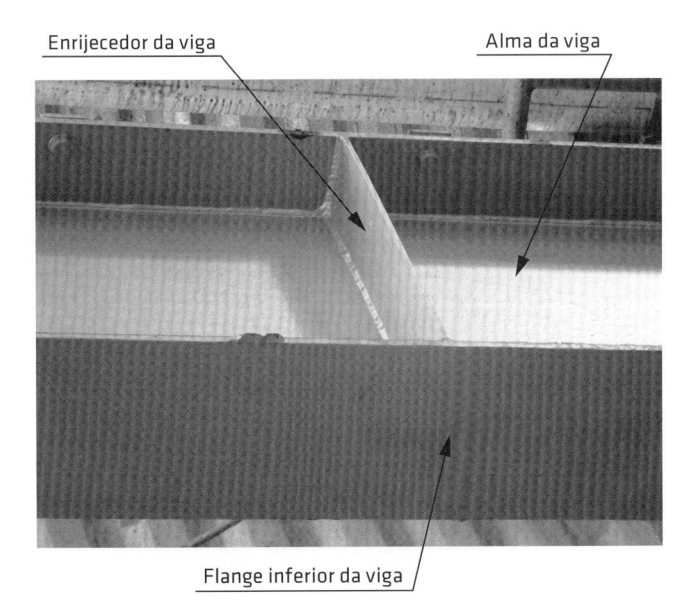

Fig. 6.72 Vista de enrijecedor de uma viga VS

Fig. 6.73 Vista de diversos enrijecedores soldados a uma viga de ponte rolante com capacidade para 16 tf

Observar, pela Fig. 6.74, que deveriam existir enrijecedores na região do apoio da viga sobre a coluna, para garantir a continuidade dos esforços solicitantes da coluna para o flange superior da viga. A falta de enrijecedores nas regiões dos apoios pode causar deformações locais no flange inferior dessa viga.

As vigas de uma ponte rolante, normalmente de perfil PS, costumam possuir alturas elevadas a partir de 700 mm, ficando, assim, sujeitas a grandes deformações causadas pela flambagem local. Daí a necessidade de um grande número de enrijecedores em contraste com os casos de menores esforços cisalhantes e de vigas de menores alturas, tanto VS como W, comumente usadas para edificações, marquises etc.

Fig. 6.74 Vista dos enrijecedores soldados na viga de perfil PS, que, por sua vez, apoia-se sobre uma coluna de perfil de seção circular

Na Fig. 6.75, tem-se a vista de duas vigas secundárias sobre as quais se apoiam as pontes rolantes. Sobre a viga secundária inferior, trafegam duas pontes rolantes, cada uma com capacidade para 20 tf, enquanto, sobre a viga superior, trafega uma ponte rolante com capacidade para 45 tf.

Naturalmente, a viga secundária inferior possui batentes de freios que limitam o tráfego de uma ponte rolante de 20 tf em relação à outra, caso contrário as duas poderiam se chocar.

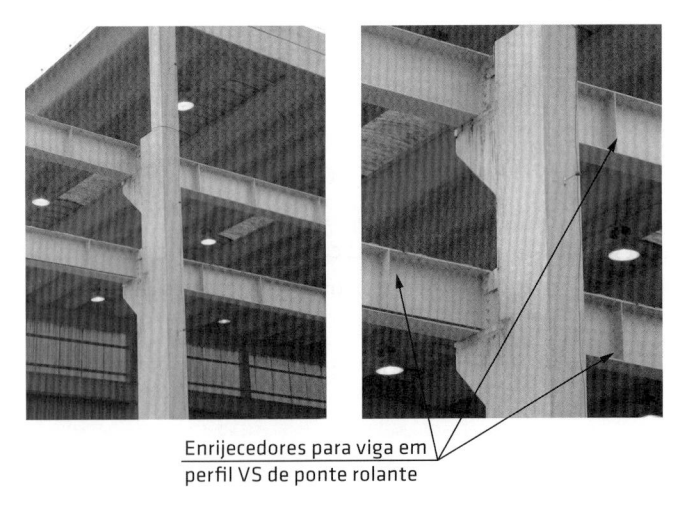

Fig. 6.75 Vistas de vigas secundárias de pontes rolantes de aço com seus enrijecedores intermediários, apoiadas sobre consoles de pilares pré-moldados de concreto armado

A ampliação da vista dessa ponte rolante, na Fig. 6.76, mostra a existência de um enrijecedor devidamente posicionado na viga, na direção do console de concreto. O uso de enrijecedores nos apoios é obrigatório para vigas

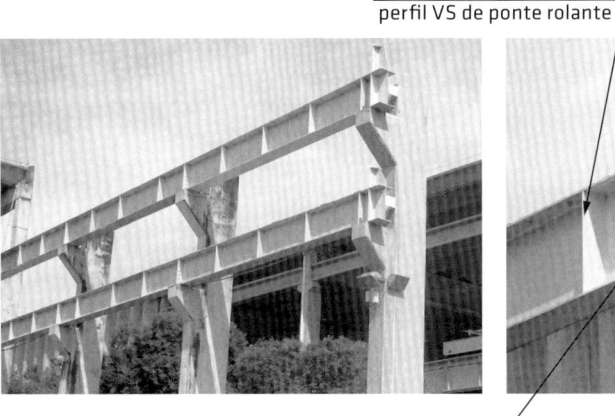

Fig. 6.76 Vistas de outras perspectivas das vigas da ponte rolante da Fig. 6.75, com as disposições dos enrijecedores de apoio

(Legendas da figura: Enrijecedores para viga em perfil VS de ponte rolante; Viga em perfil VS; Console do pilar de concreto armado)

metálicas. Eles são chamados de enrijecedores de apoio e possuem a função de transmitir os esforços do flange superior da viga para o flange inferior e, assim, para o apoio.

As vigas metálicas para essa ponte foram fabricadas por partes, com dimensão equivalente à distância entre os eixos dos pilares de concreto. Sobre os apoios de concreto (consoles), as duas partes de vigas encontram-se e são conectadas com o uso de ligações parafusadas, unindo os enrijecedores de apoio instalados em cada extremidade da viga.

Assim, as placas de enrijecedores de apoio são diferenciadas das placas usadas para os demais enrijecedores intermediários, pois a atuação de esforços combinados de tração e de esforço cortante deve ser dimensionada como se fosse uma chapa de emenda alinhada com o topo de viga, conforme visto na seção 2.18.3. Já os enrijecedores intermediários são dimensionados apenas para o esforço cortante atuante.

Caso essa viga fosse contínua, feita de uma única peça, passando direto pelos apoios de concreto sem a ideia de emenda nessa região específica, os enrijecedores de apoio seriam dimensionados como os enrijecedores intermediários, estando sujeitos apenas a esforços cortantes.

Na Fig. 6.77 é mostrada uma vista frontal da ponte rolante, de modo a evidenciar o uso dos enrijecedores transversais. Em pontes rolantes ou situações de aplicações semelhantes, em que perfis soldados são utilizados com alturas superiores a 600 mm, com razão b_w (largura da mesa)/t_w (espessura da alma) elevada, o uso de enrijecedores transversais costuma ser requisitado no cálculo. E, mesmo que possam ser dispensados, recomenda-se o uso de enrijecedores transversais para casos de perfis soldados, de alma não muito espessa em relação à altura elevada, pois a simples soldagem utilizada para a montagem desses perfis é capaz, por si só, de gerar empenos na alma

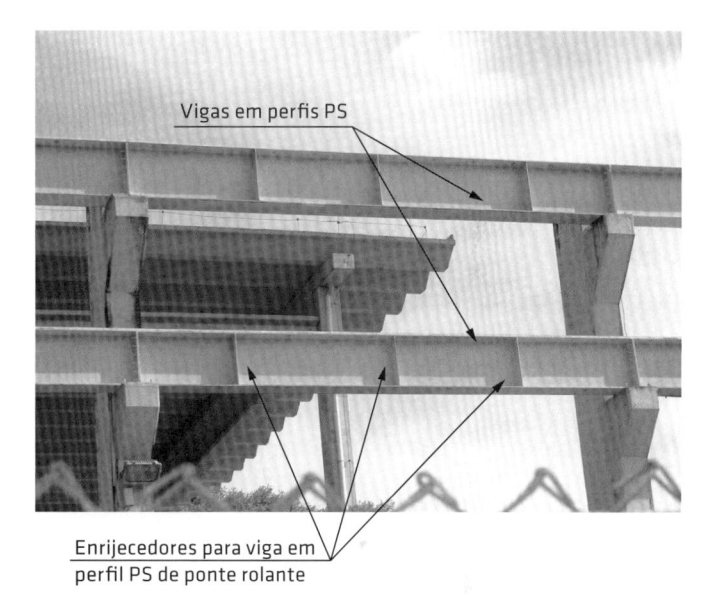

Fig. 6.77 Vista frontal das vigas de ponte rolante em perfis PS com seus enrijecedores de apoio e intermediários devidamente posicionados

(Legendas da figura: Vigas em perfis PS; Enrijecedores para viga em perfil PS de ponte rolante)

do perfil. É uma medida adotada para evitar deformações como a do efeito de *crippling*.

Na Fig. 6.78 é mostrado um caso de uso de enrijecedores de apoio sempre obrigatórios nos trechos de contato de extremidades ou de regiões intermediárias de vigas localizadas em áreas de aplicação de reações de apoio. É uma medida adotada para evitar o efeito de *buckling*.

6.11.3 Enrijecedores para encontros de colunas com vigas

Na Fig. 6.79, nota-se que deveria existir mais um par de enrijecedores de apoio, alinhados na extremidade oposta daqueles mostrados. Sempre que se apoiar uma determinada viga sobre um pilar, deve-se ter o cuidado de instalar enrijecedores na viga, de modo que eles permaneçam alinhados com os flanges do pilar.

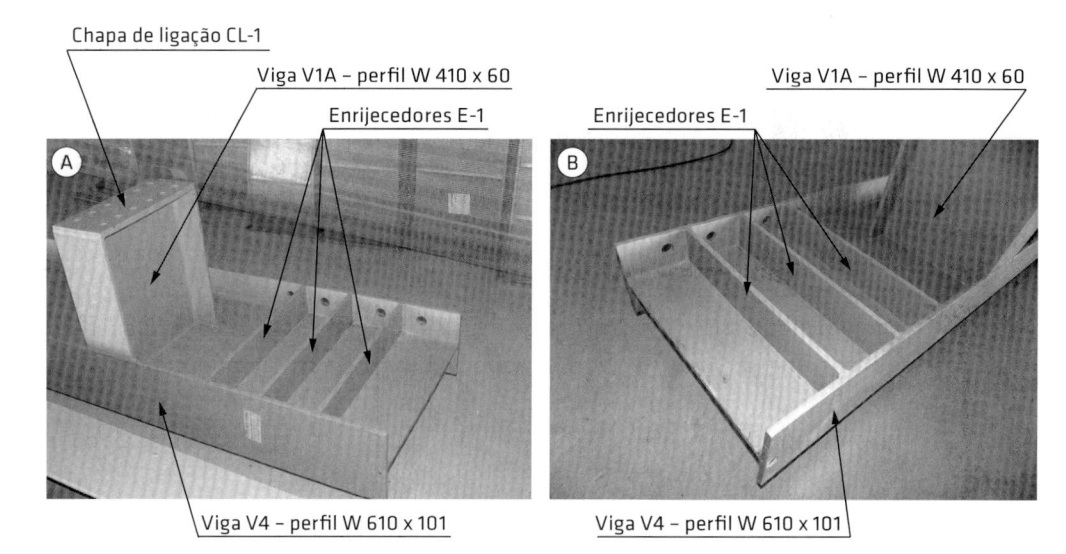

Fig. 6.78 Uso de enrijecedores de apoio, dispostos nas duas faces da alma, na viga abordada nas figuras da seção 2.30.16, de perfil W 610 × 101

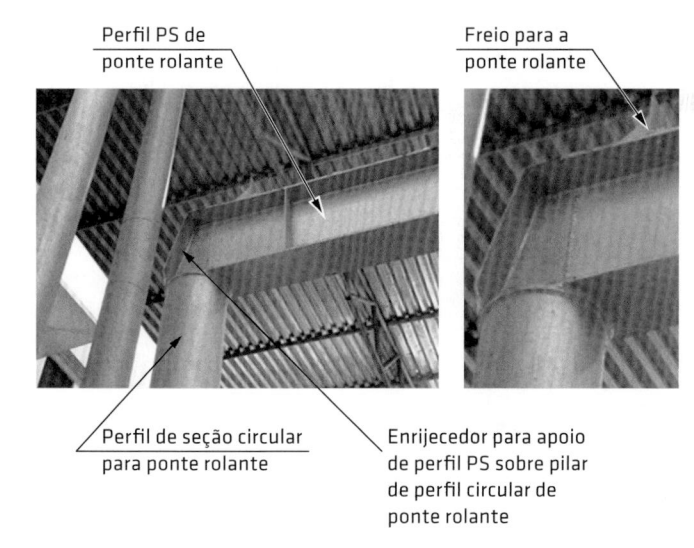

Fig. 6.79 Vista de enrijecedores usados na extremidade do apoio de uma viga de perfil PS (perfil personalizado) sobre uma coluna de perfil de tubo de perfuração, para uma ponte rolante com capacidade para 16 tf

6.11.4 Batente de fim de curso para ponte rolante

A Fig. 6.80 mostra um batente de freio em uma viga de ponte rolante com capacidade para 16 tf. Sua ampliação na Fig. 6.81A traz um detalhe de batente de fim de curso usado obrigatoriamente nas extremidades de vigas de pontes rolantes, de modo a garantir, com segurança, que estas não ultrapassem determinados limites. Já na Fig. 6.81B há um detalhe da fixação direta do perfil de trilho TR ao flange superior da viga de ponte rolante, por meio de parafusos de alta resistência ASTM A325.

6.11.5 Perfil L para apoio (berço) de viga

Na Fig. 6.82A, notar que o perfil L é fixado com chumbadores mecânicos Tecbolt Parabolt na viga de concreto de fachada, e que a viga foi apoiada e soldada no perfil L com o uso de solda de campo, o que danifica a proteção por galvanização e/ou pintura de proteção contra o processo de corrosão.

Poderia ter sido previsto, nesse caso, o uso de furos tanto no flange inferior da viga quanto na outra aba do perfil L, para permitir o parafusamento no local e evitar o uso de solda de campo.

Percebe-se, assim, que mesmo em casos simples de resolver com conectores montados no local, a solda de campo ainda é utilizada de forma indiscriminada, fazendo com que o esforço promovido para aplicar uma dada proteção contra corrosão, por galvanização e/ou pintura, seja em vão.

Fig. 6.80 Vista de batente de freio montado sobre a extremidade da mesa superior de uma viga com perfil PS de ponte rolante com capacidade para 16 tf

O perfil U indicado na Fig. 6.82B também foi apoiado no perfil L e conectado a este com o uso de solda de campo. Também foram empregados chumbadores mecânicos Tecbolt Parabolt para a fixação do perfil L à viga de concreto.

A Fig. 6.83 mostra outro sistema formado por um perfil L que serve de apoio (de berço) para a treliça. Observar que o perfil L possui uma aba que vem soldada à coluna, e que a outra aba vem com dois furos que receberão dois parafusos de alta resistência ASTM A325 $\phi 1/2$", para a fixação do banzo inferior da treliça.

Na Fig. 6.84A, é possível observar que o perfil L vem soldado ao flange da coluna de perfil de seção retangular (fechada) e com dois furos em sua outra aba para ser parafusado ao banzo inferior da treliça *in loco*, com o uso de parafusos de alta resistência ASTM A325.

A Fig. 6.84B mostra que os comprimentos dos parafusos não foram bem dimensionados, pois ficaram com um comprimento de zona rosqueada bem exacerbado. Para o cálculo do comprimento de parafusos, ver seção 2.5.

A reação de apoio da treliça é aplicada no meio da aba do perfil L na Fig. 6.84B, o que gera um momento fletor nessa mesma aba, e é para esse momento fletor que o perfil L deve ser dimensionado.

O perfil L nessa situação é capaz de resistir ao esforço solicitante sem precisar de um enrijecedor; enrijecedores podem ser usados para aliviar os esforços nas abas de perfis L usados como apoios (berços) de vigas.

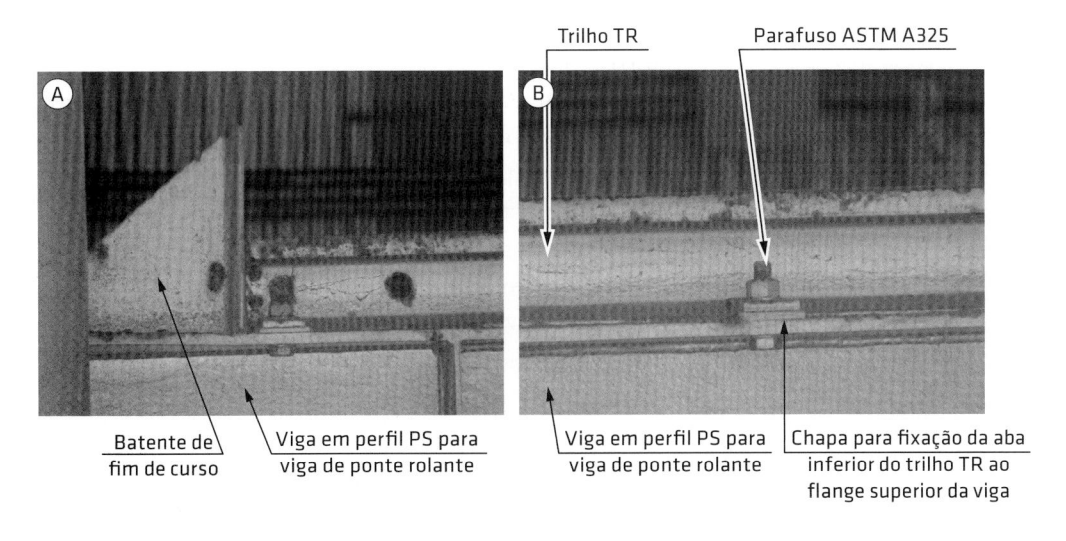

Fig. 6.81 Ampliações da ponte rolante da Fig. 6.80: (A) vista do batente de freio e (B) vista das grapas que fixam o trilho à viga em perfil PS

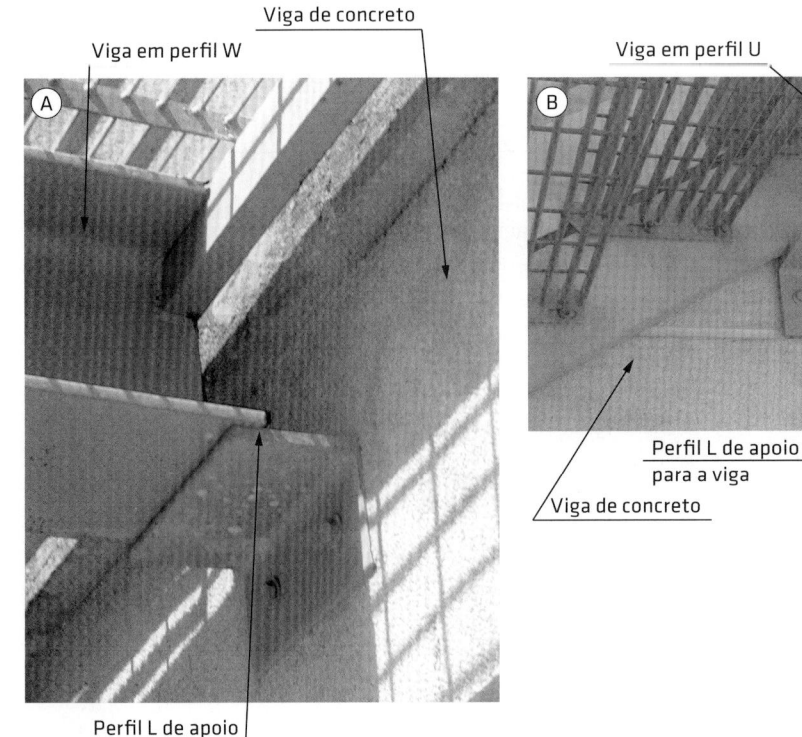

Fig. 6.82 Vistas de perfis L diferentes usados como sistema de apoio (berço) para receber (A) uma viga em perfil W e (B) uma viga em perfil U para uma escada, estando ambos os apoios fixados a vigas de concreto por meio de chumbadores mecânicos

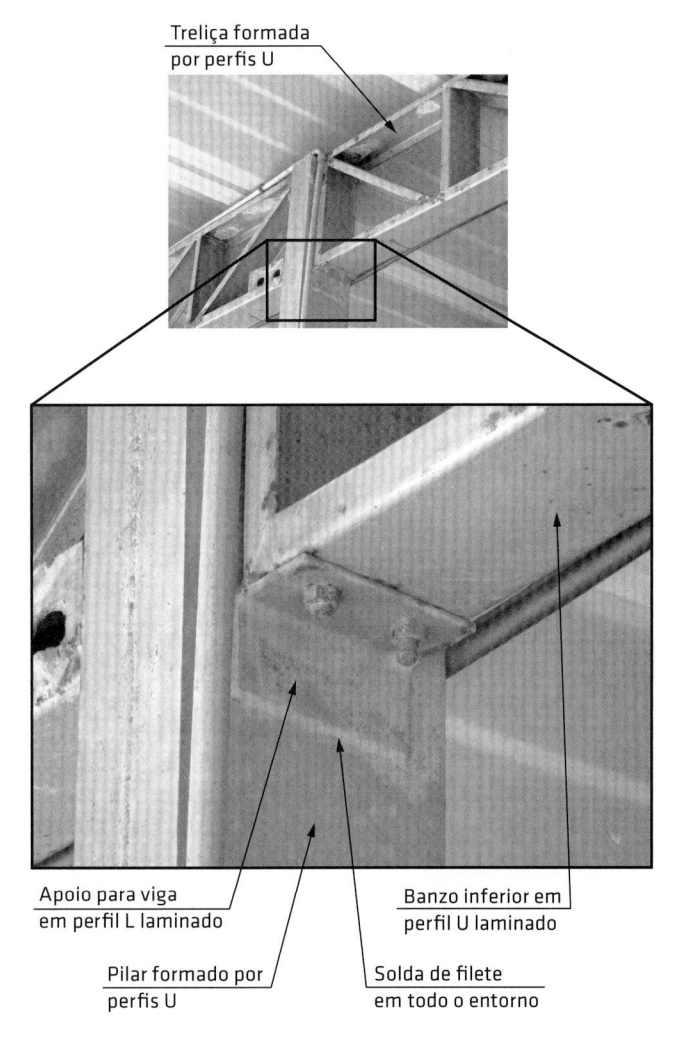

Fig. 6.83 Vista ampliada de outro sistema de apoio formado por um perfil L

6.11.6 Sistema de passarela

Na Fig. 6.85, é possível observar um exemplo de passarela metálica, cujos detalhes de construção estão apresentados nas Figs. 6.86 e 6.87. A Fig. 6.86 mostra a ligação dos perfis W 310 × 44,5 constituintes das duas vigas com as colunas em perfil Schedule 40 ϕ8", que possuem espessura de 8,18 mm e massa de 42,53 kg/m. Sobre os perfis W das vigas principais, apoiam-se, em outra direção, perfis W 150 × 18, que servem de apoio para a chapa xadrez de piso mostrada na Fig. 6.87.

A Fig. 6.88 apresenta o piso em chapa xadrez apoiado diretamente sobre vigas inteiras e sobre calços curtos, ambos constituídos de perfis W 150 × 13, posicionados de modo intercalado: viga inteira-calço-viga inteira-calço; ver a Fig. 6.89, em que são exibidas vistas ampliadas desses perfis.

O calço intermediário constituído de um pedaço de perfil W foi utilizado para reduzir a deformação vertical da chapa de piso, cujo cálculo já foi mostrado neste capítulo.

Desse modo, observa-se que o piso da passarela possui apoios contínuos (vigas) e apoios localizados (calços) ao longo de seu comprimento e que seus bordos laterais são livres.

Os perfis W 150 × 13 aplicados a calços e vigas inteiras, por sua vez, apoiam-se diretamente sobre as duas vigas principais em perfis W 310 × 44,5, que se apoiam sobre pilares de perfis Schedule 40 ϕ8".

Sendo assim, o sistema estrutural adotado para o dimensionamento dessa chapa de piso considera o piso apoiado sobre quatro pontos de apoio, ficando seus quatro bordos livres e desprezando o efeito de apoio contínuo proporcionado pelas vigas inteiras, o que fica a favor da segurança da deformação vertical.

Na Fig. 6.90, notar o detalhe do parafuso usado para unir o perfil Schedule transversal visto na Fig. 6.86 ao perfil W principal constituinte da viga da passarela.

A Fig. 6.91 mostra os parafusos, com suas arruelas e porcas sextavadas, usados para unir a chapa de piso ao perfil W 150 × 13 da viga de apoio. Eles também foram utilizados para unir o flange inferior das vigas em perfil W 150 × 13 ao flange superior da viga principal em perfil W 310 × 44,5.

A Fig. 6.92 mostra diferentes perspectivas da passarela montada no local, com seus perfis principais já soldados e parafusados da própria montadora e transportados com carretas de 12 m.

Como a passarela possui comprimento total acima de 12 m, foram projetadas emendas parafusadas ao longo dos comprimentos das vigas principais das passarelas.

Fig. 6.84 Vistas de um mesmo sistema de apoio em L usado para receber um banzo inferior de treliça em perfil U laminado

Fig. 6.85 Vista geral da passarela metálica

Detalhe 1

Viga em perfil Sch. 40 ɸ8"

Colunas em perfil Sch. 40 ɸ8"

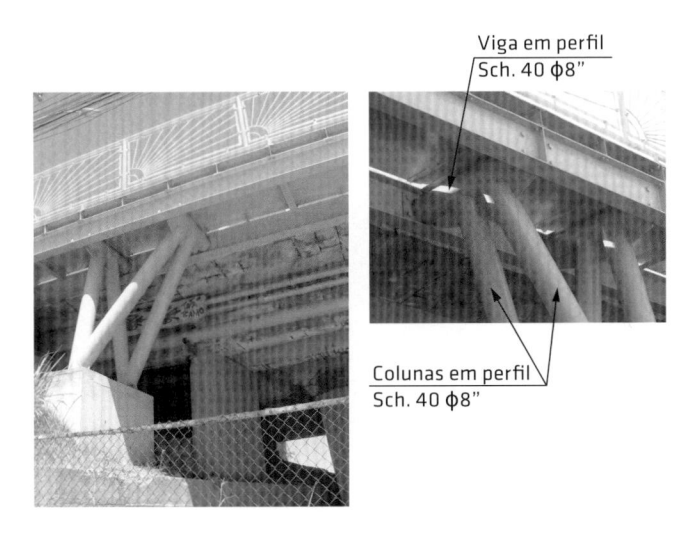

Fig. 6.86 Vista ampliada da ligação das vigas de perfil W 310 × 44,5 com as colunas em perfil Schedule 40 ɸ8"

Guarda-corpo em perfil Sch. 40 ɸ2" para barras principais horizontais e verticais

Chapa xadrez #8 mm para o piso da passarela

Fig. 6.87 Vista frontal da passarela, evidenciando a chapa de piso e o sistema de guarda-corpo

Calço em perfil W 150 x 13

Viga em perfil W 150 x 13

Chapa xadrez # $5/16$" para o piso da passarela

Ⓐ

Ⓑ

Viga em perfil W 310 x 44,5

Calço em perfil W 150 x 13

Viga em perfil W 150 x 13

Viga em perfil W 310 x 44,5

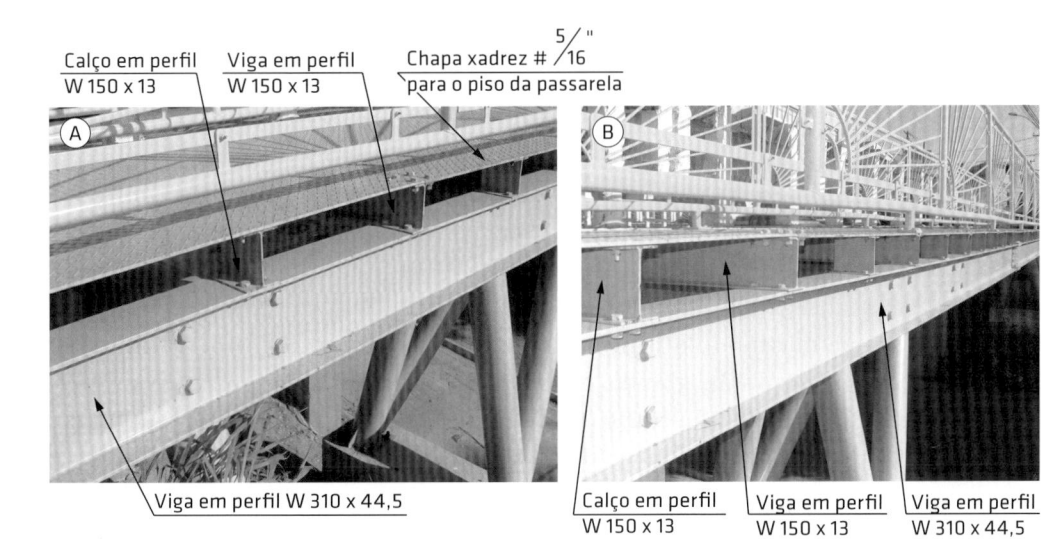

Fig. 6.88 Vista geral dos elementos estruturais que compõem a passarela

DIMENSIONAMENTO DE PLACAS

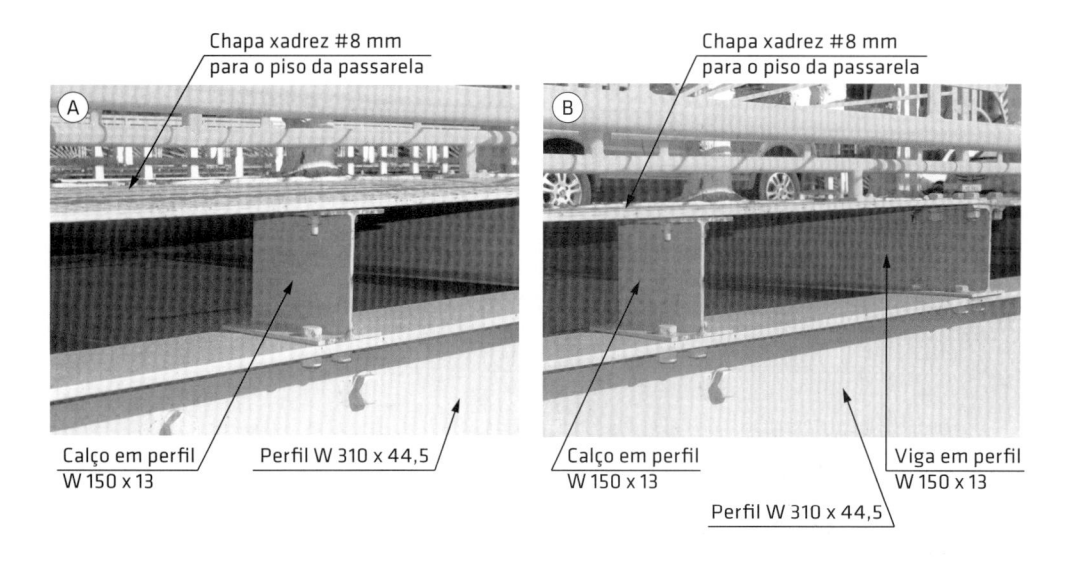

Fig. 6.89 Vista ampliada de (A) um calço em perfil W 150 × 13 e (B) uma viga em perfil W 150 × 13, usados para criar apoios intermediários para a chapa xadrez de piso e aparafusamento do flange inferior da viga em perfil W 150 × 13 ao flange superior da viga principal em perfil W 310 × 44,5 por meio de parafusos comuns ASTM A307 $\phi 3/8"$

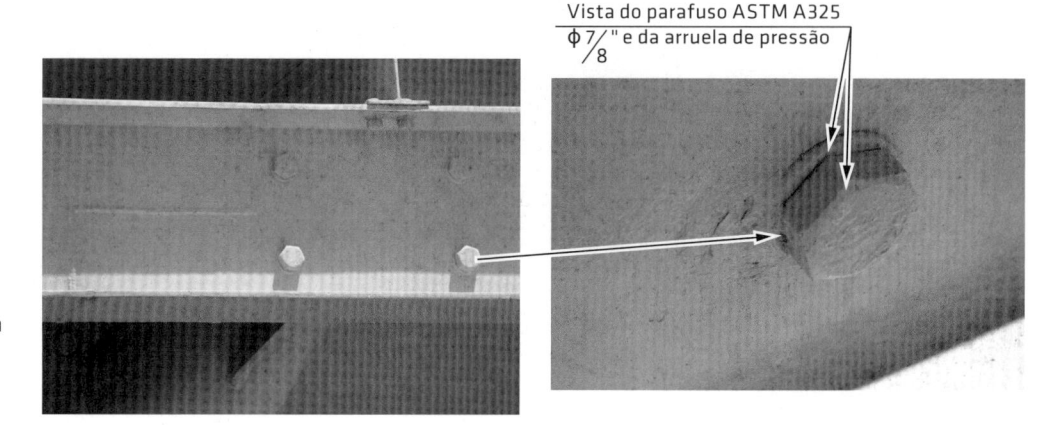

Fig. 6.90 Vista ampliada de um dos parafusos de alta resistência A325 $\phi 7/8"$, usado para unir as vigas principais aos pilares de perfis de seção circular

Nota: Para peças estruturais cujos comprimentos totais não ultrapassam 12 m, torna-se fácil conseguir o transporte, uma vez que o comprimento comercial das carretas é de 12 m. Já para peças acima desse comprimento, a carreta precisa ser reservada, e torna-se mais difícil sua aquisição. Para esses casos, recomenda-se criar emendas intermediárias a serem aparafusadas no local.

6.11.7 Tampas para caixas usuais

Todas as caixas devem ser dimensionadas para resistir ao tráfego de transeuntes, estando sujeitas ou não a esse tráfego, e, ao mesmo tempo, devem possuir uma massa total em função de sua espessura e dimensões gerais, de modo a permitir o acesso pelos técnicos de área. A Fig. 6.93 mostra uma tampa de caixa sujeita ao tráfego, localizada em uma área de gramado e suscetível, portanto, ao tráfego de pedestres. O cálculo de chapas para essas situações já foi mostrado neste capítulo.

A tampa de caixa mostrada na Fig. 6.94A estará esporadicamente sujeita à abertura, enquanto a da Fig. 6.94B estará permanentemente sujeita ao tráfego de pedestres. Por esses motivos, toda tampa de aço destinada a caixas deve possuir duas características básicas: ser leve para seu levantamento por um técnico que deseja acessar a caixa e ser resistente de modo a não criar deformação excessiva sob o tráfego de transeuntes locais, pois o desnível ao pisar é notado facilmente e traz desconforto.

6.11.8 Tampas para caixas grandes

A previsão de divisão de uma tampa de caixa muito grande, como mostram as Figs. 6.95 a 6.97, em módulos e com o uso de olhais é uma responsabilidade do projeto, para reduzir não só a massa de içamento, mas também as dimensões geométricas a serem içadas, pois, quanto maior o raio usado por uma lança de um determinado equipamento, menor sua capacidade de carga de içamento.

Chapa xadrez #8 mm para o piso da passarela

Perfil do guarda-corpo em Sch. 40 ϕ2"

Viga em perfil W 150 x 13

Viga em perfil W 310 x 44,5

Fig. 6.91 Vista dos parafusos usados para unir a chapa de piso ao perfil W 150 × 13

Perfil da passarela a ser montado *in loco*

Fig. 6.92 Vistas da passarela descarregada por caminhão *munck* no piso, antes de ser içada por guindaste e posta no local definitivo

Piso de chapa de aço em xadrez no nível do piso

Fig. 6.93 Vista de uma tampa metálica com saliência em relação ao terreno, com espessura de ¼"

DIMENSIONAMENTO DE PLACAS

Fig. 6.94 Vistas de dois sistemas de tampa de caixa: (A) elevada em relação ao gramado à sua volta e (B) nivelada com a calçada

Fig. 6.95 Vista geral de uma caixa separadora de água e óleo de grandes proporções

Fig. 6.97 Vista dos olhais fixados nas bordas dos módulos de tampa da caixa da Fig. 6.95

Fig. 6.96 Vista do apoio de concreto executado sob a tampa metálica, deixando o fundo desta distante do nível do terreno, de modo a protegê-la do processo de corrosão promovido pelo empoçamento de água

Sendo assim, ao dividir a caixa em módulos, aumenta-se o leque de possibilidades de equipamentos disponíveis no local para efetuar o serviço de içamento. Caso se optasse por uma única tampa, em vez de subdividi-la em módulos, o número de equipamentos com capacidade e geometria compatíveis seria reduzido para uso, quando solicitado. Afinal, solicitar caminhões *munck* é bem mais fácil do que solicitar guindastes para serviços de inspeção em caixas, mesmo que se trate de inspeções não rotineiras, a cada seis meses ou mais.

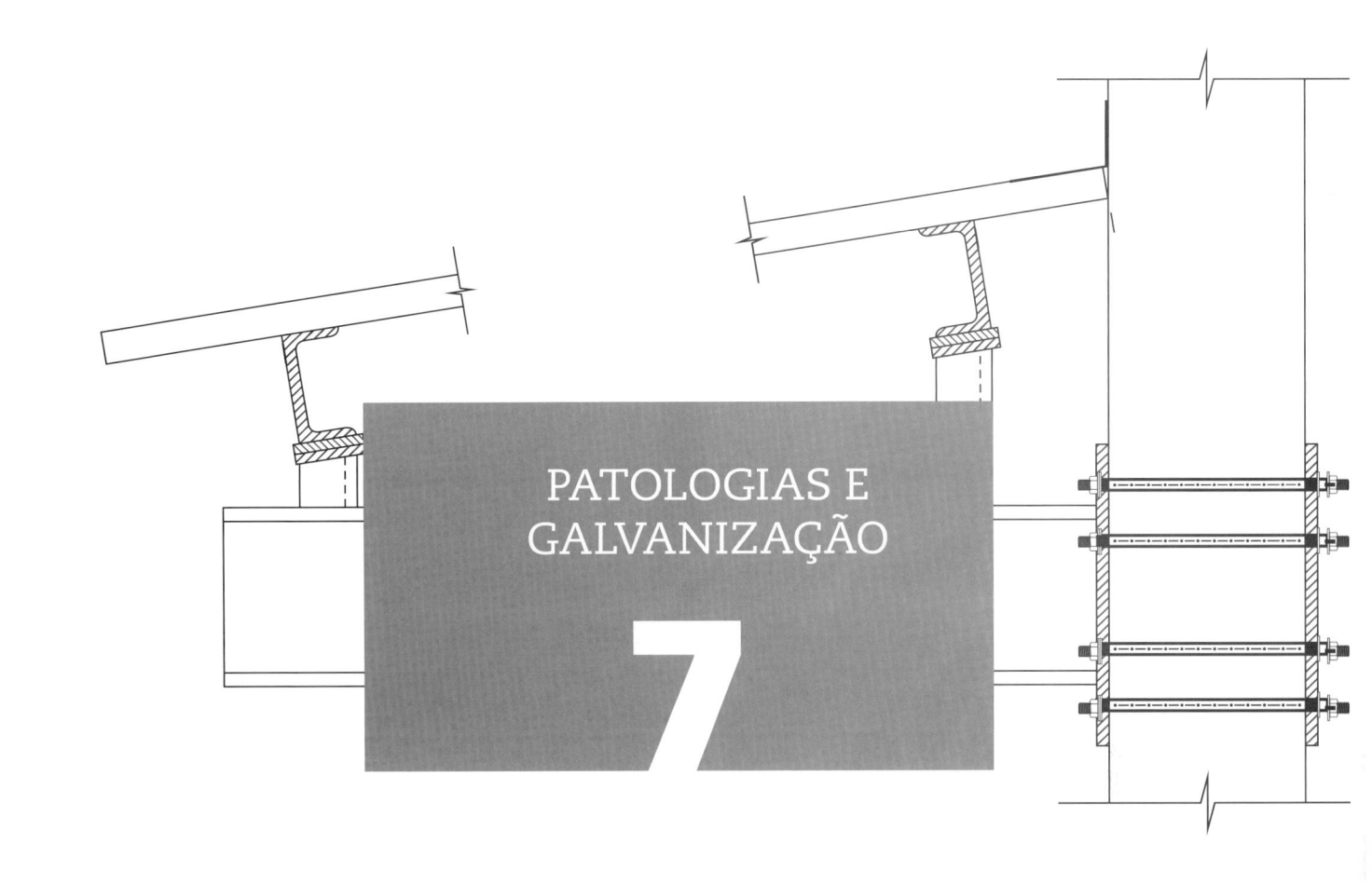

PATOLOGIAS E GALVANIZAÇÃO

7

7.1 Patologias

As patologias em estruturas de aço, de modo geral, relacionam-se aos processos de corrosão presentes em seus elementos estruturais constituintes. E, mesmo quando identificadas de forma localizada, como em ligações soldadas e parafusadas, são capazes de levar toda a estrutura ao colapso, resultando em incidentes com prejuízo material ou até acidentes com perdas humanas.

Portanto, quanto mais cedo forem analisadas e sanadas, menores serão os custos de manutenção e os riscos de acidentes no local.

7.1.1 Classificação das patologias

As patologias podem ser classificadas em:

a) Adquiridas

São aquelas provenientes de elementos externos, deletérios à superfície do aço, tais como: líquidos, gases, vibrações excessivas, umidade etc. Estão relacionadas com falta de manutenção e falhas de projeto que permitiram o acúmulo (em virtude da forma geométrica dos elementos estruturais) ou o contato da superfície do aço diretamente com os elementos deletérios (falta de galvanização e pintura compatível com o meio agressivo).

b) Transmitidas

São aquelas causadas por vícios construtivos ou por falta de conhecimento técnico da equipe de montagem. Uma especificação técnica bem elaborada, quando utilizada pela equipe de obra, pode reduzir e até eliminar esse tipo de patologia. Nessa especificação deve-se indicar, por exemplo, a não utilização da solda de campo quando se dispõe de ligações parafusadas devidamente detalhadas no projeto.

c) Atávicas

São aquelas resultantes de erros de escritório, como: falha de cálculo e/ou dimensionamento dos elementos estruturais; concepção ruim do projeto, sem preocupação com a riqueza de detalhes e se estes efetivamente serão exequíveis; incompatibilidade entre tipos de aço especificados etc.

7.1.2 Conceito de processo de corrosão

Entre os vários autores pesquisados, parece haver um consenso a respeito das definições do processo de corrosão. Para Helene (1986), a "corrosão é uma interação destrutiva de um material com o ambiente, seja por reação química, ou eletroquímica".

Os metais nobres (prata, ouro e platina) são estáveis e encontram-se na natureza sob a forma metálica. Todos os demais metais são encontrados sob a forma de minérios e, portanto, em condições de maior estabilidade. Nesse segundo grupo, faz-se necessária a utilização do processo metalúrgico, a fim de fornecer energia e transformá-los em metais. Dessa forma, para a condição do metal em equilíbrio metaestável, se existirem condições propícias à perda da energia, haverá a corrosão e o retorno à sua composição original estável, como mostra o ciclo na Fig. 7.1.

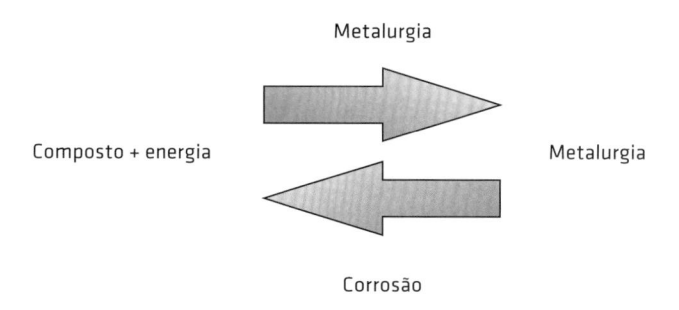

Fig. 7.1 Ciclo dos metais

A corrosão pode ser explicada pela deterioração dos materiais dada pela ação química ou eletroquímica do meio, podendo estar ou não associada a esforços mecânicos, como visto no gráfico elucidativo da Fig. 7.2.

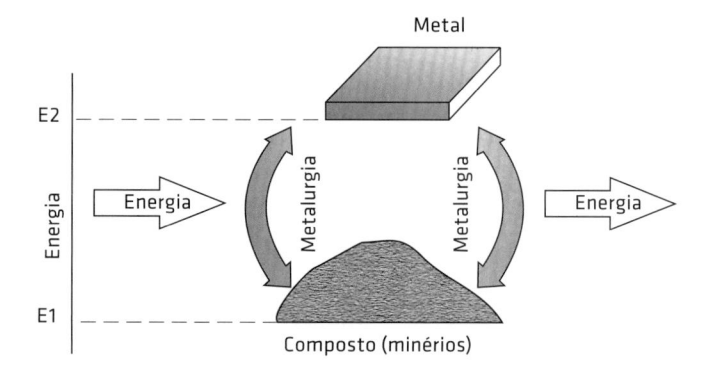

Fig. 7.2 Interação do metal sem proteção contra corrosão com o meio externo

Pode-se definir o processo de corrosão como a interação físico-química de um determinado metal com o meio, que poderá resultar em alterações nas propriedades do metal e em sua frequente degradação funcional. Sendo assim, trata-se de um processo eletroquímico, em geral espontâneo, que, aliado ou não a um esforço mecânico aplicado, afeta a durabilidade e o desempenho dos respectivos materiais.

Por exemplo, um elemento estrutural inserido em um meio agressivo e sob a aplicação de determinados esforços solicitantes (tração, torção etc.) está mais suscetível ao processo de corrosão do que um elemento estrutural inserido em um contexto em que não há esforços atuantes.

7.1.3 Tipos de corrosão

a) Corrosão uniforme

Esse tipo de corrosão ocorre ao longo de toda a extensão da superfície do elemento estrutural, quando o aço fica exposto ao ambiente externo, sofrendo assim ação da umidade e do oxigênio. Essa ação promove a perda da seção do elemento ou da peça de modo uniforme, culminando com a formação de escamas de ferrugem e a respectiva redução da seção transversal da peça, como mostra a Fig. 7.3.

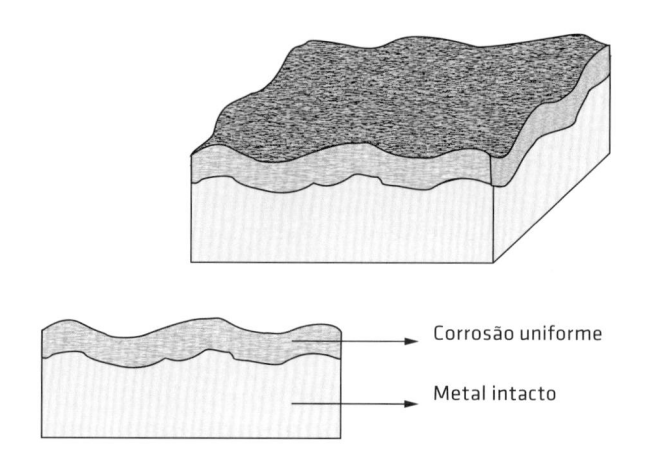

Fig. 7.3 Corrosão uniforme

b) Corrosão puntiforme (ou *pitting* ou por pites)

Esse tipo de corrosão ocorre sob a forma de pontos profundos (pites) diretamente ao longo da superfície do elemento estrutural, ou em pequenas regiões localizadas, sendo a profundidade da corrosão maior do que seu respectivo diâmetro (Fig. 7.4). Com essa patologia presente, pode-se ter casos de corrosão que culminem com a perfuração da espessura da chapa de aço da peça. O desgaste ocorre de forma localizada, porém com alta intensidade.

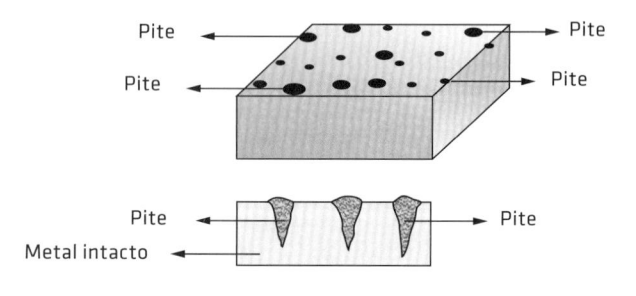

Fig. 7.4 Corrosão puntiforme

c) Corrosão alveolar

Essa corrosão dá-se na forma de sulcos de escavações, produzindo crateras parecidas com alvéolos, com fundo arredondado e profundidade geralmente menor do que seu diâmetro, e ocorrendo de maneira localizada (Fig. 7.5).

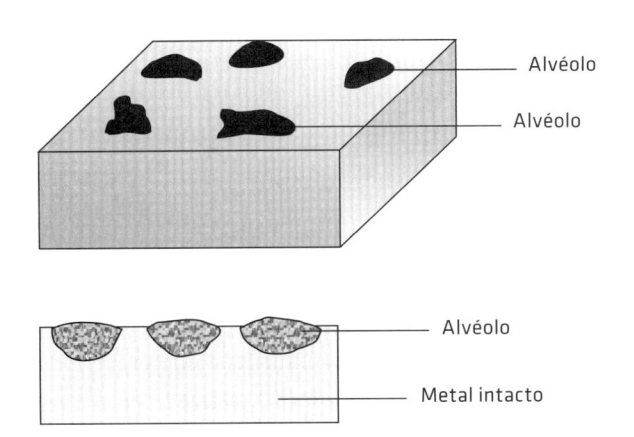

Fig. 7.5 Corrosão alveolar

d) Corrosão por esfoliação

Esse tipo de corrosão ocorre ao longo de diferentes camadas do respectivo elemento estrutural, onde o produto da corrosão, formado entre a estrutura de grãos alongados, promove a separação das camadas constituintes, ocasionando um inchamento do material metálico (Fig. 7.6).

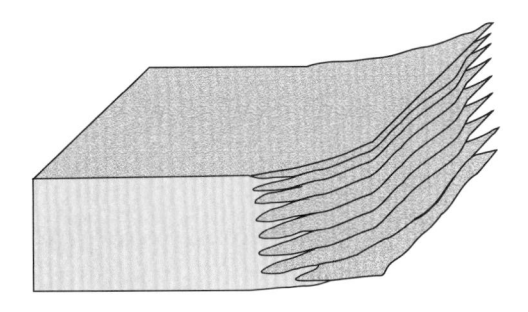

Fig. 7.6 Corrosão por esfoliação

e) Corrosão galvânica

Quando duas peças metálicas de composições químicas diferentes são posicionadas em contato com um eletrólito entre elas, uma passa a funcionar como ânodo, liberando íons para o meio da solução, corroendo-se e perdendo seção, enquanto a outra passa a funcionar como cátodo, liberando elétrons e mantendo sua seção intacta. Ou seja, são promovidos efeitos químicos de redução e oxidação, respectivamente.

Sendo assim, o elemento metálico menos nobre liberará íons e começará a se desintegrar, enquanto o mais nobre se manterá intacto. A Fig. 7.7 apresenta um esquema elucidativo a esse respeito.

O Quadro 7.1 lista o grau de nobreza de metais e suas ligas na água do mar, tendo um emprego mais amplo no campo da engenharia. Nesse quadro prático, os materiais são ordenados em função de seu comportamento em relação ao meio externo.

A interpretação desse quadro é feita da seguinte forma: em termos de conexão elétrica, no caso de dois materiais serem mergulhados na água do mar, o que se localizar acima do outro será o ânodo da reação, sofrendo, portanto, a corrosão. Quanto maior for a distância entre os materiais no quadro, maior será a corrosão do ânodo em relação ao cátodo.

A corrosão galvânica ocorre quando dois metais diferentes estão em contato elétrico na presença de água, formando uma pilha e propiciando a criação de uma corrente elétrica entre ambos, de modo que um deles cede elétrons ao outro e corrói-se, enquanto o outro fica protegido e não sofre ataque intenso. Nesse caso, as áreas corroídas apre-

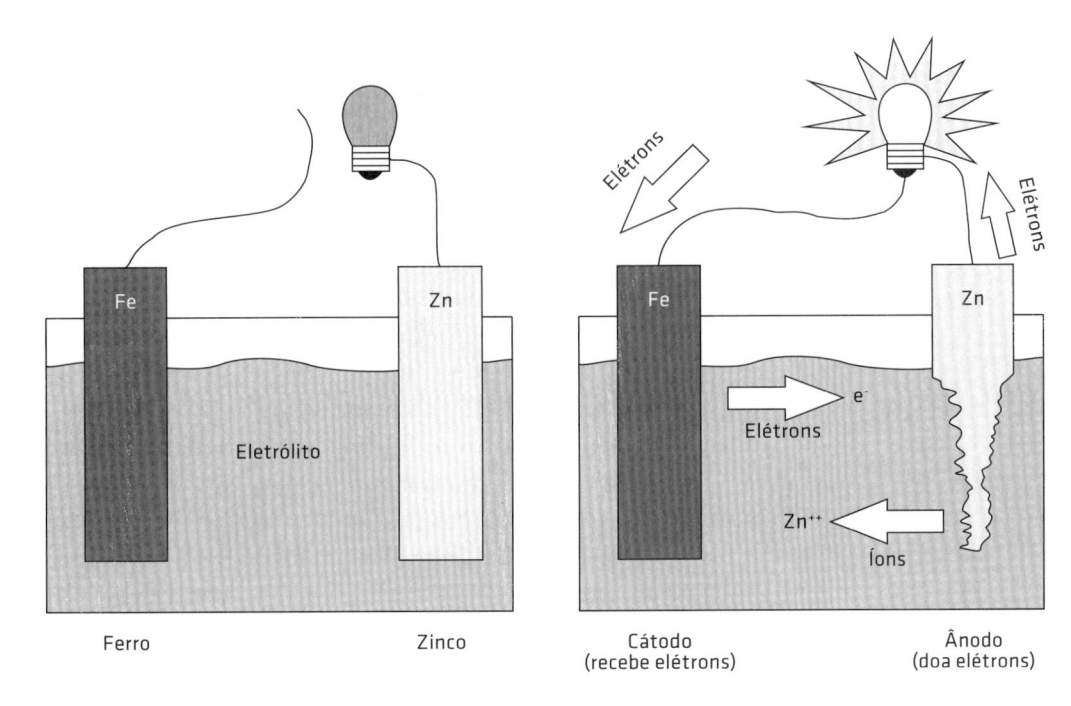

Fig. 7.7 Corrosão galvânica

PATOLOGIAS E GALVANIZAÇÃO

Quadro 7.1 GRAU DE NOBREZA DOS METAIS

Extremidade catódica menos nobre (corrosão)
Magnésio
Ligas de magnésio
Zinco
Alclad 3S
Alumínio 3S
Alumínio 61S
Alumínio 63S
Alumínio 52
Cádmio
Aço doce
Aço de baixo teor de liga
Aço-liga
Ferro fundido
Aço AISI 410 (ativo)
Aço AISI 430 (ativo)
Aço AISI 304
Aço AISI 316 (ativo)
Chumbo
Estanho
Níquel (ativo)
Metal Muntz
Latão amarelo
Latão almirantado
Latão alumínio
Latão vermelho
Cobre
Bronze
Cuproníquel 90/10
Cuproníquel 70/30 (baixo teor de ferro)
Cuproníquel 70/30 (alto teor de ferro)
Níquel (passivo)
Inconel (passivo)
Monel
Hastelloy C
Aço AISI 410 (passivo)
Aço AISI 430 (passivo)
Aço AISI 316 (passivo)
Titânio
Prata
Grafite
Ouro
Platina
Extremidade catódica mais nobre (proteção)

← Maior tendência à corrosão | Maior nobreza →

sentam um produto de corrosão de baixa aderência. Como é uma forma de corrosão localizada, em pouco tempo acontece a perfuração, causando vazamentos.

Os casos estudados até aqui envolveram sempre processos eletroquímicos espontâneos, com diferenças de potencial inerentes aos próprios materiais metálicos inseridos num processo corrosivo. Existem, entretanto, correntes ocasionadas por potenciais externos que produzem casos mais severos de corrosão, como em oleodutos, gasodutos, adutoras, minerodutos, cabos telefônicos com revestimento metálico (chumbo) etc. Esses casos ocorrem devido às correntes elétricas de interferência, que abandonam seu circuito normal, passando a fluir através do solo ou pela água.

No Quadro 7.2 são mostrados alguns dos metais que protegem e que atacam o aço-carbono quando em presença de um eletrólito.

Quadro 7.2 EXEMPLOS DE METAIS QUE ATACAM/PROTEGEM O AÇO-CARBONO

Metais que desencorajam o ataque sobre o aço-carbono	Metais que encorajam o ataque sobre o aço-carbono
Magnésio	Chumbo
Zinco	Estanho
Alumínio	Cobre
Cádmio	Bronze
	Aço inoxidável

É importante ressaltar que essas reações somente acontecem na presença de um eletrólito (água). Ou seja, quando se retira a água do contato com os metais, elimina-se o processo de corrosão.

i. Pilha eletroquímica

No estudo da corrosão, o conhecimento sobre pilhas eletroquímicas é essencial. A pilha eletroquímica é formada por:
- *Ânodo:* é quem sofre a corrosão e por onde a corrente elétrica adentra no eletrólito. É o elemento que sofre a redução de seção transversal.
- *Eletrólito:* é o condutor do processo que contém íons, normalmente um líquido, e quem leva a corrente do ânodo para o cátodo.
- *Cátodo:* é quem sofre a redução provocada pelos elétrons saídos do eletrólito.
- *Circuito metálico:* é a ligação metálica existente entre o ânodo e o cátodo e por onde passam os elétrons.

Se qualquer um desses elementos for retirado do processo, elimina-se a pilha e diminui-se a possibilidade de ocorrer processo de corrosão. O sentido correto do processo dá-se do ânodo para o cátodo.

f) Corrosão por placas

Essa corrosão ocorre sob a forma de placas, com escavações ocorridas na superfície do respectivo elemento estrutural, manifestando-se em algumas regiões da superfície metálica, e não em toda a sua extensão (Fig. 7.8). No entanto, esse tipo de corrosão pode vir a ocorrer de forma generalizada. Os produtos de corrosão vão se desprendendo paulatinamente.

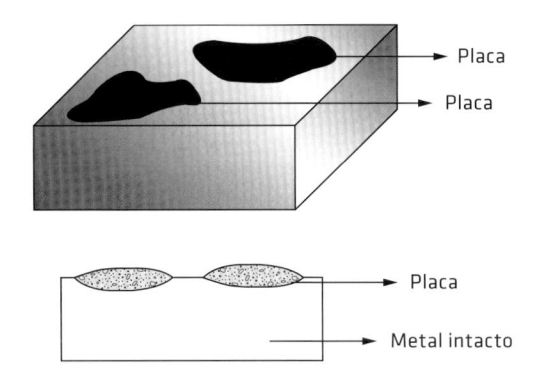

Fig. 7.8 Corrosão por placas

g) Corrosão por frestas

Essa corrosão surge nas frestas localizadas na junção de dois elementos de aço em contato ou muito próximos (0,025 mm a 0,1 mm), em que o eletrólito e o oxigênio conseguem adentrar na fresta, formando, assim, uma célula de oxigenação diferenciada (Fig. 7.9). É justamente a diferença de concentração de oxigênio que produz a corrosão. A região com menor concentração de oxigênio – no caso, o interior da fresta – funciona como ânodo (menos aerada porque o ar tem dificuldade de penetrar), enquanto a região com maior concentração de oxigênio e água – no caso, o meio externo – funciona como cátodo (mais aerada por estar em contato com o ar), culminando com a formação de ferrugem no interior da fresta.

h) Corrosão filetada

Essa corrosão ocorre em forma de filetes, sendo estes bem definidos e isolados na região do enrijecedor da base do pilar, ocasionando o efeito de esfoliação ao longo de uma geometria bem definida em formato de filete.

i) Derramamento de produtos químicos (ferrugem babando)

O desprendimento de produtos químicos advindos do processo de corrosão e acompanhados pelos líquidos, como no caso de escoamento de águas pluviais, por exemplo, ocasiona a oxidação vermelha e o aparecimento de pontos de oxidação branca provenientes da reação dos produtos com o zinco da galvanização.

O zinco sofre corrosão quando é posto em contato com soluções salinas, soluções ácidas ou soluções alcalinas, culminando com o ataque químico ao zinco. Assim, após a destruição da respectiva camada de zinco, ocorre a corrosão do substrato do aço-carbono (oxidação vermelha), seguida da formação de ferrugem e de óxidos de ferro, que tendem a aumentar gradualmente. Por esse motivo, faz-se necessária a proteção do aço contra corrosão, por meio de galvanização seguida de sistema de pintura resistente ao ataque de produtos que venham a entrar em contato com o zinco.

j) Cordões de solda

As regiões de aplicação de solda são aquecidas e depois resfriadas durante a execução do trabalho e, por isso, ficam sujeitas à formação de resíduos e de carepas frutos do processo de soldagem, apresentando superfícies irregulares e porosas. Além desses fatos relacionados a seu processo de execução, também é sabido que as soldas ficam sujeitas a tensões solicitantes durante toda a sua vida, o que favorece a aceleração do processo de corrosão.

Juntando todos esses fatores, fica claro que essas regiões merecem uma atenção especial durante o processo de pintura. Assim, recomenda-se que os cordões de solda sejam alisados com o uso de discos abrasivos ou esmeril. A pintura nessa região deve ser aplicada em faixas mais largas do que o cordão ou o ponto de solda, como mostra a Fig. 7.10.

Deve-se procurar encharcar o pincel (ou a trincha) e esfregá-lo bem sobre o cordão de solda, a fim de que a tinta possa penetrar nos interstícios das irregularidades das soldas, produzindo um reforço na pintura nessas regiões críticas. O reforço deve ser feito antes mesmo de cada demão normal aplicada por pincel, rolo ou pistola.

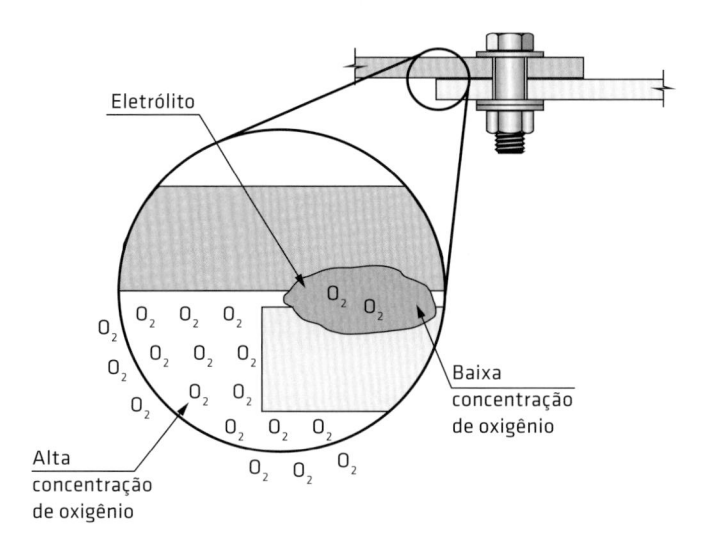

Fig. 7.9 Corrosão por frestas

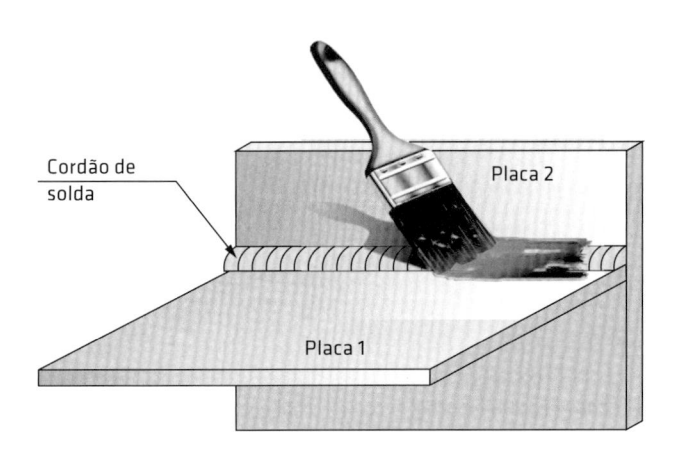

Fig. 7.10 Aplicação de pincel sobre cordão de solda

k) Bases de colunas metálicas

As bases dos pilares ficam sujeitas a contatos com a água da chuva quando executadas ao nível do terreno ou do piso nas áreas externas e, por outro lado, sujeitas a produtos químicos quando instaladas nos interiores das construções. Por esse motivo, essas regiões devem receber um reforço de sistema de pintura desde cerca de 50 cm até 1 m de altura (Fig. 7.11).

Fig. 7.11 Aplicação de reforço de sistema de pintura na base do pilar

As bases das colunas devem ser soldadas às chapas de base, que, por sua vez, são fixadas às bases das fundações de concreto armado com o uso de conectores (barras de pré-concretagem, chumbadores químicos ou mecânicos). Essas chapas de base devem ser executadas sobre camadas de *grout* com 5 cm de altura e sobre pescoço de coluna de concreto advindo da fundação. A camada de *grout* serve para nivelar a chapa de base, enquanto o pescoço prolongado, de cerca de 10 cm a 20 cm, serve para elevar o nível de topo da chapa de base em relação ao nível do piso existente.

Para o *grout*, a altura mínima de campo exequível é de 3 cm. Menos que isso torna-se ruim executá-lo para nivelar um elemento metálico, em razão da quantidade insuficiente de massa.

Na Fig. 7.12, vê-se um caso clássico de inserção de um pilar metálico no interior de uma base ou piso de concreto, na região interna de um galpão, e que, devido ao contato de sua base com produtos químicos de lavagem do piso, além de óleo das empilhadeiras, caminhões e máquinas etc., acabou acelerando o processo de corrosão na região, ocasionando uma perda de espessura significativa de suas paredes, até que, como única solução, o pilar tivesse que ser cortado, perdendo-se sua base, antes inserida por completo no corpo do concreto.

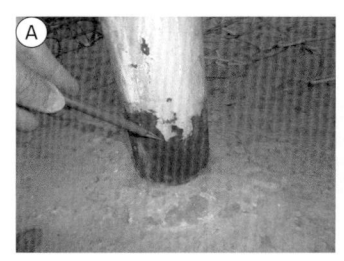

Fig. 7.12 Caso de uma coluna de aço de seção circular engastada diretamente em um piso de concreto: (A) corrosão ocorrida na base da coluna formada por perfil Schedule e (B) arrancamento do perfil circular que havia na região

7.1.4 Preparo da superfície

De nada adianta especificar um bom e adequado sistema de pintura se não houver a limpeza da superfície do aço. Sendo assim, a limpeza deve eliminar por completo todos os materiais contaminantes presentes, como suor, óleo, graxa, carepas de laminação, compostos solúveis, oxidações, tintas envelhecidas e/ou mal aderidas etc., que prejudiquem a aderência do novo sistema de pintura.

a) Carepa

A carepa é um produto formado pela oxidação da superfície do aço quando em contato com o ar (oxigênio do meio) e constituído por óxidos de metais formados durante as fases de lingotamento, forjamento, laminação a quente e a frio, sendo predominante o óxido de ferro.

A carepa apresenta-se na forma de uma película de coloração cinza-azulado, cuja espessura média varia de 10 μm a 1.000 μm, sendo, ainda, muito dura, lisa e aderente à superfície do aço.

Mesmo sendo resistente, a carepa sofre trincas em sua superfície pelo fato de possuir coeficiente de dilatação térmica incompatível com o do aço, durante exposição a diferentes temperaturas, permitindo a penetração de água, oxigênio e elementos nocivos. Com a presença de um eletrólito, como a água, acaba surgindo ferrugem sob sua superfície, que se expandirá e expulsará a película da carepa, conforme mostrado na Fig. 7.13.

Quando é aplicado um processo de pintura, a carepa, por ser permeável, deixa o oxigênio passar, não impedindo a formação da corrosão entre sua película e a superfície do aço. Com isso, a tinta é paulatinamente expulsa mediante a expansão da ferrugem. A gradação dessa corrosão pode ser vista na Fig. 7.14.

b) Tipos de limpeza

i. Limpeza por ferramentas manuais

▷ Lixamento manual

As lixas possuem graduações que vão de 36 até 600, e a essa especificação dá-se o nome de grão ou grana. Quanto menor for esse número de graduação, mais grossa será a lixa, e quanto maior, mais fina. Deve-se sempre procurar usar lixas à prova de água que não se desmanchem quando molhadas. No Quadro 7.3 é mostrado um resumo dos tipos de lixa, suas graduações e respectivas aplicações.

▷ Escovamento manual

Escovas com cerdas de aço servem para retirar ferrugem e carepas soltas e não proporcionam uma limpeza muito rigorosa.

▷ Manta não tecida

São feitas de fibras sintéticas impregnadas com grãos abrasivos. As letras A ou S indicam o material abrasivo que compõe a manta. Assim, A significa óxido de alumínio e S significa carbureto ou carbeto de silício.

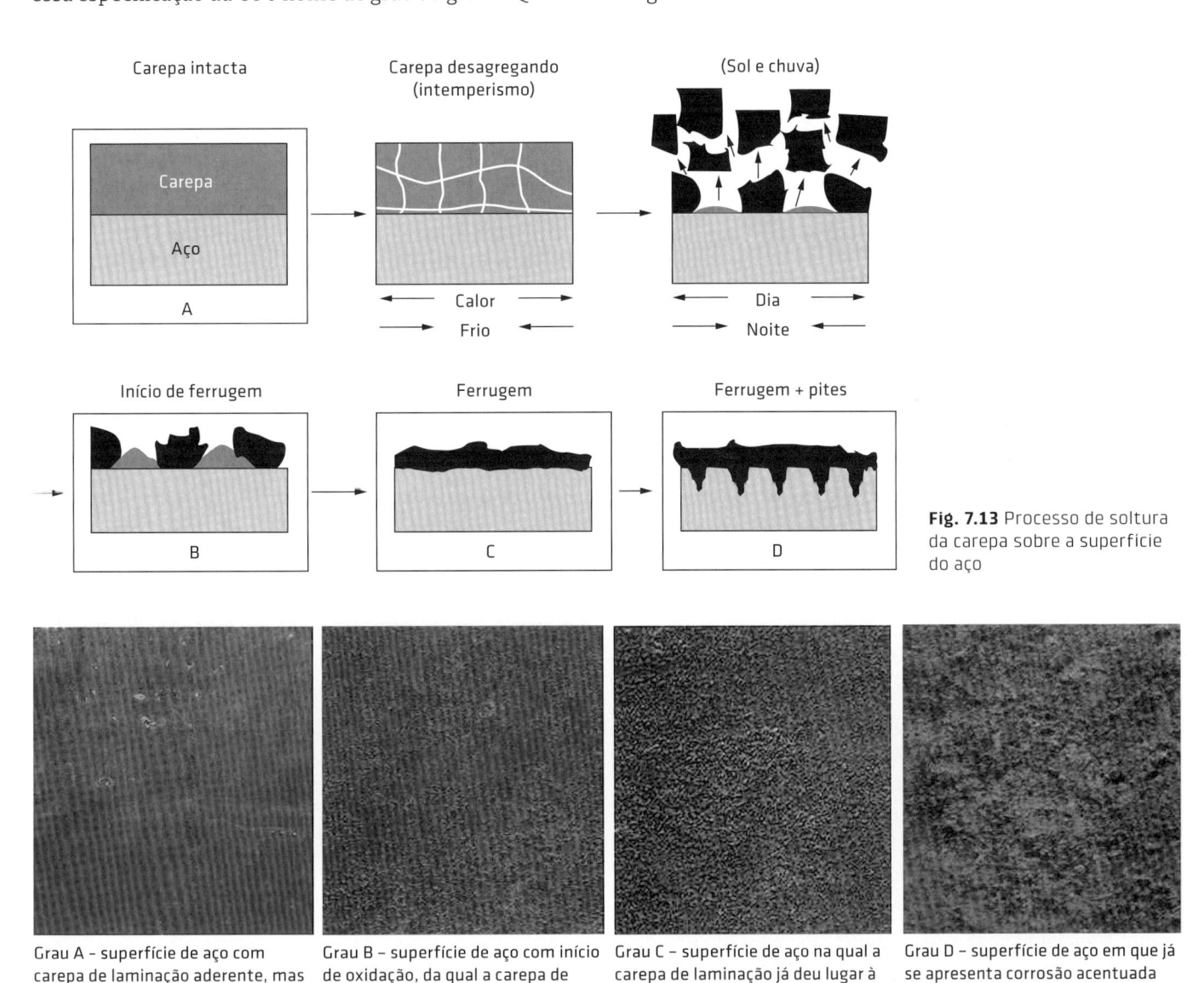

Fig. 7.13 Processo de soltura da carepa sobre a superfície do aço

Grau A – superfície de aço com carepa de laminação aderente, mas com pouca ou nenhuma oxidação

Grau B – superfície de aço com início de oxidação, da qual a carepa de laminação começou a se desprender

Grau C – superfície de aço na qual a carepa de laminação já deu lugar à oxidação, podendo o restante ser removido por raspagem

Grau D – superfície de aço em que já se apresenta corrosão acentuada com presença de pites e alvéolos

Fig. 7.14 Graus de carepa

Quadro 7.3 TIPOS DE LIXA E SUAS APLICAÇÕES

Materiais ferrosos		
Situação	Tipo de lixa	Finalidade
Pintura nova, preparação de metais ferrosos antes de aplicar o fundo ou *primer* imobiliário	150 a 220	Remoção de ferrugem e carepa de laminação, melhorar a ancoragem do fundo ou *primer*
Pintura nova, preparação de superfícies pintadas com fundo ou *primer* imobiliário	320 a 360	Lixamento de fundos e *primers* para uniformizar a superfície
Pintura nova, preparação de superfícies com acabamento de fundo ou *primer* imobiliário	320 a 360	Lixamento entre demãos do acabamento tipo esmalte sintético para um acabamento fino
Pintura nova, preparação de superfícies de alumínio, aço galvanizado e chapas zincadas	360 a 400	Lixamento de superfícies de alumínio, aço galvanizado e chapas zincadas para receber o fundo
Repintura	320 a 360	Melhorar ancoragem e lixamento entre demãos do acabamento com esmalte sintético para um acabamento fino

ii. Limpeza por ferramentas mecânicas

▷ Escovas rotativas

Não devem ser aplicadas sobre superfícies de aço cujas carepas não tenham sido removidas, uma vez que a carepa é mais dura do que as cerdas de aço desse tipo de escova.

▷ Lixadeiras rotativas

Permitem uma limpeza razoável da superfície do aço, uma vez que conseguem retirar a carepa. Porém, por terem um rendimento muito baixo, esse processo torna-se inviável.

São usadas para a remoção de ferrugem e de tintas velhas, a fim de criar uma superfície razoavelmente rugosa; a lixa deve ser mantida a um ângulo de 15° sobre a peça a ser trabalhada.

iii. Limpeza por jateamento abrasivo

A limpeza por jateamento abrasivo pode ser feita de duas maneiras: por ar comprimido ou por turbinas centrífugas.

▷ Abrasivos

» *Areia*

Possui baixo custo, mas sua aplicação deve ser efetuada em espaço aberto, uma vez que a sílica presente na areia pode afetar os pulmões dos trabalhadores.

Quando o grão de areia atinge a superfície do aço, provoca um impacto, quebrando-se e transformando-se em um grão de poeira. Pela Fig. 7.15 nota-se que, após o primeiro uso, cerca de 70% dos grãos de areia transformam-se em grãos de poeira, devido ao primeiro impacto. Depois do reaproveitamento de cerca de 30% da areia que restou em um segundo ciclo de operações, cerca de 70% dela se transforma em pó novamente. Seu uso é barato, mas é necessário levar em conta o grau de perda durante o processo.

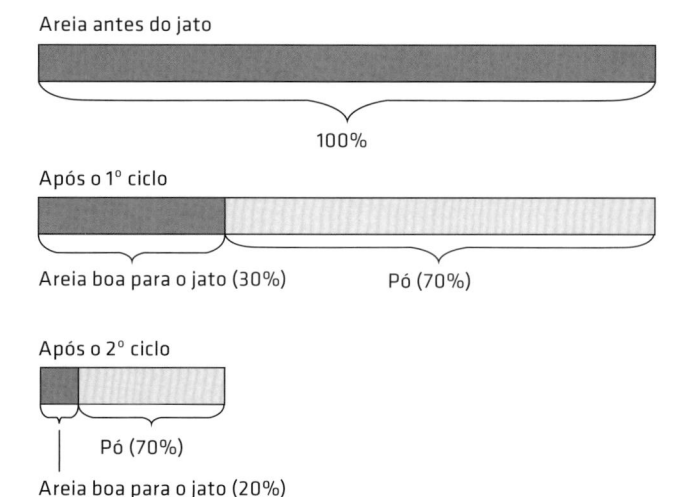

Fig. 7.15 Taxa de reaproveitamento da areia

Areia antes do jato — 100%
Após o 1° ciclo — Areia boa para o jato (30%) / Pó (70%)
Após o 2° ciclo — Pó (70%) / Areia boa para o jato (20%)

» *Granalhas de aço*

São constituídas de um tipo de aço especial com elevada dureza, apresentando-se em dois formatos: esférico (*shot*) e angular (*grit*) (Fig. 7.16). As do tipo *shot* têm dureza Rockwell C de 40 a 50, e as do tipo *grit*, de 55 a 60.

Tanto os abrasivos de areia quanto os abrasivos de granalhas de aço são impulsionados por meio de pressão de ar comprimido, que se situa em torno de 7 kg/cm² (100 lb/pol²).

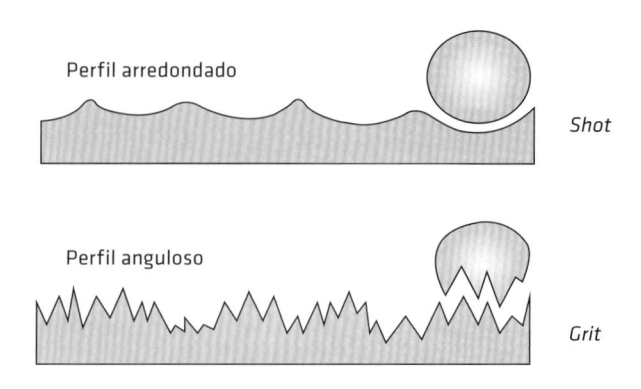

Perfil arredondado — *Shot*
Perfil anguloso — *Grit*

Fig. 7.16 Desenho esquemático de aplicação das granalhas esférica e angular

▶ Granulometria do abrasivo

O perfil de jateamento depende da pressão do ar comprimido, da dureza da superfície, do formato das partículas e, principalmente, da granulometria do abrasivo (tamanho das partículas).

A Tab. 7.1 mostra a peneira e o tipo de abrasivo para cada perfil de rugosidade de superfície de aço a trabalhar.

Os aparelhos mais comuns e mais usados na medição da rugosidade de superfícies jateadas são o rugosímetro (*profile gauge*) e os discos comparadores.

Tab. 7.1 PERFIL MÉDIO DE RUGOSIDADE DA SUPERFÍCIE DO AÇO EM FUNÇÃO DA GRANULOMETRIA DE CADA TIPO DE ABRASIVO

Abrasivo	Classificação das peneiras	Rugosidade média (μm)
Areia		
Muito fina	80-100	20
Fina	40-80	30
Média	18-40	45
Grossa	12-50	55
Granalha de aço (*shot*)		
S-110	30	25
S-170	20	35
S-230	18	65
S-330	16	70
S-390	14	75
Granalha de aço (*grit*)		
G-50	25	70
G-40	18	75
G-25	16	80
G-16	12	150

▶ Outros tipos de processos de limpeza
- *Jateamento abrasivo úmido*: consiste no uso de jateamento abrasivo seco e água, a fim de solucionar o problema da poeira gerada por este primeiro. Esse tratamento úmido é inferior ao seco, mas ainda assim superior aos tratamentos mecânicos.
- *Hidrojateamento* (water jetting, hydro jetting, hydroblasting ou water blasting): dá-se pelo uso de água a alta pressão, deixando a superfície de aço limpa o suficiente para receber um determinado processo de pintura.
- *Limpeza a fogo seguida de limpeza mecânica com o uso de escova de arame*: só deve ser usada em casos bem específicos, pois pode causar empenamento da peça de aço e riscos de explosão no local.

c) Padrões de limpeza de superfície para o aço-carbono

Existem várias normas internacionais de preparação de superfícies de aço, a saber (Quadro 7.4):
- SSPC – Steel Structures Painting Council – norma americana.
- NACE – National Association of Corrosion Engineers – norma americana.
- CGCB – Governo Canadense – norma canadense.
- BS 4232 – British Standards – norma inglesa.
- JSRA SPSS – The Shipbuilding Research Association of Japan Standards for the Preparation of Steel Surface Prior to Painting – norma japonesa.
- ABNT – Associação Brasileira de Normas Técnicas – norma brasileira.
- BR – Petrobras – norma brasileira.

O estado inicial da superfície pode ser classificado em um dos graus descritos a seguir:
- *Grau A*: superfície de aço com o recobrimento de carepa de laminação, intacta, aderente e isenta de corrosão.
- *Grau B*: superfície de aço com pequenos pontos de corrosão, onde a carepa de laminação começa a se destacar.
- *Grau C*: superfície de aço onde a carepa de laminação foi eliminada através da ação da corrosão ou por raspagem, podendo-se visualizar pequenas cavidades.
- *Grau D*: superfície de aço onde a carepa de laminação foi eliminada através da ação da corrosão, possuindo, ainda, grande formação de cavidades que podem ser visualizadas.

Os tipos de limpeza a serem aplicados na superfície do aço são classificados como:
- *Limpeza manual – padrão St 2 – limpeza manual*: executada manualmente com ferramentas como escovas, raspadores e lixas. A superfície deve ser lixada, escovada ou raspada manualmente de forma minuciosa, para eliminar a carepa de laminação solta, respingos de solda e oxidações. Após esse processo, deve ser utilizado ar comprimido seco ou escova totalmente limpa, procurando-se manter a superfície com um pequeno brilho metálico. Esse processo não pode ser utilizado nas superfícies que apresentarem grau A de intemperismo.
- *Limpeza manual ou mecânica – padrão St 3 – limpeza mecânica*: executada com ferramentas como escovas rotativas pneumáticas ou elétricas. Deve-se fazer um lixamento, escovamento ou raspagem manual ou mecanicamente, de maneira minuciosa. Utiliza-se o mesmo processo do padrão St 2, mas de forma

Quadro 7.4 COMPARATIVO DAS NORMAS APLICADAS PARA O PREPARO DA SUPERFÍCIE DO AÇO

Tipo de preparação	SIS 05 59 00	ISO 8501-1	SSPC-VIS1	SSPC	NACE	NACE 0170	NBR	ABNT	BS 4232	BR/Petrobras	CGCB	JSRA SPSS
Ferramentas mecânicas												
Limpeza manual	St 2	St 2	SP 2	SP 2	–	–	NBR 7346	NBR 15239	–	N-6	–	–
Limpeza motorizada	St 3	St 3	SP 3	SP 3	–	–	NBR 7347	NBR 15239	–	N-7	–	Pt 3
Jato abrasivo												
Ligeiro (*brush*)	Sa 1	Sa 1	SP 7	SP 7	NACE 4	NACE 4	NBR 7348	NBR 7348	Brush-off/4th quality	N-9a (Sa 1)	31GP404 Tipo 3	–
Comercial	Sa 2	Sa 2	SP 6	SP 6	NACE 3	NACE 3	NBR 7348	NBR 7348	3rd quality	N-9a (Sa 2)	31GP404 Tipo 2	Sh1 ou Sd1
Metal quase branco	Sa 2 ½	Sa 2 ½	SP 10	SP 10	NACE 2	NACE 2	NBR 7348	NBR 7348	2nd quality	N-9a (Sa 2 ½)	–	Sh2 ou Sd2
Metal branco	Sa 3	Sa 3	SP 5	SP 5	NACE 1	NACE 1	NBR 7348	NBR 7348	1st quality	N-9a (Sa 3)	31GP404 Tipo 1	Sh3 ou Sd3
Outros tipos												
Limpeza com solventes	–	–	SP 1	SP 1	–	–	–	–	–	N-5	–	–
Limpeza a fogo	Fi	–	SP 4	SP 4	–	–	–	–	–	–	–	–
Decapagem química	–	–	SP 8	SP 8	–	–	–	–	–	–	–	–
Intemperismo e jato abrasivo	–	–	SP 9	SP 9	–	–	–	–	–	N-11	–	–

Nota: SIS – Swedish Standards Institute; SSPC – The Society for Protective Coatings; NACE – National Association of Corrosion Engineers; ABNT – Associação Brasileira de Normas Técnicas.

mais rigorosa. Com a limpeza e o escovamento, o aço deve possuir um intenso brilho metálico. Esse processo também não pode ser feito nas superfícies com grau A de intemperismo.

- *Jateamento ligeiro brush off – padrão Sa 1 – jato ligeiro brush off*: executado de forma rápida, quase uma "escovada" com o jato. O rendimento aproximado dessa operação, considerando o grau C de corrosão, é de 30 m²/h a 45 m²/h por bico. O jateamento rápido remove carepas de laminação soltas, ferrugens e outros materiais estranhos. A superfície deve ser limpa com ar comprimido limpo e seco, e as escovas, isentas de sujeiras ou aspirador. Não se aplica nas superfícies com grau A de intemperismo.
- *Jateamento comercial – padrão Sa 2 – jato comercial*: executado de forma um pouco mais minuciosa do que no jato ligeiro. Cerca de 65% das carepas e da ferrugem são eliminadas. O rendimento aproximado é de 15 m²/h a 20 m²/h por bico. Deve-se realizar a decapagem até que pelo menos dois terços de qualquer porção da superfície total esteja livre de todo o resíduo visível. O jato deve passar pela superfície durante o tempo necessário para a eliminação de quase toda a calamina, oxidações e matérias estranhas. Após eliminar os vestígios do pó abrasivo por aspiração, com ar comprimido limpo e seco ou com escova limpa, a superfície deve apresentar uma cor acinzentada. Tratamento não utilizado para superfícies com grau A de intemperismo.
- *Jateamento ao metal quase branco – padrão Sa 2½ – jato ao metal quase branco*: processo mais minucioso que o anterior, sendo removidas 95% das carepas e ferrugens. A coloração da superfície é cinza-claro, sendo toleradas pequenas manchas. O rendimento aproximado é de 10 m²/h a 15 m²/h por bico. O jato deve ser feito durante o tempo necessário para eliminar toda a carepa de laminação, ferrugem e matérias estranhas, de tal forma que qualquer resíduo se apresente apenas como uma ligeira sombra ou mancha sobre a superfície. Deve-se limpar imediatamente o pó abrasivo com aspirador, escova limpa ou ar comprimido limpo e seco. Esse tipo de preparação faz com que pelo menos 95% de cada porção da superfície total fique livre de qualquer resíduo visível. A superfície apresentará cor cinza-claro.
- *Jateamento ao metal branco – padrão Sa 3 – jato ao metal branco*: 100% das carepas e ferrugens são removidas. É o grau máximo de limpeza. A coloração da superfície é cinza-claro e uniforme. O rendimento aproximado é de 6 m²/h a 12 m²/h por bico. Apresentando uma cor cinza-claro e uniforme, o jateamento ao metal branco elimina totalmente a carepa de laminação, óxidos e outras matérias estranhas, de modo que a superfície fica livre de resíduos visíveis. É importante ressaltar que posteriormente a limpeza do pó abrasivo deve ser feita com aspirador, ar comprimido e seco ou escova limpa.

Sendo assim, uma vez determinado o estado inicial da superfície (A, B, C ou D) e definido o tipo de limpeza (designado por St ou Sa) e o grau de limpeza (designado por números), é então estabelecida a notação alfanumérica que define a especificação da limpeza de superfície, por exemplo: B Sa 2½.

Nota: É possível obter o grau de limpeza da superfície do aço St 2 com o uso de ferramentas mecânicas, bastando, para isso, gastar menos tempo na operação. Também é possível obter um grau de limpeza da superfície do aço de classe St 3 com o uso de ferramentas manuais. Naturalmente, esse último grau de limpeza torna-se mais difícil de ser obtido manualmente, pelo fato de envolver mais tempo do operador, mas é possível.

7.1.5 Medidas de prevenção da corrosão

Algumas medidas preventivas podem ser adotadas para proteger a estrutura do processo de corrosão, tais como:

- Usar revestimentos metálicos.
- Usar revestimentos orgânicos: pintura, óleos, substâncias betuminosas etc.
- Usar revestimentos inorgânicos.
- Evitar o contato entre dois tipos de metal de constituições diferentes (contato bimetálico) e distantes entre si no Quadro 7.1, referente à série eletroquímica. Por exemplo: apoiar uma telha de alumínio diretamente sobre uma terça de aço, sem o uso de um isolante (borracha, neoprene etc.), promoverá a corrosão galvânica.
- Remover o oxigênio e a água, para que não entrem em contato com os elementos estruturais.
- Usar proteção catódica: aplicação de voltagem ou corrente externa ou utilização de ânodo de sacrifício.
- Adotar a passivação: certos metais sofrem oxidação e dão origem a finas películas de óxidos estáveis, que impedem posterior corrosão. Por exemplo: anodização do alumínio.
- Elaborar projetos com riqueza de detalhes de modo a já passar, nessa fase de empreendimento, maneiras de evitar a corrosão.
- Evitar, sempre que possível, o uso de solda de campo, uma vez que ela promove a retirada das proteções

com o uso de galvanização e/ou pintura na superfície do aço.

- Sempre especificar o tipo de pintura adequado, indicando o número de camadas e a espessura e o material constituinte de cada uma delas, em função do grau de agressividade do meio.
- Especificar em projeto o recobrimento dos conectores (barras de pré-concretagem, parafusos de baixa e alta resistência, chumbadores químicos e mecânicos) com suas porcas e arruelas lisas e de pressão, com o uso de uma a duas camadas de massa epóxi.
- Evitar o uso de perfis I, U e L voltados para a parte externa de uma cobertura ou virados para cima em caso de terças de fechamento lateral ou peças de banzos superiores e inferiores de treliças, a fim de evitar, nestes, o indesejável acúmulo de água e poeira – vide Fig. 7.17.
- Proteger as bases dos pilares de modo que sejam soldadas a chapas de base, e estas, por sua vez, fixadas à fundação por meio de conectores, como indica a Fig. 7.18. Nunca engastar a coluna diretamente numa base de pilar, adentrando no corpo da fundação, pois, no caso de perda de seção transversal por corrosão, o pilar deve ter sua base recortada.
- Projetar chanfros de dimensões de 20 mm × 20 mm a 30 mm × 30 mm nas quinas de todos os enrijecedores, como mostra a Fig. 7.19, de modo a evitar que a solda de ligação do enrijecedor com o elemento estrutural se sobreponha à solda de ligação da coluna com a chapa de base, ou à solda de ligação da alma de um perfil I ou W com suas abas superiores e inferiores, e assim por diante.
- Sempre proteger as estruturas em relação ao ambiente externo com telhas de cobertura e de fechamento lateral.
- Projetar chapas de base de pilares a cerca de 10 cm a 20 cm do nível do piso existente/terreno, com o uso de camada de grout com 5 cm de altura (Fig. 7.20), para promover o nivelamento da chapa de base do pilar, executada sobre a superfície de topo de um pescoço (pilar) de concreto que se eleva da fundação acima do nível do terreno, a fim de proteger o pilar de empoçamentos de líquidos que venham a causar o processo de corrosão. Nunca adotar camada de grout com altura inferior a 3 cm (ruim de executar).
- Projetar estruturas que permitam o devido acesso de manutenção. Por exemplo, entre uma viga de aço e um prédio existente, deixar uma distância mínima para se passar uma mão (cerca de 15 cm) sempre que possível.
- Evitar a criação de frestas entre dois perfis/chapas unidos entre si.

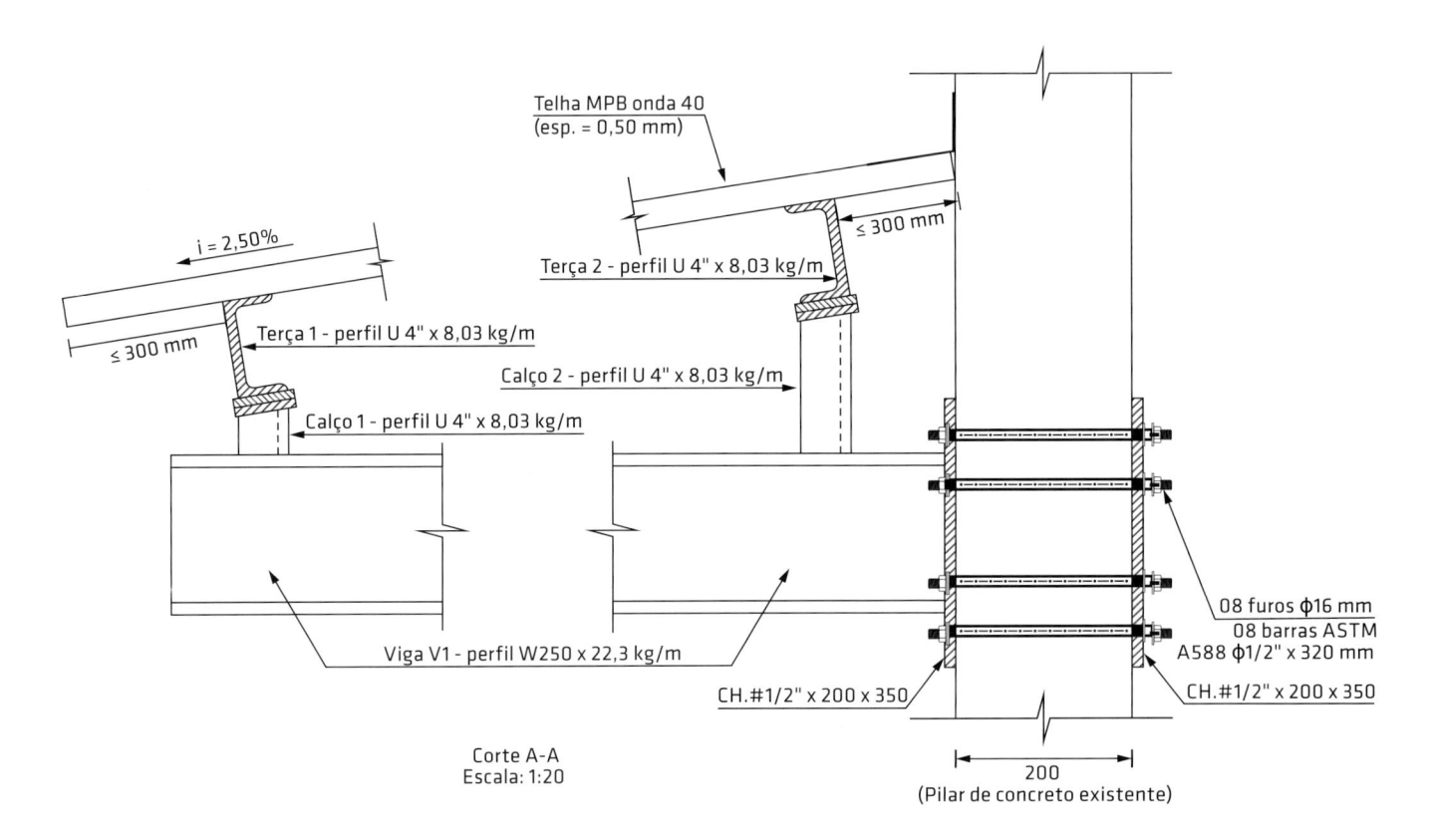

Fig. 7.17 Posicionamento de perfis U numa cobertura

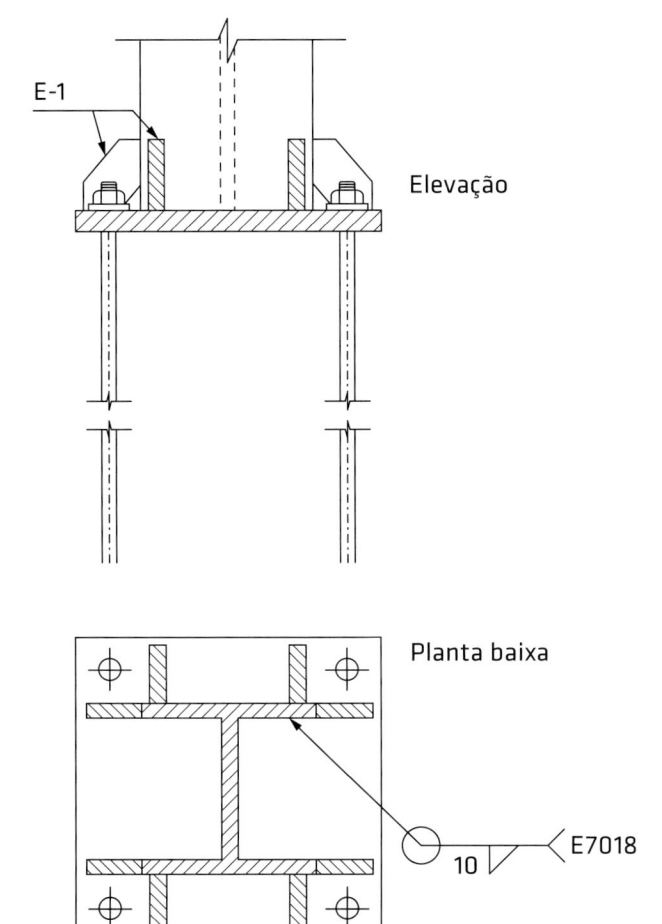

Fig. 7.18 Chapa de base soldada à coluna de modo a evitar a inserção da coluna diretamente na fundação de concreto

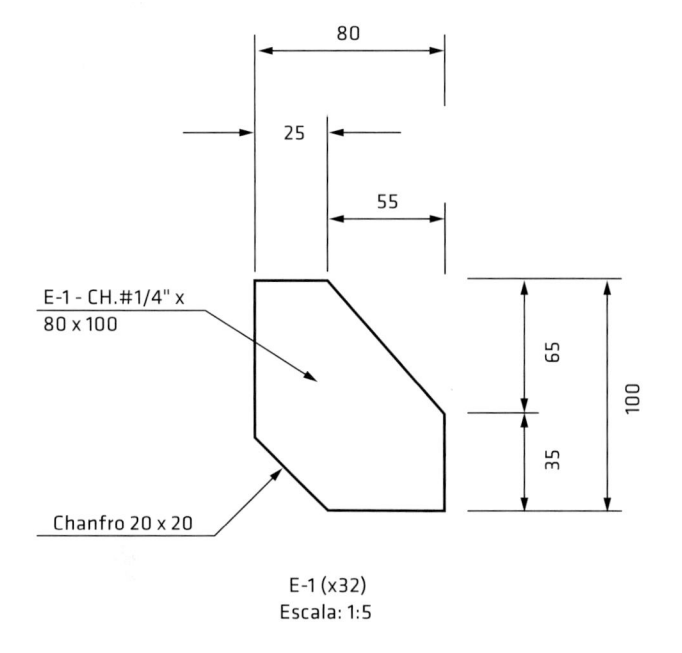

Fig. 7.19 Detalhe de fabricação de um enrijecedor

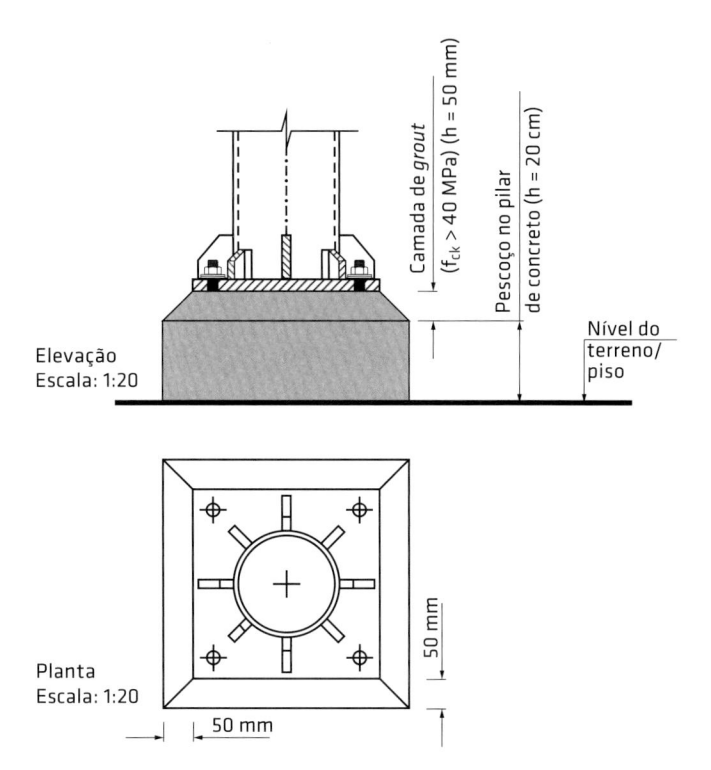

Fig. 7.20 Chapa de base de coluna instalada sobre camada de *grout* e sobre o topo de pilar, elevado em relação ao nível do piso/terreno

plo da Fig. 7.21, a fim de evitar o contato de solda sobre solda, o que geraria corrosão.
- Evitar o uso de solda intermitente, descontínua na união de perfis abertos, a fim de formar um único perfil fechado. Por exemplo: em vez de soldar dois perfis U para obter um perfil fechado de coluna/pilar, projetar um perfil de seção retangular laminado existente no mercado (ver catálogo da empresa Tupper, por exemplo).
- Projetar estruturas de modo que, mesmo que se usem tipos de aço diferentes, estes ainda sejam compatíveis entre si, como mostrado na Fig. 7.22.

Para usar a Fig. 7.22, por exemplo, basta ver nas combinações boas que chapas em aço ASTM A588 combinam com chapas em aço ASTM A588 ou ASTM A242 para chapas, e com o parafuso do tipo A325 tipo 3, grau A, e assim por diante. Para as combinações ruins, basta instruir-se de que, por exemplo, chapas em aço ASTM A588 não combinam com o parafuso ASTM A325 tipo 1, nem com o galvanizado, nem com chapas em aço ASTM A36.

Também observar que chapas em aço ASTM A572 combinam com chapas em aço ASTM A36, mas que nenhuma dessas duas combina com chapas em aço ASTM A588.

Em empresas como a Tupper (100% nacional), entre outras, fabricam-se perfis com qualquer tipo de chapa. Mas sempre se faz necessário consultar antes o preço, para ana-

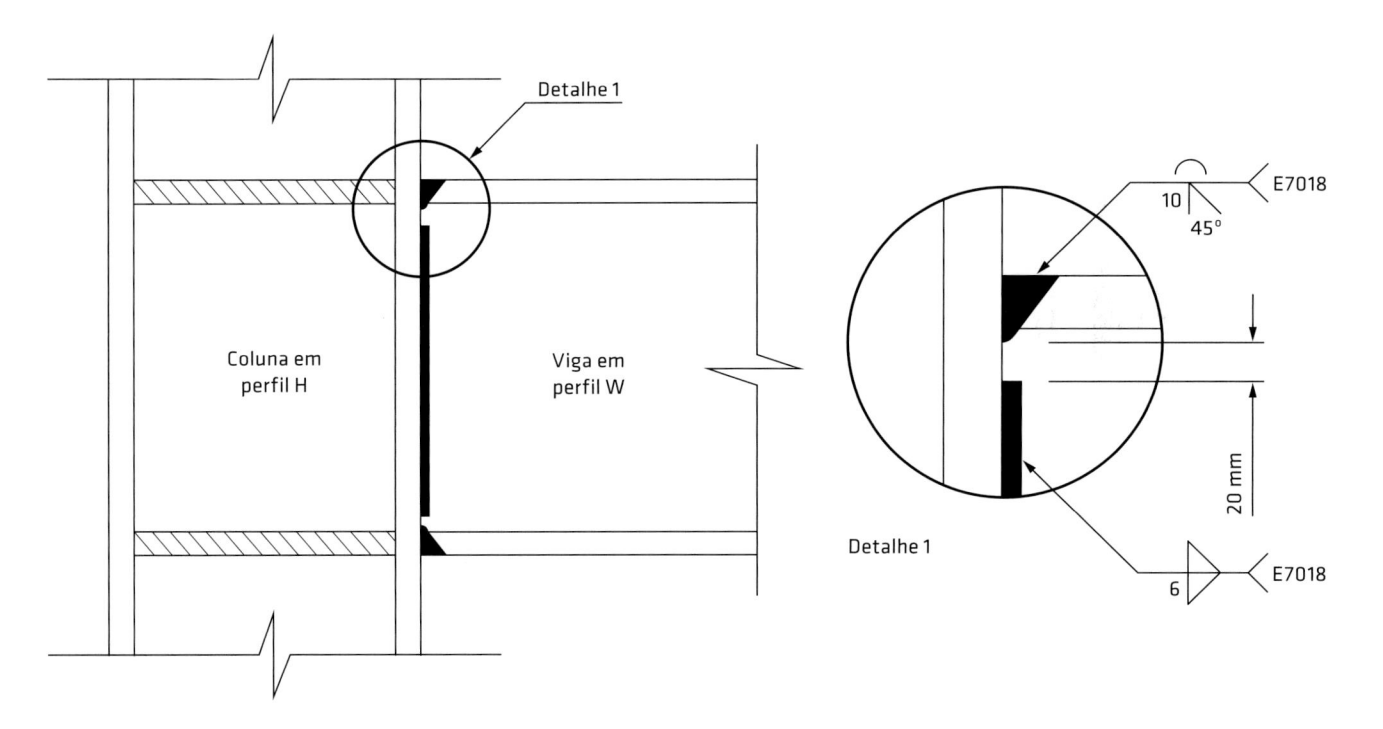

Fig. 7.21 Distância de 20 mm entre uma solda de bisel e uma solda de filete usada para soldar uma viga a um flange de coluna

lisar o custo-benefício a ser embutido na obra. O comum é especificar vigas W ou perfis HP que já vêm em aço ASTM A572 Gr.50 ou vigas VS e pilares CS em aço comum ASTM A36, e combinar estes a chapas ASTM A36. Mas, em fábricas e montadoras como essa, é possível adquirir vigas soldadas ou perfis de seção retangular e redondos em aço ASTM A588, que é mais resistente à corrosão, para combinar com suas chapas diversas também em aço ASTM A588.

No Quadro 7.5 é fornecido o tempo de durabilidade de proteção propiciado pela tinta em função de suas especificações. Notar que os sistemas bicomponentes garantem melhor proteção.

Quadro 7.5 DURAÇÃO DA PROTEÇÃO CONTRA A CORROSÃO EM FUNÇÃO DOS REQUISITOS DE CADA TIPO DE TINTA

Duração da proteção	Requisitos para diferentes tintas
Curta duração (1 a 5 anos)	Materiais monocomponentes, como as tintas alquídicas, emulsões e acrílicas
Média duração (5 a 10 anos)	Materiais bicomponentes, como *primers* ricos em zinco, tintas epoxídicas e poliuretânicas
Longa duração (mais de 10 anos)	Sistemas bicomponentes, como metalização seguida de tintas epoxídicas, poliuretânicas etc.

A Tab. 7.2 indica que um metal do tipo aço-carbono, o principal componente abordado neste livro, sofre uma perda de 5,08 μm (5,08 × 10^{-3} mm) ao ano em um meio rural, enquanto esse mesmo tipo de aço, se inserido em um meio industrial, sofre uma perda de 13,72 μm (13,72 × 10^{-3} mm) ao ano. (1 μm = 1 mm/1.000 = 1 × 10^{-3} mm = 0,001 mm.) Ou seja, essa tabela mostra a aceleração do processo de corrosão sofrido por um determinado metal em função do meio.

Tab. 7.2 EXEMPLOS DE PERDA DE SEÇÃO TRANSVERSAL EM FUNÇÃO DO MEIO AGRESSIVO PARA ALGUNS TIPOS DE METAL

Metal	Rural (μm/ano)	Industrial (μm/ano)	Marinho (μm/ano)
Alumínio	0,025	0,81	0,71
Cobre	0,58	1,19	1,32
Chumbo	0,48	0,43	1,41
Zinco	0,86	5,13	1,60
Aço-carbono	5,08	13,72	6,35
Aço patinável	1,27	2,54	3,81

O ambiente determina o grau de agressividade: rural, industrial ou urbano, marinho.
Na atmosfera rural, a mais branda, têm-se: amônia, matérias orgânicas e ar mais puro. Na atmosfera industrial ou urbana, têm-se, por exemplo: SO_2, chuva ácida, fuligem, além de outros produtos químicos de prédios e galpões industriais, como óleos de máquinas, produtos químicos e gases diversos. Na atmosfera marinha, têm-se cloretos.

Portanto, para definir o sistema de proteção do aço contra o processo de corrosão, faz-se necessário primeiro verificar em que tipo de meio a obra ficará inserida, e se o aço é galvanizado ou não, novo ou não, para então consultar o tipo de tratamento de pintura a utilizar, como será visto na seção seguinte.

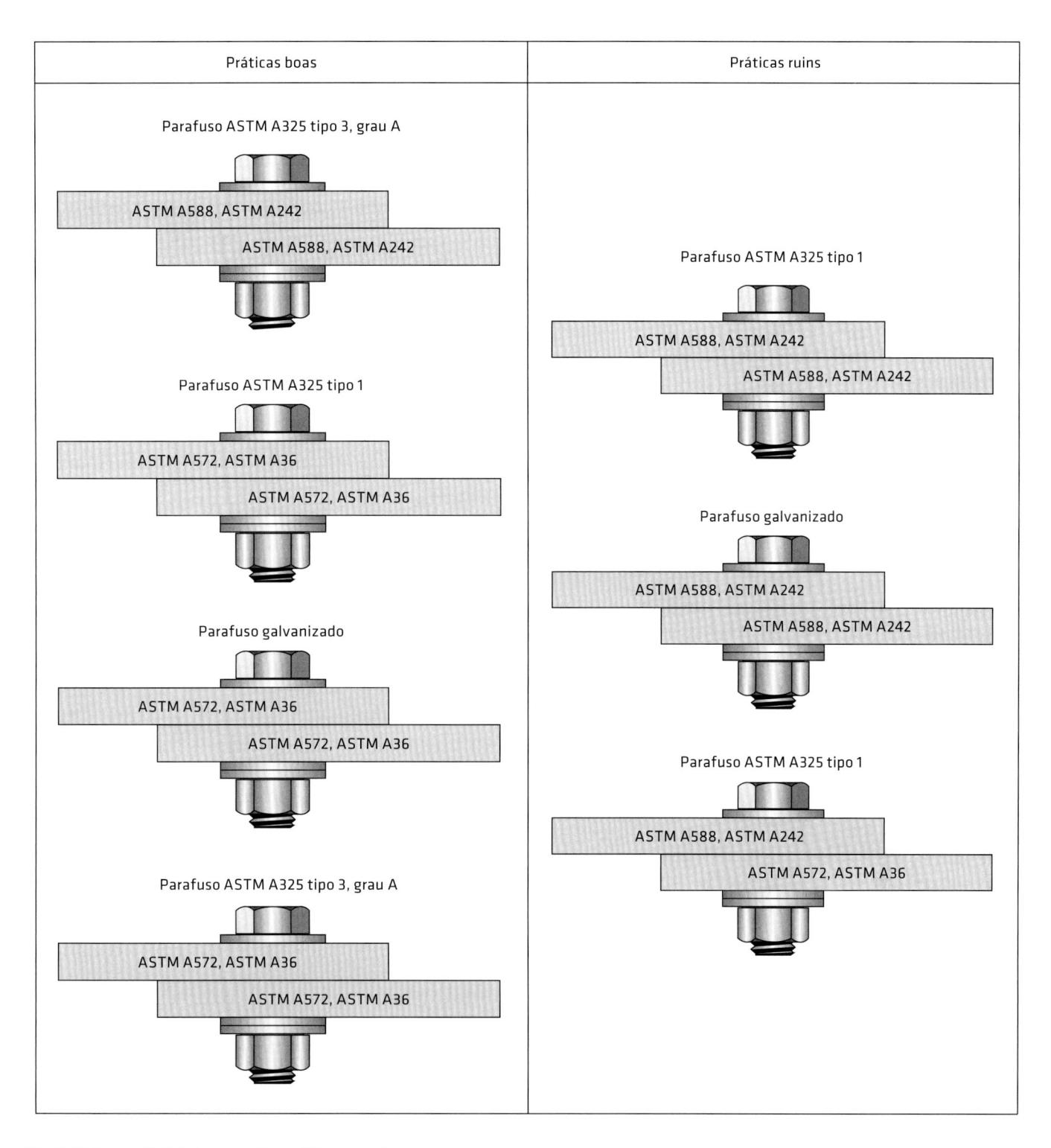

Fig. 7.22 Compatibilidade entre tipos diferentes de aço

7.1.6 Revestimentos orgânicos

A pintura é um revestimento orgânico e o principal sistema de proteção das estruturas metálicas, sendo a tinta um produto que, em líquido ou em pó, quando aplicado sobre um substrato, forma uma película opaca de proteção contra o processo de corrosão, além de possuir características decorativas e técnicas particulares.

As tintas são constituídas por três grupos, basicamente: o ligante, os solventes e os pigmentos.

a) Ligantes

Os ligantes básicos são as resinas e os óleos. Eles têm a função de envolver as partículas de pigmento e uni-las entre si e o substrato. Também possuem a função de reduzir a viscosidade das tintas, de modo a facilitar sua devida aplicação, homogeneizar a película, melhorar a aderência e agir sobre a secagem.

As tintas são comumente classificadas pelo tipo de ligante, que dá a elas as características predominantes. Em função do ligante, as tintas podem ser alquídicas, epoxídicas, poliuretânicas, vinílicas etc.

b) Resinas

As resinas, também chamadas de ligantes ou veículo fixos, são as componentes mais importantes das tintas e devem garantir propriedades como aderência entre a tinta e o substrato, impermeabilidade, continuidade e flexibilidade. São, ainda, responsáveis por propriedades como resistência perante o meio agressivo.

i. Resina alquídica

A palavra *alquídica* é adaptada do termo inglês *alkyd*, proveniente da união do prefixo *al-*, de *alcohol*, com o sufixo *-yd*, derivado de *acid*.

Quando se introduz uma resina fenólica na reação de produção da resina alquídica, a resina formada passa a ser denominada *alquídica fenolada*, sendo superior à própria alquídica, com o aumento da impermeabilidade e da resistência à umidade, porém com seu desempenho ainda limitado. Por outro lado, ela ainda não resiste a situações de extrema umidade, imersão e exposição a ambientes químicos agressivos.

ii. Resina acrílica

As resinas acrílicas são obtidas a partir da reação de polimerização de monômeros acrílicos, como o metacrilato de metila e o acrilato de butila. O metacrilato de metila é duro e quebradiço, enquanto o acrilato de butila é mole e elástico; quando combinados, resultam em copolímeros, cujas propriedades intermediárias são importantes para as tintas, sendo ambos elementos resistentes ao intemperismo.

iii. Resina epoxídica

A resina epóxi (EDGBA) é adquirida da salmoura e do petróleo e, sozinha, não possui propriedades importantes para as tintas. Porém, quando posta para reagir com outras resinas chamadas de catalisadores, agentes de cura ou endurecedores, adquire propriedades diferenciadas e específicas. Nesse contexto, são três as resinas mais usadas:

- *Poliamina*: produz polímeros com excelente dureza, aderência e resistência química e física, além de resistência a solventes, combustíveis e lubrificantes.
- *Poliamida*: produz polímeros com excelente dureza, flexibilidade, aderência e resistência à água e à umidade.
- *Isocianato*: produz polímeros com excelente aderência sobre metais não ferrosos. O isocianato que propicia o melhor resultado para tintas promotoras de aderência é o alifático.

iv. Resina poliuretânica

São resinas que podem ser compostas de resinas de poliéster ou acrílicas poli-hidroxiladas e que são catalisadas com resinas isocianato alifático (que oferecem maior resistência ao intemperismo) ou resinas isocianato aromático (que apresentam boas propriedades de aderência e de secagem rápida, mas que são usadas apenas em tintas poliuretânicas por não resistirem ao intemperismo). O tolueno diisocianato é o isocianato aromático mais utilizado.

No Brasil, a resina poliuretânica à base de água não é tão adotada em virtude do elevado preço que confere à tinta.

A reação de um poliálcool com um poliácido produz um poliéster, um polímero muito duro e quebradiço.

v. Resina etil silicato de zinco

São resinas à base de silicato de etila que reagem com zinco em pó, produzindo silicato de zinco, um produto inorgânico capaz de resistir a até 500 °C.

vi. Resina de silicato inorgânico de zinco

Essas resinas não são orgânicas, tratando-se de silicatos de sódio, potássio ou lítio. Esses silicatos, a exemplo da resina de silicato de etila, produzem silicato de zinco, ligando o pigmento à matriz inorgânica da tinta e ao metal-base.

vii. Resina de silicone

Essas resinas resistem a temperaturas de até 600 °C e precisam de pré-cura entre 150 °C e 230 °C. As tintas que as possuem são das cores preta e alumínio.

c) Solventes

Os solventes têm a finalidade de dissolver a resina e, em virtude da diminuição da viscosidade, facilitam a aplicação da tinta. O Quadro 7.6 indica a compatibilidade entre solventes e resinas.

O solvente aguarrás é um exemplo comum, que proporciona menor desconforto para quem o utiliza, além de o ser humano apresentar tolerância a esse tipo de produto.

d) Pigmentos

Os pigmentos são responsáveis por conferirem cor, opacidade, coesão e inibição do processo corrosivo, além de con-

Quadro 7.6 COMPATIBILIDADE ENTRE GRUPOS DE SOLVENTES E RESINAS

Tipo de resina	Tipo de solvente mais usado
Alquídica	Aguarrás ou xileno ou misturas deles
Acrílica	Misturas de acetatos, xileno, cetonas e álcoois cíclicos
Epóxi	Misturas de MEK e MIBK com xileno e álcool butílico
Poliuretano	Acetato de etila, acetato de butila e misturas MEK
Etil silicato de zinco	Álcool isopropílico e álcool butílico
Silicone	Xileno e tolueno

sistência, dureza e resistência da película da tinta. Eles são constituídos de pós muito finos que podem ser pretos, brancos ou incolores, além de metálicos, anticorrosivos e inertes.

Os pigmentos anticorrosivos conferem proteção ao aço contra o processo de corrosão. Já os inertes são incolores e não são anticorrosivos, mas são úteis na aquisição de propriedades para as tintas, tais como resistência à abrasão, lixabilidade e fosqueamento.

i. Pigmentos coloridos

As cores primárias dos pigmentos são branca, preta, vermelha, laranja, amarela, verde, azul, púrpura, alumínio e dourada; quando são misturados, consegue-se obter qualquer outra tonalidade de cor desejada.

ii. Pigmentos anticorrosivos

Os pigmentos anticorrosivos mais usados para superfícies de aço-carbono são listados a seguir.

▷ Cromato de zinco [$4ZnO \cdot K_2O \cdot 4CrO_3 \cdot 3H_2O$]

Os íons cromato, formados a partir de sua dissolução parcial em água, isolam o aço do ambiente corrosivo. São tóxicos por conterem cromo.

▷ Zarcão [Pb_3O_4]

Por ser alcalino, o zarcão acaba neutralizando o ácido do meio agressivo, além de ser capaz de transformar o óxido ferroso em óxido férrico, formando uma camada protetora sobre o aço. A resina deve ser à base de óleos vegetais secativos ou alquídica, para que o zarcão possa transformar esses óleos em sabão de chumbo e, assim, isolar o aço do meio agressivo. É tóxico por conter chumbo.

▷ Fosfato de zinco [$Zn_3(PO_4) \cdot 2H_2O$]

O fosfato de zinco dissolve-se parcialmente ao ser permeado pelo vapor da água, formando uma camada protetora de fosfato que isola a superfície do aço do meio corrosivo. Não é tóxico.

▷ Silicato de cálcio

Ao ser permeado por agentes agressivos presentes, o silicato de cálcio captura o íon hidrogênio, liberando o íon cálcio, que, por precipitação, chega até a interface aço/tinta, formando uma película impermeável capaz de proteger o aço da corrosão. Não é tóxico.

▷ Zinco metálico [ZnO]

As tintas à base de zinco são chamadas de *galvanização a frio* ou de *tintas ricas em zinco*. O alto teor de zinco presente nas tintas protege o aço da corrosão, em que o zinco funciona como um ânodo, e o aço, como um cátodo.

▷ Óxido de ferro [Fe_2O_3]

O óxido de ferro atua apenas como uma barreira, dificultando a passagem de elementos agressivos pelo fato de suas partículas serem sólidas e maciças. Mas, fora isso, não tem nenhum mecanismo de proteção anticorrosiva. Não é tóxico.

▷ Pigmentos lamelares

O alumínio e alguns pigmentos lamelares, como óxido de ferro, mica, talco e alguns caulins, formam lamelas microscópicas sobrepostas que acabam criando uma barreira que dificulta a passagem de elementos agressivos.

▷ Óxido de ferro micáceo

O que o diferencia do óxido de ferro comum é sua estrutura geométrica lamelar, que funciona como uma excelente barreira física pela sobreposição de tais lamelas umas sobre as outras. O termo *micáceo* indica apenas seu aspecto similar ao da mica, que possui forma cristalina.

iii. Pigmentos inertes

Trata-se de pigmentos incolores, não opacos e sem mecanismos de proteção com características anticorrosivas, mas que são muito úteis para proporcionar propriedades específicas para as tintas. Alguns dos pigmentos inertes mais importantes são: mica, talco, caulim, óxido de ferro micáceo, sílicas, quartzo e óxido de alumínio.

▷ Mica

A mica é um pigmento com forma em lamelas, cujas partículas possuem diâmetros maiores que suas espessuras, e que contribui para a formação de uma barreira contra o processo de corrosão.

▷ Talco

O talco também possui a forma em lamelas e é responsável por características como a estabilidade da tinta na estocagem e a melhoria de sua lixabilidade, por constituir a carga de menor dureza entre os minerais. É o silicato de magnésio hidratado.

▻ Caulim

O caulim é semelhante ao talco e também ajuda na formação de uma barreira contra o processo de corrosão. Outro tipo de caulim existente é o agalmatolito, que é utilizado para reduzir o custo da tinta. É o silicato de alumínio hidratado.

▻ Sílicas

São úteis como agentes fosqueantes e para a melhoria da resistência da tinta ao desgaste. O tipo sílica pirogênica é utilizado como agente reológico ou espessante, para aumentar a espessura por demão de tinta aplicada, ajudando a reduzir escorrimentos ou descaimentos, quando usada em superfícies verticais.

▻ Quartzo

O quartzo é um tipo de sílica também usado para melhorar a resistência da tinta ao desgaste.

▻ Óxido de alumínio

O óxido de alumínio é o pigmento utilizado em tintas que possui a maior dureza, sendo capaz de lhes garantir a máxima resistência à abrasão e ao desgaste.

e) Aditivos

Os aditivos são adicionados às tintas em quantidades pequenas, dentro de um intervalo de 0,1% a 1,0%, sendo úteis para conferir melhorias a seus processos de fabricação, estocagem e aplicação. Os principais tipos de aditivo são apresentados a seguir.

i. Dispersantes (ou tensoativos ou umectantes)

Facilitam a inserção dos pigmentos durante o processo de fabricação, ajudando a estabilizar a suspensão dos pigmentos durante a etapa de estocagem, a melhorar as ações de aplicação e de umectação da superfície e, por conseguinte, a aumentar a aderência das tintas enquanto se encontrarem no estado líquido. Após a secagem desses aditivos, a responsabilidade passa para as resinas.

ii. Espessantes

São responsáveis por conferir maior estabilidade à tinta no processo de estocagem, além de permitirem a aplicação de demãos com maiores espessuras ao longo de superfícies verticais. Em tintas de menor qualidade, são utilizados compostos celulósicos; já em tintas de maior desempenho, são adotadas sílicas pirogênicas.

iii. Secantes

São catalisadores metálicos que aceleram o processo de secagem das tintas alquídicas, além de agirem nos óleos vegetais que as constituem, permitindo que o oxigênio reaja de forma mais rápida.

iv. Antibolhas

As antibolhas são constituídas de silicone e não são capazes de impedir a formação de bolhas de ar, mas permitem sua eliminação rápida, quando introduzidas nas tintas durante as ações de agitação e no caso da aplicação delas com o uso de rolo.

v. Antinata

Esse tipo de aditivo constitui-se de compostos voláteis adicionados às tintas durante seu processo de fabricação. Esses compostos agem de modo a impedir a reação do oxigênio presente no ar com os óleos constituintes das tintas alquídicas enquanto estes ainda estiverem condicionados em embalagens. Assim que as tintas são aplicadas, os óleos deixam a película e liberam as resinas para reagir em conjunto com o oxigênio do ar, para permitir que sejam curadas.

f) Posição da tinta nos sistemas de pintura

De acordo com sua posição no sistema de pintura, a tinta pode ser de fundo (ou *primer*), intermediária ou de acabamento (ou esmalte).

i. Tinta de fundo (ou *primer*)

Garante aderência à camada subsequente. Essa é a tinta aplicada na primeira camada e deve possuir, portanto, características que permitam melhor afinidade com o substrato (superfície do aço). Por esse motivo, a camada deve conter pigmentos anticorrosivos e ser compatível com a camada intermediária e/ou de acabamento, em função de a tinta possuir duas ou três camadas totais.

ii. Tinta de camada intermediária

Fornece espessura ao sistema. Essa camada de tinta tem como finalidade contribuir para o aumento da espessura da camada total de tinta. Ela não necessita de pigmentos inibidores de corrosão nem de pigmentos coloridos, sendo, portanto, de menor custo. Porém, deve ter a mesma qualidade das demais camadas do conjunto.

iii. Tinta de acabamento (ou camada final ou esmalte)

Atua como barreira protetora, além de possuir finalidade estética. Essa camada é responsável por dar acabamento ao conjunto, devendo, portanto, resistir à agressividade do meio ambiente e ainda assim ser compatível com as demais camadas do conjunto.

Nota: A tinta do tipo *epoximastic* possui características que se aplicam a camadas de *primer* e de acabamento, tratando-se, assim, de uma tinta com dupla função. Atua bem como anticorrosivo, por ser uma tinta de grande espessura, da ordem de 120 μm a 200 μm. Além disso, tem alta impermeabilidade, por ser epóxi e conter pigmentos lamelares, e alta aderência, por causa da resina e de aditivos. Ela também possui alta flexibilidade, por conta da resina e do catalizador, que contém pigmentos anticorrosivos modernos sem o uso de metais pesados, e pode ainda ser usada como acabamento, por conter pigmentos coloridos.

Na Fig. 7.23 são dados os esquemas de posicionamento das camadas, em suas respectivas ordens.

iv. Posição do *primer* e da massa
Quando houver massa e *primer*, a sequência correta de aplicação deve ser *primer*, massa e acabamento (Fig. 7.24A). É muito comum, no entanto, ocorrer a aplicação da massa diretamente sobre o aço nos trabalhos realizados (Fig. 7.24B). Portanto, o correto é aplicar em primeiro lugar o *primer*, depois a massa sobre o *primer*, se necessário, e finalmente o acabamento.

g) Tipos de tinta
As tintas também podem ser classificadas, segundo seus tipos de solvente, como de alto VOC ou baixo VOC. Proveniente da expressão em inglês *volatile organic compound* (conteúdo de compostos orgânicos voláteis), VOC é a quantidade em massa de solventes orgânicos presentes em um volume de tinta ou resina, em g/galão ou lb/galão.

Existem tintas de altos sólidos (HS) e de baixo VOC, que possuem quantidades menores de solventes compatíveis com as tintas convencionais, que possuem altos teores de solventes.

Outra forma de classificar as tintas é pelo tipo de resina que usam, como mostrado a seguir.

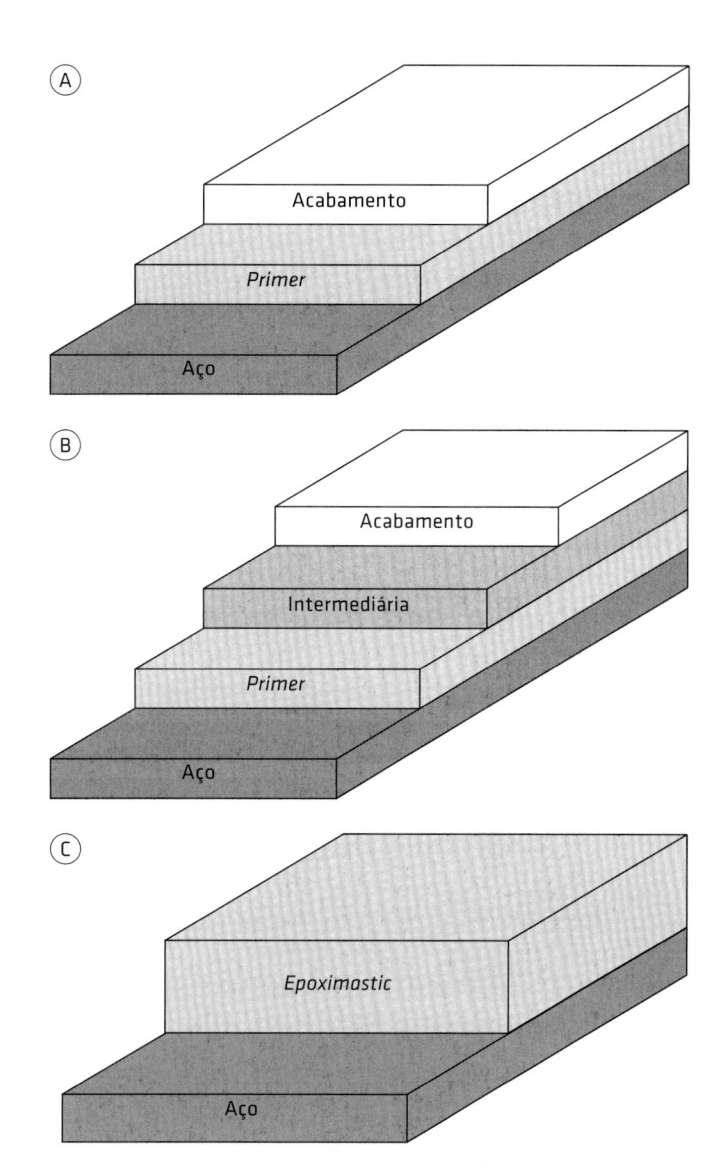

Fig. 7.23 Sistemas de pintura: (A) com duas camadas, *primer* + acabamento – utilizada para ambientes pouco agressivos; (B) com três camadas, *primer* + intermediária + acabamento – utilizada para ambientes agressivos; (C) com uma camada de tinta *epoximastic* – utilizada para ambientes agressivos

i. Tintas alquídicas
Proporcionam um bom desempenho, desde que não sejam expostas a forte umidade ou ambiente agressivo, como industrial corrosivo. Não são indicadas para pintura com finalidade de galvanização.

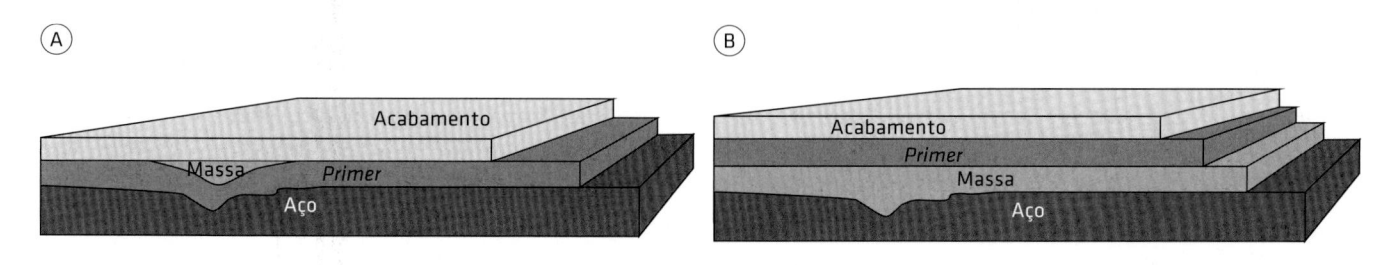

Fig. 7.24 Posições do *primer* e da massa num sistema de pintura: (A) aplicação correta e (B) aplicação errada

PATOLOGIAS E GALVANIZAÇÃO 343

ii. Tintas acrílicas

São tintas monocomponentes, à base de solventes orgânicos ou de água, e apresentam as seguintes propriedades:

- Possuem secagem rápida.
- Possuem boa resistência a intempéries.
- Podem ser aplicadas em faces externas de tanques para armazenamento de derivados de petróleo ou gases na indústria petroquímica.
- Podem ser usadas como pintura de face externa de tubulações e de equipamentos.
- Não são indicadas para aplicações que envolvam exposição a solventes ou imersão em água.
- Possuem baixa espessura por demão (30 μm).

As tintas acrílicas à base de água serviam apenas para aplicações em paredes (látex acrílicos) e, hoje, podem ser aplicadas com excelência em superfícies de aço-carbono, com propriedades excelentes como resistência à corrosão (ambiente de média agressividade) e ao intemperismo, podendo ser aplicadas com espessura de 60 μm a 100 μm.

iii. Tintas epoxídicas

São tidas como bicomponentes de secagem ao ar, formadas por partes A e B, onde sua cura se faz por reação química entre as resinas dos dois componentes. O componente A é geralmente à base de resina epóxi, e o componente B, que é um agente de cura, pode ser à base de poliamida, poliamina ou isocianato alifático, cujas características são descritas a seguir:

- *Tintas epóxi curadas com poliamidas*: possuem resistência à umidade e à imersão em água (doce ou salgada), além de flexibilidade e aderência em aço-carbono ou concreto, conferidas pelo agente de cura B, quando constituídas desse tipo.
- *Tintas epóxi curadas com poliaminas*: possuem resistência à imersão em soluções ou vapores de produtos químicos, sendo indicadas para aplicações internas de tanques, tubulações, equipamentos e estruturas sujeitas a imersões, derrames ou respingos de produtos químicos e/ou de solventes.
- *Tintas epóxi modificadas*: são mais modernas e dotadas de características das poliaminas, porém são muito próximas das poliamidas. Por essa razão, podem ser utilizadas em substituição aos dois tipos de tinta já citados. Um exemplo são as tintas *epoximastiques*, já mencionadas neste capítulo quanto a seu modo de aplicação, que constituem tintas epoxídicas dotadas de altos sólidos e elevada espessura. Quando formuladas com pigmentos dotados de lamelas, inibidores de corrosão e aditivos tensoativos, passam a ter proteção contra o processo de corrosão em superfícies que não podem receber limpeza por jateamento abrasivo.
- *Tintas epóxi curadas com isocianatos*: podem ser usadas como camada de *primer* aplicada sobre superfícies de aço galvanizado, alumínio, aço inoxidável ou outros metais não ferrosos, bem como sobre poliéster reforçado com fibras de vidro (*fiberglass*).

iv. Tintas epóxi hidrossolúveis

Também denominadas tintas WB (*water-based* ou *waterborne*), possuem as seguintes características:

- Facilidade de diluição (deve-se utilizar água limpa).
- Limpeza dos equipamentos.
- Baixo nível de odor.
- Emissão de solventes próxima de zero.

São recomendadas para aplicações em superfícies de concreto ou de aço-carbono, em ambientes classificados como de baixa a média agressividade, podendo ser utilizadas, assim, em pinturas de paredes de indústrias alimentícias, laboratórios farmacêuticos, hospitais etc., quando houver restrição à evaporação de solventes.

▷ Massas epóxi

São compostas de alto teor de sólidos (em volume) e podem ser aplicadas no nivelamento de superfícies a serem pintadas com tintas epoxídicas ou poliuretânicas.

É recomendado que sempre se especifique a aplicação de revestimento de massa epóxi, em uma única camada (não superior a 50 μm), sobre conjuntos de ligações parafusadas constituídas de conectores (parafusos, barras ou conectores), porcas sextavadas e arruelas (lisas e de pressão), depois que eles tiverem sido montados, pois, na maioria dos casos, o processo de corrosão sempre se inicia nas ligações parafusadas ou soldadas, mesmo quando se dispõe do restante dos perfis devidamente pintados e/ou galvanizados. Esse é o tipo de corrosão galvânica em que os metais constituintes dos conectores se comportam como menos nobres do que os metais dos perfis, que já se encontram devidamente protegidos com tintas e/ou galvanização.

As massas epóxi também são utilizadas para nivelamento de superfícies, preenchimento de juntas em pisos de cerâmica antiácida, preenchimento de frestas, sobreposição de chapas ou vigas de aço-carbono. Elas devem ser aplicadas em uma única camada, cuja espessura não deve ser superior a 50 μm. Podem ser combinadas com tintas poliuretânicas e usadas como camada de *primer* ou camada intermediária do conjunto, de modo a compor esquemas de alto desempenho.

▶ Tintas epóxi betuminosas

Podem exibir as seguintes terminologias: betuminosas epoxídicas, alcatrão de hulha epóxi e *coal tar epoxy*. Possuem excelente resistência a ambientes corrosivos, apresentando boa flexibilidade, boa aderência e boa resistência contra impactos mecânicos. Quando são formuladas com cargas de elevada dureza, passam a ter altíssima resistência à abrasão. Podem ser aplicadas em espessuras de 125 μm a 400 μm em uma única demão, dependendo do tipo.

As tintas epóxi betuminosas são recomendadas para pinturas aplicadas em reservatórios de água industrial, bases de equipamentos, estruturas, peças imersas, submersas ou enterradas, além de poderem ser usadas para pinturas internas de tubulações e de tanques de estações de tratamento de efluentes, dispostos em ambientes industriais. Não devem ser aplicadas na pintura interna de reservatórios de água potável.

Suas cores limitam-se a marrom e preto, ficando impedidas de serem formuladas em outras cores. Por serem indicadas para serviços em imersão, recomenda-se que sejam aplicadas em cores alternadas em cada uma das três demãos, sendo a primeira camada na cor preta, a segunda na cor marrom e a terceira e última na cor preta, de modo a facilitar o controle de inspeção e o controle do pintor e do fiscal de área.

v. Tintas poliuretânicas

Essas tintas são fornecidas em duas embalagens, sendo, portanto, bicomponentes, com o A à base de resinas poliésteres poli-hidroxiladas ou acrílicas poli-hidroxiladas, e o B com o agente de cura à base de isocianato alifático ou aromático.

Caso essas tintas sejam usadas como tinta de acabamento, recomenda-se adotar o agente de cura à base de isocianato alifático, que possui excelente resistência a intempéries (raios UV, chuva), pois o isocianato aromático não proporciona essa mesma resistência, podendo comprometer sua cor e brilho. Disso decorre que o uso de tintas de poliuretano aromáticas deve ser restrito a ambientes internos abrigados. As tintas de poliuretano aplicadas para pinturas expostas a intempéries são denominadas PU alifáticas.

Assim como as tintas epóxi, as tintas poliuretânicas também possuem excelentes propriedades de aderência, impermeabilidade e flexibilidade, o que permite seu uso em elevadas espessuras. Por outro lado, destaca-se que as tintas epóxi não são resistentes ao intemperismo, ao contrário das poliuretânicas, sofrendo, assim, perda de cor e de brilho em poucos meses. As tintas alifáticas são mais caras que as epóxi, mas possuem resistência ao intemperismo, resultando em um melhor custo-benefício.

Também existem as resinas de poliuretano poliaspártico, introduzidas nos anos 1990. Elas são baseadas na reação de éster poliaspártico e possuem VOC baixo ou próximo de zero, sendo tintas que possuem resistência à abrasão e à corrosão.

h) Calcinação (ou gizamento)

O fenômeno da calcinação ou gizamento (*chalking*) pode ser explicado pelo processo de desagregação da resina que compõe a tinta, resultando na formação de um pó em sua superfície em função de efeitos como radiação ultravioleta, variações de temperatura, intemperismo (ações de sol e chuva) e oxigênio do ar. Esse desprendimento de resina pode ser notado facilmente ao passar a mão sobre uma superfície pintada e observar que um pó claro se impregna nela, como se tivesse sido passada num quadro-negro rabiscado com giz.

Devido a esse fenômeno, a tinta, antes lisa e brilhosa, começa a adquirir um aspecto rugoso, do ponto de vista microscópico, e a perder o brilho (resina microdividida com pigmentos desprendendo-se).

Assim, observa-se o quanto a natureza química das resinas e dos pigmentos, que constituem as tintas, influencia a resistência destas, sendo alguns tipos de resina mais sensíveis a esse fenômeno de calcinação do que outros, como as poliuretânicas e as acrílicas, que são mais resistentes a raios UV do que as tintas alquídicas e epoxídicas.

Nas tintas poliuretânicas, o catalisador é decisivo na resistência aos raios UV, em que o isocianato alifático é muito mais resistente do que o isocianato aromático. Alguns pigmentos também têm influência na calcinação.

7.1.7 Revestimentos metálicos

O aço pode ser protegido da água pelo recobrimento com outro metal. A galvanização – imersão da estrutura em um banho de zinco fundido – é o mais barato e o mais comum desses métodos.

Uma série de intermetálicos Fe-Zn é formada na superfície do aço, o que propicia perfeita adesão e total impermeabilidade à umidade. A razão custo-benefício para estruturas esbeltas é particularmente atraente. Se o revestimento metálico sofrer danos, o zinco continuará a proteger o aço por efeito galvânico.

a) Zincagem

O processo de corrosão dos metais está diretamente relacionado com o potencial de oxidação de eletrodo, que remove os elétrons do ferro, formando cátions Fe^{++}: quanto mais positivo for o potencial de oxidação, mais reativo será o metal.

A proteção pelo uso de zinco consiste em combinar o zinco com o ferro, resultando no zinco como ânodo e no ferro como cátodo e prevenindo, assim, a corrosão do ferro, uma vez que o zinco atua como uma barreira protetora, evitando a entrada de água e ar atmosférico, além de sofrer corrosão antes do ferro.

Esse tratamento garante à peça uma maior durabilidade, já que a corrosão do zinco é de 10 a 50 vezes menor que a do aço em áreas industriais e rurais, e de 50 a 350 vezes menor em áreas marinhas.

b) Galvanização

É o processo em que se utiliza uma corrente elétrica fraca para ligar um metal a um objeto. A corrente elétrica, juntamente com a solução, transfere de modo eficaz o material de revestimento para o objeto a ser banhado, fazendo com que haja adesão química à superfície. Produtos químicos de revestimento comumente utilizados incluem cianetos do metal de revestimento, fosfatos, carbonatos e ácidos.

A fim de dar início ao processo de galvanização, um circuito é configurado com um ânodo feito do metal utilizado para o revestimento. O objeto a ser revestido é conectado a um cátodo. Ambos os objetos são, então, imersos numa solução líquida contendo substâncias químicas que oxidam o ânodo e, com a introdução de uma corrente elétrica, transferem as moléculas do material de revestimento para o objeto a ser revestido. O banho de galvanização consiste geralmente em água e ácido sulfúrico (Fig. 7.25).

A galvanização é um processo de revestimento de metais comuns por metais menos nobres. As chapas galvanizadas são feitas de aço-carbono e geralmente revestidas com uma camada de zinco. A zincagem, como é chamado o processo, é um dos mais efetivos e com melhor custo-benefício para proteger o aço da corrosão.

O zinco é mais eletronegativo e mais anódico do que o ferro contido no aço, isto é, tem a propriedade de atrair mais elétrons em uma ligação química. Por isso, ele sofre corrosão preferencialmente ao aço, sacrificando-se para proteger o ferro (ver Fig. 7.26).

A camada de zinco depositada apresenta uma espessura usual de 75 μm a 125 μm em peças (1 μm = 0,001 mm). Com jateamento abrasivo antes da galvanização, pode-se atingir uma camada com até 250 μm de espessura uniforme.

Nesse processo, a peça é totalmente imersa no banho de zinco líquido (zinco fundido entre 450 °C e 490 °C) e toda a superfície da peça será protegida. A molhabilidade da superfície da peça é alcançada com facilidade em função da boa fluidez do zinco fundido.

Na proteção por barreira, o revestimento de zinco isola todas as superfícies internas e externas de contato com os agentes oxidantes presentes no meio ambiente. Isso ocorre pela penetração do zinco na rede cristalina do metal-base, resultando em uma difusão intermetálica, ou seja, na formação de ligas de Fe-Zn na superfície de contato. Esse processo torna o revestimento integrado desde o metal-base até a superfície, onde a camada formada é de zinco puro (ver detalhes na Fig. 7.27).

Essa característica única do produto galvanizado confere alta resistência à abrasão do revestimento, permi-

Fig. 7.25 Banho de galvanização de uma peça em um tanque

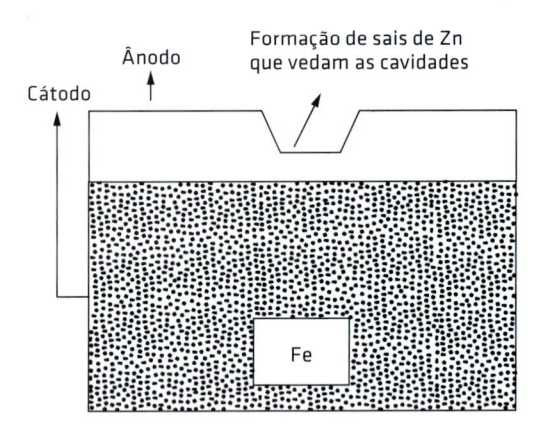

Fig. 7.26 Revestimento anódico

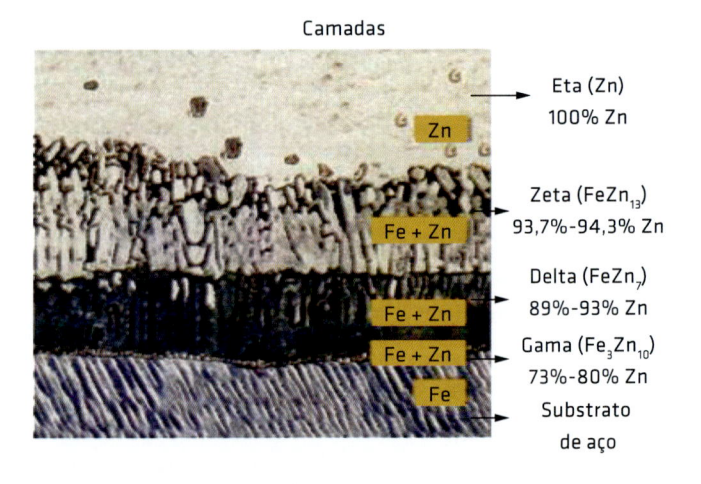

Fig. 7.27 Camadas da galvanização

- Eta (Zn) 100% Zn
- Zeta ($FeZn_{13}$) 93,7%-94,3% Zn
- Delta ($FeZn_7$) 89%-93% Zn
- Gama (Fe_3Zn_{10}) 73%-80% Zn
- Substrato de aço

tindo o manuseio para armazenagem, transporte e montagem mecânica, sem danos à superfície. A camada de Fe-Zn mais próxima da alma da peça chega a ter uma dureza até superior à da própria peça.

Em 1741, o químico francês Melouin descobriu que o recobrimento de zinco poderia proteger o aço da corrosão. Em 1837, o engenheiro francês Sorel patenteou a galvanização a fogo, utilizando o termo *galvanização* (do nome de Luigi Galvani, 1737-1798, um dos primeiros cientistas interessados na eletricidade) porque é a corrente galvânica que protege o aço. Ela é assim denominada porque, quando o aço e o zinco entram em contato em um meio úmido, é criada uma diferença de potencial elétrico entre os metais.

Desse modo, o principal objetivo da galvanização a fogo é impedir o contato do material-base, o aço (liga ferro-carbono), com o meio corrosivo.

7.1.8 Galvanizado pintado × galvanizado não pintado

As Figs. 7.28 e 7.29 estabelecem um quadro comparativo entre uma superfície de aço-carbono galvanizada e pintada e outra superfície de aço galvanizada e não pintada submetidas a um teste em câmara salina.

Fig. 7.28 Exposição das chapas 1 e 2 a (A) 1.200 h e (B) 3.000 h – ensaio realizado em câmara salina ASTM B117

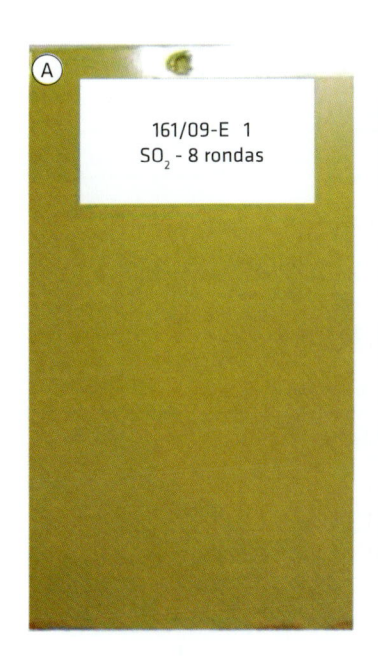

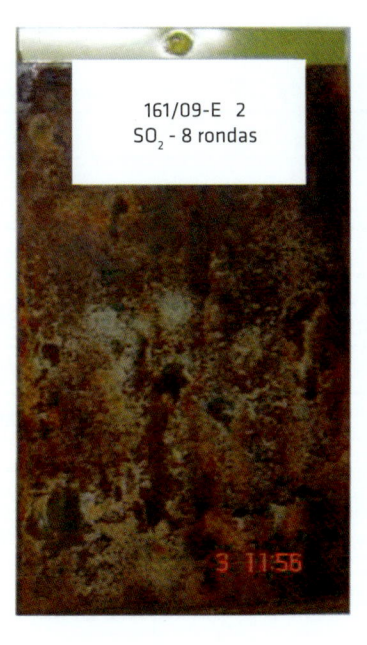

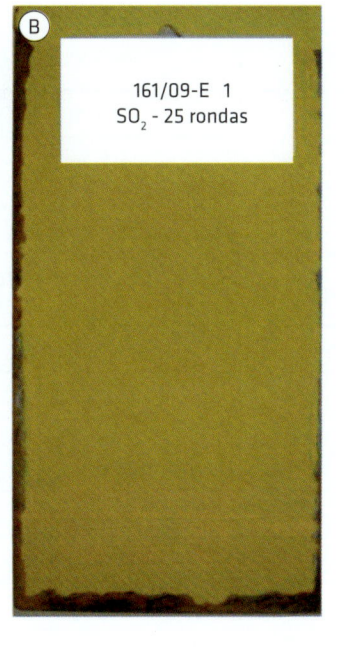

Fig. 7.29 (A) Exposição das chapas 1 e 2 a oito rondas e (B) exposição da chapa 1 a 25 rondas – ensaio realizado em câmara SO_2 (Kesternich) DIN 50018

a) Resultados dos ensaios realizados em câmara salina

Pelos resultados obtidos, observa-se a superioridade apresentada pela chapa galvanizada e pintada (chapa 1) ante a chapa apenas galvanizada (chapa 2) por meio dos ensaios realizados em câmara salina ASTM B117 (Tab. 7.3) e câmara SO_2 (Kesternich) DIN 50018 (Tab. 7.4).

7.1.9 Aços resistentes à corrosão atmosférica

a) Aços inoxidáveis

Os aços inox são assim chamados por conterem um mínimo de 10,5% de cromo em sua composição química, o que garante ao material elevada resistência contra o processo de corrosão.

A melhor condição de resistência do aço inox em relação ao meio ambiente é adquirida quando se forma uma camada protetora na superfície do aço pelo fenômeno da passividade, que se traduz numa reação química entre os componentes químicos do inox e o meio externo. O próprio cromo, por si só, possui grande afinidade com o oxigênio do ar e, por isso, é capaz de desenvolver uma película bem fina e protetora (ou camada passiva) contra ataques corrosivos.

Essa película (Fig. 7.30A) já existe na superfície do aço inox e tem uma particularidade muito importante, a autorregeneração – se a superfície do aço inox vier a sofrer um arranhão (Fig. 7.30B), por exemplo, essa película recompõe-se quase de imediato (Fig. 7.30C), devido à reação do cromo com o oxigênio do meio.

Essa camada passiva é extremamente fina e muito aderente à superfície do aço inox e tem sua resistência elevada à medida que mais cromo é acrescentado à liga do aço. Essa camada possui as seguintes características:

- Proteger o aço inox contra a corrosão do meio ambiente.
- Recompor-se de forma quase instantânea, em um tempo aproximado de cerca de 0,01 s.
- Apresentar grande resistência mecânica, dificultando assim seu desprendimento da superfície do aço inox.
- Ser termodinamicamente estável, não reagindo com outros elementos para formar novos compostos.
- Estar presente ao longo de toda a superfície do aço inox.
- Não ser porosa (bloqueia a ação do meio agressivo).
- Ser extremamente fina, com espessura de 30 Å a 50 Å ($1 \text{ Å} = 10^{-1}$ nm), o que a torna até invisível ao olho humano.
- Ser autorregenerável.

Tab. 7.3 RESULTADOS APRESENTADOS PARA AS CHAPAS 1 E 2 – ENSAIO EM CÂMARA SALINA ASTM B117

Horas	Chapa 1 – galvanizada e pintada			Chapa 2 – apenas galvanizada	
	Análise de campo	Avanço de corrosão a partir da borda (mm)	Status	Análise de campo	Status
24	Sem alterações	0,0	Ap.	Início de oxidação branca	Ap.
500	Sem alterações	0,0	Ap.	Oxidação branca total	Ap.
1.200	Sem alterações	0,3	Ap.	Oxidação branca total	Ap.
2.000	Sem alterações	0,7	Ap.	Oxidação branca total	Ap.
2.500	Sem alterações	1,2	Ap.	Oxidação branca e com início de pontos de oxidação vermelha	Ap.
3.000	Sem alterações	1,5	Ap.	Oxidação vermelha	Rep.

Tab. 7.4 RESULTADOS APRESENTADOS PARA AS CHAPAS 1 E 2 – ENSAIO DE CÂMARA SALINA SO_2 DIN 50018

Horas	Chapa 1 – galvanizada e pintada			Chapa 2 – apenas galvanizada	
	Análise de campo	Avanço de corrosão a partir da borda (mm)	Status	Análise de campo	Status
1	Sem alterações	0,0	Ap.	Oxidação branca	Ap.
5	Sem alterações	0,0 a 0,5	Ap.	Oxidação branca	Ap.
7	Sem alterações	0,6 a 0,9	Ap.	Oxidação branca e com início de pontos de oxidação vermelha	Ap.
8	Sem alterações	0,8 a 1,3	Ap.	Oxidação vermelha	Rep.
15	Sem alterações	1,5 a 2,3	Ap.		
25	Sem alterações	2,6 a 4,0	Ap.		

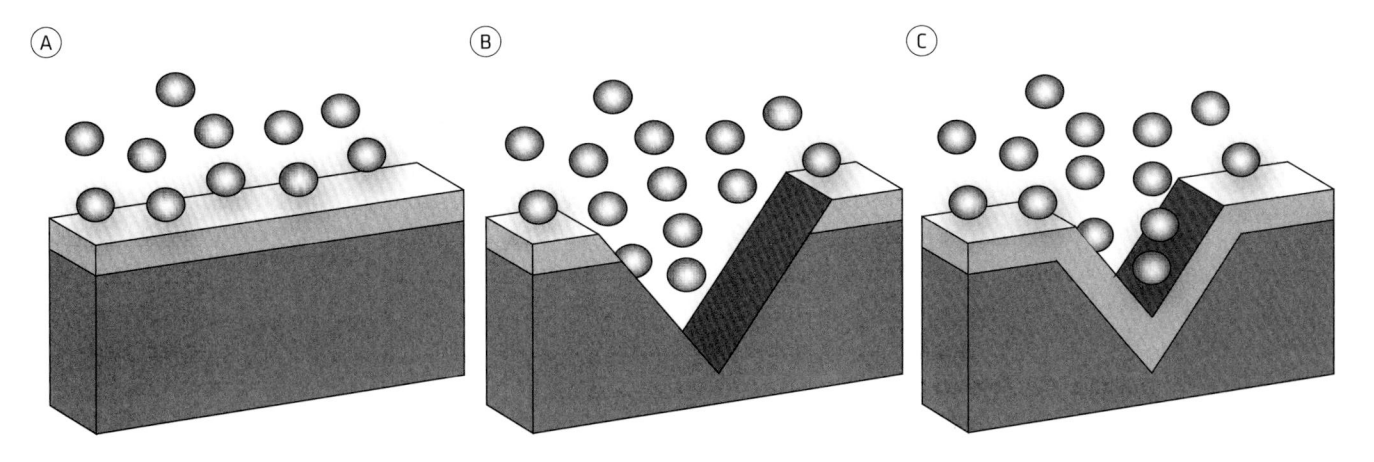

Fig. 7.30 Superfície do aço inox quando sujeita a choques mecânicos

- Ser inerente ao aço inoxidável, uma vez que o cromo faz parte de sua composição química.

Assim, essas características relativas à sua película explicam por que o aço inoxidável não necessita de qualquer tipo de revestimento ou proteção contra o processo de corrosão, sendo capaz de se manter polido e com brilho durante décadas de utilização.

b) Aços patináveis ou aclimatáveis (Corten)
Esses aços são obtidos pela adição de cobre e cromo e apresentam resistência contra o processo de corrosão até oito vezes maior do que aquela encontrada em aços-carbono comuns (como o ASTM A36), além de ótima resistência mecânica, da ordem de 500 MPa, e boa compatibilidade com soldas.

Quando colocados em contato com a atmosfera, forma-se neles a pátina, que constitui uma camada de óxido compacta e aderente e que reduz a velocidade do ataque do processo de corrosão, não exigindo a aplicação de revestimentos para proteção. Porém, a completa formação de sua proteção exige a exposição do aço (de dois a três anos) ou um pré-tratamento em usinas, de modo a acelerar o processo. A formação da pátina deve ser acompanhada, pois, caso não ocorra, será necessário aplicar um sistema de pintura contra a corrosão.

Com isso, esses aços apresentam bom desempenho em atmosferas industriais, desde que não muito agressivas. E, mesmo em atmosferas industriais altamente agressivas, seu desempenho ainda é melhor do que o apresentado pelo aço-carbono. Já em ambientes marinhos, faz-se necessária a aplicação de um sistema de pintura de proteção contra a corrosão.

O processo de formação da pátina está atrelado a vários fatores, entre os quais se pode destacar:
- Tipo de composição química do aço, que contribui para o aumento de sua proteção contra a corrosão. Os principais elementos de liga que ajudam nesse quesito são o cobre e o fósforo.
- Influência de fatores ambientais, tais como presença de dióxido de enxofre e de cloreto de sódio na atmosfera, temperatura, força dos ventos, ciclos de umidade e secagem etc.
- Fatores ligados às geometrias dos elementos estruturais atrelados a seções transversais abertas/fechadas, contato da superfície com água de chuva e outros líquidos etc.

A Fig. 7.31 mostra um comparativo do desempenho da resistência à corrosão de um aço patinável (ASTM A242) e de um aço-carbono comum (ASTM A36) expostos às atmosferas industrial (Cubatão, SP), marinha (Bertioga, SP), urbana (Santo André, SP) e rural (Itararé, SP) (Pannoni, 2004). A medida é feita em termos da perda de massa metálica em função do tempo de exposição em meses.

Observar que, após o aço-carbono estrutural ASTM A36 (Fig. 7.32A) sofrer um risco em sua superfície, o processo de corrosão se alastra por faixas paralelas ao risco. No caso do aço patinável ASTM A242 (Fig. 7.32B), o processo de corrosão fica contido nos limites do risco, sem a propagação em faixas paralelas a este, ao contrário do evidenciado no primeiro caso.

c) Aços-liga
Os aços de baixa liga são concebidos pela adição de cobre, cromo, silício, fósforo e níquel e caracterizam-se basicamente pela formação de uma película aderente em sua superfície que os protege do processo de corrosão, o que permite que elementos estruturais constituintes desse tipo de aço sejam empregados sem sistema de pintura, com ressalvas e restrições em ambientes de agressividade marítima. Porém, adicionar uma percentagem da ordem de 0,1% a 0,2% de cobre à constituição desses aços lhes

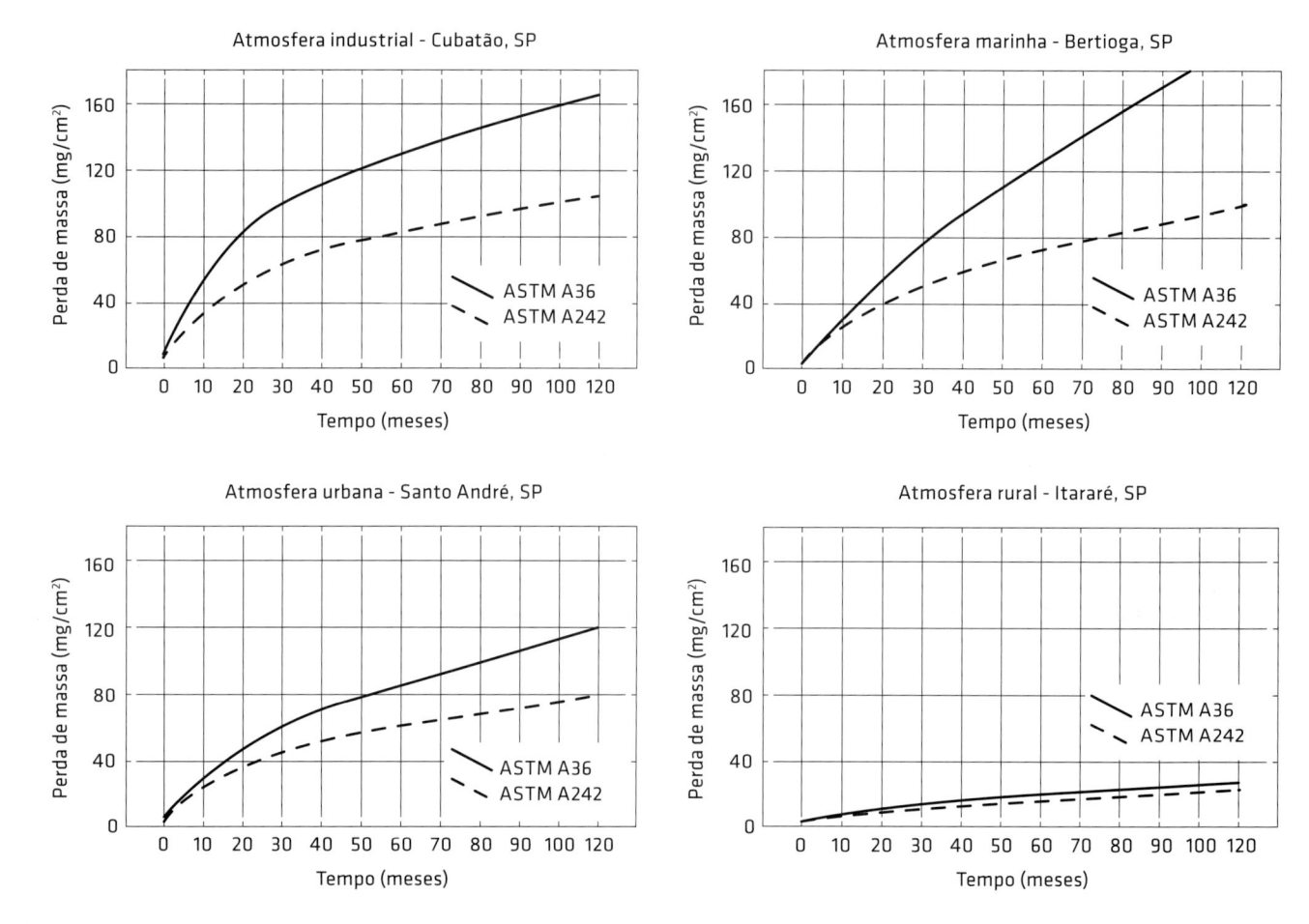

Fig. 7.31 Desempenho de um aço patinável e um aço-carbono comum submetidos a testes em diversos meios agressivos

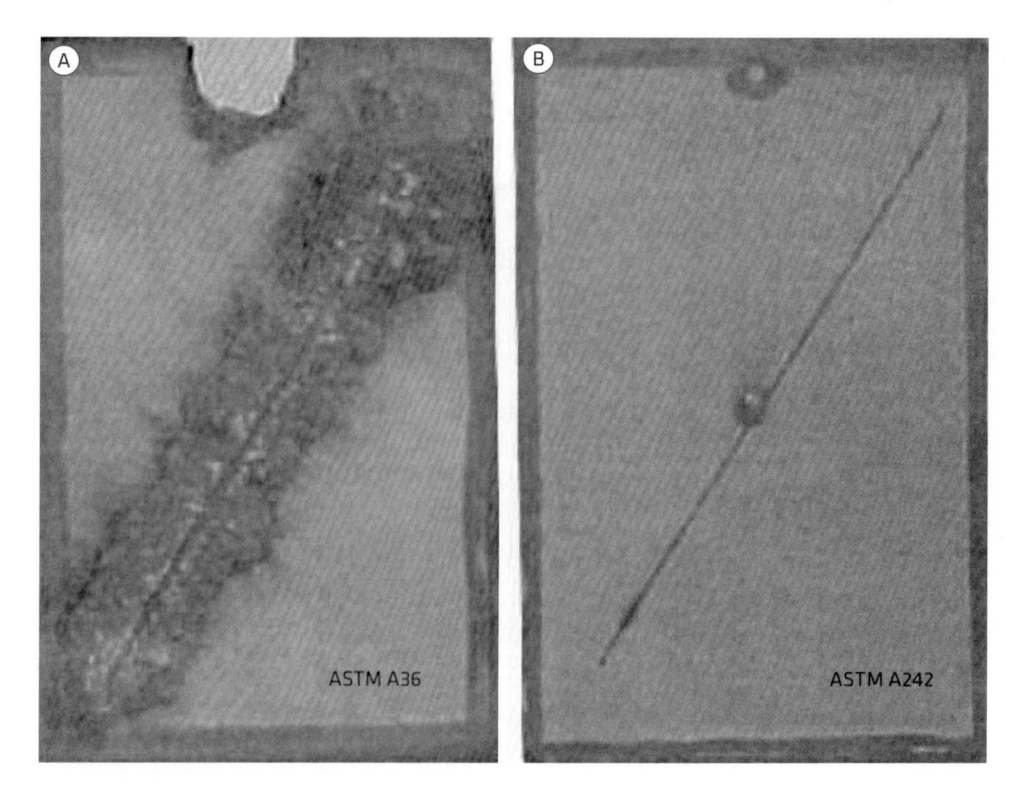

Fig. 7.32 (A) Comportamento do aço-carbono estrutural ASTM A36 e (B) comportamento do aço patinável ASTM A242, ambos expostos ao mesmo ambiente agressivo de atmosfera industrial

possibilita adquirir proteção contra o contato da água e da atmosfera marítima.

Deve-se ter o devido cuidado quanto à utilização desses tipos de aço em estruturas aparentes, uma vez que a primeira fase do processo de corrosão pode gerar produtos que causam manchas a outros elementos estruturais.

d) Proteção contra incêndio

Quando as estruturas de aço são expostas ao fogo, sofrem uma redução brusca de seus estados-limite de escoamento a partir de temperaturas da ordem de 400 °C, atingindo valores críticos de resistência a temperaturas próximas de 550 °C.

Para sua proteção, podem ser utilizados materiais como vermiculita, gesso e amianto. Esses materiais permitem que as estruturas de aço recuperem suas propriedades e funções estáticas após o término da ação do fogo.

7.1.10 Abordagens de casos reais

a) Pilares metálicos inseridos em bases de concreto

A Fig. 7.33 apresenta um perfil U que compõe a viga de uma escada e um pilar de seção retangular formada por dois perfis U soldados, onde ambos os elementos estruturais foram inseridos diretamente em suas fundações de concreto armado.

Na Fig. 7.34 são apresentados dois casos típicos de perfis de aço inseridos em corpos de concreto, em que o concreto, com sua porosidade e permeabilidade inerentes, permitirá a passagem livre de agentes agressivos através do veículo da água para o contato direto com os perfis metálicos imersos no concreto, corroendo-os, sem que se tenha acesso visual do estado de conservação destes.

Porém, a região mais crítica do conjunto e, por conseguinte, onde sempre ocorre a maior perda de seção de uma peça de aço engastada é a localizada na região intermediária entre a parte engastada e a parte a céu aberto, por estar suscetível a constantes físicas de molhagem e evaporação. Quando essa região sofre perda de seção significativa, só resta cortar a peça, perdendo a parte engastada do conjunto.

Fig. 7.34 Vistas de dois pilares que servem de base para a cobertura metálica de um galpão, inseridos diretamente nas fundações de concreto

b) Pilares metálicos assentados sobre base de concreto elevada em relação ao piso

Na Fig. 7.35 são mostrados dois casos aplicados em ambientes diferentes, porém baseados no mesmo fundamento de se criar uma base de concreto elevada em relação ao nível do pavimento, a fim de proteger a base do pilar de aço do contato com possíveis e indesejáveis empoçamentos de líquidos (água de chuva, substâncias químicas, óleos etc.) capazes de provocar o processo de corrosão na superfície do aço.

Observar que, na Fig. 7.36, as bases das colunas não estão inseridas diretamente em suas fundações de concreto, mas sim soldadas a chapas de base conectadas à fundação com o uso de barras de pré-concretagem. Caso uma corrosão se instale e leve a uma considerável perda de seção da chapa de base, esta poderá ser substituída sem a perda da peça principal.

Fig. 7.33 Vista de uma escada

Fig. 7.35 Vistas de duas colunas usadas em galpões diferentes e instaladas de modo que suas chapas de base permanecessem elevadas em relação ao nível do piso existente

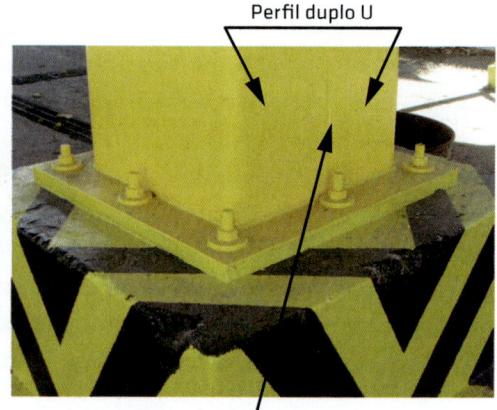

Fig. 7.36 Vista ampliada de uma base de coluna para pau de carga de 2 tf com a chapa de base elevada em relação ao nível do piso existente

Na Fig. 7.37, notar que o sistema de fixação das bases dos pilares a suas respectivas fundações foi executado com o uso de barras de pré-concretagem, que normalmente são especificadas em aço ASTM A36 ou A588, sendo este último mais resistente à corrosão e com maiores valores para tensões admissível e última.

Em ambas as situações dessa figura, a base do pilar encontra-se bem protegida de empoçamentos de água e outros líquidos que ajudam a promover no aço o processo de corrosão. Pintar os pilares em cores amarela e preta listradas até uma altura de cerca de 1 m é necessário para sinalizar sua existência ao trânsito de empilhadeiras e outros veículos de área, ajudando a evitar o abalroamento contra suas estruturas.

c) Pilares metálicos assentados diretamente sobre o piso

Na Fig. 7.38 observam-se casos de colunas soldadas a chapas de base que se encontram niveladas com o piso existente. Essas chapas de base não estão protegidas do contato direto com a água e outros líquidos, tornando-se suscetíveis ao processo de corrosão.

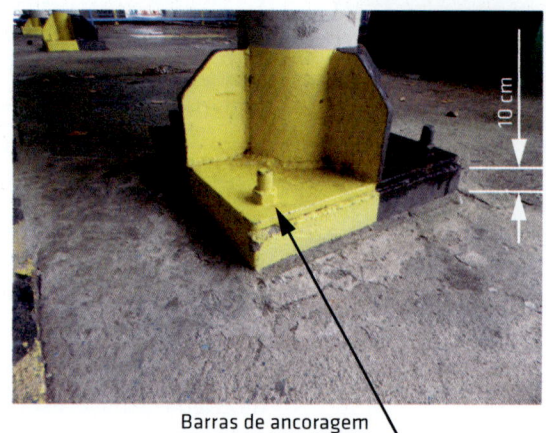

Fig. 7.37 Vistas de outras chapas de base de coluna elevada em relação ao piso existente

352 ESTRUTURAS METÁLICAS

Fig. 7.38 Colunas soldadas a chapas de base que se encontram niveladas com o piso existente

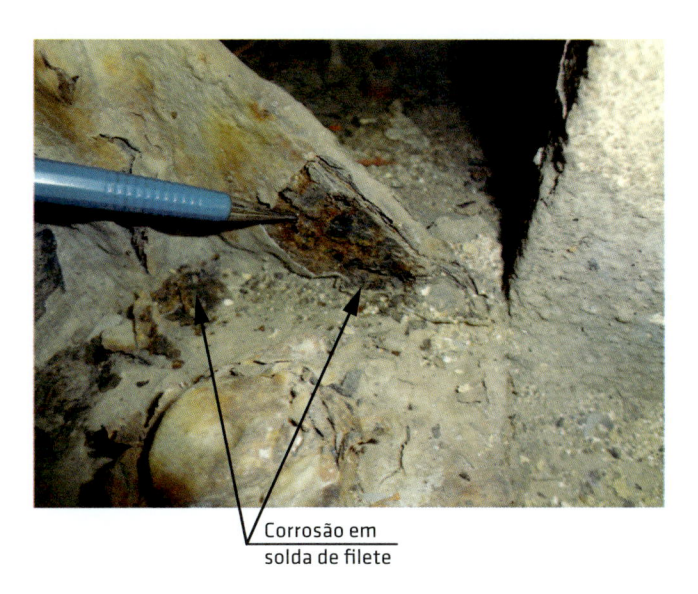

Fig. 7.39 Corrosão presente em chapa de base

d) Corrosões em soldas de bases de colunas

A Fig. 7.39 mostra a corrosão presente nos cordões de solda de filete para a união de enrijecedores com a chapa de base, nas soldas de entalhe de ligação da base da coluna com a chapa de base e na união das soldas de filete e de entalhe, como indicado pela lapiseira.

Observar que, no caso da Fig. 7.39, não foi previsto um chanfro na quina do enrijecedor da coluna, o que acabou permitindo o contato direto das soldas de filete de união enrijecedor-chapa de base com a solda de entalhe de união coluna-chapa de base, gerando assim uma corrosão direta pelo simples contato de duas aplicações diferentes de soldas.

Além disso, nota-se que essas soldas não receberam sistema de pintura adequado sobre seus cordões, com o uso de pincel/trincha embebido e batido diretamente sobre elas.

Na Fig. 7.40B é apresentada uma vista ampliada do processo de corrosão severo existente no cordão de solda de filete responsável pela união do enrijecedor com a coluna em perfil de tubo de perfuração de seção circular mostrado na Fig. 7.40A.

Notar que houve certa aplicação de pintura sobre a solda, onde a tinta seca e envelhecida se desprende, seja pela expansão da solda, seja pelo tempo de exposição.

Será que é a tinta adequada para proteção em meio agressivo industrial, que é onde o pilar se encontra? E será que foi aplicada tinta sobre esses cordões de solda com o uso de brocha ou pincel embebido em tinta e batido sobre a solda? O engenheiro deve procurar saber a resposta a essas e outras perguntas durante um trabalho de vistoria técnica.

Na Fig. 7.41 é mostrado um processo de corrosão atuando sobre todos os cordões de filete de solda que unem os enrijecedores de base do pilar à respectiva chapa de ligação. Notar, também, a corrosão uniforme atuando ao longo da borda da chapa de base desse pilar.

A Fig. 7.42 mostra que o enrijecedor E-2, usado para enrijecer os flanges do perfil H, acaba por criar uma espécie de reservatório para água de chuva. Por tratar-se de um galpão aberto, funcionando como sucata, sujeito à entrada e saída de empilhadeiras, equipamentos com mandíbulas etc., não há telha de fechamento lateral. Esse reservatório é formado por quatro paredes: uma pelo próprio enrijecedor E-2, duas pelos flanges superior e inferior do pilar e outra pela alma do próprio pilar.

O detalhe 1 (Fig. 7.43) apresenta uma ampliação da corrosão severa ocorrida no encontro das soldas de ligação dos enrijecedores com a chapa de base e da solda de ligação do pilar com a chapa de base. Além disso, mostra a arruela de pressão, a porca sextavada e a zona rosqueada da barra de ancoragem de pré-concretagem. Nesta, também se pode notar a presença dos dois cordões de filete de solda responsáveis pela união dos enrijecedores E-1 e E-2 ao flange da coluna.

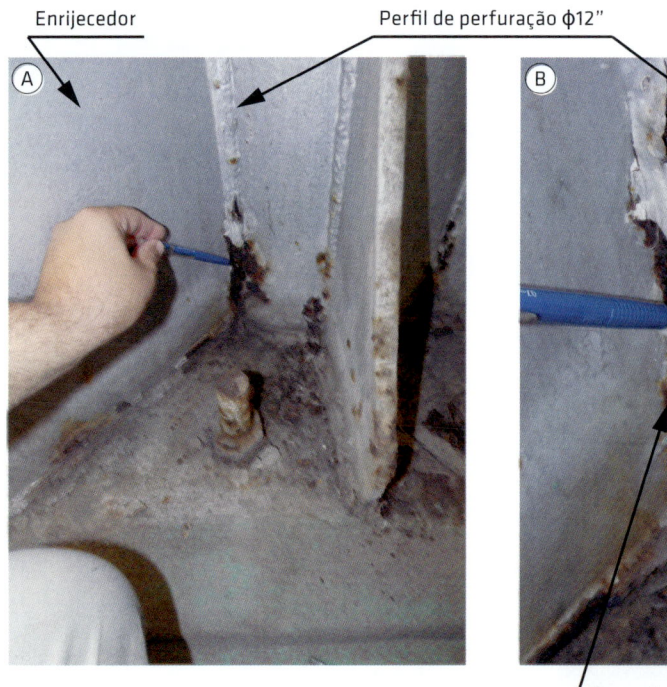

Fig. 7.40 Processo de corrosão severo

Há ainda a presença de corrosão em estágio muito avançado na região de contato das soldas de união dos enrijecedores com o flange de coluna e com a chapa de base. Para evitar tal fenômeno indesejado, deveriam ter sido criados chanfros com dimensões de 20 mm × 20 mm a 30 mm × 30 mm na quina inferior de cada enrijecedor, para que as soldas de diferentes aplicações não se encontrassem num mesmo ponto ou região.

e) Corrosões em sistemas de chapas de bases de colunas

Na Fig. 7.44, tem-se a presença de corrosão na base do enrijecedor da coluna. Essa chapa de base está localizada no mesmo nível do piso existente do galpão, o que favorece enormemente seu contato com líquidos diversos.

Pela Fig. 7.45, identificam-se os seguintes aspectos relacionados ao estado da estrutura atual:

Fig. 7.41 Processo de corrosão atuando sobre todos os cordões de filete de solda

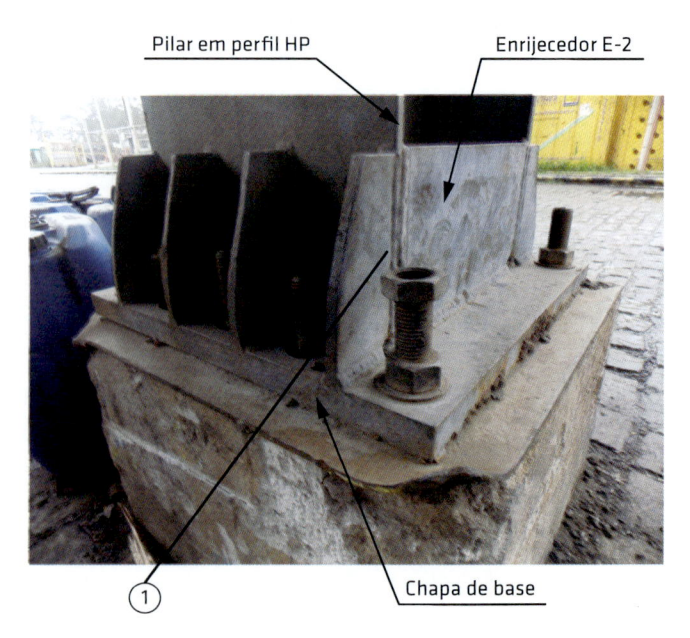

Fig. 7.42 Chapa de base de coluna em perfil H para cobertura formada por telhas autoportantes IMAP

Enrijecedores E-1 e E-2

Corrosão em região de superposição de soldas

Fig. 7.43 Detalhe 1 da Fig. 7.42

Corrosão na zona rosqueada da barra de ancoragem

- Existência de um chanfro de 20 mm × 20 mm na quina inferior do enrijecedor de base, de modo a impedir que haja contato da solda de filete que une o enrijecedor de base à chapa de base com a solda de filete que une o pilar a essa mesma chapa.
- Corrosão por esfoliação em estado avançado presente em uma das faces de um dos enrijecedores de base do pilar, já apresentando perda de seção com soltura das camadas de aço.
- Corrosão galvânica presente tanto na cabeça quanto na porca da barra de ancoragem.

Enrijecedor de coluna

Pilar em perfil Schedule

Chanfro de 20 mm × 20 mm criado na quina inferior do enrijecedor

Pilar em perfil Schedule

Corrosão em base de enrijecedor

Corrosão por esfoliação na chapa do enrijecedor de base de pilar

Corrosão galvânica na cabeça da barra de ancoragem de pré-concretagem

Fig. 7.44 Presença de corrosão na base do enrijecedor da coluna

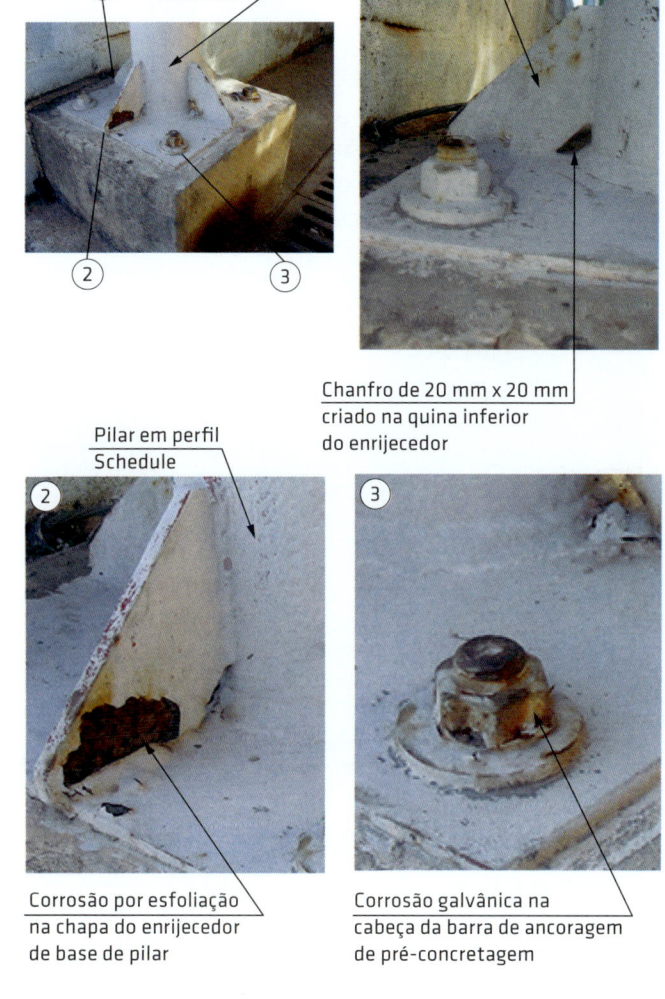

Fig. 7.45 Vista da chapa de base de um pilar

Nota: Ao especificar barras de pré-concretagem em um projeto, como visto nas figuras dos itens até agora apresentados na seção 7.1.10 (a a e), sempre indicar uma nota no projeto executivo de estruturas metálicas informando que essa barra deve ser montada junto com a fundação a citar, antes mesmo de receber o concreto. Esse tipo de nota deve estar presente em ambas as plantas, de estruturas metálicas e de fundações, para evitar que a fundação seja concretada sem o devido conhecimento da existência dessa barra.

Nas Figs. 7.46 e 7.47, são mostrados aspectos de corrosão em outro pilar presente no mesmo sistema de cobertura composto pela chapa de base da Fig. 7.45 e com características de anomalias bem semelhantes. Há corrosão galvânica presente na porca, na arruela e na barra de ancoragem e corrosão por esfoliação no enrijecedor de base da coluna.

Na Fig. 7.49 é possível identificar, também, corrosão ocorrendo na solda de filete que une a coluna à chapa

Fig. 7.46 Chanfro executado na quina inferior do enrijecedor visto na Fig. 7.45 (detalhe 1)

Fig. 7.47 Chapa de base de outro pilar com forte presença de corrosão por esfoliação e corrosão galvânica

de base (mancha alaranjada presente na interface pilar-chapa de base).

A Fig. 7.48 apresenta outras vistas do processo de corrosão por esfoliação presente no enrijecedor da Fig. 7.47 (detalhe 1), com folhas de aço da chapa do enrijecedor sendo facilmente desprendidas com a mínima pressão dos dedos, identificando-se claramente a esfoliação da chapa. Trata-se de um caso em que, devido à perda significativa de seção, deve-se proceder à substituição da peça. Ainda na Fig. 7.48, notar a presença de corrosão alveolar em toda a chapa de base.

Pela Fig. 7.49, composta pela foto original (Fig. 7.49A) e suas respectivas ampliações (Fig. 7.49B,C), é possível identificar a corrosão por esfoliação presente na face do pilar metálico, bem como a corrosão, também por esfoliação, presente na chapa de base da coluna.

No caso da corrosão na face do pilar, faz-se necessário efetuar repetidas batidas contra ela com o uso de martelinho de soldador, a fim de retirar as camadas (folhas) de aço que estão soltas, para então fazer uma limpeza no local e aferir se há uma perda de seção significativa na parede dessa coluna.

Observar as folhas de aço que constituem a chapa de base mostrada na Fig. 7.50, destacando-se umas das outras por causa do processo de corrosão por esfoliação em estágio muito avançado. É um tipo de caso raro cuja solução

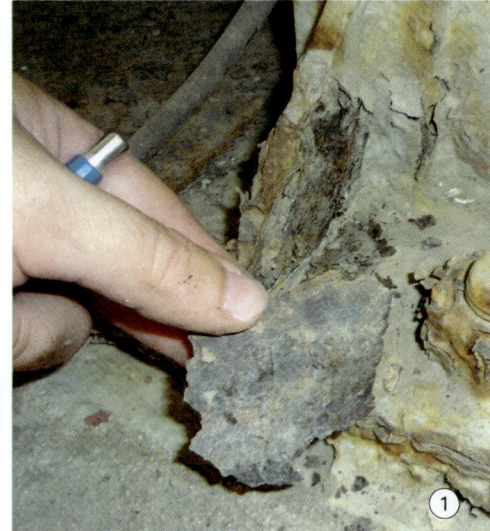

Fig. 7.48 Outras vistas do processo de corrosão por esfoliação

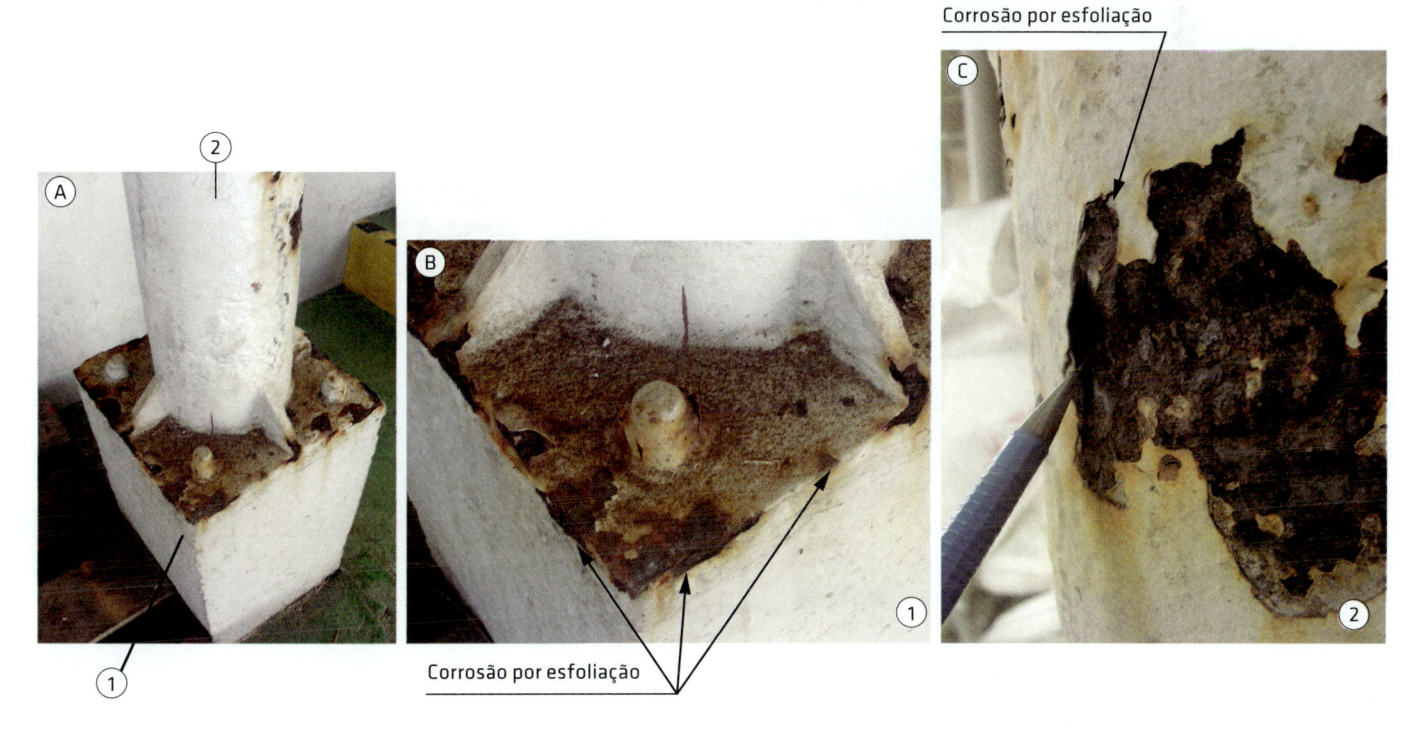

Fig. 7.49 Vista de uma coluna e sua respectiva chapa de base: (A) foto original, (B) detalhe 1 e (C) detalhe 2

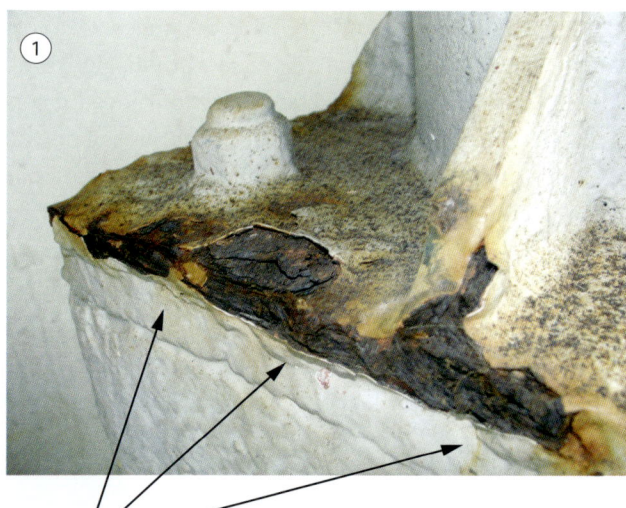

Fig. 7.50 Corrosão por esfoliação presente na chapa de base de uma coluna – detalhe 1

Corrosão por esfoliação com as folhas constituintes da placa se soltando

já reside na substituição dessa chapa. Se ela tivesse sido repintada dentro do prazo mencionado na especificação técnica, a estrutura estaria em melhor estado e a solução seria apenas de lixamento com escovas de cerdas de aço e repintura. Os detalhes dessa corrosão em vista ampliada estão apresentados nas Figs. 7.51 e 7.52.

Já na Fig. 7.53 têm-se casos de enrijecedores de bases de colunas interligados às chapas de base destas últimas, com o processo de corrosão generalizada já instalado.

A Fig. 7.54 mostra uma chapa de base cujo processo de corrosão por esfoliação já está muito impregnado, com as folhas de aço bem destacadas umas das outras e de forma muito nítida. Notar a baba da ferrugem escorrendo ao longo da face da coluna (indicação com a lapiseira).

Para um caso como esse, a única solução é a substituição da chapa de base da coluna. Observar que a coluna possui uma chapa de base muito elevada em relação ao nível do piso, mas, possivelmente por ter um espaço aberto sem a presença de fechamento lateral, ocorreu a presença

Corrosão por esfoliação com as folhas constituintes da placa se soltando

Baba da ferrugem

Fig. 7.51 Ampliação do detalhe 1 mostrado na Fig. 7.50, evidenciando bem o processo de corrosão por esfoliação, com o desprendimento das folhas de aço constituintes da própria chapa de base

Corrosão por esfoliação

Chapa de base da coluna

Fig. 7.52 Vista ampliada de outra região da chapa mostrada na Fig. 7.50

Fig. 7.53 Vistas dos enrijecedores constituintes de uma chapa de base de coluna com corrosão por esfoliação em estágio muito avançado presente nos enrijecedores de base, já apresentando perda de seção transversal

Fig. 7.54 Chapa de base com processo de corrosão por esfoliação

constante de água de chuva e de intempéries sobre a superfície dessa chapa e a consequente corrosão. Para existir corrosão, faz-se necessária a presença de um líquido; corte-se a água e elimina-se o processo de corrosão.

A esse fator, soma-se a falta de manutenção conforme descrita na especificação técnica e entregue junto com o projeto, onde se propõe o tipo de proteção de pintura contra o processo de corrosão, indicando as camadas, suas espessuras e seus materiais constituintes, bem como o tempo de reaplicação desse sistema de pintura, que acabou não sendo seguido. Com isso, o custo de manutenção acaba aumentando de forma exponencial.

Na Fig. 7.55 é mostrado o caso de uma coluna localizada dentro de um galpão, com suas chapas de base sofrendo processo de corrosão por placas, de forma ainda superficial. Esse galpão possui suas colunas elevadas em cerca de 10 cm em relação ao piso de concreto, porém, devido à deterioração de sua cobertura, durante períodos de chuva intensa há ocorrências de alagamento com o nível de água chegando a mais de 20 cm de altura.

f) Corrosões em bases de pilares

O pilar indicado na Fig. 7.56 faz parte de uma estrutura para uma estação de tratamento de água (ETA). Frequentemente, há a presença de lâminas de água nesse piso, com níveis variáveis. Em razão de a base do pilar estar nivelada com o piso, há uma situação muito favorável ao processo de corrosão: já se vê a presença de corrosão uniforme em toda a base e em estado avançado, a ponto de estar ocorrendo corrosão por esfoliação em um dos flanges da coluna.

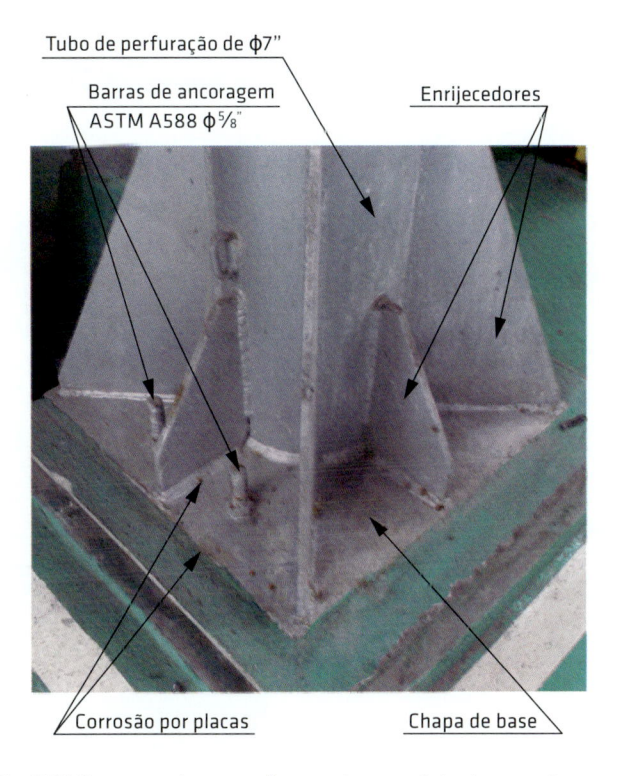

Fig. 7.55 Presença de corrosão por placas existentes em duas chapas de base de coluna que sustenta um sistema de cobertura

Fig. 7.56 Vistas do sistema de base de uma coluna inserida em uma fundação de concreto armado, com o fundo de sua chapa de base nivelado com o piso

A Fig. 7.57 apresenta a vista de um pilar de seção circular cuja base se encontra no mesmo nível do piso. Em virtude de o pilar estar inserido na fundação de concreto, sua base está sujeita ao contato frequente com a água e outros produtos químicos de lavagem. Com isso, já se constata a presença de corrosão por esfoliação na parte inferior da parede do tubo.

A vista de um pilar engastado no piso de concreto e inserido numa região de alagamento constante na instalação de uma ETA é mostrada na Fig. 7.58. Observar a corrosão por esfoliação que ocorre na região mais crítica de uma coluna, que é a região de interface entre a coluna e a fundação de concreto.

Na Fig. 7.59 é mostrada a região de uma superfície da mesma coluna registrada na Fig. 7.58, localizada bem acima de sua base, com um processo de corrosão alveolar estagnado e em estado bem avançado, com baba de ferrugem escorrendo livremente ao longo de sua chapa.

Por sua vez, na Fig. 7.60 observa-se a vista de uma base de pilar bem elevada em relação ao piso, mas sem um sistema de fechamento lateral para protegê-la da água de chuva e intempéries diversas, com corrosão uniforme em estágio muito avançado na quina de sua chapa de base. Ao longo da face da base de concreto, já se nota o escorri-

Fig. 7.57 Pilar de seção circular com base no mesmo nível do piso

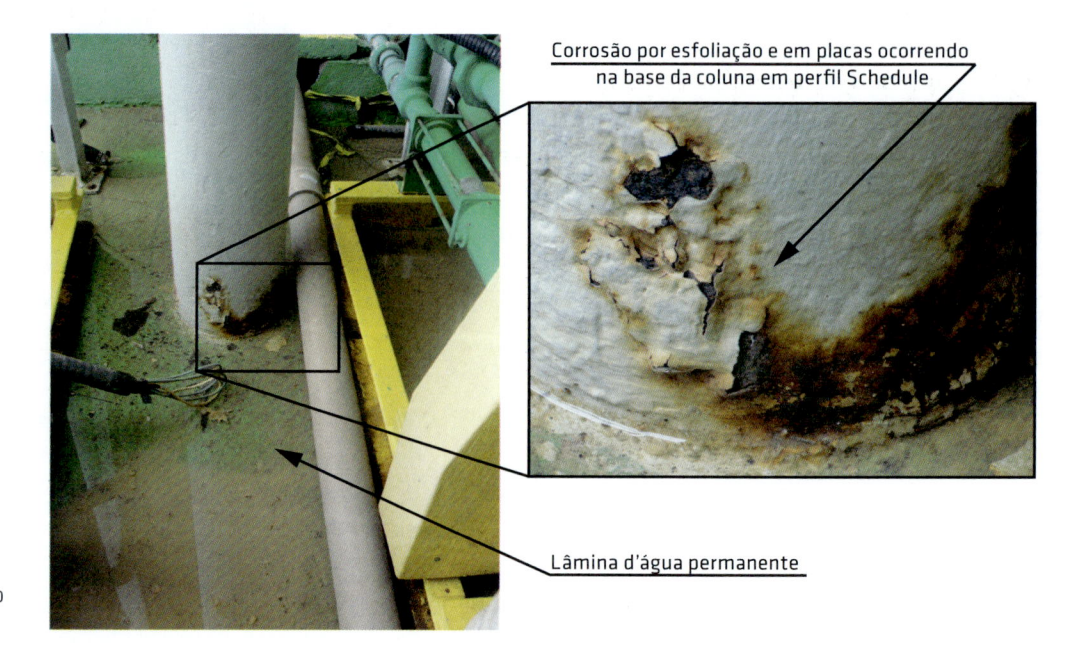

Fig. 7.58 Pilar engastado no piso de concreto

Corrosão alveolar em estágio muito avançado, já tendo culminado em perda de seção

Baba de ferrugem

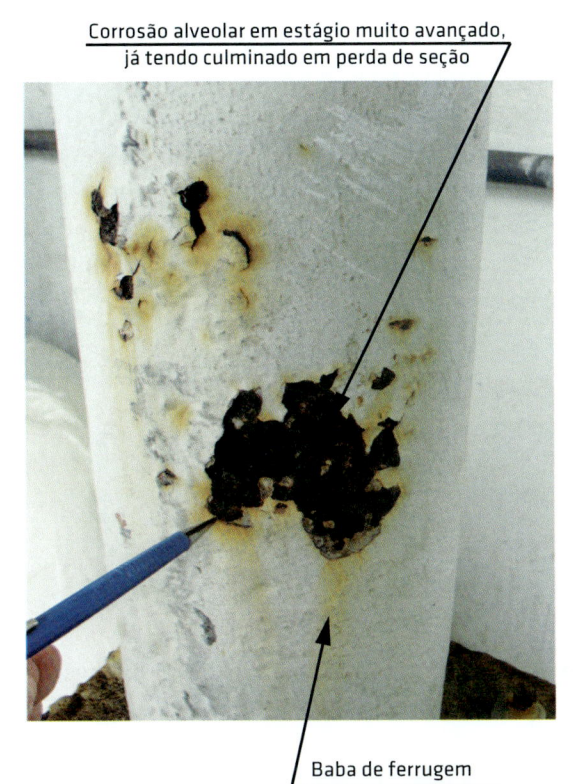

Fig. 7.59 Vista do mesmo pilar evidenciado na Fig. 7.58, com corrosão alveolar em estágio muito avançado e perda de seção transversal para a coluna

mento da baba de ferrugem despontando a partir da quina com corrosão.

Essa coluna foi instalada em 2008 e apresenta um bom estado de conservação. Notar a presença da pintura aplicada em seu sistema de porca e contraporca, em que só agora começa a aparecer a corrosão na arruela de pressão (primeira arruela entre a primeira porca e a chapa de base). Essa coluna situa-se em frente à orla marítima, a menos de 200 m de distância do mar e sem obstáculos à sua frente. Com isso, a névoa marinha consegue atingi-la e se depositar na chapa de base.

Normalmente, a corrosão em chapa de base inicia-se em seus conectores, pelo processo de corrosão galvânica, por coexistirem um aço menos nobre como constituinte da barra de ancoragem e um aço mais nobre da chapa de base. Porém, nesse caso, a corrosão atipicamente se iniciou na quina da chapa de base.

g) Corrosões em soldas e em elementos de cobertura
Na Fig. 7.61, tem-se um caso típico de corrosão presente na solda de filete e em seu entorno, devido à solda de campo ter retirado a proteção local da viga, proporcionada pela galvanização e pintura aplicadas nos perfis Schedule 40 ϕ2".

A Fig. 7.62 mostra a corrosão galvânica em estágio final com a perda de seção já apresentada, presente no perfil de

Fig. 7.60 Vista de uma base de pilar elevada em relação ao piso

terça de cobertura desse galpão. Trata-se de uma corrosão galvânica por haver dois materiais diferentes diretamente em contato – telha e terça – e a presença do eletrólito, a água, que passa pelos buracos criados pelas barras de grampo – que não são adequadas –, usadas para prender a telha à terça.

A presença de corrosão por placas na extremidade do perfil Schedule 40 ϕ3" constituinte do banzo superior de uma treliça em contato com o ambiente externo é mostrada na Fig. 7.63. Nessa região, há uma fresta deixada entre a telha de cobertura e a telha de fechamento lateral, permitindo a passagem de água de chuva para o interior do galpão e para a região da treliça.

As Figs. 7.64 a 7.67 evidenciam diversos casos de corrosão presentes em coberturas de galpões diferentes, provocados basicamente por falha de sistema de concepção de suas coberturas, constituídas de telhas interligadas às

Corrosão na solda de filete

Perfil Sch. 40 ϕ3½"
(esp. = 5,74 mm)
(m = 13,56 kg/m)

Perfil Sch. 40 ϕ2
(esp. = 3,91 mm)
(m = 5,43 kg/m)

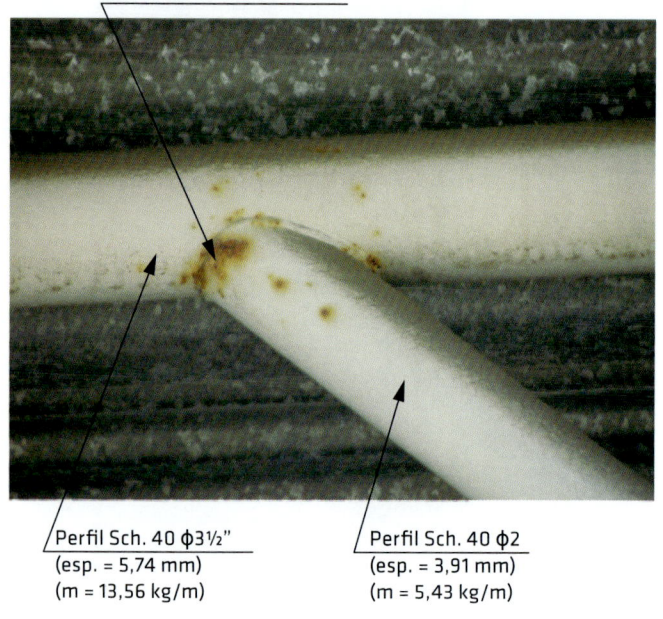

Fig. 7.61 Presença de corrosão na região de aplicação de solda de campo

Terça em perfil Sch. 40 ϕ3"
(esp. = 5,49 mm)
(m = 11,29 kg/m)

Fig. 7.62 Presença de corrosão galvânica

vorável à corrosão devido à fresa existente entre os dois elementos e/ou uma possível corrosão galvânica em função de processos de proteção diferenciados ou deteriorados, apesar do mesmo tipo de aço.

Na Fig. 7.66, nota-se a presença de corrosão galvânica ao longo de toda a parte superior da terça, por estar em contato direto com a telha, sem um material isolante na interseção destas.

Fig. 7.63 Corrosão por placas na extremidade do perfil Schedule 40 ϕ3"

Fig. 7.64 Presença de corrosão por placas nos elementos de banzo inferior e diagonal de uma treliça formada por perfil Schedule 40 ϕ3"

terças por meio de barras (errado), e não por parafusos de fixação (certo) – sobre o assunto, ver item *q* desta mesma seção ("Corrosões em sistemas de fixação de telhas"). As aberturas criadas nas telhas promoveram o livre acesso da água de chuva para o interior desses âmbitos, provocando, assim, o livre processo de corrosão de elementos de banzos, montantes e diagonais.

Observar o caso em particular da Fig. 7.65, em que se tem, além da abertura de buracos na telha de cobertura, o contato direto de um perfil de terça com o perfil do banzo superior, sem haver um isolamento nessa região de contato por meio de uma borracha, neoprene ou outro material não condutor. Com isso, criou-se um ambiente fa-

Fig. 7.65 Vista da baba de ferrugem escorrendo fortemente a partir da interface banzo superior-telha, por haver corrosão galvânica entre dois elementos constituídos de tipos de aço diferentes

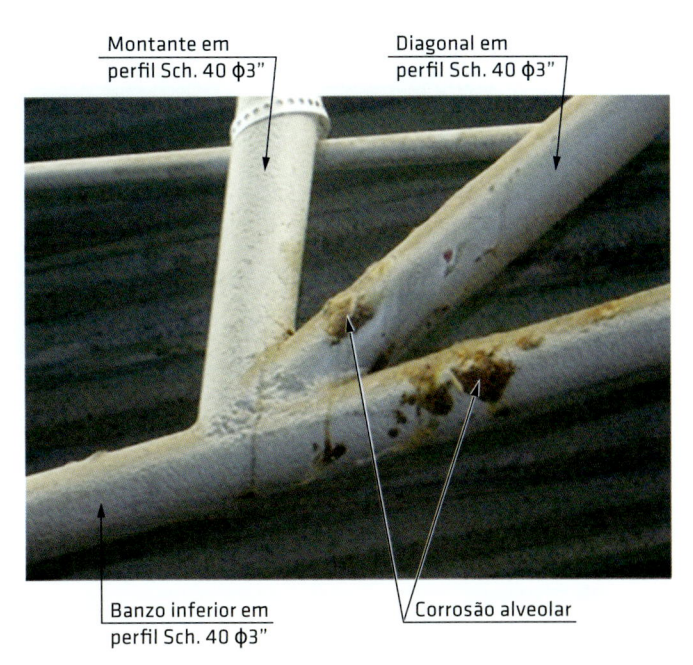

Fig. 7.67 Presença de corrosão alveolar ao longo dos elementos estruturais de banzo inferior e de diagonal constituintes dessa treliça de cobertura

Fig. 7.66 Presença de corrosão uniforme e por placas em um mesmo elemento estrutural de montante de uma cobertura

Na Fig. 7.68 é apresentada a vista de um sistema de perfis de seção circular constituintes de uma cobertura, onde as ligações entre a mão-francesa e os elementos de pilar e de viga foram feitas com o uso de solda de campo, o que acabou retirando a proteção de galvanização e/ou pintura. Pelas ampliações 1 e 2, vê-se claramente a corrosão nas soldas de filete, com uma coloração avermelhada/amarronzada.

Nota-se que não existe uma telha de fechamento lateral instalada no entorno desse galpão, deixando o pilar e o sistema de cobertura expostos à chuva, intempéries, fuligem dos veículos etc. Além disso, pela sistemática de ligação apresentada entre a coluna, a mão-francesa e a viga de cobertura, observa-se que foi utilizado um sistema de solda de campo para unir tais elementos.

A Fig. 7.69A exibe o banzo inferior de uma treliça, constituído de um perfil U, enquanto a Fig. 7.69B mostra a vista ampliada desse elemento estrutural. Notar o processo de corrosão, tanto por pite quanto por placas, presente na aba do perfil.

Essa treliça é constituída do mesmo tipo de perfil U laminado, tanto para os banzos quanto para suas diagonais e montantes, o que representa um desperdício de material, uma vez que os esforços solicitantes nos banzos superior e inferior são muito mais elevados que os presentes nas diagonais e nos montantes. Para estes, poderiam ser utilizados perfis menores.

Na Fig. 7.70A, tem-se a vista de um sistema de cobertura formado por uma treliça plana constituída de perfis U para os banzos inferiores e superiores e de perfis duplo L para

PATOLOGIAS E GALVANIZAÇÃO

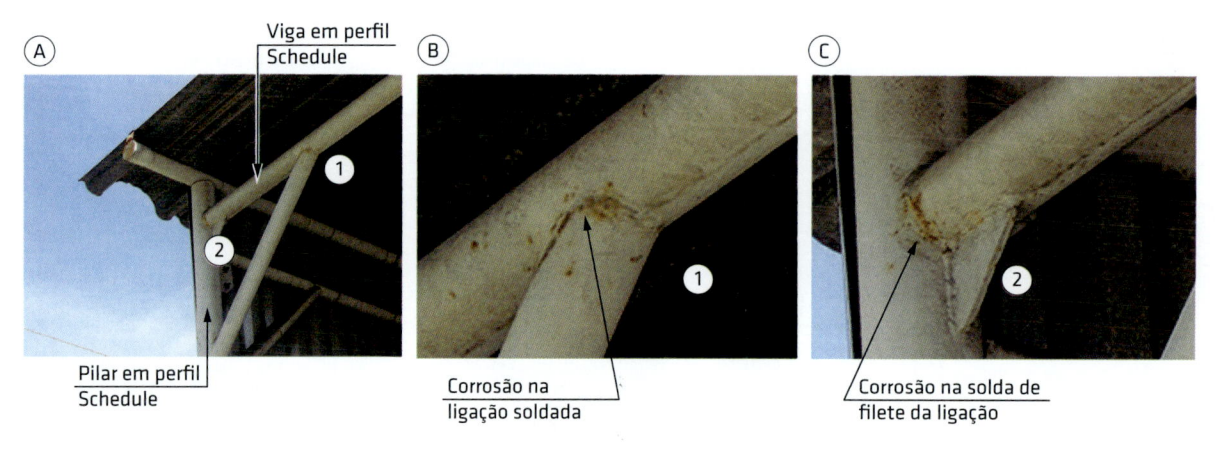

Fig. 7.68 Sistema de perfis de seção circular apresentando corrosão

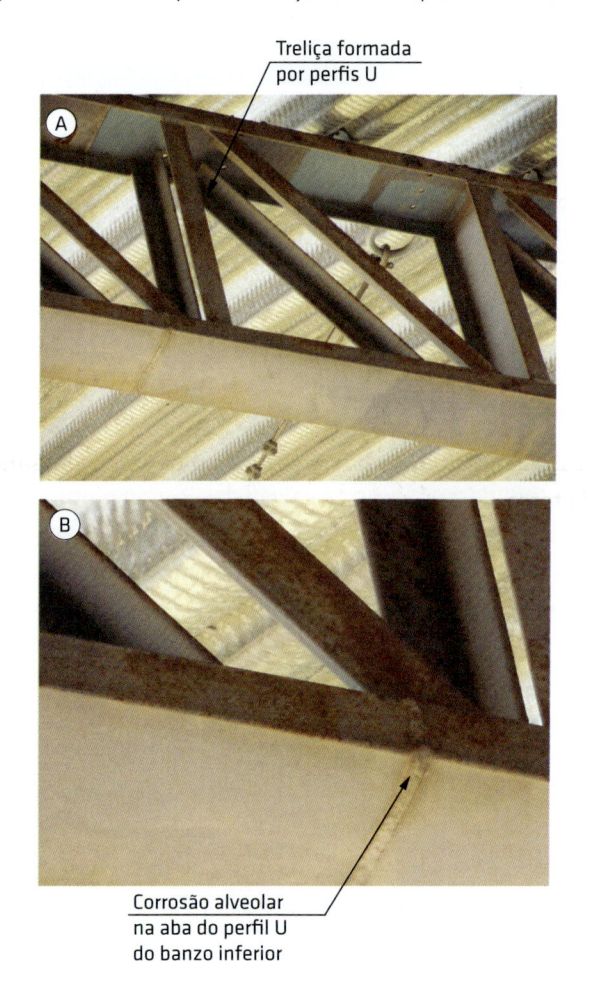

Fig. 7.69 Processo de corrosão no banzo inferior de uma treliça

seus elementos de diagonais e de montantes. Essa telha é do tipo autoportante IMAP 800, de aço e capaz de vencer grandes vãos sem apoio intermediário.

Nessa mesma figura, observa-se a presença de corrosão uniforme ao longo das faces dos perfis de diagonais e de montantes dessa treliça. Esse processo de corrosão ainda pode ser corrigido com o lixamento, usando escovas de cerdas de aço acopladas à lixadeira elétrica rotativa, seguido de um processo de sistema de pintura bem equacionado, levando em conta que o ambiente é agressivo para esse caso, que o aço não é novo e que não existirá mais galvanização após a limpeza. Levando essas informações ao manual do Centro Brasileiro da Construção em Aço (CBCA), define-se um sistema de pintura adequado, indicando as camadas de tintas, suas espessuras e os materiais constituintes de cada camada, sem esquecer-se de mencionar a periodicidade em anos de reaplicação desse sistema de limpeza e de pintura.

Para uma treliça como essa, cada ano sem tratamento só encarece o processo de recuperação, e a partir de determinado estágio o custo começa a crescer de forma exponencial.

A Fig. 7.70B mostra a vista ampliada de uma parte da treliça indicada na Fig. 7.70A, cujas abas de todos os perfis de banzos, diagonais e montantes apresentam processo de corrosão do tipo uniforme (ou generalizada). O banzo inferior aparece voltado para cima, o que lhe permite acumular de forma livre tanto poeira quanto água de chuva em caso de falhas na telha. O banzo superior está devidamente voltado para baixo.

Observar que os perfis U possuem largura generosa, possibilitando que os perfis L sejam executados bem afastados entre si, de modo a mantê-los ainda dentro do perímetro de abrangência do perfil U. Pode-se também soldar os elementos de diagonais e montantes em perfis L por fora dos perfis U, aumentando a distância entre eles. Quanto maior for a distância entre os perfis L, mais elevado será o esforço resistente deles.

Na Fig. 7.71, os perfis duplo L, constituintes das diagonais e dos montantes, apresentam corrosão uniforme (ou generalizada) ao longo de suas superfícies. Quase não se nota corrosão na face externa do banzo inferior. Porém, nem por isso este deve ser ignorado. Em casos assim, em que o perfil U inferior está voltado para cima, deve-se fazer uma prospecção local com o auxílio de um carrinho pantográfico ou PTA (plataforma aérea).

Perfil U do banzo superior virado para baixo

Perfis duplo L usados para os elementos de montantes e diagonais

Perfil U do banzo inferior virado para cima

Corrosão uniforme ocorrendo na aba do perfil L do montante. Trata-se de dois perfis L, compondo um perfil duplo L

Perfil U do banzo superior virado para baixo

Corrosão uniforme no perfil duplo L da peça de diagonal

Corrosão uniforme (ou generalizada) ocorrendo na aba do perfil U do banzo inferior. Perfil U voltado para cima

Fig. 7.70 (A) Sistema de cobertura formado por uma treliça plana e (B) vista ampliada de uma parte da treliça

A telha sustentada pela treliça é do tipo autoportante, que também possui peças de aço soldadas ou parafusadas ao perfil treliçado acima. Esses detalhes devem ser inspecionados periodicamente, pois, se a corrosão levar à perda de seção desses sistemas de ligação, a telha poderá se soltar em algum ponto.

Fatos como esses já foram registrados no passado, em outros empreendimentos, e não devem ser ignorados, de modo que haja manutenção rígida e periódica.

A Fig. 7.72 mostra uma treliça de cobertura a céu aberto constituída de perfis Schedule, sem o uso de sistema de fechamento lateral com telhas, evidenciando as patologias presentes, tais como:

- Corrosão por placas em estado avançado.
- Corrosão por esfoliação na região de solda e na parede do perfil.
- Corrosão iniciada na região de solda.
- Duas corrosões nas regiões das ligações soldadas e uma na parede do tubo do tipo alveolar em estado muito avançado, com perda de seção profunda.
- Corrosão na ligação soldada entre perfis e na ligação da chapa de topo com o pilar.
- Corrosão por esfoliação na extremidade do perfil U de chapa fina dobrada a frio.

O detalhe 5 exibe a corrosão em estágio avançado presente na solda de ligação da chapa de fechamento com a extremidade de topo do pilar de seção circular. Além dela, também se observa outra corrosão na solda, presente na ligação da terça de cobertura com o topo do pilar.

O detalhe 6 apresenta a corrosão por esfoliação fortemente presente na extremidade do perfil U de chapa fina dobrada a frio para apoio da telha de cobertura. Observa-se a ausência de telha de fechamento lateral no entorno dessa cobertura, que serviria para protegê-la, além do uso inadequado de barras de fixação de telha passando pela terça.

Caso um sistema de fechamento lateral tivesse sido adotado, muito possivelmente esses casos de patologia não teriam acontecido. O fechamento cria uma barreira direta à névoa salina que vem em direção à estrutura, funcionando de forma efetiva.

Outro detalhe evidenciado na Fig. 7.72D é que não se deve utilizar barras de fixação para prender uma telha à terça que o apoia. Esse sistema não oferece aderência

Fig. 7.71 Vista de outra perspectiva da mesma treliça mencionada na Fig. 7.70

PATOLOGIAS E GALVANIZAÇÃO 365

Corrosão por esfoliação na chapa de topo do pilar

Corrosão na solda de filete

Corrosão por esfoliação ocorrendo na extremidade de um perfil U enrijecido, de chapa fina dobrada

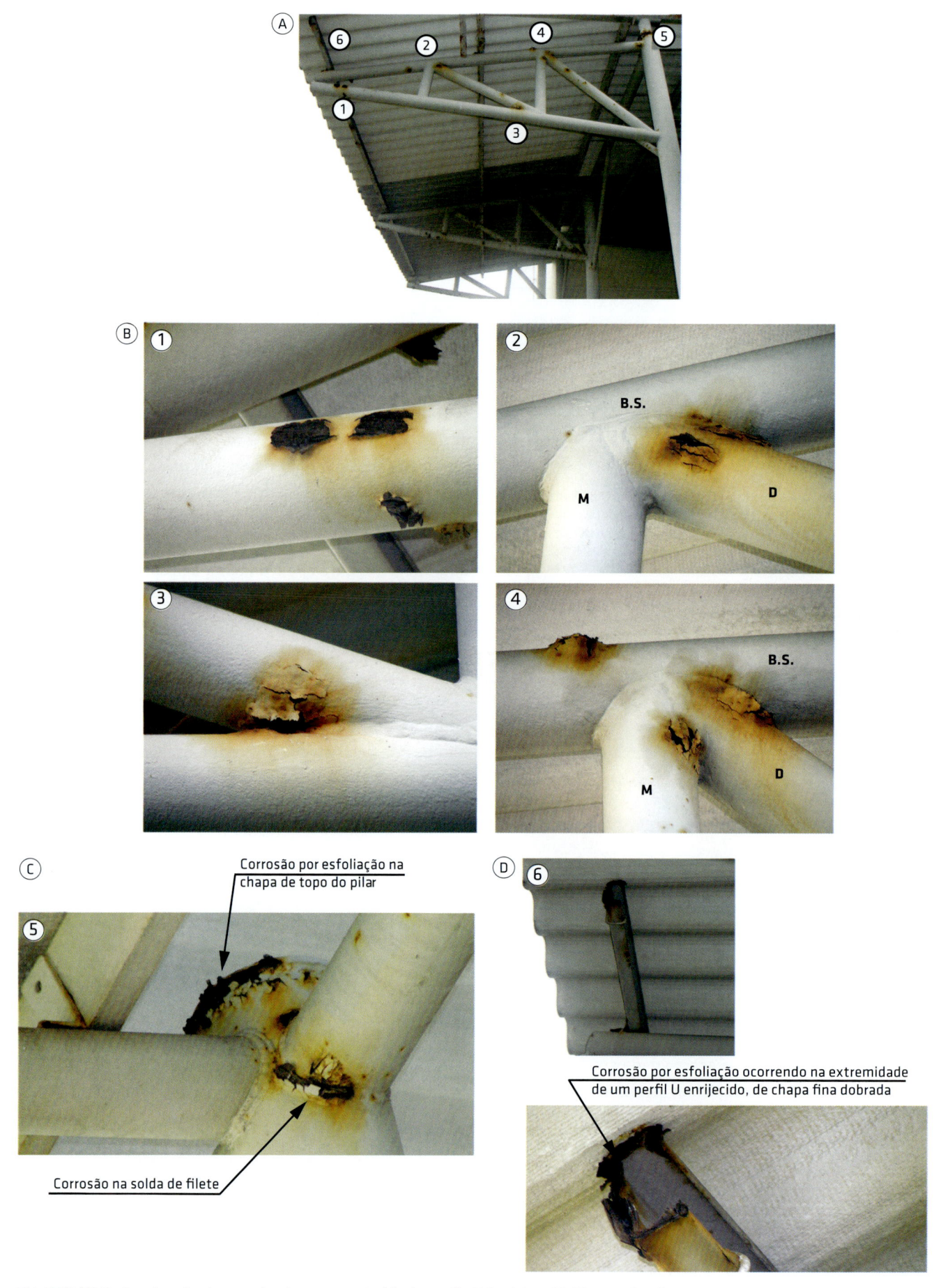

Fig. 7.72 (A) Treliça de cobertura a céu aberto constituída de perfis Schedule e (B-D) seus detalhes

total no entorno do perfil, movimentando-se levemente e alargando o furo na telha feito para sua inserção, em casos de ventania forte, e, com isso, promovendo a raspagem da barra na superfície do perfil.

A Fig. 7.73 mostra outra treliça presente na mesma área da treliça vista na Fig. 7.72, com as seguintes patologias:
- Corrosão por placas, puntiforme e alveolar em estágio bem avançado na diagonal e no banzo inferior.
- Corrosão por placas bem espaçada e puntiforme. Notar os pontos de corrosão presentes na solda de ligação do perfil de montante e de diagonal com o banzo superior.
- Corrosão em estágio avançado na solda de ligação da diagonal, com o montante e o banzo superior evidenciados.
- Corrosão por placas em estágio avançado, já com perda de seção transversal, presente na face do banzo inferior.

Nessas duas últimas treliças constituintes de um mesmo complexo de cobertura, mostradas nas Figs. 7.72 e 7.73, verificou-se um fato em comum: a corrosão presente em todos os cordões de solda responsáveis pela união de seus elementos. Isso denota que, muito provavelmente, não se aplicou um sistema de pintura adequado a esses perfis e que não se usou a tinta sobre as soldas de forma correta, conforme já descrito neste capítulo.

Pela Fig. 7.74, verifica-se a presença de corrosão iniciada na região de solda de ligação do perfil de diagonal com o

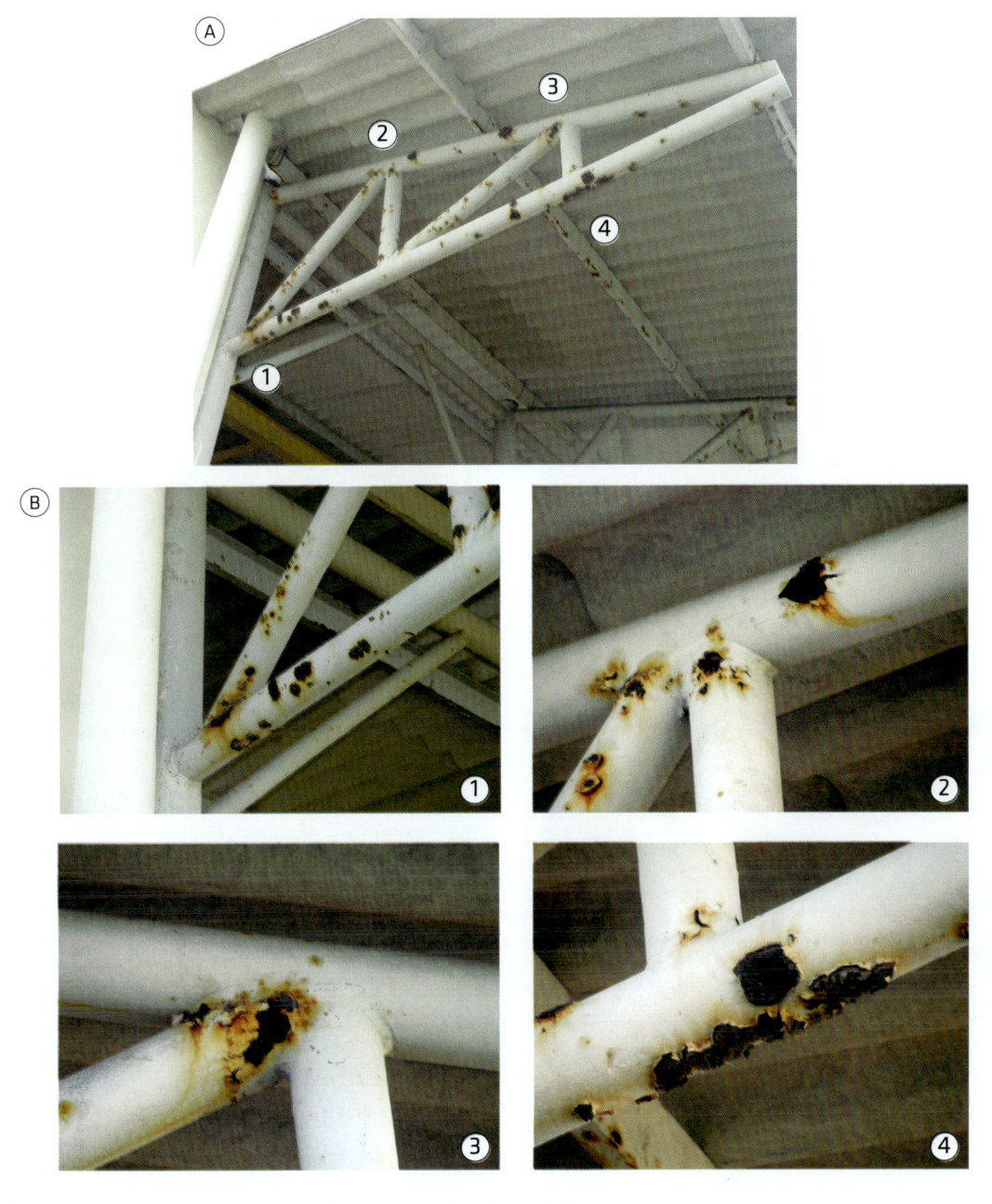

Fig. 7.73 (A) Treliça presente na mesma área da treliça vista na Fig. 7.72 e (B) seus detalhes

Corrosão por esfoliação ocorrendo na ligação soldada de união da diagonal com o banzo inferior da treliça

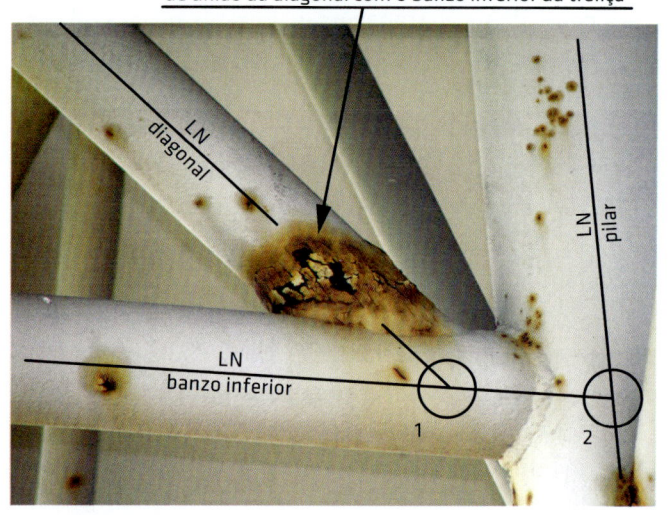

Fig. 7.74 Vista de um detalhe de ligação entre perfis Schedule constituintes de outra treliça

banzo inferior, culminando com a esfoliação das folhas de aço da parede do tubo Schedule. Também é fácil notar que a linha neutra do elemento de diagonal não intercepta o ponto de encontro (ponto 2) das linhas neutras do pilar e do banzo inferior, não respeitando a premissa básica de qualquer treliça, bem como gerando momento fletor no elemento do banzo inferior.

Observar que, pelo aspecto da estrutura mostrada na Fig. 7.75, as mãos-francesas acabaram conectadas aos pilares por meio do uso de soldas de campo, o que acabou danificando a proteção do aço (com pintura e/ou galvanização) contra o processo de corrosão. Cuidados com relação à pintura e ao processo de pintura nas regiões de solda, quando indicados de forma correta numa especificação técnica e seguidos rigorosamente pelo fiscal de obra, evitam situações de patologias como essa.

Fig. 7.75 Vista de corrosão presente nas soldas de ligação das mãos-francesas com a terça de cobertura

Nota-se, pela composição da estrutura indicada na Fig. 7.76, que algumas partes dela receberam solda de campo em suas uniões, como as ligações das mãos-francesas com os perfis de coluna e as terças de cobertura. As mãos-francesas poderiam ser evitadas no projeto, mantendo o sistema de ligação bem concebido da coluna com as terças de fechamento lateral por meio de chapas e parafusos.

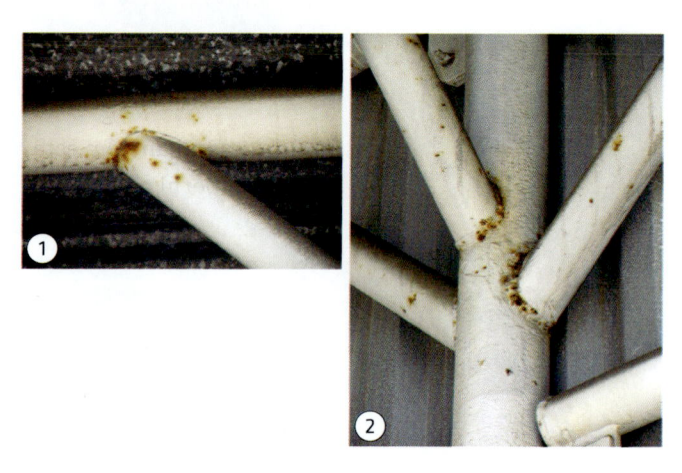

Fig. 7.76 Ligação de cobertura a um pilar com o uso de perfis Schedule, com corrosões presentes apenas em suas ligações soldadas

h) Corrosões em colunas e em mãos-francesas

Na Fig. 7.77 é mostrada a vista de uma ligação entre um pilar e duas mãos-francesas que compõem a base de uma determinada cobertura. Notam-se, pelas ampliações, as patologias presentes:

- Corrosão alveolar em estado bem avançado.
- Corrosão na solda de ligação do perfil de mão-francesa com o pilar, seguida de esfoliação e craqueamento da superfície do aço. Fazendo o teste do martelo de soldador nessas regiões, seguido de limpeza com uma vassourinha, passa-se a constatar o real estado das paredes de ambas as regiões das estruturas

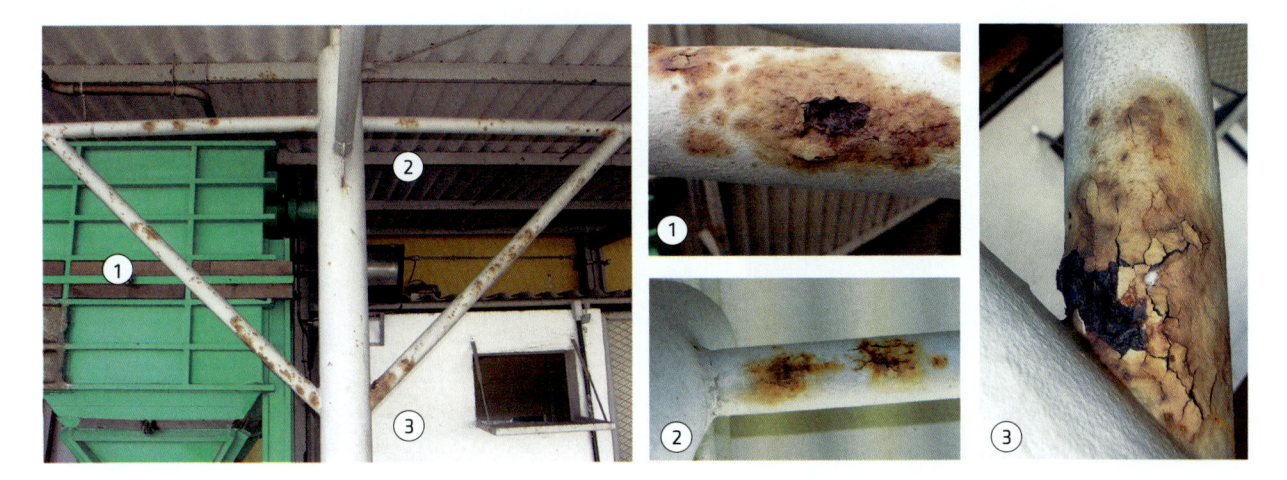

Fig. 7.77 Ligação entre um pilar e duas mãos-francesas de uma cobertura

mostradas, uma vez que grande parte da massa de aço ainda presente deve estar solta, em virtude dos estados avançados dos processos de corrosão.

Analisando o detalhe 3 da Fig. 7.77, observa-se o resultado indesejável do uso de solda de campo para a união de dois perfis de seção circular. A região da ligação com corrosão por esfoliação em estado avançado é capaz, por si só, de comprometer a segurança do restante da estrutura.

A corrosão apresenta-se em estágio tão avançado que, além de estar promovendo a perda de seção na região de aplicação da solda, possivelmente de campo, também está se proliferando ao longo da superfície do perfil circular da mão-francesa. Para um caso como esse, só resta indicar a substituição dessa peça num laudo técnico. Entretanto, notar que a superfície do pilar ainda está bem limpa e isenta de corrosão.

Na Fig. 7.59, apresentou-se a vista de uma corrosão alveolar em estado avançado presente numa região localizada e bem definida da superfície de um pilar de seção circular Schedule. Naquele caso, é possível ver não só a perda de seção significativa ocorrida na parede, mas também o escorrimento da baba de ferrugem ao longo de sua superfície.

Na Fig. 7.78, tem-se o caso de uma corrosão uniforme ocorrendo ao longo da superfície do pilar.

i) Corrosões em extremidades abertas de perfis Schedule

No caso das Figs. 7.79 e 7.80, os elementos nocivos ao aço presentes na atmosfera penetram livremente no interior do perfil, impregnando-se na superfície interna de sua parede e criando um meio extremamente favorável ao processo de corrosão – úmido, com pouca presença de oxigênio em relação ao meio externo e propício ao acúmulo de água de chuva em seu interior.

j) Corrosões em extremidades fechadas de perfis Schedule

A Fig. 7.81 mostra uma chapa redonda #$^1/_4$" × ϕ105 corretamente usada para vedar o perfil de seção circular Schedule 40 ϕ2" (esp. = 3,91 mm; m = 5,43 kg/m). Porém, por não haver uma proteção com o uso de telha de fechamento lateral, a tampa fica em contato direto com o meio ambiente, sofrendo corrosão generalizada. Notar a corrosão presente também na solda de filete que une essa tampa ao perfil.

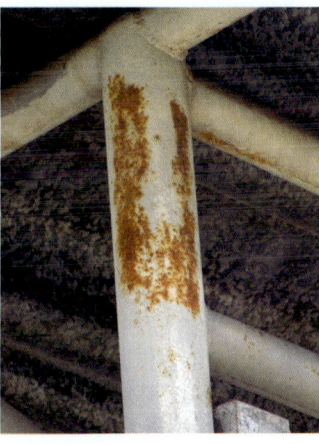

Fig. 7.78 Vistas de corrosão uniforme (generalizada) ocorrendo na superfície de um pilar de perfil Schedule 40 de cobertura

Fig. 7.79 Abertura existente na extremidade inferior de um perfil de perfuração constituinte de um elemento estrutural de montante de uma treliça, favorecendo a entrada de intempéries para seu interior

Fig. 7.80 Vistas da extremidade aberta de um perfil de seção circular sem o uso de tampa de fechamento

Fig. 7.81 Chapa de vedação de perfis de cobertura

É correto vedar perfis de seção fechada, seja circular, quadrada ou retangular, utilizando chapas de vedação. Entretanto, também se faz necessário projetar sistemas de telhas de fechamento lateral no entorno de toda a cobertura, de modo a proteger os perfis da incidência direta de maresia, névoa marítima, chuva, fuligem de veículos e outros elementos deletérios à proteção contra a corrosão do aço.

k) Corrosões em bordas de perfis W ou I
A Fig. 7.82 mostra o caso de uma região suscetível ao processo de corrosão, por ser onde o perfil W da viga é cortado

Fig. 7.82 Corrosão na face da seção transversal da viga de perfil laminado W

na montadora, não sendo protegido adequadamente por meio de galvanização e pintura (e não só uma ou outra).

l) Corrosões em perfis U
Na Fig. 7.83, nota-se a corrosão por placa em estágio avançado, com pontos de corrosão puntiforme a seu redor, ocorrendo na superfície da alma de um perfil U 8" × 17,10 kg/m que constitui a viga de uma escada.

Normalmente, em escadas, utilizam-se perfis U de 8" ou 10", com seus flanges voltados para a parte externa. Nesse perfil, deve haver suficiente espaço disponível para

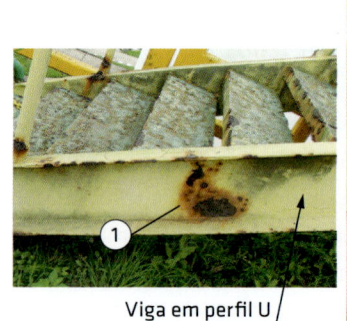

Fig. 7.83 Corrosão por placa em estágio avançado

abrigar os apoios dos degraus, que serão fixados ao longo de sua alma horizontalmente.

A Fig. 7.84 mostra uma corrosão forte por esfoliação na superfície da aba (flange) inferior do perfil U de uma escada, com nítido desprendimento das folhas constituintes do aço de sua aba.

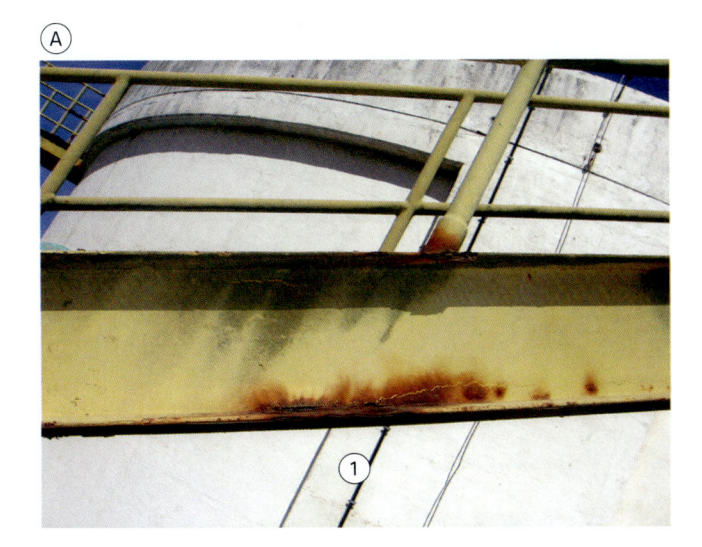

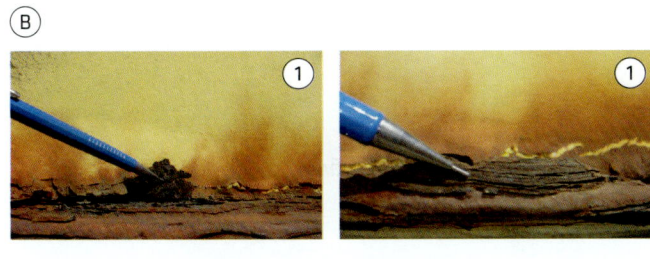

Fig. 7.84 (A) Corrosão forte por esfoliação e (B) detalhe 1 ampliado

m) Corrosão em frestas

Na Fig. 7.85, tem-se a vista da ligação de um pilar de aço formado por dois perfis U laminados unidos com o uso de solda de filete e conectado a um perfil W de viga por meio de ligação parafusada entre a chapa de ligação de topo do pilar e o flange inferior da viga. Notar a presença de corrosão na região de fresta entre a chapa de ligação de topo do pilar e a superfície do flange inferior da viga de perfil W. Tal processo de corrosão ocorre nessa fresta pela pouca quantidade de oxigênio nessa região em comparação àquela encontrada no meio externo.

Assim, sempre que existir diferença de presença de oxigenação entre dois ambientes, haverá o processo de corrosão na região. Com menos espaço, há menos oxigênio circulando.

n) Corrosões em conectores

A Fig. 7.86 mostra a vista de um processo de corrosão galvânica ocorrendo na porca sextavada de uma barra de ancoragem de pré-concretagem situada na chapa de base de um pilar. Os sistemas parafusados devem ser protegidos da corrosão com o uso de massa epóxi após o término de suas respectivas montagens.

Na Fig. 7.87, o fenômeno de proteção dos conectores foi requisitado, com a aplicação de sistema de pintura sobre eles. Porém, pelo visto, o sistema de pintura não foi executado como deveria e agora ocorre corrosão galvânica nas porcas e arruelas. Como as porcas sextavadas e as arruelas possuem um aço menos nobre, elas funcionam como verdadeiros ânodos nesse processo.

Como aprendizagem, em vez de requisitar sistema de pintura, recomenda-se especificar a aplicação de massa

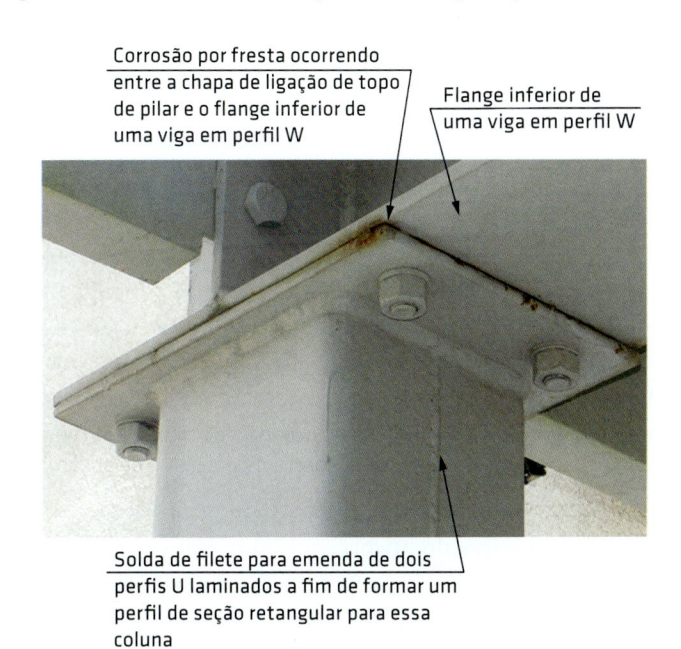

Fig. 7.85 Ligação de um pilar de aço a uma viga

Fig. 7.86 Processo de corrosão galvânica na porca sextavada de uma barra de ancoragem

Fig. 7.87 Processo de corrosão galvânica instalado nos sistemas de fixação da chapa de base da coluna à base de concreto

epóxi sobre todos os conectores depois de efetuadas suas devidas montagens.

Na Fig. 7.88A, nota-se que a estrutura principal está bem protegida, sem corrosão aparente. Aqui foi usado o sistema de pintura do CBCA-17, aplicado sobre uma estrutura metálica sem proteção com galvanização. Essa estrutura já possui dois anos de exposição ao meio ambiente agressivo marinho.

A Fig. 7.88B apresenta o detalhe de uma porca sextavada e uma barra de ancoragem do túnel, responsáveis pelo chumbamento da chapa metálica de parede do túnel, sofrendo corrosão galvânica, com os sistemas de conectores novamente sem ter recebido o sistema de proteção por massa epóxi após suas respectivas montagens.

o) Corrosões em sistemas de braçadeiras

A Fig. 7.89 mostra um sistema de braçadeiras usado para pendurar luminárias fixadas por meio de barras rígidas. Entre as chapas da braçadeira e o perfil da terça de seção circular em perfil Schedule, pode ocorrer corrosão por frestas, em virtude da pequena concentração de oxigênio existente na fresta em relação ao meio externo.

A vista de outro sistema de braçadeiras usado para fixar uma caixa de elétrica ao montante (elemento vertical) de uma treliça é apresentada na Fig. 7.90. Essa é uma prática comum que acaba promovendo a corrosão por frestas entre as chapas da braçadeira e o respectivo perfil, por haver menos oxigenação na região da fresta do que no meio externo.

A Fig. 7.91 exibe um sistema de braçadeira com corrosão presente na região de fresta entre as chapas que o compõem e a superfície do perfil de seção circular do banzo superior.

Fig. 7.88 (A) Vista geral do túnel constituído de chapas de aço de forma abobadada e interligadas por parafuso de alta resistência ASTM A325 e (B) detalhe de porca sextavada e barra de ancoragem

Na Fig. 7.92, tem-se um sistema de suporte para fixação de barras de luminárias – interessante, simples e que não cria uma situação de frestas entre este e o flange da viga em perfil W. Um detalhe bem projetado!

Na Fig. 7.93, os anéis metálicos, por serem constituídos de um tipo de aço diferente daquele do banzo inferior, gerarão uma corrosão galvânica nessa região, pois um material é mais nobre do que o outro, além de uma corrosão por frestas entre o anel e a superfície do banzo.

Nota: Ao projetar luminárias penduradas em galpões ou prédios comerciais e industriais, deve-se sempre se certificar de que haja fechamento lateral em todo o entorno do empreendimento, de modo a proteger as luminárias da carga de vento. Do contrário, elas ficarão balançando em movimentos pendulares e poderão cair devido à fadiga causada em suas ligações. Esse tipo de problema já foi encontrado em vários galpões.

Fig. 7.89 Sistema de braçadeiras usado para pendurar luminárias

Fig. 7.90 Outro sistema de braçadeiras

Fig. 7.91 Sistema de braçadeira com corrosão presente

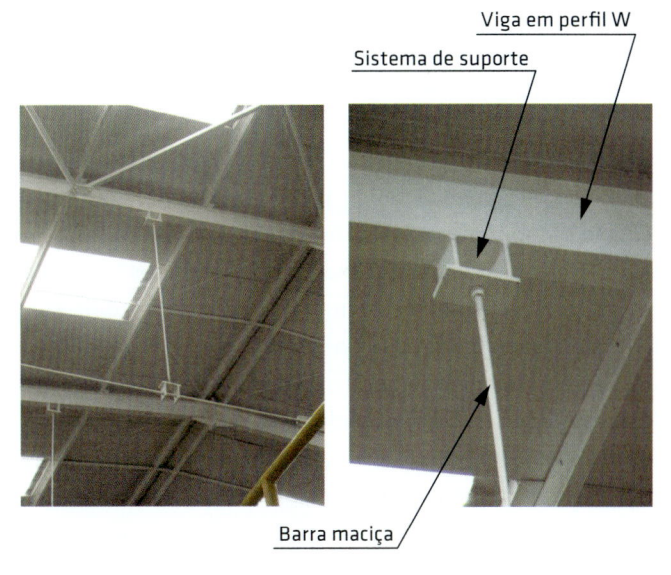

Fig. 7.92 Sistema de suporte para fixação de barras de luminárias

Fig. 7.93 Vista de uma luminária fixada a um elemento estrutural de banzo inferior de uma treliça de cobertura, por meio de anéis metálicos

PATOLOGIAS E GALVANIZAÇÃO 373

p) Corrosões em terças de cobertura

A Fig. 7.94A mostra a vista de corrosão por placas em estágio bem avançado ocorrendo ao longo da superfície de uma terça de cobertura, e a Fig. 7.94B, a vista de perfis de seção circular com suas extremidades abertas, sem o uso de chapa de vedação.

A Fig. 7.95 exibe a vista do processo de corrosão por galvanização e de corrosão por frestas entre a barra de fixação da telha e a superfície da terça, bem como o processo de corrosão por placas esparsas ao longo de sua superfície.

Aqui se tem um caso de telha de aço em que se poderia ter utilizado parafusos de fixação para prender a telha e a terça, garantindo um maior aperto entre esses dois elementos. A barra mostrada não oferece aderência da telha à terça e nem mesmo um aperto da própria barra de fixação com a superfície dessa terça de cobertura.

Com relação às corrosões por placas, se forem aplicadas pequenas marteladas com martelinho de soldador nessas regiões, serão retiradas lascas de carepas que mascaram a real espessura existente nesse perfil e que podem estar encobrindo até a existência de buracos ao longo de sua superfície.

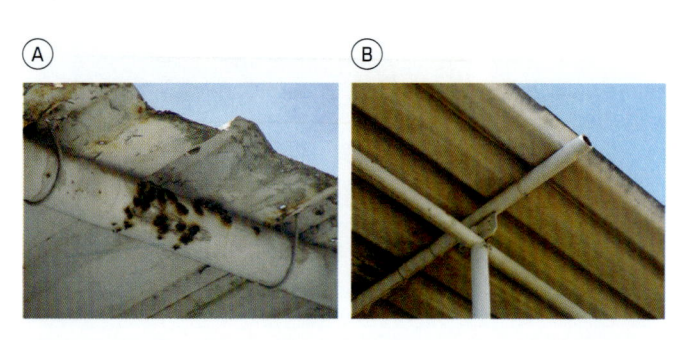

Fig. 7.94 Corrosão por placas em estágio bem avançado

Fig. 7.95 Processo de corrosão por galvanização e de corrosão por frestas

q) Corrosões em sistemas de fixação de telhas

A Fig. 7.96 apresenta a vista da corrosão galvânica e por frestas presente na região de contato de uma barra de fixação com o fundo da terça de cobertura. Nota-se a existência de uma folga exacerbada entre esses dois elementos, identificada na Fig. 7.97C, não promovendo nenhuma fixação adequada à telha.

Na Fig. 7.97, observa-se a corrosão presente de forma mais acentuada na região de contato da barra com o perfil, que são constituídos de tipos diferentes de aço. Por essa razão, em presença de líquido advindo de chuva, há o início da corrosão galvânica. Essas barras de fixação não garantem uma fixação rente ao perfil e tendem a trepidar sob rajadas de vento fortes e, assim, alargar os orifícios na telha, promovendo mais e mais entrada de água. Nunca se deve utilizar esse sistema de fixação de telhas a terças por meio de barras, pois, do ponto de vista estrutural, a barra, com diâmetro muito superior à espessura da telha (portanto, incompatível), tende a provocar deformações nas bordas dos furos da telha.

Fig. 7.96 Vista da corrosão galvânica e por frestas

r) Baba da ferrugem

Quando a indesejável baba de ferrugem passa a escorrer livremente pela estrutura, é sinal de que o processo de corrosão, independentemente do tipo, já se encontra instalado no elemento de aço. Com isso, resta saber em que estado de conservação a estrutura se encontra, a fim de tratá-la a tempo ou de proceder à sua substituição. Nas Figs. 7.98 e 7.99 são mostrados casos nos quais a baba de ferrugem ocorre de forma livre, sinalizando processos de corrosão uniforme em estado avançado e já provocando a esfoliação de ambas as chapas.

(A)
Telha — Barra de fixação

Folga

Terça em perfil U enrijecido

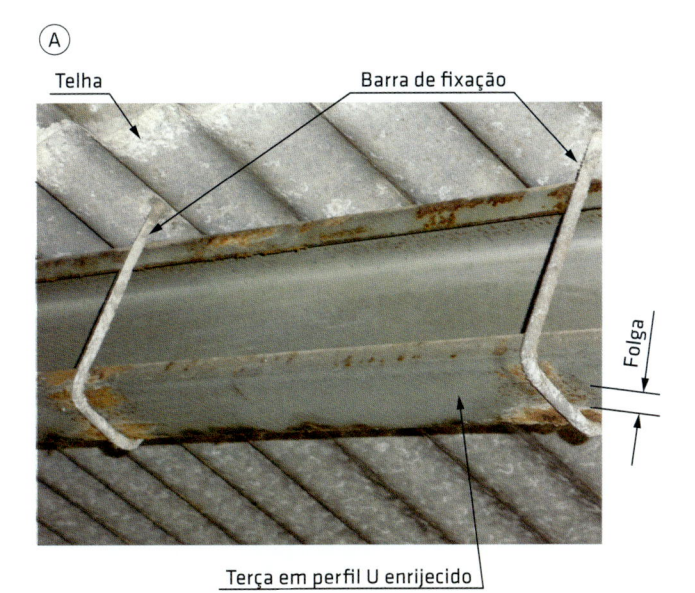

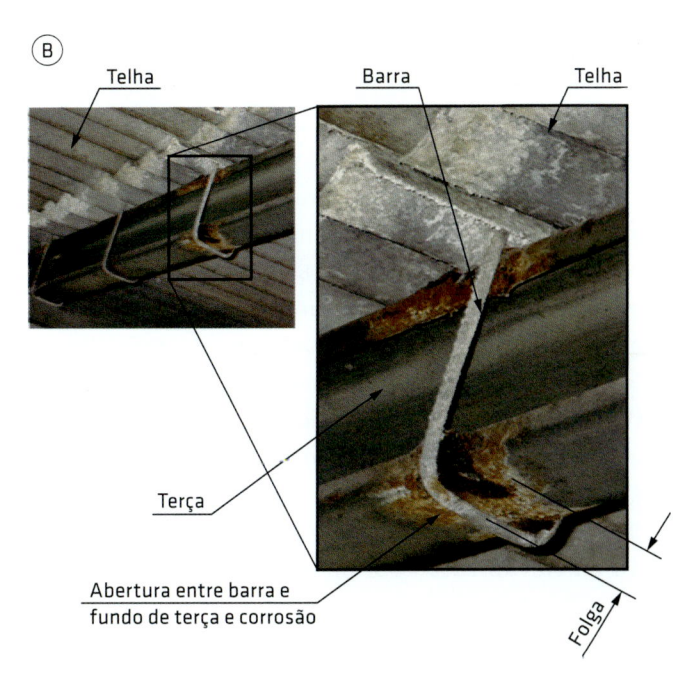

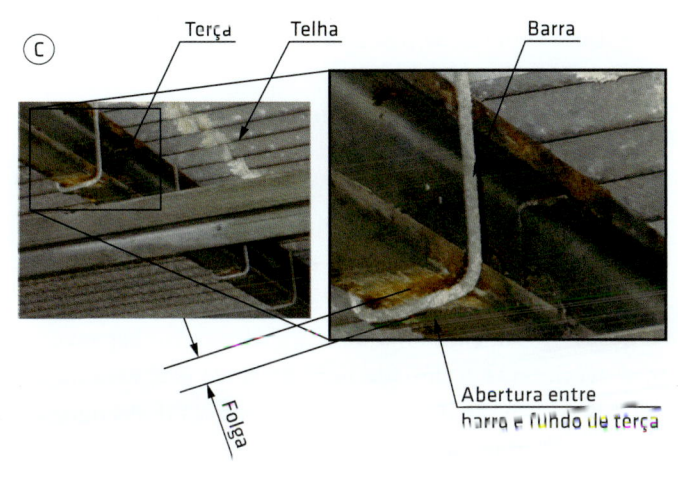

(B)
Telha — Barra — Telha

Terça

Abertura entre barra e fundo de terça e corrosão

Folga

(C)
Terça — Telha — Barra

Folga

Abertura entre barra e fundo de terça

Fig. 7.97 Vista dos grampos usados para a fixação da telha ao perfil U enrijecido de cobertura, identificados (A) na zona 1, (B) na zona 3 e (C) na zona 4 (ver planta do Anexo 2 – planta baixa de locação das terças do modelo de relatório técnico 1)

Fig. 7.98 Caso de corrosão uniforme em uma chapa de ligação que fixa o guarda-corpo de uma escada à viga de concreto da escada, com o escorrimento de baba de ferrugem

Fig. 7.99 Caso de corrosão uniforme em uma chapa de ligação que fixa a viga de concreto de uma escada ao pilar de concreto de um edifício, com o escorrimento de baba de ferrugem

7.2 Galvanização por imersão a quente

Nesta seção será apresentada a tecnologia do processo de galvanização por imersão a quente, que visa aumentar a vida do aço/ferro fundido através de sua proteção contra a corrosão.

É importante conceituar que todo sistema de proteção contra a corrosão exige que a especificação atenda às normas técnicas da Associação Brasileira de Normas Técnicas (ABNT), que serão exibidas a seguir.

Os melhores materiais ou sistemas de proteção falharão se forem usados incorretamente ou se forem mal aplicados. Por essas razões, é importante que seja utilizado um controle de qualidade eficaz.

Muitas vezes o baixo custo inicial mascara os altos custos de manutenção do projeto. Portanto, além da parte técnica, é essencial a visão do custo ao longo do ciclo de vida útil do projeto.

7.2.1 Corrosão

O aço-carbono é usado na maioria dos projetos de construção e, assim como o ferro, oxida-se de acordo com o tipo de ambiente a que é exposto. A oxidação de superfície formada é o óxido de ferro essencialmente hidratado, que não fornece nenhuma proteção ao aço subjacente. Como consequência, ocorre a corrosão do metal e, com o tempo, o ferro ou o aço são consumidos totalmente.

O Fe_2O_3 (óxido de ferro) é a ferrugem, produto da corrosão e de cor avermelhada, que aparece na superfície de uma peça corroída de aço-carbono.

7.2.2 Processo de galvanização por imersão a quente

Galvanização por imersão a quente é um processo de revestimento de zinco no aço-carbono, no ferro fundido ou no aço patinável, que se encontram na forma de peças e estruturas de vários formatos, tamanhos e complexidades, interna e externamente.

Há diferentes tipos e variações de galvanização por imersão a quente, sendo os principais:
- Galvanização por imersão a quente contínua, usada normalmente para chapas e perfis laminados a frio.
- Galvanização por imersão a quente contínua de arame.
- Galvanização geral por imersão a quente, discriminada nas seguintes categorias:
  » galvanização geral por imersão a quente do tipo batelada;
  » galvanização geral por imersão a quente com centrifugação para fixadores e peças pequenas;
  » galvanização geral por imersão a quente de tubos pelo processo automático com sopro.

A eficiência da galvanização por imersão a quente só pode ser atingida se a superfície a ser revestida for preparada corretamente e limpa perfeitamente. Isso é válido para todo o revestimento, seja metálico ou orgânico. Os métodos de preparação de superfície diferem de um revestimento para outro, mas todos têm uma coisa em comum: são projetados para fornecer superfícies completamente limpas.

O processo de galvanização por imersão a quente envolve a imersão do aço perfeitamente limpo no zinco fundido a uma temperatura na faixa de 440 °C a 460 °C. A maioria dos galvanizadores por imersão a quente processam a uma temperatura do zinco de 450 °C, resultando em uma reação metalúrgica, e, a depender da composição química do aço, é formada uma série de camadas de zinco e ferro-zinco (aço desoxidado com alumínio) ou um revestimento consistindo somente em ligas de ferro-zinco (desoxidado com silício) (Fig. 7.100).

O zinco resultante e os revestimentos de liga de ferro-zinco são dependentes de uma série de fatores, sendo influenciados principalmente pela composição química do aço. O aço desoxidado com alumínio reage menos agressivamente quando imerso em zinco fundido, ao contrário do aço desoxidado com silício. Especificamente, a faixa definida de silício contido na composição química do aço reagirá mais agressivamente, resultando nos revestimentos somente em ligas de ferro-zinco. A estrutura de aço final do galvanizado será dependente do teor de silício e da influência de fósforo na composição química do aço que está sendo processado.

Os revestimentos do aço desoxidado com alumínio a partir da galvanização por imersão a quente são os seguintes (Fig. 7.101):
- Um revestimento exterior relativamente puro de zinco (camada *eta*).
- Uma camada de liga de ferro-zinco com 5,8% a 6,7% de ferro (camada *zeta*).
- Uma camada de liga de ferro-zinco com 7% a 11,5% de ferro (camada *delta*).
- Uma camada fina de liga na interface com 21% a 28% de ferro (camada *gama*), que fornece a ligação metalúrgica entre o substrato de aço e o revestimento.

Essas várias camadas de ligas variam na espessura, mas geralmente a camada pura de zinco (*eta*) está na ordem de 15 μm ou 20% do revestimento total. As ligas de ferro-zinco (*zeta*, *delta* e *gama*) são aproximadamente de 50 μm a 55 μm ou 80% da espessura do revestimento total.

A estrutura do revestimento ideal ou ótimo é obtida usando aços com uma faixa de silício de 0,15% a 0,25% e uma faixa de fósforo menor que 0,02%.

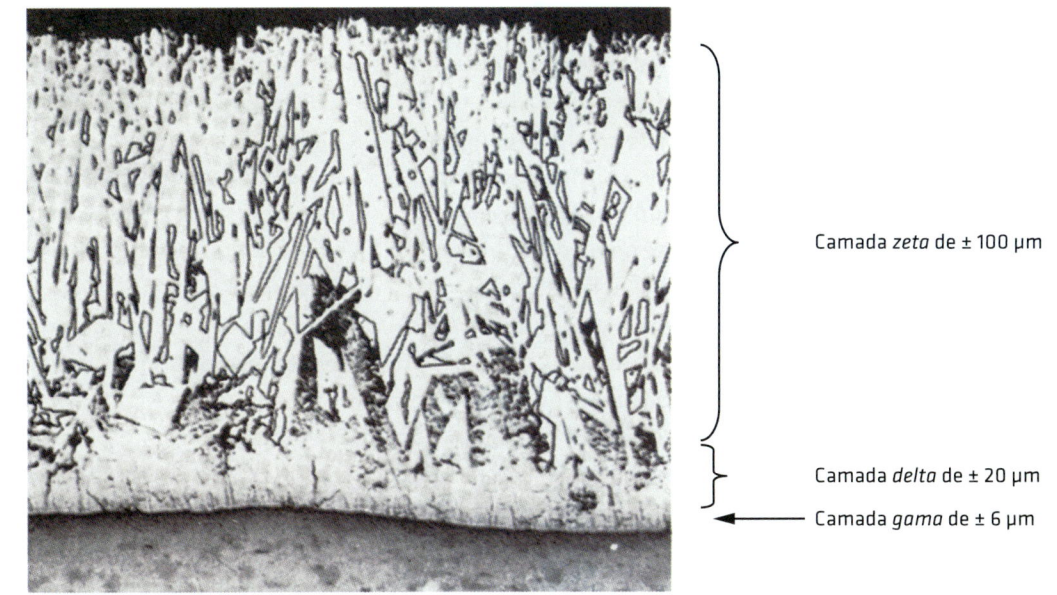

Fig. 7.100 Micrografia de uma seção de um típico aço acalmado ao silício galvanizado por imersão a quente (0,15% a 0,25% de silício). O revestimento mostra uma longa camada *zeta* como estrutura de cristal

Camada *zeta* de ± 100 μm
Camada *delta* de ± 20 μm
Camada *gama* de ± 6 μm

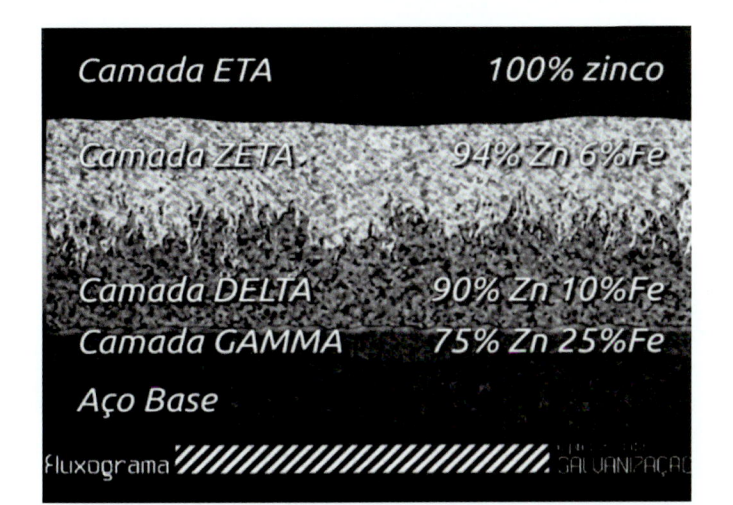

Fig. 7.101 Micrografia de uma seção de um típico aço desoxidado com alumínio galvanizado por imersão a quente

Em virtude de a formação de revestimento galvanizado por imersão a quente ser dependente da reação entre o aço perfeitamente limpo e o zinco fundido, um revestimento se formará somente nas superfícies de aço totalmente livres de contaminantes. Essa característica do processo é de considerável benefício, ao contrário de outros revestimentos protetores, em que as superfícies contaminadas podem ser recobertas e defeitos no revestimento podem ser prontamente identificados pela inspeção visual.

As ligas de ferro-zinco presentes em um revestimento galvanizado por imersão a quente desempenham um papel importante, visto que são normalmente mais duras do que o substrato de aço e, portanto, fornecem boa resistência à abrasão e ao desgaste. As propriedades de resistência à corrosão das ligas de ferro-zinco são conhecidas por serem 30% melhores que as do zinco puro.

a) Espessura e estrutura do revestimento

A vida de um revestimento de zinco em um dado ambiente é diretamente proporcional à sua espessura. Na maioria das circunstâncias, o revestimento se deteriora de maneira uniforme ao longo de um período de tempo. Por essa razão, o zinco é descrito apropriadamente como um protetor consumível. Na maior parte dos ambientes, a diluição do revestimento de zinco é razoavelmente uniforme sobre a superfície inteira do revestimento, não ocorrendo a concentração apenas em pontos específicos. A importância da espessura, no caso de revestimentos de zinco em um dado ambiente, é demonstrada pelo seguinte exemplo hipotético:

- *Eletrodeposição do zinco* – espessura do revestimento: 10 μm; vida antes de oxidar: 3 anos.
- *Galvanização por imersão a quente* – espessura do revestimento: 100 μm; vida antes de oxidar: 30 anos.

Ao contrário de outros revestimentos de zinco, a estrutura de um revestimento galvanizado por imersão a quente consiste em uma série de ligas de ferro-zinco cujas superfícies são recobertas por uma camada de zinco relativamente puro (para aços acalmados ao alumínio). As ligas fornecem uma boa ligação metalúrgica ao substrato e, porque são normalmente mais duras do que o aço subjacente, possuem também propriedades resistentes à abrasão. A resistência à corrosão das ligas de ferro-zinco é semelhante à do zinco puro quando em ambientes industriais contaminados por emissões de dióxido de enxofre.

b) Uniformidade

O zinco puro é um metal reativo e, a fim de assegurar que protegerá o aço subjacente por um período prolongado, é necessário que uma película estável de produtos da reação do zinco seja formada na superfície do revestimento. Quando exposto, o zinco reage com o ambiente e com as ligas, sobretudo com oxigênio e dióxido de carbono, formando uma película de superfície relativamente estável de carbonato básico de zinco. Isso fornece a aparência cinzenta e fosca de um revestimento de zinco desgastado, ao contrário da aparência brilhante e refletora de revestimentos de zinco mais recentemente aplicados.

Apesar da presença dessa película protetora, o revestimento de zinco se tornará mais fino após um período de tempo e, se ocorrerem variações na espessura, o aço subjacente estará exposto durante um período de tempo mais curto onde houver um revestimento fino localizado. É por essa razão que as especificações estipulam a espessura mínima do zinco em vez de sua espessura média.

c) Descontinuidades

Os revestimentos de zinco fornecem a proteção por barreira e a proteção catódica. Como resultado, a corrosão não consegue penetrar por baixo do revestimento que circunda um defeito, contanto que a superfície exposta de aço sem zinco seja pequena. O zinco circunvizinho tenderá a retardar a corrosão do aço exposto. As descontinuidades no revestimento serão, entretanto, indesejáveis se o aço exposto (cátodo) e o zinco circunvizinho (ânodo) constituírem uma pilha de corrosão quando um eletrólito, tal como a água, estiver presente. Enquanto o zinco circunvizinho fornecer um grau de proteção nessa pilha de corrosão, ele se corroerá como um protetor sacrificial numa taxa mais rápida do que aquela que ocorreria se o revestimento fosse contínuo.

As descontinuidades de zinco em um revestimento galvanizado invariavelmente se destacam da superfície, em consequência da preparação inadequada desta. No caso de aplicação de pintura ou de revestimento pulverizado (*spray*), as superfícies contaminadas podem ser recobertas, tendo por resultado defeitos não detectados. Com a galvanização por imersão a quente, nenhum dos contaminantes, tais como carepas e oxidação, poderão ser revestidos enquanto a ação metalúrgica for impedida por uma barreira (sujeira) entre o zinco fundido e o aço durante a imersão no zinco fundido. "Se o aço não estiver limpo, não galvanize". Todos os contaminantes impedem a formação das ligas de ferro-zinco, o que faz com que a superfície de aço exiba áreas visivelmente sem revestimento.

d) Adesão

A adesão de revestimentos do metal zinco é geralmente muito boa, não obstante o método de aplicação. No caso de revestimentos pulverizados termicamente com zinco, a limpeza abrasiva inadequada por jateamento ou a recontaminação de superfícies jateadas antes da pulverização podem resultar em uma adesão ruim. A galvanização por imersão a quente fornece adesão proeminente devido à ligação metalúrgica formada pelas ligas de ferro-zinco. Revestimentos frágeis ou esfoliantes são encontrados quando as ligas de ferro-zinco são excessivamente grossas (> 250 μm). O potencial para deslocamento pode ocorrer se os aços, que contêm níveis reativos de silício e fósforo, forem imersos no zinco fundido por um tempo excessivamente prolongado.

Mesmo que revestimentos mais espessos galvanizados por imersão a quente tenham suas propriedades de adesão reduzidas, a espessura adicional, desde que intacta, fornecerá uma proteção proporcionalmente mais longa. Nessa situação, procedimentos planejados e apropriados de manuseio devem ser reforçados.

A Fig. 7.102 mostra detalhes de peças já mergulhadas e tratadas em tanques de galvanização por imersão a quente e arranjadas no pátio da empresa.

Fig. 7.102 Peças no pátio da empresa já mergulhadas e tratadas em tanques de galvanização por imersão a quente

7.2.3 Proteção da superfície galvanizada

Nas Figs. 7.103 a 7.105 são apresentadas as etapas do processo de galvanização a quente.

Fig. 7.103 Esquema simplificado

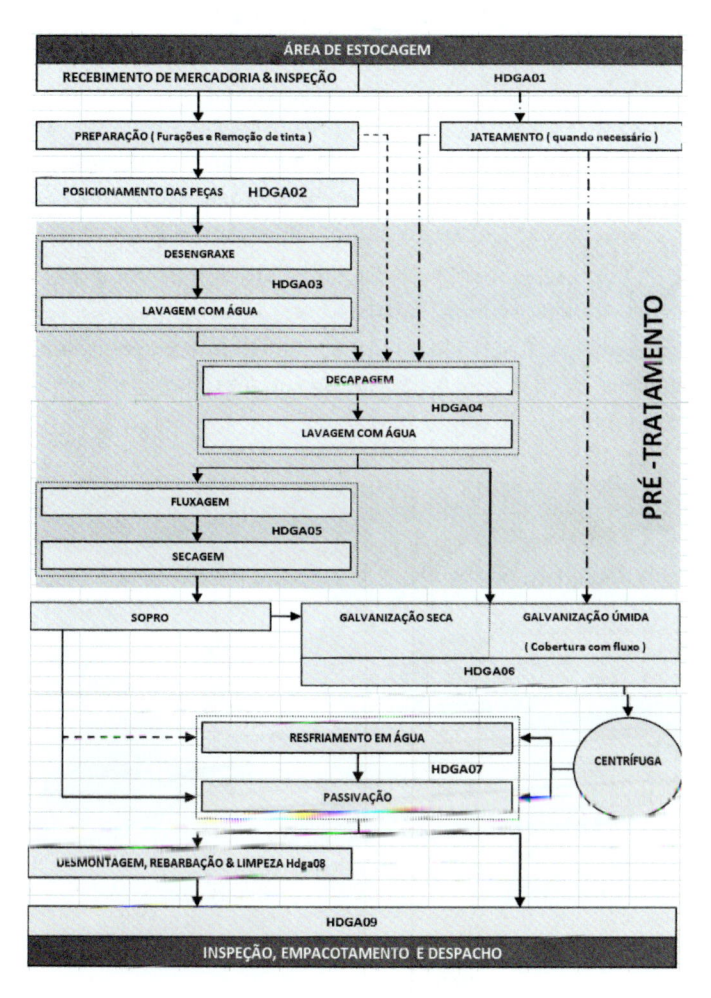

Fig. 7.104 Esquema completo

O PROCESSO DE GALVANIZAÇÃO POR IMERSÃO A QUENTE

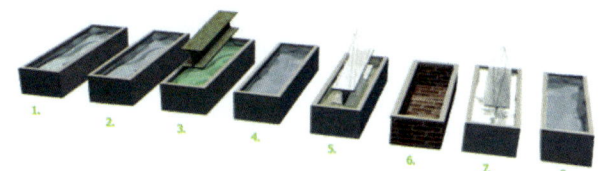

1. *Desengraxe (NaOH);*
2. *Lavagem (água);*
3. *Decapagem (HCl);*
4. *Lavagem (água);*
5. *Fluxagem (ZnCl2 e NH4Cl) (diminuir tensão superficial) (favorecer a molhabilidade);*
6. *Secagem;*
7. *Banho em zinco fundido (450°C);*
8. *Passivação (solução cromatizante) e/ou Resfriamento.*

Fig. 7.105 Outro esquema simplificado

a) Recebimento do material

Antes de começar todo o processo de galvanização, desde o pré-tratamento de superfície até a galvanização propriamente dita, o inspetor e o verificador devem realizar as seguintes verificações na área de recepção:

- Ventilação adequada nos artigos "tipo embarcação", fornecida para evitar explosões.
- Os artigos devem ter, onde necessário, perfuração apropriada para evitar os bolsões de ar, que resultariam em superfícies não galvanizadas e material flutuando no zinco.
- A solda deve estar livre de escória e de fluxo. Os respingos de solda devem ser mínimos.
- Os artigos que foram soldados com alumínio ou têm insertos desse elemento devem ser rejeitados, uma vez que esse metal reage com o zinco durante o processo de galvanização e é destruído.
- As estruturas fabricadas devem ter os cantos rebarbados para permitir o fluxo e a drenagem livre do zinco durante o processo de imersão.
- Nenhuma pintura, à exceção daquela solúvel em água, pode estar presente na superfície do aço.
- O potencial de distorção não deve existir.
- O material que for danificado mecanicamente ou distorcido em consequência da soldagem deve ser excluído do lote. Esse material deve então ser reparado ou substituído antes da galvanização.
- Materiais não ferrosos não devem passar pelo processo, à exceção do bronze e do cobre.

b) Desengraxe

Utiliza-se geralmente soda cáustica. O processo de desengraxe remove a sujeira e a graxa de operação antes da decapagem. A eficácia das operações subsequentes depende, na maior parte das vezes, de quão eficaz será o trabalho de limpeza durante essa operação. Muitos exemplos de galvanização pobre podem ser traçados por limpeza inadequada, daí a importância do bom desengraxe, que assegura a molhabilidade eficaz das superfícies de aço durante o processo de decapagem.

c) Lavagem (enxágue após desengraxe)
A finalidade do enxágue após o desengraxe é remover os produtos químicos de desengraxante. Se os álcalis não forem removidos antes da decapagem, o ácido será neutralizado.

d) Decapagem ácida
Ácido clorídrico ou ácido sulfúrico aquecido são usados para a limpeza do aço. A limpeza e a decapagem antes da galvanização, indiferentemente do ácido ou do agente utilizado, buscam remover as carepas, a oxidação e os outros contaminantes do processo. Na decapagem, assegura-se que o zinco fundido esteja em contato direto com toda a superfície do aço imerso durante a galvanização, facilitando, assim, a formação de ligas de ferro-zinco e evitando a presença de áreas sem revestimento. A decapagem correta é de primordial importância na operação de galvanização, e o tempo insuficiente de decapagem pode conduzir a uma porcentagem elevada de artigos rejeitados. A operação de decapagem remove a carepa de laminação, os óxidos de recozimento e a oxidação do aço. É essencial que todos os traços desses produtos sejam removidos completamente antes das operações subsequentes.

e) Lavagem (enxágue após decapagem)
A finalidade do enxágue após a decapagem é remover o ácido, que contém partículas de ferro e sais de ferro da operação anterior à fluxagem e à galvanização. O fluxo contaminado resultaria no carregamento de partículas de ferro e de sais de ferro no zinco fundido, causando a formação de borra excessiva. Para um enxágue eficaz, dois banhos de água são normalmente utilizados.

f) Fluxagem
O fluxo mais comumente usado é o chamado triplo sal, que consiste em cloreto de amônio (NH_4Cl) e cloreto de zinco ($ZnCl_2$), numa relação de 3:1 moles. A fluxagem é uma parte essencial da galvanização e tem como finalidade preliminar promover a ligação do zinco fundido ao aço. Sua boa prática é importante para assegurar uma alta qualidade do revestimento do ponto de vista da aparência, da adesão e da ausência de áreas sem revestimento.

Antes desse processo, o artigo deve estar completamente limpo, chegando ao tanque de fluxagem livre de óxidos de superfície, sais de ferro e outros contaminantes. A solução de fluxagem deposita uma película que não ataca o aço, impedindo a oxidação que ocorreria de outra maneira pela exposição à atmosfera durante o intervalo entre a decapagem e a galvanização. Na prática, alguma oxidação ocorre, mas, quando o fluxo seco entra em contato com o zinco fundido, imediatamente se funde, e, no estado fundido, o fluxo fornece uma ação de limpeza final que remove todos os traços restantes de óxidos.

g) Secagem
Nessa etapa, a plataforma de secagem facilita a secagem do material após a fluxagem. A secagem rápida é desejável por duas razões: primeiro, porque impede a formação de sais e de óxidos de ferro na operação; segundo, porque as peças devem estar secas antes de serem mergulhadas no zinco fundido, visto que a umidade causa explosões e respingos quando em contato com ele, além da geração de vapor.

h) Banho em zinco fundido (processo de imersão)
Antes da descida do material, a superfície do zinco deve ser escumada para remover o zinco oxidado (cinza), e a imersão deve, então, ocorrer o mais rápido possível.

Após o material ser imerso, uma turbulência é observada no zinco fundido a 450-460 °C, causada pela liberação dos gases nas superfícies do aço, assim como de correntes de convecção. Devido à redução localizada da temperatura do zinco, o aço passa a ser revestido por uma película de zinco solidificado. Uma vez cessada a turbulência, o zinco solidificado terá fundido e o processo de revestimento estará completo. No caso de seções pesadas, içar e abaixar o produto no zinco fundido acelera a fusão do zinco solidificado, reduzindo o tempo total da imersão (Fig. 7.106).

Fig. 7.106 Imersão de peças tubulares de seção retangular oca no tanque de galvanização a quente, em movimentos cíclicos de içar e abaixar

i) Deslocamento da nata sobre o banho (remoção da terra) e retirada

O processo de galvanização resulta no acúmulo de óxido de zinco e outros resíduos na superfície de zinco fundido. Antes da retirada desse material, a superfície do banho de zinco deve ser escumada, a fim de assegurar que os contaminantes de superfície não entranhem no revestimento de zinco. A retirada deve ocorrer na velocidade mais lenta possível, < 1 m/min, e ser contínua e ininterrupta, preferivelmente numa velocidade de extração igual à de drenagem do excesso de zinco das superfícies de aço revestidas. Além disso, para ajudar na drenagem do excesso de zinco fundido, é recomendado retirá-lo a no mínimo 45° da horizontal.

É necessário escumar a cinza do zinco fundido antes e depois da galvanização para impedir inclusões de cinzas, conforme ilustrado na Fig. 7.107.

Fig. 7.107 Processo de escumação do zinco fundido na galvanização

j) Resfriamento após galvanização

A operação de resfriamento solidifica o revestimento do zinco ao mesmo tempo que lava os resíduos que podem ter se depositado na superfície do revestimento durante a retirada do banho de galvanização. Os aços reativos continuam a produzir ligas de ferro-zinco após a retirada do zinco fundido, mesmo em temperaturas abaixo do ponto de fusão do zinco.

Cabe mencionar que resfriar rapidamente retarda a formação de revestimentos indesejáveis frágeis e a aparição de remendos não atrativos, cinzentos foscos, nas superfícies do revestimento. Além disso, os produtos propensos à distorção não devem ser resfriados em água (bruscamente) após a galvanização, e sim no ar.

k) Passivação

O resfriamento do material galvanizado ocorre de modo natural numa solução de passivação. A finalidade do produto químico de passivação, geralmente com uma concentração de 0,5% a 1% de dicromato de sódio, é evitar a formação da mancha úmida de armazenamento (corrosão branca). A operação de passivação resulta em um tingimento levemente amarelado em superfícies revestidas, com uma cor marrom dourada aparecendo mais viva do que o normal a temperaturas de resfriamento. O aço especificado a ser pintado após a galvanização não deve ser passivado no dicromato de sódio, visto que este influenciaria adversamente a adesão da pintura.

l) Descarregamento do material galvanizado, inspeção e embalagem

A quantidade de material deve ser checada, confrontando-a com os relatórios de processo, e empilhada de forma uniforme. Durante essa operação, o material é inspecionado visualmente. Sendo aparentes os defeitos no revestimento, os artigos suspeitos são identificados e colocados em uma área isolada para serem analisados por um inspetor de qualidade da planta, que determinará se a retificação do revestimento é permissível ou se será necessário descascá-lo e regalvanizá-lo.

7.2.4 Proteções obtidas com a galvanização por imersão a quente

A vida de um revestimento de zinco depende de sua resistência à corrosão em um dado ambiente e é diretamente proporcional à espessura revestida, independentemente da forma como o revestimento é aplicado – se pela galvanização por imersão a quente, pela pulverização do metal ou por outros métodos.

a) Proteção por barreira

Assim como outros metais, o zinco se corrói quando exposto às condições atmosféricas. Quando o material é removido do banho de galvanização, o zinco inicia imediatamente a corrosão ao ser exposto ao ar. Um filme resistente à corrosão de óxido de zinco é normalmente formado 24 horas após a galvanização. A aparência metálica prateada de material galvanizado muda para uma cor cinza-claro quando o zinco oxida. O óxido de zinco é uma camada fina, dura e tenaz e é a primeira etapa do desenvolvimento da pátina protetora do zinco, referida como proteção por barreira.

Quando a camada esbranquiçada de óxido de zinco é exposta ao ar livre, a superfície reage com a umidade da atmosfera, como o orvalho, a chuva ou mesmo a umidade propriamente dita, para formar um progressivo e gelatinoso acúmulo de poros de hidróxido de zinco branco-acinzentado, conhecido como corrosão branca. O óxido de zinco progride e se integra na forma de hidróxido de zinco, o qual, dependendo do tipo de exposição, pode se formar em qualquer lugar, de 24 horas a três meses depois da galvanização.

Durante a secagem, as camadas de óxido e hidróxido de zinco reagem com o dióxido de carbono da atmosfera e se transformam numa fina, compacta e resistente camada aderente de carbonato de zinco. Esse frágil filme branco-acinzentado pode ocupar qualquer lugar, formando-se de três a 12 meses após a galvanização. O desenvolvimento do carbonato de zinco fornece uma excelente proteção por barreira para o revestimento galvanizado. Como a pátina de zinco é relativamente insolúvel, impede a rápida corrosão atmosférica do zinco na superfície do aço galvanizado. A taxa de formação da pátina de zinco depende não somente da quantidade de umidade na atmosfera, mas também do período durante o qual a superfície do zinco permanece molhada. A taxa pela qual o dióxido de carbono reage com o óxido e o hidróxido de zinco para formar o carbonato de zinco também determina a taxa de formação da pátina de zinco.

A camada intermetálica *gama* de Fe-Zn apresenta dureza Vickers maior que a do próprio substrato do aço, conforme ilustrado na Fig. 7.108.

b) Proteção catódica

Além de fornecer a proteção por barreira, os revestimentos de zinco proporcionam também a proteção catódica. O zinco é eletronegativo ao aço-carbono, e consequentemente aquele é o ânodo e este, o cátodo, em uma pilha galvânica. Deve-se lembrar que quatro componentes são necessários para uma pilha galvânica existir: ânodo, cátodo, conexão elétrica externa e presença de um eletrólito (ambiente corrosivo). Esse processo é referendado como *par bimetálico*, *corrosão galvânica* ou *célula de corrosão*, e está ilustrado na Fig. 7.26.

c) Sistema duplex de revestimento – pintura sobre superfície galvanizada

Revestimento duplex é um termo introduzido nos anos 1950 por Jan van Eijnsbergen, da Associação Holandesa de Galvanização por Imersão a Quente. Os revestimentos duplex foram desenvolvidos especificamente para proteger contra a corrosão as estruturas de aço-carbono usadas na construção da tubulação de água quente residencial da Holanda, sujeitas a um ambiente extremamente corrosivo. Nesse tipo de revestimento, o aço é protegido pela galvanização por imersão a quente mais uma adicional proteção por barreira de um sistema orgânico de pintura apropriado. A finalidade é fornecer proteção adicional contra corrosão em ambientes severamente corrosivos, com os benefícios adicionais da cor, da visibilidade e da camuflagem. Seu emprego também pode ocorrer onde uma aparência estética é requerida.

A vida total de uma estrutura contra corrosão pode ser aumentada substancialmente pelo efeito sinergético fornecido por um sistema duplex. Os produtos da corrosão do zinco têm um volume aproximadamente 20% maior do que o volume de zinco consumido, tendendo a selar pequenos defeitos em uma película de tinta, o que retarda, assim, o ingresso de substâncias mais corrosivas através do revestimento de pintura.

Nota: A camada intermetálica *gama* de Fe-Zn apresenta dureza Vickers maior que a do próprio substrato do aço.

Figura 4. Microseção da camada galvanizada por imersão a quente, mostrando as variações da rigidez através do revestimento. As ligas de zinco-ferro são mais rígidas do que as de aço.

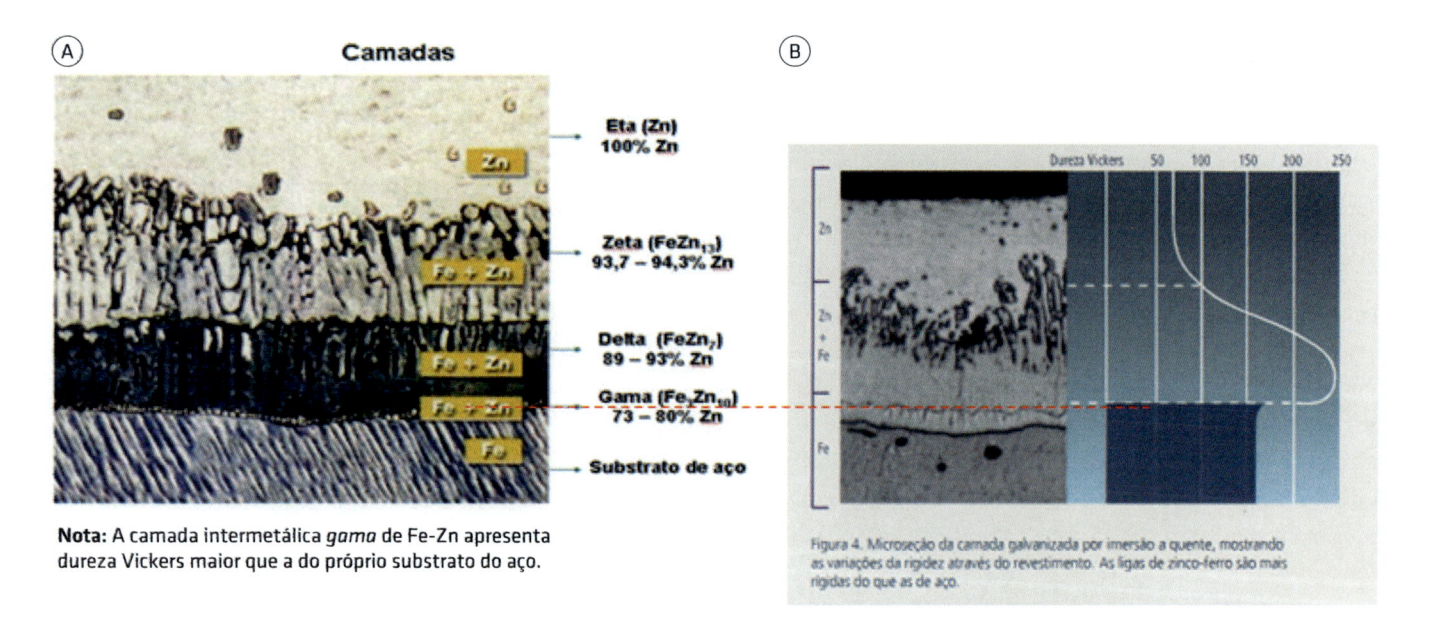

Fig. 7.108 (A) Vista de uma seção transversal de uma microcamada galvanizada por imersão a quente e (B) respectivas variações de rigidez de seus compostos

i. Efeitos sinergéticos dos sistemas duplex

Os sistemas duplex fornecem o efeito sinergético, com a vantagem de a durabilidade da combinação entre o substrato galvanizado e o sistema de revestimento orgânico superior ser maior do que a soma das deficiências separadas do galvanizado e da camada de revestimento orgânico aplicada separadamente no substrato de aço. O efeito sinergético pode ser estimado matematicamente por meio de:

Vida útil do duplex = fator × (vida do zinco + vida da pintura)

Os fatores de sinergia variam de 1,4, em ambientes corrosivos extremos, a 2,7, em ambientes menos agressivos. Em um ambiente altamente agressivo, como um ambiente industrial ou um ambiente marítimo exposto à salinidade do mar (por *spray* salino) de níveis C4 ou C5 (ISO, 2012), onde o galvanizado por si próprio duraria aproximadamente 15 anos e a pintura, 10 anos, o sistema duplex proporcionaria uma vida útil de 35 anos, e não apenas de 25 anos, isto é:

1,4 × (15 anos + 10 anos) = 35 anos

As razões para esse efeito sinergético ocorrer são apresentadas a seguir.

Todos os sistemas de pintura, de maior ou menor grau, tornam-se permeáveis depois de um tempo, permitindo que a umidade, o oxigênio e os poluentes se difundam através de um revestimento de pintura e ataquem o aço. A oxidação vermelha se forma na superfície do aço, ou seja, na interface entre a superfície do aço e o sistema de pintura superior. Já que a oxidação (uma mistura de vários óxidos hidratados de ferro com composições variadas) tem um volume que é de seis a oito vezes o volume do aço formado, o revestimento da pintura perde o contato com o substrato e, dependendo de sua adesão e coesão, começa a trincar e/ou lascar. O rastejamento da corrosão sob a pintura (que fornece proteção puramente por barreira) resulta em descascamento e promove o lascamento da pintura adjacente da proteção, expondo ainda mais o aço a uma corrosão adicional.

Quando o aço é galvanizado por imersão a quente, uma ligação metalúrgica é formada entre o zinco, a camada metálica impermeável de liga de zinco-ferro e o substrato de aço. Isso garante a adesão do zinco ao aço-carbono e fornece uma base impermeável para o sistema de pintura superior. A penetração de umidade, oxigênio e poluentes na interface galvanização-pintura faz com que o zinco ou camadas mais resistentes à corrosão de ligas de zinco-ferro corroam-se lentamente. Entretanto, os produtos de corrosão do zinco, principalmente óxido de zinco e hidróxido de zinco, têm um volume que é somente 15-20% maior do que o volume de zinco de que se formaram. Esses produtos tendem a selar externamente os poros, crateras ou pequenas trincas no revestimento superior da pintura, restabelecendo assim as propriedades da proteção por barreira do sistema. É esse processo de galvanização por imersão a quente e um complemento com revestimento por pintura apropriada que fornecem as propriedades sinergéticas do revestimento total. De importância suprema, independentemente do sistema de revestimento empregado, a preparação da superfície do substrato é primordial para a adesão e o controle bem-sucedido da corrosão.

A adesão da galvanização ao aço é fornecida por leis metalúrgicas, sendo essencial a preparação adequada da superfície do galvanizado em que a pintura será aplicada para assegurar a ligação mecânica a longo prazo (Fig. 7.109).

Fig. 7.109 Vergalhão galvanizado por imersão a quente para concreto armado

Ao redor do mundo, há exemplos numerosos de concreto trincado encontrado em estruturas dentro de ambientes urbanos, marinhos e industriais. Claramente, é preciso executar métodos eficazes de controle da corrosão, a fim de estender a durabilidade a longo prazo do concreto reforçado com aço (Fig. 7.110).

Os métodos propostos para proteger a armadura (vergalhão) contra corrosão não objetivam, de forma alguma, substituir ou usurpar a importância do concreto de boa qualidade como fonte preliminar de proteção por barreira contra o ataque corrosivo à armadura de aço. O que se propõe neste trabalho são mecanismos de controle e compensação, com custo eficaz e método prático, para melhorar a proteção contra corrosão da armadura, quando embutida, antes de ser aplicada na estrutura, isto é, antes e durante a entrega no local e a instalação final. Resumindo, *a prevenção é melhor do que a cura.*

O custo da prevenção adequada durante os estágios do projeto e da execução é mínimo quando comparado com as economias obtidas durante a vida útil e, ainda mais, com o custo da reabilitação, que pode ser necessária mais tarde.

Há diversos métodos de proteção contra corrosão, entre os quais é possível mencionar:

- Aplicação de revestimentos do tipo membrana à superfície de estruturas de concreto.
- Pintura da superfície externa do concreto para fornecer proteção por barreira.
- Adição de inibidores de corrosão ao concreto.
- Uso de aço inoxidável ou de 3CR12 como substituto da armadura normal de aço-carbono.
- Proteção catódica da armadura.
- Aplicação de um revestimento à própria armadura, especificamente zinco epóxi, na forma de galvanização por imersão a quente.

Esses vários métodos fornecem graus variados de proteção, e serão examinados os aspectos específicos da proteção contra corrosão por meio da galvanização por imersão a quente para a proteção por barreira (segunda linha de defesa), com o benefício adicional da proteção catódica (terceira linha de defesa), conseguida pelo fato de o zinco ser eletronegativo em relação ao aço-carbono. A proteção principal por barreira (primeira linha de defesa) é naturalmente a própria cobertura de concreto da armadura embutida.

No caso de uma barra de aço sem revestimento em estrutura de concreto armado que apresentou trinca no concreto, a primeira manutenção, feita depois de aproximadamente 10 anos, poderia ter sido postergada para após 30 anos se a armadura tivesse sido inicialmente galvanizada por imersão a quente. Nesse caso, supõe-se uma qualidade de cobertura

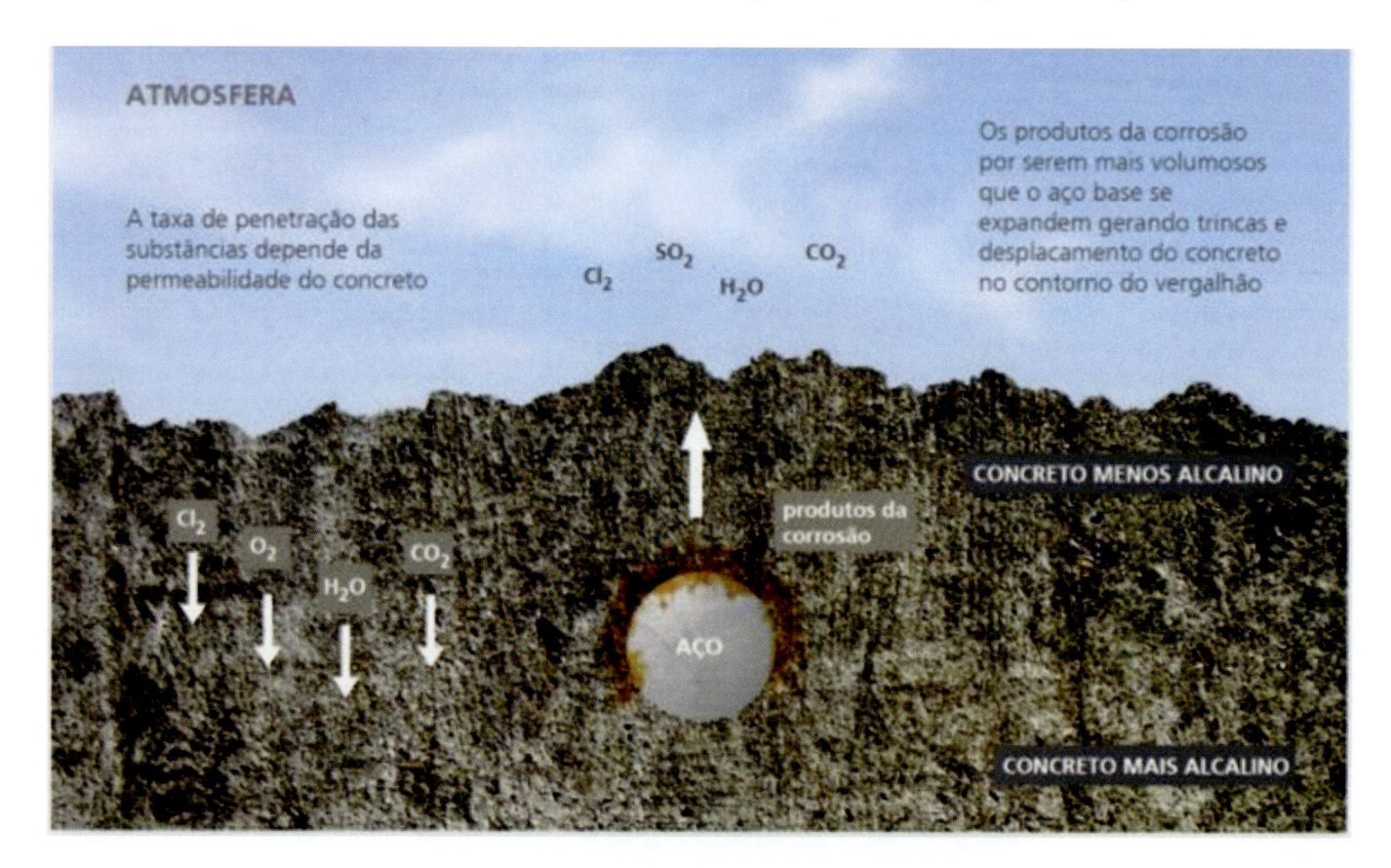

Fig. 7.110 Corrosão em vergalhão provocando trincas e desplacamento do concreto

do concreto de no mínimo 40 mm, com resistência do concreto maior que 40 MPa (cimento Portland comum).

A vida útil de uma estrutura pode ser definida como o período de tempo em que pode cumprir com as exigências dadas de segurança, estabilidade, utilidade e função, sem requerer custos extraordinários de manutenção e de reparo.

O aço para armadura galvanizado por imersão a quente pode ser usado para controlar a corrosão em armadura de concreto exposto nas seguintes circunstâncias:

- Carbonatação.
- Inclusão de íons cloretos e sulfatos.
- Poluição atmosférica.
- Combinação de constituintes cloretos e sulfatos.
- Congelamento e descongelamento.
- Reações expansivas com, por exemplo, reações álcali-agregados.

A armadura galvanizada por imersão a quente oferece vantagens significativas se comparada ao aço-carbono sem revestimento sob circunstâncias equivalentes. As vantagens incluem: o aumento do tempo para o início da corrosão; a maior tolerância para cobertura baixa, por exemplo, em elementos delgados (arquitetura); e a proteção contra corrosão oferecida à armadura antes que ela seja embutida no concreto.

A integridade e a longevidade estruturais de pontes, túneis, edifícios litorâneos, chaminés industriais e torres de refrigeração, assim como de muitas instalações industriais interiores, podem ser eficaz e economicamente melhoradas pelo uso de um revestimento de zinco a partir da galvanização por imersão a quente para proteger a armadura embutida.

Na Fig. 7.111, tem-se a retirada de barras de aço do tanque de galvanização por imersão a quente, as quais eram destinadas à composição do concreto armado.

As espessuras dos revestimentos galvanizados por imersão a quente são dependentes de fatores como tempo de imersão, temperatura do zinco, velocidade da retirada e análise química da armadura de aço-carbono. É possível que a composição química do aço resulte em espessuras de revestimento de 200 μm.

Apesar de as excessivas ligas de zinco-ferro necessitarem ser controladas, elas fornecem benefícios adicionais à proteção contra corrosão e à resistência à abrasão. Os revestimentos devem ser restringidos a < 200 μm com o cuidado e o controle devidos durante o processo de galvanização por imersão a quente.

Na operação final, dentro do processo de galvanização por imersão a quente, o aço é processado através de uma solução de passivação (dicromato de sódio de 0,5% a 1%). Enquanto esse processo estiver visando a limitação e a formação de óxido de zinco e hidróxido de zinco (oxidação branca), durante o armazenamento e o transporte, há, como benefício adicional, a passivação do revestimento de zinco do galvanizado por imersão a quente, quando exposto à alcalinidade elevada do concreto reativo úmido.

Fig. 7.111 Barras de aço para armadura de concreto armado saindo do banho de galvanização

A armadura galvanizada por imersão a quente pode oferecer significantes vantagens em relação ao aço-carbono sem revestimento em termos de redução substancial ou mesmo total eliminação de mancha de oxidação, além de maior tolerância às imperfeições da construção e maior resistência ao ataque de cloretos. Uma melhor resistência ao ataque de cloretos é, em grande parte, devida ao valor mais baixo do potencial de corrosão livre do aço galvanizado por imersão a quente.

Vale a pena indicar que os testes de laboratório de pequena escala tendem a indicar que o aço galvanizado é sujeito à corrosão no concreto altamente contaminado. Entretanto, nenhuma evidência de corrosão ou desempenho danificado do concreto, com nenhuma deficiência estrutural decorrente da falta de aderência, foi mostrada pela experiência local e pelo exame de diversas plataformas de pontes expostas a sais de cloretos em excesso em relação ao valor necessário para induzir corrosão de aço não tratado, ou ainda pelo exame de estruturas expostas a ambientes severos de água salgada.

Outra característica interessante é a do cloreto de potássio: presente também na água do mar, ao contrário do cloreto de sódio, inibe a corrosão do zinco. É por essa razão que o aço galvanizado totalmente imerso, ao contrário das aplicações da zona de pulverização, fornece vida prolongada e livre de corrosão.

Nota: O custo de galvanização de armadura por imersão a quente é insignificante se comparado ao custo de reparo do concreto trincado como resultado da corrosão da armadura sem revestimento.

7.2.5 Normatização

No Brasil, o processo é suportado pelas normas ABNT relacionadas a seguir e suportadas pela Comissão de Estudo Especial de Galvanização por Imersão a Quente (CEE-114):

- NBR 6323: *Galvanização por imersão a quente de produtos de aço e ferro fundido: especificação.*
- NBR 7397: *Produto de aço e ferro fundido galvanizado por imersão a quente: determinação da massa do revestimento por unidade de área: método de ensaio.*
- NBR 7398: *Produto de aço e ferro fundido galvanizado por imersão a quente: verificação da aderência do revestimento: método de ensaio.*
- NBR 7399: *Produto de aço e ferro fundido galvanizado por imersão a quente: verificação da espessura do revestimento por processo não destrutivo: método de ensaio.*
- NBR 7400: *Galvanização de produtos de aço e ferro fundido por imersão a quente: verificação da uniformidade do revestimento: método de ensaio.*
- NBR 7414: *Galvanização de produtos de aço e ferro fundido por imersão a quente: terminologia.*

7.2.6 Considerações finais

A galvanização por imersão a quente constitui o processo de melhor custo-benefício não só em relação aos demais processos de galvanização, mas também em relação a outros processos de proteção contra corrosão, como a aplicação superficial de produtos como óleo, tintas, vernizes e resinas, entre outros. Além do mais, conforme a agressividade do meio ou da região em que se encontram as peças e os equipamentos que se pretende proteger com a galvanização, existe ainda a possibilidade de garantir uma proteção extra do galvanizado com a pintura sobre sua superfície, processo conhecido como duplex.

RELATÓRIO TÉCNICO

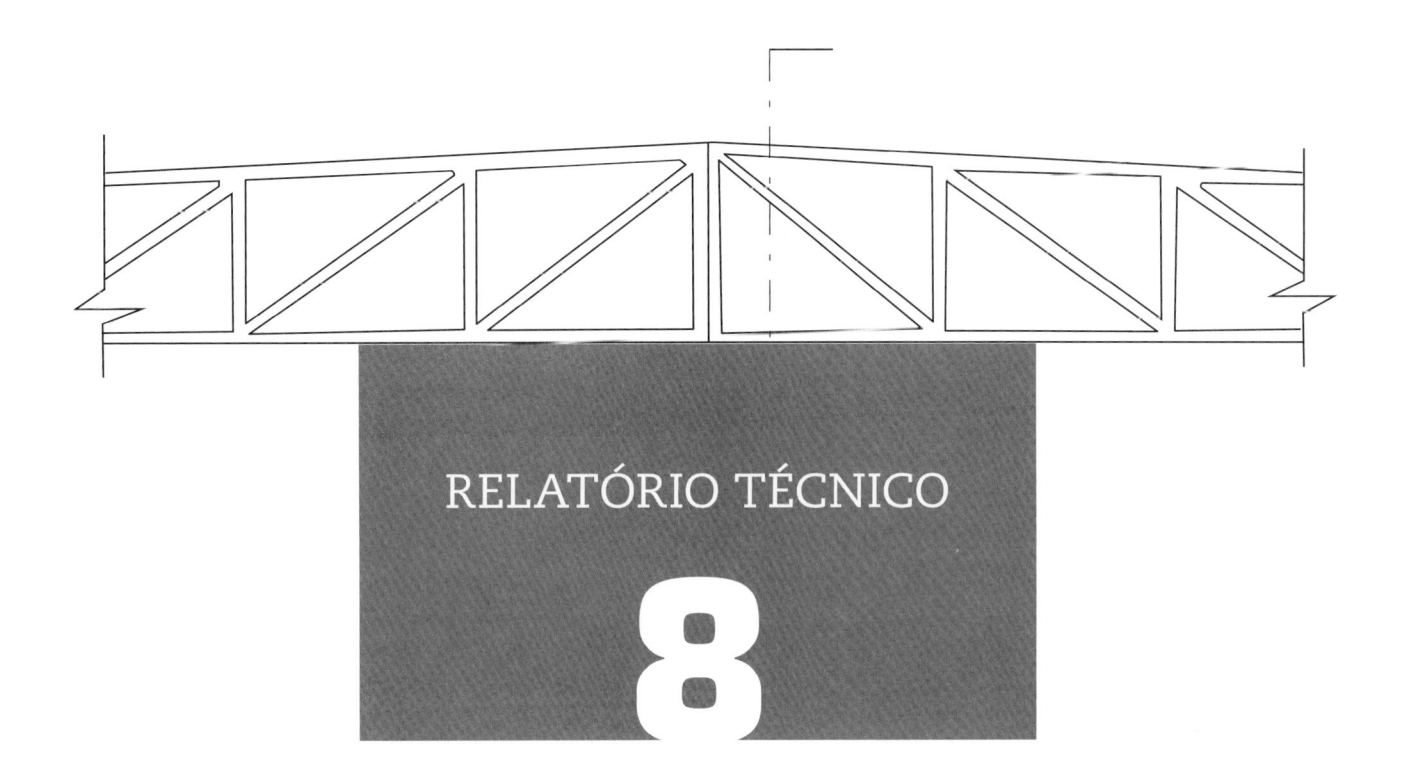

8

8.1 Como preparar um relatório técnico

O documento *relatório técnico*, a ser executado por um profissional de uma determinada área, é a exposição escrita dos fatos observados acerca de um determinado assunto.

Para que um relatório técnico seja iniciado, é necessário:
- fazer uma visita *in loco* (no local);
- investigar as pessoas envolvidas no processo a fim de obter dados históricos, tais como tempo de existência da construção, ocorrências de sinistros, reformas ocorridas etc.;
- recolher dados de campo através de registro fotográfico, medições *in loco*, análises tátil-visuais etc.

Além dos elementos citados na Fig. 8.1, recomenda-se levar pilhas extras para máquina fotográfica (ou mais de uma máquina, por precaução), sempre verificando antes se ela está carregada e funcionando, escova de cerdas de aço e equipamento de ultrassom, entre outros.

Equipamentos como plataforma de trabalho aéreo (PTA) e carrinho pantográfico ajudarão no acesso de partes altas da estrutura, como a cobertura. Porém, caso o cliente não disponha deles, uma máquina com um excelente nível de *zoom* poderá auxiliar ou até sanar esse problema.

Antes de se dirigir para o local da construção, deve-se elaborar um questionário com itens que poderão ser indagados aos funcionários da empresa durante o processo investigativo. Essa etapa de investigação é crucial e pode economizar muito tempo de análise das causas e das soluções dos problemas.

Nesse questionário, podem residir perguntas como:
- Há quanto tempo esta construção existe?
- Quantas reformas foram feitas nesta construção? E referentes a quê?
- Já houve algum incidente ou acidente nesta área? Alguma peça da estrutura já caiu?
- Há algum problema nesta construção que cause desconforto aos seus funcionários? Como, por exemplo, telhas ou estruturas rangendo, estruturas que balançam quando há a ocorrência de vento forte, pisos de chapa de aço soltos etc.?
- Vocês sentem desconforto quanto à iluminação ou à temperatura ambiente? (Esse tipo de problema deve ser registrado no relatório, pois ele de fato existe, mas deve ser resolvido por um arquiteto que disponha de estudos de eficiência energética para determinar o uso de telhas translúcidas para iluminação, telhas-sanduíche para conforto térmico, ventilado-

Fig. 8.1 Materiais e equipamentos úteis em uma inspeção de estrutura metálica

- Agenda
- Câmera fotográfica de alta resolução e elevado *zoom*
- Trena metálica (3 m a 10 m)
- Prancheta
- Martelinho
- Trena metálica (20 m)
- Plataforma de trabalho aéreo (PTA)
- Plataforma aérea/elevatória

res Roberts ou de outro tipo para troca de ar, venezianas ou cobogós etc.)
- Quando chove, surgem goteiras na cobertura? O galpão chega a alagar?
- Qual a capacidade da ponte rolante? Quais os equipamentos mais pesados trabalhados no galpão?

E assim por diante, sendo possível elaborar outros questionamentos para um trabalho específico.

Depois da investigação, procura-se obter junto ao cliente informações sobre suas expectativas ou sobre sinistros ocorridos no galpão, iniciando-se então o trabalho fotográfico na área.

Para esse trabalho fotográfico, é necessário que a visita seja realizada de dia, o mais cedo possível, para permitir que o profissional vislumbre os detalhes do galpão com mais clareza e que a luz natural ajude a deixar as fotos mais claras. É comum que uma foto ou outra saia trêmula ou embaçada, e, por causa desses acontecimentos indesejados, recomenda-se tirar mais duas ou três fotos de cada problema detectado, para que venha a ser selecionada a melhor foto de cada situação para o relatório.

Após o levantamento de dados e o processo investigativo, deve-se levar o material recolhido para o escritório e iniciar a segunda fase:
- Organizar as ideias recolhidas no campo, passando a limpo as medições feitas e as anotações a respeito das investigações.
- Juntar todas as fotos e fazer uma seleção das melhores, separando-as por grupos de tópicos (por exemplo, fotos de pilares, fotos de vigas etc.) ou de assuntos (por exemplo, fotos de corrosão uniforme, fotos de corrosão por pites etc.), ou de outra forma que julgar mais organizada.

Ao descrever as fotos, deve-se indicar de modo direto os nomes dos elementos estruturais, as patologias e algumas particularidades possíveis de serem vistas diretamente e que estejam relacionadas com o foco do trabalho, através de setas e nomes/frases curtas. E, sob cada foto, deve-se escrever um pequeno texto a respeito do que está sendo visto, de modo bem imparcial, sem adentrar em assuntos relacionados ao diagnóstico ou à solução do problema, uma vez que eles serão tratados no item "Análise do documento técnico".

Como visto na Fig. 8.2, os textos das setas podem ser estendidos um pouco, desde que não deixem de abordar unicamente o que está sendo observado na foto.

É muito comum precisar ampliar uma área de interesse das fotos. Para isso, pode-se destacar a foto ampliada como se estivesse dando um *zoom* na foto original. Quando se consegue entender a ampliação por si só, não é neces-

Corrosão por fresta ocorrendo entre a chapa de ligação de topo de pilar e o flange inferior de uma viga em perfil W

Flange inferior de uma viga em perfil W

Solda de filete para emenda de dois perfis U laminados a fim de formar um perfil de seção retangular para essa coluna

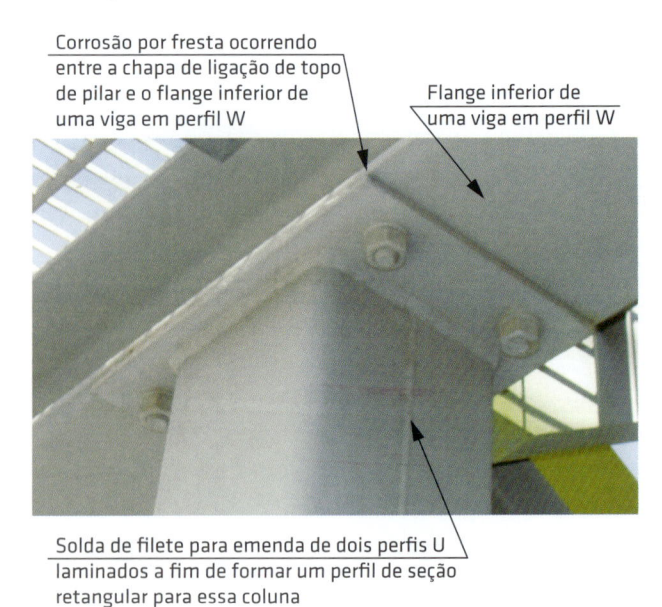

Fig. 8.2 Vista da ligação de um pilar de aço, formado por dois perfis U laminados unidos com o uso de solda de filete e conectado a um perfil W de viga por meio de ligação parafusada entre a chapa de ligação de topo do pilar e o flange inferior da viga

sário pôr a foto de base a seu lado para referenciá-la. No exemplo da Fig. 8.3, caso fosse indicada apenas a ampliação da patologia descrita, o cliente não iria saber de onde ela veio ou o que efetivamente significa.

Outra maneira de referenciar uma foto a ser ampliada a partir de uma foto-base é indicar números na foto original, para saber o que será ampliado, e replicar essa numeração para a respectiva foto ampliada, como mostra a Fig. 8.4. Essa técnica é muito útil quando se precisa fazer múltiplas ampliações de uma foto original, conforme exibido na Fig. 8.5. Nessa figura, notar as setas com textos curtos indicando apenas os nomes dos elementos ou suas especificações. Embaixo da figura, constam explanações sucintas e objetivas do que está sendo visto e/ou acontecendo.

Além das fotos, torna-se muito útil, em um trabalho de laudo como esse, ter a planta original do galpão estrutural ou, minimamente, a de arquitetura, para ser possível se orientar quando estiver tirando as fotos em campo e

Fig. 8.3 Vista de corrosão alveolar em estado avançado presente numa região localizada e bem definida de superfície de um pilar de seção circular Schedule. Note-se não só a perda de seção significativa ocorrida na parede do pilar, mas também o escorrimento da baba de ferrugem ao longo de sua superfície

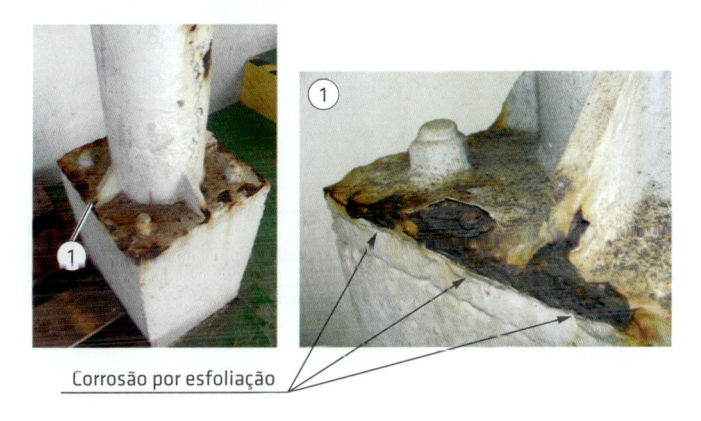

Fig. 8.4 Vista do sistema de base de uma coluna elevada em relação ao piso e de sua respectiva ampliação, onde se mostra a corrosão por esfoliação presente na chapa de base

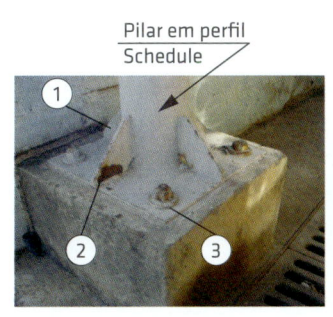

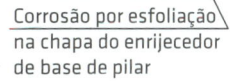

Fig. 8.5 Vista de uma chapa de base de um pilar que serve de base para um sistema de cobertura, em que se observa: 1 – a existência de um chanfro de 20 mm × 20 mm na quina inferior do enrijecedor de base, de modo a impedir que haja contato entre a solda de filete que une o enrijecedor de base à chapa de base e a solda de filete que une o pilar a essa mesma chapa; 2 – a corrosão por esfoliação em estado avançado presente em uma das faces de um dos enrijecedores de base do pilar, já apresentando perda de seção com soltura das camadas de aço; 3 – a corrosão galvânica presente tanto na cabeça quanto na porca da barra de ancoragem, a qual é denominada como de pré--concretagem, por ser montada junto às armaduras da fundação antes mesmo de receber a concretagem

para usá-la no escritório como uma espécie de planta de locação, servindo de referência para as fotos relatadas no trabalho, ficando mais fácil determinar a qual área ou setor se referem tais patologias. Essas plantas podem ser inseridas na seção de anexos do trabalho, para que este não fique pesado.

Quando não dispuser das plantas originais, restará ao profissional fazer um *as built* da construção *in loco*. Esse croqui pode ser elaborado através de medições gerais, tais como distâncias entre eixos de pilares, pé-direito, largura e comprimento total da área construída etc., sendo passado depois, rapidamente, para CAD ou CorelDraw, e seguir direto para o anexo do relatório, servindo de referência para o entendimento nos trabalhos de escritório.

Por mais que o croqui seja simples, é importante que seja feito de forma organizada e clara no campo, para que não gere dúvidas no escritório e o profissional não tenha que pedir outra visita *in loco* ao cliente por causa de falta de informação.

Com as fotos registradas no relatório e sucintamente abordadas e as plantas e os croquis colocados nos anexos, pode-se dar início à análise técnica do trabalho, a fim de levantar todos os diagnósticos e suas respectivas soluções/recomendações. Para elaborar esse item, não se deve medir esforços em pesquisas científicas e consultas a seus materiais técnicos e livros nem em cálculo estrutural e dimensionamento, se for necessário.

A etapa de análise precisa ser muito bem elaborada, edificada e pensada, pois a conclusão e o veredito final do relatório técnico dependerão de tudo que vier a ser abordado nesse item de análise (causas e soluções).

De posse das soluções, faz-se um quantitativo de área de pintura e de massa, de preferência seguido do custo, de todos os elementos que precisarão ser tratados ou substituídos. Nessa etapa, os quantitativos podem ser traduzidos em percentuais e até em gráficos.

A conclusão retratará uma síntese das causas de todos os problemas e de suas respectivas soluções abordadas, descrevendo o resumo de todos os elementos que se encontram em bom estado de conservação, dos que precisam ser tratados e dos que precisam ser substituídos, de forma a sintetizar toda a complexidade do trabalho em uma linguagem simples, para que possa ser lido e entendido por um cliente leigo no assunto.

A conclusão traduz-se como a etapa mais importante de todo o relatório técnico, pois nela estarão inseridas as ideias principais e o que efetivamente precisará ser feito para sanar todos os problemas e, em alguns casos, até para evitar o colapso da estrutura.

O relatório técnico, uma vez revisado, deve ser assinado e datado pelo profissional e entregue ao cliente em mãos, de forma a lhe apresentar tudo que foi estudado e a que conclusão se chegou; nunca se deve enviá-lo por e-mail ou correio.

Com esses temas abordados, pode-se dizer que um relatório técnico deve conter os seguintes tópicos:

- *introdução*: indica-se o assunto do trabalho para o qual foi chamado, o nome da empresa e o endereço do local, de forma sucinta;
- *objetivo*: indica-se o objeto de estudo do trabalho e o que será abordado, de forma sucinta;
- *referências*: aqui se cita o que serviu de referência para a elaboração do trabalho – registros fotográficos, medições *in loco*, investigações junto ao cliente, funcionários, moradores, documentos, plantas obtidas no acervo local etc.;
- *normas referentes ao(s) assunto(s) abordado(s)*;
- *evidências*: aqui se colocam as fotos, com a data do registro e uma análise sucinta do que se pode observar em cada uma delas, sem aprofundamento a respeito de seus diagnósticos e soluções;
- *análise (causas e soluções/recomendações)*: aqui são registrados os cálculos e os dimensionamentos, as pesquisas científicas, as causas e as soluções dos problemas identificados etc.;
- *quantitativos e custos*: aqui são apresentados os quantitativos de todos os elementos que precisarão ser tratados e/ou substituídos;
- *conclusão*: aqui se sintetizam os problemas observados e as soluções para cada um deles, seguidas ou não de quantitativos e custos de forma resumida;
- *anexos*: os anexos são ótimos locais para colocar tudo que for enfadonho de ser lido pelo cliente, como memórias de cálculo extensas; neles também são colocadas plantas do local, desenhos esquemáticos, gráficos e tabelas extensas ou complexas que sirvam de base ou referência para o trabalho.

O Anexo 2 apresenta exemplos de relatório técnico.

ANEXO 1
ESPECIFICAÇÕES TÉCNICAS

Todo projeto executivo bem elaborado deve ser acompanhado de um documento de especificação técnica, que tem a responsabilidade de abordar a construção do objeto de estudo, citar as normas utilizadas e descrever como o projeto foi elaborado, tendo sido este dividido em plantas de montagem e de fabricação, por exemplo. Além da abordagem do projeto, deve-se especificar os tipos de materiais utilizados (tipo de aço, conectores etc.), bem como os sistemas de proteção contra o processo de corrosão definidos para o ambiente em função de seu grau de agressividade.

Além disso, é imprescindível descrever cuidados gerais, como o de aplicar massa epóxi ou sistema de pintura específico sobre as ligações parafusadas depois de montadas, o de não permitir a aplicação de solda de campo em hipótese alguma, para que esta não danifique a proteção aplicada no aço, o de como proceder com a montagem da estrutura quando se tratar de um caso específico, o de citar que todas as barras de pré-concretagem deverão ser montadas junto com a fundação, e outros cuidados que forem necessários.

Com essa preocupação em mente, será apresentado um modelo de especificação técnica que utilizamos para complementar nossos projetos executivos, em que é mostrada uma abordagem geral compatível com a maioria dos projetos de metálicas feitos nos escritórios de engenharia.

Essa especificação tem sido aprimorada constantemente ao longo dos anos, de modo a adaptá-la às mais variadas situações e problemas que podem ocorrer nas obras. O engenheiro pode utilizá-la melhorando-a continuamente conforme suas necessidades.

A1.1 Modelo de especificação técnica

Esta especificação técnica tem por objetivo definir critérios para o desenvolvimento dos serviços de construção do empreendimento X, localizado no bairro/base X, do município de X, Estado de X, de acordo com a legislação e as normas técnicas vigentes.

A1.2 Descrição do projeto

O empreendimento X engloba o novo galpão principal, que foi projetado com sua superestrutura constituída de pilares e vigas de aço, com o uso de perfis treliçados de seção circular Schedule, que servem de apoio para uma telha autoportante de aço do tipo IMASA IMAP-800 em arco para vão de 40 m. Já sua infraestrutura será constituída de fundação do tipo indireta composta de estacas escavadas interligadas por blocos de fundação, em concreto armado; um sistema de linha de vida foi projetado para atender à área de carga e descarga de caminhões localizada no pátio principal. Um pau de carga com capacidade para 5.000 kgf foi projetado no interior do galpão existente, e um turco com capacidade para 2.000 kgf será instalado sobre a laje de cobertura do prédio administrativo existente, com o uso de vigas metálicas em perfis W para reforço da laje e treliças metálicas em perfil L para reforço do pilar.

A1.3 Normas

Nesta seção são apresentadas algumas das normas nacionais e internacionais mais amplamente utilizadas como referência para relatórios técnicos atinentes a estruturas metálicas.

A1.3.1 Associação Brasileira de Normas Técnicas (ABNT)

- NBR 5871 – *Arruela lisa de uso em parafuso sextavado estrutural: dimensões e material;*
- NBR 6120 – *Cargas para o cálculo de estruturas de edificações;*
- NBR 6123 – *Forças devidas ao vento em edificações;*
- NBR 7261 – *Elementos de fixação roscados: tolerâncias dimensionais, de forma, posição e rugosidade para graus de produto A, B e C;*
- NBR 8800 – *Projetos de estruturas de aço e de estruturas mistas de aço e concreto de edifícios;*
- NBR 8851 – *Parafuso sextavado para uso estrutural: dimensões;*
- NBR 8855 – *Propriedades mecânicas de elementos de fixação: parafusos e prisioneiros: especificação;*
- NBR 8681 – *Ações e segurança nas estruturas: procedimentos;*
- NBR 9983 – *Arruela de uso em parafuso sextavado estrutural de alta resistência: dimensão e material: padronização;*
- NBR 10062 – *Porcas com valores de cargas específicos: características mecânicas dos elementos de fixação: especificação;*
- NBR 10474 – *Qualificação em soldagem: terminologia.*

A1.3.2 American Society for Testing and Materials (ASTM)

- ASTM A1010/A1010M – *Standard specification for higher-strength martensitic stainless steel plate, sheet, and strip;*
- ASTM A1020/A1020M – *Standard specification for steel tubes, carbon and carbon manganese, fusion welded, for boiler, superheater, heat exchanger and condenser applications;*
- ASTM A1055/A1055M – *Standard specification for zinc and epoxy dual-coated steel reinforcing bars;*
- ASTM A1065/A1065M – *Standard specification for cold-formed electric-fusion (Arc) welded high-strength low-alloy structural tubing in shapes, with 50 ksi (345 MPa) minimum yield point;*
- ASTM A36/A36M-01 – *Standard specification for carbon structural steel;*
- ASTM A325 – *Standard specification for structural bolts, steel heat threated, 120/105 ksi minimum tensile strength;*
- ASTM A394 – *Standard specification for steel transmission tower bolts zinc-coated and bare;*
- ASTM A563 – *Standard specification for carbon and alloy steel nuts;*
- ASTM A588 – *Standard specification for high-strength low-alloy structural steel, up to 50 ksi (345 MPa) minimum yield point, with atmospheric corrosion resistance;*
- ASTM E-84 – *Standard test method for surface burning characteristics of building materials;*
- ASTM E-119 – *Standard test methods for fire tests of building construction and materials.*

A1.3.3 American Welding Society (AWS)

- ANSI/A A 3.0 M – *Standard welding terms and definitions;*
- AWS D 1.1/D 1.1 M – *Structural welding code-steel.*

A1.3.4 American Society of Mechanical Engineers (ASME)

- ASME-B18.2.1 – *Square, hex, heavy hex, and askew head bolts and hex, heavy hex, hex flange, lobed head and lag screws (inch series);*
- ASME-B18.21.1 – *Washers: helical spring-lock, tooth lock and plain washers (inch series).*

A1.4 Projeto

Os projetos de estruturas metálicas elaborados são constituídos de plantas de montagem com abordagem de alguns itens de fabricação, sendo cada uma dessas compostas de sua respectiva lista de materiais, quantitativos, especificações de materiais e notas gerais e específicas.

As listas de materiais englobam, para cada elemento: especificação do elemento, comprimento unitário, quantidade, massa unitária e massa total. Em cada projeto também há o quantitativo de área total de pintura.

Nos projetos de montagem, são indicados:

- elementos estruturais já montados com as peças indicadas em separado na planta de fabricação, para o perfeito entendimento do montador;
- detalhes de soldas;
- indicações dos conectores (parafusos, barras rosqueadas e/ou chumbadores) com seus devidos locais de aplicação, seguidas de quantidades de furos com diâmetros em milímetro e de conectores com diâmetros e comprimentos em polegada;

- plantas, cortes e vistas gerais, com indicações de eixos, cotas e detalhes de interligações entre as peças;
- indicações de todas as cotas e níveis, compatíveis com a disciplina de Arquitetura, e em quantidades e posições suficientes para garantir o perfeito entendimento das plantas de fabricação e de montagem;
- definições dos tipos de aço constituintes dos elementos, acompanhadas de suas tensões admissíveis e últimas;
- ampliações de detalhes indicados nas plantas e elevações com rebatimento de vistas pelo método do diedro brasileiro.

Nos projetos de fabricação, são indicados:
- definições dos tipos de conectores (chumbadores, parafusos e/ou barras rosqueadas) com seus respectivos sistemas de arruelas (lisas e de pressão) e porcas sextavadas, bem como das folgas de furos com suas respectivas folgas de $1/8$" (3,2 mm);
- definição dos tipos de solda para cada caso;
- detalhes de cortes, chanfros e dobras em perfis e chapas;
- listas de materiais calcadas em medidas in loco;
- definição das camadas de pintura e do sistema de galvanização para proteção contra corrosão das peças;
- detalhes típicos das peças em separado com rebatimento de vistas usando os diedros pelo método brasileiro;
- indicações de perfis laminados por sua altura (polegada ou milímetro) × massa (kg/m) e de perfis de chapa fina dobrada a frio por todas as suas dimensões (em milímetro), espessura (milímetro ou polegada) e massa (kg/m);
- espaçamentos entre eixos de furos e entre eixos de furos e bordas de chapas, de modo a evitar interferências.

A1.5 Proteção contra corrosão

O processo de proteção contra corrosão de uma superfície de aço inicia-se com operações que permitam obter limpeza e rugosidade. A limpeza elimina materiais estranhos, como contaminantes (óleos ou graxas, suor, oxidações, compostos solúveis), carepas de laminação soltas e tintas mal aderidas, que poderiam prejudicar a aderência da nova tinta. A rugosidade aumenta a superfície de contato e também ajuda a melhorar a aderência.

A superfície deve ser preparada por um dos seguintes graus de limpeza da superfície:
- procedimento para preparo de superfície com jateamento abrasivo: Sa 2½;
- procedimento para preparo de superfície com limpeza mecânica: St 3.

Quanto melhor for o preparo da superfície e maior for a espessura, mais duradoura será a proteção que o sistema de pintura oferecerá ao aço.

A má execução dessa etapa de tratamento acarretará patologia, pois toda tinta, em maior ou menor intensidade, absorve água, e, se a limpeza não for bem-feita, a absorção da água resultará em inchamento da sujeira aderida e empolamento – formação de bolhas de pintura. Outros tipos de sujeira, como óleos, impedem a aderência completa e, assim, ocorre em certos trechos o destacamento da tinta. Em ambos os casos se faz necessário repetir o trabalho.

Ensaios de aderência e medições da espessura das camadas são procedimentos que permitem o acompanhamento da execução. É recomendável que as camadas tenham cores diferentes para facilitar a identificação das tintas aplicadas.

O sistema de pintura designado na Tab. A1.1 deve ser aplicado em todas as estruturas metálicas não galvanizadas.

Já o sistema de pintura definido na Tab. A1.2 deve ser aplicado em todas as estruturas metálicas após receberem proteção por galvanização.

Esse mesmo sistema de proteção de pintura especificado deve ser reaplicado nas estruturas metálicas periodicamente a cada nove anos, no máximo, como medida de manutenção estrutural.

Para limpeza de superfícies, deve-se adotar o sistema Sa 2½ ou St 3, com jateamento abrasivo ou limpeza mecânica executada com ferramentas como escovas rotativas pneumáticas e elétricas.

Tab. A1.1 SISTEMA DE PINTURA PARA AÇO SEM RECEBIMENTO DE PROTEÇÃO POR GALVANIZAÇÃO

Sistema	Tipo	Tinta	Número de demãos	EPS por demão (μm)	EPS total (μm)	Observações
Norma Petrobras N-1550	Fundo	Epóxi-zinco poliamida	1	50	320	Descrita na norma Petrobras N-1277
	Intermediária	Epóxi poliamida de alta espessura	1	200		Descrita na norma Petrobras N-2628
	Acabamento	Poliuretano acrílico	1	70		Descrita na norma Petrobras N-2677

Tab. A1.2 SISTEMA DE PINTURA PARA AÇO APÓS RECEBIMENTO DE PROTEÇÃO POR GALVANIZAÇÃO

Sistema	Tipo	Tinta	Número de demãos	EPS por demão (μm)	EPS total (μm)	Observações
CBCA-32	Fundo	*Primer* epóxi-isocianato	1	25	230	Sistema de custo alto por galão. Expectativa de durabilidade (cinco a nove anos). Tem boa resistência à calcinação.
	Intermediária	Esmalte epóxi	1	125		
	Acabamento	Esmalte poliuretano	1	80		

A camada intermediária não possui as mesmas propriedades que as tintas de fundo anticorrosivas, mas auxilia na proteção, fornecendo espessura ao sistema de pintura empregado (proteção por barreira). De modo geral, quanto mais espessa a camada seca, maior a vida útil do revestimento.

Nota: A tinta aplicada em campo é diretamente influenciada pelas condições climáticas do dia, o que repercutirá na vida útil do sistema de pintura.

A1.5.1 Generalidades

- Todo trabalho de pintura deve ser executado por um profissional especializado e de reconhecida competência.
- A equipe deve dispor, no local, de equipamentos que permitam comprovar as espessuras das demãos especificadas.
- A proteção de barras e parafusos deve ser feita por galvanização.
- Verificando-se que a tinta aplicada é de má qualidade, a pintura deve ser rejeitada e o trabalho de limpeza da estrutura e a repintura devem ser realizados.
- As tintas a utilizar, para todas as camadas especificadas (*primer*, intermediária e de fundo), devem ser fornecidas por um mesmo fabricante, devendo ser respeitadas todas as instruções deste.
- A espessura média da película de qualquer camada deve ser igual ou superior ao especificado para um total de 20 medições realizadas numa mesma área, não sendo tolerado, para qualquer medição, um valor inferior a 80% dessa espessura ou, para um conjunto de cinco medições, um valor médio inferior a 90%.
- O prazo entre demãos não deve ser inferior a 24 horas nem superior a uma semana. Quando o prazo for excedido, a fiscalização deverá exigir a lavagem total ou parcial das superfícies.
- O grau de acabamento deve ser em metal branco (St 3), em que a superfície se apresente com cor cinza-claro, uniforme, ligeiramente áspera e inteiramente livre de todos os vestígios de cascão, ferrugem etc. Caso não seja possível/viável aplicar esse sistema de limpeza, deve-se aplicar minimamente o grau de limpeza Sa $2^1/_2$.

A1.5.2 Corrosão em frestas

Essa corrosão surge nas frestas localizadas na junção de dois elementos de aço em contato ou muito próximos (0,025 mm a 0,1 mm), onde o eletrólito e o oxigênio conseguem adentrar, formando, assim, uma célula de oxigenação diferenciada. E é justamente a diferença de concentração de oxigênio que produz a corrosão. A região com menor concentração de oxigênio, no caso o interior da fresta, funciona como ânodo (menos aerada porque o ar tem dificuldade de penetrar), enquanto a região com maior concentração de oxigênio e água, no caso o meio externo, funciona como cátodo (mais aerada porque está em contato com o ar), culminando na formação de ferrugem no interior da fresta, que é a região intermediária. Ver o desenho esquemático na Fig. A1.1.

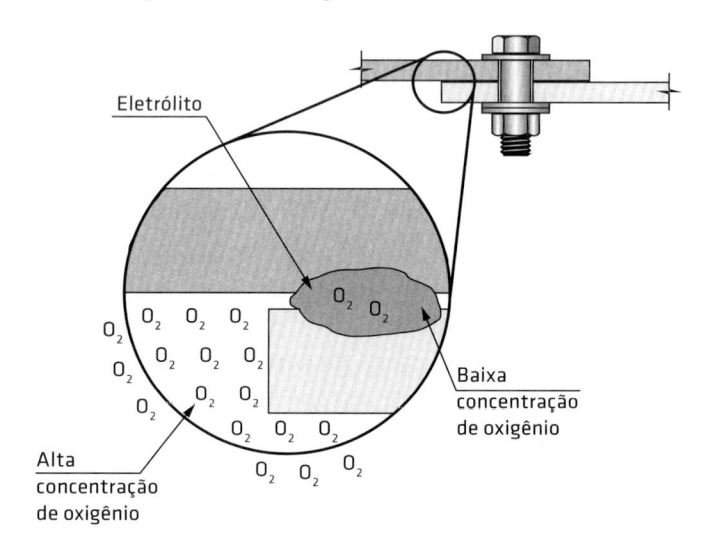

Fig. A1.1 Mecanismo de ocorrência de corrosão por frestas

A1.5.3 Cordões de solda

As regiões de aplicação de soldas são aquecidas e depois resfriadas durante a execução do trabalho e, por isso, ficam sujeitas à formação de resíduos e de carepas resultantes do processo de soldagem, apresentando superfícies irregulares e porosas. Além desses fatos relacionados a seu processo de execução, também é sabido que as soldas ficam sujeitas a tensões solicitantes durante toda a sua vida, o que favorece a aceleração do processo de corrosão.

Juntando todos esses fatores, fica claro que essas regiões merecem uma atenção especial durante o processo de pintura.

Assim, recomenda-se que os cordões de solda sejam alisados com o uso de discos abrasivos ou esmeril.

A pintura nessa região deve ser aplicada em faixas mais largas do que a largura do cordão ou do ponto de solda, como mostra a Fig. A1.2.

Deve-se procurar encharcar o pincel, ou trincha, e esfregá-lo bem sobre o cordão de solda, a fim de que a tinta possa penetrar nos interstícios das irregularidades das soldas, produzindo um reforço na pintura nessas regiões, que são críticas. O reforço deve ser aplicado antes mesmo da aplicação de cada demão normal, e, depois, por pincel, por rolo ou por pistola.

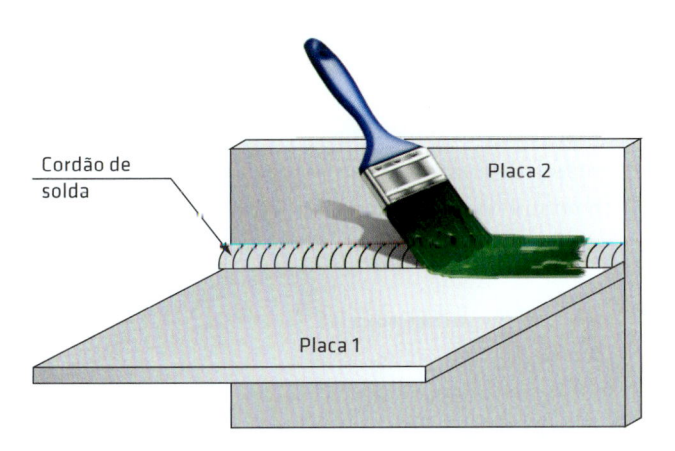

Fig. A1.2 Aplicação de pincel sobre cordão de solda. O pincel deve cobrir uma faixa mais larga do que a largura do cordão de solda

A1.5.4 Bases de colunas metálicas

As bases dos pilares ficam sujeitas a contatos com a água de chuva, quando executadas ao nível do terreno/piso nas áreas externas, e a produtos químicos, quando instaladas nos interiores das construções. Por esse motivo, essas regiões devem receber um reforço de sistema de pintura de cerca de 50 cm a 1 m de altura (Fig. A1.3).

As bases das colunas devem ser soldadas às chapas de base, que por sua vez devem ser fixadas às bases das fundações de concreto armado com o uso de conectores (barras de pré-concretagem, chumbadores químicos ou mecânicos). Essas chapas de base devem ser executadas sobre camadas de *grout* com 5 cm de altura executadas sobre pescoço de coluna de concreto advinda da fundação; a camada de *grout* serve para nivelar a chapa de base, enquanto o pescoço prolongado de cerca de 10 cm a 20 cm

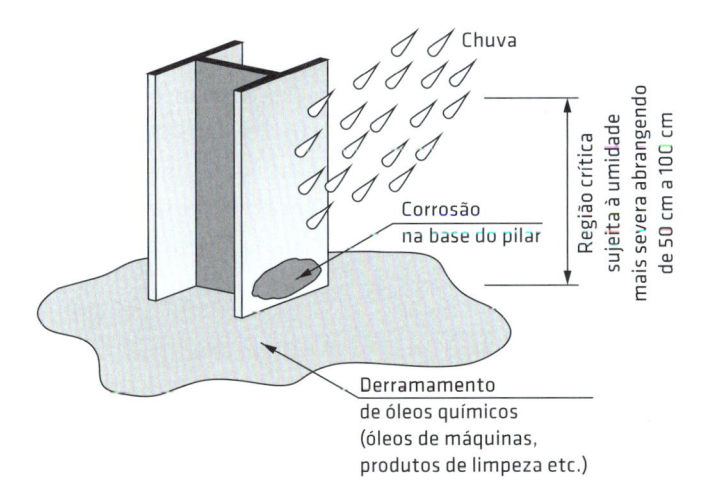

Fig. A1.3 Esquema de aplicação de reforço de sistema de pintura na base do pilar

serve para elevar o nível de topo da chapa de base em relação ao nível de topo do piso existente.

Para o *grout*, a altura mínima de campo exequível é de 3 cm. Com menos que isso, torna-se ruim executá-lo para nivelar um elemento metálico, em razão da quantidade de massa insuficiente.

Na Fig. A1.4, vê-se um caso clássico de inserção de um pilar metálico no interior de uma base ou piso de concreto, na região interna de um galpão. O contato de sua

Fig. A1.4 (A) Corrosão ocorrida na base da coluna formada por perfil Schedule e (B) arrancamento do perfil circular que havia nessa região

base com produtos químicos de lavagem do piso, com óleo das empilhadeiras, caminhões e máquinas etc. acabou acelerando o processo de corrosão na região, ocasionando perda de espessura significativa de suas paredes, até que, como única solução, o pilar teve que ser cortado, perdendo por completo sua base, antes inserida no corpo do concreto.

A1.6 Processo de fabricação

A1.6.1 Generalidades
- Todas as partes das estruturas devem ser bem-acabadas, isentas de empenos ou torções.
- Materiais deformados ou empenados não devem ser aceitos, a menos que sejam retificados por processo aprovado pela fiscalização.
- As furações devem ser feitas com o uso de gabarito calibrado, de modo a assegurar a precisão exigida para o tipo de serviço.
- Não é tolerada variação nas distâncias dentro de um grupo de furos.
- Devem ser rejeitadas as peças com furação errada.
- As modificações que se fizerem necessárias no projeto, durante os estágios de fabricação ou montagem da estrutura, devem ser feitas somente com a permissão do responsável pelo projeto, devendo todos os documentos técnicos pertinentes ser corrigidos coerentemente.
- Antes de seu uso na fabricação, os materiais laminados devem estar desempenados dentro da tolerância de fornecimento.
- O montador deve tomar cuidados especiais na descarga, no manuseio e na montagem da estrutura de aço, a fim de evitar o aparecimento de marcas, deformações nas peças ou arranhões que retirem a proteção de pintura da peça contra o processo de corrosão.

A1.6.2 Perfilados
- Os perfilados de aço devem ter marcas que os identifiquem durante todo o processo de fabricação, a fim de evitar erros de fabricação.

A1.6.3 Furações
- Os furos devem ser abertos com formatos cilíndricos e perpendiculares à face do perfilado, admitindo-se uma tolerância para espaçamentos entre centros de furos igual a 0,8 mm ($1/_{32}$").
- Todos os cortes e furações devem ser feitos com gabaritos.
- Todos os furos componentes das estruturas devem admitir uma folga máxima de 3,2 mm ($1/_8$") em relação ao diâmetro nominal dos parafusos, exceto onde indicado no projeto para furo de grande precisão ou trabalho especial, no qual a folga será de 1,6 mm ($1/_{16}$").
- Deve-se respeitar todas as distâncias estabelecidas em projeto entre eixos de conectores e entre eixos de conectores e extremidades de chapas.

A1.6.4 Solda
- Os serviços de solda devem ser executados por soldadores credenciados.
- Todas as soldas devem ser contínuas, exceto no caso das indicações de soldas intermitentes, e devem obedecer à especificação *Arc and gas welding in building construction*, da American Welding Society (AWS), Standard Code D1.10 ou equivalente.
- Não deve haver vazios ou fendas entre as superfícies adjacentes que deem margem à penetração de ácidos de decapagem ou outros fluidos.
- As superfícies a serem soldadas devem estar perfeitamente limpas, isentas de matérias gordurosas, vestígios de ferrugem ou tinta e qualquer outra matéria estranha. Essa limpeza deve ser executada com aplicações rigorosas de escovas com fios (cerdas) de aço.

A1.7 Sistema de pintura

A1.7.1 Preparação da superfície do aço
Preparar a superfície do aço significa executar operações que permitam obter limpeza e rugosidade adequadas. A limpeza elimina os materiais estranhos, como contaminantes (suor, óleos e graxas, compostos solúveis, carepas de laminação), oxidações e tintas mal aderidas, que poderiam prejudicar a aderência da nova tinta. A rugosidade aumenta a superfície de contato e também ajuda a melhorar essa aderência.

O grau de preparação da superfície depende de restrições operacionais, do custo de preparação, do tempo e dos métodos disponíveis, do tipo de superfície e da seleção do esquema de tintas em função da agressividade do meio ambiente.

A1.7.2 Limpeza da superfície do aço
Deve-se promover a limpeza das superfícies metálicas a receber pintura, eliminando os materiais estranhos, como contaminantes, oxidações e tintas mal aderidas, que podem prejudicar a aderência da nova tinta.

A1.7.3 Tintas

a) Aplicação das tintas
Com relação ao material das tintas, deve-se tomar cuidado quanto ao armazenamento, à homogeneização e ao intervalo entre as demãos.

b) Condições de aplicação

i. Temperatura da tinta
A temperatura da tinta, medida na lata se for monocomponente ou na mistura se for bicomponente, deve estar entre 16 °C e 30 °C. Lembrar que, na mistura de A com B das tintas bicomponentes, a temperatura aumenta.

É possível medir essa temperatura com um termômetro comum.

ii. Temperatura do ambiente
A temperatura do ar no ambiente onde a pintura será executada deve estar entre 16 °C e 30 °C. Em temperaturas abaixo de 16 °C, até no mínimo 10 °C, e acima de 30 °C, até no máximo 40 °C, podem ser necessárias técnicas especiais de diluição e aplicação.

É possível medir essa temperatura com um termômetro comum.

iii. Temperatura da superfície
A temperatura da superfície a ser pintada deve estar entre 16 °C e 30 °C. Em temperaturas abaixo de 16 °C, até no mínimo 10 °C, e acima de 30 °C, até no máximo 55 °C, podem ser necessárias técnicas especiais de diluição e aplicação.

É possível medir essa temperatura com um termômetro de contato.

iv. Umidade relativa do ar (UR)
Os limites normais para a umidade relativa do ar (UR) são de 30% a 60%, para evitar a condensação. Deve-se evitar a preparação de superfície e a aplicação de tintas quando a umidade relativa do ar estiver maior que 85%.

v. Ponto de orvalho
As técnicas de boa pintura recomendam que as tintas não devem ser aplicadas se a temperatura da superfície não estiver no mínimo 3 °C acima do ponto de orvalho.

c) Métodos de aplicação

i. Pintura a pincel (Quadro A1.1)

Quadro A1.1 TIPO DE PINCEL/TRINCHA A APLICAR EM CADA TIPO DE TRABALHO

Tipo de pincel/trincha	Tipo de trabalho	Observações
Trincha de 75 mm com 100 mm (3 a 4 polegadas)	Superfícies grandes e planas	Carrega mais tinta e rende mais
Trincha de 25 mm a 50 mm (1 a 2 polegadas)	Superfícies pequenas e planas	Evita desperdício de tinta
Pincel redondo ou trincha de 25 mm a 38 mm (1 a 1¹/₂ polegada)	Parafusos, porcas, cordões de solda. Frestas e arestas	Para bater a tinta e fazê-la penetrar nas frestas e saliências

* Trincha é um pincel de formato chato.

Nota: Nos cordões de solda, a aplicação deve ser feita obrigatoriamente por trincha ou pincel.

ii. Pintura a rolo
Para a pintura de cantoneiras e perfis estreitos, deve-se usar rolos de 100 mm de largura.

iii. Pintura por pistola
A mais eficiente é a pintura eletrostática, em que estão envolvidas cargas eletrostáticas. A tinta é eletrizada na pistola e projetada contra a peça, que está aterrada e, portanto, com cargas de sinal contrário; esse método de aplicação deve ser realizado dentro da oficina, e não no campo.

Para obter boa eficiência com equipamento eletrostático, é necessário:
- manter monovia, gancheiras e cabine bem aterradas;
- manter as gancheiras limpas, para evitar o mau contato;
- ajustar a tinta na faixa recomendada pelo fabricante do equipamento.

A1.7.4 Sistema de pintura

O sistema de pintura apresentado na Tab. A1.3 e na Fig. A1.5 deve ser aplicado em todas as estruturas metálicas.

Nota: Adotou-se sistema de pintura CBCA-17 e acrescentou-se 25 μm à pintura de fundo.

A1.8 Aferição de medidas geométricas

Devem ser aferidas as dimensões, os alinhamentos, os ângulos e quaisquer outras indicações constantes no projeto com as reais condições encontradas no local. Se houver discrepância, a ocorrência deverá ser comunicada à fiscalização para as devidas providências.

Tab. A1.3 SISTEMA DE PINTURA CBCA-17

Sistema	Tipo	Tinta	Número de demãos	EPS por demão (µm)	EPS total (µm)	Observações
CBCA-17	Fundo	Primer epóxi rico em zinco	1	100	300	Sistema de custo alto por galão. Expectativa de durabilidade (7 a 11 anos). Tem excelente resistência ao ambiente marítimo. Tem boa resistência à calcinação
	Intermediária	Esmalte epóxi	1	125		
	Acabamento	Esmalte poliuretano	1	75		

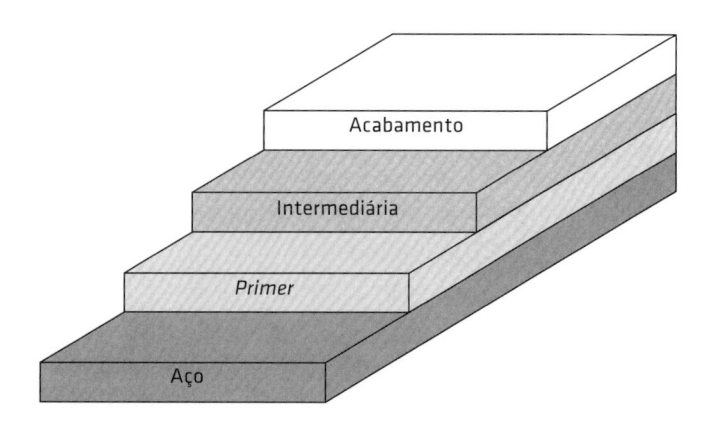

Fig. A1.5 Sistema de pintura com três camadas – primer + intermediária + acabamento. É utilizado para ambientes agressivos

Todas e quaisquer referências de nível (m) e de alinhamento devem ser mantidas em perfeitas condições, o que permitirá reconstruir ou aferir a locação em qualquer tempo e oportunidade.

A1.9 Conectores

Todas as peças metálicas pertencentes aos acessórios de fixação das estruturas, como parafusos, porcas, arruelas e barras, devem receber tratamento de galvanização.

Todas as barras devem ser roscadas em suas extremidades e receber, em cada extremidade, duas porcas sextavadas, uma arruela de pressão e duas arruelas lisas.

A1.9.1 Dimensões
Os parafusos devem ter cabeças hexagonais e atender às especificações das normas ASME B18.2.1, com tolerância 2A, para parafusos em polegadas, e NBR 8851, com tolerância conforme a NBR 7261, para parafusos métricos.

A1.9.2 Torque e aperto
A Tab. A1.4 apresenta os torques de aperto recomendados para os parafusos no projeto e na montagem do suporte.

A1.9.3 Condições de projeto
Os dispositivos de travamento a serem utilizados devem ser constituídos de:
- duas porcas sextavadas + duas arruelas de pressão + duas arruelas lisas para cada extremidade de barra ou parafuso;
- folga máxima prevista de 10 mm para cada extremidade de barra ou parafuso;
- diâmetro dos furos que não exceda em mais de 3,20 mm o diâmetro do parafuso.

A1.9.4 Porcas
Para cada tipo de parafuso estabelecido nas normas ASTM A394 ou NBR 8855 deve corresponder uma porca com características estabelecidas nas normas ASTM A563 (série

Tab. A1.4 TORQUE E ESFORÇO DE TRAÇÃO A APLICAR NA MONTAGEM DOS PARAFUSOS

Diâmetro	Torque (daN.m)		Esforço de tração (daN)	
	Mínimo	Máximo	Mínimo	Máximo
1/2"	3,5	5,5	1.378	2.165
5/8"	7,0	10,5	2.205	3.307
3/4"	12,0	19,0	3.150	4.987
7/8"	18,0	30,0	4.049	6.749
1"	25,0	45,0	4.921	8.858
M12	3,0	4,5	1.250	1.875
M14	5,0	7,5	1.786	2.679
M16	7,6	11,5	2.344	3.594
M20	13,0	22,0	3.250	5.500
M24	20,0	39,0	4.167	8.125

em polegadas) ou NBR 10062 (série métrica), conforme mostrado no Quadro A1.2.

Quadro A1.2 PARAFUSOS E PORCAS – NORMAS

Parafusos	Porcas
ASTM A394 Tipo "0"	ASTM A563 Grau A
ASTM A394 Tipo "1"	ASTM A563 Grau DH
NBR 8855 Classe 5.8	NBR 10062 Classe 5
NBR 8855 Classe 8.8	NBR 10062 Classe 8

A1.9.5 Arruelas

As arruelas devem atender às especificações das normas NBR 9983 e ASME B18.22.1 (*type B – narrow*; série em polegadas), ser de aço e redondas e possuir as dimensões e tolerâncias mostradas na Tab. A1.5.

Sua espessura nominal deve ser de 3 mm a 4 mm, com tolerância de ± 0,4 mm. Não devem ser utilizadas espessuras distintas por tipo de suporte.

A1.9.6 Contraporca e arruela de pressão

O material de fabricação das contraporcas deve atender às especificações dos aços classe SAE 1010/1020 ou SAE 1055/1065 da norma SAE J1397. No caso das arruelas de pressão, o material deve atender às especificações dos aços SAE 1055/1065.

A1.10 Especificações de materiais utilizados no projeto

- Perfis laminados W – em aço ASTM A572 Gr. 50 (f_y = 345 MPa; f_u = 485 MPa).
- Perfis laminados I, U, L – em aço ASTM A36 (f_y = 250 MPa; f_u = 400 MPa).
- Parafusos de alta resistência – em aço ASTM A325 (f_y = 635 MPa; f_u = 825 MPa).
- Barras de ancoragem (para bases de pilares) e de transpasse (para conexões em vigas de concreto) – em aço ASTM A588 (f_y = 345 MPa; f_u = 485 MPa).
- Chapas – em aço ASTM A36 (f_y = 250 MPa; f_u = 400 MPa).

Tab. A1.5 DIMENSÕES E TOLERÂNCIAS PARA FUROS E ARRUELAS E PARA FUROS APLICADOS EM TRABALHOS ESPECIAIS – FOLGA DE $^1/_{16}$" (1,6 MM)

Parafuso	Diâmetro ou lado da arruela (mm)	Diâmetro do furo (mm)
$^1/_2$"	25,4 ± 0,4	14,3 ± 0,4
$^5/_8$"	32,0 ± 0,5	17,5 ± 0,5
$^3/_4$"	35,2 ± 0,5	20,7 ± 0,5
$^7/_8$"	37,6 ± 0,5	23,8 ± 0,5
1"	44,7 ± 0,5	27,0 ± 0,5
M12	23,5 ± 0,5	13,5 ± 0,4
M14	27,5 ± 0,5	15,5 ± 0,5
M16	29,5 ± 0,5	17,5 ± 0,5
M20	36,5 ± 0,5	22,0 ± 0,5
M24	43,5 ± 0,5	26,0 ± 0,5

ANEXO 2
EXEMPLOS DE RELATÓRIO TÉCNICO

Relatório técnico 1

Cliente XXX
Galpão XXX

Responsável técnico: XXX
Crea: XXX

1 Introdução

Esse relatório técnico tem por objetivo verificar a estrutura metálica que constitui o galpão X, localizado na base da empresa X, situada à rua X, bairro X – município de X – Estado X, requisitado em função das anomalias identificadas na estrutura durante visita técnica realizada no local.

2 Objetivo

Avaliação, diagnóstico e propostas de tratamento das anomalias do galpão X.

3 Dados básicos

3.1 Dados históricos

Esse galpão foi construído há cerca de 30 anos e nunca havia passado por um processo de vistoria técnica. Porém, devido à falha do sistema de conectores utilizados para fixar as telhas às terças de cobertura, esses conectores já foram trocados diversas vezes ao longo do tempo, como será possível ver pelas fotos.

As estruturas de cobertura foram feitas com o uso de perfis de perfuração, em virtude da existência de muitos desses elementos disponíveis nos pátios na época de sua construção. O que por um lado é um desperdício, dadas as espessuras elevadas desses perfis, mas por outro possibilitou o aproveitamento de perfis existentes nos pátios para os quais não se teria outra utilidade futura.

3.2 Características construtivas

O galpão possui uma infraestrutura constituída de fundação do tipo direta e rasa por meio de sapatas. Já sua superestrutura é concebida por estruturas de aço constituídas dos seguintes elementos: pilares treliçados, treliças de cobertura e terças de fechamento lateral e de cobertura.

Enquanto os pilares são formados por perfis L, constituindo os elementos de banzos e de montantes, as treliças de cobertura são feitas por tubos de perfuração com paredes espessas.

As telhas, tanto de cobertura quanto de fechamento lateral, são constituídas de aço galvanizado, do tipo onda 40 (altura = 40 mm) e com espessura de 0,5 mm, com sistema de fixação totalmente inadequado por uso de grampos (barras) de aço, que não promovem o aperto necessário entre a telha e a terça de cobertura, geram movimentos de translação raspando contra a superfície da terça quando sob fortes rajadas de vento, e criam aberturas nas telhas, permitindo a entrada de água de chuva e acelerando, assim, o processo de corrosão.

Fotos 1 e 2 Vistas das fachadas frontal (foto à esquerda) e lateral direita (foto à direita)

3.3 Ocupação atual

O galpão é atualmente utilizado para recepção, armazenamento, recuperação e reenvio de materiais recebidos das plataformas de petróleo, onde atuam dezenas de operários de campo para esse tipo de serviço.

4 Referências

- Planta estrutural do galpão obtida com o cliente.
- Registro com fotos efetuado *in loco*.
- Entrevista realizada com os funcionários que operam no galpão, a respeito da estrutura e das condições de conforto relacionadas a seu ambiente de trabalho.
- Inspeção tátil visual realizada na data de 31/10/12 em todos os elementos estruturais acessíveis da estrutura metálica no galpão X.

5 Normas

ABNT – Associação Brasileira de Normas Técnicas
- NBR 6120 – Cargas para o cálculo de estruturas de edificações.
- NBR 6123 – Forças devidas ao vento em edificações.

- NBR 8800 – Projetos de estruturas de aço e de estruturas mistas de aço e concreto de edifícios.
- NBR 5871 – Arruela lisa de uso em parafuso sextavado estrutural – dimensões e material.
- NBR 8851 – Parafuso sextavado para uso estrutural – dimensões.
- NBR 7261 – Elementos de fixação roscados – tolerâncias dimensionais de forma, posição e rugosidade para graus de produto A, B e C.
- NBR 8855 – Propriedades mecânicas de elementos de fixação, parafusos e prisioneiros – especificação.
- NBR 10062 – Porcas com valores de cargas específicas – características mecânicas dos elementos de fixação – especificação.
- NBR 10474 – Qualificação em soldagem – terminologia.

AWS – American Welding Society
- ANSI/AWS A 3.0 – *Standard – welding terms and definitions.*
- AWS D1.1 – *Structural welding code-steel.*

ASTM – American Society for Testing and Materials
- ASTM A325 – *Standard specification for structural bolts, steel, heat threated, 120/105 ksi minimum tensile strength.*
- ASTM A36/A36M-01 – *Standard specification for carbon structural steel.*
- ASTM A563 – *Standard specification for carbon and alloy steel nuts.*
- ASTM A394 – *Standard specification for steel transmission tower bolts, zinc coated and bare.*

SAE – Society of Automotive Engineers
- SAE-1010/1020.
- SAE-1055/1065.
- SAE J1397 – *Estimated mechanical properties and machinability of steel bars.*

ASME – American Society of Mechanical Engineers
- ASME-B18.2.1-2010 – *Square, hex, heavy hex, and askew head bolts and hex, heavy hex, hex flange, lobed head and lag screws (inch series).*
- ASME-B18.21.1-2009 – *Washers: helical spring-lock, tooth-lock and plain washers (inch series).*

6 Evidências do relatório fotográfico

Todas as evidências pertinentes à estrutura do galpão X, e registradas neste item, foram coletadas *in loco* na data de 31/10/12, devidamente sob o acompanhamento do funcionário XXX, por meio de:

- máquina fotográfica e plantas baixas da estrutura, além de um martelo cedido gentilmente, para esse trabalho, pela equipe de campo do galpão;
- uso de plataforma de trabalho aéreo (PTA) com lança articulada para inspecionar todos os elementos estruturais da cobertura, como telhas, terças, treliças e topos de pilares;
- análise tátil-visual para inspecionar os elementos estruturais constituintes das bases dos pilares, como: barras de ancoragem, chapa de base e enrijecedores;
- pesquisa de campo realizada com diversos funcionários que atuam na área de pátio desse galpão, a fim de recolher suas respectivas opiniões a respeito do conforto térmico e da iluminação presentes no ambiente de trabalho do galpão.

Todos os elementos estruturais inspecionados foram registrados em plantas colocadas no capítulo de anexos deste relatório, com as respectivas legendas de identificação dos elementos estruturais e das zonas da cobertura analisadas.

Nota-se que houve uma parte dos pilares para os quais não foi possível fazer inspeção, dada a existência de obstáculos em seus entornos. Também não foi possível verificar toda a cobertura do galpão com o uso da PTA com lança articulada, uma vez que há limites físicos no pátio do galpão para o acesso desse tipo de veículo.

6.1 Corrosão uniforme (ou generalizada)

As fotos 3 a 12, mostradas a seguir, registram casos de corrosão uniforme presentes nesse galpão.

(Antes)   (Depois)

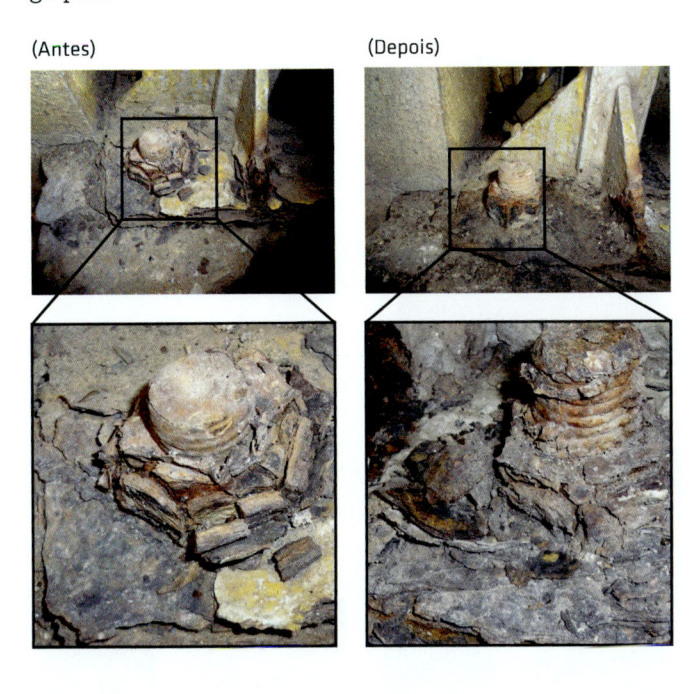

Fotos 3 e 4 Caso de corrosão uniforme ocorrida na chapa de base de um pilar de aço e de corrosão galvânica ocorrida nas porcas e arruelas constituintes das barras de ancoragem da base do pilar P9

Nas Fotos 3 (antes) e 4 (depois), tem-se a aparência da chapa de ligação de base, com sua porca sextavada e sua barra roscada, antes e depois de receber a aplicação de teste do martelo, seguida de limpeza da superfície com uma escovinha.

(Antes)   (Depois)

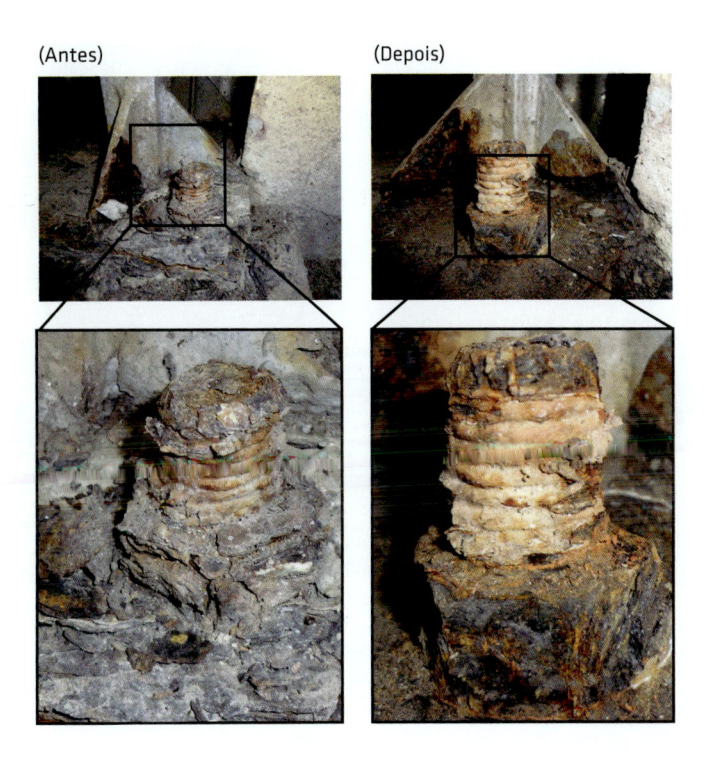

Fotos 5 e 6 Vistas de outras perspectivas da base do pilar P9 mostrada nas fotos anteriores

(Antes)   (Depois)

Fotos 7 e 8 Vistas de outras perspectivas da base do pilar P9 mostrada na foto anterior

Foto 9 Corrosão uniforme ocorrida no elemento de montante de perfil L de um pilar (coluna) P32 treliçado de aço, culminando com perda de seção da peça

Fotos 10 e 11 Vista do processo de corrosão uniforme presente na superfície de uma chapa de base de um pilar treliçado P29. A foto à direita é uma ampliação da região da corrosão identificada na foto à esquerda

Superfície intacta   Superfície desbastada

Após aplicar algumas marteladas, com o uso de martelo simples, contra a superfície do aço da base do perfil do pilar e promover uma limpeza com o uso de vassoura em seguida, observou-se que a real situação do processo de corrosão é a mostrada na foto à direita, com um processo de corrosão generalizada instalado. Tudo isso estava encoberto por camadas de tinta e aço soltos.

Sempre que proceder com o teste do martelo numa peça, deve-se tirar fotos da situação original, ou seja, antes de aplicar as marteladas e a respectiva limpeza com o uso de vassourinha, e tirar fotos depois, a fim de comparar o real estado da peça para o cliente.

O tipo de martelo ideal para essa prática é o martelinho de soldador, e não o martelo comum que foi pedido emprestado no local.

Foto 12 Vista do processo de corrosão uniforme presente ao longo da superfície externa do perfil U de suporte de telha de fechamento lateral soldado ao pilar P30

Na Foto 12 se percebem duas irregularidades severas: uma que o perfil U enrijecido, quando usado para suporte de telha de fechamento lateral, deve ser usado na horizontal (deitado), e não na vertical (em pé) como mostrado na foto, pois sua maior inércia será requisitada pela pressão de vento lateral atuante na telha e, por conseguinte, no perfil; e, outra, que a ligação entre o perfil U enrijecido de fechamento lateral e o pilar treliçado se dá por solda de campo, o que ocasiona perda imediata da proteção contra galvanização utilizada à época.

6.2 Corrosão por pites (ou puntiforme)

As Fotos 13 a 15 registram casos de corrosão por pite presentes nesse galpão:

(Antes) (Depois)

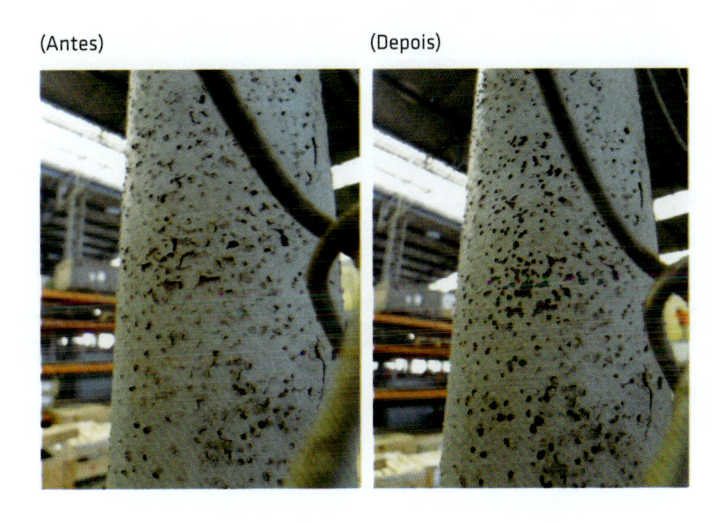

Fotos 13 e 14 Caso de corrosão por pite ocorrida na superfície de uma coluna de aço de seção circular

Nas Fotos 13 e 14 têm-se as situações desse perfil de seção circular de uma coluna antes de receber uma limpeza leve pela pressão dos dedos e após recebê-la, respectivamente.

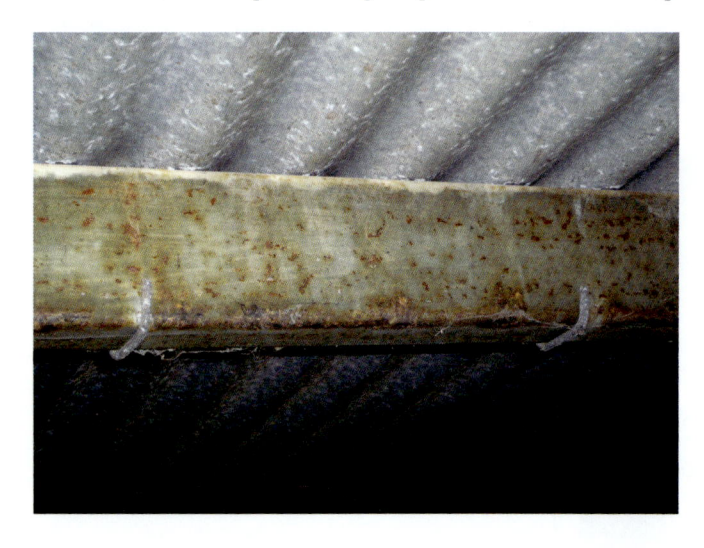

Foto 15 Caso de corrosão por pite presente ao longo de toda a face externa do perfil U enrijecido de apoio para a telha de cobertura localizada na zona 7 (ver planta em anexo)

6.3 Corrosão alveolar

As Fotos 16 a 19 registram casos de corrosão alveolar presentes nesse galpão.

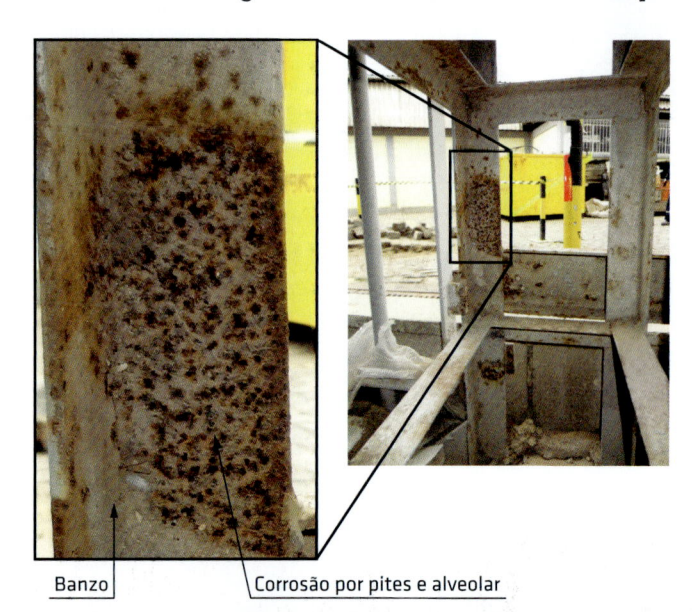

Foto 16 Caso de corrosão alveolar e por pites ocorrida no elemento de banzo em perfil L do pilar P32 treliçado de aço

Fotos 17 e 18 Caso de corrosão por pite ocorrida no elemento de diagonal em perfil L de uma coluna (pilar) P29 treliçada de aço

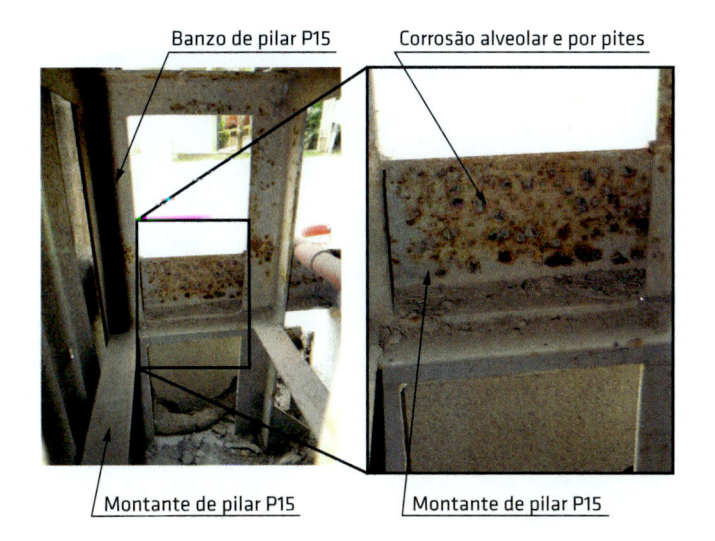

Foto 19 Caso de corrosão por pite ocorrida no elemento de montante do pilar P15 na foto à direita

- Banzo de pilar P15
- Corrosão alveolar e por pites
- Montante de pilar P15
- Montante de pilar P15

6.4 Corrosão por esfoliação

As Fotos 20 a 28 registram casos de corrosão alveolar presentes nesse galpão.

Aba inferior do perfil U

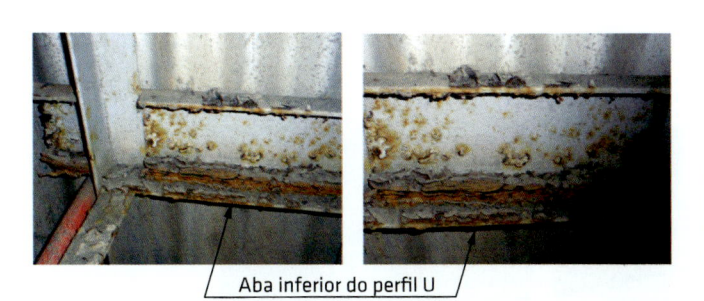

Fotos 20 e 21 Vistas de corrosão alveolar presente ao longo de toda a alma do perfil U de montante do pilar treliçado P6

Alma do perfil U

Fotos 22 e 23 Vistas de corrosão por esfoliação muito forte presente na aba inferior do perfil U do pilar P6

Fotos 24 e 25 Vistas da retirada fácil das camadas de aço já soltas da aba inferior do perfil U de montante do pilar P6

(Antes) (Depois)

Fotos 26 e 27 Vistas antes e depois da retirada de uma placa de aço constituinte do enrijecedor de base do pilar P6, com a leve pressão dos dedos

Anexo 2

Foto 28 Vista da face de outro enrijecedor do mesmo pilar P6 analisado na foto anterior

6.5 Corrosão galvânica

As Fotos 29 a 35 registram casos de corrosão alveolar presentes nesse galpão.

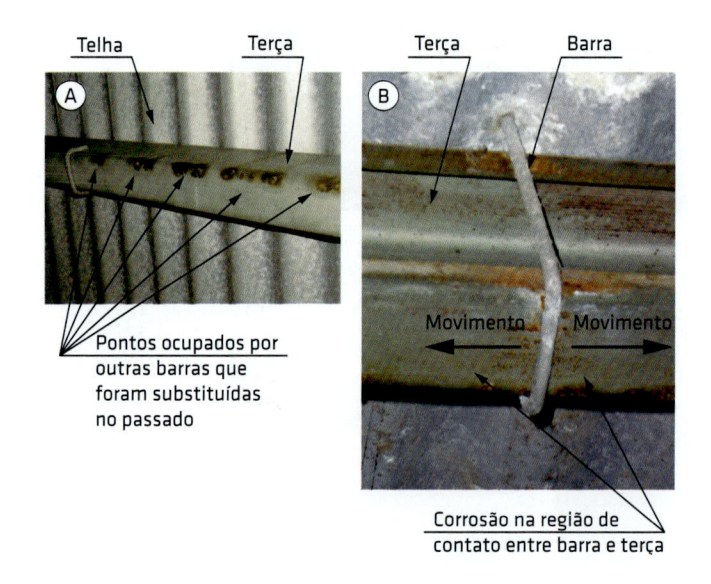

Fotos 29 e 30 Na foto à esquerda tem-se uma vista de marcas deixadas ao longo da superfície da terça de cobertura decorrentes da retirada de grampos que foram usados no passado, e na foto à direita tem-se uma ampliação do sistema de grampo usado. Esses elementos se localizam na zona 1 (ver planta em anexo)

Na foto à esquerda, constata-se que, quando um grampo sofria desgaste, era retirado e substituído por outro colocado mais adiante. Esse novo grampo também sofria desgaste e era substituído por outro e assim por diante. Dessa forma, nota-se pela foto que, entre um grampo e outro fixado à terça, há cinco marcas, o que indica que já foram usados e retirados cinco grampos no passado dessa cobertura, com a subsequente substituição da telha a cada troca.

Na foto à direita, tem-se uma vista ampliada do sistema de grampo utilizado. Observar que não há um perfeito aperto entre o grampo e a terça e, por causa da folga, quando há rajada de vento, o grampo balança em movimentos de translação para a esquerda e para a direita, roçando sua superfície de aço contra a superfície de aço da terça em perfil U enrijecido. Além disso, o grampo promove movimentos circulares na telha, o que aumenta o orifício feito para sua instalação, promovendo, assim, a livre entrada de água.

Os transtornos causados pelos vazamentos chegavam a afetar o funcionamento do galpão em dias de chuva mais intensa.

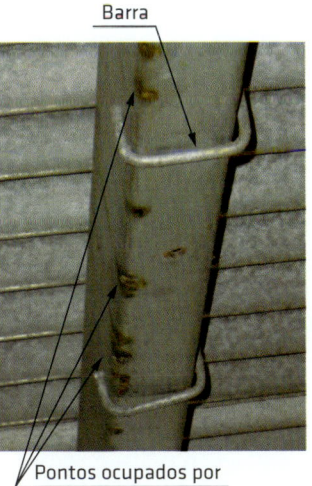

Fotos 31 e 32 Nessas fotos, podem ser observadas marcas deixadas ao longo da terça em perfil U enrijecido de chapa fina dobrada a frio por grampos, que foram substituídos no passado, dado o elevado desgaste sofrido, como explicado no caso da foto anterior

Em virtude de haver tipos de aços diferentes para o perfil U enrijecido de chapa fina dobrada a frio da terça e a barra de fixação, acaba ocorrendo a corrosão galvânica entre os elementos. A barra, por possuir um aço menos nobre, acaba cedendo elétrons e perdendo seção transversal com o tempo.

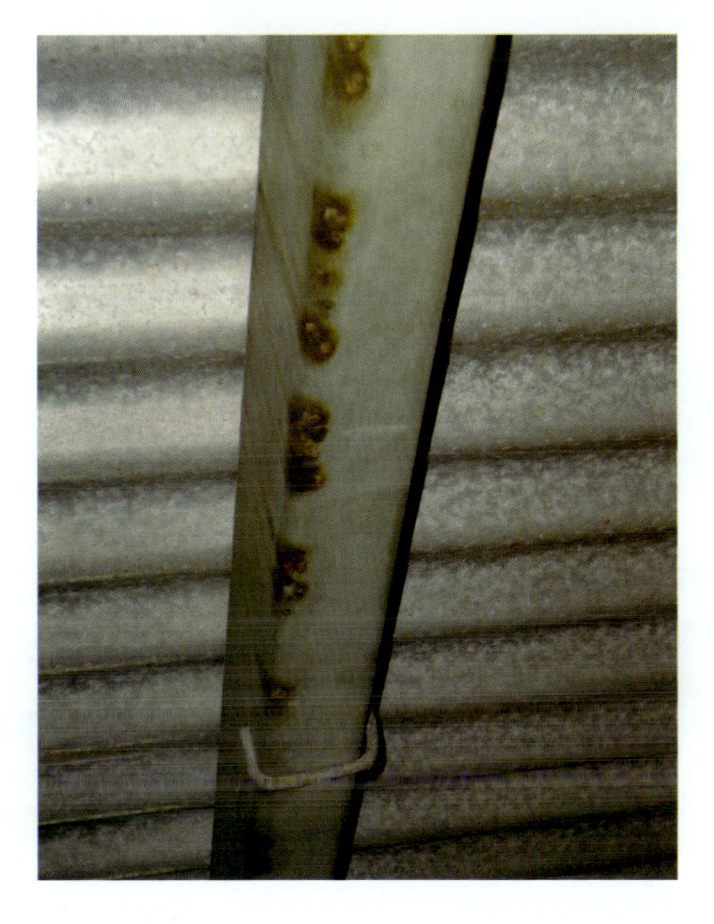

Foto 33 Vista de marcas deixadas ao longo de uma terça de cobertura, por cada barra de fixação que sofreu corrosão e precisou ser substituída – para cada marca, uma substituição de barra no passado

Foto 34 Vista da folga excessiva existente entre a barra de fixação e a superfície do perfil U enrijecido de suporte para a telha de cobertura

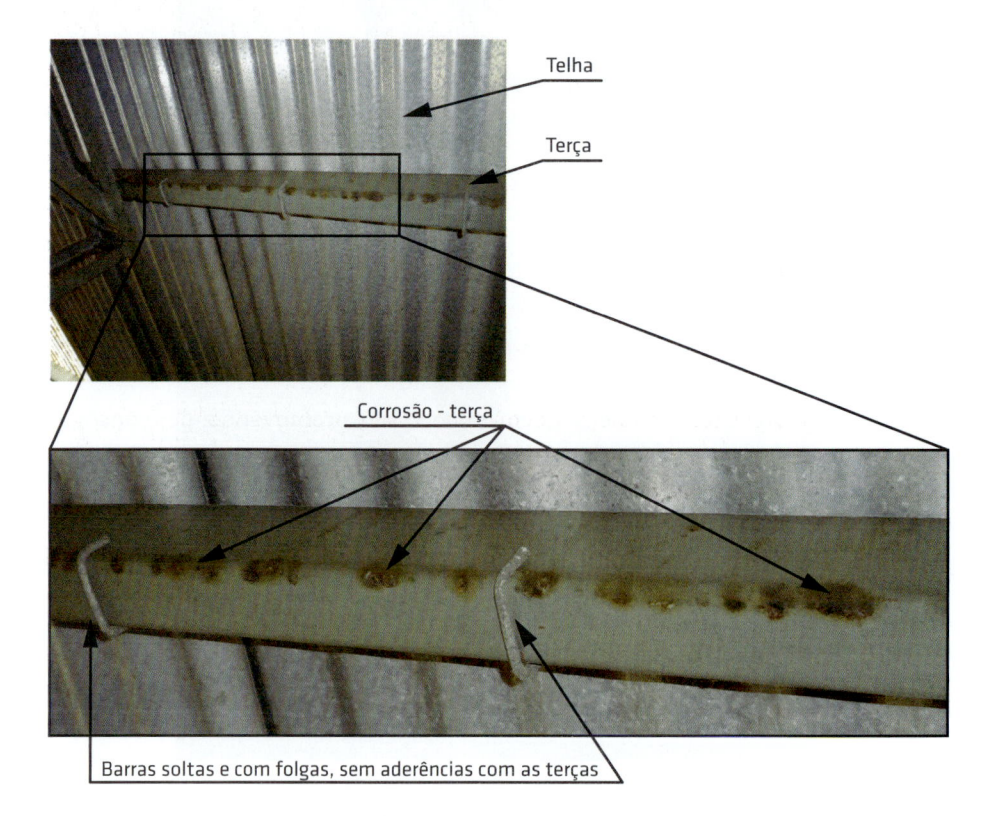

Foto 35 Caso de corrosão galvânica ocorrida na região de contato entre a barra roscada e o perfil U da terça de suporte do telhado

6.6 Corrosão por placas

A Foto 36 registra um caso de corrosão por placas presente nesse galpão.

Foto 36 Corrosão por placas presente ao longo da superfície do banzo inferior da cobertura

6.7 Corrosão por frestas

As Fotos 37 a 40 registram casos de corrosão por frestas presentes nesse galpão.

Fresta entre telhas

Fotos 37 e 38 Casos de frestas existentes na região de sobreposição das telhas, dada a falta de uso de parafusos de costura entre estas a cada 50 cm, no máximo. Esses elementos se localizam na zona 6 (ver planta em anexo)

Na foto à direita vê-se a corrosão já presente nas frestas entre duas folhas de telhas metálicas de aço galvanizado, além da presença do sistema de exaustão eólica na cobertura usado para promover a troca de ar.

O sistema de exaustão eólica é rudimentar e só promove uma singela troca de ar. Entre o eólico e a telha, é feito um buraco para sua instalação, geralmente sem sistema de vedação efetivo e com folgas onde começa a ocorrer corrosão, promovendo, por conseguinte, a queda do eólico dentro do galpão.

Em vez do uso de sistema de exaustão eólica, recomendam-se outros sistemas de ventilação e troca de ar, como o sistema Roberts, por exemplo.

Notar, pelo sistema mencionado, que a terça é fixada ao banzo por meio de solda de campo, o que retira de imediato a proteção contra corrosão utilizada no perfil, seja por pintura e/ou galvanização. Já a barra que fixa a telha à terça não permite uma ligação com aperto, deixando folgas generosas entre a barra e o perfil da terça e, por conseguinte, gerando corrosão galvânica, além de movimentos de translação em virtude das rajadas de vento, que acabam permitindo o livre atrito da barra contra a superfície da terça, promovendo o desgaste observado na foto.

Na região de sobreposição de telhas, não foram fixados parafusos de costura a cada 50 cm no máximo, o que teria permitido um ajuste mais apertado entre as telhas. Com isso, criou-se uma condição favorável ao surgimento da corrosão em frestas, em face da pouca oxigenação nessa região diante da quantidade de água presente no meio externo.

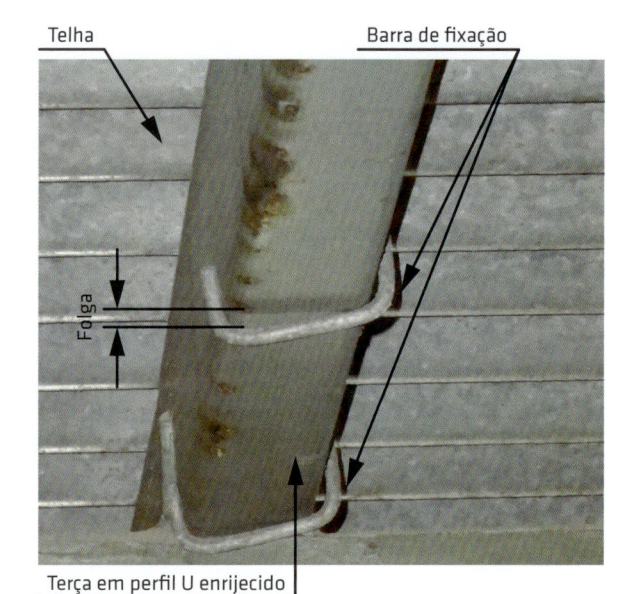

Foto 39 Vista de grampos usados para a fixação da telha ao perfil U enrijecido de cobertura, identificados na zona 1 (ver planta em anexo)

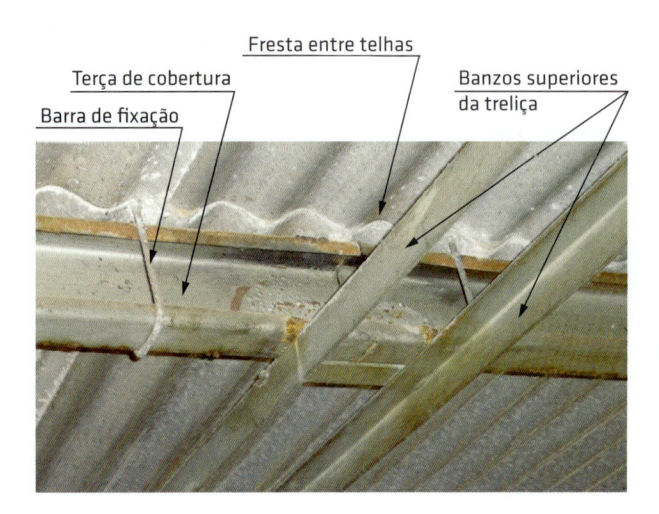

Foto 40 Vista do banzo duplo da treliça em perfil duplo L servindo de apoio para a terça em perfil U enrijecido que é fixada à telha através de barras de fixação, presentes na zona 1 (ver planta em anexo)

6.8 Pilares engastados diretamente na fundação de concreto

Pilares cujas estruturas que os constituem são diretamente inseridas no corpo da fundação de concreto ficam com sua superfície localizada na região de transição (enterrado-não enterrado) mais suscetível à corrosão devido ao contato com possíveis empoçamentos e alagamentos de líquidos (água, óleos de máquinas etc.), aumentando sobremaneira o risco de ocorrência do processo de corrosão e culminando com a perda de sua seção engastada na fundação.

As Fotos 41 e 42 registram casos de corrosão alveolar presentes nesse galpão.

Foto 41 Caso de corrosão na base de coluna de cercamento de área interna, causada pelo contato do aço com a umidade do solo e com produtos de limpeza, óleos derramados no piso etc.

Foto 42 Local onde existia uma coluna de aço engastada diretamente num bloco de concreto enterrado. Quando o processo de corrosão na base da coluna atingiu seu estágio final, com a perda de seção transversal do elemento da coluna, a base perdeu sua função e teve que ser cortada

7 Ensaios realizados

7.1 Teste do martelo

Em todas as estruturas de bases dos pilares, constituídas de chapas de base, barras roscadas, porcas sextavadas e enrijecedores, foi encontrado, em maior ou menor intensidade, o processo de corrosão por esfoliação.

Nos casos em que havia um demasiado inchamento causado pelo alongamento dos grãos constituintes do corpo da estrutura do metal de cada um desses elementos, foi aplicada a vistoria por meio do teste do martelo, a fim de desbastar esse excesso de inchamento, que camuflava, com esse falso volume, a real geometria da estrutura.

O teste do martelo consiste em aplicar marteladas com um martelo leve sobre a superfície que apresente corrosão por esfoliação e consequente inchamento, efetuando pequenos impactos com intensidade suficiente para promover o desbaste do material já solto e que aparenta ainda ser constituinte dos elementos estruturais da base do pilar.

Fotos 43 e 44 Vistas de batida efetuada num perfil de seção circular com a ponta do martelo de soldador e de lixamento com escova de cerdas de aço

8 Análise (causas e recomendações)

Neste item, pode-se pegar os conceitos já descritos no Cap. 7, a respeito das causas das patologias diversas relacionadas ao processo de corrosão, e relacioná-los, um a um, às fotos onde se fez possível registrar tais anomalias, citando o procedimento do processo de limpeza apropriado (normalmente As 2½ ou St 3) e o sistema de pintura adequado à agressividade do ambiente, como indicado no modelo de especificação técnica descrito também no Anexo 1; de modo geral aplica-se o sistema de pintura CBCA-17 para estruturas de aço não galvanizadas e o CBCA-32 para estruturas de aço galvanizadas, o que vai depender de o cliente estar disposto a pagar pela galvanização também.

Como exemplo, este item pode ser construído do seguinte modo:

8.1 Corrosão uniforme

Ver Fotos 1 a 12.

a) *Causa*: esse tipo de corrosão ocorre ao longo de toda a extensão da superfície do elemento estrutural, quando o aço fica exposto ao ambiente externo e sofre, assim, ação da umidade e do oxigênio. Essa ação promove a perda da seção do elemento, de modo uniforme, culminando com a formação de escamas de ferrugem e a respectiva redução da seção transversal da peça.

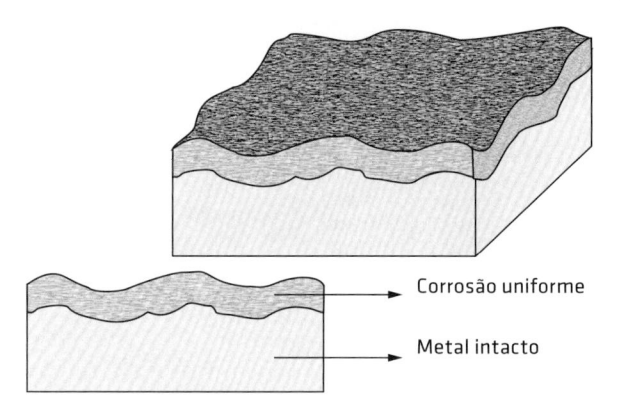

Figura 1 Corrosão uniforme

b) *Solução 1*: realizar o processo de limpeza mecânica padrão St 3 de todas as superfícies dos elementos de aço com o uso de escovas de cerdas de aço rotativas pneumáticas ou elétricas e aplicar o sistema de pintura descrito a seguir.

Sistema	Tipo	Tinta	Número de demãos	EPS por demão (μm)	EPS total (μm)	Observações
CBCA-17	Fundo	Primer epóxi rico em zinco	1	75	275	Sistema de custo alto por galão. Expectativa de durabilidade (7 a 11 anos). Tem excelente resistência ao ambiente marítimo. Tem boa resistência à calcinação
	Intermediária	Esmalte epóxi	1	125		
	Acabamento	Esmalte poliuretano	1	75		

c) *Solução 2*: realizar o processo de limpeza mecânica padrão St 3 de todas as superfícies dos elementos de aço com o uso de escovas de cerdas de aço rotativas pneumáticas ou elétricas e aplicar o sistema de pintura descrito a seguir.

Sistema	Tipo	Tinta	Número de demãos	EPS por demão (μm)	EPS total (μm)	Observações
CBCA-32	Fundo	Primer epóxi-isocianato	1	25	230	Sistema de custo alto por galão. Expectativa de durabilidade (5 a 9 anos). Tem boa resistência à calcinação
	Intermediária	Esmalte epóxi	1	125		
	Acabamento	Esmalte poliuretano	1	80		

8.2 Corrosão puntiforme (ou *pitting* ou por pites)

Ver Fotos 13 a 15.

a) *Causa*: esse tipo de corrosão ocorre sob a forma de pontos profundos (pites) diretamente ao longo da superfície do elemento estrutural, ou em pequenas regiões localizadas, cuja profundidade da corrosão ocorre de forma maior do que seu respectivo diâmetro. Com essa patologia presente, pode-se ter casos de corrosão que culminem com a perfuração da espessura da chapa de aço da peça. O desgaste na peça ocorre de maneira muito localizada, porém com alta intensidade. Ver o desenho elucidativo a seguir.

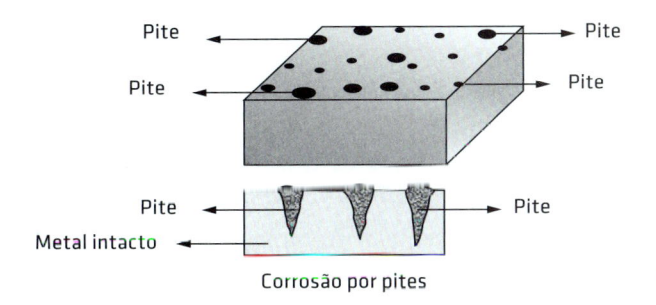

Figura 2 Corrosão puntiforme

b) *Solução*: aplicar a mesma solução indicada no item 8.1.

E, assim por diante, inserem-se os conceitos a respeito de cada patologia descrita nas fotos e suas respectivas soluções.

9 Resumo do estado dos elementos estruturais

Após a realização de uma análise *in loco* de toda a estrutura do galpão objeto de estudo é que foi possível estabelecer parâmetros e quantitativos do verdadeiro estado da estrutura.

Analisando cada uma das famílias de elementos estruturais, têm-se:

Telhas:
- 100% das telhas apresentam danos devido a alargamento dos furos causado pelas próprias barras de fixação.

Terças:
- Há 336 vãos de terças com cerca de 5 m de comprimento existentes em toda a cobertura do galpão.
- Cerca de 28 vãos de terças localizados na zona 9 possuem perda de seção, ou seja, perda de função estrutural.
- 100% das terças apresentam problemas de corrosão nas regiões de contato com as barras de fixação atuais de telhas, localizadas a cada cerca de 40 cm ao longo de seus vãos, além de diversos danos causados ao longo de toda a sua superfície por outras barras utilizadas e retiradas no passado, com a permanência da corrosão e do desgaste promovido por estas últimas.
- Não foi possível verificar as regiões de topo das terças, onde, devido à folga existente entre as barras de fixação e as próprias terças, cria-se um grande afastamento em quase todas as ligações, havendo, com isso, um espaço (fresta) entre as telhas e um fator muito propício à propagação de corrosão por arejamento diferencial, quando o meio for gasoso, e por pilhas de concentração iônica, quando houver líquido presente no meio.

Treliças e pilares:
- Na maioria dos elementos estruturais constituintes das treliças e dos pilares foram detectadas corrosões do tipo leve, tendo sido observadas corrosões de médias a graves numa menor parte desses elementos. Dessa perspectiva observa-se que praticamente todos os elementos estruturais de treliças e pilares podem ser recuperados com tratamento de suas superfícies seguido de sistema de pintura a aplicar, conforme indicado no item 8.

Bases de pilares:
- Todas as bases dos pilares se encontram com processo de corrosão de média a grave, já instaladas, em suas placas de base, barras de ancoragem, porcas e enrijecedores de base. Praticamente todas as corrosões são do tipo por esfoliação, onde toda a superfície da chapa forma escamas, seguidas de redução de sua respectiva seção transversal.

Num resumo das tratativas para todos os elementos estruturais, tem-se que:
- 100% das telhas precisam ser substituídas;
- de 50% a 100% das terças precisam ser substituídas;
- 100% das treliças precisam receber um sistema de tratamento seguido do sistema de pintura indicado no item 8 deste relatório;
- 100% dos pilares precisam receber um sistema de tratamento seguido do sistema de pintura indicado no item 8 deste relatório;
- de 50% a 100% das bases de colunas precisam ser substituídas.

10 Conclusão/recomendações

As estruturas afetadas por patologias devidas à corrosão, o que compreende a maioria dos casos, passaram por um processo de inspeção tátil-visual, com o uso do teste do martelo, no qual se procurou analisar:
- o estado da estrutura em relação à intensidade da corrosão e a aparência da pintura aplicada;
- a agressividade do meio de exposição, que forneceu diretrizes para a escolha do sistema de recuperação/proteção.

Nos casos identificados de patologias por corrosão, recomendou-se o sistema de tratamento indicado no item 8 deste relatório, frisando que a eficiência da pintura depende de três fatores importantes:
- qualidade da tinta;
- preparo adequado da superfície;
- aplicação dos produtos.

Seguem as patologias mais comuns atreladas a processos de corrosão:
- Há muita presença de corrosão causada basicamente pela presença de umidade, com possível formação de carbonato de zinco (compostos brancos), que, sob ação do carbono atmosférico, torna-se solúvel. Essa oxidação branca forma-se principalmente em superposição de perfis e chapas, que possibilitam a formação de frestas e a consequente corrosão por aeração diferencial, devido à vaporização da água e à posterior condensação, acrescentando-se as falhas de execução, que agravam as patologias pelo acúmulo de partículas suspensas de variados produtos depositados, nas dobras de chapas.
- A presença de corrosão uniforme e por placas ocorre na maior parte dos elementos de pilares e de treliças e nas terças, com formação de óxido de ferro, sendo que em muitas frestas e cantos vivos a corrosão encontra-se em estado moderado, e numa minoria em estado avançado.
- Em todas as terças há a presença de corrosão galvânica, causada principalmente pelo uso indevido de barras de ancoragem, constituídas de um material de diferente polaridade, que não permite a perfeita aderência entre a telha e as terças, provocando movimentos de roçamento ao longo dos perfis das terças, o que promove a retirada da camada protetora/passiva e acelera o processo de corrosão.
- Apesar de as regiões soldadas serem mais suscetíveis ao ataque por corrosão, de modo geral estavam em bom estado e, quando atacadas por corrosão, mostraram pigmentos de óxido de ferro ou pequenos pontos e/ou placas bem isolados.
- Um tipo de corrosão muito preocupante é a ocorrida por esfoliação, que se faz presente em todas as bases de pilares do galpão.

Quanto ao sistema de ventilação desse galpão, promovido pelos tipos de venezianas laterais existentes e aparelhos de exaustão eólicos utilizados para troca de ar, ele se mostra ineficiente e, por esse motivo, está sendo proposto o uso de sistema de ventilação natural do tipo Roberts em substituição aos existentes. Essa ineficiência foi constatada no momento da vistoria técnica, quando, das 8h às 13h, fazendo uma inspeção tátil-visual de todos os elementos estruturais com o uso da atividade de teste do martelo, sentiu-se uma imensa sensação de desconforto, causada por ardência constante na pele e calor intenso, mesma sensação esta constatada, com pesquisa *in loco*, pelos funcionários que trabalham na área desse galpão todos os dias. O sistema de fixação adotado para prender as telhas às terças é dotado de barras de fixação que danificam a estrutura das terças e das telhas, causando ainda corrosão galvânica nos locais onde se encontram instaladas. Para esse problema, foi proposto o uso de parafusos de costura e de fixação, para a união entre telhas e entre telha e terça, respectivamente.

Todas as marquises devem ser retiradas e reconstruídas, dada a grande variedade de danos mecânicos ocorridos em sua estrutura, o que dificulta a avaliação quanto à sua estabilidade estrutural.

Ao final do item 9 é apresentado um resumo do percentual de todos os elementos estruturais que precisam ser substituídos ou receber tratamento de sua superfície seguido de aplicação de pintura.

Anexos

Anexo 1 – planta baixa de locação dos pilares

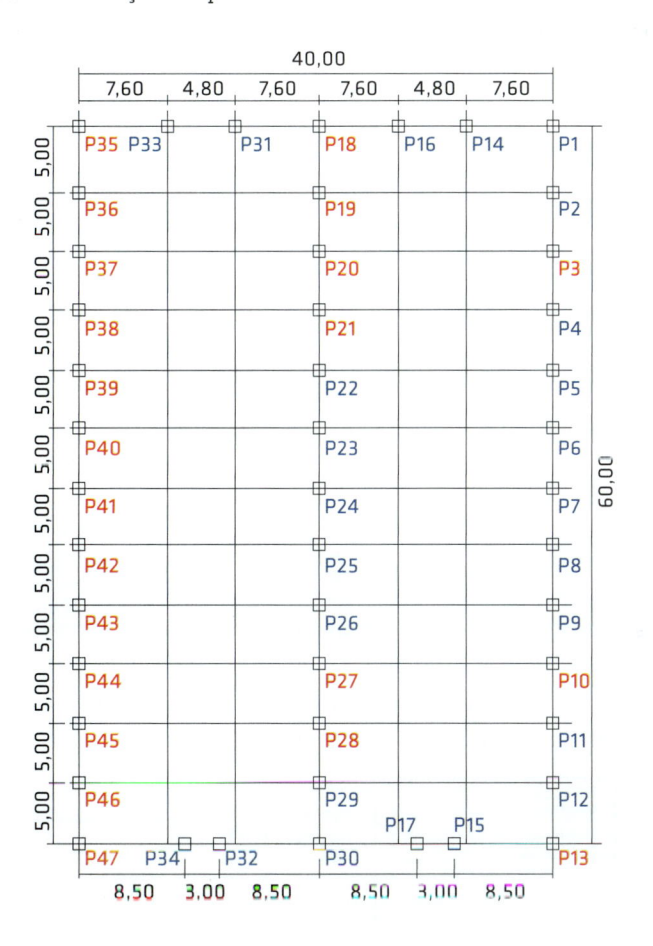

Legenda.
Em vermelho (P10 e P13, P3, P18 a P21, P27, P28, P35 a P47): pilares sem inspeção tátil-visual devido à existência de obstáculos à sua volta, no ato da visita.
Em azul (P1, P2, P4 a P9, P11, P12, P14 a P17, P22 a P26, P29 a P34): pilares que receberam inspeção tátil-visual.

Anexo 2 – planta baixa de locação das terças

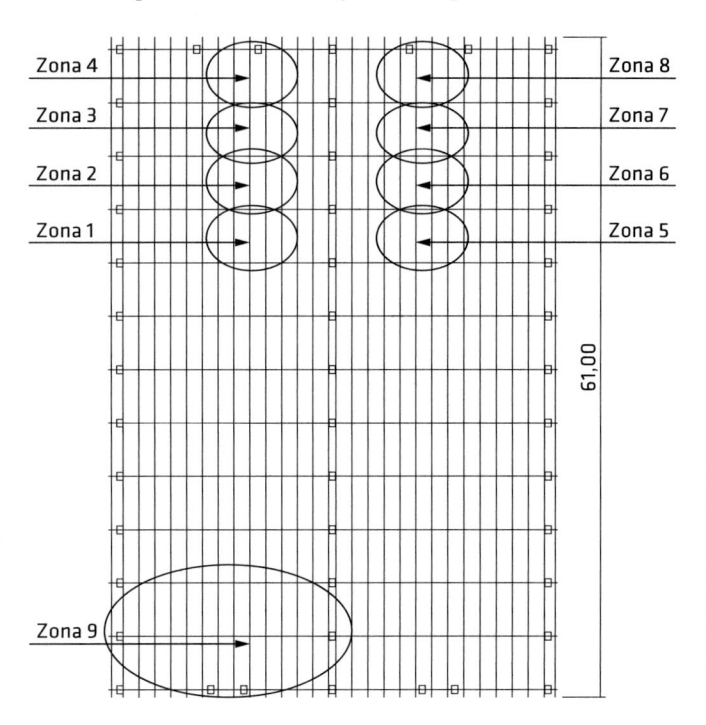

Legenda:
Zonas: áreas da cobertura onde foi possível o acesso com o uso da plataforma de trabalho aéreo (PTA). As demais regiões do galpão estavam encobertas com obstáculos diversos que impossibilitaram seus respectivos acessos.

Anexo 3 – elevação e planta baixa do pilar típico

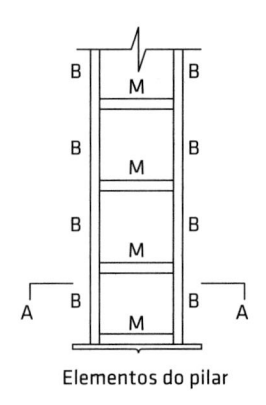

Elementos do pilar

Legenda:
B = banzo; M = montante.

O pilar treliçado não possui elementos de diagonais em sua constituição.

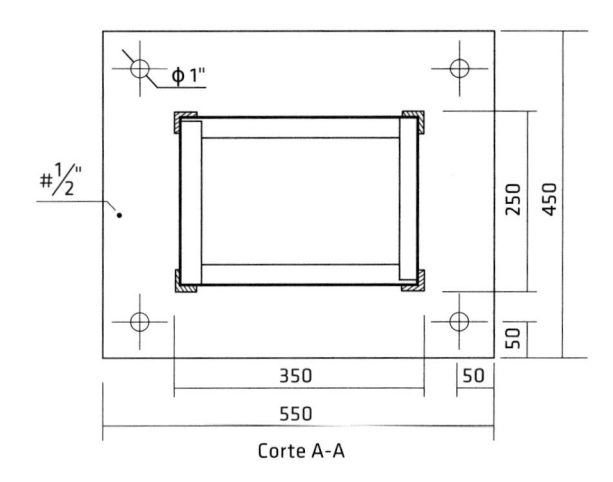

Corte A-A

Anexo 4 – elevação da treliça de cobertura

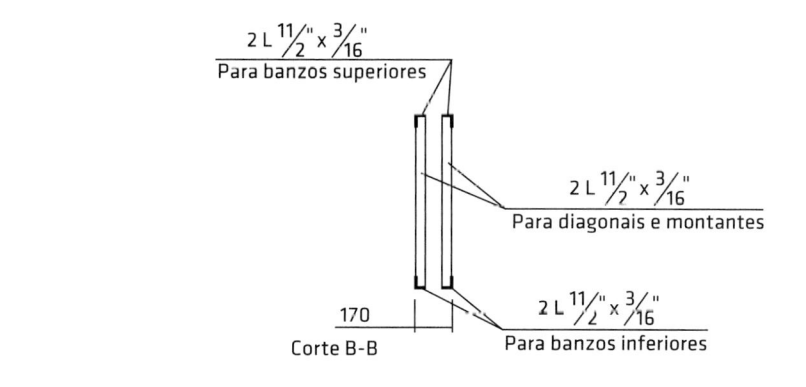

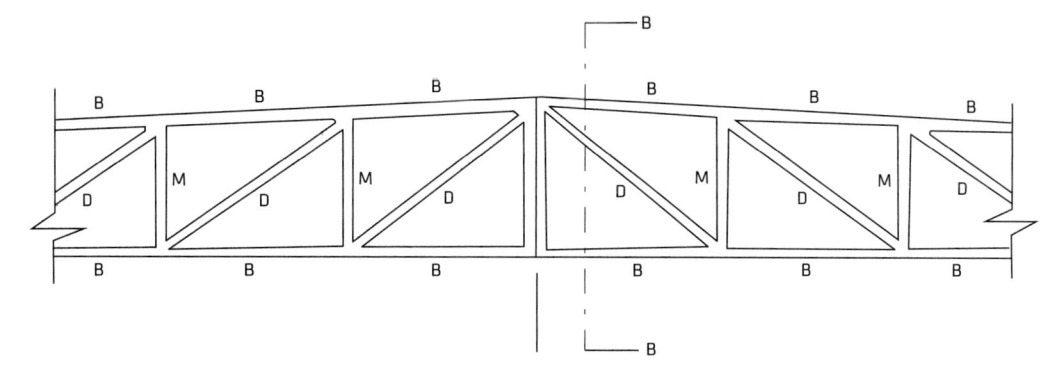

$2L\ 1\frac{1}{2}" \times \frac{3}{16}"$
Para banzos superiores

$2L\ 1\frac{1}{2}" \times \frac{3}{16}"$
Para diagonais e montantes

170
Corte B-B

$2L\ 1\frac{1}{2}" \times \frac{3}{16}"$
Para banzos inferiores

Legenda:
B = banzo; M = montante; D = diagonal.

Anexo 5 – vista em perspectiva dos elementos estruturais constituintes da treliça de cobertura

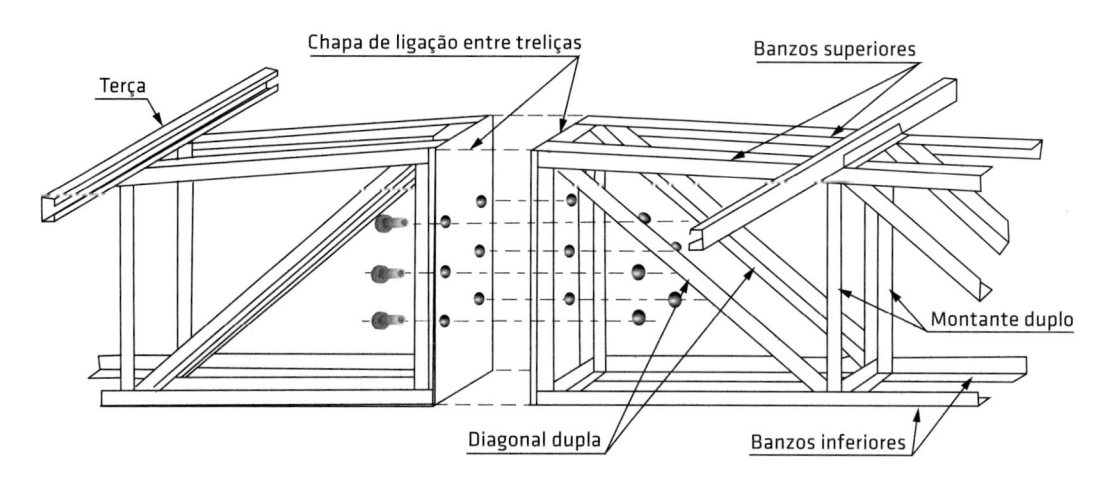

Chapa de ligação entre treliças
Banzos superiores
Terça
Montante duplo
Diagonal dupla
Banzos inferiores

Anexo 6 – equipamento utilizado na vistoria para acessar a cobertura e o topo dos elementos estruturais do galpão

Plataforma de trabalho aéreo (PTA)

Relatório técnico 2

Cliente XXX
Galpão XXX

Responsável técnico: XXX
Crea: XXX

1 Introdução

Este relatório técnico tem por objetivo verificar a estrutura metálica que constitui o galpão X, localizado na base da empresa X, situada à rua X, bairro X – município de X – Estado X, requisitado em função das anomalias identificadas na estrutura durante visita técnica realizada no local.

2 Objetivo

Avaliação, diagnóstico e propostas de tratamento das anomalias do galpão X.

3 Dados básicos

3.1 Dados históricos

Os projetos executivos originais de estruturas metálicas, executados pela empresa X, foram emitidos na data de 16/5/2006.

3.2 Características construtivas

O galpão X possui sua superestrutura constituída por estruturas metálicas, com seu quadro de elementos formados do seguinte modo, de acordo com os dados obtidos a partir de seus projetos originais:

- Pilares, treliças e terças constituídas de tubos de perfuração em aço API 5L Gr. B (não se usam tubos de perfuração para coberturas, dada sua espessura e massa elevadas em relação a tubos mais simples, como Sch. 40 e Sch. 80, que poderiam ser usados aqui. Esse galpão foi feito com tubos de perfuração em função da disponibilidade destes no canteiro da empresa).
- Chapas para bases de pilares e ligações *gousset* em aço ASTM A36.
- Barras de ancoragem das colunas em aço SAE 1020.
- Telhas em alumínio de liga 200 – H18 (ou equivalente).
- O eletrodo foi bem definido como do tipo E70XY, segundo as normas AWS D1.1.2004 e Petrobras N.133, com revestimento básico H.
- A proteção contra corrosão, conforme o projeto original, seguiu os critérios da norma Petrobras N-1550 – não se sabe se foi adotada a condição 2, que é a mais rigorosa dessa norma, apropriada para ambiente agressivo marinho.
- Um ponto negativo do projeto original reside no fato de terem sido projetadas algumas soldas de campo, conforme se vê nos desenhos extraídos do projeto original indicados nos anexos, que acabam por retirar a proteção do aço contra processo de corrosão. Pois, mesmo com tratamento *in loco*, não se garante a mesma garantia de proteção feita na montadora ou na fábrica. Outro ponto reside na técnica de execução utilizada à época, onde não se pode identificar se os filetes de solda foram pintados do modo correto, com o uso de trincha ou pincel, encharcando-os, batendo contra os filetes de solda de modo a garantir a penetração da tinta nos interstícios deixados por

possíveis falhas de soldagem, e pintando-os com pincéis ou trinchas cujas larguras sejam superiores à largura do filete de solda.

3.3 Ocupação atual

Trata-se de dois galpões geminados, onde existem uma ponte rolante hoje inativa e duas áreas administrativas. Além dos dois galpões, há uma área externa onde é realizada a triagem e também o armazenamento de peças e equipamentos que atendem a operação *offshore*.

Foto 1 Vista geral do galpão (lanternim e cobertura)

4 Normas utilizadas

As mesmas adotadas no Relatório Técnico 1.

5 Comparativo do estado da cobertura do galpão entre a primeira vistoria técnica, realizada em 2006, e a segunda, em 2012

Neste item, serão mostradas algumas evidências fotográficas registradas no ano de 2006 e no ano de 2012, a fim de dar uma ideia do avanço dos danos que podem ser provocados numa estrutura metálica quando não reparada no tempo correto de manutenção preventiva.

5.1 Registros fotográficos obtidos durante a primeira visita técnica a essa edificação, no ano de 2006

Neste subitem serão mostrados registros fotográficos extraídos do documento de Relatório Técnico Visual de número XXX, concebido em 2006, onde são vistos, quase em sua totalidade, elementos estruturais sem processo de corrosão já instalado ou com ele ainda em processo inicial, sem problemas graves apresentados até então, exceto pelo sistema de fixação das telhas de cobertura.

Foto 2 Vista da ferrugem babando a partir de uma região de ligação soldada entre a terça de cobertura e o banzo superior da treliça

Ligações com o uso de solda de campo, como a mostrada na Foto 2 para a união do perfil de banzo superior à terça, promovem a perda da proteção contra corrosão que fora aplicada ao perfil, com o uso de pintura e/ou galvanização, pelo contato da solda sobre estas.

Notar a baba de ferrugem ocorrendo livremente a partir do encontro dos perfis mencionados.

O uso de perfis de seção circular com suas extremidades abertas promove a entrada de intempéries em seu interior e de produtos nocivos da atmosfera, promovendo corrosão em seu interior, o que se retrata como uma situação muito perigosa por ser uma região a que não se tem acesso ou minimamente um contato visual para o acompanhamento periódico de seu estado de conservação.

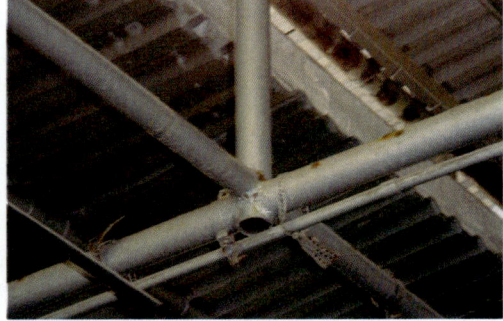

Foto 3 Extremidades de perfis abertas, sem fechamentos com o uso de tampas de chapas redondas soldadas a suas extremidades

Foto 4 Telhas de aço trapezoidais onda 40 (esp. = 0,50 mm) fixadas a perfis de terças de cobertura com o uso de grampos (barras)

Foto 5 Perfil do banzo superior de uma tesoura exposto ao tempo, por não estar protegido por completo pela telha de fechamento lateral

Foto 6 Nessa foto é possível identificar corrosão por placas esparsas no entorno da ligação soldada usada para unir os perfis de banzo inferior (na horizontal), montante (na vertical) e diagonal (inclinado), que compõem a cobertura

Foto 7 Processo de corrosão na solda de campo efetuada para ligação do banzo superior à terça de cobertura, com o consequente derramamento de ferrugem sobre a superfície do banzo, e corrosão galvânica e por frestas entre as barras de fixação das telhas e as terças, por serem constituídas de materiais diferentes e sem isolamento

Início do processo de corrosão galvânica entre os elementos de terças e suas barras de fixação

Marcas de corrosão galvânica onde existiu uma barra de fixação, removida em 2006

Foto 8 Vista do processo de corrosão galvânica e por frestas em estágio intermediário ocorrido entre as barras de fixação e as terças

Esse tipo de solução com o uso de barras de fixação com diâmetros da ordem de 6,3 mm a 9,50 mm para a fixação de telhas com espessuras de 0,5 mm a 1,2 mm de imediato já provoca o alargamento dos furos efetuados na telha quando submetida a rajadas de vento, uma vez que a elevada diferença entre a rigidez desses dois elementos permite que a barra gere corrugamentos e deformações locais na placa (telha). Em virtude disso, a telha perde a função.

Por causa da falta de aderência entre a barra de fixação e a terça de cobertura, permite-se o surgimento e o avanço do processo de corrosão galvânica e por frestas nessa região, culminando com a perda de seção do material menos nobre.

Foto 9 Vista da região de topo dos pilares de seção transversal circular, onde há uma chapa metálica soldada aos topos de ambos que serve de apoio para os montantes em perfis de seção circular das treliças de cobertura

5.2 Registros fotográficos obtidos durante a segunda visita técnica a essa edificação, no ano de 2012

Neste subitem serão mostrados alguns dos registros fotográficos extraídos do Relatório de Inspeção Tátil-Visual de número XXX, realizado no ano de 2012, com os mesmos sintomas de processo de corrosão já explanados no item 5.1, porém em estágios bem mais avançados e/ou com perdas de seção transversal dos elementos estruturais.

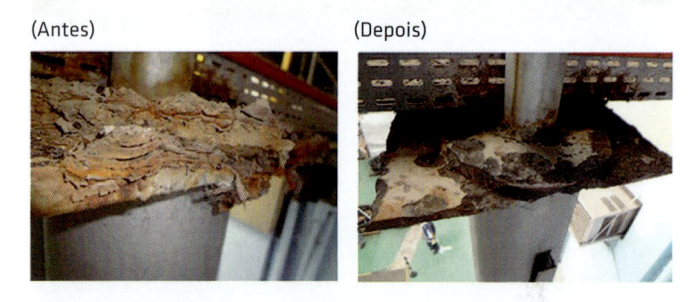

(Antes) (Depois)

Fotos 10 e 11 Vistas de antes e depois de a peça de chapa de topo do pilar que serve para a ligação deste com o montante da treliça de cobertura ter sofrido o desbaste e a limpeza, com aplicações de golpes com martelinho de soldador e de escovamento com escova de cerdas de aço, respectivamente, para a remoção de carepas

Observar que, após a remoção, verifica-se que a superfície do pilar apresenta corrosão uniforme e alveolar severa, tendo culminado com perda significativa de espessura da chapa.

Foto 12 Vista da corrosão uniforme em estágio bem avançado, com perda de seção já apresentada na superfície do banzo inferior da treliça. Foto tirada a partir da plataforma de trabalho aéreo (PTA)

Fotos 13 e 14 Vistas de um trecho com o uso de ligação soldada entre o banzo superior e a terça de cobertura, com derramamento de baba de ferrugem e perda significativa de seção transversal do perfil apresentado

A Foto 14 foi tirada após a aplicação de golpes com martelo de soldador e a limpeza com escova de cerdas de aço, onde se faz possível constatar a perda de seção total desse trecho do perfil – a substituição, no mínimo parcial, já é garantida como solução para esse banzo superior e treliça.

Foto 15 Vista de um trecho de banzo superior de cobertura com corrosão alveolar generalizada e em estágio bem avançado, com perdas de seções ao longo da superfície do perfil. Notar a ausência de telha de fechamento lateral permitindo a entrada de elementos deletérios ao aço do meio externo para o interior do tubo, visto que esse perfil possui sua extremidade aberta (sem chapa de tampa para fechamento)

Foto 16 Vista do topo da superfície de uma chapa de aço que interliga o topo do pilar ao perfil de montante da treliça de cobertura com corrosão alveolar e uniforme em estágio bem avançado

Foto 17 Vista da chapa anterior após limpeza efetuada por meio de golpes com martelinho de soldador e escovamento com escova de cerdas de aço

Observar, nas fotos apresentadas, a perda de seção significativa ocorrida nessa chapa. A limpeza das carepas de aço com martelinho e a posterior limpeza com escova de cerdas de aço devem ser sempre efetuadas e nunca, absolutamente nunca se deve confiar na superfície intacta.

Nunca se esqueça de registrar a situação antes e depois, tirando mais de uma foto da mesma situação e de diferentes ângulos, pois, se alguma foto ficar ruim, o trabalho não terá sido perdido.

Foto 18 Vista de outra superfície de chapa de topo de pilar após aplicação de limpeza, com corrosão uniforme severa, apresentando perda de seção significativa

Foto 19 Vista de uma chapa de pilar intacta por baixo, onde não ocorre o acúmulo de água de chuva que passa pelas frestas deixadas pela má fixação do sistema de barras e grampos utilizado para fixar as telhas

Fotos 20 e 21 Vistas de uma terça de cobertura de periferia apresentando perda de seção significativa em virtude do processo de corrosão uniforme e galvânica (entre a barra de fixação da telha e a terça) em estágios finais presentes – vistas após o martelamento

Fotos 22 e 23 Vistas após o martelamento de outro trecho de terça de cobertura de periferia com a presença de processos de corrosão uniforme e galvânica em estágios finais

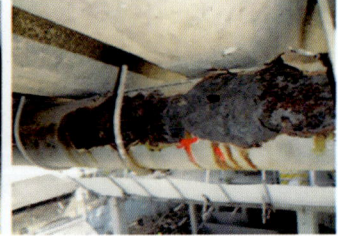

Fotos 24 e 25 Vistas antes e depois da aplicação de martelamento contra a superfície da terça. Notar o martelo inserido no interior da terça, no buraco revelado após a retirada da superfície fragilizada formada apenas por carepas de aço

Foto 26 Presença de corrosão alveolar esparsa ao longo da terça e de corrosão galvânica nos trechos entre barras de fixação de telha e terça

Essas perdas totais de seções transversais, mesmo que esparsas, já são suficientes para registrar o pedido de substituição parcial ou total da respectiva terça.

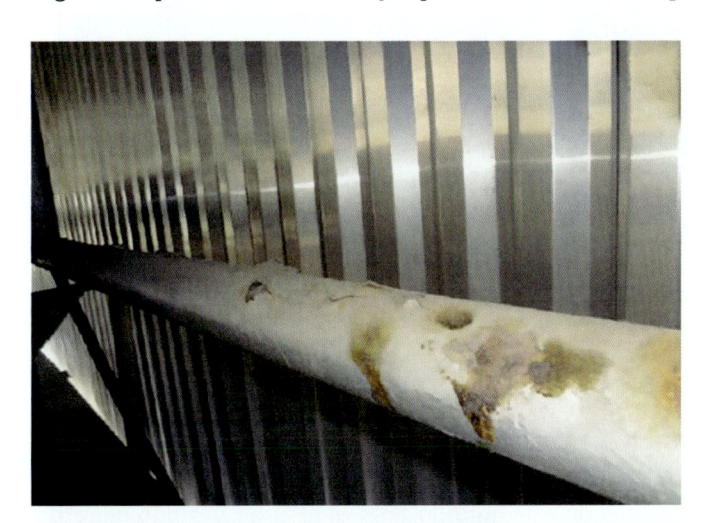

Foto 27 Vista de pintura envelhecida expondo o substrato ao processo corrosivo de leve intensidade e com manchas típicas de corrosão por placas ao longo da superfície desse perfil de terça de cobertura, não comprometendo ainda sua integridade física

Fotos 28 e 29 Vistas de dois perfis de terças de cobertura apresentando forte corrosão galvânica entre a telha de um tipo de aço e a terça com outro tipo, além de corrosão por frestas nas regiões entre a superfície da terça e da telha, dada a folga entre essas duas permitida pelo uso de sistema de grampos (barras). Com isso, a superfície da telha se encontra muito danificada, com perda de seção transversal significativa

Fotos 30 e 31 Vistas de dois perfis de terças de cobertura apresentando processo de corrosão em seu estágio final, tendo culminado com a perda de seção do perfil

Notar, na Foto 30, a corrosão iniciada apenas na ligação soldada entre o banzo superior da treliça e a terça, bem como entre a telha e a terça; ou seja, uma corrosão em seu estágio final apenas na região de ligação do apoio e ao longo da superfície superior da terça por dois processos de corrosão basicamente – galvânica e em frestas.

É possível fazer anotações nos perfis, como as vistas nas fotos, para a identificação dos elementos.

Fotos 32 e 33 Vistas de processo de corrosão alveolar severo instalado nos dois perfis de terças de cobertura, com buracos apresentados após o martelamento da superfície seguido de limpeza

Trata-se de um caso devido aos seguintes fatores: falha de projeto, pelo uso indevido de grampos que não condicionam um aperto necessário e suficiente entre a telha e a terça; e falta de manutenção. Aliás, a manutenção, quando feita em época bem tardia, gera custos exacerbadamente maiores do que quando feita dentro do período definido numa especificação técnica atrelada a um projeto muito bem concebido, pensando-se nos detalhes típicos.

Foto 34 Perda de seção transversal quase que total da terça de cobertura, não sendo mais útil para sua finalidade e podendo entrar em colapso (cair) a qualquer momento, gerando incidentes (danos materiais) ou até acidentes (danos a pessoas)

Foi constatada falha de fixação dos grampos (barras), sendo estes ineficazes para prender a telha à terça com um aperto necessário, além de permitirem a livre entrada de água e chuva e de umidade ao longo do tempo, de forma contínua, expondo as regiões indicadas a intempéries e acelerando, assim, o processo de corrosão.

Trata-se de uma falha de projeto grave de uso de grampos, onde não adianta especificar um sistema de proteção contra corrosão eficaz e duradouro por meio de sistema adequado de pintura, uma vez que a estrutura sucumbe pela falha dos grampos muito antes de a pintura ter atingido sua vida útil.

Fotos 35 e 36 Vistas de uma mesma região de extremidade de terça, com uma vista ampliada de sua extremidade aberta (sem vedação do perfil de seção circular) e exposta a intempéries (foto à esquerda)

O processo de corrosão se iniciou pela extremidade aberta do perfil de seção circular e seguiu ao longo de 2.500 mm danificando todo o tubo com corrosão alveolar severa.

Observar também, na Foto 36, a forte corrosão presente na região de ligação soldada entre a terça de cobertura e o banzo superior da treliça.

Foto 37 Vista da extremidade do perfil de seção circular anterior, sem uma chapa redonda de vedação simples e possibilitando, assim, a entrada de elementos nocivos ao aço – falha de projeto grave

Fotos 38 e 39 Vistas do processo de corrosão em estágio final, com perda de seção significativa tanto para a terça (seta de cima) quanto para o banzo superior (seta de baixo), sem a realização do teste do martelo nessas regiões dos elementos apresentados

Foto 40 Vista do encontro de ligação soldada de campo entre o banzo superior e a terça de cobertura, com perda de seção muito grande; aqui não foi efetuado o teste do martelo ainda

6 Ensaios realizados

6.1 Equipamento de ultrassom

Foto 41 Vista da medida da profundidade de 3,7 mm de um alvéolo identificado na superfície de topo da chapa que interliga o pilar aos montantes das treliças de cobertura

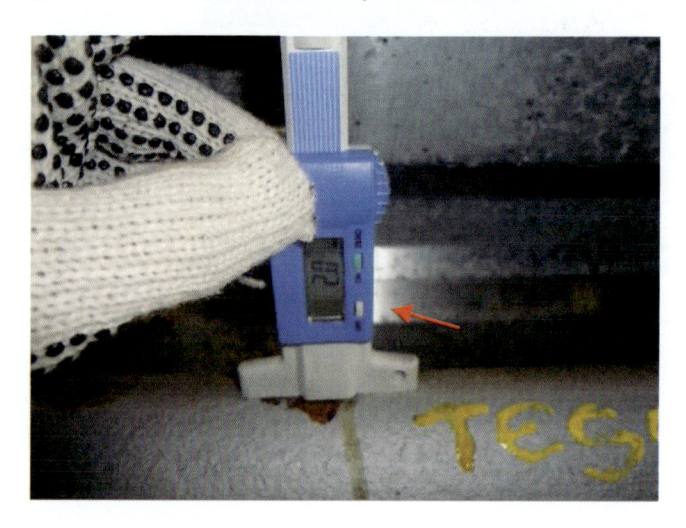

Foto 42 Vista em detalhe da medição de outro alvéolo apresentando profundidade de 2,0 mm

6.2 Paquímetro

O equipamento de paquímetro, como exemplificado na Foto 43, tirada em uma das medições *in loco* realizadas, foi utilizado para mensurar as espessuras dos elementos estruturais após sofrerem o desbaste e a limpeza, com martelinho de soldador e escova de cerdas de aço, respectivamente, a fim de comparar a medida real de espessura da parede do perfil existente com a medida especificada em projeto original.

Foto 43 Mensuração, com paquímetro, da espessura de uma chapa de viga com altura de 6", constatando-se a redução significativa de sua espessura

Nota: Sempre que houver perdas de espessura acima de 5% a 10% nos elementos estruturais, um novo cálculo e dimensionamento devem ser efetuados por um Engenheiro Civil Calculista, a fim de constatar se a peça ainda pode ser aproveitada ou não. Se sim, bastará efetuar o processo de limpeza e a pintura com o devido rigor; em caso negativo, o elemento estrutural ou parte dele deverá ser substituído. Sempre se deve proceder com um novo cálculo antes de dar o veredito final de substituição de uma peça.

7 Análise (causas e recomendações)

Adotar a mesma analogia de causas e recomendações concebida para o relatório anterior, de modo a abordar o conceito de cada anomalia apresentada como sendo a causa de cada problema em específico, propondo os sistemas de limpeza descritos.

8 Resumo do estado dos elementos estruturais

De acordo com o levantamento, com base nas visitas *in loco* e nos relatórios técnicos concebidos em épocas distintas (anos 2006 e 2012), indicados no item 5, é que seguem na sequência os seguintes dados:

- Substituição de montantes, banzos, diagonais e terças constituídos de perfis de perfuração por perfis Sch. 40:

Material	Massa total (kg)
Tubo Sch. 40	4.500

Novas peças = 100 kg.

- Limpeza e pintura de todos os elementos de montantes, banzos, diagonais e terças constituintes das treliças de cobertura:

Material	Área de pintura total (m²)
Tubo Sch. 40	550

- Acessórios (chapas, enrijecedores) = 10% × 4.500 = 450 kg.

Nota: Para estruturas metálicas, pode-se adotar sempre um percentual de 10% referente a todo o sistema de chapas e barras de fixação, para efeito de orçamento, pois, em projetos executivos, essa taxa nunca ultrapassa esse valor, ficando em torno de 6% ou 7%.

9 Conclusão

Conclui-se que a estrutura é estável para os carregamentos adotados, mas que se faz necessária a intervenção em caráter de urgência no galpão, por meio de limpeza e pintura de toda a superfície dos elementos de aço da cobertura, conforme indicado na análise do item 7.

Além da limpeza e da pintura, contata-se a necessidade de substituição com urgência de todas as peças (montantes, diagonais, banzos, terças e placas de apoio) com significativas perdas de seção, conforme indicado no item 8 e mapeado no Anexo 2.

Observa-se que a não manutenção dos elementos estruturais no tempo previsto numa especificação técnica atrelada a um projeto bem concebido acarreta um acréscimo acumulativo significativo no processo de corrosão, resultando em um número muito maior de elementos estruturais a reparar e, o pior, a substituir, com exacerbado custo relacionado à compra de novos materiais para substituição, galvanização e pintura, além do elevado risco de colapso estrutural, podendo gerar incidentes ou acidentes.

Entre as soluções relacionadas, destacam-se:
- Realização de tratamento superficial com a técnica mais apropriada (ex.: jato abrasivo, hidrojateamento ou outros) e de proteção com o uso de pintura em todos os elementos estruturais do galpão.
- Substituição de todas as telhas de cobertura e de fechamento lateral, bem como de todos os sistemas de fixação de grampos utilizados atualmente por parafusos autoperfurantes a cada duas ondas baixas de telha, para fixar as telhas às terças, e por parafusos de costura a cada 50 cm, para emendar uma telha à outra, nas duas direções X e Y em planta; é possível fixar os parafusos autoperfurantes pelas ondas altas das telhas, desde que se usem calços fornecidos pelo fabricante para tal execução, a fim de não amassá-las ou danificá-las.
- Substituição das terças conforme indicado nos anexos.
- Substituição dos elementos de banzos, diagonais e montantes das treliças conforme indicado nos anexos.
- Providenciamento de vistoria de todo o sistema elétrico.
- Providenciamento de estudo arquitetônico para o sistema de ventilação (sistema Roberts) e de iluminação (telhas translúcidas) naturais e para o sistema de conforto térmico (telhas-sanduíches e pinturas antitérmicas).

Portanto, com base nas visitas de campo e nos relatórios técnicos já elaborados em 2006 e agora novamente em 2012, faz-se necessária uma intervenção imediata, com a finalidade de evitar colapso parcial e evitar que o processo de corrosão se generalize por todo o restante da área da cobertura.

Anexos

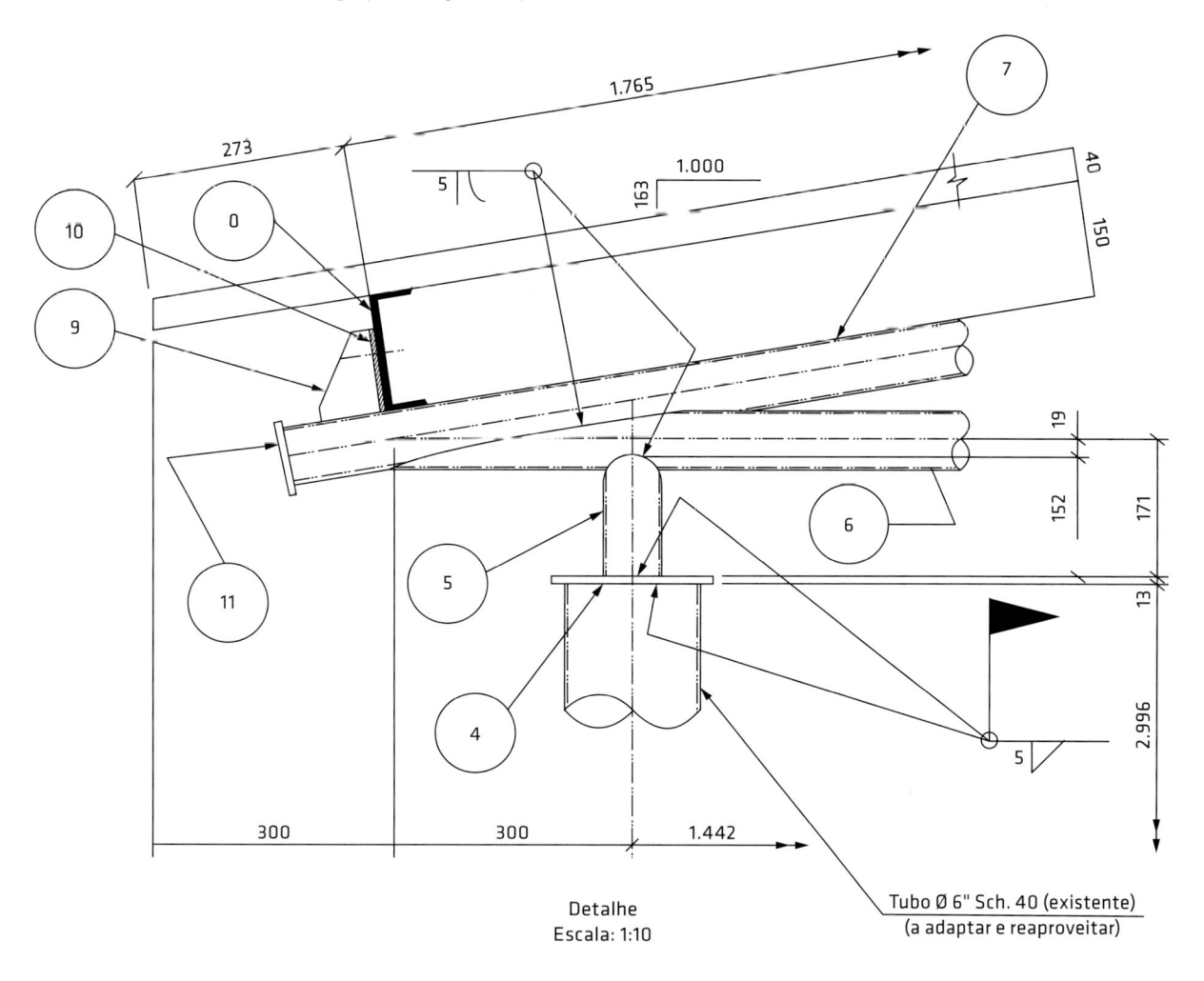

Anexo 1 – detalhes de projetos de fabricação

Figura 1 Detalhe de soldagem de campo típica para união da treliça com o pilar

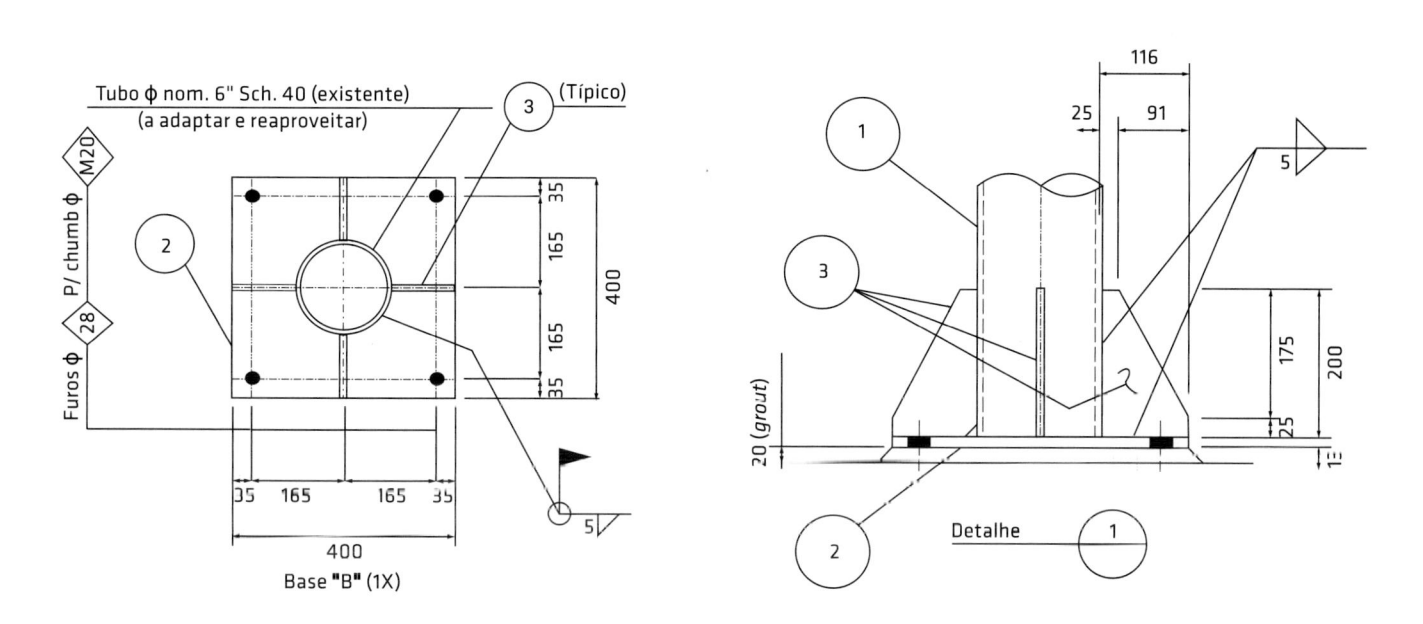

Figura 2 Detalhe de soldagem de campo típica de base de tesoura ao pilar metálico, com o uso de solda de filete de 5 mm de espessura, aplicada em todo o entorno

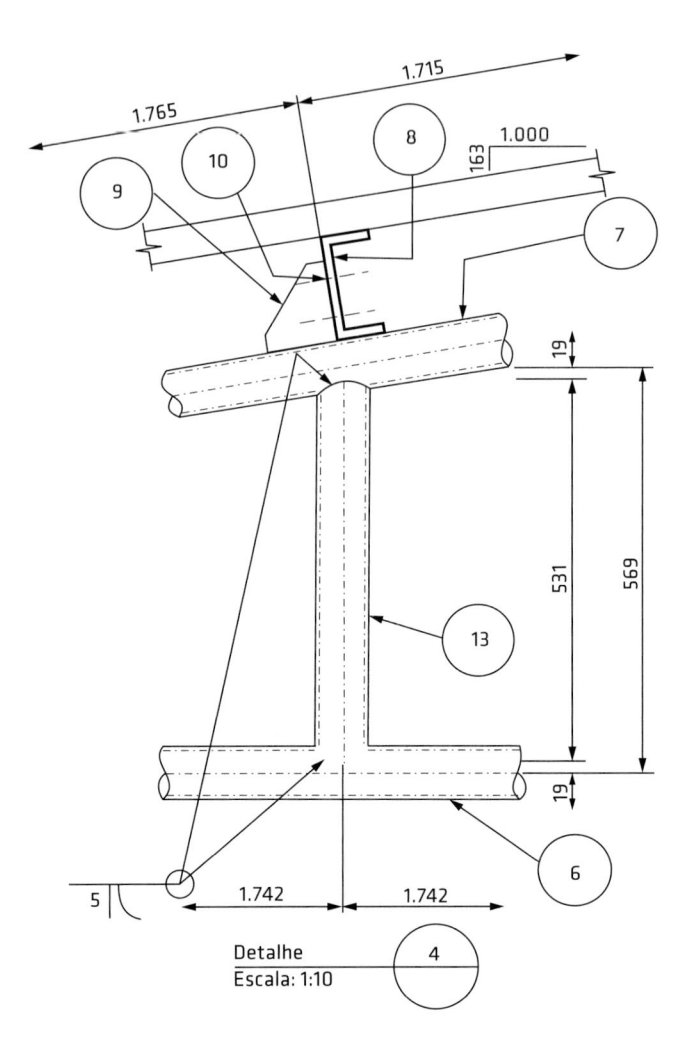

Figura 3 Detalhe do sistema de ligação entre os perfis de seção circular com o uso de solda de filete de 5 mm de espessura, de fábrica (e não de campo) e em todo o entorno

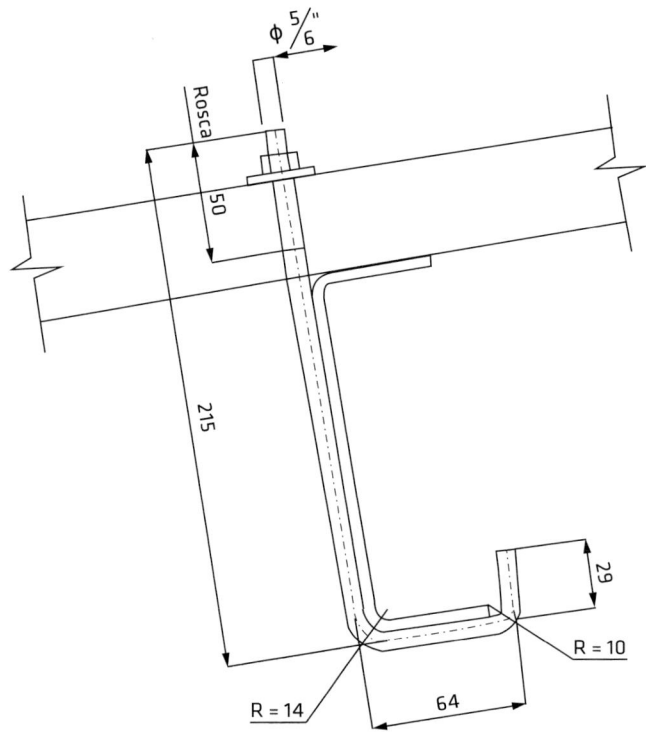

Detalhe
Escala: 1:10

Figura 4 Detalhe do sistema de grampos (barras) usados para fixar as telhas de aço às terças em perfis U de chapa fina dobrada a frio

Detalhe para a dobra do banco
Escala: 1:2

Notar que o perfil U é do tipo simples e não enrijecido, por não possuir uma aba virada na direção vertical continuada a partir de seus flanges. Esse enrijecimento costuma ter dimensão da ordem de 30 mm, 40 mm etc. e ajuda muito na resistência do perfil.

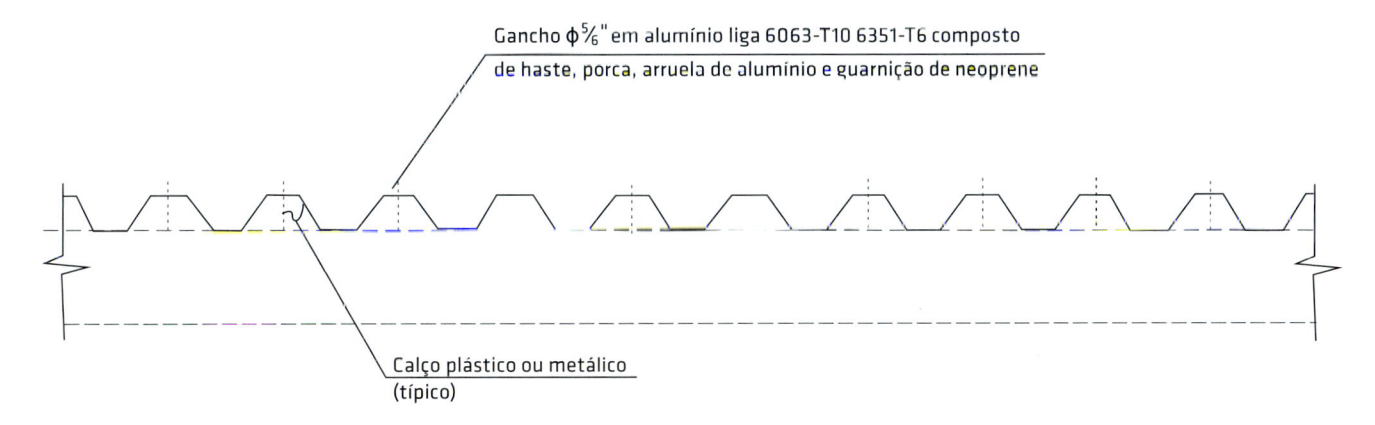

Detalhe para fixação transversal das telhas

Figura 5 Detalhe da telha de cobertura

Observar que o projeto original especifica a fixação do grampo pela onda alta da telha, mas prevê o uso de calços de plástico para não permitir seu amassamento durante a fixação.

Anexo 2 – mapeamento das patologias identificadas nesse galpão

Figura 6 Planta baixa da cobertura, com a identificação das terças
Legenda:
Em linhas vermelhas estão indicadas as partes das peças a serem substituídas mediante análise *in loco*.

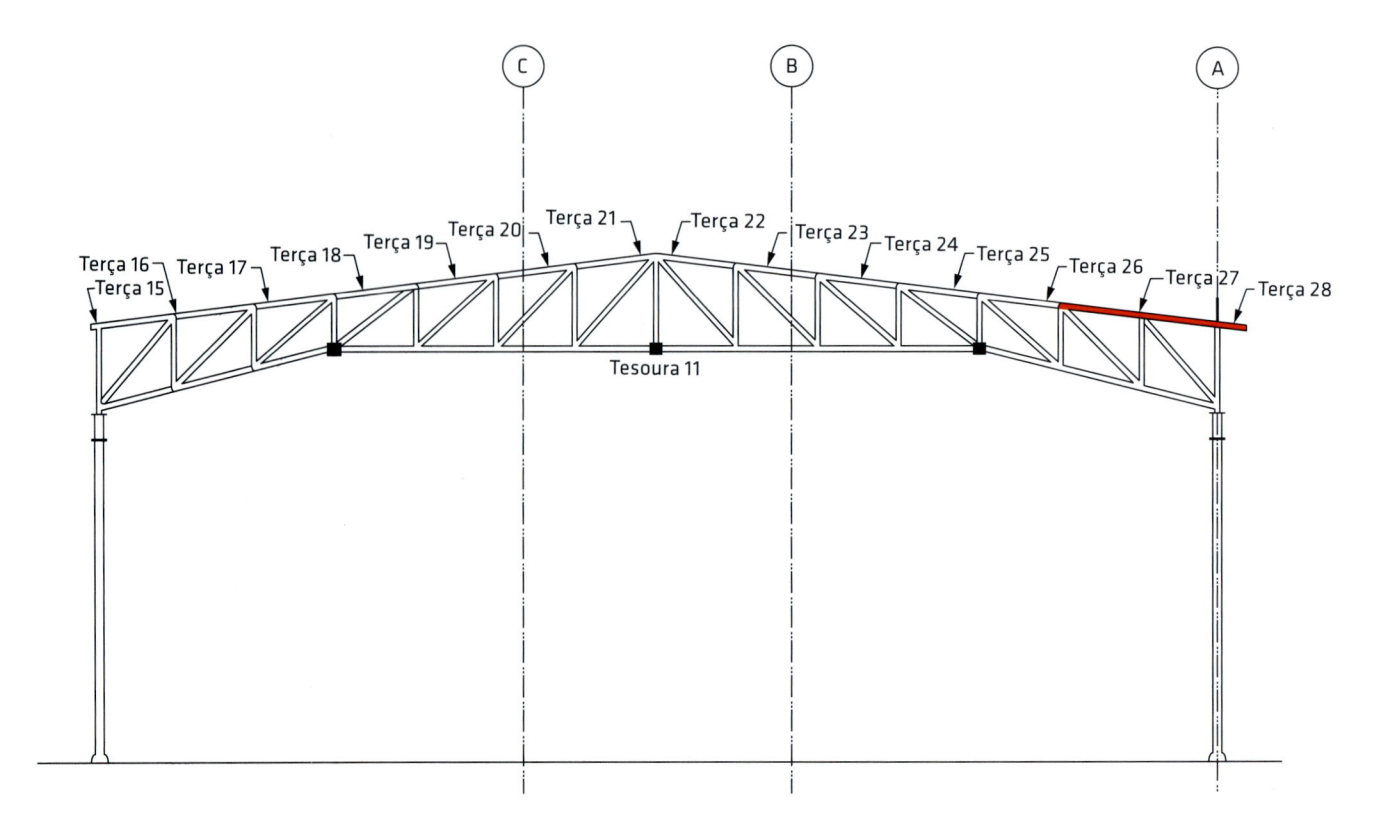

Figura 7 Elevação do eixo 1
Legenda:
Em linhas vermelhas estão indicadas as partes das peças a serem substituídas mediante análise *in loco*.

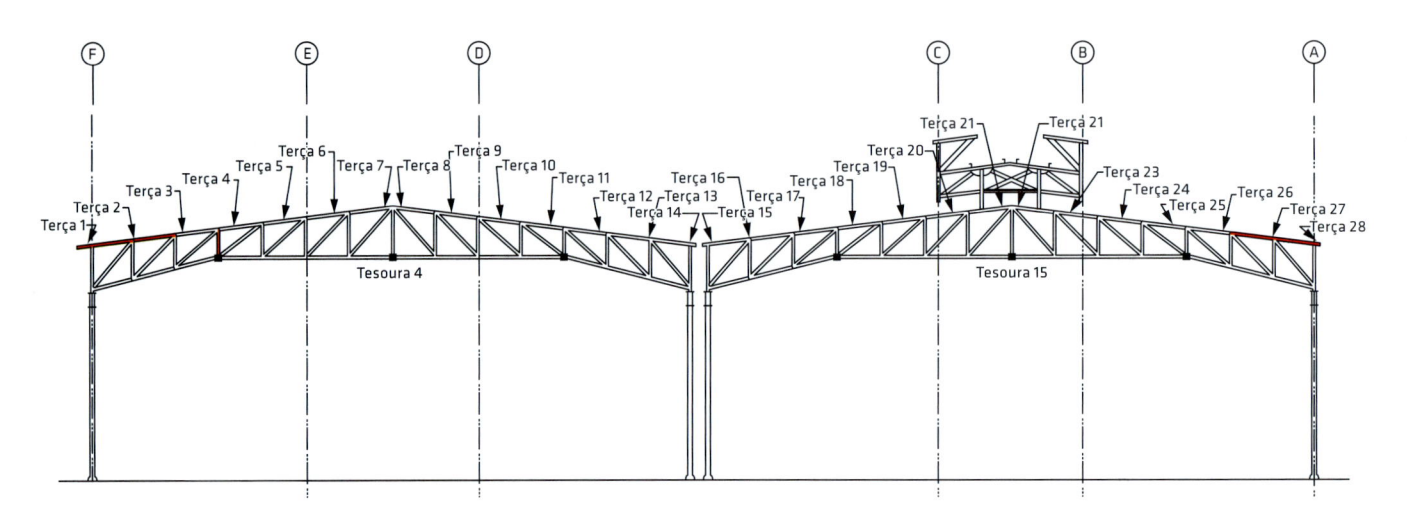

Figura 8 Elevação do eixo 2
Legenda:
Em linhas vermelhas estão indicadas as partes das peças a serem substituídas mediante análise *in loco*.

Faça o *download* do Anexo 3, com informações úteis para o dimensionamento de estruturas metálicas, na página do livro (www.ofitexto.com.br/livro/estruturas-metalicas).

REFERÊNCIAS BIBLIOGRÁFICAS

ABNT – ASSOCIAÇÃO BRASILEIRA DE NORMAS TÉCNICAS. NBR 6120:1980: cargas para o cálculo de estruturas de edificações. Rio de Janeiro, 1980.

ABNT – ASSOCIAÇÃO BRASILEIRA DE NORMAS TÉCNICAS. NBR 6123:1988: forças devidas ao vento em edificações. Rio de Janeiro, 1988.

ABNT – ASSOCIAÇÃO BRASILEIRA DE NORMAS TÉCNICAS. NBR 8681:2003: ações e segurança nas estruturas. Rio de Janeiro, 2003.

ABNT – ASSOCIAÇÃO BRASILEIRA DE NORMAS TÉCNICAS. NBR 8800:2008: projeto de estruturas de aço e de estruturas mistas de aço e concreto de edifícios – elaboração. Rio de Janeiro, 2008.

ABNT – ASSOCIAÇÃO BRASILEIRA DE NORMAS TÉCNICAS. NBR 14762:2010: dimensionamento de estruturas de aço constituídas por perfis formados a frio. Rio de Janeiro, 2010.

ABNT – ASSOCIAÇÃO BRASILEIRA DE NORMAS TÉCNICAS. NBR 16239:2013: projeto de estruturas de aço e de estruturas mistas de aço e concreto de edificações com perfis tubulares. Rio de Janeiro, 2013.

AISC – AMERICAN INSTITUTE OF STEEL CONSTRUCTION. Commentary on highly restrained welded connections. *Engineering Journal*, American Institute of Steel Construction, v. 3, 1973.

ANDRIGHI, G. *Edifícios em concreto I*. Escola de Engenharia de Volta Redonda, UniFOA, Volta Redonda, RJ, 2008. Notas de aula.

BASLER, K. New provisions for plate girder design. In: NATIONAL ENGINEERING CONFERENCE, New York, 1961. *Proceedings...* New York: American Institute of Steel Construction, 1961.

BATISTA, E. M. *Módulo 3 – Estruturas metálicas II*. Departamento de Engenharia Civil, Universidade Federal Fluminense, Niterói, RJ, 2014. Notas de aula.

BELLEI, I. H. *Edifícios industriais em aço*: projeto e cálculo. 4. ed. São Paulo, SP: Pini, 2003.

BELLEI, I. H.; PINHO, F. O.; PINHO, M. O. *Edifício de múltiplos andares em aço*. São Paulo, SP: Pini, 2004.

BENDIGO, R. A.; HANSEN, R. M.; RUMPF, J. L. Long bolted joints. *Journal of the Structural Division*, American Society of Civil Engineers, v. 89, n. 6, p. 187-214, Dec. 1963.

BUTLER, L. J.; KULAK, G. L. Strength of fillet welds as a function of direction of load. *Welding Journal*, May 1971.

CHEN, W. F.; NEWLIN, D. E. Column web strength in beam-to-column connection. *Journal of the Structural Division*, v. 99, n. 9, p. 1978-1984, Sep. 1973.

COCHRANE, V. H. Rules for rivet hole deductions in tensions members. *Engineering News-Record*, v. 89, n. 16, p. 847-848, 1922.

DELGADO JR., H. G. *Estruturas metálicas I e II*. Escola de Engenharia de Volta Redonda, UniFOA, Volta Redonda, RJ, 2008. Notas de aula.

DIÑEIRO, S. F.; MORAES, A. B. L. *Manual de estrutura metálica*. 2. ed. São Paulo, SP: Editora Técnica Piping, 1975.

HELENE, P. *Corrosão em armaduras para concreto armado*. São Paulo, SP: Pini, 1986.

ISO – INTERNATIONAL ORGANIZATION FOR STANDARDIZATION. ISO 9223:2012: corrosion of metals and alloys – corrositivity of atmospheres – classification, determination and estimation. Geneva, 2012.

KRISHNAMURTHY, N. A fresh look at bolted end-plate behavior and design. *Engineering Journal*, American Institute of Steel Construction, v. 15, n. 2, p. 39-49, 1978.

MUNSE, W. H.; CHESSON JR., E. Riveted and bolted joints: net section design. *Journal of the Structural Division*, American Society of Civil Engineers, v. 89, n. 1, p. 107-126, Feb. 1963.

PANNONI, F. D. *Princípios da proteção de estruturas metálicas em situação de corrosão e incêndio*. 2. ed. Coletânea do uso do aço, vol. 2. São Paulo: Gerdau Açominas, 2004.

TIMOSHENKO, S.; WOINOWSKY-KRIEGER, S. *Theory of plates and shells*. USA: McGraw-Hill Book Company, 1959.

VIEIRA, J. D. *Módulo 2 – Estruturas metálicas I*. Departamento de Engenharia Civil, Universidade Federal Fluminense, Niterói, RJ, 2014. Notas de aula.

WALLAERT, J. J.; FISHER, J. W. Shear strength of high-strength bolts. *Journal of Structural Division*, American Society of Civil Engineers, v. 91, n. 3, p. 99-126, Oct. 1965.

SOBRE OS AUTORES

Jary de Xerez Neto

Formado em Engenharia Civil pela Universidade do Estado do Rio de Janeiro (UERJ), o autor especializou-se na área de cálculo estrutural. Na área estrutural, é especialista em Fundações e Estruturas de Contenção, em Pavimentos Flexíveis Asfálticos e de Blocos Intertravados, em Pavimentos Rígidos, em Estruturas de Concreto Armado, de Madeira, Metálicas e Fiberglass e em Laudos Técnicos aplicados às áreas residenciais, institucionais, comerciais, industriais e *offshore*.

Estagiou na empresa Guimar, onde deu início aos seus primeiros projetos de estruturas. Em 2003, ingressou como engenheiro calculista de estruturas metálicas na empresa Roll-on Stahldach, calculando e projetando supermercados e galpões industriais para todo o Brasil e se aprofundando no estudo da teoria das placas. Desde 2005 exerce a função de engenheiro civil calculista na empresa Petrobras.

Foi na Petrobras que teve a oportunidade e o desafio de calcular e projetar estruturas aplicadas a portos, pavimentos rígidos para recebimento de guindastes, pavimentos flexíveis para estradas, viadutos, helipontos, prédios, galpões, coberturas, *bunkers* e pontes rolantes, além de diversas estruturas aplicadas a situações emergenciais críticas, tais como gaiola para resgate de helicópteros em águas profundas e muitas outras.

Como profissional autônomo, tem concebido projetos para diversos escritórios de arquitetura e diversos trabalhos para empresas *offshore*, incluindo estruturas para plataformas e para águas profundas. Com isso, o profissional acumula mais de 400 projetos estruturais já executados.

O autor ainda possui publicados os seguintes livros: *Pavimentos de concreto para tráfego de máquinas ultrapesadas* (autor); *Pavimentos usuais de concreto para cargas simples* (autor); e *Concreto armado – novo milênio* (revisor oficial). Foi também autor da matéria *Base forte*, da edição 181 da Revista Téchne, de abril de 2012.

Em 2018, o autor foi finalista no Concurso Prêmio Talento Engenharia Estrutural, sediado pela Abece e pela Gerdau em São Paulo (SP), com o projeto de pavimento rígido de concreto armado concebido para o Porto de Imbetiba da Petrobras, em Macaé (RJ).

Alex Sander da Cunha

Nascido em Volta Redonda (RJ), mudou-se para Pinheiral (RJ), onde empreendeu seus estudos de formação básica no Centro Municipal de Ensino Roberto Silveira e no Colégio Agrícola Nilo Peçanha (hoje IFRJ – Campus Nilo Peçanha).

Iniciou sua vida profissional em uma fábrica de estruturas metálicas em Barra Mansa (RJ), exercendo funções operacionais, e posteriormente foi transferido para o escritório de projetos, onde teve o primeiro contato com o universo dos cálculos de estruturas metálicas.

Por razões econômicas, formou-se em Matemática pela antiga Fundação Educacional Rosemar Pimentel (FERP), hoje UGB, em Volta Redonda, e exerceu o magistério por mais de 20 anos, no ensino fundamental, tendo sido coordenador da área de matemática da Prefeitura de Pinheiral e diretor de escola da Prefeitura de Volta Redonda.

Retornou aos estudos e se formou em Engenharia Civil pelo Centro Universitário de Volta Redonda (UniFOA), e posteriormente cursou a Especialização em Estruturas Metálicas pela Universidade Federal Fluminense (UFF) em parceria com o programa Prominp.

Em todos esses anos, a parceria com a Fercal Construções Metálicas e Civil Ltda. permitiu-lhe vivenciar inúmeros desafios na área de estruturas metálicas, passando pelo dimensionamento de coberturas, galpões, escadas, vigas de rolamento e pontes rolantes, entre outros.

Deixando o magistério, teve oportunidade de trabalhar no setor de projetos da Petrobras em Macaé, onde pôde aprofundar os seus conhecimentos em diversas áreas da Engenharia, projetando estruturas em concreto armado, estruturas metálicas e fundações, além de elaborar diversos documentos técnicos.

Atualmente é servidor público federal lotado como engenheiro civil do Departamento de Fiscalização de Obras da Superintendência de Arquitetura, Engenharia e Patrimônio da Universidade Federal Fluminense (UFF), em Niterói (RJ).